Bayer –
der richtige Partner für

Technische Thermoplaste

Apec® HT
(hochwärmeformbeständiges PC)
Gegenüber Polycarbonat weist Apec HT bei vergleichbarer Transparenz, Eigenfarbe und UV- Stabilität eine erhöhte Wärmeformbeständigkeitstemperatur von 160 bis 205 °C auf (bis 238 °C in der Entwicklung). Die Kerbschlagzähigkeit ist verringert. Glasfaserverstärkte sowie flammgeschützte Einstellungen.

Bayblend® (PC + ABS); (PC + ASA)
Günstige Kombination der mechanischen und thermischen Eigenschaften; besonders hervorzuheben sind Wärmeformbeständigkeit (zwischen ABS und PC), hohe Zähigkeit und Kältezähigkeit, Steifigkeit, Dimensionsstabilität. Standard und flammgeschützte Typen, glasfaserverstärkte Einstellungen und Produkte zur Herstellung von Strukturschäumen.

Desmopan® (TPU)
Thermoplastisches Polyurethan, das die Lücke zwischen Gummi und Kunststoff schließt; Härteeinstellungen von 80 Shore A bis über 70 Shore D; hohe Abrieb-, Einreiß- und Weiterreißfestigkeit; hohes Rückstellvermögen; gute mechanische und akustische Dämpfung; weichmacherfrei; einfärbbar; gute Beständigkeit gegen mineralische Öle und Fette; mikrobenfeste Spezialtypen.

Durethan® (PA)
A - Typenreihe (PA 66)
B - Typenreihe (PA 6)
C - Typenreihe (Co-PA)
T - Typ (PA amorph)
Hohe Steifigkeit und Härte; gute Schlagzähigkeit; hohe dynamische Belastbarkeit; abrieb- und verschleißfest; gute Wärmeformbeständigkeit und Kälteschlagzähigkeit; beständig gegen viele Chemikalien (z.B. Benzin und Benzol); hervorragende Verarbeitungseigenschaften. Glasfaserverstärkte und glaskugelbzw. mineralgefüllte Typen sowie polymer- und elastomermodifizierte Qualitäten.

Makrolon® (PC)
Polycarbonat mit hoher Festigkeit, Schlagzähigkeit und guter Wärmeformbeständigkeit; vorzügliche elektrische und dielektrische Eigenschaften; flammgeschützt lieferbar; physiologisch unbedenklich; ausgezeichnete Lichtdurchlässigkeit der transparenten Typen; glasfaserverstärkte Einstellungen; Schaum- und Extrusionstypen; Spritzgießspezifikationen mit sehr guten Fließeigenschaften.

Novodur® (ABS)
Bevorzugter Werkstoff für Gehäuse und Abdeckungen mit guter Zähigkeit, Festigkeit, Steifigkeit und Chemikalienbeständigkeit, mit ausgezeichneter Oberflächenqualität; problemlose Verarbeitung. Umfangreiche Typenpalette an Standardtypen, Einstellungen mit erhöhter Wärmeformbeständigkeit, glasfaserverstärkte und flammgeschützte Typen sowie Spezialtypen für die chemogalvanische Metallisierung und Extrusion.

Pocan® (PBT, PBT mod.)
Poly(butylenterephthalat) mit hoher Wärmeformbeständigkeit, Steifigkeit, Härte und Abriebfestigkeit; gute Dimensionsstabilität, Chemikalien- und Spannungsrißbeständigkeit; ausgezeichnete Gleiteigenschaften; on-line decklackierfähig; flammgeschützt lieferbar; glasfaserverstärkte sowie glaskugel- bzw. mineralgefüllte Einstellungen.

Gußpolyamid (PA 6 G)
Gußpolyamid ist die Bezeichnung für ein extrem hochmolekulares, hochkristallines Polyamid 6. Die Bayer AG liefert Rohstoffe wie Caprolactam, Katalysator NL neu, geeignete Aktivatoren sowie das erforderliche verfahrenstechnische Know-how. Das Gußpolyamid wird von Verarbeitern selbst hergestellt und vermarktet.

Bayer AG
Geschäftsbereich Kunststoffe
D-5090 Leverkusen

KU 5275 d

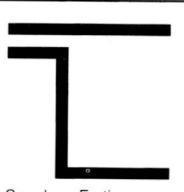

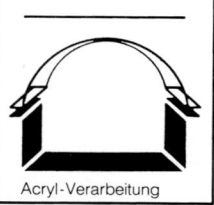

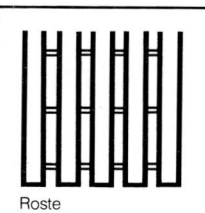

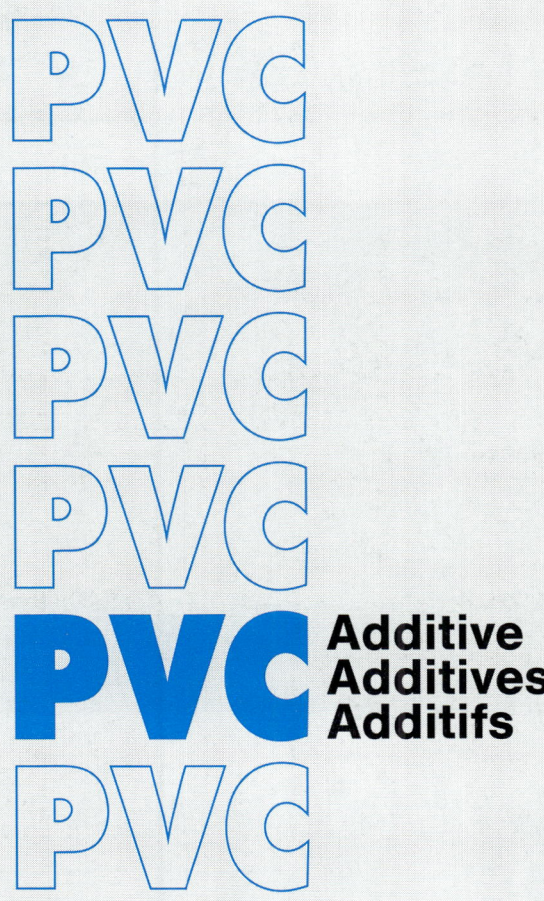

PVC Additive
Additives
Additifs

CIBA–GEIGY

CIBA–GEIGY MARIENBERG GMBH
Postbox 1253 · D-6140 Bensheim 1
Tel. 0 62 54 / 79 - 0 · Fax 0 62 54 / 7 95 06

Produktentwicklung – von Anfang an gemeinsam mit Ihnen.

POLYOLEFINE

stellen den wichtigsten Produkt-
bereich der Neste Chemicals dar.
Weltweit werden unsere Polypropy-
lene und Polyethylene zur Herstellung
der unterschiedlichsten Erzeugnisse
eingesetzt.

Verpackungsfolien, Kabel, Rohre,
Formteile, Extrusionsbeschichtungen,
Fasern, Kondensatorfolien und Seile
bestehen aus Polyolefinen, aber auch
Produkte für die Gesundheits- und
Körperpflege, wie z. B. Windeln,
werden aus ihnen hergestellt.

Nur wenige Produzenten können
weltweit ihren Kunden das gesamte
Spektrum der Polyolefine anbieten.
Neste Chemicals ist einer davon.
Unser erklärtes Ziel ist es, unseren
Kunden nur Produkte mit höchstem
Qualitätsanspruch für ihre speziellen
Anwendungsbereiche anzubieten.

Und das erfordert eine enge
Zusammenarbeit mit Ihnen.
Von Anfang an.

Neben Polyolefinen enthält unsere Produktpalette auch andere Kunststoffrohstoffe und
Chemikalien.

Ihr Ansprechpartner für weitere Informationen:

Neste Chemicals GmbH,
Postfach 300930, Mörsenbroicher Weg 200,
D-4000 Düsseldorf 30,
Bundesrepublik Deutschland,
Tel. 0211/61 080, Telex 8588505 nech d,
Telefax 0211/61 41 15

NESTE
Chemicals

Saechtling

Kunststoff
Taschenbuch

25. Ausgabe

von Prof. Dr.-Ing. Wilbrand Woebcken

völlig überarbeitet und erweitert,
mit 183 Bildern und 141 Tafeln

Carl Hanser Verlag München Wien

Einbandmaterial:
YAL Schweißfolie 0,40 mm
der Göppinger Kaliko GmbH,
7320 Göppingen

Kunststoff-Taschenbuch
Begründet von Dr. Franz Pabst
8. bis 17. Ausgabe bearbeitet von Dr. Hansjürgen Saechtling und Dipl.-Ing. Willi Zebrowski
18. bis 24. Ausgabe bearbeitet von Dr. Hansjürgen Saechtling

Die Deutsche Bibliothek – CIP-Einheitsaufnahme

Saechtling, Hansjürgen:
Kunststoff-Taschenbuch / Hansjürgen Saechtling. Begr. von
Franz Pabst. 8.–17. Ausg. bearb. von Hansjürgen Saechtling
und Willi Zebrowski ; 18.–24. Ausg. bearb. von Hansjürgen
Saechtling. – 25. Ausg., von Wilbrand Woebcken völlig überarb.
und. erw., 183.–195. Tsd. – München; Wien: Hanser, 1992.
ISBN 3-446-16498-7
NE: Pabst, Franz [Begr.]; Woebcken, Wilbrand [Bearb.]; HST

Gesamtherstellung: R. Oldenbourg, Graph. Betriebe GmbH, München
Printed in Germany

Ein Zulieferer wie wir muß in zwei Richtungen engagiert sein. Zum einen verstehen wir uns als die absoluten Spezialisten in unserem Metier.

Ausgerüstet mit allem, was der Weltmarkt zu bieten hat, und dem Know how, es optimal anzuwenden. Den neuesten CAD-, CAM- und CAE-Programmen, den Detailkenntnissen im Werkzeugbau und in den Techniken der Verarbeitung von Kunststoffen.

Zum anderen aber verstehen wir uns immer als ein Teil des Ganzen. Denn nur wer das Endprodukt im Auge hat, kann zielgerichtet mitdenken. Engagement für das Ganze bedeutet aber vor allem Dienstleistung. Von uns bekommen Sie daher alles aus einer Hand. Entwicklung, Konstruktion, Werkzeugbau, Spritzguß-Fertigung, Veredelung und Montage, bis zum fertigen System.

Vorworte zum Kunststoff-Taschenbuch 1936/89

Aus dem Vorwort der 1. Ausgabe

Dieses Buch soll Fragen aus den *Anwendungsgebieten von Kunststoffen* beantworten. ... Die Kürze der Ausführungen wird ermöglichen, den Preis des Buches niedrig festzusetzen. Die Kenntnis der Kunststoffe soll dadurch jedem Betriebsleiter, Meister und Arbeiter, jedem Konstrukteur, Verkäufer und Einkäufer leicht zugänglich gemacht werden.

Berlin-Dahlem, Oktober 1936 *Dr. F. Pabst*

Aus dem Vorwort der 11. Ausgabe

Dem breiten Eindringen der Kunststoffe in neue Anwendungsbereiche entsprechend werden Rohstoffe, auch soweit sie nicht nach „klassischen" Verfahren der Kunststofftechnik verarbeitet werden, und neuere Formgebungsverfahren eingehender behandelt als bisher. Die einzelnen Kapitel bzw. die Hauptabschnitte des Kapitels 4 sind nach dem Gang der Verarbeitung vom Vorprodukt und Rohstoff zum Fertigfabrikat oder Halbzeug hin geordnet. Die thermoplastischen Kunststoffe, die ihrem unverändert fadenförmigen Molekülbau nach die einfacheren sind, werden jeweils vor den duroplastischen Kunststoffen mit vernetzenden bzw. vernetzten Molekülen behandelt.

Troisdorf, im März 1955 *Dr. Hansjürgen Saechtling*
Dipl.-Ing. Willi Zebrowski

Aus dem Vorwort der 24. Ausgabe

Mit dieser Ausgabe ist das Kunststoff-Taschenbuch – einschließlich vier fremdsprachiger Fassungen – in insgesamt über 200 000 Exemplaren in aller Welt verbreitet. Bearbeiter und Verleger sind mehr als fünf Jahrzehnte hindurch der Zielsetzung des Begründers treu geblieben, ein jedermann zugänglich umfassend aktuelles Fachbuch und Nachschlagewerk für das Kunststoffgebiet zu schaffen. Möge das Kunststoff-Taschenbuch, das mit dieser 24. Ausgabe Stand der Technik zur Zeit der 11. Internationalen Fachmesse K'89 erfaßt, weiterhin sich als nützliches Hilfsmittel für den Dialog der Fachinteressenten erweisen.

Frankfurt am Main
August 1989 *Dr. Hansjürgen Saechtling*

Vorwort zur 25. Ausgabe

Diese Jubiläumsausgabe des weltweit verbreiteten Kunststoff-Taschenbuches erscheint – nach einer kritischen Überprüfung und Aktualisierung aller Kapitel durch zahlreiche Experten – 56 Jahre nach der ersten Ausgabe durch Dr. F. Pabst. Während der stürmischen Entwicklung der Kunststofftechnik ab den 50er Jahren wuchs der zu bearbeitende Stoff des Taschenbuchs ständig an; für die Herausgeber (*Hansjürgen Saechtling* und *W. Zebrowski* 1949 bis 1967, Hansjürgen Saechtling als alleiniger Herausgeber bis zur 24. Ausgabe 1989) stellte sich die Aufgabe, den wachsenden Strom der wissenschaftlichen Erkenntnisse und der Praxiserfahrungen über Kunststoffe, einschließlich ihrer Verarbeitungstechnologie, in zwar sehr knapper aber trotzdem informativer Form übersichtlich zusammenzufassen. Daß dies gelungen ist, beweist der Erfolg des Kunststoff-Taschenbuchs in all den Jahren.

Dr. Hansjürgen Saechtling hat – nach 41jähriger erfolgreicher Herausgebertätigkeit – gemeinsam mit dem Verlag die Bearbeitung dieser Neuausgabe in meine Hände gelegt. Ich verdanke ihm viele gute Hinweise und Vorschläge während der Neufassung des Manuskripts. Der bewährte Gesamtaufbau und die detaillierte Stoffgliederung wurden im wesentlichen beibehalten.

Im Mittelpunkt steht auch in dieser neuen Ausgabe die systematische und umfassende Darstellung thermoplastischer, duroplastischer und elastomerer Kunststoffe und ihrer Eigenschaften, der Lieferformen und ihrer typischen Verarbeitungstechnologien und Anwendungsgebiete (Kapitel 4, ergänzt durch einen Überblick über Grenzgebiete, insbesondere über vulkanisierbare Elaste, in Kapitel 5; beide Kapitel umfassen etwa 50% des Buchumfangs). Einige aktuelle Schwerpunkte sind: technische Kunststoffe, die Frage der abbaubaren Kunststoffe und die Abfallverwertung mit verschiedenen Arten des Recyclings von Kunststoffen. Ein besonderer Abschnitt behandelt zusammenfassend die mannigfachen Kunststoff-Schaumstoffe.

Das Kunststoff-Taschenbuch ist vorrangig Informationsquelle und Nachschlagewerk für die Branche. Es bietet aber zugleich einen leichten und umfassenden Einstieg in das Gesamtgebiet der Kunststofftechnik. Da sich immer wieder zahlreiche Studierende, Berufsanfänger und Umzuschulende in das für sie neue Kunststoffgebiet einarbeiten müssen, wurde – unter Beibehal-

tung der bewährten Gliederung – für die Darstellung der kunststofflichen Grundlagen ausreichender Raum vorgesehen (Kapitel 1). Eine Übersicht über maßgebende Fachzeitschriften, weiterführende neue Fachbücher, über Verlage und Fachorganisationen ermöglicht dem Leser eine Vertiefung in Spezialgebiete (Kapitel 2).

Kapitel 3 ist nach einem Überblick über Synthesen und Aufbereitung von Rohstoffen den vielfältigen Verarbeitungstechnologien bei der Herstellung von Kunststoff-Formteilen und -Halbzeugen gewidmet. Bei ausreichenden Kenntnissen dieser Grundlagen ist das volle Verständnis für die Kunststoff-Eigenschaften und für ihre praxisbezogene Anwendung besonders erfolgversprechend.

Ein Taschenbuch soll insbesondere rasch zugängliche Übersichten enthalten; es soll behilflich sein als Nachschlagewerk für die in einem Spezialgebiet tätigen Fachleute, die sich in ein ihnen weniger vertrautes Gebiet einarbeiten möchten. Hier sei hingewiesen auf die zahlreichen Tafeln, Bilder und zusammenfassenden Vergleiche bei verschiedenen Kunststoffen, auf die Übersichten über gebräuchliche Kurzzeichen (nach Seite VIII), auf die vielfachen Normen, Richtlinien (DIN, ISO, CEN, IEC, VDE, VDI, DVS, Euromap, ASTM) und Gütesicherungsmaßnahmen (Kapitel 6 und 10), auf die Prüfverfahren und deren Aussagekraft (Kapitel 7), auf die zahlreichen Richtwerttafeln und Diagramme (Kapitel 8) sowie auf die vom Verlag beigebrachten Bezugsquellen und Produktinformationen (im Anschluß an das Sachwortregister). Einzigartig in der Kunststoff-Literatur ist das seit jeher von Fachleuten sehr geschätzte aktuelle Verzeichnis der Handelsnamen von weltweit bekannten Kunststoffen, das Frau *Irene Saechtling* wieder auf den neuesten Stand brachte und mit dessen Hilfe man die Kunststoffart und die Lieferform rasch ermitteln kann (Kapitel 9).

Das große Gebiet der Kunststoffe ist in Chemie, Physik und Technik heute wohl kaum noch von einem Allround-Wissenschaftler allein in allen Teilgebieten kompetent darzustellen. Bei der Überprüfung und Erweiterung von Texten, Tafeln und Bildern haben zahlreiche Fachkollegen in Firmen, Instituten bzw. Institutionen geholfen. Für die Vorschläge zur Überarbeitung mit den notwendigen Streichungen bzw. Ergänzungen sei dankgesagt folgenden Firmen (alphabetische Reihenfolge):

Albis Plastic GmbH, Hamburg; Bakelite Gesellschaft mbH, Letmathe; BASF AG, Ludwigshafen; Bayer AG, Leverkusen; Cas-

sella AG, Frankfurt; Cincinnati Milacron Spritzgießtechnik Europa GmbH, Offenbach; Deutsche Shell Chemie GmbH, Eschborn; DuPont (Deutschland) GmbH, Bad Homburg; Ems-Chemie GmbH, Köln; Elastogran Technik GmbH, Worms; Gummiwerk Kraiburg GmbH, Kraiburg a.Inn; Hoechst AG, Hoechst bzw. Gendorf; Hüls AG, Marl; Krauss-Maffei AG, München; Montedison (Deutschland) GmbH, Eschborn; Ossberger-Maschinenfabrik GmbH + Co., Weißenburg; Röhm GmbH, Darmstadt; Solvay Deutschland GmbH, Solingen; Wacker-Chemie GmbH, Burghausen; Wolff Walsrode, Walsrode.

In diesen Firmen übernahmen dankenswerterweise besonders umfangreiche Bearbeitungen folgende Herren:

Dr. *P. Adolphs,* Dr. *R. Müller,* Dr. *W. Schönthaler,* Letmathe; Dr. *R. Gellert,* DI *A. Krämer,* DI *A. Schneiders,* Ludwigshafen; Dr. *F. Johannaber,* Dr. *H. Lüdke,* Leverkusen; DI *J. Gäbler,* DI *H. Hille,* DI *E. Maier,* Gendorf; Dr. *M. Buck,* Darmstadt; Dr. *R. Kretschmer,* Burghausen.

Weiterhin danke ich folgenden Damen und Herren für wertvolle Textvorschläge und Darstellungen:

K. Auracher, Techn. Vereinigung, Würzburg; Prof. Dr. *L. Dulog,* Institut. f. Pigmente u. Lacke, Stuttgart; Prof. Dr. *G. Habenicht,* TU München; Dr. *D. Hayer,* DIN-Institut, Berlin; DI *W. Hofmann,* Düsseldorf; Dr. *K. Müller,* MPA-Darmstadt; Dipl.-Phys. *G. Poschet,* SKZ, Würzburg; Dr. *M. Rieber,* Kronberg; Prof. Dr. *E. Schwab,* FH Iserlohn; Dr. *O. Schwarz,* SKZ, Würzburg; Dipl.-Ing. D. Waider, DVGW, Eschborn; Frau Dipl.-Chem. *J. Wierer,* DKI, Darmstadt.

Schließlich ist dem Verlag zu danken für die gute Zusammenarbeit und die stete Unterstützung, insbesondere dem Verleger *Joachim Spencker* und dem Leiter des Verlagsbereiches „Kunststoffe", Dr. *Wolfgang Glenz,* weiterhin dem Leiter der Buchherstellung, *Klaus Weberbeck,* der wieder mit großer Umsicht und Sorgfalt die korrekte Zitierung der Hinweise, den Druck und die Herstellung überwachte.

Zu wünschen ist, daß das 25. Kunststoff-Taschenbuch eine weite Verbreitung, auch in den neuen Bundesländern, zum Nutzen aller Interessenten finden wird.

Würzburg, August 1992   *Wilbrand Woebcken*

Inhalt

Besondere Hinweise:

1. Warenzeichencharakter und Herkunft von Handelsnamen

An zahlreichen Stellen im Taschenbuch werden Handelsnamen von
Kunststoffen aufgeführt. Dabei handelt es sich in der Regel um eingetragene Warenzeichen. Die jedesmalige Kennzeichnung dieses
Sachverhaltes im Text ist aus drucktechnischen Gründen nicht möglich und wird daher durch diesen ausdrücklichen allgemeinen Hinweis ersetzt. Zur Kennzeichnung der Warenzeichen im Handelsnamensverzeichnis Kapitel 9 vgl. die Vorbemerkungen zu 9.1, S. 648.
Die Herkunft im Text aufgeführter Handelsnamen wird durch im
Patentwesen international genormte Kurzzeichen gekennzeichnet:

AT	Österreich	FR	Frankreich	JP	Japan
AU	Australien	GB	Vereinigtes	NL	Niederlande
BE	Belgien		Königreich	NO	Norwegen
BG	Bulgarien	GR	Griechenland	PL	Polen
CA	Canada	GUS	Gemeinschaft	PT	Portugal
CH	Schweiz		unabhängiger	RO	Rumänien
CS	Tschechoslowakei		Staaten	SA	Saudi Arabien
DE	Deutschland,	HU	Ungarn	SE	Schweden
	Bundesrepublik	IR	Irland	TW	Taiwan
DK	Dänemark	IL	Israel	US	Vereinigte Staaten
ES	Spanien	IN	Indien		von Amerika
FI	Finnland	IT	Italien	YU	Jugoslawien

2. Übersichten mit Seitenzahlhinweisen auf Einzelheiten

3. Kurzzeichen für verstärkte Kunststoffe

3.1 *Zeichen für Gruppenzuordnung[1]) nach DIN 7728, Teil 2*

BFK	Borfaserverstärkter Kunststoff
CFK	Kohlenstoffaserverstärkter Kunststoff
GFK	Glasfaserverstärkter Kunststoff
MFK	Metallfaserverstärkter Kunststoff[2])
SFK	Synthesefaserverstärkter Kunststoff[2])
MWK	Metallwhiskerverstärkter Kunststoff

3.2 *Unterscheidung nach der zu verstärkenden Kunststoffart*
Beispiele:

PF-PA6-SF	Polyamid 6-faserverstärktes Phenolharz
UP-GF	Glasfaserverstärktes ungesättigtes Polyesterharz
PP-GF	Glasfaserverstärktes Polypropylen
	mit ergänzender Angabe des Massegehalts der Verstärkung:
PC-GF 30	Polycarbonat mit 30% Glasfaserverstärkung

3.3 *In den Grundzügen übereinstimmende weitergehende differenzierte Kurz-Bezeichnungen siehe*
,,Identifizierungsblock" in Stoffnormen (S. 560), Datenblock 4 (Tafel 6.1 b, S. 563)
,,Verstärkte Reaktionsharz-Formmassen", Begriffe, Einteilung, Kurzzeichen: DIN 16913, Teil 1 (Abschn. 4.6.2.4, Tafel 4.73, S. 496).

3.4 *Technische Schichtpreßstoffe* (DIN 7735) s. Tafel 4.76, neben S. 518).

---

[1]) RP (reinforced plastics) wird in englischen Kurzzeichen mit gleichen vorgesetzten Buchstaben zur Kennzeichnung des Verstärkungsmaterials gebraucht, z. B. CRP, GRP, oder CFRP, GFRP.
[2]) Erforderlichenfalls durch zusätzliche Angaben über den Verstärkungsstoff zu ergänzen, z. B. CU-MFK Kupferfaserverstärkter Kunststoff, PA 6-SFK Polyamidfaserverstärkter Kunststoff.

1 Allgemeine Kunststoffkunde

1.1 Das Gebiet „Kunststoffe"

Kunststoffe enthalten „polymere" organische Substanzen mit hoher Molmasse[1]), d.h. mit sehr großen Molekülen (Makromolekülen), durch die das physikalische und technologische Gesamtverhalten wesentlich bestimmt wird.

Polymere entstehen durch chemische Verknüpfung einer großen Anzahl kleiner „Monomer"-Moleküle in jeweils bestimmter Anordnung. Monomere für technische Polymersynthesen stammen heute überwiegend aus der Erdöl- und Erdgas-,,Petro"-Chemie, weniger aus der Kohlechemie. Pflanzliche Rohstoffe (z. B. Rizinus- und Leinöl) werden für manche Kunststoffsynthesen, das natürliche Polymer Cellulose zur chemischen Umwandlung in Kunststoffe genutzt.

Verarbeitungstechnisch kennzeichnend ist, daß trocken schüttbare oder flüssige *Kunststoff-Rohstoffe* in fließbarem Zustand spanlos zu Halbzeugen oder Formteilen (d. i. zu *Formstoff*) urgeformt[2]) werden. *Kunststoff-Formmassen* werden bei erhöhter Temperatur als „struktur-viskose" (S. 11, 17) Schmelze verarbeitet. Kunststoffbezeichnungen wie Plastics (engl.), Matières Plastiques (frz.), Plastmass (russ.), Plaste (ehemalige DDR), Thermoplaste, Duroplaste (S. 2) stammen von der veralteten Auffassung „plastischer" Fließbarkeit solcher Schmelzen.

Im Gesamtbereich der organischen *Chemie-Werkstoffe* ist das Kunststoff-Gebiet technisch und wirtschaftlich etwa wie folgt einzugrenzen:

1. *Chemiefasern* (S. 552) können aus Schmelzen oder Lösungen der meisten thermoplastischen Polymeren „gesponnen" werden. Die Chemiefaser-Industrie gehört aber nach der Form ihrer Erzeugnisse, die deren Verarbeitung angepaßt ist, zur Textil-Industrie, Abgrenzung von Chemiefasern gegenüber Kunststoff-Borsten und -Fäden siehe S. 179.

2. Die in der Wirtschaftsstatistik ausgewiesenen Rohstoffe für *Chemiefasern* werden bei der Kunststofferzeugung nicht mitgezählt. Die rückseitig kunststoffbeschichteten Tufting- und Nadelfilz-Bodenbeläge werden statistisch nicht als Kunststofferzeugnisse erfaßt.

Das gleiche gilt für *Synthesekautschuk* (S. 537 ff.) und weitgehend auch für *Gummiwaren.* Auf einigen Gebieten, wie z. B. dem der Dichtungsmaterialien, sind allerdings technologische und Markt-Abgren-

---

[1]) g/mol, ehemalige Bezeichnung: Molekulargewicht.
[2]) Dem „Urformen" – d. i. nach DIN 8580 das Fertigen eines festen Körpers aus formlosem Stoff wie Flüssigkeiten, Pulver oder Granulat – kann, insbesondere bei thermoplastischem Halbzeug, das „Umformen" unter anderen Bedingungen folgen; Einzelheiten siehe S. 192 ff.

zungen zwischen „vulkanisierten" Weichgummi- und „elastomeren"
(S. 16) Kunststoff-Erzeugnissen kaum mehr gegeben.

3. Als *Kunstharze* werden im Bereich Kunststoff-Rohstoffe synthetische Bindemittel („Grundstoffe") für Leime und Klebstoffe (S. 549),
für Lacke und Anstrichmittel (S. 546), Textilhilfsmittel, weiter derartige Bindemittel für Holzwerkstoffe, Faserleder, Schleifscheiben,
Bremsbeläge, Gießformen erfaßt. Die mit ihnen hergestellten Produkte sind aber nicht „Kunststofferzeugnisse" im strengen Wort-
sinn.

Zu den Kunststoff-Rohstoffen in technischer und in wirtschaftlicher
Abgrenzung gehören auch niedermolekulare, oft flüssige, zur Verarbeitung für Kunststoffe geeignete organische Verbindungen. Sie werden *Reaktionsharze* genannt, obwohl sie „Harze" im normgemäßen
Sinn (DIN 55958) nicht sind. Weiteres s. S. 451 ff.

4. Erzeugnisse der *Kunststoff-Verarbeitung* in der statistischen Abgrenzung dieses Wirtschaftszweiges sind überwiegend aus Kunststoff
bestehende Formstücke, dickere Überzüge und flächige oder profil-
artige Halbzeuge sowie in zweiter Verarbeitungsstufe aus solchen
Halbzeugen hergestellte Fertigerzeugnisse.

1.2   Technologische Polymerwerkstoff-Gruppen

Technische Kunststoff-Produkte enthalten außer den Grund-Polyme-
ren in der Regel mehr oder weniger *Additive* (S. 56 ff.) zwecks Verbesserung des Verarbeitungsverhaltens sowie der physikalisch-che-
mischen und/oder mechanischen Gebrauchseigenschaften der End-
Erzeugnisse. Die Gruppenbezeichnungen 1.2.1 und 1.2.2 in Anlehnung an DIN 7724 (1972) sind für alle Verarbeitungsstufen und Zu-
bereitungen auf Basis entsprechender Polymerer in Gebrauch (Tafel
1.1, S. 4/5), während 1.2.3 den Anwendungs-Zustand kennzeichnet.
Die strukturell-physikalischen Grundlagen des unterschiedlichen
Verhaltens der verschiedenartigen Polymeren werden in Abschnitt
1.3 S. 6 ff.) behandelt.

1.2.1   Thermoplastische Kunststoffe aus linearen oder verzweigten
Polymeren (Bild 1.1a, b, S. 7) erweichen bei Erwärmen wiederholbar
bis zur Fließbarkeit, sie verfestigen sich durch Abkühlen. Beim Urformen durchlaufen sie umkehrbare (reversible) Zustandsänderungen. Verarbeitungsabfall kann regeneriert (S. 379) und erneut über
die Schmelze verarbeitet werden, sofern er nicht durch übermäßige
Beanspruchung chemisch geschädigt ist. Thermoplaste sind schweißbar (S. 202). Halbzeug aus harten Thermoplasten kann weitgehend
warm umgeformt werden (S. 192). Thermoplastische Polymere sind –
in der Regel – in spezifischen organischen Lösungsmitteln ohne chemischen Abbau löslich und daher mit Lösungsmittel-Klebern ver-
klebbar.

1.2.2 Duroplastische Kunststoffe (ehemals auch Duromere genannt, engl. thermosets) entstehen beim Urformen dadurch, daß fließbare, meist nicht makromolekulare Vorprodukte unter Bindung chemisch eng vernetzter Makromoleküle miteinander reagieren. Die Härte der irreversibel (nicht umkehrbar) „ausgehärteten" Duroplaste ist bis zu den Grenztemperaturen thermo-chemischen Abbaus der Polymeren i. a. wenig temperaturabhängig. Spezielle Produkte sind begrenzt warm nachformbar. Verarbeitungsabfall ist nicht regenerierbar, allenfalls als Füllstoff verwendbar. Duroplaste sind nicht schweißbar, ausgehärtet in organischen Lösungsmitteln nicht löslich, manche quellbar.

Duroplast-Vorprodukte sind einerseits als „Formmassen" zur Verarbeitung und Aushärtung über die Schmelze auf dem Markt. Andererseits gibt es sie als flüssige „Reaktionsharze", die bei Raumtemperatur verarbeitet und katalytisch ausgehärtet werden können.

1.2.3 Elastomer ist Formstoff, der sich in einem größeren Gebrauchs-Temperaturbereich unter- und oberhalb der Raumtemperatur weich gummielastisch verhält. Geringe Spannungen bewirken beträchtliche Verformungen, nach Aufhebung der Spannung stellen sich diese bis nahezu auf die ursprünglichen Dimensionen zurück. Sie enthalten weitmaschig vernetzte Polymere (S. 17).

Chemisch weitmaschig vernetzte Elastomer-Erzeugnisse nach DIN 7724 erhält man durch Verarbeiten von thermoplastischen Polymeren mit Vernetzungsmitteln („Vulkanisieren" von Kautschuk, S. 537) oder aus entsprechend eingestellten Reaktionsharz-Systemen (z. B. PUR, S. 468 ff.). Bei Temperaturerhöhung werden sie nicht fließbar, sondern sie verhalten sich elastomer bis zur Grenztemperatur irreversiblen chemischen Abbaus der Netz-Moleküle.

Thermoplastische Elastomere (TPE), in DIN 7724 nicht erfaßt, bestehen aus zweiphasigen Block-Copolymeren (S. 8) oder Blends mit überwiegendem „Weich"-Phasenanteil (S. 17). Oberhalb einer durch Fließbarwerden des „Hart"-Anteils bestimmten Grenztemperatur werden sie reversibel thermoplastisch urformbar. TPE auf Olefin- und Styrolbasis s. S. 261, 265, 284, PVC-E/VA S. 302, Fluorcarbon-Terpolymere S. 313, POM-Blends S. 329, PA-Cop. S. 342 f., TPU S. 344, Polyetherester S. 357, s. a. Bild 4.13, S. 343.

1.2.4 Thermoelastisch sind Kunststofferzeugnisse, die bei Temperaturen oberhalb ihres Gebrauchsbereichs elastomerartig weich werden und in diesem Zustand umgeformt werden können, aber bis zur Grenztemperatur thermochemischen Abbaus nicht fließbar werden. Ein Beispiel ist sehr hochmolekulares gegossenes Acrylglas (S. 419). Chemisch lose vernetzte Thermoplaste erweichen im Fließtemperaturbereich ohne zu schmelzen und sind dann begrenzt umformbar. Thermoplast-Formstoff kann u. U. durch Bestrahlung chemisch vernetzt werden (S. 259).

Tafel 1.1. Herkömmliche Verarbeitungsverfahren und Verwendungsformen der wich

Die Hauptabschnitte über die Kunststoffgruppen als			→ die Beschreibung der Fertigungsverfahren bzw. der besonderen Verwendungsgebiete	Urform-, Umform-		
				Form-		
Vorprodukte u. Technische Harze	Form-massen	Halbzeuge		Aufschmelz-, Gieß- und Sprühverfahren[4]	Niederdruckver-fahren f. verstärk-te Kunststoffe	Spritzgießen[13]
beginnen auf den Seiten			beginnt auf den Seiten →	73	80, 156	125/147
231	245	386	*Thermoplastische Kunststoffe*			
234	245	396	Polyolefine[1])	+[5])	−	+++
231	275	403	Styrol-Polymerisate[2])	(+)[6])	−	+++
237	294	406	Vinylchlorid-Polymerisate (hart)	−	−	+
−	302	410	Polyvinylchlorid weich	+[8])	−	+
−	311	415	Fluorhaltige Polymere	+[5])	−	+
232	318	417	Poly(meth)acryl-Kunststoffe	++[6])[7])	(+)[6])	++
233,240	325	425	Heteropolymere[3])	+[6])[7])	−	+++
241	371	430	Cellulose-Ester u. Ether	+[7])	−	+++
−	−	436	Hydratcellulose (Vf., Zellglas)	−	−	−
−	−	438	Kunsthorn u. a. Casein-Prod.	−	−	−
439	481	504	*Duroplastische Kunststoffe*			
439	487	504	Phenol-, Kresol- und Furanharze	+[6])	(+)	++
444	492	508 {	Harnstoffharze	−	−	+
			Melaminharze	−	−	+
451	495	504	*Reaktionsharze*			
459,463	497	514	Ungesättigte Polyester u. Vinylester	++[6])[7])	+++	++
464	500	504	Epoxidharze	++[6])[7])	++	+
231,468	503	−	Spezielle Reaktionsharze[11])	+[6])	(+)	(+)
468	475	477	Isocyanatharze (PUR)	+++[6])	−	−
525	525	525	*HT-Kunststoffe*			
			Polyarylene, Polyarylamide, -ester, -ether, Bismaleinimid- und Triazin-harze, Polyimide	+[6])	+	(+)

[1]) Polyethylen und Cop. (auch PE-X, PE-C, Ionomere), Polypropylen, Polybuten, Polymethyl-penten. Polyisobutylen für weiche Bahnen s. S. 235, 402.
[2]) einschließlich der Blends, Co- und Terpolymeren mit Acrylnitril, Butadien u. a.
[3]) Polyacetale (S. 325), Polyamide und TPU (S. 329), Lineare Polyester (S. 346), Polyarylether, -sulfone, -sulfide (S. 360), Lineare Polyimide (S. 369).
[4]) Tauch- und Überzugstechnik, Mehrkomponenten-(Spritz-)Gießtechnik, (R)RIM, Rotations-formen, Schleuderguß, Reaktions-Schäumen.
[5]) Pulvertechnik, bei PTFE Formsintern.
[6]) Vergießbare Vorprodukte.
[7]) Überzugs-Pulvertechnik.
[8]) Pasten und Organosole.

tigsten Kunststoffe[14])

| und Fügeverfahren für Werkstücke | | | | | Besondere Verwendungsformen | | | | | |
| schaffen | | | Formändern | | | | | | | |
Hohlkörper-blasen[13])	Pressen[9])	Extrudieren[13])	(Warm-) Umformen	Schweißen	Folien- und Ge-webe-Kunstleder	Verpackungs- und Isolierfolien	Schaumkunst-stoffe[13])	Klebstoffe	Lacke und Anstrichmittel	Fasern und Fäden
138	147, 156	160	192	202	413	431	69, 518	210, 549	546	552
+++	(+)	+++	+	+++	−	+++	+	−	−	+
+	−	++	++	+	−	++	+++	−	+	(+)
++	(+)	+++	++	+++	−	++	+	(+)	+	(+)
+	−	+++	(+)	++	+++	+	++	−	+[8])	−
(+)	(+)	(+)[10])	−	+	−	(+)	(+)	−	−	(+)
−	−	++	++	−	−	(+)	(+)	+	+	+
+	−	+	(+)	+	(+)	++	(+)	(+)	(+)	+++
+	−	+	+	−	−	+	−	+	+	++
−	−	−	(+)	−	−	+	−	−	−	++
−	−	(+)	−	−	−	−	−	(+)	(+)	(+)
−	++	(+)[10])	(+)[12])	−	−	−	+	++	+	−
−	+	−	−	−	−	−	++	+++	+	−
−	++	−	(+)[12])	−	−	−	(+)	+	+	−
−	++	(+)[10])	−	−	−	−	(+)	+	+	−
−	+	(+)[10])	−	−	−	−	−	++	+	−
−	+	−	−	−	−	−	−	+	(+)	−
−	−	−	−	−	++	−	+++	++	++	(+)
−	+	−[10])	−	(+)	−	+	+	+	+	(+)

[9]) Abpressen von Tafeln thermoplastischer Kunststoffe nicht berücksichtigt. Kalandern und Beschichten s. S. 188 ff.
[10]) Strangpreß- und Strangzieh-Sonderverfahren, Pultrusion.
[11]) Methacryl-, Lactam-, Cyanacrylat-Monomere, Allyl- und KW-Harze, Diallylphthalat- und Silicon-Formmassen.
[12]) Warmbiegen spezieller Schichtpreßstoffe.
[13]) TSG-, TSB-, TSE-Verfahren und Strukturschaumerzeugnisse bei den betreffenden Verarbeitungsverfahren und Formmassen für massive Erzeugnisse.
[14]) Für Hochleistungs-Faserverbundwerkstoffe (Composite): s. S. 30, Tafeln 4.77 (bei S. 519), 4.80 (S. 526)

Zeichenerklärung: − nicht möglich oder nicht üblich; (+) Spezialfall; +, ++, +++ entsprechend wachsender Bedeutung.

1.3   Polymerwerkstoff-Systeme

1.3.1   Aufbau von Makromolekülen

Für eine Kunststoff-Anwendung brauchbare Polymere müssen aus „Makromolekülen" mit einer Molmasse im Bereich $> 10^4$ g/mol bestehen, die – herstellungsbedingt – mehr oder weniger um einen Mittelwert streuen. Durch die einstufig oder mehrstufig geführten Polymer-Synthesen müssen also $> 10^2$ gleiche oder verschiedene „Monomere" mit Molmassen < 100 miteinander verknüpft werden.

a) Verbinden 10^2–10^4 Monomere an je 2 reaktiven Stellen *(bifunktionell)* sich miteinander (Bild 1.1a), so entstehen fadenförmige, *lineare Makro-Moleküle* thermoplastisch verarbeitbarer Homo- oder Co-Polymerer. Polymere mit extrem langen Fadenmolekülen (MM $> 10^6$, z. B. PE-UHMW, S. 258) oder starken Sekundärvalenzkräften zwischen den Molekülen (PTFE, S. 311 ff.) schmelzen extrem zäh. Grenzfälle zwar löslicher, aber unzersetzt nicht mehr fließfähig aufschmelzbarer Linear-Polymerer sind thermoelastisches Acrylglas (S. 417), Cellulose und überwiegend aromatische Linear- und Halbleiter-Polymere (S. 529).

b) Reagieren einzelne Monomere an mehr als zwei Stellen, so entstehen *verzweigte Makromoleküle* von Homo- oder Copolymeren (Bild 1.1 b) mit gegenüber linearen Makromolekülen graduell unterschiedlichem thermoplastischen Stoffverhalten.

c) Verbinden sich Monomere, Zwischenprodukte oder lineare Makromoleküle über drei oder mehr reaktiven Stellen (*tri-* oder *multifunktionell*) miteinander, so entstehen räumlich *vernetzte Makromoleküle* (Bild 1.1c) mit unbestimmbar hohen Molekulargewichten. Dabei sind zwei Fälle zu unterscheiden:

c_1) Eine verhältnismäßig weitmaschige chemische Vernetzung zwischen linearen Polymeren bewirkt elastomeres Verhalten im Temperaturbereich oberhalb der Glastemperatur des Polymeren bis zum beginnenden thermochemischen Abbau der Bindungen, s. Abschn. 1.5.3, S. 16.

c_2) Eine völlige, oft stufenweise geführte Reaktion zwischen mindestens trifunktionellen Ausgangsprodukten führt zu harten, unschmelzbaren Duroplasten. Ein voll „ausgehärtetes" Duroplast-Formteil besteht – im Grenzfall – aus einem einzigen in sich räumlich vernetztem Makromolekül.

In Polymer-Synthesen (3.1.2, S. 52) werden gleiche Monomer-Moleküle – bei KP- und APS-Reaktionen (vgl. 3.1.2) Reaktionspartner-Paare, bei APK identische – zu Homo-Polymeren, unterschiedliche zu Co-Polymeren verbunden. Lineare und verzweigte schmelzbare Makromoleküle können in der Schmelze kombiniert, solche jeder Art durch Verbund mit Fremdstoffen verarbeitet werden. Diese

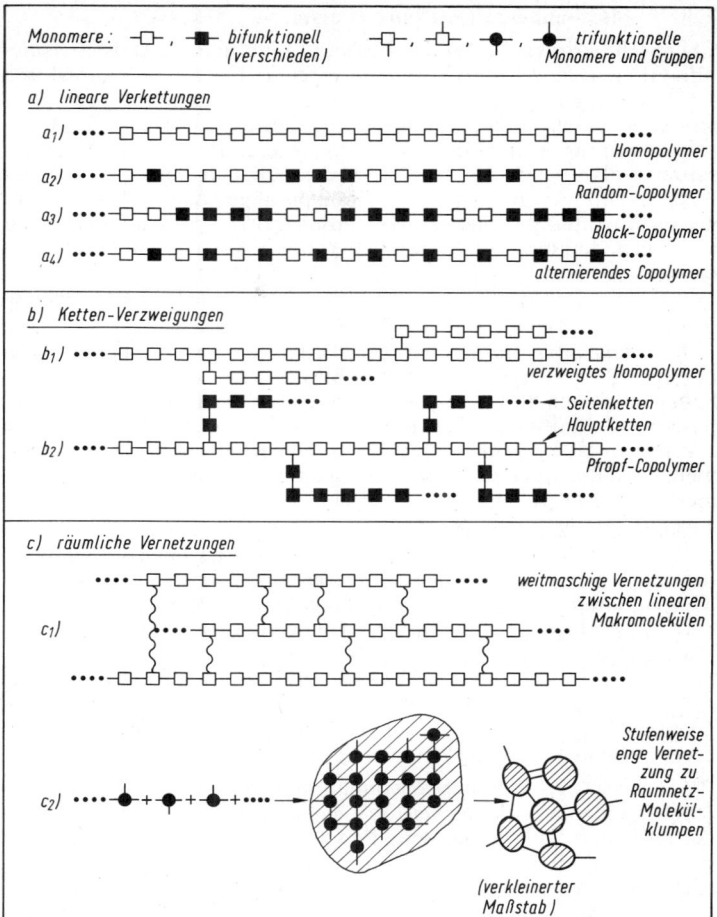

Bild 1.1. Aufbauschemata von Makromolekülen:
a und *b*: Thermoplaste
c_1: Elastomere, c_2: Duroplaste

Wege vom polymeren Makromolekül zu technischen Polymer-Werkstoffen („Kunststoffen") werden in den folgenden Abschnitten 1.3.2 und 1.3.3 aufgezeigt.

1.3.2   Intra- und intermolekulare Polymer-Kombinationen

Chemisch verträgliche Monomere kann man unter Eigenschaftsmo-
difikationen gemäß der Mischungsregel in einer Aufbaureaktion
statistisch ungeordnet zu einphasig-homogenen Random-Copolyme-
ren (Bild 1.1, a2) zusammenfügen. Regelmäßig alternierende Mono-
meranordnungen (a4) sind spezifisch für thermoplastische Konden-
sations-Polymere (S. 325 ff.). Die Makromoleküle verschiedener Polymeren sind – von wenigen Ausnahmen abgesehen – allenfalls mit
geringen Anteilen einer Zweitkomponente (< 5%) untereinander
einphasig homogen mischbar. Über diese Verträglichkeitsgrenzen
der Optimierung anwendungstechnischer Eigenschaften durch Polymer-Kombinationen führen zwei einander ergänzende unterschiedliche technologische Verfahrensweisen:

1. *Intramolekular:* In mehrstufigen Aufbaureaktionen werden durch
(„Tele"-)Block-Copolymerisation (Bild 1.1, a3) längere Monomer-
Sequenzen über kürzere andersartige linear, auch gruppenweise alternierend (Multiblock-Cop.) chemisch aneinander gebunden, durch
Pfropf-Copolymerisation (Bild 1.1, b2) mehr oder weniger lange, oft
mengenmäßig überwiegende Seitenketten an ein „Rückgrat-Polymer" geknüpft (S. 29, 277).

2. *Intermolekular:* Zwei oder mehrere Polymere in beträchtlichen,
aber unterschiedlichen Anteilen werden unter definierten Tempera-
tur- und Scherbedingungen zu verarbeitungsfertigen Granulaten
compoundiert, die unter Bezeichnungen wie *(Poly-)Blends, Alloys,*
bzw. *Legierungen* als vielfältige Untergruppen thermoplastischer
Formmassen von zunehmender Bedeutung (S. 28 f., einzelne Produkte in allen Abschnitten von 4.1 Thermoplastische Kunststoffe)
auf dem Markt sind. Die Abgrenzung gegenüber durch geringe Poly-
merzusätze „modifizierten Kunststoffen" wird nicht immer scharf
gekennzeichnet (z. B. im PVC-Bereich, S. 291 f.).

Beide Arten von Polymer-Kombinationen sind in (sub)mikroskopi-
schen Größenbereichen zwei- oder mehrphasig. In der Regel bildet
der im Unterschuß vorhandene Polymeranteil die „disperse Phase",
welche mit Teilchendurchmessern um 1 μm in die kohärente „Matrix" des überwiegenden Anteils eingelagert ist. Zur Blend-Technologie gehört die „Ankopplung" der Phasen-Grenzflächen zwischen
den wenig verträglichen Polymeren so, daß sich eine optimale Ver-
teilungsstruktur der dispersen Phase bei der Verarbeitung im jeweils
vorgesehenen, oft ziemlich engen Temperatur- und Scherungsbe-
reich („Verarbeitungsfenster") herausbildet. Zu hohe Verarbeitungstemperatur oder -scherung kann das Mehrphasensystem durch „Um-
schlagen" wirkungslos machen, zu geringe seine Ausbildung beeinträchtigen.

Zur Phasen-Ankopplung können mit allen Hauptkomponenten verträgliche spezielle Copolymere als „Haftvermittler" in das Blend
eingearbeitet oder in die Komponenten verträglichkeitsfördernde
Gruppen einpolymerisiert, also in gewissem Maße die Verfahren

1 + 2 kombiniert werden (Beispiele u. a. S. 277 ff.). Durch mehrkomponentige Legierungen werden die Eigenschaftsprofile von Kunststofftypen vielfältig für anwendungstechnische Sonderanforderungen optimiert, indem z. B. höher fließbare, temperatur-, chemikalien- und treibstoffbeständige kristalline Polymere mit amorphen Polymeren legiert werden, welche die Isotropie fördern und die Schwindung mindern.

Bei der häufigen Kombination hart elastischer, gut temperaturstandfester Polymerer mit – auch „Modifikatoren" genannten – weich elastischen Polymeren fängt die weichelastische disperse Phase durch Stabilisierung von Mikro-Deformationsprozessen in der anteilmäßig überwiegenden Hartphasenmatrix allein die zum Bruch führende Schlagspannung ab; in manchen Fällen (PC + ABS, S. 351) gelingt dies nachweisbar synergistisch über die Kälteschlagzähigkeit beider Komponenten hinaus bis zu tieferen Temperaturen. Verarbeitungsmängel können den Spröd-Übergangsbereich bis 20 K erhöhen. Vorgänge wie das Einfrieren der zweiten Phase solcher Systeme werden im Torsionsschwingungsversuch durch einen Wendepunkt der Schubmodul- und ein Zwischenmaximum des Verlustfaktors d kenntlich (S. 14, Bild 1.6 links).

In *thermoplastischen Elastomeren* (meist Block-Copolymere oder Blends) ist der überwiegende Weichanteil (S. 17) die eigenschaftsbestimmende kohärente Matrix-Phase. Die als disperse Phase eingebundenen amorphen oder kristallinen Hart-„Domänen" verhindern ein Abgleiten der Fadenmoleküle gegeneinander bis zu ihren Glas- oder Schmelztemperaturen.

In Ionomeren (S. 264) bewirken bei höheren Temperaturen sich lösende Ionen-Bindungen zwischen Säuregruppen in Makromolekülen und Metall-Ionen eine ähnlich temperaturabhängige Vernetzung.

Kunststoffe, in denen nicht mischbare Komponenten zu gleichen Anteilen vorhanden sind, bilden einander durchdringende kontinuierliche Phasen *(IPN = Interpenetrating Networks)*. Sie haben bisher nur in wenigen Fällen praktische Bedeutung erlangt (S. 326, 466, 474, 541, 545/546).

1.3.3 Polymer-Werkstoff-Verbunde („Composite")

Polymer-Werkstoff-Verbunde enthalten erhebliche ($\geq$ 10 Gew.-Proz.) bis überwiegende Anteile an Feststoffen als *disperse Phase,* die je nach Art und Verteilung eigenschaftsbestimmend sind. Grenzfälle am Rande des Kunststoffgebietes sind z. B. kunstharzgebundene Holzwerkstoffe (S. 512) oder Polymer-Beton (S. 453).

Duroplast-Formstoffe aus typisierten und nicht typisierten (Sonder-) Formmassen (S. 481 ff.) mit stofflich nach Verteilungsgrad und Gestalt unterschiedlich wirksamer disperser Phase sind das klassische Beispiel der Vielfalt für unterschiedliche Anforderungen jeweils zweckgerecht optimierter Kunststoff-Verbundwerkstoffe. Die erhebliche Verbesserung der mit ≤ 0,5 mm lang kurzglasfaserverstärkten Thermoplast-Spritzgußmassen (S. 374) erreichbaren mechanischen Formstoffeigenschaften durch chemische Koppelung zwischen Faser und Matrix zeigt allgemein die Bedeutung der Grenzflächen-Haftung für das Verbundverhalten auf. Langfaser-Formmassen mit > 7 mm langen GF bringen eine weitere Verbesserung der Steifigkeit und Festigkeit um 10–20%, der Kerbschlagzähigkeit um 100 bis 200%. Im Niederdruck-Urformverfahren (S. 80) mit 50–80% GF-Gehalt im Verbund mit einer Reaktionsharz-Matrix in e i n e m Arbeitsgang gefertigten Groß-Formgebilde übertreffen an Festigkeit gleichartige aus üblichen Konstruktionswerkstoffen bei geringerem Gewicht. Sie sind Zwischenglieder der Entwicklung zu

Polymer-Hochleistungsverbundwerkstoffe mit ≥ 60% uni- oder multidirektionaler Hochleistungsfaser-Endlosverstärkung, die gewichtsbezogen drei- bis fünffach so fest sind wie Stahl (Bild 1.2), können mit GF annähernd gleiche, mit hochfesten Fasern mehrfach höhere spezifische Steifigkeiten als übliche GF-Werkstoffe aufweisen. Mit den spezifisch leichten Kohlenstoff- und Aramidfasern (Tafel 3.3, S. 64) verstärkt sind sie *Strukturwerkstoffe*[1]) für Luft- und Raumfahrt-Gerät, mit GF verstärkt etwas massiger und schwerer für den Fahrzeugbau. Als temperaturstandfeste Hochleistungsverbund-Matrices gewinnen neben den bisher meistgebrauchten Epoxid-Harzen (S. 501) zunehmendes Interesse einige warmformbeständige teilkristalline

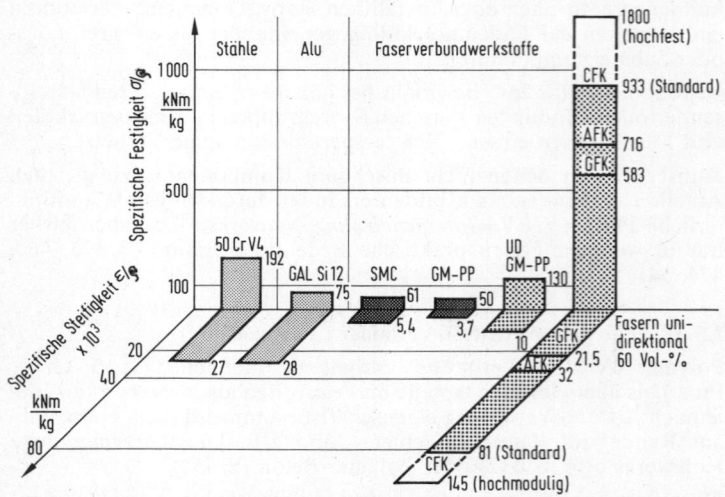

Bild 1.2. Werkstoffvergleich: spezifische Festigkeit und spezifische Steifigkeit

---

[1]) VD 2014 Entwicklung von Bauteilen aus Faser-Kunststoff-Verbund; Teil 1 Grundlagen, Teil 2 Konzeption und Berechnung, Teil 3 Zuverlässigkeit und Sicherheit. Ab Juli 1989.

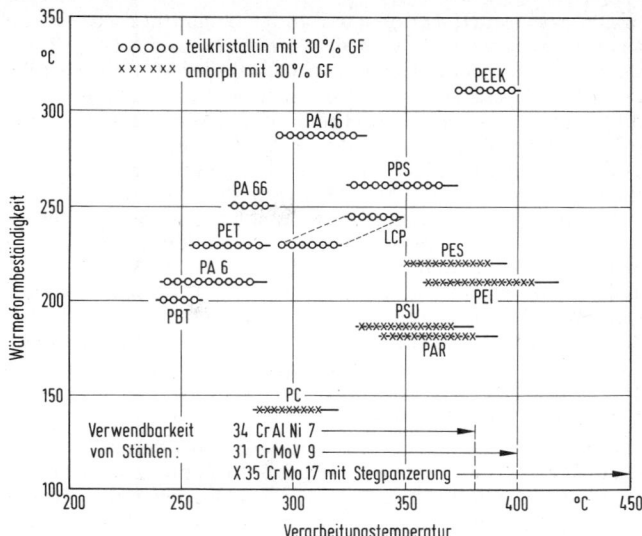

Bild 1.3. Wärmeformbeständigkeiten (ISO 75, Verfahren A) und Verarbeitungstemperaturen von hochtemperaturfesten Thermoplast-Verbund-Spritzgieß-
massen.

Thermoplaste (S. 357–371) mit relativ zur Warmformbeständigkeit
günstigeren Verarbeitungstemperaturen als amorphe Thermoplaste
(Bild 1.3). Gegenüber den schwierig zu verarbeitenden EP-Prepregs
bieten verstärkte Thermoplast-Formmassen und flächige Faser-
Thermoplast-Verbunde Vorteile. Hingewiesen sei auf glasmattenverstärkte Thermoplaste (GMT) mit PP-Matrix (S. 376, s. a. GM-PP und
UDGM-PP, Bild 1.2), die dank freizügiger Formbarkeit mit ähnlichen Verfahren wie in der Großserienfertigung der Blechbearbeitung
Marktprodukte geworden sind.

1.4 Visko-elastisches Fließverhalten von Polymeren

Kein Polymer ist ohne chemischen Abbau der Makromoleküle ver-
dampfbar. Die Schmelzen und Lösungen von Polymeren mit ketten-
förmigen linearen oder verzweigten Molekülen sind mit zunehmender Kettenlänge ansteigend hoch viskos. Ihre Fließgeschwindigkeit,
z. B. durch eine Düse (Durchsatz-Menge/Zeiteinheit), nimmt nicht
wie bei idealen (Newton'schen) Flüssigkeiten mit der Viskosität als
Konstante proportional der Druckspannung zu, sondern vielfach
überproportional ein als *Strukturviskosität* bezeichnetes Verhalten.

Die Viskositätserhöhung von Lösungen ($\eta_{rel} = \eta$ Lösung/η Lösungsmittel) bzw. deren *spezifische Viskosität* ($\eta_{sp} = \eta_{rel}-1$) ist auch bei ge-

ringen Schergeschwindigkeiten und Konzentrationen (c) nicht nur, wie für kugelförmige Moleküle, von der Konzentration, sondern wesentlich auch von der Größe und Gestalt der Makromoleküle abhängig. Andererseits sind Polymere in festem Zustand nicht ideal elastisch. Während nach dem Hooke'schen Gesetz ($\sigma = E \cdot \varepsilon$) Spannung ($\sigma$) und Verformung ($\varepsilon$) mit dem Elastizitätsmodul (E) als Konstante zeitunabhängig proportional sein sollen, nimmt auch im Bereich geringer Verformungen von Polymeren die einer konstantgehaltenen Verformung entsprechende Anfangsspannung mit der Zeit ab *(Relaxation)*, die einer konstantgehaltenen Spannung entsprechende Verformung mit der Zeit zu und geht auch nach Aufheben der Spannung nicht vollständig zurück *(Kriechen)*. Das Ausmaß von Relaxation oder Kriechen unter einer bestimmten Beanspruchung ist von der Beanspruchungs-Zeit und -Temperatur abhängig. Bei höherer Temperatur relaxieren oder kriechen Polymere in einem von der Temperaturdifferenz quantitativ abhängigen Verhältnis rascher als bei niedrigeren Temperaturen.

Das *visko-elastische* Polymer-Verhalten wird veranschaulicht durch Modelle, in denen zahlreiche ideal elastische Elemente (Federn) und in einem Zylinder mit viskoser Flüssigkeit bewegliche Kolben (Dämpfer) parallel und hintereinandergeschaltet zusammenwirken (Bild 1.4). Auf unendliche Anzahl solcher Elemente ausgebaut ermöglichen dieserart Modelle mit entsprechendem mathematischem Aufwand die vollständige quantitative Erfassung des Fließverhaltens (der *Rheologie*) und der Viskoelastizität von Polymeren. Verarbei-

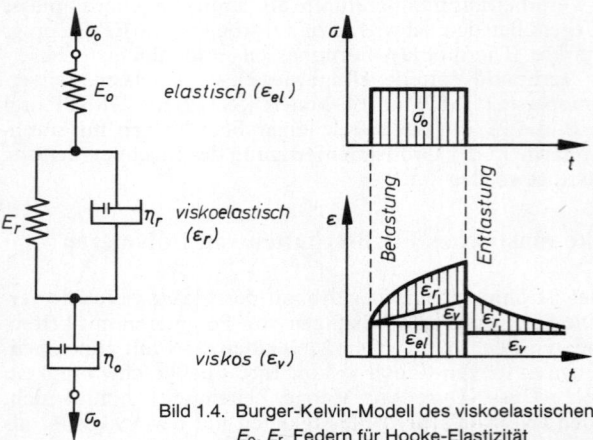

Bild 1.4. Burger-Kelvin-Modell des viskoelastischen Verhaltens
E_o, E_r Federn für Hooke-Elastizität
η_o, η_r Dämpfungselemente für Newton'sches Fließen
σ/t und ε/t Zyklus:
ε_{el} spontane elastische Verformung
ε_r zeitabhängige, reversible viskoelastische Verformung
ε_v zeitabhängige, irreversible viskose Verformung

tungsmaschinen (Kap. 3.2–3.8, S. 73 ff.) werden auf diesen Grundlagen für optimale Fließbedingungen ausgelegt. Das zeit- und temperaturabhängige viskoelastische Verhalten von Polymerwerkstoffen im Gebrauchszustand ist bestimmend für die Material-Kennwerte, die in ingenieurtechnische konstruktive Berechnungen von Kunststoffbauteilen einzusetzen sind (Abschnitt 7.7, S. 612).

Praktische Hinweise für den Verarbeiter geben die an verdünnten Polymerlösungen meßbare *Viskositätszahl,* die mit dem Polymerisationsgrad zunimmt, und der *Schmelzindex* von Formmassen, eine konventionelle Kennzahl für die – unter vergleichbaren Bedingungen – bezüglich des Polymerisationsgrades gegenläufige Fließgeschwindigkeit der Massen im Verarbeitungszustand. Einzelheiten siehe Abschn. 3.1.1 (S. 50 f.), 7.1.3 (S. 584).

1.5   Zustandsformen und Gebrauchsbereiche

Bei sehr tiefen Temperaturen sind verknäuelte und verschlaufte Fadenmoleküle, Molekül-Pakete oder -Netzwerke aller Polymeren (Bild 1.5) eng gepackt eingefroren, die Polymere sind steif, hart und glasartig spröde. Die mit der Temperatur zunehmende Brown'sche Bewegung der Makromoleküle in sich und gegeneinander bewirkt zunehmende Auflockerung der Packung – das Polymer wird weniger steif und spröd –, bis in einen begrenzten Temperaturbereich, gekennzeichnet durch die

Glas-Übergangstemperatur T_g (umgekehrt auch Einfriertemperatur genannt), bei der die Glaszustands-Bindungen sich auflösen, soweit sie nicht auf enger chemischer Vernetzung beruhen (Duroplaste).

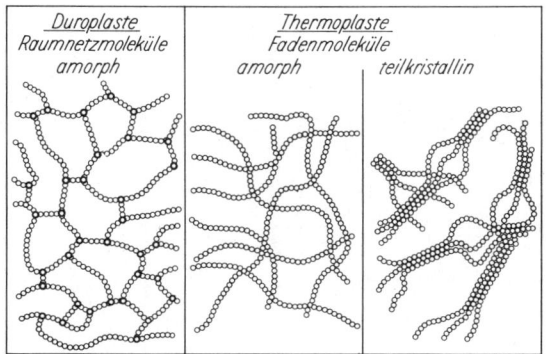

Bild 1.5. Struktur der Kunststoffe – Anordnung der Makromoleküle
  Modellbild etwa 1 000 000fach vergrößert, aufgelockert und stark vereinfacht: Kristallite können auch durch Falten von Molekülketten zu Lamellen entstehen, tangential zu Sphäroliten geordnet sein

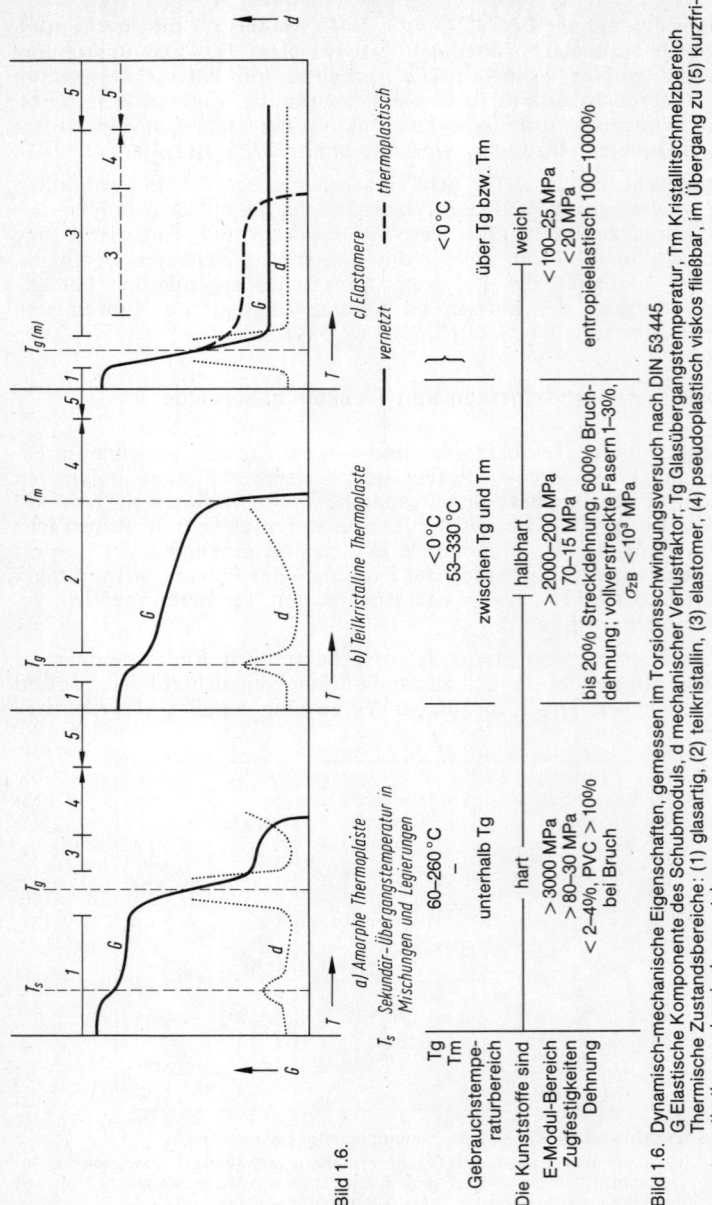

Bild 1.6.

a) Amorphe Thermoplaste   b) Teilkristalline Thermoplaste   c) Elastomere

—— vernetzt   - - - thermoplastisch

T_s Sekundär-übergangstemperatur in Mischungen und Legierungen

	a) Amorphe Thermoplaste	b) Teilkristalline Thermoplaste	c) Elastomere
T_g / T_m	60–260°C / –	<0°C / 53–330°C	<0°C / über T_g bzw. T_m
Gebrauchstemperaturbereich	unterhalb T_g	zwischen T_g und T_m	
Die Kunststoffe sind	hart	halbhart	weich
E-Modul-Bereich	>3000 MPa	>2000–200 MPa	<100–25 MPa
Zugfestigkeiten	>80–30 MPa	70–15 MPa	<20 MPa
Dehnung	<2–4%, PVC >10% bei Bruch	bis 200% Streckdehnung, 600% Bruchdehnung; vollverstreckte Fasern 1–3%, σ_{zB} <10³ MPa	entropieelastisch 100–1000%

Bild 1.6. Dynamisch-mechanische Eigenschaften, gemessen im Torsionsschwingungsversuch nach DIN 53445, G Elastische Komponente des Schubmoduls, d mechanischer Verlustfaktor, Tg Glasübergangstemperatur, Tm Kristallitschmelzbereich Thermische Zustandsbereiche: (1) glasartig, (2) teilkristallin, (3) elastomer, (4) pseudoplastisch viskos fließbar, im Übergang zu (5) kurzfristig thermochemisch zersetzbar

Die Polymere werden in diesem Bereich um Größenordnungen weniger steif, und die Kurven der Abhängigkeit der dielektrischen und anderer Eigenschaften, z. B. der Wärmeausdehnung und der spezifischen Wärme, ändern ihren Verlauf diskontinuierlich. Im Torsionsschwingversuch zur Ermittlung temperaturabhängiger Zustandsänderungen (S. 588) zeigt starkes Absinken der Kurve für den elastischen Anteil des Schubmoduls G $(E \sim 3 \cdot G)$ über wenige Temperaturgrade den Glasübergang an. Als T_g wird die Temperatur des Maximums der mechanischen Dämpfung während des Übergangs angegeben. Die durch die intramolekulare Struktur eines Polymeren bestimmte Lage von T_g ist von ausschlaggebender Bedeutung für deren Gebrauchstemperaturbereich als Kunststoff (Bild 1.6):

1. Wenn T_g von amorphen Thermoplasten hoch ist, werden diese unterhalb T_g als harte Kunststoffe gebraucht.

2. Wenn T_g von kristalline Bereiche enthaltenden Thermoplasten $< 0\,°C$ ist, werden diese zwischen T_g und der Schmelzbereichstemperatur der Kristallite T_m als zähharte oder halbharte Kunststoffe gebraucht.

3. Polymere mit T_g (oder T_m) $< 0\,°C$ und folgendem weitem Temperaturbereich (nahezu) gleichbleibender Modulwerte auf niedrigem Niveau sind im Gebrauchsbereich elastomer. Bei einigen Thermoplasten des Typs 1 (z. B. PVC, PMMA) weisen die G-Modulkurven einen elastomerähnlichen Temperaturbereich in allmählichem Übergang zur Fließbarkeit auf, der für das Warmformen von Halbzeug geeignet ist (Bild 3.91, S. 193).

In Bild 1.6 sind zu den drei gruppentypischen Diagrammen aus dem Torsionsschwingversuch jeweils praktische Grenzwertbereiche von T_g, T_m, dem Kurzzeit-E-Modul und der Zugfestigkeit der den einzelnen Gruppen zugehörenden Polymeren angegeben. Wegen der Gefahr thermischen Abbaus und des Abfalls der Festigkeitswerte insbesondere bei teilkristallinen Kunststoffen (Bereich 2) liegen die oberen Grenzen des Gebrauchstemperaturbereichs von Kunststoffen niedriger als die gemessenen T_g- bzw. T_m-Temperaturen, über $100\,°C$ nur bei Kunststoffen für speziellere Anwendungen in der Technik. Verstärkte Kunststoffe können um Größenordnungen höhere E-Modul- und Zugfestigkeits-Werte als unverstärkte erreichen (S. 10).

1.5.1   Der Glaszustand harter Kunststoffe aus amorphen Polymeren

Eng vernetzte Duroplaste sind – mit Bruchdehnungen $<2\%$ – starr, bis thermischer Abbau einsetzt, einige erweichen ein wenig unterhalb dieser Temperaturen. Die mechanischen Eigenschaften amorpher Thermoplaste fallen bis zum beginnenden Glasübergang (Bereich 1 in Bild 1.6), die von Duroplasten bis zum Einsetzen thermochemischen Abbaus verhältnismäßig wenig ab.

1.5.2 Teilkristalline Thermoplaste

Kettensegmente von Makromolekülen können sich zu Kristalliten in Abmessungen zwischen 0,1 μm und 1 mm zusammenlagern, wenn die Ketten glatt und regelmäßig gebaut sind (s. lineares und verzweigtes PE, S. 248, isotaktisches PP, S. 266) und/oder wenn zwischen ihnen sekundäre chemische Bindungskräfte in regelmäßiger Anordnung wirken (z. B. PA, Bild 4.10, S. 332). Die Kristallite können sich zu Bündeln oder Sphäroliten zusammenlagern.

Abhängig einerseits von der Molekularstruktur, andererseits von den Verarbeitungsbedingungen, können die Kristallite zwischen 95% und 5% des Polymervolumens ausfüllen. Sie sind verknüpft durch ungeordnet verknäuelte Kettensegmente zwischen ihnen, welche – oberhalb T_g gummiartig erweicht – in teilkristallinen (zweiphasigen s. S. 6/8) Kunststoffen als eine Art intramolekulare Gelenke zwischen den steifen Kristalliten wirken. Das führt – in Verbindung mit der Blend-Technologie (S. 9, 29) – zu äußerst vielseitigen Kombinationen von Steifigkeit und zäh-elastischem Verhalten im Bereich der teilkristallinen Thermoplaste.

Bei Zugbelastung über eine bestimmte Fließgrenze hinaus orientieren sich die Kristallite in Zugrichtung. Mit hohem Zugverhältnis longitudinal *gereckte* Folien, Fäden oder Fasern sind in der Reckrichtung um ein Vielfaches verfestigt (S. 185, 259).

1.5.3 Der gummielastische Zustand

Harte Polymere, in erster Linie PVC, werden leder- oder gummiartig bei Gebrauchstemperaturen durch das Einarbeiten von Weichmacher genannten wenig flüchtigen Lösungsmitteln. *Weichgemachte Thermoplaste* sind nicht echte Elastomere, sondern einphasige lösungsartig „solvatisierte" Thermoplaste, deren Gummielastizität beträchtlich von Temperaturänderungen abhängt.

Die Verknäuelungen von Molekülketten und die Verschlaufungen zwischen den Molekülketten harter amorpher Thermoplaste werden gelockert – aber noch nicht aufgelöst – durch Erwärmung in einen Temperaturbereich unmittelbar oberhalb von T_g (3 in Bild 1.6). Umformungen von Halbzeug in diesem *thermoelastischen Zustand* (S. 192) müssen durch Kühlen des geformten Artikels unter Formspannung bis unterhalb T_g eingefroren werden. Wird das geformte Teil bis nahe (oder oberhalb von) T_g freiliegend erwärmt, geht die Umformung vollständig zurück. Im „thermoplastisch"-viskosen Fließbereich (4 in Bild 1.6) spannungsarm geformte Teile dagegen sind auch etwas oberhalb von T_g nahezu formstandfest.

Gummielastische Stoffe können unter Streckung verknäuelter Molekül-Abschnitte mit geringem Kraftaufwand bis zu mehreren 100% verformt werden, ehe physikalische oder chemische Netzbindungen durch Verstrammung unmittelbar vor dem Zerreißen meßbar werden. Nach Entlastung treibt die Wärmebewegung die gestreckten

Molekülabschnitte *„entropieelastisch"* in geknäuelte Lagen zurück, anfänglich sehr rasch, die letzten Verformungsreste langsamer.

Bei Erzeugnissen aus *chemisch vernetzt elastomerem Weichgummi* – d.i. „vulkanisierter" Natur- oder Synthesekautschuk (Abschn. 5.1, S. 537 ff.) – mit Shore-Härten (S. 611) von 20 A bis 90 A (Bild 4.13, S. 343) und niedrigem E-Modul (Bild 1.6 c, S. 14) sind rasche Verformungen bis > 100% im gesamten Gebrauchstemperaturbereich bis an die Grenze thermischen Abbaus weitestgehend reversibel. *Thermoplastische Elastomere* (TPE, S. 3) sind zu untergliedern in dem Weichgummi nahestehende „Mehrzweck"-TPE (z.B. S-B-S-Blockpolymere, S. 284) mit Shore-Härten von 30 A bis 85 A und die härteren „technischen" TPE, die mit Shore-Härten von 60 A bis 70 D den Übergang zu schlagzäh modifizierten Thermoplasten (S. 9) überbrücken (Bild 4.13, S. 343). Zu diesen gehören (EPDM + PP)-Blends (S. 265) zum Teil, weiter die thermoplastischen Polyurethane TPU (S. 344), Copolyester (S. 357) und Polyetheramide (S. 342). Infolge ihrer höheren Festigkeit und Steifigkeit (verglichen mit Weichgummi, Biegemodul bis 500 MPa) erfordert ihre Verformung höhere Kräfte und ist – bei Bruchdehnungen bis zu mehreren hundert Prozent – gummielastisch reversibel nur bis 2,5–7% Verformung. Die durch Fließen unter Belastung gegebenen Anwendungstemperaturgrenzen liegen ca. 30 K unter den Erweichungstemperaturen der vernetzungswirksamen Hartsegment-Domänen. Mit rechnerisch auswertbarer guter Festigkeit und vorzüglichem dynamischen Verhalten in weitem Temperaturbereich sind technische TPE als Konstruktionswerkstoffe für Funktionselemente im Geräte- und Fahrzeugbau, die auf Federung und Flexibilität beansprucht werden, einsetzbar.

1.5.4 Die viskose „thermoplastische" Schmelze

Alle Thermoplaste werden als viskose Schmelze urgeformt. Amorphe Thermoplaste müssen aus längeren Fadenmolekülen bestehen als teilkristalline, weil die letzteren im Gebrauchstemperaturbereich durch Kristallisation verfestigt sind. Daher sind die Schmelzen amorpher Thermoplaste höher viskos als die teilkristalliner Thermoplaste, von denen manche für bestimmte Anwendungen drucklos vergossen werden können. Lange Kettenmoleküle in Thermoplastschmelzen orientieren sich beim Fließen unter Druck infolge von Scher- oder Dehnströmungen. Spritzgegossene und extrudierte Erzeugnisse enthalten daher Orientierungen und eingefrorene Spannungen, die anisotrope Eigenschaften, Verwerfungen und Verformungen verursachen können. Zuweilen müssen diese Spannungen durch erhöhte Formwerkzeugtemperaturen oder Tempern der Formteile bei erhöhter Temperatur vermindert werden. Formteile, die starke Spannungen enthalten, können ihre Gestalt nahezu vollständig verlieren, wenn sie freiliegend auf die Formungstemperaturen erwärmt werden.

1.6   Praktische Kunststoff-Eigenschaften

1.6.1   In ihrem *mechanischen Verhalten* überstreichen Kunststoffe einen weiten Bereich von Festigkeit und Steifigkeit (Bild 1.7). Die E-Moduli herkömmlicher Kunststoffe sind geringer als die von Metallen. Das ist bei der konstruktiven Gestaltung von Kunststoffteilen ebenso zu berücksichtigen wie auch das temperaturabhängige „Kriechen" unter statischer oder dynamischer Langzeitbeanspruchung (S. 608 ff.). Die bei Hochleistungs-Verbundwerkstoffen mehrfach höhere Festigkeit und Steifigkeit als bei Metallen zeigt Bild 1.2 (S. 10).

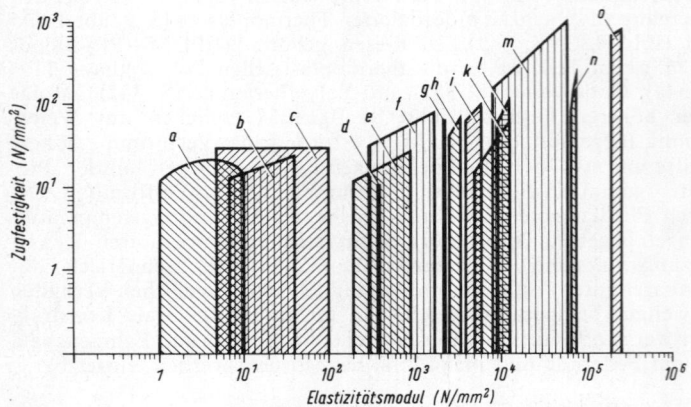

Bild 1.7. Zugfestigkeits- und Elastizitätsmodul-Bereiche gummielastischer bis stahlelastischer Werkstoffe

gummielastische Stoffe: *a* Weichgummi, *b* Weich-PVC, *c* Polyurethan-Elastomere

teilkristalline unverstärkte Thermoplaste: *d* Polytetrafluorethylen, *e* Polyethylene, *f* Polyamide

Thermoplaste im Glaszustand: *g* Polycarbonat, *h* Polystyrol, Hart-PVC, Acrylglas

Hydratcelluloseschichtstoff: *i* Vulkanfiber

klassische Preß- und Schichtpreßstoffe: *k* Preßstoffe DIN 7708, *l* Hartpapier, Hartgewebe

glasfaserverstärkte Kunststoffe: *m* Glasfaser-Matten, -Gewebe oder -Rovings mit UP- oder EP-Harzmatrix

Metalle: *n* Aluminium, *o* Stahl

1.6.2   Die *Dichte* von Kunststoffen ist gering (0,8 bis 2,2). Die spezifischen, d. h. auf die Dichte bezogenen mechanischen Eigenschaften von Kunststoffen sind meist besser als die vergleichbarer Werkstoffe, das macht Kunststoffe zu Leicht-Konstruktionswerkstoffen. Das gilt auch für Schaumkunststoffe extrem geringen Raumgewichts als Sandwichkerne und in anderen Werkstoff-Verbunden.

1.6.3 Kunststoffe sind *Isolier- und Baustoffe der Elektrotechnik und Elektronik,* ihre Anwendung erfolgt nach einschlägigen internationalen Standards auch für extreme Anforderungen. Widerstandswerte sind nach Bedarf modifizierbar (S. 57).

1.6.4 Die *Umweltbeständigkeit* der Kunststoffe ist auf bestimmungsgemäßen Gebrauch mit und ohne zusätzlichen Oberflächenschutz einstellbar. Eng vernetzte Duroplaste sind unlöslich in organischen Lösungsmitteln. Elastomere sind in chemisch verwandten Lösungsmitteln quellbar, Thermoplaste in solchen löslich, andererseits zum Teil höchst korrosionsfeste Werkstoffe für den Apparate- und Rohrleitungsbau. Manche Kunststoffe sind in Kontakt mit bestimmten Stoffen spannungsrißgefährdet (S. 595, 597). Die Beständigkeit von Kunststoffen gegen Witterungseinflüsse ist unterschiedlich, sie wird wesentlich erhöht durch geeignete Stabilisatoren (s. S. 57, 293). Viele Kunststoffe sind physiologisch inert, für den Lebensmittelverkehr und für medizinische Anwendungen zugelassen.

1.6.5 Die *Wärmeleitfähigkeit* von Kunststoffen ist viel geringer (extrem bei den hoch wärmedämmenden Schaumkunststoffen), die *Wärmedehnzahl* höher als die metallischer Werkstoffe. Hoch gefüllte Kunststoff-„Composite" haben geringere Wärmedehnzahlen, C-faserverstärkte bis nahezu Null. Hinsichtlich der *Gebrauchstemperaturbereiche* siehe S. 589 ff.

1.6.6 Alle organischen Werkstoffe sind *brennbar.* Manche Kunststoffe sind von ihrem chemischen Aufbau her schwer entflammbar. Durch chemisch eingebaute und/oder eingearbeitete zusätzliche Flammschutzmittel können Kunststoffe schwer entflammbar eingestellt werden, so daß sie die einschlägigen elektrotechnischen, bauaufsichtlichen und verkehrstechnischen Sicherheits-Anforderungen an Werkstoffe und Bauteile erfüllen.

1.6.7 Für die *Gestaltung von Kunststofferzeugnissen* stehen vielfältig formbare, glasklar oder gedeckt in beliebigen Farben durchgehend haltbar einzufärbende Materialien zur Auswahl. Halbzeuge und Formteile haben – mit Ausnahme mancher geschäumter und hochverstärkter Erzeugnisse – dichte, je nach Ausführung der anliegenden Formwerkzeugflächen glänzende, matte, auch räumlich strukturierte Oberflächen, die dauerhaft sind und keiner Nacharbeit bedürfen.

1.6.8 Die *industriellen Verfahren der Massenfertigung* ermöglichen rationelle Herstellung von Präzisionsformteilen von < 1 g Gewicht ebenso wie diejenige von Großformteilen von > 100 kg Gewicht und (warmgeformt) bis 16 m² Fläche sowie von Hohlkörpern bis 20 000 l Inhalt. Rohre werden bis 1,5 m Durchmesser, Folien bis 8 m Breite, Tafeln bis 3,5 m Breite extrudiert, die Länge dieser Erzeugnisse wird nur durch die Transportmöglichkeiten begrenzt, bei Fensterprofilen

z. B. bis 6 m Länge. Kunststoffe bieten damit einen weiten Spielraum für die Verwendung auf ihren Hauptanwendungsgebieten Feinwerktechnik, Elektronik und Elektrotechnik, Verpackung, Haushalts- und Sport-Geräte, Fahrzeugbau einschließlich Luft- und Raumfahrt und Bauwesen.

1.7   Kunststoff-Gruppen

Ein makromolekularer Naturstoff allgemeiner Bedeutung für Kunststoffe ist Cellulose (siehe Tafel 1.2). Naturharze (Kolophonium, Kopal) und fette Öle sind Vorprodukte für Lackkunstharze, Leinöl auch für Linoleum. Ricinusöl ist vielseitig aufschließbar (siehe Tafel 1.5, Spalten 1 und 2). Pflanzeneiweiße aus Mais oder Sojabohnen, Furfurol aus Getreideabfällen, chemisch aufschließbare Kohlehydrate sind für Kunststoffsynthesen von grundsätzlichem Interesse.

Die ältesten Ausgangspunkte für Kunstharzsynthesen sind Kohlenwertstoffe aus dem Steinkohlenteer (Benzol, Phenol u. a., siehe Tafeln 1.3 und 1.5). Dazu kamen später Produkte aus der Kohlevergasung zu Synthesegasen (Haber-Boschverfahren u. a. liefern z. B. Formaldehyd, Harnstoff) und der Calciumcarbid-Chemie (Melamin, Acetylen). Heute stammen die meisten Vorprodukte aus der Erdöl- oder Petrochemie (Ethylen u. ä., Tafel 1.4 und 1.5). Petrochemische Produkte werden in Verbundwirtschaft mit der Raffinerie, aus Erdgas oder durch spezielle Crackverfahren („Pyrolysen" bei verschieden hohen Temperaturen) wirtschaftlich gewonnen.

Nach Herkunft und Aufbau kann man die Kunststoffe in vier Gruppen einteilen, welche auch die historische Entwicklung widerspiegeln.

1. *Kunststoffe aus Naturstoffen,* Tafel 1.2 (S. 21): Vulkanfiber (1859), Celluloid (um 1870) und Kunsthorn (1897) sind die ältesten Kunststoffe, Zellglas stammt aus dem Jahre 1910. Zellglas und die thermoplastischen Formmassen der Cellulosechemie stehen im Wettbewerb mit anderen Verpackungsfolien und thermoplastischen Kunststoffen.

2. *„Klassische" Kondensationsharzkunststoffe,* Tafel 1.3 (S. 22): Die Verarbeitungstechnologie dieser duroplastischen Kunststoffe als technische Harze und in Verbindung mit strukturwirksamen Füllstoffen (Harzträger) als Hochdruck-Preßmassen und -Schichtpreßstoffe beruht auf den Erfindungen Leo H. Baekelands (Bakelite) um 1910. Synthese und Aufbereitung siehe Seiten 439 ff.

3. *Polymerisations-Produkte,* Tafel 1.4 (neben S. 22): Die Grundlage für den systematischen Aufbau von thermoplastischen Kunststoffen mit fadenförmigen Makromolekülen durch Polymerisation ungesättigter Monomerer legten die Arbeiten H. Staudingers ab 1922. Polystyrol (1930), Polyvinylchlorid (1931), Polyethylen PE-LD (1939), PE-HD (1953), neue Niederdruckverfahren für lineares PE-LLD

Tafel 1.2. Kunststoffe aus Naturstoffen

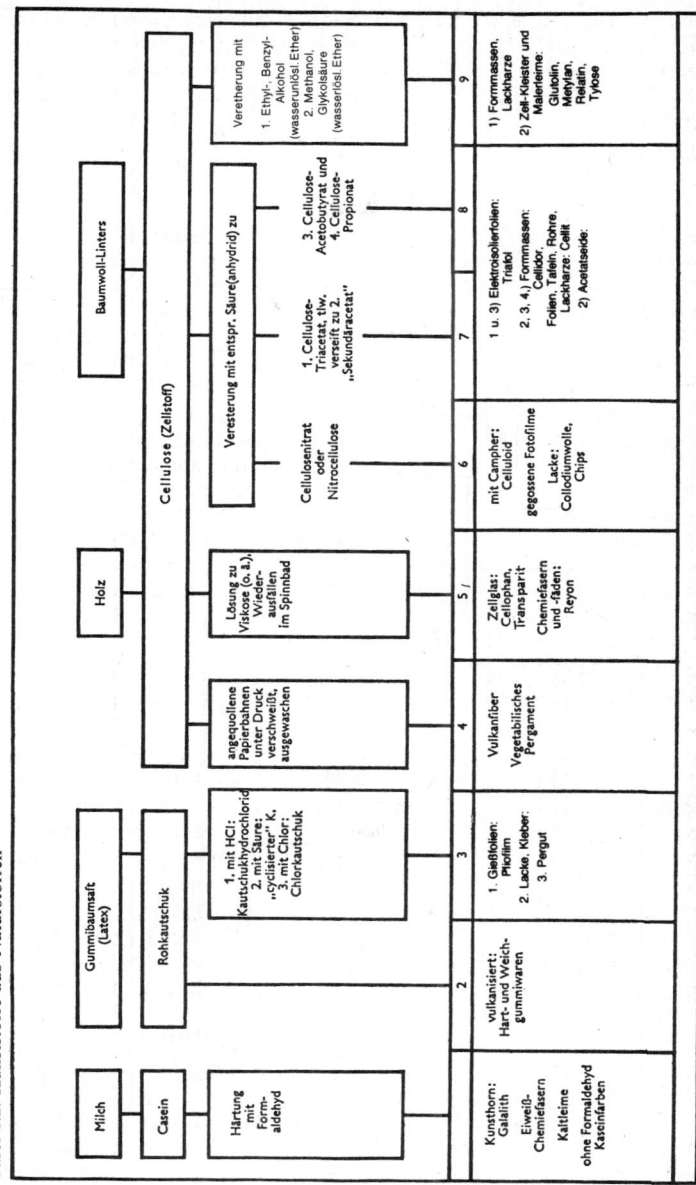

Tafel 1.3. Klassische Kondensationsharz-Kunststoffe – härtbare (duroplastische) Kunststoffe

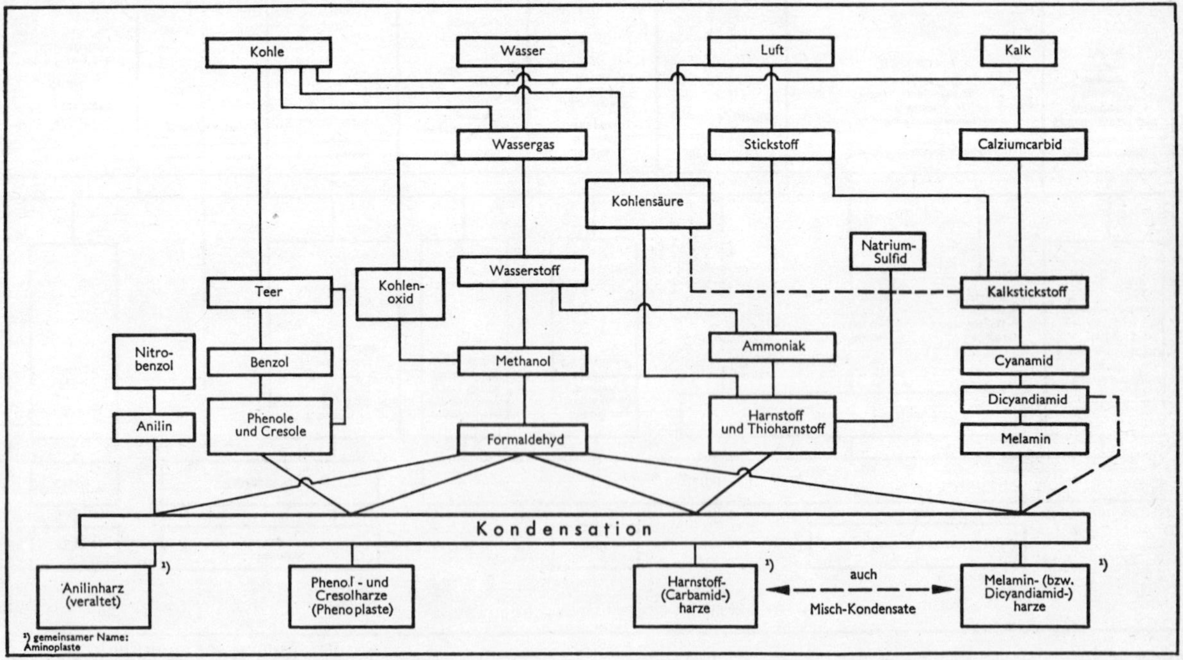

(1960) und Polypropylen (1954) zusammen machen heute mit zahlreichen Homo-, Co-Polymerisaten und den „alloys" (Legierungen) gut 70% der Kunststofferzeugung der meisten Industrieländer aus.

4. *Kunststoffe über mehrfunktionelle aliphatische und aromatische Zwischenprodukte,* Tafel 1.5 (neben S. 23): Der Aufbau dieser aus den letzten Jahrzehnten stammenden Kunststoffe geht über vielfältige niedermolekulare Zwischenprodukte mit mehreren reaktiven Gruppen. Durch Kombinationen von Polymerisations-, Polyadditions- und Polykondensations-Reaktionen (S. 52, 451 ff.) hat man neue Reihen von Ingenieur-Werkstoffen „nach Maß" entwickelt. Hochtemperaturbeständige Kunststoffe s. a. Abschn. 4.8, S. 525 ff.

Läßt man Zwischenprodukte mit je zwei Gruppen (bifunktionell) miteinander reagieren, so kommt man zu den Fadenmolekülen thermoplastischer Kunststoffe oder auch zu weiteren, an den Verarbeiter gelieferte Zwischenprodukte, die unter bequemen Arbeitsbedingungen (drucklos) chemisch mehr oder weniger vernetzt und so zu duroplastisch ausgehärteten oder gummielastischen Erzeugnissen verarbeitet werden. Grundsätzliches über solche Aufbaureaktion s. S. 6.

1.8   Entwicklungstrends

1.8.1   Weltweite Produktions- und Verbrauchs-Entwicklungen

Aufbauend auf eine Welterzeugung von ca. 100 000 t/a „klassischer" Duroplaste und Naturstoffderivate begann um 1930 die Entwicklung der Kunststoffe zu Massenwerkstoffen. Durch die Markteinführung der Standardthermoplaste auf Basis von Styrol, weiterhin von Vinylchlorid, Ethylen und schließlich Propylen, dem Übergang von der Kohle- zur Petrochemie und neuen Kondensations- und Additions-Polymeren seit den 50er Jahren führte sie mit anhaltend 15% jährlichem Wachstum zur Verdoppelung der Produktion aller fünf Jahre und erreichte 1979 einen Spitzenwert von über 60 Millionen Tonnen. Nach vorübergehender Stagnation 1981/1982 sind Kunststoff-Erzeugung und -Verarbeitung weiterhin Wachstums-Industrien mit weltweit 5–6%/a Mengenzuwachs, der sich in Jahren guter Konjunktur, z. B. in den USA im Jahr 1987, in der Bundesrepublik Deutschland 1988 auf 8–9% erhöhen kann.

Welt-Kunststofferzeugung und -verbrauch (Bild 1.8, S. 24) werden die 100-Mio.-t/a-Grenze voraussichtlich im Laufe des nächsten Jahrzehnts überschreiten, wobei der Anteil von Thermoplasten den der Duroplaste (Bild 1.9, S. 24) weiterhin zunehmend stark überwiegt. Mit geringerem Energieaufwand für Rohstoffe und Fertigerzeugnisse als für herkömmliche Industrie-Werkstoffe sind Kunststoffe nachhaltig umweltschonend (Bild 1.10, S. 25). Von allen in der Bundesrepublik Deutschland verwendeten Mineralölprodukten werden zur Kunststoffherstellung lediglich etwa 6% benötigt (Bild 1.11). Über 70% werden als Heizöl oder in Motoren verbrannt. Weltweit

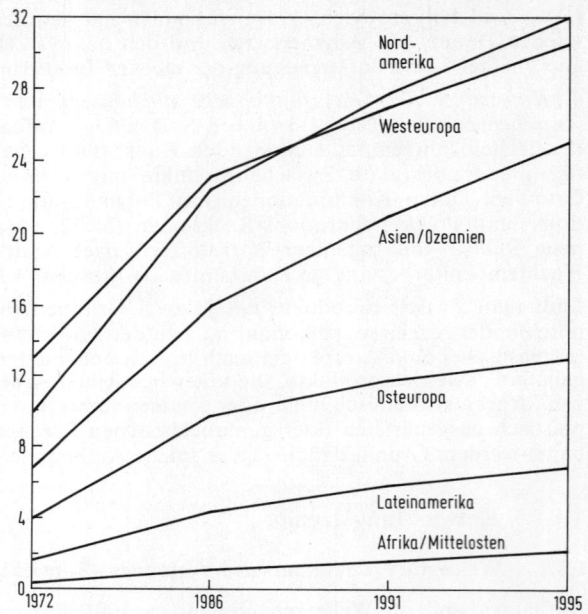

Bild 1.8. Welt-Kunststoff-Verbrauch 1972–1995 in Mio t/a

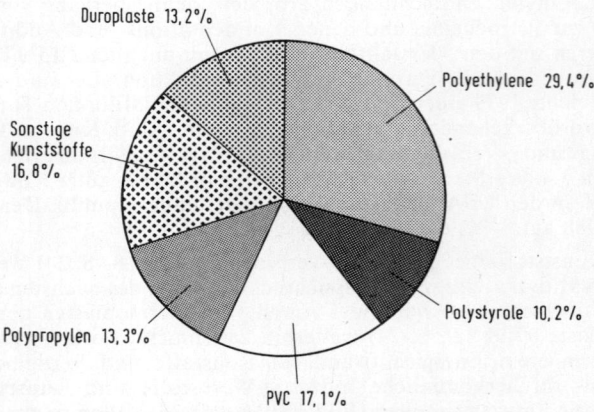

Bild 1.9. Aufteilung des Kunststoff-Weltverbrauchs 1990

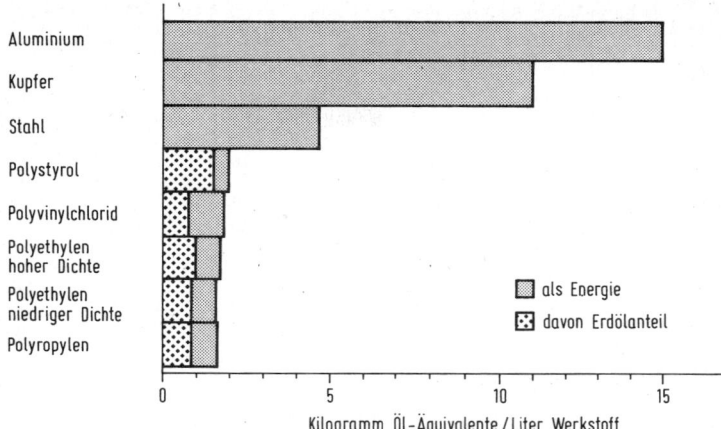

Bild 1.10. Vergleich des Energiebedarfs bei der Herstellung von Werkstoffen. Kunststoffe sind energiesparende Werkstoffe, sowohl bei ihrer Herstellung als auch bei der Weiterverarbeitung mit relativ niedrigen Temperaturen.

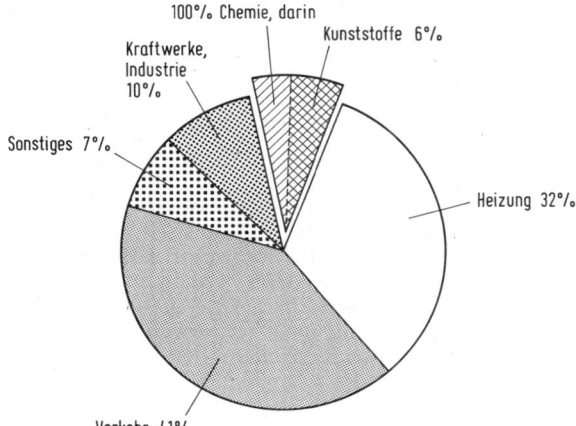

Bild 1.11. Von den aus den Raffinerien kommenden Erdölprodukten werden nur etwa 6% für die Kunststoffindustrie gebraucht.

im Gange ist die anteilige Verlagerung der Großproduktion von Standard-Kunststoffen in die Erdöl und Naturgas fördernden Länder in Nahost, Mittelost und Afrika im Anschluß an deren im Aufbau befindliche eigene Petrochemie. Sie werden damit – wie auch Kanada – zu Exportländern für den Weltmarkt. In Mexiko, Südamerika, Fernost (Indien, Thailand, VR China, Süd-Korea) laufen Anla-

Tafel 1.6. Produktion und Verbrauch von Kunststoffen je Region 1990, in tausend Tonnen (Quelle: IPAD – International Status Report on Plastics)

Region	West-Europa		Nord-Amerika		Japan		Andere	
	Pro-duktion	Ver-brauch	Pro-duktion	Ver-brauch	Pro-duktion	Ver-brauch	Pro-duktion	Ver-brauch
PVC	4535	4745	4445	4500	2049	2028	1881	2188
PS/EPS	1939	1611	2443	2479	1420	1217	1038	963
PE-LD, PE-LLD .	4640	4982	6236	5939	1785	1621	1151	1416
PE-HD	2279	2807	4146	4291	1103	958	803	1081
PP	3659	3369	4004	3924	1942	1793	1099	1226
Zwischensumme .	17052	17514	21274	21133	8299	7617	5972	6874
ABS, SAN	1055	217	638	653	672	538	507	315
PET	140	203	853	864	455	442	13	44
Acrylate	905	680	735	726	206	120	10	26
Polyamide	273	94	253	264	187	192	16	24
Aminoplaste . . .	1573	1598	770	760	626	624	73	120
Zwischensumme .	3946	2792	3249	3267	2146	1916	618	529
Phenole	416	360	1337	1333	385	383	51	83
Unges. Polyester .	1347	314	587	588	273	249	110	131
Polyurethane . . .	1237	918	1358	1362	321	315	142	217
Epoxide	156	160	226	220	157	141	34	33
Zwischensumme .	3156	1752	3508	3503	1136	1088	337	464
Andere	3282	5289	2469	2780	1068	834	365	639
insgesamt	27436	27348	30500	30683	12649	11455	7292	8506

Hinweis: Diese Zahlen müssen bezüglich technischer Kunststoffe in West-Europa als vorsichtige Schätzung betrachtet werden, da einige Zahlen nicht zur Verfügung standen.

geplanungen, von denen man erwartet, daß sie noch in den 90er Jahren zumindest zur Selbstversorgung der Verbraucher mit Massenkunststoffen führen.

Der derzeitige mengenmäßige Anteil Nordamerikas (USA + Kanada) von über 30%, Westeuropas von über 27%, Japans von über 10% an der Kunststoff-Weltproduktion wird dadurch vermutlich zurückgehen (Tafel 1.6). In den oben genannten Industrieländern strebt man höhere Wertzuwächse mit „intelligenteren" Werkstoffen und Erzeugnissen an, weniger eine Vermehrung der Massenkunststoffe mit geringerer technischer Weiterentwicklung.

Der Werkstoffoptimierung entspricht seitens der *Kunststoffverarbeitung* in den Industriestaaten der Aufbruch zum automatisierten flexiblen Betrieb mit dem Ziel eines umfassenden Verbundes aller betrieblichen EDV-Informationssysteme (CIM = Computer Integrated Manufacturing) für Formteil- und Halbzeug-Herstellung. Nur andeutungsweise kann in diesem Buch auf realisierte Teilansätze solcher Entwicklungen hingewiesen werden.

1.8.2   Werkstoff und Länder-Vergleiche bis 1990

Für die einzelnen *Standard-Thermoplaste* wird in Tafel 1.7 die Entwicklung der Produktion in Westeuropa seit 1979 aufgezeigt. Die

Tafel 1.7. Produktion von Standard-Thermoplasten Westeuropas in 1000 t

	1979	1982	1985	1988	1990
PE-LD............................	4534	3645	4231	4653	4640
PE-HD	1761	1540	2024	2645	2279
PP	1529	1816	2358	3280	3659
PS..............................	1393	1235	1389	1737	1939
PVC.............................	4046	3337	3937	4544	4535
Standard-Thermoplaste, insgesamt	13263	11573	14139	16859	17052

langfristige, stetige Zunahme der Polypropylenproduktion und ihres Anteils am Gesamtverbrauch der Standard-Kunststoffe entspricht weltweitem Trend. Nach Produktionshöhe und Preislage den Standard-Kunststoffen zuzuordnen, reicht PP mit seinen Variationsmöglichkeiten durch Copolymerisation, Verstärkungsstoffe und Elastifizierung in den Bereich der „technischen" Kunststoffe hinein. In den Zahlen der Tafel 1.7, die nach Angabe der APME (Association of Plastics Manufacturers Europe) über 95% der westeuropäischen Produktion erfassen, ist nicht enthalten die Marktentwicklung von PE-LD, PS und PVC von an den Erhebungen nicht beteiligten Erzeugern.

Einen Überblick über die Produktion, den Verbrauch und den Verbrauch pro Kopf weltweit bietet Tafel 1.8. Die Struktur der deut-

Tafel 1.8. Produktion, Verbrauch und Verbrauch pro Kopf
(Quelle: IPAD – International Status Report on Plastics)

Land	Produktion in tausend Tonnen			Verbrauch in tausend Tonnen			Verbrauch in kg pro Kopf		
	1989	1990	%Veränderung	1989	1990	%Veränderung	1989	1990	%Veränderung
Australien ..	781	711	– 9,0	1000	1000	0,0	59,0	58,5	– 0,8
Belgien	2808	2932	4,4	1426	1491	4,6	144,0	151,0	4,9
Dänemark ..	0	0	0,0	470	514	9,3	91,0	100,0	9,9
Deutschland .	9078	9371	3,2	8101	8605	6,2	130,9	137,0	4,7
Equador ...	0	0	0,0	55	70	27,3	5,2	6,7	28,8
Finnland ...	415	430	3,6	416	406	– 2,4	83,0	81,0	– 2,4
Frankreich ..	4259	4298	0,9	3611	3827	6,0	64,0	68,0	6,3
Großbritann..	2032	2245	10,5	3445	3499	1,6	60,5	61,1	1,0
Indien	350	340	– 2,9	685	670	– 2,2	0,8	0,8	0,0
Israel	221	233	5,0	227	248	9,2	49,3	51,6	4,6
Italien	2910	3015	3,6	4000	4225	5,6	70,0	74,0	5,7
Japan	11912	12649	6,2	11052	11455	3,6	89,6	92,6	3,3
Kanada	2187	2387	9,1	1941	2081	7,2	73,5	78,5	6,8
Neuseeland ..	0	0	0,0	129	116	–10,1	39,1	34,1	–12,7
Niederlande .	3265	3428	5,0	1120	n/a	n/a	75,0	n/a	n/a
Österreich ...	919	914	– 0,5	776	920	18,6	101,7	117,9	15,9
Rumänien ..	640	480	–25,0	470	295	–37,4	20,3	12,7	–37,4
Schweiz	168	187	11,2	627	656	4,7	93,2	96,5	3,5
Spanien	1934	2078	7,4	2053	2192	6,8	54,4	57,9	6,4
Südafrika ...	536	558	4,1	555	575	3,6	16,8	16,5	– 1,8
Ungarn	643	611	– 5,0	487	370	–24,0	47,2	35,9	–23,9
USA	26556	28113	5,9	24557	26114	6,3	99,0	104,0	5,1
insgesamt ...	71615	74979	4,7	67203	69328	3,2			

Tafel 1.9. Struktur der deutschen Kunststoff-Industrie 1990

	Zahl der Unternehmen	Be- schäftigte	Produktions- wert Mrd. DM
Kunststoff-Erzeugung	55	79 000	29,4
Kunststoff-Verarbeitung	4 600	286 000	52,0
Kunststoff-Maschinenbau	170	41 000	8,2
Summe	4 825	406 000	89,6

schen Kunststoff-Industrie 1989 zeigt Tafel 1.9. Die Kunststoffverarbeitung hat den weitaus größten Anteil für die Zahl der Unternehmen, die Zahl der Beschäftigten und den Produktionswert, verglichen mit den Anteilen der Kunststofferzeugung und des Kunststoff-
Maschinenbaus. Bei der Kunststoffverarbeitung handelt es sich um
eine mittelständische Industrie, die in den Industrieländern überwiegend unter 100 Beschäftigte je Betrieb ausweist.

An der *Kunststoff-Gesamtproduktion* Westeuropas haben zur Zeit
Standard-Thermoplaste $\geq 70\%$, Duroplaste $\leq 14\%$, technische Thermoplaste insgesamt $\geq 16\%$ Anteil (Bild 1.9, S. 24). Exaktere Abgren-
zungen sind u. a. deswegen nicht möglich, weil Zusammensetzung
und Verwendung einzelner Produkte vielfach nicht eindeutig ab-
grenzbar sind. So werden in statistischen Angaben über *Duroplaste*
für Pheno- und Aminoplaste 70–80% Anteil als Holzwerkstoff-Bin-
demittel, in diesen und anderen Positionen auch Lackharze und
Nicht-Kunststoff-Formstoff-Anwendungen miterfaßt. Duroplast-
Formmassen mit den technischen Thermoplasten vergleichbaren Anwendungsbereichen halten am Gesamt-Kunststoffverbrauch nur einen Anteil von etwa 2%. Für den starken Anstieg des PUR-Ver-
brauchs ist – neben elastomeren Schaumstoffen – die zunehmende
Anwendung von Weich- und Hart-Schaumstoffen von Bedeutung,
weniger die (R)RIM-Großteilfertigung.

1.8.3   Rohstoffe und Compounds

Für die globale Aufgliederung von Kunststoff-Produktion und -Ver-
brauch nach Werkstoff-Bereichen bietet sich das Bild einer dreifach
quergeteilten Pyramide an, deren breite Basis mit insgesamt rund
80% Mengenanteil thermoplastische und duroplastische Standard-
Kunststoffe bilden. Über dem folgenden Feld von Ingenieurwerk-
stoffen („Engineering Plastics") verbleibt ein noch enges Spitzenfeld
technisch höchstwertiger „Spezialitäten" mit geringem Marktanteil
oder in Markt-Einführung begriffener Produkte, mit jährlichen Zuwachsraten bis zu 20%. Die Rohstoff- und Produktenpreise nehmen
von der Basis zur Spitze der Pyramide nahezu umgekehrt proportional zur Menge zu. Im Feld „Standard-Kunststoffe" (Tafel 1.10, Nr. 1
und 2a) ist die Anzahl der nach chemischer Zusammensetzung und
Syntheseweg der Polymeren grundverschiedenen Rohstoffe und
Formmassen gering, diejenigen der für unterschiedliche Verarbeitung und/oder Anwendung optimierten Sorten und Typen groß. Der
Übergang zum Feld „Technische Kunststoffe" (Tafel 1.10, Nr. 2b

Tafel 1.10. Kunststoff-Haupt- und Untergruppen

Nr.	Haupt- und Untergruppen, Abschnitts-Nr. in Kapitel 4[1])	Größenord-nungsmäßiger Anteil[2]) %	Preisgruppen-Grenzen ca. DM/kg
1	*Standard-Thermoplaste:* Massenpolymerisate, alle Typen einschl. Modifikationen, Copolymere, Blends, TPE; 4.1.2.1 PE-LD + PE-HD, 4.1.2.7 PP, 4.1.3 PS, 4.1.4 PVC	70–75	2,00–4,00
2	*Duroplaste*		
2a	*Standardprodukte:* Bindemittelharze, Standard-Formmassetypen, auch Lackharze; 4.6.1.1/4.6.2.2 PF, 4.6.1.2/4.6.2.3 UF, 4.6.2.4 Reaktionsharze z.T. 5.2.1 Lackharze, 5.2.2 Klebstoffe	ca. 11	ähnlich 1
2b	*Technische Reaktionsharze und Formmassen:* 4.6.1.3 Furanharze, 4.6.1.5 UP z. T., 4.6.1.7 EP, 4.6.1.9 PUR, 4.6.2.2–4.6.2.5 Formmassen auf Basis PF, MF, UP, EP, DAP	ca. 9	ähnlich 3
3	*Technische Thermoplaste:* In unter 1. miterfaßte Multipolymerisate und Blends von Standard-Thermoplasten, insbes. ABS, SAN und Verwandte, 4.1.2.2 PE-X, 4.1.2.3 PE-C, 4.1.2.4 Ethylen-Cop. z.T., 4.1.2.8 PB, 4.1.3.9 PMP, 4.1.5 Fluor-Polymere, 4.1.6 PMMA, 4.1.7 POM, 4.1.8 PA und TPU, 4.1.9.1/2 PC, PET, PBT, 4.1.9.4 TPE, 4.1.10 mod. PPO, PSU, PES, 4.1.12 CA, CAB, CP	6–10	4,00–20
4	*Spezialitäten:* 4.1.9.5 Polyarylate, 4.1.9.6 selbstverstärkende kristalline Polyarylate, 4.1.10 PEEK, 4.1.11 Lineare Polyimide, 4.6.1.8 Spezial-Gießharze, 4.8.3–4.8.7 Hochtemperaturbeständige Kunststoffe, 4.8.8 Hochleistungs-Verbundwerkstoffe, 5.1.3 Silikone	einschließlich Rest	20–>100

[1]) zusätzlich zu beachten:
  4.1.1 Vor- und Spezialprodukte   4.2 Thermoplastische Kunststoff-Halbzeuge
  4.6.3 Halbzeug aus duroplastischen Kunststoffen
[2]) Unscharfe Abgrenzung mit möglichen Doppelzählungen lassen eine exakte Aufrechnung auf 100% nicht zu.

und 3) wird dadurch unscharf. Dieses andererseits umfaßt verschiedenartigste Polymere in großer Anzahl und wird weiter erheblich bereichert durch Blends (oder Legierungen) solcher mit Standard-Kunststoffen sowie durch unterschiedliche Monomere kombinierende Block- und Pfropf-Polymere (S. 8) einschließlich der thermoplastischen Elastomeren und der Blockpolymeren mit „telechelen" Hartsegmenten aus reaktiven (oligomeren) „Makromonomeren". Der Trennungsstrich zum Feld „Spezialitäten" ist in Bewegung.

Der *Reaktions-Extruder* mit der zugehörigen Peripherie ist das zukunftsweisende Produktionsmittel für eine kontinuierliche Durch-

lauf-(Co-)Polymerisationen und -Modifikationen in der Polymerpro-
duktion der im Großreaktor nachgeordneten Größenordnungen entsprechend sich differenzierenden Anforderungen der Kunststoff-
Verarbeitungs- und Anwendungstechnik. Im Mikro-Phasenbereich
segmentierende (TPE-)Blockcopolymerisation und Pfropfpolymerisation („Reaction processing"), das „Legieren" mit Phasenankoppe-
lung, das Einbinden von flammhemmenden, antistatischen, gleitför-
dernden Additiven und – mehr oder weniger gerichtet – verstärkend
wirksamen Zuschlägen mit dem Reaktions-Extruder schaffen – mit
unterschiedlichen Dimensionen und Bindungsarten der Komponenten – neue eigenständige *Thermoplast-„Werkstoff-Verbund"-Com-
pounds.* Der unmittelbare Anschluß von Verarbeitungseinheiten an
den Reaktions-Extruder bahnt einen Weg zur Fertigung thermoplastischer Kunststofferzeugnisse aus Monomeren oder Vorprodukten
in e i n e m Arbeitsgang. Mit diesen Entwicklungen gewinnen *„Compounder"*-Firmen, die außer Spezial-Compounds oft auch entsprechende Halbzeuge in ihrem Angebot führen, erhöhte Marktbedeutung als Mittler zwischen Kunststofferzeuger, Verarbeiter und Anwender auch in dem Entwicklungsbereich verstärkter *hochtempera-
turstandfester* thermoplastisch verarbeitbarer Kunststoffe.

Im *Duroplast-Bereich* hat das von Thermoplasten erst spät übernommene Verbundwerkstoff-Prinzip der „Composite" aus Harz-Matrix
als kohärenter und eigenschaftsverbessernde Zuschläge als disperser,
auch schichtweise eingebundener Phase seit jeher die Entwicklung
der Formmassen und Schichtpreßstoffe beherrscht.

Hochleistungs-Langfaserverbund-Werkstoffe (S. 10) stehen in der An-
fangsphase ihrer zu 60% in den USA, 20% in Europa, 12% in Japan
vorangetriebenen Marktentwicklung als Leichtbau-Strukturwerk-
stoffe mit 15–> 20% jährlichem Wachstum. Die großen internationalen Kunststoffhersteller haben sich dafür auch in der Verfahrenstechnik der Herstellung und textilen Ausrüstung hochfester Aramid-
und Carbonfasern (S. 533) engagiert (Tafel 1.11).

Die Verarbeitungsverfahren für unidirektional oder flächig endlosfa-
serverstärkte Prepregs mit EP-Harz-Matrix – Bandablegen oder Wik-
keln mit folgendem Aushärten im Autoklaven, RTM(= Resin-Trans-
fer-Molding)-Formpreß-Injektionsverfahren – sind für Großserien-
Bauteilfertigung (z. B. in der Automobilindustrie, Bild 1.14, S. 35) zu

Tafel 1.11. Produktion von Verstärkungsfasern in Westeuropa, geschätzt

Fasern	1987		1992		Mittl. Wachs-tumsrate
	t/a	t/a	t/a	t/a	% p. a.
Kohlefasern	471	16%	1607	31%	28
Glasfasern	2116	72%	2798	54%	5,7
Aramidfasern . . .	328	11%	707,5	14%	16,6
sonstige Fasern . .	15	1%	38,5	1%	21
Total	2930	100%	5151	100%	11,9

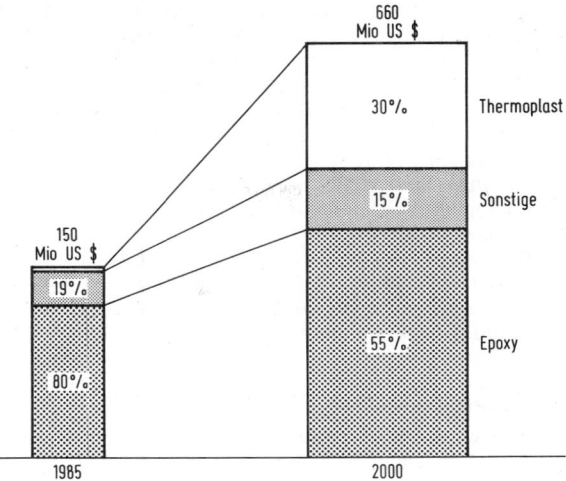

Bild 1.12. Polymermatrices für Hochleistungs-Verbundwerkstoffe

aufwendig. Im nächsten Jahrzehnt ist eine bedeutende Zunahme der derzeit nur etwa 1% ausmachenden Matrices aus hoch temperaturstandfesten Thermoplasten zu erwarten (Bild 1.12, s. a. Bild 4.17, S. 363). Thermoplast-Prepregs können durch Tränken des Textilträgers mit der Schmelze, kalt vorformbar durch Auftragen feinpulvrig dispergierten Harzes (z. B. PEEK) oder als („co-mingled") Hybridgewebe aus Verstärkungs- und Matrixfasern vorgefertigt und beliebig gelagert werden. Angestrebt werden, im Substitutionswettbewerb mit Metallen, typisierte flächige und profilförmige Thermoplast-Verbundhalbzeuge mit garantierten Material-Kennwerten, die im Erweichungstemperaturbereich mit kurzen Taktzeiten in den gleichen Verfahren wie Metall-Bleche und -Profile, aber weitergehend als diese in „Integraltechnik" zu Großbauteilen formbar sind.

Funktionspolymere sind durch die Nutzung spezifischer intra- oder intermolekularer Ordnungszustände für die Anwendung gekennzeichnet. Bei den eigenverstärkten hochschmelzenden flüssig-kristallinen Hauptketten-LCP (Liquid Crystalline Polymers, Bild 4.15, S. 359) ist das die inhärente, extrem hohe Längsfestigkeit, die man durch strukturgemäße Verarbeitung, Formteilkonstruktion und Anisotropie mildernder Compoundierung breiter nutzbar zu machen bemüht ist. (Verarbeitungs-induzierte Eigenverstärkung unter weitestgehender Ausrichtung der kristallinen Überstruktur s. S. 259.) Die Umrichtbarkeit kristalliner Strukturen in Seitenketten-LCP (S. 360) und anderen Polymeren mit ungewöhnlicher optischer Brechung durch Licht oder elektrische Felder kann für optisch lesbare Informations-Speicher in Anspruch genommen werden. Hoch reine isotrope fluorierte Methacrylate (S. 424) für Lichtwellenleiter und laseroptisch beschreibbare doppelbrechungsfreie PC-Speicherplatten (S. 350) sind Hochleistungs-Funktionswerkstoffe, desgleichen das zehnfach höher als Quarz piezoelektrische PVDF (S. 416). Die Ausbildung von Leiterzügen oder Photoresists (S. 533) durch strahlungsinduzierte örtliche polymerchemische Reaktionen für die Halbleiter-Mikrotechnik ist Entwicklungsgebiet. Ein innovationsträchtiges, wegen Verarbeitungsschwierigkeiten breiterer technischer Anwendung noch zu erschließendes Forschungsgebiet ist das der nach „Dotieren" mit Redox-Reagenzien „intrinsisch" elektrisch leitfähigen Polymeren (Poly-acetylen, -phenylen, -pyrrol u. ä.). Durch Einfügung aliphatischer Polyethergruppen in Polymer-Ketten wird angestrebt, die Hydrophilie und Biocompatibilität von Funktionspolymeren für die Membrantechnik, auch in medizinischen Anwendungen (S. 38) zu fördern.

1.8.4   Anwendungsgebiete

Der *Baumarkt* wird mit insgesamt 20–30% Anteil am Kunststoffverbrauch (Bild 1.13) auch weiterhin das größte technische Anwendungsgebiet für Standard-Thermoplaste und einige nahestehende Polymere sein.

Das in Mitteleuropa marktführende PVC-Fenster gewinnt – unter Nutzung des hier erarbeiteten Know-how klimastabilen Materials und konstruktiver Gestaltung – Marktbedeutung in anderen Ländern und Weltgegenden. Aus den USA werden anhaltend 20% p. a. Zuwachsraten auf derzeit 15% des Marktes, dort auch für PVC-Außenwandbekleidungen, gemeldet. Ähnliches gilt für Thermoplast- und GFK-Rohre in allen Anwendungsbereichen. Spritzguß-Armaturbauteile aus technischen Thermoplasten substituieren Metallteile. Mauerdübel sind eine Domäne schlagzäher Polyamide. Abdichtung von Deponien, Wasser-Großbauwerken und Tunneln bieten Polyolefin-, PVC-P- und Elastomer-Dichtungsbahnen erweiterte Anwen-

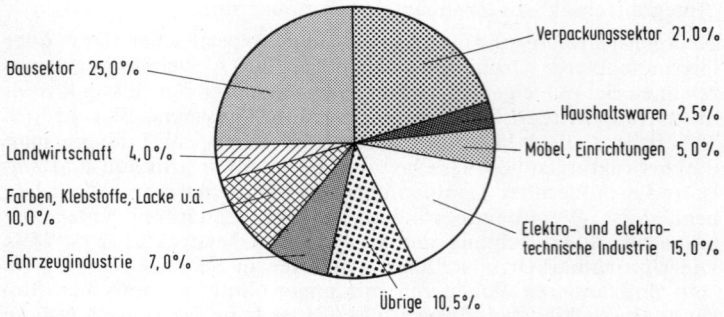

Bild 1.13. Einsatz von Polymer-Erzeugnissen (ohne Holzleime und Fasern)

dungsbereiche. PE-, PS-, PF-, PUR/PIR-Hartschäume erfüllen steigende Anforderungen für den energiesparenden Wärmeschutz, elastifizierte und offenporige solche für den Schallschutz.

Bruchsichere technische Großverglasungen werden eine Domäne meist mehrschichtiger transparenter PC-, PMMA- und PVC-Elemente. Wärmedämmende und zugleich UV-durchlässige ETFE-Foliendächer siehe S. 415.

Die Kunststoff-Bauchemie mit einer breiten Palette von Produkten zur Bausubstanzerhaltung und -sanierung auf Basis von Thermoplasten und Reaktionsharzen bietet vielfältige Bauelemente, Bindemittel, Imprägniermittel und Reaktionsharz-Betone auf Kunststoffbasis an.

Im *Verpackungsbereich* mit ähnlich hohem, überwiegend auf Polyolefine ausgerichtetem Verbrauch an Standard-Thermoplasten wie das Bauwesen, dringen im Folienbereich Produkte auf PE-LLD-Basis und OPP-Folien weiter auf dem Markt vor. PET-Getränkeflaschen bemühen sich um die Erschließung weiterer Märkte, Rücklauf und Recycling funktionieren allerdings bisher nur an wenigen Stellen befriedigend. Beschichtung mit Barriere-Harzen gewährleistet für kohlensäurehaltige Erfrischungsgetränke und Bier eine ausreichend befristete Lagerfähigkeit auch von Kleingebinden.

Wesentliche Erweiterungen des Anwendungsbereiches von Kunststoffpackungen, vor allem für den Lebensmittelverkehr, erbringen verfahrenstechnische Entwicklungen der Mehrschichtextrusion nicht nur von Folien, sondern auch für geblasene Hohlkörper und warmgeformte Standpackungen mit Sperr- und Tragschichten aus verschiedenen, darunter auch temperaturstandfesten technischen Thermoplasten (PC, PTP). Solche – einschließlich der Bindemittel-Zwischenschichten – bis zu siebenschichtigen Schichtverbundwerkstoff-Erzeugnissen substituieren Glas- und Metall-Behältnisse in Bereichen, die aus Gründen der Temperaturbeanspruchung und/oder Langzeitlagerfähigkeit bisher diesen vorbehalten waren. Ein spezielles Anwendungsgebiet sind Mikrowellenherd-Portionspackungen.

Transport- und Lager-Behälter, wie die in 100-Millionen-Stückzahlen umlaufenden Flaschenkästen, Paletten, Mülltonnen, Recycling-Container, haben erhebliche Anteile am Verbrauch von Standard-Thermoplasten und GFK.

Mengenmäßig, qualitativ und verfahrenstechnisch bedeutende Entwicklungsaufgaben für *technische Kunststoffe im Fahrzeugbau* stellen beiden Partnern die Serienfertigung von Pkw-Karosseriebauteilen. Für das anspruchsvolle Anforderungsprofil in Richtung
– hoher Wärmestandfestigkeit und Steifheit, zugleich
– hervorragender Schlag- und Kerbschlagzähigkeit auch bei tiefen Temperaturen,
– Treibstoffbeständigkeit,
– rationeller Massenfertigung im Automobilbau mit angepaßter guter Verarbeitbarkeit

bieten aus dem Duroplast-Bereich BMC- bzw. ZMC-Spritzguß, SMC-Preßverfahren und PUR-(R)RIM, aus dem Thermoplastbereich PP/EPDM, schlagzäh modifiziertem PC/PTP und PPO/PA System-Lösungen. Sie sind in die Serienanwendung für Stoßstangen, Scheinwerferträger, Spoiler, Flankenschutzleisten, Außenspiegelverkleidung weitgehend, für abschraubbare Kotflügel, Motorhauben, Heckklappen, integrierte Frontends (VW Passat) bei einzelnen Pkw-Modell-Reihen eingeführt worden. Die weltweit zu 95% eingesetzten parabolischen Scheinwerfer-Reflektoren sind nur als Kunststoff-Spritzgußteile wirtschaftlich herstellbar. Heute wird kein Reflektor mehr in Stahlblech konzipiert.

Probleme bietet die Lackierung der Kunststoffteile in der Fahrzeugfarbe. GF-verstärkte HT-Thermoplast-, SMC-Teile mit UP-Bindemittel und In-Mold-Coating und ZMC-Spritzgußteile (Citroën-Rückklappe) können der Einbrenn-Lackierung der Karosserien durchlaufen. Um Versprödungen zu verhüten, bedürfen sie elastischer Lacke. Für Bodenabdeckwannen und andere schlagbeanspruchte Verkleidungsteile kommt höher dehnfähiger thermoplastischer Glasmatten-Flächenpreßstoff in Betracht.

Die Erprobung von in Serienfertigung gepreßter, spritzgegossener oder extrusionsgeblasener Heißteile im Motorraum (Motorgehäuse, Ölwanne, Ansaugrohr-Manifolds, Kühlwasserpumpengehäuse, Ventildeckel und ganze Pumpen aus Phenoplasten wie BMC oder PA-GF) im Fahrbetrieb ist erfolgreich im Gange. Weitere aussichtsreiche Anwendungen sind z.B. Gas-, Kupplungs- und Bremspedale aus PA-GF (Bild 1.14, S. 35). Mehrschichtig geblasene PE/PA-Treibstofftanks sind für Motorräder in Gebrauch.

Im Innenraum, dessen Ausstattung eine Domäne vor allem technischer Thermoplaste ist, sind spritzgegossene Tür-Innenverkleidungen und integrierte Seitenverkleidungs-Elemente, als hoch beanspruchte Sicherheitsteile fließgepreßte Sitzschalen und -lehnen aus genadelten GMT (S. 377) in Anwendungsentwicklung. Serientauglich entwickelt sind auch die in Bild 1.14 (S. 35) aufgeführten Kraftübertragungs- und Funktionsteile aus langfaserverstärkten Hochleistungsverbund-Strukturwerkstoffen. Obwohl sie herkömmlichen Bauteilen durch hohe mechanische und dynamische Belastbarkeit (Bild 1.2, S. 10), gute Dämpfungseigenschaften, Korrosionsbeständigkeit und geringes Gewicht überlegen sind, sind sie außer GF-Verbundfedern für Lastwagen bisher mangels wirtschaftlicher Großserien-Fertigungsverfahren nur in Formel-1-Rennwagen, manche auch bei Rallyes erprobt und bewährt.

Kunststoffe haben am Gewicht eines Personenwagens mit 70–150 kg/Pkw im Durchschnitt 10% Anteil. An der Lösung des Problems, beim Shreddern von 200000 bis 300000 Personenwagen jährlich in der Bundesrepublik Deutschland die Kunststoffanteile wirtschaftlich vom als Eisenschrott verwerteten Shreddergut abzutrennen und zu nutzen, wird gearbeitet (recyclinggerechtes Konstruieren).

An den Aufbauten von Nutzfahrzeugen, den Frontpartien und der Innenausstattung (Sitzschalen) von Omnibussen und Schienenfahrzeugen, die in Kleinserien oder Einzelfertigung hergestellt werden, haben laminierte oder SMC-Großformteile aus GFK einen beträchtlichen Anteil. Das gleiche gilt für *Bootskörper* und für den *Kleinschiffbau.*

Fahrräder mit Rahmen aus verstärkten Profilen und anderen Kunststoff-Bauteilen sind auf dem Markt.

Im *Flugzeugbau* (Bild 1.14) sind Landeklappen, komplette Seitenleitwerke und Rumpfteile für Großflugzeuge, zugelassene Geschäftsflugzeuge für 10 Passagiere ganz aus kohlefaserverstärkten Verbundwerkstoffen, GFK-Rotorblätter für Hubschrauber Stand der Technik. Eine Boeing-Flugzeug-Außentür aus PPS-CF, die 75% des Gewichtes der ursprünglichen Metallausführung hat und nur 30% des Vorgängers aus EP-CF kostet, weist auf die zu erwartende Bedeutung der im Spritzguß verarbeitbaren hochtemperaturstandfesten Thermoplaste für den Flugzeugbau hin. Für 1995 erwartet man bei Verkehrsflugzeugen einen Gewichtsanteil von 65% Faserverbund-

Industriezweig	Bauteil	Serie	Prototyp
Luftfahrt-industrie	Höhen-, Quer-, Seitenruder Bremsklappe Bugnase Stützstreben Rotorblatt Seitenleitwerk Höhenleitwerk Flügel Rumpf	• • • • • • •	 •
Automobil-industrie	Kardanwelle Gelenkachse Hinterachse Blattfeder Schraubenfeder Lenksäule Motorpleuel Motorkolben Kurbelgehäuse Ventiltellerfeder	 • 	• • • • • • • •
Maschinen-bau	Fadengreifer für Webmasch. Werkzeugmaschinenspindel Werkzeugmaschinentisch Schleifspindel Roboterarm Zahnräder	• • 	 • • •

Bild 1.14. Während in der Luftfahrtindustrie bereits viele Bauteile aus Langfaserverbundkunststoffen serienmäßig einsetzt werden, gibt es solche Anwendungen in Maschinenbau und Automobilindustrie bisher fast ausschließlich als Prototypen.

stoffen, bei 60% der Militärflugzeuge Rumpf und Cockpit in einem Stück aus CFK. Als Matrix-Harze für den Innenausbau von Verkehrs-Flugzeugen und -Fahrzeugen gewinnen der Brandsicherheit und minimalen Rauchdichte im Brandfall wegen neben PF-Reaktionsharzen leichter formbare Thermoplast-Verbunde höhere Anteile. Hier sind neuerdings solche aus einem PES- oder PEI-Schaumstoffkern, laminiert mit gleichartigen oder auch mit PF-Prepregs, interessant geworden.

Nach Berechnungen der *Raumfahrtindustrie* erbringt ein kg Gewichtsverminderung beim Gerät 50 000 DM Kostenersparnis, in der Luftfahrt pendelt der Vergleichswert zwischen 500 und 1500 DM. Dementsprechend schreitet die Substitution von Metallen durch leichte CF-Verbundwerkstoffe für Druckkörper und andere Raketen-, Raumfähren- und Satelliten-Bauteile voran. Insgesamt werden 70% von ihnen für Luft- und Raumfahrt, nur 10% für Automobil- und Maschinenbau, 20% für *Sportgeräte* gebraucht.

In der *Elektrotechnik,* auch im Elektromaschinenbau, steigen mit zunehmender elektrischer Leistungsdichte für die Träger stromführender Teile in Hoch- und Mittelspannungs-Verteiler- und -Schaltanlagen und Steckverbindungen die Ansprüche an die elektrische Sicherheit und Dauergebrauchfähigkeit bei hohen Temperaturen (150°C bis > 210°C) sowie hinsichtlich Kriechstromfestigkeit und Umweltbeständigkeit, Brandsicherheit und Lichtbogenfestigkeit stetig an. Dafür stehen entsprechend ausgerüstete Sondereinstellungen (verstärkter) technischer Thermoplaste (z.B. PA, PC, PTP, PPO mod., PSU, PES) und Reaktionsharze (Gieß- und Träufelharze, BMC, SMC) zusätzlich zu den keineswegs bedeutungslos gewordenen „klassischen" Duroplasten zur Verfügung. Ein breiter Anwendungsbereich der neueren Kunststoffgruppen sind die Gehäuse und mechanischen Funktionsteile elektrischer Haushaltsgeräte und Handwerkzeuge aller Art, häufig als ABS-Blend oder anderweit erhöht schlagzäh modifiziert.

Für halogenfrei brandgeschützte Sicherheitskabel nach neuen IEC/VDE-Richtlinien braucht man (strahlungsvernetzte) Polyolefin-, TPU- und PPE-Compounds, für extreme Ansprüche auch solche auf PEEK-Basis. Für Elektroheiz-Vorrichtungen sind mit Leitfähigkeitsruß gefüllte PE- und PET-Folien von Interesse.

Die *Elektronik,* durch den Mikroprozessor mit miniaturisierter Technik in fast alle Wirtschaftszweige vordringend, bietet ungewöhnliche Wachstumsraten für diejenigen Kunststoffe, die mit höchster Präzision verarbeitbar über einen weiten Temperaturbereich konstant gute elektrische und dielektrische Eigenschaften, hohe Dimensionsstabilität, vielfach auch Lötbeständigkeit vereinen. Dazu gehören die hochtemperaturstandfesten technischen Thermoplaste z.B. für spritzgegossene Steckerleisten und dreidimensionale Leiterplatten, Polyarylat- und Polyimidfolien für flexible gedruckte Schaltungen, PPS, EP-, Triazin- und SI-Harze für durchgelötete Mehrschicht-Leiterplatten und zur Einkapselung integrierter Schaltkreise, für berührungslose Laserstrahlablesung Compact Disks und technische Datenträger aus PMMA und PC.

Elektronische Bausteine (Chips) werden in Formwerkzeugen mit 260–300 Kavitäten im Fließpreßverfahren mit speziellen leicht fließenden EP-Formmassen umhüllt, die etwa 90% des weltweit auf 40000–50000 t geschätzten EP-Formmassen-Geschäfts umfassen. Dieses höchsten Ansprüchen genügende und gleichzeitig billige Verfahren hat zur Verbreitung von Chips bis in Alltags-Techniken wesentlich beigetragen.

Kassetten in Stückzahlen von vielen hundert Millionen (aus PS-HI oder ABS) und Gehäuse für die Audio- und Video-Unterhaltungselektronik sowie für diejenigen der Datenverarbeitung sind ein wachsender Markt. Für die Gehäuse ist eine brandwidrige Einstellung erforderlich. Je nach Größe und Beanspruchung kommen dafür leicht fließendes PVC (in USA), PVC/ABS, ABS, PC/ABS, mod. PPE, auch als Strukturschaum, in Betracht, für stark beanspruchte Bürogeräte auch lackierte Gehäuse aus (R)RIM-PUR oder SMC. Die elektromagnetische Abschirmung elektronischer Geräte erfordert leitfähige Füllstoffe oder Beschichtungen.

Die für Taschenrechner schon länger angewandten Membranschalter aus PC- oder thermisch stabilisierten PET-Folien mit aus Lötpasten im Siebdruck aufgebrachten Leiterbahnen substituieren auch in hochwertigen elektronischen Geräten elektromechanische Tastenfelder.

In *Maschinenbau* und *Feingerätetechnik* werden herkömmliche Werkstoffe durch Spritzgußteile aus technischen Kunststoffen substituiert, um z. B. wartungsfreie, verschleißfeste und geräuscharme Triebwerke und Lager, Bedienteile, Trägerplatten und korrosionsbeständige, leichte Gehäuse realisieren zu können. In einem Kunststoff-Formteil werden Funktionen zahlreicher früherer Einzelbauteile integriert, Schnapp- und Einrastverbindungen, zuweilen auch Filmscharniere vereinfachen die Montage, thermoplastische Elastomere (S. 17, 261 ff.) ermöglichen neue Lösungen.

Starken Verzögerungs- und Beschleunigungskräften ausgesetzte oszillierende oder vibrierende und ruckartige Bewegungen ausführende Bauteile von z. B. Textilmaschinen oder Industrierobotern (Bild 1.14, S. 35) aus massearmen, ermüdungsfreien CF-Compositen sind in Serie oder als Prototypen im Einsatz, desgleichen vibrationsdämpfende und dimensionsstabile Werkzeugmaschinen-Fundamente und -Traggestelle aus Reaktionsharz-Beton (S. 452).

Der *Apparate- und Rohrleitungsbau* für die chemische und verwandte Industrie hat sich aus dem Stadium handwerklicher Einzelfertigung zu einem auf den technischen Grundlagen von Normen und Richtlinien für Verarbeitungsverfahren, Prüftechniken und Berechnungsgrundlagen basierenden Industriezweig entwickelt. Das Extrusionsschweißen ermöglicht die Fertigung von Apparaten mit großen Wanddicken aus thermoplastischen Kunststoffen. Bauartzulassungen fördern die Anwendung standardisierter Kunststoffkonstruktionen im Behälter- und Tankbau für die Lagerung wassergefährdender Flüssigkeiten aus z. B. PE-HD oder GFK. Wärmeaustauscher (z. B. für Rauchgas-Reinigungsanlagen) werden mit wärmestandfesten korrosionsbeständigen Kunststoffen ausgerüstet.

Kunststoff-Konsumwaren bleiben ein großes Anwendungsfeld für thermoplastische Standardkunststoffe und einige Spezialkunststoffe für Spitzenerzeugnisse. Viele Firmen dieser Branche sind dazu übergegangen, ihren Marktbereich durch Aufnahme technischer Erzeugnisse oder technisch anspruchsvoller *Spiel- und Sportgeräte* zu erweitern. Für Spitzensportgeräte vom Tennisschläger bis zur Segelyacht oder dem Rennauto sind Hochleistungs-Verbundwerkstoffe nicht zu teuer (S. 30, 36).

Die *Landwirtschaft* wächst mit zunehmendem Verbrauch von Abdeck-, Mulch-, Silage- und Gewächshausfolien, Gewächshausverglasungen mit Stegdoppelplatten, Kunststoff-Dränrohren und Entwicklungen im landwirtschaftlichen Bauwesen zu einem interessanten Anwendungsgebiet heran. Günstige Preise für die Erzeugnisse sind hier von vorrangiger Bedeutung.

Prothesen und Geräte zur klinischen Behandlung in der *Human- und Tiermedizin* aus höchstwertigen Kunststoffen sind ein Spezialanwendungsgebiet von zwar mengenmäßig geringer, aber erheblicher praktischer Bedeutung.

Dialysegeräte (künstliche Niere) verwenden Erzeugnisse der mit neuartigen Polymerisationsverfahren in Entstehung begriffenen *Membran-Technologie* für dünne, im Mikrobereich selektiv permeable Trennschichten. Anwendungen dieser Technologie für weitere biomedizinische und für technische Trenn- und Ultra-Filtrationsprozesse, auch zur Wasserentsalzung, sind entwickelt worden.

2 Literatur-Hinweise

2.1 Allgemeines

In den folgenden Verzeichnissen werden unter 2.2 deutschsprachige und einige wichtige fremdsprachige technische Fachzeitschriften, unter 2.3 allgemein informierende deutschsprachige Fach-und Lehrbücher sowie Nachschlagewerke aufgeführt. Für die umfangreiche speziellere Fachliteratur auf Einzelgebieten der Kunststoff-Verarbeitungs- und -Anwendungstechnik sei auf die Zusammenstellung der Fachverlage unter 2.4 verwiesen, deren Gesamt-Programme leicht beschaffbar sind. Der aktuelle Stand der Technik wird auch in Tagungs- und Seminar-Berichten, Dokumentationen, Merkblatt-, Richtlinien- und Normen-Sammlungen technisch-wissenschaftlicher Organisationen erfaßt. Diese Unterlagen sind über diese Institutionen oder die ihnen nahestehenden Verlage zu beziehen. Auch darauf wird unter 2.4 hingewiesen. Weitere, wichtige Informationsquellen, auch für Entwicklungen allgemeiner Art, sind Merkblatt-Reihen, auf Disketten gespeicherte Produktdaten und technische Druckschriften der Firmen der Kunststoff-Industrie. Diese Unterlagen sind allerdings nur im direkten Verkehr mit den Firmen erhältlich.

Über Daten-Banken und deren Auswertung durch CAD/CAE-Systeme s. Kap. 7, S. 580–582.

2.2 Fachzeitschriften

2.2.1 Deutschsprachige Kunststoff-Fachzeitschriften

Aus Deutschland:

Kunststoffe (Hanser), derzeit 82. Jg.

> Organ deutscher Kunststoff-Fachverbände. Internationale Fachzeitschrift für Maschinen, Geräte, Verarbeitung – Werkstoffeigenschaften, Prüftechnik – Anwendung, Konstruktion, Design – Forschung und Entwicklung – Kunststoffe und Umwelt – Unternehmen und Märkte – Notizen
> Originalaufsätze und Kurzberichte aus allen Bereichen der Kunststofftechnik, Tagungs- und Messeberichte, Mitteilungen über Normung und Typisierung, Berichte und Ankündigungen der VDI-Gesellschaft Kunststofftechnik sowie anderer Organisationen und Verbände.
> „Kunststoffe + German Plastics" enthält zusätzlich englische Übersetzungen aller Originalaufsätze.

Plastverarbeiter (Zechner & Hüthig), derzeit 43. Jg.

> Internationales Magazin für Verarbeitung, Konstruktion und Anwendung von Kunststoffen – Kunststofftechnik – Neue Werkstoffe und Maschinen – Kunststoffmarkt, behandelt in Kurzberichten und einem Fachteil mit Aufsätzen und Aufsatzreihen Entwicklungen aus allen Bereichen der Kunststofftechnik.

Gummi-Fasern-Kunststoffe (Gentner), derzeit 45. Jg.

Internationale Fachzeitschrift für die Polymer-Verarbeitung, vorwiegend für die kautschukverarbeitende Industrie, bringt auch Aufsätze u. a. Informationen über Kunststoff-Roh- und Hilfsstoffe sowie über Kunststoff-Verarbeitung und -Anwendung.

Kautschuk + Gummi Kunststoffe (Hüthig), derzeit 45. Jg.

Internationale Fahzeitschrift für hochpolymere Werkstoffe. Organ der Deutschen Kautschuk-Gesellschaft.

Kunststoffberater (Giesel), derzeit 37. Jg.

Fachmagazin für Rohstoffe – Verarbeitung – Konstruktion – Maschinen – Marktlage – Anwendung.

K-Plastic- + Kautschuk-Zeitung (Giesel), derzeit 23. Jg.

Zweimal monatlich erscheinende Fachzeitung, informiert schnell und konzentriert über wirtschaftliche und technische Neuigkeiten aus der Kunststoff- und Kautschukbranche.

Kunststoff-Journal (Europa-Fachpresse-Verlag, 8000 München 40), derzeit 26. Jg.

Zeitschrift für die Verarbeitung und Anwendung von Kunststoffen.

Kunststoff-Magazin Prodoc (Verlag Hoppenstedt & Co., 6100 Darmstadt), derzeit 30. Jg.

Kennziffer-Zeitschrift mit Kurzberichten zu Werkstoffen, Verfahren, Maschinen, Geräten, Anwendungen.

Plaste und Kautschuk (Verlag für Grundstoffindustrie), derzeit 39. Jg.

Fachzeitschrift mit Originalbeiträgen über Herstellung, Prüfung, Konstruktion, Verarbeitung und Anwendung von Kunststoffen und Kautschuk.

Aus Österreich:

Österreichische Kunststoff-Zeitschrift (Verlag Lorenz, A-1010 Wien 1), derzeit 23. Jg.

Offizielles Organ österreichischer Kunststoff-Fachverbände, Fachzeitschrift für Kunststofftechnik.

Aus der Schweiz:

Kunststoffe – Plastics (Verlag Vogt-Schild AG, CH-4501 Solothurn), derzeit 39. Jg.

Fachzeitschrift für Herstellung, Verarbeitung und Anwendung von Kunststoffen und neuen Werkstoffen.

Swiss Plastics (Dr. Felix Wüst AG, CH-8700 Küsnacht), derzeit 14. Jg.

Offizielles Organ des Kunststoff-Verbandes Schweiz (KVS). Fachzeitschrift für Herstellung, Verarbeitung und Anwendung von Kunststoffen; branchenpolitische Beiträge, Verbandsberichterstattung.

2.2.2 Einige fremdsprachige Zeitschriften
mit internationaler Berichterstattung

European Plastics News (MacLaren, P.O. Box 109, Croydon CR9 1QH, England)

Plastics & Rubber International (The Plastics and Rubber Institute, 11 Hobart Place, London, SW1W OHL, England)

Plastics + Rubber Weekly (MacLaren, P.O. Box 109, Croydon CR9 IQH, England)

Modern Plastics (McGraw Hill Inc., 1221 Avenue of the Americas, New York, NY 10020, USA)

Modern Plastics International (McGraw Hill Inc., 14, Avenue d'Ouchy, 1006 Lausanne, Schweiz)

Plast europe (Hanser, Kolbergerstraße 22, D-8000 München 80)
Zeitschrift für den europäischen Kuntstoffverarbeiter, zweisprachig Englisch/Französisch.

Plastics Engineering. Offizielles Organ der Society of Plastics Engineers Inc. (14 Fairfield Drive, Brookfield Center, Conn. 06804-0403, USA)

Plastics Technology (Bill Communications. Inc., 633 Third Avenue, New York, NY 10017-6743, USA)

Plastics World (Cahners Publishing Comp., 275 Washington St., Newton, Mass. 02158, USA)

International Polymer Processing (Hanser, Kolbergerstraße 22, D-8000 München 80)

Plastiques Modernes et Elastomères (CEP, Groupe Usine Nouvelle, 42, Rue des Jeunneurs, 75002 Paris, Frankreich)

Revue Générale des Caoutchoucs & Plastiques (5, Rue Jules-Lefébvre, 75009 Paris, Frankreich)

Kunststof Rubber (Uitgevers Wyt & Zonen B.V., Pieter de Hoochweg 111, 3024 BG Rotterdam, Niederlande)

Plastforum (Aller Industripress AB, Landskronavägen 25A, 25106 Helsingborg, Schweden)

Plast nordica (Nordica Publications, Box 9113, 25009 Helsingborg, Schweden)

Materie Plastiche ed Elastomeri (Casella Postale 513, 20101 Milano, Italien)

Macplas international (Promaplast, P.O. Box 24, 20090 Assago, Italien)

Plásticos Universales (Hanser Editorial, Gran Via Corts Catalanes, 322–324, 08004 Barcelona, Spanien)

Plásticos Modernos (Calle Juan de la Cierva 3, 28006 Madrid, Spanien)

Plastics News International (The Editors Desk Pty Ltd, P.O. Box 487, Mt Eliza Vic 3930, Australien)

Plastics Southern Africa (George Warman Publications, P.O. Box 704, Cape Town, Südafrika)

Plasticheskie Massí (Kirova 20, 101851 MosKow, Rußland bzw. GUS)

2.3   Fachbücher in deutscher Sprache

2.3.1   Größere Sammelwerke

Batzer (Hrsg.) Polymere Werkstoffe (Thieme)

> 3 Bände: Chemie und Physik (1985), Technologie I (1983), Technologie II (1984).

Becker/Braun (Hrsg.), Kunststoff-Handbuch, 2., völlig neu bearbeitete Ausgabe (Hanser 1983 ff.)

> Band 1, Die Kunststoffe, B. Carlowitz (Hrsg.) (1990)
> Band 2, Polyvinylchlorid, 2 Teilbände, H. K. Felger (Hrsg.) (1986)
> Band 3, Technische Thermoplaste, Bottenbruch (Hrsg.)
>   3.1 Polycarbonate, Polyacetale, Polyester, Cellulosederivate (1992)
>   3.2 Technische Polymer-Blends (1992)
>   3.3 Hochleistungs-Kunststoffe (1993)
> Band 7, Polyurethane, 2. Ausgabe, G. Oertel (Hrsg.) (1992)
> Band 10, Duroplaste, W. Woebcken (Hrsg.) (1988)

Elias, Makromoleküle, 5. Aufl. (Hüthig + Wepf)

> Band 1: Grundlagen (1990)
> Band 2: Technologie (1992)

Eyerer (Hrsg.), Kunststoffe und Elastomere in der Praxis (Kohlhammer)

> Kunststoffe und Elastomere im Fahrzeugbau, G. Walter (1985)
> Kunststoffe im Landbau, B. Werminghausen (1985)
> Kunststoffe in der Oberflächentechnik, U. Zorll u.a. (1986)
> Verstärkte Kunststoffe in der Luft- und Raumfahrt, H. Heissler (1986)
> Kunststoffe und Elastomere in der Dichtungstechnik, W. Schmitt (1987)
> Kunststoffe in der Elektrotechnik und Elektronik, J. Bednarz (1988)

Fein/Kunz, Neue Konstruktionsmöglichkeiten mit Kunststoffen, Lose-Blatt-Werk, 3 Bände (Weka 1991)

Hummel, Atlas der Polymer- und Kunststoffanalyse, 3. Aufl. (Hanser/VCH ab 1991)

> 3 Bände, Spektren und Methoden zur Identifizierung von Polymeren, technischen Produkten, Additiven und Verarbeitungshilfsmitteln und Abbauprodukten. Band 1 erschienen 1991.

Menges/Michaeli/Bittner (Hrsg.), Kunststoff-Recycling (Hanser 1992)

2.3.2 Lehrbücher und Nachschlagewerke

2.3.2.1 *Chemie und Werkstoffkunde*

Batzer/Lohse, Einführung in die makromolekulare Chemie, 2. Aufl. (Hüthig + Wepf 1976)

Braun/Cherdron/Kern, Praktikum der makromolekularen organischen Chemie, 3. Aufl. (Hüthig + Wepf 1979)

Domininghaus, Die Kunststoffe und ihr Eigenschaften, 4. Aufl. (VDI-Verlag 1992)

Ehrenstein, Polymer-Werkstoffe (Hanser 1978)

Franck/Biederbick, Kunststoff-Kompendium, 3. Aufl. (Vogel 1990)

Gächter/Müller (Hrsg.), Taschenbuch der Kunststoff-Additive, 3. Aufl. (Hanser 1989)

Gnauck/Fründt, Einstieg in die Kunststoffchemie, 3. Aufl. (Hanser 1991)

Habenicht, Kleben – Grundlagen, Technologie, Anwendungen, 2. Aufl. (Springer 1990)

Heger, Technologie der Strahlenchemie von Polymeren (Hanser 1990)

Hellerich/Harsch/Haenle, Werkstoff-Führer Kunststoffe, 6. Aufl. (Hanser 1992)

Janda, Kunststoffverbundsysteme (VCH 1990)

Käufer, Arbeiten mit Kunststoffen, 2. Aufl., Bd. 1 Aufbau und Eigenschaften, Bd. 2 Verarbeitung (Springer 1978 und 1981)

Mack/Schäfers, Arbeits- und Prüfungsbuch Kunststoffverarbeitung, 2. Aufl. (Vogel 1989)

Mack/Schäfers, Programmierte Prüfungsfragen Kunststoffverarbeitung, 2. Auflage (Vogel 1990)

Mair/Roth (Hrsg.), Elektrisch Leitende Kunststoffe (Hanser, 1. Ausgabe 1986, 2. Ausgabe 1989)

Menges, Werkstoffkunde der Kunststoffe, 3. Aufl. (Hanser 1989)

Michaeli/Wegener, Einführung in die Technologie der Faserverbundwerkstoffe (Hanser 1989)

Retting, Mechanik der Kunststoffe (Hanser 1992)

Retting/Laun, Kunststoff-Physik (Hanser 1991)

Schwarz, Kunststoffkunde, 3. Aufl. (Vogel 1990)

Timpe/Baumann, Photopolymere (Verlag für Grundstoffindustrie 1988)

Vollmert, Grundriß der Makromolekularen Chemie (Vollmert 1979)

2.3.2.2 Kunststoff-Verarbeitung

Gastrow (Lindner/Unger – Hrsg.), Spritzgießwerkzeugbau in 100 Beispielen, 4. Aufl. (Hanser 1990)

Hensen/Knappe/Potente (Hrsg.), Handbuch der Kunststoff-Extrusionstechnik (Hanser)
Band 1: Grundlagen (1989)
Band 2: Extrusionsanlagen (1986)

Johannaber, Kunststoff-Maschinenführer, 3. Ausg. (Hanser 1992)

Jung/Patzschke, Spritzgießen von Thermoplasten (Verlag für Grundstoffindustrie 1988)

Kircher, Chemische Reaktionen bei der Kunststoffverarbeitung (Hanser 1982)

Kohlert/Reher/Krasovskij/Voskresenskij, Kalandrieren von Polymeren (Deutscher Verlag für Grundstoffindustrie 1992)

Lichius/Schmitz, Rechnergesteuertes Konstruieren von Spritzgießwerkzeugen (Vogel Verlag 1986)

Limper/Barth/Grajewski, Technologie der Kautschukverarbeitung (Hanser 1989)

Menges/Mohren, Anleitung für den Bau von Spritzgießwerkzeugen, 3. Aufl. (Hanser 1991)

Menges/Recker (Hrsg.), Automatisierung in der Kunststoffverarbeitung (Hanser 1986)

Mennig, Verschleiß in der Kunststoffverarbeitung (Hanser 1990)

Michaeli, Extrusionswerkzeuge für Kunststoffe und Kautschuk, 2. Aufl. (Hanser 1991)

Michaeli, Einführung in die Kunststoffverarbeitung (Hanser 1992)

Michaeli/Greif/Kaufmann/Vossebürger, Technologie der Kunststoffe (Hanser 1992)

Rao, Formeln der Kunststofftechnik (Hanser 1989)

Schwarz/Ebeling/Lüpke/Schelter, Kunststoff-Verarbeitung, 6. Aufl. (Vogel-Verlag 1991)

Stoeckhert (Hrsg.), Werkzeugbau für die Kunststoffverarbeitung, 3. Aufl. (Hanser 1979)

Trepte, Plastwerkzeuge (Verlag Technik 1990)

Warnecke/Volkholz (Hrsg.), Moderne Spritzgießfertigung (Hanser 1990)

2.3.2.3 Konstruieren mit Kunststoffen

Ehrenstein/Erhard, Konstruieren mit Polymerwerkstoffen (Hanser 1983)

Haack/Schmitz, Rechnergestütztes Konstruieren von Spritzgießformteilen (Vogel Verlag 1985)

Klepek, Konstruieren mit PUR-Integral-Hartschaumstoff (Hanser 1980)

Niederhöfer, Konstruieren mit Kunststoffen (Verlag TÜV Rheinland 1989)

Oberbach, Kunststoff-Kennwerte für Konstrukteure, 2. Auflage (Hanser 1980)

Moser, Faser-Kunststoff-Verbund (VDI 1992)

2.3.2.4 Kunststoff-Prüfung, -Analytik

Braun, Erkennen von Kunststoffen (Hanser, 2. Aufl. 1986)

Brown, Taschenbuch Kunststoff-Prüftechnik (Hanser 1984)

Carlowitz, Tabellarische Übersicht über die Prüfung von Kunststoffen (Giesel Verlag 1992)

Hummel s. 2.3.1

Kämpf, Charakterisierung von Kunststoffen mit physikalischen Methoden (Hanser 1982)

Krause/Lange, Kunststoff-Bestimmungsmöglichkeiten, 3. Aufl. (Hanser 1979)

Oberbach/Müller, Prüfung von Kunststoff-Formteilen (Hanser 1986)

Schmiedel (Hrsg.), Kunststoffprüfung (Hanser 1992)

2.3.3 Dokumentation, Fach-Lexika, Tabellen

Altmeyer, Kunststoffrohr-Handbuch, Nachdruck (Vulkan 1990)

Carlowitz, Kunststoff-Tabellen, 3. Aufl. (Hanser 1986)

Carlowitz, Kunststoffrohr-Tabellen, 2. Aufl. (Hanser 1982)

Carlowitz/Wierer s. 2.3.1

IBK, Produkte-Verzeichnis Kunststoffe im Bauwesen (Ausg. 1988)

Karsten, Lackrohstoff-Tabellen, 8. Aufl. (Vincentz 1987)

Kraatz, Kunststoff-Verarbeitungsmaschinen, 3. Aufl. (Kunststoff-Verlag 1986)

Nentwig, Lexikon Folientechnik (VCH 1991)

Stoeckhert/Woebcken, Kunststoff-Lexikon, 8. Aufl. (Hanser 1992)

2.3.4 Normen und Richtlinien

DIN-Normen: s. Kapitel 6 (S. 556) und 2.4.2 Beuth-Verlag

Franck, Kunststoffe im Lebensmittelverkehr
Empfehlungen der Kunststoff-Kommission des Bundesgesundheitsamtes (Heymanns, Köln – Berlin, Loseblatt-Ausgabe, fortlaufend)

*DVS-, VDE-, VDI-*Richtlinien s. 2.4.4, 2.4.11, 2.4.12

2.3.5   Fach-Wörterbücher

Durzok, parat Wörterbuch Kunststoffprüfung, Englisch–Deutsch, Deutsch–Englisch (VCH 1991)

Glenz, Glossary of Plastics Terminology in 5 Languages, English–Deutsch–Français–Español–Italiano (Hanser 1992)

Kaliske, Fachwörterbuch der Kunststofftechnik (Hüthig 1983) Englisch–Deutsch–Spanisch–Französich–Russisch

Welling/Junge, parat Wörterbuch Kunststofftechnologie Deutsch–Englisch und Englisch–Deutsch (2 Bände VCH 1985/87)

Wittfoht, Kunststofftechnisches Wörterbuch (Hanser)
Teil 1: Alphabetisches Wörterbuch Englisch–Deutsch, 4. Aufl. (1981)
Teil 2: Alphabetisches Wörterbuch Deutsch–Englisch, 3. Aufl. (1983)
Teil 3: Systematischer Informationsband Illustrierte Sachgruppen Englisch–Deutsch/Deutsch–Englisch (1978)
Teil 1 bis 3 in einem Band (Nachdruck, Hanser 1992)
Español–Alemán (1982)
Deutsch–Spanisch (1962)

2.3.6   Adreßbücher

Die Kunststoffindustrie und ihre Helfer (Fachadreßbuch Industrieschau-Verlagsgesellschaft mbH, Darmstadt, jährlich)

Kunststoff-Recycling – Verwerterbetriebe von Kunststoff-Abfällen (Hanser, alle 2 Jahre)

Winterplas-Maschinen zum Urformen (Verlag Winter, Heusenstamm 1991)

2.4   Verlage und Fachorganisationen bzw. Institute

Verlage

2.4.1   *Carl Hanser Verlag,* Kolbergerstraße 22, 8000 München 80
Zeitschriften, Handbücher, Fach-Lehrbücher, Nachschlagewerke, Tabellenwerke, siehe unter 2.2 und 2.3,
weitere Monographien, Lehr- und Fachbücher in deutscher, englischer und spanischer Sprache zu allen wichtigen Gebieten der Kunststofftechnik (Verarbeitung, Werkstofftechnik, Anwendung)

2.4.2   *Beuth Verlag,* Postfach 1145, 1000 Berlin 30
Auslieferungsstelle für DIN-Normen, Normen-Verzeichnisse und -Taschenbücher (S. 558) und andere nationale und internationale Normen und normenartige Vorschriftenwerke, s. 2.3.4

2.4.3 *Deutscher Verlag für Grundstoffindustrie,* Postfach 16, O-7031 Leipzig
Zeitschrift Plaste und Kautschuk, s. unter 2.2.1
Lehrbücher über Kunststoffe und Kunststoffverarbeitung, s. 2.3.2.1, 2.3.2.4.

2.4.4 *DVS – Deutscher Verlag für Schweißtechnik,* Postfach 2725, 4000 Düsseldorf 1
Fachliteratur über Kunststoffschweißen in DVS-Berichten und Fachbuchreihen Schweißtechnik und Schweißtechnische Praxis
Taschenbuch DVS-Merkblätter und -Richtlinien – Kunststoffe, Schweißen und Kleben, 4. Aufl. 1991

2.4.5 *Giesel Verlag,* Postfach 10, 3004 Isernhagen 2
Fachzeitschriften u. a. Veröffentlichungen s. 2.2.1, 2.3.2.4, 2.3.3

2.4.6 *Hüthig Verlage,* Postfach 10 28 69, 6900 Heidelberg
Wiss. u. Fachzeitschriften, Fach- und Lehrbücher in deutscher und englischer Sprache, s. 2.2.1, 2.3.1, 2.3.2, 2.3.5

2.4.7. *Hüthig & Wepf Verlag,* Eisengasse 5, Ch-4001 Basel, s. 2.4.6 Hüthig

2.4.8 *Springer-Verlag,* Heidelberger Platz 3, 1000 Berlin 33
siehe 2.3.1, 2.3.2.1
Wiss. Zeitschriften auf dem Polymergebiet
Polymer-Chemie- u. -Physik-Buchreihen:
Advances in Polymer Science, 89 Bände (1967–1991)
Polymers-Properties and Applications, 13 Bände (1977–1991)

2.4.9 *Thieme Verlag,* Postfach 10 48 53, 7000 Stuttgart
Handbücher zur Polymer-Chemie, -Technologie, -Analytik, s. 2.3.1

2.4.10 *VCH Verlagsgesellschaft,* Postfach 10 11 61, 6940 Weinheim
Chemie und Physik der Polymeren s. 2.3.1, 2.3.2.3, 2.3.5

2.4.11 *VDE Verlag,* Bismarckstraße 33, 1000 Berlin 12
VDE-, IEC-, CEE-Vorschriften (S. 556)
Fach- und Sachbücher

2.4.12 *VDI Verlag,* Postfach 10 10 54, 4000 Düsseldorf 1
s. 2.3.2.1, 2.3.2.3, 2.3.3 Buchreihe „Kunststofftechnik", Hrsg. VDI-Gesellschaft Kunststofftechnik: Referate der VDI-Fachtagungen über Einzelbereiche der Kunststoff-Aufbereitungs-, Verarbeitungs-, Bearbeitungs- und Anwendungstechnik, z. T. auch in englischer Übersetzung
VDI-Richtlinien: Kunststoffwerkstoffe – Gestalten und Berechnen – Maschinenelemente – Verarbeiten und Bearbeiten – Oberflächenschutz mit organischen Werkstoffen, einzeln oder als „VDI-Handbuch Kunststofftechnik" in Ringbuchform beziehbar vom Beuth-Verlag (s. 2.4.2)

2.4.13 *Vincentz Verlag,* Postfach 6247, 3000 Hannover 1
s. 2.3.3 und 2.3.6
Lacktechnik- und Bau-Fachliteratur

AGI-Arbeitsblätter der Arbeitsgemeinschaft Industrie-Bau, u. a. über Bodenbeschichtungen und Dämmstoff-Anwendungen

2.4.14   *Vogel-Verlag,* Postfach 6740, 8700 Würzburg 1
Fachbücher Technik, s. 2.3.2.1./2./3.

2.4.15   *Vulkan-Verlag,* Haus der Technik, 4300 Essen
Fachliteratur Rohrleitungsbau, s. 2.3.3

2.4.16   *Weka Fachverlage,* Römerstr. 4, 8901 Kissing
Lose-Blatt-Werke, s. 2.3.1

2.4.17   *Wirtschafts- und Verlags-Ges. Gas und Wasser mbH,* Josef-Wirmer-Str. 1–3, 5300 Bonn 1
DVGW Regelwerk Gas und DVGW Regelwerk Wasser

2.4.18   *Zechner + Hüthig Verlag,* Postfach 2080, 6720 Speyer
s. 2.4.6 Hüttig

Fachorganisationen bzw. Institute

2.4.19   *Arbeitsgemeinschaft Deutsche Kunststoffindustrie,*
Karlstraße 21, 6000 Frankfurt/Main 1
Unterrichts- und Informationsmaterialien für Nachwuchsausbildung zur kostenlosen Abgabe an Schulen

2.4.20   *DKI Deutsches Kunststoff-Institut,* Schloßgartenstraße 6 R, 6100 Darmstadt
Literatur-Schnelldienst, Kunststoffe, Kautschuk, Fasern, POLY-MAT-Datenbank Thermoplaste, Duroplaste, Gießharze (S. 580)

2.4.21   *IBK Institut für das Bauen mit Kunststoffen,*
Osannstraße 37, 6100 Darmstadt s. 2.3.3
Kompendien, Forschungsberichte, Dokumentationen, Seminartexte über Einzelgebiete der Kunststoffanwendung im Bau

2.4.22   *IKV Institut für Kunststoffverarbeitung,* Pontstraße 49, 5100 Aachen
Werkstoff-Datenbank CADFORM (S. 582) für CAD-, CAE-, CAM-Programme, Technologie-Transfer

2.4.23   *Normenausschuß Kunststoffe im DIN,* Postfach 1107, 1000 Berlin 30
Normen und Normentwürfe, s. 2.4.2

2.4.24   *Qualitätsverband Kunststofferzeugnisse,*
Dyroffstraße 2, 5300 Bonn
Informationsschriften der auf S. 570 ff. aufgeführten Gütegemeinschaften über gütegesicherte Kunststofferzeugnisse und deren Anwendung

2.4.25   *SKZ Süddeutsches Kunststoff-Zentrum,* Frankfurter Str. 15, 8700 Würzburg, Amtlich Anerkannte Prüfanstalt (s. S. 152, 573)

2.4.26   *TAKK Technische Arbeitsgruppe Kunststoff- und Kautschukbahnen,* Bleichstraße 37, 6100 Darmstadt s. 2.3.3,

Werkstoffblätter und Verlegehinweise für Dach- und Bauwerksabdichtungen

2.4.27   *Technische Vereinigung der Hersteller und Verarbeiter typisierter Kunststoff-Formmassen,* Postfach 138, 8700 Würzburg 11

Bekanntmachung über überwachte Formmasse-Typen und -Vortypen sowie daraus hergestellter Formteile

2.4.28   *VDI–Gesellschaft Kunststofftechnik,* Postfach 10 11 39, 4000 Düsseldorf

Fachtagungen und Tagungshandbücher, s. 2.4.12

3 Synthese- und Fertigungs-Verfahren

3.1 Rohstoffe und Formmassen

3.1.1 Rohstoff-Kenngrößen

1. *Nicht makromolekulare Rohstoffe:* Reaktionsharze und Reaktionsmittel (s. S. 451) werden nach DIN 16945 gekennzeichnet durch Zahlenwerte physikalischer und chemischer Eigenschaften. Hinweise auf Feuer-, Explosions- und Gesundheitsgefahren beim Umgang mit solchen Stoffen gibt das Merkblatt A 6 der Berufsgenossenschaft Chem. Industrie, s. a. Seite 460, 466.

2. *Kennwerte für thermoplastische Kunststoffe:* Das Gesamtverhalten eines Kunststoffs im Gebrauchstemperaturbereich wird sowohl durch die Makromolekülmasse (= molare Masse (MM) bzw. Molmasse (M)) und die chemische Struktur, Gestalt und Reaktionsfähigkeit der für den Polymeraufbau verwendeten Monomere (allg. Kapitel 1, im einzelnen Kap. 4) als auch durch die Compoundierung mit Hilfsstoffen (Abschn. 3.1.3, S. 56) bestimmt. Formmassen werden durch eine Auswahl von Grundkennwerten charakterisiert. Auf einem Katalog derartiger Grundkennwerte basieren z.B. die Werkstoffeigenschafts-Datenbanken CAMPUS und POLYMAT, s. Kap. 7, S. 579.

Die relative *Molekülmasse* (ältere Bezeichnung *Molekulargewicht* = MG) bzw. der *Polymerisationsgrad*

$$P = \frac{M \quad \text{polymer}}{M \quad \text{monomer}}$$

nicht vernetzter Polymere ist vor allem im M-Bereich $10^4 \ldots > 10^5$ von wesentlichem Einfluß auf das Fließverhalten, auf T_g und T_m (S. 13)

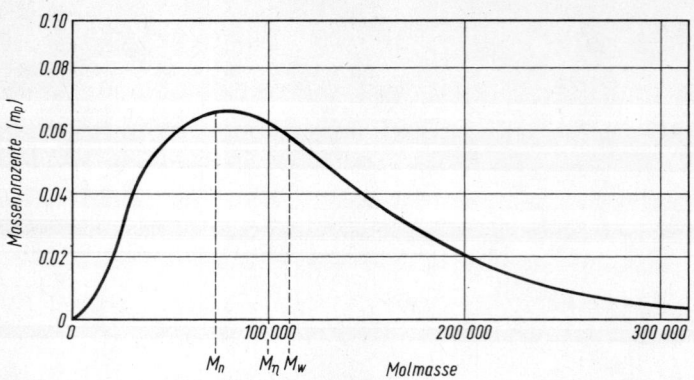

Bild 3.1. Typische Molmassenverteilungskurve

und das mechanische Verhalten. Alle synthetisch hergestellten thermoplastischen Polymere enthalten im Rahmen einer gewissen Verteilung Makromoleküle unterschiedlicher Länge und Masse (Bild 3.1). Ohne allein für wissenschaftliche Zwecke vertretbaren Aufwand erfordernde „Fraktionierung" kann man nur Mittelwerte der M bestimmen, und zwar – bezogen auf die Gesamtverteilung – je nach Meßverfahren entweder das *Gewichtsmittel* M_w oder das *Zahlenmittel* M_n. Größere Makromoleküle werden bei M_w stärker gewichtet als kleinere. M_w ist bei nicht einheitlicher M stets größer als M_n, und zwar um so mehr, je breiter die *Molmassenverteilung ist*. Die „Polymolekularität" eines Stoffes wird durch die Uneinheitlichkeit $U = (M_w/M_n) - 1$ gekennzeichnet. Sie wirkt sich auf die Verarbeitbarkeit in gewissen Grenzen günstig, auf die mechanischen Stoffeigenschaften ungünstig aus.

In der technischen Praxis begnügt man sich mit der Ermittlung brauchbarer Kennzahlen zur vergleichenden Beurteilung des Verhaltens stofflich gleichartiger Kunststoffe, ggf. auch ihrer Schädigung (Tafel 7.2, S. 585):

a) Die *Viskositätszahl* ist die unter Normbedingungen (DIN 53 726/8, für PVC, PMMA, PA, CA, PA, PET, PE, PP) ermittelte relative Erhöhung der Viskosität eines Lösungsmittels durch 0,1–1,0 g/100 ml gelöstes Polymer, geteilt durch die Konzentration in g/100 ml. Die Viskositätszahlen steigen mit dem Polymerisationsgrad an. Für PVC ist auch noch der aus den gleichen Messungen nach einer älteren komplizierten Formel errechnete *K-Wert* im Gebrauch. Zuordnung Viskositätszahl/K-Wert nach DIN 77 46/7 gibt Tafel 4.15, Seite 292. Die Viskositätszahl $[\eta]$ ist zur Bestimmung eines viskosimetrischen Molmassenmittelwertes (zwischen M_n und M_w, aber näher an M_w gelegen) (s. Bild 3.1, S. 50) auswertbar aufgrund der Gleichung $[\eta] = K \cdot M^a$. K und a sind jeweils für ein Polymeres in bestimmtem Lösungsmittel stoffspezifische, durch Eichkurven empirisch zu ermittelnde Konstanten.

b) Der *Schmelzindex* (MFI), Dimension g/10 min, nach DIN 53 735 ist die Menge eines Polymeren oder auch einer Formmasse mit Zuschlägen in Gramm, welche durch die Düse des genormten Prüfgerätes bei jeweils zweckmäßigen Gewichten und Temperaturen über der Verarbeitungstemperatur des Polymeren in 10 min ausgepreßt wird. Als Materialkennzahl für PE, EVA, PP, Styrol-Polymere, PC ist er allgemein üblich; dafür und für andere Thermoplaste (außer PVC) gibt die Norm Vorschläge von Temperatur/Kraft-Kombinationen, die zum Zahlenwert angegeben werden müssen (z. B. MFI 190/5). Unter verschiedenen Bedingungen gemessene MFI (oder Grader-Werte) können nicht ineinander umgerechnet werden. In vergleichbaren Meßreihen kennzeichnen niedrige MFI-Werte höher molekulare Polymere. Mit gleichen Verfahren wird alternativ auch der *Volumen-Fließindex* MVI der Dimension cm³/10 min ermittelt.

Zwischen der Viskositätszahl VZ und dem Schmelzindex MFI besteht eine für jeden Thermoplasten bestimmte Korrelation, die – in halblogarithmischer Darstellung – empirisch zu ermittelnde Gerade ergibt, s. Bild 3.2, S. 52. Für PA6 wurde z. B. die Beziehung gefunden:

$$\lg (MFI) = 2{,}923 - 0{,}00851 \cdot VZ$$

Bei einem PC fand man die Korrelation:

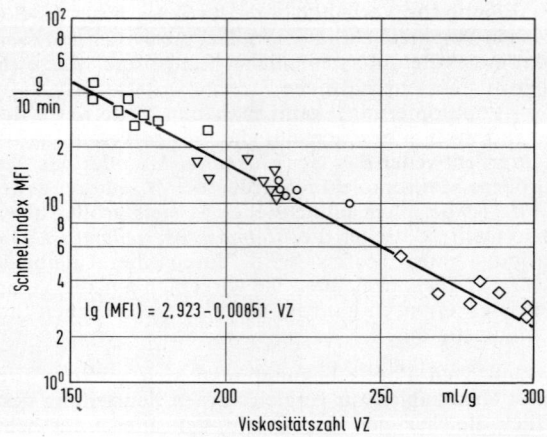

Bild 3.2. Korrelation zwischen Schmelzindex (235 °C, 2,16 kg) und Viskositätszahl (25 °C, m-Kresol, 10 g/l) bei Polyamid 6

$$\lg(MFI) = 3,0132 - 0,03566 \cdot VZ$$

Hierbei wurde der Schmelzindex ermittelt bei 300 °C, 1,2 kg. Die VZ wurde gemessen bei 25 °C mit Methylenchlorid, 5 g/l.

3. Weitere *verarbeitungstechnische Kenngrößen für Formmassen* siehe Seite 586.

3.1.2   Polymer-Synthesen

Nach „Internationalen Regeln für die chemische Nomenklatur" der IUPAC (International Union for Pure and Applied Chemistry) sollen, dem englischen Sprachgebrauch folgend, alle Aufbau-Reaktionen von Polymeren „Polymerisation" benannt und weiterhin unterschieden werden

für bisher üblich	nach IUPAC
1. Polymerisation	APK Additionspolymerisation als Kettenreaktion
2. Polykondensation	KP Kondensationspolymerisation
3. Polyaddition	APS Additionspolymerisation als Stufenreaktion

In diesem Buch wird, wie im deutschsprachigen Fachschrifttum noch allgemein üblich, die herkömmliche Nomenklatur gebraucht.

1. **Polymerisation** ist das am meisten angewandte industrielle Verfahren der Synthese thermoplastischer Massen-Kunststoffe (s. Tafel 1.4, neben S. 22). Die „monomeren", gasförmigen oder flüssigen Aus-

gangsprodukte lagern sich unter Aufspaltung „ungesättigter" Doppelbindungen zu Fadenmolekülen aneinander, ohne daß Fremdstoffe abgespalten werden.

Die *Substanz-Polymerisation* von Monomeren ohne Verdünnungsmittel führt zu reinen, allenfalls minimale Reste von Polymerisations-Hilfsmitteln enthaltenden Polymeren. Beispiele sind das Gießen von Acrylglas (S. 417), die kontinuierliche Polymerisation von Styrol im Schmelzreaktor, aus dem glasklares Polymerisat über eine Austragsschnecke zu Granulat geformt abgezogen wird (S. 276), und die Gasphasen-Polymerisationsverfahren mit als Pulver anfallenden Polyolefinen (S. 248, 266).

Polymerisation in Lösungsmitteln für Monomere und Polymere wird wegen der Abtrennungsschwierigkeiten (z. B. für Polyisobutylen, S. 235) insbesondere dann angewandt, wenn Polymerisatlösungen selbst Anwendungsform sind, z. B. als Lack-Grundstoffe.

Ist das entstehende Polymere im flüssigen Monomeren oder in der Monomerlösung unlöslich, so kommt es zur *Fällungspolymerisation*. Eine solche ist z. B. die zweistufige Masse-Polymerisation von Vinylchlorid. Man polymerisiert das flüssige Monomere in einem Rühr-Druckkessel zu nur 15–20% an, weil bei höherem Polymerisatgehalt das Reaktionsgemisch nicht mehr rührbar ist. Es wird in einen liegenden Autoklaven mit Bandwendelumwälzer überführt, dessen Temperatur durch die Verdampfungswärme des Vinylchlorids geregelt wird. In dieser Reaktionsstufe polymerisiert weiteres Monomere auf die in der ersten Reaktionsstufe ausgefällten festen Polymerisatkeime auf unter Bildung trockenen Polyvinylchlorids gleichmäßiger lockerer Körnung ($\varnothing$ 0,1–0,15 mm), das außer dem Katalysator keinen Fremdstoff enthält.

Bei der *Perl-* oder *Suspensions-Polymerisation* wird das Monomere in Wasser zu Tröpfchen verrührt. Die Polymerisate fallen als grobkörnige Pulver ($> 0,15$ mm $\varnothing$) oder glasige Perlen an.

Bei der *Emulsions-Polymerisation* wird das Monomere mittels eines seifenartigen Emulgators sehr fein in Wasser verteilt; es entsteht eine sahneartige, haltbare Dispersion des Polymeren mit Teilchen-Durchmessern von 0,002 bis 0,04 mm. Diese kann als solche verwendet werden (S. 241). Die getrockneten feinteiligen Polymeren sind gut aufschließbar. Sie enthalten Reste des Emulgators, die Trübungen des Fertigerzeugnisses hervorrufen und eine Wasseraufnahme begünstigen.

Polymerisations-Reaktionen werden eingeleitet durch „Aktivierung" reaktionsfähiger Monomerer entweder durch Energieaufnahme (Licht, Wärme, γ-Strahlung) oder durch Katalysatoren, z. B. durch in kleinen Mengen als „Initiatoren" wirksame radikalisch zerfallende Peroxide. Die Anlagerung eines Initiatorradikals an die ungesättigte Doppelbindung eines Monomeren ist die Startreaktion für das Kettenwachstum durch Anlagerung weiterer Monomere an das entstandene Monomer-Radikal. Der Kettenabbruch bei gewünschtem Polymerisationsgrad wird bewirkt durch gegenseitige Absättigung wachsender Ketten oder durch dem Reaktionsgemisch als „Reglersubstanzen" zugefügte Radikalabfänger. Das abgefangene Radikal kann dann eine neue Kette starten (Kettenübertragung). Lagert es sich jedoch intramolekular an eine fertige Kette an, so entsteht eine Kettenverzweigung (b_1 im Bild 1.1, S. 7).

Stoffspezifischer und komplizierter im – meist raschen – Verlauf als die radikalischen sind die durch Ionenbildner initiierten Polymerisationen. Kettenabbruch durch gegenseitige Absättigung wachsender Ketten ist nicht möglich. Durch anionische Polymerisation gewinnt man u.a. „lebende Polymere" ohne gesättigte Endgruppen, die als Kettensegmente bei der Block-Copolymerisation (s.u.) eingebaut werden können.

Von Bedeutung für gezielt führbare Niederdruck-Polymerisationen (S. 248, 266) ist der „koordinative" Polymerisationsmechanismus mit spezifischen Metallkomplex-Katalysatoren. Kennzeichnend ist die Wirkung dieser Katalysatoren auf die räumliche Anordnung der Kettenglieder, s. Bild 3.3. Fadenmoleküle mit regelmäßiger räumlicher Anordnung (I, II) sind in hohem Grade zur Kristallisation befähigt. Gleichartige ataktische Makromoleküle (III) kristallisieren nicht. Auch das Entstehen gradkettiger oder verzweigter Moleküle wird durch die Art des Initiators gesteuert.

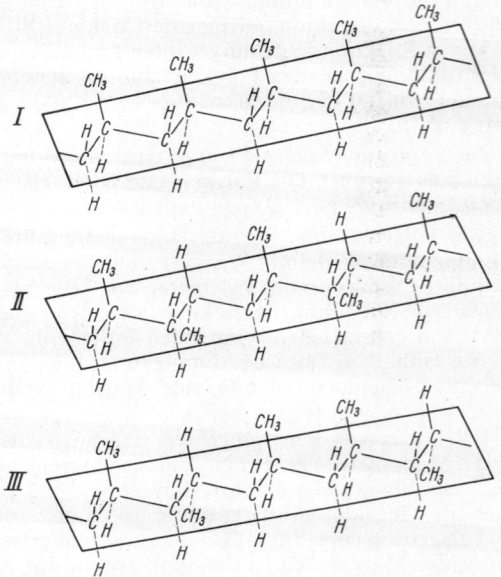

Bild 3.3. Polypropylen: *I* isotaktisch, *II* syndiotaktisch, *III* ataktisch
Planare Darstellung der Ketten

Die Eigenschaften von Kunststoffen aus nur einem Monomeren (Homo- oder Unipolymere) können vielfältig dadurch abgewandelt werden, daß man verschiedene Monomere zu Co- oder Multipolymeren (Terpolymere bei 3 Komponenten) zusammenpolymerisiert.

In Copolymerisaten (s. Bild 1.1, S. 7) können die einzelnen Monomere statistisch regellos in den Makromolekülen verteilt sein (Random-Cop., a_2 in Bild 1.1). Zur Erzielung besonderer Eigenschaften stellt man z. B. mit Hilfe „lebender Polymere" (s. o.) Segment-Polymerisate oder Block-Copolymere (a_3) her, in denen längere Kettenstücke von einem Monomeren mit solchen des anderen abwechseln (Poly-Allomere haben etwas gestörte Blöcke). Pfropf-Polymerisate entstehen, indem man innerhalb einer Hauptkette als „Rückgrat-Polymer" Seitenketten anpolymerisiert (b_2 in Bild 1.1). Dafür muß die Hauptkette für radikalische Polymerisation aktivierbare Gruppen enthalten (Beispiele s. S. 276 ff., 292). Als Seitenketten kommen auch „Makromere" (Crosslink, US), d. h. an einem Ende ungesättigte Polymerketten, in Betracht. Die Pfropfpolymerisationstechnik ermöglicht vielfältige Kombinationen sonst nicht verträglicher Polymere zu Kunststoffen mit neuartigen Eigenschaften. Während man für Massen-Kunststoffe kontinuierlich oder diskontinuierlich arbeitende Großanlagen benötigt, kann man Co-Polymerisationen in verhältnismäßig kleinem Maßstab in Schneckenwellen-Knetmaschinen, ähnlich den Extrudern zur Kunststoff-Aufbereitung (S. 29), durchführen und so Aufbau und Verarbeitung „maßgeschneiderter" Kunststoffe zu einem kontinuierlichen Arbeitsgang verbinden.

Auf die Oberflächen von Fertigerzeugnissen kann man nach örtlicher Anregung – z. B. durch Strahlung – molekular eine andersartige Kunststoffschicht „aufpropfen".

Technologisch den Copolymerisaten ähnlich, aber völlig andersartig aufgebaut, sind „Poly-Blends" oder „Legierungen", das sind im Schmelzezustand vorgenommene Mischungen verschiedener Polymerisate zur Kombination ihrer Eigenschaften (S. 8, 29).

Vernetzende Polymerisation ist ein Verfahren der Kunststoffverarbeitung zum drucklosen Aushärten von Erzeugnissen, z. B. bei der Verarbeitung ungesättigter Polyester (s. S. 459).

Weitmaschige Vernetzung zwischen gesättigten fadenförmigen Makromolekülen kann mit Hilfe von (gegebenenfalls aufgepfropften, S. 259) Radikalbildnern bewirkt werden. Die kontinuierliche Vernetzung von Rohren, Schaumstoff-Bahnen und Kabelisolierungen aus Thermoplasten und Synthesekautschuken ohne Fremdstoffzusatz mittels Elektronenstrahlengeräten (Beschleunigungsspannung 0,7–1,5 MV, für dickwandige und kompliziert gestaltete Teile auch mittels höher leistungsfähiger γ-Strahlen) ist ein weithin angewandtes technisches Verfahren. Zur Kautschuk-„Vulkanisation" mit Schwefel s. S. 537.

2. Bei der **Polykondensation** werden verschiedene Monomere oder Zwischenprodukte über reaktionsfähige Endgruppen unter Abspaltung flüchtiger Nebenprodukte (Wasser, Ammoniak) miteinander verknüpft. Die Molekülgröße von Polykondensaten wird durch die Mengenverhältnisse der Ausgangsprodukte und die sonstigen Reaktionsbedingungen gesteuert.

Eine Abart der Polykondensation ist die *oxidative Kuppelung*. Gleichartige Monomere werden an solchen Stellen des Moleküls, die zunächst mit Wasserstoff besetzt sind, derart verknüpft, daß dieser unter Oxidation zum Nebenprodukt Wasser abgespalten wird. Beispiel: Polyphenylenether (S. 360).

Verbindet man Monomere mit je zwei reaktionsfähigen Gruppen zu langen Fadenmolekülen, so entstehen thermoplastische Kunststoffe, Beispiele: Polyamide (s. Seite 329), lineare Polyester (S. 346). Kurzkettige, niedermolekulare Polykondensate dieser Art sind die ungesättigten mit Styrol vernetzenden Polyester (S. 459) sowie Vorprodukte für Epoxidharze (S. 464) und Polyurethane (S. 469). Derartige Kunststoffe sind auf Tafel 1.5, neben S. 23, zusammengestellt.

Die stufenweise Polykondensation von Stoffen mit mehr als zwei reaktionsfähigen Stellen führt zu räumlich vernetzenden Makromolekülen, d.h. zu duroplastisch aushärtenden Kunststoffen. Solche Polykondensate sind die Phenoplaste und Aminoplaste (s. Tafel 1.3, S. 22). Die flüchtigen Nebenprodukte werden in den ersten Aufbaustufen abgeführt; bei der Aushärtung durch Polykondensation ist durch die Verarbeitungsbedingungen (hoher Druck) zu erreichen, daß dabei noch abgespaltene Produkte nicht zu porösen Erzeugnissen führen.

3. Bei der **Polyaddition** werden Makromoleküle durch gegenseitige Anlagerung reaktionsfähiger Gruppen unter innerstruktureller Umgruppierung zusammengebaut, ohne daß dabei flüchtige Substanzen abgespalten werden. Bei der Synthese niedermolekularer Polyadditions-Vorprodukte nehmen Abspaltungsreaktionen zur Ausbildung der Endgruppen sozusagen die makromolekulare „Kondensations"-Reaktion vorweg. Das Verfahren eignet sich bevorzugt zum drucklosen Vernetzen von Kunststoffen bei der Verarbeitung. Typische Polyaddukte sind Epoxidharze und Polyurethane (S. 464 u. 469).

3.1.3   Hilfsstoffe

Polymere enthalten Reste von Synthese-Hilfsstoffen wie Katalysatoren, Emulgatoren, Fällmittel; ausgehärtete Reaktionsharze enthalten Reste von Reaktionsmitteln (Härter, Beschleuniger, S. 460 ff.). „Additive" zur Einstellung des Verarbeitungs- und Gebrauchsverhaltens der Kunststoffe werden in verhältnismäßig kleinen Mengen (0,05...5%) zugemischt. Der Übergang zu Weichmachern, Füllstoffen und Verstärkern ist fließend, jedoch liegt deren eigentlicher Wirkungsbereich bei größeren Anteilen (10...70%) am Kunststoff.

Die meisten Anwendungszwecke erfordern vielteilige, stoffspezifisch aufgebaute Hilfsstoff-Systeme. Neben der dauernden Verträglichkeit deren einzelner Bestandteile untereinander und mit den Polymeren sind auch sicherheitstechnische, gewerbehygienische und toxikologische Auflagen (z. B. für den Lebensmittelverkehr, S. 45, 583) zu beachten.

Additivgruppen sind

3.1.3.1 *Gleitmittel, Antiblockmittel, Trennmittel:* Metallseifen, Montan- oder Paraffinwachse, wachsartige Polymere (S. 245), höhere Fettalkohole und Fettsäureester oder -amide, Silikone (S. 544) setzen die Viskosität von Formmassen herab (innere Gleitmittel) und/oder wirken als Schmiermittel (äußere Gleitmittel) zwischen Kunststoff-Schmelze und Metallwandungen. Ähnliche Zusätze verhindern das Aneinanderkleben (Blocken) von Folien, Trennmittel, die in das Formwerkzeug eingesprüht werden, sind von ähnlicher Art. Für nachzubehandelnde Formteile sollen sie silikonfrei sein. Auch PTFE – als Pulver oder Trockenspray (S. 317) – wird als Gleit- oder Trennmittel gebraucht.

3.1.3.2 *Stabilisatoren* sollen einerseits thermische Schädigungen während der Verarbeitung, andererseits im Gebrauch sowohl Oxidation als auch Abbau durch Licht- und UV-Einstrahlung verhüten bzw. vermindern. Für fast alle Kunststoffanwendungen braucht man Stabilisatorsysteme, die in ihrer Zusammensetzung sowohl auf das verwendete Polymer als auch auf die jeweiligen Gebrauchsanforderungen abgestimmt sein müssen. Bezüglich der Stabilisierungssysteme für PVC, auch mit „synergistischer" Wirkung der Komponenten, siehe S. 293. Ruß ist ein nahezu universell anwendbarer UV-Stabilisator, weiterhin ist die Stoffklasse der sterisch gehinderten Amine (HALS) in synergistischer Zusammenwirkung mit anderen Komponenten von hervorragender Bedeutung. Eine Stabilisierung gegen energiereiche Strahlung hat bisher kaum, gegen Schimmel- und Mikrobenbefall (S. 230, 594) nur für einzelne Kunststoffe eine Bedeutung erlangt.

3.1.3.3 *Antistatika* sind hydrophile Stoffe (z. B. Aminderivate, Polyethylenglykolester, Glycerinmono- oder -distearate), die Oberflächenwiderstände von Kunststoffen $> 10^{15}$ Ohm soweit herabsetzen (auf etwa $< 10^{11}$–10^{10} Ohm), daß Staubanziehung u. a. Störungen durch reibungselektrische Aufladung verhütet werden. Die Wirkung von Antistatika, die zur Oberfläche auswandern oder auf diese aufgebracht werden (S. 230), ist zeitlich begrenzt.

Mit *Leitfähigkeitsrußen* in Thermoplasten, vor allem in Polyolefincompounds, erreicht man spezifische Durchgangswiderstände von $10^2 \div 10^5$ Ohm · cm, Anwendungen reichen von Mantelmassen bis zu elektrischen Flächenheizkörpern.

Leitfähige Zusatzstoffe, die in geringen Mengen den spezifischen Widerstand bis < 1 Ohm · cm vermindern können, sind von Bedeutung für die *Abschirmung hochfrequenter Emissionen* von Geräten der

Elektronik- und Elektroindustrie. Mit Haftvermittlern beschichtete Aluminiumflocken, Mikro-Stahlfasern, versilberte Glasfasern und -kugeln, in geringen Zusatzmengen hoch wirksame vernickelte Graphit-Feinstfasern ($\varnothing$ 8 μm + 0,5 μm Ni-Schicht), Spezial-Ruße und Carbonfasern werden angewandt für die behördlich geforderten EMI (= Electro-Magnetic-Interference) und Radio-Frequenz-(RFI-)Dämpfung im 10 kHz- bis 140 GHz-Bereich mit mittlerer bis guter Schirmwirkung um > 60 db. Gehäuse-Innenflächen werden zur Abschirmung mit Leitlacken, 5 μm Al-Vakuumaufdampfung (*Elamet*-Verfahren), Metall-Sprühen oder chemogalvanisch (S. 229) beschichtet. Konstitutiv („intrisisch") leitfähige Kunststoffe („Dotierte" Polyacetylene und Polypyrrole) sind in Entwicklung, s. S. 32.

3.1.3.4 *Flammschutzmittel* braucht man, um die Entflammbarkeit von Kunststoff-Erzeugnissen herabzusetzen, so daß sie diesbezügliche Prüfanforderungen der Elektrotechnik, des Fahrzeugbaus und des Bauwesens erfüllen (S. 591 ff.). Chlor oder Brom enthaltende organische Verbindungen spalten bei Flammeneinwirkung Produkte ab, die Sauerstoffzutritt erschweren und Brandreaktionen chemisch abbremsen. Phosphorhaltige begünstigen zudem Verkohlung und Krustenbildung. Beide Gruppen können (auch kombiniert) in Monomere chemisch eingebaut oder in Polymere als Additive eingearbeitet werden. Die Wirkung von Halogenen wird durch den Weiß-Pigment-Füllstoff Antimontrioxid synergistisch verstärkt. Relativ hohe Additiv-Zusätze können das Gebrauchsverhalten der Erzeugnisse ungünstig beeinflussen. Die Bildung ätzender Stoffe und starke Rauchentwicklung im Brandfall sind weitere Brandschutz-Probleme.

Anorganische Füllstoffe verdünnen den brennbaren Stoffanteil im Kunststoff und begünstigen eine flammenhemmende Krustenbildung im Brandfall. Spezifisch flammschützend ohne Rauchentwicklung wirken Füllstoffe wie Aluminiumhydroxid Al(OH)$_3$ oder das mikrofasrige Dawsonite Na Al(OH)$_2$CO$_3$, die bei ca. 200 °C unter Wärmeverbrauch Wasserdampf bzw. Wasserdampf und CO$_2$ abspalten. Ähnlich wirken der plättchenförmige Weiß-Füllstoff Ultracarb (Ca/Mg CO$_3$ · H$_2$O) ab 230 °C, Mg CO$_3$ · H$_2$O bei > 300 °C, Zinkborat Zn(BO$_2$)$_2$ · 2 H$_2$O. Wasserhaltiges Natriumsilikat (Wasserglas) wird für Folieneinlagen in Polsterungen und für Brand-Abschlüsse (Palusol) verwendet.

3.1.3.5 *Farbmittel* sind speziell aufbereitete unlösliche anorganische und organische Pigmente (Tafel 3.1, S. 59) und in Kunststoffen lösliche Farbstoffe.

Anorganische Pigmente erfüllen weitgehend die Anforderungen hinsichtlich Temperaturbeständigkeit und Gebrauchsechtheit (S. 594), organische Pigmente können koloristische Anforderungen bevorzugt erfüllen. Polymerlösliche Farbstoffe werden in geringerem Umfang für transparente Erzeugnisse verwendet, u. a. auch Fluoreszenz-Farb-

Tafel 3.1. Farbmittel-Pigmente

chemische Klasse	Weiß	Schwarz	Grüngelb	Gelb	Orange	Rot	Blaurot	Violett	Blau	Grünblau	Blaugrün	Grün
Oxide	Titandioxide	Eisenoxid / Cu-, Cr-, Fe-Oxid		Eisenoxid gelb	Ti-, Cr-, Sb-Oxid ↑	↓ Eisenoxidrot-typen ↑		↓ Kobaltblau-typen ↑			Chrom-oxid-hydrat	Chrom-oxid / Kobalt-grün ↑
Sulfide	Zinksulfide		↓ Cadmiumsulfid/-selenid ↑	Nickeltitangelb			Ultramarine			↓ Mischgrüntypen ↑		
Chromate			↓ Bleichromat, Bleimolybdat ↑									
Kohlenstoff		Ruße										
Azo- Hansa-Benzidin-			↓ ↓ Hansapigmente Benzidinpigmente		↑ ↑	Toluidin-pigmente ↑						
Lithol-			↓ ↓			Litholrot-typen ↑						
Naphthol-AS-Komplexpigmente			↓ Grüngold		↓ Naphthol-AS-Typen	↑	↑					
Azokondensationspigmente			↓	Azokondensations-pigmente	↑	↑						
Polycyclisch Metallkomplexpigmente a) Küpenpigment				Anthra-pyrimidin / Pyranthron	↓ Metallkomplex-pigmente Anthra-thron / Trans-Perinon ↓	Perylene ↑	Thioindigo-typen ↑	Isovio-lanthron / Indanthron-blau ↑	Phthalo-cyanin-Blau-typen / Indanthren-blau	Phthalo-cyanin-Grün-blau		Phthalo-cyanin-Grün-typen
b) nicht verküpbar		Anilin-schwarz		Chino-phthalon ↓ / Isoindolinone ↓	Isoindolinone ↑	Chinaacridone ↑		Dioxa-zine ↑				

Die Pfeile geben den Farbtonbereich einer Pigmentfamilie an. Die Küpenpigmente des Anthrachinons haben das größte koloristische Potential: Sie reichen von Gelb bis Blau, Thioindigo- und Chinacridonpigmente sind koloristisch Konkurrenten, Phthalocyaninblau und Indanthrenblau nicht.

stoffe mit lichtsammelndem Effekt (LISA-Kunststoffe) für Leucht-Objekte. Kunsthorn und PA können aus wäßrigen Lösungen oberflächlich angefärbt werden. Auch optische Aufheller (Weißmacher) sind lösliche Farbstoffe. Gesichtspunkte, die bei der Farbmittelauswahl berücksichtigt werden müssen, sind: Verfärbungen durch Reaktionen zwischen schwefelhaltigen Farbmittel und Blei- oder Zinn-Stabilisatoren, Beeinträchtigung der Härtung von Reaktionsharzen durch Metallkomplexe, Förderung des Ausblutens durch Additive, Einflüsse von Pigmenten auf Kristallisation, elektrische und Fließeigenschaften von Kunststoffen.

Pigmentzubereitungen für staubfreies Einfärben von Kunststoffen beim Verarbeiter sind „Masterbatches" im zu verarbeitenden Kunststoff, Pigmentkonzentrate oder als Flüssig-Pigmentpräparationen mit höherem Gehalt an dispergiertem Pigment in neutralem Bindemittel.

3.1.3.6 *Flexibilatoren* (Schlagzähmacher) werden spröden Kunststoffen beigemischt (Blends) oder auch als Copolymer-Komponente chemisch eingebaut, s. z.B. S. 234, 274, 275ff., 292, 319, 329, 335, 343ff.

Weichmacher werden für gummielastische PVC-Massen (S. 371), zur Regulierung der Zähigkeit harter Kunststoffe (z.B. von Celluloseester-Formmassen, S. 302) und für Lackharze verwendet. Flexibilatoren sind im Gegensatz zu diesen nicht flüchtig. Der Übergang zwischen Flexibilisierung und innerer Weichmachung bzw. der Beigabe von Polymer-Weichmachern ist fließend.

3.1.3.7 *Haftvermittler* bilden Molekularbrücken an den Grenzflächen zwischen anorganischen Zuschlagstoffen und der organischen Polymermatrix. Sie enthalten hydrolisierbare Gruppen zur Bindung an das anorganische Material und organofunktionelle Gruppen im gleichen Molekül. Halborganische Silane und Titanate braucht man für glasfaserverstärkte Reaktionsharz-Kunststoffe (S. 451), mit spezifischen organofunktionellen Gruppen für thermoplastische Verbundwerkstoffe (S. 434). „Coating" (auch mit Stearaten) ist die Vorbehandlung des anorganischen Zuschlags als gesonderter Arbeitsgang

3.1.3.8 *Füllstoffe, Eigenschaftsverbesserer, Verstärkungsmittel.* Von den klassischen „Bakelite"-Phenolharzpreßmassen bis zu den neuesten thermoplastischen und anderen Verbundstoffen dienen „Füllstoffe" keineswegs nur als Streckmittel für Harzeinsparung und/oder Kostenreduzierung, sondern verbessern z.B. auch die Verarbeitbarkeit (kürzere Zykluszeiten durch Erhöhung der Wärmeleitfähigkeit der Masse) und Eigenschaften der Endprodukte wie E-Modul, Schlagzähigkeit, Maßhaltigkeit und Wärmestandfestigkeit. Die oben genannten Gruppen können nach dem „aspect ratio" (a.r.) genannten Verhältnis von Länge (oder Länge und Breite) zu Dicke ungefähr folgendermaßen unterteilt werden:

Füllstoffe: unregelmäßig gestaltete Körner oder Kugeln, a. r. > 1
Eigenschaftsverbesserer im engeren Sinne: Kurze Fasern,
    z. B. gemahlene oder geschnittene Glasfasern,
    Wollastonit, Talcum   a.r. 10–50
    Glas- oder Glimmer-Plättchen   a.r. 50–100
Verstärkungsmittel: Langfasern, Filamente,
    ungewebte oder gewebte Textilprodukte, a.r. sehr groß

Die Auflistung erfaßt nicht oberflächenaktive „Verstärker", die in erster Linie in Gummi und in Elastomeren angewandt werden, wie Ruß, pyrogene hochdisperse Kieselsäure (CAB-O-Sil, Aerosil) oder gefälltes ultrafeines mit carboxiliertem rubber gecoatetes $CaCO_3$ (Fortimax).

1. *Organische Naturstoffe:* Holzmehl – auf < 150 μm Teilchendurchmesser zerkleinerte Holzfasern – wird gebraucht für duroplastische Formmassen (S. 481), für warmformbare PP-Tafeln (S. 398) und holzähnliche PVC-Formteile (Schweden). Duroplast-Formmassen mit Fasern, Schnitzeln, Geweben auf Cellulosebasis s. S. 486. Sisal, Jute und dergleichen im Verbund mit Kunstharzen sind vor allem in Entwicklungsländern von Interesse. Masterbatches mit hydrophobierter Stärke sind auf dem Markt vor allem für biopulverisierbare Thermoplaste (S. 384).

2. *Mineralische Füllstoffe und Eigenschaftsverbesserer:* Mahlgut aus Kreide, Kalkstein oder Marmor ($\varnothing$ = < 3 μm, spez. Ofl. 6–7 m^2/g) und gefälltes Calciumcarbonat ($\varnothing$ < 0,7 μm, > 30 m^2/g) werden als preiswerte Mittel zur Erhöhung von Temperaturstandfestigkeit, Kerbschlagzähigkeit, Oberflächengüte (BMC, SMC, S. 496) oder Versteifung am meisten gebraucht. In PVC verbessert $CaCO_3$ das Brandverhalten durch HCl-Bindung. „Snow White" (Handelsname) ist ein für den Lebensmittel-Gebrauch zugelassenes wasserfreies Calciumsulfat. Bariumsulfat ist ein Schwer-Füllstoff, z. B. für Schallschutzmatten oder Strahlenschutz. Quarzmehl ist höchst korrosionsbeständig, aber abrasiv (Werkzeugverschleiß). Calciniertes Kaolin ist für die Hochspannungstechnik, Feldspat wegen seines Brechungskoeffizienten für transparente Erzeugnisse von Bedeutung. Für Aluminiumhydroxid u. ä. flammhemmende Füllstoffe siehe Abschnitt 3.1.3.4, S. 58.

Talkum in natürlicher Plättchenform (für PP S. 269), natürliche und auf 1 μm Dicke delaminierte Glimmerflocken (Suzorite, HN, aus US Phlogobit-Glimmer) oder Mischungen solcher Mineralien mit Kurzglas- oder Polyesterfasern werden zur Verbesserung von E-Modul, Biegefestigkeit und Schlagzähigkeit verwendet. Ähnliche Mineralfaser-Gemische, z. B. auch mit Wollastonit oder Mikrofasern ($\varnothing$ 4–6 μm, a.r. > 100) aus kristallisiertem Calciumsulfat, keramische Fasern (Fiberfrax, a.r. 10–1000) sowie spezielle Chemiefasern kommen zur Substitution von Asbest in Betracht.

In Polyolefin-Folien wirken kleine Zusätze von fein dispersem $CaCO_3$, Silica oder speziellen Silikaten als Anti-Blockmittel und verbessern den (papierähnlichen) Griff insbesondere von PE-Folien (S. 400), bei PVC-U verbessern sie Verarbeitbarkeit und Kerbschlagzähigkeit.

3. *Kugeln:* Kugelförmige Zuschläge verbessern den Fluß von Formmassen bei der Verarbeitung und in hoch gefüllten Produkten Schrumpfverhalten und Formstandfestigkeit der Formteile. Massive Glas-„Microspheres", auch Ballotini genannt ($\varnothing$ <50 μm), verbessern zudem E-Modul, Druckfestigkeit, Härte und Oberflächenglätte. „Cenospheres" sind gemischt massiv/hohle Kugeln aus der Flugasche von Kohlekraftwerken (d_r ca. 0,6 g/cm^3), Microloy sind ähnliche Leichtfüllstoffe (d_r 0,18–0,26 g/cm^3). „Microballons" sind Borsilikat- oder Silica-Hohlkugeln ($\varnothing$ 5–250 μm, d_r 0,18–0,50 g/cm^3, Microcel, BE; Q-cel, 3M Glass Bubbles, US; Fillite, JP). Gewichtsmäßig geringe Anteile (2–4%) dieser voluminösen, aber bei Wanddicken von nur 0,5–2 μm druckfesten und schlagzähigkeit verbessernden Leichtfüllstoffe (zu thermoplastischen Formmassen oder Reaktionsharz-Systemen) können Gewichtseinsparungen bis 20–30% erbringen. Zur Verwendung solcher und anderer Hohlkugeln in „syntaktischen" und anderen Schaum-Leichtstoffen siehe 3.1.6 „Schaumstoffherstellung" (S. 69 f.).

4. *Verstärkungsfasern:* Fasern, Gewebeschnitzel und Gewebebahnen zum Verstärken duroplastischer Formmassen und Schichtpreßstoffe siehe S. 481, 505. Gemahlene oder geschnittene Kurzfasern – 0,1 bis 1 mm lang – werden beim Strukturschäumen (S. 69) und in granulierte thermoplastische Formmassen (S. 374) in ungeordneter homogener Verteilung eingearbeitet. Langfasertypen stellt man durch Zumischen von rieselfähigen geschnittenen Glasspinnfäden bis 6 mm Länge oder durch Schneiden von 10 mm langem Granulat aus im Pultrusionsverfahren (S. 157) ummantelten Rovings her. Reaktionsharze werden mit ungeordneten oder gerichteten Faserverstärkungen zu konstruktiv höchst belastbaren Großformteilen verarbeitet (S. 80, 495, 505 ff.).

Textilglas-Verstärkungen (nach DIN 61850 u. ff.) sind Erzeugnisse aus Glasfilament, d.h. aus im Düsenziehverfahren hergestellten endlosen (Typzeichen C = continuierlich) 5 bis 25 μm dicken Elementarfäden aus alkaliarmem E-Glas nach DIN 1259. 100 bis 250 von diesen Glasfäden werden zu Glasfaliersträngen (Rovings) oder zu Spinnfäden vereinigt, die zu geschnittenen Fäden und Kurzfasern, Matten von 250 bis 900 g/cm^2 und weiteren textilen Erzeugnissen verarbeitet werden (Tafel 3.2, S. 63). Kurze Stapelfasern werden durch Abblasen der aus der Düse austretenden Faser hergestellt. Ihr Hauptanwendungsgebiet sind leichte (30–150 g/cm^2) kunstharzgebundene Matten oder Vliese für harzreiche, glatte Oberflächen. Dafür gebraucht man auch das besser säurebeständige C-Glas. E-CR-Glas ist ein Gattungsbegriff für korrosionsbeständiges E-Glas-Material für die chemische und Abwassertechnik. Unter Handelsbezeichnungen wie R-, S-, S-2-, M-Glas sind Textilglas-Verstärkungsfasern

Tafel 3.2. Textilglasprodukte nach DIN 61850

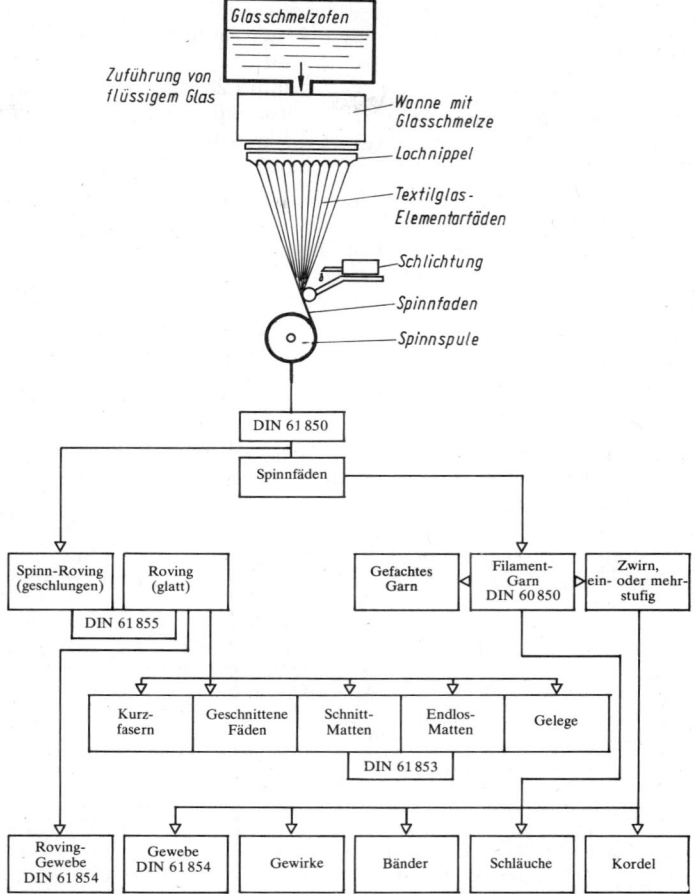

mit gegenüber E-Glas erheblich höheren mechanischen Eigenschaften, allerdings auch entsprechend höheren Preisen für Hochleistungs-Verbundwerkstoffe mit einer EP-Harz-Matrix auf dem Markt.

Die für die Vorverarbeitung von Glasfilament erforderliche *Schlichte* (bei Stapelfasern *Schmälze*) enthält stoffspezifische Chrom- oder Silan-Haftvermittler (S. 60), für mattenverstärkte Thermoplaste (GMT) ein für die Festigkeitserhöhung gleichfalls wesentliches Kunstharz-bindemittel z. B. auf PUR-Basis.

Bloße Textil-Schlichten müssen vor der Weiterverarbeitung abgebrannt werden (z. B. Finish 112 für Glasgewebe: <0,1% Restschlichtegehalt). Matten und Vliese werden durch schwer oder leicht in Kunstharz lösliche Binder verfestigt.

Polyester-, Acryl- oder PVC-Synthesefasern gebraucht man hauptsächlich für Abdeckvliese. Mit solchen Synthesefasern verstärkte Kunststoffe (SFK) haben niedrigere E-Moduli in Faserrichtung als GFK, die Schadensgrenzen bei Verformung liegen aber höher.

Als Verstärkungsfasern für die *Hochleistungs-Faser-Verbundwerkstoffe* (HFV) der Luft- und Raumfahrt wie auch für den Sport-Fahrzeug- und -Gerätebau gewinnen an Bedeutung (Tafel 3.3) die zugleich hoch festen und hoch steifen HMS (=high modulus/strength)-Typen mit einem auf Bruchdehnungen $\varepsilon_B \geq 2\%$ eingestellten $\sigma_B/E = \varepsilon_B$-Verhältnis. Zu diesen Werkstoffen siehe weiter Abschn. 4.8.8, S. 533, Abschn. 1.3.3, S. 9, über unidirektionale bandförmige EP-CF-Prepregs („tapes") für die Fertigung von HVL-Laminaten durch Präzisionswickeln und im Bandauflege-Autoklaven-Verfahren auch S. 83, 501, 505.

Die Fasern mit – bezogen auf die geringere Dichte – vielfach höheren spezifischen Festigkeits- und/oder E-Modulwerten als Glasfasern sind auch vielfach teurer als diese. Sie verbessern die Produkteigenschaften aber auch schon als geringer Anteil an den Verstärkungsfasern erheblich. Aramid/Carbon-, Aramid/Glas-, Aramid/Carbon/Glas- und Carbon/Glas-„Hybrid"-Faserverstärkungen sind

Tafel 3.3. Vergleichszahlen für Verstärkungsfasern

Gruppe	Fasern	Dichte g/cm³	Bruch-dehnung %	Zugfestigkeit MPa	Zug-Modul[1]) GPa
GF	E-Glas	2,54	~2,5	2000–3500	~70
	S-Glas	2,49	~2,8	4600	86
AF	Aramid, Normal-Typen	1,44	3,5–3,7	3000–3700	65–90
	Aramid, HM-Typen	1,45	2,5–2,0	3000–(4200)	130–170
CF	Carbonisierte und graphitierte Fasern[2])				
	HT/ST-Typen (PAN)	1,77	1,25–1,5	3000–(4500)	200–300
	IM/HST-Typen (PAN)	1,7–1,8	1,4–2,3	4000–(7000)	180–280
	HM-Typen (PAN)	1,8–2,0	0,4–0,8	1900–2500	300–500
	UHM-Type (Pech)	2,18	0,3	2200	830
	HMS-Typen (PAN, Pech)[3])	–	–	3000–4000	350–600
SIC	Siliciumcarbid (JP)[4])	~3,2	1,5	9000	640

[1]) In Faserrichtung · $E_\perp$ für GF ist etwa gleich hoch, für die anderen (verstreckten) Fasern 5–15 GPa.
[2]) Aufbau und Bedeutung der Typ-Bezeichnungen s. Bild 4.30, S. 534.
[3]) In Entwicklung.
[4]) Nicht kommerziell.

Handelsprodukte. Extreme mechanische und Temperaturstandfestigkeitswerte (ca. 0–2000 K) weisen die für „exotische" Anforderungen (z. B. im Satelliten-Bau) industriell hergestellte Langfasern aus Bornitrid und – über Al- und Si-organische Verbindungen – Al-oxidsilikat sowie Siliciumcarbid-Whiskers auf. Aus phenolharzgebundenen CF-Vorformlingen wird die außerordentlich zähe und chemikalienbeständige graphitierte verstärkte Kohlekeramik (CFC) gebrannt.

3.1.3.9 *Treibmittel* bewirken nach Bedarf abzustufende „Füllung" von Kunststofferzeugnissen mit Gasblasen als disperser Phase. Einzelheiten siehe unter „Aufbereiten von Kunststoffen mit Begasung" (S. 69 ff.).

3.1.4 Aufbereiten von Formmassen

3.1.4.1 *Thermoplastische Kunststoffe*

Thermoplastische Kunststoffe müssen für die Verarbeitung meist „compoundiert", d. h. mit Hilfsstoffen (Stabilisatoren, Gleitmitteln, Weichmachern, Farbmitteln, verstärkenden Füllstoffen) versetzt und in bestimmten Abmessungen gekörnt (granuliert) werden.

Dafür werden Vorgemische oder einzeln dosierte Komponenten von Roh- und Hilfsstoffen über ein- oder zweiwellige Schneckenmaschinen mit 5–20 t/h Durchsatz, kontinuierliche Innenmischer, Kneter oder Planetwalzen-Extruder, ggf. mit Zumischvorrichtungen für Verstärkungsmaterial (Bild 3.4), homogenisiert; ein Aufschmelzen ist häufig nicht erforderlich, da i. a. schon Schmelze eingebracht wird. Die Schmelzen werden durch Vielfach-Lochplatten-Spritzköpfe entweder Wasserring- oder Heißabschlag-Granulatoren (Leistungsfähigkeit bis 20 t/h) zugeführt, die unmittelbar am Austritt in einen Wasser- oder Luftstrom linsen- bis kugelförmige Granulatkörner abschlagen (sogenannter „Heißabschlag"), oder durch Kühlbäder geführt und nach der Auskühlung von Strang- oder Band-Granulatoren zu zylindrischem oder würfelförmigem Granulat zerhackt (soge-

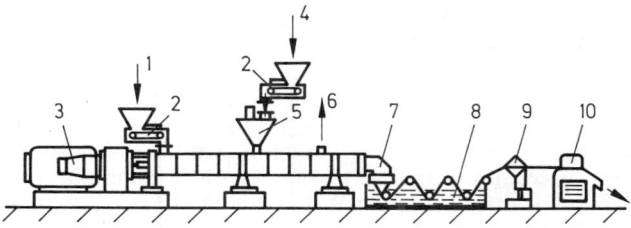

Bild 3.4. Anlage für das Einmischen von geschnittenen Verstärkungsfasern in die Kunststoffschmelze

1 thermoplastischer Kunststoff und Additive, *2* Dosierbandwaage, *3* zweiwelliger Schneckenkneter ZSK, *4* Verstärkungsmaterial, *5* Zugabetrichter, *6* Entgasung mit Vakuum, *7* Strangspritzkopf, *8* Wasserbad, *9* Abblasvorrichtung, *10* Stranggranulator

nannter „Kaltabschlag"). In Einzelfällen werden Aufbereitungsextruder zur unmittelbaren Produktion von Halbzeugen (S. 160) ausgelegt.

Zum *Zerkleinern von Verarbeitungsabfällen* an der Maschine zu granulatartigen Körnungen, die bis zu 10% oder mehr der Originalware beigefügt werden können, dienen kleine Schneidmühlen mit Sieben. Beim Blasformen fallen in der Regel große Mengen an Butzenabfällen an, man kann hierbei 50% oder mehr zur Originalware zumischen. In großen Ausführungen werden die Schneidmühlen zum Aufarbeiten sonstiger Abfälle gebraucht, für Folien mit Zusatzeinrichtungen zum Verdichten. *Feinkörnige Pulver* für Überzugs- und Hohlkörper-Techniken (S. 72 u. 78) werden mit sieblosen Prallmühlen gemahlen.

Zum *Einfärben* von Formmassen sind mit Zusätzen verkollerte Pigmente beschränkt, Farbkonzentrate (Batches) und Pigmentpräparationen mit leicht fließbarem, haftvermittelnden Träger besser geeignet. Mit solchen werden im Großbetrieb die Verarbeitungsmaschinen über automatisch gesteuerte Dosier- und Vormischgeräte (S. 67) beschickt.

Compounds aus Hart- oder Weich-Polyvinylchlorid werden meist im Verarbeitungsbetrieb hergestellt. Heizmischer bis zu 1500 l Inhalt, die mit schnell laufenden Mischwerkzeugen ausgestattet sind, heizen den Mischerinhalt durch die kinetische Energie in wenigen Minuten auf 110 bis 140°C auf, manche dieser Anlagen unter Vakuum. Kunststoffpulver, Stabilisatoren, Gleitmittel, Pigmente und gegebenenfalls Weichmacher werden nach einem dem Ansatz gemäßen Zeitprogramm so aufgegeben – flüssige Bestandteile eingedüst –, daß rieselfähige sandige Trockenmischungen (*Dry-Blends* oder „Heißmischungen") entstehen. Den Heißmischern sind meist Kühlmischer nachgeschaltet, die durch Herabkühlen auf 45°C die sonst in der Hitze zusammenbackende Masse rieselfähig erhalten. Das Zeitprogramm der Aufbereitungsaggregate läuft in der Regel automatisch ab. Automatisch gesteuerte kontinuierliche Schnellmischer mit direkter Einspeisung des warmen Mischguts in den Produktions-Extruder helfen Verarbeitungsenergie einzusparen.

Mit Friktion arbeitende geheizte Zweiwalzenwerke herkömmlicher Art dienen heute nur noch als massespeichernde Zwischenglieder in automatisch gesteuerten Aufbereitungsanlagen für die Kalanderbeschickung und zum partiellen Vermischen von Massen für gemusterte Erzeugnisse. Das CMS-(Continuous Mixing Shearing-)Walzwerk mit spiralig genuteten Walzen, durch die das Material im Walzenspalt unter hoher Scherung längs durchgezogen wird, ist für schonende kontinuierliche Aufbereitung pulverförmiger Massen geeignet, auch von Hart-PVC zur Weiterverarbeitung mit einem Einschneckenextruder (S. 167).

3.1.4.2 Duroplastische Formmassen

aus härtbaren Harzen als Bindemittel und pulverigen oder faserigen Füllstoffen wie Gesteinsmehl, Holzmehl, Glasfaser, Papier und Gewebe, auch mit Strängen oder Schnitzeln werden im Harzhersteller-Betrieb verarbeitungsfertig konfektioniert. Soweit es sich dabei um pulverige bis kurzfaserige Füllstoffe handelt, werden sie im trockenen Zustande mit dem pulverisierten Harz, Farbstoffen und Gleitmitteln kalt vorgemischt und auf beheizten Walzwerken – Friktion etwa 1:1,2 – oder Doppelschnecken-Extrudern plastifiziert und homogenisiert. Das Harz wird durch diese Wärmebehandlung auf die für die Weiterverarbeitung erforderliche Viskosität vorkondensiert. Die gängigsten Massen wie z. B. Typ 31 werden nach trockener Vormischung vollautomatisch auf Spezialwalzwerken bzw. Doppelschnecken-Extrudern plastifiziert und anschließend durch Mahlung der Walzfelle (oder Chips) und fraktionierte Siebung auf ein nahezu staubfreies Korn bestimmter Größe gebracht.

Grobfaserige Massen und Schnitzelmassen – aber auch kurzfaserige Zellulose enthaltende Aminoplaste der Typen 131, 150 und 152 – werden vorwiegend in einem locker arbeitenden Flügelmischer durch Tränkung der Harzträger mit flüssigen bzw. gelösten Harzen und anschließender Trocknung hergestellt, glasfaserverstärkte mit längeren Fasern durch kontinuierliches Tränken von Glasfittersträngen, die anschließend zerhackt werden können.

Bahnen für Schichtpreßstoffe (S. 505 ff.) werden in Imprägniermaschinen beharzt, anschließend zugeschnitten und paketweise verpreßt (S. 156). Polyester-Harzmatten und Reaktionsharz-Prepregs s. S. 495 ff.

Die Einfärbung der Massen geschieht fast ausschließlich während des Plastifizierungs- bzw. Tränkungsvorgangs. Eine Ausnahme ist die nachträgliche Trockeneinfärbung hellfarbiger zellulosegefüllter Aminoplastformmassen in Kugelmühlen. Da auch diese Massen fast ausschließlich in staubfreier gekörnter Ausführung verlangt werden, müssen sie nach der Einfärbung in Spezialstrangpressen verdichtet und anschließend durch Mahlung und Absiebung auf die gewünschte Körnung gebracht werden.

3.1.5   Fördern von Rohstoffen und Formmassen

Großbetriebe der Kunststoffverarbeitung beziehen Rohstoffe in Kesselwagen, aus denen sie pneumatisch in Silos von 60 bis 300 m³ Inhalt gefördert werden. Silolagerung ist ab 30 t/Monat Verbrauch zweckmäßig, darunter Bezug in mietbaren Containern. Die Weiterförderung zu Tagesbehältern bzw. automatisch arbeitenden Wäge- und Dosiereinrichtungen für Mischungen ist im Großbetrieb voll automatisiert.

Pneumatisch (Bild 3.5, S. 68) werden Granulate oder auch Pulver (z. B. mit Anlagen A, F, G) gefördert und, ggf. von verschiedenen

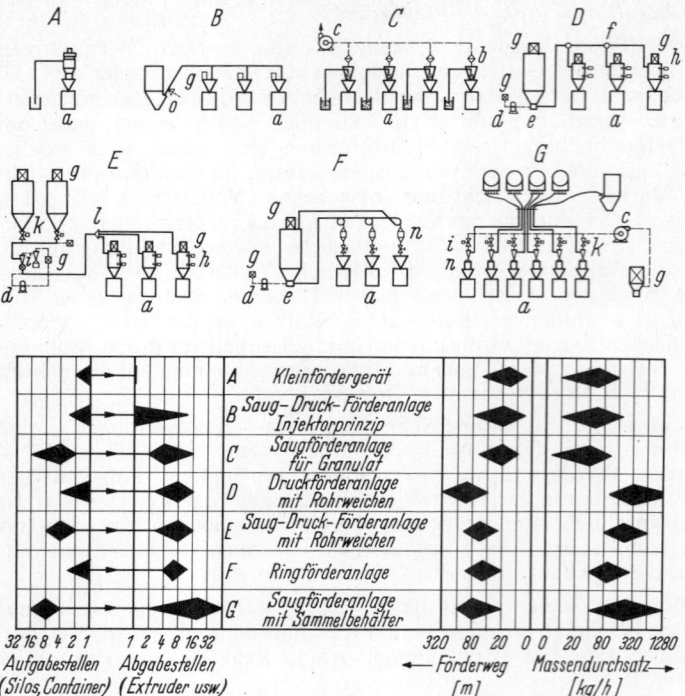

Bild 3.5. Pneumatische Förder- und Dosiersysteme zum Beschicken von Kunststoffverarbeitungsmaschinen

a Verarbeitungsmaschine, *b* Sieb, *c* Ventilator, *d* Drehkolbengebläse, *e* Durchblasschleuse, *f* Zweiwegerohrweiche, *g* Filter, *h* Füllstandsmelder, *i* Zyklonabscheider, *k* elektropneumatisches Absperrorgan, *l* Mehrwegerohrweiche, *m* handbetätigtes Absperrorgan, *n* Sammelbehälter, *o* Injektor

Containern aus über Zwischenbehälter gemischt, auf die Aufgabetrichter der Verarbeitungsmaschinen verteilt. Weitere Bausteine für Misch-, Dosier- und Förderanlagen sind Bandförderer, Vibrations-Dosierrinnen (z. B. zum Einmischen von Pigment-Konzentraten) und in jeder Lage arbeitende Schneckenfördersysteme mit Dosierschiebern. In Schläuchen ohne oder mit biegsamen Führungskern rotierende Stahl-Spiralwendel ermöglichen bewegliche Geräteanschlüsse. Durch die Stellung der Auslaufklappen oder Sensoren im Maschinentrichter wird deren Beschickung automatisch nach Bedarf ein- und ausgeschaltet. Auf Verarbeitungsmaschinen aufsetzbare Förder-, Dosier- und Einfärbgeräte mit volumetrischer Dosierung durch Dosierrollen für pulvrige oder körnige, Kolbenpumpen für flüssige Farbzubereitungen arbeiten elektronisch gesteuert in beliebi-

ger Einstellung mit ±0,1 bis ±0,2% Dosiergenauigkeit für die Farb-
komponente.

3.1.6 Schaumstoffherstellung

Kunststoffe durchlaufen bei ihrer Verarbeitung zum Formstoff thermoplastische oder flüssige Zwischenzustände, in denen – sei es
durch unmittelbare Begasung (3.1.6.1), sei es durch Treibmittel-Ad-
ditive (3.1.6.2) und Keimbildner (3.1.6.3) – Systeme feinverteilter
Gas- oder Dampfblasen von etwa 0,2–3 mm Durchmesser eingebracht werden können. Dadurch entstehen nach DIN 7726
„*Schaumstoffe*" genannte zellige Werkstoffe mit bis zum Vielfachen
geringeren Raumgewicht als das ihrer Gerüstsubstanzen. Schaumstoffe haben durch ihre je nach der Schaumstruktur vielfältig unterschiedlichen spezifischen Eigenschaften (s. Abschn. 4.7, S. 518ff.) erhebliche Bedeutung für vielerlei Anwendungsbereiche.

In stoffeigen besonderen *Verarbeitungsverfahren* (3.1.6.4) werden
Schaumstoff-Produkte mit gleichmäßiger Zellverteilung über den gesamten Werkstück-Querschnitt im Raumgewichtsbereich von etwa
300 kg/m³ (= 0,3 g/cm³) bis unter 10 kg/m³ (= 0,01 g/cm³, < 1% Gerüstsubstanz!) gefertigt. Mit Zellwänden, die alle Zellen völlig um-
schließen, entstehen „geschlossenzellige" Schaumstoffe, in denen
und durch die Gas- oder Flüssigkeitsaustausch nur durch Diffusion
möglich ist. Die Zellwände „gemischtzelliger" Schaumstoffe sind
teilweise perforiert; sie und mehr noch die Zellwände „offenzelli-
ger" Schaumstoffe stehen dem Gas- und Flüssigkeitsaustausch zwischen den Zellen – sofern eine „Schäumhaut" nicht vorhanden ist –
auch nach außen offen. Im Extremfall „retikulierter" Schaumstoffe
(s. MF S. 444, PUR S. 481) bleiben von den Zellwänden nur noch die
Zellstege stehen.

Struktur- oder *Integral-Schaumstoff*-Erzeugnisse werden mit ungleichmäßiger Zellverteilung über den Werkstoffquerschnitt so gefertigt, daß von einer (nahezu) massiven Außenhaut aus nach innen die
Stoffdichte kontinuierlich (z. B. etwa parabolförmig) bis zu einem
Minimum in Werkstückmitte abnimmt (Bild 3.6). Diese Stoffvertei-

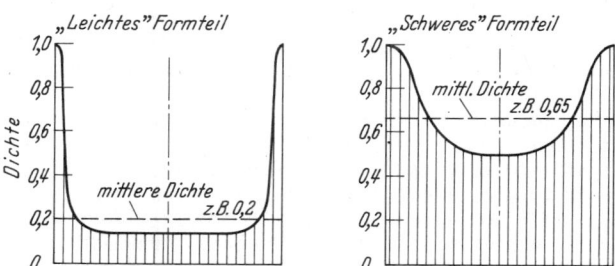

Bild 3.6. Dichteprofile von Strukturschaum-Formteilen

lung mit zugfester Außenhaut führt zu optimalen Festigkeitswerten.

Syntaktische Schaumstoffe sind Polymer-Werkstoffe, deren gasgefüllten geschlossenen Zellen durch Hohlkugeln als Füllstoff in der Polymer-Matrix (S. 62, 463) erzeugt werden. So entstehen sehr druckfeste Schaumstoffe mit Rohdichten bis 800 kg/m³.

3.1.6.1 Hoch- und Niederdruckbegasung

1. Unter *hohem Druck* (200 bis 600 bar) stehende permanente Gase, meist Stickstoff, werden im Airex-Blockschaum-Verfahren (S. 310, 414) in PVC-Schmelzen von ca. 170 °C, im USS-Verfahren für thermoplastische Kunststoffe (PE, PP) im Extruder mit Akkumulator inkorporiert. Zum Aufschäumen werden im Airex-Zweistufenverfahren die in der Preßform unter Druck gekühlten Blöcke bei 50–90 °C freiliegend aufgeschäumt. Beim UCC-Verfahren expandiert die Masse beim Ausströmen in das dem Akkumulator vorgelegte Formwerkzeug.

2. Im Schlagschaumverfahren wird Luft, N_2 oder CO_2 unter *geringem Überdruck* in speziellen Mischgeräten und unter Mitwirkung von Tensiden einerseits mit leichtflüssigen Weich-PVC-Pasten (S. 309), andererseits mit Harnstoffharz-Vorprodukt-Härter-Lösungen (S. 444) zum „Naßschaum" verwirbelt, der mittels des Druckgases der Anwendung zugefördert wird. So härtet der UF-Schaum z. B. als Dämmstoff in Rohrschächten chemisch aus. Weich-PVC-Naßschaum geliert durch Wärmeeinwirkung als Tragschicht von Kunstleder oder Fußbodenbelägen.

3.1.6.2 Physikalische und chemische Treibmittel

sind einerseits niedrig siedende organische Lösemittel (bevorzugt Kohlenwasserstoffe), deren Dampfdruck unter Verarbeitungsbedingungen das Aufschäumen bewirkt, andererseits fein verteilte feste Stoffe, die sich bei diesen unter Gasabspaltung zersetzen. Nebenprodukte von Polymeraufbaureaktionen können als (anteilige) Treibmittel dienen, so CO_2 aus der Isocyanatreaktion mit Wasser in der PUR-Chemie (S. 474, 480), Methanol- oder Ethanoldämpfe bei Imidisierungs-Reaktionen (PMI S. 423, PI S. 532). Von zweckgerechter Kombination der verschiedenen Treibmittel wird freizügig Gebrauch gemacht. Von chemischen Treibmitteln wird gefordert, daß sie in abgegrenztem Verarbeitungstemperaturbereich (in der Regel exotherm) unter Bildung inerter Gase und geruch- und geschmackfreier, nicht toxischer Rückstände zerfallen. Beispiele sind Azo-Verbindungen, N-Nitroseverbindungen und Sulfonylhydrazide, die bei Anspringtemperaturen zwischen 90 und 275 °C pro Gramm 100 bis 300 ml Stickstoff abspalten. Die Anspringtemperatur 230 bis 235 °C des viel gebrauchten Azodicarbonamids kann durch „Kicker" auf 155–200 °C herabgesetzt werden. Als solche wirken Metallverbindungen wie die Pb- und Zn-Stabilisatoren in PVC-Mischungen. Für PE-X-Schaum (s. 259) gibt es zugleich gasabspaltende Vernetzungsmittel.

Fluorchlorkohlenwasserstoffe (FCKW), welche als physikalische Treibmittel bei der Herstellung von Kunststoff-Schäumen (insbesondere auch bei PUR-Schäumen) angewendet wurden bzw. z. Z. noch in Anwendung sind, werden in der Bundesrepublik Deutschland derzeit durch FCKW-freie Treibmittel substituiert. Dies wurde erforderlich, nachdem der Abbau der Ozonschicht in der Stratosphäre erwiesenermaßen durch FCKW hauptsächlich verursacht wird. So wird z. B. nach Berichten der Hoechst AG das Treibmittel R22 durch das chlorfreie R134a ersetzt. Die Entwicklung weiterer chlorfreier, wasserstoffhaltiger Fluoralkane und Fluorether, z. B. als Dämmgase in PUR-Hartschaum, ist derzeit noch nicht abgeschlossen.

3.1.6.3 *Keimbildner und Porenregler*

sind insbesondere bei physikalisch getriebenen Thermoplast-Schaumstoffen wichtige Additive. Sie wirken als ,,Siedesteinchen" in der mit gelöstem Treibgas übersättigten Polymerschmelze und bewirken so eine gleichmäßige Schaumstruktur. Es sind feinteilige Feststoffe oder CO_2 abspaltende Mischungen von NaHCO, mit festen organischen Säuren (z. B. Citronensäure). Während einer Schäumreaktion entstehende gasförmige (CO_2 bei PUR) oder dampfförmige (Ethanol bei PI) Nebenprodukte wirken ebenfalls keimbildend.

3.1.6.4 *Hinweise zu den Herstellverfahren*

1. *Sonderverfahren für geschlossenzellige Thermoplast-Schäume* sind
– für Polyolefine (S. 259, 273) und Polystyrol (S. 286) die Partikel-Dampfstoß-Verfahren mit einpolymerisierten physikalischen Treibmitteln, anwendbar für die Herstellung von Platten, Bahnen und Formteilen;

– für Hart- und Weich-PVC-Blockschaum (S. 414) das Hochdruck-Begasungs-Verfahren (S. 70).

Hochtemperatur-Thermoplaste (PES S. 367, PEI S. 369) werden aus mit Lösemitteln angequollenen Gelen durch Druckentlastung in der Hitze blockgeschäumt.

Die Schaumschlagverfahren für Weich-PVC und UF (s. o.) führen zu gemischt- bis offenzelligen Schaumstoffen.

2. Neben der diskontinuierlichen *Blockverschäumung* in Einzelformen mit ,,schwimmendem" Deckel für Kleinserien ist das kontinuierliche (Doppel-)Band- und Block-Schäumen (Bild 3.10, S. 78) das Verfahren der Wahl für flüssige, mit Härter und chemischem oder physikalischem Treibmittel begabte Duroplast-Ansätze (PF S. 442, MF S. 444), harte und elastisch weiche PUR-Schäume S. 479 ff), die je nach Verfahrensführung geschlossen- oder offenzellig sein können. Mit kontinuierlich zugeführten beidseitigen Deckschichten werden so auch Sandwichplatten gefertigt. Aus PUR-Vorprodukten werden in Niederdruck-Formgießanlagen (S. 75) elastisch weiche Schaumstoff-Formteile serienmäßig erzeugt.

Bild 3.7. Großformenträger für die Reaktionsharz-Strukturschaum-Technik (PUR-RIM), Baureihe SFT *(Krauss-Maffei)*: Schließkraft 1000 bis 10 000 kN, Aufspannfläche 1500 × 1000 mm bis 2750 × 1700 mm

3. Mit stationären Anlagen werden Kühlgeräte mit *Ortschaum* (PUR) ausgeschäumt, im Bauwesen werden derartige Schäume (UF, PUR) mit mobilen Anlagen zur Schall- und Wärmedämmung sowie für Fugendichtungen verwendet.

4. Im *Extrusionsverfahren* werden einerseits physikalisch getriebene XPS-Leichtschaumbahnen (S. 182), andererseits mit chemischen Treibmitteln auf Maschinen mit Stoffverteiler-Werkzeugen (S. 178) strukturgeschäumte Thermoplast-Profile, -Rohre und -Platten (PS S. 285, PVC S. 414) gefertigt.

5. *Thermoplastische Strukturschaum-Formteile* stellt man im *TSG-*

Thermo-Schaumguß-Verfahren (S. 135 u. 136), auch in entsprechenden Formblasverfahren her.

6. Harte und halbharte *PUR-Integralschaum-Formteile* (S. 476 ff.) bis zu sehr großen Abmessungen werden im Zweikomponenten-*Reaktionsharzspritzguß* (RIM-, verstärkt RRIM-Verfahren, S. 77) hergestellt. Die schwenkbaren Formträger für Großteile sind mit hydraulischem Fahr- und Zuhalteantrieb ausgestattet, mit dem die Füllform in jede erforderliche Füll- und Schäumlage gebracht werden kann (Bild 3.7). Kleinere PUR-Strukturschaum-Formteile z. B. für die Schuhindustrie werden in automatisch gesteuerten Verfahren von einem zentralen Anguß in umlaufende Formwerkzeuge mit Auswerfer in Zykluszeiten von etwa 2 min abgespritzt.

7. *Gas als Füllstoff* enthalten Thermoplasterzeugnisse aus Massen mit 0,25 bis 0,5 Gew.-Proz. chemischem Treibmittel. Solche Massen verwendet man u. a. für Kabelummantelungen und für PE- und PP-Dekorbänder und Kordeln, die durch die leicht zellige Struktur beim Verstrecken satinglänzend werden. 0,01 bis 0,03 Gew.-Proz. Treibmittel setzt man Spritzgießmassen für dickwandige Spritzgußteile zu, um Einfall- und Hohlstellen infolge Volumenschrumpfung beim Abkühlen zu vermeiden.

3.2   Niederdruck-Urformverfahren

3.2.1   Tauchen und Beschichten

1. Zum *Tauchen* von Hohlkörpern verwendet man Weich-PVC-Pasten (z. B. für Schutz-Stiefel und -Handschuhe), Dispersionen (S. 241) oder Lösungen solcher Viskosität, daß auf der Tauchform aus Keramik oder Metall (evtl. angeheizt) eine gleichmäßige Schicht erforderlicher Dicke bis zum Gelieren bzw. Verdampfen des Wassers oder Lösungsmittels im Heißluftofen haften bleibt. Es wird auch mehrfach getaucht. Aus Lösungen verschiedener Kunstharze (S. 237 ff.) werden Schutzhüllen für Versand und Aufbewahrung korrosionsempfindlicher Güter, aus PVC-Pasten (S. 309) auch Dauerbeschichtungen zum Korrosionsschutz getaucht.

2. Für das *Wirbelsintern*[1]) wird Kunststoffpulver mit 50–300 μm Korndurchmesser im Wirbelsintergerät mittels Einblasen von Luft oder Stickstoff durch die poröse Bodenplatte (Porengröße < 25 μm) zum Wirbelbett fluidisiert. Beim Eintauchen auf 200 bis 400 °C vorgewärmter Metallgegenstände schmilzt in 2 bis 5 s eine porenfreie Kunststoffschicht auf diese auf, die – in kontinuierlichem Durchlauf – falls erforderlich in einem zweiten Ofen ausgehärtet und porenfrei gemacht wird. Mit stark verdünnt (10 kg/m³) pneumatisch geförderten Pulvern werden so Profile und Rohre gleichmäßig dünn be-

---

[1]) DVS 2202: Wirbelsintern von Kunststoffen.

schichtet (Skintraflux-Verfahren). Feinstpulverdispersionen in Wasser oder Lösungsmittel (APS-/NAD-Verfahren) werden mit Hochdruck- bzw. Airless-Spritzpistolen wie Lacke aufgetragen.

Sinterpulver gibt es aus PE, EVA, PVC (Dryblend und Extrudermischung), PA 11, PA 12, CAB, CP, EP und UP. Die zu beschichtenden Gegenstände müssen metallisch rein, entfettet, für einige Kunststoffe mit Haftprimer grundiert sein. Beim Wirbelsintern sind 250 bis 500 μm Schichtdicken üblich, 75 μm minimal.

3. Für das *elektrostatische Beschichten* wird Kunststoffpulver mit 40 bis 100 μm Korndurchmesser beim Austritt aus einer Druckluftspritzpistole in einem (ungefährlichen) Hochspannungsfeld von 50 bis 90 kV elektrisch so aufgeladen, daß es auf geerdeten Metallteilen im Sprühfeld, infolge der Aufladung auch auf die Rückseite umgreifend, längere Zeit haftet. Vorbeigespritztes Pulver (bis 70%) wird zurückgewonnen. In Warmluftöfen (ca. 200 °C) werden in einigen Minuten duroplastische Kunststoffe (EP, UP, Acrylharz-Kombinationen) geschmolzen und ausgehärtet, thermoplastische (PE, Weich-PVC, PA 11, CAB) niedergeschmolzen. Mit elektrostatisch aufgebrachten „Pulverlacken" werden Schichtdicken von 40 bis 150 μm, maximal 300 μm erreicht. Die geringe Schichtdicke erfordert glatte, im Gegensatz zum Wirbelsintern nicht durch Sandstrahlen aufgerauhte Oberflächen. Beim elektrostatischen Wirbelsintern (u. a. im „Brennier"-Verfahren) wird im Wirbelbett aufgeladenes Pulver auf geerdeten Teilen haftend niedergeschlagen.

In Großanlagen beschichtet man rotierende Stahlrohre bis 2 m Ø im Heißschmelzverfahren mit PE-Pulver 2–4 mm dick, auf 250 °C vorgewärmte Pipelines elektrostatisch mit PE 250 μm dick. Mit eingebügelten PA- oder PE-Pulvern werden Textilien versteift und kaschiert.

3.2.2 Gießen und Sprühen

1. *Handwerkliches Gießen* von polymerisierbaren Monomeren (S. 231), gelatinierenden PVC-Pasten (S. 309) und von Hand angemischten Reaktionsharzen (S. 451) hat für das Abgießen von Organen oder das Eingießen von Präparaten in Medizin und Naturwissenschaft, für Modellherstellung und kunstgewerbliche Fertigung von Abgüssen in Kleinserien Bedeutung, bei Hinterschneidungen in gummielastischen Gießformen.

2. Zur *chargenweisen Verarbeitung* z. B. von Reaktionsharz-Vergußmassen oder -Mörteln werden nach Gewicht oder Volumen dosierte Mehrkomponentenharze und Zuschläge mit Rührern in Handbohrmaschinen oder in Beton-Zwangsmischern angemischt. Dafür sind Portionspackungen oder auch Kartuschen für die unmittelbare Mischung aufeinander abgestimmter Mengen der Komponenten auf dem Markt.

3. *Reaktions-Gießanlagen für Elektroteile* (S. 453 f.) bestehen aus heizbaren Rührwerks-Mischkesseln, die für das Vermischen der

Harze mit Zuschlägen und Reaktionsmitteln hintereinander oder für einen „Doppelguß" auch parallel geschaltet werden. Für luftfreie Teile werden die Anlagen einschließlich der Gießformen unter Vakuum gesetzt. Eine Variante ist das kontinuierliche Träufel-Imprägnieren von Motorenwicklungen und Spulen.

4. *Mehrkomponenten-Gieß- und Spritzmaschinen mit Mischköpfen* fördern in exakter mengenmäßiger und zeitlicher Dosierung – gegebenenfalls auch von Zusatzstoffen – Reaktionsharz-Komponenten zum Mischkopf. Je nach Konstruktion sind sie dafür ausgelegt, das Gemisch taktweise in offene oder geschlossene Formwerkzeuge auszustoßen oder in kontinuierlichem Betrieb Flächen im Gieß- oder Sprühverfahren zu beschichten oder Hohlräume zu füllen.

Ortsbewegliche Maschinen für das Beschichten und Ausfüllen von Hohlräumen im Baustellenbetrieb werden mit Schläuchen zur Förderung der Komponenten unter Druck über längere Strecken und mit Handmischköpfen ausgerüstet. In *Großmaschinen für Polymerbetonfertigteile* mit MMA-, EP- oder UP-Bindemitteln (S. 452) sind die Dosieranlagen für die Reaktionsharz-Komponenten gekoppelt mit einer anschließenden Zufuhr- und Mischschnecke für die volumetrisch dosierten Zuschläge. Die Mischintensität der Anlagen ermöglicht eine gleichmäßige kontinuierliche Fertigung von Polymerbeton mit nur 5% Bindemittelgehalt unter Einhaltung der jeweils vorgeschriebenen Sieblinie der Zuschläge, bei Maschinen mit 30 kg/min Ausstoß bis zu 8 mm Korngröße, bei größeren Maschinen (<300 kg/min) bis zu 42 mm Korngröße. Mit zusätzlichen Faser-Aufbereitungsanlagen kann der Polymerbeton mit Stahl- oder Glasfasern ar-

Tafel 3.4. Verfahrensarten bei Hoch- und Niederdruck-Gieß- und Spritzanlagen

Verfahrensparameter	Hochdruckgeräte	Niederdruckgeräte
Förderung der Komponenten durch	spezielle (Reihen-, Axial-, Tauch-)Kolbenpumpen	Präzisions-Zahnradpumpen
Arbeitsdrücke	100–350 bar	3–40 bar
Viskositätsbereiche	3–2500 mPa·s[1])	> 50 mPa·s[2])
max. Mischungsverhältnis	100 : 30	100:1
Füllstoffverarbeitung	Sonderausrüstung	weitergehend möglich
Druckverlust bei langen Förderwegen	gering	groß
Vermischungsprinzip	Gegenstrom-Injektion	Rührwerksvermischung
Aussteuerung von Vor- und Nachlauf	bei Zwangssteuerung (Beispiel Bild 20) nicht notwendig	über Druck
Arbeitszyklus	kurz bei selbstreinigenden Mischköpfen	lang durch Zwischenspülung
Automatischer Fertigungsablauf bei Formteilfertigung	üblich	technisch aufwendig

[1]) mit Speisepumpen bis 5000 mPa·s
[2]) üblich bis 5000 mPa·s, möglich bis 60 000 mPa·s

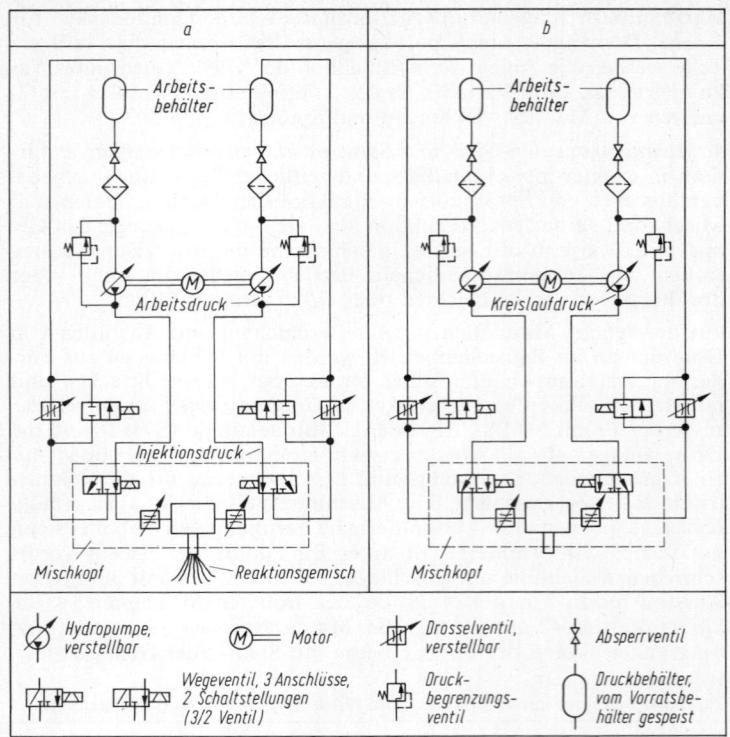

Bild 3.8. Hochdruck-Reaktionsgießmaschine
a Arbeitsstellung, *b* Kreislaufstellung
(Prinzipskizze, Sinnbilder und Benennungen nach DIN 24 300)

miert werden, ohne daß die Fasern von den Mischwerkzeugen zerschlagen werden. Bei Produktionsunterbrechung werden die Mischorgane der Maschine mittels einer Sprühanlage in wenigen Sekunden gereinigt.

Maschinen für intermittierenden Betrieb fährt man mit Kreislauf-Förderung. Diese ist bei *Hochdruck-* und *Niederdruck-Geräten* möglich, für die Formteilfertigung sind Hochdruckgeräte mit großer Variationsbreite vielseitiger anwendbar (Bild 3.8, Tafel 3.4).

Formteil-Gießanlagen mit Förderströmen von 0,5 bis 400 l/min und Schußgewichten von 0,5 g/s bis 100 kg/10 s für die Massenfertigung von massiven oder zelligen PUR- bzw. Reaktionsharz-Gießteilen (S. 477) sind weitgehend automatisiert. Im Anschluß an Maschinen mit stationärem Mischkopf laufen zahlreiche Formwerkzeuge über Füll-, Schäum- und Vernetzungs-, Entnahme- und Vorbereitungsstationen

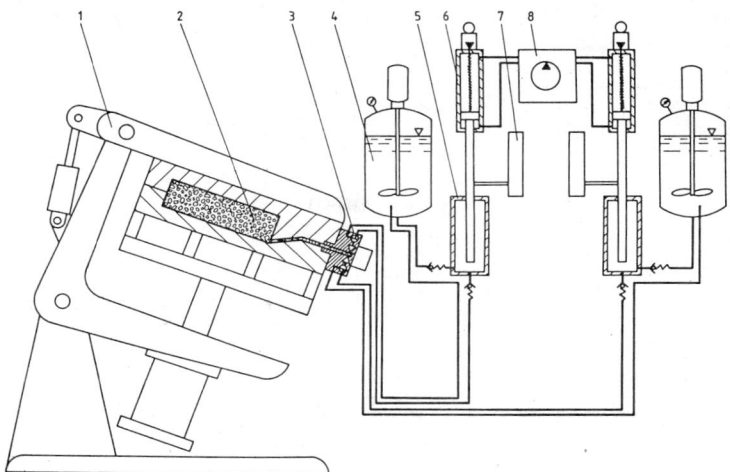

Bild 3.9. Anlagenkonzept für die RIM-Verarbeitung
1 Werkzeugträger (s. a. Bild 3.7, S. 72), *2* Formteil bzw. Formnest, *3* Mischkopf, *4* Arbeitsbehälter, *5* Dosierzylinder, *6* Hydraulikantrieb (Linearverstärker), *7* Kolbenweg-Kontrolle, *8* Hydraulikaggregat

um. Andererseits gibt es auch Maschinen mit beweglichen oder umlaufenden Gießköpfen und solche mit an die Formwerkzeuge angebauten Mischköpfen.

Im *RIM-(Reaction Injection Moulding-)Verfahren* für Großformteile, die auch geschäumt und/oder verstärkt (RRIM) sein können, werden über einen Prall-Mischkopf für Zweikomponenten-Ströme relativ leicht gebaute Niederdruckformwerkzeuge (Zuhaltedrücke ungefähr 0,7 N/mm²) unter Zwischenschaltung von Spritzzylindern mit Durchsatzkapazitäten von 5 bis > 1000 kg/min intermittierend gefüllt (Bild 3.9). Die Formstandzeiten liegen bei 1 bis 5 min. Im RIM- bzw. RRIM-Verfahren werden hauptsächlich PUR-Strukturschaum-Teile für den Automobilbau gefertigt (S. 475 ff.), aber auch hoch reaktive flüssige EP-Harze (S. 464) und Zweikomponenten-Guß-PA-Systeme (S. 233, 339) werden so verarbeitet. S- u. MM-RIM s. S. 84.

RRIM steht vielfach im Wettbewerb mit Thermoplast-Spritzgießteilen (S. 125). Die im Formwerkzeug rasch bei mäßiger Temperatur aushärtenden RIM-Flüssigharz-Mischungen sind um mehrere Zehnerpotenzen leichter fließbar als Thermoplast-Schmelzen. Das ermöglicht Großformteile mit hohem Fließweg/Wanddicken-Verhältnis bei relativ geringen Fülldrücken und geringen Werkzeuggewichten. Andererseits erfordern RIM-Anlagen und Werkzeuge aus dem gleichen Grunde viel Aufwand an Dichtungs- und Dosierungstechniken.

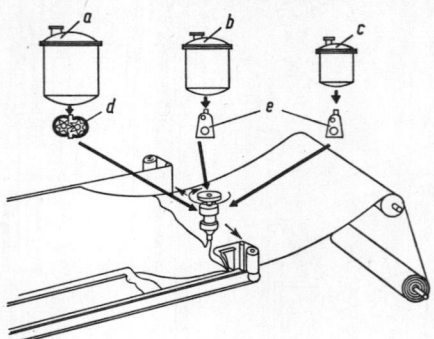

Bild 3.10. Schema einer UBT-Verschäumungsanlage

a Komponente I, *b* Komponente II, *c* Aktivatorgemisch, *d* Zahnradpumpe
für zähe, *e* Kolbenpumpe für weniger viskose Flüssigkeiten

Zum *kontinuierlichen Aufschäumen* von harten oder weichen PUR-Schaumstoffblöcken (S. 479 ff.) oder von PF-Hartschaum (S. 442) arbeitet man mit Mischköpfen, die über eine längs bewegte Trägerbahn hin- und herlaufen (Bild 3.10). Mit Maschinen, welche über entsprechenden Transporteinrichtungen dem sich bildenden Schaum Deckschichten und ggf. auch seitliche Längs- und Querbegrenzungen unter Gegendruck zuführen, stellt man Sandwich-Formteile kontinuierlich her.

5. *Mehrkomponenten-Spritzanlagen ohne Mischkopf* arbeiten nach dem Prinzip der Spritzpistole mit Druckluft von 1 bis 3 bar oder als Hochdruckgeräte luftlos mit Kolbenpumpen. Die Komponenten werden teils durch Prallwirkung im Sprühstrahl, teils durch Verlaufen auf der besprühten Fläche gemischt. Man verwendet sie vor allem in der GFK-Verarbeitung zum Auftragen der Feinschicht (des Gelcoat) und in Verbindung mit Glasfaser-Schneidwerken für das Faser-Harz-Spritzverfahren, siehe Bild 3.12, S. 82. Auch zur GFK-Auskleidung von Tunnels und Stollen bedient man sich solcher Anlagen.

3.2.3   Rotationsformen[1]) und Schleudergießen

1. Hohlkörper werden im *Schalenguß* (slush moulding) so gefertigt, daß offene Hohlformen mit Paste bzw. Pulver vollgefüllt und nach Angelieren bzw. Anschmelzen einer hinreichenden Materialschicht an die erhitzten Formwandungen der Rest ausgeschüttet wird. In *Rotationsmaschinen* werden abgemessene Rohstoffmengen an die Innenwandung in zwei Richtungen rotierender, außen durch Heißluft, Salzschmelzen oder heißes Öl beheizte Hohlformen in gleichmäßiger

---

[1]) VDI-Richtlinie VDI 2018: Rotationsformen.

Schichtdicke angeliert, angeschmolzen oder anpolymerisiert. Die Rotationsgeschwindigkeiten sind (im Gegensatz zum Schleudergießen) niedrig, so daß keine nennenswerten Zentrifugalkräfte auftreten.

Formträger, die bis zu 50 Formwerkzeuge aufnehmen können, sind in den Maschinen symmetrisch um die Hauptdrehachse angeordnet, sie rotieren um diese und die zweite zu ihr senkrechte Achse mit nach Gestalt der Formkörper untereinander verschiedenen Geschwindigkeiten im Bereich von 10 bis 40 U/min. Luft-Rotationsautomaten (LRA, Bild 3.11) haben mehrere Rotationsstationen in unterschiedlicher Anordnung, von denen abwechselnd eine geleert und gefüllt wird, die zweite im Warmluftofen (Lufttemperatur 200 bis 500 °C), die dritte in der Kühlzone rotiert. Die Zykluszeiten (meist 2 bis 20 min) hängen von der Wanddicke der Formkörper (1 bis 12 mm) ab. Medium-Rotationsautomaten (MRA) haben Doppelmantelformwerkzeuge mit Heiz- und Kühl-Ölkreislauf in der hohlen Wandung. Durch die unmittelbare Wärmeübertragung erzielt man Einsparungen an Energie und Zykluszeit, vor allem bei der Fertigung großer Behälter in Einzelformen, die um ihre Hauptachsen rotieren.

Werkzeuge werden für große Behälter aus 1,5 bis 2 mm dickem Stahlblech hergestellt, Mehrfachwerkzeuge bei einfacher Formteilgestalt aus Al-Guß, bei verwickelter Gestalt durch galvanisches Abformen von Wachs- oder Reaktionsharzmodellen. Trennebenen können, soweit sie nötig sind, so gelegt werden, daß Hinterschneidungen nicht stören. Wanddickenunterschiede können durch örtliche Ände-

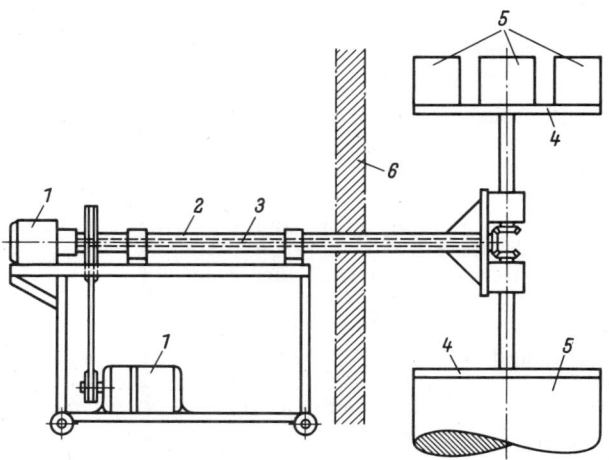

Bild 3.11. Rotationsformen mit LRA

1 Antriebsmotoren und Regelgetriebe, *2* Hohlwelle, *3* Innenwelle, *4* Werkzeugteller für *5* Einwandwerkzeuge, *6* Ofenwand

rung der Wärmeaufnahme des Formmaterials verursacht sein, sie sind aber möglichst zu vermeiden, weil durch unterschiedliche Abkühlzeiten Spannungen eingefroren werden. Zum Druckausgleich werden die Formen mit Entlüftungsröhrchen versehen, die auch zum Einleiten von Inertgas für oxidationsempfindliche Schmelzen oder von Druckgas als Hilfsformmittel dienen können.

Aus Weich-PVC-Pasten oder -Dryblends und E/VA werden Bälle, Puppen, Spieltiere, Gartenfiguren und technische Teile wie Verkehrskegel oder zu hinterschäumende Armstützenhüllen, aus PE-Pulvern Großspielzeuge und Behälter bis 20 000 l Inhalt rotationsgeformt, aus PE-V (S. 259) Schwergutpackungen, Kabeltrommeln, mehrschichtig und mit eingeschäumten Kernlagen, auch Boote und Surfbretter. Das Verfahren ist gut geeignet für unregelmäßig gestaltete, Toträumen angepaßte Behälter. Zum Reaktions-Rotationsguß von PA-Heizöltanks s. S. 233.

2. Im *Schleuderguß* mit Werkzeugen, die rasch um eine Achse rotieren, kann man dickwandige, lunkerfreie und spannungsarme Rotationskörper herstellen, z. B.: mit Langrohrschleudermaschinen Rohre aus GF-UP und GF-EP mit völlig glatten Außen- und Innenflächen, die auch feinkörnige Füllstoffe enthalten können (S. 515), sowie Leitungsmaste; mit Tellergießmaschinen kompakte Zahnräder, Ringe u. dgl. aus polymerisierendem Caprolactam; mit Hohlzylinder-Schleudertrommeln Tafeln aus Weich-PVC, PMMA, PUR, UP und SI-Kautschuk. Im letzten Fall werden der Schleudertrommel die noch nicht völlig ausreagierten Kunststoff-Hohlzylinder entnommen, aufgeschnitten und im Wärmeschrank zur Endreaktion flachgelegt.

3.2.4   Niederdruckverfahren für Formteile aus verstärkten Kunststoffen

Flüssige, drucklos härtende Reaktionsharze kann man mit gerichteten Fasereinlagen vielfältig, auch zu konstruktiv höchst belastbaren großen Formteilen verarbeiten. Richtlinien für solche glasfaserverstärkte Kunststoffe (GFK) sind

VDI 2010 Rohstoffe für das Herstellen von Werkstücken aus GFK, Blätter 1–3
VDI 2011 Herstellen von Werkstücken aus GFK
VDI 2012 Gestalten von Werkstücken aus GFK
VDI 2013 Dimensionieren von Bauteilen aus GFK

Verstärkungsfasern siehe Abschn. 3.1.3.8, S. 60. Herkömmliche Niederdruckverfahren für Formteile aus flüssigen Reaktionsharzen und Verstärkungsmaterialien sind in Tafel 3.5, S. 81 zusammengestellt.

Für „kalt"-härtende Harze, welche nach der Verarbeitung bei Raumtemperatur weiter reagieren, genügen leichte, oft selbst aus GFK hergestellte Formwerkzeuge. Eine völlige Aushärtung kalt härtender Werkstücke erfordert häufig einige Stunden Nachhärtung in Warm-

Tafel 3.5. Niederdruckverfahren für verstärkte Formteile

Verfahren	Verlegen von Hand	Faser-spritzen	Vakuum + Injektion	Naßpressen kalt	Naßpressen warm	Wickeln	Schleudern
Werkstoffe: Reaktionsharze (A=Acrylat-, B=Butadien-Harze)	UP, EP A, B, SI	UP	UP, EP	UP, EP	UP, EP B, SI	UP, EP A, B	UP, EP
Glasfaser-Verstärkungen — Matten	20-30	—	30-40	25-40	30-50	Bänder: 50-70	25-35
Gewebe	35-50	—	40-65	50-65	50-65	50-80	30-40
Gewichts-Prozent — Rovings	örtlich > 50	20-30	—	—	—	—	25-35
Vorformlinge	—	—	—	30-50	30-50	—	—
Feinschicht möglich	ja	ja	ja	bedingt	bedingt	ja	ja
Werkzeuge: H=Holz, G=Gips, K=Kunststoff, M=Metall, St=Stahl	H, G, K, M	H, K, M	M, K	K, M	St	St, K-Liner	M, (K)
o=offen, ein- oder mehrteilig / g=geschlossen, zweiteilig	o	o	(o), g	g	g	Kern	versch.
Verarbeitung: Temperatur	Raum	Raum	< 60 °C	< 60 °C	~ 150 °C	Nachhärten bei höherer Temperatur	
Arbeitsdruck bar	von Hand	von Hand	etwa 1	< 10	< 50	Spannung	Schleudern
Entformungszeiten	30 Minuten	bis Tage	1-10 h	5-30 min.	2-10 min.	—	min.–h
Nachbearbeitung	ja	ja	nein	ja	wenig	ja	wenig
Formteil: Mindestradien, mm	5	5	5-10	3	3	10	—
Seitenneigung, ca. Grad	2	2	2	1	1	—	—
Hinterschneidungen möglich	bei geteilten Formwerkzeugen			nein	nein		
Unterschiedliche Wanddicken möglich	ja	ja	begrenzt	begrenzt	nein	ja	begrenzt
Wanddicken mm	2-10	2-10	0,5-10	1,5-10	1-10	1-10	3-10
Dickentoleranzen %	20-50	bis 80	20	20	10	< 20	< 20
Wandungen glatt	einseitig	einseitig	allseitig	beidseitig	beidseitig	einseitig	versch.
Investitionen	gering	mäßig	mittel	mittel	hoch	hoch	hoch
Arbeitsaufwand	hoch	hoch	mittel	mittel	mittel	gering	gering
Anwendungsbereiche	Einzelstücke, Kleinserien, Großteile	Kleinserien, Auskleidungen	Kleinserien von Großteilen	500-5000 Stück	> 10000 Stück	Rohre Behälter	Rohre Behälter

luftöfen (Tempern) unter Bedingungen, die der Harzart anzupassen sind.

Zur Erzielung einer glatten, die Glasfasern der folgenden Schichten abdeckenden und vor äußeren Einwirkungen schützenden Oberfläche wird auf das mit Trennpasten und/oder Trennlack versehene Formwerkzeug eine 0,3–0,6 mm dicke faserfreie *Feinschicht* (Gelcoat) aus Reaktionsharz aufgestrichen oder aufgespritzt, die vor der Weiterverarbeitung 5–20 min angelieren muß. Eine Variante ist das Einbetten eines Faservlieses in die harzreiche Oberflächenschicht.

Als „Chemieschutzschicht" bezeichnet man einen Aufbau aus C-Glas-Overlay mit 10% und zwei bis drei GF-Matten (900 g/m²) mit 25% hoch resistentem UP-Spezialharz vor weiterem Laminat-Aufbau, geeignet auch für die Innenseiten von im Wickelverfahren herzustellenden GF-UP-Behälter.

Im *Handlaminierverfahren* werden Matten oder Gewebe Schicht um Schicht aufgelegt und mittels Lammfellwalzen oder Pinseln mit portionsweise aufgegossenem kalthärtendem Harz luftblasenfrei durchtränkt. Für große, konstruktiv gebrauchte Formteile, auch mit eingearbeiteten Versteifungen und zum Ummanteln von Apparaten ist das Handverfahren unentbehrlich.

Im *Faserspritzverfahren* werden Harzgemisch und kurzgeschnittene Glasseide mit Mehrkomponenten-Spritzeinrichtungen (Bild 3.12), die mit einem Schneidwerk für Rovings kombiniert sind, gleichzeitig aufgebracht. Zum Niederdruckspritzen verwendet man zwei, einzeln mit Härter und mit Beschleuniger versetzte Teilansätze des Harzes,

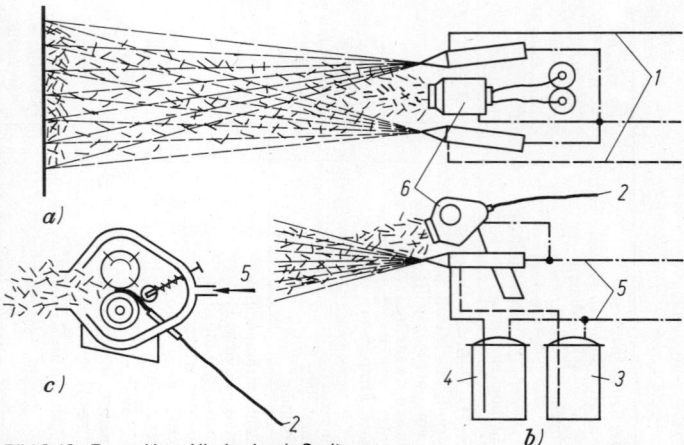

Bild 3.12. Faser-Harz-Niederdruck-Spritzen

a Aufsicht, *b* Seitenansicht des Geräts, *c* Schnitt durch den Schneidkopf (*6*), *1* Harzleitungen, *2* Glasseidenroving, *3* Harz mit Härter, *4* Harz mit Beschleuniger, *5* Druckluft beim Hochdruckspritzen kann Härter durch eine zwangsgekoppelte Dosierpumpe dem vorbeschleunigten Harz im Spritzkopf zugeführt werden. Geräte mit beweglichen Spritzköpfen verwendet man für die Kleinserienproduktion von Formteilen, zur rückwärtigen Verstärkung großer Formteile aus anderen Kunststoffen und auch zur GFK-Auskleidung von Bauwerken. Die aufgespritzten Faser-Harzschichten müssen mit Lammfellwalzen von Hand verdichtet werden, das erfordert erfahrene, zuverlässige Spritzer.

Schritte zur umweltfreundlichen Mechanisierung des Faserspritzverfahrens sind die Rundbehälterfertigung oder -beschichtung mit rotierenden Spritzgeräten oder Werkstücken und Verdichtung durch nachgeschaltete Rillenwalzen, für die Serienfertigung von Formteilen wie Surfbretter, Motorhauben, Duschtassen roboterbediente programmgesteuerte geschlossene Anlagen. Das Formteil wird durch Auflegen einer Folie unter Druck bei gleichzeitiger Luftabsaugung verdichtet und nach Aushärten und Entnahme mit programmgesteuerten Hartmetall- oder Polykristallit-Diamant-Fräsern entgratet.

Für *Vakuum- und Injektionsverfahren* braucht man zweiteilige, den Arbeitsdrücken entsprechend gebaute, randdicht konstruierte Formwerkzeuge, in welche die Verstärkungsmaterialien vor dem Schließen eingebracht werden. In der Lichtkuppelfertigung werden vorgeharzte Mattenpakete zwischen randverspannte weichelastische Membranen eingelegt und mit diesen in die Hohlform eingezogen.

Das alleinige Durchsaugen von Harz (mit maximal 1 bar) durch die eingelegten Verstärkungen im Formwerkzeug wird wegen der Schwierigkeit gleichmäßiger blasenfreier Formfüllung kaum noch angewandt. *Injektionsverfahren* mit Mehrkomponenten-Dosiergeräten (S. 75) und beidseitig starren Formwerkzeugen für Arbeitsdrücke von 4 bis 30 bar sind wegen der Kosten der relativ schweren druckfesten, meist hydraulisch zugehaltenen und bewegten Formwerkzeuge und wegen der Gefahr der Verlagerung der Verstärkungseinlagen unter Injektionsdruck nur für Formteile begrenzter Abmessungen brauchbar. Beim *S.A.S.-Prozeß* (= suction and squeeze) wird das Einsaugen des Harzes von einer Rinne aus, die unten am Formwerkzeug umläuft, kombiniert mit stufenweise auf die eintauchende starre Oberform aufgebrachten Druck zur Durchtränkung und Verdichtung des Gesamtaufbaus. Das GFK-Werkzeug des *Vakuum-Injektionsverfahrens* hat eine elastisch nachgiebige dünnwandige Oberform. Es wird nach Einlegen des Verstärkungsmaterials durch Evakuieren des umlaufenden Schließkanals luftdicht geschlossen, unter Überdruck mit Harz beschickt und dann bis zum Harzaustritt evakuiert. Die sich dabei anlegende Oberform verdichtet das Werkstück. Das Verfahren ist für Großteile, auch Sandwichs mit eingelegten Kernen, geeignet. Man braucht dafür hoch reaktive niedrig viskose Spezialharze, η etwa 0,2 Pa·s statt ca. 2 Pa·s bei Normalharzen.

Im *Vakuumsack-Autoclav-Verfahren* für hoch beanspruchte „Composite"-Bauteile, z.B. für die Luftfahrt mit > 60% Fasergehalt und evtl. mit zusätzlichen Waben-Sandwichkernen, werden die Verstärker-Materialien unter einer flexiblen Abdeckung evakuiert und mit Harz getränkt. Zur Anwendung kommen EP-Harz-Gewebe-Prepegs oder unidirektionale EP-CF-Prepregs. Dann wird das evakuierte Paket bei etwa 200 °C im Autoclav unter etwa 7 bar Druck ausgehärtet und das Formteil anschließend freiliegend getempert.

Bei den *Naßpreßverfahren* werden auf eine Hälfte der Preßform aufgelegte Verstärkungsmaterialien mit dem Harzgemisch übergossen, so daß dieses beim Zufahren der Presse mit Hubverzögerung während der letzten 5 bis 10 mm des Schließweges gleichmäßig im Formteil verteilt wird. Dafür können durch Saugen auf eine Siebform hergestellte Glasfaser-Vorformlinge zweckdienlich sein, die mit wäßriger Harzdispersion vorläufig abgebunden werden. In *RTM-Resin Transfer-Molding*-Anlagen für taktweise gesteuerte Serienfertigung von Groß-Formteilen wie z. B. Fahrzeug-Front- und -Heckklappen wird die zweiteilige Form nach Einbringen der (vorgeformten) Verstärkung in das Unterteil geschlossen und rasch aushärtendes Reaktionsharzgemisch wie beim RIM-Verfahren eingespritzt (Bezeichnung auch S-RIM, MM-RIM, d. i. Structural- bzw. Mat Molding RIM). *Kaltpressen* kann man Serien bis zu einigen 1000 Stück mit Werkzeugen aus gefüllten UP- und EP-Harzen. Zum *Warmpressen* mit warmhärtend eingestellten Harzen (UP < 150 °C, EP 105 bis 200 °C) braucht man Stahlwerkzeuge, die nur für größere Serien wirtschaftlich sind. Die Werkzeuge müssen Quetsch- oder Schneidkanten haben. Auswerfer und mehrfach geteilte Werkzeuge sind nicht möglich, weil flüssiges Harz in die Spalten des Werkzeugs eindringen würde (Auswerfen mit Preßluft).

Reaktionsharzformmassen (S. 495) und fließfähig vorgeharzte *Preßmatten* (Prepregs, S. 499) werden auf den für diese üblichen Pressen und Spritzgießmaschinen (S. 147) verarbeitet.

Niederdruckpressen werden mit Preßtischflächen bis 30 m^2 gebaut (s. S. 116).

Wickelverfahren für geharzte Rovings, Fäden oder Bänder (Tapes, S. 501) arbeiten heute mit mikroprozessorgesteuerten Anlagen, in welche die Prozeß-Daten für rotationssymmetrische Körper nach Vorberechnung, für andere durch Abtasten von Modellen, eingegeben werden.

Zylindrische Hohlkörper (Rohre, Korpusse für Behälter mit einzuklebenden Böden, s. Tafel 3.6, S. 85) wickelt man nach dem Drehmaschinen-Prinzip. Eine Regelung der Drehgeschwindigkeit des eingespannten Kernes und der Längsgeschwindigkeit der oszillierenden Harztränkwanne und des ein Fadenauge tragenden Supports ermöglichen beliebige Kombinationen von Parallel-, Kreuz- und Längswicklung. Rohre werden auch als Sandwichs mit eingeharzten mineralischen Kernschichten versteift gewickelt. Auf der Drostholm-Maschine mit Wickelkern aus endlos umlaufenden, spiralig sich überlappendem Stahlband werden Großrohre kontinuierlich gefertigt.

Tafel 3.6. Verfahren der GFK-Behälterfertigung

Verfahren	Investitionen	Seriengröße	Abmessungen	Anwendungsgebiete
Handverfahren	sehr gering	klein bis mittel	bis 3000 l	Landwirtschaftliche Lager- und Transportbehälter, Weinlagertanks
Faserspritzverfahren	gering			
Naßpressen, kalt	mittel	mittel	2000 l bis 5000 l	Behälter wie oben, Halbschalen für Heizölbatterietanks, Behälterböden
Naßpressen, warm	hoch	groß		
Schleuderverfahren	mittel	nur Serienfertigung	120 bis 2200 mm Ø	Behälter, Rohre
Rotations-Faserspritzverfahren			>1000 mmØ	Silos und Lagerbehälter großer Durchmesser
Parallel- und Schraubenwickelverfahren	hoch	klein oder groß	Behälter bis 150 m³ Rohre 2500 mm Ø	Lager- und Transportbehälter, ober- und unterirdische Heizölbehälter, Rohre
Drostholm-Verfahren mit endlosem Stahlbandkern	sehr hoch	kontinuierliche Großfertigung	bis 4500 mm Ø	Große Serien Behälter, Rohre
Planetenwickelverfahren und andere Verfahren dreidimensionalen Wickelns	sehr hoch	Spezialverfahren		Hochdruckbehälter (Luft- und Raumfahrt)
Mobiles Baustellenwickeln	Einzelfertigung		>1000 m³	Groß-Lagertanks

Mit mobilen Fertigungseinrichtungen wickelt man große, nicht mehr transportable Behälter ihrer Abmessungen wegen am Aufstellungsort.

Geschlossene (Druck-)Behälter wickelt man auf Polar-Wickelmaschinen (Bild 3.13, S. 86) mit mehrachsig rotierendem Dorn und/oder Fadenauge auf verlorenem Kern, der ausschmelzbar, auswaschbar, falt- oder zerlegbar sein muß.

Auf Großmaschinen stellt man mit hochfesten Fasern verstärkte Hubschrauber-Rotor-Blätter, Tiefsee-Tauchboothüllen oder Flugzeugrümpfe bis zu etwa 10 m Durchmesser und 50 m Länge her.

Wickel-Roboter (Bild 3.14, S. 86) ermöglichen eine reproduzierbare Fadenablage in jeder gewünschten Richtung. Ihr Einsatz für die Serienfertigung nicht rotationssymmetrischer, langfaserverstärkter und daher hoch belastbarer Kfz-Bauteile, wie Kardanwellen, Querlenker, Blatt- und Torsionsfedern, Kolben und Pleuel, ist in Entwicklung. Das Trockenwickeln mit einer folgenden Vakuumtränkung ergibt hochwertige luftporenfreie Laminate. Kreissymmetrische, ähnlich hoch beanspruchte Wickelprofile siehe S. 505.

Kontinuierliche Fertigungsverfahren für GFK-(Well-)Tafeln und -Profile siehe S. 157.

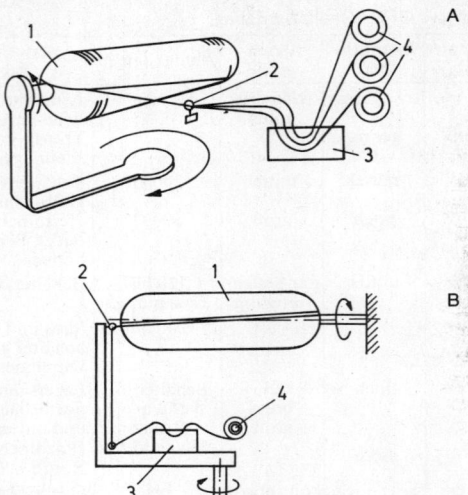

Bild 3.13. Polarwickelmaschinen

A *Taumel-System:* Fadenauge steht fest, Dorn dreht um zwei Achsen

B *Planeten-System:* Fadenauge beschreibt Kreisbahn, Dorn ist um Hochachse schwenkbar

1 Wickelkern, *2* Fadenauge, *3* Harzbad, *4* Roving, bzw. Gewebeband

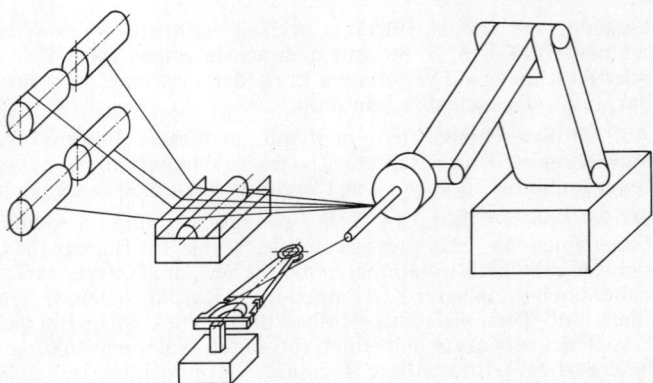

Bild 3.14. Wickelroboter für nicht symmetrische Teile (Pleuel, Kolben, Achsteile)

3.3 Formteile aus Formmassen

3.3.1 Allgemeines

3.3.1.1 *Fertigungsverfahren und Fertigungsmittel*

Die hier behandelte taktweise (zyklisch diskontinuierliche) Fertigung von *Formteilen aus Formmassen* (Pulver, Körner, Schnitzel, Bahnen u. ä.) in allseitig geschlossenen, teilbaren Formwerkzeugen durch Druckanwendung in Verbindung mit Wärmebehandlung ist ein Teilbereich der Formtechnik der Formmassen nach DIN 16 700, ein weiterer ist die Halbzeugherstellung (Abschn. 3.4 bis 3.7). Für die Formteilfertigung benutzt man folgende Verfahren:

1. *Pressen:* Das aus Gesenk und Stempel bestehende Preßwerkzeug wird offen mit Formmasse in abgemessener Menge beschickt. Nach dem Schließen der Form füllt die in der Form bis zur Fließbarkeit erwärmte Masse unter Preßdruck den Formhohlraum aus. Nach dem Erstarren des Formteils wird das Formwerkzeug geöffnet, das Formteil entnommen oder ausgestoßen, und der Vorgang kann von neuem beginnen. Die beiden Hälften des Preßwerkzeugs sind in der Regel an der oberen und an der unteren Aufspannplatte einer Presse befestigt und (für Duroplastverarbeitung) dauernd beheizt oder heiz- und kühlbar. Zum *isostatischen Pressen* verwendet man Formwerkzeuge aus Elastomer-Werkstoffen, die mit Formmasse beschickt in einem Autoklaven hohem räumlich wirkenden Flüssigkeitsdruck ausgesetzt werden. Das Verfahren wird für praktisch nicht fließbare Kunststoffe, z. B. für Formteile aus PTFE (S. 311, 415), angewandt.

2. *Spritzpressen (Transfer-Pressen):* Formmasse für einen Preßvorgang wird in einer Druckkammer unter Wärme und Druck fließbar gemacht und mit einem Stempel durch Kanäle in den Hohlraum des vorher geschlossenen, unter Preßdruck stehenden Werkzeugs gepreßt. Weiter läuft der Zyklus wie bei 1 ab. Druckkammer und Hohlform können zu einem auf einer geeigneten Presse aufgespannten, beheizten Spritzpreßwerkzeug zusammengebaut sein.

3. *Spritzgießen:* Formmasse für mehr als einen Spritzgießvorgang wird im Zylinder der Spritzeinheit einer Spritzgießmaschine von der Aufgabestelle zur Spritzdüse hin befördert und dabei bis zur Fließbarkeit aufgeheizt. Das Hubvolumen des taktweise vor- und zurückgehenden Spritzkolbens bestimmt die maximale Menge plastizierter Masse, die bei jedem Spritzvorgang über die Spritzdüse in das mit einem Angußkanal versehene Spritzgießwerkzeug gefördert wird. Dieses wird – in der Schließeinheit unter Druck zugehalten – der Spritzeinheit vorgelegt. Das Formteil erstarrt im Werkzeug unter Nachdruck (bei Duroplasten erhärtet die Formmasse in der Wärme durch *chemische* Reaktion, bei Thermoplasten erstarrt die Schmelze im Bereich tieferer Temperaturen unterhalb der Schmelz- bzw. Einfriertemperatur, d. h. in einem *physikalischen,* reversiblen Vorgang). Während das Werkzeug längs der Haupttrennfläche geöffnet, das

Formteil ausgestoßen und die Form wieder geschlossen wird, wird durch die Spritzeinheit frische Masse eingezogen und plastifiziert. Das Spritzgießwerkzeug wird dauernd auf der für das Erstarren des Formteils erforderlichen Temperatur gehalten.

Eine interessante Variante des Spritzgießens ist das *Spritzprägen.* Hierbei wird die dosierte Formmasse in das noch ein wenig geöffnete Werkzeug gespritzt. Die Schließeinheit führt dann kurz vor Beendigung des Einspritzens beide Werkzeughälften zusammen, wodurch das Formteil in einem *Prägevorgang* seine endgültige Gestalt bekommt. Die Werkzeuge sind aufwendiger als übliche Spritzgießwerkzeuge, weil – zur Verhinderung von Masseaustritt und von Gratbildung – Tauchkanten, erforderlich sind. Die duroplastischen und thermoplastischen Formteile haben durch dieses Verfahren weniger Anisotropien hinsichtlich der Orientierung und daher kaum einen Verzug.

4. *Blasformen:* Mit dem Extruder (S. 154) oder durch Spritzgießen hergestellte Vorformlinge werden, noch plastisch verformbar, von der Blasform gefaßt und in dieser zum Hohlkörper aufgeblasen.

Die herkömmliche Unterteilung der Formmassen (DIN 7708, Teil 1) in Duroplast-Preßmassen und Thermoplast-Spritzgießmassen ist technisch überholt, da Duroplast-Formmassen heute mit allen Verfahren 1–3 (s. Bild 3.15) verarbeitet werden.

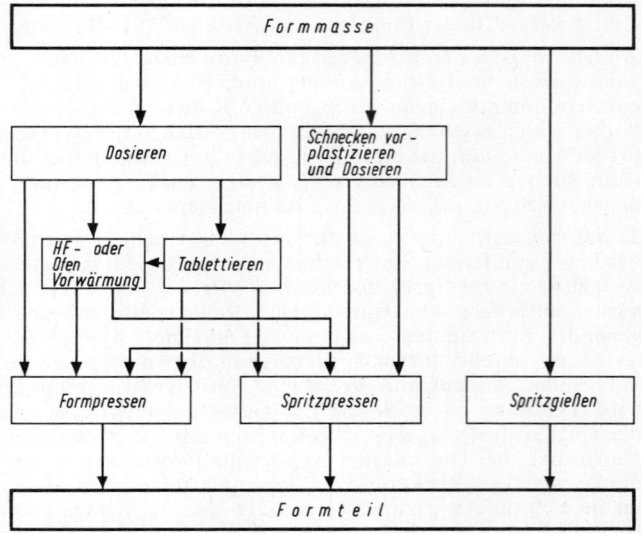

Bild 3.15. Arbeitsgänge beim Pressen, Spritzpressen und Spritzgießen

3.3.1.2 Gestaltung von Kunststofformteilen

VDI 2001 Formteile aus Duroplasten
VDI 2006 Gestaltung von Spritzgußteilen aus thermoplastischen Kunststoffen

geben Richtlinien dafür, wie man Formteile entsprechend den Bedingungen des spanlosen Formens im zähflüssigen Zustand und unter Berücksichtigung der Werkstoffeigenschaften zu gestalten hat.

Die *Wanddicke* der Formteile soll möglichst gleichmäßig dünn sein. Die geringstmöglichen Wanddicken hängen vom Fließweg ab. Für duroplastische Formteile gilt Bild 3.16. Mit leichtfließenden Spritz-

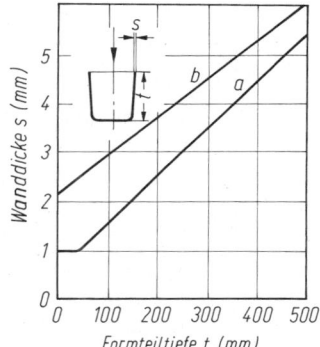

Bild 3.16. Mindestwanddicke für runde Formteile aus leichtfließenden Phenolharzformmassen gibt Kurve *a*, für solche aus Formmassen gröberer Struktur und für steife Formteile mit ebenen Seitenwänden Kurve *b*

gießmassen kann man Wanddicken von 0,4 mm bei einem Fließweg-Wanddickenverhältnis von 250:1 erreichen. Allerdings können solche Erzeugnisse aus amorphen Thermoplasten wegen der starken Molekülorientierung zum Aufspleißen längs der Fließrichtung neigen. Fließweg-Wanddickenverhältnisse über 100:1 sind allgemein möglich. Nach oben wird die Wanddicke massiver Kunststoffteile durch steigende Materialkosten und zunehmende Härte-bzw. Kühlzeiten auf 10 bis 20 mm begrenzt. Örtliche Materialanhäufungen erfordern übermäßige Standzeiten im Werkzeug und fördern das Verziehen der Formteile infolge von Schwindungsdifferenzen. Sie sind, ebenso wie schroffe Querschnittsübergänge und scharfe Kanten, auch der Kerbempfindlichkeit der Kunststoffe wegen zu vermeiden. Gestaltbedingte Spannungsanhäufungen sind vor allem bei glasig-amorphen, weniger bei durchgehend verstärkten Formstoffen gefährlich. Bild 3.17 (S. 90) gibt Gestaltungshinweise.

Für das Entformen sind *Entformungsschrägen* (Konizitäten) in der Öffnungsrichtung der Werkzeuge erforderlich, mindestens 0,5°, für manche Formteile, insbesondere aus Polyolefinen, verstärkten Thermoplasten, PF-, UF-, UP- und EP-Formmassen, bis über 2°. Größere Entformungsschrägen erleichtern eine störungsfreie, vollautomatische Fertigung.

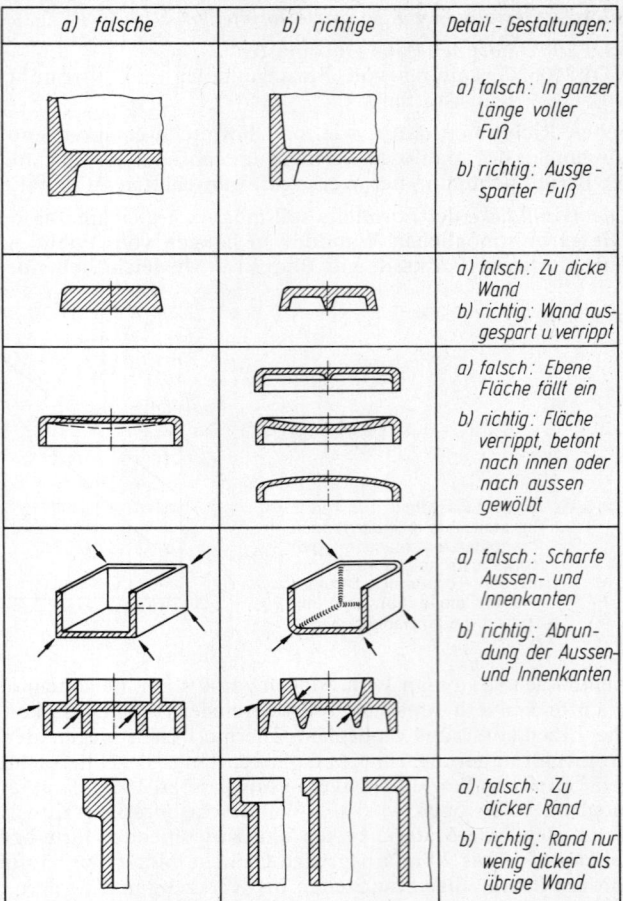

a) falsche	b) richtige	Detail - Gestaltungen:
		a) falsch: In ganzer Länge voller Fuß b) richtig: Ausge-sparter Fuß
		a) falsch: Zu dicke Wand b) richtig: Wand aus-gespart u.verrippt
		a) falsch: Ebene Fläche fällt ein b) richtig: Fläche verrippt, betont nach innen oder nach aussen gewölbt
		a) falsch: Scharfe Aussen- und Innenkanten b) richtig: Abrun-dung der Aussen- und Innenkanten
		a) falsch: Zu dicker Rand b) richtig: Rand nur wenig dicker als übrige Wand

Bild 3.17. Prinzip-Beispiele für das Gestalten von Kunststoff-Formteilen

Formteile mit *Hinterschneidungen* bis ca. 1 mm bei Thermoplasten bzw. noch höheren bei Elastomeren können bei geringerer Form-steifheit im warmen Zustand elastisch von der Form abgestreift wer-den. Sonst sind für zu entformende Hinterschneidungen bewegliche Werkzeugteile (Seitenschieber, Backen) notwendig. Soweit als mög-lich sollten solche Hinterschneidungen zur Vermeidung des erhöhten Werkzeugaufwandes konstruktiv umgangen werden.

Zur formteilgerechten Anguß- und Anschnitt-Gestaltung beim Spritzgießen und Spritzpressen s. S. 118ff.

In den Formwerkzeugen hinreichend fixierte Metalleinlagen (DIN 16903: Gewindebuchsen) können durch die umfließende Kunststoffmasse in Formteilen verankert werden. Das nachträgliche Eindrükken bzw. Einbördeln von Metallteilen ist u.U. vorzuziehen und oft billiger. Für das *Verbinden* von Kunststofformteilen mit anderen Bauteilen durch Schrauben sind rückseitig eingedrückte Muttern – sofern sie optisch nicht stören – besser als eingeformte Gewinde. Bewährt haben sich bei Duroplasten und teilkristallinen Thermoplasten Schraubverbindungen, bei denen die Gewinde in die Bohrungen der Kunststoff-Formteile geschnitten werden. Die Probleme bei durch Schwindung verringerter Gewindesteigung entfallen dadurch. Allerdings muß die Gewindelänge mindestens 1,7mal dem Gewindedurchmesser sein, besser über 2mal, s. S. 215. Neben üblichen nicht lösbaren Verbindungen mit mechanischen Verbindungselementen oder durch Kleben kommen für hinreichend elastische Kunststoffe (insbesondere bei teilkristallinen Thermoplasten) lösbare oder bedingt lösbare Schnappverbindungen (s. Abschnitt 3.8.8, S. 213), für Thermoplaste untereinander auch das Schweißen (S. 202) in Betracht. Spritzgußteile aus Polyolefinen (S. 269) können durch angespritzte Filmscharniere miteinander beweglich verbunden werden, was eine beträchtliche Vereinfachung und Rationalisierung bedeutet.

3.3.1.3 *Schwindungsmaße und Toleranzen*

Die Maße von Kunststoff-Formteilen sind kleiner als die Formwerkzeugmaße (Tafel 3.7a, S. 96/97). Dies liegt an der höheren Wärmedehnung der Kunststoffe (bzw. Kontraktion bei Abkühlung) verglichen mit der Werkzeugstahl und an dem Vernetzungsvorgang (bei Duroplasten) bzw. der Kristallisation (bei teilkristallinen Thermoplasten) vor und nach der Entformung. Für die Maßbeständigkeit des Formstoffs können Nachschwindung infolge chemischer Reaktion, Stoffabgabe, Nachkristallisation oder Relaxation von Belang sein. Dazu kommen Einflüsse der Formteilgestalt (Wanddicken, Fließwege, Randeffekte) und der Verarbeitungsbedingungen (Temperaturen, Zeiten, Drücke, Angußarten) auf das Schwindverhalten, die im einzelnen nur empirisch zu ermitteln sind. Die *Verarbeitungs-Schwindung VS* von Preß- und Spritzgußteilen nach DIN 53464 und DIN 16901 ist der Unterschied zwischen Maßen des kalten Formwerkzeugs und der darin hergestellten Formteile, gemessen frühestens 24 Std., spätestens 168 Std. nach Herstellung (im Normklima 23/50 gelagert). Die radiale Schwindung in der Fließrichtung VSR und die tangentiale Schwindung VST quer dazu können wegen Orientierungseffekten, insbesondere beim Spritzpressen und Spritzgießen, recht unterschiedlich sein, Meßergebnisse an zentral angespritzten Viertelkreisscheiben zeigt Bild 3.18, S. 92.

Bei stark positiven Werten der Schwindungsdifferenz $\Delta VS = VSR - VST$ neigen zentral angespritzte flächige Formteile zur Verwindung, bei negativen zur Aufwölbung der Fläche. Größere Werte der Schwindungsdifferenz sind eine der Ursachen für den unerwünsch-

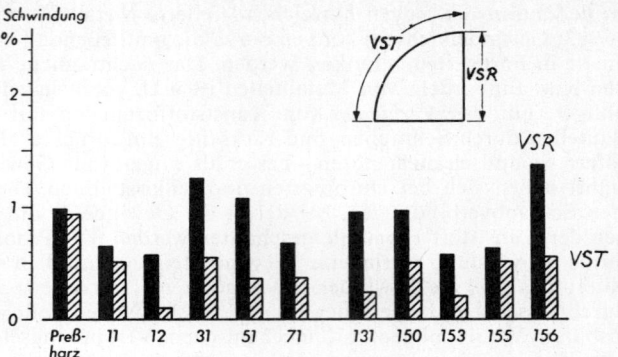

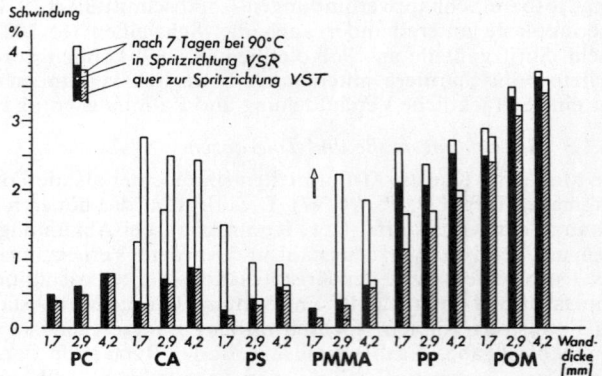

Bild 3.18. Schwindungsverhalten ungefüllter PP-Formmassen in Abhängigkeit von der Werkzeugtemperatur (Viertelkreisscheibe 2,5 mm)
ϑ_m Massetemperatur; t_{EW} werkzeugbezogene Einspritzzeit; P_{NW} Nachdruck im Werkzeug

ten Verzug der Spritzgußteile, der insbesondere bei teilkristallinen Thermoplasten und bei Duroplasten mit organischen Füllstoffen (z. B. Holzmehl) durch zweckmäßige Angußwahl und Formteilgestaltung minimiert werden muß. Weitere Ursachen für den Verzug können sein: eine unterschiedlich große Schwindung auf beiden Seiten eines flächigen Formteils (durch unterschiedlich starke Orientierung von z. B. Glasfasern) oder eine unterschiedlich starke Abkühlung beider Formteilseiten im Werkzeug oder nach der Entformung.

Wie komplex die Einflüsse der Kunststoffart und der Verarbeitungsdaten auf die Schwindungsdifferenz sein können, zeigen die Bilder

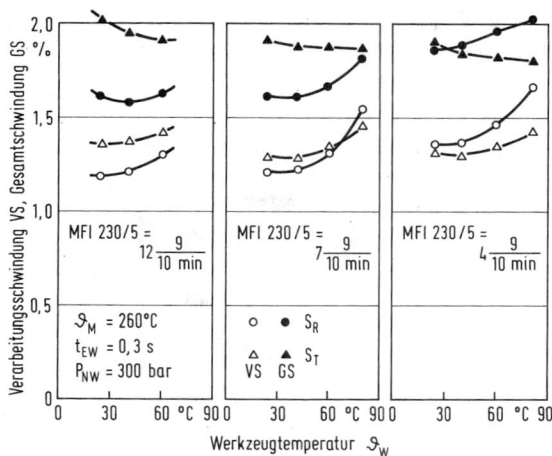

Bild 3.19. Einfluß der Werkzeugtemperatur auf Verarbeitungs- und Gesamtschwindung bei vier PP-Formmassen (Viertelkreisscheibe 2,5 mm)

3.19a bis 3.21 bei PP. Je nach Höhe des Schmelzindex-Wertes kann die Schwindungsdifferenz positive (stumpfer Winkel an der Spitze der Viertelkreisscheibe) oder negative Werte (spitzer Winkel) annehmen, Bild 3.19. Die gleiche Formmasse (PP 12 im Bild) mit dem hohen MFI-Wert von 12 g/10 min (leicht fließend) wurde mit je 20% der Füll- bzw. Verstärkungsstoffe Talkum (TV), Glasfasern (GF) und Glaskugeln (GK) modifiziert, wodurch die Werte der Verarbeitungsschwindung im Schnitt verringert wurden. Bild 3.20, S. 94, zeigt, daß die Schwindungsdifferenz durch Glaskugeln deutlich verringert wird (geringe Anisotropie) und bei Glasfasern am größten ist (große Anisotropie). Der Einfluß der Werkzeugtemperatur ist im Bereich von 20 bis 60 °C relativ gering. Bild 3.21, S. 94, macht den erheblichen Einfluß des Nachdruckes (Werkzeug: Stangenanguß, Innendruck von 180 bis 600 bar variiert) deutlich. Der Verarbeiter kann in diesem Fall in begrenztem Umfang die Formteilmaße beeinflussen, allerdings sehr viel weniger bei Punkt- oder Filmangüssen, weil die engen Anschnittstellen – wie ein thermisches Ventil – keinen längerdauernden Nachdruck erlauben. Nach Einfrieren der Schmelze im Siegelpunkt ist eine Verlängerung der Nachdruckzeit wirkungslos.

Die gestrichelten Kurven in den Bildern 3.20 und 3.21, S. 94, betreffen Viertelkreisscheiben mit einer umlaufenden Randverstärkung, wodurch die Schwindungswerte nicht wesentlich verringert werden, was man wegen einer denkbaren Behinderung der Schwindung im Werkzeug vielleicht vermuten würde. Der wesentliche Anteil der

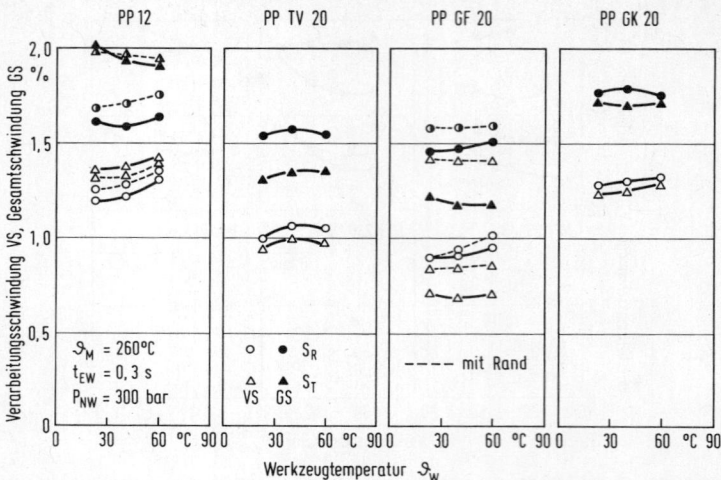

Bild 3.20. Einfluß des Werkzeuginnendruckes auf Verarbeitungs- und Gesamtschwindung bei vier PP-Formmassen (Viertelkreisscheibe 2,5 mm)

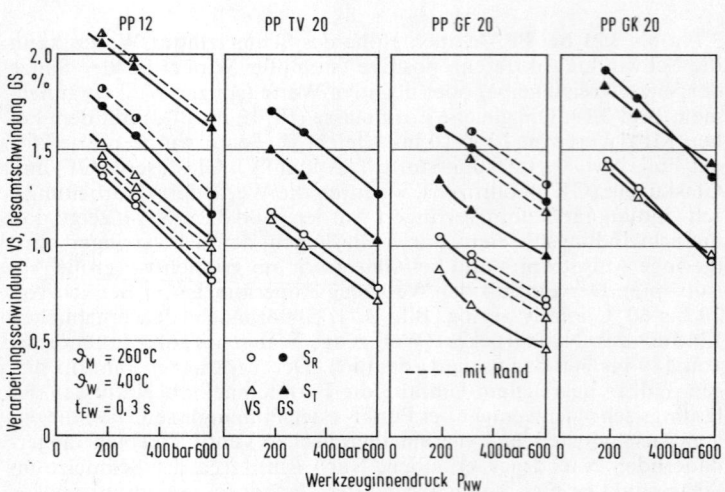

Bild 3.21. Schwindungs-Messungen an zentral angespritzten Viertelkreisscheiben, $r = 60$ mm

    a) Verarbeitungsschwindung typisierter Pheno- und Aminoplast-Formmassen mit anorganischen (Typen 11, 12, 153, 155) und organischen (Typen 31, 51, 71, 131, 150, 156) Füllstoffen; Scheibendicke 4 mm

    b) Verarbeitungs- und Nachschwindung einiger Thermoplaste

Verarbeitungsschwindung erfolgt demnach in der Abkühlphase nach Öffnen des Werkzeugs.

Aus diesen Untersuchungen in einem Forschungsbericht des Süddeutschen Kunststoff-Zentrums (B. Heise, L. Klostermann, W. Woebcken: Colloid & Polymer Science 260 (1982) S. 487) wird deutlich, wie schwierig eine rechnerische Vorausbestimmung (mit ausreichender Genauigkeit) der Verarbeitungsschwindung und der Schwindungsdifferenz ist, z. B. über die Werte des PVT-Diagramms einer Formmasse und weiterer Prozeßparameter. Aussichtsreicher dürften zukünftig halbempirische Berechnungsansätze sein, in denen Meßwerte, wie z. B. die an Viertelkreisscheiben ermittelten, in eine Schwindungskalkulation einbezogen werden.

Nach DIN 16901 werden Bereiche der *Schwindungskennwerte* von Formstoffen unterschieden, die Praxis-Bereichen von $VS + \Delta VS$ (Absolutwert) annähernd entsprechen (Tafel 3.7a, S. 96/97). Die Streubereiche und damit auch die *Verarbeitungstoleranzen* und zulässigen Abweichungen der Maße von Preß- und Spritzgußteilen nehmen mit den Schwindungskennwerten zu. Nach den in DIN 16901 dementsprechend festgelegten Toleranzgruppen (Tafel 3.7a) können die Genauigkeitsforderungen für Maße ohne Toleranzangabe und die Toleranzen der Reihe 1 ohne besonderen Fertigungsaufwand eingehalten werden. Die Toleranzen der Reihe 2, noch mehr die extrem hohe Regelgenauigkeit erfordernden engen Toleranzen für Anforderungen der Feinwerktechnik in den Nennmaßbereichen bis 160 mm – Zahlenwerte der Toleranzfelder in mm siehe Tafel 3.7b (S. 96/97) – verursachen beträchtlich höheren, kostensteigernden Fertigungsaufwand, der nur in Sonderfällen und i. a. auch nur für wenige Maße eines Formteils technisch notwendig ist. Für „werkzeuggebundene" Maße im gleichen Werkzeugteil (B in Tafel 3.7b) sind engere Toleranzen möglich als für „nicht werkzeuggebundene" Maße aus dem Zusammenwirken beweglicher Werkzeugelemente beim Formen (A). Nicht werkzeuggebundene Maße in Schließrichtung können noch weitere, jeweils zu vereinbarende Toleranzen erfordern. Die Entformungsschräge ist bei Maßangaben zu berücksichtigen. Für gestaltabhängige Durchbiegungen, Verwindungen, Winkelabweichungen und für Gewindeprofile (meist „grob") sind allgemeingültige Toleranzen nicht möglich.

Die älteren Normen DIN 7710 Blatt 1 und 2 für Toleranzen von Preß- und Spritzgußteilen geben den Anforderungen von DIN 16901 entsprechende Konstruktions-Grundlagen.

Die *Nachschwindung* von Formstoff wird durch Temperaturerhöhung beschleunigt und kann daher durch Wärmebehandlung (Tempern im Wärmeschrank bei stoffspezifischen Temperaturen) zum Teil vorweggenommen werden. Am kleinsten ($< 0,2\%$) ist die Nachschwindung mineralisch gefüllter Formstoffe, diejenige amorpher Thermoplaste ($0,2$–$0,5\%$) ist erheblich geringer als die von teilkristallinen, die von Phenoplasten geringer als die von gleichartig gefüllten

Tafel 3.7 a. Schwindungskennwerte und Toleranzgruppen für Kunststoff-Form

Schwindungs-kennwert	Maßtoleranz-Gruppen (nach Tafel 3.7b)			Thermoplaste teilkristallin
	ohne Toleranzangabe	mit Toleranzangaben Reihe 1	Reihe 2	
0–1	130	120	110	PA-GF*, POM-GF*
1–2	140	130	120	PP+anorg. Füllst.* PA*, POM, <150 mm lang*, PET krist.
2–3	150	140	130	PE*, POM >150 mm*, PP*, fluorierte PE/PP
3–4	160	150	140	PB-Formmassen

* bei Wanddicke > 4 mm nächst höhere Toleranzgruppe

Tafel 3.7 b. Zulässige Abweichungen (±-Werte) und Toleranzen für Maße an

Toleranzgruppe nach Tab. 3.7a	Kennbuchstabe[1]	Nennmaßbereich								
		über 0 bis 1	1 3	3 6	6 10	10 15	15 22	22 30	30 40	40 53
		Zulässige Abweichungen								
160	A	±0,28	±0,30	±0,33	±0,37	±0,42	±0,49	±0,57	±0,66	±0,78
	B	±0,18	±0,20	±0,23	±0,27	±0,32	±0,39	±0,47	±0,58	±0,68
150	A	±0,23	±0,25	±0,27	±0,30	±0,34	±0,38	±0,43	±0,49	±0,57
	B	±0,13	±0,15	±0,17	±0,20	±0,24	±0,28	±0,33	±0,39	±0,47
140	A	±0,20	±0,21	±0,22	±0,24	±0,27	±0,30	±0,34	±0,38	±0,43
	B	±0,10	±0,11	±0,12	±0,14	±0,17	±0,20	±0,24	±0,28	±0,33
130	A	±0,18	±0,19	±0,20	±0,21	±0,23	±0,25	±0,27	±0,30	±0,34
	B	±0,08	±0,09	±0,10	±0,11	±0,13	±0,15	±0,17	±0,20	±0,24
		Toleranzen								
160	A	0,58	0,60	0,66	0,74	0,84	0,98	1,14	1,32	1,56
	B	0,36	0,40	0,46	0,54	0,64	0,78	0,94	1,12	1,36
150	A	0,46	0,50	0,54	0,60	0,68	0,76	0,86	0,98	1,14
	B	0,26	0,30	0,34	0,40	0,48	0,56	0,66	0,78	0,94
140	A	0,40	0,42	0,44	0,48	0,54	0,60	0,68	0,76	0,86
	B	0,20	0,22	0,24	0,28	0,34	0,40	0,48	0,56	0,68
130	A	0,36	0,38	0,40	0,42	0,46	0,50	0,54	0,60	0,88
	B	0,16	0,18	0,20	0,22	0,26	0,30	0,34	0,40	0,48
120	A	0,32	0,34	0,36	0,38	0,40	0,42	0,46	0,50	0,54
	B	0,12	0,14	0,16	0,18	0,20	0,22	0,28	0,30	0,34
110	A	0,18	0,20	0,22	0,24	0,26	0,28	0,30	0,32	0,36
	B	0,08	0,10	0,12	0,14	0,16	0,18	0,20	0,22	0,26
Feinwerktechnik	A	0,10	0,12	0,14	0,16	0,20	0,22	0,24	0,26	0,28
	B	0,05	0,06	0,07	0,08	0,10	0,12	0,14	0,16	0,18

[1]) A für nicht werkzeuggebundene Maße
B für werkzeuggebundene Maße

Thermoplaste amorph	Duroplaste
PS, SAN, SB, ABS, Hart-PVC, PMMA, PPO mod., PC, PET amorph	PF-, MF-Typen mit anorg. Füllstoffen
CA, CAB, CAP, CP	PF-, MF-Typen mit org. Füllstoffen UP-Typen
Weich-PVC, je nach Weichmacheranteil auch 1–3	

Kunststoff-Formteilen, nach DIN 16901 (Nov. 82)

Nennmaßbereich

53 70	70 90	90 120	120 160	160 200	200 250	250 315	315 400	400 500	500 630	630 800	800 1000
Zulässige Abweichungen											
±0,94	±1,15	±1,40	±1,80	±2,20	±2,70	±3,30	±4,10	±5,10	±6,30	±7,90	±10,00
±0,84	±1,05	±1,30	±1,70	±2,10	±2,60	±3,20	±4,00	±5,00	±6,20	±7,80	±9,90
±0,68	±0,81	±0,97	±1,20	±1,50	±1,80	±2,20	±2,80	±3,40	±4,30	±5,30	±6,60
±0,58	±0,71	±0,87	±1,10	±1,40	±1,70	±2,10	±2,70	±3,30	±4,20	±5,20	±6,50
±0,50	±0,60	±0,70	±0,85	±1,05	±1,25	±1,55	±1,90	±2,30	±2,90	±3,60	±4,50
±0,40	±0,50	±0,60	±0,75	±0,95	±1,15	±1,45	±1,80	±2,20	±2,80	±3,50	±4,40
±0,38	±0,44	±0,51	±0,60	±0,70	±0,90	±1,10	±1,30	±1,60	±2,00	±2,50	±3,00
±0,28	±0,34	±0,41	±0,50	±0,60	±0,80	±1,00	±1,20	±1,50	±1,90	±2,40	±2,90

Toleranzen

53 70	70 90	90 120	120 160	160 200	200 250	250 315	315 400	400 500	500 630	630 800	800 1000
1,88	2,30	2,80	3,60	4,40	5,40	6,60	8,20	10,20	12,50	15,80	20,00
1,68	2,10	2,60	3,40	4,20	5,20	6,40	8,00	10,00	12,30	15,60	19,80
1,36	1,62	1,94	2,40	3,00	3,60	4,40	5,60	6,80	8,60	10,60	13,20
1,16	1,42	1,74	2,20	2,80	3,40	4,20	5,40	6,60	8,40	10,40	13,00
1,00	1,20	1,40	1,70	2,10	2,50	3,10	3,80	4,60	5,80	7,20	9,00
0,80	1,00	1,20	1,50	1,90	2,30	2,90	3,60	4,40	5,60	7,00	8,80
0,76	0,88	1,02	1,20	1,50	1,80	2,20	2,60	3,20	3,90	4,90	6,00
0,58	0,68	0,82	1,00	1,30	1,80	2,00	2,40	3,00	3,70	4,70	5,80
0,60	0,68	0,78	0,90	1,06	1,24	1,50	1,80	2,20	2,60	3,20	4,00
0,40	0,48	0,58	0,70	0,86	1,04	1,30	1,60	2,00	2,40	3,00	3,60
0,40	0,44	0,50	0,58	0,68	0,80	0,96	1,16	1,40	1,70	2,10	2,60
0,30	0,34	0,40	0,48	0,58	0,70	0,86	1,06	1,30	1,60	2,00	2,50
0,31	0,35	0,40	0,50								
0,21	0,25	0,30	0,40								

Aminoplasten. Bei organisch gefüllten Formstoffen und unter ungünstigen Gestalt- und Verarbeitungsbedingungen (siehe Bild 3.21b, S. 94) kann die Nachschwindung Werte von <1% der Ausgangsmaße des Formteils erreichen.

Für die Festlegung von *Funktions-Toleranzen* im Einzelfalle müssen auch die Gebrauchstemperatur und Substanzabgabe oder -aufnahme aus der Umgebung (Quellung) berücksichtigt werden. Insbesondere Polyamide und UF-Formstoffe können bei jahrelanger Lagerung in feuchter Umgebung quellen.

3.3.2   Spritzgießmaschinen

Spritzgießmaschinen mit einem massiven Kolben, der dosierte kalte Thermoplast-Formmasse in den insgesamt ca. 10 Schußgewichte fassenden geheizten Spritzzylinder zum Aufschmelzen fördert und im gleichen Takt eine entsprechende Menge aufgeschmolzener Masse aus der Spritzdüse ausstößt, baut man nur noch als Kleinstmaschinen für Versuchsspritzungen und Kleinstteilfertigungen.

In den für Thermoplast-, Elastomer- und Duroplast-Spritzguß überwiegend gebrauchten *Schneckenkolben-Spritzgießmaschinen* dient eine Schnecke (s. S. 167), rotierend als Förder- und Plastifizierelement, axial bewegt zum taktweisen Spritzgießen, siehe Bild 3.22. Ein Konstruktionsbeispiel für die Schneckenspitze mit Rückströmsperre und Düse zeigt Bild 3.22b.

Konstruktive Merkmale und technische Daten

von Spritzgießmaschinen werden international einheitlich nach Empfehlungen des Europäischen Komitees der Hersteller von Kunststoff- und Gummimaschinen (Euromap) bestimmt und beschrieben. In Euromap 1 sind die zur Prospekt-Beschreibung einer Spritzgießmaschiene erforderlichen technischen Daten aufgeführt. Innerhalb einer Typenreihe ist Größe und Bauart zu kennzeichnen durch

1. die Schließkraft in kN, ermittelt (nach Euromap 7) mit einem genormten Versuchsblock aus dessen Stauchung oder Dehnung der Säulen beim Schließvorgang;

2. die Kurzzeichen H für horizontale Lage der Schließeinheit, V für vertikale Lage der Schließ- oder Spritzeinheit, L für Einspritzung in der Trennebene bei horizontaler Schließ- und Spritzeinheit;

3. ein rechnerisches Hubvolumen (Kolbenquerschnittsfläche × Hub) in cm^3, bezogen auf 1000 bar Einspritzdruck. Beispiel 600 H-200:

600 = Schließkraft in kN
H   = horizontale Bauweise
200 = Hubvolumen (in cm^3) bei 1000 bar Einspritzdruck.

Weitere Euromap-Empfehlungen (2 bis 10) betreffen:

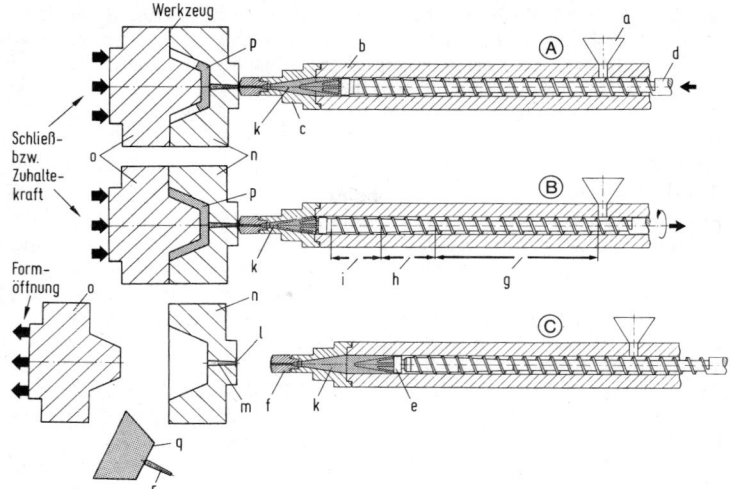

Bild 3.22. Prinzip des Thermoplast-Spritzgießens

Bauteile der Spritzeinheit:
a Trichter, *b* Spritzzylinder (mit Heizbändern und Meßfühlern), *c* Zylinderkopf, *d* Schnecke mit *e* Rückströmsperre, *f* Düse (beheizt).
Bei der Schnecke unterscheidet man die drei Zonen: *g* Einzugszone, *h* Kompressionszone, *i* Meteringzone. Im Zylinderkopf ist *k* das Masse- bzw. Restmassepolster.
Am Werkzeug sind hier hervorgehoben: *l* Anschnitt, *m* Angußkanal, *n* spritzseitige Werkzeughälfte, *o* schließseitige Werkzeughälfte, *p* Schmelze, *q* Formteil, *r* Anguß.
(A) Schnecke vor, drückt Schmelze durch die Düse in den Werkzeughohlraum.
(B) Zum Ausgleich des Volumenschwundes drückt die Schnecke Schmelze bei erniedrigtem Druck nach, solange die Schmelze in der Düse bzw. im Anschnitt noch nicht eingefroren ist. Dabei kühlt das Formteil ab.
(C) Das erstarrte Formteil (Spritzling) wird ausgestoßen.

2 Werkzeuganschlußmaße, 3 Bemaßung der Schließeinheit, 4 Verfügbare Einspritzleistung in kW, 5 Wesentliche Produktionsdaten (für Fertigungsbeispiele), 6 Trockenlaufzeit (s. Bild 3.29, S. 107), 8 Nennöffnungskraft, 9 Parallelität der Aufspannplatten, 10 Allgemeine Prüfregeln.

Die größte Spritzgießmaschine hat eine Schließkraft von 100 000 kN und ein Hubvolumen bis 200 000 cm³. Am weitesten verbreitet, oft in Baureihen mit drei auswechselbaren Spritzeinheiten angeboten, sind Maschinen mit 500–5000 kN Schließkraft, 3–10 s Trockenlaufzeit, Schnecken mit 35/50 mm bis 70/100 mm Durchmesser und – im einzelnen abhängig von der Schneckenart – etwa 200–2000 cm³ Hubvolumen. Mit Antriebsleistungen der Spritzeinheiten von 80–50 kW, maximalen Drehzahlen im Bereich 200–300 U/min und Spritzdrükken von 1000–2500 bar erzeugen diese Maschinen Einspritzströme von rund 100–1000 cm³/s, Maschinentypen mit Druckspeichern für das Schnellspritzgießen bis zum Vierfachen höhere. Sonderausführrungen sind Schnelläufer mit < 1 s Trockenlaufzeit und 400–800 U/min, mit denen man z. B. 60 Yoghurtbecher pro Minute und Formnest fertigen kann.

Die *Spritzeinheit* mit der in ihr axial und rotatorisch beweglichen *Schubschnecke* und die *Schließeinheit* des *Formwerkzeugträgers* sind meist auf dem Maschinenbett horizontal hintereinander zusammengebaut oder nach Bedarf kombinierbare Einzelbausteine. Mit schwenkbaren Spritzeinheiten spritzt man in horizontalen Schließeinheiten Werkzeuge in der Trennebene seitlich oder von oben an. Vertikale Schließeinheiten für liegende Werkzeuge mit horizontaler Trennebene sind für das Einlegen von Metallteilen zweckmäßig, es gibt Maschinen mit Werkzeug-Schiebetisch und vertikaler Spritzeinheit, auch solche in horizontaler L-Anordnung von Spritz- und Schließeinheit. Für Teile, die Vorbereitungsarbeiten oder lange Standzeiten erfordern, wie Elastomer-, Duroplast- oder Strukturschaumteile, sind Rundläufermaschinen mit mehreren auf einem Drehtisch umlaufenden Schließeinheiten oder Pressen auf dem Markt. Für die Massenfertigung mit automatischer Nachbearbeitung gibt es Revolvermaschinen mit bis zu 12 Formstationen, die um die Maschinenlängsachse rotieren. Maschinen mit mehreren Spritzeinheiten siehe S. 127. Die Ablaufsteuerung des Spritzgieß-Zyklusses nach Bild 3.27, S. 105, einschließlich aller Regelfunktionen für das Dosieren, das Einspritzen, den Nachdruck, den Staudruck, die Aggregatbewegung und die Temperaturregelungen für Spritzzylinder und Werkzeug, erfolgt über Mikrorechnersysteme mit der dazugehörigen Elektrik in einem Schaltschrank.

Bauelemente der Spritzeinheit

Bild 3.23 zeigt (als Beispiel) den Aufbau einer Spritzeinheit mit der dazugehörigen Schließeinheit bei einer vollhydraulischen Spritzgießmaschine.

Universal-Schnecken für den Thermoplastspritzguß mit 20 ± 2 D Länge sind meist Dreizonenschnecken (S. 168). Der Schneckenhub für gleichmäßige Förderung ist auf 2,5–4 D begrenzt. Hochleistungs-Spezialschnecken bis 25 D Länge (z. B. für Verpackungen) haben zusätzlich Scher- und Mischteile. $20 ->25$ D lange *Entgasungsschnekken* (S. 168, $\varnothing 25$–150 mm) für nicht ausreichend vorgetrocknete Massen oder zur Abführung von Restmonomeren bewirken einen um 15–50% verminderten Plastifizierstrom.

Nahezu alle Maschinen sind auf Duroplast- oder auf Elastomer-Förderschnecken geringer Kompression (1,1:1 bis 0,9:1) und entsprechende Zylinder umrüstbar. Für eine ununterbrochene ständige Ver-

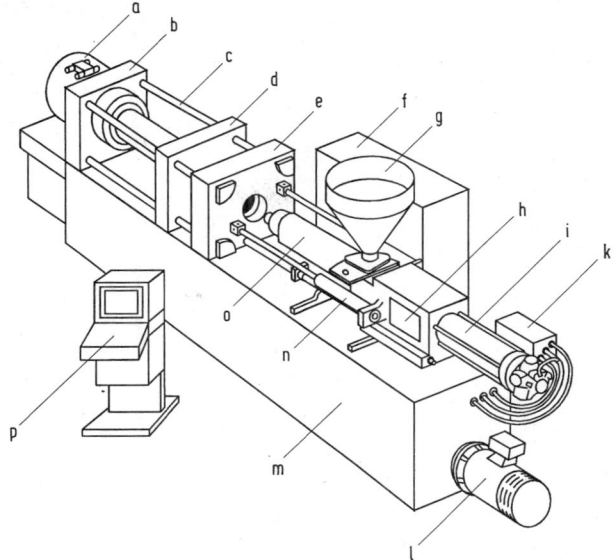

Bild 3.23. Vollhydraulische Spritzgießmaschine

Schließeinheit (ohne Verkleidung): *a* Fahrzylinder, *b* Abstützplatte, *c* Führungssäule, *d* bewegliche Werkzeug-Aufspannplatte, *e* feste Werkzeug-Aufspannplatte;
Spritzeinheit: *f* Schaltschrank, *g* Einfülltrichter, *h* Schneckenposition, *i* Schneckenantrieb, *k* Hydraulikblock, *l* Pumpenmotor, *m* Maschinenbett, *n* Fahrzylinder für Spritzaggregat, *o* Spritzaggregat, *p* Bedienpult
Werkzeichnung: *Krauss-Maffei*

arbeitung solcher Formmassen sind Spezialmaschinen mit Kurzschnecken zweckmäßig.

Seit 1989 ist eine Direktverarbeitung von Endlosfasern (z. B. Glasfaser-Rovings) auf Spritzgießmaschinen bekannt, nach der die Faserstränge von Rovingspulen in eine Entgasungsöffnung (mit Fasereinzugsstutzen) eingezogen werden. Diese DIF-Technologie (*D*irect *In*corporation *o*f *c*ontinuous *F*ibers) faßt die bisher übliche Compoundierung bei der Herstellung der Langfasergranulate und die Formteilherstellung in einem Schritt zusammen. Der Vergleich der Eigenschaften von Formteilen, die aus langfaserverstärktem Granulat bzw. aus der DIF-Technologie stammen, sind – bei Polyamid als Matrix – hinsichtlich der mechanischen Eigenschaften sehr ähnlich. Gegenüber kurzfaserverstärktem PA ergibt sich nahezu eine Verdoppelung der Schädigungsarbeit im Durchstoßversuch (Kunststoffe, 82 (1992) S. 98–101).

Die *Schneckenzylinder* von Thermoplastmaschinen und die Spritzdüsen werden durch Heizbänder zonenweise geheizt, die von Duro-

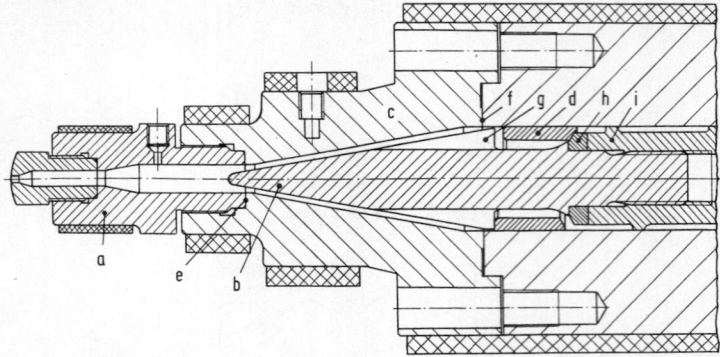

Bild 3.24 Konstruktionsbeispiel für die Schneckenspitze mit Rückströmsperre und Düsenbereich

a Düse, *b* Schneckenspitze, *c* Zylinderkopf, *d* Rückströmsperre, *e* Dichtfläche Düse, *f* Dichtfläche Zylinderkopf (p = 400 N/mm²), *g* 4 gepanzerte Flügel, *h* Druckring, *i* Schnecke

plast- und Elastomer-Maschinen mit Flüssigkeits-Umlaufheizung gleichmäßig temperiert. Die Einzugszone muß gekühlt oder temperiert und für Granulat-, Pulver- und Bandeinzug eingerichtet sein.

Der *Schneckenkopf* läuft häufig in eine glatte, für thermisch empfindliche Massen (PVC, Duroplaste) in eine langgezogene, mit einer Förderspirale ausgezogene Spitze aus. Zwischen dem Zylinderkopf mit eingesetzter Düse und der Schneckenspitze muß ein *Massenpolster* stehen bleiben, um Schäden zu verhüten und den Massedruck bis zum Ende der Nachdruckphase (Bild 3.29, S. 107) aufrechtzuerhalten. Wegen der Rückströmung der Schmelze muß der Schneckenkopf dafür – außer bei thermisch empfindlichen Formmassen – mit einer *Rückströmsperre* (Sperring Verschleißteil, Bild 3.24) versehen sein. Durch die rotierende Schnecke wird die Form beim *Intrusionsoder Fließgießverfahren* für dickwandige Teile aus PE oder PP gefüllt.

Durch die Möglichkeit des hydraulischen Schneckenrückhubes (Dekompressionshub) kann in den meisten Anwendungsfällen eine offene rheologisch günstige Düse eingesetzt werden. Für leichter fließbare Massen braucht man *Verschlußdüsen*. Schiebedüsen werden aus Sicherheitsgründen nur noch selten verwendet. Bei der wie ein Sicherheitsventil wirksamen Nadelverschlußdüse (Bild 3.25) überwindet der Massedruck den Druck, mit dem die Nadel in die Düse eingepreßt wird. Verschlußdüsen sind heute allerdings überwiegend hydraulisch betätigt.

Beim Verarbeiten von faserverstärkten und mineralisch gefüllten Formmassen unterliegt die Spritzeinheit einem erheblichen *Verschleiß,* und hoch temperaturstandfeste technische Thermoplaste

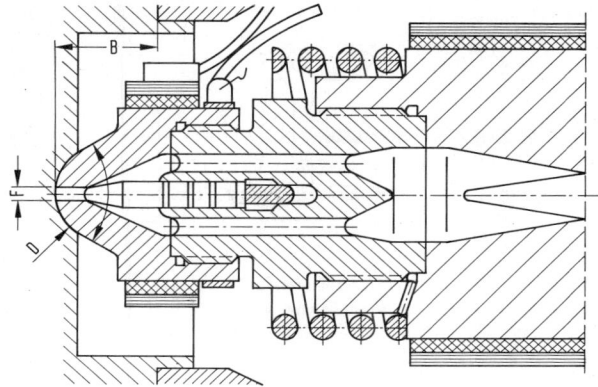

Bild 3.25. Nadelverschlußdüse mit Feder
B Düseneintauchtiefe, D Düsenradius, F Durchmesser Düsenbohrung

(Bild 3.45, S. 125) erfordern u. U. Verarbeitungstemperaturen bis 450 °C, d. h. im Bereich beginnender Umwandlung von Werkzeugstahl. Deshalb ist eine verschleißgeschützte Ausrüstung sowohl gegen Abrasion als auch gegen Korrosion der Spritzeinheit mit hochlegierten Stählen teilweise Standardausführung geworden.

Bauelemente der Schließeinheit

Die Schließeinheit ist zusammengesetzt aus der hinteren *Stützplatte* (Abstützplatte), der mit ihr durch massive *Führungssäulen* fest verbundenen *düsenseitigen Aufspannplatte* und der durch die Säulen geführten *beweglichen Aufspannplatte* (Bild 3.23, S. 101). Beide Aufspannplatten haben Zentrierbohrungen für Zentrierringe an den Werkzeughälften.

Beim mechanischen *Formschluß* durch ihrerseits meist hydraulisch betätigte Kniehebel (Bild 3.26a, S. 104) nehmen die Säulen als Zugfedern die Schließkraft bzw. die Zuhaltekraft für das Werkzeug beim Einspritzen auf. Die Kinematik des Kniehebels führt automatisch zu einem idealen Bewegungsablauf mit einer Verzögerung der Aufspannplattenbewegung zum langsamen Aufeinanderstoßen der Werkzeughälften. Beim hydraulischen (Bild 3.26b) oder hydromechanischen Formschluß für größere Maschinen verwendet man als separate Verfahrzylinder für die große Schließ- und Öffnungsbewegung eine Hydraulik geringen Querschnitts mit großem Hub mit Verriegelung in der Endstellung, für die Schließkraft eine Hydraulik großen Querschnitts mit geringem Hub. Kombinationen von Kniehebelschluß mit hydraulischer Einstellung der Schließkraft sind selten. Schließeinheiten jeder Bauart müssen so gebaut sein, daß der Abstand zwischen Stützplatte und beweglicher Aufspannplatte, die

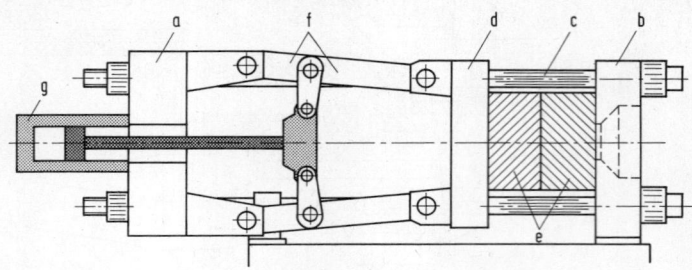

Bild 3.26 a. Schließeinheit mit Doppelkniehebel-Formschluß
    a Stützplatte, *b* düsenseitige Aufspannplatte, *c* Holme (Säulen), *d* bewegliche Aufspannplatte, *e* Formhälften (Kern und Gesenk), *f* Kniehebel, *g* Hydraulik-Zylinder

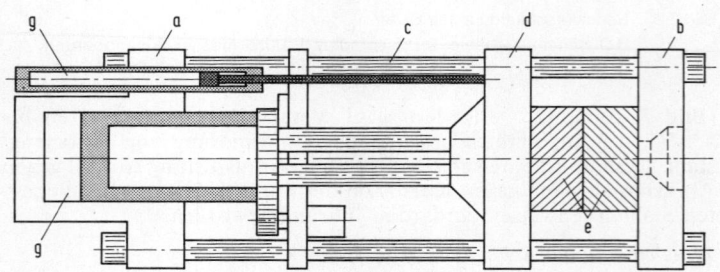

Bild 3.26 b. Vollhydraulischer Formschluß mit separatem Verfahrzylinder
    a Stützplatte, *b* düsenseitige Aufspannplatte, *c* Holme (Säulen), *d* bewegliche Aufspannplatte, *e* Formhälften (Kern und Gesenk), *g* Hydraulik-Zylinder

Schließkraft und der Öffnungsweg in Anpassung an das aufzuspannende Formwerkzeug und den Forminnendruck einstellbar sind.

Ein Umschalten auf einen geringen Druck an der Schließeinheit unmittelbar vor dem Schließen des Werkzeugs dient der *Werkzeugsicherung*. Die Maschine bleibt dann stehen, wenn sich ein Fremdkörper (z. B. ein hängengebliebenes Formteil) zwischen den Formhälften befindet. Das Umschalten auf geringe Endgeschwindigkeit beim Schließen und Öffnen schützt das Werkzeug und die Auswerferplatte vor allzu hartem Anschlag. Auswerfer und bewegliche Teile im Werkzeug werden mechanisch oder durch separate Hydraulikzylinder gesteuert.

Antriebseinheit und Schaltelemente

der Standard-Spritzgießmaschine mit *elektrohydraulischem Einzelantrieb* bestehen aus Elektromotor und Öl-Hydraulikpumpen als Energieumwandler. Der Bedarf der Verbraucher an die Hydraulikleistung $P = p \cdot \dot{V}$ für Bewegungsfunktionen (Ölmenge $\dot{V}$ groß, p klein) und Arbeitsfunktionen (Druck p groß, $\dot{V}$ klein) wechselt im Spritzgießzyklus von Schritt zu Schritt (Bild 3.27). Man trägt dem durch

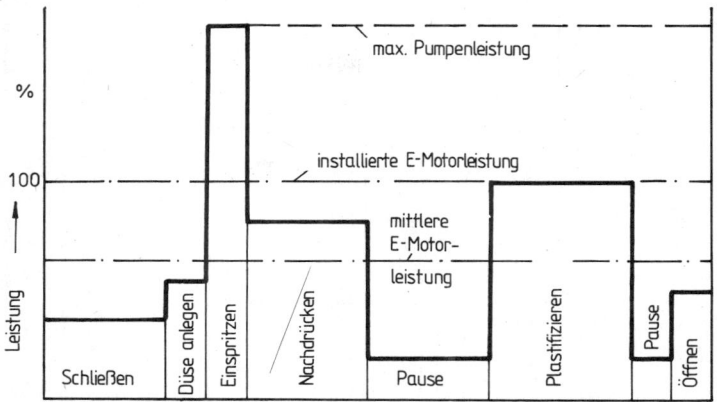

Bild 3.27. Leistungsaufnahme einer Spritzgießmaschine während eines typischen Zyklus im Vergleich zur installierten E-Motorleistung und zur maximalen Pumpenleistung bei Überlastung des E-Motors

Doppel- oder Regelpumpenantrieb, für die Spitzenleistung Einspritzen auch durch kurzzeitige Überlastung des E-Motors oder Zuschalten eines Druckspeichers Rechnung. Als Stellglieder der Hydraulik für die einzelnen Arbeitsschritte (Bild 3.29, S. 107) dienen elektrisch ansteuerbare Proportional- und Servoventile oder digitale Wegeventile, die auch die Programmierung im Verlauf einer Spritzung wechselnder Einspritzgeschwindigkeiten und Drücke ermöglichen. Für die Wegeerfassung der Aggregate verwendet man analoge oder digitale Wegmeßsysteme.

Für den *rotatorischen Schneckenantrieb* dienen bei kleineren Maschinen überwiegend durch die Ölhydraulik betriebene Hydromotoren, für Schnelläufer und größere Maschinen Elektromotoren, neuerdings auch drehzahlgeregelt über Frequenzumrichter.

Bild 3.28 ist das Funktionsschema einer vollelektrischen Spritzgießmaschine. Vorteile dieses Maschinentyps sind

– Ölfreiheit und damit keine Leckagen,
– Anfahrvorgänge und andere Bewegungsabläufe ohne Schwankungen, da eine Abhängigkeit von wechselnden Öltemperaturen entfällt (geringer Ausschuß),
– deutlich geringerer Energieverbrauch, verglichen mit ölhydraulisch betriebenen Maschinen.

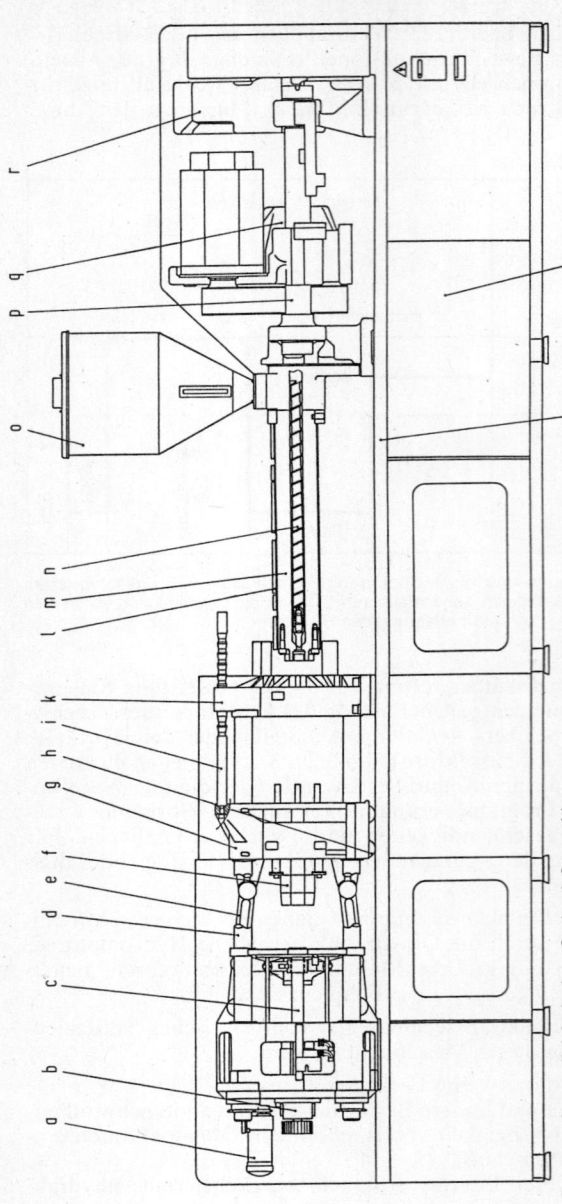

Bild 3.28. Schema einer vollelektrischen Spritzgießmaschine
Der Antrieb erfolgt über Wechselstrom-Servomotoren, wobei Linearbewegungen über Kugelumlaufspindeln übertragen werden. Formschluß- und Schließkraftaufbringung sowie die lineare und rotatorische Schneckenbewegung werden über separate Antriebe bewegt.
a Formhöhenverstellmotor, *b* Servomotor für Schließbewegung, *c* Kugelumlaufspindel, *d* Führungssäulen, *e* Doppelkniehebel, *f* Auswerfermotor, *g* bewegliche Werkzeugaufspannplatte, *h* Abstützrollen, *i* mech. Schließsicherung, *k* feste Aufspannplatte, *l* Heizbänder, *m* Spritzzylinder, *n*
Schnecke, *o* Materialtrichter, *p* Stellung Platte vorn (Einspritzeinheit), *q* bewegl. Druckplatte mit Antriebsmotor für Schneckendrehen, *r* Stellung Platte hinten, mit Antriebsmotor für Einspritzen und Schlittenbewegung, *s* Maschinengestell, *t* Schaltschrank
Werkzeichnung: *Cincinnati Milacron Spritzgießtechnik Europa*

Ablaufsteuerung

Der zeitliche Ablauf der Arbeitsschritte im Spritzgieß-„Zyklus" ist in Bild 3.29 zu einem Schaubild zusammengefaßt. Die Gesamt-Zykluszeit wird, wie daraus ersichtlich, wesentlich durch die werkstoff- und formteilspezifisch jeweils erforderliche „Kühlzeit" bestimmt. Als

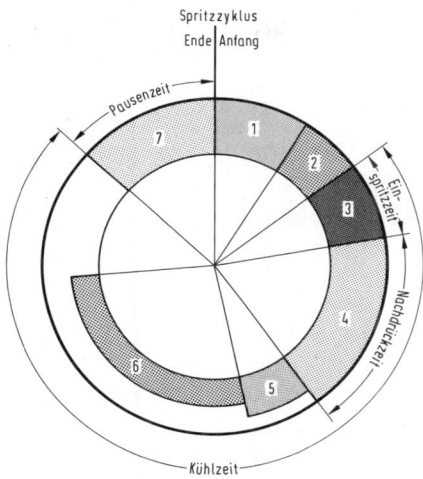

Bild 3.29. Ablauf des Spritzzyklus

Arbeitsschritte in den Zeitabschnitten: 1. Form schließt – 2. Spritzeinheit vor, Düse legt an – 3. Einspritzen – 4. Nachdrücken – 5. Düse hebt ab, Spritzeinheit zurück bei Verschlußdüse – 6. Dosieren und Plastifizieren durch rücklaufend rotierende Schnecke (kann zwischen 5/7 zeitlich verschoben sein) – 7. Form geht auf, Spritzling wird entnommen.
Die „Trockenlaufzeit" (S. 99) ist die Maschinenbewegung 1 + 2 + 5 + 7

vereinfachtes Prinzip-Beispiel für die Steuerung des Ablaufs der Arbeitsschritte im Zyklus gibt Bild 3.30 (S. 108) das erläuterte Schaltschema einer wegegesteuerten vollhydraulischen Spritzgießmaschine mit elektrischer Folgeschaltung, durch die jeder Vorgang über z. B. einen Endschalter als Signalgeber automatisch den nächsten auslöst. Die Maschine ist in „Pausenzeit"-Stellung dargestellt. Alle Hydraulik-Stellglieder stehen auf „Stop", Spritzeinheit und Schnecke in rechter Endstellung (El, E2). Nach Entnahme des Spritzlings und ggf. Einbringen von Einlegeteilen in das offene Werkzeug wird durch ein Signal – bei Maschinen mit Schutzgitter z. B. einem beim Schließen des Gitters anspringenden Schalter – der Arbeitsschritt 1 (Bild 3.29) durch die Formschluß-Hydraulik (I) eingeschaltet. Die Arbeitsschritte 2–4 laufen dann – siehe Bilderläuterungen – automatisch geschaltet ab.

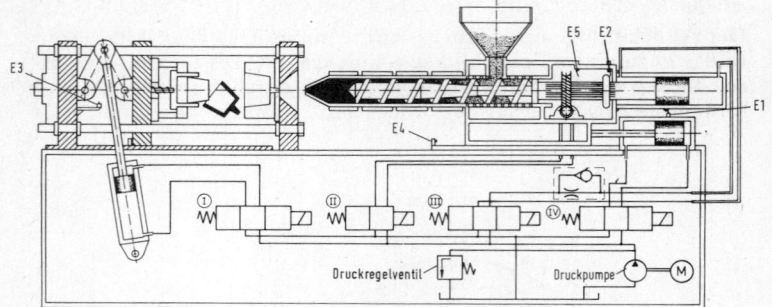

Bild 3.30. Schema der Ablaufsteuerung einer hydraulisch betätigten Kniehebel-Spritzgießmaschine

Hydraulik-Stellglieder, vereinfachtes Symbol elektromechanisch betätigter Steuerschieber:

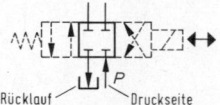

Rücklauf   Druckseite

für
I Werkzeug-Kniehebelschluß – II Rotation der beim Dosieren rücklaufenden Schnecke – III Einspritzen und öldruckgeregeltes Nachdrücken – IV Spritzeinheit-Vorschub- und Rückzug

Endschalter (Wegebegrenzer) für Sollwerte von Wegmarken der Wegmeßsysteme: E1 begrenzt Rückzug Spritzzylinder, stoppt IV, löst II aus – E2, verstellbar, begrenzt Schneckenrücklauf und damit Dosiervolumen, stoppt II – E3 spricht auf Formschluß (Kniehebel gestreckt) an, löst IV (Zylinder-Vorschub) aus – E4 stoppt IV, wenn Düse anliegt, löst III (Einspritzen) aus – E5 begrenzt Einspritzweg, schaltet III von Spritzen auf Nachdruck um. Zur Zeit-Steuerung der Arbeitsschritte 5 bis 7 siehe Text

Die Arbeitsschritte 5 und 7 „Spritzeinheit zurück" (IV) nach Ablauf der Nachdruckzeit und „Form auf" (I) am Ende der Kühlzeit werden durch elektronische Zeitschaltglieder ausgelöst. In weitergehend zeitgesteuerten Maschinen kann die Dosierzeit der Masse im Zylinder (6) an das Ende der Kühlzeit verschoben werden, damit die plastifizierte Masse ohne übermäßige Verweilzeit im Spritzzylinder zum Schluß kommt.

Bei heute üblichen Spritzgießmaschinen mit Mikrorechnersystemen erfolgt die Eingabe aller Einstelldaten und die Anzeige aller Istwerte der Prozeßgrößen wie Wege, Kräfte, Drücke und Zeiten an einer Bedieneinheit. Diese ist entweder im feststehenden Schaltschrank oder an der Aufspannplatte auf der Bedienseite der Maschine untergebracht oder auch verfahrbar ausgeführt. Die Einstelldaten für die Werkzeuge können auf Datenträgern wie 3½"-Floppy Disks bzw. batteriegepufferten RAM, auf Magnetbandkassetten oder Speicherbausteinen in der Steuerung gespeichert werden. Für alle Einstelldaten sind meist auch Toleranzwerte einstellbar, die überwacht werden und deren Über- oder Unterschreitungen über die integrierte Fehlerdiagnose gemeldet werden. Für die verfahrenstechnisch wichtigen Prozeßschritte wie Dosieren, Einspritzen und Nachdrücken sind meist Profile in bis zu 16 Profilpunkten vorgebbar. Die Regelung der wichtigen Prozeßgrößen erfolgt meist nicht mehr durch Hardwarekomponenten, sondern als sogenannte Abtastregelung in Form von Software im Mikrorechnersystem. Durch Regleradaption lassen sich hierbei die optimalen Reglerparameter für den Regelkreis ermitteln und so optimale Regelgenauigkeiten erzielen.

Istwertgrafiken für die Prozeßgrößen Hydraulikdruck im Spritzzylinder, Schneckenweg, Einspritzgeschwindigkeit und Werkzeuginnendruck pro Zyklus, bei Vergleich mit einer eingespeicherten Idealkurve, erlauben eine automatische Prozeßüberwachung. Bis zu 16 Prozeßgrößen pro Zyklus lassen sich in sogenannten Qualitätstabellen speichern und auch über eine integrierte oder externe SPC-Software auswerten.

Standardisierte Kommunikations-Schnittstellen für Leitrechner von Spritzgießmaschinen (Euromap 15) und Peripheriegeräte (Euromap 17) bilden die Grundlage für eine Fertigung gemäß CIM (Computer Integrated Manufacturing).

Der SKZ-Herstellbericht für Spritzgußteile (S. 153) gibt einen Überblick über diejenigen Größen, die beim empirisch optimierenden Einfahren einer neuen Produktion eingestellt, gemessen und festgehalten werden müssen, um diese späterhin mit gleichem Erfolg erneut fahren zu können.

Die „gesteuerte" *Maschine* hält die Drücke, ohne sie zu messen, mit einem hydraulischen Druckregelventil und die Geschwindigkeiten über die Ölströme (konstante Ölviskosität, d.h. gleichmäßige Öltemperatur, s.u. vorausgesetzt) konstant. Bei der „geregelten" Maschine werden diese zumindest auf der Spritzseite geregelt.[1] Hierbei erfolgt dann eine Regelung der Einspritzgeschwindigkeit, des Nachdrucks und des Staudrucks.

Die Temperaturen

des Spritzzylinders mit Düse und diejenige beider Werkzeughälften als die Qualität des Formteils bestimmende Prozeßgröße sind stets geregelt, meist auch die Öltemperatur. Das den jeweiligen physikalischen Werkstoffkennwerten (Bild 3.45 und Tafel 3.8, S. 125 u. 126) entsprechende Temperaturprofil der Zylinder-Wand wird von zonenweise in die Wand eingesteckten Temperaturfühlern aus während des gesamten Prozesses konstant eingeregelt. Dabei ist zu berücksichtigen, daß die Temperatur der plastifizierten Masse durch

---

[1] „Steuern" (feed forward control) ist das Einstellen einer Stellgröße auf einen Sollwert durch einen offenen Signalpfad (Steuerkette). Beim „Regeln" (feed back control) werden im geschlossenen Signalpfad (Regelkreis) Abweichungen vom Einstellwert dem Regler zurückgemeldet und veranlassen ihn zur Korrektur der Stellgröße.

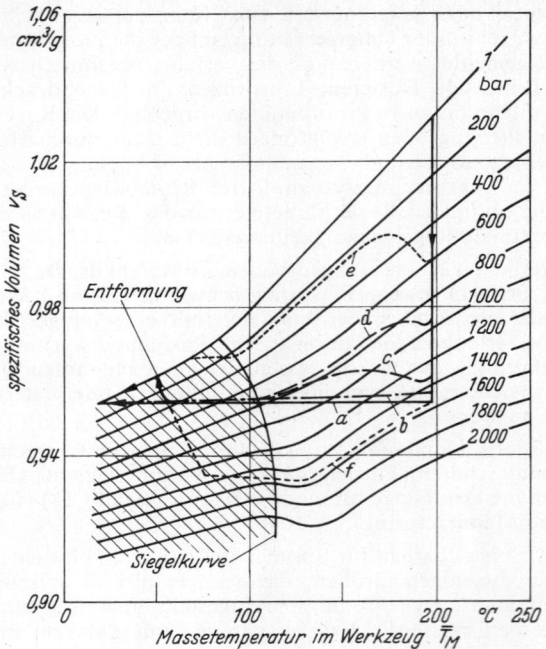

Bild 3.31. Werkzeugfüllung und Abkühlung im *p-v-T*-Diagramm für einen amorphen Kunststoff

a: Isochore (v_s = konst.), Idealverlauf, *b:* Verlauf bei max. Einspritzdruck, *c* und *d:* Niederer Spritzdruck durch rel. hohen Nachdruck ausgeglichen, so daß v_s-Kurven am Versiegelungspunkt in die Isochore einlaufen, *e:* Zu geringer Einspritz- und Nachdruck: Wandabhebung, Vakuolenbildung, *f:* Zu hoher Nachdruck: Formteil klemmt, Formungseigenspannung, Spannungsrißgefahr

Scherung und Reibung beim Plastifizieren von der Wandtemperatur erheblich abweichen kann. Das Werkzeug wird meist durch ein flüssiges Medium temperiert. Die Werkzeugtemperatur-Regelung erfordert einen intensiven Kreislauf des Kühl- bzw. Temperiermittels – von 10 °C bis 120 °C Wasser, oberhalb von 120 °C Öl – als Medium.

Spannungsarme Formteile gleichmäßig hohen Formteilgewichts – ein wesentliches Qualitätskriterium – erhält man, wenn nach Formfüllung der Nachdruckverlauf so geschaltet wird, daß weder Druckspitzen noch Druckeinbrüche entstehen und vom „Siegelpunkt" ab die Abkühlung bis zur Entformung nahezu „isochor", d. h. bei konstantem spezifischen Volumen des Formteils, verläuft. Messungen des Funktionsverlaufs $v_s = f(p, T)$ werden in *p-v-T*-Diagrammen (Bild 3.31) aufgezeichnet.

Entwicklungen zur Betriebs-Automatisierung

Handhabungsgeräte ersetzen und beschleunigen, soweit nicht Kleinteile ohne Störung der Maschinenzyklus-Folge produziert und nach unten fallend abgeführt werden können, die Entnahme der Spritzlinge und ggf. das Einbringen von Einlegeteilen in das geöffnete Werkzeug. Sie sind meist portalartig über dem Schließteil errichtete Lineargeräte für Horizontal- und Vertikalbewegungen mit hoher Positionierungsgenauigkeit, deren Steuerung in die Mikrorechnersteuerung der Maschinen zu integrieren ist. Soweit sie nicht nur Spritzlinge durch Vakuum entnehmen, muß Konstruktion und Steuerung der Greifer dem Einzelfall angepaßt sein (Bild 3.32). Die Teile können auf (mit Spannvorrichtungen ausgerüstete) Bänder oder Rollenbahnen abgelegt werden, die sie weiter automatisch arbeitenden Bearbeitungs-, Montage-, Prüf-Einrichtungen bis zur versandfertigen Ablage zuführen. Mit zunehmendem Automatisierungsgrad erfordern solche Anlagen programmierbare *Industrieroboter*.

Peripheriegeräte wie Trockner, Material-Dosier- und -Mischgeräte, Trichterfördergeräte, Heißkanalregelstellen, Werkzeug-Temperiergeräte, Werkzeugwechselsysteme und Geräte zur Qualitätsdatenerfassung werden ebenso für eine automatische flexible Fertigung benötigt. Der Datenaustausch mit der Spritzgießmaschine steht hierbei im Vordergrund (Euromap 17).

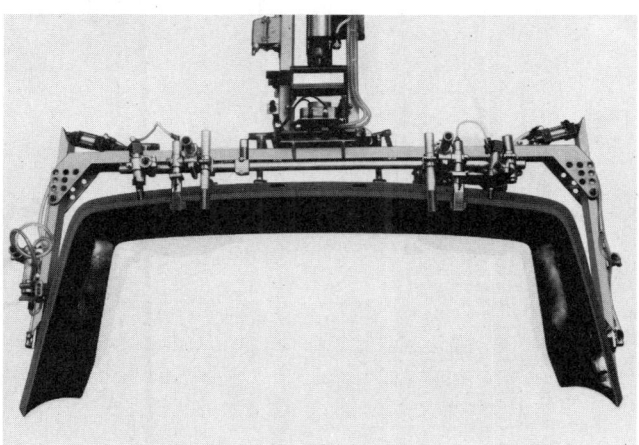

Bild 3.32. Greifer für die Entnahme von Automobilstoßstangen; die Stoßstangenenden werden durch Aufbiegen von Hinterschneidungen freigestellt (Colortronic)

Werkzeug- und Spritzeinheit-Schnellwechselsysteme

mit Einrichtungen für den gleichzeitigen Anschluß aller Versorgungs-, Steuer- und Meßleitungen ermöglichen die Umrüstung von Maschinen in wenigen Minuten. Sinnvoll anwendbar sind sie – wegen der hohen Kosten – vorwiegend für eine *automatische Spritzgießfertigung* (Bild 3.33), welche, geleitet von einer übergeordneten Mikrorechnersteuerung, über eine Transportsteuerung, die Bauteile vom Lagerplatz entnimmt und über eine Vorwärmestation zum Aufheizen auf Betriebstemperatur der Maschine zuführt. In Verbindung

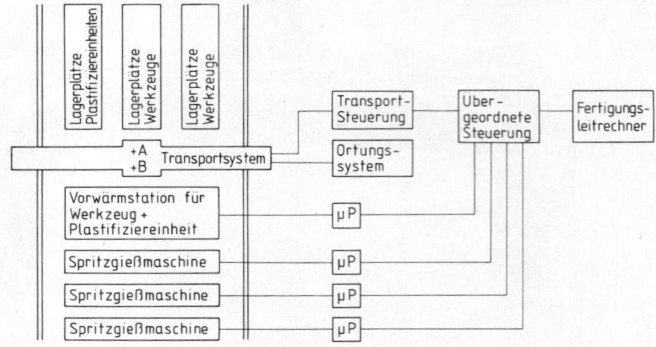

Bild 3.33. Automatische Spritzgießfertigung
oben: Spritzgießbetrieb mit automatischem Werkzeugwechsel,
unten: Konzept der Rechnersteuerung und Automation
Werkzeichnung: *Netstal*

mit gleichartig automatisiertem Materialzufuhr-Wechsel kann dann die neue Fertigung ohne weitere Rüstzeiten anlaufen.

Bei Werkzeugwechselsystemen sind zwei Systemarten zu unterscheiden:

1. *Integrierte Spannsysteme.* In die Maschinenaufspannplatten sind Spannpatronen integriert, die mit Klauen die aus den Werkzeugaufspannplatten herausragenden Bolzen greifen. Federn üben die Spannkräfte aus, entspannt wird hydraulisch gegen die Federkraft. Schwierig kann der Wechsel auf andere Maschinentypen sein.

2. *Adaptive Spannsysteme.* Auf jede Maschinenaufspannplatte werden Spannelemente montiert, die über Kniehebel, Umlenkhebel, Federkraft, Keilwirkung, Reibkraft oder permanenten hydraulischen Druck ein sicheres Spannen und Halten des Werkzeugs gewährleisten. Einführhilfen und Zentriernasen dienen zum Ausrichten des Werkzeugs.

Eine automatische Medienkupplung faßt die Anschlüsse für Temperiermedium, Hydrauliköl für Kernzüge, Strom für Heißkanäle, Steuersignale und Werkzeugkodierung sowie für Luft in einem Block zusammen. Damit lassen sich die Rüstzeiten deutlich reduzieren und Voraussetzungen schaffen für ein „mannloses Rüsten".

3.3.3 Pressen

3.3.3.1 *Pressen-Bauarten und Zusatzeinrichtungen*

Preßverfahren, bei denen Formmasse in die geöffnete Form gefüllt wird, erfordern vertikale Schließeinheiten. *Handpressen* mit waagerechter Aufspannplatte (50–800 kN Schließkraft) und lose eingesetzte Formwerkzeuge verwendet man für Versuchspressungen. „Halbautomatisch" arbeiten *Kniehebel-Pressen* bis 1,5 MN und *Hydraulische Pressen* in Rahmen- oder Viersäulen-Bauart in den Schließkraftbereichen von 150 kN bis 100 MN.

Für Duroplast-Formteile werden Oberdruckpressen verwandt. In der unteren Aufspannplatte kann ein zweiter, von unten wirkender Druckkolben eingebaut sein (Bild 3.34, S. 114). Solche *Pressen* können für das Spritzpressen von unten eingesetzt werden. Der Oberkolben dient dabei nur zum Zuhalten des Preßwerkzeugs unter Preßdruck (Bild 3.35, S. 114). Unterdruckpressen, bei denen der oder die Druckzylinder in einer Grube untergebracht werden, braucht man als Etagenpressen für Schichtstoffe (S. 505) und als Polierpressen für Tafeln aus thermoplastischen Kunststoffen (S. 159).

Dosier- und Vorwärme-Einrichtungen für Duroplast-Preßmassen

Lose Preßmassen können volumetrisch oder gewichtsmäßig dosiert werden, das letztere ist genauer. Zweckmäßig ist eine Vorverdichtung zu *Tabletten* mit Exzenterpressen (konstanter Hub) oder hydraulischen Tablettiermaschinen (konstante Preßkraft).

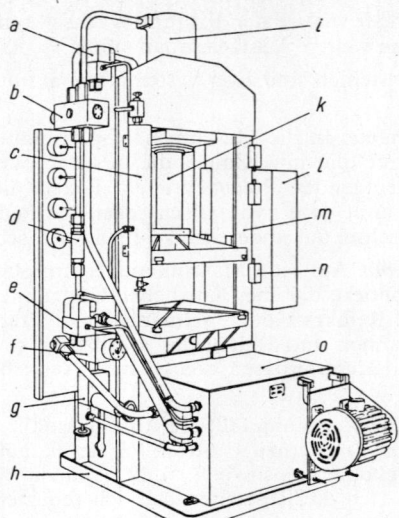

Bild 3.34. Hydraulische Presse für 1 MN Preßkraft mit zusätzlichem hydraulischen Kolben im Pressentisch (0,4 MN), der als Spritzkolben oder Auswerfer benutzt werden kann. (Werkzeichnung *Hahn & Kolb, Stuttgart*)

a Magnetventil, *b* Oberer Steuerschieber, *c* Druckspeicher, *d* Rückschlagventil, *e* Magnetdoppelventil, *f* Unterer Steuerschieber für Unterkolben, *g* Druckregelventil für Unterkolben, *h* Grundplatte, *i* Oberer Preßzylinder, *k* Oberkolben, *l* Schaltschrank für elektrische Steuerung, *m* Rahmen, *n* Endschalter, *o* Pumpenkasten mit Antrieb

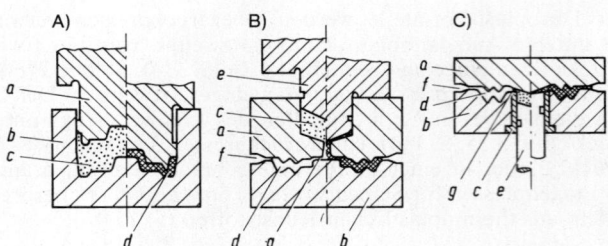

Bild 3.35. Kolbenbewegung beim Pressen und Spritzpressen

A) Pressen, B) Spritzpressen von oben, C) Spritzpressen von unten

a Werkzeug-Oberteil bei A und C, -Mittelteil bei B, *b* Werkzeug-Unterteil, *c* Füllraum bzw. Spritzzylinder, *d* Formenraum, *e* Spritzkolben, bei B am Werkzeugoberteil, *f* Entlüftungskanal, *g* Spritzkanal

In Umluftöfen können Preßmassen in 30 bis 60 min auf etwa 90 °C vorgewärmt werden, außer einer Entfeuchtung bringt das aber nicht viel für das gewünschte bessere Fließvermögen bzw. die Zykluszeitverkürzung. Außerdem besteht dabei die Gefahr des Vorhärtens. Mit *Hochfrequenz-Vorwärmegeräten,* die neben der Presse aufgestellt sind, werden Preßmassen, am besten als Tabletten konstanter Höhe, in etwa 1 min bis zum beginnenden Erweichen (110 °C bis 120 °C) vorgewärmt. Das verkürzt die Preßzeit, und man kann dickwandige komplizierte Formteile mit Metalleinlagen unter einem Druck herstellen, der auf 60% vermindert ist. Zur Vorschaltung von Plastifizierschnecken s. u. 3.3.2.3.

Einrichtungen zur Nachbearbeitung von Formteilen

Da Duroplaste an geheizten Formwandungen nicht sofort aushärten, ist das Eindringen fließbarer Masse in Trennebenen zwischen Werkzeugteilen kaum zu vermeiden. Preßgrat von > 0,4 mm Dicke oder aus fasergefülltem Formstoff muß von Hand abgearbeitet werden. Kleinpreßteile sowie Spritzpreß- und Spritzgußteile mit dünnerem Grat werden maschinell entgratet. Man verwendet Trommel- oder Strahlenentgrater und weiche Entgratungsmittel wie Aprikosenkernschalen- oder Polyamidgranulat, denen Befeuchtungswasser mit Antistatikmitteln zugesetzt wird. Spangebendes Nachbearbeiten von Preßteilen siehe S. 219.

3.3.3.2 *Preßautomaten*

Neben Einzelaggregaten für den Ausbau herkömmlicher Pressen sind vertikale *Preßautomaten* für Preßteile bis zu einigen 100 g Gewicht auf dem Markt, u. a. mit Infrarot-Vorheizung, mit Vorkompression (zum Erreichen einer besseren Durchwärmung) sowie mit Zusatzeinrichtungen zum Entfernen des Preßgrats und zum Säubern der Form durch Preßluft und Bürsten. Auch automatisches Beschicken von Mehrfachformen mit Metall-Einlegeteilen und maschinelles Ausschrauben von Gewinden ist möglich. Für Kleinteile verwendet man Rundläufer mit bis zu 20 Stationen.

Horizontal arbeitende Spritzpressen ähneln in ihrem Aufbau Kolbenspritzgießmaschinen, es wird aber jeweils Masse nur für einen Schuß eingezogen, unter Kolbendruck in der Wärme plastifiziert und in die Form gespritzt. Eine Kolbenspritzgießmaschine für teigige Formmassen spritzt kalte Masse portionsweise in die vorgelegte beheizte Preßform.

Dosier- und Plastifizierschnecken für Preßmassen ersparen mehrere Arbeitsgänge der Preßtechnik (s. Bild 3.15 auf Seite 88). Sie werden als bewegliche Aggregate zum Füllen von Preßformen und Spritzpreßzylindern mit zugleich vorgewärmter und homogenisierter Masse oder in Preßautomaten eingebaut verwendet. Bei der Ringkolben-Injektion wird die von der Schnecke plastifizierte Masse in einen beheizten ringförmigen Raum vor der Schneckenspitze gefördert. Der als Ringkolben ausgebildete Zylinder stößt taktweise vor und spritzt die Masse durch die Injektionsdüsen in das Werkzeug. Automatisch arbeitende Produktions-Anlagen, programmierbar von der Materialzufuhr bis zur Formteilnachbearbeitung, gibt es – ähnlich wie bei Thermoplast-Spritzgießbetrieben – auch bei der Duroplastverarbeitung, z. B. bei der Fertigung technischer Teile wie Kfz-Kupplungsringe und -Bremsbeläge.

3.3.3.3 *Großflächen-Preßanlagen*

Für das Niederdruckpressen von GFK-Großteilen (S. 80) sind hydraulisch betriebene Oberdruck-Rahmen- oder Viersäulen-Pressen mit 1–30 m^2 Tischfläche üblich (Bild 3.36a). Zum Kaltpressen werden sie auf 5–10 bar, zum Warmpressen auf 10–50 bar Preßdruck ausgelegt.

Schließgeschwindigkeiten und Exaktheit der Parallelführung des beweglichen (Stößel) und unbeweglichen Tisches genügen i. a. nicht den Anforderungen der Serienfertigung von SMC-Großteilen (S.

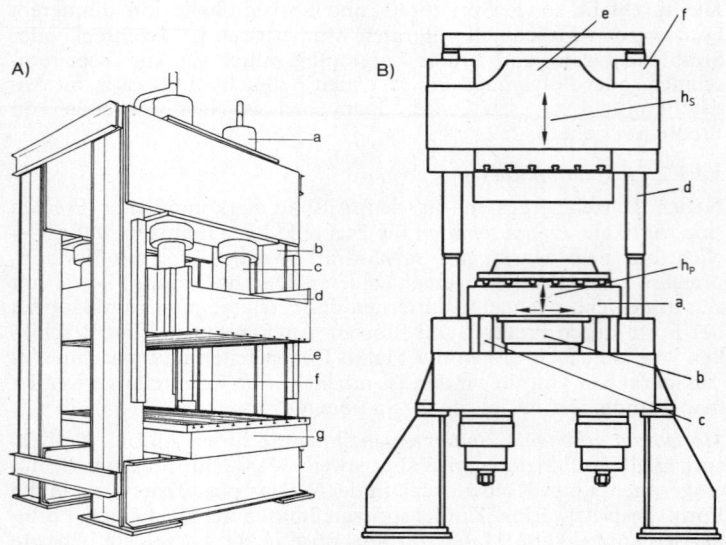

Bild 3.36. Großflächenpressen für GFK-Formteile

A) Rahmenpresse: hydraulische Oberdruck-GFK-Presse mit vier Arbeitszylindern (Bauart *SHG*)
a Arbeitszylinder, *b* Gestell, *c* Preßkolben, *d* beweglicher Tisch (Stößel), *e* Stößelführung, *f* Rückzugskolben (zum Hochfahren des Stößels), *g* unbeweglicher Tisch

B) Aufbau einer Unterdruck-SMC-Kurzhubpresse im Querschnitt (Bauart *Müller*)
a hydrostatisch gelagerte Aufspannplatte, *b* Hauptzylinder, *c* Rückzugkolben, *d* Säule, *e* Schließteil, *f* Klemmvorrichtung, h_p Preßhub, h_s Schließbewegung

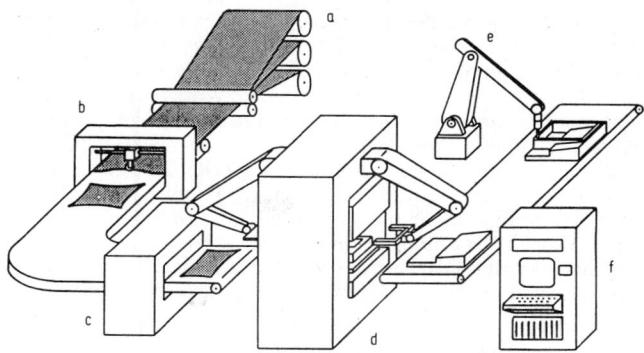

Bild 3.37. Automatisierte SMC-Verarbeitung nach IKV-Konzept
a SMC-Rollen, *b* Schneidanlage, *c* Vorwärmstation, *d* Presse, *e* Fräsroboter, *f* Prozeßrechner

495 ff.) z. B. für den Fahrzeugbau. Unterdruck-Kurzhubpressen mit hydrostatisch gelagerter Aufspannplatte (Bild 3.36b) ermöglichen bis zu 0,5 mm Positioniergenauigkeit der Werkzeugteile. Der Preßbär (in Bild 3.36b) hat Schnellschließfunktion, er wird auf den Säulen verriegelt. Alle Funktionen solcher Hochleistungspressen sind selbstregulierend programmiert. Sie können mit einer automatischen Fertigung konzipiert werden bis zur Integration der Prepreg-Zuführung. Mit voll automatisierten Fertigungsstraßen (Bild 3.37), wie sie zum Erreichen einer hohen, gleichbleibenden Qualität erwünscht sind. Sie ermöglichen auch das In Mould Coating von SMC-Teilen (S. 499), das Formen von glasmattenverstärkten GMT-Bauteilen (S. 376) und die Serienfertigung hochfest faserverstärkter Konstruktionselemente für den Flugzeugbau.

3.3.4 Formwerkzeuge

3.3.4.1 *Allgemeines zum Formenbau*

Werkzeuge (= Formen) sind zusammen mit den Kunststoffmaschinen entscheidende Fertigungsmittel bei der Verarbeitung der Formmassen zur Herstellung von Kunststoff-Formteilen (Preßteilen und Spritzgußteilen) oder von Blasteilen. Wegen der erheblichen Drücke im Formenraum sind i. a. spezielle Werkzeugstähle das Material für den Formenbau. Es geht dabei nicht nur um die mechanische Festigkeit, die der Werkzeugkonstrukteur berücksichtigen muß, insbesondere muß auch eine ausreichende Steifigkeit gewährleistet sein. Die Verformungen der einzelnen Werkzeugelemente dürfen bei den großen Drücken im Formenraum (300 bis 1000 bar und mehr) und den entsprechend großen Schließ- und Zuhaltekräften – je nach geforderten Toleranzen für die Formteile – den Bereich von 1 bis 2 Hundertstel-Millimeter nur selten überschreiten.

Für die formgebenden Werkzeugteile verwendet man vorwiegend *einsatzgehärtete legierte Stähle* mit gehärteter, polierter Oberfläche und mit zähem Kern. Durchhärtende Stähle sind für flache Gravuren und hochverschleißbeanspruchte Werkzeugteile zweckmäßig, vergütet angelieferte Stähle für sehr große Werkzeuge, die sich beim Härten verziehen könnten. Werkzeuge aus Nitrierstählen erfüllen höchste Anforderungen an Maßhaltigkeit, die dünne harte Randzone ist aber empfindlich gegen unsachgemäße Behandlung. Korrosionsbeständige Stähle mit hohem Chromgehalt sind für Kunststoffe wie PVC und Kondensations-Formmassen erforderlich, weiterhin für tiefgekühlte Werkzeuge (Rostansatz durch Schwitzwasser) zu empfehlen. Preßformen werden häufig hartverchromt.

Werkzeuge aus Stahl werden überwiegend spanabhebend, die eigentlichen Werkzeugkonturen immer häufiger elektroerosiv gefertigt. Narbungen oder Maserungen können in Stahlformen durch Säureätzen photographisch übertragener Vorlagen angebracht werden.

Gegossene Formen aus *Zinklegierungen*, die bis etwa 100 °C temperaturbeanspruchbar sind, kommen für einfache Spritzgußteile und als Blasformen in Betracht, *Leichtmetallguß* wegen seiner porigen Oberfläche allenfalls für das Blasformen. Legierungen von *Kupfer* mit Kobalt und Beryllium, die hoch wärmeleitfähig sind, braucht man z. B. für Heißkanaldüsen oder für Werkzeugteile, die intensiv gekühlt werden sollen.

Für Formteile mit originalgetreu feinstrukturierten Oberflächen (z. B. technisches Spielzeug) können *galvanoplastisch* vom Urmodell abgeformte *Hartnickel-Formeinsätze* wirtschaftlich sein.

Zum methodischen *Konstruieren* von *Formwerkzeugen* gehört die Festlegung der Lage der Trennebenen, der Anzahl und Anordnung der Formnester, der Werkzeugbauart, der zu verwendenden Normalien sowie die Einplanung der Temperier-, Auswerfer- und Entlüftungssysteme und die Wahl der Angußart und Lage der Anschnittstellen bei Spritzgießwerkzeugen.

Man kann ein Werkzeug um das zu formende Teil (das als Formteilzeichnung vorliegen sollte) herum konstruieren, gewissermaßen von innen nach außen konstruieren, oder aber – und das ist bei kleineren und mittelgroßen Werkzeugen stets empfehlenswert – Werkzeugnormalien auswählen, angepaßt an die Größe des Formteils oder der Formteile (bei Mehrfachwerkzeugen), und die Kavitäten in die Platten (Normalienteile) des Werkzeuggestells „hineinkonstruieren" (also von außen nach innen konstruieren).

3.3.4.2 *Spritzgießwerkzeuge und Angußarten*

Den grundsätzlichen Aufbau eines Spritzgießwerkzeuges mit nur einer Trennebene zeigt Bild 3.38. Das Spritzgießwerkzeug liegt mit seiner *Angußbuchse* an der Düse der Spritzgießeinheit an. Der Radius für den Düsensitz muß etwas größer als der Düsenradius, die An-

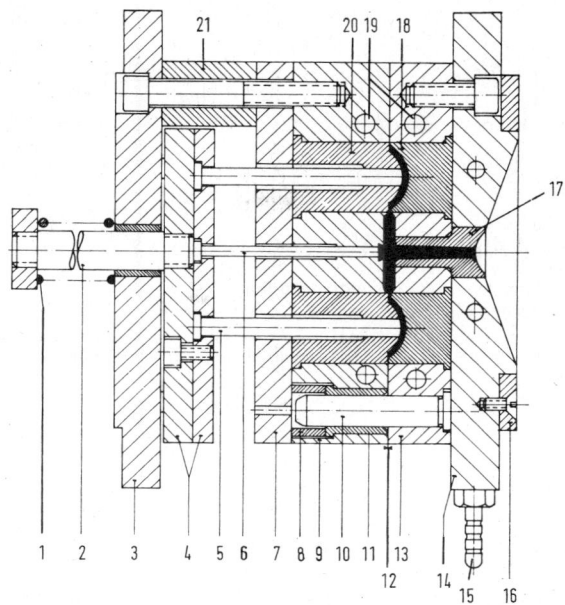

1 – Druckfeder	12 – Formtrennebene
2 – Auswerferstößel	13 – Formplatte
3 – schließseitige Auf-	14 – spritzseitige Auf-
spannplatte	spannplatte
4 – Auswerferplatte	15 – Schlauchnippel für
5 – Auswerfer	Anschluß der Kühlung
6 – Mittenauswerfer	16 – Zentrierring
7 – Zwischenplatte	17 – Angußbuchse
8 – Zwischenbuchse	18 – Formeinsatz
9 – Formplatte	19 – Kühlbohrung
10 – Führungssäule	20 – Formeinsatz
11 – Führungsbuchse	21 – Stützbuchse

Bild 3.38. Bezeichnungen am Spritzgießwerkzeug

gußbohrung etwas weiter als die Düsenbohrung sein, damit der Inhalt des Angußkanals – der *Anguß* am Formteil hängend mit diesem
entformt und anschließend am Übergang zum Formteil – dem *Anschnitt* (der engsten Stelle im Angußkanal) – von diesem abgetrennt
werden kann. Die älteste Angußform für Einfach-Werkzeuge ist der
Kegel- oder Stangen-Anguß, der mit seinem größten Querschnitt in
die Formhöhlung mündet (Bild 3.39a, S. 120). Bei dünnwandigen
Formteilen ist er wegen längerer Kühlzeiten und größerer Abfall-

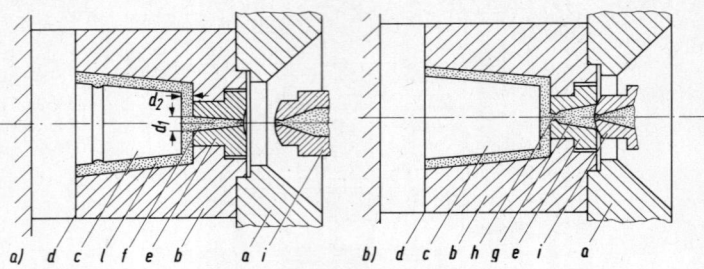

Bild 3.39. Zentralanguß für becherförmige Teile

a) Kegelanguß, b) Punktanguß mit Vorkammer

a Werkzeug-Aufspannplatte, *b* Gesenk, *c* Kern, *d* Werkzeugtrennfläche, *e* Angußbuchse, *f* Kegelanguß, $d_1 > d_2$, *g* Vorkammer, *h* Punktanguß, *i* Spritzdüse

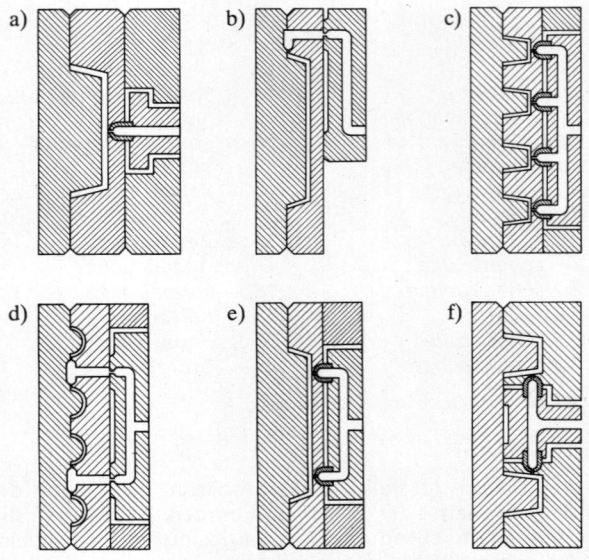

Bild 3.40. Prinzipielle Möglichkeiten der Schmelzeführung mit Heißkanälen

a zentrale Anspritzung eines Formnestes, *b* seitliche Anspritzung bei 1fach-Werkzeugen, *c* zentrale Direktanspritzung mehrer Formnester, *d* indirekte, seitliche Anspritzung mehrerer Formnester, *e* Mehrfachanspritzung eines Formnestes, *f* seitliche Direktanspritzung mehrerer Formnester

menge unwirtschaftlich und führt, wegen der Schwindung der großen Angußmasse, u. U. zu Einfallstellen auf der Gegenseite. Man verwendet überwiegend den *Punktanguß*. Der Punktanguß *mit Vorkammer* (Bild 3.39b) ist gewissermaßen die Vorstufe zum heute vielfach verwendeten Heißkanal-Anguß, s. u. Wenn man die Vorkammer durch Luftspalte gegen das gefüllte Werkzeug isoliert, behält der Pfropfen in der Vorkammer eine „plastische Seele", so daß man ihn zwischen den Spritzungen nicht zu ziehen braucht, sondern „durchspritzen" kann. Um angußlos spritzen zu können, füllt man die Vorkammer auch teilweise aus mit einer von der Düse her oder getrennt beheizten durchbohrten Spitze aus gut wärmeleitfähigen Kupferlegierungen (s. S. 118). Der Punktanguß mit Vorkammer (für das abfallfreie Spritzgießen) wurde mehr und mehr durch den Heißkanal-Anguß mit mehrfachen Düsen (Punktanschnitte) ersetzt, s. Bild 3.40, S. 120.

Spritzt man *ringförmige Teile* oder Rohre einseitig an, so muß die Masse den Kern umfließen. Die beim Zusammentreffen der schon abgekühlten Masseströme entstehende Bindenaht ist eine Schwachstelle und kann auch störend sichtbar sein. Zentral angespritzte *großflächige Teile* können sich verziehen, weil die Schwindung in Fließrichtung größer ist als die quer dazu. Für derartige Teile sind Filmanschnitte, Reihenpunktanschnitte oder versteifende Rippen empfehlenswert. Verschiedene Angußarten und Anschnitte zeigt Bild 3.41, S. 122/123.

Bei *Vielfach-Werkzeugen* für Kleinteile (Bild 3.42) legt man zwecks gleichmäßiger Füllung aller Formnester möglichst weite, trapezförmige Verteilerkanäle in die düsenseitige Werkzeughälfte. Bei nicht gleich langen Fließwegen werden die Verteilerkanalquerschnitte „ausbalanciert". Für die Einzelteile ist ein punktförmiger *Tunnelanschnitt* (Bild 3.41F) zweckmäßig. Spritzling, Verteiler und Anguß bleiben beim Öffnen der Form auf dem Kern, dabei werden sie an der Schneidkante des düsenseitig eingearbeiteten Tunnels abgeschert.

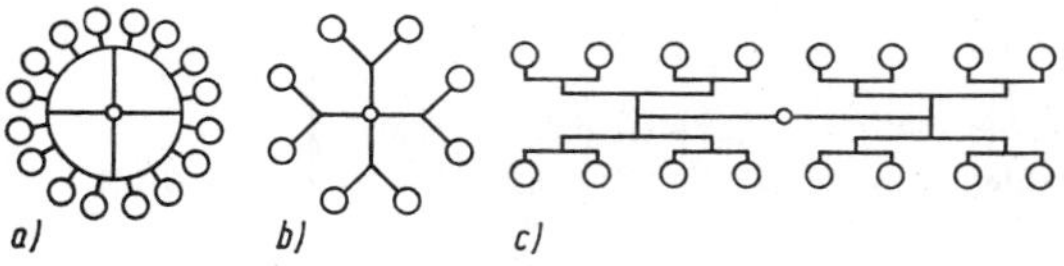

a)   *b)*   *c)*

Bild 3.42. Bauformen von Vielfachwerkzeugen
a) Ringkanalanguß, b) Verteilerstern, auch mehrstufig verwendet, c) mehrstufiger Reihenanguß;
a) ist ungünstig wegen ungleich langer Fließwege, besser b) und c).

Für Vielfach-Formen, bei denen ein Tunnelanguß nicht möglich ist, und für mehrfachen Anguß großer komplizierter Spritzgußteile verwendet man *Dreiplatten-Werkzeuge* (Bild 3.43, S. 124, s. a. Bild 3.36a–e, S. 116).

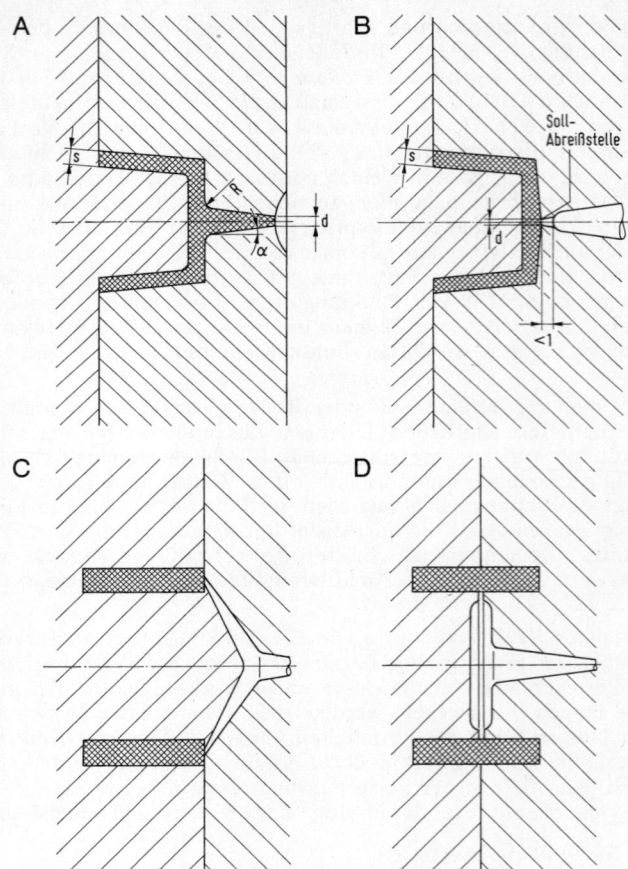

Bild 3.41. Verschiedene Angußarten und Anschnitte
  A Stangenanguß, α = Entformungsschräge, s = Wanddicke,
     d = Stangenanguß (Durchmesser), d ≥ s, d ≥ 0,5
  B Punktanschnitt, d ≤ 2/3 s
  C Schirmanguß
  D Scheibenanguß

Der Heißkanal-Anguß kann beim Abfahren der Düse durch einen
hydraulisch betätigten Schieber geschlossen werden. Die Trennfläche zwischen den Platten 1 und 2 wird nur bei Betriebsunterbre-
chung geöffnet. Um die Plastifizierleistung der Spritzgießmaschine
ausnützen zu können, verwendet man für dünne großflächige Formteile auch *Mehretagen-Werkzeuge*. Nachteilig ist dabei der hohe Ma-

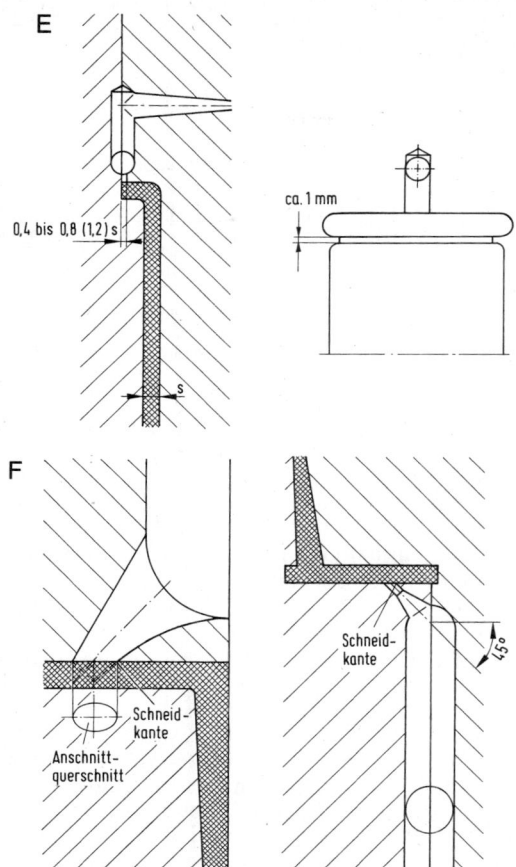

E Bandanschnitt, vorzugsweise für großflächige Formteile
F Tunnelanschnitt

terialverlust durch das verzweigte Angußsystem, er wird durch Heiß-kanal-Systeme eliminiert.

Als bewegliche Werkzeugteile für Wanddurchbrüche und äußere Hinterschneidungen verwendet man durch Kurven verzögert bewegte *Schieber* und *Gesenkbacken,* die mit Schwalbenschwanzfüh-

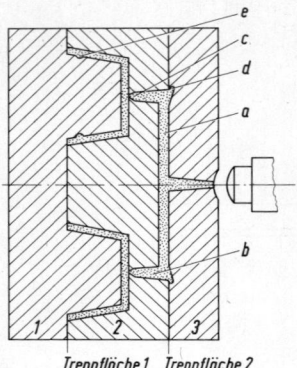

Trennfläche 1   Trennfläche 2

Bild 3.43. Dreiplattenwerkzeug. Anguß mit Verteiler- und Verbindungskanal und Formteil trennen sich beim Auseinanderfahren der Platten 1, 2 und 3 voneinander

a Verteilerkanal, *b* Verbindungskanal, *c* Anschnittkanal, *d* Hinterschneidung für Anguß, *e* Hinterschneidung am Kern

rungen beim Entformen schräg nach oben gleiten. Sie werden durch Zuglaschen oder hydraulisch betätigt. Für Innengewinde braucht man ausschraubbare Kerne, in einfachster Ausführung zum Ausschrauben aus dem Formteil von Hand nach dem Entformen, sonst ähnlich betätigt wie andere bewegliche Werkzeugteile. Rohrkrümmer und ähnliche Teile spritzt man mit mittig im Formwerkzeug fixierten Kernen aus Metall-Legierungen, die bei 50–130°C schmelzen. Sie halten höheren Einspritztemperaturen der Masse stand und sind aus dem Formteil verlustfrei ausschmelzbar.

In DIN 16750 sind die Einzelteile von Spritzgießformen in Wort und Bild normativ dargestellt.

3.3.4.3 Preß- und Spritzpreß-Werkzeuge

Der Grundaufbau der Werkzeuge für die Verfahren des Pressens und Spritzpressens von oben und von unten ist in Bild 3.35, S. 114, dargestellt. Zum sicheren Verdichten der Preßmassen in der Formhöhlung von Preßwerkzeugen muß man mit Überschuß arbeiten. Bei der einfachen, wenig empfehlenswerten *Überlauf- oder Abquetschform* (Bild 3.44a) mit waagerechten Trennflächen tritt der Überschuß als Grat schwankender Dicke zwischen den äußeren Abpreßflächen

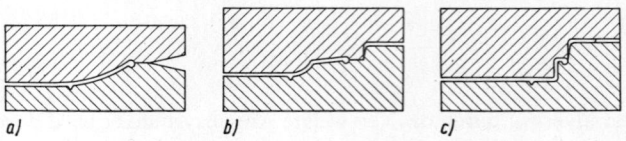

a)   b)   c)

Bild 3.44. Dichtungsflächen von Preßwerkzeugen
a) Überlaufform mit horizontaler Abquetschfläche
b) Abquetsch-Füllraumform
c) Füllraumform mit vertikalem Austrieb, Auflagefläche außerhalb des Füllraums

aus. *Füllraum-Formen* ermöglichen eine genauere Dosierung und mit abgeschrägten Austrittsflächen zwischen Gesenk und Stempel (Bild 3.44b und c) die Bildung eines leicht abtrennbaren senkrechten Preßgrates definierter Dicke, gegeben durch das Spiel zwischen Stempel und Gesenk.

Spritzpreßwerkzeuge gleichen hinsichtlich der Bauweise des Formteils hinter dem Spritzkanal den Spritzgießformen. Der Spritzkanal wird für einen Bandanguß (s. Bild 3.41E, S. 123) oder einen (größeren) Punktanguß ausgebildet.

3.3.5 Formtechnik thermoplastischer Formmassen

3.3.5.1 *Allgemeine Spritzgießtechnik*

Beim *Spritzgießzyklus* mit der Schneckenkolbenspritzgießmaschine (s. Bilder 3.22 S. 99, 3.23 S. 101, 3.28 S. 106) ist im allgemeinen die Einspritzzeit nicht viel mehr als 1 s, die Nachdruckzeit bis zum Erstarren des Angusses oder Anschnitts einige Sekunden. Bestimmend für die Zykluszeit ist meist die Abkühlzeit bis zur Entformbarkeit, die bei dicken Spritzgußteilen über eine Minute sein kann. Währenddessen zieht die rotierend zurücklaufende Schnecke neue Masse ein. Die Entformungs- und die Düsenanlegezeit sind wiederum kurz (Bild 3.29, S. 107).

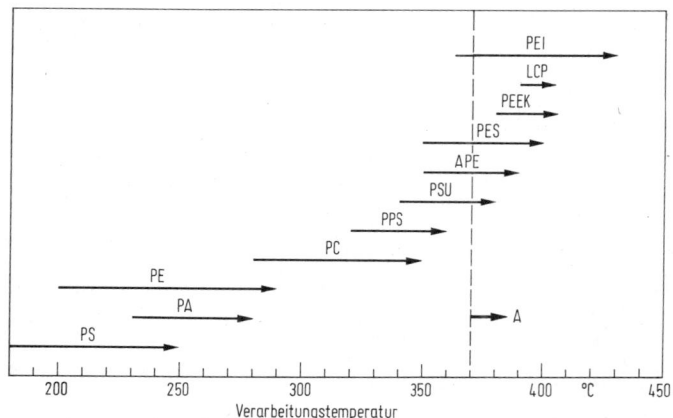

Bild 3.45. Verarbeitungstemperaturbereiche für verschiedene Kunststoffe. Beginn der Stahlumwandlung bei 370 °C (A)

PS: Polystyrol (S. 275), *PA:* Polyamide (S. 329), *PE:* Polyethylen (S. 245), *PC:* Polycarbonat (S. 347), *PPS:* Polyphenylensulfid (S. 366), *PSU:* Polysulfon (S. 366), *APE:* aromatischer Polyester (S. 357), *PES:* Polyethersulfon (S. 366), *PEEK:* Polyetheretherketon (S. 366), *LCP:* Liquid-Crystal-Polyester (S. 358), *PEI:* Polyetherimid (S. 369)

Tafel 3.8. Richtwerte für das Spritzgießen von Thermoplasten

Formmassen Kurzzeichen:	s. a. Seite	Temperaturen °C Masse	Temperaturen °C Werkzeug	Spritzdruck bar	Rückströmsperre	Verschlußdüse	Bemerkungen
PE 0,92 dünnw. dickw. 0,96 dünnw. dickw.	245	220–260 180–220 260–300 240–280	30–70	600–1500	(+)	(+)	Drücke vom Fließverhalten (Schmelzindex) abhängig
PP	266	200–300	30–60	800–1800	(+)	(+)	niederviskos
TPX	275	270–300	70				> 270 °C
PS SAN SB, ABS ASA	275	200–250 220–260 200–280 230–280	5–60 50–85 60–90 40–80	600–1800	+	(+)	SB, ABS möglichst hohe Temp., aber nicht überhitzen
PVC hart	294	180–210	20–60	1000–1800	–	–	langsam, evtl. Intrusion, Spritzeinheit korrosionsfest
weich	302	170–200	15–50	300–1500			
PCTFE PFA, FEP	311	200–280 340–360	80–130 120–180	ca. 1500 300–700	(+)	(+)	Spritzeinheit korrosionsfest
PMMA VST 80 VST 110	318	150–200 180–230	50–65 60–90	700–1000 800–1200 bzw. 1800	(+)	(+)	für hohe Ansprüche Spritzeinheit verchromen Höchstdruck für optisches Gerät
POM und Cop	325	180–230	60–120	800–1700	+	(+)	Kristallisieren wie PA
PA, alle Sorten	329	230–290	40–60 ev. 120	700–1200	+	(+)	rasch einspritzen, weite Angüsse. Feinkristallin bei hohen Werkzeugtemperaturen
PC	347	280–320	85–120	> 800	+	(+)	Trocknen 4 Std./120 °C
PET	351	260–280	120–140	1200–1400	(+)	(+)	bes. Sorte: mit gekühltem Werkzeug (20–40 °C glasklar amorph)
PBT		235–270	30–70	1000–1200	+	(+)	
PPO, modifiziert	363	250–300	80–100	1000–1400	(+)	(+)	langsam weite Düse
CA, CAB	371	180–230	40–50	800	+	(+)	verchromte Spritzeinheit

+ = zu empfehlen   (+) = kann zweckmäßig sein   – = nicht möglich

Tafel 3.8 gibt Richtwerte der *Verarbeitungsbedingungen* herkömmlicher Kunststoffe, Tafel 3.9, S. 128 ff. Hinweise auf Fehler und ihre Beseitigung. Für neuere technische Thermoplaste müssen die Spritzeinheiten für Temperaturen bis 450 °C ausgerüstet werden (Bild 3.45, S. 125, s. a. Tafel 4.39, S. 364/365, Tafel 4.41, S. 370). Für dünnwandige Teile mit langen Fließwegen braucht man höhere Massetemperaturen und Drücke als für dickwandige.

Zur *Nachdruckeinstellung* s. S. 110. Als *Staudruck* sind 10–20% des Spritzdrucks zweckmäßig. Zum Intrusionsverfahren mit hohem Nachdruck s. S. 102, zum Spritzprägen s. S. 88.

Je höher (in den gegebenen Grenzen) die *Werkzeugtemperatur* ist, um so besser wird bei polierten Werkzeugen der Oberflächenglanz und gegebenenfalls auch die kristalline Struktur der Formteile, um so länger werden aber auch die Standzeiten. Die Lage des Anschnitts muß so gewählt und der Spritzvorgang so geführt werden, daß die Masse vom Anschnitt her vorquellend, nicht im Freistrahl die Form füllt. Sonst kommt es zum *Würstchenspritzguß* (Bild 3.46) mit schlechter Anbindung der nachquellenden Masse.

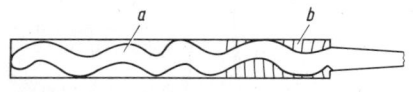

Bild 3.46. Würstchenspritzguß

a Würstchen,
b matte Flecken, weil Masse des Freistrahls Wandberührung hatte und dann – schon etwas abgekühlt – weiterrutschte

3.3.5.2 *Spritzgießen gefüllter Formmassen*

Mineralisch gefüllte und/oder verstärkte thermoplastische Formmassen erfordern i.a. eine etwas höhere Spritztemperatur und höhere Drücke als ungefüllte Massen. Da die Schmelzen rasch erstarren, muß die Einspritzzeit kurz sein. Für ein einwandfreies Auswerfen der Formteile sind Aushebeschrägen von 1–2° empfehlenswert. Teile mit Wanddicke unter 2 mm aus gefüllten Massen sind schwieriger herstellbar. Mit Heißkanalwerkzeugen (S. 127) kann man ein vorzeitiges Erstarren der Schmelze in den Fließwegen und einen Anguß-Abfall vermeiden.

3.3.5.3 *Mehrkomponenten-Spritzgießen*

Maschinen für das Mehrkomponenten-Spritzgießen haben zwei oder drei unabhängig voneinander steuerbare Spritzeinheiten, die auf eine Schließeinheit arbeiten.

Mit Schließeinheiten, deren düsenseitige Aufspannplatte für jede der Spritzdüsen einen Durchbruch hat, fertigt man aus kompatiblen Massen Erzeugnisse wie mehrfarbige Autorücklichter, Plaketten oder Büromaschinentasten, Doppelwandbecher, Verschlußkappen mit angespritzten Weichdichtungen. Aus nicht kompatiblen Massen werden Erzeugnisse wie Spielpuppen mit beweglichen, durch Kugelgelenke im Puppen-Körper unlösbar verankerten Gliedern hergestellt. Auswerferseitig werden die Werkzeuge auf Dreh- oder Schiebetischen so befestigt, daß das Formteil nach je einem Zyklus (bei geöffnetem Werkzeug) der folgenden Spritzeinheit zur Komplettierung zugeführt bzw. am Ende ausgestoßen wird. Durch gesteuertes Einströmen verschiedenfarbiger Massen in die Werkzeuge stellt man farbig verschwimmend gemusterte Teile her. Ohne Drehtisch kann man Werkzeuge für gleichzeitige Fertigung mehrerer verschiedener Teile mit parallel geschalteten Spritzeinheiten anschließen.

Tafel 3.9. Fehler beim Spritzgießen von Thermoplasten, mögliche Ursachen und vorgeschlagene Abhilfen (unter Verwendung der Broschüre „Verarbeitungsdaten für den Spritzgießer", Bayer AG, Bestell-Nr. KU 41920 von 3.88)

Fehler	Mögliches Erscheinungsbild	Mögliche Ursachen	Vorgeschlagene Abhilfe
Verunreinigung des Granulates	Graue Fremdpartikel, die je nach Lichteinfall glänzend reflektieren	Abrieb von Beschickungsrohren, Behältern und Fülltrichtern	Keine Rohre, Behälter und Fülltrichter aus Aluminium oder Weißblech, sondern Stahl- oder VA-Rohre (innen gereinigt) bzw. Stahl-VA-Bleche verwenden. Förderwege sollten wenig Umlenkungen aufweisen
	Dunkle Stippen, Verfärbungsschlieren	Staub oder Schmutzpartikel	Trockner sauberhalten und regelmäßig Luftfilter reinigen, angebrochene Säcke und Behälter sorgfältig schließen
	Farbschlieren, Ablösung von Hautpartien im Angußbereich	Vermischung mit anderen Kunststoffen	Verschiedene Kunststoffe trennen, niemals verschiedene Kunststoffe gemeinsam trocknen, Plastifiziereinheit reinigen, nachfolgendes Material auf Reinheit prüfen
Verunreinigung des Regenerates	Wie bei Granulat (s. oben)	Mühlenabrieb	Mühlen regelmäßig auf Abrieb oder Beschädigungen kontrollieren und instandhalten
		Staub oder Schmutzpartikel	Abfälle staubfrei aufbewahren, verschmutzte Formteile vor dem Mahlen säubern, Formteile aus Feuchtverarbeitung (PC, PBT) sowie thermisch geschädigte Formteile verwerfen
		Andere Kunststoff-Regenerate	Verschiedene Kunststoff-Regenerate immer getrennt aufbewahren
Feuchtigkeitsschlieren	U-förmig langgezogene Schlieren, welche gegen die Fließrichtung offen sind	Zu hohe Restfeuchtigkeit im Granulat	Trockner bzw. Trocknungsprozeß kontrollieren, Temperatur im Granulat messen, Trocknungszeit einhalten

3.9. Fehler beim Spritzgießen von Thermoplasten (Fortsetzung)

Fehler	Mögliches Erscheinungsbild	Mögliche Ursachen	Vorgeschlagene Abhilfe
Silberschlieren	Silbrig-strichförmig langgezogene Schlieren	Zu hohe thermische Belastung der Schmelze durch: zu hohe Schmelzetemperatur, Schmelzeverweilzeit oder: Schneckendrehzahl, Düsen- und Fließenkanalquerschnitte zu klein	Schmelzetemperatur überprüfen, günstigeren Schnekkendurchmesser wählen, Schneckendrehzahl senken, Düsen- und Fließkanalquerschnitte erweitern
Schlieren (mitgeschleppte Luft)	Strichförmig langgezogene Schlieren mit großflächiger Ausbreitung, bei transparenten Kunststoffen manchmal auch zusätzlich Blasenbildung sichtbar	Einspritzgeschwindigkeit zu hoch, Luft eingezogen, Staudruck zu gering	Einspritzzeit verlängern Staudruck im zulässigen Rahmen erhöhen
	Strich- und nasenförmig ausgebildet, konzentrierte Schwarzfärbung (Dieseleffekt) an Zusammenflußstellen oder am Fließwegende	Eingeschlossene schlagartig verdichtete Luft im Spritzgießwerkzeug, die nicht über die Trennebene oder Auswerfer entweichen kann	Werkzeugentlüftung verbessern, besonders im Bereich des Schmelzezusammenflusses, am Fließwegende und bei Vertiefungen (Stege, Zapfen und Schriftzüge), Fließfrontverlauf korrigieren (Wanddikken, Anschnittlage, Fließhilfen) oder Einspritzzeit etwas verlängern
Grauschlieren	Graue oder dunkelfarbige Streifen, ungleichmäßig verteilt	Verschleißeffekte an der Plastifiziereinheit	Austausch der gesamten Einheit oder einzelner Bauteile, Einsatz von korrosions- und abrasionsgeschützter Plastifiziereinheit
		Verschmutzte Plastifiziereinheit	Plastifiziereinheit reinigen
Wolkenbildung	Feinste Stippen oder Metallpartikel, wolkenartig ausgebildet	Verschleißeffekte an der Plastifiziereinheit	Wie oben aufgeführt
		Verschmutzte Plastifiziereinheit	Plastifiziereinheit reinigen
	Wolkenartig ausgebildete dunkle Verfärbungen	Zu hohe Schneckendrehzahl	Schneckendrehzahl absenken

3.9. Fehler beim Spritzgießen von Thermoplasten (Fortsetzung)

Fehler	Mögliches Erscheinungsbild	Mögliche Ursachen	Vorgeschlagene Abhilfe
Dunkle, meist schwarz erscheinende Stippen	Größe unter 1 mm² bis mikroskopisch klein	Verschleißeffekte an der Plastifiziereinheit	Wie oben aufgeführt
	Größe von mehr als 1 mm²	Aufreißen und Abblättern der an Schnecken- und Zylinderoberfläche gebildeten Grenzschichten	Plastifiziereinheit reinigen und Einsatz von korrosions- u. abrasionsgeschützter Plastifiziereinheit Für PC und PC-Blends: „durchheizen" der Zylinderheizungen bei 160–180°C bei Produktionsunterbrechungen
Verbrennungsschlieren	Bräunliche Verfärbungen mit Schlierenbildung	Schmelzetemperatur zu hoch	Schmelzetemperatur kontrollieren und absenken, Regler überprüfen
		Schmelzeverweilzeit zu lang	Zykluszeit verkürzen, kleinere Plastifiziereinheit einsetzen
		Temperaturführung im Heißkanal ungünstig	Heißkanaltemperatur kontrollieren, Regler und Thermofühler überprüfen
	Periodisch auftretende bräunliche Verfärbung mit Schlierenbildung	Plastifiziereinheit verschlissen oder „Tote Ecken" an Dichtflächen	Kontrolle der Bauelemente wie Zylinder, Schnecke, Rückströmsperre und Dichtflächen auf Verschleiß und tote Ecken
		Strömungsungünstige Bereiche in Plastifiziereinheit und Heißkanälen	Ungünstige Strömungsübergänge beseitigen
		Einspritzgeschwindigkeit zu hoch	Einspritzzeit verlängern
Abschieferungen oder Delaminierungen	Ablösung von Hautpartien im Angußbereich (bes. bei Blends)	Verunreinigung durch andere, unverträgliche Kunststoffe	Plastifiziereinheit reinigen, nachfolgendes Material auf Reinheit prüfen
Matter Fleck	Samtmatte Flecken um den Anschnitt, an scharfen Kanten und Wanddickensprüngen	Gestörter Schmelzefluß im Angußsystem, an Übergängen und Umlenkungen (Scherung, Aufreißen schon erstarrter Oberflächenhaut)	Anschnitt optimieren, scharfe Kanten besonders beim Übergang vom Anschnitt in die Formhöhlung vermeiden, Übergänge an Angußkanälen und

3.9. Fehler beim Spritzgießen von Thermoplasten (Fortsetzung)

Fehler	Mögliches Erscheinungsbild	Mögliche Ursachen	Vorgeschlagene Abhilfe
Matter Fleck	Samtmatte Flecken um den Anschnitt, an scharfen Kanten und Wanddickensprüngen	Gestörter Schmelzefluß im Angußsystem, an Übergängen und Umlenkungen (Scherung, Aufreißen schon erstarrter Oberflächenhaut)	Wanddickensprüngen abrunden und polieren, gestuftes Einspritzen: langsam – schnell, damit die Form kontinuierlich im Quellfluß gefüllt wird und dabei die Benetzung der Konturen mit der Schmelze vom Anschnitt bis zum Formteilende systematisch ohne Abreißen des Quellflusses erfolgen kann
Schallplattenrillen oder Jahresringe	Feinste Rillen auf der Formteiloberfläche (z. B. bei PC) oder mattgraue Ringe (z. B. bei ABS)	Zu hoher Fließwiderstand im Spritzgießwerkzeug, so daß Schmelze stagniert, Schmelzetemperatur, Werkzeugtemperatur, Einspritzgeschwindigkeit zu niedrig	Schmelze- und Werkzeugtemperatur anheben, Einspritzgeschwindigkeit erhöhen
Kalter Propfen	Oberflächlich eingeschlossene kalte Schmelzepartikel	Düsentemperatur zu niedrig, Düsenquerschnitt und -bohrung zu klein	Ausreichendes Heizband mit höherer Leistung erwählen, Düse mit Thermofühler und Regler ausstatten, Düsenquerschnitt und -bohrung vergrößern. Kühlung der Angußbuchse vermindern. Düse früher von Angußbuchse abheben
Lunker und Einfallstellen	Luftleere Hohlräume in Form von runden oder langgezogenen Blasen, nur bei transparenten Kunststoffen sichtbar, Vertiefungen in der Oberfläche	Volumenkontraktion in der Abkühlphase wird nicht ausgeglichen	Nachdruckzeit verlängern, Nachdruck erhöhen, Schmelztemperatur absenken und Werkzeugtemperatur ändern (bei Lunkern erhöhen und bei Einfall absenken), Massepolster kontrollieren, Düsenbohrung vergrößern

3.9. Fehler beim Spritzgießen von Thermoplasten (Fortsetzung)

Fehler	Mögliches Erscheinungsbild	Mögliche Ursachen	Vorgeschlagene Abhilfe
Lunker und Einfallstellen	Luftleere Hohlräume in Form von runden oder langgezogenen Blasen, nur bei transparenten Kunststoffen sichtbar, Vertiefungen in der Oberfläche	Nicht „kunststoffgerechte" Form des Spritzlings (z. B. große Wanddickenunterschiede)	Kunststoffgerecht konstruieren, z. B. Wanddickensprünge und Masseanhäufungen vermeiden, Fließkanäle und Angußquerschnitte dem Formteil anpassen
Blasen	Ähnlich wie Lunker, aber im Durchmesser wesentlich kleiner und vermehrt vorhanden	Zu hoher Feuchtigkeits-Gehalt in der Schmelze, zu hohe Restfeuchtigkeit im Granulat	Intensiv-Trocknung, ggf. Entgasungsschnecke durch Normalschnecke ersetzen und mit Vortrocknung arbeiten, Trockner und Trocknungsprozeß kontrollieren, evtl. Trockenlufttrockner einsetzen
Freier Massestrahl	Sichtbare Strangbildung der zuerst eingeflossenen Masse auf der Formteiloberfläche	Ungünstige Angußlage und -dimensionierung	Freistrahlbildung durch Verlegen des Anschnittes vermeiden (gegen eine Wand einspritzen), Anschnittquerschnitt vergrößern
		Einspritzgeschwindigkeit zu hoch	Einspritzzeit verlängern bzw. gestuft einspritzen: langsam – schnell
		Schmelzetemperatur zu niedrig	Schmelzetemperatur anheben
Nicht vollständig ausgeformte Spritzlinge	Unvollständige Füllung insbes. am Fließwegende oder an dünnwandigen Stellen	Fließeigenschaften des Kunststoffes nicht ausreichend	Schmelze- und Werkzeugtemperatur erhöhen
		Einspritzgeschwindigkeit zu niedrig	Einspritzzeit verkürzen und/oder Einspritz- bzw. Nachdruck erhöhen
		Wanddicke des Formteils zu gering	Wanddicke des Formteils erhöhen
		Düse dichtet nicht gegen das Werkzeug	Düsenanpreßdruck erhöhen, Radien von Düse und Angußbuchse überprüfen, Zentrierung kontrollieren
		Angußsystem mit zu kleinem Querschnitt	Anguß, Fließkanal und Anbindung zum Formteil vergrößern

3.9. Fehler beim Spritzgießen von Thermoplasten (Fortsetzung)

Fehler	Mögliches Erscheinungsbild	Mögliche Ursachen	Vorgeschlagene Abhilfe
Nicht vollständig ausgeformte Spritzlinge	Unvollständige Füllung insbes. am Fließwegende oder an dünnwandigen Stellen	Werkzeugentlüftung nicht ausreichend	Werkzeugentlüftung optimieren
Fließnahtfestigkeit nicht ausreichend	Deutlich sichtbare Kerbe entlang der Fließnaht	Fließeigenschaften des Kunststoffs nicht ausreichend	Schmelze- und Werkzeugtemperatur erhöhen, ggf. Anschnitt verlegen, um die Fließverhältnisse zu verbessern
		Einspritzgeschwindigkeit zu niedrig	Einspritzzeit verkürzen
		Wanddicke zu gering	Wanddicken angleichen
		Werkzeugentlüftung nicht ausreichend	Werkzeugentlüftung verbessern
Verzogene Formteile	Formteile sind nicht plan, Teile weisen Winkelverzug, Propellerverzug oder Bombierung auf	Zu große Wanddicken- und Schwindungsunterschiede, starke Querorientierung von Glasfasern im Formteilinnern	Formteil „kunststoffgerecht" konstruieren, Änderung der Anschnittlage
		Einseitig stärkere Längsorientierung von Glasfasern außen	Wanddicken örtlich so ändern, daß der Schmelzefluß beidseitig zu einer symmetrischen Glasfaserverteilung führt
		Werkzeugtemperatur ungünstig	Werkzeughälften unterschiedlich temperieren
		Umschaltpunkt von Einspritz- auf Nachdruck ungünstig	Umschaltpunkt verlegen
Formteil klebt im Werkzeug	Matte Flecken bzw. fingerförmige oder kleeblattartige glänzende Vertiefungen auf der Oberfläche der Formteile (meist angußnah)	Örtlich zu hohe Werkzeugwandtemperatur	Werkzeugtemperatur reduzieren
		Zu frühes Entformen	Zykluszeit verlängern
Formteil wird nicht ausgeworfen bzw. wird deformiert	Formteil klemmt. Auswerferstifte deformieren das Formteil oder durchstoßen es	Werkzeug überladen, zu starke Hinterschneidungen, unzureichende Werkzeugpolitur an Stegen, Rippen und Zapfen	Einspritzzeit verlängern und Nachdruck reduzieren, Hinterschneidungen beseitigen, Werkzeugoberflächen nacharbeiten und in Längsrichtung polieren

3.9. Fehler beim Spritzgießen von Thermoplasten (Fortsetzung)

Fehler	Mögliches Erscheinungsbild	Mögliche Ursachen	Vorgeschlagene Abhilfe
Formteil klebt im Werkzeug	Matte Flecken bzw. fingerförmige oder kleeblattartige glänzende Vertiefungen auf der Oberfläche der Formteile (meist angußnah)	Beim Entformen entsteht zwischen Formteil und Werkzeug Unterdruck	Werkzeugentlüftung verbessern
		Elastische Werkzeugdeformation und Kernversatz durch Einspritzdruck	Steifigkeit des Werkzeugs erhöhen, Kerne abfangen
Formteil wird nicht ausgeworfen bzw. wird deformiert	Formteil klemmt. Auswerferstifte deformieren das Formteil oder durchstoßen es	Zu frühes Entformen	Zykluszeit verlängern
Gratbildung (Schwimmhaut)	Bildung von Kunststoffhäutchen an Werkzeugspalten (z. B. Trennebene)	Zu hoher Werkzeuginnendruck	Einspritzzeit etwas verlängern und Nachdruck reduzieren, Umschaltpunkt von Einspritz- auf Nachdruck vorverlegen
		Werkzeugtrennflächen durch Überspritzungen beschädigt	Werkzeug im Bereich Trennflächen oder Konturen nacharbeiten
		Schließkraft bzw. Zuhaltekraft nicht ausreichend	Schließkraft erhöhen, ggf. nächstgrößere Maschine einsetzen
Rauhe und matte Formteiloberflächen (bei GF-verstärkten Thermoplasten)		Schmelzetemperatur zu niedrig	Schmelzetemperatur erhöhen
		Werkzeug zu kalt	Werkzeugtemperatur erhöhen, Werkzeug mit Wärmedämmplatten ausstatten, leistungsfähigeres Temperiergerät einsetzen
		Einspritzgeschwindigkeit zu gering	Einspritzzeit verkürzen

Im *Sandwich-Spritzguß* wird der „Quellfluß" der Massen beim Einströmen in das Formnest genutzt: Gegenüber der an den Formenwandungen haftenden und erstarrenden Haut der „Rand"-masse quillt deren Kernanteil vor, so daß man andersartige „Kern"-masse nachschießen kann. Beim Sandwich-Spritzguß arbeiten zwei Spritzeinheiten auf einem Spritzkopf zusammen, der – je nach Konstruktion durch Ventile oder Mehrfach-Verschlußdüsen gesteuert – ermöglicht, die Massen aus den beiden Spritzeinheiten beliebig im Vor- oder Nachlauf (zum Versiegeln des Angusses) oder auch gleichzeitig einströmen zu lassen. Um Durchschlagen der Kernmasse zu vermeiden, muß die Randmasse mindestens 1–1,5 mm dick gespritzt werden. Der Sandwich-Spritzguß ist dementsprechend nur für Formteile mit Gesamt-Wanddicken ≥ 5 mm geeignet. Bei sehr hohen Wanddicken, die lange Kühlzeiten erfordern, arbeitet man mit im Wechsel vorgelegten Schließeinheiten.

Sandwich-Spritzgießen ermöglicht eine wirtschaftliche Fertigung von Formteilen mit hoch beanspruchbarer oder speziell ausgerüsteter Außenhaut und Kernen aus billigerem, z. B. gefülltem Material, Schaum oder Regenerat. Auch verschiedenartige Kunststoffe wie PP/PE, PMMA/PS, CA/ABS, PC/ABS können miteinander kombiniert werden. Nicht brauchbar sind scherempfindliche Kunststoffe wie Hart-PVC.

Zum *Schaumkern-Sandwich-Spritzguß* siehe den folgenden Abschnitt.

3.3.5.4 *Thermoplast-Schaumspritzguß (TSG-Verfahren)*

Der Thermoplast-Schaumspritzguß für Strukturschaum-Formteile mit dichter Außenhaut über einem geschäumten Kern (Bild 3.6, Seite 69) hat den Anwendungsbereich des Spritzgießens auf dickwandige, steife Großteile mit etwa 5–15 mm Wanddicke und seitlichen Abmessungen bis ≥ 1 m für Gehäuse, Behälter, Paletten, Sportgeräte überwiegend aus PS (schlagfest) oder PE erweitert. Eine Problematik des Schaumgußverfahrens liegt darin, daß an den Werkzeugwänden kollabierender Schaum zu schlierigen rauhen Oberflächen führen kann, die Formteile daher meist nicht nur lackiert, sondern auch geschliffen und grundiert werden müssen.

Im „Niederdruck"-TSG wird soviel der unter 100–200 bar Staudruck über dem Gasdruck des Treibgases stehenden Masse im Freistrahl an der dicksten Stelle des Formwerkzeugs eingeschossen, daß dieses zu 60–80% gefüllt ist. In TSG-Transfer-Maschinen für größere Volumina wird durch die Schnecke plastifizierte Masse für einen Schuß in einem Akkumulator gesammelt und von dort mittels Gasdruck in die Form geschossen. Das Werkzeug muß nur den Schäumdruck der expandierenden Masse von 10–20 bar aufnehmen. Die Schließeinheiten von TSG-Maschinen können dementsprechend leicht gebaut, die Formwerkzeuge für Serien bis 30 000 Stück aus Leichtmetall oder Feinzink, bis 200 000 Stück Stahlwerkzeuge leichter Bauart sein. Damit der Luftdruck dem Schäumdruck nicht störend entgegenwirkt, sind Entlüftungskanäle (0,08 mm $\varnothing$) anzubringen. Lange Fließwege können durch vorzeitiges Entgasen oder Verminderung der Treibfähigkeit abkühlender Masse ungleichmäßige Raumgewichtsverteilung bewirken. Als Abhilfe kann ein Mehrfachanguß über Heißkanalverteiler, für Großteile eine Parallelschaltung mehrerer Spritzeinheiten zweckmäßig sein.

Die Kühlzeit von TSG-Teilen ist wesentlich länger als die üblicher Kompakt-Spritzgußteile, und sie müssen weitgehend gekühlt werden, sonst treiben sie nach dem Entformen nach. Deshalb verwendet man häufig Mehrstationenmaschinen mit im Wechsel angesteuerten Schließeinheiten.

Zur *Verminderung der Oberflächenrauhigkeit* werden im Variotherm-Verfahren die Formwerkzeuge während des Füllens mit Wasserdampf von 10 bar auf 110–120 °C beheizt, bevor auf Wasserkühlung umgeschaltet wird. Die Standzeit wird dadurch verlängert. Im Gasgegendruckverfahren spritzt man über einen Massespeicher unter höherem Gasinnendruck (60–150 bar) als dem Schäumdruck stehende abgedichtete Formwerkzeuge zunächst mit ungeschäumter Masse voll aus, beim anschließenden Aufschäumen fließt Masse aus dem Inneren in den Speicher zurück. Man erreicht so Dichten von 0,95–1,0 g/cm³ für PS, 0,7–0,8 g/cm³ für PE und PP. Beim TAF-Verfahren wird unter sorgfältiger Temperaturabstimmung die Form unter 50–60 bar „Hochdruck" vollgefüllt und dann der Werkzeughohlraum durch Atmen mittels Tauchkanten und örtlich durch Ziehen von Kernen zum Aufschäumen vergrößert. Das Verfahren erbringt gute Oberflächen, ist aber der teuren und komplizierten Werkzeuge wegen nur begrenzt anwendbar.

Bei Verwendung der üblichen chemischen Treibmittel bestimmt deren Anspringtemperatur die Spritztemperatur (S. 70). Aus Azodicarbonamiden freiwerdendes Ammoniak kann die Werkzeuge oder den Kunststoff schädigen, feste Rückstände können als Belag im Formwerkzeug zurückbleiben.

3.3.5.5 *Gasinnendruck-Spritzguß (GID-Verfahren)*

In den GID-Spritzgießverfahren wird die Injektion eines das Hohlraumvolumen des Formwerkzeugs nicht voll ausfüllenden Schusses plastizierter Formmasse unterschiedlich zeitverzögert mit einem solchen von Druckgas (Stickstoff) mit gegenüber dem Massedruck mäßig erhöhten Druck von 150–300 bar kombiniert. Das Druckgas bahnt sich bei angemessener Formteilgeometrie seinen Weg durch die „plastische Seele" der Schmelze in den Formteilbereichen mit größtem Querschnitt und bläst diese unter Ausbildung durchgehender Hohlkern-Kanäle mit vollem Gasdruck bis zum anschnittfernen Formteilende gegen die Werkzeugwandung auf. Kleinere dickwandige Formteile (Fahrzeug-Türdrücker, Griffe aller Art, Bürstenkörper, Kleiderbügel) werden so als steife Hohlteile spritzgegossen, Gehäuse mit einer Versteifung wegen der „Doppelwandigkeit" in den höchst beanspruchten Kantenbereichen geschaffen, großflächige ebene Erzeugnisse (Tischplatten) durch rückseitige Hohlrippen verstärkt, die vom Gas-Injektionspunkt aus durchgehend auszubilden sind.

In mehreren, in Einzelheiten verschiedenen Varianten von Zusatzentwicklungen für GID-Betrieb mit üblichen Spritzgießmaschinen wird das Druckgas meist über die Spritzdüse, in manchen Fällen – für Mehrfachformen brauchbar – über Hohlnadeln in der Werkzeugwand durch Kompressoren kontinuierlich (z. B. Airmould-Verfahren) oder durch elektrohydraulisch beaufschlagte Kolben diskontinuierlich gesteuert (Cinpress-[Controlled Internal Pressure]-Verfahren) zudosiert. Das Druckgas kann (z. B. im Gasmelt-Verfahren) zu 92% zurückgewonnen werden. Der gesamte Verfahrensablauf, insbesondere Zeitpunkt, Geschwindigkeit, Menge und Druck der Gaszuführung, muß der Formteilgeometrie und dem Fließverhalten der Schmelze angepaßt geregelt sein.

GID erbringt durch verminderten Materialverbrauch, durch Schließeinheiten mit geringerer Zuhaltekraft und durch Zyklusbeschleunigung Kostenersparungen gegenüber der Fertigung vergleichbarer Massivteile. Durch den bis zu den Formteilrandbereichen gleichmäßig (anstelle von Nachdruck) anhaltenden Gas-Innendruck und durch Vermeidung von Materialanhäufungen ergeben sich spannungs- und verzugsfreie Formteile mit gleichmäßig guten Oberflächen ohne Einfallstellen und Schlieren.

Anwendungsbereiche für GID bieten Möbel, Grundplatten und Gehäuse für Haushalts- und Büromaschinen, Fahrzeug-Innenausstattung, TPE-O-Stoßstangenhüllen.

Im „Multifoam"-Verfahren für hoch steife, dickwandige leichte Sandwich-Formteile wird GID kombiniert mit abschließendem Ausschäumen des Innen-Hohlraums.

3.3.5.6 *Spritzgieß-Preßrecken*

ist ein Zweistufen-Verfahren für verfestigte Formteile aus teilkristallinen Kunststoffen. Das Werkzeug enthält zwei Formnester, die mittels eines hydraulischen Schiebers oder Drehtellers im Wechsel an die Spritzeinheit angelegt werden. In einem einfach, z. B. als Hohlzylinder, gestalteten Formnest wird ein Vorformling spritzgegossen. Nach einer dem Verfahren angepaßten Nachdruckzeit wird das Werkzeug geöffnet, das Fertigteil aus dem zweiten, formgebenden Formnest, z. B. für ein Zahnrad, ausgeworfen und der schließseitig auf dem Kern verbleibende Vorformling in das zweite Formnest überführt. Dort wird er mit über die Schließeinheit aufgebrachtem Stauchdruck zum Fertigteil preßgereckt. Bei sachgemäßer Temperaturführung haben die durch Kristallit-Orientierung verfestigten Formteile den gleichen Gebrauchstemperaturbereich wie Spritzgußteile.

3.3.5.7 *UHF- und Widerstandssintern extrem schwerfließender Massen*

Wenn PTFE-, PE-UHMW- und hochgefüllte Granulate, die wegen ihrer Schwerfließbarkeit und Scherempfindlichkeit nicht spritzgießbar sind, mit einem UHF-sensitiven Mittel (Ruß, Zeolith T, Trigonoc C) beschichtet in der „UHF-Applikator"-Vorkammer einer Presse aufgeheizt werden, wird die von der Beschichtung aufgenommene Wärme in das Korninnere weitergeleitet. Durch Förderstempeldruck wird die Masse dann zu einem homogenen Vorformling schlaggesintert, der im Transfer-Verfahren in einem zweiten Formwerkzeug ausgeformt werden kann.

Werden solche Formmassen durch etwa 2% Rußeinmischung hinreichend elektrisch leitfähig gemacht, so können sie in einem für hohe Fertigungsgeschwindigkeit programmierbaren Verfahren durch direkte Widerstandsheizung erwärmt und schlaggesintert werden.

3.3.5.8 *Blasformen*

Das Blasformen von Hohlkörpern aus Thermoplasten erfordert mehrere aneinander anschließende Verfahrensschritte. Der erste Schritt ist das Urformen des Vorformlings (engl. „parison") im thermoplastisch formbaren Zustand, beim Extrusionsblasen (Bild 3.47) ein beidseitig offenes, im Falle des Spritzblasens (S. 143) ein einseitig geschlossenes rohrförmiges Gebilde. In den Folgeschritten wird der Vorformling von Ausformwerkzeugen gefaßt und in diesen unter Gasdruck, ggf. mit zusätzlichen mechanischen Formungs- und Kalibriereinrichtungen, zum Enderzeugnis umgeformt. Für symmetrisch gestaltete Artikel kann das Blasen von Vorformlingen nach Konditionieren auf optimale Strecktemperaturen mit biaxialem Strecken kombiniert werden. Die Verfahrensschritte können unmittelbar aneinander anschließend in einer Wärme durchgeführt werden *(Einstufen-Blasverfahren),* oder die Fertigung der Vorformlinge und deren Umformen nach erneutem Erwärmen kann im *Zweistufen-Verfahren* zeitlich und örtlich voneinander getrennt erfolgen.

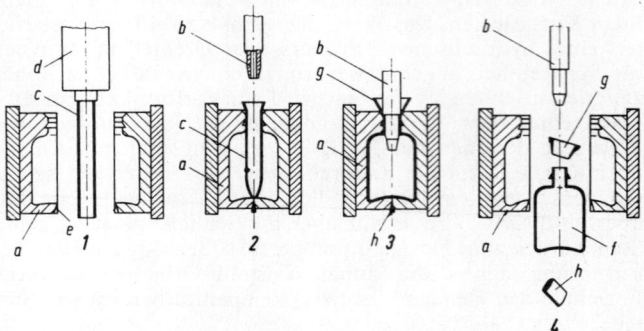

Bild 3.47. Verfahrensschritte des Extrusionsblasformens (mit Dornhubkalibrierung)

　　a Blaswerkzeug (Hälfte), *b* Kalibrierblasdorn, *c* Vorformling (Schlauch), *d* Schlauchkopf, *e* Quetschkante, *f* Blasteil, *g* Halsbutzen, *h* Bodenbutzen

　　1 Extrusion des Vorformlings
　　2 Schließen des Blaswerkzeugs. Das untere Ende des Vorformlings wird durch die Quetschkanten des Werkzeugs verschlossen und verschweißt
　　3 Einpressen des Kalibrierdorns. Kalibrieren der Flaschenmündung und Aufblasen des Vorformlings zum Blasteil. Kühlen
　　4 Entformen des Blasteils, Abtrennen des Halsbutzens und des Bodenbutzens

Blasgeformt werden Hohlkörper von < 10 ml bis 10 000 l Inhalt von nahezu jeder Gestalt, regelmäßig gestaltete Verpackungs- und Lagerungs-Einheiten ebenso wie komplizierte Formen, z. B. Rohr-Verzweigungen, Warmluft-Heizkanäle, Treibstofftanks, Faltenbälge mit Stützen für den Fahrzeugbau und technischen Gerätebau, Paletten, Großspielzeugkörper, Surfbretter und Schlitten.

Da die – meist zweiteiligen – *Blaswerkzeuge* nur außen am Blasteil anliegen (nach innen kann das Blasteil ungehindert schwinden), gibt es selten Entformungsschwierigkeiten. Die Blasdrücke überschreiten nicht 10 bar, und die Formwandungen, an die der Vorformling sich anlegt, unterliegen nicht dem Verschleiß. Blaswerkzeuge können daher leicht gebaut sein und durch Abgießen von Modellen mit Zink- oder Leichtmetall-Legierungen auch für Kleinserien ohne übermäßigen Aufwand gefertigt werden. Die Quetschkanten müssen allerdings als stabile Stahleinsätze gefertigt sein. An den äußersten Stellen der Kavitäten sind reichlich Entlüftungsöffnungen vorzusehen (z. B. 10 mm breite und 0,05 mm tiefe „Gräben" in einer Werkzeughälfte), und die Formnestoberflächen innen sind feinkörnig abzustrahlen, so daß beim Entformen rasch Luft zwischen Blasteil und Kavität einströmen kann. In Hochleistungswerkzeugen wird die Außenkühlung durch Kühlkanäle im Werkzeug, durch Innenkühlung mit Spülluft, Wassersprühnebeln oder tiefkalten Gasen (N_2, CO_2) verstärkt.

Extrusionsblasformen

Mit Euromap 40 liegt seit 1974 ein Beschreibungsmuster für Extrusions-Blasformmaschinen vor (s. a. DIN 24 450). Dieses Schriftstück enthält auch eine Euromap-Größenangabe. Diese besteht aus der Schließkraft in Mp (1 Mp = 10 kN), dem maximalen Abstand der Werkzeugaufspannplatten bei geöffneter Schließeinheit in mm, der Länge der Werkzeugaufspannplatten in mm (gemessen in Richtung Schlauchaustritt), dem Schneckendurchmesser in mm oder dem Speichervolumen in cm^3. Ein Beispiel ist $15/700 \times 600$–2500. Außerdem sollen Angaben über die Größe (Inhalt), das Gewicht und die Stückzahl des herzustellenden Blasteils gemacht werden.

Extruder mit 30...> 160 mm Schneckendurchmesser und meist 20 D Länge gleichen in Konstruktion und Auslegung, z. B. auch hinsichtlich der Ausstattung mit genuteten und gekühlten Einzugszonen oder mit Doppelschnecken für Hart-PVC, weitgehend den für die Rohrfertigung verwendeten Schneckenextrudern (S. 160 ff.). Von den Schmelze-Schläuchen, die aus senkrecht nach unten angelenkten *Pinolen* (für PE)- oder *Dornhalter* (für PVC)-*Köpfen* (Bilder 3.59a, S. 164, u. 3.70/1, S. 174/5) kontinuierlich austreten, können Vorformlinge von – je nach Umständen – bis 1 kg Gewicht für Blasteile bis zwischen 10 und 30 l Inhalt innerhalb ≤ 0,5 min von Greifern oder unmittelbar von *im Wechseltakt vorgelegten oder umlaufenden Formwerkzeugen* (Bild 3.47, S. 138) abgenommen und den weiteren Fertigungsstationen zugeführt werden. Wenn ein frei hängender Vorformling wegen seiner Größe oder seiner Stoffeigenschaften im Abnahmetakt sich längen oder zu weit abkühlen würde, extrudiert man die Schmelze hydraulisch über einen der kontinuierlich laufenden Schnecke vorgeschalteten *Speicher* in einem Bruchteil der Plastifizierzeit. Für Hubvolumina von 2 l aufwärts verwendet man *Ringkolbenspeicherköpfe* (Bild 3.48). Blasmaschinen für Heizöltanks bis 10 000 l Inhalt haben von mehreren Großextrudern gespeiste Speicher für bis zu 300 kg PE, die mit 12 kg/s extrudiert werden.

Zur Regelung der Wanddicke der Erzeugnisse je nach örtlich differierenden Anforderungen und/oder Aufblasverhältnissen sind Blaskopfdüsen konisch mit während der Extrusion des Vorformlings zur Änderung der Düsenspaltweite meist elektronisch geregelt verstellbarem Kern (Bild 3.49, S. 141). Eine *Mehrschicht-Coextrusion* für Flaschen und Behälter (Bild 3.50, S. 141) ist mit Mehrschicht-Speicherköpfen bis sechsschichtig üblich. Der Vorformling wird beim Schließen der Blasform von ggf. als Verschleißteile auswechselbaren *Abquetschkanten* abgequetscht (Bild 3.47, S. 138). Bei der Behälterfertigung wird eine von diesen als Schweißelement für den Boden, die andere als Kalibriereinrichtung für die Öffnung ausgebildet. Blasluft wird durch einen in die Kalibriereinrichtung eingearbeiteten *Blasdorn* zugeführt.

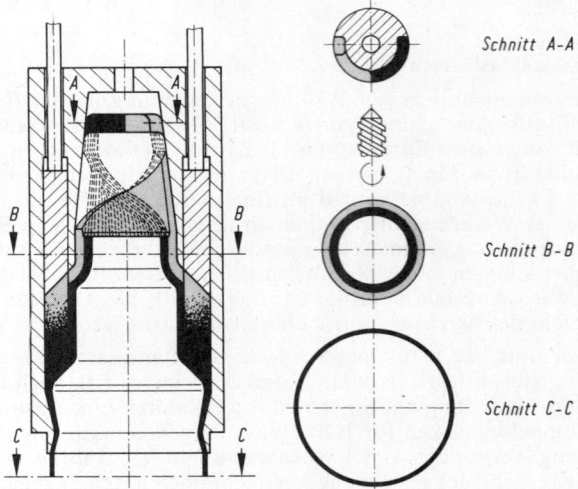

Bild 3.48. Ringkolbenkopfspeicher in Pinolenbauweise (Bild 3.59, S. 164) mit überlappenden Einlaufschichten. Der Massestrom wird in zwei Teilströme aufgeteilt – Schnitt A-A – und in konzentrisch übereinander angeordneten Ringkolben – B-B –, deren Einlaufstellen sich um 180° überlappen, in den Ringspeicher extrudiert. Im Vorformling – Schnitt C-C – werden somit Schwachstellen überlappt, die durch Zuflußlinien entstehen können (Bauart *Kautex*)

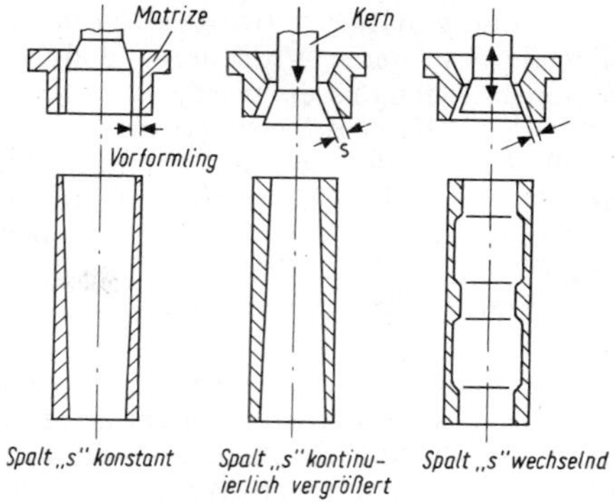

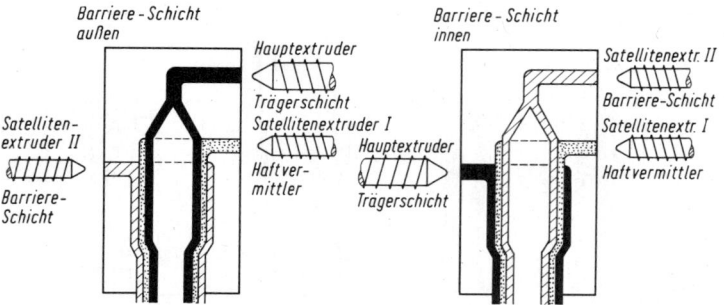

Matrize   Kern

Vorformling

**Bild 3.49 a.
Prinzip der Wand-
dickenregulierung**

Spalt „s" konstant   Spalt „s" kontinu-   Spalt „s" wechselnd
                      ierlich vergrößert

verstärkt

Fertigteil   Vorformling   Fertigteil   Vorformling

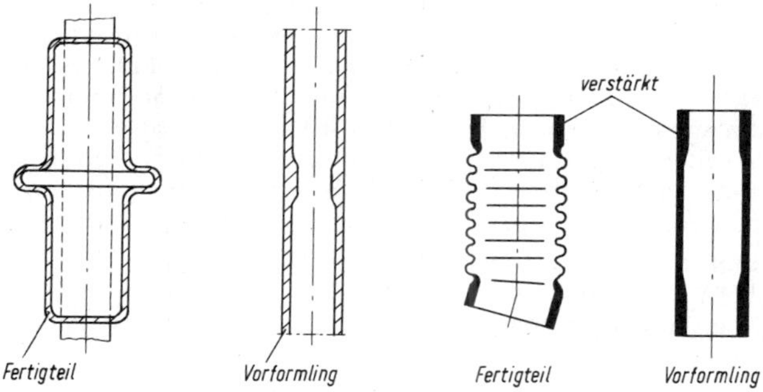

Bild 3.49 b. Beispiele für Wanddickenregulierungen

Barriere-Schicht
außen   Hauptextruder

Trägerschicht
Satelliten-   Satellitenextruder I
extruder II
                      Haftver-
Barriere-   mittler
Schicht

Barriere-Schicht
innen   Satellitenextr. II

                      Barriere-Schicht
                      Satellitenextr. I
      Hauptextruder   Haftvermittler
      Trägerschicht

Bild 3.50. Verfahrensschema der Dreischicht-Co-Extrusion von Blasrohlingen

An allen Extrusions-Blasform-Werkzeugen wird der als *„Butzen"* bezeichnete Abfall nach außen gequetscht, der bei Flaschen 20%, bei
asymmetrischen Blasteilen mit langen Trennkanten über 50% des
eingesetzten Materials ausmachen kann. Der Butzenanteil bzw. des-

sen Aufarbeitbarkeit zur Rückführung in die Fertigung kann entscheidend für deren Wirtschaftlichkeit sein. Zu großen extrusionsgeblasenen Erzeugnissen werden überwiegend hochviskose PE-HD-Typen (S. 257) verarbeitet, welche die günstigste Kombination von Fließfähigkeit, thermischer Stabilität für den Weg über den Speicher und Rücklauf des Butzenmaterials und von Erzeugniseigenschaften bieten. Auch PE-LD, PP, ABS eignen sich gut für das Extrusionsblasen. PVC-U wird für Flaschen bis zu 2 l Inhalt, schlagzähes PS, auch mit physikalischem Treibmittel, für Doppelwand-Isolierbecher verwendet.

In *Extrusions-Blasanlagen* schließen sich an die Blas- und Entformungsstation weitere für die Butzenentfernung, Prüfung von Gewicht und Dichtigkeit, ggf. auch für das Füllen, Verschließen, Bedrucken oder Etikettieren von Behältern, oder auch das Anschweißen oder Anspritzen von Stutzen und dergleichen an. Extrusions-Blasmaschinen für die Massenproduktion sind hinsichtlich des Fertigungsablaufs weitgehend automatisierte, häufig elektronisch gesteuerte und überwachte, hydraulisch oder pneumatisch betätigte Anlagen. Extrusions-Blasformen ist das am vielseitigsten für Behälter aller Größen und Formen anwendbare Verfahren. Die weiter genannten Verfahren sind auf die Massenfertigung kleinerer Hohlkörper, vorwiegend von Flaschen bis zu 4 l Inhalt, ausgerichtet.

Eine Sonderform des Extrusionsblasens ist *das Tauchblasen* (Bild 3.51). Der Vorformling entsteht als Beschichtung eines der in der Maschine umlaufenden, mit einem Halsbackenwerkzeug ausgestatte-

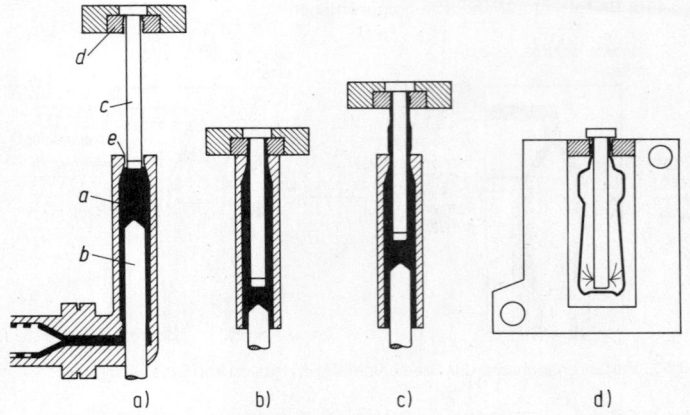

Bild 3.51. Prinzip des Tauchblasverfahrens (Werkzeichnung *Siemag*). Erläuterung der Teilbilder a) bis d) im Text

a Tauchkammer, *b* Tauchkammerkolben, *c* Tauchdorn, *d* Halsbackenwerkzeug, *e* auswechselbare Düse

ten Tauch- und Blasdorns in der Tauchkammer (a). Die Beschichtungsdicke wird durch das Verhältnis der Auszugsgeschwindigkeit des Tauchdorns zu derjenigen des von unten nachdringenden Tauchkammerkolbens geregelt (b). Nach vollem Ausziehen (c) wird der Dorn der Blasstation zugeführt (d). Zu jeder Tauchkammer gehören zwei von Wechseldornen beschickte Blasstationen. Das Verfahren liefert abfallfrei Hohlkörper ohne Schweißnaht mit leicht verstreckten Wandungen.

Spritzblasen

Die Kerne einer Spritzgießform sind als Blasdorne ausgebildet, auf die hülsenförmige Vorformlinge, je nach Ausarbeitung der Spritzform-Backen mit wechselnden Wanddicken und exakt ausgeformten Halspartien taktweise aufgespritzt werden. Die Formplatten mit den Blasdornen oder die Spritzgieß- und Blasaußenformen laufen bis zum Ausstoßen des Fertigteils, ggf. unter Zwischenschaltung von Konditionierstationen für biaxiales Verstrecken, taktweise um (Bild 3.52). Kleinere, mit nur zwei Stationen und umlaufenden Spritzgieß- und Blaswerkzeugen arbeitende Maschinen dienen der abfallfreien Fertigung von exakt ausgeformten Behältern ohne Bodennaht für Pharmaceutica u. dgl. Spritzstreckblasanlagen (s. unten) sind entsprechend maximalen Verstreckraten (PP 1:12, PVC 1:4,5, PAN 1:15–30, PET 1:9) werkstoffspezifisch auszulegen.

Ähnlich taktweise arbeiten das *Fließpreßblasen* – der Vorformling wird durch Hochfließen der in die Formhöhlung dosierten Masse an

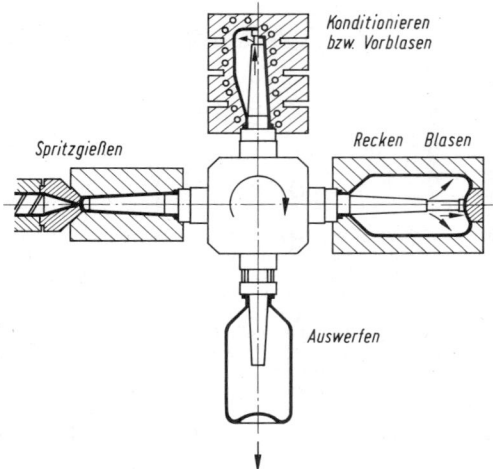

Bild 3.52. Anlagenkonzept von Streckblasaggregaten mit 4 Operationsstationen (Draufsicht)

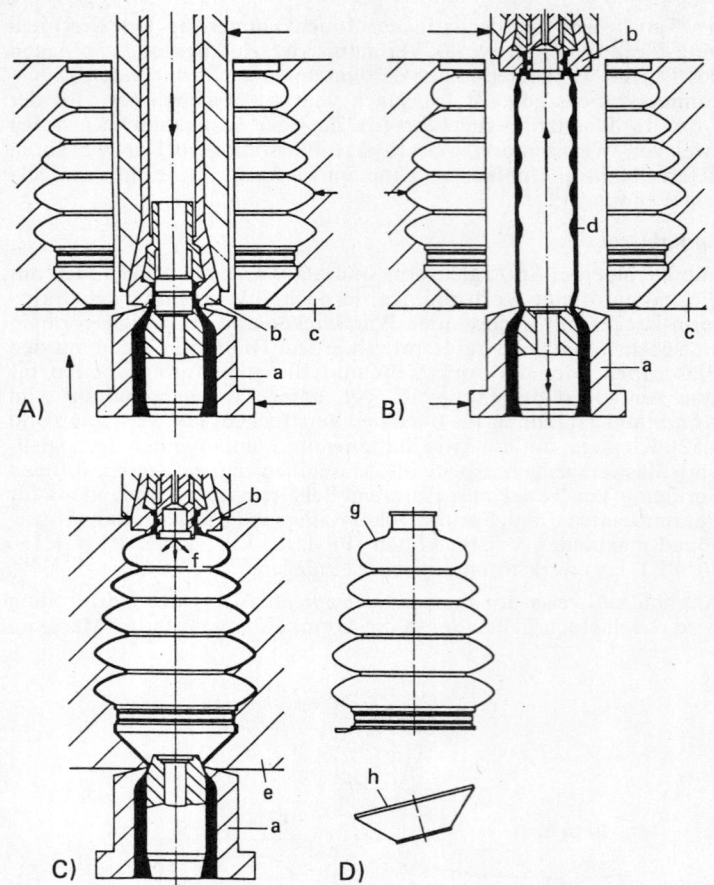

Bild 3.53. Schematische Darstellung des Fertigungsablaufs beim Herstellen einer Achsmanschette aus TPE im Spritzblasverfahren
a Kopf für die Schmelzezuführung, b Spritzgießwerkzeug für das Kopfteil, c geöffnetes Blasformwerkzeug, d extrudierter Vorformling mit unterschiedlichen Wanddicken, e geschlossenes Blasformwerkzeug, f Blasluft-Eintritt, g Achsmanschette, h Angußbutzen
A Spritzgießen des Kopfteils, B wanddicken- und geschwindigkeitsgesteuertes Preß-Ziehen des Vorformlings, C Blasformen der Achsmanschette, D entnommenes Formteil mit abgetrenntem Boden
Werkbild: Ossberger, Weißenburg

dem eintauchenden Blasdorn erzeugt – und das *„Pressblower"-Spritz-blasverfahren* für die Fertigung von Blasteilen höchster Präzision wie: Tuben, Ampullen, Präzisionsflaschen, „Deorollerflaschen" von 2 ml bis 1500 ml Inhalt. Dieses Spritzblasverfahren besteht aus 4 Schritten: 1. Spritzgießen des Verschlußteils, 2. Hochziehen in der Spritzform, während aus der Düse Masse zur Bildung des Vorformlings nachfließt, 3. Aufblasen des Vorformlings in der sich um ihn schließenden Blasform, 4. Ausstoßen mit Abschneiden des Bodenbutzens vom Blasteil. Auf Preßblower-Automaten mit Wanddicken-Steuerung fertigt man auch Achsmanschetten und Bälge aus TPE mit wechselnden Querschnitten.

Einen Fertigungsablauf zur Herstellung einer Achsmanschette aus TPE zeigt Bild 3.53. In dem vertikal sich bewegenden Spritzgieß-werkzeug für das Kopfteil der Manschette befindet sich eine drei-backige Zange (mit eingebautem Blasdorn), in der die Außenkontur, hier des kleinen Bundes der Achsmanschette, eingearbeitet ist. Das Hochziehen des Werkzeugs, die Düsenkegel-Verstellung zur Wand-dickenregulierung und das Auspressen der Schmelze aus dem Spei-cher des Spritzkopfes erfolgen über eine elektronische Programm-steuerung, so daß die Form des Vorformlings exakt der gewünschten Wanddickenverteilung des Blasteils angepaßt werden kann.

Man erreicht mit diesem Verfahren sehr maßgenaue Blasteile, die zu-mindest am Kopfteil des Artikels abfallfrei gefertigt werden. Im Fall der Manschette ist das offene Ende mit großer Öffnung nach auto-matischem Abschneiden des Bodens hergestellt. Als Maßtoleranzen können eingehalten werden: 0,03 mm am kleinen Bund (Spritzguß-teil-Genauigkeit) und 0,1 mm im Faltenbereich, was beim Extru-sionsblasformen mit frei hängendem Vorformling nicht einhaltbar wäre.

Streckblasen

Streckblasen ist die Verfahrenstechnik für die Massenfertigung von Kunststoff-Flaschen im Austausch gegen Glasflaschen insbesondere für – im einzelnen je nach Gebrauchs-Gewohnheiten und Lebensmit-telgesetzgebung in verschiedenen Ländern von unterschiedlicher Be-deutung – Öl, Wein, Spirituosen, Milch, stille und kohlensäurehal-tige Erfrischungsgetränke und Bier. Für den ansteigenden Marktbe-darf sind computergesteuerte automatisierte Streckblas-Anlagen mit bis > 10000 Flaschen pro Stunde Ausstoß entwickelt worden.

Das *Streckblasen* ist dadurch gekennzeichnet, daß nach einem der vorbeschriebenen Verfahren hergestellte Vorformlinge bei optimaler Recktemperatur mechanisch (durch einen Streckdorn innen, eine Streckzange außen) in Längsrichtung, gleichzeitig oder anschließend durch Blasen um das 5- bis > 10fache verstreckt werden. Solches *bi-axiales Verstrecken* erbringt

– eine mehrfache Erhöhung der Steifigkeit und Schlagzähigkeit, insbesondere bei tiefen Temperaturen, daher Gewichtsverminderung der Erzeugnisse,

– eine beträchtliche Verminderung der jeweils kunststoffspezifischen Durchlässigkeit für Sauerstoff, Kohlendioxid und Wasserdampf,

– eine Verbesserung von Transparenz und Oberflächenglanz.

Die *optimalen Verstrecktemperaturen* für einen amorphen Kunststoff wie PVC-U liegen innerhalb dessen (recht weiten) thermoelastischen Warmformbereichs (Bild 3.91, S. 193) und können von oben her, d.h. durch Abkühlen des aus der Schmelze gebildeten Vorformlings, angefahren werden.

Teilkristalline Kunststoffe sind reckfähig nur bei einem gewissen Gehalt (5–25%) an Kristalliten, die aber andererseits für glasklare Erzeugnisse nicht zu sehr wachsen und nicht z. B. zu Sphäroliten sich zusammenlegen dürfen. Beim Flaschenblasen von Polyethylenterephthalat (PET, S. 353) mit T_m 255–260 °C verhindert man eine Sphärolitbildung durch forciertes Hinabkühlen der Schmelze von 285 °C bis nahe an oder unter die Glastemperatur von $T_g \sim 80$ °C der amorphen Anteile und konditioniert dann auf Recktemperaturen von 90–100 °C. Für *Zweistufen-Streckblas-Anlagen* werden die Aufwärm-, Konditionier- und Blasanlage für unter T_g gekühlte, von anderer Stelle bezogene Vorformlinge beim Getränkehersteller mit Füllstationen gekoppelt aufgestellt. Aus coextrudierten Rohren stellt man Vorformlinge mit eingearbeiteter CO_2-Sperrschicht her, die – im Bedarfsfall – sonst durch nachträgliche z. B. PVDC-Beschichtung der Flasche aufgebracht werden muß (S. 434).

Zur Herstellung biaxial gereckter, glasklarer Detergentien-Flaschen aus Polypropylen (PP oder PP-R, S. 267) mit geringer Kristallkern-Bildungsgeschwindigkeit in einstufigem Extrusionsblasprozeß (Bild 3.54) wird ein extrudiertes Rohr beim Durchlauf durch drei 6/6/4 m langen Kalibrier- und Kühltanks bei ca. 95 °C kontrolliert ankristallisiert und vor dem Verstrecken und Blasen durch einen 11 m langen

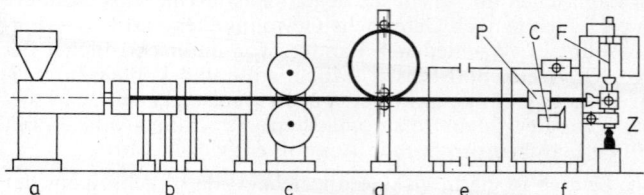

Bild 3.54. Schematische Darstellung des OPP-Einstufenverfahrens zur Herstellung biaxial orientierter Polypropylenbehälter *(Hercules-Bekum)*

a Extruder mit Rohrwerkzeug, *b* Rohrkalibrierung und -abkühlung, *c* Abzug, *d* Ausgleichsschleife, *e* Ofen, *f* Streckblasautomat mit P=Puller, C=Cutter, Z=Zangensystem, F=Formschließeinheit mit Kalibrierung

Ofen auf die Verstrecktemperatur von 150–155 °C an der unteren Grenze des Kristallitschmelzbereichs konditioniert (u. U. mehrfacher Durchlauf). Die Anlage kann 2200–2500 Flaschen mit 0,5–2 l Füllvolumen pro Stunde liefern.

Die Flaschengewichte liegen in Bereichen zwischen z. B. 23 g für eine 0,33 l-PVC-Flasche, 32 g für eine 0,625 l-PP-Flasche und 140 g für eine hoch steife 2 l-Flasche aus Polycarbonat (PC). Gesamtwirtschaftlich ist von Bedeutung, inwieweit Kunststoff-Flaschen als Mehrweg-Flaschen gebraucht und daß sie wiederaufgearbeitet werden können, z. B. PVC-U in Frankreich für Abflußrohre, PET als Chemiefaser-Rohstoff.

3.3.6 Formtechnik für Duroplast- und Elastomer-Formmassen

Die Zykluszeit beim Urformen von Duroplast-Formmassen wird maßgeblich bestimmt durch die *Standzeit des aushärtenden Formteils* im Werkzeug bis zur Entformbarkeit.

Beim Formpressen rechnet man mit Grundzeiten von ≥ 1 min für das Aufheizen und Plastifizieren und weiter, je nach Formmasse und Verarbeitungstemperatur, 15–60 s/mm Wanddicke Aushärtezeit. Insgesamt ergeben sich daraus mit der Wanddicke zunehmende Härtezeiten von mehreren Minuten. Allerdings können die Zykluszeiten durch eine Hochfrequenz-Vorwärmung wesentlich verkürzt werden.

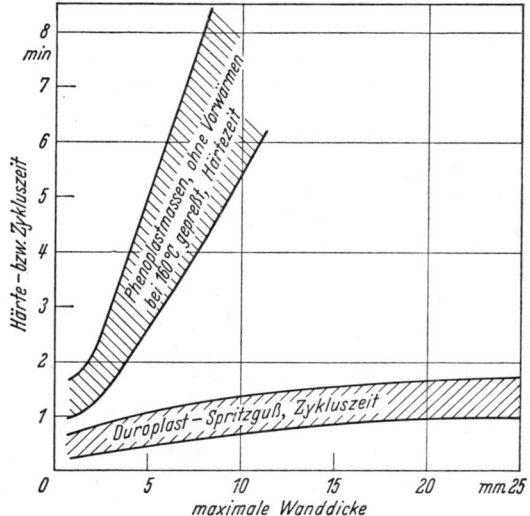

Bild 3.55. Abhängigkeit der Härtungs- bzw. Zykluszeit von der Wanddicke des Formteils bei Phenoplast-Formstoffen für das Preßverfahren ohne Vorbehandlung (obere Kurven) und für das Spritzgießverfahren (untere Kurven)

Beim Spritzpressen wird die Masse im Spritzkanal durchmischt und durch die meistens angewandte HF-Vorwärmung erheblich fließfähiger, die Aufheiz- und Härtezeiten werden dadurch kürzer. Am günstigsten hinsichtlich der Standzeiten ist in der Regel das Spritzgießen, die Zykluszeit ist dabei wenig abhängig von der Wanddicke (Bild 3.55, S. 147). Die Einstellgrößen beim Spritzgießen gleichen bis auf „Härtezeit" statt Kühlzeit denen beim Thermoplastspritzgießen (Bild 3.29, S. 107 ff.), Herstellbericht Tafel 3.14 (S. 155). Füllstofforientierungen beim Spritzpressen und Spritzgießen können Unterschiede in der Festigkeit und der Schrumpfung in der Längs- und Querrichtung, damit auch einen Verzug bewirken. Zur Verarbeitung von SMC s. S. 116.

Duroplastische Formmassen werden in verschiedenen Einstellungen geliefert, die sich im *Fließverhalten* (weich, mittel, hart) und in den *Härtegeschwindigkeiten* unterscheiden, die durch Schließzeit nach DIN 53 465 und Formsteifigkeit des dabei gepreßten Prüfbechers zu kennzeichnen sind. Spritzgießmassen müssen so eingestellt sein, daß sie einerseits bei möglichst niedriger Zylindertemperatur fließfähig werden und im Zylinder Verweilzeiten von 3–6 Minuten aushalten, andererseits bei der höheren Werkzeugtemperatur rasch aushärten. Sehr weiche, extrem fließfähige Massen braucht man für Formteile mit hohem Fließweg-Wanddickenverhältnis bzw. für komplizierte Teile mit Kernen, die umflossen werden müssen, und für die halbautomatische Fertigung von Formteilen mit Einlagen, die von Hand in das Werkzeug eingesetzt werden müssen. Dann muß man aber eine langsamere Härtung in Kauf nehmen.

Für ein gleichmäßiges automatisches Dosieren trockener Massen zum Pressen, Spritzpressen und Spritzgießen braucht man eine staubfreie, rieselfähige Körnung, von schlagfesten Formmassen mit Faser- oder Schnitzelverstärkung Spezialgranulate.

Duroplastische Formmassen können bei der Verarbeitung als „*Flüchte*" gasförmig entweichende Stoffe enthalten oder entwickeln. Beim Formpressen nicht (ausreichend) vorgewärmter Massen lüftet man den Formstempel unmittelbar vor Aufgabe des Preßdrucks 2 bis 3 s lang. Mangelnde oder verspätete Lüftung macht sich durch Blasenbildung oder Porosität bemerkbar. Beim Spritzpressen und Spritzgießen müssen die Werkzeuge mit Entlüftungskanälen versehen sein, beim Spritzgießen entweicht die Flüchte großenteils durch den Einzugstrichter aus dem Spritzzylinder.

Richtwerte der *Temperaturen* und *Drücke* für das Pressen und Spritzgießen duroplastischer Massen sind in Tafel 3.10 (S. 149) zusammengestellt. Für das Spritzpressen sind 400–500 bar höhere Drücke als für das Spritzgießen erforderlich. Für die Werkzeugheizung werden vorwiegend elektrische Heizpatronen, für den Spritzzylinder beim Spritzgießen (S. 101) Heizmittel-Umlauftemperierungen verwandt.

Mit Werkzeugen, deren Verteiler (Kaltkanal) auf ca. 120 °C beheizt sind, kann man auch beim Duroplastspritzguß angußlos arbeiten.

Tafel 3.10. Richtwerte für die Verarbeitung vernetzender Formmassen

Verfahren	Pressen		Spritzgießen						
Formmassen	Preß-temperatur °C	Preß-druck bar	Zylinder-temperaturen[1] Förderzone °C	Düse °C	Werkzeug-Temperaturen °C	Stau-druck bar	Spritz-druck bar	Nach-druck bar
PF, Typ 11–13	150–165	150–400	60–80	85–95	170–190	bis 250	600–1400	600–1000
Typ 31 u.ä.	155–170	150–350	70–80	90–100	170–190	300–400	600–1400	800–1200
Typ 51, 83, 85	155–170	250–400	70–80	95–110	170–190	bis 250	600–1700	800–1200
Typ 15, 16, 57, 74, 77	155–170	300–600						
MF, Typ 131	135–160	250–500	70–80	95–120	150–165	300–400	1500–2500	1000–1400
Typ 150–152	145–170	250–500	70–80	95–105	160–180	bis 250	1500–2500	800–1200
Typ 156, 157	145–170	300–600	65–75	90–100	160–180	bis 150	1500–2500	800–1200
MF/PF, Typ 180, 182	160–165	250–400	60–80	90–110	160–180		1200–2000	
UP, Typ 802 u.ä.	130–170	50–250	40–60	60–80	150–170	ohne	200–1000	600–800
EP	160–170	100–200	ca. 70	ca. 70	160–170	ohne	bis 1200	600–800
PE, vernetzbar	120 °C Schmelz-, bis 200 °C Vernetzungstemperatur		135–140	135–140	180–230			

¹) Die Masse-Temperaturen sind wegen des Beitrags von Reibungs- und Reaktionswärme nicht genau bestimmbar.

Tafel 3.11. Fehler beim Verarbeiten duroplastischer Formmassen

Fehler-Ursache	Formmasse						Spritz- bzw. Preß-Einheit			
			Fließeinstellung		Härtungsgeschwindigkeit		Masse-Temperatur		Dosierung	
	zu feucht	zu viel Gleitmittel u.a.	zu hart	zu weich	zu hoch	zu niedrig	zu hoch	zu niedrig	zu hoch	zu niedrig
1. Materialfehler										
1.1. Entmischung	bei grobem Füllstoff			+				+		
1.2. Porosität	inhomogene Masse			+			+			+
1.3. Wolken und Schlieren	+			+			+	+		
1.4. Große Blasen, Teile matt, verformt	+			+		+		+		
1.5. Kleine Blasen, aufgeplatzt, Teile glatt	+						+			
2. Oberflächenfehler										
2.1. Unruhig (Orangenhaut)	+		+	+				+		
2.2. Zu geringer Glanz	+			+				+		
2.3. Matte Stellen	+	+					+			
2.4. Helle Flecken	z.T. überhärtet		+			+	+			+
2.5. Brandflecken	wärmeempfindlich		+				+			
2.6. Klebrig		+				+	+			
3. Gestaltfehler										
3.1. Einfallstellen				+						
3.2. Lunker				+	+	+		+		
3.3. Teile nicht voll			+			+	+	+		+
3.4. Fließmarkierungen	+	+						+		
3.5. Rippen durchmarkiert		+						+		
3.6. Kleben an der Form	+			+		+				
3.7. Klemmen in der Form	+			−						
3.8. Übermäßiger Grat				+		+			+	
4. Strukturfehler										
4.1. Teile verzogen	+			+						
4.2. Teile gerissen	+			+	+					
4.3. Metalleinlagen beschädigt oder verbogen	.		+							
4.4. Masse in Metalleinlagen				+						

Tafel 3.11. Fortsetzung

Spritz- bzw. Preß-Einheit					Werkzeug und Schließeinheit								
Spritz-Geschwindigkeit		Spritz-druck		Nachdruck zu wenig	Werkzeug-Konstruktion				Werkzeug-Temperatur		Härtezeit		Schließdruck zu niedrig
zu hoch	zu niedrig	zu hoch	zu niedrig		Fließwege zu eng	sonst ungünstig	Auswerfer nicht richtig	Entlüftung ungenügend	zu hoch	zu niedrig	zu lang	zu kurz	
+		+			+	+							
	+	+	+	+	+			+					+
+		+							+				
										+		+	
+		+			+				+		+		
					+					+		+	
					+			+					
+		+			+				+		+		
+		+			+			+					
												+	
		+	+	+	+	+			+	+			
		+	+	+					+	+		+	
		+	+	+					+	+			
	+				+				+				
		+	+	+					+	+		+	
												+	
					+	+					+	+	
	+								+	+	+	+	
		+											+
		+	+	+	+						+	+	+
+		+			+			+			+	+	
+		+			+								
+		+											

Im *Transfer-Injektionsverfahren* wird die Verteilerplatte unmittelbar nach dem Spritzen zum Austausch mit einer Anschnitt-Schließplatte hydraulisch hochgefahren. Das ermöglicht ein rasches Aushärten in hoch geheizten Werkzeugen.

Beim *Spritzprägen* (S. 88), das – optimal in Verbindung mit Lüften – hochfeste Teile mit guter Isotropie bezüglich der Füllstofforientierung senkrecht zum Prägedruck (wie beim Pressen) liefert, kann man den Anschnitt abscheren. Dabei sind zudem Spritzdruck und Schließkraft niedriger, die Spritzgeschwindigkeit höher als beim normalen Spritzgießen.

Tafel 3.11 (S. 150/151) gibt eine Übersicht über Fehler an duroplastischen Formteilen und deren mögliche Ursachen, sie ist sinngemäß auf alle Verfahren der Verarbeitung duroplastischer Formmassen anwendbar.

Ölumlaufbeheizte Zylinder braucht man auch zum Spritzgießen durch Peroxidzusatz thermoelastisch *vernetzbaren Polyethylens* (s. Tafel 3.10, S. 149) und für *elastomer vulkanisierbare Formmassen.* Rohgummimischungen gibt man meist als Bandwickel auf Trommeln auf, von denen sie durch die einziehende Schnecke abgewickelt werden. Für größere Formteile werden einer Spritzeinheit mehrere Vulkanisierpressen nachgeschaltet.

Bei der Fertigung großflächiger *Formteile aus SMC und BMC* erbringt das Pressen auf Spezialpressen (S. 116) mit relativ kurzen Taktzeiten höchste Festigkeitswerte, weil dabei die jeweils vorgegebenen Faserverstärkungsstrukturen weitgehend erhalten bleiben. Beim Spritzgießen sind mehrfache unkontrollierbare Umorientierungen der Faserstrukturen, auch Abscherung der Fasern durch die Schnecke, möglichst zu vermeiden. Man verwendet für BMC Spezialmaschinen mit Stopfaggregaten zur Massedosierung und großen Düsenquerschnitten, auch mit Kolbenvorschub, zum ZMC-Verfahren s. S. 498. Spritzprägen mit Prägespalten bis 40 mm kann festigkeitserhöhende Faserorientierung bewirken. Bänder mit längslaufenden Verstärkungsfasern werden von der Schnecke gut eingezogen und gefördert.

Zum *RIM-Reaktionsspritzguß,* insbes. für PUR, s. S. 73, 77, 475 f.

3.3.7   Erfassung von Betriebswerten und Maschinendaten

Bei allen Verfahren des Urformens von Kunststoffen hängt die Qualität der Erzeugnisse wesentlich von Verarbeitungsbedingungen ab, die festgehalten und bei erneuter Fertigung, auf einer anderen Maschine, wieder einstellbar sein müssen.

Das Süddeutsche Kunststoffzentrum in Würzburg hat allgemein anwendbare, maschinenunabhängige Herstell-Bericht-Formulare für thermoplastische (ähnlich duroplastische) Spritzgußteile (Tafel 3.12, S. 153), für das Blasformen (Tafel 3.13, S. 154), für Preß- und Spritzpreßteile (Tafel 3.14, S. 155) und für das Extrudieren (Tafel 3.15,

Tafel 3.12.

Herstellbericht für Spritzgußteile
aus thermoplastischen Kunststoffen

vor Eintragung Rückseite beachten

Nr.

Süddeutsches Kunststoff-Zentrum, Würzburg

Spritzgießmaschine

Hersteller	
Type	
Werks-Nr.	
Werkzeugzuhaltung	hydr./mech.
max. Schließkraft	kN
Düsenanliegekraft	kN
max. Spritzkolbenkraft	kN
Schneckendurchm.	mm
max. Spritzdruck	bar
Schneckenbezeichn.	
Rückstromsperre	ja/nein
Ges. Schneckenkanalvol.	cm³
max. Hubvolumen	cm³
Verschluß(art)	
Düsenbohrung ⌀	mm
Düsenradius	mm
Art d. Einfüllbeheiz.¹)	
Temp.-Regler-Type¹)	
Heiz-Kühlgerät-Type	

Werkzeug (Form)

Werkzeug-Nr.	
Gew. d. bew. Hälfte	kg
Einbauhöhe	mm
Radius d. Angußbüchse	mm
Distanzringe	mm
Oberflächenbearbeitg.¹)	
Angießart¹)	
Vorkammerdurchm.	mm
Angußlänge	mm
Anschnitt(art¹)	
Anz. d. Werkzeugnester	
Spritzfläche	cm²

Schneckeneinstellung

		Versuch 1	2	3
Restmassepolster	mm			
Umschaltpunkt auf	mm			
Nachdruck (Masse.)¹)	mm			
Dosierstellung	mm			
Schneckendrehzahl	min⁻¹			
Spritzen mit drehender Schnecke	ja oder nein			
autom. Betrieb	halb/voll			

Temperaturen

		Versuch 1	2	3
Trockenschrank	°C			
Einfülltrichter	°C			
Temperierzone 1	°C			
„ 2	°C			
„ 3	°C			
„ 4	°C			
„ 5	°C			
„ 6	°C			
„ 7	°C			
Düsentemperierung	°C			
Spritzkopf	°C			
Masseetemperatur r/b	°C			
Heiz-Kühlgerät r/b				
ruh. Werkzeug-seite r	°C			
bew. Werkzeug-seite b	°C			
Öltemperatur	°C			
Raumtemperatur	°C			

Bemerkungen

Zeiten

		Versuch 1	2	3
Rüstzeit	h			
Vorwärmzeit (Trocknung)	h			
● Einspritzzeit	s			
● Nachdruckzeit	s			
● Einspr. Nachdruckz.	s			
● Anliegezeit d. Düse	s			
Plastifizierzeit	s			
● Kühlzeit tk*	s			
● Kühlzeit tk	s			
● Pausenzeit	s			
● Zykluszeit	s			
Volumenstrom	cm³/s			

Kräfte und Drücke

		Versuch 1	2	3
Hochdruck für				
Werkzeugschließung	bar			
Schließkraft	kN			
Schließdruck	bar			
Einspritzdruck	bar			
● Nachdruck pNZ	bar			
● Nachdruck p NW	bar			
Staudruck	bar			
Öldr. (Schn.-Antr.)	bar			
Strom (Schn.-Antrieb)	A			

● Wichtige Daten für die Eigenschaften des Teiles

Formmasse

Lieferant	
Bezeichnung	
Ansatz-Nr.	
Korngröße d. Pulvers	
Form u. Größe d. Granulates	mm
Farbe	
Rohdichte	g/cm³
Solldichte	g/ml
Schwindung	%
Schmelzindex	g/10 min
Verpackung(sart)	

Spritzgußteil

Benennung	
Kennzeichnung	
Zeichnungs-Nr.	
● Spritzlingsgewicht	g
Spritzlingsvolumen	cm³
Gewicht eines Teiles	g
Volumen eines Teiles	cm³
Gew.-Anteil d. Angüsse	%
Wanddicke von / bis	mm
mittl. Wanddicke	mm
max. Fließweg	mm
Fließw./Wanddd. Verh.	
Anschnitt	mm²
rel. Anschnittweite	mm²/cm³
Nachbehandlung	

Berichter

Unterschrift	
Firma	
Ort	
Datum	

¹) Zutreffendes Wort eintragen, siehe umseitig

1 W

Tafel 3.13.   **Herstellbericht für Blasteile**   Nr.   Süddeutsches Kunststoff-Zentrum, Würzburg

aus thermoplastischen Kunststoffen
vor Eintragung Rückseite beachten

Maschine

Maschine	Nr.
Hersteller	
Type	
Motorart*	
Motorleistung	kW
Getriebeart*	
Untersetzungsverh.	
Zylinderdurchmesser	mm
Zahl der Schnecken	
Schneckenbezeichnung	
L/D-Verhältnis	
Gangzahl	
Schneckenkanalvol.	cm³
Art d. Massezuführ*	
Temperatur-Regler-Type*	
Vorwärmgerät-Type	

Formgebende Teile

Werkzeug-Nr.	
Anz. d. Austrittsöffnungen	
Oberflächenbearb.*	
Kopf einfach/mehrfach	
Dorn ⌀ a	mm
Kopf ⌀ i	mm
Luftdorn ⌀	mm
Schlauchweite ⌀	mm
Schlauchlänge	mm
Artikelhöhe	mm

Berichter

Unterschrift	
Firma	
Ort	
Datum	

Schnecken- und Betriebsdaten

		Versuch 1	2	3
Einstellung der Massezufuhr				
Schneckendrehzahl	min⁻¹			
Lochscheibe	Nr.			
Sieb	Nr.			
Spaltverschiebung	mm			
Betriebsart				
1 Hand	ja/nein			
2 Halbautom.	ja/nein			
3 Vollautom.	ja/nein			
Ausstoß				
1 Hand	ja/nein			
2 Automatik	ja/nein			
Blasdorn				
1 Normal	s			
2 Einschießen	s			
Wanddickenregl.	ein/aus			
Luftdruck	Millibar			
Rel. Luftfeuchte	%			

Temperaturen

		Versuch 1	2	3
Wärmeschr. f. Masse	°C			
Einfülltrichter	°C			
Temperierzone 1	°C			
„ 2	°C			
„ 3	°C			
„ 4	°C			
„ 5	°C			
„ 6	°C			
„ 7	°C			
„ 8	°C			
„ 9	°C			
„ 10	°C			
Umlenkkopf	°C			
Düsenkopf	°C			
● Kunststoffschmelze	°C			
● Werkzeug	°C			
Kühlwasser 1	°C			
„ 2	°C			
„ 3	°C			
„ 4	°C			

		Versuch 1	2	3
● Profiltemperatur	°C			
Luftkühlung	ja/nein			
Öltemperatur	°C			
Raumtemperatur	°C			
Zeiten				
Rüstzeit	h			
Vorwärmzeit	h			
Aufblaszeit	s			
Kühlzeit	s			
Entgasungszeit	s			
Ausstoßzeit	s			
Gesamtzeit	s			
Durchsatz	kg/h			
Kräfte und Drücke				
● Massedruck im Umlenk-Kopf	N/mm²			
Stützluftdruck	N/mm²			
Blasdruck	N/mm²			
Schließdruck	N/mm²			
Preßluft	bar			
Stromaufnahme	A			
Wege				
Öffnungsweg	cm			
Schlauchzugf.	cm			
Schließweg	cm			
Schließverzög.	ja/nein			
Abschneidart*				
Ausstoßart*				

Formmasse

Lieferant	
Bezeichnung	
Ansatz-Nr.	
Rezeptur-Nr.	
Material _____ Anteil	%
_____	%
_____	%
Gr. d. Pulv./Granula.	mm
Form d. Pulvers/Granulates*	
Rieselzeit	s
Farbe	
Schmelzindex	g/10 min
Rohdichte	g/cm³
Schüttdichte	g/ml
Füllfaktor	
Verpackungsart*	

Blasteil

Bezeichnung	
Signierung	
Zeichnungs-Nr.	
● Blasteilgewicht	g
Wanddicke von/bis	mm
Gewicht eines Formteiles	g
Gewicht eines Formteiles mit Butzen	g

Herstellbericht für Preß- und Spritzpreßteile   Nr.

Süddeutsches Kunststoff-Zentrum, Würzburg

aus härtbaren Formmassen

vor Eintragung Rückseite beachten

Maschine		Versuch		
		1	2	3
Hersteller				
Type				
Werks-Nr.				
max. Preßkraft	MN			
max. Spritzkraft	MN			
Temp.-Regler-Type*	°C			
Vorwärmgerät-Type	°C			
max. HF-Leistung	kW			
Automatik	halb/voll	°C		

Werkzeug				
Werkzeug-Nr.				
Einbauhöhe	mm			
Aushebekonstr.				
Spritzzyl.-Durchmesser	mm			
Spritzzyl.-Querschnitt	mm²			
Oberflächenbearb.*				
Angußquerschnitt	mm x mm			
Angußlänge	mm			
Anschnittart*				
Anz. d. Werkzeug-Nester				
Preßfläche	mm²			
Spritzfläche	mm²			

Kräfte u. Drücke				
Preßkraft	MN			
Preßdruck	N/mm²			

Temperaturen				
● Oberteil	°C			
● Unterteil	°C			
● Massetemp. vor dem Einfüllen	°C			

Zeiten				
Rüstzeit	h			
Vorwärmz. i. Ofen	h			
Vorwärmzeit i. HF-Gen.	s			
Füll- u. Anwärmzeit	s			
Entlüftung	ja/nein			
● Schließzeit	s			
● Härtezeit	s			
Zykluszeit	s			

Bemerkungen

Berichter

Unterschrift	
Firma	
Ort	
Datum	

Nachdruck nur mit Genehmigung

Pressen		Versuch		
		1	2	3

Spritzpressen		Versuch		
von oben/von unten*		1	2	3

Temperaturen				
● Werkzeugerhöhung	°C			
● Spritzzylinderwand	°C			
● Massetemp. vor dem Einfüllen	°C			

Zeiten				
Rüstzeit	h			
Vorwärmz. i. Ofen	h			
Vorwärmzeit i. HF-Gen.	s			
Füll- u. Anwärmzeit	s			
● Spritzzeit	s			
● Härtezeit	s			
Zykluszeit	s			
Volumenstrom	cm³/s			

Kräfte u. Drücke				
Schließkraft (b. Spr. v. unten)	MN			
Schließdruck	N/mm²			
Spritzkraft	MN			
Spritzdruck	N/mm²			

Bemerkungen
● Wichtige Daten für die Eigenschaften des Teiles

Formmasse				
Lieferant				
Bezeichnung				
Ansatz-Nr.				
Korngröße	mm			
Gleichmäßigkeitskoeff.				
staubend	ja/nein			
● Becher-Schließzeit	s			
Becher-Formsteifheit	%			
Feuchte	%			
Farbe				
Rohdichte	g/cm³			
Schüttdichte	g ml			
Stopfdichte	g ml			
Füllfaktor				
Rieselzeit	s			
Verpackungsart*				

Preßteil/Spritzpreßteil				
Benennung				
Kennzeichnung				
Zeichnungs-Nr.				
Einwaage	g			
● Gewicht eines Teiles	g			
Volumen eines Teiles	cm³			
Gew.-Anteil d. Angüsse	%			
Wanddicke von/bis	mm			
mittl. Wanddicke	mm			
max. Fließweg	mm			
Fließweg/Wanddicken-Verh.				
Anschnittquerschnitt	mm²			
rel. Anschnittweite				
Nachbehandlung	mm²/cm²			

2 W

* Zutreffendes Wort eintragen, siehe umseitig

S. 165) thermoplastischer Formmassen ausgearbeitet, in denen die Daten, deren Reproduktion durch entsprechende Maschineneinstellung angestrebt werden muß, durch dicke Punkte gekennzeichnet sind. Die Formulare können von der genannten Stelle bezogen werden. Diese Formulare sollen die speziellen, von den Lieferanten der Kunststoffmaschinen enwickelten Protokoll-Formulare nicht ersetzen, können sie jedoch ergänzen. Wenn nämlich ein Werkzeug auf Maschinen unterschiedlichen Typs gespannt wird, ist die Übertragung der optimalen wichtigen Prozeßdaten notwendig, um zu gleichartigen Eigenschaften der Erzeugnisse zu kommen.

Neben Maschinendaten wird die Überwachung von Prozeßdaten zur Qualitätssicherung immer wichtiger. Schmelzetemperatur, Einspritzzeit und Einspritzarbeit sowie der Werkzeuginnendruckverlauf sind hierzu die wichtigsten Größen.

Im EDV-gesteuerten und automatisierten Kunststoffverarbeitungs-Betrieb (s. S. 111, 112) werden Fertigungs-Parameter, die für die Qualitätssicherung relevant sind, on line aufgenommen und durch Bildschirmanzeige überwacht. Sie können gespeichert und durch den Rechner zum Qualitätsnachweis für den Weiterverarbeiter statistisch ausgewertet werden. Die Betriebsdaten-Erfassung mit BDE-Systemen wird eine zunehmende Bedeutung erlangen.

3.4   Herstellung von duroplastischen Halbzeugen

3.4.1   Gießen

Lösungsmittelfreie, flüssige, auf langsames Aushärten bei erhöhter Temperatur eingestellte PF-Resole (S. 441) und flüssige, kalt oder warm vernetzbare Reaktionsharzmassen (S. 231, 451), die auch feinkörnige mineralische Füllstoffe enthalten können, werden in offenen Formen zu Tafeln, Rohren oder anderen Profilen begrenzter Abmessungen zur spangebenden Weiterverarbeitung vergossen.

3.4.2   Schichtpressen und Laminieren

Die Trägerbahnen technischer und dekorativer *Schichtpreßstoffe* (S. 505) werden in kontinuierlich arbeitenden Anlagen mit Lösungen heiß härtbarer Harze getränkt, getrocknet und für Tafeln auf Bögen entsprechend dem Pressenformat zugeschnitten. Mehrere Pakete in der erforderlichen Anzahl übereinander geschichteter imprägnierter Bögen werden zwischen polierten Preßblechen und Pufferlagen den einzelnen Etagen von Vieletagen-Hochdruckpressen zugeführt. Bei 130–180 °C und 7–20 N/mm² Preßdruck verbinden sich die Bahnen unter Aushärtung der Harze zur Schichtpreßstofftafel, die in der Presse unter Druck gekühlt wird. Ein Preßzyklus dauert etwa 30–60 min. Schichtpreßstoffrohre begrenzter Länge werden aus Bahnen über einen beheizten Dorn mit geheizten Andruckwalzen unter

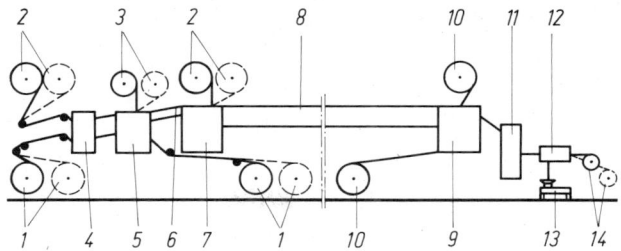

Bild 3.56. Schema einer kontinuierlichen Laminier-Anlage (Bauart *Schock*) für UP-Harz-Laminate

1 Fahrbare Abrollung, *2* Doppelabrollung, *3* Doppelabrollung Seitenstreifen, *4* Auftragwalzen, *5* Tauchwalzen, *6* Rakelgruppe, *7* Abquetsch-, Auftragswalze, Antriebstrommel, *8* Härtestrecke, *9* Spann- und Steuertrommel, Abnahmewalze, *10* Aufrollung Deckpapier, *11* Aufrauheinrichtung, *12* Längsschneider, *13* Randstreifenzerkleinerer, *14* Abnahmerolle für das Laminat

Spannung gewickelt und in einem Härteofen, der als Druckgefäß ausgebildet sein kann, auf dem Dorn nachgehärtet. Für das „Kurztakt"-Verfahren, mit dem Holzwerkstoffe in Durchlauf-Pressen mit 50–120 s Preßzeit dekorativ beschichtet werden, verwendet man mit schnellhärtenden vorkondensierten MF/PF-Harzen getränkte Papiere.

Biegsame, 0,3–0,6 mm dicke dekorative *Laminate*, sowie ebene und gewellte *GFK-Bahnen oder -Tafeln* (S. 514) werden unter Verwendung styrolhaltiger Flüssigharze in einem Arbeitsgang kontinuierlich gefertigt, siehe Bilder 3.56 und 3.57, S. 157, 158.

Für *GFK-Wickelrohre* s. S. 84, für *Schleuderrohre* s. S. 80. Mit geklöppelten Roving-Schläuchen im Schleuderwerkzeug kann man Rohre hoher Biegefestigkeit und hohen Berstdrucks schleudern, s. 4.6.3.6, S. 515.

3.4.3 Strang-Pressen und -Ziehen

Aus Phenoplast- und Aminoplast-Formmassen (S. 487ff.) werden Dekor- und Haltestangenprofile geringen Querschnitts, aus speziellen PF-Massen auch korrosionsfeste Chemierohre extrudiert. Man gebraucht *Extruder,* die so ausgelegt sind, daß das Profil selbst, in der Formdüse aushärtend, den erforderlichen Gegendruck aufbaut.

Längs durchlaufend faserverstärkte Profile mit Reaktionsharz-Bindemittel werden im *Pultrusionsverfahren* gezogen. Von Rollen tangential zulaufende Rovingstränge, ggf. auch Bänder oder Deckmattenstreifen, werden gebündelt durch ein Harztränkbad mit anschließender Abquetschvorrichtung für überschüssiges Harz und eine Hochfrequenz-Vorheizstrecke dem bis 70 cm langen Profil-Stahlwerkzeug zugeführt. Dessen Heizung durch Elektro-Heizbänder ist

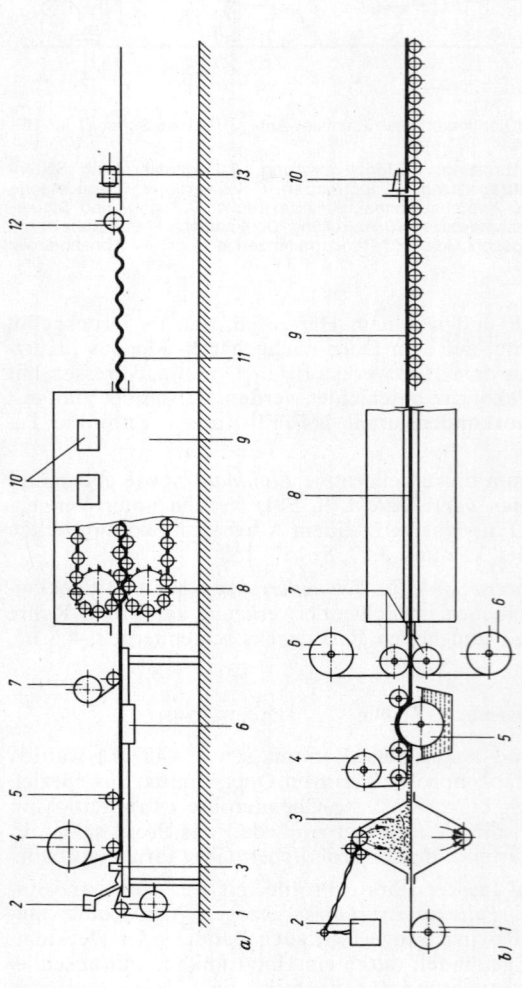

Bild 3.57. Herstellung von GF-UP-Bahnen und -Platten

a) Quer gewellt
1 Untere Trennfolie, 2 Harzauftrag, 3 Dosierleiste, 4 Textilglasmatte, 5 Imprägnierwalze, 6 visuelle Kontrolle (Durchleuchtung), 7 obere Trennfolie, 8 Kettenglieder mit Formeinsatz, 9 Form- und Härtezone, 10 Lüfterklappen, 11 Wellplatte, 12 Längsbeschneidung, 13 Trennscheibe

b) Eben oder – mit entsprechend profilierter Härtestrecke – längs gewellt („Filon''-Anlage)
1 Perlon-Spulen, 2 Rovings, 3 Aufflockanlage, 4 Perlon, 5 Tränkanlage, 6 Folienrollen, 7 Dublierrollen, 8 Härtestrecke, 9 Kühlstrecke, 10 Cutter (während des Schnittes mitlaufend)

so einzuregeln, daß das Profil im Werkzeug voll aushärtet. Die Wandreibung des Profils im Werkzeug erfordert erhebliche Ziehkräfte der folgenden Raupen- oder Klappen-Abzugseinrichtungen. Hohl-(Stegdoppel-)Profile für korrosionsfeste Tragkonstruktionen und Abdeckungen sind bis > 1,6 m breit und 200 mm hoch auf dem Markt. Im *Pulwinding*-Verfahren werden Druckrohre mit > 60 % GF-Gehalt vor dem Aushärten durch gegenläufig spiralig auf das unidirektionale Kernrohr gewickelte Rovings verstärkt. *Pulforming* ist eine Weiterentwicklung des Pultrusionsverfahrens. Der geharzte und HF-vorgewärmte Strang wird in kontinuierlich aufeinanderfolgend umlaufenden Formwerkzeugen für gerade Formteile wechselnden Querschnitts (Sicherheits-Lenksäulen) oder mit beliebigen Radien gekrümmte Erzeugnisse (Kfz-Blattfedern) abgezogen.

Weiteres über gezogene und gewickelte Composit-Profile s. S. 505.

Pultrusionsverstärkte Thermoplaste werden zu langfaserverstärkten Formmassen (S. 375) und als technische Sonderprofile (S. 259, 425) verarbeitet.

3.5 Thermoplastisches Kunststoff-Halbzeug, ältere Verfahren

3.5.1 „Celluloid"-Verfahren

Cellulosenitrat und Kampfer, beim Acetylcelloid Celluloseacetat und Weichmacher, werden mit Lösungsmitteln zu einer Masse verknetet, die sich bei verhältnismäßig geringen Temperaturen verarbeiten läßt. Auf leicht geheizten Walzwerken werden daraus Felle hergestellt; eben oder gerollt aufeinandergeschichtete Walzfelle werden in „Kochpressen" mit eintauchendem Stempel zu dicken Flachblökken oder Rundblöcken verschweißt. Musterungen können dabei durch mehrfach wiederholte Schichtungen verschiedener Farbanteile besonders schön und vielfältig hergestellt werden.

Vollprofile werden vom Flachblock oder Rundblock mit Profileisen längs geschnitten bzw. kontinuierlich geschält. Tafeln oder Blätter werden auf einer Horizontalschneidemaschine von Flachblöcken ähnlich wie gemesserte Furniere geschnitten. Celluloid und Acetylcelloid müssen durch längere Lufttrocknung vom Lösungsmittel befreit werden; geschnittene Folien und Tafeln werden anschließend durch Pressen poliert. Folien aus PTFE (S. 415) werden vom Rundblock geschält.

3.5.2 Mit dem „Astralon"-Verfahren wurde erstmalig hartes Vinylmischpolymerisat auf geheizten Mischwalzwerken (S. 66) nur durch Wärme plastifiziert und anschließend auf dem Kalander (S. 188, 296) zu Bahnen ausgezogen.

3.5.3   Pressen von Tafeln und Blöcken

Zuschnitte von Kalanderbahnen, Walzfelle aus weichen Kunststoffen und Celluloidblätter werden in geheizten Etagenpressen zwischen Preßblechen in mehrfacher Schichtung zu Tafeln verpreßt, die der Presse unter Druck abgekühlt entnommen werden. Für Tafeln größerer Dicke werden mehrere dünnere Lagen in der Presse vollflächig miteinander verschweißt. Die Oberfläche der Polierbleche formt sich auf den Kunststoffplatten ab. Pressen für dickere Blöcke sind mit losen wärmeisolierten Formrahmen zur seitlichen Begrenzung zwischen den heiz- und kühlbaren Preßplatten ausgestattet. Das diskontinuierliche Abpressen von Tafeln aus thermoplastischen Kunststoffen ist weitgehend durch das Extrudieren mit Breitschlitzdüse (S. 183 ff.) verdrängt worden. Es kommt in Betracht für Erzeugnisse, an deren richtungsunabhängig gleichmäßige Qualität und Oberflächengüte höchste Anforderungen gestellt werden, z. B. Zeichengeräte, Sichtfenster in Cabrioletverdecken, hochwertige Fußbodenbeläge.

3.5.4   Für das **Gießen von Folien** werden Lösungen, Dispersionen oder Pasten durch einen breiten Schlitz entweder auf ein umlaufendes Band aus blankem Metall, z. B. Nickel, oder auf eine umlaufende Trommel aufgegossen, anschließend an Heizvorrichtungen zur Entfernung des Lösungsmittels (bzw. des Wassers) oder zur Ausgelatinierung der Paste vorbeigeführt. Gießfolien zeichnen sich durch große Klarheit und gut planparallele Oberflächen aus. Ähnliche Verfahren des Beschichtens, insbesondere des „Gießens" aus der Schmelze, S. 190 ff.

3.6   Extrudieren thermoplastischer Halbzeuge

3.6.1   Allgemeines über Extruder

Extruder sind nach DIN 24450 Kunststoff-Verarbeitungsmaschinen, welche feste bis flüssige Massen aufnehmen und, durch eine Öffnung geformt, – vorwiegend kontinuierlich – auspressen. Bei der Förderung durch den Extruder können die Massen verdichtet, gemischt, fließbar gemacht, homogenisiert, chemisch umgewandelt, entgast oder begast werden.

Schnecken-Extruder erfüllen solche Aufgaben universell zum Polymerisieren (S. 29, 55) und Aufbereiten von Rohstoffen zu Formmassen (S. 65) als *„Strangpressen"* (DIN 16700) für die kontinuierliche Fertigung thermoplastischer Voll- oder Hohlprofile und flächenförmiger Halbzeuge über *Düsen-Formwerkzeuge* mit anschließenden Kalibrier-, Kühl-, Abläng- oder Aufwickel- und Ablagevorrichtungen, weiterhin in der Produktion von Vorformlingen für das Blasformen (S. 138) und als Zwischenglieder zur Beschickung weiterer Maschinen, z. B. des Kalanders (S. 188), sowie zur Bereitstellung aufgeschmolzenen Schweißguts (S. 203).

Der *Maxwell-Extruder,* bei dem durch das Scherverhalten visko-elastischer Massen im Spalt zwischen der Stirnfläche eines Rotors und der feststehenden Gegenwand des Gehäuses ein axial wirkender Extrusionsdruck aufgebaut wird (Weißenberg-Effekt), und ähnliche schneckenlose Extruder (Farrel-discpack-processor) sind bis jetzt Versuchsausführungen, ebenso *Höchstdruckplastifizierpressen,* die Kunststoffe durch Scherung adiabatisch auf Fließtemperatur bringen.

Kolbenstrangpressen werden nur noch für thermoplastische Kunststoffe extrem hoher Schmelzviskosität gebraucht. Bei der Ramextrusion von Rohren aus PTFE (Visk. bei 380 °C $> 10^9$ Pa·s) preßt man mit einem Ringkolben chargenweise gesinterte Ringe, in dem anschließenden langen, auf 380 °C geheizten Formgebungswerkzeug verschmelzen sie unter hoher Wandreibung zum PTFE-Rohr (S. 415). Zwillingskolben-Extruder, die mit zwei im Takt arbeitenden Kolben unter < 1000 N/mm² Druck die Masse in kürzester Zeit adiabatisch plastifizieren und wechselweise zum Spritzkopf fördern, werden beim Engel-Verfahren für vernetzte PE-Rohre (S. 259) verwandt.

Mit Zahnradpumpen werden Rohstoffschmelzen aus Polymerisationsgefäßen ausgetragen. Zwischen Extruder und Spritzkopf (Formwerkzeug) eingeschaltet, entlasten sie den Extruder vom Druckaufbau und liefern einen pulsationsfreien Massestrom. Sie werden als Feindosieranlagen z. B. beim Extrudieren von Spinnfäden oder Feinfolien als Fotofilmträger genutzt. Fördersteife Zahnradpumpen zur energieeinsparenden Ausstoß-Verbesserung sind mit 20–5000 kg/h Durchsatz und 350 bar Maximaldruck (Extrex) zur Einschaltung in Rohr-, Profil-, Kabelummantelungs- und Flachfolien-Anlagen, solche bis 1000 kg/h (Trudex) für Blasfolien auf dem Markt.

3.6.2 Aufbau und Betrieb von Schneckenextrudern

3.6.2.1 *Allgemeines*

Nach der Empfehlung Euromap 20 wird Art und Größe eines Extruders international durch 3 Zahlen gekennzeichnet, z. B. bedeutet 1-90-25

Anzahl der Schnecken: 1
Schneckendurchmesser (D) in mm: 90
Wirksame Schneckenlänge (L) in Vielfachen des Schneckendurchmessers (L = 25 D): 25

Entgasungsextruder werden durch den Zusatzbuchstaben V (= Ventextruder) gekennzeichnet. Euromap 22 behandelt die Extruder-Abnahmeprüfung.

3.6.2.2 *Extruder-Bauteile*

Den Grundaufbau eines Einschnecken-Extruders zeigt Bild 3.58, S. 162. Mehrschnecken-Extruder erfordern Getriebe mit mehreren

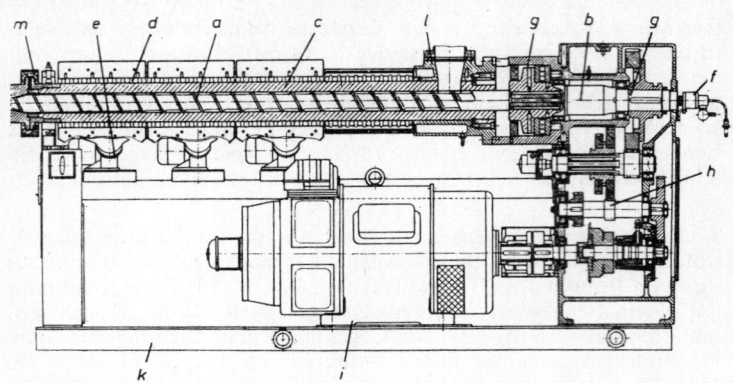

Bild 3.58. Aufbau eines Einschnecken-Extruders

a Schnecke, *b* Schneckenantrieb, *c* Zylinder, *d* Bandheizkörper, *e* Luftkühlung für Zylinder, *f* Wasserkühlung für Schnecke, *g* Schneckenlagerung, *h* Getriebe, *i* Elektromotor, *k* Grundrahmen, *l* Einfüllöffnung, *m* Anschlußflansch

Schneckenlagern und Antriebswellen und einen der Form des Schneckenaggregats entsprechenden Zylinderquerschnitt, haben aber sonst die gleichartigen Bauteile und Betriebsweisen.

Die Entwicklung von Extruder-Serien mit je nach betrieblichen Anforderungen kombinierbaren Zylindern für Schnecken abgestufter Durchmesser-Reihen, Schnecken unterschiedlicher Form und Schneckenantrieben jeweils angepaßter Leistung hat zur Bevorzugung „offener" Bauweisen mit tiefliegendem für Blasfolienanlagen und in Bedienhöhe liegendem Schneckenzylinder geführt, die eine leichte Auswechslung der Bauteile ermöglicht.

Der Antrieb, Schneckenkeilwelle, Schneckenschaft, Schnecken-Rückdruck- und Axial-Lager und Reduziergetriebe werden im Betrieb hoch belastet, sie müssen kräftig und mit Überlastungssicherung ausgeführt sein. Zum Antrieb mit Drehzahlregelung im Betrieb dienen, neben Stufengetrieben, stufenlos regelbare Kommutator-Motoren (Regelbreite 1:6) oder thyristorgesteuerte Gleichstrommotoren (1:10), hydraulischer Antrieb ist selten.

Der Zylindermantel und die Schnecke werden aus hochfesten, meist nitrierten Stählen gefertigt. Der mit der Ausstoßleistung zunehmenden Verschleißbeanspruchung des Extruders wird durch Bimetall-Zylinder und (ggf. nur auf den Stegen) verschleißfest gepanzerte Schnecken Rechnung getragen.

Zylindermäntel sind in drei bis sieben Zonen unterteilt, die einzeln elektrisch geheizt und durch Luftgebläse gekühlt werden können. Anbauteile wie das Werkzeug werden getrennt in mehreren Zonen elektrisch beheizt. Die Heizung wird heute meist durch Software-Programme automatisch geregelt.

Anbauteile (Extrudierwerkzeug, Siebvorrichtungen, Staubuchsen etc.) müssen leicht vom Extruder und voneinander zu lösen (Bajonettverschluß, Überwurfverschraubung, Flansche mit Sperrriegel oder Klappschrauben) und bequem abzuziehen, die *Schnecken* rasch auswechselbar sein.

Zum *Reinigen* nimmt man die Maschine betriebswarm auseinander, die Kunststoffmasse läßt sich kurz unterhalb der Verarbeitungstemperatur meist gut entfernen. Erkaltete, verkrustete Teile kann man im Wärmeschrank aufwärmen, kleinere im Aluminium-Oxidbad auskochen, die Zylinderinnenwandung auch mit Bürsten mechanisch reinigen. Polymerreste auf 2–4,5 m langen Schnecken kann man im Wärmerohr eines fahrbaren Schneckenofens mit Schmelzeauffangkammer und Nachbrenner bei thermostatisch gleichmäßiger Temperatur abschmelzen und vergasen. Ein Spülen der Maschine ist mit Reinigungs- oder Einfrier-Massen, die bis ca. 250 °C eingesetzt werden und auch während der Abkühl- und Aufheizzeit im Extruder bleiben können, möglich. Eine breite Anwendung hat dies Reinigungsverfahren allerdings nicht gefunden.

3.6.2.3 Spezielle Funktionsteile für den Verarbeitungs-Extruder

Der Massenzuführung dient ein auf die Einfüllöffnung (l in Bild 3.58, S. 162) aufzusetzender *Fülltrichter.* Der Zylinderteil um die Einfüllöffnung wird mit Wasser gekühlt, um das Schneckenlager kühl zu halten, vorzeitiges Zusammenbacken der zugeführten Masse zu verhüten und die für die Förderung wesentlichen Reibungskoeffizienten zu erzeugen.

Über den Aufgabetrichter wird die Formmasse in den Extrudereinzug befördert (S. 67). Der Massezufluß zur Schnecke im freien Fall wird für schwer einziehbare Massen und beim Doppelschneckenextruder (S. 172) ergänzt durch Dosiereinrichtungen, wie Drehwendel und Stauflügel, Rührer, Stopfschnecken oder gravimetrische Dosierungen. Ein- oder zweistufige heizbare Vakuumtrichter, die vakuumdichte Schneckenlager erfordern, sind teuer, erbringen aber durch die Vorab-Entgasung und -Trocknung bei pulvrigen ($< 500\ \mu$m) und/oder gegen Feuchtigkeit und Oxidation empfindlichen Massen beträchtliche Ausstoß- und Qualitätssteigerungen. Es gibt auch über der Einfüllöffnung eingeschaltete Vorwärmgeräte mit mehreren umlaufenden geheizten Tellern mit Durchfallöffnungen übereinander.

Am Extruderflansch an der Schneckenspitze (m in Bild 3.58) werden zur Anpassung des Massedrucks an den Werkzeugwiderstand verstellbare *Staubuchsen* um die Schneckenspitze oder *Lochplatten* (Strainer) angeflanscht. Diese Staubuchsen sind zugleich Träger von *Siebvorrichtungen* in auswechselbaren Ausführungen (von Hand oder automatisch). Nur in Sonderfällen (S. 178) wird das Formwerkzeug unmittelbar an den Extruder angebaut.

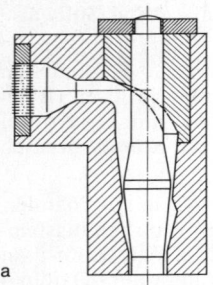
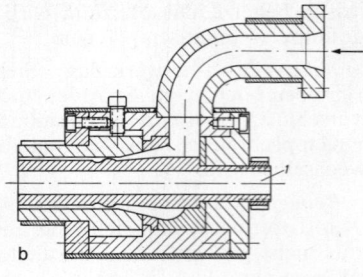

a   b

Bild 3.59. Extruder-Werkzeugarten
a) Seitlich anzuspritzender Umlenk-Schlauchkopf mit oben gehaltenem Zentraldorn (Pinole) und eingesetzter Herzkurve
b) Stegloser Offset-Rohrkopf, einfache Stützluftzuführung und Halterung von Kalibriervorrichtungen bei 1. Für PVC-Rohre wegen der Scherung der Masse durch doppelte Umlenkung (Verbrennungsgefahr) nicht geeignet

Komplizierter gestaltete Extrudate erfordern zur gleichmäßigen Verteilung der Masse auf die mit parallelen Wandungen formgebende „Bügelzone" des Werkzeugs Stromaufteilungen mit Dornhaltern oder Drosselflächen. Extrusionswerkzeuge für Rohre (Bilder 3.70 u. 3.71, S. 174, 175), Schläuche und annähernd symmetrische Profile bieten den Vorteil allseits weitgehend gleich langer Fließwege. Pinolen-Umlenkköpfe (Bild 3.59a) und Offset-Köpfe (Bild 3.59b) ermöglichen die steglose fliegende Lagerung eines verstellbaren Zentraldorns für Rohr- und Schlauchwerkzeuge. Die unterschiedlichen Fließwege der Masse werden durch die Gestaltung mit herzförmigen Verdrängungskurven ausgeglichen. Pinolenköpfe braucht man auch für das Ummanteln von Drähten, Kabeln und Profilen, die durch die Pinole in den Massestrom eingeführt werden.

In zentral angespritzten Werkzeugen, wie sie für Schlauchfolien (S. 180) verwendet werden, arbeitet man mit Verteilersystemen zum Ausgleich des Massestroms und zur Vermeidung von Stromteilungs-Markierungen (Bilder 3.76 und 3.78, S. 179, 181).

3.6.2.4 *Extrusions-Betriebsdaten*

Einen Überblick über bei der Extrusion meßbare Betriebsdaten gibt der „SKZ-Herstellbericht" (S. 152, Tafel 3.15, S. 165).

Die wichtigsten Verarbeitungsparameter beim Extrudieren sind Schnecken-Drehzahl und Drehmoment, das Temperaturprofil längs des Schmelzzylinders und bis zur Werkzeugtemperatur, ggf. auch Massedosierung und Aufgabetemperatur. Sie sind maßgeblich für Masse-Druck und -Temperatur an der Schneckenspitze und damit weiterhin zusammen mit den Folgeeinrichtungen für die im laufenden Betrieb durch berührungslose Prüfung der Wand-Dicken oder

Tafel 3.15.

Herstellbericht für Extrusionsprofile
aus thermoplastischen Kunststoffen

Nr.

Süddeutsches Kunststoff-Zentrum, Würzburg

vor Eintragung Rückseite beachten

Maschine Nr. ....

Hersteller	
Type	
Motorart*	
Motorleistung	kW
Getriebeart*	
Untersetzungsverh.	
Zylinderdurchmesser	mm
Zahl 'der Schnecken	
Schneckenbezeichnung	
L/D-Verhältnis	
Gangzahl	
Vol. d. Schneckenkanals	cm³
Art d. Massezufuhr*	
Temperatur-.Regler-Type*	
Vorwärmgerät-Type	

Formgebende Teile

Werkzeug-Nr.	
Anz d. Austrittsöffnungen	
Oberflächenbearb.*	
Schleppstopfen	ja/nein
Kalibriersystem*	
Kalibriervorricht.-Nr.	
Kühlbadlänge	mm
Abzugsart*	
Bearbeitungs-Vorr.	
Art der Trennvorricht.*	

Berichter

Unterschrift
Firma
Ort
Datum

* Zutreffendes Wort eintragen, siehe umseitig

Schnecken- und Betriebsdaten — Versuch 1 2 3

Einstellung der	
Massezufuhr	
Schneckendrehzahl	min⁻¹
Lochscheiben Nr.	
Stauvorrichtungsverh.	
Spaltverschiebung	mm
Luftdruck	Millibar
Rel. Luffeuchte	%

Temperaturen

Wärmeschrank	°C
Einfülltrichter	°C
Temperier- 1	%/°C
zone 2	%/°C
" 3	%/°C
" 4	%/°C
" 5	%/°C
" 6	%/°C
" 7	%/°C
" 8	%/°C
" 9	%/°C
" 10	%/°C
" 11	%/°C
" 12	%/°C
Zylinderkopf	°C
● Kunststoffschmelze	°C
● Werkzeug	°C

Bemerkungen

Versuch 1 2 3

Kühlwasser 1	°C
" 2	°C
" 3	°C
" 4	°C
" 5	°C
● Profiltemperatur	°C
Luftkühlung	ja/nein
Kühlbad	°C
Raumtemperatur	°C

Zeiten

Rüstzeit	h
Vorwärmzeit	h
● Ausstoß-	
geschwindigkeit	m/min
Durchsatz	kg/h

Kräfte und Drücke

● Massedruck im	
Zyl.-Kopf	bar
Stützluft-Druck	bar
Unterdruck i. d.	
Werkstoffzufuhr	ja/nein
Öldr.(Schn. Antr.)	bar
Stromaufn. (Schn.-Antr.)	A

● Wichtige Daten für die Eigenschaften des Stranges

Formmasse

Lieferant	
Bezeichnung	
Ansatz-Nr.	
Rezeptur-Nr.	
Material Anteil	%
	%
	%
Gr. d. Pulv./Granula. mm	
Form d. Pulvers/Granulates*	
Rieselfähigkeit	
Farbe	
Schmelzindex g/10 min	
Rohdichte	g/cm³
Schüttdichte	g/ml
Verpackungsart*	

Extrusionsprofil

Bezeichnung	
Signierung	
Zeichnungs-Nr.	
● Metergewicht	g/m
Wanddicke von/bis	mm

Bei Rohren

Prüfdruck	Soll:	Ist:	bar
Berstdruck	Soll:	Ist:	bar

Bei allen Profilen

Abmessungen des Querschnittes			
(Maße nach	Soll:	Ist:	mm
Zeichnung)	Soll:	Ist:	mm
	Soll:	Ist:	mm
	Soll:	Ist:	mm

3 W

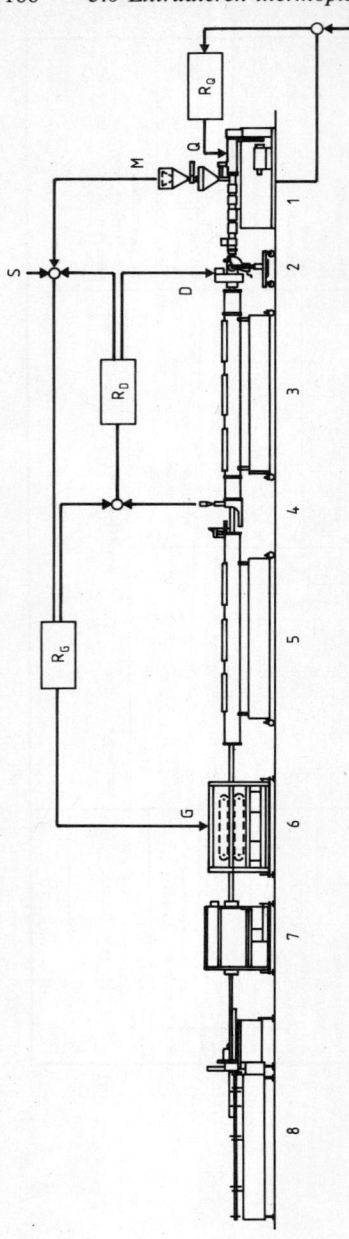

Bild 3.60. Funktionsbild einer Rohrextrusionsanlage mit Verknüpfung der Steuerkreise
Werkzeichnung: *Battenfeld*

1 Extruder mit Dosierung, *2* Rohrextrusionswerkzeug mit Düsenzentriervorrichtung, *3* Vakuumkalibrator, *4* Dickenmeßgerät, *5* Sprüh-
bad, *6* Raupenabzug, *7* Trennautomat, Säge, *8* Muffgerät, Kipprinne, *D* automatische Düsensteuerung, *G* Metergewicht- und Abzugs-
steuerung, *M* Materialdosierung (gravimetrisch), *Q* Durchsatzsteuerung durch Drehzahlverstellung, *R_D* Regler für die Düsenzentrie-
rung, *R_G* Regler für das Metergewicht, *R_Q* Regler für den Durchsatz, *S* Sollwerte

-Konturen kontrollierbaren Qualität der Erzeugnisse. Im Großbetrieb werden diese Parameter durch Geräte überwacht, die Abweichung von Sollwerten signalisieren und z.T. auch einzelne Prozeßfunktionen nach eingegebenem Programm elektronisch steuern oder regeln (S. 109). In automatischen Extrusionsstraßen für Rohre und Folien (Funktionsbild 3.60, S. 166) werden die zugeführten Materialien durch Dosierwaagen auf ±0,5% konstant gehalten. Aufgrund kontinuierlicher Messung von Masse-Druck und -Temperatur zwischen Extruder und Werkzeug, Überwachung der Schmelzeviskosität und berührungslose Messungen von Wanddicken und Meter-Gewichten werden die für gleichmäßig viskoses Fließen und enge Toleranzen maßgeblichen Stellgrößen über eine Datenverarbeitungsanlage eingeregelt, an die mehrere Extruderlinien angeschlossen werden können. Euromap 21 behandelt die Meß-, Steuerungs- und Regelungstechnik (MSR) an Extrusionsanlagen.

3.6.2.5 *Verarbeitungsfehler und ihre Ursachen*

Erzeugnis von Bläschen durchsetzt: flüchtige Bestandteile, vortrocknen oder entgasen.
Grobe Blasen: Lufteinschlüsse, Einzug ungenügend verdichtend.
Bläschen an der Oberfläche: zu hohe Arbeitstemperatur.

Dunkle Verfärbungen oder Knötchen (vor allem bei PVC): Durch Überhitzung zersetztes Material, wenn Erscheinungen bei Verringerung der Arbeitstemperatur nicht verschwinden, Zersetzungsnester an toten Stellen wahrscheinlich, Maschine auseinandernehmen.

Schlieren, Knötchen („Fischaugen"), Längsmarkierungen: Masse durch nicht aufgeschlossene Teilchen (Staub!) verunreinigt.

Rauhe Oberflächen: Ungenügende Arbeitstemperatur oder zu geringer Druck, Temperatur und/oder Druck (Schneckendrehzahl, Siebpakete) erhöhen, evtl. größere Maschine.

Wechselnde Sollmaß-Abweichungen (ungleichmäßiger Ausstoß, „Pumpen" der Schnecke): Ungeeignete Schnecke, Leistungsschwankungen im Antrieb der Schnecke oder des Abzugs, Heiznetzspannungsschwankungen, unregelmäßige Beschickung, Überlastung zu schnell laufender Schnecken („Schmelzbruch"), ungenügender Strömungswiderstand im Werkzeug.

3.6.3 Einschnecken-Extruder

3.6.3.1 *Arbeitsprinzip und Durchsatz*

Der Antrieb der Extruderschnecke muß so ausgelegt sein, daß unter den gegebenen geometrischen Voraussetzungen für optimalen Ausstoß das proportional zur Viskosität der Kunststoffschmelze und der Drehzahl ansteigende Drehmoment am Schneckenschaft aufgebracht werden kann. Der Anteil mechanischer Energie, der durch Reibung und Scherung in Wärme umgesetzt wird, muß im Verhältnis zur Heizenergie deutlich überwiegen.

Im Einschneckenextruder fördert die „treibende Flanke" der Schnecke die Masse wegen deren Haftreibung an der wärmer als die Schnecke zu haltenden Zylinderwand. Der *Förderstrom des Extruders* in der Ausstoßzone ergibt sich als Differenz zwischen der „Schleppströmung" der Masse und ihrer entgegengesetzt gerichteten „Druckströmung" in den Schneckengängen infolge des Werkzeugwiderstandes, die zur Homogenisierung der Masse im konventionellen Einschneckenextruder vorhanden sein muß. Die ebenfalls rückwärts gerichtete „Leckströmung" über die Schneckenstege ist von geringer Bedeutung. Das Absinken des Ausstoßes bei zunehmendem Gegendruck ist bei flach geschnittenen Schnecken und langer Ausstoßzone relativ geringer als bei tiefgeschnittener Schnecke und kurzer Ausstoßzone. Unter sonst gleichartigen Betriebsbedingungen ändert sich der Ausstoß annähernd proportional der Schneckendrehzahl-Änderung. Mit aus der Schneckengeometrie berechneten, als Diagramm verfügbaren Schneckenkennlinien für die genannten Parameter und den ebenfalls berechenbaren Kennlinien für den Werkzeugdüsenwiderstand kann man den wirtschaftlich und technisch optimalen Arbeitspunkt des Extruders für eine bestimmte Fertigung ermitteln, Schneckenarten s. Bild 3.61.

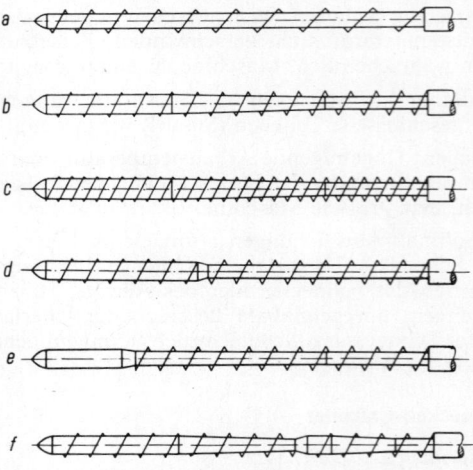

Bild 3.61. a) Eingängige Schnecke, Gangsteigung abnehmend
b) Eingängige Schnecke, Gangtiefe in der Mittelzone allmählich abnehmend („Dreizonenschnecke")
c) Zweigängige Schnecke, sonst wie b
d) Eingängige Schnecke, Gangtiefe stufenförmig abnehmend („Kurzkompressionsschnecke")
e) Eingängige Schnecke mit „Torpedo"-Kopf (glatt oder geriffelt, z. B. als „Leroy"-Scherteil)
f) Zwei eingängige Schnecken „in Reihe": Entgasungsschnecke

Einschneckenextruder für die Thermoplastverarbeitung sind mit Schneckendurchmessern von 25–200 mm, Schneckenlängen von 20–40 D und 5–500 kW Antriebsleistung auf dem Markt.

3.6.3.2 *Mehrzonenschnecken-Extruder*

Konventionelle Extruder sind überwiegend mit *Dreizonenschnecken* (Bild 3.61 b, S. 168), selten noch *Kurzkompressionsschnecken* (Bild 3.61 d) abnehmender Gangtiefe bei Gangsteigung 1 D ausgerüstet.

Kenndaten und Funktion einer üblichen 1-90-25-Schnecke (S. 161) für die Verarbeitung von PE-LD sind beispielsweise:

Schneckendurchmesser	(über den Stegen gemessen)	$D = 90$ mm
Schneckenlänge	(im Verhältnis zum Durchmesser)	$L = 25$ D
Einzugszone	Verdichten mit Entgasen zur Auf-gabetrichter hin, allmähliches Auf-schmelzen der Formmasse	$L_E = 10$ D
Übergangs- oder „Kompressions"-Zone	Homogenisierung der Schmelze im Wechselspiel von Schlepp- und Druckströmung, Druckaufbau	$L_U = 6$ D
Ausstoß- oder „Pump"-Zone	„Pumpen" der Schmelze gegen den Fließwiderstand des Werkzeugs im gleichmäßigen Fluß	$L_A = 9$ D
Gangtiefe	der Einzugszone	12 mm
„Kompressionsverhältnis"	Gangtiefen- oder Volumenverhält-nis der ersten und der letzten Schneckenwindung	3:1

3.6.3.3 *Fördersteife Extruder*

Der Druckaufbau im Extruder mit glatter Einzugszone und Kompressionsverhältnissen 3:1 wird im wesentlichen von der Reibung der in der flach geschnittenen Ausstoßzone der Schnecke oder an einem glatten „Torpedo" mit engem Ringspalt am Schneckenende (Bild 3.61 e, S. 168) gescherten Schmelze bestimmt und ist dementsprechend in der Ausstoßzone maximal. Das Plastifizier- und Homogenisiervermögen solcher Extruder ist begrenzt. Ihr Ausstoß ist nicht über ein gewisses Maß steigerbar und unterliegt Fluktuationen durch äußere Störungen.

„Fördersteif" sind *Extruder mit genuteter Einzugszone.* In der stark gekühlten Einzugszone sind mehrere tief geschnittene, axial konisch verlaufende Nuten im Zylinder rings um die Schnecke angebracht. Die als Granulat oder in grießartiger Form aufgegebene Kunststoffmasse wird in der Einzugszone verdichtet, wobei sich zwischen der Schnecke und den Nuten „Feststoffkeile" bilden, und – ähnlich der Bewegung einer gegen Verdrehen gesicherten Mutter auf einer rotierenden Spindel – zu den Plastifizier- und Homogenisierelementen des Extruders unter ca. 800 bar Druck gefördert. Die folgenden Zonen sind Verbraucher des Maximaldrucks am Ende der förderwirk-

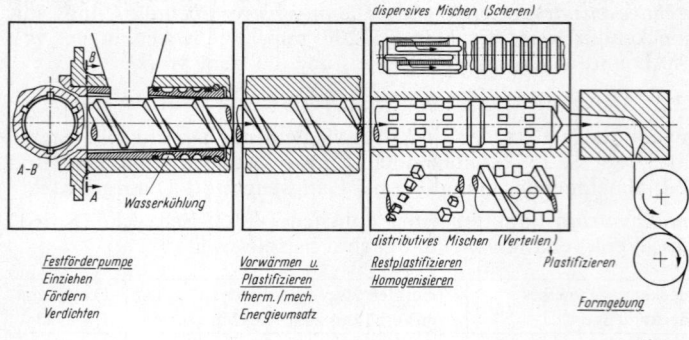

Bild 3.62. Konzept der Einschnecke mit Feststoff-Förderung *(IKV Aachen)*

samen Einzugszone. Sie werden mit geringem Gesamtkompressionsverhältnis etwa 1,2:1 überfahren und können daher freizügig mit mechanisch und thermisch homogenisierenden Scherteilen und viskositätsausgleichenden Mischteilen ausgestattet werden (Bilder 3.62 und 3.63).

Die Einführung der förderwirksamen Einzugszone und von zusätzlichen Scher- und Mischelementen verschiedener Konstruktionen in den Extruderbau tragen maßgeblich zur Steigerung der Ausstoßleistungen von Einschnecken-„Hochleistungs"-Extrudern und ihrer Verwendbarkeit für thermisch geschonte, qualitativ hochwertige Erzeugnisse aus Kunststoffen bei. Diese fördersteifen Extruder sind bevorzugt für Polyolefine im Einsatz. Für diese Produktgruppe gehören sie zum Stand der Technik.

Barriere-Schnecken (Bild 3.63) oder auch Schnecken mit progressivem Gangvolumen in der Aufschmelzzone haben eine große Arbeitsbreite bei sehr guter Plastifizier- und Homogenisierleistung.

a) *Dekompressionsschnecke mit Scherelement u. Mischteil*

b) *4-Zonen-Schnecke mit Scherelement u. Mischteil für Entgasungsextruder*

Bild 3.63. Beispiele für Schneckenformen mit Scher- und Misch-Elementen *(Reifenhäuser)*

3.6.3.4 *Sonderbauarten*

Im *Entgasungs-Extruder* sind Schnecken mit mehreren Kompressionszonen mit aufeinander abgestimmter Charakteristik so hintereinandergeschaltet (Bilder 3.61 f, S. 168, 3.63 b, S. 170), daß in der zwischenliegenden Dekompressionszone einerseits die Massen unter Vakuum entgast und entfeuchtet werden, andererseits aber auch z. B. mit physikalischen Treibmitteln begast oder mit anderen Additiven begabt werden können. Eine gleichen Zwecken dienende Variante ist der *Kaskadenextruder* mit einzeln hintereinander geschalteten Plastifizier- und Heißschmelz-Schnecken (Bild 3.64).

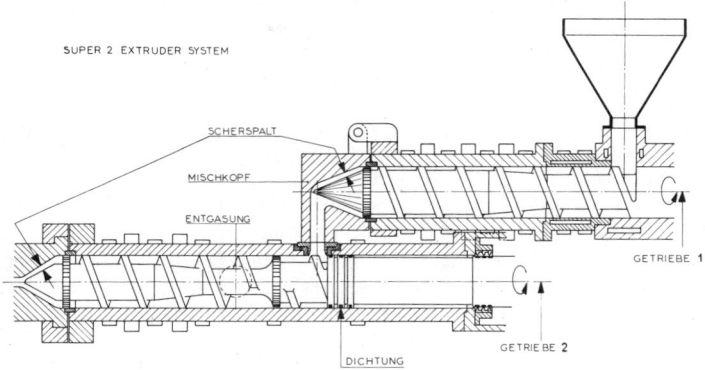

Bild 3.64. Schematische Darstellung eines Kaskadenextruders

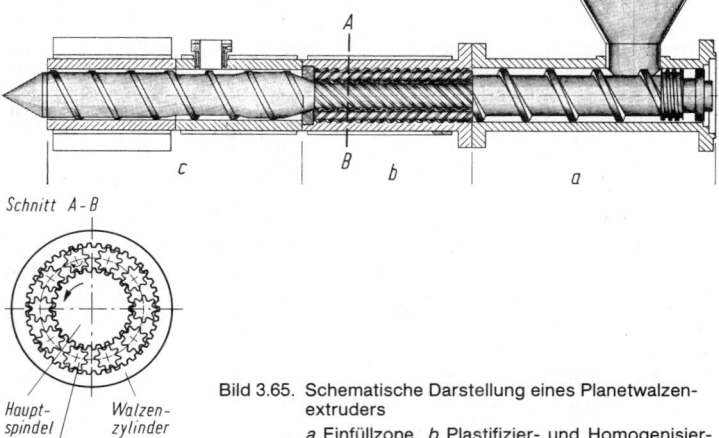

Bild 3.65. Schematische Darstellung eines Planetwalzen-extruders

a Einfüllzone, *b* Plastifizier- und Homogenisierzone, *c* Ausstoßzone mit Entgasung

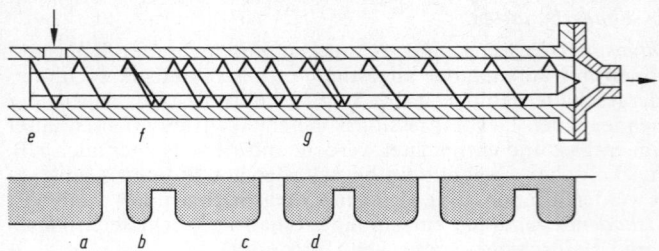

Bild 3.66. Plastifizier-Extruder mit Phasentrennung nach *Ch. Maillefer*
a 1. Gang, b 2. Gang, c Sperrsteg, d Überströmsteg, e Granulat,
f Schmelze, g Zylinder

Im Planetwalzenextruder wird die Masse zwischen der angetriebenen zentralen Planetwalzenschnecke und dem Zylinder und um die
Zentralschnecke umlaufende Planetspindeln feinschichtig und schonend plastifiziert (Bild 3.65, S. 171). Das ist auch für die PVC-Ein-
schnecken-Extrusion nutzbar. Bei verschleißfördernden Stoffen ist
diese Bauweise mit Vorsicht zu verwenden.

In der partiell zweigängigen *Maillefer-Schnecke* (Bild 3.66) werden
Schmelze und nicht aufgeschmolzenes Granulat so separiert, daß
dessen Vordringen bis in die Ausstoßzone verhindert wird.

3.6.4   Mehrschneckenextruder

Anders als mit Haftreibungs-Schleppkraft (S. 168) arbeitende Ein-
schnecken- und für Compoundierung verwendete gleichlaufende
Zweischneckenextruder sind *Doppelschneckenextruder mit* eng inein-
andergreifenden *„kämmenden" gegenläufigen Schnecken,* die als
Kunststoff-Verarbeitungsmaschinen verwendet werden, geschlossene, einzelne Kammern bildende Pumpsysteme mit Zwangsförderung. Sie sind wegen der doppelten Schneckenantriebe und -lagerun-
gen technisch aufwendiger als Einschneckenextruder, haben sich
aber allgemein eingeführt als Spezialmaschinen für die Verarbeitung
von PVC. Vorteile der Mehrschneckenextruder sind: Zwangsförderung, hohe Durchsätze bei geringer Verweilzeit, Selbstreinigung der
Schnecken und eine schonende Plastifizierung schwer einziehbarer,
thermisch empfindlicher Pulver-Compounds. Solche langsam (4–50
min⁻¹) laufenden Entgasungsextruder mit tiefen Schneckenkanälen,
50–170 mm Schneckendurchmesser, L/D 16–22 und 7–200 kW Antriebsleistung liefern 80–1500 kg/h PVC-Rohre, bei Profilen, Tafeln,
Folien um 60% dieses Ausstoßes.

Die Doppelschneckenextruder verschiedener Hersteller sind konstruktiv sowohl hinsichtlich der Anordnung der Schnecken (Bild
3.67 a, b) als auch des Druckaufbaus unter Verdichten der Schmelze
bis zur Schneckenspitze unterschiedlich. Von den in Bild 3.67 aufge-

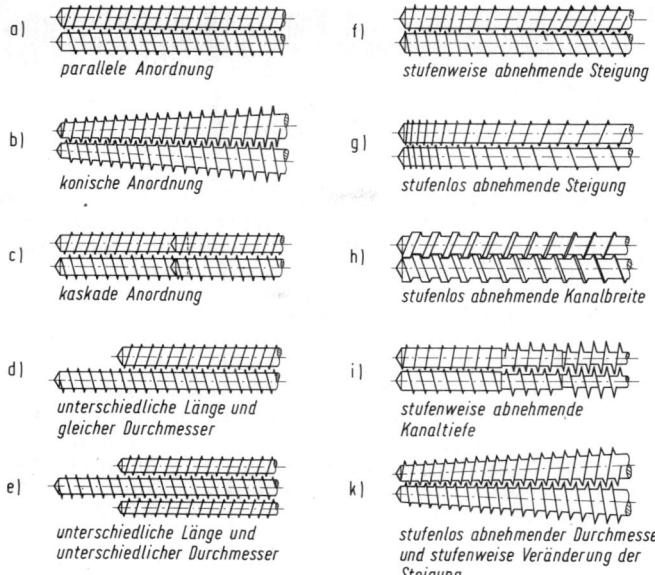

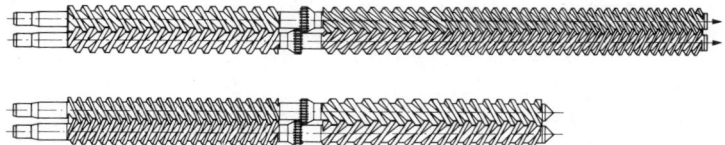

Bild 3.67. Anordnungen und Geometrien von Doppelschnecken

Bild 3.68. Schneckenpaar mit Lochscheiben vor der Entgasungszone *(Thyssen-Plastik-Maschinen)*

zeigten Möglichkeiten sind c, d, e (verlängerte Austragsschnecken zwecks Erleichterung des Übergangs zu kreisrunden Werkzeugen), f, i und k bisher realisiert. Zylindrische Schnecken werden axial verschoben in Tandem-Anordnung gelagert. Konische Anordnung (Bild 3.69, S. 174) bietet mehr Raum für die Antriebsritzel.

Doppelschneckenextruder arbeiten üblicherweise aus vollem Trichter wie auch die Einschneckenextruder. Dosieraggregate lassen bei dem gleichen Schneckenpaar eine größere Arbeitsbreite zu bei PVC-Dryblend mit verschiedener Schüttdichte. Im Einzugsteil „agglomeriert" PVC-Pulver (S. 297) unter Verdichtung durch Stauelemente. Vor dem Entgasen zur Abführung der vom PVC-Dryblend mitgeführten Luft wird dieses z. B. durch Zahnscheiben als Stauelemente (Bild 3.68) oder Freischneiden von Stegen (Bild 3.69) wieder aufge-

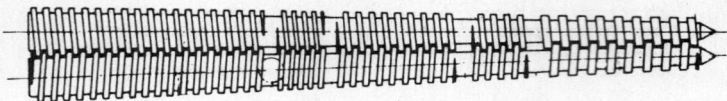

Bild 3.69. Schema konischer Doppelschnecken *(Cincinnati)*

lockert. Das durch die kammerweise Zwangsförderung bedingte Pulsieren wird durch mindestens dreigängige Plastifizier- und Austragsteile der Doppelschnecken mit einander überlappendem Ausstoß geglättet.

3.6.5   Extrusionsanlagen für verschiedene Erzeugnisse

3.6.5.1   *Rohre und Hohlprofile*[1])

Die Bilder 3.70 und 3.71 zeigen am Beispiel von Rohrköpfen das Prinzip der Fertigung von Hohlprofilen mit masseumflossenen Dornen und das Zusammenfallen verhindernder Stützluftzuführung. Als Werkzeugvariante für PE und PP verwendet man Siebdornwerkzeuge (Bild 3.71) oder – auch zum Ummanteln von Einlagen – Offset-Köpfe (Bild 3.59, S. 164).

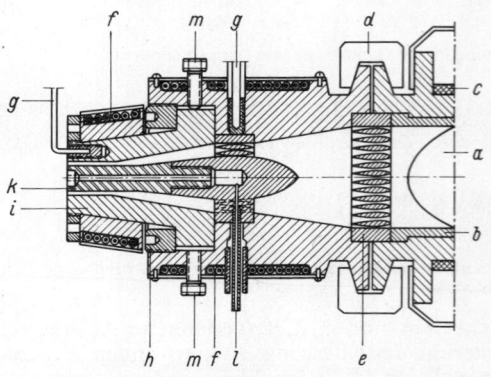

Bild 3.70. Hohldorn-Rohrwerkzeug
a Schneckenspitze, *b* Zylinderauskleidung, *c* Zylinderheizung, *d* Befestigung des Werkzeuges mit Sperriegel, *e* Lochscheibe mit strömungsgünstigen tropfenförmigen Löchern, *f* gewickelte Heizung des Werkzeuges, *g* Temperaturmeßstellen mit Kupferkontakt, *h* Werkzeugverschraubung, *i* Düse, *k* Dorn, Parallelführung 30–40fach Spaltweite, *l* Zufuhr der Stützluft, *m* Zentrierschrauben

---

[1]) Euromap 25

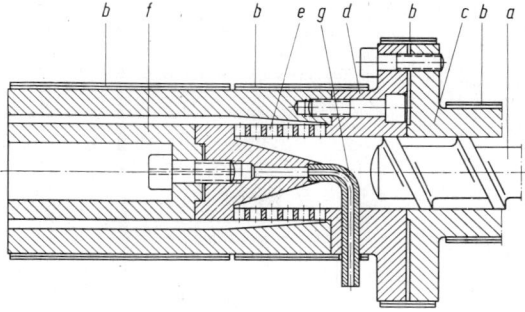

Bild 3.71. Siebdorn-Rohrwerkzeug

a Schnecke, *b* Heizung, *c* Extruderflansch, *d* Anschlußflansch, *e* Siebkorb, *f* Werkzeugdorn, *g* Druckluftanschluß

Eine exakte Zentrierung der Düsen ist wichtig. Für PE-HD- und PP-Rohre verwendet man auch Wendelverteiler-Werkzeuge (Bild 3.78, S. 181). Ihre endgültigen, eng tolerierten Abmessungen erhalten Rohre und andere Hohlprofile in dem nachgeschalteten *Kalibrierwerkzeug* (Bild 3.73, S. 176). In vier bis sechs Meter lange unter Vakuum mit Kühlwasser abgestufter Temperatur betriebene Tauch- oder Sprühbecken sind Kalibrierblenden-Reihen (für Rohre auch geschlitzte Hülsen) eingebaut. Der Volumenverminderung des abkühlenden Profils folgend, legen diese dessen Außenkonturen bis zum Erstarren fest und übergeben das Erzeugnis dann der weiteren freien Abkühlung im Wasser- oder Luft-Kühlkanal.

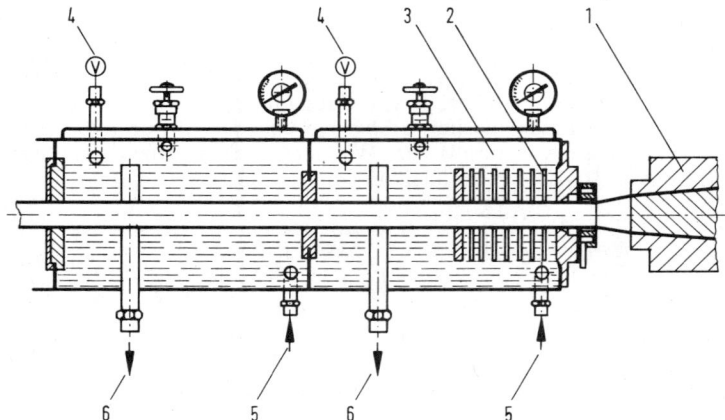

Bild 3.72. Vakuumtankkalibrierung

1 Rohrwerkzeug, *2* Tankkalibrierscheibe, *3* Vakuumtank, *4* Vakuumanschluß, *5* Wasserzulauf, *6* Wasserablauf

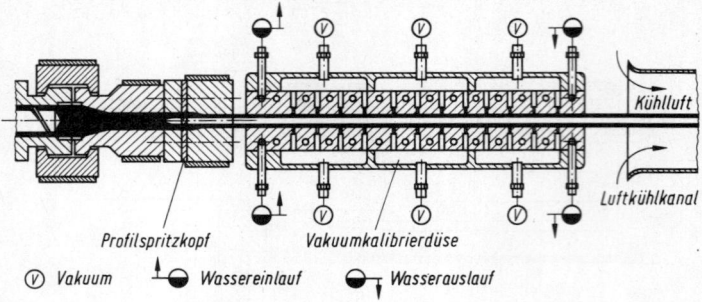

Bild 3.73. Kalibrierwerkzeug für Hohlprofile

Rohre großer Durchmesser und Wanddicke werden mit Druckluft kalibriert. Die Kalibrierstrecke wird durch einen in das Rohrinnere eingeführten Schlepp-Stopfen abgedichtet (Bild 3.74). Der noch thermoplastische Rohrstrang wird außen durch die gekühlte Kalibrierung gestützt. Derzeit üblicher ist der Gebrauch von Vakuumtankkalibrierungen (Bild 3.72, S. 175). Die zum Kalibrieren erforderliche Druckdifferenz im Rohr innen zu Rohr außen wird bei diesem System durch Unterdruck im Kalibriertank erzeugt.

Während man in der Rohrproduktion mit verhältnismäßig einfachen Werkzeugen und *einer* Kalibrierstrecke auskommt, erfordern Mehrkammer-Hohlprofile komplizierterer Gestalt, wie Fensterprofile, mehrwandige Lichtwandelemente, Doppel- und Dreifach-Stegplatten, einen hohen konstruktiven Aufwand für Viel-Dorn- und Dornhalter-Spezialwerkzeuge mit ausgeglichener Massenfluß- und Temperaturverteilung, Mehrfach-Kalibrier- und ggf. noch zusätzlichen Temperierstrecken zum Spannungsausgleich (Bild 3.75, S. 177). Die Raupen- oder Rollen-Abzüge von Großanlagen, welche die Erzeugnisse bis zur automatischen Trennsäge und der Abwurfanlage (bei PE-Rohren gegebenenfalls zum Wickler) fördern, haben Reibungskräfte von 10–100 kN zu überwinden.

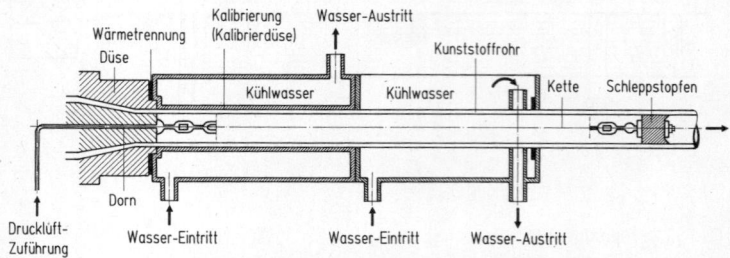

Bild 3.74. Außenkalibrierung mit Druckluft (Überdruckkalibrierung)

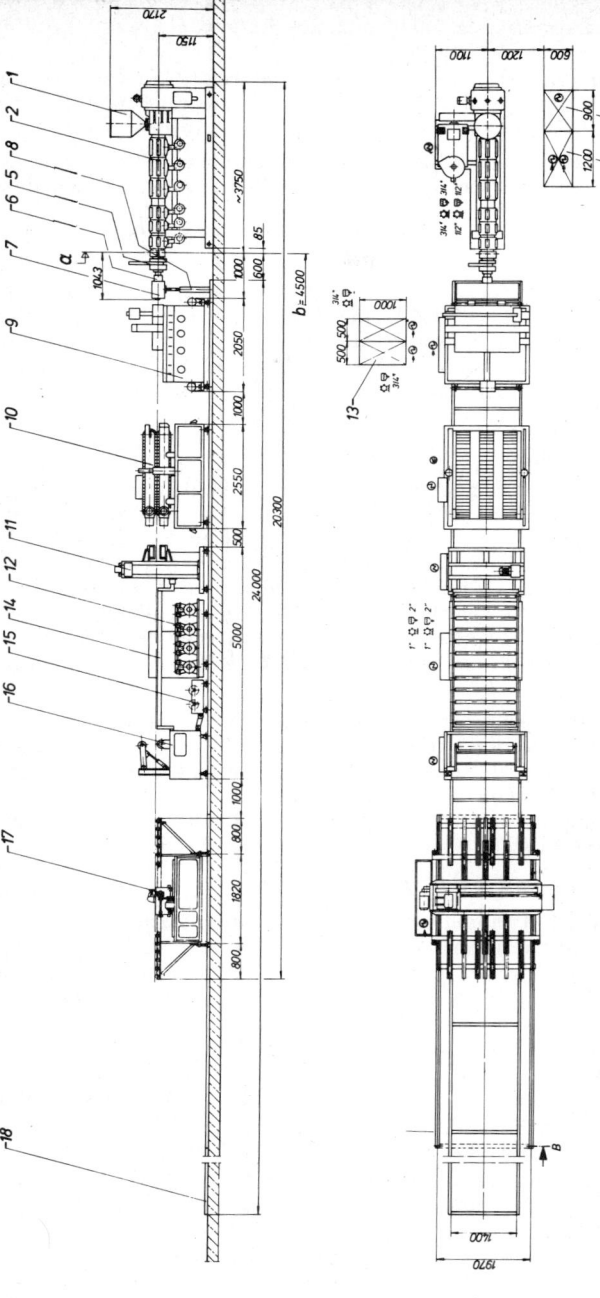

Bild 3.75. Projektplan einer Anlage zur Fertigung von Stegdoppelplatten (Reifenhäuser)

1 Einfülltrichter, 2 Extruder (Schneckendrm. 90 mm, Länge 30 D), 3 Thyristorschrank, 4 Temperaturregler-Schrank, 5 Handsieb-wechsler, 6 Werkzeuganschluß, 7 Profilwerkzeug, 8 Stützbock, 9 Kalibrier- und Kühleinrichtung, 10 Profilabzug, 11 Temperstrecke, 12 Vakuumanlage, 13 Temperiergeräte, 14 Rollenbahn, 15 Schutzfolien-Abrollbock, 16 Rollenabzug, 17 Trennsäge, 18 Schienenbahn
a Zylinderdichtfläche, b Platzbedarf für Schneckenausbau

An PVC-Druckrohre werden Muffen angeformt. Man verdickt die Rohre durch die Extruder-Steuerung an den entsprechenden Stellen oder koppelt pneumatisches Formen mit Stauchformen.

Biegsame Elektro- und Hüll-Dränrohre riffelt man nach Austritt aus der Düse kontinuierlich mit profilierten Werkzeugen ähnlich den Kalibriervorrichtungen, mit Doppelwerkzeugen stellt man innen glatte Wellrohre her. Für Rohre mit Schaumkern schaltet man mehrere Extruder zusammen (s. 3.6.5.3 u. S. 185).

Mit Durchmessern 500–3000 mm werden *Wickelrohre* aus Polyolefinen in Lieferlängen von 5–6 m derart gefertigt, daß heißplastische Profilbänder nach dem Austritt aus der Extruderdüse spiralig auf einen Kern gewickelt miteinander verschweißen. Mit Rippen- oder Hohl-Profilen erreicht man günstige Steifigkeit/Gewichts-Verhältnisse. Strukturgeschäumte Rohre siehe Abschnitt 3.6.5.3.

3.6.5.2 *Vollprofile*

Vollprofile kann man nach dem Vakuum-Differenzdruck-Verfahren nicht kalibrieren. Im „Technoform"-Präzisions-Strangzieh-Verfahren für Vollprofile mit engen Toleranzen tritt die Masse noch schmelzflüssig in das Kalibrierwerkzeug ein und wird von diesem geformt und ähnlich wie im Metallziehverfahren auf das Endprodukt hinuntergezogen. Der Profilabzug und die Massenzulieferung müssen dafür in einen für gleichmäßig exakte Dosierung des Materialangebots an den Kalibrierspalt sorgenden Regelkreislauf einbezogen sein.

Für teilkristalline Kunststoffe unterteilt man das formgebende Werkzeug in einen beheizten und einen schroff gekühlten Bereich. An der Kühldüse, an der ein „erstarrter Mantel" entsteht, strömt im Zentrum des Profilstrangs noch Schmelze nach, dadurch wird eine Lunkerbildung infolge der nichtlinearen Abnahme des spezifischen Volumens im Kristallit-Erstarrungstemperaturbereich verhütet.

3.6.5.3 *Geschäumte Profile (TSE-Verfahren)*

Mit chemischen Treibmitteln geschäumte *Strukturschaumprofile* (S. 70, 71) werden auf normalen Extrudern hergestellt, deren Temperaturführung so eingestellt wird, daß das Treibmittel beim Austritt aus der Düse anspringt. Rundprofile werden durch freies Aufschäumen in das Kalibrierwerkzeug geformt, das dem Aufschäumverhältnis entsprechend weiter als die Düse ist. Bei schwierigeren Profilquerschnitten werden zwecks gleichmäßigen Aufschäumens dem Werkzeug Drosselgitter und/oder Verdrängkörper vorgeschaltet (Bild 3.76). Durch Co-Extrusion mit zwei Extrudern fertigt man Schaum-Hohlprofile mit verfestigter massiver Außenschale.

Durch Strukturschäumen mit chemischem Zersetzungstreibmittel kann man das Raumgewicht des massiven Kunststoffs bis zu 70%, allenfalls 50% herabsetzen. *Leichtschaumprofile* – z.B. „Bretter" (Woodlite, RG 256···350 kg/m³, JP), Leisten (RG 45···75 kg/m³) aus

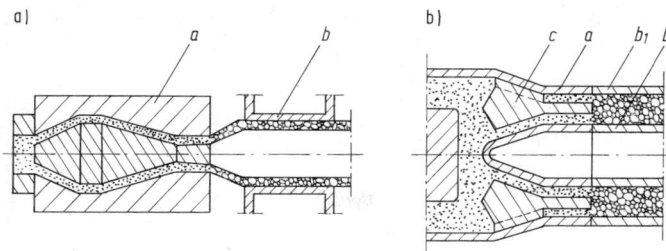

Bild 3.76. Rohr-Strukturschäumwerkzeuge
 a) Kalibrierung 20–40% weiter als Spezial-Rohrwerkzeug (*Armocel*-Verfahren der Soc. Armosig)
 b) Schlitzwerkzeug für doppelwandigen Schlauch, der als Kern zwischen außen und innen kalibrierter Rohrwand ausschäumt (*Celuka*-Verfahren)
 a Düsenwerkzeug – b_1 äußere, b_2 innere Kalibriervorrichtung – *c* Verdrängungskörper im Doppelschlitzwerkzeug

PS oder Wärmedämmschläuche aus PE (RG ca. 35 kg/m³) mit außen und innen massiver Haut werden durch Direktbegasen der Schmelze mit physikalischem Treibmittel (S. 70) gefertigt. Die Lösung des Treibmittels unter dem erforderlichen hohen Druck von 300–400 bar in der heißen Schmelze erniedrigt deren Viskosität so weit, daß sie zum Extrudieren beträchtlich hinuntergekühlt werden muß. Man braucht für dieses schwierige Verfahren überlange (44 D) Spezial-Extruder mit neun Temperierzonen, in die nach dem kürzeren Aufschmelzteil das Treibmittel eingespeist wird. Mit physikalischem Treibmittel extrudierte PS-Schaum-Dämmplatten siehe S. 285, Schlauchfolien S. 182.

3.6.5.4 *Borsten, Fäden, Netze*

Kunststoff-Fäden („Monofile") und -Borsten werden aus Viel-Lochplatten (10–40 Löcher für Monofile, bis 150 Löcher für die später gebündelten Borsten) extrudiert, gekühlt, in temperierten Bädern zur Verfestigung stufenweise gereckt und von Aufwicklern mit zahlreichen Spulen aufgenommen. Die Durchmesser der Fertigerzeugnisse gehen von einigen mm bis 0,08 mm. Dünnere Fäden gehören nach Herstellungsverfahren und sonstiger Technologie in den Bereich der Chemiefasern (S. 552). Fäden aus geschnittenen Folienbändern s. S. 187.

Kunststoff-Netzschläuche werden mit Werkzeugen hergestellt, deren Düse und Mantel kontinuierlich oder periodisch wechselnd gegeneinander rotieren.

3.6.5.5 *Ummantelungen*

Ummantelung mit Umlenkköpfen (S. 164) dient in größtem Umfang – bei Telefonadern bis zu 2700 m/min – zum Isolieren elektrischer Leitungen und zum Ummanteln von Kabeln. Die annähernd auf

Massetemperatur vorgewärmten Drähte bzw. die vorisolierten Kabel werden durch eine zentrale Bohrung in der Pinole zugeführt.

3.6.5.6 *Folien mit Ringdüsen*[1])

Mit der Ringdüse werden durch Aufblasen verstreckte Schlauchfolien aus PE-LD mit Schlauchumfängen bis 16 m bzw. 8 m doppelt flachliegender Breite extrudiert. Folien über 4 m Breite können nur so hergestellt werden. Folienextruder mit Schnecken von 60 bis 250 mm Durchmesser und 25 ... 33 D Länge, ausgerüstet mit horizontalen Ringdüsen von 100 ... 1800 mm Durchmesser und 0,5 ... 2 mm Spaltweite sind üblich für Produktion von 10 ... 300 μm dicken, flachliegend 1,2–2,5 m doppeltbreiten Ein- und Mehrschicht-Schlauchfolien aus allen PE-Sorten, auch mit eingearbeiteten Barriere- und Regenerat-Schichten (S. 434 ff.). Mit Abzugsgeschwindigkeiten bis zu 150 m/min, je nach Format, kommt man zu 100 ... 1200 kg/h Ausstoß. Papierähnliche PE-HD-Folien – für Verpackungen 10–60 μm, hochgefüllt als Druckträger 40–150 μm dick – und transparent gereckte PP-Folien werden auf kleineren Anlagen hergestellt. Schlauchfolien-Säcke und -Beutel werden in weitestgehend automatisierten Fertigungsstraßen bis einschließlich des Bedruckens in einem Arbeitsgang konfektioniert. Diese können beispielsweise 50 000 Müllsäcke aus 40-μm-Folie oder 150 000 Abreißbeutel pro Schicht ausbringen.

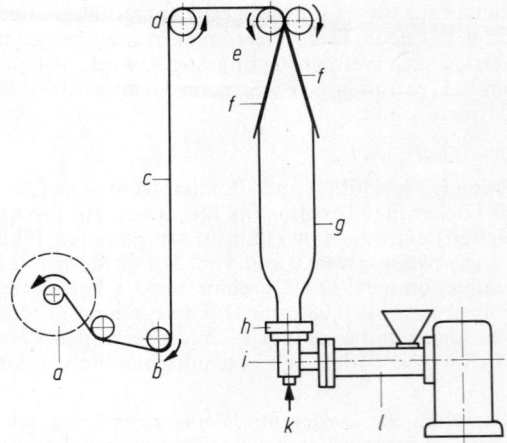

Bild 3.77. Schlauchfolienanlage, senkrecht nach oben arbeitend

a Aufwicklungsvorrichtung mit Spannrolle, *b* Umlenkwalze, *c* doppelt flach-gelegte Folie (unaufgeschnitten), *d* Umlenkwalze, *e* Quetschwalzen, *f* Leit-bleche, *g* Kunststoffschlauch, *h* Kühlung, *i* Blaskopf, *k* Luftzuführung, *l* Extruder

---

[1]) Euromap 23

Bild 3.77 zeigt das Prinzip der Schlauchfolienanlage. Der mit 0,5–2,0 mm Dicke austretende Schlauch wird durch den Abzug längs, durch eingeblasene Stützluft mit minimalem Überdruck bis zum vierfachen Durchmesser quer verstreckt. Fährt man mit „Hals", d.h. läßt man den unter Spannungsausgleich sich etwas einschnürenden Schlauch temperaturgeregelt eine längere Strecke unausgeweitet austreten, so erhält man durch ausgeglichene Längs- und Querreckung in der Blase verfestigte Folien. Zur Außenkalibrierung stellt man einen Führungskorb aus mit PTFE-An-druckrollen bestückten Segmentstäben um die Schlauchblase. Ein hoher Ausstoß erfordert eine intensive Kühlung durch Anblasen von außen, insbesondere in der noch thermoplastischen Schlauchaufweitungszone, und Luft- oder Kühlmittel-Zirkulation im Inneren. Der durch Leitbleche flach gelegte Schlauch wird über Abquetsch- und Umlenkwalzen unaufgeschnitten von einer oder, nach Aufschneiden an den Rändern, von zwei Wickelanlagen aufgenommen, die mit gleichbleibender Umfangsgeschwindigkeit und Spannung arbeiten müssen.

Die übliche Arbeitsrichtung nach oben, bei Großanlagen bis zu 20 m Höhe, vermeidet die Schwerkraft-Einwirkung auf den noch weichen Schlauch. Zum Ausgleich von Wanddickenunterschieden längs des Schlauches, die Wülste (Kolbenringe) im Wickel verursachen würden, läßt man einen Teil der Anlage, den Blaskopf oder auch den auf einer Rotationsplattform aufgestellten vertikal arbeitenden „Rotationsextruder", den Wickler, auf einem Drehkranz langsam reversierend rotieren. Eine weitere Möglichkeit der Dickenfehler-Verteilung bietet das Wendestangen-System, das zwischen Abzug und Entwickler angeordnet arbeitet. Bei der Aufteilung des kreisförmigen

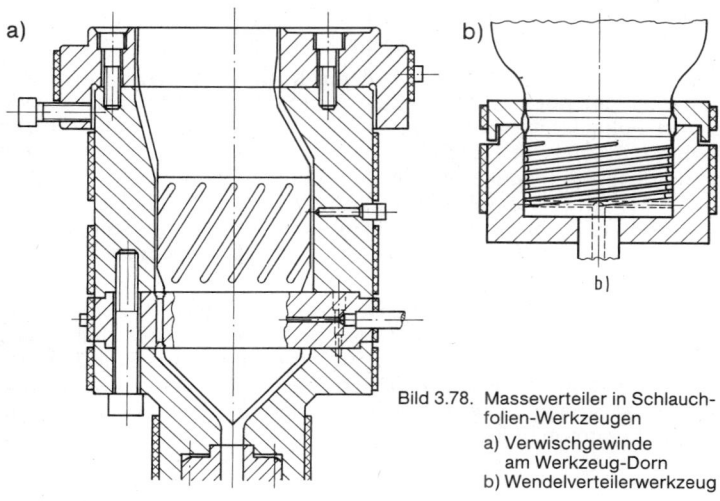

a)

b)

b)

Bild 3.78. Masseverteiler in Schlauchfolien-Werkzeugen

a) Verwischgewinde am Werkzeug-Dorn
b) Wendelverteilerwerkzeug

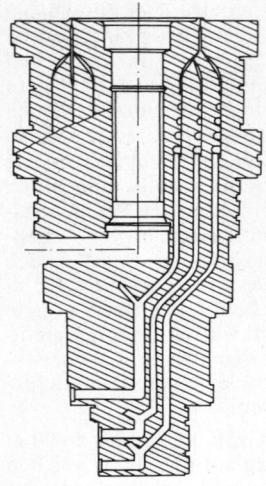

Bild 3.79. Dreischicht-Coextrusions-Blasfolien-
werkzeug (Battenfeld)

Schmelzestroms vom Extruder in einem zentral angespeisten Dorn-
haltewerkzeug üblicher Art (Bild 3.70, S. 174) zeichnen sich die
Dornhaltestege als Fließnähte im Folienschlauch ab. Man vermeidet
dies durch Verwischgewinde am Dorn (Bild 3.78 a, S. 181), welche
der axialen Strömung eine tangentiale Komponente überlagern,
oder durch Wendelverteilerwerkzeuge (Bild 3.78 b).

Für *Mehrschicht-Verbundfolien* (S. 434) werden Masseströme von
mehreren Extrudern in der Düse oder unmittelbar nach dem Austritt
aus der Düse zusammengefaßt (Bilder 3.79 und 3.85, S. 187).

Mit längs genuteten Ringdüsen, deren Kern rotiert, erzielt man spiralig umlaufenden mechanischen Verbund zwischen unterschiedlichen Folienschichten (japanisches Verfahren). Mit Monofil-Werk-
zeug (S. 179) als Teildüse eines rotierenden Systems entstehen Verbundfolien mit innenliegendem stützendem Gitterwerk (Criss-Cross-
Baroflex-Verfahren). Mit vom gleichen Extruder gespeisten Zwei-
schicht-Blasköpfen, deren Produkte unmittelbar nach dem Austritt
verschweißen, stellt man porenfreie Doppelschicht-Blasfolien her
(,,Doublieren", s. a. S. 189).

Eine *horizontale Arbeitsrichtung* ist zweckmäßig für PVC-Schlauchfo-
lien und für PS-Schaumfolien. Diese werden in Aufblasverhältnissen
1:3 bis 1:6 mit Raumgewichten 50–200 kg/m³, 0,1–4 mm dick bis
1500 mm doppelte Breite gefertigt. Durch Aufeinanderkaschieren
der noch warmen Schaumfolienlagen oder mit Nachschäumöfen im
Abzug kommt man bis zu 8 mm Dicke.

3.6.5.7 *Tafeln, Folien und Beschichtungen mit Breitschlitzdüsen*

Bahnen und Tafeln von 0,3–30 mm Dicke werden mit waagerecht arbeitenden Breitschlitzdüsen verstellbarer Spaltbreite (Bild 3.80 a) bis (dickenabhängig) 3,5 m breit extrudiert. Folien bis 4 m Breite aus Kunststoffen geringer Schmelzviskosität extrudiert man schräg nach unten mit Düsen von < 1 mm Spaltweite (Bild 3.80 b) und zieht sie anschließend im Breitschlitzfolien-(oder auch Chillroll-)Verfahren bis auf 8–15 μm Dicke herunter (Bild 3.81)[1]). Senkrecht nach unten arbeitende Düsen verwendet man zum Extrusionsbeschichten.

Der Verteilerkanal von *Breitschlitzdüsen* wird zentral angespritzt. Der Zulauf zu zentral angespritzten Düsen hat oft die Form eines

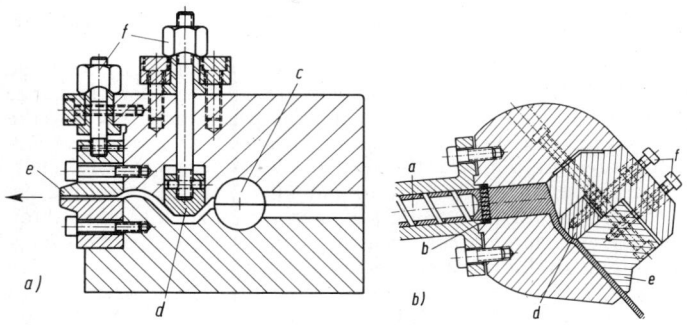

Bild 3.80. Breitschlitzdüse

a) Platten-, b) Folienspritzkopf

a Extruder, *b* Siebplatte, *c* Verteilerkanal, *d* flexibler Staubalken, *e* einstellbare Lippe, *f* Stellschrauben

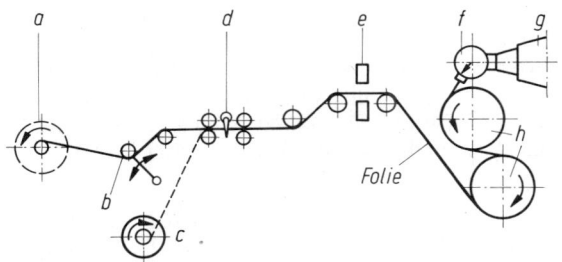

Bild 3.81. Prinzip des Chillroll-Verfahrens

a Folienaufwicklung, *b* Tänzerwalze, *c* Abfallaufwicklung, *d* Randbeschneidung, *e* Dickenmessung, *f* Breitschlitzdüse, *g* Extruder, *h* Kühlwalzen

---

[1]) Im Englischen sagt man statt „chill roll extrusion" auch „cast film extrusion" und bezeichnet so gefertigte Flachfolien als „cast film", ohne sprachliche Unterscheidung zu aus Lösung hergestellter „Gieß"-Folie.

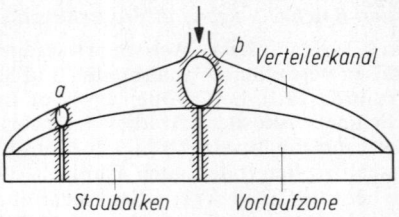

Bild 3.82. Kleiderbügel- oder Fischschwanzdüsen-Verteiler. *a, b* Fließkanalquerschnitte

Kleiderbügels (Bild 3.82). Die Verteilung der Masse über berechnete, symmetrisch angeordnete Fließkanäle und Drosselfelder ohne „Fließschatten" macht weniger Schwierigkeiten als die gleichmäßige Dicke der aus der Düse austretenden Erzeugnisse über die ganze Bahnbreite. Für die dafür erforderliche Temperaturkonstanz sind die Heizzonen für den Werkzeugkörper quer zur Bahn in mehrere Abschnitte unterteilt, die, wie die Heizung der Düsenlippen (mit Heizpatronen) getrennt regelbar sind. Staubalken vor der Düse und deren Oberlippe (Bild 3.80, S. 183) können – zusätzlich zur Spaltbreitenverstellung – durch Stellschrauben, die über die ganze Werkzeugbreite verteilt sind, örtlich elastisch verbogen werden. Zum völligen Ausgleich der Folientoleranzen von ± 1–$1,5$ μm, die konzentriert zu „Kolbenringen" im Wickel führen könnten, läßt man Extruder und Aufwickelanlagen gegeneinander changieren. Für Abzugsgeschwindigkeiten > 180 m/min ausgelegte Chillroll-Anlagen und auch Plattenextrusionsanlagen können von einem zentralen Rechner aus gesteuert und überwacht werden. Führungsgröße ist die mit transversierendem Sensor, z. B. einem Strahlungsmeßkopf, berührungslos gemessene über die gesamte Breite der Erzeugnisse gleichmäßige Dicke, Stellgrößen sind Materialdosierung, Schneckenantrieb, Düsenspaltverstellung und -Temperaturregelung, Kühlwalzen.

Eine Anlage zur Herstellung von *Kunststofftafeln* für das Warmformen (S. 195) zeigt Bild 3.83. Das Kühl- und Glättwalzwerk wird auf minimale eingefrorene Restspannungen hin gesteuert.

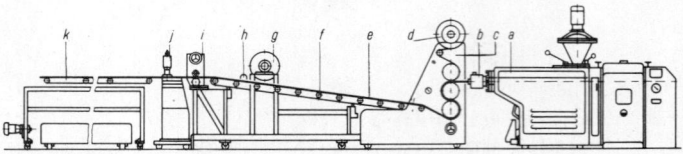

Bild 3.83. Anlage zur Herstellung von Kunststofftafeln
a Extruder, *b* Breitschlitzdüse, *c* Dreiwalzen-Glättwerk, *d* Ablauf für Kaschierfolie, *e* laufende Bahn, *f* Leitrollen, *g* Zwischenläufer, *h* Randschneider, *i* Abzugseinrichtung, *j* Querschneider, *k* Abwurf- und Stapelvorrichtung

Während dieses die Erzeugnisse nur kühlt, glättet und fördert, werden in der „Calandrette" 1–2 mm dicke Bänder von der Breitschlitzdüse zwischen zwei geheizten Walzen auf 0,1–0,8 mm Dicke heruntergezogen, mit einer weiteren Walze geprägt oder poliert und dann erst gekühlt und aufgewickelt. Diese Vorrichtungen kombinieren das Arbeitsprinzip des Kalanders (S. 188) mit dem der Schneckenpresse.

Geschäumte tafelförmige Erzeugnisse s. S. 178.

3.6.5.8 Reckverfahren für Flachfolien

Biaxial orientierte Feinfolien von < 10–25 μm Dicke, vor allem aus PP, PS, PAN, PA, PC, PET, haben um ein Vielfaches erhöhte Festigkeitswerte, hohe Transparenz, Permeationsdichte, Kältefestigkeit. Sie werden auf Zweistufenreckanlagen mit angetriebenen geheizten Walzensystemen für das Längs- und Kluppenbandsystem für stufenweises Querverstrecken (Bild 3.84, S. 186) oder auf Simultan-Reckanlagen nur mit Kluppenketten biaxial gereckt. Durch kurzzeitiges hohes Erwärmen in der abschließenden „Thermofixierstrecke" der Reckmaschinen kommt es bei PA-, PC- und PET-Folien zu spannungsfreier Rekristallisation, z.B. in 2 μm dicken gereckten PC-Kondensatorfolien mit < 1% Schrumpf beim Erwärmen (S. 430). Auch PP- und PE-HD-Verpackungsfolien sind thermofixierbar, nicht dagegen extrudierte PVC-Folien (gereckte Kalanderfolien s. Tafel 3.16, S. 189).

Überwiegend durch *monoaxiales Recken* verfestigte Folien werden mit Rollenlängsreckmaschinen mit engen Reckspalten zwischen zahlreichen kleinen Führungsrollen hergestellt, die das Einspringen der Folie und damit übermäßige Aufspleißen der Folie (s.u.) begünstigende Längsausrichtung der Fadenmoleküle verhindern.

3.6.5.9 Mehrschichtiges und mehrfarbiges Extrudieren

Für die *Coextrusion* werden mehrere – durch Aufteilung der Produktion von drei Extrudern bis zu fünf – Schmelzeströme mit Ring- oder Breitschlitz-Düsensystemen nach Bild 3.85 (S. 187) zusammengeführt.

Die Schmelzen werden bei Breitschlitzfolien durch „Adapter" im Massestrom oder mit getrennten Kanälen in der Düse vereinigt. Bei Schmelzzusammenführung vor der Düse kann in den Luftspalt oxidierendes Gas zur Haftvermittlung eingeblasen werden. Coextrudiert werden

– Mehrschicht-Rohre, -Schlauch- und Flachfolien,
– Verbund-Tafeln, z.B. mit PMMA-Oberflächen über ABS-Kern,
– Hartprofile mit anextrudierten weichen Dichtungslippen,
– mit rotierendem Masseverteiler spiralig gemusterte Ummantelungen von Schaltdrähten, Schläuche und marmorierte Profile.

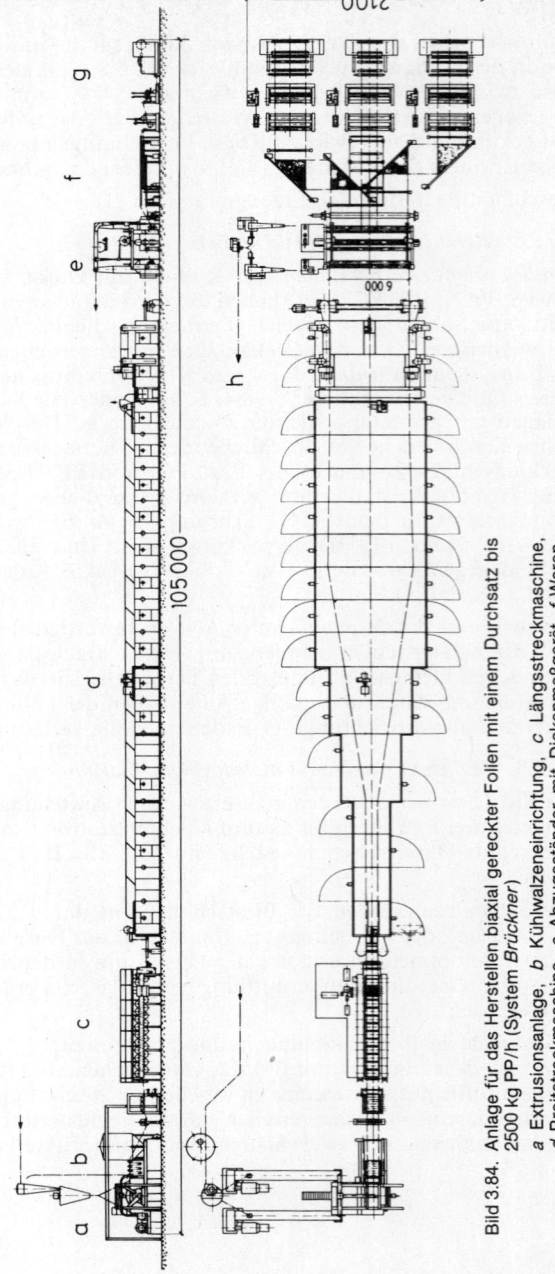

Bild 3.84. Anlage für das Herstellen biaxial gereckter Folien mit einem Durchsatz bis 2500 kg PP/h (System *Brückner*)

a Extrusionsanlage, *b* Kühlwalzeneinrichtung, *c* Längsstreckmaschine, *d* Breitstreckmaschine, *e* Abzugsständer mit Dickenmeßgerät, *f* Warenbahnführung, *g* Aufwicklung, *h* automatische Randstreifenrezirkulierung

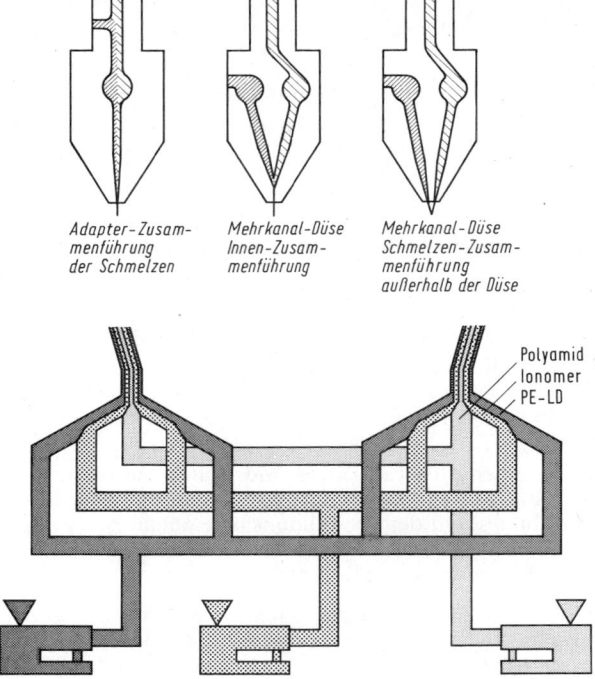

Adapter-Zusam-
menführung
der Schmelzen

Mehrkanal-Düse
Innen-Zusam-
menführung

Mehrkanal-Düse
Schmelzen-Zusam-
menführung
außerhalb der Düse

Polyamid
Ionomer
PE-LD

Bild 3.85. Schichtzusammenführung mit Adapter- oder Mehrkanaldüsen (oben) und
zur Fünfschicht-Blasfolien-Coextrusion (unten); s. a. Bild 3.50, S. 141

3.6.5.10 *Fäden und Fasern aus Folien*

Sowohl mit der Ring- als auch mit der Breitschlitzdüse extrudierte
Folien aus PE-HD und aus PP werden über Schneidvorrichtungen
mit feststehenden Messern, doppelte Heißluft-Verstreckung bis zum
Reckverhältnis 10:1 und Heißluft-Fixierstrecken zu hochfesten
Flachfäden oder Folienbändern von 10–30 μm Dicke und 2–10 mm
Breite verarbeitet. Die verstreckten Bänder neigen zum Aufspleißen.
Durch Kombination verschiedener Kunststoffe, aus Folien, die mit
speziellen Breitschlitzdüsen kapillarartig feinprofiliert hergestellt
werden (Barfilex-Verfahren), mit Fibrillierwalzen und mit nadelbe-
setzten Spleißwalzen werden Spleißfäden und fibrillierte Garne mit
Titern zwischen 0,8 und 8 tex hergestellt, die allen textilen Verarbeitungsverfahren zugänglich sind. Bindegarne und Tauwerk aus Polypropylen, wetter- und korrosionsfeste technische und dekorative Gewebe, Gewirke und Netze sind Anwendungsformen von zunehmender Bedeutung. Beim Weben kann man anstelle des Kettbaums ver-

streckte Folie von der Rolle her einsetzen, die erst unmittelbar am Webstuhl zu Bändchen aufgeschnitten wird.

3.7   Bahnen aus thermoplastischen Kunststoffen

3.7.1   Folien aus Lösungen

3.7.1   Folien aus Lösungen werden durch Gießen (S. 160) und, im Falle des Zellglases, Auspressen („Spinnen") in Fällbäder hergestellt. Solche Folien sind meist dünn (0,01 bis 0,1 mm) und glasklar.

3.7.2   Extrudieren von Bahnen

(Einzelheiten S. 180ff.) liefert
mit Ringdüsen
    Schlauchfolien von 0,005–0,3 mm Dicke in beliebigen Breiten,
mit Breitschlitzdüsen
    Folien von 0,01 mm Dicke aufwärts bis 4 m Breite,
    Tafeln aus harten Kunststoffen von 0,6–30 mm Dicke in 2–3,5 m Breite.

Das Extrudieren ist für Tafeln und Folien aus allen thermoplastischen Kunststoffen möglich, der Investitionsaufwand ist von der Art des Produktes und der Produktionshöhe abhängig.

3.7.3   Kalandrieren von Kunststoff-Folien

Zu den kapitalintensivsten Anlagen der Kunststoffindustrie gehören die Kalanderstraße für PVC- und PVC-P-Folien mit Durchsatzleistungen von mehreren Tonnen pro Stunde (Bild 3.86). Über 90% aller PVC-Folien (Tafel 3.16) werden in der Bundesrepublik

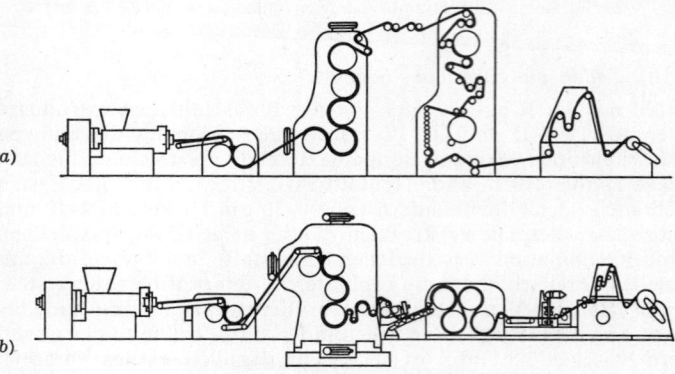

Bild 3.86. a) Schema einer Fünfwalzen-Kalanderanlage in L-Ausführung zum Herstellen von PVC-Folien nach dem Luvitherm-Verfahren

b) Schema einer Vierwalzen-Kalanderanlage in F-Ausführung zum Herstellen von PVC-P-Folien (PVC-weich)

Tafel 3.16. Kalanderfolien

Produkte	Kalander-Walzen		Aus-stoß	Übliche Folien-	
	Länge max. mm	Durchmesser max. mm	m/min	Breiten mm	Dicken mm
PVC-Folien nach dem „Luvitherm"-Verfahren bei 220–250° vergütet und halbgereckt um > 200% gereckt	< 1700	500	6–25	Vorprodukt bis 1400 bis 1200	> 0,18 0,18–0,135 0,08–0,02
Sonstige PVC-Folien	< 2600	600	10–20	bis 1500	0,8–0,06
PVC-P-Folien (PVC-Weich)	(3500)	< 900	8–60	bis < 2300	0,6–0,06

Deutschland auf Kalanderstraßen aus kontinuierlich über Mischer, Extruder, Walzwerke aufbereiteten Schmelzen (S. 66) hergestellt.

Dicke Kalanderbahnen aus S-PVC und PVC-P (Weich-PVC, s. S. 302) bekommen eine unruhige Oberfläche mit „Zupfstellen". Aus modifiziertem PVC werden Hartfolien bis 1,2 mm Dicke gefertigt.

Die Walzen der schweren Vier- oder Fünfwalzenkalander, die in Z-, F- oder L-Form, Fünfwalzenkalander arbeitend auch mit der ersten vor der dritten Walze, angeordnet sein können, sind in ihrem Antrieb, ihrer Lagerung und ihrer Heizung (bis > 200 °C) einzeln regelbar. Infolge der hohen Spaltlasten verbiegen sich die Walzen im Arbeitsbereich. Balliger Schliff und Einrichtungen zur Schrägstellung einzelner Walzen gegeneinander um < 2° sind für Paralleleinstellung der letzten Walzenspalte erforderlich. Dem Kalander sind Kühlpartien mit mehreren Kühlwalzen, auch Prägewalzen und Druckwerke unmittelbar nachgeschaltet. Prägekalander mit etwas geringerer Arbeitstemperatur werden ebenso wie Druckmaschinen für Folien auch einzeln betrieben. Kombination von Extrudern mit Kleinkalandern für Hartfolien s. S. 184.

3.7.4 Mehrschichtige Bahnen

3.7.4.1 *Mehrschichtige Kunststoff-Bahnen*

Koextrusion von Verbundfolien s. S. 185. Folienverbunde werden auch durch Auftrag von PE-Schmelzen aus der Breitschlitzdüse (S. 183) oder/und von Sperrschichten (z. B. PVDC, S. 241, 435) aus Dispersion oder Lösung aufgebaut. Zum „Doublieren", d. h. der Vereinigung zweier gleichartiger Folienbahnen zu einem verläßlich porenfreien Verbund, verwendet man Prägekalander. Die „Auma", auf der vorgewärmte dickere Bahnen durch ein endlos umlaufendes Druckband aus Stahl gegen einen angetriebenen Zylinder gepreßt werden (Bild 3.87, S. 189), dient zum Zusammenkaschieren dickerer Bahnen, z. B. für mehrschichtigen Fußbodenbelag.

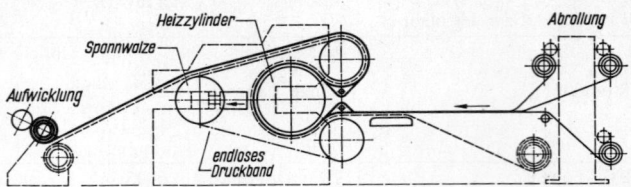

Bild 3.87. Dublieranlage zum Doublieren und Kaschieren mehrerer Folienbahnen *(Berstorff-Auma, Schema).*

3.7.4.2 *Laminieren und Beschichten*

Flexible Laminate aus thermoplastischen Kunststoffen und Trägerbahnen aus Papier oder textilen Vliesen, Gewirken, Geweben (auch
auf Mineral- oder Glasfaserbasis) werden in vielfältigen Anwendungsformen für Verpackungsmittel, Schutzplanen, Baudichtungs-
und Dachbahnen, Werkstoffe für das textile Bauen, rückbeschichtete
Textil-Bodenbeläge und mehrschichtige Elastic-Beläge, Textiltape-
ten, Kunstleder und Schuhoberstoffe gebraucht. Oft werden im kontinuierlichen Durchlauf nacheinander auf den Träger ein Haftvermittler, eine oder mehrere (auch schäumfähige) Beschichtungen und
ein Deckstrich aufgebaut, sowie Mehrfarbendruck- und Prägeanla-
gen in die Fertigungsstraße einbezogen. Mit weiter nach Bedarf zwi-
schenzuschaltenden Trocken-, Gelier- und Kühlstrecken sind diese
hochspezialisierte Großanlagen. Einzelne Fertigungsschritte können
sein:

– *Kaschieren mit dem Kalander* durch Einführen von (vorgestriche-
  nen) Trägerbahnen zwischen die letzten Kalanderwalzen oder mit
  einer Zusatzwalze z. B. für Textil-Tapeten, (Schaum)-Kunstleder
  oder als Grundschicht geschäumter Bodenbeläge mit nachträgli-
  chem Aufschäumen der unterhalb Schäumtemperatur kalandrier-
  ten Kernschicht;

– *Streichen* auf herkömmlichen Streichmaschinen mit dickenbestim-
  mendem Streichmesser (Rakel). Die Trägerbahn wird abgestützt
  unter dem Rakel durchgeführt, vor ihm wälzt sich die dickflüssige
  Streichmasse;

– *Walzenauftragsmaschine oder Reverse-Roll-Coater* (Bild 3.88) für
  höhere Auftragsgeschwindigkeiten und Dicken.

Beide letztgenannten Verfahren erfordern flüssige Beschichtungsmassen (Lösungen, Dispersionen, Pasten, PUR-Vorprodukte) und
anschließende Trocken- oder Gelierkanäle. Im

– *Schmelzwalzenverfahren* (Bild 3.89) wird das Beschichtungsmate-
  rial als Pulver, Granulat, ggf. auch durch eine Zusatzwalze oder
  vom Extruder vorplastifiziert, zwischen die Schmelzwalzen aufgegeben. Die vielseitig ausbaubaren

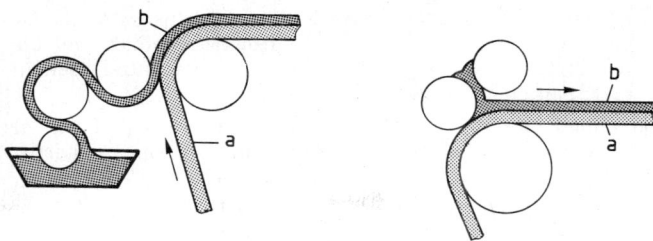

Bild 3.88. Schematische Darstellung einer Vierwalzen-Auftragsmaschine (links) und eines Reverse-Roll-Coaters (rechts). (Werkbild *Menschner*)

a Warenbahn, b Beschichtung

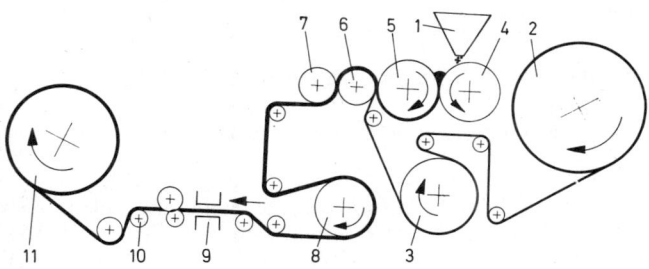

Bild 3.89. Schematische Darstellung des Schmelzwalzen-Beschichtungsverfahrens (*Zimmer-Plastic*)

1 Kunststoffeinspeisung (Pulver, Granulat oder Plastifikat), 2 Substratabwicklung, 3 Vorheizung, 4 verschiebbare Schmelzwalze, 5 feststehende Schmelzwalze, 6 gummierte Abnahmewalze, 7 auswechselbare Glätt- oder Prägewalze, 8 Kühlwalze, 9 Flächengewichts-Meßanlage, 10 Kantenschnitt, 11 Aufwicklung

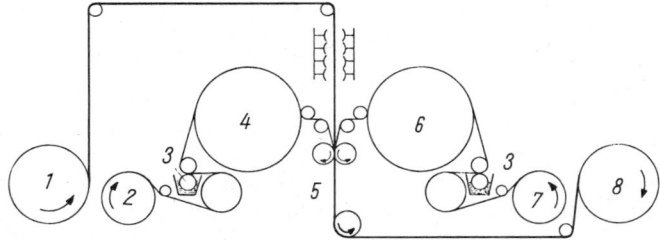

Bild 3.90. Laminieranlage

1 Gewebeabwicklung, 2 Folienabwicklung, 3 Auftragswalze, 4 Heizzylinder, 5 Laminierwalzen, 6 Heizzylinder, 7 Folienabwicklung, 8 Aufwicklung

Heißschmelz-("Hot melt")-Verfahren ohne nachzuschaltende Ge-
lier- oder Trockenkanäle sind wirtschaftlich vorteilhaft und um-
weltfreundlich. Zu ihnen gehört auch der Breitschlitz-Düsenauf-
trag (S. 183) als eine Beschichtungsstation.

– *Laminieranlagen* (Bild 3.90, S. 191) zwischen verschiedenen als
Bahnen vorliegenden Materialien können mit Lösemittel-, Disper-
sions- oder Schmelz-Klebstoffen betrieben werden.

Phosphatierte Stahlbleche und chromatierte Aluminiumbleche werden kontinuierlich in ausgedehnten Anlagen mit tiefziehfähig haftenden Kunststoffdeckschichten veredelt. Nach dem Aufstreichen und
Einbrennen eines Spezialklebers werden wenig weichgemachte PVC-
Bahnen von etwa 0,2 mm Dicke heiß aufgewalzt. Dünnere Schichten
(50 μm) werden im Walzenschmelzverfahren oder als Pulver mit
Vibrationssieben auf heiße Bleche aufgetragen und homogen ver-
walzt, auch aus Organosolen (S. 310) aufgeliert.

Formkaschieren durch Ansaugen von Kunststoff-Folien S. 201.

3.8   Umformen und Fügen von Kunststoff-Halbzeug

3.8.1   Formänderungsbereiche thermoplastischer Kunststoffe

3.8.1.1   *Grundlagen, Arten*

Dem „visko-elastischen" Verhalten von Polymeren mit fadenförmigen Makromolekülen (S. 11) entsprechend sind an allen Formände-
rungen von Thermoplasten unter mechanischer Beanspruchung irreversible Fließvorgänge und mehr oder weniger reversible energie-
und/oder entropie-elastische Verformungen beteiligt. Die Fließvorgänge und Verformungen sind abhängig von dem jeweiligen amorphen bzw. teilkristallinen Stoffzustand (S. 13 ff.) und insbesondere
von den Formungs-Parametern Zeit, Last und Temperatur:

1. Amorphe Thermoplaste im glasartig harten Zustand kriechen zwar
unter hoher Dauerbelastung („kalter Fluß", S. 608), sind aber für
technisches Umformen i. a. zu spröde. Dagegen sind weniger spröd-
harte amorphe Thermoplaste mit lockererer Molekularstruktur bereits unterhalb der Glasübergangstemperatur T_g und teilkristalline
Thermoplaste unterhalb der Kristallit-Schmelztemperatur T_m (Bild
1.6, S. 14) in gewissen Grenzen duktil genug für das *Kalt-Umformen*
(Abschn. 3.8.2), d. h. für eine dreidimensionale bleibende Formände-
rung unter kurzzeitiger Einwirkung hoher Kräfte zwecks Erzeugung
einfacher Formteile.

2. Beim vorwiegend zweidimensional-flächigen *Recken* und dem
eindimensionalen *Längs-Verstrecken* von Monofilen, Drähten und
Bändern werden die Flächen- bzw. Längenabmessungen der Produkte unter entsprechender Dicken- bzw. Querschnittsverminderung
bis zu mehreren 100% vergrößert. Diese Umformverfahren bezwek-
ken eine Verbesserung der Produkteigenschaften durch Orientierung

von amorphen Makromolekül- oder von Kristallitbereichen, insbesondere eine Verfestigung in Beanspruchungsrichtung um ein Vielfaches. Sie werden auch unmittelbar beim Urformen angewandt, z. B. dem Spritzgieß-Preßrecken (S. 137), Streckblasen (S. 145), der Extrusion von Schlauchfolien (S. 180), Breitschlitzfolien (S. 183) und Fäden (S. 187). Amorphe Thermoplaste sind unterhalb T_g allenfalls begrenzt reckbar, Reckungen im thermoelastischen Zustandsbereich müssen eingefroren werden (s. Absatz 3). Teilkristalline Kunststoffe werden durch Kalt-Ziehen bei Raumtemperatur oberhalb der Streckspannung (S. 603) um mehrere 100% standfest verstreckt. Durch anschließendes *Thermofixieren* zwecks Lösung der Orientierungsspannungen in den amorphen Bereichen wird die Verstreckung temperaturstandfest. Zum Streckblasen bei hohen Temperaturen im Kristallit-Bildungsbereich s. S. 146.

3. Amorphe Thermoplaste werden oberhalb T_g über einen ziemlich breiten Temperaturbereich quasi-elastomer thermoelastisch (Bild 1.6, S. 14). In diesem Bereich des vielfältig angewandten handwerklichen und industriellen *Warmformens* (Abschn. 3.8.3 und 3.8.4) können Halbzeuge mit geringen Kräften umgeformt werden. Teilkristalline Kunststoffe, die oberhalb T_m fast unmittelbar in den Schmelz-Fluß übergehen, sind nur begrenzt warmformbar, handwerklich lediglich einige PE-HD- und PP-Sorten. Im optimalen Warmformbereich (Bild 3.91) kann das an dessen unterer Grenze relativ stramm

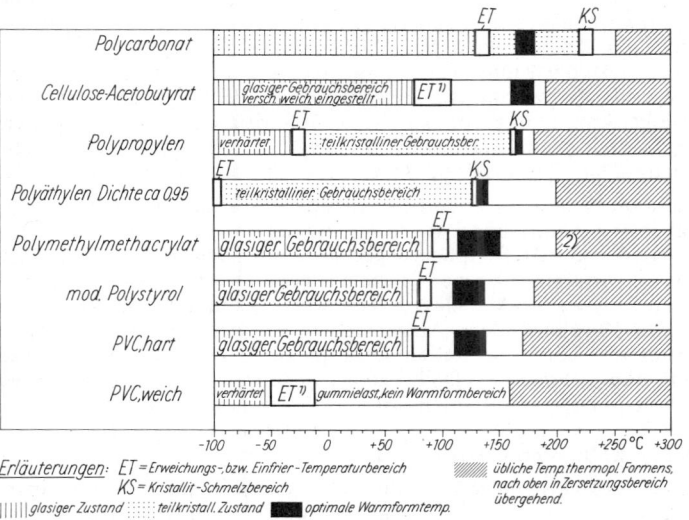

Bild 3.91. Zustandsbereiche thermoplastischer Kunststoffe

Anm.: 1) abhängig vom Weichmacher-Gehalt, 2) nur für Formmassen, gegossenes Acrylglas bleibt bis zur Zersetzungstemperatur thermoelastisch

elastische Material ohne Rißbildungsgefahr mit mehreren 100%
Fließ- und Streckdehnung (S. 195 f.) umgeformt werden, bei höherer
Temperatur geformte Teile sind wegen zunehmend isotropen Fließ-
anteils beim Formvorgang besser temperaturstandfest. Mit weiter zunehmenden Temperaturen nehmen Bruchdehnung und -festigkeit
der immer fließbarer werdenden Materialien so weit ab, daß sie
„warmspröde", d.h. nicht mehr umformbar werden.

Alle Warmformungen sind anisotrop und bei Formungstemperatur
entropie-gummielastisch (S. 16) reversibel. Sie müssen durch Kühlen
des Formteils unter Spannung bis weit genug unterhalb T_g, bzw. T_m,
eingefroren werden und bilden sich beim Wiedererwärmen schon
unterhalb dieser Temperaturen, zum Teil erst oberhalb wieder vollständig zurück.

4. *Gummiartige Kunststoffe,* deren T_g unterhalb des Gebrauchstemperaturbereichs liegen, sind daher *nicht warmformbar.* Halbsteife lederartige Kunststoffe, wie PVC mit 20–30% Weichmachergehalt,
sind in dieser Hinsicht Grenzfälle, siehe den folgenden Abschnitt.

3.8.1.2 *Prägen, Recken, Schrumpfen, Tempern*

Im Übergangsbereich vom fließbaren zum gummielastischen Zustand können auf Weich-PVC-Erzeugnisse Hochglanzoberflächen
oder Narbungen standfest aufgeprägt werden. Folien, Rohre und
halbsteife Schläuche werden im thermoelastischen Bereich zur Verfestigung ein- und zweiachsig gereckt, die Reckeffekte werden unter
Spannung eingefroren. Daß sie bei entsprechendem Erwärmen zurückgehen, benutzt man bei *Schrumpfschläuchen* zum Umkleiden
von Haltestangen und Werkzeuggriffen, bei *Schrumpffolien* für fest
anliegende Verpackungen. *Walzpreßrecken* (WPR) ist ein Verfahren
für Eigenverstärkung von Tafeln aus teilkristallinen Thermoplasten
durch dreidimensionale Orientierung der Kristallite zwischen
Druckwalzen. Die Erzeugnisse sind kalt umformbar (3.8.2).

Vom Formwerkzeug oder den Abzugseinrichtungen erzeugte, verbleibende Orientierungsspannungen in thermoplastischen Halbzeugen werden durch Temperstrecken in der Anlage (Bild 3.75, S. 177)
oder gesonderte Temper-Einrichtungen ausgeglichen, z. B. für
Weich-PVC-Fußbodenbelag in Temperaturkammern von 70–100 °C
vor dem Zuschnitt. Beim Anwärmen zum Warmformen schrumpfen
extrudierte Tafeln und Folien längs um ca. 3%, quer um ca. 1% oder
mehr und nehmen an Dicke zu. Gegossenes Acrylglas schrumpft
beim erstmaligen Erwärmen um je etwa 2% längs und quer.

3.8.2   Kaltumformen thermoplastischer Kunststoffe

Glasig amorphe und teilkristalline Kunststoffe sind teilweise inner-
halb eines bestimmten Teils des Gebrauchstemperaturbereichs den
Umformverfahren des Schmiedens, Kaltwalzens, Stauchens und
Tiefziehens in Analogie zu Metall zugänglich. Allerdings gelten die
Fließ-Gesetzmäßigkeiten der Metalle hier nicht in gleicher Weise,

weil die Kunststoffe beim Umformen anisotrop werden. Diese Techniken nennt man zur Abgrenzung gegen das Warmformen im thermoelastischen Zustand *„Kaltumformen"*, obwohl die dafür optimalen Temperaturbereiche über der Raumtemperatur, zuweilen nahe unterhalb des Erweichungs- bzw. Kristallit-Schmelzbereichs liegen können. Das Kaltumformen von PE-HD, PP, PVC, PTFE, POM, PC, CAB mit den für Metalle üblichen Verfahren und Werkzeugen hoher Leistungsfähigkeit ist mit gewissen Einschränkungen – z. B. hinsichtlich bleibender Eigenspannungen – möglich.

Tafeln bis 1 mm Dicke aus ABS- und ASA-Copolymerisaten können mit den üblichen, aus Ziehring, Niederhalter und Ziehstempel bestehenden Werkzeugen der Metallverarbeitung umgeformt werden, dabei werden die gleichen Schmiermittel wie für Metalle gebraucht. Die Ziehkräfte liegen bei 40–60% der für Metall erforderlichen Kräfte. Bei Raumtemperatur gefertigte Umformteile federn um einige Prozent auf, man kann das durch Verarbeiten auf 80–90 °C vorgewärmten Materials (mit verringerter Geschwindigkeit) vermeiden. Die automatischen Tiefziehpressen der Metallverarbeitung arbeiten mit 60–100 Hüben pro Minute, unter Verwendung von Mehrfachformen kommt man zu einem Ausstoß von > 10 000 Teilen pro Stunde. Die Maschinen- und Werkzeugkosten sind bei vergleichbaren Produktionen 65–75% niedriger als beim Spritzgießen, tiefgezogene Teile (ohne Anguß und Bindenähte) sind schlagzäh. Anwendungsgebiete sind Abdeckhauben, Becher und Schalen für Lebensmittel, Wegwerfgeschirr und technische Kleinteile. Normschrauben mit engen Toleranzen werden aus metallgefülltem PA kaltgeformt. Für großflächige, dünnwandige Teile geringer Ziehtiefe ist das Gummikissen- bzw. Gummimembran-Druckwasser-Preßverfahren zweckmäßig.

Patronenhülsen, Ventilkörper, Flanschen, Pumpenlaufräder, Zahnräder u. a. werden aus PE, PP, POM, PPO kurz unterhalb der Kristallit-Schmelz-Temperaturen, auch aus ABS „geschmiedet". Die Festigkeitswerte der Schmiedeteile sind wesentlich höher als die der Rohlinge. Ähnlich arbeitet das SPPF-(solid phase pressure forming-) Zieh-Verfahren für PP-Verpackungs- und Trinkbecher.

Durch „Festkörperextrusion" und Verziehen durch Düsen, ähnlich dem Drahtziehen von Metallen, sowie durch extremes Verstrecken aus Lösungen gefällter Gele hat man (für Verstärkungsfasern, S. 259) Längsverfestigungen bis nahe der Größenordnung der für Makromoleküle theoretisch zu erwartenden erreicht, z. B. für PE Erhöhung des E-Moduls von etwa 2 GPa bis > 100 GPa.

3.8.3 Handwerkliches Warmformen thermoplastischer Kunststoffe

VDI 2008. Das Umformen von Halbzeug aus thermoplastischen Kunststoffen; Blatt 1 Grundlagen, Blatt 2 Hart-PVC.

Zum Warmformen wird Kunststoff-Halbzeug rasch und gleichmäßig auf die Temperatur optimalen thermoelastischen Verhaltens (S. 193) angewärmt; es muß dann in *einem* Zuge umgeformt und anschlie-ßend gleichmäßig, nicht zu schnell abgekühlt werden. Von den Warmformverfahren

1. Biegen	Abbiegen, Abkanten, Bördeln, Runden	Umformen durch Abwinkeln um gerade oder krumme Bie-geachsen, annähernd gleich-bleibende Materialdicke
2. Ziehformen	a) Formstanzen b) Tiefziehen	Umformen durch Stempel: a) ohne, b) mit Gegenform, federnder Niederhalter, an-nähernd gleichbleibende Materialdicke
3. Streckformen	mechanisch: Strecken pneumatisch: Blasen Saugen	Umformen durch Stempel, Gasdruck oder Flüssigkeit mit oder ohne Gegenform, fester Niederhalter, weitge-hend veränderte Material-dicke

werden 1 und 2 vielfach handwerklich (vgl. VDI 2008), 3 vorwiegend industriell ausgeübt.

3.8.3.1 *Zum Erwärmen des Halbzeugs* in der Werkstatt ist allgemein der Umluft-Wärmeschrank, für Biegevorrichtungen auch örtliche Strahlungs- oder Heißluftheizung am Platze. Bei Montagearbeiten braucht man Heizmittelbäder (Heißwasser, Öl, geschmolzener Talg). Örtliches Anwärmen mit weicher, leuchtender Flamme erfordert große Erfahrung. Flächenstrahler werden hauptsächlich in Warm-formmaschinen angewandt (S. 199).

3.8.3.2 *Biegen, Kalibrieren und Stauchen von Rohren*
Rohre werden zum Biegen mit heißem Sand oder aufgeblasenen Schläuchen, enge Rohre auch mit Drahtspiralen ausgefüllt, an der Biegestelle (nach)gewärmt, frei von Hand oder mit Schablone gebo-gen und mit Wasser von außen gekühlt. Acrylglasrohre biegt man schonend in zweiteiliger Form unter Aufblasen mit Preßluft. Rohr-muffen werden auf dem Gegenrohr oder mit Kalibrierdornen, Über-zugsrohre (die dann durch Wiedererwärmen auf die Unterlage auf-geschrumpft werden) mit Aufweitdornen hergestellt. Rohrenden werden warm in Kalibrier-Ringe und Bundbüchsen eingepaßt. An Polyolefinrohre kann man nach hinreichendem Anwärmen der Rohrenden Bunde anstauchen.

3.8.3.3 *Abkanten und Runden von Tafeln* ist zweckmäßig bis 10 mm Dicke, zu erwärmen ist eine Biegezone von mindestens sechsmal Ta-feldicke. Man biegt mit einer Schablone wie bei der Blechverarbei-tung oder einer Spezialvorrichtung mit Strahlungsheizung. Zum Ab-kantschweißen von Polyolefinhalbzeug siehe S. 205. Weite Rohre werden aus Tafeln mittels eines Rolltuches um einen Holzkern gerollt und längs zugeschweißt; man biegt auch die Tafeln zunächst etwa dreieckförmig zusammen, schweißt die Längsnaht und rundet das Rohr nach erneutem Erwärmen über einem Holzkern. Wickeln von weiten Polyolefinrohren aus extrudierten Profilbändern siehe S. 178.

3.8.3.4 Ziehen

Formstanzen und Tiefziehen bis zur oberen Grenze der Umformungstemperatur vorgewärmter Halbzeuge sind in erster Linie Werkstattverfahren. Beim Formstanzen werden Tafeln beliebiger Dicke mit ungeheizten, auf einer Handpresse aufgespannten Werkzeugen geformt. Zum Tiefziehen, das nur bei dünnen Tafeln oder Folien möglich ist, werden Ziehring und Stempel, die gut abgerundet sein müssen, annähernd auf Formungstemperatur angeheizt; sehr tiefes Ziehen ($> 1:1$) beeinträchtigt meist die Querfestigkeit der tiefgezogenen Wandungen wegen der Orientierungen in Ziehrichtung.

3.8.4 Warmformen mit Maschinen

3.8.4.1 Formwerkzeuge für pneumatische und mechanische Streckverfahren

Werkzeuge für das Warmformen sind geringeren Beanspruchungen als Spritzgieß- oder Preßwerkzeuge ausgesetzt. Für eine Kleinfertigung bis etwa 50 Stück und für Entwicklungsarbeiten genügen Gesenke aus Gips, Stonex-Masse oder Holz. Für den laufenden Betrieb braucht man gut wärmeleitfähige Werkzeuge aus Leichtmetallguß, für feinere Profilierung aus Messingguß, sowie aus Reaktionsharzen (S. 451) mit ca. 60% Al-Pulverfüllung, in die zusätzlich Kühlkanäle eingegossen werden können. Stahl wird, auch wegen der Rostgefahr, selten verwandt. Der Durchmesser von Absaugbohrungen für das Vakuumverfahren darf beim Verarbeiten von Folien maximal 70%, von Tafeln 50% ihrer Dicke sein. Saugschlitze von 0,2–0,3 mm Weite sind meist rationeller als zahlreiche Einzelbohrungen.

3.8.4.2 Verfahrensgrundlagen

Der Dickenbereich frei warmformbarer Halbzeuge geht von 10 mm dicken Tafeln bis zu etwa 0,1 mm dicken Folien. Im thermoelastischen Bereich (s. S. 193) warmgeformt werden Halbzeuge aus Ionomeren, biaxial gerecktem und schlagfestem PS, ABS, ABS-modifiziertem und anderem Hart-PVC, PMMA, PC, PET, auch aus glasfaserverstärkten Thermoplasten und Celluloseestern, PS-Schaumfolien schäumen beim Formen mit 95–100 °C auf die doppelte Dicke auf, sofern sie nicht vorgeschäumt sind. PE und PP oberhalb des „Klarpunkts" müssen beidseitig beheizt, luftgestützt und nach dem Formen bis zur Rekristallisation langsam gekühlt werden. Zum Warmformen lichthärtender UP-GF-Prepregs s. S. 500.

Aus Tafeln werden großflächige, auch verwickelt gestaltete Teile

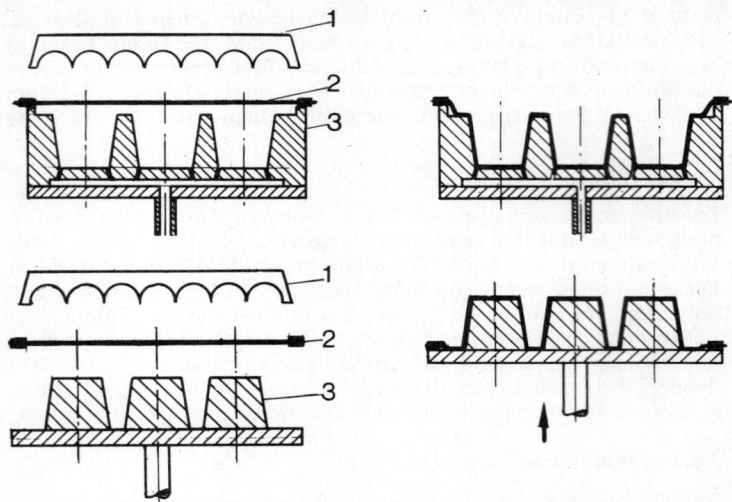

Bild 3.92. Schematische Darstellung des Warmform-Verfahrens
oben: Negativformen mit reiner Vakuumtechnik, *unten:* Positivformen
1 Heizelement, *2* Folie im Spannrahmen, *3* Werkzeug

(z. B. Lichtdecken, Fassadenelemente, Sanitärzellen, Gartenbänke, Container, Gehäuse für Büro- und Kühlgeräte, Fahrzeug-Ausstattungsteile, Boote) in automatischer Fertigung von Serien < 5000 Stück wirtschaftlich vorteilhaft warmgeformt, s. Bild 3.92. Die Formwerkzeuge kosten etwa 20% vergleichbarer Spritzgießwerkzeuge. Halbzeug als Ausgangsmaterial ist andererseits teurer als Formmassen, Aufwendungen erfordert das Abtrennen und Verwerten des Randabfalls. Man strebt an, Großteile randlos zu formen. Mit zweiteiligen Formwerkzeugen, zwischen die zwei Tafeln randverschweißend eingespannt werden, zieht oder bläst man Hohlkörper, z. B. Surfbretter.

Beim *pneumatischen Streckformen mit Vakuum* nehmen diejenigen Teile des Materials, die sich an den Formrändern und flachen Stellen zuerst ansaugen, am weiteren Umformen nicht mehr teil. Dadurch können die Wanddicken an Ecken, Kanten und tiefen Formstellen untragbar herabgesetzt werden. Beim *Umformen mit Blasluft* dagegen gleitet das Material auf der Blasluft; formt man auf diese Weise frei in den Raum, so entstehen Kalotten, deren Wandungen gleichmäßig dick und durch biaxiales Recken verfestigt sind.

Für starke und unregelmäßige Streckformungen benutzt man Vakuum nur zum Ausformen des Materials an der Formwand. Warmformmaschinen sind für das Vorformen unter gleichmäßiger Materialverteilung mit Heißluft-Blaseinrichtungen und Streckstempeln ausgestattet. Durch Vakuumformen allein erreicht man Formungsgrade bis etwa 40% des Formdurchmessers, in Verbindung mit Streckformen allgemein 100–250%, extrem bis zu 400–500%.

3.8.4.3 *Großformatige Warmformmaschinen*

Warmformmaschinen gibt es mit Formflächen von 250×350 mm bis zu 3000×9000 mm, Ziehtiefen von 100–250 cm, Blasluft-Druck bis 20 bar und hydraulisch betriebenen Hilfsziehstempeln (bis 20 N/mm²). Man kann damit bei einseitiger Strahlungsheizung Tafeln bis 2,5 mm Dicke, bei beidseitiger Heizung bis 10 mm Dicke umformen,

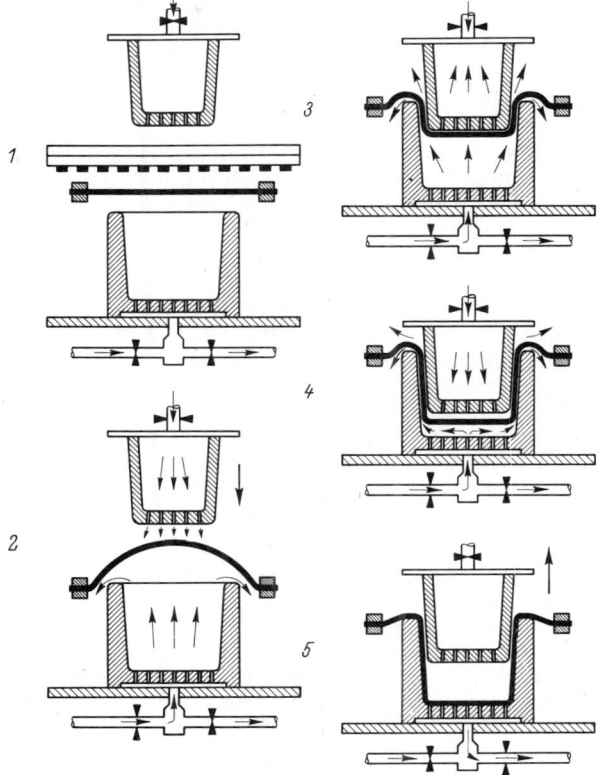

Bild 3.93. Verfahrenskombination für das Warmformen

1. Aufheizen (Heizstrahler oder Spannrahmen verschiebbar angeordnet),
2. Spannrahmen luftdicht schließend abgesenkt, Vorblasen mit Warmluft,
3. und 4. Vorformen mit Stempel, Material gleitet auf der gleichzeitig eingeblasenen Warmluft (Airslip-Verfahren),
5. Ausformen durch Ansaugen an die Formwandung

auch aus zähfließenden Werkstoffen wie Acrylglas oder PVC. Zum gleichmäßigen Durchwärmen braucht man meist etwa 10, bei Polyolefinen bis 20 s/mm. Die Infrarot-Flächenstrahler werden für unterschiedliche Verformungen an einzelnen Stellen zonenweise geregelt oder auch abgedeckt. Der Spannrahmen wird elektrisch beheizt, die Form auf 50–60 °C gehalten. Zum Abkühlen des Formstücks dienen Wassernebel oder kalte Preßluft, mit der das Teil auch ausgestoßen wird. Das Arbeitsprinzip solcher Maschinen zeigen Bilder 3.92, S. 198, und 3.93, S. 199. Örtliche Vertiefungen in großflächigen Formteilen werden mit Einzelstempeln vorgeformt (Plug-Forming). Das Verfahren kann auch so variiert werden, daß man eine kugelige Vorform in den Vakuumkasten saugt, den profilierten Formstempel eintaucht und das Werkstück mit Vakuum auf diesen zurücksaugt (Snap-Back-Verfahren). Allgemein nennt man das Saugen des Formstücks in das Gesenk Negativformung, das Saugen auf den Formstempel Positivformung. Die jeweils der Form anliegende Fläche wird i. a. glatter als die andere.

Warmformmaschinen (s. Bild 3.93) für die Großserienfertigung, z. B. von Kühlschrankgehäusen, gibt es als Einzelaggregate, in Tandemanordnung und als Rundläufer. Für Fassadenbekleidungselemente aus hochschlagzähem PVC und scharfkantig gerasterte Langfeldleuchten-Abdeckungen aus Acrylglas durchwärmt man das Material gleichmäßig im Wärmeschrank und arbeitet mit Druckluft oder beidseitigen Formwerkzeugen. Lichtkuppeln werden meist frei in den Raum geblasen, der Rand wird durch ein Werkzeug geformt.

Im kontinuierlichen mechanischen Streckzieh-,,*Cuspation"-Verfahren* (AU-Entwicklung) für PE-UHWM, PP, Styrol-(Co-)Polymere, PVC, PET wird die vorgeheizte Tafel zwischen endlos umlaufenden Bändern geführt, die beidseits mit wechselweise eingreifenden Ziehstempel-Werkzeugen besetzt sind. Man fertigt so z. B. genoppte Leichtsandwich-Kerne oder konische Rundbehälter von 250 cm³ bis 20 l Inhalt.

3.8.4.4 *Folien-Formteilautomaten für Verpackungen*

mit etwa 800 mm × 500 mm Formtischfläche und bis 150 mm Formtiefe liefern, bestückt mit Vielfachwerkzeugen, pro Stunde 4000 bis >40 000 Verpackungsbecher aus dickeren, Einlagen für Süßwaren-Packungen aus dünneren (transparenten) Folien. In Komplettsystem-Anlagen, die von Großrollen oder – noch rationeller, weil in *einer* Wärme arbeitend – unmittelbar vom Extruder ausgehen, werden mit den erforderlichen Vor- und Nachschalteinrichtungen vollautomatisch gesteuert und geregelt die Formteile gestanzt, unter Zählung gestapelt, in Stapeln der Druckmaschine zugeführt und schließlich eingepackt. Zugleich wird der Stanzgitterabfall entsorgt, ggf. gemahlen zum Extruder zurückgeführt. Andererseits gibt es für Lebensmittelbetriebe Fertigungsstraßen (Bild 3.94) für Becher, die keimfrei gefüllt und geschlossen nach Ausstanzen Kartonfüllstationen zugeführt werden.

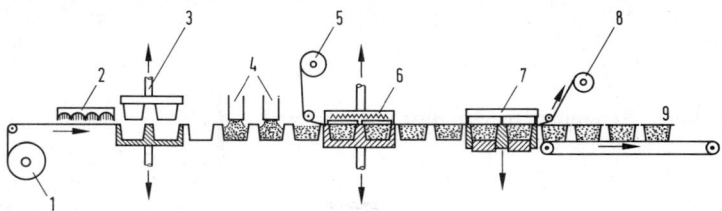

Bild 3.94. Schema einer Form-, Füll- und Verschließmaschine
1 Becherfolie, 2 Heizstation, 3 Formstation, 4 Füllstation, 5 Deckelfolie,
6 Verschließstation, 7 Trennstation, 8 Aufwicklung für das Stanzgitter,
9 Abtransport

Automaten-Werkzeuge können für Vakuum- und/oder Druckluft-, Negativ- und/oder Positiv-Formung ausgelegt sein.

Mit zulaufenden Kaschierfolien zu einer mit vielen Näpfchen ausgeformten Folie stellt man Zweischicht-Verpackungsfolien mit Luftkissen her.

3.8.4.5 *Kaschieren, Skin- und Blister-Packungen*

Beim Form-Kaschieren mit Kunststoff-Folien dient der zu überziehende Gegenstand selbst als Form. Er muß die Last des Vakuums ertragen können, neben der Absaugung am Rande mit Sauglöchern an negativen Formstellen und mit einer Haftkleberschicht versehen sein.

Bei der „Skin"-Packung wird das zu verpackende Gut auf heißsiegelfähigem Karton der erwärmten Folie zugeführt und diese mit Vakuum hauteng dem Gut angeformt. Bei der „Blister"-Packung wird das Gut in vorgeformte Halbkugeln oder Schalen in der Folie gelegt, die dann an den Zwischenflächen mit einer Gegenlage heiß gesiegelt oder verschweißt wird.

3.8.5 Umformen nicht thermoplastischer Kunststoffe

1. *Vulkanfiber* (S. 436) geringer Dicke wird, falls erforderlich nach Anfeuchten, auf Blechbieg-Maschinen, auch auf Heißbieg-Maschinen, gebogen. Gedämpftes Material kann gedrückt und gezogen werden (Prägen, Narben, Rändeln, Vertiefen).

2. *Technisches Hartpapier und Hartgewebe* (S. 505) können in Dicken bis zu 1 mm nach Anwärmen bis zu einem gewissen Maß gebogen werden. Die Biegungen müssen fixiert werden. Beschriftungen können mit einem auf 150 °C bis 200 °C geheizten Stempel (Buchstaben hoch und stabförmig ausgearbeitet, etwas keilförmig) mit Präge-Folien farbig eingearbeitet werden. Dünnes Hartpapier gibt es in warmformbaren Sonderqualitäten.

3. *Dekorative Schichtpreßstoffe* (S. 508) dürfen kalt mit Biegeradien >300 mm gebogen und unter Spannung verleimt werden. Warmbie-

gefähige Sorten werden 3 min beidseitig auf 140 bis 150 °C erhitzt, mit Biegeschablonen bis zu 35 mm Biegeradius gebogen, nach Erkalten in der Biegeschablone federt die Biegung ein wenig zurück.

3.8.6   Schweißen thermoplastischer Kunststoffe

Werkstücke aus gleichen oder ähnlichen thermoplastischen Kunststoffen verschweißt man dadurch, daß man sie im Schweißbereich auf die Temperatur viskosen Fließens erwärmt, zusammendrückt und die Verbindung unter Druck erkalten läßt (DIN 1910, Teil 3). Der *Langzeit-Schweißfaktor* guter Schweißnähte ist > 0,4 bis 0,8 der Festigkeit des Grundwerkstoffs oder übertrifft diese. In Abhängigkeit vom Schweißverfahren und von der Kunststoffart sind einige Kurzzeit- und Langzeitfaktoren angegeben, Tafel 3.17.

Tafel 3.17. Kurzzeit-(f_z-) und Langzeit-(f_s-)Schweißfaktoren (DVS 2205, Teil 1)

Verfahren \ Werkstoff		PE-HD	PP	PVC-U PVC-Hl	PVC-C	PVDF
Heizelementstumpfschweißen	f_z	0,9	0,9	0,9	0,8	0,9
HS	f_s	0,8	0,8	0,6	0,6	0,6
Warmgas-Extrusionsschweißen	f_z	0,8	0,8	–	–	–
WE	f_s	0,6	0,6	–	–	–
Warmgasschweißen	f_z	0,8	0,8	0,8	0,7	0,8
W	f_s	0,4	0,4	0,4	0,4	0,4

DIN 16960, Teil 1 gibt durch Folgeblätter für einzelne Kunststoffe zu ergänzende Grundsätze für das Schweißen von thermoplastischen Kunststoffen und faßt damit zum Teil die älteren Normen DIN 16930/32 zusammen.

3.8.6.1   Werkstatt- und Baustellen-Verfahren

Warmgas- und Heizelement-Schweißen sind die wichtigsten Fügeverfahren für den Rohrleitungs- und Apparatebau[1]) sowie für Überlappschweißungen von Tiefbau- und Dachdichtungsbahnen aus thermoplastischen Kunststoffen auf der Baustelle.

Beim *Warmgas-Schweißen* von Apparatebauteilen aus PE-HD, PP-, PVC-, PVDF-Platten werden V-, X- und Kehl-Nähte dadurch gefügt, daß in die Schweißfugen mit auf 60–70° abgeschrägten Kanten mittels eines öl-, wasser- und staubfreien Warmluftstroms von 50 bis 600 °C Zusatzwerkstoff (z. B. Drähte, Bänder, Profile) aus gleichem Material in je nach Plattendicke erforderlicher Anzahl unter Handdruck eingebunden werden. PMMA ist mit PVC-Zusatzwerkstoff warmgas-schweißbar.

---

[1]) Die AG W4 „Kunststoffe, Schweißen und Kleben" des Deutschen Verbandes für Schweißtechnik (DVS) erarbeitet laufend umfassende normative Richtlinien für Kunststoffschweiß-Halbzeug, -Konstruktionen, -Verfahren, -Geräte, Schweißerprüfungen und für das Kleben von Kunststoffen. Diese sind zu beziehen vom DVS-Verlag, Postfach 2725, 4000 Düsseldorf 1, von dem das Verzeichnis der jeweils verfügbaren Richtlinien und Merkblätter DVS 2201 … 2212 angefordert werden kann.

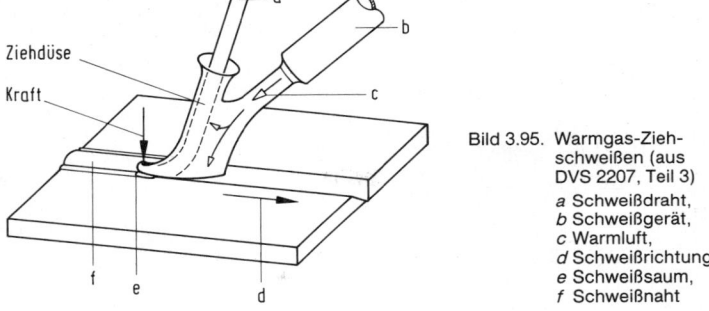

Bild 3.95. Warmgas-Zieh-
schweißen (aus
DVS 2207, Teil 3)

a Schweißdraht,
b Schweißgerät,
c Warmluft,
d Schweißrichtung,
e Schweißsaum,
f Schweißnaht

Druckluft mit 0,2–0,8 bar Überdruck wird als Schweißluftstrom durch ein röhrenförmiges Handschweißgerät mit Handgriff und elektrischer Heizung zugeführt. Es gibt auch Geräte mit eingebautem Gebläse. Die Düse für das meist angewandte *Warmluft-Ziehschweißen* (Bild 3.95) verteilt die Schweißwärme auf das Grundmaterial und den durch eine Hülse laufenden Schweißstab. Die Schweißkraft wird über die schnabelförmige Spitze der Düse übertragen.

Beim „Fächelschweißen" mit Runddüse wird der Schweißstab senkrecht von oben vor dem Gerät unter Handdruck zugeführt und der Schweißbereich durch pendelnde Bewegungen des Geräts fortlaufend erwärmt.

Beim V-Nahtschweißen weicher Kunststoffe (PE-LD, PVC-P) muß der Schweißdruck auf die Nut-Füllprofile mit einer Rolle aufgebracht werden. In der V-Nahtschweißung von PVC-Fußbodenbelägen besorgen das selbstlaufende Maschinen.

Bei automatisierten Warmgas-Schweißanlagen sind Schweißgeschwindigkeit, Luftdurchsatz und Warmgastemperatur einstellbar.

Eine Sonderform des Warmgasschweißens ist das *Extrusionsschweißen,* ursprünglich vorgesehen für dickwandige Werkstücke oder die Überlappungen schwerer Dichtungsbahnen aus PE-HD und PP (Bild 3.96, S. 204). In letzter Zeit gibt es außerdem vorteilhafte Anwendungen des Verfahrens bis herab zu 1,5 mm Wanddicke. Ein seiner Dicke nach die gesamte Schweißfuge ausfüllender Strang in einem transportablen Kleinextruder aufgeschmolzenen Materials wird durch einen geheizten PTFE-Schlauch bis zu 2 m Länge der durch Warmgas auf Schweißtemperatur gebrachten Schweißfuge unter Druck zugeführt. Bei sorgfältiger Temperaturregelung erbringt das Verfahren bei hoher Schweißgeschwindigkeit eine bessere Nahtfestigkeit als das herkömmliche Warmgasschweißen.

Für die hohe Sorgfalt erfordernde Überlapp-Verbindungen von Baudichtungsbahnen (Dach-, Tiefbau-, insbesondere Deponie-Abdichtungen) werden je nach Werkstoff unterschiedliche Verfahren (Tafel

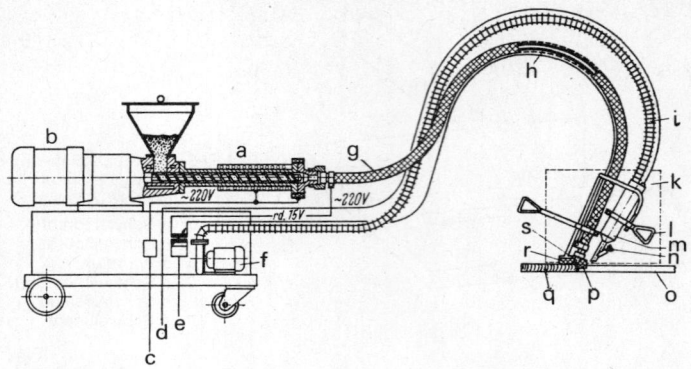

Bild 3.96. Extrusionsschweißgerät

a Extruder, *b* Regelmotor, *c* Temperaturregler für die Extruderheizung, *d* Stromzufuhr für die Lufterhitzer, *e* Temperaturregler für die Schlauchheizung, *f* Gebläse, *g* Schlauchumflechtung als Heizwiderstand, *h* PTFE-Schlauch, *i* Luftschlauch, *k* Schweißkopf, *l* Handgriff, *m* Lufterhitzer, *n* Warmluftthermometer, *o* Schweißfuge, *p* Führungsnase, *q* Schweißgut, *r* Schweißnaht, *s* Schweißschuh, *t* Schlauchmundstück

3.18) mit der Ausführung auf der Baustelle angepaßten handbedienten oder längs der Nähte maschinell geführten Geräten verwendet.

Tafel 3.18. Überlappnaht-Verbindungen für Baudichtungsbahnen

	Polyethylen (PE-HD, PE-LD)	Ethylen-Cop.-Bitumen (ECB)	Polyisobutylen (PIB)	Ethylen-Vinylacetat (EVA)	chloriertes Polyethylen (PEC)	Polyvinylchlorid weich (PVC P)	Ethylen-Propylen-Terpolymer (EPDM)	Butylkautschuk (IIR)	chlorsulfoniertes Polyethylen (CSM)	Chloroprenkautschuk (CR)	Nitrilkautschuk (NBR)
Warmgasschweißen	●	●		●	●	●					
Heizelement schweißen	●	●		●	●	●					
Extrusionsschweißen	●										
sog. Quellschweißen (S. 211)			●	●	●	●	(●)				
Kleben (S. 550)			●¹)				●	●	●	●	●

¹) Dachbahnen mit Selbstklebe-Dichtband

Für das *direkte Heizelementschweißen* werden die Heizelemente elektrisch auf 180–300 °C aufgeheizt. Für Temperaturen bis 260 °C werden sie mit PTFE-Gleitschichten belegt, gegen Verzundern werden sie vernickelt oder versilbert.

Zum *Stumpfschweißen* werden beide Schweißflächen unter geringem Anwärmdruck an das zwischenliegende Heizelement angelegt, bis sich ein Wulst teigig ausgetretenen Materials gebildet hat. Nach dem Entfernen des Heizelements in möglichst kurzer „Umstellzeit" werden sie unter 0,1–2 N/mm^2 Druck so zusammengefügt, daß teigiges Material ausgepreßt wird. Der Fügedruck muß bis zum Abkühlen des Schweißquerschnitts aufrechterhalten werden.

Beim Werkstattschweißen, insbesondere von Polyolefin-Halbzeug, braucht man elektrisch beheizte Schwerter bis 2 m Länge und Heiztische sowie mit der Flamme oder im Wärmeschrank beheizte Elemente verschiedener Form. Zum Einschweißen von Bauteilen in eine Grundplatte werden in diese Nuten entsprechender Gestalt bis zu $\frac{2}{3}$ der Plattendicke eingeschmolzen, der Rand des einzusetzenden Bauteils wird auf der Heizplatte auf Schweißtemperatur erwärmt. Zum Abkanten schmilzt man Nuten gleicher Tiefe ein, beim Knicken des Werkstückes um die Nut entsteht innen ein verfestigender Schweißwulst.

Mit Heizmuffen und Heizdornen werden Innen- und Außenrohr für die Schweißmuffenverbindung von PE-LD, PB und PP in einem Arbeitsgang geformt und erhitzt, es gibt jedoch auch gebrauchsfertige Polyfusions-Schweißmuffen. Überwurf-Fittings mit eingebetteten Drahtwendeln, die elektrisch erhitzt werden, verwendet man für PE-HD. Zum Stumpfschweißen von Großrohren (400–1400 mm Durchmesser) im Rohrgraben dienen Schweißmaschinen mit eingebauten Abricht-Vorrichtungen und einer Hydraulik für den Anwärmdruck, die Rohrbewegung beim Umstellen und für den Fügedruck.

Lötkolbenartige Geräte verwendet man für das Montage-Stumpfschweißen von PVC-P-Profilen (z. B. Treppenhandläufe). Chemiefasergewebe werden mit einem solchen Gerät gleichzeitig getrennt und schweißgesäumt.

3.8.6.2 *Industrielle Schweißtechnik*

1. *Maschinen für direktes und indirektes Heizelementschweißen*

Zur Serienfertigung von Kleinteilen wie Schwimmerkugeln oder zweifach konische Gefäße dienen *Stumpfschweißmaschinen* mit ausklappbarem Heizspiegel, deren Bewegungen nach einem Regelprogramm automatisch gesteuert werden. Ähnlich arbeiten Gehrungs-Schweißmaschinen für Fensterrahmen aus PVC-Profilen.

Dünnwandigen Spritzgußteilen wird die Schweißwärme als Strahlungswärme mit einem etwa 1 mm entfernten 500 °C heißen Heizspiegel zugeführt. Großteile (z. B. Oberschalen auf Bootskörper) verschweißt man über elektrisch aufgeheizte Schweißbänder aus Kupferdraht-PP-Fasergeflechten in der Schweißfuge. Die Entwicklung solcher wie auch der unter 2–5 behandelten industriellen Schweißverfahren ermöglicht es, Spritzgußteile, deren Fertigung in einem Stück hohe Werkzeugkosten erfordern würde, in einfacher herstellbare zu verschweißende Einzelteile zu zerlegen.

Für das kontinuierliche *Heizkeil-Überlappungsschweißen* von weichen Kunststoffbahnen und beschichteten Stoffen aller Art (Dicke etwa 0,2 bis 0,4 mm) verwendet man nähmaschinenartig gebaute Maschinen. Hinter dem ausklappbaren Heizkeil mit geregelter Temperatur werden die Bahnen durch Druckrollen verschweißt und mit 2–15 m/min gefördert. Für dreidimensionale Fertigungen (Hauben, Faltgaragen, Schutzkleidung) steht die Maschine fest, für lange gerade Nähte wird sie längs der ausgelegten Bahnen bewegt.

Die indirekte Heizelementschweißung mit außen auf die Schweißstelle aufgebrachten Heizelementen wird vor allem in der Verpakkungsindustrie angewandt. Das *Wärmekontaktschweißen* mit dauernd beheizten Formelementen in entsprechenden Maschinen dient zum Aufschweißen von Deckeln, zum „Heißsiegeln" von Schmelzschichten und zum Verschweißen der leichter fließbaren Schichten von Verbundfolien. Einfache Backenpressen, auch in Form von Handgeräten (Schweißzangen), braucht man zum Schließen von Säcken und Versandpackungen aus Folien, die Schweißungen sind als Zollverschluß anerkannt.

Maschinen zum *Wärmeimpulsschweißen* von Folienpackmitteln haben Schweißbacken, auf die dünne Heizdrähte oder Heizbänder unter einer nicht zum Kleben bzw. Haften neigenden PTFE-Gleitschicht aufgebracht sind. 0,02 mm bis 0,1 mm dicke Folien werden zum Verschweißen einseitig, solche bis 0,2 mm Dicke (PE-Folien jeweils 0,1 mm dicker) zweiseitig durch kurze Stromstöße beheizt, die Schweißung wird durch die massiven Schweißbacken gekühlt. Maschinen, bei denen die Schweißbacken mit der Folienschlauchbahn bewegt werden, mit Arbeitsbreiten bis 3000 mm, liefern in automatischer Fertigung über 2000 Flachsäcke pro Stunde. Für Beutel mit Klotzboden und Seitenfalten und für Tragtaschen gibt es Maschinen mit mehreren Schweißstationen. Beim *Glühdraht-Trennschweißen* wird das Erzeugnis an der Schweißstelle abgeschmolzen.

2. In *Ultraschall-Schweißmaschinen*

– setzt der *Generator* die Frequenz des Netzstroms (50 Hz) in hochfrequente elektrische Schwingungen (20 bis 50 kHz) um,

– wandelt der *Schallwandler* (Schallkopf, z. B. aus Keramik) diese in mechanische Ultraschallschwingungen um

– überträgt die *Sonotrode* (das Schweißhorn) diese auf die zwischen ihr und dem *Amboß* eingespannten Werkstücke und erzeugt dadurch im Grenzflächen-Bereich Reibungswärme, welche diesen in < 1 s auf Schweißtemperaturen aufheizt.

Die maximale Ultraschall-Leistung der großflächig leistungsfähigeren, aber häufig Lärmschutz-Abkapselung erfordernden 20-kHz-Anlagen ist 4 kW, der geräuschärmeren 40- bis 50-kHz-Anlagen für Schweißnähte bis 120 mm Länge 1,5 kW. Nur wenige Sonotroden-Materialien (Titan, hochfeste Al-Legierungen) widerstehen dauerhaft der Schwingungsbeanspruchung. Damit die Sonotrode nicht vom Schweißgut abhebt und dieses zerstört, ist ein Schweißdruck von 2–5 N/mm² erforderlich.

Im *Kontakt- oder Nahfeld-Schweißen* schweißt man gefüllte Verpackungsschläuche o. ä. mit stegförmigen Sonotroden ohne Rücksicht auf das pulvrige, pastöse oder flüssige Füllgut quer ab. Hauptanwendungsgebiet ist das *Fernfeld-Schweißen* von Formteilen. Die Schwingung wird von entsprechend geformten Sonotroden aus durch das anliegende Fügeteil konzentriert den Schweißkanten zugeleitet, die zugleich so geformt sein müssen, daß das aufschmelzende Schweißgut keinen Schweißgrat bildet (Bild 3.97).

Harte, für dieses Verfahren geeignete, z. T. auch untereinander verschweißbare Kunststoffe sind PS, SAN, ABS, PMMA, POM, PC, PTP, spritzfrische (trockene) PA-Sorten. Ein Füllstoffgehalt erschwert das Dichtschweißen.

US-Schweißen mit 40 kHz ist das Fügeverfahren für Massenerzeugnisse wie z. B. Feuerzeuge, Autorücklichter, Filmkassetten, Diarahmen oder Schreibgeräte. Die Schweißwerkzeuge nutzen sich nicht ab, so daß in automatischer Fertigung mit Taktzeiten von 5–10 s Millionen Stückzahlen mit geringer Ausschußquote gefertigt werden können. An einen Generator können zahlreiche Schweißwerkzeuge, z. B. für über ein Werkstück verteilte Punktschweißungen angeschlossen werden. Weitere US-Anwendungen sind Einsenken von Metallteilen, Nieten und Verbindungen von Thermoplasten mit porösen Stoffen. Großteile (z. B. Auto-Rückspoiler) werden mit 20 kHz zusammengeschweißt.

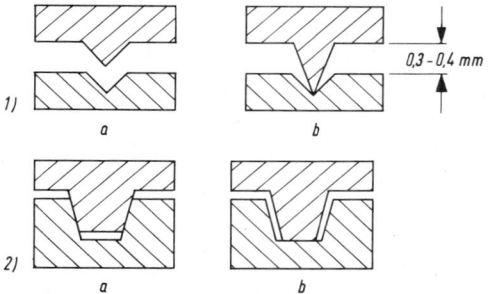

Bild 3.97. Ultraschall-Schweißnahtformen
1) Gratnaht, 2) Nut-Feder-Verbindung,
a schlecht, *b* besser

3. *Reibschweißmaschinen*

Das Reibstumpfschweißen, bei dem die zum Aufschmelzen an den Schweißflächen erforderliche Wärme durch deren Relativbewegung gegeneinander unter Druck erzeugt wird, ist für alle thermoplastischen Kunststoffe anwendbar mit Schweißfaktoren > 0,8. *Rotationsreibschweißmaschinen* (v_u ~ 0,5–8 m/s) (Bild 3.98) für rotationssymmetrische Teile wie Hohlkugeln bis 500 mm ∅, Benzinfilter, Rückschlagventile, Schwimmerstutzen arbeiten mit kontinuierlichem, nach Aufschmelzen abgebremstem Antrieb (c) oder mit Schwungradenergie (d) nach Auskuppeln des Antriebs vor Schweißbeginn. Die Relativbewegung soll innerhalb 0,5 s beendet werden. Der gegenüber dem Anwärmdruck ggf. erhöhte Schweißdruck (0,1–2 N/mm²) wird bis zum Erkalten der Schweißstellen aufrechterhalten. Spezialmaschinen braucht man zum Vorschweißen von Rohrbunden und zum Einschweißen verbindender Konusringe zwischen Rohren und Fittings in lange Rohrstränge. Reibflächen von Hohlkörpern werden zweckmäßig geschäftet oder spitz gezinkt zum V-Nahtprofil, Schweißflächen von > 40 mm ∅ müssen ballig oder flach kegelig gearbeitet sein.

Beim *Vibrationsschweißen* werden die in schallgekapselten Maschinen zusammengespannten Fügeteile durch elektromagnetisch betätigte mechanische Schwinger mit einer Frequenz von 100 oder 240 Hz um einige Winkelgrade angular oder linear gegeneinander gerieben. Mit 240-Hz-Anlagen kann man geometrisch geschlossene Form-

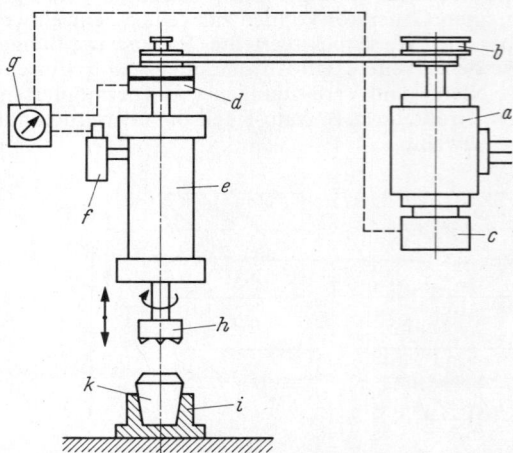

Bild 3.98. Prinzip einer Rotations-Reibschweißmaschine für Serienfertigung

a Motor, *b* Keilriemenscheibe, *c* Bremsvorrichtung (wahlweise), *d* Kupplung (wahlweise), *e* Druckluftzylinder, *f* Druckluftventil, *g* Zeitrelais, *h* Antriebszapfen, *i* Spannvorrichtung, *k* Werkstück

teile bis 150 cm² maximale Schweißfläche herstellen. Das Verfahren ist auch für das Verschweißen von PA geeignet, unabhängig vom Feuchtigkeitsgehalt.

Erzeugnisse sind u. a. Handmaschinen- und Gerätegehäuse, Kraftstofftanks, Expansionsgefäße, Autostoßfänger (auch aus verstärkten Thermoplast-Formteilen).

4. *Hochfrequenz-Schweißmaschinen*

Die Aufheizung von Thermoplasten mit dielektrischen Verlustfaktoren tg $\delta > 0,01$ im Hochfrequenzfeld zwischen kalten oder temperierten linear gestalteten Elektroden kann so gesteuert werden, daß die Grenzflächen zwischen zwei im Feld übereinanderliegenden Tafeln oder Folien in kurzer Zeit auf Schweißtemperatur aufgeheizt werden, während die Umgebung der Schweißbereiche ziemlich kühl bleibt.

Nicht HF-schweißbar sind wenig polare Kunststoffe wie Polyolefine, Polystyrol, PTFE. Das Hauptanwendungsgebiet sind flächige Formschweißungen von Weich-PVC-Folien, auch kombiniert mit Pappe, Watte, Schaum, Textilien. Auch CA, PA, PUR und manche thermoplastische Elastomere sind HF-schweißbar.

HF-Schweißanlagen werden mit HF-Leistungen von 0,1 bis 100 kW, pneumatischen oder hydraulischen Schweißpressen mit bis zu 1000 kN Schließkraft und nutzbaren Schweißtischflächen von einigen 100 cm² aufwärts bis zu Formaten wie 2×3 m für aufblasbare Rettungsflöße gebaut. Solche Anlagen können mit Beschick- und Nachbehandlungs-Stationen zu automatisch arbeitenden Produktionslinien gekoppelt werden. Sie werden in der Regel mit der international ohne Abschirmung gegen Funkstörungen für HF-Schweißen zugelassenen Frequenz $27,12 \pm 1,6$ MHz betrieben. Die Schweißwerkzeuge bestehen aus der oberen Formelektrode aus 1–2 cm hohen, einige mm breiten Messingstäben und der meist plattenförmigen Gegenelektrode in der unteren Pressenplatte. Isolierstoff-Zwischenschichten und Feststoff-Sicherungen, die in Mikrosekunden anspringen, schützen vor gefährlichen Durchschlägen.

Hauptanwendungsbereich kleiner und mittlerer Schweißmaschinen (< 10 kW) sind Hüllen, Bucheinbände, Portefeuiller-Waren, medizinische, Konfektions- und Aufblasartikel aller Art, größerer Kraftfahrzeug-Ausstattungsteile wie Türbekleidungen, Sitzgarnituren, Armaturenbretter und Fahrzeughimmel. Zusätzlich zum Verschweißen können auch Ziernähte oder Prägungen erzeugt werden. Neben ebenen gibt es auch konkav oder konvex gekrümmte Elektroden, z. B. für die Fertigung von Regenbekleidung in einem Arbeitsgang von der Rolle. Mit Spezialelektroden schweißt man Hart-PVC-Ventilator-Schaufeln in die Grundplatten ein.

5. Induktionsschweißen

ist ein Spezial-Fügeverfahren für Formteile aus schwer verbindbaren Kunststoffen, die z. B. unterschiedlich sind. Ein durch Zugabe metallischer Füllstoffe leitfähig gemachtes Kunststoffprofil (Emaweld-Verfahren) wird zum Verschweißen von Hohlkörpern unter leichtem Pressendruck in den Grund der nut- und feder- oder muffenartig ausgebildeten Schweißfuge eingebracht und durch außen angelegte Induktionsspulen mit hochfrequentem Wechselstrom in wenigen Sekunden auf Schmelztemperatur aufgeheizt. Beim kontinuierlichen Schweißen von Bahnen wird das leitfähige Kunststoffprofil zwischen die Bahnen gelegt und unter Rollendruck bei gleichzeitig wirkendem Induktionsstrom erwärmt und damit Schweißfügepartner der Bahnen.

3.8.7   Kleben von Kunststoffen

Richtlinien und Klebstoff-Tabellen:

VDI/VDE 2251: Klebverbindungen
VDI 3821: Kunststoffkleben als konstruktives Fügeverfahren
DVS 2204[1]): Kleben von thermoplastischen Kunststoffen
Blätter 1 PVC-U, 2 Polyolefine, 3 Styrol-Polymerisate, 4 Polyamide
IKV Aachen: „Kleben", Werkstoffkombination aus 37 Kunststoffen, 12 Nicht-Kunststoffen mit 700 Klebstoffen mit- und untereinander tabellarisch erfaßt, Herausgeber Menges/Stockhausen/Reinke

Haftungskräfte beim Verkleben von Kunststoffen lassen sich im wesentlichen auf Nebenvalenz-, Dipol- und Dispersionskräfte zurückführen. Dabei unterscheiden sich die zu verklebenden Kunststoffe nicht nur nach der vorhandenen Oberflächenenergie (Benetzbarkeit), sondern insbesondere nach dem chemischen Aufbau, der die Ausbildung dieser Kräfte ermöglicht. Die bekannt schwierige Verklebung der unpolaren Polyolefine (Polyethylen, Polypropylen) beweist den starken Einfluß der Polaritätseigenschaften. Unpolare Kunststoffe lassen sich daher – bei geringer Festigkeit – nur nach einer Oberflächenbehandlung (Oxidation durch Säuren, Coronaentladung oder Beflammen) verkleben (s. Tafel 3.19, S. 212).

Das Lösungsvermögen bzw. das Diffusionsverhalten der thermoplastischen Kunststoffe macht in vielen Fällen deren Diffusions-Verklebung erst möglich. Für die einzelnen Thermoplaste finden zum Anlösen bzw. Anquellen vorwiegend die im folgenden aufgeführten Lösungsmittel Verwendung:

Polyvinylchlorid (PVC):   Tetrahydrofuran, Cyclohexanon
Polystyrol (PS):   Toluol, Xylol

---

[1]) siehe Bemerkung S. 202

Polymethylmethacrylat (PMMA): Methylenchlorid, Methylethyl-
keton
Polycarbonat (PC): Methylenchlorid
Celluloseacetat (CA): Methylethylketon, Methylalkohol
Polyphenylenoxid (PPE, PPO): Chloroform, Toluol
Polyamide (PA): Ameisensäure
Polyethylenterephthalat (PET): Benzylalkohol.

Im Gegensatz zu den Lösungsmittelklebstoffen findet bei der Anwendung von lösungsmittelfreien Reaktionsklebstoffen, sofern sie
keine die Fügeteile anlösenden Monomere enthalten, keine Veränderung der Fügeteile statt. Zum Einsatz gelangen im wesentlichen
Klebstoffe auf Basis von Epoxidharzen (EP), Polyurethanen (PUR),
Methylmethacrylaten (MMA) und ungesättigten Polyestern (UP).
Eine große Anwendungsbreite haben ebenfalls die Cyanacrylate bei
kleinflächigen Kunststoff- bzw. Elastomerklebungen gefunden.

Die *Diffusionsklebung* durch Anquellen oder Anlösen der Fügeflächen ist somit bei Thermoplasten mit Ausnahmen (z. B. PE, PP,
POM und Polyfluorcarbonen) möglich. Sie führt zu schweißähnli-
chen Verbindungen, kann jedoch eine Spannungsrißbildung fördern. Die *Adhäsionsklebung* durch physikalische und chemische Bin-
dungsvorgänge zwischen Klebeflächen und Klebstoff ist bei fast allen Kunststoffen möglich.

1. *Formteile* aus einem *thermoplastischen Kunststoff* sind *miteinander*
nach Anquellen der zu verklebenden Flächen mit Lösungsmitteln,
deren Wirkung durch Zusatz von Nichtlösern oder gelöstem Kunststoff geregelt wird *(,,Lösungsmittelklebstoffe")*, unter leichtem Druck
sicher zu verbinden. Das sogenannte ,,Überlappungs-Schweißen"
bzw. ,,Quellschweißen" (sprachlich irreführend, weil es sich nicht
um ein Fügen unter Druck und Wärme handelt) von PIB- bzw.
Weich-PVC-Dichtungsbahnen ist ein Lösungsmittel-Klebverfahren.
Polyacetale können mit Hexafluoracetonsesquihydrat klebfähig angequollen, diese und andere nicht ausreichend anlösbare Thermoplaste (Polyolefine, Polyfluorcarbone) nach chemischem Anätzen
bzw. Oxidieren der Klebflächen oder nach Behandlung der Formteile im Niederdruckplasma (S. 224) mit Reaktionsharz-Klebstoffen
bei eingeschränkter, geringer Festigkeit verklebt werden.

2. In der *handwerklichen Verarbeitung* klebt man z. B. Acrylglas für
geringe Beanspruchung mit Lösungsmittelklebstoffen. Optisch einwandfrei und witterungsfest sind dabei auspolymerisierende Bindemittel, die in dickerer Schicht, z. B. als V-Naht, angewandt werden.
Ähnlich klebt man Acrylglas mit Silikatglas, sonst mit Haftklebstof-
fen. PC-Kleber, das sind Lösungen von nachchloriertem PVC (PC
10), gebraucht man für Hart-PVC im chemischen Apparatebau. In
der allgemeinen Rohrleitungstechnik verwendet man anlösende und
dadurch innerhalb normgemäßer Toleranzen ,,spaltfüllende" Klebstoffe mit Tetrahydrofuran als Lösungsmittel (THF-Klebstoffe nach
DIN 16970, z. B. Tangit). Für aufzuarbeitende GFK-Verstärkungen

Tafel 3.19. Klebbarkeit einiger Kunststoffe

Klebbarkeit	Kunststoff	Polarität + polar − unpolar	Löslichkeit + löslich − unlöslich bzw. schwer löslich	Möglichkeit der Diffusionsklebung	Möglichkeit der Adhäsionsklebung
gut	Polystyrol (PS)	+/−	+	+[1]	+
	Polyvinylchlorid – hart (PVC)	+	+	+	+
	Polyvinylchlorid – weich (PVC-P)	+	+	+[2]	+
	Polymethylmethacrylat (PMMA)	+	+	+/−	+
	Polycarbonat (PC)	+	+	+	+
	ABS-Copolymere	+	+	+	+
	Celluloseacetat (CA)	+	+	+	+
	Polyurethan (auch geschäumt) (PUR)	+	−	−	+
	Polyesterharz (UP)	+	−	−	+
	Epoxidharz (EP)	+	−	−	+
	Phenolharz (PF)	+	−	−	+
	Harnstoff-/Melaminharze (UF/MF)	+	−	−	+
bedingt	Polyamid (PA)	+	−	+/−	+
	Polyacetal (POM)	+	−	−	+
	Polyethylenterephthalat (PET)	+	−	−	+[3]
	Kautschuk	+	−	+/−	+
schwer	Polyethylen (PE)	−	−	−	+/−[4]
	Polypropylen (PP)	−	−	−	+/−[4]
	Polytetrafluorethylen (PTFE)	+/−	−	−	+/−[4]
	Siliconharz (SI)	+/−	−	−	+

[1]) nicht möglich bei PS-geschäumt; [2]) nach Vorschrift des PVC-P-Lieferanten; [3]) nach Vorbehandlung mit Natronlauge (80 °C, 5 min); [4]) nur nach Vorbehandlung (3.9.3, S. 224), geringe Festigkeit

wird PVC mit einem anlösenden UP-Harz als Haftvermittler behandelt.

PIB-Bahnen werden auf Beton mit Bitumen-Kunststoff-Schmelzklebstoffen, auf Metall mit speziellen Kontaktklebstoffen aufgeklebt. Die Richtlinien VDI 2531 bis VDI 2534 geben Einzelheiten über den Oberflächenschutz mit Kunststoffbahnen.

3. Für das Verkleben von *Kunststoffen,* vor allem in Form von Bahnen oder Tafeln, *mit undurchlässigem Träger* (Metalle, Beton, Stein, Glas) eignen sich *Kontaktklebstoffe* auf Basis von Natur- oder Synthese-Kautschuk. Sie werden meist auf beide Flächen aufgestrichen, die nach weitgehendem Abdunsten des Lösungsmittels unter Anreiben oder Anklopfen zusammengefügt werden. Gute Kontaktkleber können bei dauernder Schmiegsamkeit erhebliche Scherkräfte aufnehmen, elastisch vernetzende Zweikomponentenkleber auch bei höheren Temperaturen. Polychloroprenklebstoffe verfestigen durch allmähliche Teilkristallisation.

4. Zum Verkleben von *Kunststoffen,* insbesondere Folien, *mit porösen Werkstoffen* (Papier, Pappe, Filz, Textilien, Leder, Holz) eignen sich lösungsmittelfreie *Dispersions-Klebstoffe* (S. 241 ff.). Frischer, flüssiger Klebstoff kann mit Wasser entfernt werden, eingetrockneter nicht. Die Klebungen sind weitgehend feuchtfest.

5. *Duroplastische Formstücke* werden miteinander und mit anderen Werkstoffen mit gleichartigen, kalt oder heiß härtenden Kunstharzen geklebt. *Phenolharz-Schichtpreßstoffe* (aufgerauht oder mit leimfähiger papierrauher Rückseite) binden auch mit Carbamidharz-Leimen ab. Für *dekorative Schichtpreßstoffe* werden außer diesen die unter 3. und 4. erwähnten Klebstoffe benutzt. *Vulkanfiber* und *Kunsthorn* können untereinander und mit Holz mittels aller üblichen Holzleime geklebt werden.

6. *Hochbelastbare Klebeverbindungen* von Bauteilen aus faserverstärkten Hochleistungswerkstoffen (S. 10) untereinander oder mit solchen aus anderen Werkstoffen ermöglichen allgemein die lösungsmittelfreien, drucklos abbindenden *Reaktionsharz-Klebstoffe* (S. 551 f.). Cyanacrylat-Einkomponenten-Reaktionsharzklebstoffe für die Feinwerktechnik s. S. 234.

Weiteres über Klebstoffe s. Abschn. 5.2.2, S. 549 ff.

3.8.8   Schrauben, Nieten, Schnappverbindungen

Die Möglichkeiten für lösbare, bedingt lösbare und nicht lösbare Verbindungen von Kunststoffteilen untereinander oder mit Fügepartnern aus anderen Werkstoffen sind sehr vielfältig. Die Wahl der zweckmäßigen Kunststoffart und die Gestaltung der Formteile können vom Konstrukteur erst dann festgelegt werden, wenn die Entscheidung über das Verfahren des Fügens gefallen ist. Diese Entscheidung beeinflußt häufig in hohem Maß die Wirtschaftlichkeit bei der Fertigung und der Montage der Kunststoffteile und darüber hinaus die Wirtschaftlichkeit oder Bequemlichkeit beim späteren Gebrauch von Geräten oder Gebrauchsgegenständen.

3.8.8.1 *Schrauben und Nieten*

Schrauben bzw. Muttern aus Kunststoffen als Befestigungsmittel sind wegen der i.a. geringen Festigkeit und/oder Steifigkeit der Kunststoffe nur dann sinnvoll, wenn die speziellen Anforderungen an die Schraubverbindung keine andere Wahl zulassen. Das kann zutreffen, wenn eine elektrische Isolation, eine sehr hohe Korrosionsbeständigkeit oder z.B. eine durchgehende Einfärbung erwünscht sind (s.a. VDI 2543 u. VDI 2544 Schrauben aus thermoplastischen Kunststoffen).

Weitverbreitet sind jedoch die Schraubverbindungen mit Metallschrauben, indem z.B. Messingbuchsen mit Innengewinde in Spritz-

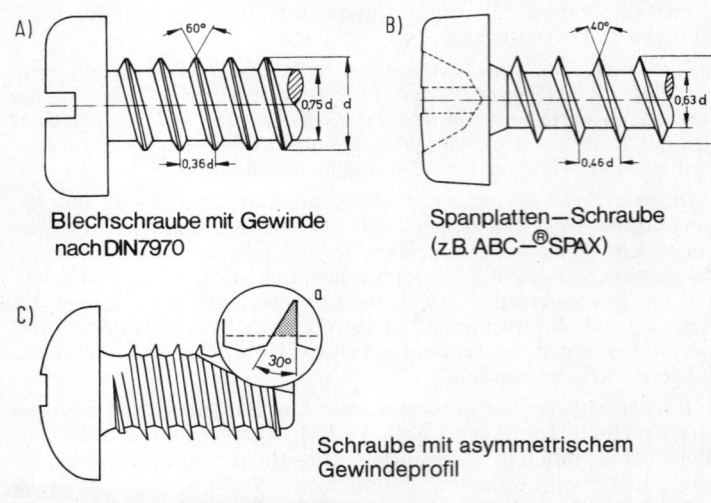

Bild 3.99. Beispiele für selbstformende Schrauben (siehe die dazu passenden Sackloch-Abmessungen in Tafel 3.22)

Typ A: Blechschraube mit Gewinde nach DIN 7970
Allgemeine Kennzeichen: stumpfe Flankenwinkel (ca. 60°); große Kerndurchmesser ($>0,7$D); hohes zu verdrängendes Volumen bewirkt hohe Spannungen in der Schraubhülse, daher weniger geeignet für spannungsrißempfindliche Kunststoffe

Typ B: Spanplatten-Schraube (z.B. ABC–®SPAX)
Allgemeine Kennzeichen: spitze Flankenwinkel ($<45°$); kleine Kerndurchmesser ($<0,65$D); meist höhere Steigung als bei Schraubentyp A; Schraubentyp B ist für thermoplastische Kunststoffe besser geeignet als Schraubentyp A

Typ C: Insbesondere geeignet für Duroplaste, mit großem Anzugs- und Lösemoment.
a: Vergrößerter Ausschnitt mit Lastflankenwinkel von 30°. Die Kerbauskehlung schafft Freiraum für zerspanten Werkstoff, der in das Sackloch (Spanraum) fällt

gußteilen umspritzt sind, s. S. 91. Man kann diese Einlegeteile vermeiden und das Gewinde als Nachbearbeitung herstellen, wobei das metrische Gewinde in die Duroplast- oder Thermoplastteile eingeschnitten wird (das Einformen der Gewinde im Spritzgießprozeß ist i. a. aufwendig beim Werkzeugbau und wegen der Verarbeitungsschwindung ungenau bezüglich der Gewindesteigung). Man wählt eine Gewindetiefe von 2- bis 3mal Schraubendurchmesser. Diese Gewindeschneidarbeiten lohnen sich meistens nur dann, wenn mit den Gewindeschneidern in einem Arbeitsgang zugleich auch andere Nacharbeiten wie Bohren, Abschneiden, Fräsen und dergleichen verbunden werden können.

Besonders bewährt haben sich beim Verschrauben von thermoplastischen Kunststoffteilen spezielle selbstformende Schrauben mit und ohne Schneidkerbe. Tafel 3.20 (S. 216) enthält Bemessungsrichtlinien für einzuformende Längen und Durchmesser der gewindelosen Sacklochbohrungen bei zwei Schraubentypen A und B, s. Bild 3.99 (s. a. Anwendungstechnische Information ATI 482 der Bayer AG von 1988). Man ersieht aus der Tafel, daß bei zähen, wenig rißempfindlichen Kunststoffen (ABS, PA 6 konditioniert) der Durchmesser d_i kleiner sein kann und daß der Schraubentyp B i. a. günstiger ist, speziell auch bei PC.

Beim Verschrauben von duroplastischen Kunststoffteilen sind selbstformende Schrauben günstig, die nicht eine Umformung des Kunststoffes (wie bei zähen Thermoplasten), sondern eine optimale Zerspanung bewirken, Bild 3.99, Typ C. Dazu eignet sich ein asymmetrisches Gewindeprofil mit einem Lastflankenwinkel von 30°. Die Sacklochbohrung sollte etwa $0,85 \cdot d$ (d Schraubendurchmesser), die Spanraumtiefe mindestens $0,8 \cdot d$, besser mehr, betragen, damit nicht beim Einschrauben der Boden am Sacklochende abgesprengt wird.

Das Vernieten von Kunststoffen untereinander oder mit anderen Werkstoffen kann mit Weichnieten aus Kupfer, Messing, Aluminium, auch mit zu umbördelnden Hohlnieten, geschehen. Die Nietschläge müssen in ihrem Impuls (Masse mal Geschwindigkeit) der Bruch- oder Rißempfindlichkeit des Kunststoffes angepaßt sein. Falls einer der Fügepartner ein thermoplastischer Kunststoff ist, kann das Ende der Zapfen des betreffenden Formteils durch Ultraschall zu einem Nietkopf umgeformt werden.

3.8.8.2 *Schnappverbindungen*

Schnappverbindungen sind in vielen Fällen eine technisch und wirtschaftlich günstige Verbindungsart, sie können lösbar oder bedingt lösbar (für nur wenige Öffnungsbewegungen) konstruiert werden. Weil viele Kunststoffe kurzzeitig recht große Dehnwerte ohne Bruch oder bleibende Deformationen zulassen, sind Kunststoffe in besonderem Maße für dieses Fügeverfahren geeignet. Die Bilder 3.100a und b (S. 217) zeigen einfache Beispiele mit Schnapphaken, Bild 3.101 (S. 217) zeigt eine Chassis-Abdeckung mit zwei schnappenden

Tafel 3.20. Selbstformende Schrauben ohne Schneidkerbe
Bemessungsrichtlinien für Schraubzapfen (gültig für d = 2,9 mm bis 5,1 mm)
in Anlehnung an ATI 482, Bayer AG (1988)

Werkstoffe (Beispiele für thermoplastische Kunststoffe)	Schrauben-typ A[1])	Schrauben-typ B[1])
ABS	$d_i = 0,87 \times d$	$d_i = 0,84 \times d$
(PC + ABS) (mit niedrigem PC-Anteil)	$d_i = 0,90 \times d$	$d_i = 0,86 \times d$
(PC + ABS) (mit hohem PC-Anteil)	nicht	$d_i = 0,89 \times d$
PC	empfehlens-	$d_i = 0,90 \times d$
PC glasfaserverstärkt	wert	$d_i = 0,92 \times d$
PET	$d_i = 0,89 \times d$	$d_i = 0,85 \times d$
PET glasfaserverstärkt	$d_i = 0,91 \times d$	$d_i = 0,87 \times d$
PA 66 glasfaserverstärkt, spritzfrisch	$d_i = 0,94 \times d$	$d_i = 0,90 \times d$
PA 66 glasfaserverstärkt, konditioniert	$d_i = 0,92 \times d$	$d_i = 0,87 \times d$
PA 6 spritzfrisch	$d_i = 0,90 \times d$	$d_i = 0,86 \times d$
PA 6[2]) konditioniert	$d_i = 0,85 \times d$	$d_i = 0,82 \times d$
PA 6 glasfaserverstärkt, spritzfrisch	$d_i = 0,92 \times d$	$d_i = 0,88 \times d$
PA 6 glasfaserverstärkt, konditioniert	$d_i = 0,90 \times d$	$d_i = 0,86 \times d$

[1]) Schraubentypen s. Bild 3.99 Typ A und Typ B
[2]) Tragende Länge $\geq 3 \times d$ empfohlen, um VDE-Vorschriften zu erfüllen
[3]) Je größer Einschraubtiefe, desto besser werden VDE-Vorschriften erfüllt

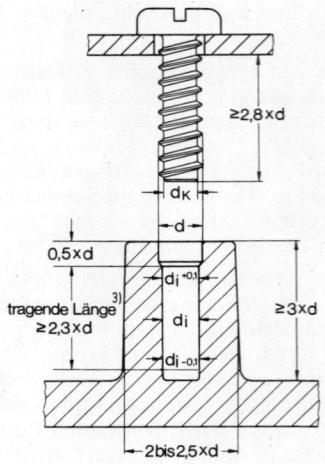

Laschen mit großer Kraftübertragung, die durch Daumendruck in
Pfeilrichtung ausgeklinkt werden können. Bild 3.102 stellt eine unterbrochene Ringschnappverbindung dar.

Die wichtigsten Grundformen für solche Verbindungen sind: federnde Haken, Ringschnappverbindungen und Torsionsschnappver-
bindungen. Die Berechnungsgleichungen für zwei einfach gestaltete

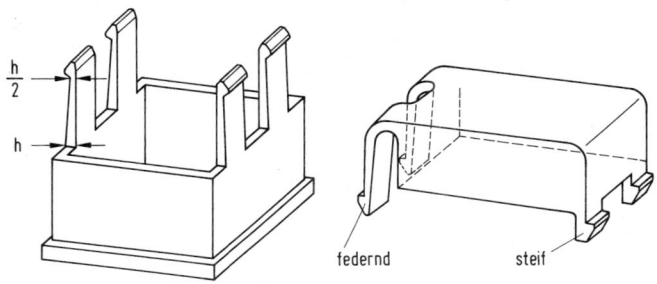

Bild 3.100. a) Baustein für Schaltwände mit vier Schnappärmchen
b) Abdeckklappe mit zwei steifen und zwei federnden Schnapphäkchen

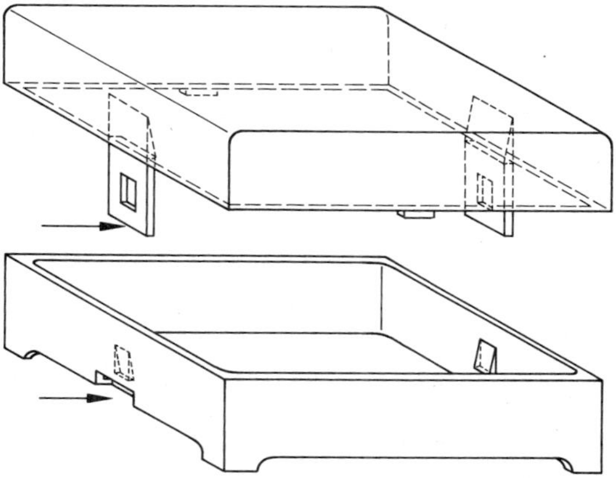

Bild 3.101. Lösbare Schnappverbindung
einer Chassis-Abdeckung

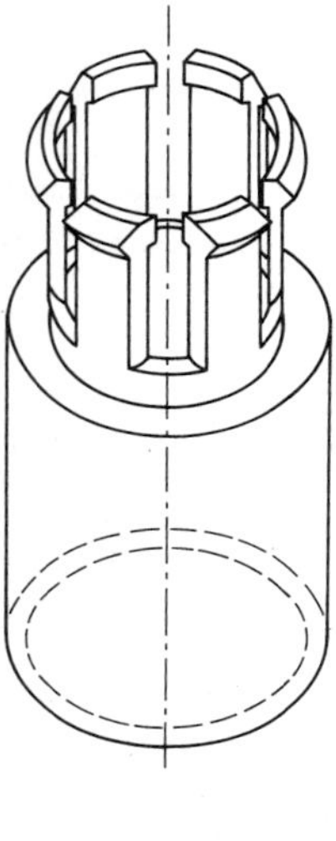

Bild 3.102. Unterbrochene Ringschnappverbindung

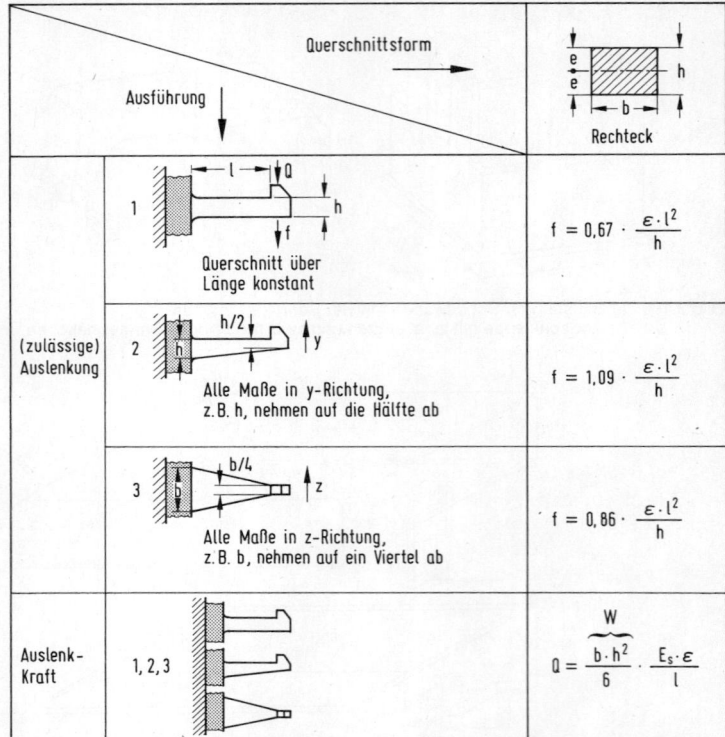

Bild 3.103. Berechnungsgleichungen für Schnapphaken

f (zulässiger) Federweg (≙ Hinterschnitt), *ε* (zulässige) Dehnung in der Randfaser der Einspannstelle (in den Formeln: *ε* als Absolutwert = Prozentwert/100), *l* Armlänge, *h* Dicke am Einspannquerschnitt, *b* Breite am Einspannquerschnitt, *e* Randfaserabstand von der neutralen Faser (Schwerpunkt), *W* axiales Widerstandsmoment ($W = \frac{I}{e}$; *I* = axiales Trägheitsmoment), E_s Sekanten-Modul, *Q* (zulässige) Auslenkkraft

Schnapphaken sind Bild 3.103 zu entnehmen. Die Rohstoffhersteller geben Hinweise für ihre verschiedenen Kunststoffe, um die Hakendicke h, die Auslenkkraft Q und die Fügekraft, auch bei komplizierter Gestalt, im einzelnen berechnen zu können (z. B. Bayer AG: Schnappverbindungen aus Kunststoff, Gestaltung und Berechnung, Bestell-Nr.: KU 46036, Ausgabe 12/90).

3.9   Sonstige Bearbeitungsverfahren

3.9.1   Ausschneiden, Lochen, Trennen

Die meisten der für spanloses Stanzen und Schneiden üblichen Maschinen und Werkzeugarten werden auch für Kunststoff-Halbzeuge gebraucht. Richtwerte dafür gibt Tafel 3.21 (S. 220/221).

Weiche Kunststoffe werden auch mit geheiztem Messer getrennt, Schaumstoffe von Hand oder maschinell mit Heizdraht-Geräten geschnitten. Acrylglas und dekorative Schichtpreßstofftafeln geringer Dicke lassen sich nach 5–10mal Anreißen mit dem Stichel (Hartmetallspitze) ähnlich wie Glas brechen.

Für das Trennen und Bohren von Thermoplasten hat sich das CO_2-*Laser-Brennstrahl*-Verfahren mit Absaugung bewährt, für schwer bearbeitbare Kunststoffe der mit hoch energetischem UV-Licht arbeitende, nicht wärmewirksame Excimer-Laser. Erzeugnisse aus Prepregs und anderen Faserverbundwerkstoffen besäumt man durch *Hochdruck-Wasserstrahl-Schneiden* (2500–4500 bar). Die Geräte werden von Hand oder Koordinaten-Führungsmaschinen mit elektronischer Abtastung geführt. Vorteile sind in beiden Fällen exakte Schneidkanten, geringe Schnittfugenbreite, rascher Vorschub ohne Staub- oder Spanbildung.

3.9.2   Spanendes Bearbeiten

VDI 2003 Spanende Bearbeitung von Kunststoffen

3.9.2.1   *Maschinen und Werkzeuge*

Die spezifischen Schnittkräfte von ca. 200 N/mm² für Duroplaste und 100 N/mm² für Thermoplaste sind gering. Schnell laufende, starr gebaute und kräftig gelagerte *Maschinen* für die Leichtmetall- oder Holz-Bearbeitung ermöglichen die hohen Arbeitsgeschwindigkeiten bei geringem Vorschub und kleinem Spanwinkel, die erforderlich sind, um Ausreißen spröder Kunststoffe und Wärmestau hintanzuhalten. Bei übermäßiger Erwärmung der schlecht wärmeleitenden Kunststoffe kann es zum Schmieren, Verbrennen der Werkstücke oder Ausglühen der Werkzeuge kommen. Jedenfalls ist die Wärmeausdehnung der Kunststoffe zu berücksichtigen und das Werkstück zu kühlen. Die beste Kühlung ist die Wärmeabfuhr über den Span mit einem Luftstrahl, die allerdings nur bei Thermoplasten mit langen, zusammenhängenden Spänen möglich ist. Damit solche Späne nicht hängen bleiben, sind die Werkzeugspitzen abzurunden. Die kurzen, staubenden Späne von Duroplasten müssen abgesaugt werden. Flüssigkeitskühlung kann (bei GFK) von Nutzen sein, Kühlmittel dürfen die Werkstoffeigenschaften nicht beeinflussen. Schmiermittel (MoS_2) verbessern die Oberflächengüte z.B. von PMMA. Dem Schutz der Maschinen dient Motorkühlluft von außen, Harmonikaschutz der Drehmaschinen-Bettführung.

Tafel 3.21. Richtwerte für das Schneiden von Kunststoffen

Werkstoff	A. Stofflich Rückfederung[3])		B. Verfahrenstechnisch	
	bei +20 °C	bei +60 °C	maximal schneidbare Materialdicke	verarbeitbar im Temperaturbereich
	%	%	mm	°C
Duroplaste				
Hp DIN 7735	0,6–1,0	1,0	3,0	20.. > 90[4, 5])
HGw DIN 7735	0,5–1,0	1,0	3,0	> 90[5])
GFK mattenverstärkt . .	0,7–1,0	1,0	3,0	20–40
GFK gewebeverstärkt . .	0,6–1,0	1,0	3,0	20–40
Thermoplaste				
Polyethylen	1,5–2,5	2,0–3,0	5,0	20–30
Polyamid[1])	2,5–4,0	3,0–5,0	5,0	20–40
Polystyrol	1,0–2,0	1,0–2,0	5,0	20–40
Polycarbonat	1,0–2,5	1,5–3,0	5,0	20–40
Polymethacrylat	1,5–4,0	1,5–4,0	5,0	20–40
PVC hart[1])	3,5–7,0	5,0–7,0	5,0	20–40
Polyacetal	1,0–2,5	2,0–3,0	5,0	20–40
Celluloid[1])[2])	1,0–2,0	2,0–3,0	5,0	20–30
Vulkanfiber	0,5–1,5	1,0–2,0	5,0	20–30
Preßspan	0,5–1,5	1,0–2,0	5,0	20–30

[1]) Lochform konisch.
[2]) Im allgemeinen Messerschnitt, Richtwerte gelten für Stanzschnitte.
[3]) Die Rückfederung ist die Abweichung des Lochdurchmessers im Werkstück bezogen auf das Schneidstempelmaß, Orientierungsrichtung der Trägermaterialien beachten.

Werkstückspanner sind mit elastisch wirkenden Spannelementen auszustatten, um Verspannungen im Werkstück zu vermeiden. Die in der Metallverarbeitung üblichen Werkstückspanner sind nur bedingt geeignet.

Als *Werkstoff der Werkzeuge* ist Werkzeugstahl nicht geeignet. Mit Schnellstahl (SS) kann man bei ungefüllten Thermoplasten wirtschaftliche Standzeiten erreichen, für hohe Stückzahlen und bei Duroplasten allgemein ist Hartmetall (HM) besser. Oxidkeramische Werkstoffe entsprechen – bei gegebenen Voraussetzungen für ihre Verwendung – den geforderten hohen Schnittgeschwindigkeiten, diamantbestückte Werkzeuge ermöglichen sehr enge Toleranzen über große Serien.

Tafel 3.21. Fortsetzung

B. Verfahrenstechnisch		C. Werkzeugtechnisch				
Abstand L bis R⁶)	Loch-durch-messer	Schneid-spalt	zylin-drischer Teil im Werkzeug	Nieder-haltekraft in % der Schneid-kraft	Schnitt-geschwin-digkeit	Freiwinkel für Schnitt-platten-durch-brüche
min.	min.	mm	min. mm		mm/s	
0,8 s	0,8 s	0,01–0,04	2,0	30–40	50– 70	2–10°
0,8 s	0,8 s	0,01–0,04	2,0	20–40	50– 70	2–10°
1,4 s	1,4 s	0,01–0,04	2,0	30–50	40– 60	2–10°
1,3 s	1,3 s	0,01–0,04	2,0	30–50	40– 60	2–10°
2,0 s	0,5 s	0,01–0,04	2,0		60– 80	2–10°
1,5 s	0,5 s	0,01–0,03	2,0		60– 80	2–10°
1,5 s	0,3 s	0,01–0,06	2,0		60– 80	2–10°
1,5 s	0,3 s	0,01–0,04	2,0	Zwangs-abstreifer bei Bedarf	60– 80	2–10°
2,0 s	0,5 s	0,01–0,04	2,0		60– 80	2–10°
2,0 s	0,3 s	0,01–0,04	2,0		40– 80	2–10°
1,5 s	0,3 s	0,01–0,04	2,0		80–100	2–10°
1,5 s	0,3 s	0,01–0,04	2,0		60– 80	2–10°
0,8 s	0,8 s	0,01–0,04	2,0		80–100	2–10°
0,8 s	0,8 s	0,01–0,04	2,0		80–100	2–10°

) Je nach Typ, s. a. S. 505 f.
) In geringen Dicken und bei einfachen Schnitten auch bei Raumtemperatur schneidbar.
) L = Lochrand, R = Werkrückstand, s = Werkstückdicke.

Richtwerte für die Werkstoffauswahl sind:

Thermoplaste unverstärkt: SS Klasse EV 4, EV 4 Co, E Mo 5 V 3; HM Sorten K 10 bis K 40.

Duroplaste, organisch gefüllt: HM Sorten K 10 bis K 40.

Thermoplaste, glasfaserverstärkt: HM Sorten K 05 bis K 10, Sondersorten M 10, M 20, M 40.

Duroplaste, mineralisch gefüllt: Diamantwerkzeuge.

3.9.2.2 *Richtwerte für einzelne Verfahren*

Für das *Drehen, Fräsen* s. Tafel 3.22 a u. b (S. 222 u. 223)

Tafel 3.22 a. Richtwerte für das Drehen

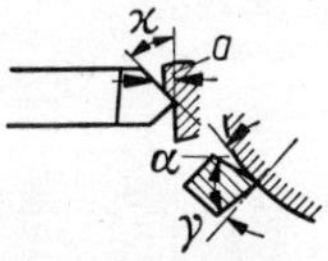

α Freiwinkel	(°)
γ Spanwinkel	(°)
κ Einstellwinkel	(°)
v Schnittgeschwindigkeit	m/min
s Vorschub	mm/U
a Spantiefe	mm

Hohe Schnittgeschwindigkeiten bei kleinem Spanquerschnitt.
Gegenlage auf der Auslaufseite, um Ausreißen zu vermeiden.

Kunststoffe	Werkzeug	α	γ	κ	v	s	a
PMMA, AMMA	allg. SS¹	5–10	0– 4	ca. 15	200–300	0,1–0,2	bis 6
PS, SAN		5–10	0– 2	ca. 15	50– 60	0,1–0,2	bis 2
POM		5–10	0– 5	45–60	200–500	0,1–0,5	bis 6
PC, PTFE (u. ä.)		5–10	0– 5	45–60	200–300	0,1–0,5	bis 6
PVC, CA, CAB		5–10	0– 5	45–60	200–500	0,1–0,2	bis 6
PE, PP, PA		5–15	0–10	45–60	200–500	0,1–0,5	bis 6
Duropl., auch org. gefüllt	SS	5–10	15–25	45–60	bis 80	0,05–5²	bis 5¹
	HM		10–15	45–60	bis 400		
Duropl., anorg. gefüllt	nur HM	5–11	0–12	45–60	bis 40		

¹) Spitzenradius r mindestens 0,5 mm.
²) Abhängig von Einspannung und Stabilität.

Tafel 3.22b. Richtwerte für das Fräsen

α Freiwinkel (°)
γ Spanwinkel (°)
v Schnittgeschwindigkeit m/min
s Vorschub mm/U

Übliche Fräsmaschinen, Handfräsen zum Abarbeiten von Schweißraupen und Gravieren.
Höchste Schnittgeschwindigkeit mit schnelllaufenden Oberflächen.
Fräser mit Kreuzverzahnung und großer Schneidenzahl.

Kunststoffe	Werkzeug	α	γ	v	s
PMMA, AMMA ...	allg. SS	2–10	1–5	bis 2000	bis 0,5 mm/U
POM ...		5–10	bis 10	bis 100	
PC, PTFE (u. ä.) ...		5–10	bis 10	bis 1000	
PVC ...		5–10	bis 15	bis 1000	
CA, CAB ...		5–25	bis 15	bis 1000	
PE, PP, PA ...		5–15		bis 1000	
Duropl., auch org. gefüllt ...	SS	bis 15	15–25	bis 80	0,5–0,8
	HM	bis 10	5–15	bis 400	0,3–0,9
Duropl., anorg. gefüllt ...	HM	bis 10	5–15	bis 1000	
	Diamant			bis 1500	

Bei zähen Werkstoffen (Thpl.) Drehstahlspitzen abrunden.
Spantiefe, abhängig von Einspannung und Stabilität, bis 5 mm.

Zum *Gewindeschneiden,* in Schichtpreßstoffen senkrecht zur Schichtung, verwendet man Innengewindebohrer mit drei breiten Spannuten, außen Gewindestrahler, für beides auch Oberfräsen. Wegen der Kerbempfindlichkeit der Kunststoffe tragen Gewinde wenig. Zumindest zu feine Gewinde vermeiden, Sackloch mehrere Gänge tiefer als Schraube, bei unverstärkten amorphen Kunststoffen nur grobe Rundgewinde nach DIN 405 (S. 214).

Hobeln mit Tischlerhandhobel zum Abgleichen und Facettieren von Kanten ist bei allen Kunststoffen möglich. Maschinelles Hobeln ist der kleinen Schnittgeschwindigkeit wegen wenig wirtschaftlich.

Zum *Schleifen* von Duroplasten – Thermoplaste schmieren dabei leicht – verwendet man Carbocorundscheiben Körnung 48–60, für GFK am besten keramikgebundene Siliciumkarbid- oder diamantbesetzte Scheiben. Spitzenlose Schleifmaschinen und reichliche Wasserkühlung sind zweckmäßig.

3.9.3   Oberflächenbehandlungen

VDI/VDE 2421 Kunststoffoberflächenbehandlung in der Feinwerktechnik, Übersicht und Blatt 1 Mechanische Bearbeitung, Blatt 2 Metallisieren, Blatt 3 Lackieren, Blatt 4 Bedrucken und Heißprägen, s. a. VDI 2533 u. VDI 2537.

Um die Oberflächen von Kunststofferzeugnissen haftfest beschichten zu können, sind vielfach *Vorbehandlungen* zur Beseitigung von Oberflächenfehlstellen oder Verunreinigungen aus dem Herstellungsprozeß oder der Umgebung erforderlich. Schwer benetzbare Oberflächen wie die von Polyolefinen, Polyfluorcarbonen, Polyacetalen müssen für das Verkleben, Lackieren, Bedrucken, Metallisieren durch chemische Reaktionen „aktiviert" werden, s. S. 210.

Die mechanische Vorbehandlung großflächiger Teile mit porösen oder schlierigen Oberflächen durch Schleifen oder Strahlen ist arbeitsaufwendig, zur haftverbessernden Aufrauhung sowie bei hohen Anforderungen an die Oberflächengüte lackierter Teile, z. B. „Class A" im Fahrzeugbau, zuweilen unvermeidbar erforderlich. Trennmittelreste werden durch Abwaschen mit Lösemitteln, in Spezialanlagen durch Lösemitteldampf oder Ultraschall-Reinigung im Lösemittel entfernt, durch elektrostatische Aufladung angezogener Staub wird mit deionisierter Luft abgeblasen.

Oberflächen-Aktivierungsverfahren sind das *Anätzen* mit hoch reaktiven (gefährlichen, gewerbehygienischen bedenklichen) Chemikalien, das *Beflammen* mit Butan- oder Propangasflammen und das *Corona-Behandlung* genannte Bombardement der Oberflächen durch energiereiche Ionen im Hochspannungsfeld in Luft bei Normaldruck. Die letztgenannten Verfahren können in kontinuierliche Prozesse eingeschaltet werden, die Intensität und Dauer der Aktivierung sind begrenzt.

Der Corona-Behandlung grundsätzlich ähnlich, aber hinsichtlich Intensität und über 100 h andauernde Wirksamkeit sehr viel effektiver ist die für Thermoplaste und Duroplaste anwendbare *Aktivierung im Niederdruckplasma.* Zylindrische Zykluskammern bis zu mehreren m³ Inhalt für Massenteile, Parallelplattengeräte für Großteile der diskontinuierlich arbeitenden Anlagen (Bild 3.104) werden nach Evakuieren auf 0,1–10 mbar bei fortlaufender Pumpe kurzzeitig mit Prozeßgas (O, N, F, Edelgase) dieses Drucks unter Hochfrequenzspannung im prozeß- und volumenabhängig zu wählenden hHz ... GHz-Bereich beaufschlagt. Herausschlagen von Atomen („sputtering") und Aktivierung („Trocken-Ätzung") von Oberflächen durch die entstehenden hoch aufgeladen beschleunigten Anionen, Elektronen und Atome des Plasmagases (mit O_2 unter Abspaltung von abgesaugtem CO_2 und H_2O) und zugleich auftretende UV-Strahlung erfordert in Sekunden zu messende Zeiten, so daß die Zyklen nur einige Minuten dauern. Das erhebliche Anlagekosten erfordliche Verfahren arbeitet trotz der Diskontinuität daher auf Stückkostenzahl berechnet wirtschaftlich. Die Formteile werden im Plasmareaktor 60–100 °C warm.

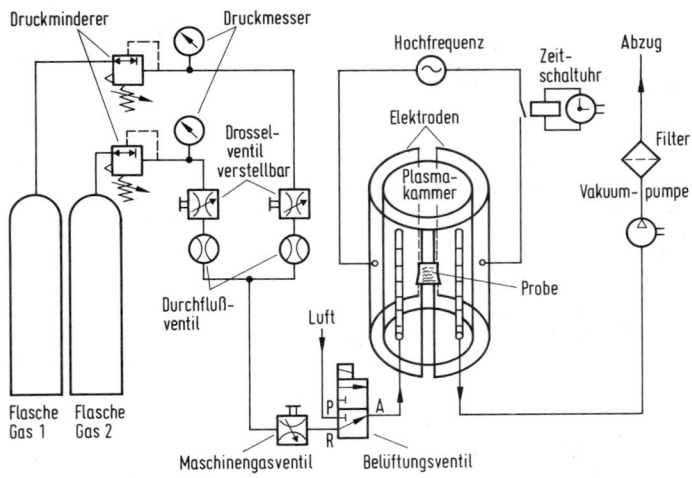

Bild 3.104. Prinzipskizze einer Niederdruckplasmaanlage

Setzt man dem Prozeßgas Monomere zu, so werden diese im Niederdruckplasma polymerisiert. Anwendungen des Niederdruck-Plasma-Verfahrens zum Korrosionsschutz von Werkstoffen durch Polymer-Dünnbeschichtungen sind in Entwicklung.

Einzelverfahren der Oberflächen-Ausstattung sind:

1. *Polieren:* Spanlos geformte Teile werden gelegentlich poliert, um Spuren des Entgratens oder des Angusses zu entfernen, spanend gefertigte Formstücke häufig. Man arbeitet mit speziellen Schleif- und Glanzwachsen, von Hand mit Schwabbelscheiben, besser gefalteten Polierringen (Schleifen 15–25 m/min, Polieren 25–30 m/min, Glänzen ohne Poliermittel). Kleinteile werden getrommelt (je Arbeitsgang 8 bis 12 h, 20–25 U/min, ⅓ Füllung, davon 2 Teile Poliermittel-Würfel bzw. -Kugeln auf 1 Teil Poliergut), auf hinreichend niedrige Temperaturen muß geachtet werden. Antistatische Entgratungs-Granulate und Poliermittel vermindern den lästigen Staub.

2. *Lackieren* erfüllt schützende, dekorative oder andere funktionelle Aufgaben. Früher war man der Meinung, daß Kunststoffe im Gegensatz zu Metallen einer Lackierung nicht bedürfen, da kein korrosiver Angriff auftritt. Diese Situation hat sich erheblich geändert. Viele Kunststoffbauteile entsprechen nur dann spezifischen Anforderungen an Optik, Haptik, Licht- und Wetterbeständigkeit, wenn sie lackiert werden.

   So werden heute z. B. firmenabhängig in der Automobilzulieferindustrie bis zu 70% der Kunststoffteile für den Außen- und Inneneinsatz am Auto lackiert. Härte, Dehn- und Temperaturverhalten von Lackschichten müssen auf das Verhalten des Grundkörper-Werkstoffs abgestimmt sein. Zu harte Lackierung kann die Schlagzähigkeit eines Kunststoff-Werkstücks empfindlich herabsetzen.

   Lackieren von Strukturschaumstoff- und GFK-Formteilen (S. 135, 475 ff., 498) mit Reaktionsharzlacken erfordert meist Oberflächenvorbereitung durch Naßschleifen und Grundieren, sofern nicht (IMC, IMP, S. 117, 475, 499) Lackschichten in das Formwerkzeug eingebracht werden können. Schwarzpigmentierter UV-Filterlack (Transfer-Electric) schirmt Polyolefine gegen photochemische Zersetzung ab. Abriebfeste Leitlacke gebraucht man für antistatische Beschichtungen von Benzintanks und, mit Ag, Ni oder Cu gefüllt, für die Hochfrequenzemissionsabschirmung elektronischer Geräte (S. 57). Die Kratzbeständigkeit von PMMA (S. 418) und PC (S. 428) wird durch spezielle Klarlacke erhöht. Für Oberflächeneffekte bei Thermoplasten, wie Perlmuttglanz mit Fischsilber oder Iroidin-Pigmenten, zweifarbiges Schattieren von Kunstledernarbungen, braucht man Lacke mit artverwandtem Grundstoff und Speziallösungsmitteln.

3. *Bedrucken und Dekorieren:* Duroplast-Erzeugnisse werden kaum bedruckt. Flächige MF- und GFK-Erzeugnisse werden durch Einbetten bedruckter oder bemalter Papiere oder gemusterter Gewebe unter einer klaren Deckschicht (S. 509), Preß- und Spritzgußteile durch Einlegen von Ornamin-Dekorfolien in das Formwerkzeug dekoriert.

Folien werden von der Rolle mit üblichen Rotationsdruckmaschinen, Folienzuschnitte, auch im Zerrdruck für späteres Tiefziehen, mit Bogendruckmaschinen bedruckt, die hinsichtlich Führung und Trocknung des Druckguts für die Kunststoffmaterialien modifiziert sind. Zum mehrfarbigen Bedrucken von Formteilen gibt es Spezialmaschinen. Die Druckfarbenfabriken führen Druckfarbensortimente für Kunststoffe.

Von den üblichen Druckverfahren wird der *Hochdruck* mit Metall- oder Kunststoff-Formen für kleinere Auflagen im Bogendruck und zum Bedrucken flacher Teile angewandt. Mit Druckformen aus Gummi, die auch mehrere Farben aufnehmen können, arbeitet der für den Druck von der Rolle überwiegend gebrauchte Anilin- oder *Flexo-Druck*. Für den Bogendruck und für das Bedrucken von Formteilen wird der als *Trocken-Offset-Verfahren* bezeichnete indirekte Hochdruck gebraucht, bei dem die Druckfarben, auch hier ggf. mehrere für einen Druck, von erhabenen Formen auf Gummituch übertragen werden. Der *Tiefdruck* ermöglicht drucktechnisch vollendete Wiedergabe der Vorlage auf Folien und Rundkörpern, ist aber der hohen Anlage- und Druckform-Kosten wegen nur für Großauflagen wirtschaftlich. Für den universell anwendbaren *Siebdruck,* ursprünglich ein Handverfahren für kleine Auflagen, gibt es Mehrfarbendruck-Automaten auch für Rundkörper.

Beim *Thermodiffusionsdruck für Polyolefine,* PA und POM verwendet man dick aufgetragene Druckfarben, die durch kurze Behandlung der bedruckten Teile mit 100 bis 150 °C in die Oberfläche hineindiffundieren. Das *Therimageverfahren* besteht in der Übertragung eines Tiefdrucks auf gewachstem Papier auf einem Thermoplast-Hohlkörper durch Abwickeln und Fixieren in der Wärme. Vorbedruckte Folien, die sich mit den Erzeugnissen verbinden, werden im *Formprint-Verfahren* für Blasartikel, im Ornatherm- bzw. bei maschineller Aufgabe der Folien im *Ornamat-Verfahren* für Spritzgußartikel vorab in das Formwerkzeug eingelegt. Unregelmäßig gestaltete und große Teile, die sich nicht bedrucken lassen, werden durch *Farbspritzen* unter Verwendung von Schablonen dekoriert.

Mit elektromagnetisch gesteuerten (Bauprinzip z. B. Nd-YAG[1])-) oder durch Schriftmasken wirkende (CO_2-)*Laserstrahlen* werden thermoplastische Formteile durch Gravieren, Verfärben, Verschäumen oder Verkohlen haltbar und kontrastreich beschriftet.

Örtliche *Blind- und Farbprägungen* werden mit geheizten Formstempeln aufgebracht, bei PVC-Folien werden HF-Blindprägung (S. 209) und Einschmelzen von Prägefolien oft kombiniert. Mehrfarbige Bilder werden als „Plastetten", das sind bedruckte Folienstücke, durch Prägen aufgeschweißt.

---

[1]) Neodym dotierter Ytrium-Aluminium-Granat-Kristall

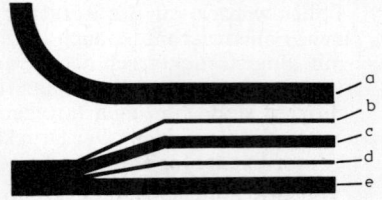

Bild 3.105. Aufbau einer Prägefolie

a Trägerfolie, *b* Trennschicht, *c* Schutzlack, *d* Metallisierung, *e* Klebschicht. Die Schichten *b* bis *e* bilden die Prägung

Für das positive oder negative *Heißprägen* von Skalen, Schriftzügen oder Ornamenten (auch als Konterprägung) werden insgesamt 12–23 µm dicke Mehrschichtfolien (Bild 3.105) mit geschützter Farbdekor- oder Metallschicht (Alu für Innen-, Chrom für Außen-Anwendungen) aufgebracht. Dies kann vom Band mit geheizten Prägestempeln von Hubpressen oder Prägerädern, beim Spritzgießen mit Durchlauf-Vorrichtungen geschehen.

Das *Beflocken* von Kunststoff-Bahnen und -Formteilen mit Chemiefaserflock von 0,5 bis 3 mm Schnittlänge ist eine sowohl für überwiegend dekorative als auch technische Zwecke (z. B. Autofenstergleitleisten, Friktionselemente in der Feinwerktechnik, Etui-Auskleidungen, Schallschluckung, Schwitzwasserbindung) äußerst vielseitig angewandte Verfahrensgruppe. Durch eine elektrostatische oder elektronische Hochspannungsquelle (A in Bild

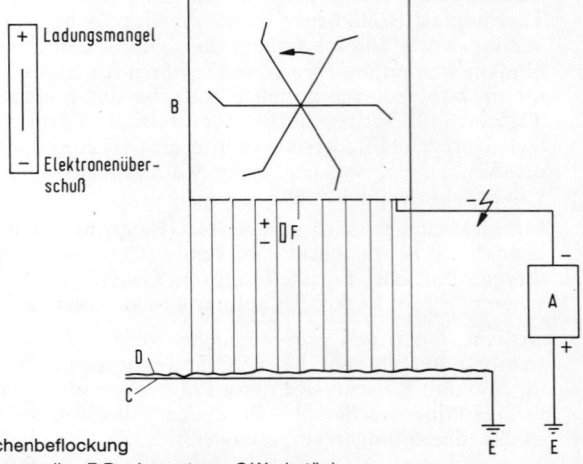

Bild 3.106.
System der Flächenbeflockung

A Hochspannungsquelle, *B* Dosiersystem, *C* Werkstück
(Nichtleiter), *D* leitfähige, an Erde liegende Klebstoffschicht, *F* Flocke im Feld

3.106) wird ein Hochspannungsfeld zwischen der mechanischen Dosiereinrichtung B (z. B. einem Schüttelsieb) für den Flock mit Dipol-Präparation und dem geerdeten leitfähigen Klebfilm auf dem Objekt C aufgebaut, in dem längs der Kraftlinien des Feldes die Flock-Fasern als einen Strom von 0,2–1,5 m A bildende Kette senkrecht in die Klebstoffschicht einschießen. Für die Beflockung dreidimensionaler und hohler Objekte sind die Dosiereinrichtungen dem durch deren Gestalt gegebenen Kraftlinienverlauf im Feld anzupassen. Mit den Klebstoff-Auftrags- und den Folgeeinrichtungen für Trocknen, Kühlen und Flock-Überschußentfernung und -Rückführung erfordern Beflockungsanlagen für Großproduktion eine vielfältig spezialisierte Anlagen- und Steuerungstechnik.

4. Zum *Metallisieren* werden Einzelteile auf drehbaren Halterungen, Folien auf Umspulvorrichtungen in Hochvakuumkesseln (10^{-4} bis 10^{-5} mbar) 0,1–1 μm dick mit Metallen – meist Al, für besondere Zwecke Cu oder Edelmetalle – beschichtet, die durch elektrisches Erhitzen verdampft werden. Von 0,2 μm aufwärts sind die Metallschichten undurchsichtig, dickere Schichten werden evtl. zusätzlich aufgalvanisiert. Gasende (weichmacherhaltige) Kunststoffe brauchen einen Grundlack, die spiegelnden Metallschichten eine Schutzlackierung.

Niedrig schmelzende Metalle werden auf Kunststoffe mit Metallspritzpistolen aufgebracht, Gold-, Silber- und Kupferschichten durch chemische Reduktion (z. B. mit Formaldehyd) aus den Metallsalzlösungen niedergeschlagen.

Zur Verankerung durch *Galvanisieren* aufgebrachter Metallüberzüge von 50–100 μm Dicke werden Kunststoff-Teile zunächst in Beiz-Bäder gebracht, die deren Oberfläche chemisch aufrauhen. Geeignete Kunststoff-Typen und die zugehörigen Beizmittel gibt es für die meisten thermoplastischen Kunststoffe, PF-Preßstoff, EP-Harz und PUR-Struktur-Schaum; manche Kunststoffe sind ohne Vorbehandlung galvanisierbar. Die aufgerauhten Oberflächen werden in Bädern mit Lösungen von Edelmetallsalzen so aktiviert, daß aus Kupferbädern auf der Kunststoff-Fläche fest haftend eine Kupferschicht stromlos abgeschieden werden kann. Diese wird dann galvanisch weiter verkupfert und vernickelt oder

Tafel 3.23. Vergleichszahlen für galvanisierte Formteile

	ABS		PP	
	nicht galvanisiert	galvanisiert	nicht galvanisiert	galvanisiert[1]
Grenzbiegespannung .... N/mm²	390	520	450	830
E-Modul .... N/mm²	22 000	63 000	12 000	62 000
Kugeldruckhärte .... N/mm²			540	860
Formbeständig bis .... °C	90	130	148	> 170

[1]) nach Vorbehandlung (3.9.3, S. 224)

verchromt. Die Verfahren führen zu Verbundwerkstoffteilen erhöhter mechanischer und Temperaturstandfestigkeit (Tafel 3.23, S. 229). Oberflächen-Metallisierungen sind weiterhin von Bedeutung für die Abschirmung von Elektronik-Geräten gegen elektromagnetische Felder (S. 57).

5. Das *Einreiben* von Kunststoffen mit antistatischen Mitteln (Antistatic C, Statexon AN, Plexiklar) verhindert eine Staubanziehung, mit Silikonöl werden der Oberflächenglanz und die Kratzfestigkeit verbessert; Preventol K wirkt keimtötend. Die Wirkung der aufgeriebenen Schichten ist zeitlich begrenzt, wenn die Schichten im Gebrauch abgetragen werden.

4 Die einzelnen Kunststoffe

4.1 Thermoplastische Kunststoffe: Rohstoffe und Formmassen

Thermoplaste werden überwiegend – teils unmittelbar als Rohstoff-Pulver, teils nach Aufbereitung zu Formmassen – mit den herkömmlichen Formtechniken für Formteile (Abschn. 3.3.4) oder Halbzeuge (Abschn. 3.5/7) verarbeitet. Produkte dafür werden in den Abschnitten 4.1.2 bis 4.1.13 (S. 245 bis 374) behandelt.

4.1.1 Vor- und Spezialprodukte

Bindemittel, Grundstoffe für Anstrichmittel und Klebstoffe (s. S. 546 und S. 549), Zusätze zur Beeinflussung des Verhaltens anderer Stoffe aus dem Gebiet der thermoplastischen Kunststoffe sind:

a) Monomere als Reaktionsharze (4.1.1.1)

b) niedermolekulare Varianten und Copolymerisate, sonst für Formmassen (Seite 245 bis 379) gebrauchter Kunststoffe (4.1.1.2 bis 4.1.1.4, 4.1.1.8) und entsprechende Naturstoffderivate (4.1.1.9),

c) spezielle in organischen Lösungsmitteln lösliche Kunstharze, meist mit niedrigen Erweichungstemperaturen (4.1.1.5 bis 4.1.1.7),

d) Dispersionen der vorgenannten oder anderer (Co-)Polymerisate in Wasser (4.1.1.10), Dispersionen von PVC in Weichmachern (PVC-Pasten) siehe bei PVC-Pasten, Seite 309,

e) wasserlösliche Polymere (4.1.1.11).

4.1.1.1 *Monomere Reaktionsharze*

1. *Styrol* ist eine bei 146 °C siedende farblose Flüssigkeit von charakteristischem Geruch, Flammpunkt $+35\,°C$, Dämpfe sind schleimhautreizend. Es wird mit einem Stabilisator geliefert, der vor dem Verarbeiten durch Auswaschen mit Sodalösung, Destillation im Vakuum oder Adsorption an Al_2O_3 zu entfernen ist. Lagerung in kühlen, dunklen Räumen.

Die Polymerisation zu hartem Polystyrol (Eigenschaften S. 275 ff.) dauert bei 80 °C acht Tage, sie ist zu beschleunigen durch Zusatz von 0,1 bis 2% Benzoylperoxid. Hohe Volumenkontraktion (10%) kann Hohlräume entstehen lassen, Abhilfe durch möglichst langsame Polymerisation bei nicht zu hohen Temperaturen, Auflösen von 10 bis 25% Polystyrol oder Zusätze von Paraffin, Wachs, Bitumen, Mineralöl. Die Zusätze können die Klarheit des polymerisierten Produktes beeinträchtigen. Klare oder mit PE, PTFE, Silica gefüllte Gießharze für die Elektronik (Stycast, am.) sind vernetzbar. Über Aushärten ungesättigter Polyester durch vernetzende Polymerisation mit Styrol s. S. 460).

2. *Vinylcarbazol* besteht aus farblosen, haltbaren Kristallen (nicht dem Sonnenlicht aussetzen!), die bei 65–67 °C schmelzen. Im geschmolzenen Zustand mit oberflächenaktiven Füllstoffen und Beschleunigern vergossen, polymerisiert es zu einem bis > 150 °C temperaturstandfesten thermoplastischen, früher als Formmasse (Luvican) verarbeiteten, heute in situ auf HF-Teile aufpolymerisierten Elektro-Isolierstoff. Der Oberflächenwiderstand von Polyvinylcarbazol wird durch Belichtung herabgesetzt. Diese Fotoleitfähigkeit wird u. a. in der Xerographie zur Erzeugung eines latenten Bildes auf selektiv belichteten aufgeladenen Platten aus sensibilisiertem Material genutzt.

3. *Methacrylsäureester* sind farblose Flüssigkeiten von charakteristischem Geruch. Methylmethacrylat siedet bei 100 °C und ist leicht entflammbar (Flammpunkt + 10 °C). PMMA ist im Monomeren löslich. Füllstofffreie Gießharzformstoffe aus solchen Lösungen sind genormt. (Typeigenschaften siehe Tafel 4.1, sonstige ähnlich Acrylglas, vgl. Seite 319, 417). Als Polymerisationsinitiatoren für Warmhärtung dienen u. a. Peroxide, für Kalthärtung dieselben mit Zusatz von Aminaktivatoren oder andere Redoxpolymerisations-Startsysteme. Beim Aushärten entstehen thermoplastische, bei Mitverwendung mehrfunktioneller Komponenten teilvernetzte Kunststoffe. Diacryl 101 ist ein niederviskos flüssiges bifunktionelles Kondensationsprodukt auf Basis von Bisphenol A (Tafel 1.5, neben S. 23) mit endständigen Methacrylgruppen, das mit Peroxidinitiatoren bei 100/150 °C säure- und alkalibeständig, $F_{iso} = A$ 140 °C, aushärtet und mit Styrol zum Phenacrylat- oder Vinylesterharz (S. 463) kombiniert werden kann. Ähnlich sind auch Oligourethan-Methacrylatharze (Modar, GB) aushärtbar.

Tafel 4.1. Typwerte von Methacrylat-Gießharzen nach DIN 16946, Teil 2, vgl. auch Tafel 4.61, S. 454/455 (Prüfung nach DIN 16946, Teil 1)

Typ	Einheit	1200–0 vernetzt	1220–0 unvernetzt
Rohdichte	g/cm³	1,18	1,18
Biegefestigkeit	N/mm²	120	110
Schlagzähigkeit	kJ/m²	15	15
Kerbschlagzähigkeit	kJ/m²	1,5	1,5
Zugfestigkeit	N/mm²	70	70
Kugeldruckhärte HD_{10}/D_{60}	N/mm²	200/180	210/190
Formbeständigkeitstemperatur			
nach Martens	°C	90	85
nach ISO/R 75, Verf. A	°C	95	90
Therm. Längenausdehnungs-			
koeffizient	$10°/K^{-1}$	70	70
Wasseraufnahme in kochendem			
Wasser nach DIN 53495	mg	50	50
Grenztemperatur[1])	°C	130	130
Grenzwert σ_{bB}[1])	N/mm²	70	70
Brechzahl	n_D^{20}	1492	1492
Lichttransmissionsgrad	τ	92	92

[1]) für bzw. nach 20000 St. Lagerung des Probekörpers.

Anwendungen der Gießharze sind spaltfüllende Acrylglasklebstoffe, Mehrschichtenglas, Holzimprägnierung, Eingießen von Demonstrationsobjekten, dekorativ eingefärbte und gefüllte Knopfplatten, glasfaserverstärkte Lichtplatten hoher Transparenz, Kunststeinplatten mit Marmoreinlagen. Zwei-Komponentensysteme, z.B. aus mineralischen Füllstoffen mit Polymerpulver und Peroxidkatalysator einerseits, flüssigen Monomeren und Aminbeschleuniger andererseits (Degadur, Plexilith), werden verwendet für hochresistente Estrichbeschichtungen, rasch härtenden Flickbeton und Straßenmarkierungen, als Bindemittel für Reaktionsharzbeton (Degament, Plexilith, Polmo-Acrylharze, s.a. S. 452), weiter als Spezialmassen in harter oder gummielastischer Endeinstellung für die Chirurgie (Palacos), Orthopädie (Degaplast) und für die Dental-Prothetik (Plexidon, Paladon, Palavit).

Ähnlich hoch füllbare vernetzende Zweikomponentenharze (Paraloid) werden zu marmorartigen hoch gebrauchsfesten Tisch- und Wandplatten (Corian) für Sanitärräume und Laboratorien verarbeitet.

Modifizierte duroplastisch härtbare, leicht fließbare und hoch (z.B. ca. 60% Cristobalit oder mit Aluminiumoxidtrihydrat ATH, flammhemmend) füllbare Reaktionsharze auf MMA-Basis (Modar, GB; Acpol, US) sind Bindemittel für BMC- und SMC-Formmassen (S. 495), und Halbzeuge, für Pultrusion (S. 157) und RIM (S. 77). Die Produkte sind hoch feucht-, chemikalien- und korrosionsbeständig, z.T. auch erhöht wärmestandfest. Aus leichtfließenden sirupösen Dispersionen feinkörniger mineralischer Füllstoffe (Cristobalite mit 72% feinem Sand) in monomeren MMA (Asterite), auch PMMA-haltig, werden in Gießformen warm ausgehärtete Küchenspülen, Wasserbecken und Sanitärobjekte gefertigt. Nach gleichem Verfahren werden marmorähnliche mit ATH gefüllte Platten (Avron, UK) hergestellt, die warmformbar und wie Holz spangebend bearbeitbar sind.

Handelsnamen: Plexacryl (DE), Asterite (GB), Corian (US), Silacron (DE), Quaryl (NL).

Die wasserlösliche *Methacrylsäure*
$$CH_2 = C - C - OH$$
$$\overset{\displaystyle CH_3}{\underset{\displaystyle}{|}} \quad \overset{\displaystyle O}{\underset{\displaystyle}{||}}$$

und das Säureamid werden zu vielfältigen funktionellen Methacryl-Derivaten abgewandelt, die Monomere für die Grundstoffe (vernetzender) Lackharze und Imprägniermittel zum Abdichten poröser Metalle, für Klebstoffe und Dispersionen sind. Hydrophile HO-Gruppen enthaltende Hydroxy-Ester der Methacrylsäure bilden „Hydrogel" für weiche Kontaktlinsen (S. 239).

4. *Caprolactam* (FP 70°C) und *Laurinlactam* (FP 153°C) werden großtechnisch bei 250–300°C zu den bei diesen Temperaturen schmelzflüssigen PA 6 und PA 12 (S. 333) polymerisiert. Co-Kataly-

satoren (Acylierungsmittel, insbesondere Isocyanate) ermöglichen eine rasche drucklose Polymerisation bei 100–200 °C von hochpolymerem Guß-PA 6 oder PA 12 (S. 332), mit 15% Volumenschrumpf. Im Zwei-Komponentenverfahren (Caprolactam- oder Misch-Schmelzen mit Katalysator einerseits, in Lactam gelöster Co-Katalysator andererseits auf Reaktionstemperatur) gießt man drucklos große, dickwandige Werkstücke bis 1 t Gewicht in einfach herzustellenden Formwerkzeugen derart, wie sie im Metallguß gebraucht werden. Rotationskörper (Laufrollen, Rohre) stellt man im Schleuderguß (S. 80), Hohlkörper (Behälter bis 10 000 l Inhalt) im Rotationsguß (S. 78) her.

Im Zwei-Komponenten „Nyrim"-RIM-Verfahren werden zweiphasige NBC (Nylon-Block-Cop, S. 343)-Großteile mit katalysiertem Lactam-Polyolgemisch als Grundkomponente hergestellt. Längere 10–40% Polyether-Blöcke erhöhen die Schlagzähigkeit der Produkte mit Shore-Härten D 85–45. Der thermoplastische NBC-Abfall ist wiederverwendbar für Spritzguß oder Extrudieren.

5. *N-Vinyl-N-methylacetamid* ist eine mit Wasser und organischen Lösungsmitteln mischbare Flüssigkeit. Homopolymerisate sind in Wasser und Alkoholen löslich. Anwendungsbereiche sind Copolymerisate mit hydrophilen Eigenschaften.

6. *Methyl-2-cyan-acrylat* ist eine wasserklare Flüssigkeit, die unter Einfluß von Luftfeuchtigkeit oder schwacher Alkalität (z. B. von Glas) bei Raumtemperatur unmittelbar, fast ohne Volumenminderung, polymerisiert. Cyanacrylat-Einkomponenten-Reaktionsklebstoffe sind teuer, für kurzzeitig bis 160 °C beständige Punktklebungen der Feinwerktechnik aber vielseitig brauchbar.

7. *Triallylcyanurat* (FP 27 °C) enthält, symmetrisch um den steifen Cyanurat-Ring angeordnet, drei Allyldoppelbindungen, die nacheinander oder gleichzeitig polymerisieren können. Dementsprechend dient es als Coagens für gezielte Vernetzungen, z. B. von PE-Kabelisolierungen und Fußbodenheizungsrohren (S. 259), > 99% rein als Comonomeres zu MMA und PC für spezifische optische Ansprüche.

4.1.1.2   Olefin-Polymerisate

1. *Ethylen-(Co-)Polymerisate und chlorierte Produkte*

Niedermolekulares PE: Hoechst-Wachs PA 190, Kuroplast KR 2175*), Veba-Wachs Vestowax, Le-Wachs (DE), AC-PE*), Epolene, Zetabon*) (US), PE mit Hydroxylgruppengehalt Elvon (US) sind Kunststoffverarbeitungs-Hilfsmittel.

Ethylen-Copolymerisate mit Vinylacetat, Acrylaten und Acrylsäure (S. 263) wie Kuroplast-Sorten (DE), Bakelite DQR, Elvax, Ultrathene, Zetafax (US) werden mit Paraffinen, Wachsen und Kunstharzen zu Politurmitteln, Schmelzklebstoffen und Beschichtungsmassen

---

*) auch carboxylgruppenhaltig

verarbeitet, zum Teil sind sie mit Peroxiden vernetzbar. Je nach dem Gehalt an Fremdgruppen oder Comonomeren sind sie in jedem Verhältnis mit Paraffinen und Paraffinlösungsmitteln oder mit Wachsen und Schmelzharzen mischbar. Manche Copolymere sind in Verbindung mit Lebensmitteln zugelassen. Weiter modifizierte teilverseifte E/VAC (Dumilan, JP) sind für Zwischenschichten in Sicherheitsglas in Anwendung. Verwendung als Synthese-Kautschuk (Levapren 450) s. S. 541. Ethylen-Acrylsäure-Co. (E/AA, Primacor, US) weisen – z.T. durch die polaren Gruppen – hervorragende Haftfestigkeit auf fast allen Substraten auf und sind gut heißsiegelbar. Es gibt sowohl aus wäßriger Dispersion oder als Schmelzen verarbeitbare niedermolekulare Typen für Beschichtungen als auch hochmolekulare Extrusionstypen für (Mehrschicht-)Verpackungsfolien (S. 262). Acrylamidhaltige Copolymere sind als Haftvermittler zwischen Metall und Polyolefinen brauchbar.

Chloriertes PE (PE-C) (Hostapren, Lutrigen, DE; Kelrinal, NL; Solpolac, IT; Haloflex, GB; Dow CPE-Harze, in DE als Bayer-CM, Fortiflex, Tyrin, US; Daisolac, Elaslen, JP) mit 25–40% Cl-Gehalt ist schmiegsam bis gummiweich, gut kältestandfest. Mit vielen Kunststoffen mischbar, wird es PE zur Herabsetzung der Entflammbarkeit, PVC zur Erhöhung der Schlagzähigkeit (S. 292), PS u.a. für Abfall-Mischcompounds zugesetzt. Eigenständige Anwendungen s. S. 261. Über *chlorsulfoniertes PE* (Hypalon) als Synthese-Kautschuk s. S. 542f. *Chloriertes Polypropylen (PP-C)* ist ein Lackharz für den Korrosionsschutz. Eine weitere Anwendung chlorierter Polyolefine und spezieller Copolymerisate sind Haftschichten auf Polyolefinen.

2. *Ataktische α-Olefin Polymere (APAO)*

Bei Ziegler-Natta-Polymerisationen (PP, S. 266, PB, S. 273) fallen amorphes ataktisches PP (Vestoplast, DE, Stamyroid, NL, Afax, US), und APB als Nebenprodukte an. Gezielte Niederdruckpolymerisation von amorphen oder teilkristallinen α-Olefincopolymerisaten führt zu einer Reihe auf spezielle Anwendungen eingestellter Polymerer (Vestoplast). Die halbharten bis weichen, bis −30°C flexiblen Harze werden in Blöcken, Granulaten oder schmelzflüssig in Tankwagen geliefert.

Anwendungen sind Beschichtung von Papier-Packmitteln und Rückbeschichtung von Teppichfliesen aus der Schmelze, weiter Automobildämmstoffe, Korrosionsschutzbinden, Fahrbahnmarkierungsmassen, Schmelzkleber, Dichtungsmassen, Bitumenverschnitte für den Straßenbau und für alterungsbeständige Baudichtungs- und Dachbahnen.

Niedermolekulare Polyalphaolefine sind synthetische Schmiermittel.

3. *Polyisobutylen (PIB)*

Handelsnamen: Oppanol B (DE), Hyvis (niedermolekular), GB, Vistanex (US)

Handelssorten von Oppanol:

| | | Molekulargewichte | |
		Zahlen-Mittel	Viskositäts-Mittel
B 3	viskoses Öl	820	–
B 10		24 000	40 000
B 15	} klebrige bis weichplastische Massen	40 000	85 000
B 50		–	400 000
B 100		–	1 110 000
B 150	} rohgummiartig, bei Kurzzeitbeanspruchung elastomer	–	2 600 000
B 200		–	4 000 000

B 3 wird als Elektro-Isolieröl, B 10 und B 15 werden als viskositätsverbessernde Zusätze zu Mineralölen sowie in stabilisatorfreier Form zur Herstellung von Kaugummi verwendet, alle Sorten für Klebstoffe und Dichtungsmassen, die von der Einfriertemperatur (ca. $-60\,°C$) bis fast $100\,°C$ ihre Eigenschaften wenig ändern. Flüssiges PIB ist ein haftförderndes Additiv für Stretchfolien (S. 400). B 100 dient als Zumischung zu Kaschierwachsen und Polyolefinen, die höchstmolekularen Sorten werden mit lichtschützenden und mineralischen Füllstoffen bei 170–$200\,°C$ zu Auskleidungs- und Abdichtungsbahnen verarbeitet, s. S. 402 f.

Die Wasserdampf- und Gas-Durchlässigkeit von PIB (Oppanol B 200) ist sehr gering. PIB-Zusätze zu Kautschukmischungen vermindern deren Gasdurchlässigkeit, verbessern die Witterungs- und Alterungsbeständigkeit sowie die Haftfestigkeit von Reifen-Laufflächen.

PIB ($d_R = 0,92$ g/cm³) hat ausgezeichnete dielektrische Werte (spez. Durchgangswiderstand 10^{16} Ohm × cm, $\varepsilon_R = 2,2$, $\tan\delta = 0,0005$) und ist gegen aggressive Chemikalien außer konzentrierter Salpetersäure und Halogenen beständig. Es ist in aromatischen und aliphatischen Kohlenwasserstoffen löslich, in Estern, Ketonen, Alkoholen unlöslich. Oppanol B entspricht den Anforderungen des Lebensmittelgesetzes. Dem PIB verwandt ist Butylkautschuk, s. S. 541.

4. *Ethylencopolymer-Bitumen-Blends (ECB)*

Lucobit ist ein thermoplastischer Polyolefin-Werkstoff nach DIN 16 729 und besteht aus Ethylen-(Co-)Polymerisaten und speziellen Bitumen. Der Kunststoff bildet dabei die kontinuierliche Phase, in welche das Bitumen tröpfchenförmig eingebettet ist. Lucobit enthält keine Weichmacher und ist witterungs- und alterungsbeständig. Es wird als schwarzes Granulat (Dichte = 0,97 g/cm³) geliefert und wird bei 140–$190\,°C$ zu Bahnen extrudiert oder zwischen 160 und $220\,°C$ durch Spritzgießen verarbeitet. Bei 250–$280\,°C$ kann es drucklos zu dickwandigen Formkörpern gegossen werden.

Hauptanwendungsgebiete für die verschiedenen Lucobitsorten sind Baudichtungsfolien für Flachdachabdichtungen (Lucobit 1210 und Lucobit 1221) sowie für den Tunnel- und allgemeinen Tiefbau (Lucobit 1233).

Dachabdichtungsbahnen mit einseitiger oder mittiger Fließarmie-
rung (Glas oder Polyester) aus Lucobit 1210 sind flexibel (E-Modul
<15 N/mm²), haben eine hohe Reißdehnung (ε_R >300%) und sind
wie Bahnen aus den übrigen Lucobittypen durchwurzelungsfest und
kälteelastisch. Dachbahnen aus Lucobit 1221 haben eine höhere
Wärmestandfestigkeit und finden besonders für Flachdachabdichtungen in wärmeren Klimazonen Verwendung.

Lucobit 1233 wird als Abdichtungsbahn im Tief- und Tunnelbau gegen drückendes Wasser eingesetzt, läßt sich wie Lucobit 1210/1221
leicht verschweißen und zeichnet sich durch hohe Zähigkeit und bi-
axiale Dehnbarkeit aus.

Zumischungen von Lucobit zu Bitumen-Schmelz- und Asphaltmas-
sen tragen zur Verbesserung der elastischen Standfestigkeit in weiten
Temperaturbereichen bei.

4.1.1.3 *Styrol-Copolymerisate*

mit 15–40% Butadien (Duranit) sind Hilfsmittel der Kautschukverarbeitung, vielfältig abgewandelte Terpolymere (S. 278) als Haftvermittler, Verarbeitungshilfsmittel und/oder Elastifikatoren, wirksame
Additive oder Bestandteile von Polymer-Gemischen. Elastomer vernetzende B/S-Gießharze (Buton) s. S. 468.

4.1.1.4 *Vinylchlorid-(Co-)Polymerisate*

PVC und Copolymere mit VAC, Vinylethern, auch Maleinsäure u. ä.
oder Vinylalkohol enthaltende Terpolymere mit K-Werten (S. 291)
30 bis 50 (Hostaflex-, Vilit-, Vinnol-, Vinoflex-Sorten) sind in Ketonen, Estern, Chlorkohlenwasserstoffen und Lösungsmittelgemischen, zum Teil auch in Aromaten lösliche Grundstoffe für Lacke
und Anstrichmittel. Sie werden als Schutzbeschichtung für frischen
Beton gegen vorzeitiges Austrocknen und Karbonatisierung gebraucht. Terpolymere mit freien Carboxylgruppen und mäßig guter
Haftung an Metallen sind für Doseninnenlacke und Schiffsfarben,
korrosionsschützende Lacke und Tauchpackungen sowie auch zum
Umspinnen (Kokon) unregelmäßig gestalteter Gegenstände mit wit-
terungsdichten Schutzhüllen verwendbar. Auf den mit Textil- oder
Papierträgerbändern in weitem Abstand bespannten Gegenstand
wird aus der fadenziehenden Lösung zunächst ein Spinngewebe gespritzt, auf das dann nach demselben Verfahren weitere dichte Lagen mit der Spritzpistole aufgetragen werden. Mischungen aus PVC
niederen K-Werts mit viel Weichmacher werden bei 100–140 °C flüssig. Man braucht sie für abziehbare Tauchpackungen und zum Gießen biegsamer Formen.

In Tetrachlorkohlenstoff nachchloriertes PVC (Rhenoflex) ist in
Estern, Ketonen und deren Gemisch mit aromatischen und Chlorkohlenwasserstoffen löslich. Solche Lösungen dienen als PC-Kleb-
stoffe für PVC-Halbzeug (S. 213). Ihre Beständigkeit gegen anorganische Chemikalien gleicht der des Werkstoffs.

4.1.1.5   *Vinylacetat-(Co-)Polymere und Folgeprodukte*

1. *Polyvinylacetat* (PVAC) und Copolymere

Handelsnamen: Mowilith, Vinnapas (DE), Viplavil (IT), Rhodopas (FR), Emultex, Epok (GB), NeoVac (NL), Elvacet, Daratak, Vinylite (US), Gohsenyl (JP).

Die zahlreichen Sorten von PVAC ($d_R = 1{,}17$ g/cm^3) mit K-Werten von 20–90 (MG 35000–2000000) sind glasklare, weiche bis harte Harze, die mangels ausreichender Temperaturstandfestigkeit für Formmassen nicht geeignet, aber in den meisten Lösungsmitteln (außer aliphatischen Kohlenwasserstoffen und wasserfreien Alkoholen) gut löslich sind. Sie bilden gut lichtechte, benzin-, öl- und wasserfeste, etwas (Wasseraufnahme bis 3%) in Wasser quellbare Filme. Bei chemischer Beanspruchung ist die Verseifbarkeit von PVAC zu bedenken. PVAC hat hohes Pigment-Bindevermögen, es ist begrenzt mit Nitrocellulose und mit Weichmachern verträglich. Manche Sorten, vor allem durch Copolymerisation innerlich weich gemachte, werden nur in Lösung geliefert.

PVAC und E/AA-Cop. (S. 263) werden für Anstrichmittel, Klebstoffe, Appreturmittel, Beschichtungsmittel vielfältig verwandt, zu gutem Teil auch in Form von Dispersionen (S. 241).

2. *Polyvinylalkohol (PVAL)*

Handelsnamen: Mowiol, Polyviol, Vinarol (DE), Viplavilol (IT), Rhoviol (FR), Elvanol, Monosol (US), Poval, Gohsenol (JP).

Herstellung: Durch Hydrolyse von Polyvinylacetat.

PVAL ist ein weißes bis gelbliches, in organischen Lösungsmitteln unlösliches Pulver. Teilverseifte Sorten mit ca. 13% PVAC-Anteil sind gut wasserlöslich, besser als vollverseifter PVAL. PVAL ergibt klare, farblose, lichtechte Folien. Mit hydrophilen mehrwertigen Alkoholen wie Glycerin als Weichmacher wird PVAL thermoplastisch zu alterungsbeständigen lederartigen Erzeugnissen verarbeitet: treibstoff-, öl-, lösungsmittelfeste Schläuche (Silberschlauch), Membranen, Dichtungen und Trennfolien, z. B. für die Verarbeitung ungesättigter Polyesterharze (S. 459). PVAL mit Bichromatzusatz wird durch UV-Bestrahlung wasserunlöslich, Verwendung im graphischen Gewerbe.

3. *Polyvinylacetale* (Butyral PVB, Formal PVFM)

Handelsnamen: Mowital, Pioloform (DE), Rhovinal B (FR), Butacite PVB, Butvar, Formvar, Saflex (US), S-lec (JP).

Herstellung: Polyvinylalkohol wird mit Aldehyden kondensiert. Das Formaldehyd- und das Butyraldehyd-Acetal sind in organischen Lösungsmitteln lösliche feste Harze.

Anwendungsgebiete der Polyvinylbutyrale sind je nach Eigenschaft Lacke (Folienlacke, auch heißsiegelfähig, Primer, Einbrennlacke, Goldlacke, Druckfarben), Imprägniermittel, Klebstoffe, Schrumpfkapseln und abziehbare Verpackungen. Aus hochmolekularem PVB werden Zwischenschichtfolien für Sicherheitsglas (Solufilm, Trosifol) hergestellt. Die Thermoplastisch formbare Polyvinylacetale werden für öl- und benzinfeste Dichtungen und Schläuche verwendet. Mit Polyvinylformal werden treibstoffbeständige Lacke für Benzinbehälter hergestellt, in Verbindung mit Phenolharzen Drahtlacke und heißhärtbare Metallklebefolien.

4.1.1.6 *Polyvinylether*

Handelsnamen: Lutonal, V-Wachs.

Polyvinylmethylether (Lutonal M) sind in kaltem Wasser und organischen Lösungsmitteln außer Benzinkohlenwasserstoffen, Ethylether (A), Isobutylether (I), Decalylether (Z, ZI) in fast allen organischen Lösungsmitteln löslich. PV-Ether sind je nach Polymerisationsgrad Öle, weiche oder harte, elektrisch hochwertige, nicht verseifbare Harze. Sie werden für elektrische Isolierzwecke, Selbstklebemassen, Ausballmassen und als Verschnittharze sowie für Kaugummi und Dentalmassen (Lutonal AK) gebraucht. Der Oktadecylether (V-Wachs) ist Grundstoff von Hochglanzbohnerwachs.

4.1.1.7 *Polyacrylat-Harze*

Homopolymere Acrylsäureester sind weiche Harze von geringer Bedeutung. Ihre gute Beständigkeit gegen Licht, oxidative Einflüsse und Wärme und ihre elastifizierende Wirkung kommt in zahlreichen Copolymerisaten und Terpolymerisaten mit Styrol, Vinyl-Chlorid, -Acetat u. a., auch Methacrylat, Acrylsäure und Acrylnitril zur Geltung, die als Festharze oder Lösung (z. B. Acronal F und L, Plexigum, Plexisol, DE; Acrysol, US), hauptsächlich aber als Dispersionen (S. 241) geliefert werden. Oxalidinmodifizierte Acryllackharze (Acryloid, US) sind isocyanatvernetzbar. Elastoplastische Copolymere sind Grundstoffe für Fugendichtungsmassen, solche mit > 20% Acrylsäure sind wasserlöslich (S. 244). Polyhydroxyethyl-methacrylat (Hydron, US) ist wasserquellbar. Mit ca. 40% Wasser gesättigt wird es für Kontakt-Linsen gebraucht. Weitere Anwendungen sind Beschichtungen (z. B. von Brillen) und Umhüllungen kontrollierter Wasser-Aufnahme und -Durchlässigkeit in Medizin und Technik. Im Verdauungstrakt gesteuert lösliche Acrylharze (Endragit) braucht man zur Umhüllung von Medikamenten. Durch Einpolymerisieren untereinander oder mit Zweitkomponenten (z. B. Polyisocyanataddukte, S. 549) vernetzbare Komponenten stellt man heiß- oder strahlungshärtbare Lackharze (z. B. Acryplex, Degalan, Larodur, Macrynal, Plex..., Scopacron, Synthacryl) her. Hart eingestellte Methacrylat-Copolymerisatharze verwendet man als Schlußstrich für Kunstleder und andere treibstoffbeständige Lackierungen. MMA-VC-Copolymere (z. B. Paraloid) sind Elastifikatoren für PVC (S. 293). Ungesättigte aliphatische Polyurethan-Acrylatharze (Crestomer, GB) sind mit H_2O_2 vernetzbare zähe, flexible GFK-Laminierharze.

4.1.1.8 Misch-Polyamide und Polyamin-Produkte

Mischpolyamide wie das Polyamid 6/66 sind in wäßrigen alkoholischen Mischungen löslich, z. B. *Ultramid 6 A* in Methanol-Wasser (9:1) oberhalb 50°C, Polyamid 1 C in Methanol-Benzol-Wasser (7:2:1) bei Zimmertemperatur. Die Lösungen dienen u. a. zur Herstellung von treibstoffbeständigen Elektroisolierlacken, von guthaftenden Überzügen auf Metallen, Holz, Pappe und Glas und von gegossenen dünnen Folien. Für Textil-Verklebungen und Beschichtungen gibt es gebrauchsfertige Lösungen *(Nylosol)* und PA 12 Cop. als Schmelzkleber *(Gril-tex, Vestamelt)*.

Polyaminoamide und die ähnlichen Polyaminoimidazoline, die durch Kondensation von langkettigen (dimeren oder trimeren) Fettsäuren mit Polyaminen im Überschuß hergestellt werden, sind flexibilisierende Vernetzer (S. 466) für Epoxidharz-Verguß-Lack- und Klebstoff-Systeme (*Handelsnamen* Euredur (DE), Genamid, Versamid (US)) und dienen als Haftvermittler für PVC-Plastisol-Einbrennlackierungen (Euretek). Höhermolekulare thermoplastische Polyamidharze ähnlicher Art (Eurelon) gebraucht man für Lösungsmittel- und Schmelzklebstoffe und als Druckfarbenbindemittel.

4.1.1.9 Naturstoff-Derivate

1. *Kautschuk-Umwandlungsprodukte*

Chlorkautschuk

Handelsname: Pergut.

Herstellung: Chlorierung von vorgequollenem oder gelöstem Kautschuk bis zu 65% Chlorgehalt.

Eigenschaften: Hartes Harz, gut löslich in Benzol, Chlorkohlenwasserstoffen, Ketonen, unlöslich in Benzin, Mineralölen, Alkohol, Wasser, beständig gegen konzentrierte Säuren und Laugen und Halogene bis 100°C, nicht entflammbar.

Verwendung: Korrosionsschutzüberzüge, auch in Kombination mit anderen Lackharzen, adhäsionserhöhende Kontaktklebstoff-Komponente.

Kautschuk-Hydrochlorid

Herstellung: Behandlung von Kautschuk mit Chlorwasserstoffgas.

Eigenschaften: Mehr oder weniger schmiegsame Erzeugnisse, löslich in Benzin, gut beständig gegen viele Lösungsmittel, Fette und Öle, Säuren und Alkalien, im Licht alternd.

Verwendung: Lackharze, lederharte Formstücke, vor allem gegossene Verpackungsfolie *Pliofilm* (US), (S. 432, 434).

Cyclokautschuk

Handelsname: Alpex CK 450 (DE), Pliolite NR (US).

Durch Einwirkung konzentrierter Schwefelsäure (u. a.) auf Kautschuk entsteht ein hornartiges, thermoplastisches, in gewissem Um-

fang (Hartgummi) noch vulkanisierbares Kunstharz, für schellack-
artige Massen und Lacke geeignet.

2. *Cellulose-Umwandlungsprodukte*

Cellulose-Nitrat (CN, Collodiumwollen)

Lieferformen:

1. Faserige Flocken, angefeuchtet mit 30 bis 35% Ethanol oder
   Butanol.
2. Celluloidartige Lackwalzmasse in Form von Plättchen (Chips)
   mit 18 bis 20% Weichmacher gelatiniert.
3. Paste mit 22 bis 40% Gehalt an Collodiumwolle (je nach Sorte) in
   Lösungsmittelgemischen.

Weichmacherfreie Collodiumwollen dürfen nicht austrocknen, sie
bekommen dadurch Sprengstoffeigenschaften, erforderlichenfalls
nachfeuchten.

Verwendung: Alkohollösliche (Stickstoffgehalt unter 11%) und ester-
lösliche (Stickstoffgehalt etwa 12%) Typen in verschiedenen Viskosi-
täten für Nitrolacke und -Kleber; Fotofilme, aus Lösungen gegossen, heute vorwiegend „Sicherheitsfilm" aus CA.

Andere Cellulose-Ester und -Ether

Cellulose-Acetat mit 60% bis 50% abnehmendem Acetatgehalt, Cellulose-Acetobutyrat mit 43–8% Acetat-, 18–59% Butyrat-Gehaltsan-
teil, Cellulose-Propionat (CP) sind

Lack- und Klebharze, mit Weichmachern (Rizinusöl, Phthalate) und
Wachsen Grundstoffe bei etwa 150 °C verarbeitbarer Schmelz- und
Tauchmassen u. a. für abziehbare Verpackungen.

Formmassen, Tafeln, Rohre, Folien, s. S. 371, 431, 432, 433.

Ethylcellulose (EC) und Benzylcellulose werden ähnlich wie die
Ester verwandt. Wasserlösliche Celluloseether s. S. 244.

4.1.1.10 *Dispersionen*

Bei der Emulsions-Polymerisation (S. 53) entstehen Feinverteilungen
von Polymeren in Wasser, die bei Teilchengrößen von < 1–10 μm
als grobdisperse, von < 0,1–1 μm als feindisperse Dispersionen oder
Latices (Mehrzahl von Latex) bezeichnet werden. Mit Schutzkolloi-
den (PVAL, wasserlösliche Cellulosederivate) stabilisiert sind sie bei
Raumtemperatur in bestimmten pH-Bereichen, manche auch bei
Frost beständig. Dispersionen mit 40–50%, durch Aufrahmen konzentrierte gemischtdisperse bis 70% Festgehalt sind im Gegensatz zu
Polymerlösungen ziemlich niederviskos flüssig, auch noch nach Einarbeiten von Weichmachern. Sie sind, anders als Weich-PVC-Pasten
mit Weichmacher als flüssiger Phase (S. 309), beliebig mit Wasser
verdünnbar, untereinander und mit wäßrigen Lösungen weitgehend
mischbar, die meisten sind gut füllbar. Die Temperaturgrenze der

Filmbildung aus Dispersionen (Weißpunkt) wird durch die Feinverteilung der Harze, erforderlichenfalls noch durch Zusatz geringer Mengen flüchtiger Lösungsmittel erniedrigt. DIN 53189 und DIN 53786/8 sind Prüfnormen für Festkörpergehalt, pH-Wert, Siebrückstand, Weißpunkt und Viskosität von Dispersionen. Getrocknete Filme oder Ausfällungen sind nicht redispergierbar. Sie sind wasserfest, allerdings, falls die in der wäßrigen Phase gelösten Emulgatoren und Schutzkolloide nicht von saugendem Untergrund aufgenommen werden, oft etwas wasserquellbar. Das verdunstende Wasser bereitet keinerlei Lösungsmittelsorgen. „Hydrosole" sind extrem feinteilige (ca. 0,045 μm) Dispersionen mit ähnlichem Eindringvermögen wie Grundierungen auf Lösungsmittelbasis.

Für lösungsmittelfreie Klebstoffe, Anstrichmittel und das Beschichten, Streichen und Imprägnieren von Textilien und Papieren stehen viele Arten von Dispersionen, insbesondere auf Basis von Vinylacetat- (S. 238) und Acrylat-Harzen (S. 239) zur Verfügung. Manche enthalten Komponenten, die Vernetzung und damit erhöhte Lösungsmittelbeständigkeit des Filmes bewirken. Dispersionen dienen weiter als Bindemittel für Vliesstoffe und, mit Elektrolyten ausgefällt, von Faserkunstleder. Viele entsprechen den einschlägigen Bestimmungen des Lebensmittelgesetzes, mit solchen werden nicht nur Lebensmittelpackstoffe, sondern auch Hartwurst und Hartkäse unmittelbar beschichtet. Gegen alkalische Verseifung beständige Dispersionen werden als Putzbindemittel, im Gemisch mit hydraulisch abbindendem Zement zum Modifizieren von Beton, für Haftbrücken zwischen Alt- und Neubeton und für Industrieestriche verwendet.

Lieferformen: Dispersionen werden in paraffinierten Holztrommeln, Polyethylen-Gebinden, Containern oder Tankzügen geliefert. Für die Lagerung, soweit sie nicht im Lieferbehälter erfolgt, kommen korrosionsfeste Lagertanks (z.B. aus Edelstahl) oder GFK-Behälter in Betracht, keine eisernen Gefäße. Sie sind dicht verschlossen kühl zu lagern. Verdunstungskrusten sind nicht wieder aufrührbar, ebenso nicht Dispersionen, die durch Frost klumpig ausgefällt sind.

Von den zahlreichen *Handelsprodukten* seien als Beispiel folgende aus dem deutschen Markt genannt:

Handelsnamen (evtl. mit Zusatz „Dispersion" und weiteren Zahlen oder Buchstaben)	Zusammensetzung *(Ac = Acrylatharze)*
Acronal-D, Acrosol	Ac-Cop, auch mit reaktiv vernetzenden Komponenten
Buna-Latex u.ä.	s. Seite 537 ff.
Butofan-D	Butadien-Basis

Corialgrund	Ac-Cop für Lederindustrie
Hostaflon	PTFE, verschiedene Einstellungen
Ixan	VDC-Cop
Latecoll-D	Ac-MMA-Cop mit Carboxylgruppen, im alkalischen Milieu wasserlöslich
Lipaton	S/B (S. 277) und Ac-Cop für Bau-Kleber und Beschichtungen
Lipolan	carboxyliertes SB und Styrol-Cop. als Teppichrückbeschichtung und Vliesbindemittel
Litex	mod. SB für Papierbeschichtung
Lutofan-D	VC-Cop, weichmacherfrei und weichmacherhaltig
Lutonal-D	Polyvinylether
Mowicoll	PVAC, für Holzleime
Mowilith-D	PVAC, weichmacherfrei und weichmacherhaltig, EVA- und andere Cop
Mowilith DM	versch. Cop
Plextol	Ac-Cop, auch selbst vernetzend
Propiofan-D	Vinylpropionat-Cop, verarbeitbar mit hydraulischen Baubindemitteln
Protefan	PVC und VC-Cop für Beschichtungen
Styrofan-D	Styrol-Cop
Vestolit O	PVC, weichmacherfrei
Vestolit M	PVC, emulgatorhaltig für Weichmacherzusatz
Vilit DK, DM	VDC-VC-Cop
Vinalit D, DW	PVAC, weichmacherfrei und weichmacherhaltig
Vinitex	VDC-VC-Cop
Vinnapas	PVAC, weichmacherfrei und weichmacherhaltig, Copolymere und Terpolymere u. a. EVA und Cop mit Vinyllaurat für Verarbeitung mit hydraulischen Baubindemitteln
Vinnol	VC-VAC-Cop, weichmacherfrei und mit Weichmacher
Vipolit	PVAC, weichmacherfrei und mit Weichmacher
Waloran	VDC-Cop

Dispersions-Trockenpräparate sind

Acronal 4 F	Polyacrylsäureester
Emu-Pulver 120 F	Styrol-Cop, weichmacherfrei
Mowilith Pulver	PVAC und versch. Cop
Vinnapas-Dispersionspulver H 60, H 50	VAC-Cop, weichmacherfrei
Vinnapas-Dispersionspulver 50/25 VLZ	mit 15% Weichmacher und 10% Kieselsäure

Mit Wasser angerührt und ggf. mit Weichmacher versetzt geben sie filmbildende (Anstrich-)Latices, sie dienen weiter zur Erhöhung des Harzgehaltes von Spachtel- und Kittmassen und als Zusatz zu hydraulischen Bindemitteln, die pulvrig angeliefert werden können, z. B. für Keramik-Wandplatten. Stabile Polyethylen-Dispersionen in Wasser oder organischen Lösungsmitteln bis zu 70% Festgehalt stellt man aus PE-Pulver mit 10–20 μm Teilchendurchmesser (Mikrothene) mit Dispersions- und Verdickungsmitteln her, ähnlich aus Copolymeren (E/AA, S. 264).

4.1.1.11 *Wasserlösliche Polymere*

Allgemeine Verwendungsgebiete der Lösungen: Schutzkolloide zum Dispergieren und Stabilisieren, Verdickungsmittel in der Kunststoff-Industrie (z. B. für Dispersionen, S. 241), in der kosmetischen und der chemisch-pharmazeutischen Industrie, Textil-Schlichten und -Appreturen, Papierleime, Bindemittel für Farbstiftminen, Streich- und Druckfarben, Klebstoffe, Überzugsmassen.

1. *Polyvinylalkohol* (PVAL S. 238).

2. *Polyvinylmethylether* (S. 239).

3. *Polyacrylsaure Salze und ähnliche Cop.*

Handelsnamen: Latecoll AS, Collacral P, Plexileim, Luviscol L 180, Pigmentverteiler A und M, Rohagit.
Textilhilfsmittel: Acrytex, Plexitex, Rohatex, Silkoplex.

4. *Polyvinylpyrrolidon (PVP) und Cop.*

Handelsnamen: Collacral V, Luviscol K 30 und K 90.

PVP gibt es in wasserlöslichen und stark wasserquellbaren Modifikationen. Sie finden als gesundheitlich unbedenkliche, hautverträgliche Bindemittel für kosmetische, medizinische und gewerbliche Erzeugnisse vielseitige Anwendungen. Das Blutersatzmittel Periston ist eine Lösung von Polyvinylpyrrolidon.

5. *Wasserlösliche Celluloseether*

Methylcellulose (MC): Culminal, Methylan, Tylose, Walsroder MC.

Carboxymethylcellulose (CMC, Cellulose-Glycolether): Antisol, Relatin, Tylose, Walsroder CMC.

Hydroxy-Ethyl-(HN wie MC)- und -Propyl-Cellulose (Klucel, US)

Cellulose mit aufgepfropftem Ethylenoxid: Ethylose.

MC ist nur in kaltem Wasser löslich und wird durch Salze ausgeflockt, höher methylierte Sorten werden auch in Methylenchlorid-Methanol-Gemisch gelöst. CMC-Lösungen sind mit Alkalien und Alkalisalzen verträglich und fallen beim Erwärmen nicht aus, dagegen auf Zusatz von Säure- und Lösungsmitteln.

Buchbinder- und Tapetenkleister, Malerleime S. 550, 551.

6. *Polyethylenoxide (PEOX)*

Durch Polyaddition von Ethylenoxid mit einer OH-Verbindung als Starter entstehen unter Öffnung der Epoxidringe Polyether, die Polyethylenoxide genannt werden. Niedermolekulare *Polyalkylenglykole* sind synthetische Schmiermittel. Im Molekulargewichtsbereich bis 10 000 sind sie wachsartig, in höheren kunststoffartig. Sie sind in Wasser (als Holzkonservierungsmittel), Methanol und Ethanol, einigen Chlorkohlenwasserstoffen bei Raumtemperatur, bei höherer Temperatur auch in vielen anderen Lösungsmitteln löslich.

Oxidwachse, Polywachse (DE), *Carbowax* (US) werden u. a. in verdünnter Lösung als Formeneinstrichmittel gebraucht. *Polyox* (US) ist als höhermolekulares Produkt ein zäher thermoplastischer Kunststoff, die wäßrigen Lösungen sind hochviskos bis gelartig.

Polyetherpolyole als PUR-Vorprodukte s. S. 471 f.

4.1.2 Polyolefine

4.1.2.1 *Polyethylen (PE)*

DVS 2205 T. 1: Polyethylen-Formstoffe

1. *Produkt-Gruppen*

Polyethylen-Formmassen werden international gekennzeichnet und unterteilt nach den Hauptmerkmalen (Tafeln 4.2 u. 4.3, S. 245, 246).

Rohdichtebereich und *Schmelzindex* (MFI) zur (reziproken) Kennzeichnung des Polymerisationsgrades.

Die Kennzeichnung durch diese Eigenschaften reicht nicht aus, Verhalten und Anwendungseignung der durch Kombination von „Struktur-Parametern" (Tafel 4.4, S. 247) erhältlichen PE-Sorten des Marktes ausreichend zu beschreiben, zumal im Dichtebereich < 0,900 bis 0,940 höher kristalline Produkte aus den neueren „PE-LLD" (Linear Low Density) Verfahren (Bild 4.1, S. 249) und die ultraleichten ULD- oder VLD-HOA-Typen (S. 249) immer mehr Marktbedeutung erlangen (HOA = Higher α-olefins).

Tafel 4.2. Herkömmliche Polyethylen-Formmasse-Gruppen

Roh-dichte-Bereich g/cm³	Gruppe	Molmassen-Bereich	MFI 190/2,16 Bereich g/10 min	Molekül-Gestalt	Kristalli-sations-grad %
0,910 bis 0,935	PE-LD (Weich-PE)	20 000 bis 600 000	80–0,1	lange Verzweigun-gen, mittlere Kettenlängen	40–55
> 0,935 bis 0,97	PE-HD (Hart-PE)	bis ca. 450 000, höchst-molekulares bis > 4 000 000	25–<0,1 <0,01	weitgehend linear, auch größere Kettenlängen	60–80

Tafel 4.3. Einteilung und Bezeichnung von Polyolefin-Formmassen
Zeichen in Daten-Block 2 (Anwendungsgebiete, Additive) und in Daten-Block 4 (Art von und Gehalt an Füll- und Verstärkungsstoffen) siehe Kapitel 6, Tafel 6.1, S. 562/563.

DIN 16776 (84) – ISO 1872	DIN 16778 (85) – ISO 4613 (S. 262)	DIN 16774 (84) – ISO 1873 (S. 266)
Polyethylen (PE)-Formmassen, Ethylenmassengehalt ≥ 50% Monomere mit funktionellen Gruppen <3%	Ethylen-Vinylacetat-Copolymer (E/VA)-Formmassen, VA-Massengehalt 3–50%	Polypropylen (PP)-Formmassen Propylen-Massengehalt ≥ 50%
Daten-Block 1: PE	E/VA 03 bis E/VA 45; die Zahlen 03–08–13–18–25–35–45 kennzeichnen VA-Massengehalt-Bereich	PP-H (Homopolymerisat), PP-B (Block-), PP-R (statistisches Copolymerisat), PP-Q (Mischungen der Gruppen H, B, R)
Daten-Block 3: Die Zahlen a) 15 – 20 ... 55 – 60 – 65 kennzeichnen Dichte-Bereiche ≤0,917, >0,917 bis 0,922, ...>0,952 bis 0,957, >0,957 bis 0,962, >0,962 g/cm³ b) Schmelzindex D (190°C/2,16 kg), T (190°C/5 kg) oder G (190°C/21,6 kg)	Schmelzindex D (190°C/2,16 kg), B (150°C/2,16 kg) oder Z (125°C/0,325 kg)	a) Isotaxie-Index (Massenprozent-Bereich Heptan-Unlösliches, s. S. 266), Zeichen 95–85–75–65–55 für >90 bis 100%... >50 bis 60% (für PP-Q: 00) b) Schmelzindex T (190°C/5 kg) oder M (230°C/2,16 kg)

Die Kodierung der Prüfbedingungen*) ist jeweils vor die durchweg gleichen Zeichen für die Schmelzindex-Bereiche zu setzen:

Zeichen	MFI g/10 min	Zeichen	MFI g/10 min	Zeichen	MFI g/10 min
000	< 0,1	012	> 0,8– 1,5	200	> 12,0– 25,0
001	> 0,1–0,2	022	> 1,5– 3,0	400	> 25,0– 50,0
003	> 0,2–0,4	045	> 3,0– 6,0	700	> 50,0–100,0
006	> 0,4–0,8	090	> 6,0–12,0		

*) D, T, G, M, Z siehe Tafel 7.2, S. 585.

Tafel 4.4. Struktur-Parameter und Eigenschaften von PE

Struktur-Parameter	Dichte g/cm³		Molekül-Gestalt (Bild 4.1, S. 249)		Molekulargewichts-Mittel		MG-Verteilung Mw/Mn (S. 50)	
Grenzwerte	0,915	0,97	stark und vielfach verzweigt	linear, ohne oder kurze Seitenketten	niedrig 20000–60000	hoch 200000–400000	eng Mw/Mn	weit Mw/Mn
Kristallisationsgrad	−/+	++	− −	++	−	+	+	−
Schmelzindex	□		□		++	− −	−	+
Verarbeitbarkeit	+	−	+	−	+	−	□	
Zug- und Biegefestigkeit	↑		↑			↑	↓	
Bruchdehnung	↓		↓			↑	↓	
Steifigkeit und Härte	↑		↑			□	↓	
Schockfestigkeit	↓		↑			↑	↓	
Spannungsrißbeständigkeit	↕		↕			↑	↓	
Kristallit-Schmelzbereich und Wärmeformbeständigkeit	↑		↑			↑	↓	
Kältebruch-Temperatur	↑		↑			↑	↓	
Chemische und Lösungsmittel-Beständigkeit	↑		↑			↑	□	
Dampf- und Gas-Diffusionswiderstand	↑		↑			□	□	
Transparenz	↓		↓			□	□	

+ −: hohe bzw. niedrigere Werte   → in Pfeilrichtung zunehmender günstiger Einfluß   □ ohne wesentlichen Einfluß

2. Synthese-Verfahren

Hochdruckverfahren (ICI 1939): Autoklav und Rohrreaktor, Ethylen-Gas unter 1000–3000 bar bei 150–300 °C, Initiator 0,05–0,1% Sauerstoff oder Peroxid, ergibt mit 10–20% Umsatz stark verzweigtes PE-LD, MM bis ca. 600000. Mit Hochleistungs-Katalysator-System (CdF) können PE-LD-Anlagen auf PE-LLD-Erzeugung umgerüstet werden.

Mitteldruckverfahren (Phillips 1953): Lösungsmittel-Polymerisation in Xylol bei 150–180 °C unter ≥ 35 bar Überdruck mit Cr-Al-Silikat-Katalysator: PE-HD, weitgehend linear, MW um 50000.

Niederdruckverfahren mit Ziegler-Katalysatoren (1953/55): In Aufschwemmungen von metallorganischen Mischkatalysatoren ($TiCl_4$ + Al-Alkyl u. ä.) eingeleitetes Ethylen polymerisiert bei 1–50 bar Überdruck und Temperaturen von 20 °C–150 °C zu weitestgehend unverzweigt linearem PE-HD. Besondere Sorten sind „HMW-PE-HD" (MW 200000 bis 400000): Copolymere mit C_4-C_8, mit ausgezeichnetem Gebrauchsverhalten für papierartige Folien (S. 400), Rohre (S. 396), nicht für Spritzguß, und „PE-UHMW", MM $>3 \cdot 10^6$ bis $6 \cdot 10^6$ (S. 258).

Die „PE-LLD"-Verfahren mit Metallkomplex-Hochleistungskatalysatoren von bis 100fach gesteigerter Polymerisationsaktivität

– aus der Gasphase (BASF, UCC, Unipol- und Unifos-Verfahren, s. a. S. 266),

– aus der Lösung im Sclair(Dow) und anderen (DSM-(Du Pont Canada, Mitsui, Rexon-Montedison))-Verfahren,

– im Suspensions-„Slurry"-Verfahren (BASF, Phillips),

– anders als in den vorgenannten Niederdruckverfahren (5–70 bar Überdruck, bis 100 °C) auch in modifizierten Hochdruckverfahren (S. 248),

der letzten Jahrzehnte ermöglichen die Produktion von PE beliebiger Dichte in weitem MW-Bereich bei enger MW-Verteilung, die (ohne Katalysatorabtrennung) unmittelbar verarbeitbar anfallen. Die Verfahren erfordern einen Monomeranteil von 5–10% C_4- bis C_8-Olefinen (Buten bis Octen), welche mit zahlreichen statistisch verteilten kurzen Seitenketten (Bild 4.1) bestückte lineare Makromoleküle hoher Kristallisationsfähigkeit entstehen lassen.

PE-LLD-Produkte weisen im Vergleich zu PE-LD mit gleichen Dichten und Schmelzindices erheblich erhöhte Reiß- und Durchstoßfestigkeit, Schlagzug- und Kälteschlagzähigkeit sowie geringe Spannungsrißanfälligkeit auf. Bis auf 5 μm ausziehbar, ermöglichen sie Verminderung der Dicke gleich belastbarer Folien auf die Hälfte.

Das unterschiedliche Aufschmelzverhalten und die geringe Schmelzfestigkeit von PE-LLD erfordert allerdings Umstellungen von Extrusionsanlagen (tiefer geschnittene Schnecken mit Mischzone, weitere Düsenspalte, wirksamere Kühlung). Geringe Zusätze von Fluorela-

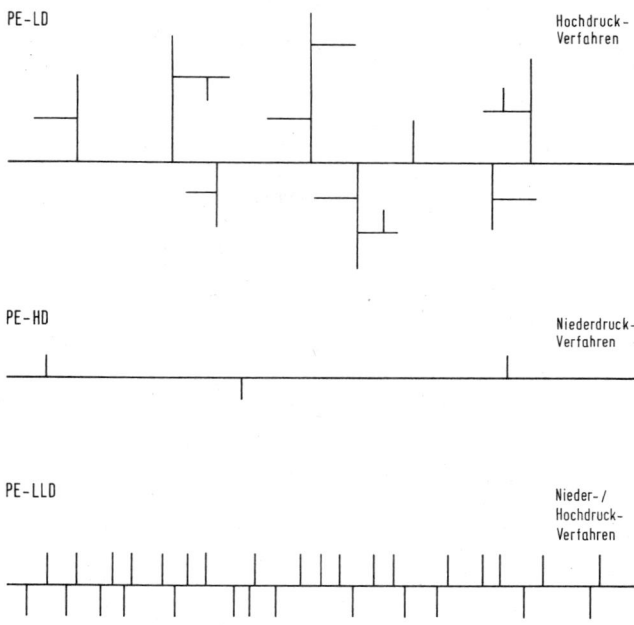

Bild 4.1. Kettenverzweigungen von Polyethylenen
Auf 1000 Kettenglieder bei
PE-LD: 8–40 lange, in sich verzweigte Seitenketten
PE-HD: 5 Kurz-Verzweigungsstellen
PE-LLD: bis 100 C_4- bis C_8-Gruppen seitlich der Hauptkette

stomeren (S. 312, z. B. 400 ppm Viton) verbessern Schmelzfestigkeit und Fließfähigkeit von PE-LLD. PE-LLD/PE-LD-Mischungen im Austausch von PE-Typen höherer Dichte werden eingesetzt u. a. für

– Blas- und Flachfolien (d_R 0,918–0,928, MFI 0,9–2,5): hoch dehnfähige Stretch-Folien, Tragtaschen, Schwergutsäcke, Müllsäcke, Mehrschichtfolien

– vernetzt spannungsrißunanfällige Rohre
Rotationsformteile (d_R 0,920–0,940, MFI 2,7–7,0)
Behälter bis 10 000 l, Treibstofftanks

– Spritzgußteile (d_R 0,913–0,940, MFI bis 25)
steife, dünnwandige Teile, z. B. Tiefkühlkostbehälter.

Ultraleichte PE-Sorten (PE-ULD oder -VLD) sind auch „HOA"- (higher α-olefins)-Typen genannte Co- und Terpolymerisate von Ethylen mit bis zu 10% Octen, 4-Tetramethylpenten-1, zuweilen auch Propylen mit Dichten zwischen 0,910 und 0,880 g/cm³, $MFI_{190/2}$ 0,8–0,4.

Sie sind kaum kristallin, transparent und mit ε_B < 900% hoch flexibel in weitem Temperaturbereich. Anwendungen sind durchstoßfeste Schwerlast-Stretchfolien und Verbesserung der elastischen Eigenschaften und Spannungsrißanfälligkeit anderer PE-Sorten durch Zusätze der leicht verarbeitbaren Produkte. Butylacrylatmodifiziertes PE ähnelt PE-LLD. Im Gesamtbereich der mit Comonomeren modifizierten PE-LLD, PE-ULD und HOA-Polymeren laufen vielfältige Entwicklungen von Spezialeinstellungen für technisch und wirtschaftlich optimale Erzeugung von Spitzenprodukten für Packstoffe von der Schwergutsack-Folie bis zur (mehrschichtigen) aromadichten oder medizinischen Verpackung wie auch das Hochgeschwindigkeits-Spritzgießen von Formteilen im Wettbewerb mit ABS, PP und thermoplastischen Elastomeren.

3. Handelssorten und Handelsnamen

Polyethylensorten aller Dichten
Lupolen, Mirathen (DE); Rumiten (IT); Carlona (GB); Stamylan (NL); Finathene (BE); Alathon, Dylan, Fortiflex, Hi-fax, Marlex, Petrothene (US); Sclair (CA); Novatec, Sholex, Sumikathene (JP).

PE-LD d_R ca. 0,918 bis ca. 0,935 g/cm^3
Riblene (IT); Lacqtene, Lotrene (FR); ertileno (ES); Bralen (CS); Ropol (RO); Tipolen (HG); Hipten, Okiten (YU); Bapolene, Escorene, Poly-Eth, Rotothene, Tenite (US); Mirason, Rexlon, Yukalon (JP).

PE-HD d_R ca. 0,935 bis > 0,96 g/cm^3
Hostalen, Vestolen (DE); Natene (FR); Rigidex (GB); Eltex (NL); Hiplex (YU); Paxon, Super Dylan (US); Hi-zex, Suntec (JP).

PE-LLD
Lupolex (DE); Lotrex (FR); Innovex (GB); Stamylex (NL); Dowlex, Marlex TR 130 (US); Novapol, Sclair (CA); Ulzex (JP); Ladene (Saudi-Arabien).

PE-VLD: Tafmer (JP); Norsoflex (FR); Stamylex (NL).

Lieferformen: Naturfarbige oder pigmentierte Granulate (Würfel 3–4 mm Kantenlänge, Linsen etwa 3 mm Durchmesser), PE-HD, PE-LLD auch als grobe Pulver (Grieß). Feinkörnige, gemahlene oder umgefällte Pulver für Pulvertechniken (S. 73), weiter auch schäumfähig für TSG (S. 135) und TSE (S. 178).

Niedermolekulare PE und *Cop.* s. S. 234.

4. Eigenschaften

Zur Abhängigkeit der Eigenschaften von den Struktur-Parametern Dichte, Linearität, Molmasse und Molmassenverteilung s. Tafel 4.4 (S. 247).

Für den Spritzguß bevorzugt man PE-Sorten mit enger Molmassenverteilung, die sich auf die Schwindung, Schock- und Kältefestigkeit

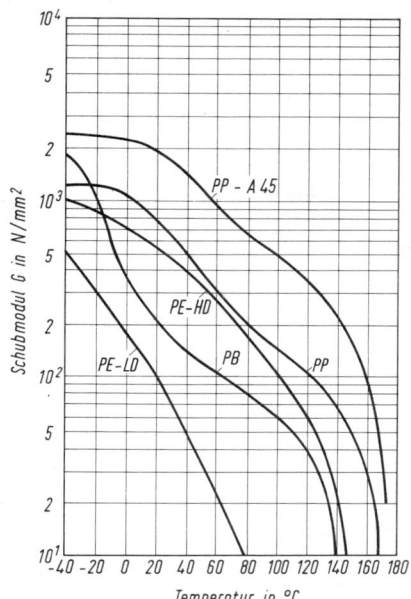

Bild 4.2. Schubmodul-Temperaturkurven (DIN 53445) für Polyolefine, PE-LD d_R ca. 0,92, PE-HD d_R ca. 0,96, PP normal stabilisiert, PP-A45 = Polypropylen mit Mineralsfaser verstärkt, PB = Polybuten

günstig auswirkt. Zum Extrudieren und Blasformen sind Massen mit breiter Molmassenverteilung verarbeitungstechnisch besser geeignet.

Die vorzüglichen dielektrischen Eigenschaften des unpolaren Polyethylens sind praktisch unabhängig von Dichte und Polymerisationsgrad.

Die mechanischen und thermischen Eigenschaften (Tafel 4.5, S. 252/ 253) ändern sich annähernd linear zur Rohdichte. Bild 4.2 zeigt die Temperaturabhängigkeit des Schub-Moduls, Bild 4.3 (S. 254) die Zeitstandfestigkeit verschiedener PE-Sorten bei verschiedenen Temperaturen. Erzeugnisse aus allen PE-Sorten deformieren sich, mechanisch nicht beansprucht, in heißem Wasser nicht, PE-HD- und -LLD-Sorten sind kochfest.

Gegen Wasser, Salzlösungen, Laugen und Säuren ist PE beständig, starke Oxidationsmittel, wie rauchende Schwefelsäure, konz. Salpetersäure, Nitriersäure, Chromschwefelsäure, Chlorsulfonsäure und Halogene greifen an. Gegen oxidativen Kettenabbau unter Dauereinwirkung von Wärme kann PE durch Antioxidantien (Hostanox, Irganox, Luvostab) geschützt werden. Zusatz von 2% Spezialruß erbringt 10- bis 15fache, hellfarbige Lichtstabilisierung (HALS, S. 57)

Tafel 4.5. Eigenschafts-Richtwerte für Polyolefin-Formmassen

Eigenschaften		Polyethylen		
		PE-LD[2])	PE-HD[2])	PE-UHMW
Bezeichnung[1])	Einheit	niedrige Dichte	hohe Dichte	extrem hoch-molekular
Dichte bei 23 °C	g/cm^3	≤0,920	≥0,954	0,935
Schmelzindex MFV 190/2,16	g/10 min	22–0,1	8–0,4	–
190/5	g/10 min	88–0,4	30–0,2	<0,01
230/2,16	g/10 min	–	–	–
230/5	g/10 min	–	–	<0,1
Volumen-Fließindex MVI[10]) 190/5	cm^3/10 min	–	40–0,4	–
230/2,16	cm^3/10 min	–	–	–
Kristallit-Schmelzbereich	°C	105–110	130–135	135–138
Mechanische Eigenschaften				
Streckspannung bei 23 °C	N/mm^2	8–10	20–20	>·20
bei 80 °C	N/mm^2	~2	4–6	8
Dehnung bei Streckspannung..........	%	20	12	20
Reißdehnung........................	%	~600	400–800	>350
Grenzbiegespannung	N/mm^2	7–10	30–40	30–40
Torsionssteifheit	N/mm^2	60–90	~400	250
Schubmodul[3]) bei 23 °C	N/mm^2	100–200	700–>1000	~300
bei 50 °C	N/mm^2	30–100	400–900	~150
bei 100 °C	N/mm^2	<10	80–200	–
Kugeleindruckhärte, 30 s	N/mm^2	~15	~50	38
Schlagzähigkeit bei +20 °C ..	kJ/m^2	o. B.		o. B.
Charpy bei –20 °C ..	kJ/m^2	o. B.	–	o. B.
Kerbschlagzähigkeit bei +20 °C ..	kJ/m^2	o. B.		o. B.
Charpy bei –20 °C ..	kJ/m^2	o. B.	3–o. B.	o. B.
[10]) Schlagzähigkeit bei +23 °C ..	kJ/m^2	–	o. B.	–
Izod, ISO 180/1C bei –30 °C ..	kJ/m^2	–	o. B.	–
Kerbschlagzähigkeit bei +23 °C ..	kJ/m^2	–	4–70	–
Izod, ISO 180/1 A bei –30 °C ..	kJ/m^2	–	0,4–40	–
Thermische Eigenschaften				
Vicat-Erweichungstemp., B/50	°C	<40	70–75	74
Formbeständigkeitstemperatur[11])				
ISO 75, A (1,8 N/mm^2)	°C	~35	~45	95
B (0,4 N/mm^2)	°C	~45	75–80	–
Therm. Längenausdehnungs-koeffizient (20–80 °C)..............	K^{-1}	$2,5 \cdot 10^{-4}$	$2 \cdot 10^{-4}$	$2 \cdot 20^{-4}$
Wärmeleitfähigkeit (20 °C)	W/m K	~0,35	~0,50	0,42

Für alle hier aufgeführten Polyolefine gelten folgende Richtwertzahlen:

Elektrische Eigenschaften: Oberflächenwiderstand $> 10^{13}$ Ohm, spez. Durchgangswider stand $> 10^{16}$ Ohm · cm, relative Dielektrizitätskonstante ca. 2,3 dielektrischer Verlustfaktor tan δ 0,0002–0,0007, Durchschlagfestigkeit 700 kV/cm, Kriechstromfestigkeit Stufe KA 3c, KC >600

Wasseraufnahme: nach 96 Stunden <0,5 mg, verstärkte 1,5–2 mg

US-Beispielwerte für PE-LLD: d 0,918–0,935; T_m 122–124 °C; σ_S 13–28 N/mm^2; ε_B <900%; E_b ~400 N/mm^2

Polypropylen[2])								Poly-buten
Homopolymere PP-H[4])		Block-Copolymere PP-B[4])		Verstärkte Homopolymere				
				Talkum	Glaskugeln	Glasfasern normal	Glasfasern chem. gekup.	
leicht fließend	schwer fließend	leicht fließend	schwer fließend	20/40%	20%	20–30%	20–30%	MG 1–2·10⁶
0,912–0,906	0,903–0,898	0,910–0,904	0,900–0,890	1,04–1,23	1,03	1,05–1,14	1,05–1,14	0,915
–	–	–	–	–	–	–	–	–
(90)⁵)–3	8–0,5	(60)⁵)–5	5–0,4	3–4	–	2–3,5	2	–
(50)⁵)–2	5–0,35	(35)⁵)–2	2,1–0,3	1,5–2,5	–	0,8–2,2	0,8	20–0,3
–8	18–2	(140)⁵)–10	9–1,0	7–11	4	4–9,5	4	–
–	–	–	–	–	–	–	–	–
70–2	7–0,4	–	–	3,1–2,2	–	2,8–2,4	–	–
165–160	160–155	165–160	165–160					125–130
42–35	34–22	32–20	26–18	29–32⁷)	28	40⁷)	70–87⁷)	15–25
–	–	–	–	25 (60 °C)⁷)	–	26 (60 °C)⁷)	> 40 (60 °C)⁷)	9
(< 10)	20	(10–15)	13–17	–	–	–	–	10
10–700	500–800	20–500	400–900	150/8	170	5	5	150–400
41–38	30–26	32–26	27–20	27/55	32	50–60	80–85⁹)	15–25
500–460	480–380	450–180	380–175	50/630	370	620	690	–
900–700	700–350	750–600	600–330	1200/2000	–	1200/1400	–	~200
~450	–	–	–	23 °C:2600	1500	2400/5000	< 5500⁸)	–
~250	–	–	–	80 °C: 900	–	–	< 4300	–
90–75	85–42	74–58	56–30	< 90	70	90–100	110	39
20–o. B.	o. B.	o. B.	o. B.	o. B./17	33	15	26	o. B.
8–14	10–15	50–90	90–o. B.	< 33/9	–	~10	18	o. B.
5–10	2,5–17	10–16	20–o. B.	o. B./4	4	6	9	o. B.
1,5–2	1,5–4	4–8	7–25	5/2	–	4	8	15–40
50–o. B.	o. B.	130–o. B.	o. B.	45/20	25	28–20	25	–
8–17	15–21	30–65	33–37	17/10	10	18–16	27	–
3–5	4–9	5–9	9–o. B.	4/3	4	4,3–5,5	8	–
1,5–2	~2	2,5–3,5	3,5–1,5	2/1,7	1,7	2,5–1,8	6	–
100–92	90	90–73	70–45	56/104	96	105	128	70
~60	~55	60–47	55–45	58/85	65	87–110	120	60
90–130	100–90	95–80	90–65	104–137	110	120–140	155	110
1,5 × 10⁻⁴				1,2–0,6 × 10⁻⁴				1,5·10⁻⁴
0,22				0,41/0,51	0,25	0,27	0,27	0,17

) Richtwerte nach DIN- und VDE-Prüf-Vorschriften
) Grenzwerte entspr. MFI-Grenzen
) $G = E/2(1 + \mu) \approx E/2,7$
) s. Tafel 4.3, S. 246
) CR-Typen
) Einzeltypen für den technischen Spritzguß
) Reißfestigkeit
) Biegekriechmodul, 1 min-Werte
) Biegefestigkeit
⁰) s. S. 606 f.
¹) mit 5 N/mm² (HDT/C) für PP 40 Talkum 52–56 °C, 30 GF chemisch gekoppelt 98 °C

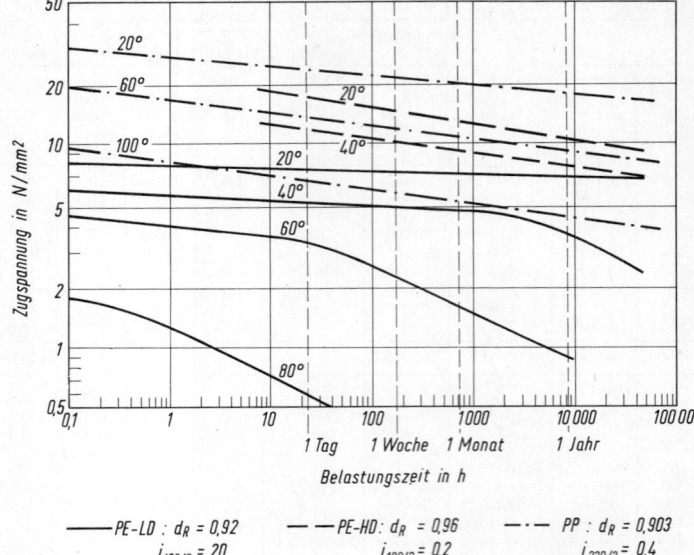

$$\overline{}\; PE\text{-}LD : d_R = 0,92 \qquad \overline{}\!-\!\overline{}\; PE\text{-}HD : d_R = 0,96 \qquad \overline{}\!\cdot\!\overline{}\; PP : d_R = 0,903$$
$$i_{190/2} = 20 \qquad\qquad i_{190/2} = 0,2 \qquad\qquad i_{230/2} = 0,4$$

Bild 4.3. Zeitstandfestigkeit von Polyolefinen bei einachsiger Zugbelastung in Luft
a) PE-LD: leicht fließfähige Spritzgießmasse;
b) PE-HD: Formmasse für das Blasformen;
c) PP: hochwärmestabilisiert.

4- bis 6fache Verbesserung der UV-Beständigkeit. Unterhalb von 60 °C ist PE unlöslich in allen organischen Lösungsmitteln, quillt aber mit aliphatischen und aromatischen Kohlenwasserstoffen und Chlorkohlenwasserstoffen um so mehr, je geringer seine Dichte ist. Einzelne PE-Sorten hoher Dichte sind für Heizölbehälter, Treibstoff-Kanister nach DIN 16904 und Kraftfahrzeug-Treibstofftanks erprobt und zugelassen. Behälter mit durch verdünntes F_2 fluorierten oder SO_3 sulfonierten Oberflächen sind permeationsdicht gegen alle Kraftstoffe u. a. KW-haltige Produkte.

Die Durchlässigkeit von PE für Wasserdampf ist minimal, für Sauerstoff, Kohlensäure und viele Geruchs- und Aromastoffe beträchtlich, sie nimmt mit zunehmender Dichte ab. Gegen ionisierende Strahlung nicht zu hoher Dosisleistung ist PE gut beständig.

Oberflächenaktive Stoffe (Netz- und Waschmittel) können bei Einwirkung auf mechanisch beanspruchte Fertigteile Spannungsrisse hervorrufen.

Am besten spannungsrißbeständig sind – neben PE-LLD – PE-Sorten mittlerer Dichte (0,94) mit durch Comonomeranteil leicht gestörter Kristallinität und hohem Molekulargewicht. Von PE aller Dichten sind u. a. durch Zufügung von Copolymeren (S. 263) hinsichtlich Spannungsrißbeständigkeit für die Gefügebildungsbedingungen bei den verschiedenen Verarbeitungsverfahren optimierte Sorten auf dem Markt.

PE ist geruchlos, geschmackfrei und physiologisch indifferent. Die meisten PE-Sorten des Handels entsprechen den Richtlinien des Bundesgesundheitsamtes für die Verwendung von Kunststoffen in Verbindung mit Lebensmitteln.

Die hervorragenden dielektrischen Eigenschaften von PE-Sorten, die auch in Wasser unverändert bleiben, sind von Temperatur und Frequenz nahezu unabhängig. Antistatische Ausrüstung von Formmassen bleibt, anders als nachträglich aufgetragene Antistatika, ohne wesentliche Beeinträchtigung durch Abwaschen der Erzeugnisse langzeitig wirksam. PE brennt, einmal entzündet, weiter, kann aber flammwidrig eingestellt werden.

5. *Verarbeitung und Anwendung**)

Abkürzungen: $i_2 =$ Schmelzindex MFI $_{190/2,16}$, entspr. i_5.

Zahlen 0,9 ... vor / i kennzeichnen die Dichte.

a) Im *Spritzgießverfahren* (Verarbeitungsbedingungen Tafel 3.8, S. 126) werden für Massen-Formteile leichtfließende PE-Sorten (i_2 bis 80) verarbeitet. Die Schwindung der Spritzgußteile und damit ihre Dichte ist abhängig von der Temperaturführung der Schmelze bis zur Abkühlung. Stark abgeschreckte Teile mit hohem amorphen Anteil haben minimale Verarbeitungsschwindwerte, schwinden aber bei höherer Temperatur mit fortschreitender Kristallisation stark nach. Verzug und Rißbildung können die Folge sein. Für PE hoher Dichte und niedrigen Schmelzindices sind Formtemperaturen von 40–70 °C zweckmäßig, um Formteile mit Hochglanz zu erzielen. Gegen Verziehen der Spritzgußteile durch eingefrorene Spannungen helfen fast immer Sorten mit i_2 2,5–4, gegen sogenannte Angußsprödigkeit durch starke Molekülorientierung Erhöhung der Spritztemperatur und Sorte mit höchst anwendbarem Schmelzindex. Die Anwendungsbereiche von PE-Spritzgießmassen sind in Tafel 4.6 (S. 256) angedeutet. Für steife und auch bei tiefen Temperaturen verhältnismäßig schlagzähe Teile kommt PE-HD-GF in Betracht. Spritzgießen von PE-UHMW s. Absatz 8, S. 258.

b) Für das *Blasformen* (S. 138 ff.) muß man PE-Sorten höherer Schmelzviskosität (i_2 2–0,2) verwenden, damit der Vorformling unter seinem Eigengewicht nicht abreißt. PE-LD wird für flexible Behälter und Flaschen, Kanister bis 60 l und Einstellbehälter bis 200 l Inhalt verwendet. Im Bereich 0,94 bis 0,96/i_5 1... < 0,1 liegen die Spezialtypen zunehmender Steifheit für Benzinkanister, Kraftfahrzeugtanks (S. 254), Fässer bis ca. 200 l Inhalt, Großspielzeuge und Sportgeräte, Flaschen für Haushaltschemikalien, Kosmetika, Pharmazeutika,

---

*) Einzelheiten über Halbzeuge, auch PE-Schaumstoffe, S. 396/401.

Tafel 4.6. Verarbeitungsverhalten und Anwendungsbereiche von PE-Spritzgießmassen

Rohdichte	0,92	0,93	0,94²⁾	0,95	0,96
MFI 190/2,16: >25–15¹⁾	leichtest fließend, Massenartikel ohne besondere Beanspruchung	leicht fließend, großflächige Teile, geringer Verzug, guter Glanz	leicht fließend, stoßfeste Teile ohne besondere Anforderungen an Steifheit	leicht fließend, mit geringer Verzugsneigung, spritztechnisch schwierige Haushaltsartikel	leicht fließend, hohe Härte und Steifheit, Schüsseln, Siebe, Geschirr, Transportkästen³⁾, Schutzhelme
15–5	Artikel besserer Festigkeit, geringer Oberflächenglanz	Spannungsarme Teile mit gutem Oberflächenglanz	gut stoßfest, wenig spannungskorrosionsanfällig, hochbeanspruchte technische Teile	leicht verarbeitbar, gut stoßfest, Schraubkappen, Verschlüsse, technische Teile	stoßfest, formstabil, mechanisch stark beanspruchte Teile, z. B. Mülltonnen³⁾ Sitzschalen
ca. 1,5	sehr gute mechanische Festigkeit und Widerstandsfähigkeit gegen Spannungskorrosion		gut zeitstandfest, wenig spannungskorrosionsanfällig, besonders beanspruchte Verschlüsse	spannungskorrosionsbeständig, gute Oberfläche, hoch beanspruchte technische Teile	
<1				hochmolekular, meist hochstabilisiert, Druckarmaturen, Rohrkrümmer, Fittings	

¹⁾ Superleichtfließende PE-LD- und -HD-Sorten sind mit MFI > 100 auf dem Markt.
²⁾ Oft PE-LD/HD-Blends, ähnliche Anwendungen für PE-LLD geringerer Dichte.
³⁾ Flaschenkästen und Mülltonnen sind gütegesichert einschließlich von Grenzbedingungen für Mitverwendung wiederaufgearbeiteten Rücklaufmaterials.

Milchflaschen, Heizöl-Kellertanks u.a. Großbehälter bis 10000 l. Spezifische siliciumorganische Haftvermittler ermöglichen das Blasen mineralisch (Glimmer, Al-Trihydrat) hoch gefüllter Hohlkörper erhöhter mechanischer und Temperaturstandfestigkeit aus PE-HD für z. B. Fahrzeug-Innenausbau.

PE-LLD ist wegen seiner engen MWD für das Blasverfahren weniger, dagegen mit etwa $0,928/i_2 2,5$ gut für *Rotationsgießen* von Großhohlkörpern (Container, Canoes, Surfbretter) geeignet.

c) Zum *Extrudieren* von Tafeln für das Warmformen und von normgemäßen Rohren (S. 386, 396) stehen spezielle mit Ruß stabilisierte hochmolekulare PE-LD- und PE-HD-Typen (i_2 0,5–0,1) zur Verfügung. Druckrohr-Spezialtypen sind höchst schlagzähe und zeitstandfeste PE-HDHMW ($\geq 0,94$, i_5 0,8–0,4). Aus gleichartigen Typen fertigt man Tiefbau-(Deponie-)Dichtungsbahnen.

d) In der *Kabeltechnik* dienen wärmestabilisierte Massen überwiegend im Bereich 0,918–0,930/0,15–0,35 zum Isolieren von Fernmeldekabeln und -leitungen, für geschäumte Isolierungen (Zell-PE) wird PE mit aufgetrommeltem Treibmittel extrudiert. Zum Isolieren von Mittel- und Hochspannungskabeln (10 kV bis 225 kV) gibt es hoch reine vernetzbare Spezialtypen. Mit Ruß lichtstabilisiert wird PE für Kabelmäntel eingesetzt, mit 30% Leitfähigkeit (10 Ohm · cm Durchgangswiderstand) zur elektrischen Leiterglättung und als Abschirmmaterial bei Energiekabeln, VDE-Vorschriften s. S. 307/309.

e) *Blasfolien* und *Flachfolien* (Herstellung S. 180, 182) werden überwiegend aus PE-LD hergestellt. Für zähe, mechanisch hoch beanspruchte Erzeugnisse (Säcke, Beutel, Tragtaschen) wählt man 0,918/ 0,2–0,5-Typen, solche mit i_2 1,5–2 sind transparent, aus Sorten mit höherer Dichte (bis 0,930) und höherem Schmelzindex (bis 4), die Gleitmittel und Antiblockmittel enthalten, kann man dünne, glasklare, etwas steifere Folien mit hohen Abzugsgeschwindigkeiten fahren. Blasfolien aus PE-LLD können bis 5 μm Dicke ausgezogen werden. Das Material ist für Stretchfolien gut, für Schrumpffolien nicht geeignet. Aus PE-HDHWM $0,95/i_2$ 0,3–0,1 stellt man papierähnliche < 10–30 μm dünne, zähfeste und temperaturstandfeste Folien mit trockenem Griff her, aus ähnlichen, nicht ganz so hochmolekularen PE-Sorten die Ausgangsfolien für hochverstreckte PE-Spleißgarne. Weiteres über Folien s. S.399.

f) Zum *Extrusionsbeschichten* (S. 183) braucht man gut fließbares (i_2 4–80) PE-LD.

g) In der *Pulvertechnik* (Rotationsschmelzen S. 78, Wirbelsintern S. 73) verwendet man Pulver mit 30–800 μm Korndurchmesser (z. B. Micropol) aus PE-Sorten mit d_R 0,92–0,95 und i_2 5–1, solche mit i_2 17–22 dienen zum Rückbeschichten von Teppichen und Aufbügelstoffen. Umgefällte PE-Pulver mit gleichmäßigen Korngrößen (Microthene) von ca. 50 μm eignen sich zum elektrostatischen Beschichten von Metallen oder Geweben, noch feinere (8–30 μm) sind z. B.

für Papierverarbeitung im Holländer oder in Druckfarben dispergierbar.

h) *Ultrahochmolekulares PE-UHMW* (Tafel 4.5, S. 252/253) erfordert spezielle Verarbeitungsverfahren.

Blöcke und einfache Formteile (Filterpressenplatten) werden nach Vorverdichten bei 200 °C gepreßt und unter 2–5 N/cm² Druck langsam abgekühlt. Elektrisch leitfähig eingestelltes Material ermöglicht gleichmäßiges rasches Aufheizen durch Stromdurchgang. Formteile werden daraus spangebend hergestellt. Bei größeren Stückzahlen von Formteilen bis 1000 g Schußgewicht ist jedoch das Spritzgießen wirtschaftlicher, für das leistungsfähige Spezialmaschinen zur Verfügung stehen. Die Plastifizierschnecke soll 15 D bis 20 D lang sein und keine Rückstromsperre aufweisen. Für den Plastifiziervorgang sind Schneckendrehzahlen von 150 Umdrehungen pro min erforderlich. Eine genutete und gekühlte Einzugszone erleichtert die Förderung des ultrahochmolekularen Pulvers. Weitere Verarbeitungsbedingungen sind: Spritzdruck ca. 1100 bar, Massetemperatur 200 °C–250 °C und Werkzeugtemperatur 40 °C bis 70 °C. Die erschwerte Fließfähigkeit der plastifizierten Formmasse muß außerdem durch möglichst kurze Fließwege und relativ große Angußquerschnitte berücksichtigt werden.

Über Hochdruckplastifizierung (2000–3000 bar) mit taktweise arbeitendem Zwillingsextruder (Ram-Extruder, S. 161) werden extrudierte Profile gefertigt, letztere auch mit langsam (10 min⁻¹) gleichlaufenden Doppelschneckenextrudern bei 180–200 °C.

Das Material ist schlagzäh in breitem Temperaturbereich und nicht spannungsrißanfällig, es hat hervorragende Abrieb- und Gleiteigenschaften. Vernetzung mit 0,2 bis 0,5% Peroxid (S. 266) verbessert noch das Abriebverhalten und vermindert die Wärmeausdehnung um 50%. Es gibt mit Ruß antistatisch und entsprechend UL V-O eingestellte Sorten. Großanwendungen sind Auskleidungen von selbstentladenden Erz- und Kohleschiffen und Rutschen, spritzgegossene chemikalienbeständige Armaturen, Lagerbuchsen, Zahnräder, Gleit- und Führungselemente (z. B. für Personen- und Lastaufzüge), spangebend gefertigte Pumpenlaufräder, Webmaschinen-Schaftführungen und Picker, geräusch- und stoßdämpfende Transportanlagenelemente, Kettenspanner, Steuerscheiben, Filtermaterialien, auch Taschen als Abstandhalter der Bleiplatten in eng gepackten Auto-Akkus werden permporös gesintert. Ein Spezialanwendungsgebiet sind chirurgische Implantate.

i) Für die *Nachbehandlung von PE-Erzeugnissen* ist die geringe Angreifbarkeit des Kunststoffs von Belang. PE-Oberflächen lassen sich nur nach lokal oxidierender Vorbehandlung im Hochspannungs-Plasma, mit Glimmentladung, oxidierender Flamme, Ozon oder Chromsäurelösung (Spezialeinrichtungen) haftfest bedrucken oder auch lackieren, um die Durchlässigkeit herabzusetzen. Verklebungen von PE-Erzeugnissen untereinander oder z. B. mit Etiketten sind auch bei Verwendung spezieller Haftkleber mechanisch nicht hoch beanspruchbar. Sicher sind Schweißverbindungen, s. S. 202.

k) *PE-Fibride* (Hostapulp, DE; Ferlosa, IT; Lextar, US) sind feine, zellstoffähnliche Fäserchen, die durch Abscheiden aus Lösungen unter Scherung erzeugt werden. Da sie Wasser abstoßen, aber Kohlenwasserstoffe u. ä. binden, werden sie u. a. als verarbeitungserleichternde Zusätze zu Spachtelmassen, in wäßriger Suspension zum Aufsaugen von Öl im Umweltschutz verwandt, weiter für feuchtfeste Kartonagen und Papiere. Die Anwendung als Verstärkungsfasern in Batterieseparatoren ist in Japan eingeführt (Fa. Mitsui Petrochemical).

l) *Extrem verfestigte PE-HD-Verstärkungsfasern* (Dyneema SK, NL/JP; Tekmilon, JP; Spectra, US) mit σ_B 1–5 GPa, E 50–150 GPa, ε_B bis ca. 5% (vgl. Tafel 3.3, S. 23) gewinnt man durch absatzweise gesteuertes 30faches Verstrecken von Spinnfasern unter Bedingungen, die zur fast einkristallartigen Ausrichtung der Kristallite in der Streckrichtung führen. Erste Anwendungen sind „selbstverstärkte" pultrudierte (S. 146) PE-Profile.

m) *PE-Schaumstoff*-Platten und -Bahnen s. S. 401. Nach dem Neopolen-Verfahren werden vorgeschäumte Partikel, die aus einer treibmittelhaltigen Schmelze durch Heißabschlag nach dem Extruder gewonnen werden, im Partikel-Formschäumverfahren (s. S. 285) mit Dampf zu Schaumblöcken oder Formteilen versintert.

4.1.2.2 *Vernetztes Polyethylen (PE-X; ehem. VPE)*

Lose Vernetzung von Polyethylen (ca. 5 Vernetzungen auf 1000 C-Atome) verbessert – bei geringer Verminderung der Härte und Steifigkeit – die Zeitstandfestigkeit, Kälte-Schlagfestigkeit und Spannungsrißbeständigkeit beträchtlich. Da das Material oberhalb des Kristallit-Schmelzpunktes nur gummielastisch erweicht, kann es temperaturmäßig hoch belastet, kurzzeitig auch überlastet werden.

PE höherer Dichte mit Spezialperoxid-Vernetzer wird im Spritzguß in genau festgelegtem Temperaturbereich zwischen 130 °C und 160 °C verarbeitet und im Formwerkzeug bei 200–230 °C vernetzt. Die Erzeugnisse – für Elektrotechnik, Apparatebau, Automobilbau – halten kurzzeitige Temperaturbelastungen bis etwa 200 °C aus.

Für die Fertigung und Vernetzung von Rohren aus PE-HD für Warmwasserleitungs-Installation und Fußbodenheizungen (Bild 4.4, S. 260) nach DIN 16892, Gruppen a bis d (S. 390, 394) dienen folgende Verfahrensarten:

– PE-X, peroxidvernetzt: Im *Engel*-Verfahren wird in einer mit Doppel-Hochdruckstößel kontinuierlich fördernden Maschine aus grießförmigen PE/Peroxidgemisch ein Rohr gesintert und im anschließenden Heizzylinder zugleich aufgeschmolzen, vernetzt und endgeformt. Dieses Verfahrensprinzip ist im *PAM*-(Pont-a-Mousson-)Verfahren dahingehend modifiziert worden, daß das

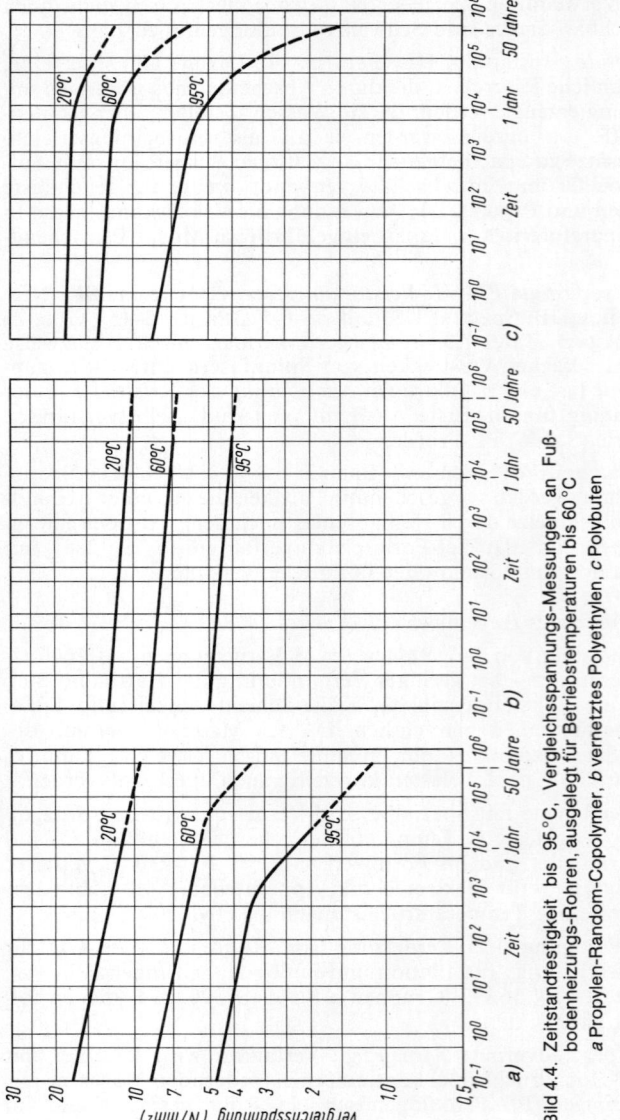

Bild 4.4. Zeitstandfestigkeit bis 95 °C, Vergleichsspannungs-Messungen an Fuß-
bodenheizungs-Rohren, ausgelegt für Betriebstemperaturen bis 60 °C
a Propylen-Random-Copolymer, b vernetztes Polyethylen, c Polybuten

extrudierte und heruntergezogene Rohr in einem heißen Salzbad in der Kalibrierzone vernetzt. Im zweistufigen *Daopex*-Verfahren werden normal extrudierte PE-LD-Rohre durch folgende Lagerung in einer peroxidhaltigen Emulsion unter Druck bei Temperaturen über dem PE-Kristallit-Schmelzpunkt von außen her vernetzt.

- PE-X, silanvernetzt: In der *Sioplas*(Dow Corning)-, *Hydro-Cure*-(UCC)- und *Monosil*(Maillefer)-Technik werden silangepfropfte PE-Compounds unter Zumischung eines Silan-Vernetzungskatalysators verarbeitet, der bei folgender Heißwasser-Druck-Behandlung unter Bildung von Si-O-Si-Brückenbindungen anspringt.

- PE-X, elektronenstrahlvernetzt: Wie üblich gefertigte PE-Erzeugnisse werden in gesonderten (auch im Lohn arbeitenden) Bestrahlungsanlagen bei Temperaturen unter dem Kristallitschmelzpunkt durch Abspaltung von Wasserstoff vernetzt.

- PE-X, azovernetzt: Für das *Lubonyl*-Azo-Verfahren werden dem konventionell zu verarbeitenden Compound Azo-Verbindungen zugemischt, die in einem nachgeschalteten heißen Salzbad unter Stickstoff-Brückenbildungen vernetzen.

Gleichartige oder zweckgerecht abgewandelte Verfahren (7., S. 234) gebraucht man für das Vernetzen von PE-X-Isolierungen von Mittel- und Hochspannungskabeln (10 kV–110 kV, S. 309), Kabelmänteln, Isolier-(Schrumpf-)Schläuchen, Schrumpfrohren zum Ummanteln von Förderrollen und Walzen, Schrumpfmuffen aus PE-LD, PE- und PP-Schaumstoffen (S. 402).

PE-X-Schrumpfrohre und -Schrumpfmuffen sind Handelsartikel.

4.1.2.3 *PE-C und chlorhaltige thermoplastische Elastomere*

PE-C-Handelsnamen s. S. 235. Aus (PE-C + PVC-)Compounds mit 70–90% PE-C werden weichmacherfreie bitumenbeständige Dach- und Dichtungsbahnen, Auskleidungsfolien und Profile mit Shore-Härten A 75–60 hergestellt. Peroxidisch oder strahlenvernetzbaren PE-C-Synthesekautschuk (CM) s. S. 543.

Das chlorhaltige thermoplastische Olefin-Elastomer – als MPR = Melt Processible Rubber abgekürzt – Alcryn (US) auf Basis von Legierungen mit PVDC-Hart-Domänen und teilvernetzten weichen E/VA-Copolymer-Matrix in Shore-Härten A 60–80 substituiert in dem weiten Gebrauchstemperaturbereich −40 °C bis 121 °C für statische Anwendungen (Schläuche, Dichtungen, Förderbänder, Draht- und Kabelummantelungen, auch im Automobilbau) ölbeständigen vulkanisierten Nitril- oder Chloropren-Kautschuk. Es ist besser alterungs-, wetter- und ozonbeständig als die vulkanisierten Produkte. Für dynamisch biegeschwingungsbeanspruchte Autoreifen ist es wegen zu Überhitzung führender Energieaufnahme nicht geeignet. Das mit 10% Ruß, neuerdings auch in hellfarbigen Einstellungen granuliert angelieferte Produkt ist bei etwa 170 °C auf korrosionsfest aus-

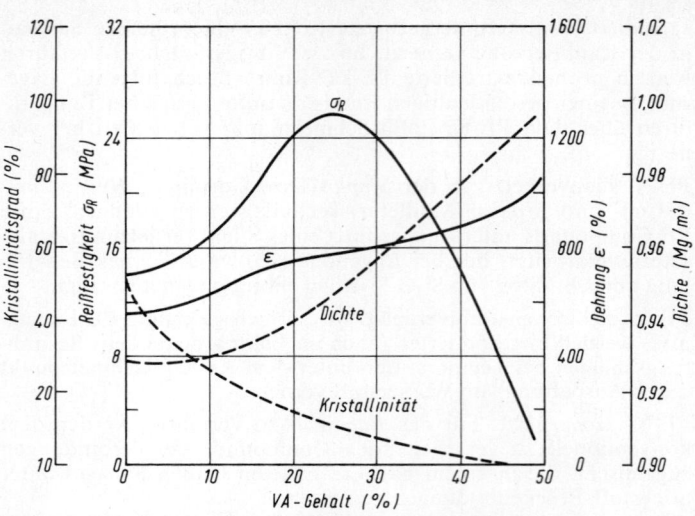

Bild 4.5. Eigenschaften von E/VA-Cop. in Abhängigkeit vom VA-Gehalt
Schmelzindex (DIN 16778) s. Tafel 4.3, S. 246

Tafel 4.7. Eigenschaften und Anwendungen von E/VA-Copolymeren mit verschiedenem VA-Gehalt

VA-Gehalt der Copolymerisate (Gew.-%)	Eigenschaften und Anwendungen
1 bis 10	im Vergleich mit PE-LD transparenter, flexibler, zäher (Schwersackfolien, Tiefkühlverpackungen), leichter siegelnd (Beutel, Verbundfolien), weniger anfällig gegen Spannungsrißbildung (Kabelummantelungen), bei niedrigerer Temperatur höherer Schrumpf (Schrumpffolien), geringere Relaxation vorgedehnter Folien (Streckfolien).
15 bis 30	noch thermoplastisch verarbeitbar, sehr flexibel und weich, kautschukähnlich (Anwendung vergleichbar mit Weich-PVC, besonders für Verschlüsse, Dichtungen, rußgefüllte thermoplastische Massen für die Kabelindustrie).
30 bis 40	hohe elastische Dehnung, Weichheit mit Füllstoffaufnahmefähigkeit, breiter Erweichungsbereich, Polymerisate mit großer Festigkeit und guter Adhäsion für Beschichtungen und Klebstoffe.
40 bis 50	Produkte mit noch ausgeprägteren Kautschuk-Eigenschaften (peroxidisch und mit Strahlen vernetzbar, z. B. für Kabel; für Pfropfreaktionen, z. B. für hochschlagfestes PVC mit sehr guter Witterungsbeständigkeit; durch Hydrolyse resultieren Polymerisate für Gewebebeschichtungen, Schmelzkleber, thermoplastische Verarbeitung zu Formkörpern und Folien mit hoher Festigkeit und Zähigkeit).
70 bis 95	Verwendung in Form von Latices für Emulsionsfarben, Papierbeschichtung, Klebstoffe und von Verseifungsprodukten für Folien und spezielle Kunststoffe.

gelegten PVC-Anlagen mit zur Herabsetzung der Schmelzviskosität ausreichender Scherung und nach allen Thermoplast-Verarbeitungsverfahren auch auf Anlagen aus dem Kautschukbereich verarbeitbar.

4.1.2.4 *Polare Ethylen-Copolymere*

Meist durch Substanzpolymerisation mit Spezialkatalysatoren in der Gasphase unter Druck aufgebaute Co- und Terpolymere mit Co-Monomeren zunehmender Polarität – ungesättigte Ester, Säureanhydride, Kohlenmonoxid, Säuren, Amide und Imide – kommen in ständig wachsender Vielfalt auf den Markt. Sie werden weitgehend als verarbeitungs- und/oder anwendungstechnisch spezifisch wirksame Elastifikatoren in coextrudierten Folien als Haftvermittler, für Siegel- und Sperrschichten, wie auch für haftfeste Beschichtungen von Metallen, Glas und Papier angewandt. Von allgemeiner Bedeutung sind:

1. *Copolymere mit Vinylacetat* E/VAC, E/VA, auch EVA geschrieben, bzw. bei >50% VA-Gehalt VAE.

Handelsnamen (s.a. S. 234 für VA): Hostalen LD-EVA, Levapren, Lupolen V, Miravithen (DE); Evatane (GB); Evaclene (IT); Elvax, Ultrathene (US); Evaflex, Evatate, Soarlex, Soablen (JP). Bild 4.5 (S. 262) und Tafel 4.7 (S. 262) zeigen Grundeigenschaften und Anwendungsgebiete von hoch füllbaren E/VA-Compounds als bis ca. 40% VA-Gehalt zäh-elastische thermoplastische, bei > 50% (vernetzbar, S. 541) elastomere Formmassen. Produkte mit <10% VA sind für den Lebensmittelverkehr zugelassen. E/VA-Cop. sind mit PE und PVC verträglich. E/VA-Schlagzäh- bis Weich-Macher für PVC (Baymod L, Vinnol K 550) werden zwecks besserer Einarbeitung meist mit VC gepfropft.

2. *Copolymere mit Vinylalkohol* (E/VAL bzw. E/VOH)

Handelsnamen: Levasint (DE); Clarene (BE); Eval, Selar-OH (US); Soarnol (JP).

Vinylalkoholhaltige Copolymere werden (wie PVAL-Produkte (S. 238)) durch – teilweise – Verseifung von E/VA hergestellt.

E/VAL mit niedrigem (24–30%) Gehalt an VAL ist als Pulver für zähfeste, auch auf Metallen gut haftende elektrostatische Beschichtungen (Levasint, DE) auf dem Markt. Es dient zum Korrosionsschutz von Metallen und Splitterschutz von Glas.

E/VAL-Sorten mit 53–68% VAL-Gehalt sind Barriere-Kunststoffe mit minimaler Durchlässigkeit für N_2, O_2, CO_2 und Aromen aber erheblicher Wasserdampfdurchlässigkeit und Wasseraufnahmefähigkeit. E/VAL mit 3–8% H_2O-Gehalt verliert seine Sperrwirkung. Er wird daher in Mehrschichtfolien geschützt durch PE, PP, auch zusammen mit PA oder PTP extrudiert. Bei 66 °C T_g und Eigenverarbeitungstemperaturen von 160–180 °C hält er kurzfristige Erhitzung auf 200 °C unter bei Abkühlen reversibler Erhöhung der O_2-Durchlässigkeit aus. Auch die Verminderung der Sperrwirkung von E/

VAL-Kompositpackungen durch Kochen ist beim Abkühlen reversibel. Selar OH plus enthält einen plättchenförmigen anorganischen Füllstoff, der als beim Extrudieren laminar sich ordnende Einlage noch verbesserte O_2-Sperrwirkungen erbringt.

3. *Co- und Terpolymere mit Acryl-Comonomeren* E/EA, E/BA, E/MA, E/AA, E/MAA

Handelsnamen: Lucalen A (DE); Primacor, Paxon, Zetafin, Nucrel (US)

Die Handelsnamen umfassen meist Sortimente unterschiedlicher Acryl- und/oder Methacryl-Gruppen enthaltender Copolymere. E/EA Ethylacrylat-, E/BA Butylacrylat-, E/MA Methacrylat-Copolymere mit Ethylen braucht man für auch bei tiefen Temperaturen hoch elastische, spannungsrißbeständige, hoch füllbare Verpakkungsfolien und Heißsiegelschichten.

E/BA und E/MA sind bis 20%, E/EA bis 8% Comonomergehalt für den Lebensmittelverkehr zugelassen. Rußgefüllte halbleitende Folien und Schläuche werden für Chip- und Sprengstoffverpackungen sowie in medizinischen und anderen Bereichen der Gefährdung durch statische Elastizität angewandt.

E/AA und E/MAA, Ethylen-(meth)acrylsäure-Copolymere und z. B. durch Acrylamid weiter abgewandelte Terpolymere werden als Haftschichten in Mehrschichtfolien, z.B. zwischen PA/PE und für Metallbeschichtungen co-extrudiert. Sie sind Grundbestandteile von Ionomeren (s. folgenden Abschnitt) und als Phasenankoppler in Legierungen, wie z.B. PA/PET, dienlich.

Vulkanisierbare Ethylenacrylesterkautschuke s. S. 542.

4. *Ionomere Copolymere*

Handelsnamen: Lucalen I (DE); Aclyn, Surlyn A, für Folie Sur-Flex, Escor-Haftvermittler (US); Copolene, Himilan (JP).

Aufbau und Verhalten: Copolymerisate von Ethylen mit Acrylsäure zur Hälfte neutralisiert mit Na-, Ca- oder Zn-Ionen. Die polaren Bindungen drängen Kristallisation völlig zurück, die ionische Vernetzung führt zu in Gebrauchsbereichen von $-40\,°C$ bis $+40\,°C$ und darüber zähen und glasklaren Erzeugnissen. Schließlich lösen sich die ionischen Bindungen so weit, daß z.B. Surlyn A bei $290–330\,°C$ mit allen üblichen thermoplastischen Verfahren verarbeitet werden kann (Formschrumpfung 0,7–1,9%), bei $120\,°C$ ist es heißsiegelfähig. Die Zähigkeit der Schmelze führt zu porenfreien Erzeugnissen auch bei sehr geringer Schichtdicke, Folien sind gut warm-reckbar. Anwendung als Haftvermittler PA/PE s. S. 335.

Physikalische Eigenschaften s. Tafel 4.8, S. 274.

Ionomere sind gegen Alkalien gut, gegen Säuren weniger beständig. Organische Lösungsmittel quellen nur an, beständig gegen Alkohol, Ketone, Fette und Öle. Wetterbeständigkeit ähnlich PE, UV-Stabilisierung mit Ruß möglich. Durchlässigkeit für Wasserdampf, Sauerstoff, Stickstoff ähnlich PE, für CO_2 geringer, Spannungsrißanfälligkeit sehr gering.

Anwendungsgebiete: Transparente Beschichtungen (5–12 g/m²). Klarsichtfolien für fetthaltige Lebensmittel, Skin- und Blisterpackungen, Flaschen für Pflanzenöle, Shampoo's, flüssige Fette; corona und spannungsrißbeständige Isolierungen. Automobil-Stoßstangenteile, Eislauf- und Skischuh-Schalen, Golfball- und Kegel-Hüllen.

Ionomere sind Haftvermittler zwischen Polymeren unterschiedlicher Polarität in Legierungen und Laminaten. Niedermolekulare Monomere (Aclyn, US) sind zur Homogenisierung von Dispersionen und Verstärkung von Klebungen brauchbare Hilfsmittel.

5. *Copolymere mit Tetrafluorethylen u.ä.* sind spritzgieß- und extrudierbar. Einzelheiten über E/TFE s. S. 312ff.

4.1.2.5 *Thermoplastische Polyolefin-Elastomere* (TPE-O)

Handelsnamen: Vestopren, Levaflex EP (DE); Dutralene (IT); Ferro-Flex, Kelpox TP (NL); Polytrope, Santoprene, Rimplast, Profax, Geolast, Telcar, TPR Vistanex, X-TPL (US); Softlex, Milastomer (JP) s.a. Alcryn S. 261.

TPE-O können aufgebaut werden u.a. durch Block-Copolymerisation von kristallisierenden (PP, S. 266, PE) und amorphen Polyolefinen wie Polypropylen-Hexene-1-Cop. oder E(P)DM (S. 541), Stereoblock-Polymerisation von teilkristallin/amorphem PP, Pfropfpolymerisation harte Domänen bildender Seitenketten auf EPDM-Kautschuk. Produktionsverfahren für hoch elastomere Produkte basieren auf intensiver Mischung der Schmelzen der kristallisierenden Phase (PP, seltender PE-HD) und der Weichphase, meist EP(D)M, wobei (z.B. Santoprene, TPR) der Kautschuk durch Zugabe eines Vernetzungsmittels nach Vermischung der Komponenten unter Fortsetzung des Mischvorgangs bis zu einem Maximum des Scher-Momentes „dynamisch" feinteilig (Partikeldurchmesser 1–2 μm) vulkanisiert werden kann. Dynamisch vulkanisierter Nitrilkautschuk (Geolast) anstelle des Olefin-Kautschuks erhöht die Ölbeständigkeit des Produktes. Thermoplastische Naturkautschuke/Olefinlegierungen (TPNR) s.S. 540. Der Anteil der vorbeschriebenen Reaktionsarten am Aufbau einzelner TPO-Sortimente ist nicht immer genau bekannt und es bestehen Übergänge zu hoch elastischen HOA-PE-Sorten (S.249). Neben Standard-Produkten mit verhältnismäßig geringem Rückstellvermögen für Draht- und Kabel-Isolier- und Mantelmassen, Fahrzeug-Stoßdämpfer, -Spoiler und -Profile gibt es Sortimente mit besserem Rückstellverhalten und hoher Temperaturstandfestigkeit für Industrieschläuche, Fahrzeugausstattung unter der Motorhaube und Sportgeräte.

TPE-O sind allgemein gut witterungs- und alterungsbeständig. Mit Shore-Härten von A 55 bis D 50 (> A 90) sind sie bei Temperaturen von −40°C bis 90°C, manche bis 120°C einsetzbar. Sie sind auch als Elastifikatoren für PP und PE in Gebrauch.

4.1.2.6 *Polyolefin-Flexomere*

PE-LLD und PE-VLD (S. 250) sowie PP-R (S. 267) sind durch Gasphasenpolymerisation in *einem* Reaktorgang herstellbare statistische Copolymere mit < 10% Zweit-Monomer. Höhere Gehalte an Zweit-Monomeren bewirken generell − neben weiterer Verminderung der Dichte − Absenkung der Steifigkeit der Produkte um Größenordnungen: Die E-Moduli der Homopolymeren > 700 MPa sinken auf 70–7 MPa bei monomeren Verhältnissen 75/25 bis 26/75. Im Unipol-Verfahren (UCC) sind durch neue Katalysatorsysteme solche olefinischen Copolymerisationen in jedem Verhältnis in wirtschaftlicher Großproduktion möglich geworden. Die weich elastischen, thermoplastisch oder vernetzbar elastomeren Produkte werden als „Flexomere" auf dem Markt angeboten.

4.1.2.7 *Polypropylen (PP) und Copolymere*

DIN 16774 Polypropylen-(PP-)Formmassen s. Tafel 4.3, S. 246).

DVS 2205 T.1: Polypropylen-Formstoffe

1. *Synthese-Verfahren und Produktgruppen*

Mengenmäßig überwiegender Polymer-Bestandteil aller Formmassen ist *isotaktisches Polypropylen*, d.h. mit DIN „Isotaxie-Index" 55–95, entspr. > 50–60, bzw. >90–100 Massen-Prozent kristallisierendes PP mit 4000 bis >10000

$$\left[\begin{array}{c} \begin{matrix} H & H \\ | & | \\ C - C \\ | & | \\ H & CH_3 \end{matrix} \end{array}\right]$$

Gruppen in sterisch regelmäßig gleichartiger Folge (S. 54). Reines isotaktisches PP (kein Marktprodukt) mit $d = 0,91$ hat einen Kristallit-Schmelzbereich > 170°C.

Das Grund-Syntheseverfahren ist Niederdruck-Fällungs-Polymerisation von Propengas an metallorganischen, von *Natta* (1954) stereospezifisch wirksam abgewandelten, in Kohlenwasserstoff aufgeschwemmten Zieglerkatalysatoren. Je nach Reaktionsführung entsteht als Nebenprodukt mehr oder weniger die Kristallisation beeinträchtigendes ataktisches Polypropylen, das als heptanlöslicher Anteil abgetrennt und für andere Zwecke (S. 235) verwendet wird.

In neueren, automatisch gesteuerten Gasphasen-Polymerisationsverfahren werden mit minimalen Anteilen selektiv einstellbarer Höchstleistungskatalysatoren (BASF/Amoco, Shell/UCC, s.a. S. 248) mit hohem Ausstoß reine Produkte (bis 97% isotaktisches PP) gewonnen. Deren Abtrennung von Katalysatorresten und ataktischen Nebenprodukten verursacht wenig Aufwand. Das Spheripolverfahren (Himont/Mitsui) mit gezielt auf unterschiedliche Homo- und Copolymer-Typen auszurichtenden „Catalloy"-Katalysator-Systemen liefert unter anderem auch direkt, ohne Granulierung, verarbeitbare Kugeln (0,5–4 mm).

Polymerisiert wird bei 50–100 °C unter mäßigem Druck in Rührreaktoren, denen Katalysatorsysteme und Monomere kontinuierlich dosiert zugeführt werden – für *Homopolymerisat PP-H* (s. Tafel 4.3, S. 246) Propylen mit Wasserstoff zur Molmasseneinstellung, für *statistische Copolymere (PP-R)* unter Zumischung des Co-Monomeren.

Für *Block-Copolymerisate (PP-B)* wird in einem ersten Reaktor erzeugtes PP-H mit Rest-Propylen als Trägergas in weitere Reaktoren überführt, in denen aus entsprechendem Monomer-Gemisch E/P-Kautschukblöcke einpolymerisiert werden.

Im PP-H-Molmassen-Bereich $\bar{M}_w$ ca. 2–> 6 · 10⁵ sind die leicht fließbaren, hoch kristallinen Typen (DIN-Isotaxie-Index 95, T_m 160 bis 165 °C) mit verhältnismäßig geringem $\bar{M}_w$ (hohen MFI-Werten) und enger $\bar{M}_w$-Verteilung (S. 50) Grundstoffe für gut wärmestandfeste, harte und steife Spritzguß-Formteile mäßiger Zähigkeit. Mit zunehmenden $\bar{M}_w$ und weiterer Molmassen-Verteilung kommt man zu zunehmend schwerer fließbaren (niedrige MFI-Werte), weniger kristallinen und steifen, aber (bei über 20 °C) optimal schlagzähen Typen für technischen Spritzguß, für Extrusionsblasen von Hohlkörpern, Extrudieren von Folien und Halbzeugen und für Sinterpulver.

Mit Glasübergangstemperaturen T_g um 0 °C verspröden alle PP-H-Erzeugnisse in der Kälte. Der Einbau von 10–40% EPM-Kautschuk-Blöcken in PP-B führt zu kälteschlagzähen Produkten mit Glasübergangstemperaturen bis unter −40 °C ohne Absenkung der Kristallitschmelztemperatur. PP-B in jeweiligen Ansprüchen anzupassendem Verhältnis von Zähigkeit, Härte und Steifigkeit tragen zum Wachstum des PP-Marktes mehr bei als PP-H.

Leicht fließbare Hochleistungs-Spritzgießmassen für schlagzähe, verzugsfreie Formteile aus PP-H und PP-B gewinnt man im *C.R.-(controlled rheology)-Verfahren* durch Verengung der Molmassen-Verteilung hoch polymerer Produkte mittels thermisch-mechanischem oder oxidativen Abbaus der höchstmolekularen Spitzenfraktion, s. dazu die Schmelzindex-Grenzwerte Tafel 4.5, S. 252/253.

Die Schmelztemperaturen von vermindert kristallinen (Isotaxie-Index < 75) statistischen P/E-Copolymeren (PP-R) werden vom Comonomer-Gehalt bestimmt. Niedrig polymere Typen mit hohem Comonomergehalt (T_m < 135 °C) dienen als Siegel- und Beschichtungsmassen. Relativ weich eingestellte Polymere mit geringem Comonomergehalt, guter Zähigkeit und breitem Verarbeitungsbereich (T_m 135 bis 145) sind Spezialtypen für schmiegsame transparente medizinische Artikel, Verpackungs- und Tiefziehfolien, höchst polymere (T_m ca. 150 °C) Extrusionsmassen für Rohre und Platten. Auch PP-R ist besser kälteschlagzäh als PP-H. CR-Typen verwendet man für glasklare Dokumentarhüllen-Folien.

Sehr gut kälteschlagzäh einstellbar sind durch Zumischung von bis 50% EP(D)M *elastifizierte PP-EM-Compounds* (*PP-Q* nach DIN 16774, Tafel 4.3, S. 246). Erhöht man andererseits die Steifigkeit solcher Blends durch verstärkende Füllstoffe, so kann man damit Anforderungen an großflächige Karosserie-Bauteile erfüllen (s. S. 32/ 33).

Insgesamt sind die PP-Kunststoffe mit ihren vielfältigen Einstellungsmöglichkeiten technisch interessant und wirtschaftlich wettbewerbsfähig sowohl für Anwendungen im Standard-Kunststoff-Bereich als auch in dem hoch beanspruchbarer technischer Kunststoffe. Tafel 4.5, S. 252/253 gibt Richtwerte der sich überschneidenden Grenzen des Eigenschaftsbildes verschieden polymerisierter und compoundierter Produkte. In der Übersicht nicht erfaßt sind die PP-Typen für Grob- und Feintextilien (S. 552), die etwa ein Drittel der PP-Erzeugung ausmachen.

2. *Handelsnamen, Lieferformen, Einstellungen*

Handelsnamen für Formmassen aller Art: Hostalen PP, Novolen, Vestolen P (DE); Lacqtene P, Appryl PP (FR); Moplen (IT); Propathene (GB); Carlona, Eltex P, Stamylan (NL); Daplen (AT); Profax, Tenite (US); Poprolin (SU); Noblene (JP);

vernetzbares ataktisches PP: Linklon (JP)

für PP-Harzmatten s. a. S. 376.

Lieferformen für Spritzguß und Extrusion sind neben groben Pulvern überwiegend Granulate. Der durch die tertiären C-Atome in der Kette verursachten Oxidationsempfindlichkeit des bei Sauerstoffabwesenheit auch in der Wärme gut beständigen PP wegen, wird es stets für die jeweiligen Anwendungsbereiche stabilisiert geliefert in den *Einstellungen*

1. normal wärmealterungsbeständig, natur und z.T. in Standardfarbsortimenten, auch mit Gleitmittelzusatz, physiologisch unbedenklich;

2. hochwärmealterungsbeständig, auch zusätzlich UV-lichtstabilisiert, Farben nach Vereinbarung, z.T. physiologisch unbedenklich;

3. hochwitterungsbeständig, mit Ruß stabilisiert schwarz, mit sterisch gehinderten Aminen (HALS, S. 57) farbig für Außenanwendungen, Verbesserung der Lichtbeständigkeit um den Faktor 10;

4. hochwärmealterungsbeständig in Gegenwart heißer Waschlaugen und in strömendem heißem Wasser, natur, weiß, elfenbein, physiologisch unbedenklich;

5. hochwärmealterungsbeständig beim Kontakt mit Kupfer und anderen Metallen, Farben nach Vereinbarung.

Sondereinstellungen sind γ-strahlenbeständig für medizinische Sterilisation, zusätzlich flammhemmend ausgerüstet für Bau (B 1 nach DIN 4102) und/oder Elektrotechnik (UL-94 HB bis UL-94 V-0), antistatisch bis elektrisch leitfähig, unmittelbar galvanisierbar (S. 229), strukturschäumfähig bis $d_R < 0,6$.

Zur Erhöhung der Transparenz und Flexibilität dünnwandiger Spritzgußteile und extrudierter Erzeugnisse wird durch Zusatz von „Nucleierungsmitteln" zur Formmasse ein feinkörniges Kristallitgefüge angestrebt. Als ein solches hat sich – besser als gegebenenfalls Fehlstellen bewirkende Fremdstoffe (z. B. Natriumbenzoat) – 1% durch Elektronenstrahlen teilvernetztes PP-Regranulat bewährt.

3. *Allgemeine Eigenschaften*

Richtwerte der vielfältigen mechanischen, thermischen und vorzüglichen elektrischen Eigenschaften s. Tafel 4.5 (S. 252/253), Hinweise zur Zeitstandfestigkeit bei verschiedenen Temperaturen Bilder 4.2, 4.3, 4.4 (S. 251, 254, 260).

Chemisch ist PP bis zu Gebrauchstemperaturen im Bereich von 80–120 °C beständig gegen wäßrige Lösungen von Salzen, starken Säuren und Alkalien, ggf. auch Waschlaugen. Nur starke Oxidationsmittel, wie Chlorsulfonsäure, Oleum, konzentrierte Salpetersäure, Halogene, greifen – schon bei Raumtemperatur – an. Beste Beständigkeit gegen polare organische Lösungsmittel, Alkohole, Ester, Ketone, Fette und Öle weisen die hoch kristallinen Typen auf. Die Beständigkeit gegen Treibstoffe bei höheren Temperaturen bedarf der Prüfung. Kohlenwasserstoffe und Chlorkohlenwasserstoffe quellen vor allem vermindert kristalline PP-Kunststoffe an unter nach Verdunsten reversiblen Festigkeitseinbußen. PP ist – außer gegen Chromsäuren – nicht spannungsrißanfällig.

Wasseraufnahme und Wasserdampfdurchlässigkeit sind minimal (Tafel 4.5, S. 252/253). Lebensmittelrechtlich zugelassene PP-Erzeugnisse (Einstellungen 1 und 2, S. 268) sind zum Heißabfüllen von Getränken u. a. Nahrungsmitteln geeignet und heiß sterilisierbar. Gase (vor allem CO_2), sowie niedrig siedende Kohlenwasserstoffe und Chlorkohlenwasserstoffe diffundieren durch PP.

PP-Formmassen sind so eingestellt, daß die Erzeugnisse bei Bruch nicht splittern – eine vor allem im Fahrzeugbau wichtige anwendungstechnische Forderung. PP-Innenausstattung erfüllt die Anforderungen des „Kopfaufschlagtests". Zum Eigenschaftsprofil dieser Massen gehört weiter vergleichsweise geringe Anregbarkeit durch mechanische und akustische Schwingungen und damit schalldämpfende Wirkung von Fahrzeugausstattungs- und Gerätegehäuse-Teilen. Besonders ausgeprägt ist diese bei gefülltem Formstoff.

Die hohe Wechselbiegefestigkeit von PP ermöglicht dauerhaft bewegliche Verbindungen zwischen Formteilbereichen durch „Filmscharniere" über die gesamte Formteilbreite. Solche entstehen durch die extreme Längsorientierung von Molekülen beim Durchfluß durch eine Engstelle von 0,3–0,6 mm Weite im Spritzgießwerkzeug quer zur Fließrichtung und deren örtliches Verstrecken durch Biegen des Formteils. Das elastische Verhalten von PP macht vielfältige nicht lösbare oder lösbare dichte formschlüssige Schnappverbindungen zwischen Formteilen und Verschlüssen mit Haken und Hinterschneidungen möglich. PP ist mit den für Thermoplaste üblichen Verfahren (S. 202) außer HF schweißbar.

Für *mineralisch gefüllte PP-Formmassen* ermöglichen siliciumorganische Haftvermittler Füllgrade > 60% für Formteile geringer Verarbeitungsschwindung und Verzugsneigung mit guter Oberfläche. Mit Kreide versteiftes, zugleich aber gut schlagzähes PP steht für Massenartikel im Wettbewerb mit Polystrol. Mit Talkum, Glimmer (Wollastonit), Aluminiumoxidtrihydrat verstärkte PP-Massen sind technische Werkstoffe mit jeweils entsprechend verbessertem mechanischen Temperaturstand- und Brandverhalten.

Eine Glasfaser-Verstärkung erhöht die Zugfestigkeit, die Steifigkeit und das Kriechverhalten über einen weiten Temperaturbereich, höchst belastbar durch chemische Kupplung. Glaskugeln erbringen zwar eine geringere Versteifung, aber eine gute Verarbeitbarkeit und geringere Schwindung (Tafel 4.5, S. 252/253).

40% Holzmehl (Wood Stock, GB) oder Papiermasse (Papia, JP) sind Füllstoffe für wärmedämmendes flächiges Halbzeug. Weiteres über warm umformbares Halbzeug s. S. 398, über GMT-Prepregs S. 376.

4. Verarbeitung und Anwendung

Für den weiteren Anforderungsbereich von hoch wärmebeständigen, steifen bis zu elastifizierten kälteschlagzähen Endprodukten enthalten PP-Formmassensortimente für alle Verarbeitungsverfahren Typenreihen sowohl auf Basis von Homo- als auch von Co-Polymeren und PP/Elastomerblends.

Zum Spritzgießen s. Tafel 3.8 (S. 126). Nukleierte CR-Hochleistungs-Spritzgießmassen (S. 267, 268) extremer Fließfähigkeit bei 200–240°C (MFI$_{230/2}$ 15–50 – hohe Werte für MFI bedeuten höchste Fließfähigkeit –, Fließweg-Dicke-Verhältnis bis 400) einerseits aus hoch isotaktischem PP-H, andererseits kälteschlagzähen PP-B braucht man zur Massenfertigung von Trinkbechern, wärme- und/oder kältebeanspruchte Lebensmittelpackungen in Millionenstückzahlen. Weiter werden solche PP-B-Typen auch für 1,5–3 mm dicke großflächige technische Formteile (PKW-Kofferraumrückwand 1300 × 400 mm^2 multifunktionelle Ablage mit Filmscharnier), steife PP-H-Typen für Haushalts-Kleingeräte verwendet.

Spritzgießmassen mittlerer Fließfähigkeit (MFI$_{210/2}$ 2–10) bilden die großen Sortimente mit überwiegend PP-B-Typen für Batterie-, Transport- und Stapel-Kästen, Werkzeug- und Reisekoffer, auch mit Filmscharnier, (Garten-)Möbelbauteile wie Sitzschalen, Arm- und Rückenlehnen oder komplette Gartenstühle aus PP-talkumverstärkt,

s. a. 4.1.3.1, S. 275. Für transparente, sterilisierbare medizinische Geräte (Einwegspritzen), Gehäuse und Funktionsteile von Haushaltsmaschinen mit höheren Ansprüchen an Steifigkeit werden PP-H-Typen bevorzugt, für temperaturbeanspruchte Teile (von Toastern, Fritteusen, Heizlüftern, Durchlauferhitzern) mit Talkum oder Kreide verstärkt. Talkumverstärkt sind meist auch die waschlaugen- und heißwasserbeständigen Massen für Waschmaschinen-, Geschirrspüler- und Wäschetrockner-Bauteile. Aus gleich stabilisierten flexiblen P/E-Cop. fertigt man Well-Schläuche für derartige Geräte. Hoch talkumverstärkt sind schwingungs- und schalldämpfende Gehäuse z. B. für Rasenmäher, Elektro-Werkzeuge, chemisch gekuppelt mit Glasfasern mechanisch und thermisch hoch beanspruchte technische Teile für Tauchpumpen, Lüfterräder und Elektro-Installationen. Material- und kostensparend sind serienmäßig aus leichtfließendem PP-H-CR mit 20% Talkum gespritzte Schubkästen bis 550/435/79 mm mit nur 2 mm Wanddicke.

Der Fahrzeugbau ist – nach der Verpackung – das größte PP-Kunststoffanwendungsgebiet. Scheinwerfer- und Heckleuchten-Gehäuse, die jeweils alle schaltbaren Funktionen in *ein* kompliziert gestaltetes Kompakt-Einbauteil zusammenfassen, ein aus Schalen mit angeformten Anschlüssen zusammengeschweißter Kühlflüssigkeit-Ausgleichsbehälter für 2,3 bar Überdruck bei 125 °C sind Beispiele technischer Anwendungen hoch verstärkter Formmassen.

Geräuschdämpfende Innenraum-Einbaugruppen wie in einem Stück spritzgegossene Armaturenbretter mit rückseits angeschweißtem Luftkanal oder Mittelkonsolenverkleidungen mit Gurtführungselementen aus PP-H mit 20% Talkum vereinen gewichtseinsparende Steifheit bei geringen Wanddicken mit der aus Sicherheitsgründen nachzuweisenden Aufschlagzähigkeit. Für Außenanwendungen können hoch elastifizierte Cop., besser noch PP/EP(D)M-Blends Anforderungen an Wärmestandfestigkeit und zugleich nahezu elastomerartiger Kälte-Zähigkeit und -Flexibilität an Stoßdämpfer-Bauteile und Spoiler vereinen. Solche Massen werden u. a. auch für Sportgeräte und Ski-Schuhe gebraucht. Durch verstärkende Füllmittel kann man ohne Beeinträchtigung des Kälteverhaltens die Steifigkeit der hoch elastifizierten Massen für großflächige Karosseriebauteile (Front- und Heck-Ends) ausreichend erhöhen.

Das *Extrusionsblasformen* (S. 139) von schwer fließenden PP-H, PP-B, PP-Q Formmassen hoher Schmelzenfestigkeit (MFI$_{230/2}$ 0,3–1) bei 190–220 °C mit elektronisch gesteuerten Blasmaschinen ermöglicht die Klein- und Großserienfertigung von stoßsicheren und isolierenden Doppelwand-Behältnissen mit glatten Außenwänden, deren Innenwände den Konturen des zu bewahrenden Gegenstandes angeformt sind. Beispiele sind ein in einem Stück geformter Nähmaschinenkoffer mit Filmscharnieren zwischen Boden und hochklappbaren, mit Schnappverbindungen einrastenden Seitenteilen, elektrisch ableitende (10^4–10^6 Ohm) Schutzkoffer für Elektronik-Bauteile, ohne Schädigung durch PKW überrollbare Motorradkoffer, als doppelwandige Hohlkammerprofile formsteife Stoßfänger-Leisten. Drei Meter lange Surfbrett-Körper mit 1,6 mm Wanddicke werden ausgeschäumt. Der durch eingeblasene Innennoppen versteifte flache Klimaboden-Modul (1000/500/10 mm) ist bei 3 mm Wanddicke trittfest. Für diese Altbau-Fußbodenheizungselemente wird bei Betrieb mit Wasser von 60 °C und 3 bar Druck mindestens 50 Jahre Gebrauchsdauer mit hoher Sicherheit gewährleistet.

Für das Blasen von Flüssigkeitsbehältern bis 5 l Inhalt in Massenfertigung dienen etwas leichter fließende PP-H-Massen (MFI$_{230/5}$ 1–2). Eine Anlage für biaxial gereckte Flaschen s. S. 185. Dickwandige Strukturschaumartikel werden aus treibmittelhaltigen Massen sowohl spritzgegossen als auch extrusionsgeblasen.

Zum *Extrudieren* und *Pressen* korrosionsfester technischer Halbzeuge – Warmwasser-Druck- und Abwasser-Rohre (s. Bild 4.4, S. 260), Platten für den chemischen Apparatebau – stehen hochmolekulare Sorten zur Verbesserung von Verarbeitbarkeit und Kälteverhalten zu PP-R-Sondertypen modifiziert zur Verfügung. *Warmformen* flächigen Halbzeugs ist wegen des engen thermoelastischen Temperaturbereichs nur beschränkt möglich, zum SPPF-Umformen unterhalb der Kristallitschmelztemperatur s. S. 195.

Für die *Fertigung transparenter Folien* bestimmte PP-H- und PP-R-Typen mittlerer Fließbarkeit sind je nach Verfahren und Gebrauchsanforderungen steif, kochfest und hitzestabilisierbar oder abgestuft flexibel eingestellt. Außer den für BOP bestimmten enthalten alle Folien Gleit- und Antiblockmittel. Für PP ist wegen der erheblichen abzuführenden Wärmemengen das Chill-Roll-Breitschlitzverfahren günstiger als das Schlauchfolienblasen, das intensive Wasserkühlung des Folienschlauchs erfordert. Um – nur bei PP-H brillante – Transparenz zu erreichen, müssen die Folien schockartig über den Kristallbildungsbereich hinaus abgekühlt werden. Weiteres über PP-Folien s. S. 400 f.

Im *Schmelzspinnverfahren* aus leicht fließbaren hoch isotaktischem PP-H hergestellten Stapelfasern sind leicht, fest, warm, wasserabweisend und feuchtigkeitsabweisend. Anwendungen sind Faservliese für Geotextilien, Filter und den Hygienesektor, Garne u. a. für Heimtextilien und warme Unterwäsche, s. a. S. 552.

Für *Webbändchen* und *Spleißfasern* aus verstreckten Blas- und Flachfolien werden PP-Sorten relativ hohen Polymerisationsgrades aber geringer Kristallinität bevorzugt, die amorphen Anteile wirken als innere Schmiermittel beim Verstrecken und Spleißen, s. S. 187.

PP-Fibride (Hostapulp, DE; Ferlosa, IT; Carifil, NL; Lextar, US) Feinfasern wie PE-Fibride, s. S. 308.

PP-Schaumstoff-Platten und -Bahnen s. S. 401. PP-Copolymer-Granulat wird in wäßriger Suspension mit Treibmittel unter Druck imprägniert und bläht sich nach dem Entspannen unter Normaldruck zu Schaumpartikeln auf, aus denen im Dampfstoßverfahren (s. S. 286) Formteile (z. B. Stoßfängerkerne, Transportbehälter) gefertigt werden.

4.1.2.8 Polybuten-1 (PB)

Handelsnamen: Shell PB

Lieferformen: Granulate, naturfarbig und eingefärbt z. B. schwarz, für Rohre, Platten, Kabel ($i_{190/5} = 0,5$), Hohlkörper und Spritzguß ($i_{190/5} = 2,0$), Spritzguß und Folien ($i_{190/5} = 15,0$), auch schwer entflammbar eingestellt.

Aufbau, Eigenschaften, Verarbeitung:

Buten-1 wird mit spezifischen Ziegler-Natta-Katalysatoren zu einem weitgehend isotaktischen Produkt mit MG 250 000–750 000 polymerisiert, das bei Temperaturen > 190 °C gut fließbar wird. Beim Abkühlen kristallisiert es zu etwa 50% zunächst in einer metastabilen flexiblen Modifikation (d_R ca. 0,89), die sich bei Raumtemperatur in drei bis vier Tagen unter entsprechendem Nachschrumpfen in die stabile Modifikation ($d_R = 0,915$) umwandelt.

Hinsichtlich der Kurzzeiteigenschaften bei Raumtemperatur (s. Tafel 4.8, S. 274) und der Abnahme des Schubmoduls mit der Temperatur (s. Bild 4.2, S. 251) steht PB in der stabilen Modifikation zwischen PE und PP. Infolge seines hohen MG weist es eine hohe Zeitstandfestigkeit und geringe Kriechneigung auch bei höheren Temperaturen und hohe Spannungsrißbeständigkeit auf. Die guten Eigenschaften bleiben beim Füllen mit 20% Ruß erhalten.

PB läßt sich oberhalb 190 °C gut spritzgießen, zu Hohlkörpern blasen, pressen und extrudieren. Das thermoelastische Nachformen macht Schwierigkeiten. Weil PB dabei in die metastabile Modifikation übergeht, federt die Formung nach dem Abkühlen zunächst zurück. Rohrbögen stellt man her, indem man das Rohr beim Extrudieren auf eine Rundtrommel wickelt und auf dieser in die stabile Modifikation übergehen läßt. PB ist gut schweißbar.

Über relativ niedermolekulares ataktisches PB s. S. 235.

Anwendung:

Formteile für Rohrleitungen werden im Spritzguß, entsprechend beanspruchte Hohlkörper durch Extrusionsblasen hergestellt. Rohre (S. 388, 393 ff.) werden für Fußbodenheizungen (Bild 4.4, S. 260) und den Heißwasser- und Großrohrsektor verwendet. Zwei-Schicht-Blasoder Breitschlitz-Folien (Trägerschicht: PE oder PP; Siegelschicht: PE/PP-Mischung) heißsiegelfähig bei 196 bis 245 °C werden für heiß einzufüllende Lebensmittel- oder Fleischpackungen gebraucht.

Zusätze von 1–5% des gut fließbaren PB zu PE, PP, PS erhöhen die Extrusionsgeschwindigkeit dieser Thermoplaste, auch als Trägermaterial für gut verarbeitbare Pigment- und Füllstoff-Konzentrate für Polyolefine und PS ist PB geeignet.

Tafel 4.8. Eigenschaftswerte von Ionomeren, PB, PMP nach ASTM

Eigenschaften	Einheit	Ionomere Spritzguß/Extrusion	Folien	Polybuten-1 Folien/Rohr-Typen	Polymethylpenten Spritzguß/Blasformen
Dichte	g/cm³	0,94–0,96	0,940	0,91–0,915	0,83–0,84
Schmelzindex	g/10 min	14–1,0	1,3	1,0–0,4	–
Schmelzpunkt	°C	85–99		126	230–240
Mechanische Eigenschaften					
Streckspannung	N/mm²	–	35,2[2]	12–17	–
Reißfestigkeit	N/mm²	20–35	27–38[2]	37–31	25–28
Streckdehnung	%	–	350[2]	24	–
Reißdehnung	%	350–520	–	300–380	10–50
Zugmodul	N/mm²	140–420	–	210–260	1100–2000
Biegeversuchs-Kennwert[1]	N/mm²	–	–	14–16	28–42
Biege-E-Modul	N/mm²	260–380	160–370	310–350	1700–1800
Izod-Kerbschlagzähigkeit	J/m	320–800	–	o.B.	16–64
Shore-Härte		D 56–68	D 56–68	D 55–65	Rockwell L 67–74
Thermische Eigenschaften					
Therm. Längenausdehnungskoeffizient	10⁻⁴ K⁻¹	1,1	1,1	1,3	1,2
Formbeständigkeitstemperatur (1,8 N/mm²)	°C	–	–	54–60	41
ISO 75 (0,45 N/mm²)	°C	38–50	38	91–112	100
Vicat-Erweichungstemperatur	°C	57–72	71	108–113	179
Wärmeleitfähigkeit	W/mK	0,24	0,24	0,22	0,17
Elektrische Eigenschaften					
Spez. Durchgangswiderstand	Ohm·cm	$5 \cdot 10^{15}$–10^{18}	$5 \cdot 10^{15}$	10^{16}	$>10^{16}$
Durchschlagfestigkeit	kV/mm	40	44	18–40	
Dielektrizitätskonstante		2,4 (10^6 Hz)	2,4	2,52 (10^6 Hz)	2,12 (10^7 Hz)
Dielektrischer Verlustfaktor		~0,003 (50–10^6 Hz)		0,002–0,005 (10^6 Hz)	0,0015 (10^7 Hz)
Wasseraufnahme	% 24 h	0,5–0,3	0,5–0,3	<0,02	0,01

[1] Grenzbiegespannung bzw. Biegefestigkeit
[2] Blasfolie, Längsrichtung

4.1.2.9   *Poly-4-methylpenten-1 (PMP)*

Handelsnamen: TPX Polymers (JP)

Lieferformen: Glasklare und weiß-opake Granulate, auch mit 15 bis 30% GF verstärkt.

Eigenschaften: Das stark verzweigte 4-Methylpenten-1 ergibt bei der Polymerisation ein spezifisch sehr leichtes glasklares, hartes Produkt mit 90% Lichtdurchlässigkeit und guter Wärmestandfestigkeit, die Wärmealterungsbeständigkeit des opaken Typs ist etwas höher. Das chemische Verhalten entspricht dem anderer Polyolefine, für Außenanwendungen nicht empfohlen.
Eigenschaften von PMP siehe Tafel 4.8 (S. 274). GF-Verstärkung erbringt die für amorphe Thermoplaste üblichen Steigerungen von Festigkeit, Steifheit und Wärmestandfestigkeit.

Verarbeitung: Spritzgießen bei 260–320 °C, Werkzeugtemperatur 60 °C, Form-Schrumpfung 1,5–3%, Extrudieren wegen engem Schmelzbereich schwierig, Hohlkörperblasen mit Schmelztemperaturen von 275–290 °C.

Anwendungen: Sichtgläser, Innenraum-Beleuchtungskörper, Laboratoriumsgeräte, sterilisierbare Formteile für Medizin und Verpakkung, Träger für wieder aufzuwärmende Fertiggerichte, Färbespulen, Raschigringe.

Ein bis −10 °C flexibler, schwer entflammbar eingestellter modifizierter Typ ist Isoliermaterial für Coaxial-Kabel und Elektronik-Leitungen.

4.1.3   Styrol-Polymerisate

VDI/VDE 2471: Polystyrol-Formstoffe

4.1.3.1   *Thermoplastische Homo- und Co-Polymere, Legierungen*

1. *Aufbau, Grundverhalten, Polymerisation*

Styrol ($\bigcirc$−CH=CH$_2$) wird durch Anlagern von Ethylen an (70 Masse %) Benzol und folgendes Dehydrieren synthetisiert. Es ist seit 60 Jahren Ausgangsmaterial für glasklare, harte, relativ spröde „Standard"-Polystyrol (PS)-Homopolymerisate, weiter das mengenmäßig überwiegende Monomer für

– Statistische Copolymere mit verbesserten thermischen und mechanischen Eigenschaften wie SAN mit Acrylnitril (CH$_2$=CHCN), S/MS mit α-Methylstyrol ($\bigcirc$−C(CH$_3$)=CH$_2$) oder S/MA mit Maleinsäureanhydrid;

– Pfropf-Copolymere mit verbesserter Schlagzähigkeit (PS-HI) wie S/B auf 5–15% Butadien(-Styrol-)Synthesekautschuk;

– Mehrphasige technische Kunststoffe (Pfropfpolymere und/oder Thermoplast-Blends) mit ausgewogenem thermischen, mechanischen und Zähigkeitsverhalten in vielen Modifikationen wie ABS mit

Tafel 4.9. Kennzeichnende Eigenschaften von Styrol-Kunststoff-Formmassen nach DIN/ISO-Normen

		PS	S/B	SAN	ABS[1])	AXS[2])
DIN		7741	16771	16775	16772	16777
ISO		1622	2897[3])	4894	2580[3])	6402[3])
Block 1[3])						
Acrylnitril-Gehalt	m/m %	–	–	>10->30	>10->30[5])	
Block 3[4])						
Vicat-Erweichungstemperatur VST/B/50	°C	< 80-> 100	< 80-> 100	< 90-> 110		< 90-> 110
Schmelzindex MFI Prüf-Bedingung	g/10 min	< 2-> 16 250/5	< 2-> 16 200/5	< 5-> 20 220/10		< 5-> 20 220/10
Izod-Kerbschlagzähigkeit[6]) ISO 180/1 A	kJ/m²		–	< 3-12	–	< 3-< 30[7])
Charpy-Kerbschlagzähigkeit	kJ/m²	–	–	–		< 2-< 18[7])

[1]) > 40% Butadien in der dispersen, > 10% Acrylnitril (AN) in der kontinuierlichen Phase
[2]) X: Acrylester (ASA), Ethylenpropylendien (AES), chloriertes Polyethylen (ACS); > 10% AN in der kontinuierlichen Phase
[3]) ISO-DIS, zusätzlich wahlweise E-Moduli 1500–3000 N/mm², Codes (4 Zellen) 12–30 bzw. 15–30.
[4]) s. S. 606/607.
[5]) in der kontinuierlichen Phase, Code 1>10, 2>30%
[6]) von Probekörpern im Grundzustand
[7]) Code 05I–35I bzw. 03C–20C

Acrylnitril Butadienkautschuk oder ASA mit Acrylnitril + Acrylesterkautschuk als Comonomerem.

DIN-Spezifikationen für diese Produktgruppen siehe Tafel 4.9.

An reaktive Polystyrole mit mehrfunktionellen Monomeren in der Hauptkette (Marktprodukte sind z. B. RPS mit Oxazolingruppen) kann man in zweiter Reaktionsstufe Seitenketten aus Polymeren vielfältigster Art anpfropfen und so auch sonst unverträgliche (z. B. PS und Polyolefine, Koblend P) synergetisch wirksam kombinieren. Solche Reaktionen sind in Spezial-Extrudern, die auf hohe Mischwirkung und Scherung ausgelegt sind, als Substanz-Pfropf-Copolymerisation mit relativ geringem Aufwand in kleinerem Maßstab durchführbar. Sie bieten auch dem Compounder die Möglichkeit des Angebots neuer Kombinations-Kunststoffe auf Styrol-Basis „nach Maß", die hier einzeln nicht erfaßt werden können. Bei den im folgenden aufgeführten Produkten werden jeweils nur Gruppen-Handelsnamen, nicht die jeweiligen Zusatzzeichen für Einzeltypen genannt.

Standard-Polystyrol wird überwiegend durch chargenweise oder kontinuierliche Masse-Polymerisation (S. 52) hergestellt. PS wird als Schmelze abgezogen und anschließend pelletisiert. Redispergierbares EMU-Pulver (S. 243) wird in Emulsion, schäumfähiges PS mit eingearbeitetem physikalischem Treibmittel (Pentan) (S. 70 ff.) in Suspension polymerisiert, desgleichen auch SAN u. a. erhöht wärmebeständige Copolymerisate (Tafel 4.10, S. 278/279).

Für mehrstufige zu mehrphasigen Endprodukten führende Pfropf-Polymerisation (S. 55) wird vorpolymerisiertes Elastomeres entweder (S/B-Verfahren) in Styrol gelöst und die Lösung in Masse oder Suspension auspolymerisiert, oder (ABS-Verfahren) ein Synthesekautschuk-Latex für die Emulsionspolymerisation mit Styrol und Acrylnitril, ggf. auch anderen Komponenten vorgelegt. Als Pfropfgrundlage dienen neben angreifbare Doppelbindungen enthaltenden Butadien-(Co-)Polymeren gesättigte Polyacryl- oder EP(D)M-Kautschuke für besser witterungsbeständige, PE-C für flammgeschützte (s. u.) Produkte.

Zweiphasige S/B-Pfropfpolymerisate mit dispersen (1–10 μm $\varnothing$) Elastomerteilchen in kohärenter Styrol-(Co-)Polymerphase sind opak. Sorten mit übergroßen Partikeln sind erhöht spannungsrißbeständig optimierbar, solche mit geringerer Teilchengröße hinsichtlich Härte und Hochglanz. PS-HI mit Elastomerteilchen < 1 μm sind fast, als Block-Copolymere mit definierten Segmentlängen der Komponenten und/oder den Brechungsindex angleichenden Comonomeren völlig glasklar (Styrolux, DE; K-Resin, US).

„Teleblock"-Copolymere mit < 50% Polystyrol als disperse Phase in kohärenter Synthesekautschuk-Matrix s. Abschn. 4.1.3.2, S. 284.

2. Produkte und Handelsnamen

Standard-Polystyrol und Allgemein-Namen für Styrol-Polymerisat-Formmassen

Vestyron (DE); Edistir Ultrastyr (IT); Afcoléne, Gédex, Lacqrene (FR); Sternite (GB); Carinex (NL); Doki Polistren (YU); Dylene, FyRid (US); Esbrite, Toporex (JP), auch verstärkte Formmassen, speziell für solche: Absafil (ABS), Acrylafil (SAN), Colimate (SAN), Comalloy, Fiberfil, Fiberite, Plastalloy, Starasan (SAN), Thermocomp, Thermofil (SAN, ABS).

SAN-Copolymere (zum Teil auch ABS)
Luran (DE); Kostil (IT); Sconarol (DD); Lustran, Tyril (US); Litac (JP).

Schlagfestes Polystyrol (S/B u. ä.)
Styroplus (DE); Superflex (US).

Schlagfest glasklar:
Styrolux (DE); K-Resin (NL).

ABS-Formmassen
Novodur, Terluran (DE); Ravikral, Urtal (IT); Ugikral (FR); Sconater (DD); Forsan (CS); Okisan (YU); Abinol, Cycolac, Kralastic, Magnum (US); Diapet, Stylac, Toyolac, Tufrex (JP).

Tafel 4.10. Eigenschafts-Richtwerte für Styrol-Polymerisate nach ISO/DIN

Eigenschaften[1])		Einheit	Polystyrol	
			leicht fließend	übliche Sorten
Dichte	23 °C	g/cm³	1,05	1,05
Schmelzindex: 200/5		g/10 min	9–25	4–8
200/21,6		g/10 min	–	–
Wasseraufnahme: Verfahren A, 24 h[3])		%	<0,1	<0,1
Mechanische Eigenschaften				
Zugfestigkeit		N/mm²	30–45	40–50
Reißdehnung		%	<3	<3
Elastizitätsmodul		kN/mm²	~3,2	~3,3
Biegefestigkeit		N/mm²	50–70	70–90
Kugeleindruckhärte		N/mm²	150	155
Rockwell-Härte[4])		Skala M	65–80	65–80
Charpy-Schlagzähigkeit[5])	+23 °C	kJ/m²	10–16	15–20
	−40 °C	kJ/m²	–	–
Charpy-Kerbschlagzähigkeit[5])	+23 °C	kJ/m²	2	2
	−40 °C	kJ/m²	–	–
Izod-Schlagzähigkeit[4])	+23 °C	kJ/m²	6–12	9–20
	−30 °C	kJ/m²	6	9
Izod-Kerbschlagzähigkeit[4])	+23 °C	kJ/m²	2	2
	−30 °C	kJ/m²	2	2
Thermische Eigenschaften				
Vicat-Erweichungstemperatur B/50		°C	78–85	86–91
Formbeständigkeitstemperatur, ISO 75				
A (1,8 N/mm²)		°C	66–76	72–82
B (0,45 N/mm²)		°C	76–88	84–94
Höchstzulässige[6]) Gebrauchstemperatur		°C	~55	65–70
Therm. Längenausdehnungskoeffizient		$10^{-5} \cdot K^{-1}$		6–8
Wärmeleitfähigkeit		W/mK		0,17
Verarbeitungsschwindung		%		0,4–0,7

[1]) Elektrische Eigenschaften s. Tafel 4.12, S. 283
[2]) Flammhemmend eingestellte Typen, DIN 4102, B 1 erhältlich.
[3]) Antistatisch eingestellte Typen bis 1,0 %.
[4]) nach ISO 180, Methode 1/C (reversed), bzw. 1/A (s. S. 607)

Andere Terpolymer-Formmassen, zum Teil auch weiter (bis zu TPE) modifiziert, *und Modifizierharz-Sortimente:*

ASA   (Acrylnitril-Styrol-Acrylesterkautschuk): Luran S (DE), Centrex, Geloy, Stauffer SSC (US), AAS resins, Vitax (JP)

MBS   (Methacrylat-Butadien-Styrol, transparent): Cyrolite (DE), Methacrylene (FR), Sicoflex (IT)
       MABS (mit Acrylnitril modifiziertes MBS): Toyolac (JP), Terlux (DE)

A/E/S   (Acrylnitril-EP(D)M-Styrol): Novodur AES (DE), Ultrastyr OSA (IT), Rovel (US, JP), Kurzzeichen auch *OSA*

Tafel 4.10. Fortsetzung

Polystyrol	SAN		S/B-Copolymere[2]		S/MA
wärme-standfest	übliche Sorten	verstärkt 35% GF	halb-schlagzäh	hoch schlagzäh	schlagzäh und temperatur-standfest
1,05	1,08	1,36	1,05	1,04	1,05–1,07
1–3	0,7–2,0	–	1,5–25	3–20	≥ 0,8
–	7–29	5,5	–	–	
< 0,1	0,2–0,6	0,4	< 0,1	< 0,1	0,1
50–60	70–80	110	25–40	19–33	33–41
3–4	3–4	2	20–30	40–50	14–25
~ 3,5	~ 3,7	11	~ 2,8	~ 1,8	1,9–2,6
90–100	110–140	150	50–90	35–45	59–79
160	160–170	240	100–140	60–90	–
75–80	80	100	45–60	25–35	L 75–L 95
18–20	16–20	10	45–60	o. B.	–
–	14–16	10	35–50	70–o. B.	–
2–3	3	4	5–6	8–14	–
–	–	–	3–5	6–12	–
13–22	15–26	18	23–40	94–105	–
10–13	15–26	18	15–35	54–95	–
2	2–3	4	4–6	8–12	–
2	2–3	4	3–5	6–8	–
90–102	100(–115)	109	78–97	70–90	116–119
78–90	~ 100	105	72–87	60–75	–
90–102	~ 103	108	81–97	70–80	110–114
75–80	85(–90)	95	60–75	55–60	–
	7	3		8–9	6
	0,15	0,21		0,16–0,17	–
	0,5	0,3		0,5	0,6

) nach DIN 53453 – ISO 179, durchweg gemessen an spritzgegossenen Probestäben. Die Schlagzähigkeit an orientierungs- und spannungsfreien PS- und SAN-Probekörpern im „Grundzustand" bei 23 °C ist 5–8 kJ/m². Für SB- und Terpolymere sind die entsprechenden Werte wenig unterschiedlich.

) Erfahrungswerte für zeitweilige mehrstündige Erhitzung einwandfrei gefertigter Erzeugnisse in jahrelangem Gebrauch.

A/C/S (Acrylnitril-PEC-elastomer-Styrol): ACS resins, NF series (JP, US)

S/MA (Styrol-Maleinsäureanhydrid, auch elastomer modifiziert): Cadon, Dylark (US)

Legierungen mit Styrol-Multipolymer-Polymerisat-Componenten[1] (Beispiele):

ABS mit: PVC (Abson, Cycovin, Kralastic, Lustran, Polyman, s. S. 282);

---

[1] s.a. Abschn. 4.1.9.2, S. 351

Tafel 4.11. Eigenschafts-Richtwerte für Styrol-Terpolymere und Legierungen

Eigenschaften	Einheit	ABS				ASA	(ABS+PC)
		hoch schlagzäh	schlagzäh	hoch temperaturstandfest	verstärkt 35% GF		
Dichte, 23 °C	g/cm^3	1,02–1,04	1,04–1,05	1,05–1,07	1,19	1,07	1,12–1,16
Mechanische Eigenschaften							
Zugfestigkeit	N/mm^2	30–45	40–60	45–62	80–86	47–66	35–45
Streck-/Reißdehnung	%	3,5/30	3,0/20	2,5/<20	–/3	3/<20	4,5/<50
Elastizitätsmodul	kN/mm^2	1,5–2,0	2,0–2,6	1,7–3,0	6,0–6,1	2,3–2,9	2,0–2,2
Biegefestigkeit	N/mm^2	45–65	70–80	70–100	110–130	70–100	75–85
Kugeleindruckhärte 358/30	N/mm^2	65–75	85–110	90–135	150–160	72–127	80–90
Rockwell-Härte	R-Skala	80–90	105–115	107–>115	–	–	111–120
Schlagzähigkeit, +23 °C (Charpy, DIN)	kJ/m^2	o.B.	80–o.B.	60–o.B.	14–19	40–o.B.	o.B.
Schlagzähigkeit, –40 °C (Charpy, DIN)	kJ/m^2	o.B.	50–60	20–80	14–18	18–40	o.B.
Kerbschlagzähigkeit, +23 °C (Charpy, DIN)	kJ/m^2	20–30	8–12	8–16	5	4–12	25–30
Kerbschlagzähigkeit, –40 °C (Charpy, DIN)	kJ/m^2	5–10	3–5	1–8	4	–	10–15
Schlagzähigkeit, +23 °C (Izod, ISO 180)	kJ/m^2	o.B.	85–100	75–100	20–25	–	–
Schlagzähigkeit, –30 °C (Izod, ISO 180)	kJ/m^2	150	50–60	40–50	20–25	–	–
Kerbschlagzähigkeit, +23 °C (Izod, ISO 180)	kJ/m^2	35–39	20–26	13–23	5	–	–
Kerbschlagzähigkeit, –30 °C (Izod, ISO 180)	kJ/m^2	22–25	6–12	6–10	4	–	–
Thermische Eigenschaften							
Vicat-Erweichungstemp. B/50	°C	90–100	90–105	102–121	105–110	93–101	110–130
Formbeständigkeitstemp., ISO 75 A (1,8 N/mm^2)	°C	85–95	90–100	95–111	102–111	94–99	95–105
B (0,45 N/mm^2)	°C	93–101	95–103	100–116	105–117	98–104	100–126
Therm. Längenausdehnungskoeff.	$10^{-5} \cdot K^{-1}$	9–12	8–10	7–11	3,0–3,5	8–10	7–8

– PA (Ronfaloy, NL; Triax, US) s. S. 325
– TPU (Estane, Pelethane, Cycoloy, s. S. 345)
– PC (Bayblend, DE; Moldex, IT; Cycoloy, Proloy, US, s. S. 351 ff.)
– PSU (Mindel s. S. 365)
ASA mit: PVC, PMMA (Geloy) – PC (Terblend, Bayblend, DE)
PS-HI mit: SMA (Dylark) – PPE (Luranyl, Noryl, Pebex, s. S. 361)
S/MA mit: PC (Arloy, Suparex)
SAN mit: EPDM (Rovel) – PSU (Acrylon T, Ucardel, s. S. 361)
Modifizierharze für PVC (S. 292)
ABS: Blendex, Elix, Kraton (US); Baymod A, Vinuran (DE);
MBS: Blendex, Paraloid (US); Kane ACE, Kureha BTA, Metablen
(JP).

Haftvermittler-Harze auf Basis von S/B-Blends braucht man für
Binde-Schichten beim Laminieren von Tafeln und dem Coextrudie-
ren von Folien aus Styrolpolymerisaten mit Polyolefinen, PC,
PMMA, PA und als Mischungs-Vermittler in Formmassen aus wie-
deraufgearbeiteten gemischten Kunststoff-Abfällen.
S/B/S und S/EB/S Haftvermittler und Modifizierharze s. S. 284.

3. *Allgemeine Eigenschaften*

Standard-Polystyrole sind kristallklar, glänzend, relativ spröd. Ihr
Festigkeitsverhalten ist wenig zeit- und temperaturabhängig, Formteile können – je nach Typ – bei 60–90 °C länger dauernd gebraucht
werden. PS ist unempfindlich gegen Feuchtigkeit und beständig gegen Salzlösungen, Laugen und nichtoxidierende Säuren. Ester, Ketone, aromatische und chlorierte Kohlenwasserstoffe sind Lösungsmittel, auch zum Verkleben brauchbar. Benzin, etherische Öle und
Aromastoffe (Zitrusschalenöl, Gewürze) greifen PS unter Bildung
von Spannungsrissen an.

SAN-Copolymere sind steifer und temperaturstandfester, nicht ganz
so korrosionsfest, aber weniger spröd, besser beständig und wenig
spannungsrißanfällig in Berührung mit Benzin, etherischen Ölen
und Aromastoffen.

SAN ist glasklar, bekommt aber einen gelben Stich beim Erwärmen.
Das ähnliche S/MS (Styrol-α-Methylstyrol) hat bessere optische
Eigenschaften.

Für *schlagzähe Copolymerisate, Terpolymerisate und Blends* ist die
Variabilität der Einstellungsmöglichkeiten bis zur lederartigen Zähigkeit kennzeichnend. Modifizierte PS-HI-Typen können günstige
Kombinationen von Glanz, Transparenz, Steifheit bei höheren und
Zähigkeit bei tieferen Temperaturen aufweisen. Hinsichtlich des chemischen Verhaltens einerseits, der Spannungsrißanfälligkeit andererseits verhält sich S/B ähnlich wie PS, ABS ähnlich wie SAN.

Für Dauergebrauch im Freien sind der UV-Empfindlichkeit wegen
PS und S/B zumindest glasklar bzw. in hellen Farbeinstellungen
nicht, ABS bedingt, SAN-Copolymere und butadienfreie schlagzähe

Typen besser geeignet. In geschlossenen Räumen normaler Belichtung und Temperatur bleiben Erzeugnisse aus allen Polystyrol-Kunststoffen langzeitig unverändert, s. a. Tafel 4.11, S. 280.

Die Grundsortimente werden für einzelne der vielfältigen Anwendungsgebiete von Styrolpolymerisat-Formmassen ergänzt durch *spezielle Einstellungen und Ausrüstungen* wie

high flow Spritzguß und Extrusion-Typen
für dünnwandige Verpackungen u. ä.

hoch spannungsrißbeständige schlagzähe Sorten
für Kühlgeräte unempfindlich gegen Frigen und aufschäumendes PUR, für die Verpackung fetthaltiger Füllgüter durch PE oder PP modifiziert
durch Einarbeiten von Silikonöl kratzunempfindliche Sorten, auch für TSG (S/B)
,,kontakttransparente" und glasklare S/B- und Terpolymer-Sorten
UV-stabilisiert,
antistatisch für EMI-Schutz (S. 57) (PS, SAN, S/B, ABS)
mit Brandschutzausrüstung (S/B, ASA, ABS)
für Anwendungen im Bauwesen schwer entflammbar B 1 nach DIN 4102
für Rundfunk- und Fernsehgehäuse nach UL-Spezifikationen
glasfaserverstärkt, insbesondere SAN u. ABS galvanisierbar (S. 229).

Die meisten Styrolpolymerisate enthalten nur Spuren von Monomeren ($\leq 0,05\%$), das ist weit weniger als die lebensmittelrechtlich zulässigen Maximalwerte.

4. *Verarbeitungsverfahren*

Styrolpolymerisate werden zum überwiegenden Teil im *Spritzgießverfahren* verarbeitet (Verarbeitungsbedingungen Tafel 3.8, S. 126). Die geringe Schrumpfung ermöglicht maßgenaue Teile. Orientierung bei raschem Spritzen kann zu erheblichen Spannungen führen, erforderlichenfalls ist die Werkzeugtemperatur auf Kosten der Leistung zu erhöhen. Für kurzlebige Massenartikel genügen sehr leicht fließende, zuweilen ,,geschmierte" Massen. S/B-Formmassen werden ihres guten Flusses wegen für Großteile bevorzugt, sofern der Beanspruchung nach nicht SAN- oder Terpolymer-Formmassen erforderlich sind. Zum Galvanisieren von ABS s. S. 229 (Tafel 3.23). Durch *Extrudieren* werden aus S/B und ABS Warmformtafeln (S. 403 f.) gefertigt. ABS-Tafeln u. ä. sind auch kalt tiefziehbar (S. 194). PS-Tafeln braucht man für die Elektrotechnik.

Abdeck- und Führungs-Profile aus schlagzähen Styrolpolymerisaten haben vielfältige Anwendungsgebiete. ABS- und ASA-Rohre werden als heißwasserbeständige Hausabflußleitungen (S. 394), in anderen Ländern mehr als in Deutschland auch für Versorgungsleitungen verwendet. Transparente oder pigmentierte Blas- oder Breitschlitz-Folien werden aus S/B, SAN und ABS hergestellt. ABS, auch GF-verstärkt, wird zu Großformteilen blasgeformt (S. 199).

5. *Anwendungsgebiete*

Styrolpolymerisate bieten einzigartige Kombinationen von hervorragenden elektrischen Werten (Tafel 4.12), fast unbegrenzter Formbarkeit zu Präzisionsteilen und mäßigem Preis. Das Sortiment der im folgenden vorwiegend aufgeführten herkömmlichen Homo-, Co- und Terpolymeren bzw. Legierungen wird zudem durch neuere Pro-

Tafel 4.12. Elektrische Eigenschaften von Styrolpolymerisaten

Eigenschaft[1])	Einheit	PS	SAN	S/B	S/B[2]) „Y“	ABS	ASA
Spezifischer Durchgangs- widerstand	$\Omega \cdot cm$	10^{18}	10^{16}	10^{16}	10^{12}	10^{15}	10^{14}
Oberflächenwiderstand	Ω	10^{15}	10^{14}	10^{14}	10^{9}	10^{13}	10^{13}
Dielektrischer Verlustfaktor $\tan \delta$ (10^6 Hz)	10^{-4}	1	80	4	120	200	250
Dielektrizitätszahl ε_r (10^6 Hz)	–	2,5	2,9	2,6	2,7	3,2	3,4
Durchschlagfestigkeit	kV/mm	160	170	200	–	150	80
Kriechstromfestigkeit Verf.	KA	1	2	1	–	3a	3a
Verf.	KB	160	200	200	–	300	600
Verf.	KC	500	450	550	–	>600	>600

[1]) Richtwerte nach DIN-Prüfnormen und VDE 0303.
[2]) S/B „Y“ ist antielektrostatisch ausgerüstetes S/B.

dukte hinsichtlich Verarbeitungs- und Anwendungseigenschaften, auch z. B. erhöhter Witterungsbeständigkeit und Schwerentflammbarkeit, „maßgeschneiderter“ Einstellungen bereichert. Die Anwendung von Styrol-Polymerisaten für isolierende und sonstige Bauteile in der gesamten *Elektronik* und *Fernmeldetechnik* (der Fernsprechapparat besteht, außer den leitungsführenden Teilen, aus ABS für das Gehäuse, S/B und SAN für die Innenteile) sind unübersehbar, vielfältig auch diejenige als schutzisolierende Bauteile von *Starkstromgeräten* für Handgebrauch, sofern die Wärmestandfestigkeit dafür ausreicht.

In der *Kühltechnik* werden Innengehäuse, Türinnenbomben und Außenverkleidungen aus kälteschlagfest eingestellten S/B- und ABS-Typen spritzgegossen und tiefgezogen. Super- und hochschlagzähe PS-HI-Typen und ABS stehen dafür, vor allem aber für *Haushalts-* und *Sanitärgeräte* im Wettbewerb. Die *Feinwerktechnik*, die *Foto-, Computer- und Büromaschinenhersteller* brauchen spritzgegossene Triebwerks- und Gehäuse-Bauteile, Skalen, Zahlenrollen und Tastenköpfe. Der *Fahrzeugbau* verwendet S/B und ABS für Umkleidungen, Abdeckungen, Instrumentenbretter, Kühlergrills; Karosserien kleiner Sportfahrzeuge werden aus ABS tiefgezogen. Für Sportbootsrümpfe werden ABS u. a. Terpolymere, weiter auch Verbundplatten aus ABS mit PMMA-Deckschicht verwendet. Glasfaserverstärktes SAN wird u. a. für Kamera- und Projektoren-Gehäuse und -Funktionsteile, ABS-GF für selbsttragende Armaturenbretter verwendet, Startbatteriegehäuse werden aus SAN und S/B spritzgegossen. DIN-gerechte Auto-Verbandkästen aus ABS sind unter dem K-

Zeichen (S. 571) gütegesichert. Bergbau- und Industrie-Schutzhelme aus kälteschutzzähem ABS-Pfropfpolymerisat erfüllen die dafür in DIN 4840 und in ausländischen Normen gestellten Anforderungen.

Sitzmöbel und Möbelkorpusteile werden aus ABS oder in wetterbeständiger Ausführung aus ASA spritzgegossen, geblasen oder warmgeformt. Die vielfältig verbreiteten Gartenstühle bestehen z. B. aus ASA oder – bei geringeren Preisen – aus talkumverstärktem PP, s. a. 4.1.2.7, S. 266. Für *Haushaltsartikel* guter Qualität verwendet man überwiegend SAN, für Haushaltsgeräte und deren Gehäuse auch schlagfeste Sorten. *Kamm- und Schmuckwaren* sind weitere Anwendungsgebiete für Polystyrol-Kunststoffe.

Sehr bedeutend ist die Anwendung für *Verpackungen* aller Art, insbesondere Lebensmittelverpackungen, und zwar sowohl von Spritzgußteilen wie von tiefgezogenen Behältern aus Folien.

4.1.3.2 Thermoplastische Elastomere (TPE)

Durch Teleblock-Copolymerisation mit „lebenden" Endgruppen anionisch polymerisierter (S. 54) PS-Segmente und unvulkanisierten Butadien- oder Isopren-Kautschuks (S. 540, 541) im Überschuß stellt man lineare S/B/S- oder S/I/S- bzw. sternförmig verzweigte $(S/B)_nX$-„Dreiblock"-Copolymere her. Beide Enden der langen Kautschuk-Moleküle in der kontinuierlichen Matrix-Phase sind in disperse „Domänen" aus hartem PS zu einem bis in den T_g-Bereich des PS standfesten thermoplastischen Elastomer eingebunden. Zur Verbesserung der Oxidationsbeständigkeit können die Kautschuk-Doppelbindungen in 1,2- und 1,4-Stellung mit Wasserstoff abgesättigt werden. Das ergibt Dreiblock-Copolymere aus z. B. S/B/S Styrol-Ethenbuten-Styrol-(S/EB/S)- bzw. aus S/I/S Styrol-Ethenpropen-Styrol-(S/EP/S).

Handelsnamen: S/B/S, $(S/B)_nX$ und/oder S/I/S: Cariflex, Kraton D (GB); Solprene, Finaprene (BE); Europrene (IT); Stereon (US); Tufprene, Asaprene (JP)

S/EB/S: Thermolast K Compounds (DE); Multibase G (FR); Evoprene G, Kraton G, Elexar (GB); Megol G (IT); Rabalon (JP); Dryflex G (SE); C-Flex (US)

Eigenschaften und Anwendungen

Mit T_g der kautschukelastischen Phase um $-50\,°C$ und bis 800% Reißdehnung sind alle Dreiblock-Polymere Grundstoffe thermoplastisch verarbeitbarer Austauschstoffe für vulkanisierten Gummi. Sie sind gut beständig gegen Wasser und wäßrige Lösungen, auch starke Säuren. Ihre außergewöhnliche Verträglichkeit mit den meisten Thermoplasten, ermöglicht mit Polyolefinen, PS, weiter auch mit Ölen und Füllstoffen weitgehend modifizierbare preisgünstige Compounds mit Shore-Härten von A35 bis D50. Anwendungen oxidations- und UV-stabilisierter S/B/S-Compounds sind z. B. Schläuche und Profile, medizinische Artikel, vor allem Formteile wie angespritzte Sohlen für die Schuhindustrie. Solche auf S/EB/S-Basis werden als Draht- und Kabel-Isolier- und Mantelmassen verwendet. Im Fahrzeugbau werden hoch gefüllte S/EB/S-Compounds eingesetzt für Schallschutzelemente im Motorraum, weich eingestellt statt Gummiteilen im Innenraum z. B. für blasgeformte Schaltknüppel-Schutzfaltenbälge oder mit Shore D 40 für Stoßstangenabdeckungen.

Andererseits ist die weitgehende Verträglichkeit dieser Elastomere mit Thermoplasten Grundlage von Anwendungen

– als T_m-Werte nicht herabsetzende (Kälte-)Schlagzähmacher, z. B. für PP, PE-HD-Schlauchfolientypen, super-hochschlagzähe PS-HI + S/B/S-Typen, in Legierungen von S/EB/S mit PC, PBT, PPE

– als Phasenankoppler (S. 8) in Legierungen ohne solchen unverträglicher Thermoplaste, z. B. PE + PS, PE + PET, PE + PC

– zur Verbesserung von Oberflächengüte und Zähigkeit von Spritzgußteilen.

Das Fließverhalten und die gute Haftung der Dreiblock-Copolymeren werden genutzt in ihrer Verwendung als Bestandteile im Schmelzfluß aufzutragender Haft- und Montage-Klebstoffe, Dichtungs-, Beschichtungs- und (Kabel-)Füllmassen.

4.1.3.3 *Styrolpolymerisate für Schäum-Verfahren*

1. Für *Strukturschaum-Erzeugnisse* sind PS-, S/B- und ABS-Formmassen zum Auftrommeln von chemischen Treibmitteln, treibmittelhaltige Konzentrate und gebrauchsfertige Massen, auch mit Brandschutzausrüstung auf dem Markt. Die Treibmittel (S. 70 f.), deren Auftrommeln im Betrieb mit (je etwa 0,2%) Butylstearat oder Paraffinöl als Haftvermittler und NaHCO₃ oder feinteiligen Feststoffen als Porenreglern nicht schwierig ist, dürfen das Formwerkzeug-Material nicht angreifen.

Strukturschaumformteile, meist aus (halb)schlagfesten Formmassen im Dichtebereich 0,7–0,9 g/cm³ mit mindestens 5 mm Wanddicke bis etwa 30 kg Gewicht werden spritzgegossen (TSG S. 135), in Kleinauflage auch durch Formschäumen (S. 71) hergestellt. Der Rauhigkeit der Außenhaut wegen müssen die meisten Erzeugnisse geschliffen und lackiert werden (S. 224, 226). Bau- und Möbelprofile werden extrudiert (S. 178).

2. Beim *Extrudieren leichter, geschäumter Halbzeuge* (Verpackungsfolien $d_R \geq 0,1$ g/cm³, „XPS"-Dämmplatten $\geq 0,025$ g/cm³) verwendet man PS mit eingearbeitetem physikalischem Treibmittel oder speist solche unmittelbar in den Extruder ein, Einzelheiten siehe S. 70, 178.

3. Ausgangsprodukte des „Styropor"-Verfahrens für *EPS-Partikelschaum* sind Perlpolymer-Kugeln (S. 53, 2 mm ∅ für dünnerwandigen, bis 3 mm ∅ für Blockschaum), in die ein niedrig siedender

Kohlenwasserstoff, vorzugsweise Pentan, als Treibmittel einpolymerisiert ist.

Handelsnamen: Styropor, Vestypor (DE); Extir (IT); Styrocell (NL); Rigipore (GB); Jackodur (NO); Koplen (CS); Okirol (YU); Dylite, FyRid, Montopore, Pelaspan (US); Snowpearl (JP); höher wärmestandfestes Cop. Dytherm (US).

Im ersten Schritt des dreistufigen Schäumverfahrens werden die Perlen – meist diskontinuierlich in zylindrischen Rührwerken, denen Fließbett-Trockner nachgeschaltet sind – bei 80–110°C mittels durchströmenden Wasserdampfs auf Partikel mit RG 10–20 kg/m³ für Block- und Trittschallmaterial, 15–30 kg/m³ für Formteile vorgeschäumt.

Der zweite Verfahrensschritt, die Zwischenlagerung der geschlossenzellig vorgeschäumten Partikel über 1–2 Tage in luftdurchlässigen Silos, ist erforderlich zu deren Stabilisierung. Dabei wird der bei der Kondensation des Treibgases beim Abkühlen entstehende Unterdruck durch Eindiffundieren von Luft ausgeglichen.

Partikelschaum-Blöcke und -Formteile schließlich werden, vorwiegend mit automatisierten Anlagen, nach dem Dampfstoßverfahren in Formwerkzeugen mit festen, aber perforierten Wänden hergestellt. Die entlüftete Partikelschüttung wird aus vorgeschalteten Dampfkammern 5–50 sec lang mit Wasserdampf von 3–4 bar Druck beaufschlagt und dadurch auf Erweichungstemperatur erhitzt, so daß der Schaumstoff über die Berührungsflächen der Partikel versintert. Anschließend wird der Dampf abgesaugt und das Erzeugnis mit außen umlaufendem Wasser gekühlt.

6–8 m lange Großblock-Formen von 1,25 × 1,00 m Querschnitt mit nachgeschalteten Heißdraht-Schneidanlagen zum Auftrennen in Platten sind leistungsfähiger als Bandanlagen. Formteilautomaten (für Formteile bis etwa 1,2/1,6/0,7 m Außenabmessungen) arbeiten (im Transfer-Verfahren) zur Einsparung von Zykluszeit und Energie auch mit einem zusätzlichen Kühl-Werkzeug, welches das im Heiz-Werkzeug gebildete Formteil übernimmt.

Die Kohlenwasserstoff-Treibmittel in Partikelschaum können mit Luft zündfähige Gemische bilden. Völlig trockener EPS kann sich durch Schütteln elektrostatisch aufladen. Das erfordert bauliche (Unterteilung) und betriebliche Maßnahmen (Belüftung, Rauchverbot, Luftfeuchtigkeit >50%, Erdung von Metallteilen) des Brandschutzes in den Verarbeitungsbetrieben (Sicherheitsvorschriften des VDS/BDI 1973).

Schäumperlen werden auch für schwer entflammbare Einstellungen nach DIN 4102 und/oder beständig gegen aliphatische Kohlenwasserstoffe geliefert. Zementgebundener EPS-Leichtbeton mit d_R 200–900 kg/m³, σ_d 0,5–8 N/mm² und den gemessenen λ-Werten 0,02–0,08 W/mK wird mit EPS-Perlen als Zuschlagstoff hergestellt. Styromull-Flocken braucht man zur Bodenverbesserung.

Partikelschaum-Erzeugnisse aus dem Styrol-Maleinsäure-Cop. Dytherm (US) (RG 0,32–0,36 g cm^3) sind bis 121 °C temperaturstandfest.

4.1.4 Vinylchlorid-Polymerisate

Vinylchlorid (CH$_2$ = CHCl) wird heute überwiegend durch ein- oder zweistufige Anlagerung von Chlor an Ethylen hergestellt. Der hohe Gehalt an aus der NaCl-Elektrolyse reichlich verfügbarem Chlor – *homopolymeres Polyvinylchlorid* PVC enthält 56,7% Chlor – ist mitbestimmend sowohl für die hohe wirtschaftliche Bedeutung als auch das besondere Verhalten von PVC mit seinen Copolymerisaten und Verwandten.

Die VC-Polymerisat-Sortimente der meisten Herstellerfirmen umfassen Homo- und Co-Polymerisate oder Blends als Pulver (s. u.), z. T. auch zu Formmassen (S. 294, 302) oder Pasten (S. 309) aufbereitete Produkte. Für die Sortimente gebraucht werden, jeweils durch Typ-Kennzeichnungen ergänzt, die allgemeinen *Handelsnamen:*

Hostalit, Vestolit, Vinnol, Vinoflex, Vinidur, Scovinyl, Solvic, Trosiplast (DE), Ravinil, Sicron, Vipla, Viplast (IT), Ekavyl, Lucalor, Lucovyl (FR), Corvic, Welvic (GB), Benvic, Varlan, Ultryl (NL), Bovil, Hipnil, Jugovinyl, Zadrovil (YU), Rosevil (RO), Ongrovil (HG), Epivyl (IL), Duval, Geon, Kohinor, Vygen (US), Nipeon, Nipolit, Vinika, Vinychlon (JP) u. a. m.

4.1.4.1 bis 4.1.4.4 ALLGEMEINES ÜBER VC-POLYMERISATE

4.1.4.1 *PVC und PVC-C*

Vinylchlorid-Homopolymerisate werden nach den Verfahren (S. 53) der Emulsions(E)-, Suspensions(S)- und Masse(M)-Polymerisation hergestellt. Im Mikro-Suspensionsverfahren erzielt man durch intensives Rühren ein ähnlich feinteiliges Produkt wie bei E-Polymerisation, Einteilung und Bezeichnungen s. Tafel 4.13, S. 288.

Copolymere s. S. 291. Durch Pfropfpolymerisation und durch Abmischen von PVC mit weichelastischen Stoffen werden PVC-U-Formmassen (S. 294) verbesserter Schlagzähigkeit hergestellt.

Die Polymerisate enthalten < 1 ppm monomeres Vinylchlorid.

Während andere thermoplastische Kunststoffe überwiegend als gebrauchsfertige Formmassen auf dem Markt sind, werden VC-Polymerisate aus pulverförmigem Rohstoff und den für Verarbeitung und Anwendung erforderlichen Zusatzstoffen vielfach im Verarbeitungsbetrieb gemischt. Sofern die Aufbereitung der Rohstoffe zu Granulat über den Extruder nicht aus technischen Gründen notwendig ist, werden Pulvermischungen, Agglomerate oder Dryblends (s. S. 66) verwendet. Diese Art der Aufbereitung ist sparsam und schont die thermisch empfindlichen Rohstoffe. Pulvermischungen für die Verarbeitung auf Extrudern und Spritzgießmaschinen müssen riesel-

Tafel 4.13. Einteilung und Bezeichnung von Vinylchlorid-Polymerisaten (DIN 7746/1 1986, entspr. ISO 1060/1). Diese Norm befindet sich in Überarbeitung.

Datenblock 1: Kurzzeichen nach DIN 7728 Teil 1, bei Cop. VC-Massengehalt, Polymerisationsverfahren E, S, M oder X für andere. Pastenverschnitt-harze werden zusätzlich mit „F" codiert. Kurzzeichen für Copolymerisate nach DIN 7728 Teil 1, 1988 (s. a. S. 559)

VC/E	Vinylchlorid-Ethylen (Polymerisat)
VC/E/VAC	Vinylchlorid-Ethylen-Vinylacetat (Polymerisat)
VC/OA	Vinylchlorid-Octylacrylat (Polymerisat)
VC/VAC	Vinylchlorid-Vinylacetat (Polymerisat)
VC/VDC	Vinylchlorid-Vinylidenchlorid (Polymerisat)

Datenblock 2: G für allgemeine Anwendung, P für Pasten

Datenblock 3: – Viskositätszahl nach DIN 53726 (s. Tafel 7.2, S. 585),
– für G-Polymere Schüttdichte nach DIN 53466, zwei Ziffern
– für P-Polymere Zeichen für DOP-Bedarf für eine Paste definierter Viskosität η_{ap} 25 Pa · s (τ_{ap} 6 s^{-1}):

		Zeichen				
	4	5	6	7	8	9
Menge DOP in g auf 100 g VC-Polymerisat	bis 45	> 45 bis 55	> 55 bis 65	> 65 bis 75	> 75 bis 85	> 85

Datenblock 4: Entfällt hier, ggf. durch zwei Beistriche kennzeichnen

Datenblock 5 für Spezifikationen von G-Polymerisaten:

				Zeichen				
X	1	2	3	4	5	6	7	8	9
			Siebrückstand auf 0,250 mm in g/100 g					
ND[1]	bis 0,5	> 0,5 bis 5	> 5 bis 20	> 20 bis 40	> 40 bis 60	> 60 bis 80	> 80 bis 99,5	> 99,5	–
			Siebrückstand auf 0,063 mm in g/100 g					
ND[1]	bis 0,5	> 0,5 bis 5	> 5 bis 20	> 20 bis 40	> 40 bis 60	> 60 bis 80	> 80 bis 99,5	> 99,5	–
			Weichmacheraufnahme bei Raumtemperatur in g/100 g					
ND[1]	bis 10	10–20	> 20 bis 25	> 25 bis 30	> 30 bis 35	> 35 bis 40	> 40	–	–

Bei PVC-Polymerisaten für Pasten (P), außer bei VC-Polymerisaten nach den Polymerisationsverfahren SF und MF:
– für scheinbare Viskosität nach DIN 54801 Zeichen 0 bis 9
– für rheologisches Verhalten: D = Dilatant (η_{ap} nimmt mit steigendem Geschwindigkeitsgefälle zu); N = Newtonisch (η_{ap} annähernd gleichbleibend); P = Pseudoplastisch (η_{ap} nimmt ab); X = Nicht definiert

Bezeichnungs-Beispiele:	M-PVC für allgemeine Anwendung		E-PVC für Pasten		S-VC/VAC (90%VC) f. allg. Anwendung	
	Wert	Zeichen	Wert	Zeichen	Wert	Zeichen
Viskositätszahl, cm³/g	116	120	125	125	83	085
Schüttdichte, g/cm³	0,56	55	–	–	0,79	80
g DOP/100 g Polymer	–	–	61	6	–	–
Siebrückstand, g/100 g						
0,25 mm-Sieb	0,3	1	–	–	0,3	1
0,063 mm-Sieb	1,2	2	–	–	97	7
Weichmacher, g/100 g	37	6	–	–	ND	X
Scheinbare Visk. Pa·s	–	–	17	3	–	–
Rheolog. Verhalten	–	–		N	–	–
Bezeichnung	DIN 7746-PVC-M, G, 120-55 „ 126		DIN 7746-PVC-E, P, 125-6 „ 3 N		DIN 7746-VC/VAC 90-S, G, 085-80 „ 17X	

[1] ND = nicht definiert

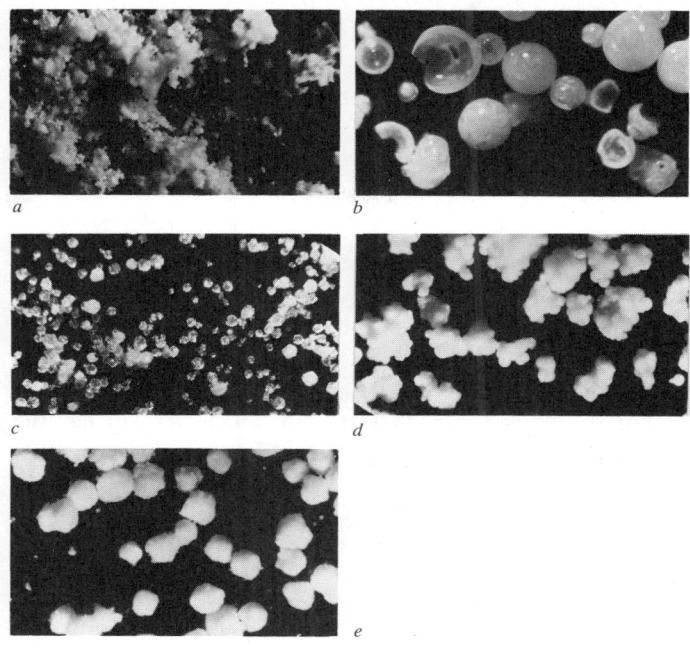

Teilbild	a	b	c	d	e
Pol.-Verfahren*)	E	S	S	S	M
Kornverteilung	ca. 80% $< 63\ \mu$m	Hohl- kugeln $< 160\ \mu$m	ca. 90% $< 63\ \mu$m	ca. 80% 63 bis $200\ \mu$m	ca. 95% 63 bis $160\ \mu$m
Weichmacher- aufnahme	gering	mittel	gering	hoch	hoch
Rieselfähigkeit	schlecht	gut	schlecht	gut	sehr gut
Anwendung	Hart-PVC- Kalander- folien	Hart- und Weich- profile	sintern von Sepa- ratoren- platten, Extender, PVC für Pasten (S. 309)	Weich- und Hart- ver- arbeitung	Weich- und Hart- ver- arbeitung

*) Bez. nach DIN 7746

Bild 4.6. Kornform von PVC-Pulvern. (Werkphoto *Hoechst*)

fähig sein, dafür braucht man Pulver nicht zu geringer Korngröße. Sehr feinteilige Pulver andererseits braucht man für das Anpasten mit Weichmacher zu gieß- und streichfähigen PVC-Pasten. Bild 4.6 (S. 289) gibt Beispiele unterschiedlicher Kornstrukturen von PVC-Homopolymerisaten.

Emulsions-, Suspensions-, Masse-Polymerisate

Emulsionspolymerisate (E-PVC) entstehen als Primärteilchen von 0,1–2 μm Durchmesser. Die endgültige Größe und Form der Pulverkörner wird durch die Aufarbeitungsbedingungen (Trocknung) festgelegt. Auf diese Weise werden für die jeweilige Anwendung folgende Produkte hergestellt:

feinstteilige für die Plastisolverarbeitung; feinteilige, gut aufschließbare für die Kalanderverarbeitung; grobkörnige, gut rieselfähige mit hoher Schüttdichte für die Extrusion (PVC-U); grobkörnige, poröse für die Weichanwendung. E-PVC enthält bis zu 2,5% Emulgator sowie teilweise anorganische Zusätze (z. B. alkalische Vorstabilisierung). Abhängig von Art und Menge dieser Zusätze sind Transparenz, Wasseraufnahme, elektrische Isoliereigenschaft in der Regel ungünstiger als bei S- und M-PVC. Das E-PVC hat Vorteile durch leichte Verarbeitbarkeit. Daraus hergestellte Fertigartikel zeichnen sich aus durch erhöhte Zähigkeit, glatte, geschlossene Oberfläche, geringe elektrostatische Aufladbarkeit und geringere Neigung, Staub anzuziehen.

Suspensionspolymerisate (S-PVC Sulfatasche < 0,1%) mit Kornverteilungen zwischen 0,06 und 0,25 mm und die besonders gleichmäßigen *Massepolymerisate* (M-PVC Sulfatasche < 0,01%) mit Teilchengrößen um 0,15 mm sind dem Herstellungsverfahren entsprechend sehr reine, bei geeigneter Stabilisierung für mechanisch, elektrisch und hinsichtlich der Korrosions- und Witterungsbeständigkeit hochwertige, auch für glasklare Produkte geeignete PVC-Sorten. Typen mit porösem Korn (Schüttdichte 0,4–0,5 g/ml) sind für Weichverarbeitung, solche mit kompakterem Korn (Schüttdichte 0,5–0,65 g/ml) für Hartverarbeitung besonders geeignet. Rieselfähige Compounds werden in Schnellmischern bei Temperaturen um 100 °C hergestellt. Mikro-Suspensionspolymerisat ist verpastbar (Korngröße 10–1 μm).

S-PVC und E-PVC mit kompaktem feinen Korn wird als Sinterpulver für poröse Akku-Separatoren verwendet.

PVC-C mit durch Nachchlorierung bis > 60% erhöhtem Chlor-Gehalt (Lucalor, Temp Rite, Nikatemp Rhenoflex) ist schwerer verarbeitbar als PVC, aber bis < 100 °C temperaturstandfest (PVC-HT) und, z. B. gegen Chlor, noch besser chemisch beständig. Anwendungsgebiete sind Heißwasserrohre und der chemische Apparatebau.

4.1.4.2 K-Wert-Kennzeichnung von Anwendungsbereichen

Nach DIN 53726 ist die Kenngröße für den mittleren Polymerisationsgrad von VC-Polymerisaten der *K-Wert,* nach ISO 174 die *Viskositätszahl.* Beiden Kenngrößen liegt das gleiche Meßverfahren der relativen Lösungsviskosität zugrunde (S. 51, 584), sie stehen in festem Verhältnis zueinander (Tafel 4.14).

Tafel 4.14. Zuordnung von K-Wert und Viskositätszahl (DIN 7746 Teil 1, 1986)

K-Wert	Viskositätszahl cm³/g	K-Wert	Viskositätszahl cm³/g	K-Wert	Viskositätszahl cm³/g	K-Wert	Viskositätszahl cm³/g
45	49,5	59	85,5	73	136	87	203
46	51,6	60	88,5	74	140	88	214
47	53,8	61	91,7	75	145	89	220
48	56,1	62	95,0	76	149	90	227
49	58,4	63	98,3	77	154	91	233
50	60,9	64	101	78	159	92	240
51	63,3	65	105	79	164	93	247
52	65,8	66	108	80	168	94	254
53	68,4	67	112	81	174	95	261
54	71,1	68	116	82	179	96	269
55	73,6	69	120	83	185	97	276
56	76,6	70	124	84	190	98	284
57	79,5	71	128	85	196	99	292
58	82,4	72	132	86	202	100	301

PVC für thermoplastische Verarbeitung hat K-Werte zwischen 50 und 80. Je höher der K-Wert, um so besser sind die mechanischen und die elektrischen Eigenschaften der Erzeugnisse, andererseits wird die Verarbeitung, insbesondere zu Hart-PVC in gleicher Richtung zunehmend schwieriger. Die für die einzelnen Verarbeitungsverfahren gebräuchlichen K-Werte zeigt Tafel 4.15 (S. 292). VC-Homo- und Co-Polymerisate niedriger K-Werte (40–50) zur Verarbeitung in Lösung s. S. 237f., Dispersionen S. 241.

4.1.4.3 Copolymerisate und Blends

1. Für Formmassen werden bis zu 50% Comonomeres enthaltende Copolymere mit Vinylacetat (VC/VAC) eingesetzt. Sie ähneln im Gesamtverhalten den Homopolymerisaten, sind aber weniger formstandfest in Wärme, andererseits auch bei niedrigeren Temperaturen schonend zu verarbeiten. Man verwendet sie u.a. für Tiefziehfolien und Schallplatten. Letztere werden im Preßverfahren hergestellt. Auch Copolymere mit Vinylethern (JP) oder Propylen (US) kommen dafür in Betracht. Zu VC/E/VAC Pfropfpolymer 1:1 siehe S. 302.

VC/VDC mit hohem Gehalt an Vinylidenchlorid ($CH_2 = CCl_2$, Diofan, Ixan, Saran, Vilit, Viclan) sind besser temperaturstandfest als PVC, wegen der Neigung zur HCl-Abspaltung bei höherer Temperatur aber schwierig zu verarbeiten. Sie werden als Sauerstoff-, Wasserdampf- und Aroma-Sperrschicht in Mehrschicht-Folien für Lebensmittelverpackungen (Tafel 4.57, S. 432) und Beschichtungen aus Di-

Tafel 4.15. Anwendungsbereiche von PVC-Sorten

PVC-Sorten	Hart-PVC			Weich-PVC		
	E	S	M	E	S	M
Verarbeitung	K-Werte*)			K-Werte*)		
Kalander (Schmelz-walzenmaschinen, Plattenpressen)	(60–65)	57–65	57–65	70–80	65–70	70
thermisch vergütete Folien	78	–	–	–	–	–
Bodenbeläge	–	–	–	65–80	65–80	
Extruderverarbeitung Hart-PVC						
Rohre	–	67–68	67–68			
Fensterprofile	–	68–70	–			
Möbel- u. Bauprofile	60–70	60–68	60–68			
Tafeln und Flachfolien	60–65	60	60			
Blasfolien	60	57–60	57–60			
Extruderverarbeitung Weich-PVC allgemein				65–70	65–70	65–70
Kabelmassen				–	70–90	
vorzugsweise:				–	70	70
Hohlkörperblasen	–	57–60	57–60		65–80	60–65
Spritzgießen	–	50–60	56–60	–	65–70	55–60
Pastenverarbeitung	–	–	–	65–80	(70–80)	

*) nach DIN 53726: 0,25 PVC in 50 ml Cyclohexanon.

spersionen (S. 241) oder Lacklösungen (für Zellglas) gebraucht. Witterungs- und korrosionsbeständig eingestellte reißfeste Fäden und Bänder, gasgefüllte Micro-Hohlkugeln (Expancel, S. 69, 463) sind eine weitere Anwendung, Homopolymeres Polyvinylidenchlorid zersetzt sich unterhalb der Schmelztemperatur.

2. *Verarbeitungshilfsmittel (Modifizierharze,* s. a. S. 281)

Degalan, Irgamod, Plexigum, Vestiform, Vinuran (DE), Diakon, Vinnapol (GB), Modarex (FR), BTA, Paraloid, Supercryl (US), KaneAce (JP) sind meist hochmolekulare Methacrylat-(Multi-)Polymere, die mit PVC einphasig mischbar und daher für glasklare Erzeugnisse anwendbar sind. Sie verbessern das Fließverhalten der Schmelzen und die Tiefziehbarkeit im thermoplastischen Bereich, so daß stoßfeste und gut witterungsbeständige Erzeugnisse unter schonenden Bedingungen gefertigt werden können.

Solche Modifizierharze auf MS/AN-(Baymod A, Vinuran) und S/MA-(Elix)Basis (S. 279f.) verbessern die Wärmestandfestigkeit von PVC um 10–15 K.

3. *Erhöht- bis hoch-schlagzähe PVC-HI-Sorten* (Anm. 3, Tafel 4.18, S. 298) mit 5–12% Schlagzähmacher sind zweiphasig (S. 8). Als Schlagzähmacher kommen Polyacrylsäureester-Elastomere (PAE), chlorier-

tes Polyethylen (PE-C) und Ethylenvinylacetat (EVAC) als disperse Weichphase in Frage.

Die PAE werden als Propfcopolymerisate mit Vinylchlorid mit 6–50% Acrylatanteil (z. B. Hostalit H, Vestolit Bau, Vinnol K, Vinuran SZ, Solvic) oder als Copolymerisate mit Methylmethacrylat mit 60–90% Acrylatanteil (z. B. Paraloid, Bärodur, Durastrenght, Kane Ace) eingesetzt.

Hochprozentige PAE werden mit S-, M- oder E-PVC auf eine gebräuchliche Schlagzähmacherkonzentration von 5–7% – in Sonderfällen auch darüber – abgemischt.

Die Verarbeitung der PVC-HI-Typen erfolgt nach Mischung mit Additiven wie Stabilisatoren, Gleitmittel, Füllstoffen und dergleichen meist auf Ein- oder Doppelschneckenextrudern, Kalandern oder Spritzgießmaschinen. Bei der Verarbeitung bilden sich je nach Art des Schlagzähmachers Insel- (PAE) oder Netzstrukturen (PE-C, E/VAC) der Elastomeren in der PVC-Matrix. Sie wirken als Puffer und vernichten bei mechanischer Beanspruchung einen Teil der Energie, womit die erhöhte Schlagzähigkeit erreicht wird.

Im Gegensatz zu PAE sind PE-C und E/VAC-Schlagzähmacher in gewissem Maß scherempfindlich, das heißt, die erreichbare Zähigkeit hängt von den Verarbeitungsbedingungen ab.

Polyacrylate können auch, mit Styrol modifiziert, für transparente, erhöht schlagzähe Fertigteile eingesetzt werden (z. B. Metablen, Vestolit).

Alle vorgenannten PVC-HI sind langzeitwetterfest für Außengebrauch geeignet (S. 408). Schlagzähmacher für glasklare PVC-HI-Packmittel sind M/ABS und, vor allem für Hohlkörper, MBS (S. 281). Wegen des Butadiengehalts sind diese für den Außengebrauch weniger geeignet. Compounds von PVC mit steigenden Anteilen bestimmter ABS-Typen ermöglichen für transluzente oder gedeckte Erzeugnisse, insbesondere im Gehäusespritzguß (S. 299), für jeweilige Beanspruchungen technische und wirtschaftlich optimale Kombinationen von Schwerentflammbarkeit, Schlagzähigkeit und Temperaturstandfestigkeit.

(PVC + MMA) (Acrylloy V, JP) ist glasklar, mod. (PVC + NBR) (Elaster, JP) ein TPE.

4.1.4.4   Stabilisatoren und Füllstoffe

VC-Polymerisate können nicht ohne *Stabilisatoren* verarbeitet werden, die Verfärbung und weitergehende Schädigung durch Oxidation und HCl-Abspaltung während der Verarbeitung bei hoher Temperatur wie auch durch Wärme- und Lichteinwirkung im Gebrauch hintanhalten. Zum Stabilisatorzusatz von etwa 1–3 pph PVC kommen gegebenenfalls ≤ 1 pph Co-Stabilisator, bis 2 pph Fließhilfen und Gleitmittel, für Außeneinsatz auch geringe Mengen UV-Absorber.

Die Handelsnamen von Stabilisatoren (z. B. Advastab, Bärostab, Cyastab, Estabex, Interstab, Irgastab, Lankromark, Meister, Naftovin, Nuostab, Polyfix, Sicostab, Synpron, Therm-Chek, Thermolite) sagen über ihre Zusammensetzung wenig aus. Zur Wärmestabilisierung von PVC-E genügen geringe Zusätze organische Basen abspaltender Stoffe (z. B. Diphenylthioharnstoff, Phenylindol, Aminocrotonsäureester). Epoxidierte Soja- oder Rizinusöle in Verbindung mit Calcium- oder Zinkseifen wirken in allen VC-Polymerisaten mäßig, bestimmte Di-n-octyl-Zinnverbindungen und Methylzinnmerkaptide auch für transparente Erzeugnisse gut stabilisierend. Diese Stabilisatoren sind in Verbindung mit bestimmten Gleitmitteln nach den Empfehlungen des Bundesgesundheitsamtes auch für Kunststoffe im Lebensmittelverkehr anwendbar.

Die für harte und weiche Erzeugnisse am meisten angewandten basischen Bleiverbindungen (z. B. Dyphos, Tribase) sind elektrisch hochwertig, auch für Trinkwasserrohre, nicht aber für transparente Erzeugnisse geeignet. Bleiphosphit- und Barium-Cadmium-Stabilisatoren werden verwandt, wenn es auf höchste Ansprüche an Wärme-, Licht- und Wetterbeständigkeit und gute Farbhaltigkeit farbiger Erzeugnisse ankommt, z. B. für Fensterprofile und sonstigen Außeneinsatz. Falls, insbesondere auch für transparente Hart- und Weich-Erzeugnisse, gegen Cadmium physiologische Bedenken am Platze sind, sind sie durch neuere Barium-Zink- und – z. B. für Mineralwasserflaschen – Calcium-Zink Stabilisator-Systeme mit Diketon-Costabilisator substituiert worden.

Allgemein wird die Stabilisator-Wirkung „synergistisch" gesteigert durch *Co-Stabilisatoren,* wie die Chelatoren genannten komplexbildenden organischen Phosphite, Epoxy-Verbindungen, als Antioxidantien wirksame mehrkernige Phenole (z. B. Bisphenol A) und Benzo-triazol-UV-Absorber (z. B. Cyasorb, Tinuvin). Gebrauchsfertige Mischungen, welche auch die vor allem für Hart-PVC-Verarbeitung erforderlichen Gleitmittel enthalten, sind als Einkomponenten-Hilfsstoffsysteme für die meisten Verarbeitungs- und Anwendungsbereiche von Hart- und Weich-PVC auf dem Markt, z. B. Naftomix S auf Bleisalzbasis für den Rohrsektor. Vielfach enthalten sie auch *Titandioxid,* das in Verbindung mit Stabilisatorsystemen, wie auch aus dielektrischen Gründen in Isoliermassen für Fernmeldeleitungen, in hochreiner Rutil-Form angewandt werden muß. Es dient auch als Träger für spezielle organische *PVC-Farbpigmente* (S. 58).

Füllstoffe wie bestimmte Sorten feingemahlenen Calciumcarbonats erleichtern das Extrudieren und können in Anteilen bis 5–15% die Kerbschlagzähigkeit der Produkte bis zum Doppelten anheben.

4.1.4.5 PVC-U-Formmassen (Hart-PVC)

Tafel 4.16 (S. 295) gibt einen allgemeinen Überblick über Hart-PVC-Verarbeitungsverfahren, Tafel 4.17 (S. 296) über Kennzeichnung und Bezeichnung von PVC-U-Formmassen nach DIN 7748.

Tafel 4.16. Hart-PVC-Verarbeitung

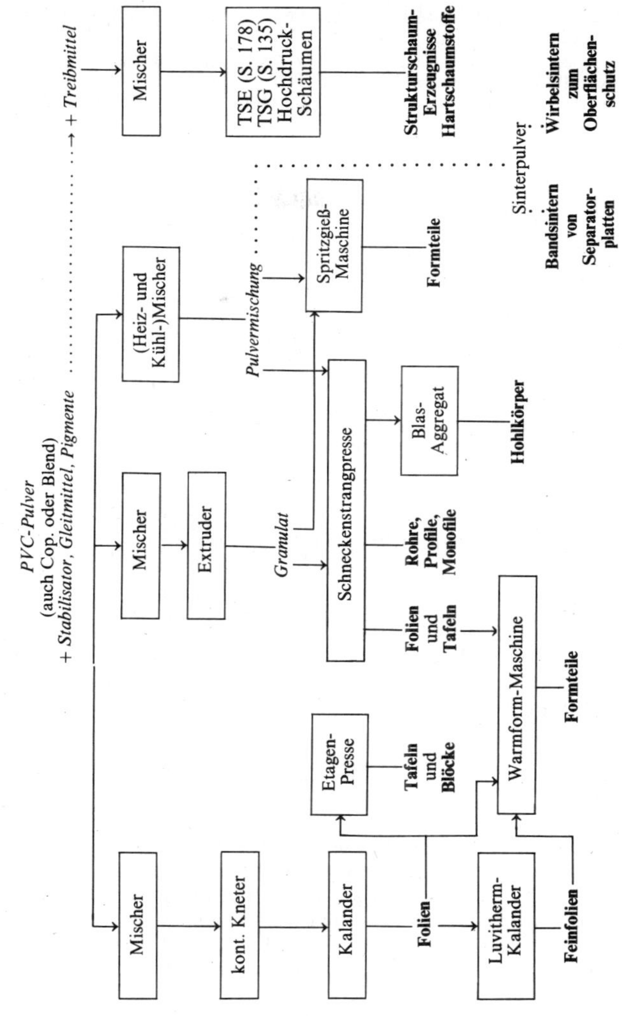

PVC-Pulver
(auch Cop. oder Blend)
+ *Stabilisator, Gleitmittel, Pigmente* ·········

··········→ + *Treibmittel*

| Mischer |

| TSE (S. 178)
TSG (S. 135)
Hochdruck-
Schäumen |

→ **Strukturschaum-
Erzeugnisse
Hartschaumstoffe**

| (Heiz- und
Kühl-)Mischer | ·········· *Pulvermischung* ··········

| Spritzgieß-
Maschine |

→ **Formteile**

Sinterpulver:

**Wirbelsintern
zum
Oberflächen-
schutz**

**Bandsintern
von Separator-
platten**

Pulvermischung

| Mischer |

| Extruder |

Granulat

| Schneckenstrangpresse |

| Blas-
Aggregat |

→ **Hohlkörper**

→ **Rohre,
Profile,
Monofile**

**Folien
und
Tafeln**

| Warmform-
Maschine |

→ **Formteile**

| Mischer |

| kont. Kneter |

| Kalander |

Folien

| Etagen-
Presse |

**Tafeln
und
Blöcke**

| Luvitherm-
Kalander |

Feinfolien

Tafel 4.17. Kennzeichnende Eigenschaften von Vinylchlorid-Homo- und Copolymerisat-Formmassen

Für Kennzeichnung der hauptsächlichen Anwendung, Hinweise auf Lieferform und wesentliche Additive in Datenblock 2 siehe Kapitel 6, Tafel 6.1 a. S. 562. Datenblock 4 (Füll- und Verstärkungsstoffe) entfällt bei PVC-U- und PVC-P-Formmassen DIN 7748/7749.

PVC-U   DIN 7748/1, Datenblock 3:

Vicat-Erweichungs-Temp. VST/B/50		Kerbschlagzähigkeit[1] a_k		Elastizitätsmodul E	
Zeichen	°C	Zeichen	kJ/m²	Zeichen	N/mm²
060	<61	02	bis 3	18	>1500–2000
062	>61–63	04	über 3 bis 5	23	>2000–2500
⋮	⋮	08	über 5 bis 10	28	>2500–3000
		15	über 10 bis 20	33	>3000
118	>117–119	25	über 20 bis 30		
120	>119	35	über 30		

[1] PVC-U-Formmassen mit Charpy-Kerbschlagzähigkeit <5 kJ/m² sind als normalschlagzäh, von 5–20 kJ/m² als erhöht schlagzäh, über 20 kJ/m² als hochschlagzäh anzusehen. Umstellung auf Izod ISO 180/1 A (S. 607) ist vorgesehen.

PVC-P   DIN 7749/1, Datenblock 3:

Shore-A- oder Shore-D-Härte[1]		Dichte		Torsionssteifheits-temperatur TST	
Zeichen		Zeichen	g/cm³	Zeichen	°C
A40 oder D40	≤41	15	≤1,17	00	bis −5
A42 oder D42	>41–43	20	>1,17–1,22	10	unter −5 bis −15
				20	unter −15 bis −25
⋮	⋮	⋮	⋮	30	unter −25 bis −35
A88 oder D88	>87–89	55	>1,52–1,57	40	unter −35 bis −45
A90 oder D90	>89–91	60	>1,57	50	unter −45 bis −55
				60	unter −55

[1] Bei Shore-A-Härte über 90 ist die Shore-D-Härte angegeben.

Die PVC-Hartfolienherstellung auf dem *Kalander* (S. 188) erfordert den Großbetrieb. In Silos gelagertes PVC-Pulver wird pneumatisch zu weitgehend automatisch gesteuerten Abwiege- und Vormischstationen gefördert, die Mischungen werden in kontinuierlich arbeitenden Schneckenknetern plastifiziert. Hart-PVC-Folienkalander, in F- oder L-Form, sind besonders schwer gebaut. Im Hochtemperaturverfahren, mit ansteigenden Temperaturen der Kalanderwalzen von 160–210 °C, stellt man glasklare und gedeckte Folien aus speziell stabilisiertem PVC-S oder PVC-M von 0,02 bis annähernd 1 mm, vorwiegend 0,1–0,2 mm Dicke her, die dünnsten Folien unter Ausziehen noch im thermoplastischen Bereich. Im Tieftemperatur-(Luvitherm-)Verfahren werden Folien aus PVC-E hohen K-Werts bei von 175 °C auf 145 °C abnehmenden Temperaturen kalandriert, anschließend nach Führung über eine 240 °C heiße Walze auf 0,02–0,2 mm Dicke ein- oder beidseitig schrumpffähig gereckt. Etwa 0,5 mm dicke Kalanderfolien sind Zwischenprodukte für weitgehend spannungsfreie Blöcke und Tafeln, die durch Laminieren von Folienpaketen zwischen Preßblechen in der Etagenpresse hergestellt werden.

Bei der Hart-PVC-Verarbeitung mit dem *Extruder* bei 170 °C bis 200 °C kann man von Pulvermischungen oder vom Granulat ausgehen. Pulvermischungen erfordern Doppelschneckenextruder oder Einschneckenextruder mit mindestens 20 D Schneckenlänge und 1:2,5 bis 1:4 Kompression, für Granulat reichen 15 D und 1:1,5 bis 1:2,5 aus.

PVC-Rohre, zunehmend auch Tiefziehtafeln bis 50 mm Dicke und Profile aus erhöht schlagzähem PVC fertigt man vom Pulver aus mit leistungsstarken Doppelschneckenextrudern (S. 172).

PVC-Schmelzen sind zäh, scher- und temperaturempfindlich und haften an den Kontaktflächen der Förderorgane geringer als andere Kunststoffe. Für das *Blasformen* von Flaschen und anderen Verpackungshohlkörpern und den *Spritzguß* (Tafel 3.8, S. 126) z. B. von Rohrleitungsbauteilen sind nur Formmassen aus PVC-S oder -M niederer K-Werte (Tafel 4.15, S. 292) mit reichlich Verarbeitungshilfsmitteln (S. 292) geeignet. Allgemein ist die Geschwindigkeit der Hart-PVC-Verarbeitung geringer als diejenige der meisten anderen thermoplastischen Kunststoffe. Fließgerechte Gestaltung der Schnecken, Maschinenköpfe und Werkzeuge unter Vermeidung toter Stellen ist besonders wichtig, der möglichen Salzsäureabspaltung wegen ist korrosionsfeste Ausstattung zweckmäßig. Verbranntes Material katalysiert weitere Zersetzung, so daß, wenn solches entstanden ist, die Maschine meist auseinandergenommen werden muß.

Eigenschaften: Richtwerte der *Eigenschaften* weichmacherfreier Erzeugnisse aus VC-Polymerisaten sind in Tafel 4.18 (S. 298) zusammengestellt.

PVC ist physiologisch indifferent. Die Brauchbarkeit harter Erzeugnisse für den Lebensmittelsektor und deren Licht- und Wetterbeständigkeit hängt von der Stabilisierung ab (S. 293). Die meisten Hart-PVC-Erzeugnisse sind ohne Brandschutzausrüstung schwer entflammbar (B 1 nach DIN 4102, bis UL 94 V-0). PVC ist beständig gegen Salzlösungen, verdünnte und konzentrierte Laugen und die meisten verdünnten und konzentrierten Säuren bis auf oleumhaltige Schwefelsäure, Mischsäure und konzentrierte Salpetersäure. Gasförmiges Chlor bildet eine Schutzschicht chlorierten Materials, flüssige Halogene greifen an. Einige der anderen VC-Polymerisate werden von konzentrierten Säuren, auch Eisessig, angegriffen. Gegen niedere Alkohole, Benzin, Mineralöl, fette Öle und Fette sind alle beständig. Ester, Ketone, Chlorkohlenwasserstoffe, aromatische Kohlenwasserstoffe quellen oder lösen mehr oder weniger an, Tetrahydrofuran und Cyclohexanon sind Lösungsmittel für PVC.

Anwendung: Halbzeug aus nicht modifiziertem Hart-PVC für den Rohrleitungs- und Apparatebau s. S. 406, PVC Hartfolien s. S. 409 f.

Tafel 4.18. Richtwerte der Eigenschaften von Hart- und Weich-PVC¹)

Eigenschaften¹)	Einheit SI	PVC-U²) PVC-E, PVC-S, PVC-M	PVC-U²) PVC-C⁴)	modifiziertes PVC-U³) erhöht schlagzäh a_k = 5–10	modifiziertes PVC-U³) hoch schlagzäh a_k = 30–50	mit DOP weichgemachtes PVC-P 80/20	mit DOP weichgemachtes PVC-P 60/40
Mechanische Eigenschaften							
Rohdichte	g/cm³	1,39	1,55	1,38	1,37	1,28	1,19
Zugfestigkeit	N/mm²	50–65	75	45–55	35–48	25–30	16–18
Reißdehnung	%	20–50	10–15	20–70	30–100	170–300	370–400
Elastizitätsmodul	kN/mm²	~3000	3500	~2600	~2500	–	–
Grenzbiegespannung	N/mm²	70–110	125	75–80	60–80	–	–
Kugeleindruckhärte (10 s)	N/mm²	110–130	155	~100	75–100	22	3
Shore-Härte	(Test)	D 83–D 84		D 81	D 75–D 80	D 60/A 95	D 30/A 78
Schlagzähigkeit	kJ/m²	o. B.	>20	o. B.	o. B.	o. B.	o. B.
Kerbschlagzähigkeit +20 °C	kJ/m²	2–5	~2	5–10	30–50	3–4	o. B.
Kerbschlagzähigkeit −20 °C	kJ/m²	2–3	–	3–7	4–10	2–3	o. B.
Izod Kerbschlagzähigkeit, ISO 179	kJ/m²	<20	–	20–40	>40	–	–
Thermische Eigenschaften							
Vicat-Erweichungstemp. B/50	°C	70–85	110	~80	~80	~40	–
Therm. Längenausdehnungskoeff.	$10^{-5} \cdot \mathrm{K}^{-1}$	7–8	6	8	8	15	21
Wärmeleitfähigkeit	W/mK	0,16	0,14	0,16	0,16	0,16	0,16
Elektrische Eigenschaften							
Spezif. Durchgangswiderstand	Ohm · cm	10^{15}–$>10^{16}$	$>10^{15}$	10^{15}	10^{15}	$\leq 10^{15}$	~10^{14}
Oberflächenwiderstand	Ohm	~10^{13}	–	10^{13}–10^{14}	10^{13}–10^{14}	~10^{12}	10^{11}
Durchschlagfestigkeit (1 mm)	kV/m	20–50	–	–	–	32–34⁵)	24–26
Dielektrizitätskonstante	(50–10⁶ Hz)	3,2–3,7 bis 2,9–3,2	–	–	–	4,2–3,2	8,0–4,0
Dielektrischer Verlustfaktor	(50–10⁶ Hz)	0,011–0,015, eingefärbt 0,02–0,03	–	–	–	0,06–0,03	0,08–0,12
Kriechstromfestigkeit		KA 2–3b, KB, KC 300–>600	–	–	–	–	–
Wasseraufnahme	mg/4 Tage	E: 14–18; S, M: 3–4	2	10–20		E: 25–30; S: ~5	E: 40–60; S: 5–10

¹) An gepreßten Probekörpern nach DIN-Vorschriften ermittelt. Zusätze zu PVC-Compounds können deren Dichte bis auf etwa 1,5 g/cm³ erhöhen und auch andere Eigenschaften beeinflussen.
²) Extrusions-Typen, PVC-S und -M (z. B. für Rohre) haben meist etwas bessere mechanische und elektrische Eigenschaften als E-Typen.
³) PVC-U-Formmassen werden nach der Kerbschlagprüfung wie folgt eingeteilt: a_k = <5 kJ/m² normal schlagzäh; a_k = 5–20 kJ/m² erhöht schlagzäh, a_k = >20 kJ/m² hochschlagzäh.
⁴) Chlorgehalt ca. 64%.
⁵) Formmassen für die Elektrotechnik 40–50 kV/mm.

Ein großes Anwendungsgebiet für Profile sind Rolladenstäbe. Armaturen u. a. Formteile für Rohrleitungen, neuerdings aus leicht fließenden Massen oder PVC/ABS-Blends (S. 279) auch andere Formteile, wie UL-V0 klassifizierte Computer-Gehäuse (S. 293), werden spritzgegossen. Glasklare Verpackungshohlkörper, auch Flaschen für schwach carbonisierte Getränke und für Speiseöl, werden vorwiegend extrusions- oder spritzgeblasen (S. 143 ff.). Anwendungsgebiete witterungsbeständiger erhöht- bis hoch-schlagzäh eingestellter PVC-Sorten sind u. a. Profile für Fensterrahmen, Lichtelemente, Wellplatten, extrudierte und tiefgezogene Fassadenelemente, Autobahn-Blendschutzzäune und ähnliche Anwendungen im Außenbau.

4.1.4.6 *PVC-Primär- und Sekundärweichmacher*

Tafel 4.19 (S. 300/301) gibt eine Übersicht über gebräuchliche Gruppen von *PVC-Primärweichmachern* und ihrer charakteristischen Eigenschaften. DIN 53400 betrifft Prüfung der Kennzahlen für Gleichmäßigkeit und Reinheit von Weichmachern.

Handelsnamen (mit Gruppen-Angabe entspr. Tafel 4.19) sind u. a.: Adimoll (2), Bisoflex (1, 2, 5), Dellatol (4), Disflamoll (3), Drapex (7), Edenol (1, 2, 7), Estabex (7), Estaflex (5), Genomoll (1, 3) Hexaplus (1, 2), Isoplast (4), Jayflex (1), Linevol (1), Mannol (4), Mesamoll (4), Mollan (1), Palatinol (1), Palamoll (2, 8), Plastol (8), Plastolein (2, 5, 7, 8), Plastomoll (2), Reofos (3), Reoplex (8), Reproxal (1, 6), Santicizer (1, 2, 3, 4, 8), Ultramoll (8), Unimoll (1), Vestinol (1, 2), Vitamol (1, 2, 8).

Phthalat-Weichmacher (1), in erster Linie der Allzweckweichmacher DOP, machen 65–70% der Verarbeitungsmenge aus. Für bestimmte Anwendungsbereiche (s. Tafel 4.19) werden vorzüglich die Phthalate linearer oder vorzugsweise linearer Alkoholmischungen angewandt.

Ester aliphatischer Dicarbonsäuren (2) werden überwiegend im Verschnitt mit Phthalaten zur Verbesserung der Kältefestigkeit von Weich-PVC-Artikeln gebraucht.

Phosphorsäureester (3) werden bevorzugt für die Herstellung von technischen Erzeugnissen mit hoher Flammwidrigkeit eingesetzt.

Alkylsulfonsäureester des Phenols (4), im Weichmacherverhalten ähnlich dem DOP, weisen minimale Flüchtigkeit auf. Diese Ester geben ein gutes HF-Schweißverhalten und gute Witterungsstabilität trotz leichter Vergilbung.

Zitronensäureester (5) sind Spezialweichmacher für bestimmte Produkte, die den lebensmittelrechtlichen Bestimmungen unterliegen.

Trimellitate (6) werden für Erzeugnisse eingesetzt, die über längere Zeit höheren Gebrauchstemperaturen ausgesetzt sind.

Epoxidierte Produkte (7) werden PVC-P vor allem wegen ihrer costabilisierten Wirkung zugesetzt, ihr alleiniger Einsatz in größerer Menge kann zu Ausschwitzerscheinungen führen.

Tafel 4.19. PVC-Primär-Weichmacher

Gruppe Nr.	Name	Kurzzeichen[1]	Charakterisierung
1.	Phthalat-Weichmacher		
	Di-iso-heptylphthalat	DIHP	Spezialweichmacher für Plastisole
	Di-2-ethylhexylphthalat	DOP, DEHP	Standardweichmacher für PVC, hohes Geliervermögen, wenig flüchtig, ausgeglichene Hitze-, Kälte-, Wasser-Beständigkeit und elektrische Eigenschaften
	Di-iso-octylphthalat (Phthalsäureester-Gemisch)	DIOP	
	Di-iso-nonylphthalat	DINP	Von DINP zu DITP nehmen (gegenüber DOP) Weichmacherwirkung, Flüchtigkeit, Kältebeständigkeit ab. Hitzebeständigkeit, elektrische Werte zu. Hohe Verarbeitungstemperatur (Bisphenol A-Zusatz), Spezialweichmacher für Kabelmassen
	Di-iso-decylphthalat	DIDP	
	Di-iso-tridecylphthalat	DITDP	
	C_7–C_9 Phthalate überwiegend	—	Misch-Alkohol-Ester, gegenüber DOP: geringere Viskosität (für Pasten), bessere Kältefestigkeit und Wasserbeständigkeit, geringere Flüchtigkeit (wichtig für Kunstleder, Fußbodenbeläge)
	C_9–C_{11} lineare Alkohole	—	
	C_6–C_{10} n-Alkylphthalate	—	
	C_8–C_{10} Alkylphthalate	—	
	Dicyclohexylphthalat	DCHP	begrenzt einsetzbar, resistent gegen Benzinextraktion gut gelierend, für Schaumpasten, Streichbodenbeläge
	Benzylbutylphthalat	BBP	
2.	Adipin-, Azelain- u. Sebacinsäureester		
	Di-2-ethylhexaladipat	DOA, DEHA	DOA hervorragend kältefest weichmachend, lichtstabil flüchtiger und wasserempfindlicher als DOP
	Di-iso-nonyladipat	DINA	DINA–DIDA: weniger kältefest und geringer flüchtig als DOA
	Di-iso-decyladipat	DIDA	
	Di-2-ethylhexylazelat	DOZ	weniger wasserempfindlich als Adipate, ähnlich DOS beste Kältefestigkeit, wenig flüchtig
	Di-2-ethylhexylsebacat	DOS	

3.	Phosphat-Weichmacher		
	Tricresylphosphat	TCF	flammwidrig, für mechanisch und elektrisch hoch beanspruchbare Artikel, nicht für Lebensmittelgebrauch
	Tri-2-ethylhexylphosphat	TOF	flammhemmend, lichtbeständig, weniger hitzebeständig als TCF, niederviskos (für Pasten)
	Aryl-alkyl-mischphosphate	–	ähnlich TOF, benzinbeständig
4.	Alkyl-Sulfonsäure-Phenyl-Ester	ASE	ähnlich DOP, geringer flüchtig als Phthalate, Vergilbungsneigung, witterungsbeständig
5.	Acetyl-tributylcitrat	–	ähnlich DOP, für Gebrauch mit Lebensmitteln
6.	Tri-2-ethylhexyltrimellitat Tri-iso-octyltrimellitat	TOTM TIOTM	gering flüchtig, thermisch hoch belastbar, hoher Preis (Kabelmassen)
7.	Epoxidierte Fettsäureester Epoxidiertes Leinöl	ELO	Butyl-, Octyl-epoxystearat kältefest, wenig flüchtig, synergistisch stabilisierend mit Ca-Zn-Stabilisatoren
	Epoxidiertes Sojaöl	ESO	ELO und ESO primär zur Verbesserung der Wärmestabilität, extraktionsbeständig
8.	Polyesterweichmacher	–	Polyester aus (Propan-, Butan-, Pentan- und Hexan-)Diolen mit Dicarbonsäuren der Gruppen 1. und 2. Nicht flüchtig, wenig temperaturabhängig, weitgehend extraktions- und spezifisch migrationsbeständig
	Oligomerweichmacher		Viskosität < 1000 mPa · s, auch mit Monomerweichmacher gemischt, für Pasten
	Polymerweichmacher		Viskosität bis 300 000 mPa · s, für Extrudieren und Kalandrieren geeignet

[1]) nach DIN 7723 (12.87)

Polyester-Weichmacher (8) als Oligomer- und Polymerweichmacher haben sowohl durch Wahl der Veresterungskomponenten als auch der Molekulargewichte im Bereich von 600–2000 und mehr zu einem breiten Sortimentsangebot geführt. Neben ihrer geringen Flüchtigkeit zeichnen sie sich durch eine gute Extraktionsbeständigkeit gegenüber Fetten, Ölen und Treibstoffen aus. Mit diesen Weichmachern lassen sich Migrationsprobleme in Kontaktstoffen lösen, wobei die Produkte aufeinanderabzustimmen sind.

Mit einer „inneren" Weichmachung durch 1:1 VC/EVAC-Pfropfpolymerisation (Vestolit HIS, Vinnol K 550) oder TPU (Baymod PU, S. 345) kommt man zu weichmacherfreien Weichfolien (Shore A 75–80, s. S. 409). Als Zusatz zu Weich-PVC-Compounds vermindern solche Flexibilatoren (S. 60, 293 f.) Weichmacherbedarf und Weichmacherwanderung.

Sekundär-Weichmacher oder Extender sind für sich allein als Weichmacher nicht geeignet und dienen vorzugsweise als Verschnitt aus Preisgründen. Mit ihnen lassen sich aber auch bestimmte Effekte, wie eine Fließverbesserung von Plastisolen (Fettsäureester, alkylierte Aromaten, Naphthene) oder eine Verbesserung der Flammwidrigkeit (flüssige Chlorparaffine) erzielen.

Als *polymerisierbare Weichmacher* bezeichnet man, nicht ganz zu Recht, monomere Glycolmethacrylate (Pleximon 705, 776), die als Zusätze zu Pasten gebraucht werden. Sie setzen die Viskosität der Paste herab, polymerisieren aber mit ebenfalls zugesetzten Katalysatoren beim Gelieren zu einem Endprodukt, das die Härte des Erzeugnisses erhöht.

Wenn auch die meisten Weichmacher *physiologisch* indifferent sind, so ist doch die Verwendung weichmacherhaltiger Polymerer in Verbindung mit Lebensmitteln unerwünscht, sofern die Gefahr besteht, daß Weichmacher übergehen. Die Kunststoff-Kommission des Bundesgesundheitsamtes hat Empfehlungen über Zusammensetzung und Anwendungsbereich von Fördergurten, Getränkeschläuchen, Folien und Beschichtungen aus Weich-Polyvinylchlorid für den Lebensmittelverkehr herausgegeben.

4.1.4.7 *PVC-P-Formmassen (Weich-PVC)*

Tafel 4.20 (S. 303) gibt einen Überblick über die Verarbeitungsverfahren von VC-Polymerisaten mit Weichmachern und Hilfsstoffen, Tafel 4.17 (S. 296) über die Einteilung und Kennzeichnung von weichgemachten PVC-P-Formmassen nach DIN 7749.

Handelsnamen: im Anschluß an allgemeine VC-Polymerisat-Bezeichnungen (S. 287) z. B. Vestolit-weich-Granulate, weiter Trosiplast weich u. a.

Lieferformen: Überwiegend linsenförmige (auch zylindrische oder würfelige) Granulate mit ca. 3 mm ∅ für Spritzguß, Hohlkörperblasen, Extrusion, für diese auch rieselfähige Agglomerate verarbei-

Tafel 4.20. Weich-PVC-Verarbeitung

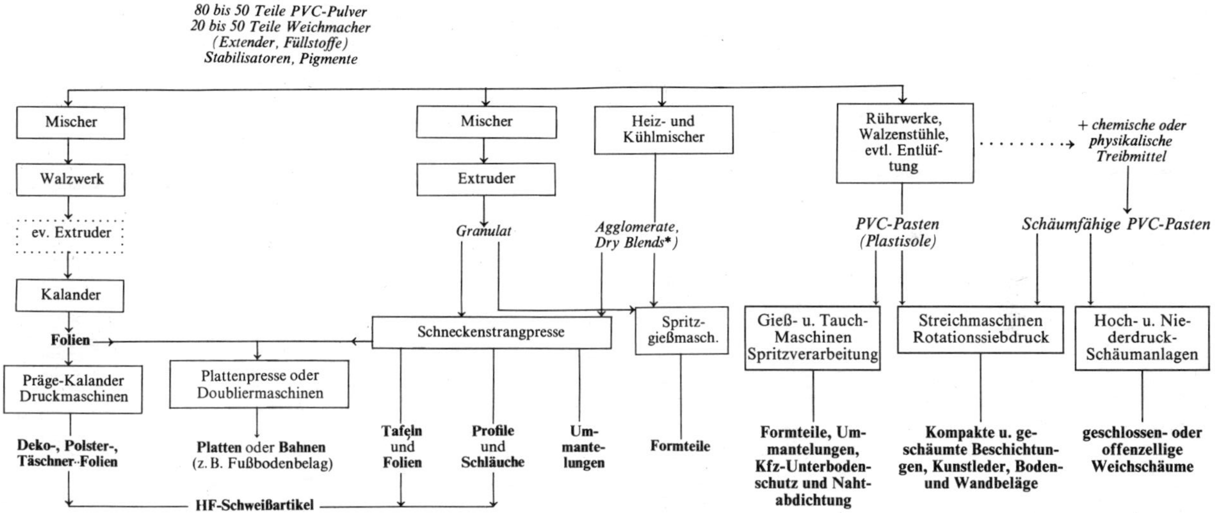

80 bis 50 Teile PVC-Pulver
20 bis 50 Teile Weichmacher
(Extender, Füllstoffe)
Stabilisatoren, Pigmente

Mischer → Walzwerk → ⋯ ev. Extruder ⋯ → Kalander

Folien

Präge-Kalander Druckmaschinen

Deko-, Polster-, Täschner-Folien

Plattenpresse oder Doubliermaschinen

Platten oder Bahnen (z. B. Fußbodenbelag)

HF-Schweißartikel

Mischer → Extruder

Granulat

Schneckenstrangpresse

Tafeln und Folien — **Profile und Schläuche** — **Ummantelungen**

Heiz- und Kühlmischer

Agglomerate, Dry Blends*)

Spritzgießmasch.

Formteile

Rührwerke, Walzenstühle, evtl. Entlüftung

PVC-Pasten (Plastisole)

Gieß- u. Tauchmaschinen Spritzverarbeitung

Formteile, Ummantelungen, Kfz-Unterbodenschutz und Nahtabdichtung

Streichmaschinen Rotationssiebdruck

Kompakte u. geschäumte Beschichtungen, Kunstleder, Boden- und Wandbeläge

Schäumfähige PVC-Pasten

+ chemische oder physikalische Treibmittel

Hoch- u. Niederdruck-Schäumanlagen

geschlossen- oder offenzellige Weichschäume

Ummantelungen u. Beschichtungen.

*) Sondereinstellung für Wirbelsintern: Ummantelungen u. Beschichtungen.

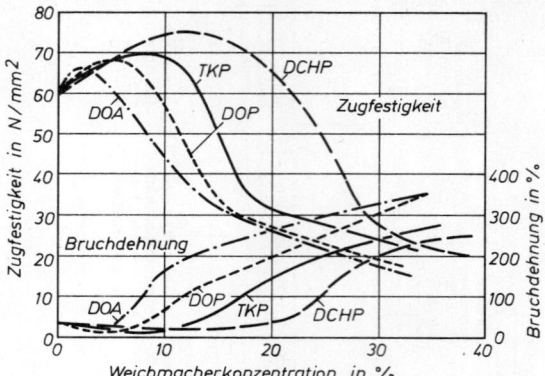

Bild 4.7. Zugfestigkeit und Bruchdehnung von weichgemachtem PVC-P bei 23°
in Abhängigkeit von Art und Menge des Weichmachers. Nach *Ghersa*.

DOP = Dioctylphthalat   DOA = Dioctyladipat
TCP = Trikresylphosphat   DCHP = Dicyclohexylphthalat

tungsfertig mit Stabilisatoren und Gleitmitteln. Pulvermischungen
für Wirbelsintern und elektrostatische Beschichtung.

Zusammensetzung und Eigenschaften: PVC-P-Formmassen mit nicht
polymeren Weichmachern sind in Mischungsverhältnissen 80:20 bis
50:50 handelsüblich. Geringe, zur homogenen Gelbildung nicht ausreichende Weichmacherzusätze bewirken Versprödung. Jenseits dieser Grenze nimmt mit zunehmendem Weichmachergehalt bei – im
Vergleich zu entsprechenden Gummisorten bei Raumtemperatur –
relativ hoher Zugfestigkeit die Bruchdehnung der Erzeugnisse auf
Werte bis > 400% zu (Bild 4.7, weitere Werte in Tafel 4.18, S. 298).

Ein wesentlicher Kennwert für PVC-P ist die *Shore-Durometerhärte*
nach ASTM D 2240/ISO 868 (Tafel 4.21). Shore A-Werte und die
für härtere Sorten auch üblichen Shore D-Werte sind nicht exakt ineinander umrechenbar. Für Extrusionsmassen sind Shore-Härten
A 96 bis A 60, für Blasmassen A 85 bis A 65, für Spritzgießmassen
darüber hinaus solche bis A 50 üblich. Hoch gefüllte PVC-P-Massen,

Tafel 4.21. Shore-Durometer-Härte A und D von PVC-P–Mischungen

Shore-Härtebereiche		Allgemeine Kennzeichnung	Kälte-sprödigkeits-Bereich*) °C
A	D		
98–91	ca. 60–40	halbhart	0 bis –20
90–81	39–31	kernlederartig	–10 bis –30
80–71	nicht gebraucht	stramm weichgummiartig	–10 bis –45
70–61	nicht gebraucht	mittel weichgummiartig	–30 bis –50
60	nicht gebraucht	sehr weiche Spritzgußteile	–40 bis –50

*) gemessen mit der Fallhammerprüfung.

z. B. für Fußbodenbeläge und Kabelummantelungen mit Shore A 85 bis A 70 haben geringere Bruchdehnung und sind weniger kälteschmiegsam als ungefüllte.

Das *Temperatur-Verhalten* von PVC-P hängt weitgehend von der Art der Weichmacher ab. Die tiefsten Kältebruchtemperaturen (Tafel 4.21) erfordern Spezialweichmacher (Tafel 4.19, S. 300/301). Praktisch ist zunehmende Versteifung schon bei etwa 20 K höheren Temperaturen von Belang. Bleibende Verformung von Weich-PVC unter geringer Last kann im Temperaturbereich 40–60 °C beginnen. Etwa 80 °C ist für die meisten PVC-P-Sorten sowohl hinsichtlich Weichmacherverlust als auch des mechanischen Verhaltens die höchstmögliche Dauergebrauchstemperatur ohne Belastung. Für höher temperaturbeständige Formmassen (z. B. Kabelmassen) kommen die – im Kälteverhalten weniger günstigen – Trimellitat- und Polyesterweichmacher in Betracht.

Monomerweichmacher können Grenzflächen zu anderen organischen Stoffen durch Einwanderung schädigen. Die Migrationsgefahr ist bei der Compoundierung für Artikel zu berücksichtigen, die in Verbindung mit thermoplastischen Kunststoffen, Gummi oder Lakken, insbesondere Nitrolack, gebraucht werden. Für PVC-P im Lebensmittelverkehr bestehen in allen Ländern einschränkende Vorschriften. Bei langdauernder Verwendung im Freien verhärtet weich eingestelltes PVC-P durch Weichmacherverlust. Gegen konzentrierte Säuren und Laugen ist PVC-P allenfalls bedingt, gegen wäßrige Lösungen von Neutralsalzen und anorganische Säuren mittlerer Konzentration gut beständig, sofern der Weichmacher nicht (wie z. B. manche Fettsäureester) verseifungsgefährdet ist. Mit Trikresylphosphat weichgemachtes und/oder Chlorparaffine enthaltendes PVC-P ist schwer entflammbar einstellbar. Weiche Sorten mit rein organischem Weichmacher brennen nach Entzündung weiter.

Verschnitte von PVC-P mit PVC/EVA-Elastifikatoren (S. 302), TPU (S. 344, Baymod PV, Alpha-Duralex und -Vythene, Stelan), NBR-Acrylnitrilcopolymeren (S. 542, Chemigum), Shore-Härte A 45–60, weisen sehr gute Kälteschmiegsamkeit im Verbund mit allgemeiner Dauergebrauchsbeständigkeit über einen weiten Temperaturbereich auf. Die TPU- und NBR-Typen sind auch gegen Fette, Öle und Treibstoffe beständig. Zu Anwendungen s. a. S. 310.

Verarbeitung und Anwendung: PVC-P (weich) fließt unter verhältnismäßig geringem Druck, muß aber bei den höchsten Temperaturen verarbeitet werden, welche die Massen vertragen. Bei zu niedriger Verarbeitungstemperatur erreichen die Erzeugnisse nicht die maximalen mechanischen und elektrischen Eigenschaften, sie schwinden stark und unregelmäßig nach und haben ungleichmäßige matte Oberflächen. Ähnlich wirkt zu rasche Kühlung. Maschinen und Werkzeuge sollen korrosionsbeständig ausgelegt sein.

Die Schwindung beim *Spritzgießen* (siehe Tafel 3.7a, S. 96/97, und Tafel 3.8, S. 126) ist stark abhängig von der Formteilgestalt und den

Tafel 4.22. Isolier- und Mantelwerkstoffe in der Kabeltechnik (Richtwerte nach VDE)

Material	Mechanische Eigenschaften		
	Dichte g/cm^3	Zug-festigkeit min. N/mm^2	Bruch-dehnung min. %
Polyethylen (PE) niedrige Dichte............	0,92	10	300
hohe Dichte..............	0,94–0,96	10	300
Vernetztes Polyethylen (PE-X)	0,92	12,5	200
Verzelltes Polyethylen (Zell-PE)	0,5–0,8	3,5	125
Polyvinylchlorid (PVC) Isoliermischung	1,3–1,5	12,5	125
Mantelmischung.....	1,5	12,5	150
Polyamid [Nylon] (PA 6)	1,13	40	200
Vernetzte Elastomere			
Ethylen-Propylen-Kautschuk (EPR)	1,2–1,5	4,2	200
Ethylen-Vinylacetat-Copolymer (EVA)	1,3–1,4	6,5	200
Chloropren-Kautschuk [Neopren] (CR)	1,3–1,7	5	250
Naturkautschuk/Styrol-Butadien-Kautschuk (NR/SBR)	1,2–1,7	5	250
Silikonkautschuk (SiR).....................	1,1–1,3	5	150
Isolierfolien VDE 0345			
Polystyrol [Styroflex] (PS)..................	1,05	50	2
Polytetrafluorethylen [Teflon] (PTFE)	2,15	· 10	300
Polyethylenterephthalat (PET)	1,4	160	80

[1]) In VDE-Bauart-Kurzzeichen für kunststoff- und gummiisolierte Kabel und Leitungen folgt auf N (= Norm) ggf. nach einem zweiten Buchstaben zur Kennzeichnung der Gattung die hier aufgeführte Kennzeichnung des Werkstoffs der Leiter- und Aderisolierung, bei ummantelten Leitungen nach deren Kennzeichnungen wiederholt für den (die) Ummantelungswerkstoff(e).

Anspritzbedingungen, die Regelwerte von 2 bis 4% in Spritzrichtung, 1–2% quer dazu können unter Umständen erheblich überschritten werden. Typische Weich-PVC-Spritzgußteile sind Dichtungsringe, Schutzkappen, Haftsauger, Biegefiguren, Fahrrad- und Motorradgriffe. Elektro-Stecker werden auf bewegliche Leitungen aufgespritzt. Die Schuhindustrie fertigt Stiefel und Sandalen auf Spritzgießmaschinen mit mehreren Formstationen und spritzt auf solchen Sohlen Schuhe an. Für Kraftfahrzeugteile gibt es gegen Öl und Benzin sowie gegen frischen Fahrzeuglack beständige Sonderansätze, u. a. die oben erwähnten TPU- und NBR-Verschnitte.

In *Blasformverfahren* werden Armlehnen für die Kraftfahrzeugindustrie aus Mischungen hergestellt, die gegen PUR-Schaumfüllung beständig sind. Puppen, Spielzeugfiguren, Bälle bläst man aus physiologisch unbedenklichen Mischungen. Für größere Hohlspielzeuge wird der Pastenformguß (S. 310f.) bevorzugt. Auch Tuben und Flaschen werden aus PVC-P geblasen.

Beim *Extrudieren* von Schläuchen und Profilen auf Einschnecken-Extrudern mit Dreizonenschnecke, Baulänge 20 D, Verdichtung 1:2,6 bis 1:2,8, verarbeitet man Massen mit Shorehärte A 60 bis A 80 im Temperaturbereich 120–165 °C, härtere Mischungen erfordern 150–190 °C. Bowdenzüge, Wäscheleinen, Zaundrähte, Holz-

Tafel 4.22. Fortsetzung

Elektrische Eigenschaften				Zulässige Betriebs-temperatur °C	Kenn-zeich-nung[2])
Spez. Durchg.-Widerstand bei 20 °C Ω · cm	Dielektri-zitätszahl bei 800 Hz	Verlustfaktor (ta δ) × 10³ bei			
		50 Hz	800 Hz		
10^{17}	2,3	0,4	0,4	70	2 Y
10^{17}	2,3	0,5	0,5	70	
10^{17}	2,3	0,4	0,4	90	2 X
$> 10^{15}$	1,5–2	0,15	0,15	70	02 Y
10^{12}–10^{15}	5–8	50–90	100–150	70	Y²)
10^{11}–10^{13}	–	–	–	70–90	
10^{12}	4	30	50	80–100	4 Y
10^{15}	2,5–3,5	3–10	3–10	90	3 G
$> 10^{12}$	3,8–5	20	20	120	4 G
10^{10}–10^{12}	7–9	50	50	60–90	5 G
$> 10^{12}$	2,5–4	5–30	5–30	60	G²)³)
10^{15}	2,8–3,5	5–10	5–10	180	2 G²)
10^{17}	2,5	<0,2	<0,2	80	3 Y
10^{17}	2,1	<0,3	<0,3	260	5 Y
10^{17}	3,2	2	5	130	

²) Im Kurzzeichen für harmonisierte Leitungen (VDE 0281/282) folgt auf H (= harmonisiert) oder A (= anerkannt) die Zahlengruppe 03–05–07 für die Netzspannung, dann V für PVC, R für Natur-/Synthesekautschuk oder S für SiR als Isolierwerkstoff, die gleichen oder N für CR als Mantelwerkstoff. – ³) ggf. Zusatzzahlen.

und Stahlfensterprofile werden durch Extrusion mit PVC-P ummantelt.

Weiteres über PVC-P-Halbzeuge, insbesondere auch extrudierte oder *kalandrierte Folien,* Tafeln, Träger-Kunstleder, Fußbodenbeläge S. 410 ff.

4.1.4.8 *Isolier- und Mantel-Werkstoffe für elektrische Leitungen*

Außer den seit langem bewährten weichen PVC-Isolier- und Mantelmassen, Isolierschläuchen aus PVC-P (DIN 40621) und Silikongummi (DIN 40628), Kunststoff-Isolierbändern (DIN/VDE 0304 T. 2, DIN/VDE 0340 T. 1 bis T. 3) und -Folien (DIN 40634 s. S. 434) haben für den Aufbau von Kabeln und Leitungen weitere Kunststoffe zunehmend praktische Bedeutung gewonnen (Tafel 4.22). Im VDE-Vorschriftenwerk werden diese in der Gruppe 2 (Starkstromleitungen und Starkstromkabel) und 8 (Fernmelde- und Rundfunkanlagen) durch folgende VDE-Bestimmungen erfaßt[1]):

VDE 0207, Teile 2 bis 22: Isolier- und Mantelmischungen aus Kunststoffen für Starkstrom- und Fernmeldeanlagen: PE (Teile 2 u. 3),

---

¹) Zu VDE-Bestimmungen und den entsprechenden älteren DIN-Normen der Gruppe DIN 57... mit gleichen Endziffern s. S. 558.

PEV (Teil 22), E/VA, EPM, EPDM, PVC (Teile 4 u. 5), PTFE, FEP, ETFE (Teil 6), NR, SiR (Teil 20), CR (Teil 21).

VDE 0250, Teile 1 bis 816: Allgemeine Bestimmungen für gummi- und kunststoffisolierte fest verlegte und flexible Starkstromleitungen bis 1000 V.

VDE 0253: Einadrige fest verlegte Heizleitungen für 500 V Nennspannung mit Isolierung aus PVC, EVA, PP (80–90 °C), FEP, SiR (100–150 °C), auch mit äußerer Umhüllung aus PA oder CR.

VDE 0271: Kabel mit Isolierung und Mantel aus PVC mit Nennspannungen bis 6/10 kV.

VDE 0272: Kabel für Starkstromanlagen mit Isolierung aus PEV und Mantel aus PVC bis 1 kV Nennspannung.

VDE 0273: Kabel für Starkstromanlagen mit Isolierung aus PE oder PEV und Mantel aus PVC für Netzspannungen U_0/U 6/10, 12/20 und 10/30 kV.

VDE 0274: Freileitungsseile mit Isolierung aus PE-V bis 1000 V.

VDE 0281, Teile 1 bis 404: PVC-isolierte Starkstromleitungen Nennspannung 450/750 V entsprechend dem Harmonisierungsdokument HD 21 der CENELEC (S. 507). Zu den Typ-Kurzzeichen dieser Leitungen s. Tafel 4.22.

VDE 0812: Schaltdrähte und Schaltlitzen für Fernmelde- und informationsverarbeitende Geräte und Fernmeldeanlagen mit PVC-Isolierung.

VDE 0813: Schaltkabel für Fernmeldeleitungen mit PVC-Isolierung und -Mantel.

VDE 0814: Fernmeldeschnüre mit PVC-Isolierung.

VDE 0815: Fernmelde- und Informationsverarbeitungs-Installationsleitungen mit PVC- oder PE-Isolierung und -Mantel.

VDE 0816: Außen- und Gruben-Signal- und Meß- und Fernsprechkabel mit PVC- oder PE-Isolierung und -Außenmantel.

VDE 0817: Schlauchleitungen mit PVC- oder PE-Isolierung und PVC-Außenmantel für Fernmeldeanlagen.

VDE 0881: Schaltdrähte und Schaltlitzen mit erweitertem Temperaturbereich für die innere Verdrahtung von Fernmeldegeräten und elektronischen Baugruppen mit Isolierung aus ETFE (max. Leitertemperatur 135 °C), FEP (180 °C), PTFE (250 °C).

Die allgemeinen VDE-Bestimmungen werden ergänzt durch Vorschriften für Sonder-Kabel und -Leitungen, z. B. für Fluß- und Seekabel, Schiffskabel, Kraftfahrzeug- und Luftfahrzeug-Leitungen, Röntgen-, Meß- und Antennenleitungen.

VDE 0472 „Leitsätze für die Durchführung von Prüfungen an isolierten Kabeln und Leitungen" gibt umfassende Vorschriften für sämtliche fallweise anzuwendende Prüfverfahren einschließlich der zugehörigen Prüfeinrichtungen.

Weich-PVC-Isolier-Massen mit ca. 60 Gew.-Tln. Weichmacher und 23 Tln. Füllstoffe auf 100 S-PVC K 70 weisen die Vorzüge vielfältiger Einstellbarkeit, guter Verarbeitbarkeit, hoher mechanischer Festigkeit und geringer Entflammbarkeit auf. Ihr Hauptanwendungsgebiet sind Isolierungen von Energieversorgungsleitungen im Niederspannungsbereich, Fernsprech-Innenkabeln und -Schaltdrähten sowie aller Arten flexibler Leitungen und Fernsprech-Schnüre. Im Starkstrombereich sind PVC-Isolierungen bis 6/10 kV zugelassen, im Fernmeldebereich wegen der relativ hohen Dielektrizitätszahlen und Verlustfaktoren auf niedrige Frequenzen beschränkt. Ihre Dauertemperaturbeanspruchbarkeit wird durch Elektronenstrahlvernetzung auf 150 °C für löt- und abriebfeste, elektrisch höherwertige Verdrahtungen heraufgesetzt.

Mechanische und Feucht-Festigkeit machen PVC-Mischungen zum bevorzugten Werkstoff für *Ummantelungen*.

Polyethylen hat erheblich bessere elektrische Werte als PVC und ist damit als Isoliermaterial für höhere Spannungen (> 1000 V) und Frequenzen geeignet, aber ohne Zusatzstoffe leicht brennbar. Verschäumtes Zell-PE ist elektrisch der Papier-Hohlraum-Aderisolierung von Fernmelde-Außenkabeln gleichwertig, aber besser als solche montierbar und feuchtigkeitsunempfindlich. Durch Vernetzung wird die zulässige Dauerbetriebstemperatur der PE-X-isolierten Leitungen von 70 °C auf 90 °C angehoben. PE-X-isolierte Starkstromkabel sind bis 30 kV Nennspannung zugelassen.

Anwendungsbereiche und Beanspruchbarkeit von Spezial-Kunststoffen und Synthesekautschuken, insbesondere für höhere Temperaturen, sind aus den angeführten VDE-Bestimmungen und Tafel 4.22, S. 306/307, ersichtlich. Eine Sonderanwendung von PA 6 ist die Außenumhüllung einiger Heizleitungstypen.

4.1.4.9 *PVC-Pasten (Plastisole)*

Ausgangsstoffe, Herstellung und Eigenschaften

PVC-Pasten sind überwiegend fließfähige Dispersionen von speziell hergestellten verpastbaren PVC-Pulvern (K-Wert 56–80, S. 291) in Weichmachern (S. 299/302). Zur Viskositätserniedrigung sowie Rheologiebeeinflussung können (bis zu 50%) feinkörnige Extender (Verschnittharze, mittlere Korngröße ca. 50 μm) anteilmäßig mit verarbeitet werden. Für niedrige Geliertemperaturen (> 160 °C) werden VC/VAC-Copolymerisate eingesetzt.

Mit flüssigen Verschnittmitteln (S. 302) oder Viskositätserniedrigern kann die Pastenviskosität herabgesetzt werden. Gefällte Kreiden oder kolloidale Kieselsäuren dienen zur Viskositätserhöhung. Die hohen Verarbeitungstemperaturen bedingen den Einsatz von Stabilisatoren, bei der chemischen Verschäumung dienen Zn-haltige Produkte gleichzeitig als Kicker (S. 70). PVC-Pasten enthalten 40–100 phr Weichmacher und können bis zu 300 phr gefüllt werden (feine Kreide). Extrem hohe Zusätze von kolloidaler Kieselsäure oder Metallseifen führen zu knetbaren Plastigelen. Pasten mit hohen Mengen an Verdünnungsmitteln wie Benzin, Glycole heißen Organosole.

Die Pastenherstellung erfolgt in schnellaufenden Mischern mit anschließender Filtration und Entlüftung, besonders bei Tauch- und Gießpasten. Nur Sonderfälle bedingen langsam laufende Mischer und anschließende Passage auf wassergekühltem Ein- oder Zweiwalzenstuhl. Erwärmung über 35 °C ist zu vermeiden, da PVC-Pasten temperaturempfindlich sind und lagerinstabil werden. Bei 150–220 °C gelieren Pasten rezepturabhängig zu Plastifikaten mit Shore-Härten von A 50 bis > A 90. In ihren Eigenschaften gleichen die Produkte weitgehend üblichem Weich-PVC (S. 302 ff.).

Verarbeitung und Anwendung

PVC-Pasten können im Streich-. Tauch-, Gieß- oder Spritzverfahren sowie im Rotationssiebdruck verarbeitet werden. Im Streichverfahren erfolgt die kompakte oder geschäumte flächige Beschichtung verschiedenster Träger (Textil, Papier, Glas- und Mineralvlies, Blech) zu Kunstledern, Planenstoffen, Boden- und Wandbelägen sowie Fassadenverkleidungen überwiegend in mehreren hintereinandergeschalteten Beschichtungsvorgängen.

Im Tauchverfahren werden Handschuhe oder Schutzüberzüge von metallischen Trägermaterialien hergestellt.

Im Gießverfahren, vorzugsweise Rotationsgießverfahren (S. 78 f.), produziert man Hohlkörper, z. B. Bälle, Puppen etc. Spritzfähige Plastisole werden meist im airless-Verfahren zur Metallbeschichtung, z. B. Kfz-Unterbodenschutz u. ä., eingesetzt. Im Rotationssiebdruck beschichtet man PVC-Pasten vollflächig oder partiell auf Papier, Textil u. ä. zur Herstellung von Planenstoffen, Kunstledern sowie Boden- und Wandbelägen (Tapeten).

4.1.4.10 *Schäumbares PVC (hart und weich)*

Verarbeitungsfertige *treibmittelhaltige PVC-U-Formmassen* für das Extrudieren strukturgeschäumter Rohre und Profile (S. 178) und den Thermoplast-Schaumguß (S. 135) sind Handelsware. Sie werden u. a. zu Türzargen, Rolladenkästen, Fensterbrettern und Möbelteilen mit Rohdichten 0,7–0,9 g/cm^3 verarbeitet. Aus 0,5 Teile Treibmittel enthaltenden *Weich-PVC-Compounds* z. B. 100/70 PVC/DOP, die mit 20–30 Teilen Nitrilkautschuk oder EVA verschnitten sind (S. 305), stellt man Dichtungsprofile, Schuhsohlen, Puffer, Stoßdämpfer (d_R ca. 0,65 g/m^3, Shore A 35–40) her.

Über das *Hochdruck-Verfahren* für Hart-PVC- und Weich-PVC Schäume s. S. 70, Produkte S. 414. Hochdruck-PVC-Schaumstoff hat geschlossene Zellen; Vernetzen mit Diisocyanat erhöht seine Wärmestandfestigkeit.

Pasten für das Aufschäumen auf Trägerstoffe sind auf Gelieren und Aufschäumen in einem Arbeitsgang, z. B. im Heizkanal der Streichmaschine bei 180–200 °C, eingestellt. Nach dieser Methode werden ein- und mehrschichtige Schaumkunstleder sowie trägerlose Schaumfolien gefertigt. Bei chemisch geprägten Cushioned-Vinyls-Boden- und Wandbelägen wird die bei niedrigen Temperaturen (ca. 140 °C) vorgelierte Schaumschicht mit einem Inhibitor (TMSA, Benzotriazol) bedruckt, der bei der folgenden Verschäumung (190–220 °C) örtlich die Expansion verhindert (S. 413). Strukturgeschäumte Vinyltapeten fertigt man mittels Rotationssiebdruck-Schablone.

4.1.5 Fluorhaltige Polymere

VDI/VDE 2480 Polytetrafluorethylen, 3703 Polyfluorethylenpropylen

Produkte, Lieferformen, Handelsnamen

1. Polytetrafluorethylen PTFE $\left[CF_2-CF_2\right]_n$

   Suspensionspolymerisatpulver, rieselfähig und nichtrieselfähig, auch antistatisch ausgerüstet, für Pressen, Sintern, Ram-Extrusion,

   Emulsionspolymerisatpulver für „Pasten"-Extrusion, Feinstpulver ($\varnothing$ 7–9 μm, Primärkorn 0,1–0,5 μm) als Gleitreibung mindernder Kunststoff-Additive,

   Compounds mit anorganischen (z. B. Glas, Kohle, Graphit, Metallpulver, Metalloxide) und/oder organischen Füllstoffen (Polyimid, PPS, PEEK, aromatischem Polyester),

   Emulsionspolymerisat-Dispersionen für Beschichtungen und Imprägnierungen,

   Hostaflon TF und TFM (DE), Algoflon (IT), Fluon (GB), Halon, Teflon (US), Polyflon (JP).

2.*) Tetrafluorethylen-perfluorpropylen-Cop. FEP

$$\left[CF_2-CF_2\right]_m\left[CF_2-\underset{\underset{CF_3}{|}}{CF}\right]_n$$

   mit 15–25% Mol-% Hexafluorpropylen

   Grobkörnige Schmelzgranulate in Typen steigender Schmelzviskosität für Spritzguß (Werkzeugtemperatur 130–200 °C), Extrusion, spannungsarme Aus- und Umkleidungen durch Transferpressen der Schmelze, Wirbelsinter-Pulver.

   Hostaflon FEP (DE), Teflon (US), Neoflon (JP).

3.*) Cop. von TFE mit ca. 3–5% Perfluoralkylvinylether:

$$\left[CF_2-CF_2\right]_m\left[CF_2-\underset{\underset{OC_3F_7}{|}}{CF}\right]_n$$

---

*) Verarbeitungstemperaturen für die Fluorthermoplaste 2–8 s. Tafel 4.23, S. 314.

Auch Ethylen-Propylen-Vinylether Terpolymere (EPE)

Formmassen und Beschichtungspulver,

Hostaflon PFA (DE); Teflon PFA, EPE (US); Neoflon PFA (JP).

Hostaflon TFB; bei 160 °C–185 °C leicht fließendes Terpolymer-schmelzgranulat für Spritzguß und Extrusion, Beschichtungspulver und Dispersionen (auch Streichpasten) für flammwidrige flexible Textilbeschichtungen im Außeneinsatz.

4.*) Ethylen-tetrafluorethylen-Cop. ETFE $-\!\!\left[CF_2-CF_2\right]_m\!\!\left[CH_2-CH_2\right]_n$

Schmelzgranulate für Spritzguß und Extrusion, Dispersionen,

Granulat mit 25% GF-Verstärkung für Spritzguß,

Hostaflon ET (DE), Tefzel (US).

5.*) Polyvinylidenfluorid PVDF $-\!\!\left[CH_2-CF_2\right]_n$

Pulver und Granulate für thermoplastische Verarbeitung, insbesondere Spritzguß, Rohr- und Schrumpfschlauch-Extrusion und Beschichtungspulver, Dispersion in Dimethylphthalat-Diisobutylketon für Einbrennlackierungen und Gieß-Folien,

Dyflor (DE), Foraflon (FR), Solef (BE), Kynar (US), Kureha KF (JP). Dispersionstypen auch Vidar L (DE), Dalvor (US).

Hexafluorisobutylen-VDF-Cop. (US), höher temperaturstandfest und korrosionsbeständiger als PVDF, spritzgießbar.

6.*) Polyvinylfluorid PVF $-\!\!\left[CH_2-CHF_n\right]\!\!-$

Rohstoff für Gießfolien, s. Tedlar (S. 416).

7.*) Polychlortrifluorethylen PCTFE $-\!\!\left[CClF-CF_2\right]_n$

oder CTFE,

Weichmacherfreie und weichgemachte Spritzgieß- und Strangpreßmassen,

Edifren (IT), Voltalef (FR), Kel-F (US), PCTFE-Telomer-Weichmacher: Faifoil, Fluorolube, Kel-F-Öle- und -Wachse.

8.*) Ethylen-chlortrifluorethylen-Cop. ECTFE $-\!\!\left[CClF-CF_2\right]_m\!\!\left[CH_2-CH_2\right]_n$

Schmelzgranulate und Pulver für Spritzguß, Extrudieren, Rotationsformen, Wirbelsintern, geschäumte Kabelisolierungen

Halar (US).

9. Fluor-Elastomere, Mehrphasige Multipolymer-TPE auch peroxid- oder strahlungsvernetzbar (S. 543):

---

*) Verarbeitungstemperaturen s. Tafel 4.23, S. 314

CTFE + VDF: Kel-F Elastomer (US)

Hexafluorpropylen + VDF + TFE mit u.a. PVDF-Weichphase: Viton, Fluorel (US), DAI-el (JP)

TFE + Perfluormethylvinylether: Kalrez (US), nur Fertigteile, Dauereinsatz bis 280 °C

TFE + PP: Aflar (JP)

aus hoch fluorierten Kohlenwasserstoffen: Tecnoflon (IT).

Fluorierte Polyacrylate (Poly-FAB, US) und Polysiloxane (Fasil, US) sind in Entwicklung.

Polyfluoralkoxyphosphazene (Eypel, US) S. 544.

Allgemeine Eigenschaften

Polymere aus perfluorierten Monomeren sind unbrennbar, ausgezeichnet wetterfest und im Gebrauchsbereich physiologisch indifferent. Sie weisen von anderen Kunststoffen kaum erreichte weite untere und obere Grenzen ihrer Anwendungstemperaturbereiche, extreme Korrosions- und Lösungsmittelbeständigkeit sowie ausgezeichnete elektrische Werte auf, im einzelnen abhängig von ihrer chemischen Struktur.

PTFE hat anwendungstechnisch wertvolle Eigenschaften in optimaler Kombination, es ist auch kaum benetzbar und antiadhäsiv. PTFE besitzt von allen Feststoffen die geringsten, statisch und dynamisch gleich günstigen Reibungsbeiwerte. Auch aus Preisgründen wird es mehr angewandt als die verwandten perfluorierten Polymeren FEP und PFA, obwohl es wegen der extrem hohen Viskosität der Schmelze (> 327 °C) nicht mit üblichen Verfahren thermoplastisch geformt werden kann. Umformbar, durch Vakuumformen von Halb-Hohlkugeln, Bechern und Wannen aus Schälfolien und Platten im Sinterofen bei 350 °C, Blasen von Flaschen aus gesinterten Vorformlingen (S. 137) bei 360 °C, ist PTFE nur in besonderer, auch ohne Schweißhilfe gut schweißbarer Einstellung (Hostaflon TFM). Für Lager- und Dichtungs-Elemente wird PTFE zur Verminderung der Wärmeausdehnung und Verbesserung der Wärmeleitfähigkeit und Abriebfestigkeit mit 5–40 Vol.-% gemahlener E-Glasfaser, E-Kohle, Graphit, Bronze, anteilig auch MoS_2 compoundiert (Tafel 8.9, S. 630).

Extrudieren und Spritzgießen von FEP, PFA/TFA und EPE ist wegen der hohen Schmelz- und Verarbeitungstemperaturen (Tafel 4.23, S. 314) schwierig. FEP neigt zum Schmelzbruch. Hauptanwendungsgebiete sind gespritzte Drahtisolierung, Schrumpfschläuche und aufgeschrumpfte Walzenbezüge. PFA (Verarbeitungstemperatur 380–450 °C) werden zu Formteilen und Auskleidungen im chemischen Apparatebau verarbeitet, die bis 260 °C besser standfest sind als PTFE, ähnlich verhält sich EPE. Die Verarbeitbarkeit des etwa 25% Ethylen enthaltenden Copolymerisats ETFE in besser zugänglichem Temperaturbereich wird erkauft durch etwa 100 K geringere maxi-

Tafel 4.23. Richtwerte für Fluorkunststoffe

Kurzzeichen (Namen, chem. Aufbau u. Verarbeitungsformen, Seite 311 ff.)	Einheit	PTFE Susp.-Pol.	FEP	PFA	ETFE	ETFE mit 25% GF	PVDF	PCTFE	ECTFE
Verarbeitungstemperatur									
Spritzguß und Extrusion ...	°C	nicht anwendbar	340–400	330–420	300–340	300–340	200–250	260–290	275–300
Gebrauchstemperatur									
Versprödung unter ...	°C	–200	–200	–200	–180	–	–60	–40	–76
max. Dauergebrauch bis ...	°C	260	205	260	150	200	150	170–180	150–170
Kristallit-Schmelztemperatur ...	°C	327	265 ± 15	305–310	265–275	–	168–180	180–220	240
Rohdichte ...	g/cm^3	2,13–2,23	2,12–2,17	2,14–2,17	1,67–1,75	1,86	1,76–1,78	2,07–2,12	1,68
Reißfestigkeit ...	N/mm^2	20–40	15–21	15–30	35–45	84	40–60	30–40	42–48
Reißdehnung ...	%	140–400	240–350	100–300	200–500	9	25–400	175	200
E-Modul (Zug) ...	N/mm^2	350–750	350–500	600	~1000	8400	1000–3000	1300	1400
Grenzbiegespannung (20°C) ...	N/mm^2	18–20	–	15	26	72	55	55–67	50
Kerbschlagzähigkeit (20°C) ...	kJ/m^2	16	o.B.	o.B.	–	–	22	8–9	o.B.
Impact Strength/Izod bei 20°C ...	J/m	160	160	–	o.B.	481	200	160–270	110
bei –57°C ...	J/m	107	58	62	>1000	374	(–10°C) 100	–	–
Shore-Härte D ...		55–60	–	–	67–73	80	77–82	73–79	–
Formbeständigkeitstemp. ISO 75									
Verf. A (1,8 N/mm^2) ...	°C	50–60	–	48	71	210	99	67–75	77
Verf. B (0,46 N/mm^2) ...	°C	130–140	70	74	104	266	148	106–129	116
Therm. Längenausdehnungskoeffizient zw. 20 u. 100°C ...	$10^{-5} \cdot K^{-1}$	16	12	13	13	2	10	5	8
Wärmeleitfähigkeit bei 20°C ...	W/mK	0,24	0,23	0,26	0,24	–	0,17	0,26	0,14
Sauerstoff-Index ...	Vol.-% O_2	95	95	95	32–37	–	44–48	94	64
Spez. Durchgangswiderstand ...	Ohm·cm	10^{18}	10^{18}	10^{18}	10^{16}	10^{16}	10^{14}	10^{15}	10^{15}
Dielektrizitätszahl 50/10^6 Hz ...	ε	2,15	2,15	2,04	2,6	3,4	9,8/7,5	2,6/2,4	2,6/2,5
Dielektr. Verlustfaktor 50/10^6 Hz ...	$\tan \delta$	$(0,5/0,3/0,7) \cdot 10^{-4}$	$1,0/2,2 \cdot 10^{-4}$	$(0,9/<0,5/1,1) \cdot 10^{-4}$	$(6/50) \cdot 10^{-4}$	$(4/5) \cdot 10^{-3}$	0,05/>0,2	0,001/0,01	<0,001/0,01
Wasseraufnahme, Vergl.-Werte 24 Std.	%	0,00	<0,01	0,03	0,02	<0,1	0,03	0,00	0,01
Quellmittel ...		keine im Gebrauchstemperatur-Bereich	Einige halogenierte Lösungsmittel bei erhöhten Temperaturen				Ketone, Ester bei höh. Temp.-Lösung	einige Chlor-kohlenwasserstoffe	keine
Chemisch angegriffen durch ...		geschmolzenes oder gelöstes Na-Metall, F, FCl_3 bei höherer Temperatur		ähnlich 1 und 2	rauchende H_2SO_4 u.ä.	Heißwasser-Hydrolyse der GF	rauchende HNO_3 und H_2SO_4, prim. Amine, Pyridin	ähnlich PTFE	

male Gebrauchstemperatur. Die Standfestigkeit von ETFE auch bei höheren Temperaturen wird durch GF-Verstärkungen größenordnungsmäßig verbessert.

Über glasklare aus PTFE und PVDF gegossene, aus anderen Fluorcarbonen extrudierte Folien siehe S. 416 f., 0,05–0,1 mm dicke Folien aus PFA werden als Schweißvermittler für PTFE, PFA auch als Schmelzklebstoffe für Metalle, Glas und Keramik gebraucht.

PVDF und PVF haben infolge der polareren Molekülstruktur (ähnlich PVDC und PVC) nicht die für Anwendungen in der HF-Technik wichtigen extrem niedrigen dielektrischen Verlustfaktoren der apolaren Polyfluorcarbone. PVDF ist ein hoch kristalliner, steifer Rohrleitungs- und Apparatebaustoff von geringer Druckverformbarkeit auch bei höheren Temperaturen. Er erfüllt höchste Ansprüche an Reinheit z. B. für Reinstwasser-Rohrleitungen und Formteile in der Halbleiterfertigung oder die Verpackung hochreiner Chemikalien. PVDF-Pulverlacke gebraucht man für Al-Schutzbeschichtung.

(PVDF + PMMA)-Compounds sind preisgünstig und auch für Außeneinsatz hervorragend geeignet.

Eine weitere Materialkosten sparende Modifikation sind bis $d = 0,97$ g/cm^3 strukturschäumfähige Compounds.

PVDF-Druckrohre für den Gebrauchsbereich $-25\,°C$ bis $130\,°C$ haben bei $125\,°C$ noch eine Zeitstandfestigkeit von $\sigma_B/10\,000$ h = 10 N/mm^2. Sie werden untereinander und mit spritzgegossenen Fittings aus gleichem Werkstoff verschweißt. Aus (mit Stretch-Geweben oder Vliesen kaschierten) PVDF-Platten werden Apparatebauteile bei $180\,°C$ tiefgezogen. Metall-Konstruktionen werden elektrostatisch oder durch Wirbelsintern mit PVDF-Pulver beschichtet. Aus PVDF geblasene Flaschen sind gas- und aromaundurchlässig und praktisch unzerbrechlich, geblasene oder Breitschlitzdüsen-Feinfolien piezoelektrisch. 50–150 μm dick über PMMA-Haftvermittler auf ABS-Platten coextrudiertes PVDF macht diese UV- und korrosionsbeständig.

PVDF ist, wie auch CTFE hoch strahlungsbeständig. Die chlorierten, auch mit Fluorcarbon-Polymerweichmachern verarbeitbaren Fluorpolymeren haben Spezialanwendungen wie strahlungsbeständige Geräteteile oder hoch diffusionsdichte Membranen.

Sicherheitsmaßnahmen bei der Verarbeitung

Oberhalb von etwa $350\,°C$ zersetzen sich Fluorpolymere auch bei kurzzeitiger Beanspruchung unter Bildung hoch aggressiven und giftigen Fluorwasserstoffs. Maschinen und Formwerkzeuge für alle Fluorkunststoffe müssen aus korrosionsfesten Legierungen bestehen, die Arbeitsplätze gut belüftet sein, und man darf dort nicht rauchen, wo die Atmosphäre Polymerstaub enthalten könnte. Die Maschinenausrüstungen dürfen keinesfalls durch Abbrennen gereinigt werden.

Metallisch gefüllte Compounds dürfen wegen der Möglichkeit der Bildung löslicher Fluoride nicht im Lebensmittelbereich verwendet werden.

Mit PVDF bei Verarbeitungstemperatur können Leichtmetalle, deren Oxide, TiO_2 und SiO_2 in feinverteilter Form unter explosionsartiger Zersetzung reagieren. Bor und Bortrioxid als Legierungsbestandteil von Werkzeugen oder in GF-Verstärkungen reduzieren die Schmelzstabilität von PVDF.

Verarbeitungsverfahren für PTFE

PTFE erleidet bei 19 °C eine Phasenumwandlung unter 1,2% Volumenvergrößerung, die bei der Bemaßung und der häufig erforderlichen spangebenden Bearbeitung von Formteilen – zweckmäßig bei 23 °C – berücksichtigt werden muß. Der Volumenzunahme von 30% beim Erwärmen von 20 °C in den Kristallitschmelzbereich um 327 °C, in dem PTFE in eine klare gelartige Masse übergeht, führt zu entsprechender, verfahrensabhängig richtungsmäßig unterschiedlicher Schwindung beim Abkühlen vom Formstoff.

Aus PTFE-Suspensionspolymerisat-Pulver werden bei 20–30 °C Vorformlinge gepreßt, die durch Sintern oberhalb 327 °C nach folgenden Verfahren verschmolzen werden:

a) Formfrei-Sintern: Mit 20–100 N/mm^2 werden bei 20–30 °C einfache Vorformlinge in automatischen Pressen, solche mit Hinterschneidungen oder Hohlräumen unter allseitigem Druck (isostatisch) mit flexiblen Formwerkzeugen gepreßt, anschließend nach vorgegebenem Temperaturprogramm in Öfen freistehend aufgeheizt, bei 370–380 °C gesintert und langsam abgekühlt. Frei gesinterte Formteile ($d_R \sim 2,1$) sind nicht porenfrei.

b) Drucksintern oder Sintern mit Nachdruck: Sintern des (aus leitfähig modifiziertem PTFE elektrisch rasch aufheizbaren) Formstücks im Werkzeug unter Druck, bzw. nachträgliche Druckaufgabe auf das im Werkzeug drucklos gesinterte heiße Formstück und Abkühlung unter Druck, oder formgebendes Schlagpressen eines vorgesinterten Rohlings. Die Verfahren ergeben formtreue, porenfreie Erzeugnisse höchster Dichte und Festigkeit. Ein wenig unterhalb des Schmelzpunkts warmgeformte Teile haben Rückstellbestreben, das wird ausgenutzt für Lippendichtungen, die sich in der Wärme anlegen.

c) Ramextrusion (Pulverextrusion) von Stäben und dickwandigen Rohren: Im Anfangsteil des langen, zylinderförmigen Formwerkzeuges wird zufließende Formmasse durch einen hin und her gehenden Kolben diskontinuierlich zu Tabletten gepreßt, die im folgenden auf 380 °C geheizten Werkzeugteil unter Gegendruck durch Wärmeausdehnung und Wandreibung zum kontinuierlich austretenden, wenn erforderlich, am Ende des Sinterrohrs zusätzlich abgebremsten Stab oder Rohr versintern.

d) Folien werden vom gesinterten Rundblock geschält, sie können durch Walzen vergütet werden.

Dünnwandige Erzeugnisse großer Länge, hauptsächlich Schläuche bis 250 mm Durchmesser mit Wanddicken von 0,1–4 mm und Kabelummantelungen werden – im „Pasten"-Extrusionsverfahren – mit einem Kolbenextruder aus Emulsionspolymerisat hergestellt, das mit 18–25% Testbenzin zu einer knetbaren Masse angeteigt wird. Dem Extruder ist ein Durchlauf-Ofen nachgeschaltet, in dem zunächst das Gleitmittel verdampft und dann das Erzeugnis bei 380°C gesintert wird. Gewindedichtbänder, die porös bleiben sollen, werden nach dem Extrudieren nicht gesintert, sondern nur gewalzt und getrocknet. Aus PTFE-Dispersionen werden dünne Folien gegossen, weiter dienen diese zum Imprägnieren von Asbest- und Glasfasererzeugnissen und Formteilen aus Graphit oder porösen Metallen, mit anschließendem Sintern oder Verpressen bei 380°C. Aus Dispersionen auf metallische oder keramische Oberflächen, gegebenenfalls mit Haftvermittler, aufgebrachte, anschließend eingebrannte PTFE-Gleitschichten sind nicht porendicht und daher als Korrosionsschutzbeschichtung nicht brauchbar.

Durch Anätzen mit Lösungen von Alkalimetallen wird PTFE klebefähig, für Temperaturen bis 130°C gibt es Spezialkleber. Spangebendes Bearbeiten erfordert scharfe Werkzeuge.

Für Fluorcarbon-Halbzeuge s. S. 415.

Anwendungsgebiete für PTFE und verwandte Fluorcarbone

Chemische Industrie, Laboratorien: Geräte-, Apparate-, Rohrleitungs-Bauteile, Folien-Aus- und Umkleidungen, Dichtungen, bewegliche Faltenbälge, Innen-Wärmeaustauscher, Raschig-Ringe, poröse Filterkörper, in Spezialverfahren hergestellte 20-l-Transportflaschen für aggressive Chemikalien, Packungen und Filter aus Spleißgarnen.

Maschinen- und Anlagenbau: Schmierungsfreie Gleitlager und Abdichtungen bewegter Teile, auch für hohe und tiefe Temperaturen (Compounds), Pumpen und Armaturen, Bauteile für Rauchgas-Entschwefelungs- und Erdöl-Förder-Anlagen.

Textil-, Papier-, Nahrungsmittel-Industrie, Haushalt: Fadenführer, Transportbänder, antiadhäsive Beläge und Beschichtungen von Walzen, Schweißgeräten, Backformen, Bratpfannen, Bügeleisen, Dispersions-Spray als Trockenschmier- und Gleitmittel.

Elektrotechnik, Leistungselektronik: Leitungsisolierung (s. S. 307), insbesondere ETFE-Telefondrähte, Innenraumkabel ohne Metallkabelkanal, FEP oder PFA umschäumte Computer-Koaxialkabel, (Schrumpf-)Isolierschläuche, flexible gedruckte Schaltungen, Bauteile für die Halbleitertechnik.

Flugzeuge und Raumfahrt: Treibstoff- und schmiermittelbeständige Dichtungen, Druckschläuche, Triebwerksteile, Vereisungsschutz.

Bauwesen: Höchst beanspruchbare Auflager und Gleitlager minimaler Reibung zur Aufnahme von Bauwerksbewegungen und das Verschieben von Bauwerken, Isolierungen von Außenheizungen, beschichtete Glasgewebehüllen für Zelt- und pneumatische Konstruktionen, licht- und UV-durchlässige Großdächer aus ETFE-Folie (S. 415), Solarenergie.

4.1.6   Methylmethacrylat-Polymere

DIN 7745 (1986) Teil 1: PMMA-Formmassen-Einteilung und Bezeichnung

DIN 7745 (1989) Teil 2: PMMA-Formmassen-Herstellung von Probekörpern und Bestimmung von Eigenschaften
ISO 8257-1 (1987); ISO 8257-2 (1990); ISO 1628-6 (1990)

4.1.6.1   *Allgemeines über MMA-Polymerisate*

$$\text{Methylmethacrylat,} \quad \left(CH_2 = C \overset{\displaystyle CH_3}{\underset{\displaystyle COOCH_3}{\Big\langle}} \right)$$

eine bei 100 °C siedende Flüssigkeit, ist das wesentlich eigenschaftsbestimmende Basis-Monomer von Reaktionsharz-Ansätzen (S. 232) für Homopolymer- (PMMA-) und Copolymer-Formmassen (auch für Blends) und gegossene oder extrudierte Halbzeuge (Acrylglas, S. 417). Überwiegender MMA-Gehalt im amorphen, spröd-harten und leicht zu bearbeitenden (Sägen, Bohren, Fräsen, Schleifen und Polieren) Polymer-Formstoff erbringt – soweit nicht durch andere Komponenten beeinträchtigt – eine sehr hohe Witterungsbeständigkeit ohne Zusatz von Stabilisatoren (s. S. 57). Typisch sind *optische Eigenschaften:* glasklar, farblos, trübungsfrei, hohe Lichtdurchlässigkeit, praktisch keine Absorption im sichtbaren Spektralbereich; brillant mit hohem Sättigungsgrad farbecht und witterungsbeständig einfärbbar, sowohl klar durchsichtig mit löslichen Farbmitteln als auch durchscheinend und opak mit Pigmenten; UV-Durchlässigkeit durch Zumischung von geeigneten UV-Absorbern bzgl. Intensität und Wellenlängenbereich in gewissen Grenzen einstellbar.

Die Glasübergangstemperatur (S. 13/14) von reinem PMMA liegt bei $T_g = 115$ °C.

Es ist chemisch beständig gegen anorganische Säuren und Laugen bis zu mittleren Konzentrationen, aliphatische Kohlenwasserstoffe, Benzin (aromatenfrei), Dieselöl (aromatenfrei), u. a. mineralische Öle sowie gegen Terpentinöl; bedingt beständig gegen 30%igen Ethyl- und Methylalkohol, Treibstoffgemische, Fette; unbeständig gegen viele organische Lösemittel.

Die Beständigkeit gegenüber Kontaktstoffen (z. B. Dichtungswerkstoffe, Farben, Gummi etc.) muß in jedem Einzelfall beim Hersteller erfragt werden, weil u. U. eine Schädigung durch Spannungsrißbildung (Risse, Crazing) eintreten kann.

4.1.6.2 *PMMA-Standard-Formmassen*

1. *Handelsnamen:* Degalan, Lucryl, Plexiglas (DE), Altulite (FR), Diakon (GB), Vedril (IT), Acrypet, Delpet, Shinkolite, Sumipex (JP), Acrylite, Lucite, Oroglas (US).

2. *Kennzeichnung, Synthesen, Lieferformen, Verarbeitung*

Verarbeitbarkeit und Eigenschaften von Standard-Formmassen gemäß DIN 7745/ISO 8275 werden einerseits durch Einstellung der Molmasse M_w (s. S. 51) zwischen 1.10^5–2.10^5 g/mol, andererseits durch als innere Weichmachung wirksame Copolymerisation mit bis

zu 20% Acrylat ($CH_2=C\overset{H}{\underset{COOR}{\diagdown}}$, R = Akrylrest) variiert.

Tafel 4.24 gibt den Normbeschreibungsdatenblock (s. S. 563) für PMMA-Standardformmassen wieder. Niedrige VST-, VN-Werte und hohe MFR-Werte kennzeichnen leichtfließende Spritzgießmassen, hohe VST- bzw. VN- und niedrige MFR-Werte kennzeichnen Formmassen für die Extrusion.

Tafel 4.24. Kennzeichnende Eigenschaften von PMMA-Formmassen nach ISO 8257-1

Vicat-Erweichungstemperatur (VST)		Schmelzindex (MFR)		Viskositätszahl VN (wahlweise)	
Code	VST-Bereich	Code	MFR-Bereich	Code	VN-Bereich
076	$\leq$ 80	005	$\leq$ 1	43	$\leq$ 48
084	> 80–88	015	> 1–2	53	> 48–58
092	> 88–96	030	> 2–4	63	> 58–68
100	> 96–104	060	> 4–8	73	> 68–78
108	> 104–112	120	> 8–16	83	> 78–88
116	> 112	240	> 16	93	> 88

Die Formmassen werden durch diskontinuierliche Masse- oder Suspersions-Polymerisation wie auch im kontinuierlichen Verfahren synthetisiert. Sie werden als Gleichkorngranulat oder Perlen, auch in leicht entformbarer Einstellung, geliefert.

Alle Maschinen mit Standardschnecken sind für die thermoplastische Verarbeitung bei Zylindertemperaturen im Bereich 200–250 °C geeignet. Entgasungsschnecken ersparen das sonst erforderliche Vortrocknen. Der Einfülltrichter soll aus rostfreiem Stahl sein (Sauberkeit). Beim Spritzgießen beeinflussen Höhe und Dauer des Nachdrucks die Eigenschaften des Formteils. Für eine hohe Formteilqualität muß das Werkzeug auf konstante, nicht zu tiefe Temperaturen temperiert sein.

3. *Eigenschaften*

Tafel 4.25 (S. 320) gibt Eigenschafts-Richtwerte für eine, den Anwendungsbereich von PMMA-Standardformmassen abdeckende Produkt-Reihe. Deren optische Eigenschaften und Beständigkeitsverhalten sind die von reinem PMMA (s. S. 318).

Tafel 4.25. Richtwerte für eine Produktreihe von 7 Standard- (S1–S7) und einer höherwärmeformbeständigen (hw) PMMA-Formmasse – Werte entsprechend der Campus-Datenbank

Eigenschaften	Einheit	S1	S2	S3	S4	S5	S6	S7	hw
* VST/B 50	°C	88	96	95	103	104	108	106	119
* MVI (230/3,8)	ml/10min	25	13	2,3	5,6	1,3	3,0	0,8	3,0
* VN	ml/g	53	53	72	53	72	53	72	60
Dichte	g/cm³	1,19	1,19	1,19	1,19	1,19	1,19	1,19	1,19
Mechanische Eigenschaften									
Zugfestigkeit (5 mm/min)	MPa	49	55	74	61	76	70	78	72
Reißdehnung (5 mm/min)	%	1,5	2	8	2,5	7	3	10	2,7
Zug-E-Modul (Sekante;1 mm/min)	MPa	3200	3200	3200	3200	3200	3200	3200	3600
Izod-Schlagzähigkeit +23 °C.....	kJ/m²	14	14	16	14	16	14	16	12
−30 °C.....	kJ/m²	14	14	16	14	16	14	16	11
Izod-Kerbschlagzähigkeit +23 °C	kJ/m²	2	2	2	2	2,2	2	2,2	2
−30 °C	kJ/m²	2	2	2	2	2	2	2	1,8
Thermische Eigenschaften									
Formbeständigkeitstemp. HDT/B	°C	90	95	95	100	100	98	98	106
Therm. Längenausdehnungskoeff..	10⁻⁶·K⁻¹	75	75	75	75	75	75	75	70
Elektrische Eigenschaften									
Dielektrizitätszahl (50 Hz).........	–	3,8	3,7	3,7	3,7	3,7	3,6	3,6	3,5
Dielektrischer Verlustfaktor (50 Hz)	–	0,05	0,05	0,05	0,05	0,05	0,05	0,05	0,04
Spezif. Durchgangswiderstand ...	Ω·cm	>10¹⁵	>10¹⁵	>10¹⁵	>10¹⁵	>10¹⁵	>10¹⁵	>10¹⁵	>10¹⁵
Oberflächenwiderstand	Ω	10¹³	10¹³	10¹³	10¹³	10¹³	10¹³	10¹³	10¹³
Optische Eigenschaften									
Lichttransmissionsgrad	%	92	92	92	92	92	92	92	92
Brechzahl	–	1,491	1,491	1,491	1,491	1,491	1,491	1,491	1,509
Wasseraufnahme 23 °C (Sättigung)	%	1,7	1,8	1,9	1,9	2	2	2	2,2
23 °C/50% r.F...	%	0,6	0,6	0,6	0,6	0,6	0,6	0,6	0,6

* Kennzeichnende Eigenschaft gemäß ISO 8257-1

4. *Anwendungen:*

Automobilindustrie: Signaleinfärbungen für Kfz-Rückleuchten, Blinkleuchten, Warndreiecke, Lichtleitsysteme, Tachometerabdeckungen, Rückstrahler für andere Fahrzeuge und für Leitzeichen, z.T. müssen amtliche Zulassungen (Farbort, Witterungsbeständigkeit etc.) vorliegen.

Beleuchtungsindustrie: Leuchtenabdeckungen, Lampenkörper.

Feinwerktechnik: Skalen; Meß-, Zeichen- und Schreibgeräte, Apparatebau; Linsen und Brillengläser. Spritzgegossene Videodisk-Ronden mit und ohne eingeprägter Information; optische Datenträger. Für die Datenspeichertechnik sind die Reinheit und geringe Doppelbrechung von spritzgegossenen PMMA-Formteilen vorteilhaft.

Bauanwendungen: Lichtkuppeln, Bauverglasungen, Leuchtreklame, Profile, Griffe.

Mit Speziallacken können Acrylglasteile kratzfest (z.B. Acriplex), antistatisch, wasserspreitend und reflektierend (z.B. IR) und nicht reflektierend (Mattlackierung) ausgerüstet werden.

4.1.6.3 *Copolymerisate und Blends*

1. *Höher wärmebeständige PMMA-Formmassen:* Durch Copolymerisation von MMA mit kettenversteifenden Comonomeren (z.B. Maleinsäureanhydrid) kann man die Wärmeformbeständigkeit (Vicat-Erweichungstemperatur ca. 120°C) gegenüber homopolymeren PMMA erhöhen. Zugleich wird dadurch die Spannungsrißbeständigkeit gegen Alkohol (Komponente in Enteisungsmitteln für Kfz) verbessert. Die Witterungs- und Lichtbeständigkeit sowie die optischen Eigenschaften entsprechen denen des nicht modifizierten PMMA. Eigenschaften von Plexiglas hw 55 s. Tafel 4.25.

Typische Anwendungen sind Verglasungen von Signalleuchten im Verkehrswesen (Kfz-Sektor, Schiff- und Luftfahrt, Schienenfahrzeuge), wie z.B. auch von Nebelschlußleuchten und von Polizei-Rundumblinkleuchten; Abdeckungen für Straßen- und Operationssaalleuchten sowie von Kontrolleuchten mit starker Wärmeentwicklung.

2. *Schlagzähe PMMA-Formmassen*

Handelsnamen: Lucryl, Plexiglas (DE), Diakon (GB), Oroglas (USA).

Die schlagzähen Formmassen sind durch Suspensions- oder Emuls-Polymerisation hergestellte 2phasige Systeme (s. S. 8). In der PMMA-Matrix bilden z.B. mit Styrol modifizierte Acrylat-Elastomere ($\leq 30\%$, im Brechungsindex angeglichen) die zähmachende disperse Phase. Durch diesen Aufbau sind Formstoffe aus den uneingeschränkt mit PMMA mischbaren schlagzähen Massen gleich witterungsbeständig und glasklar wie reines PMMA. Ihre Spannungsemp-

Tafel 4.26. Richtwerte für eine Produktreihe von 4 schlagzäh modifizierten PMMA-Formmassen (Z1−Z4) (geordnet nach steigender Schlag- bzw. Kerbschlagzähigkeit) − Werte entsprechen der Campus-Datenbank

Eigenschaften	Einheit	Z1	Z2	Z3	Z4
Dichte	g/cm³	1,19	1,18	1,17	1,16
Mechanische Eigenschaften					
Streckspannung (50 mm/min)	MPa	78	75	65	45
Streckdehnung (50 mm/min)	%	−	5	5	5
Zugfestigkeit (5 mm/min)	MPa	60	57	51	38
Reißdehnung (5 mm/min)	%	8	17	25	70
Zug-E-Modul (Sekante; 1 mm/min) .	MPa	2900	2800	2400	1800
Izod-Schlagzähigkeit +23 °C	kJ/m²	17	19	26	52
−30 °C	kJ/m²	14	15	16	19
Izod-Kerbschlagzähigkeit +23 °C ..	kJ/m²	2,2	2,6	3,8	6
−30 °C ..	kJ/m²	1,5	1,6	1,6	1,6
Thermische Eigenschaften					
Vicat (VST/B 50)	°C	103	102	100	95
Formbeständigkeitstemp. HDT/B ..	°C	102	99	98	97
Therm. Längenausdehnungs-koeffizient	$10^{-6} \cdot K^{-1}$	70	75	85	110
Elektrische Eigenschaften					
Dielektrizitätszahl (50 Hz)	−	3,7	3,7	2,9	2,9
Dielektrischer Verlustfaktor (50 Hz)	−	0,05	0,05	0,05	0,05
Spezif. Durchgangswiderstand	Ω·cm	$>10^{15}$	$>10^{15}$	$>10^{15}$	$>10^{15}$
Oberflächenwiderstand	Ω	10^{13}	10^{13}	10^{13}	10^{13}
Optische Eigenschaften					
Lichttransmissionsgrad	%	92	92	92	92
Brechzahl	−	1,49	1,49	1,49	1,49
Wasseraufnahme 23 °C (Sättigung)..	%	2,2	2,1	2,0	1,9
23 °C / 50% r. F.	%	0,6	0,6	0,6	0,5

findlichkeit ist geringer, ihre Heißwasserwechselbeständigkeit besser. Für die sonstigen Eigenschaften s. Tafel 4.26.

Die Massen werden bei 210–230 °C Zylindertemperatur extrudiert, bei 190–250 °C spritzgegossen. Für Formteile mit hohem Glanz braucht man relativ hohe Verarbeitungs- und Werkzeugtemperaturen (60–80 °C). Entgasungszylinder ersparen, wie für PMMA (S. 319), das Vortrocknen.

Anwendungsbeispiele: Witterungsschutzschicht bei Bauprofilen, z. B. für PVC-Fensterprofile (s. S. 408), aufgebracht im Coextrusionsverfahren; Einbettung bzw. Umspritzung von Metall-Einlegeteilen: Haushalts-, Zeichen-, Schreibgeräte, Sanitärteile, Leuchtenabdekkungen für Sonderzwecke.

3. *(PMMA + ABS)-Blend*

Handelsnamen: Plexalloy (DE).

Ein Blend dieser Art findet für Kfz-Teile (Gehäuseteile, Reflektoren) sowie für den Apparatebau, die Elektroindustrie und für technische Teile Anwendung. Das Material ist metallisierbar, zeigt gutes Schweißverhalten, besitzt eine bessere Witterungsbeständigkeit und

Steifigkeit als ABS. Es hat eine Vicat-Erweichungstemperatur von 104 °C.

4. MBS-Formmassen

Handelsname: Cyrolite (DE).

MBS-Formmassen sind Polymerisate aus MMA, Butadien und Styrol. Sie sind auch bei tiefen Temperaturen schlagzäh, klar und lichtdurchlässig eingestellte Zweiphasensysteme. Wegen der Butadien-Komponente sind sie nicht witterungsbeständig, jedoch beständig gegen Öle, Fette und Treibstoffe und für eine Gammastrahlensterilisation gut geeignet.

Die Verarbeitung kann auf üblichen Spritzgießmaschinen, Extrudern und Blasformmaschinen erfolgen. Heißsiegeln, Verkleben, Ultraschall-, Heizspiegel- und Rotationsschweißen, Heißprägen und Siebdrucken sind möglich.

Anwendungen: Flaschen für kosmetische Produkte, Sprüh- und Reinigungsmittel und Feinchemikalien; technische Hohlkörper, Schlauchverbindungen und Geräte- sowie Verpackungsteile (insbesondere auch für medizinische Anwendungen), medizinische Einweggeräte und Armaturen.

5. Acrylnitril-Copolymere

Homopolymeres Polyacrylnitril (PAN) zersetzt sich oberhalb der Erweichungstemperaturen > 200 °C, es ist nicht als thermoplastische Formmasse verarbeitbar. Acrylnitril-Anteile in Copolymeren und Terpolymeren (S. 258 ff.) erhöhen deren Temperaturstandfestigkeit und Steifigkeit. Die geringe Gasdurchlässigkeit von PAN bestimmt das Verhalten der als „Barriere"-Kunststoffe bezeichneten, etwa 70% Nitril enthaltenden (Pfropf-)Copolymerisate mit Methacrylat oder Styrol, zum Teil auch noch mit butadienhaltigen elastifizierenden Komponenten. Vergleichszahlen für Gasdurchlässigkeiten (in US-Einheiten) sind:

	Acrylnitril-Cop.	PVDC	PVC	PE-LD
Sauerstoff	0,8	0,5	8	120
Kohlendioxid	1,1	5,0	9	500
Wasserdampf	5,0	0,2	3	0,1

Handelsnamen: Soltan (BE), Barex (US und CH), Cycle-Safe, Cycopac, Lopac (US).

Physikalische Eigenschaften, an Probekörpern gemessen, sind σ_B 60–90 MPa, E 3–4 GPa, Shore D 90, VST/B 78–81 °C, HDT(A) 75–79 °C. Beim Verarbeiten biaxial gereckte Produkte sind hoch bruchfest und schlagzäh.

Die Permeabilität nimmt mit zunehmendem Reckgrad ab.

Nitrilkunststoffe sind bei Raumtemperatur gegen mäßig konzentrierte Säuren und Laugen und die meisten Lösungsmittel beständig. Methanol und Ketone wirken erweichend. Dimethylformamid und Acetonitril sind Lösungsmittel. Sofern PAN-Cop. für Anwendungen im Lebensmittelverkehr zugelassen sind, müssen die Fertigerzeugnisse < 10 mg/kg (10 ppm) monomeres Acrylnitril enthalten, so daß der AN-Gehalt in Lebensmitteln 0,05 ppm nicht überschreitet.

Anwendung: Ein- und mehrschichtige blasgeformte transparente und aromadichte Verpackungshohlkörper für UV- und oxidationsempfindliche Güter, für kohlensäurehaltige Softdrinks und Bier mit mehrmonatiger Lagerungsfähigkeit.

4.1.6.4 *Polymethacrylimidhaltige PMMI-Formmassen*

Handelsnamen: Pleximid (DE), Kamax (US), PMI-Resin (JP).

PMMI ist formal ein Copolymeres aus MMA und Glutaramid, wird jedoch durch Umsetzung von PMMA mit Methylamin (MA) bei hoher Temperatur unter hohem Druck hergestellt.

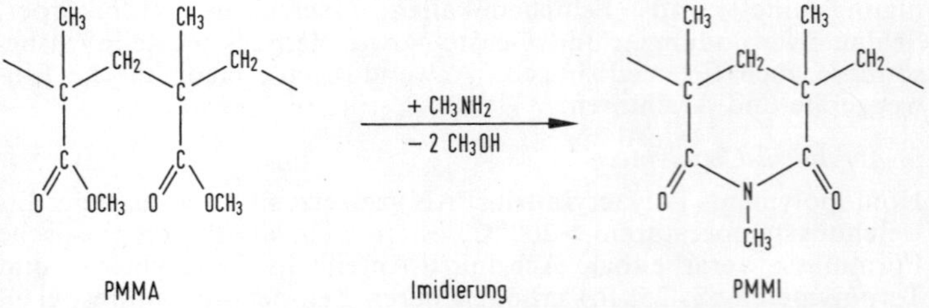

Bild 4.8. Herstellung von PMMI aus PMMA durch Umsetzung von Methylamin

Farblos und mit hoher Lichtdurchlässigkeit, glasklar und trübungsfrei hat es weitgehend Eigenschaften wie hoch wärmebeständiges PMMA. Der Ringschluß ergibt mit Erhöhung der Kettensteifigkeit auch die der Wärmeformbeständigkeit, Bild 4.8.

Tafel 4.27 (S. 325) gibt Eigenschaftsrichtwerte; je nach Imidisierungsgrad können über alle Zwischenwerte zum PMMA hin Vicat-VST-Werte bis 175 °C und sehr hohe Elastizitätsmoduln erreicht werden, für gut bearbeitbare kohlefaserverstärkte Produkte bis 25000 N/mm^2. PMI hat Barriereeigenschaften gegen Sauerstoff; es ist geringer spannungsempfindlich gegenüber Ethanol, Ethanol/Wasser und Isooctan/Toluol-Gemischen als PMMA oder PMMA hw 55 (s. Tafel 4.25 S. 320).

Für die Verarbeitung von PMMI mit VST um 170 °C im Spritzguß sind Massetemperaturen im Bereich von 200–310 °C, Formwerkzeugtemperaturen von 120–150 ° und Vortrocknung bei 140 °C erforderlich.

Anwendungsinteresse für den erst kürzlich auf den Markt gekommenen Kunststoff besteht in der Automobilindustrie u. a. für Schein-

Tafel 4.27. Eigenschaften (Richtwerte) eines PMMI mit hoher Vicat-Erweichungstemperatur (VST = 170 °C)

Eigenschaften	Einheit	Prüfnorm	Richtwert
Dichte	g/cm³	ISO 1183	1,22
Mechanische Eigenschaften			
Zugfestigkeit......................	MPa	ISO 527	90
Reißdehnung	%	ISO 527	3
Elastizitätsmodul	MPa	ISO 527	4350
Schlagzähigkeit	kJ/m²	ISO 180 1C	17
Kerbschlagzähigkeit	kJ/m²	ISO 180 1A	2
Kugeleindruckhärte H 961/30........	MPa	ISO 2039	230
Thermische Eigenschaften			
Vicat VST/B 50	°C	ISO 306	170
Schmelzindex MFI (260/21,6)........	g/10min	ISO 1133	2
Therm. Längenausdehnungskoeffizient	$10^{-6} \cdot K^{-1}$	DIN 53752 A	45
Optische Eigenschaften			
Brechzahl	–	DIN 53491	1,534
Transmissionsgrad τ_{D65}	%	DIN 5036 T3	88
Brandverhalten...................	–	UL 94	HB
Wasseraufnahme 1d/23 °C..........	%	DIN 53495	0,45
Schwindung	%	ISO 2577	0,3–0,5

werferstreuscheiben, in der Leuchtenindustrie für Straßenleuchtenabdeckungen. Weiter kommt PMMI als Blendkomponente und für faserverstärkte Konstruktionswerkstoffe in Betracht.

Über hoch wärmeformbeständigen PMI-Schaum s. Abschn. 4.2.6.5, S. 423, lineare Polyimide allgemein s. Abschn. 4.1.11, S. 369.

4.1.7 Polyacetale oder Polyoxymethylene (POM)

Acetal-Homo- und Copolymere

Acetal-Homopolymere entstehen bei der Polymerisation von Formaldehyd:

$$x \quad \underset{\underset{H}{|}}{\overset{\overset{H}{|}}{C}} = O \longrightarrow \left[\underset{\underset{H}{|}}{\overset{\overset{H}{|}}{C}} - O - \underset{\underset{H}{|}}{\overset{\overset{H}{|}}{C}} - O - \underset{\underset{H}{|}}{\overset{\overset{H}{|}}{C}} - O \right]_{x/3}$$

$x \sim 10\,000$ bis $30\,000$

Sie sind infolge dichter Zusammenlagerung ihrer alternierend aus Sauerstoff und Methylengruppen aufgebauten Molekül-Ketten hoch kristallin und zählen – unverstärkt – zu den steifsten und festesten thermoplastischen Kunststoffen. Zur Stabilisierung der zunächst gebildeten instabilen Halbacetyl-Endgruppen $-O-C-OH$ werden diese mit Essigsäureanhydrid verestert. Chemischer Angriff (Alkali, Wasser) auf diese Ester-Bindungen leitet durch deren Hydrolyse den weiter fortlaufenden Gesamtabbau der Polymerkette ein. Durch Stabilisierung läßt sich dieser Abbau geringfügig hinauszögern.

Acetal-Copolymere sind alkalibeständig und in erhöhtem Maß heißwasserfest. Das wird – unter geringer Herabsetzung des Kristallisationsgrades und der hiervon abhängigen mechanischen Festigkeit und Härte (Tafel 4.28, S. 327) – dadurch erreicht, daß in modifizierten, vom cyclischen Trimeren des Formaldehyd (Trioxan) als Haupt-Monomeren ausgehenden Polymerisationsverfahren die „Acetal"-Struktur durch Zwischenschaltung von stabilen $-C-C-$Kohlenstoff-Bindungen unterbrochen und die Kette gleichartig, nämlich durch $HO-CH_2-CH_2$-Endgruppen, abgeschlossen wird.

Von starken Säuren (pH < 4) und Oxidationsmitteln werden Homo- und Copolymerisate angegriffen, beide sind in allen gebräuchlichen organischen Lösungsmitteln, auch Treibstoff und Mineralölen, nicht löslich, kaum quellbar.

Handelsnamen:

Homopolymere: Delrin (US), Tenac (JP).

Copolymere: Hostaform, Ultraform (DE), Sniafal (IT), Tarnoform (PL), Celcon (US), Duracon, Iupital, Tenac (JP), Kepital (Korea).

Lieferform: Naturfarben opake oder eingefärbte granulierte Massen. Grundtypen für Extrusion und Extrusionsblasen (MFI 190/2: 2,5–1), für Spritzguß (MFI ca. 9), diese auch mit MoS_2, anderen mineralischen Zusätzen, PTFE, PE, Spezialkreide oder Siliconöl zur Verbesserung des Reib- und Trockengleit-Verschleißverhaltens modifiziert (Tafel 8.9, S. 630), mit 10–40% Glasfasern (MFI: 4–3), mineralisch oder mit Glaskugeln (MFI um 10) richtungsunabhängig verstärkt. Leicht fließende Typen für Präzisionsspritzguß dünnwandiger Formteile (MFI 13–50), durch abgestuftes mikromehrphasiges Legieren mit Elastomeren – mit 50% TPU (S. 322) als reversibles IPN (S. 9) – auf bestimmte Steifigkeit/Schlagzähigkeitsverhältnisse eingestellte erhöht schlagzähe Typen für Formteile mit hoher Dehnbarkeit und hohem Arbeitsaufnahmevermögen. Auch antistatische, elektrisch leitfähige und UV-geschützte Einstellungen.

Verarbeitung im Spritzguß s. Tafel 3.8, Seite 126. Zur Ausbildung guter Kristall- und Oberflächenstruktur müssen die Formwerkzeuge bzw. Glättwalzen beim Extrudieren auf 60–130 °C aufgeheizt sein. Die Verarbeitungsschwindung nimmt mit fallender Werkzeugtemperatur von > 3% auf ca. 1% ab und die Nachschwindung zu; diese kann durch Tempern bei 110–140 °C vorweggenommen werden. Vollprofile müssen bei 140 °C getempert werden. Bei glasfaserverstärktem Material ist die Schwindung richtungsabhängig und liegt bei 0,2–0,8%. Temperaturen in den Verarbeitungsmaschinen > 220 °C sind gefährlich wegen Zersetzung zu gasförmigem Formaldehyd.

Im Kristallitschmelzbereich können Werkstücke gebogen und abgekantet werden, sie sind schweißbar (Heizelement-, Reib-, Ultraschallschweißen), nicht mit Materialfestigkeit klebbar, aber nagel-, niet- und schneidschraubfest. Zum Lackieren oder Metallisieren im Vakuum müssen die Oberflächen mit Säurebeizen angeätzt werden, für Galvanisieren (S. 229) gibt es Sondertypen. Über Anfärben im Thermofixierverfahren s. S. 227.

Eigenschaften: POM sind Konstruktionswerkstoffe hoher Festigkeit und dynamischer Belastbarkeit in weitem Temperaturbereich s. Tafel 4.28 und Bild 4.9 (S. 328). Mit Einfriertemperatur um $-60\,°C$ sind sie bei $-40\,°C$ noch schlagzäh. Die Grenzwerte kennzeichnender Eigenschaften nach DIN 16781 sind in Tafel 4.29 (S. 328) zusammengestellt.

Infolge hoher Oberflächenhärte und niedriger Reibwerte (gegen Stahl statisch 0,3–0,2, dynamisch 0,25–0,15) sind POM außergewöhnlich verschleißfest. Grenztemperatur für langfristigen Gebrauch unter mechanischer Beanspruchung in Luft, ähnlich auch bezüglich Heißwasser-Hydrolyse ist 80–85\,°C für Homopolymere, $\geq 100\,°C$ für Copolymere. Die Durchlässigkeit für Gas und Dämpfe, auch von organischen Stoffen, ist gering. Nicht stabilisierte POM werden durch UV-Strahlung geschädigt. POM brennen mit schwach bläulicher Flamme und tropfen ab. Sie sind physiologisch einwandfrei, Typen für den Gebrauch mit Lebensmitteln sind verfügbar. Die guten Isolationswerte und dielektrischen Eigenschaften sind wenig temperatur- und frequenzabhängig, wegen des geringen tan δ sind POM nicht HF-schweißbar.

Tafel 4.28. Eigenschaften von POM-Homo- und -Copolymeren

Eigenschaften	Einheit	Homo-polymer	Copolymer un-verstärkt	Copolymer GF-verstärkt[1])
Dichte	g/cm^3	1,42	1,41	1,59
Streckspannung	N/mm^2	67–85	62–71	–
Streckdehnung	%	8–12	8–10	–
Zugfestigkeit	N/mm^2	67–69	–	125
Zug-E-Modul	kN/mm^2	2,9–3,5	2,7–3,2	8–9
Biege-E-Modul	kN/mm^2	2,6–2,8	–	–
3,5%-Biegespannung	N/mm^2	–	67–75	140[2])
Biege-Kriechmodul, 1 min	kN/mm^2	–	2,7–3,2	9
Biege-Kriechmodul, 60 min	kN/mm^2	–	1,4–1,7	7
Schlagzähigkeit 23\,°C	kJ/m^2	–	80–NB	25–30
ISO 180/1C $-30\,°C$	kJ/m^2	–	70–160	30–35
Kerbschlagzähigkeit 23\,°C	kJ/m^2	–	4–7	5
ISO 180/1A $-30\,°C$	kJ/m^2	–	4–7	5,5
Kerbschlagzähigkeit 23\,°C	kJ/m^2	3,5	4–6,5	4
DIN 53453 $-40\,°C$	kJ/m^2	3,0	3–5,5	4,5
Kugeleindruckhärte 358/30	N/mm^2	–	150–160	200–215
Rockwell-Härte	–	M 92–94	M 80	R 120
Kristallit-Schmelzbereich	°C	175	164–168	164–168
Vicat-Erweichungstemp. VST/B	°C	173	160–163	171
Formbeständigkeitstemp. ISO 75/A	°C	127–136	110–125	162
Therm. Längenausdehnungs-koeffizient (20/100\,°C)	$10^{-4} \cdot K^{-1}$	1,2	1,2	0,1–0,3
Wärmeleitfähigkeit 20\,°C	W/mK	0,37	0,31	0,41
Oberflächenwiderstand	Ohm	–	10^{14}	10^{14}
Spez. Durchgangswiderstand	Ohm·cm	–	10^{14}	10^{14}
Dielektrizitätszahl	–	3,7	4	4,5
Dielektrischer Verlustfaktor	10^{-4}	50	50	50
Durchschlagfestigkeit	kV/mm	70	70	70
Kriechwegbildung CTI	Stufe	–	600	600
Wasseraufnahme, 23\,°C	%	0,9–1,4	0,65	0,9

[1]) ca. 26%, chemisch gekoppelt   [2]) Biegefestigkeit

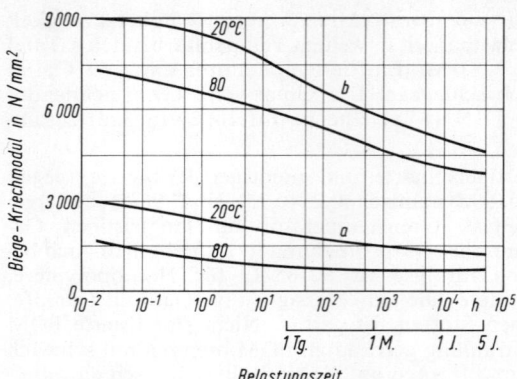

Belastungszeit

Bild 4.9. Biege-Kriechmodul von Acetal- Copolymerisat (Randspannung $\sigma_b = 10$ N/mm²)
a unverstärkt, *b* mit 30% Glasfasern

Tafel 4.29. Kennzeichnende Eigenschaften der POM-Formmassen nach DIN 16781/88

Volumen-Fließindex nach DIN 53735[1])		Streckspannung/Zugfestigkeit[2]) nach DIN 53455		E-Modul im Zugversuch nach DIN 53457	
Zeichen	Volumen-Fließindex MVI 190/2,16 cm³/(10 min)	Zeichen	Streck-spannung/ Zugfestigkeit MPa	Zeichen	E-Modul GPa
00	bis 3,5	05	bis 60	02	bis 2,5
02	über 3,5–6	07	über 60–75	03	über 2,5–4
06	über 6–9	08	über 75–90	05	über 4–6
12	über 9–14	10	über 90–110	07	über 6–9
24	über 14–30	12	über 110–130	11	über 9–12
48	über 30–50	14	über 130–150	14	über 12–16
96	über 50	16	über 150	20	über 16

[1]) ISO/DIS 9988 gibt hier, annähernd gleichartig abgegrenzt, die 17–20% höheren Wertbereiche von MFI 120/2,16.
[2]) Wenn die Streckspannung σ_s nicht meßbar ist, dann wird die Zugfestigkeit σ_B angegeben.

Anwendungen: POM-Spritzgußteile substituieren weitgehend Einbauteile aus Messing, Zinkguß oder Aluminium, wie Präzisionsteile für (Armband-)Uhrwerke, Tastaturen, Steuer- und Zählwerke in Büromaschinen und Meßgeräten und für die sonstige Feinwerktechnik und die Elektronik. Vorgelochte Platinen bis zum Format 500×250 mm² werden im „Outsert"-Spritzguß mit 40–120 POM-Funktionselementen in $< 0,05$ mm Positionsgenauigkeit auf einmal bestückt. Für z. B. Schaltuhren, Diktier-, Autoradiokassetten- und Videogeräte erbringt die POM-Outserttechnik bis 75% Einsparung an Fertigungskosten. Demselben Ziel dient das Bestreben, mehrere Funktionen in ein Bauteil zu integrieren. Federnde POM-Copolymere eignen sich gut für Schnappverbindungen und Clips, die für die Montage von Leitungen, Außen- und Innenbekleidungen im Fahrzeugbau angewandt werden. Gleitlager können bis zu hohen pv-Grenzwerten ungeschmiert laufen. Der geringe Unterschied zwischen den statischen und dynamischen Reibungskoeffizienten von POM ergibt geringe Anfahrmomente. Zahnräder und andere Getriebeteile, Programmsteuerungselemente, Tankinhaltsanzeiger und Vergaserbauteile, heißwasser- oder kraftstofführende Pumpenteile, Wasserkocher mit Dampfabschalt-Automatik, Mischbatterien, Duschköpfe, Ventile und Armaturen sind Beispiele von Anwendungen im allgemeinen und im Haushalts-Gerätebau, im Fahrzeugbau und in der Sanitärtechnik. Haken, Schrauben, Beschläge, Scharniere, Schloßteile, Aerosoldosen, Parfümbehälter, Gasfeuerzeugtanks, Geldrückgabe- und Münzspielgeräte-Mechaniken, Sportgeräteteile, Schreibgeräte sind Beispiele aus anderen Bereichen.

Elastomer-Legierungen mit bis zum Zehnfachen erhöhten Schlagzähigkeitswerten, hoher Abriebfestigkeit und hoher Dämpfung sind u. a. für schlagbeanspruchte Kettenräder, Gehäuseteile mit federnden Schnappverbindungen und Filmscharnieren, entsprechende Befestigungselemente im Fahrzeugbau, Skibindungen, schwer beanspruchte Reißverschlüsse geeignet.

4.1.8   Polyamide (PA) und thermoplastische Polyurethane

Die in den linearen Basismolekülen aller homopolymeren PA in jeweils regelmäßigem Abstand enthaltenen Carbonsäureamid-Gruppen

$$-\overset{\overset{\displaystyle O}{\|}}{C}-\underset{\underset{\displaystyle H}{|}}{N}-$$

bestimmen das Grundverhalten der vielfältig abwandelbaren PA als „engineering plastics". Die

$$-O-\overset{\overset{\displaystyle O}{\|}}{C}-\underset{\underset{\displaystyle H}{|}}{N}-$$

Gruppe in thermoplastischen Polyurethan-Elastomeren (TPU, S. 344) ist von verwandter Strukturwirkung. Isoplast (US) ist ein PUR-Thermoplast mit σ_B 51,7 MPa, ε_R 86%, E_b 1,7 MPa.

Der stark polare Charakter der CONH-Gruppe bewirkt Wasserstoff-Brückenbindungen zwischen benachbarten Molekülen (Bild 4.10), infolge deren PA zäh-hart, temperaturstandfest, solche mit glatten aliphatischen Kohlenwasserstoff-Segmenten zwischen den CONH-Gruppen (4.1.8.1) hoch kristallisationsfähig sind. Wegen des polaren Charakters der CONH-Gruppen absorbieren sie um so mehr Wasser, je kürzer die Segmente dazwischen sind (Tafel 4.30, S. 330/331). Die Zähigkeit der Produkte wird dadurch erhöht; Rißfortpflanzungs-Gefährdung, Steifigkeit und Härte werden vermindert. Che-

Tafel 4.30. Grund-Richtwerte für aliphatische PA-Formmassen, auch verstärkt

Eigenschaften	Einheit	PA 6	
		trocken	konditioniert
Dichte................................	g/cm³	1,10–1,14	1,10–1,14
Wasseraufnahme 23 °C/50% RF	%	–	3,5–4
Mechanische Eigenschaften			
Streckspannung	N/mm²	65–90	40–50
Dehnung a. d. Streckgrenze	%	20	30
Reißfestigkeit[5])	N/mm²	–	–
Reißdehnung[5])	%	20–100	150–250
Zug-Modul	kN/mm²	2,3–2,5	1,2–1,4
Grenzbiegespannung[6])................	N/mm²	120–130	45
Kerbschlagzähigkeit, 23 °C	kJ/m²	3–6	o. B.
Charpy, DIN 53 453[7]) –40 °C	kJ/m²	2–4	o. B.
Schlagzähigkeit, 23 °C	kJ/m²	o. B.	o. B.
Izod, ISO 180/1 C –30 °C	kJ/m²	o. B.	o. B.
Kerbschlagzähigkeit, 23 °C	kJ/m²	6–11	–
Izod, ISO 180/1 A –30 °C	kJ/m²	3–10	–
Izod-Schlagzähigkeit,			
ASTM, D 256, Method A	J/m	32–53	160
Kugeleindruckhärte, 358/10............	N/mm²	160	70
Rockwell-Härte.......................	Skala R	R 120	R 90
Thermische Eigenschaften			
Schmelztemperatur....................	°C	220	–
Dauer-Gebrauchstemp., 10⁴ h, Luft......	°C	80–120	–
Formbeständigkeitstemp. A (1,85 N/mm²)	°C	60–90	–
ISO 75 B (0,45 N/mm²)	°C	170–180	–
Therm. Längenausdehnungskoeffizient ..	W/mK	0,23	–
Wärmeausdehnung	$10^{-5} \cdot K^{-1}$	6–10	–
Elektrische Eigenschaften			
Spez. Durchgangswiderstand	Ohm·cm	10^{15}	10^{12}
Dielektrizitätszahl.....................	10^5 Hz[8])	3,7	7
Dielektrischer Verlustfaktor	10^5 Hz[8])	0,03	0,3
Durchschlagfestigkeit	kV/mm	50–150	30–80
Kriechstromfestigkeit..................	Methode KC	>600	>600
Wasseraufnahme, 23 °C, Sättigungswert..	%	9,5 ± 0,5	
Bemerkungen		Zäh und stoßfest auch bei niedrigen Temperaturen	

[1]) „Lauramid"-Laurinlactam-Gieß-Technik, lineare Schwindung 3%.
[2]) ungefähr 35% GF.
[3]) PA 69, PA 612 haben ähnliche Werte wie PA 610, PA 11 wie PA 12.
[4]) trocken/konditioniert.

Tafel 4.30. Fortsetzung

PA 66			PA 610	PA 12	Guß-PA 12[1]
trocken	konditioniert	verstärkt[2]	Grundtypen[3]		hoch kristallin
1,12–1,15	1,12–1,15	1,4	1,06–1,08	1,01–1,02	1,03
–	2,5–3,0	1,5–1,8	1,2–1,6	0,9	0,9
70–90	50–65	[4] –	[4] 60/50	50	60
17	33	–	17/33	6–8	5
–	–	200/150	–	55	60
10–50	50–200	2/3	70/150	200	10
2,7–3,0	1,6–2,0	10/8	2,0/1,5	1,2–1,6	2,4
130–140	50	290/240	135/50	70–85	90
2–3	15–20	10/14	6/14	6–15	8
< 2	–	–	–	5–10	–
160–o. B.	o. B.	~ 60	o. B.	o. B.	–
120–290	140–356	~ 50	o. B.	o. B.	–
4–6	7–12	15/20	5	5–6	–
4–6	4–5,5	11/11	5	5–6	–
43–53	112	100/150	–	50–70	–
140–170	100–110	300/260	120/80	75–100	110
R 120	–	M 100	R 110	R 110	R 110 (Shore D 76)
255–265	–	–	215	172–180	≥ 190
85–150	–	115–135	110	70–80	110
75–110	–	245	65–85	55	–
210–220	–	255	195	150	190
0,27	–	0,23	0,23	0,3	0,25
7–10	–	2–3	8–10	11	9
10^{15}	10^{12}	[4] $10^{15}/10^{12}$	[4] $10^{15}/10^{12}$	[4] $10^{15}/10^{14}$	$2 \cdot 10^{14}$
3,6	5	4/6	3,3/3,8	3,6/4,0	3,5
0,026	0,2	0,02/0,16	0,027/0,18	0,05/0,09	0,04
100–150	30–80	85/40	50/–	90	ca. 30
> 600	> 600	500	> 600	600	600
8,5 ± 0,5		5,0 ± 0,3	3,3 ± 0,3	1,5	1,5
Beste Härte, Steifigkeit, Temperaturbeständigkeit von unverstärkten PA-Sorten		Hohe mechanische und thermische Werte, heißwasserbeständig, geringe Schwindung	Bei abnehmender Wasseraufnahme erhöht dimensionsstabil, zunehmende (CH_2)-Kettenlänge vermindert die therm. Werte		Gut spangebend bearbeitbar, Dauergebrauchstemperaturbereich −60 °C bis (in Öl) 140 °C

[5]) bei verstärktem PA Zugfestigkeit und Bruchdehnung.
[6]) bzw. Biegefestigkeit.
[7]) Schlagzähigkeit Charpy, 23 °C und −40 °C: o. B., außer verstärkt und Guß-PA.
[8]) die Frequenz hat nur geringen Einfluß.

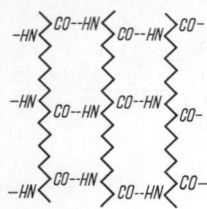

Bild 4.10. Wasserstoffbrückenbindung in PA 6

misch sind PA gegen aliphatische und aromatische Kohlenwasserstoffe, die meisten anderen üblichen Lösungsmittel außer Chlorkohlenwasserstoffen, gegen Fette und Öle, Treibstoffe, Schmierstoffe, Hydraulik- und Reinigungsflüssigkeiten, gegen Alkalien und viele anorganische Chemikalien außer z. B. Zinksalzlösungen, (auch verdünnten) starken Säuren und bestimmten Oxidationsmitteln beständig. Luftfeucht konditioniert oder trockenschlagzäh sind sie nicht spannungsrißgefährdet.

Lösungsmittel sind konzentrierte Schwefelsäure, 90%ige Ameisensäure, m-Kresol, Phenol.

4.1.8.1 *Kristallisierende PA-Formmassen*

werden hergestellt

A) aus *einem* Monomeren

durch ringöffnende Polymerisation eines Lactams,
auch in Gieß- und RIM-Verfahren (S. 234)

$$n \quad \begin{matrix} CH_2 - CH_2 - CO \\ | \qquad\qquad\quad \\ CH_2 - CH_2 - CH_2 \end{matrix} NH \longrightarrow \left[NH - (CH_2)_5 - CO \right]_n$$

Caprolactam   PA 6

entspr.: $\left[NH - (CH_2)_{11} - CO \right]_n$ PA 12 aus Laurinlactam

durch Polykondensation unter Wasserabspaltung

$\left[NH - (CH_2)_{10} - CO \right]_n$ PA 11 aus 11-Aminoundecansäure

B) aus Diaminen + Dicarbonsäuren durch

Polykondensation, Beispiele

$\left[NH - (CH_2)_6 - NH - CO - (CH_2)_4 - CO \right]_{n/2}$

PA 66 aus Hexamethylendiamin und Adipinsäure

$\left[NH - (CH_2)_6 - NH - CO (CH_2)_8 - CO \right]_{n/2}$

PA 610 aus Hexamethylendiamin und Sebacinsäure.

Tafel 4.31. Kurzzeichen (DIN 16773), Zusammensetzung und Produktions-Anteile homopolymerer Polyamid-Formmassen

Kurz-zeichen*)	Chemischer Aufbau
A)	$[- NH–(CH_2)_x–CO -]_n$
PA 6	Homopolymerisat aus ε-Caprolactam (Polycaprolactam)
PA 11	Polykondensat aus ω-Aminoundecansäure (Poly-ω-aminoundecan-amid)
PA 12	Homopolymerisat aus ω-Laurinlactam (Polylaurinlactam)
B)	$[- NH–(CH_2)_6–NH–CO–(CH_2)_y–CO -]_n$
PA 46	Homopolykondensat aus 1,4-Diaminobutan und Adipinsäure
PA 66	Homopolykondensat aus Hexamethylendiamin und Adipinsäure (Polyhexamethylenadipamid)
PA 610	Homopolykondensat aus Hexamethylendiamin und Sebacinsäure (Polyhexamethylensebacamid)
PA 612	Homopolykondensat aus Hexamethylendiamin und Dodecandisäure (Polyhexamethylendodecanamid)
C)	Halbaromatische Polyamide (Beispiel)
PA MXD 6	Polyarylamid 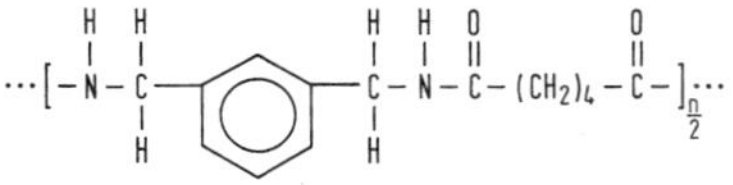 Polykondensat aus m-Xylylendiamin und Adipinsäure
D)	Amorphe Polyamide (Beispiele)
PA 6-3-T	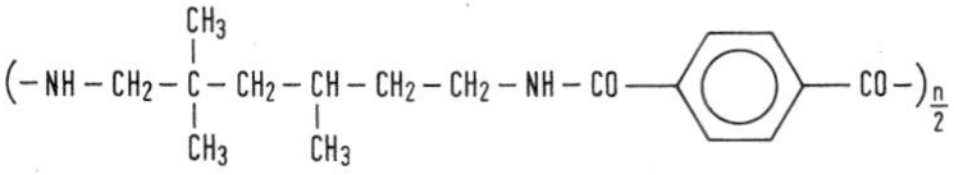 Polytrimethylhexamethylenterephthalamid
PA 6 I	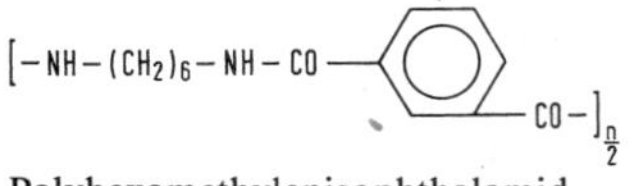 Polyhexamethylenisophthalamid

*) Kann ergänzt werden durch P für weichmacherhaltige Formmassen, G für Gußpoly-amide. Für PA-G gilt DIN 16773 nicht.

Die Kurzzeichen mit Angabe sämtlicher (auch der CO-) Kohlenstoff-atome zwischen jeweils zwei NH-Gruppen sind international ein-heitlich, im Fall B ohne Trennzeichen zwischen der C-Atomzahl aus dem Diamin und aus der Dicarbonsäure. Durch z. B. PA 6/12 oder 66/6 dagegen werden zur Optimierung bestimmter Eigenschaften copolymerisierte PA gekennzeichnet. Tafel 4.31 gibt einen Überblick

Tafel 4.32. Anwendungsbereiche und Viskositätszahlen von PA nach DIN 16773

Anwendung		Viskositätszahl Zeichen nach DIN 16773, Teil 1 (s. S. 334)	
		PA 69, PA 610, PA 612, PA 11, PA 12	PA 6 und PA 66
Spritzgießen:	Formteile mit großem Fließweg/ Wanddicken-Verhältnis	11–16	11–18
Extrudieren:	Monofile, dünnwandige Ader-isolierungen		
Spritzgießen:	Standardformteile	16–18	14–22
Extrudieren:	Monofile, Drähte, Borsten, Kabel-ummantelung, Flachfolien, Extru-sionsbeschichtung, Halbzeug		
Spritzgießen:	dickwandige Formteile	18–22	18–34
Extrudieren:	Flach- und Schlauchfolien, Kabel-und Schlauchummantelungen, Rohre, Halbzeug		
Extrudieren:	Schlauchfolien, Rohre, Schlau-chummantelungen, Halbzeug	22–24	20–34
Blasformen:	Hohlkörper		

über marktübliche Basis-PA und deren Anteile in den Haupterzeugungs-Gebieten.

Kennzeichnende Eigenschaften nach DIN 16773, Teil 1 sind in Block 3 (s. S. 560)

1. Viscositätszahlen

für PA 11 und PA 12: $\leq 110->240$ (7 Stufen, Zeichen 11–24) gemessen in m-Kresollösung

für alle anderen PA: $\leq 90->340$ (9 Stufen, Zeichen 09–34) gemessen in Schwefelsäurelösung.

Die Werte entsprechen Bereichen des mittleren Molekülgewichts zwischen etwa 10^4 und $>5 \cdot 10^5$. Zu ihrer anwendungspraktischen Bedeutung s. Tafel 4.32.

2. Elastizitätsmodul in Bereichen

≤ 150 N/mm², (Mittelwerts-)Zeichen 001
$> 150–250$ N/mm², (Mittelwerts-)Zeichen 002
         ⋮
$> 20000–23000$ N/mm², (Mittelwerts-)Zeichen 220
> 23000 N/mm², (Mittelwerts-)Zeichen 250

Der außerordentlich große Gesamtbereich schließt Werte einerseits für plastizierte oder elastomere (s. 4.1.8.3, S. 342), andererseits hoch verstärkte Formmassen ein.

Handelsnamen (hauptsächlich für PA 6 und PA 66, z.T. auch Legierungen):

Celanese Nylon, Durethan, Frianyl, Miramid, Ultramid (DE), Nivionplast, Latamid, Radilon, Sniamid (IT), Orgamide, Technyl (FR), Beetle, Maranyl (GB), Akulon (NL), Fabenyl (BE), Silon (CS), Tarnamid (PL), Grilon (CH), Adell, Ashlene, Capron, Comco, Firestone 200/210, Fosta, Fostanylon, Interpact, Minlon, Nyocoa, Nypel, Schulamid, Texalon, Vekana, Vekton, Voloy, Vydyne, Wellamid, Xylon, Zytel (US), Amilan, Leona, Novamid (JP).

PA 46 (Stanyl, NL) ist ein trockenschlagzähes teilkristallines PA, MP 295 °C, HDT A > 150 °C; PA 46–30 GF, 285 °C.

Spezielle Handelsnamen für

– PA 11 und/oder PA 12, auch PA 612: Vestamid (DE), Rilsan (FR), Grilamid (CH)

– Legierungen mit Polyolefinen: Eref (BE), Polyloy (DE), Igopas (CH), Orgalloy (FR), Dexlon (US)

– mit ABS: Elemid, Ronfaloy, Triax (s. S. 281)

– mit PPE: s. S. 363

– halbaromatische PA: s. S. 338, 340, verstärkte und gefüllte Formmassen auch S. 375

– Legierung (PC + PA) (Dexcarb) s. S. 353.

Lieferformen sind wasserfreie Granulate in luftdichter Verpackung, PA 11 und PA 12 auch gemahlen für Pulvertechniken.

Sondereinstellungen

PA 6 und PA 66 nehmen bis zur völligen Sättigung bei Wasserlagerung 9–10%, PA 11 und PA 12 dagegen nur 1,5% Wasser auf. Spritzfrisch trocken sind PA 6- mehr noch PA 66-Formteile spannungsrißanfällig und spröde, zur Verbesserung der Schlagzähigkeit für Gebrauch in Normalklima 23/50 müssen sie durch Wasserbehandlung auf > 2,5% Wassergehalt „konditioniert" werden (Tafel 4.30, S. 330/ 331). In Luft stellt sich das Feuchtegleichgewicht sehr langsam ein, daher sind Schwankungen der Luftfeuchtigkeit von geringem Belang.

Trocken schlagzähe PA-Formmassen enthalten 10–15% PE, das über haftvermittelnde Ionomere (S. 264) oder chemisch (Carboxylierung, Propfung mit Maleinsäureanhydrid oder Acrylsäure) angekoppelt wird.

Erhöht schlagzähe PA sind entsprechende, meist feindispers zweiphasige Legierungen mit ABS, EP(D)M, SBR, Acrylat- o. a. Synthesekautschuken bis zu Kerbschlagzähigkeiten „ohne Bruch" bei −40 °C im Übergang zu flexiblen Einstellungen (4.1.8.3). „Interpenetrating Networks" mit Silikon s. S. 546.

Flexibilisierung durch Weichmacher, z. B. Cetamoll (Benzolsulfonsäure-n-butylamid) ist nur für PA mit langen CH_2-Sequenzen (PA 11, PA 12, entspr. Co-Polyamide) möglich und üblich, Tafel 4.33, S. 336.

Tafel 4.33. Beispiele spezieller PA-Copolymerer

Eigenschaften	Einheit	Flexibilisiertes PA 12-Copolymer		Polyether-Block-Amid	
Beispiele:		Rilsan F 15 Standard-Formmasse	Rilsan F 25 Standard-Formmasse	Pebax 5533 SN Standard-Formmasse	Pebax 2533 SN Standard-Formmasse
Dichte	g/cm^3	1,06	1,06	1,01	1,01
Wasseraufnahme, 20°C/65% RF	%	1	1	0,5	0,5
Mechanische Eigenschaften					
Streckspannung	N/mm^2	11	7	22	–
Dehnung a.d. Streckgrenze	%	17	17	28	–
Reißfestigkeit	N/mm^2	40	30	33	29
Bruchdehnung	%	350	280	510	680
Biege-E-Modul	N/mm^2	150	120	200	20
Torsionssteifheit 23°C	N/mm^2	47	37	85	<15
(Clash-Berg) −25°C	N/mm^2	160	130	–	–
−40°C	N/mm^2	–	–	160	45
Schlagzähigkeit 23°C	kJ/m^2	o.B.	o.B.	o.B.	o.B.
−40°C	kJ/m^2	o.B.	o.B.	o.B.	o.B.
Kerbschlagzähigkeit 23°C	kJ/m^2	o.B.	o.B.	o.B.	o.B.
−40°C	kJ/m^2	76	80	o.B.	o.B.
Härte					
Kugeleindruckhärte	N/mm^2	–	–	–	–
Shore-D	Skala	52	43	55	25 (70 A)
Thermische Eigenschaften					
Vicat-Erweichungstemp. A .... 9,81 N	°C	145	125	156	63
B .... 49,06 N	°C	95	78	–	–
Formbeständigkeitstemp. ISO 75 A (0,46 N/mm²)	°C	105	62	65	42
B (1,85 N/mm²)	°C	45	–	–	–
Therm. Längenausdehnungskoeffizient	$10^{-5} \cdot K^{-1}$	12	12	17	21

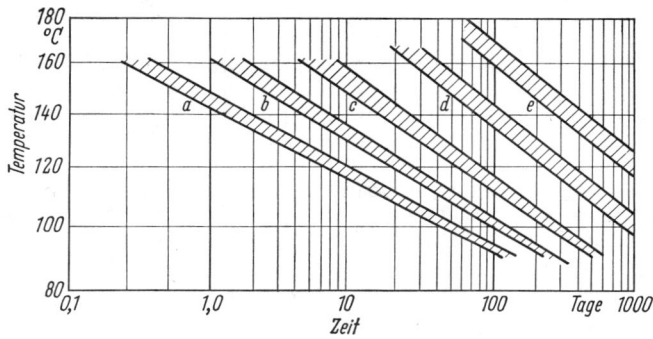

Bild 4.11. Temperatur/Zeit-Grenzen für die Schockbeanspruchung von PA 66-Form-
teilen. Für andere Beanspruchungen von PA 6 und PA 66 s. Tafel 4.30,
S. 330/331

a PA 66, *b* PA 66, stabilisiert, *c* PA 66, wärmestabilisiert, *d* mit 25 bis 30
Gew.-% Glasfasern verstärktes PA 66, wärmestabilisiert, *e* glasfaserverstärktes PA 66, besonders wärmestabilisiert

Leicht fließende Spritzgießmassen werden für rasches feinkristallines
Erstarren nukleiert und für gute Entformbarkeit geschmiert.

Anisotrop – mit Kurz-Glasfasern bis zu 50% – und/oder *isotrop* durch
Glaskugeln oder mineralisch – *verstärkte Polyamide* können sehr
günstige Kombination hoher Steifigkeit und Schlagzähigkeit für
Langzeitgebrauch bis etwa 150°C erreichen (Bild 4.11). 5–10 mm
lange Glasfasern in Massen aus mit PA pultrudierten (S. 159) GF-
Strängen (Celstran, DE; Verton, GB) erbringen weitere Erhöhung
von E-Modul und Schlagzähigkeit.

Verstärkte Sorten, auch auf Basis von erhöht schlagzähem PA und
CF-verstärkte Sondertypen für extreme mechanische und Gleitbe-
anspruchungen, haben 50–60% Anteil am PA-Formmassen-Markt.
Durch 10–15% LCP (S. 359) „Selbstverstärkende Polyamide" zeigen
eine Entwicklungslinie auf.

PA 66 mit (neben PA 46, S. 337) höchster Wärmeformbeständigkeit,
Härte und Steifigkeit und das trocken und in der Kälte schockfestere
PA 6 mit guten Dämpfungsverhalten sind die weltweit – etwa zu gleichen Teilen – meist gebrauchten technischen Kunststoffe. Die Verringerung der Wasseraufnahme und Zunahme des Zäh-Verhaltens
mit zunehmender Länge der (CH_2)-Segmente bis zum PA 12 zusammen mit günstigem Fließweg-/Wanddickenverhältnis machen Formmassen auf Homo- oder Copolymerbasis in diesem Bereich zu Konstruktionswerkstoffen für auch bei Feucht- und Hitze-Beanspru-
chung maßhaltige schlagzähe elastische Formteile und Wechselbie-
gebeanspruchungen aufnehmende Halbzeuge (S. 425 f.).

Halbaromatische teilkristalline, wie terephthalathaltige Copolymere (Ultramid T, Schmelzpunkt (MP) 298 °C, E 3.5 GPa) oder Poly-m-xylylenadipamid-Produkte (Ixef, Nyref, BE; Reny, JP; Tafel 4.31, S. 333) mit 30–60% GF-Verstärkung, auch in erhöht schlagzähen und flammwidrigen Einstellungen für die Elektrotechnik, sind steif (E_z 12–20 kN/mm^2), gut wärmestandfest (F_{iso} A 220–230 °C) und zeitstandfest mit geringer Kriechneigung auch bei erhöhten Temperaturen. Wasseraufnahme nach Sättigung 3,5–1,9%, Wärmeausdehnung $1,1–2 \cdot 10^{-5} \cdot K^{-1}$, gute Treibstoff- und Schmierölbeständigkeit bis 120 °C sind weitere Merkmale für Einsatzbereiche im Austausch gegen metallische Werkstoffe.

Nyref (ein reines PA MXD6-Polymer) wird auch als hoch temperaturbeständige Barriere-Kunststoff-Sperrschicht beim Flaschenblasen oder zum Blenden mit anderen Polymeren (z. B. PA, PET) verwandt. Auch Selar PA (US) ist *Barrierekunststoff* gegen O_2, CO_2, Kohlenwasserstoffe, Lösungsmittel und Aromen für die Folienextrusion, Selar RB ein Konzentrat zum Einmischen in Polyolefin-Formmassen. Es bildet in Flaschen, die nach „Laminar"-Lizenzverfahren geblasen werden, eine innen liegende Sperrschicht.

Additive sind

UV-, Hitze- und Hydrolyse-Stabilisatoren, die z. B. Gebrauch unter Einfluß von Hydrauliköl oder Wasserdampf-Luftgemischen bis ca. 120 °C ermöglichen können

Flammschutzmittel, außer rotem Phosphor und halogenhaltigen, auch halogenfreie, mit denen im UL-Brennbarkeitstest auch für verstärkte PA Einstufungen bis HB und V-0 erreicht werden können (unverstärktes PA 6 ist ohne Flammschutzmittel schwer entflammbar)

MoS_2, Graphit, PTFE oder PE-HD zur Verbesserung der Gleiteigenschaften von Lagern und Getrieben

Ruß für halbleitende Erzeugnisse (die wasseraufnehmenden PA sind ohne Zusätze antistatisch), Stahlfasern für EMI-Typen

Hohe Zusätze von Bariumferrit für magnetische Erzeugnisse.

Außer den Formmassen mit speziellen Additiven sind die meisten Polyamide zulassungsfähig für kochfeste Verpackungen und Erzeugnisse im Lebensmittelverkehr und sterilisierbare medizinische Artikel. Einige Naturfarbstoffe in Lebensmitteln können teilkristalline Polyamide verfärben.

Verarbeitung: Die kristallisierenden PA haben eine sehr geringe Schmelzviskosität und ausgeprägte Schmelz- und Erstarrungstemperaturen. Die Schmelzen ungefüllter Formmassen erstarren plötzlich mit 4–7% Volumenkontraktion.

Steifigkeit, Härte und Verschleißfestigkeit steigen mit wachsendem Kristallisationsgrad. Langsame Abkühlung erhöht den kristallinen

Anteil, Abschrecken verringert ihn und ergibt durchsichtigere und flexiblere Teile. Grundsätzlich sind nur feuchtigkeitsfreie Massen zu verarbeiten, gegebenenfalls nach Vakuumvortrocknung.

Das plötzliche Einfrieren der Schmelze bei Temperaturabfall, die Neigung zur Lunkerbildung bei größeren Schichtdicken und die Oxidationsempfindlichkeit der Schmelze bei Berührung mit Luft verursacht beim Spritzgießen Schwierigkeiten. Abhilfe schafft Beheizung der Düse und Vergrößerung der Angußkanäle. Wegen der Dünnflüssigkeit der Schmelze ist eine Verschlußdüse erforderlich. Um einen möglichst hohen Kristallisationsgrad bzw. spannungsfreie Teile mit einheitlichem Gefüge und großer Oberflächenhärte zu erreichen, wird auf Kosten der Leistung mit hohen Formtemperaturen (>100°C) gearbeitet, ähnlich wirkt Tempern der Formteile bei 140–170°C. Fertigteile lassen sich nachträglich mit Spezialfarbstoffen, z. B. Perliton- oder Cellitonfarbstoffen, im wäßrigen Bad bei ca. 70–95°C auffärben.

Für das *Extrudieren* braucht man Extruder mit 20–24 D Schneckenlänge, 1:2,5–1:4 Kompression (Dreizonenschnecken) und für Temperaturen von 240–300°C geeigneter, gut regulierbarer Heizung. Die geringe Viskosität der Schmelzen ermöglicht hohe Abzugsgeschwindigkeiten, erfordert andererseits aber wirksame Kühlung: Kühldüsenextrusionsverfahren für Vollprofile mit gekühlten Formrohren unter Druck, Chill-Roll-Verfahren für transparente Flachfolien. Blasfolien werden, auch in Coextrusion mit PE-Folien (S. 434), aus entsprechend hochviskosen PA-Sorten hergestellt, desgleichen geblasene Hohlkörper. Zu „Selar"-Sperrschichten s. S. 338.

Gemahlenes PA 11 und 12 wird nach allen Verfahren der Pulvertechnik (S. 74, 78) verarbeitet, zum Reaktionsguß von Lactamen, insbesondere dem „Nyrim"-Verfahren für hoch schlagzähe auch GF-verstärkte große Reaktionsgußteile auf Basis modifizierten Caprolactams, siehe S. 233. Auch für Laurin-Lactam-Guß (PA 12, s. Tafel 4.30, S. 330/331, letzte Spalte) gibt es Spezialverfahren.

Polyamide sind schweißbar, sie lassen sich mit Spezialklebstoffen auf Basis von Resorcin, Kresol, Cyanoacrylat oder Zweikomponenten-EP-Harzen verkleben und sind spanabhebend gut zu bearbeiten. Die Fertigung von Formteilen aus Halbzeug auf Automaten kann auch bei größeren Serien wirtschaftlich sein. Spezialsorten sind durch Galvanisieren (S. 229) metallisierbar.

Anwendungen: Die Hauptanwendungsbereiche von Formteilen aus allen Polyamidsorten sind schlag- und stoßfeste, auch dynamisch belastbare, geräusch- und schwingungsdämpfende, abrieb- und verschleißfeste, kraftstoff- und mineralölbeständige, technische Teile, die auch ungeschmiert gute Gleiteigenschaften haben: Gleitlager, Lagerkäfige und (mit 35% GF bis 130°C belastbar) Getriebe- und Antriebselemente, Laufrollen, Transportketten, Gleitführungen, Lüfterräder, Schiffsschrauben, Gehäuse und (Heißwasser-)Armaturen. Hoch sichere Mauerdübel u. a. Befestigungselemente aus PA/PE dominieren im Bauwesen. Brandsichere Festbestuhlungen für Stadien und Innenausbau, Sitzschalen und ganze Büro- und Stapelstühle sind ein weiteres Anwendungsfeld. In der Elektrotechnik und Elektronik werden Polyamide als isolierende Baustoffe mechanisch und temperaturmäßig hoch beanspruchter Präzisionsbauteile wie Vielfachstecker und Schaltkurven (verstärkt) und für verschleißfeste Draht-, Kabel- und Lichtleiterummantelungen verwendet. Im Automobilbau gebraucht man PA für kraftstoffbeständige technische Teile unter der Haube, weiter für Außenteile wie ofenlackierbare Kühlerschutzgitter, Spoiler und Radkappen. Fahrradbauteile, Windsurfermastfüße, Schwenkrodel, Eispickelstiele (PA 612, 50% GF) sind Anwendungsbeispiele für Sportgeräte. Hohlkörper werden aus PA 6 und PA 11/12 blasgeformt, aus Lactamschmelzen (Lauramid, Tafel 4.30, S. 330/331) und PA 11/12-Pulver rotationsgeformt, Gartenmöbel, Bootsdavits, Kraftfahrzeugbauteile und Anlageteile von Rohrleitungssystemen und Lebensmittelbetrieben in Pulvertechnik mit PA 11/12 beschichtet. PA-Rohre und -Folien s. S. 426 f.

Ternäre Systeme aus PA 6 oder PA 66 mit Elastifikatoren wie ABS (S. 277) werden für hohe Arbeitsaufnahme erfordernde Erzeugnisse wie Schutzhelme, Ski-Stiefel- und -Bindungen, Rollen, Gleiter, flexible Kupplungen, Dichtungen, Viehtränken und Gehäuse von Arbeitsmitteln eingesetzt, bestimmte Typen (z. B. Bexloy, US) auch für Fahrzeugteile wie Kotflügel, Spoiler. Zu flexibilisierten PA 11/12 s. 4.1.8.3 (S. 342).

4.1.8.2 *Amorphe Polyamide*

Handelsnamen: Trogamid, Durethan T40 (DE); Grilamid TR55, Grivory (CH); Zytel 330 (US). Für Selar PA und RB (US) s. S. 338.

Bringt man in PA-Moleküle anstelle der glatten $(CH_2)_{x/y}$-Segmente (S. 332) sperrige ein – z. B. aromatische Dicarbonsäuren, verzweigte aliphatische bzw. alicyclische Diamine –, kann man halbkristalline (S. 338) oder amorphe, zäh-harte und glasklare PA herstellen. Überwiegend beidseitige Anbindung der CONH-Gruppen an aromatische Ringe führt zu extremer Temperaturbeständigkeit (s. Aramide, S. 529, 533).

Amorphe PA werden in unmodifizierter, stabilisierter, verstärkter und mit Verarbeitungshilfsmitteln modifizierter Form angeboten. Auch Blends mit teilkristallinen PA sowie schlagzähmodifizierte amorphe PA (Grivory (CH), Bexloy C (US)) sind am Markt verfügbar.

Eigenschaften: Amorphe PA weisen die typischen guten PA-Eigenschaften auf. Charakteristisch ist eine vorteilhafte Kombination der Eigenschaftsmerkmale Härte, Steifigkeit und Zähigkeit. Die Wasseraufnahme liegt in der Regel deutlich niedriger als die der teilkristallinen PA 6 und PA 66, sie werden daher auch durch Getränke oder durch Tinte nicht angefärbt. Das mechanische Eigenschaftsbild bleibt bei Wasseraufnahme nahezu erhalten, die Zähigkeit wird stark

Tafel 4.34. Eigenschaften amorpher Polyamide

Eigenschaft	Norm	Einheit	Trogamid T5000	Trogamid T-GF35	Grilamid TR55	Durethan T40	Grivory G355NZ
Dichte	DIN 53479	g/cm³	1,12	1,40	1,06	1,18	1,08
Mechanische Eigenschaften							
Streckspannung		N/mm²	90	140	75	110	55
Dehnung bei Streckspannung		%	8	2,0	9	6	6
Reißdehnung		%	>50		>50		35
E-Modul (Zugprüfung)	DIN 53457	kJ/m²	2800	10000	2200	2800	1800
Schlagzähigkeit 23°C	ISO 180/1A	kJ/m²	k.B.	20	55	k.B.	k.B.
−30°C			k.B.	16	45	k.B.	k.B.
Kerbschlagzähigkeit 23°C	ISO 180/1C	kJ/m²	12,0	5,4	2,0	10,0	k.B.
−30°C			8,0	5,4	2,0	8,0	20,0
Shore-Härte D	DIN 53505	–	86	89	83		
Thermische Eigenschaften Formbeständigkeitstemp.	DIN 53461						
Verf. A		°C	120	140	126	110	108
Verf. B		°C	140	150	148	118	124
Vicat-Erweichungstemperatur	DIN 53460						
ISO 75 VST A/50		°C	148	158	155	125	135
VST B/50		°C	142	151	150		129
Glastemperatur	DSC	°C	150	150	159		135
Therm. Längenausdehnungskoeffizient	DIN 53752	10⁻⁴·K⁻¹	0,54	0,31	0,70	0,65	0,80
Elektrische Eigenschaften Spez. Durchgangswiderstand	DIN/VDE 0303 T.2	Ohm cm	>10¹⁵	>10¹⁵	10¹³	10¹⁵	10¹⁴
Oberflächenwiderstand	DIN 53482	Ohm	>10¹⁵	>10¹⁵	10¹¹	10¹⁵	10¹²
Dielektrizitätszahl 50 Hz	DIN 53482		4,2	4,5	3,0	4,8	3,0
Dielektr. Verlustfaktor 50 Hz	DIN 53483		0,021	0,016	0,008	0,040	0,005
Wasseraufnahme, Sättigung	DIN 53495	Gew.-%	7,7	5,1	3,5	8,0	7,0

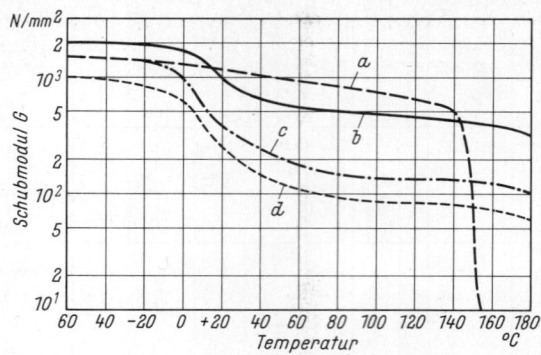

Bild 4.12. Schubmodul-Temperaturkurven nach DIN 53445
Für *a* amorphes Polyamid Trogamid T; *b* Polyamid 6 glasfaserverstärkt, mit 1,5% H$_2$O; *c* Polyamid 6 Spritzgußtyp, mit 2,5% H$_2$O; *d* Polyamid 6 Extrusionstyp, mit 2,5% H$_2$O

verbessert. Amorphe PA sind maßhaltig und verzugsarm, da sie nahezu keine Nachschwindung aufweisen. Sie gelten als temperaturstandfest, schlagzäh bis $-40\,°C$ und weisen ein gutes Zeitstandverhalten bis nahe an ihre hohe Glasübergangstemperatur (Bild 4.12, Tafel 4.34, S. 341) auf.

Verarbeitung: Der breite Erweichungsbereich bzw. die hohe Schmelzeviskosität erleichtern die Verarbeitung auf den üblichen Maschinen zu Spritzgußteilen, Platten, Profilen und auch Folien. Beim Spritzgießen kann auf Düsenverschluß und Rückströmsperre verzichtet werden, die Verarbeitungstemperatur liegt zwischen 250 und 320°C. Die Gesamtschwindung beträgt etwa 0,5%. Das Extrudieren und Blasformen bereitet aufgrund der hohen Schmelzeviskosität keine Probleme, das Material muß jedoch genügend trocken sein, um Bläschenbildung zu vermeiden.

Einsatzgebiete: Typische Einsatzgebiete sind Filtertassen für Druckluftwartungseinheiten, Wasserfiltereinheiten und Dieselölfilter, mechanisch belastete Teile im Maschinen- und Apparatebau, verzugsarme und schlagzähe Bauteile in der Elektrotechnik und Elektronik, transparente Teile in der Medizin-, Labor- und Molkereitechnik, Durchflußmesser, Brillengestelle und v. a. m.

4.1.8.3   *Flexible und thermoplastisch-elastomere PA und PEBA(TPE-A)*

Mischpolyamide und anderweit copolymer modifizierte PA-Harze für Schmelz-Klebstoffe und Lacke s. S. 239. Anwendungen durch Weichmacher flexibilisierter PA 11/12 (S. 335) wie Kabelbänder, Bandschellen, flexible Rohre und Schläuche, Sportschuhsohlen stehen im Übergang zu denen thermoplastischer PA-Elastomere. Polyether(PEA)- und Polyetherester(PEEA)-Amide mit partiell aromatischen PA-Hartsegmenten weisen weitgehend kälteunabhängiges Elastomer-Verhalten bis an die Grenze des Shore-Härte-Bereichs von Weichgummi und über diese hinaus auf (Bild 4.13).

1. *PA 12-Copolymere*

Handelsnamen: Vestamid PAE (DE), Rilsan F 25/15 (FR), Grilamid L (CH).

Polyether-Blockamide, Shore 60–40 D

Eigenschaften Tafel 4.33, S. 336.

Anwendungen: geräuscharme Zahnräder für Feinwerktechnik, Druckluftschläuche für Luftbremsleitungen im Kraftfahrzeugbau, Berg- und Skischuhe, Fahrradsättel, Manschetten und Dichtungsringe.

2. *Weitere Polyether-Block-Amide (PEBA)*

Handelsname: Vestamid E (DE), Dynyl, Pebax (FR); Keltaflex (NL); Estamid (US).

Polykondensation einer Schmelze von Polyetherdiolen (S. 471) und PA-Zwischenprodukten mit Carboxylendgruppen (RIM-Fertigteile s. S. 234) führt zu Block-Copolymeren der allgemeinen Formel

$$HO \left[\underset{\underset{O}{\|}}{C} - PA - \underset{\underset{O}{\|}}{C} - O - PE - O \right]_n OH$$

PA = Polyamidblöcke　　　*PE* = Polyetherblöcke

PA/PE-Verhältnisse von 80/20 bis 20/80 in diesen Polymeren ermöglichen weitestgehende Variationen ihres von $-40\,°C$ bis $+80\,°C$ relativ wenig sich ändernden elastischen Verhaltens im weiteren

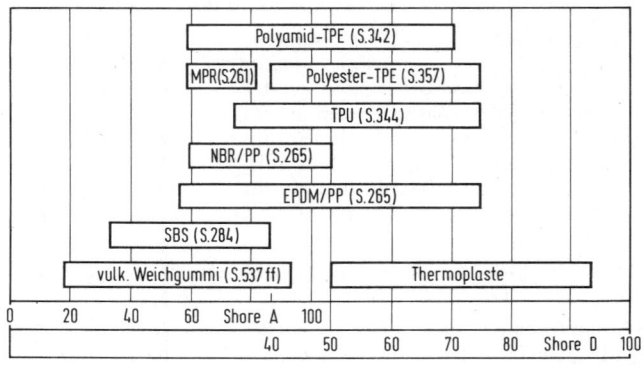

Bild 4.13. Thermoplastische Elastomere, Shore-Härte im Vergleich zu Thermoplasten und vulkanisierten Kautschuken („Elastomeren", S. 17)

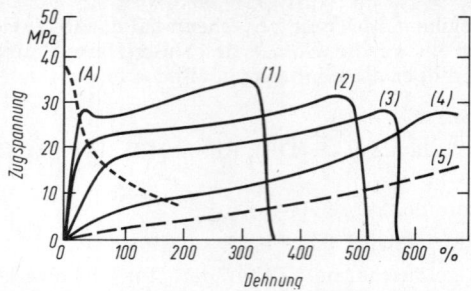

Bild 4.14. Zug-Dehnungs-Diagramm von Polyether-Block-Amiden (s. Bild 4.13, S. 343)

1) Polyamide, 2) 30% Polyether, 3) 50% Polyether, 4) 80% Polyether, 5) Kautschuk, A) Streckspannung

Härtebereich Shore 63 D–<60 A (Bilder 4.13, S. 343, 4.14), Einbau unterschiedlicher PA-Blöcke (entspr. Tafel 4.31, S. 333) ermöglicht u. a. Schmelzpunkte zwischen 120 °C und 210 °C, derjenigen unterschiedlicher Polyether(ester)diole Einstellung auf minimale (< 1,2%) Wasseraufnahme oder hydrophile antistatische Produkte mit > 110% Wasseraufnahme bei 24 h in Wasser. Sonstige Eigenschaften s. Tafel 4.33, S. 336. Für Estamid (Shore A 90) mit Polyesterdiolblöcken wird der Einsatzbereich −40 °C bis 170 °C angegeben.

Anwendungen: Blasen für Sportbälle (gut Luftdruck haltend, da wenig N_2 durchlässig), Ski- und Sportschuhe, Faltenbälge für Gelenk- und Kardanwellen, Scheibenwischerblätter, Pumpen-Membranen, Katheter in der Medizin, geräuschlose flexible Antriebe in der Feinwerktechnik, Umhüllung optischer Fasern, Pulver für flexible Beschichtungen.

4.1.8.4   *Thermoplastisch-elastomere Polyurethane* (TPU bzw. TPE-U) (Thermoplastisch verarbeitbare Polyurethan-Elastomere)

Aus Gemischen von Diisocyanaten, kurzkettigen Diaminen oder Diolen und langkettigen Polyester- oder Polyether-Diolen in vielfältig möglichen Kombinationen entstehen durch Polyaddition Block-Polymere aus Weichsegmenten und kristallinen Hartsegmenten. Verfahrenstechnisch geschieht dies in Band-Gießtechnik oder auf Reaktionsschnecken-Anlagen. Neben ‚reinem' TPU (auch als TPE-U bezeichnet) werden Verschnitte mit anderen Polymeren (ABS, PC) und glasfaserverstärkte Compounds (R-TPU) von einigen Herstellern angeboten.

Diese Werkstoffklasse umfaßt den Bereich gummi-elastisch bis polyamid-hart.

Handelsnamen: Desmopan, Elastollan, Irogran, Luvoflex, Syspur (DE), Uceflex (BE), Davathane, Avalon, Europolymer (GB), Apilon, Laripur (IT), Pandex, Paraprene (JP), Estane, Estaloc, Pellethane, Ornaflex, Texin (US).

Lieferform: Granulate verschiedener Kornformen, in der Regel naturfarben. Einfärbung ist mit Batchen (Farbgranulate oder Farbpasten) beim Plastifizieren (Spritzguß, Extrusion) leicht möglich.

Verarbeitung: Spritzgießen von Formartikeln. Extrudieren von Schläuchen, Kabelmänteln, Blas- und Flachfolien.

Mit Spezialtypen, Kalanderbeschichtungen von Substraten (Bahnenware). Vortrocknung teilweise notwendig. Verarbeitungstemperaturen je nach Typ und Verarbeitungstechnologie 180–240 °C. Kühlbzw. temperierbare (20–60 °C) Formwerkzeuge erforderlich. Optimale Materialeigenschaften, speziell Druckverformungsrest (Rdv), sind nur durch Tempern über 15–20 Stunden bei 80–120 °C erreichbar.

Eigenschaften:

Dichte	1,10–1,25 g/cm³ (glasfaserverstärktes R-TPU: 1,30–1,40 g/cm³)
Shore-Härte A	70–98
Shore-Härte D	25–75
Reißfestigkeiten	25–60 N/mm²
Reißdehnungen	300–700% (R-TPU: 10–50%)

Zulässiger Temperaturbereich nach oben für langfristigen Einsatz bis 90 °C – kurzfristig bis 110 °C möglich.

TPU sind gegen Witterungseinflüsse, viele Lösemittel, nicht alkoholhaltige Treibstoffe und Schmierstoffe gut beständig. Durch Säuren und Laugen und durch heißes Wasser werden sie hydrolytisch abgebaut. Es gibt erhöht hydrolysebeständige, auch transluzente Sorten.

Anwendungen: Hohe elastische Festigkeit und Zähigkeit, dynamische Belastbarkeit in dem durch die hohe Dämpfung gegebenen Bereich (übermäßige Erwärmung vermeiden!), Abriebfestigkeit, Schmier- und Treibstoffbeständigkeit sind die Grundlagen der Anwendung der härteren Sorten für geräuschlos laufende Antriebselemente zur Übertragung geringer Kräfte, Lagerschalen und Stützringe, Rollen und Laufrollenbeläge, KFZ-Steuerungs- und Textilmaschinenteile sowie stoßfeste Karosserieteile, der weicheren für robuste Kabelmäntel, Dichtungsringe und Manschetten, Membranen und Faltenbälge, Staubkappen, Ummantelungen geophysikalischer Meßkabel und Feuerlöschschlauch-Auskleidungen (Manchons), Vollprofile für Antriebsriemen und Dichtungen, Zahnriemen.

Die Schlagzähigkeit wird für Hammerköpfe, die Witterungs- und Verschleißfestigkeit für Sportschuhe und Tierkennzeichnungsmarken genutzt. Aus Folien fertigt man Abwurfbehälter, beschichtet werden Schlechtwetter- und Sportkleidung sowie Dachunterspannfolien – vliesverstärkt.

TPU-Pulver für PVC-Weichfolien (Baymod PU) s. S. 302.

ABS + TPU- oder *TPU + ABS-Legierungen* (Cycoloy, Desmopan, Estane, Pellethane) stellt man durch Compoundierung der Komponenten über den Extruder her. 2–10% eines weichen TPU verbessert die Schlagzähigkeit und Abriebbeständigkeit von ABS, 10–50% ABS in Mischung mit einem weichen TPU erhöht dessen Biegemodul und Tragfähigkeit und verbilligt die TPU-Formmasse.

4.1.9   Lineare (halb-)aromatische Polyester

Polyester, welche $-\overset{O}{\underset{\parallel}{C}}-O-$ „ester"Bindegruppen in regelmäßigen Abständen in der Kette enthalten, werden meist durch Kondensation von Di-Säuren und Diolen oder deren Abkömmlingen hergestellt. Vernetzende ungesättigte Polyester-Reaktionsharze s. S. 459 ff. Polyester, die nur Alkyl-$(CH_2)_x$-Gruppen zwischen den Esterbindungen enthalten, sind weithin gebrauchte Zwischenprodukte z. B. für Polyurethane (S. 469) oder Lackharze, in der Regel von relativ niedrigem Molekular-

gewicht. Hochmolekulare *Poly-Caprolactone* $(-O-(CH_2)_5-\overset{O}{\underset{\parallel}{C}}-)_{300}$, die durch ringöffnende Lacton-Polymerisation hergestellt werden, sind weiche, teilkristalline Produkte, die als Flexibilatoren oder Legierungsbestandteile für verschiedene Kunststoffe gebraucht werden; sie sind, wie auch andere aliphatische Polyester, biologisch abbaubar (S. 385).

Polyester mit aromatischen Gruppen (Benzolringe) entweder als Diol (z. B. Bisphenol A)- oder als Di-Säure-Komponente (z. B. Terephthalsäure)

Polycarbonat (PC)

Polyterephthalate (PTP)

x = 2: Ethylen $(-CH_2-CH_2-)$
x = 4: Butylen $(-CH_2-CH_2-CH_2-CH_2-)$

Bisphenol A   Terephthalsäure[1]

Polyarylate

---

[1]) In amorphen Polyarylaten (S. 358) 1:1 Tere- und Iso-phthalsäure auf 2 Bisphenol A.

sind Grundpolymere für technische Thermoplaste. Die aromatischen Ringe versteifen die Molekülketten und führen zu um so höheren Formstandfestigkeits- und Schmelztemperaturen, je dichter sie aneinandergefügt sind. Voll-aromatische Polyester (PAR Polyarylate) sind hervorragend thermisch stabil, S. 358, 529. „Polyestercarbonate" (PEC), Mischester aus Bisphenolen, Carbonylchlorid und Terephthalsäure haben Glasübergangstemperaturen > 195 °C.

Halb-aromatische Polyester werden einerseits durch aliphatische Kohlenwasserstoffe, andererseits zumindest durch Ethanol und höhere Alkohole nicht angegriffen. Sie absorbieren kaum Wasser und sind – grundsätzlich – physiologisch inert. Infolge des Gehalts an verseifbaren Estergruppen in der Kette werden sie durch Alkalien zerstört. Ihre Beständigkeit gegen (oxidierende) Säuren und die dauernde Einwirkung von Wasser oder Dampf oberhalb 70 °C ist begrenzt. Um Hydrolyseschäden bei der Verarbeitung zu verhüten, müssen Formmassen völlig trocken sein. Polycarbonat ist gegen Säuren besser, in Benzol und Methanol weniger beständig als die Polyterephthalate und – da amorph – mehr spannungsrißgefährdet als diese.

4.1.9.1 *Polycarbonate (PC) und PC-Copolymerisate*

Allgemeine Handelsnamen für PC: Makrolon (DE, US), Xantar (NL), Sinvet (IT), Orgalan (FR), Calibre, Lexan, Makrolon (US), Iupilon, Novarex, Panlite (JP)

Handelsnamen für PC-Copolymere der Basis Bisphenol A/Bisphenol TMC: Apec HT (DE)

Allgemeines: Polycarbonat wird im Schmelzkondensationsverfahren aus Bisphenol A und Diphenylcarbonat unter Entfernung des abgespaltenen Phenols durch Vakuum, durch Einleiten von Phosgen (Carbonylchlorid) in die alkalische wäßrige Lösung eines Bisphenols und Aufnahme des polymeren Produktes durch gleichzeitig anwesendes Lösungsmittel oder in Pyridin-Lösung des Bisphenols mit MG 17000–30000 für Spritzgießmassen, bis > 60000 für Extrusionsmassen hergestellt.

Polymere für Blasformmassen werden durch eingebaute Kettenverzweigungen strukturviskos eingestellt. Thiodiphenol (Bisphenol S) als anteilige Komponente erhöht die Kerbschlagzähigkeit, für optische Anwendungen die Brechzahl n_D auf 1,62 bei Abbézahl 27, Tetramethyl-Bisphenol A erhöht die Wärmestandfestigkeit auf fast 200 °C und die Hydrolysebeständigkeit auch in siedendem Wasser. Für die Folien-Coextrusion z. B. mit E/VOH gibt es bei erniedrigter Temperatur (230 °C) fließbar eingestellte PC-Spezialsorten. Extrem leicht fließbare PC-Prepolymere für Pultrusion und Großteil-Spritzguß, die beim Verarbeiten weiter polymerisieren, sind in Entwicklung (Lexan).

Kennzeichnende Eigenschaften für PC-Formmassen DIN 7744 (1986) Block 3 (s. S. 560):

Tafel 4.35. Richtwerte für PC und PC-Copolymere (Bisphenol A/Bisphenol TMC)

Eigenschaften	Einheit	Polycarbonat (PC)			Polycarbonat-Copolymere (Bisphenol A/Bisphenol TMC)	
		Grundtypen	10–20% GF[1]	35–40% GF	5 Basistypen[3]	20–30% GF[4]
Rohdichte	g/cm^3	1,2	1,27–1,35	1,52	1,18–1,14	1,30–1,38
Mechanische Eigenschaften						
Streckspannung	N/mm^2	≥55	–	–	65	100–118
Streckdehnung	%	6	–	–	7,0	3,0–2,5
Zugfestigkeit	N/mm^2	≥65	70–90	≤160	60	97–116
Bruchdehnung	%	≥100	7–3	2–4	70–50	4–3
Zug-E-Modul	kN/mm^2	2,3	3,5–7,5	~10	2,25	5,9–8,0
Biegefestigkeit	N/mm^2	–	130–145	170	95	160–195
Schlagzähigkeit DIN 54453 ...... 23 °C	kJ/m^2	o. B.	65–30	25	o. B.	35
–40 °C	kJ/m^2	o. B.	65–30	25	o. B.	–
Kerbschlagzähigkeit DIN 53453 ..... 23 °C	kJ/m^2	20–60	15–10	6–10	12–5	10
–40 °C	kJ/m^2	–	–	–	8–5	–
Izod-Kerbschlagzähigkeit ASTM D256	J/m	700–900	105–100	100	200–60[6]	–
Kugeleindruckhärte H30 DIN 53456	N/mm^2	110	–	–	115	–
Thermische Eigenschaften						
Vicat-Erweichungstemp. VST/B...	°C	145–150	145–150	145–150	160–205	188
Formbeständigkeitstemp. ... 1,81 MPa	°C	120–140	135–140	140	140–179	178
0,45 MPa	°C	135–145	142–145	145	152–195	184
Therm. Längenausdehnungskoeffizient...	$10^{-5} \cdot K^{-1}$	7	3–2	2	7,5	2,5–2,0
Wärmeleitfähigkeit...	W/mK	0,21	0,21–0,22	0,23	0,21	–
LOI-Index...	$\%\,O_2$	26	36–32	32–34	24–35[7]	–
UL-Brennbarkeitstest...	(1,6 mm)	V-2	V-0–V-1	V-2–V-1	HB-VO[7]	VO
Elektrische Eigenschaften						
Spez. Durchgangswiderstand	Ohm·cm	$>10^{16}$	$>10^{16}$	10^{16}	$>10^{16}$	$>10^{16}$
Dielektrizitätszahl	60/10^6 Hz	3,0/2,9	3,2/3,0	3,8/3,6	3,0/3,0	3,1÷3,3
Dielektrischer Verlustfaktor	60/10^6 Hz	0,0009/0,01	0,0009/0,008	0,0009/0,009	0,0016/0,0087	0,0015/0,0085
Kriechwegbildung[2]	Stufe	275/100 M	175/100 M	175/100 M (bromfrei)	375[5]–600 / <100 M	225/<100 M
Wasseraufnahme 23° 24–96 h in kaltem Wasser	%	0,36	0,32	0,27	–	–

[1] flammhemmend eingestellt; [2] nach DIN/VDE 0303 T.1; [3] 1. Zahl: geringer TMC-Anteil; 2. Zahl: großer TMC-Anteil; [4] 1. Zahl: 20% GF; 2. Zahl: 30% GF; [5] neue Einheit nach ISO 180: kJ/m^2; [6] gedeckte Einstellungen: 35; [7] gedeckte Einstellungen bzw. FR-Typen: 225

Viskositätszahlen gemessen (ggf. nach Abtrennen von Füllstoffen) mit 0,5% PC in Dichlormethan von unter 46 bis über 70 cm^3/g, Zeichen im Data-Block 46 für < 46, weiter 49, 55, 61, 67 als Mittelwerte für Bereiche ± 3 und 70 für > 70.

Schmelzindex MFI$_{300/1,2}$ über 24 bis unter 3 g/10 min, Zeichen 240 bis 030 in fünf Gruppen entsprechender Abgrenzung wie oben.

Schlagzähigkeit < 10 – > 90 (A0–A9) oder Kerbschlagzähigkeit < 8 – > 40 (B0–B9) nach Charpy DIN 53 483, oder Kerbschlagzähigkeit nach Izod ISO 180 Verfahren 1 A < 10 – > 90 (C0–C9).

DIN 16 780 (1988) gibt Anweisungen zur Kennzeichnung von Polymergemischen durch Volumen-Fließindex, Izod-(Kerb-)Schlagzähigkeit, E-Modul und Wärmeformbeständigkeit.

Allgemeine Eigenschaften s. Tafel 4.35, S. 348.

Lieferformen:

Glasklare, farbig transparente, transluzente und gedeckt eingefärbte PC-Formmassen werden als Granulat geliefert, meist in PE-Säcken verpackt. Ungefüllte PC-Massen, auch UV- und thermostabilisierte, erhöht hydrolysestabile, solche in Lebensmittel-(FDA-)Qualität und leicht entformbare thermostabilisierte Spritzgießmassen haben praktisch gleiche Eigenschaftskennwerte (Tafel 4.35, S. 348). Mit 20–40% Glasfasern verstärkte Spritzgießmassen aus dem von Natur aus schwer entflammbaren PC erfüllen meist die Anforderungen UL 94 V-1, flammgeschützt ausgerüstete ungefüllte und gefüllte Einstellungen auch 0,8 mm dick UL 94 V-0. Ein Flammschutzmittel PC-ähnlicher Struktur ist an der Luft nicht entzündbares Polyphosphonat (POP).

Verarbeitung:

Zur Spritzgießverarbeitung vgl. Tafel 3.8, S. 126. Vorwärmen bzw. Vortrocknen nicht luftdicht gelagerten Materials bei 120 °C auf ≤ 0,02% Feuchtigkeitsgehalt für den Spritzguß und ≤ 0,01% für die Extrusion (nachprüfbar an Blasenbildung bei 250 °C) ist erforderlich. Spritzgießformwerkzeuge sind auf 80–120 °C zu temperieren. Das Schwindmaß von unverstärktem PC ist in allen Achsen gleichmäßig etwa 0,6–0,8% (wanddickenabhängig), von glasfaserverstärktem ein wenig fließrichtungsabhängig 0,25–0,45%. Hinterschneidungen im Formwerkzeug verursachen der Steifigkeit des Materials wegen Entformungsschwierigkeiten. PC-Formteile lassen sich gut polieren und mit Spezialfarben lackieren oder bedrucken. Sie können mit anlösenden Kleblacken oder Reaktionsharzklebstoffen geklebt und durch Reibung, mit HF und Ultraschall geschweißt werden.

Eigenschaften:

PC ist ein überwiegend amorpher transparenter, hart elastischer, aufwärts von − 90 °C schlagzäher Kunststoff, der wegen seiner Maßhaltigkeit und geringen Wasseraufnahme gut für Präzisionsteile geeignet ist. Es ist auch bei hohen Temperaturen gut zeitstandfest (Bild 4.16, S. 362). Die maximalen Dauergebrauchstemperaturen von unverstärktem und verstärktem, massivem und strukturgeschäumtem PC-Formstoff liegen nur wenig unterhalb der PC-Vicaterweichungstemperatur 145–150 °C.

PC-Copolymere auf Basis von Bisphenol A/Bisphenol TMC (TMC = Trimethylcyclohexanon) sind als Versuchsprodukte neu auf den Markt gekommen (Handelsname: Apec HT). PC-Cop. erweitern den Temperaturanwendungsbereich der amorphen glasklaren Thermoplaste bis zu VST B/120-Werten von 160, 172, 185, 195 und 205 °C (theoretisch steigend – bei 100% Bisphenol TMC – bis zu 238 °C, was derzeit allerdings noch nicht voll realisierbar ist), s. Tafel 4.35.

Bei Abrieb- und dynamischer Langzeitbeanspruchung (Maschinenelemente) ist PC nur bedingt anwendbar. Die Lichtdurchlässigkeit für sichtbares Licht ist bei 3 mm Dicke 88%, der Brechungsindex 1,586. Die Kratzfestigkeit von PC wird durch siloxanhaltige Einbrennlacke erhöht.

PC-Sorten, auch Strukturschaum, sind schwer entflammbar. Die elektrischen Eigenschaften sind vom Feuchtigkeitsgehalt der Umgebung und von der Temperatur praktisch unabhängig.

Anwendung

von Formteilen aus PC und PC-Copolymeren für schlagfeste Straßenleuchten, Verkehrsampeln und Fahrzeugsignallichter, temperatur- und schlagbeanspruchte Formteile und Gehäuse für Elektrotechnik, Elektronik, als PC weiter für durchsichtige Abdeck-Kästen und -Scheiben für Schalt- und Meßgeräte, Schutzgläser, hochwertiges Haushaltsgeschirr, extrusions- oder spritzgeblasene Trinkwasserbehälter bis 20 l Inhalt, Melkkannen, Mehrweg-Getränke- und -Milch-Flaschen, Babyflaschen, Feldflaschen, rotationsgeformte Großbehälter, Schutz-Helme und -Brillen, glasfaserverstärkt für tragende Bauteile und Gehäuse von Meßinstrumenten, Kameras, Projektionsgeräten, Ferngläsern, Chronometern, für temperaturbeanspruchte Schaltelemente, Isolatoren, Spulenkörper, Steckverbindungen mit umspritzten Kontakten oder Lötfahnen (Löten in unmittelbarer Nähe des Kunststoffs). Die mechanische und thermische Standfestigkeit und die Brandsicherheit unverstärkten und verstärkten PC-Strukturschaums ($d \geq 0,9$ g/cm^3) werden genutzt in Großteilen wie Straßenbriefkästen, Kabelverteilerschränke, Montageplatten, Schutzverkleidungen, Gehäuse für elektrische Anlagen, Sportgeräte und Laternenmasten. Sicherheitsverbundglas mit PUR-geklebter PC-Einlage erfüllt höchste Objekt- und Personenschutzanforderungen nach DIN 52 290 T. 1 bis T. 5.

Ein besonderes Anwendungsgebiet leichtfließender und besonders reiner Einstellungen für den Präzisionsspritzguß sind Audio-Platten (Compact discs) und laserablesbare Datenspeicher. Hohe Reinheit weisen auch Typen für Korrekturbrillengläser und Scheinwerferlinsen auf.

Polycarbonat-Halbzeuge für Bau und Elektronik s. S. 427 f.

Besonderheiten bei PC-Copolymeren

Die Massetemperaturen beim Spritzgießen sollten zwischen 310 und 340 °C liegen, beim Extrudieren zwischen 280 und 330 °C. Als Werkzeugtemperaturen werden 100 bis 150 °C empfohlen. Auf ein sorgfältiges Trocknen des Granulats unter 0,02% Wasseranteil ist – wie bei Standard-PC – unbedingt zu achten, um einen hydrolytischen Abbau zu vermeiden. Die Schwindungswerte der unverstärkten PC-Copolymeren liegen bei 0,75 bis 0,9%, je nach Erweichungstemperatur bzw VST B-Wert.

Im Vordergrund für die Anwendung steht die erhebliche Steigerung der Formbeständigkeit in der Wärme, verglichen mit Standard-PC. Formbeständigkeitstemperaturen nach Vicat VST B/120 von 160 bis 205 °C (in 5 Stufen zwischen diesen Temperaturen lieferbar). Die Versuchsprodukte haben vierstellige Kennzahlen als Hinweis auf z. B. Anwendungsgebiete, UV-Stabilisierung, Flammschutz und Glasfaserverstärkung.

Transparenz, Fließfähigkeit und Schlagzähigkeit sind vergleichbar mit dem nicht modifizierten PC. Das Fließweg-/Wanddicken-Verhältnis nimmt mit steigendem Bisphenol-TMC-Anteil allerdings etwas ab. Die Schädigungsarbeit im Durchstoßversuch nach DIN 53 443 ist – insbesondere bei tiefen Temperaturen bis – 50 °C – auf ähnlichem Niveau wie bei PC. Die Kerbschlagzähigkeit liegt niedriger als bei Standard-PC. Die elektrischen Eigenschaften entsprechen den Werten von PC.

Flammwidrigkeit und Beständigkeit bei Wärmealterung und gegen UV-Strahlung sind durch Auswahl im Sortiment realisierbar. Die Spannungsriß- und die Chemikalien-Beständigkeit erfordert – wie bei PC – in kritischen Fällen eine Begrenzung auf eine geringe Randfaserdehnung unter 0,3%. Ein Dauereinsatz in Wasser bei Temperaturen oberhalb von 60 °C kann die Anwendung einschränken.

Die Anwendung in Gebieten wie: Elektronik, Elektrotechnik, Haushaltsgeräte, Kfz, Leuchten und Medizintechnik entspricht der von Standard-PC, jedoch geben die Reserven in der Wärmebeständigkeit ein höheres Maß an Sicherheit.

4.1.9.2 *Polycarbonat-Blends*

Allgemeine Handelsnamen:
(PC + ABS): Bayblend T, Bayblend FR, Terblend B (DE), Koblend, Moldex, Mablex (IT), Cycloloy, Pulse, Triax (US), Stapron (NL), Exelloy (JP)
(PC + ASA): Bayblend A, Terblend S (DE)
(PC + SMA): Arloy (US)
(PC + AES): Koblend (IT), Exelloy (JP).

Weitere Legierungen:
(PC + TPU): Texin (US)
(PC + PBT) (auch mit elastifizierender Drittkomponente): Makroblend (DE), Xenoy, Lexan (US), desgl. (PC + PET) (transparent).
Tetramethyl-Bisphenol A, (PC + PS HI): Bayblend H (DE).

Allgemeines: Der überwiegende Teil der (PC + ABS)-Blends basiert auf Bisphenol A – Polycarbonat, als ABS-Komponente wird sowohl Emulsions- als auch Masse-ABS eingesetzt. (PC + ABS)-Blends sind amorph und zeichnen sich durch gute Verarbeitbarkeit und Tieftemperaturzähigkeit aus. Entsprechende Blends mit ASA bzw. AES sind witterungsstabiler bei reduzierter Tieftemperaturzähigkeit. Die Wärmestandfestigkeit läßt sich z. B. durch Einsatz von SMA, α-Methylstyrolhaltigem ABS oder mit speziellen Polycarbonaten erhöhen. Verstärkte Typen mit 10 bis 30% Glasfasern, auch flammwidrig eingestellt, sind am Markt.

Flammwidrige (PC + ABS)-Blends (UL 94 V-0 ab 0,8 mm) beruhen überwiegend auf einer Flammschutzausrüstung aus organischer Bromverbindung, Phosphorsäureestern und Antitropfmittel.

Neuerdings gewinnen Blends mit einem chlor- und bromfreien Flammschutzsystem zunehmend an Bedeutung. Auch in geschäumten Typen wird die UL-Klassifizierung V-0 und V-1 erreicht.

Allgemeine Eigenschaften: Unverstärkte Standardtypen decken mit steigendem PC-Gehalt den Vicat VST/B/120-Bereich von 100 bis 135 °C ab und besitzen Kerbschlagzähigkeiten (DIN 53 453, R.T.) von 25 bis 40 KJ/m². Bei verstärkten Typen wird durch Zugabe von bis zu 30% Glasfasern der E-Modul erhöht (um ca. 2000 MPa pro 10% GF), die Zähigkeit liegt niedriger als bei unverstärkten Typen.

FR-Typen sind im Vicat VST/B/120-Bereich 85 bis 135 °C angesiedelt und weisen Kerbschlagzähigkeiten (DIN 53 453, R.T.) von 10 bis 30 KJ/m² auf.

(PC + ABS)-Blends sind gut lackierbar und galvanisierbar und lassen sich mit konventionellen Techniken bearbeiten (spangebende Verformung, Warmverformung, Schweißen, Kleben).

Tafel 4.36, S. 353 gibt einen Überblick über die Richtwerte.

Lieferformen: (PC + ABS)-Blends sind als opake Granulate (Kopf-, Würfel- oder Stranggranulat) in Sackverpackung (25 kg) und in Großgebinden lieferbar.

Verarbeitung: Zur Spritzgießverarbeitung wird eine Trocknung des Granulats (typabhängig ca. 10 °C unter der Vicattemperatur) auf eine Restfeuchte < 0,05% empfohlen. Die Massetemperatur sollte 280 °C nicht überschreiten, als Werkzeugtemperaturen haben sich 60 bis 100 °C bewährt.

Die Verarbeitung durch Extrusionsblasen kann bei einer Massetemperatur von ca. 245 °C und einer Werkzeugtemperatur von 60 bis 80 °C erfolgen.

Tafel 4.36. Richtwerte für (PC + ABS)- und (PC + PBT)-Blends

Eigenschaften	Maßeinheit	Standardtypen	(PC + ABS) GF-Typen 10–30% GF	(PC + ABS) FR-Typen	(PC + ABS) FR-GF 10–20% GF	(PC + PBT)
Rohdichte	g/cm^3		1,2	1,27–1,35	1,52	1,21–1,24
Mechanische Eigenschaften						
Streckspannung	N/mm^2	40–60	60–80	50–60	–	43–45
Streckdehnung	%	3–5	2–3	3–5	3–4	4
Zugfestigkeit	N/mm^2	35–55	55–75	40–50	70–80	55–57
Bruchdehnung	%	>50	–	>50	–	120
E-Modul (Zugversuch)	N/mm^2	1600–2200	4000–8000	2200–3000	4000–6000	1,9–2,2
Biegefestigkeit	N/mm^2	60–90	100–140	90–110	110–130	85
Schlagzähigkeit a_n 23°C (Charpy)	kJ/m^2	n.g.	20–30	n.g.	25–30	o.B.
$\quad$ −40°C (Charpy)	kJ/m^2	n.g.	5–10	n.g.	–	o.B.
Kerbschlagzähigkeit a_K 23°C (Charpy)	kJ/m^2	25–40	–	10–30	–	40–45
$\quad$ −40°C (Charpy)	kJ/m^2	7–20	–	–	–	6–8
Kugeldruckhärte H 30	N/mm^2	80–90	110–130	100–130	120–130	100
Thermische Eigenschaften						
Vicat-Erweichungstemperatur VST B/120	°C	100–135	130–140	85–135	130–140	120
Formbeständigkeitstemperatur HDT						
$\quad$ A $(1,82\,N/mm^2)$	°C	90–120	110–120	75–115	115–125	85–90
$\quad$ B $(0,45\,N/mm^2)$	°C	95–130	120–130	85–130	120–130	108
Therm. Längenausdehnungskoeffizient	$10^{-4}\cdot K^{-1}$	0,7–1,0	0,3–0,4	0,7–0,9	0,3–0,5	0,7–0,72
Wärmeleitfähigkeit	W/mK	0,19–0,2	0,20–0,22	0,19–0,20	0,20–0,22	–
Sauerstoff-Index	%	20–25	20–25	28–30	30–33	–
Brennbarkeit	Brandklasse	H B	H B	V-0	V-0	–
Elektrische Eigenschaften						
Spez. Durchgangswiderstand trocken	$\Omega\cdot cm$	$>10^{14}$–$>10^{16}$	$>10^{14}$	$>10^{15}$–$>10^{16}$	$>10^{14}$–$>10^{16}$	–
Dielektrizitätszahl trocken bei 50 Hz		2–3	3–4	3–4	3–4	–
Dielektr. Verlustfaktor trocken bei 50 Hz	10^{-4}	20–40	20–30	25–50	20–30	–
Kriechwegbildung CTI	Stufe	250–500	200–300	300–600	150–250	–
Wasseraufnahme 23°C, 24–96 h	%	0,2–0,3	0,15–0,25	0,2–0,3	0,15–0,25	–

Anwendung: Von −30 °C bis 120 °C fast gleichbleibende, durch Verstärkung einstellbare Steifigkeit und hohe Schlagzähigkeit führten zu zunehmenden Anwendungen von elastifizierten PC-Legierungen im Fahrzeugbau sowohl für die Innenausstattung als auch für Karosseriebauteile wie Seitentüren, Frontpartien, Stoßstangen und Spoiler. Unmodifiziertes PC wird von Benzol angequollen und ist daher bei Benetzung mit Superkraftstoff spannungsrißanfällig. Modifizierte Typen, z. B. Koblend PCO (IT), Impax 7000 (US), weisen elastisch lackiert ausreichende Spannungsrißbeständigkeit auf. (PC + PBT)-Legierungen sind unlackiert gegen Superkraftstoff und Kraftstoff M 15 mit 15% Methanol resistent. Mit Synthesekautschuk modifizierte, auch für Motorradfahrer-Schutzhelme und Sportgeräte verwendete Typen sind zugleich bis −50 °C kerbschlagzäh. Lösungsmittel- und treibstoffbeständig sind auch für Autoaußenteile on line lackierbare, für medizinische Geräte sterilisierbare (PC + PA)-Legierungen (Dexcarb, US).

Flammwidrige (PC + ABS)-Blends werden im Bereich Datentechnik eingesetzt (Gehäusematerialien für Computer, Drucker, Laptops etc.), wobei neben der Klassifizierung UL 94 V-0 (1,6 mm) und 4 V-B (2,3 mm) die gute Verarbeitbarkeit, Lichtbeständigkeit, Steifigkeit und Zähigkeit für die Anwendung entscheidend sind.

PC + ABS wird auch im Bereich der Elektrotechnik (Schaltergehäuse, Steckerleisten) verwendet.

4.1.9.3 *Polyalkylenterephthalate (PTP, PET u. PBT)*

Polyethylenterephthalat (PET, auch PETP), und *Polybutylenterephthalat* (PBT, auch PBTP), Formeln s. S. 346, sind bei RT harte, steife, auch bei tiefen Kältetemperaturen schlagzähe teilkristalline Kunststoffe mit gutem Gleit- und Abriebverhalten. Sie enthalten amorphe Anteile mit Glasübergangstemperaturen 50–70 °C, bei diesen sinkt der E-Modul ungefüllter Produkte stark ab. Hoch verstärkte Produkte sind bis nahe den Kristallit-Schmelzbereichen, um 250 °C für PET, 225 °C für PBT, formstandfest.

Hauptanwendungsgebiete für ungefüllte PET sind Streckfolien (S. 430) und mit flächenbezogenen Streckgraden 9–12 geblasene Flaschen (S. 146). Bei diesem Verfahren erzielt man glasklare, durch Mikrokristallisation bei 125–150 °C verfestigte Produkte. Für den Spritzguß kristallisiert unmodifiziertes PET relativ langsam, auch nukleierte erfordern Spritzgießtypen zum raschen Auskristallisieren bei 130–100 °C, und damit elektrische oder ölbeheizte Formwerkzeuge, PBT-Spritzgießmassen dagegen um 90–30 °C Formwerkzeugtemperatur. Es gibt auch (PET + PBT)-Blends (Celanex, DE; Valox, US).

Nach DIN 16779 Teil 1, Block 3 (S. 560) kennzeichnende Eigenschaften von Formmassen sind Viskositätszahlen für PET < 60 bis > 140, für PBT < 90–170, für beide E-Moduli < 1–> 20 GPa. Der Viskositätszahl ist als Kennzeichen für das − die Werte beeinflussende – Lösungsmittel A für Phenol/1,2-Dichlorbenzol 1:1, B für m-Kresol (nur PBT), C für 100 Phenol/72 2.4.6-Trichlorphenol (nur hochkristallines PET) vorzusetzen.

Zu DIN 16780 (1988) für Polymergemische s. S. 559.

Allgemeine Eigenschaften

Mechanische und thermische Eigenschaften s. Tafel 4.37, S. 356. Die guten elektrischen Eigenschaften (spez. Widerstand 10^{16}–10^{14} Ω/cm, KC >600–300, ε_r 3,4–4,5, tan δ <0,01–>0,001) sind wenig frequenz- und temperaturabhängig.

Handelsnamen

PET: Polyclear, Ultradur A (DE), Melinar (GB), Arnite (NL), Crastin (CH), Cleartuf, Tenite, füllstofffrei (speziell für Folien und Flaschen). Selar (US) Polyesterblend-Sperrschichtharz (s. a. S. 338, 340) (US).

Kodar (US) modifiziert mit CHDM (HOCH$_2$-⟨ ⟩-CH$_2$OH), klar amorph, zäh für Folien, Rohre, Profile und Blasformen, T_g 81 °C, Formmasse mit 30% GF (Valox, US), HDT 250 °C

Impet (DE), Grilpet (CH), Petlon, Petra, Rynite (US), FR-PET (JP), schlagzäh modifizierte und verstärkte Formmassen

Ektar (US) modifiziert mit CHDM, verstärkt

Ropet (US) (PET + PMMA); Mindel (US) (PET + PSU) (S. 361)

PBT-Formmassen-Serien für Spritzguß und Extrusion, ungefüllte und verstärkte Produkte auch durch Elastomer-Legierung kältekerbschlagzäh modifiziert:

Celanex, Pocan, Ultradur, Vandar, Vestodur (DE), Orgater (FR), Pibiter, Snialen (IT), Arnite (NL), Miranoren (DD), Crastin (CH), Celanex, Gaftuf (Gafite), Valox (US), Novadur, Shinko-Lac, Toray PBT, Tufpet PBT (JP)

Lieferformen

Luftdicht verpackte Granulate füllstofffrei für Spritzguß, Extrusion, Blasformen; Spritzgießmassen mit Schnittglas-Fasern, gemahlenen Glasfasern und/oder mit Glaskugeln oder mineralisch isotrop verstärkt. Typen in allen Einstellungen von Farbe, Fließverhalten, Zähigkeit, Steifigkeit, Temperaturverhalten, auch flammhemmend bis UL 94-V0 0,8 mm. Eine weitere Modifizierungsmöglichkeit bietet das Einarbeiten von Kautschuk zur Steigerung der Schlagzähigkeit. Blenden der PBT/Kautschuk-Typen mit PC verbessert diese weiter. Einige Sorten sind für den Gebrauch im Lebensmittelverkehr geeignet.

Verarbeitung

Luftfeuchtes Material muß etwa 5 Stunden bei 120 °C vorgetrocknet werden, um eine Esterverseifung bei den Verarbeitungstemperaturen

Tafel 4.37. Richtwerte für thermoplastische Polyester-Formmassen

		Polyterephthalate			Poly-(ether-)ester Elastomere	Polyarylate		
Formmassen	Einheit	PET unverstärkt amorph	PBT unverstärkt	PBT 30/35% GF		amorph	flüssigkristallin unverstärkt	flüssigkristallin 30% CF
Rohdichte	g/cm³	1,34	1,30	1,52/1,71	1,12–1,22	1,21–1,22	1,4	1,5
Streckspannung	N/mm²	55	55–60	–	9,5–27	69–70	–	–
Streckdehnung	%	3,5	3,7	–	56–100	6–9	–	–
Zugfestigkeit	N/mm²	38	35–50	135/150	15–37	60–68	160–200	240
Bruchdehnung	%	300	50–200	3/2,5	215–700	50–65	1–3	1,0
E-Modul (Zug)	kN/mm²	2,1	2,6–2,7	10/17	0,05–0,5[2]	2,0–2,5	9–20	37
Schlagzähigkeit, Charpy 23°C	kJ/m²	o.B.	o.B.	45/35	o.B.	o.B.	45–90	–
Schlagzähigkeit, Charpy −23°C	kJ/m²	o.B.	o.B.	40/30	o.B.	–	bis −80°C	–
Kerbschlagzähigkeit, Charpy −40°C	kJ/m²	2,5	2–5[1]	9/11	o.B.	~25	30–60	–
Kerbschlagzähigkeit, Charpy −23°C	kJ/m²	–	2–5[1]	8/–	–	–	–	–
Kerbschlagzähigkeit, Izod −20°C	kJ/m²	–	7–8	13/14	o.B.(−40°C)	–	35	–
Kerbschlagzähigkeit, Izod −30°C	kJ/m²	–	6,5–7,5	12,5/12	–	–	35	–
Kugeleindruckhärte H 30	N/mm²	–	120–130	190/220	–	110	80	–
Rockwell-Härte	Skala	(M100)	(M80)	–	–	M95	M60–M100	M100
Shore-Härte	Skala	–	(D80)	–	D35–D70	–	–	–
Schmelztemperatur	°C	255	225	–	183–213	–	280–330	–
Vicat VST B/50	°C	73	150–180	215/215	80–203	–	–	–
Formbeständigkeitstemp. ISO 75 A (1,81 N/mm²)	°C	70	55–70	195/215[3]	n. a.[4]–50	168–175	180–250	221
B (0,45 N/mm²)	°C	72	150–170	210/220[3]	54–140	184	–	–
Therm. Längenausdehnungskoeffizient	$10^{-5} \cdot K^{-1}$	8	12–16	2–3	15	7	−0,4/+0,8[5]	−0,3/+0,5[5]
Wärmeleitfähigkeit	W/mK	0,24	0,25	0,24–0,27	–	0,2	–	–
Wasseraufnahme, 23°C gesättigt in Wasser	%	0,16	0,2–0,5	0,2–0,3	0,5–0,75	0,2	0,02	0,03

[1]) Schlagzäh: >35   [2]) Biege-Modul   [3]) PET-30 GF: Fiso A 225°C, B 245°C, sonst ähnlich BTP   [4]) nicht anwendbar   [5]) längs/quer für Spritzguß-Probekörper

bis 30 K oberhalb der Schmelztemperaturen (Tafel 4.37, S. 356) zu verhüten. Bei Überhitzung über den Verarbeitungsbereich hinaus besteht Zersetzungsgefahr. Werkzeugtemperaturen siehe oben. Trotz hoher Verarbeitungsschwindung (1,5–2,5%, verstärkt 0,4–0,8%) ist Umspritzen von Metallteilen auch mit unverstärkten Massen gut möglich, wenn die Wanddicken groß genug sind. GF-verstärkte Massen mit Treibmittelzusatz werden im TSG zu Strukturschaum-Formteilen verarbeitet, Ultraschall- und Reibschweißen sind allgemein, Heizspiegel- und Heißgasschweißen für unverstärkte PTP anwendbar. Zum Verkleben kommen Cyanoacrylat-, EP- oder PUR-Klebstoffe in Betracht.

Anwendungen

PBT-Formstoff kann kurzzeitig bis > 160 °C, dauernd bis 120–140 °C gebraucht werden.

Das kurzzeitig 240 °C aushaltende PET wird der schwierigen Verarbeitung wegen seltener genutzt, es ist in den Sortimenten nur in wenigen, meist GF-verstärkten Einstellungen vertreten. Mit richtiger Spritz- und Werkzeugtemperatur (s. S. 353) verarbeiteter PTP-Formstoff ist nicht spannungsrißgefährdet.

Hoch beanspruchbare technische Präzisions-Spritzgußteile wie Schaltwalzen, Laufrollen, Lager, Gleitführungen, Zahnräder, Haushalts- und Büromaschinensockel und -gehäuse, verstärkt mit hoher oder Wechseltemperatur-Beanspruchung, bei entsprechender UL-Spezifikation Steckerleisten, Schalterbauteile, weiter (lackierbare) kraftstoff- und witterungsbeständige Funktionsteile im Fahrzeugbau, Zündkerzenstecker, Benzinfilter, Fensterheber, Scheibenwischerbügel, Spoiler, Stoßfänger, schlagzäh modifiziert auch großflächige Karosserieteile, biegsame Lichtwellenleiter-Ummantelungen. Zu (PC + PBT) s. S. 353.

Geblasene PET-Flaschen (3–0,25 l, S. 146) für kohlensäurehaltige Getränke werden mit PVDC o.a. CO_2- und O_2-Barriereharz beschichtet. Formgeblasene Weithalsbehälter, aus Folie warmgeformte Mikrowellenherd-Portionsschalen sind weitere Verpackungs-Großanwendungen. PET-Packmittelrücklauf kann zu Formmassen oder Füllfasern (z. B. für Schlafsäcke) aufgearbeitet werden. Weiteres über Packmittel s. S. 434.

PET- und Copolymer-Folien s. S. 429.

4.1.9.4 *Thermoplastische Poly(ether)ester-Elastomere (TPE bzw. TPE-E)*

Handelsnamen: Riteflex (DE), Pipiflex (IT), Arnite (NL), Bexloy V, Ecdel, Elastuf, Gaflex, Hytrel, Lomod (US), Pelprene (JP).

Aufbau und Eigenschaften: Blockpolymere von Weichsegmenten aus Polyalkylen-ether-Diolen und/oder langkettigen aliphatischen Disäureestern mit teilkristallinen PBT-Segmenten umfassen das Grenzgebiet von stramm gummiartigen zu hoch flexibilisierten technischen Kunststoffen (Bild 4.13, S. 343, Tafel 4.37, S. 356). Mit Anwendungstemperaturbereichen von −40 °C bis 100 °C vereinen sie gute Zeit-standfestigkeits-Eigenschaften mit ermüdungs- und hysteresefreier Gummi-Elastizität. Sie sind gegen Treib- und Schmierstoffe beständig, hydrolysefest, UV- und witterungsbeständig einstellbar.

Verarbeitung: Folien- und Schlauchextrusion, Blasformen und Spritzgießen um 250 °C.

Anwendungen: Membranen, Schläuche, Ummantelungen, Falten-bälge, Abdeckkappen, Pufferungen, Kupplungs- und Antriebsele-mente, Dichtungen, (Ski-Lang-)Laufschuhsohlen, Karosserieteile.

Mit hydrophilem Polyol porenlos wasserdampfdurchlässige Folien für Textil-Beschichtung.

4.1.9.5 *Amorphe Polyarylate (PAR) und Polyestercarbonate (PEC)*

Grundformel S. 346, auch Copolymere.

Handelsnamen Ardel, Carodel, Durel (US), U-Polymer (JP); Apec (DE), Lexan PPC (auch HH-Lexan, US).

Amorphe Polyarylate sind gelbstichig transparente, schlagzähe Ther-moplaste mit Erweichungs-(Glasübergangs-)Temperaturen über 180 °C. Sie sind von Natur aus schwer entflammbar und unverstärkt oder mit GF-Verstärkung auf UL 94-V0-Anforderungen einstellbar. Mit guter Witterungsbeständigkeit, Zeitstandfestigkeit und hohen elektrischen Werten sind sie für Dauergebrauchstemperaturen bis 150 °C anwendbar. Zur chemischen Beständigkeit der Esterbindung s. S. 347. Von aromatischen Kohlenwasserstoffen, Ketonen, Estern, cyclischen Ethern und chlorierten Kohlenwasserstoffen (außer Te-trachlorkohlenstoff) werden sie angegriffen. Sonstige Eigenschaften s. Tafel 4.37, S. 356.

Polyestercarbonate (PEC) mit 50 bis 80% Anteil an aromatischen Di-carbonsäuren erweitern den Temperaturanwendungsbereich der amorphen glasklaren Thermoplaste bis zu VST B/120-Werten von 170 bis 182 °C. Die neuen PC-Copolymerisate (s. 4.1.9.1, S. 347) wer-den die Polyestercarbonate (PEC) vermutlich teilweise ersetzen.

Verarbeitung: Bei 120–140 °C vorgetrocknet im Spritzguß und Extrusion bei 310–380 °C Massetemperatur, Werkzeugtemperatur 40–100 °C, Formschwindung in Fließrichtung 0,2%, senkrecht dazu 0,7–0,9%.

Anwendungen: Solarzellen, Funktionsteile für Elektronik, Elektro-technik, Gerätebau, Medizin mit hohen Anforderungen an Brand-sicherheit und Formstabilität bei hohen Temperaturen, auch mit Schnappverbindungen, transparentes Mikrowellengeschirr.

4.1.9.6 *Selbstverstärkende kristalline Polyarylate*

Handelsnamen: Ultrax (DE); Vectra (DE/US); Victrex (GB); Gran-lar (IT); Ekkcel, Xydar (US); Ekonol, Novoaccurate, Rodrun (JP).

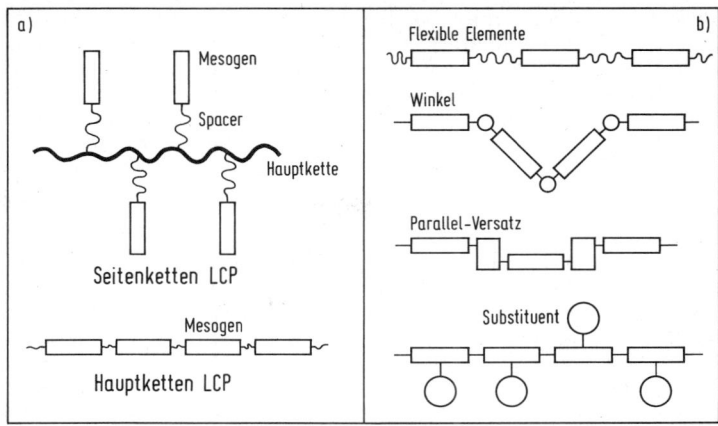

Bild 4.15. Bauprinzipien flüssig-kristalliner Polymere
  a) Hauptketten- und Seitenketten-LCP
  b) Störstellen in thermotropen Hauptketten-LCP

Struktur und Verhalten: Poly-para-Arylate und -Aramide (S. 529) mit stabförmigen steifen Makromolekülen sind praktisch unschmelzbar, gelöst („lyotrop") bilden sie mesomorphe flüssig-kristalline Phasen. Durch gezielten Einbau von Störstellen zwischen „mesogene" Bereiche solcher Moleküle kommt man zu „thermotropen", bei 250 bis 400 °C schmelzbaren flüssig-kristallinen *Hauptketten-LCP* (Liquid Crystalline Polymers, Bild 4.15 a). Störstellen (Bild 4.15 b) können flexible CH_2-Sequenzen, eingebaute Winkel (z. B. durch Iso-Phthalsäure), Parallel-Versatz (2,6-Hydroxynaphthoesäure, HNA o. ä., „Crankshaft"-Polymere) oder voluminöse Substituenten sein. In zahlreichen Varianten – auch über Co-Polyestercarbonate – werden „nematische", aus lediglich parallel geordneten Stabmolekülen bestehende Phasen erzielt, die bei 280–330 °C extrem niederviskos fließbar und rasch erstarrend auf normalen Spritzgieß-Maschinen mit auf 70 bis 130 °C geheizten Formwerkzeugen oder durch Extrudieren zu bis 200 °C dauergebrauchsfähigen Erzeugnissen verarbeitbar sind.

Die LCP-Moleküle ordnen sich beim Erstarren „selbstverstärkend" in Fließrichtung so, daß die Produkte in dieser Richtung beansprucht – bis -80 °C wenig temperaturabhängig – gleich hohe Festigkeit, Steifigkeit und Schlagzähigkeit aufweisen wie hoch kurzfaserverstärkter Formstoff (Tafel 4.37, S. 356). Zusätzliche feinteilige Verstärkerfüllstoffe erbringen weniger Erhöhung dieser Werte als Verminderung der Anisotropie, derzufolge insbesondere aus den leicht fließbaren LCP gut herstellbare filigrane Formteile mit geringer Wanddicke und langen Fließwegen quer zur Fließrichtung nur

Bruchteile der mechanischen Eigenschaftswerte in der Vorzugsrichtung erreichen. Laminare Fließnähte sind Schwachstellen. Die Gestaltung von LCP-Formteile und der Werkzeuge für diese erfordert Berücksichtigung der durch das anisotrope LCP-Strömungsverhalten gegebenen besonderen Voraussetzungen. Extrudierte Profile können holzähnlich fasrige Bruch-Bilder aufweisen. Aus speziellen Extrusionstypen fertigt man mittels Längs- und Querverstrecken isotrope Folien. (PA + LCP)-Legierungen s. S. 337.

Eigenschaften: s. Tafel 4.37, S. 356.

Außer durch ihre hohe mechanische Beanspruchbarkeit sind Hauptketten-LCP durch Beständigkeit gegen Lösungsmittel, Treibstoffe und Chemikalien außer oxidierenden Säuren und starken Alkali in weitem Temperaturbereich, inhärente Flammwidrigkeit (V-O) mit geringer Rauchentwicklung, bis auf geringe Kriechstromfestigkeit sehr gute elektrische Werte (Bild 4.17, S. 363), Strahlenbeständigkeit und Kurzwellentransparenz gekennzeichnet. Die Wasseraufnahme sowie Schrumpfung und Wärmeausdehnung in Fließrichtung sind minimal.

Anwendungen sind, vor allem für die Luft- und Raumfahrt, komplizierte (lötfähige) Bauteile für Mikro- und Optoelektronik, ähnliche im Kraftfahrzeug-Treibstoff-System, thermisch und chemisch hoch beanspruchte Füllkörper im Apparatebau, Mikrowellengeschirr.

In *Seitenketten-LCP* (Bild 4.15 a, S. 359) sind mesogene Molekülbereiche über bewegliche Zwischenglieder (Spacer) quer an leicht schmelzbare lineare Makromoleküle angepfropft. Die Molekülteile sind nicht doppelbrechend. Mesogene sind in der kristallinen Schmelze im elektrischen Feld ausrichtbar (Doppelbrechung). Seitenketten-LCP sind dadurch als „Funktionspolymere" (S. 31) für die Speicherung elektro-optischer einfrierbarer, durch Aufschmelzen löschbarer Informationen anwendbar.

4.1.10 Lineare Polyarylen-ether, -etherketone-, -sulfide, -sulfone

Die lineare Verknüpfung aromatischer Ringstrukturen über Sauerstoff- oder Schwefel-Atombrücken – durch oxidative Kupplung (S. 56) im Falle der Poly-aryl-ether (oder -oxide), durch Kondensationsreaktionen in dem der Poly-aryl-thioether (oder -sulfide) und der Sulfone über die SO_2-Gruppe – führt zu hoch schmelzenden Polymeren mit steifen Molekülsegmenten (Grundformeln und Handelsnamen Tafel 4.38, S. 361)*). Technische Kunststoffe dieser Art aus amorphen Polymeren haben von tiefen Temperaturen bis nahe zu Glasübergangstemperaturen > 200 °C, solche aus teilkristallinen zumindest verstärkt bis zu Temperaturen unterhalb der Kristallit-

---

*) „Phenoxy-Harze", hochmolekulare lineare Epoxidharze (s. S. 464) sind gemischt aromatisch-aliphatische Polyether mit T_m 70–250 °C. Sie werden als Imprägnier-, Lack- und Klebharze verwendet.

Tafel 4.38. Polyaryl-Ether, -Etherketone, -Sulfide, -Sulfone

Stoffgruppe	Kurz-zeichen	Struktur-Elemente	T_m^1 °C	T_s^2 °C	Handelsnamen	Bemerkungen
1 *Polyphenylenether* (oder *-oxide*)	PPE (oder PPO)	nicht mod., kristallin	265	120	Arilex (SU); Biapen (PL)	nicht kommerziell
Pfropf-Cop. und/ oder Blends – mit PS, S/B	PPE mod. (PPOS)	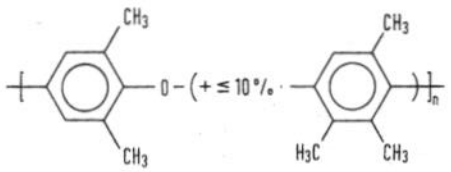	–	<80–200	Luranyl, Vestoran (DE), Noryl (US, NL); Prevex (US); Iupiace, Xyron (JP), Tarnoform (PL)	zahlreiche Sorten, auch schwerentflammbar und/ oder verstärkt
– mit PA	PPE + PA		–	≥210	Noryl GTX, Prevex (US), Ultranyl, Vestoblend (DE)	
2 *Polyaryletherketone* Polyaryletherketon	PEEK PAEK	z. B. 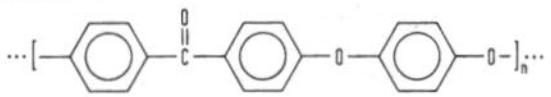	340–375	210–350	Hostatec, Ultrapek (DE), Victrex (GB), Kadel (US)	PEK, PEEK, PEEKK, PEKEKK[3]
3 *Polyphenylensulfid*	PPS	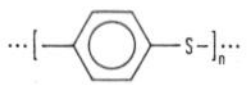	280–290	240–250 (verstärkt)	Fortron (DE, US), Tedur (DE); Primef (NL), Craston, Ryton, Supec (US)[4]	Formmassen verstärkt, unverstärkt T_g 85 °C
4 *Polyarylensulfone* Polysulfon	PSU	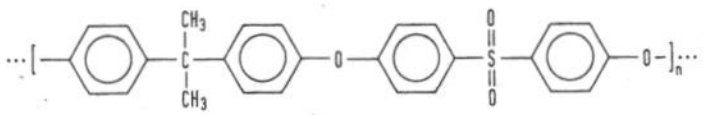	–	170–185	Ultrason S (DE), Udel (US) + ABS: Mindel (US)[5]	T_g ca. 185 °C, transparent amorph
Polyethersulfon	PES	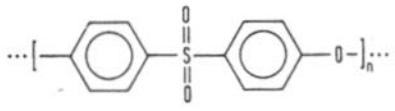	–	180–215	Ultrason E (DE)	T_g 225 °C, transparent
Polyaryl(en)sulfon (auch Polyphenylsulfon)	PAS PPSU		–	190–215	Radel (US)	

¹) T_m = Schmelztemperatur des kristallinen Gefüges; ²) annähernde Erweichungstemperaturen (Vicat, HDT); ³) verschiedene Typen (PEK, PEEK, PEEKK, PEKEKK) mit unterschiedlichen Schmelzpunkten und Glasübergangstemperaturen; ⁴) Toraylina (JP), Tophlen (JP); ⁵) + PET: Mindel B; + PC: Mindel S

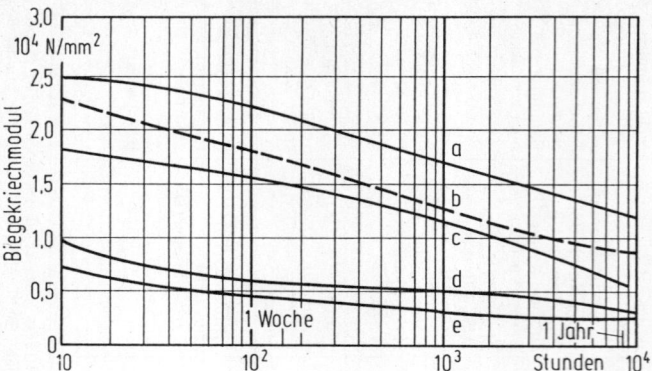

Bild 4.16. Zeitstandwerte bei höherer Temperatur für Thermoplaste mit Phenylresten in der Molekülkette. Biegekriechmoduli für

a	Polyethersulfon	bei 150 °C und 6,9 N/mm² Biegespannung
b	Polyethersulfon	bei 150 °C und 21,0 N/mm² Biegespannung
c	Polysulfon	bei 150 °C und 6,9 N/mm² Biegespannung
d	Mod. Polyphenylenoxid	bei 100 °C und 6,9 N/mm² Biegespannung
e	Polycarbonat	bei 120 °C und 3,5 N/mm² Biegespannung

schmelzpunkte brauchbare mechanische Eigenschaften, insbesondere hohe Zeitstandfestigkeiten mit geringer Kriechneigung (Bild 4.16). Chemisch sind diese Polymere weitgehend resistent gegen Säuren und Laugen, durch heißes Wasser oder Dampf nicht hydrolysierbar und nicht oxidationsempfindlich. Schon die nicht modifizierten Polymere sind schwer entflammbar (s. Sauerstoff-Index, Tafel 4.39, S. 364/365). Sie eignen sich für Anwendungen in der Elektrotechnik und der Elektronik mit hohen Anforderungen an das Brandverhalten (UL 94 V0/V5-Einstufung wird ohne halogenhaltige Brandschutzmittel erreicht) und die Temperaturbeständigkeit (Bild 4.17, S. 363). Chlorierte Kohlenwasserstoffe greifen alle amorphen Produkte an, Sulfone sind bei Einwirkung bestimmter Ketone, Ester und Aromaten durch Anlösen oder Spannungsrißbildung gefährdet.

Über die Grenzen der Gebrauchsbeständigkeit gegen Motor- und Düsen-Kraftstoffe, Schmiermittel, Industrie- und Haushaltsreiniger und Desinfektionsmittel unter Spannung und bei hohen Temperaturen gibt es umfangreiche Unterlagen. Die Beständigkeit gegen Beta- und Gammastrahlen ist hoch. Physiologisch sind die Polymere indifferent, Zulassungen für Lebensmittelgebrauch liegen in vielen Ländern vor. Die hohen Erweichungstemperaturen der unmodifizierten Polymere erfordern für Spritzguß (s. Tafel 4.39, S. 364/365) und die Extrusion von Profilen und Folien Verarbeitungstemperaturen von 300–420 °C. Regranulat ist wiederverarbeitbar. Schweißen, Kleben mit anlösenden oder Reaktionsharzklebstoffen, Warmformen von Halbzeug, Beschichtungs-Pulvertechniken sind möglich.

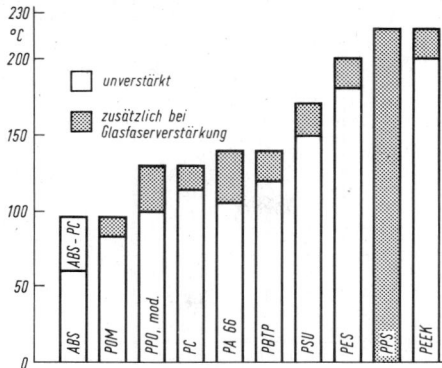

Bild 4.17. Maximale Langzeitgebrauchstemperatur von technischen Thermoplasten als Isolierbaustoffe für stromführende Teile (alle Eigenschaften) nach der Einstufung der Underwriters' Laboratories

Produkt-Gruppen

Handelsnamen s. Tafel 4.38, S. 361.

1. *Modifizierte Polyphenylenether* (oder -oxide, PPE, PPO) verdanken beträchtliche technische und wirtschaftliche Bedeutung der unbegrenzten Compoundierbarkeit von PPE und Styrol-Polymeren zu preisgünstigen Formmassen (PPOS), die bei Temperaturen $< 320\,°C$ zu gut kälteschlagzähen (a_n–40 o. B.) steifen, bis $> 100\,°C$ dauergebrauchsfähigen amorphen Formteilen verarbeitet werden können. Mit Kurzzeit-Belastbarkeiten bis 200 °C verbinden sie Dimensionsstabilität und Maßgenauigkeit, Heißwasserbeständigkeit und geringe Wasseraufnahme. In Einstellungen von leichtfließenden Spritzguß- bis zu hochviskosen Extrusions- und Blasformmassen gibt es halogenfrei bis UL 94 V-0/V-5 flammgeschützte, antistatische, faserverstärkte, wie auch elastifizierte Typen für im Brandfall raucharme Draht- und Kabelumspritzung. Bevorzugte Anwendungsgebiete der steifen Typen sind Fahrzeugarmaturentafeln und Innenverkleidungsteile, Gehäuse, auch als strukturgeschäumte Großformteile für Büromaschinen, Fernseh- und Elektrogeräte sowie andere Formteile für Installations- und Elektrotechnik. Laminieren oder Coextrudieren hoch viskoser, auch verstärkter PPE-Typen (Vestoran, DE) mit schwefelvernetzbaren Kautschukmischungen führt beim Heiß-Vulkanisieren zu Kunststoff-Kautschuk-Verbunden, deren Verbundfestigkeit höher als die Reißfestigkeit des vulkanisierten Kautschuks ist.

Blends oder Legierungen aus dem amorphen PPE mit teilkristallinen Polykondensaten (z. B. Ultranyl, Vestoblend) bieten optimierte Eigenschaftsprofile mit besserer Lösungsmittel- und Spannungsrißbe-

Tafel 4.39. Eigenschaftswerte von Polyaryl-Ethern, -Sulfiden und -Sulfonen

Eigenschaften	Einheit	Modifizierte Polyphenylen-ether (PPE mod.)		Polyaryl-Ether-ketone (PAEK)
		unverstärkt	mit 30% GF	unverstärkt
Spritzguß				
Vortrocknungstemperatur	°C	85–100[1])	80–100[1])	≥ 150
Verarbeitungstemperatur	°C	250–320	280–320	360–430
Werkzeugtemperatur	°C	70–100	70–110	160–210
Schwindung	%	0,5–0,7	0,1–0,4	1,0–1,6[2])
Dichte	g/cm³	1,06–1,08	1,27–1,29	1,3
Mechanische Eigenschaften				
Zugfestigkeit	N/mm²	45–65[3])	100–120	90–105[3])
Streckdehnung	%	2–7	–	5–6
Bruchdehnung	%	30–50	2–3	30–> 50
Zugfestigkeit	N/mm²	40–50	90	65[3])
bei erhöhter Temperatur	°C	bei 75	bei 100	bei 100
Zug-Modul	kN/mm²	2,1–2,7	8–9	4
Biegefestigkeit	N/mm²	85–100[3])	130–160	130
Schlagzähigkeit	kJ/m²	o. B.	12–16	o. B.
Kerbschlagzähigkeit	kJ/m²	12–22	5–6	8–10
Izod-Schlagzähigkeit[5]) 20°C	J/m	200–400	80	o. B.
Izod-Kerbschlagzähigk. − 40°C	J/m	120–150	70	50–130
Kugeleindruckhärte (H 30)	N/mm²	90–100	140–180	220
Rockwell-Härte		R 113–R 119	L 108	–
Thermische Eigenschaften				
Vicat-Erweichungstemp. B/50	°C	105–200	145	> 240
Formbeständigkeitstemp.				
HDT/A, 1,82 MPa	°C	95–180	135	150–170
Therm. Längenausdehnungskoeff.	$10^{-5} \cdot K^{-1}$	6–7	3	4
Wärmeleitfähigkeit	W/Km	0,16–0,22	0,23	0,22
Sauerstoffindex	%	SE-Typen: 28–36		35–40
Elektrische Eigenschaften				
Spez. Durchgangswiderstand	Ohm·cm	10^{15}	10^{15}	$> 10^{15}$
Dielektrizitätszahl	< 1 kHz/ 1 MHz	2,7/2,6	3,2/3,1	3,4–3,3
Dielektrischer Verlustfaktor	< 1 kHz/ 1 MHz	0,0004/ 0,0009[8])	0,0009/ 0,0015	0,001 bis 0,004/–
Wasseraufnahme, 24 h	%	0,07–0,08	0,06–0,07	RF 40%: 0,15
Sättigung	%	0,15–0,35	0,12–0,18	~ 0,8

[1]) im allgemeinen nicht nötig.
[2]) Schwindung nach ca. 30 min.
[3]) Streckspannung.
[4]) Brechungsindex PES 1,65, PSU 1,63.
[5]) nach ASTM, D 256.

Tafel 4.39. Fortsetzung

Polyphenylen-sulfide (PPS)	Polyethersulfone (PES)[4]		Polysulfone[4] PSU
GF/GFM ca. 40/65%	unverstärkt	mit 30% GF	unverstärkt
120–150	130–150	130–150	130–150
300–360	340–390	350–390	320–360
130–160	140–180	150–190	120–160
0,2–0,6	0,6–1,0	0,2–0,6	0,5–0,9
1,6–2,1	1,37	1,60	1,24
200–140	84–94[3]	152	80[3]
–	5–6	–	5–6
1,9–1,0	15–40	2	20–100
–	41	76	40
	bei 180	bei 180	bei 150
19–22[6]	2,8	10,6	2,7
260–150	–	–	106
28–10	o. B.	20–30	o. B.
8–6	6–8	6–8	6–8
85–43	o. B.	30–40	o. B.
–	–	–	–
–	148	221	
R 121–R 123	M 88	M 97	M 69 (R 120)
–	215	217	184
> 260[7]	200	225	170
2,2–2,8	5,5	2,1	5,6
0,3	0,18	0,23	0,18
> 45	34–41	41–45	30
> 10^{15}	> 10^{16}	≥ 10^{16}	≥ 5·10^{16}
3,9–4,6/3,8–4,5	3,6/3,5	4,2/4,1	3,2/3,2
0,001–0,017/ 0,001–0,016	0,002/0,011	0,002/0,010	0,001/0,006
< 0,05	–	–	0,3
–	2,1	1,5	0,8

[6] Biege-Modul 13–17 kN/mm².
[7] nach Tempern bei 200 °C.
[8] V-0 Typen: 0,0007/0,0024; verstärkt 0,0020/0,0021.

ständigkeit als der amorphe, geringerer Verarbeitungsschwindung und Verzugsneigung als der kristalline Werkstoffanteil.

Temperaturstandfestigkeit bis 210 °C bei vorzüglicher Kälteschlagzähigkeit hat man mit unverstärkten und verstärkten Compounds auf Basis von PPE/PA 66-Pfropfpolymeren für on line lackierbare Karosserieteile sowie öl- und treibstoffbeständige Teile unter der Haube erreicht. (PPE + PBT)-Legierungen nehmen weniger Wasser auf, sind aber nicht ganz so temperaturbelastbar.

PPE/PA-Pulver werden in wäßriger Schaumemulsion mit Glasfasern nach dem Radlite-Herstellungsverfahren zu flächigem glasmattenverstärktem Vlies-Halbzeug (Azloy, S. 376) für großflächige Formteile verarbeitet.

2. Die teilkristallinen *Polyaryletherketone* (PEK, PEEK) sind schwer entflammbar (V-0 oder V-5 in 2,3–1,5 mm Dicke ohne Flammschutzmittel), nicht spannungsrißgefährdet, hoch beständig gegen Chemikalien, Lösemittel, Strahlung und Witterungseinflüsse, zäh und abriebfest, auch GF-verstärkt, belastbar von − 250 °C bis zu Dauergebrauchstemperaturen um 250 °C. Sie erfüllen Ansprüche der Raum- und Luftfahrt, Kern- und Erdölförder-Technik an spritzgegossene und spanabhebend gefertigte technische Teile, Folien (Stabar, Litrex, S. 425), Rohre wie auch für Draht- und Kabelumhüllungen und Erzeugnisse aus Monofilaments. Mit PEEK oder PEK imprägnierte CF-Rovings oder -Gewebe als Struktur-Werkstoffe (S. 10) und weitere Varianten der Polymeren (PEKK, PEEKK, PAEK) sind Entwicklungsprodukte.

3. Teilkristallines *Polyphenylensulfid* (PPS) ist seiner niedrigen Glastemperatur und seiner geringen Zähigkeit wegen (Tafel 4.38, S. 361) vorwiegend als in zahlreichen Abstufungen und Einstellungen mineralisch und/oder mit Glasfasern hoch gefüllter HT-Thermoplast mit günstigem Preis/Leistungsverhältnis für inhärent flammwidrige, dimensionsstabile, bis auf Einwirkung von starken Oxidantien, Aminen und chlorierten Kohlenwasserstoffen chemisch gut beständige, bis 260 °C formstandfeste Erzeugnisse für Dauergebrauch > 200 °C auf dem Markt. Anwendungen sind Mikro-Präzisionsspritzguß für die Feinwerktechnik, Einkapselungen von Chips und andere Elektronik-Bauteile (anstelle von Duroplasten), im Fahrzeugbau Funktionsteile unter der Haube, Lampen- und Scheinwerfersockel, weiter Pumpengehäuse und -Funktionsteile, auch Strukturschaum und Folien.

Amorphe Polyarylen-Sulfid-Sulfone (PPSU, US) mit T_g 215 °C, Polyarylenketonsulfid (PKS, JP) mit T_g 250 °C nähern sich der Marktreife.

4. Die harten amorphen, schwach gelbstichig transparenten *Polyarylensulfone* (PSU, PES) werden ungefüllt und bis 40% GF-verstärkt bevorzugt im Spritzguß verarbeitet. Die dimensionsstabilen, gegen wäßrige Medien und Dampf, Schmiermittel und Getriebeöle (weni-

ger gegen spannungsrißgefährdende polare und aromatische Lösemittel) beständigen Formteile sind hervorragend zeitstandfest aus
PES von −100 bis +200°C, aus PSU bis 170°C Grenztemperatur
einsetzbar. GF-verstärktes PES ist bis 180°C ohne Verformung langzeitig belastbar. Bezüglich der Flammwidrigkeit ist PES 0,5 mm
dick, PSU 30 GF 1,5 mm dick ohne Flammschutzmittel V-0 klassifi-
zierbar. Für elektrotechnische Anwendungen ist die geringere Wasseraufnahme von PSU vorteilhaft. Wegen der guten Hydrolysebeständigkeit ist PSU ein geeigneter Werkstoff für mehrfach heiß-
dampfsterilisierbare, transparente medizinische Apparate. Weitere
Anwendungen sind transparente Heißwasser- und Heißluft-Haus-
haltsgeräte, Sichtscheiben u. a. Bauteile für Küchenherde, Durchflußmesser in Fernheizleitungen. PSU und PES entsprechen zahlreichen nationalen Vorschriften für Lebensmittelbedarfsgegenstände.
Polysulfone sind nicht UV-beständig.

Neben Formteilen für Elektrotechnik und Elektronik ist auch transparente Isolierfolie von Bedeutung, deren dielektrisches Verhalten
kaum frequenz- und temperaturabhängig ist. Aus Apparatebau-An-
wendungen seien PES-Wärmeaustauscher für Rauchgasreinigungs-
anlagen erwähnt. Im Flugzeugbau werden auch durch Warm-For-
men gut verarbeitbare PES-Spezialeinstellungen wegen ihrer Flammwidrigkeit, ihrer geringen Rauchentwicklung und Wärmefreisetzung
für viele Innenausstattungsteile eingesetzt. Unidirektionale Kompo-
site mit 60 Vol.-% CF-Rovings in PES-Matrix erreichen 1800–2200
MPa Längszugfestigkeit bei 120–130 GPa E-Modul.

Durch ihre spezifischen Eigenschaften und die Möglichkeit rationeller Massenfertigung auch komplizierter maßhaltiger Formteile aus
der Schmelze ohne Nachbearbeitung und Abfall, erfüllen die hoch
temperaturstandfesten „engineering thermoplastics" der Gruppe
4.1.10 technisch und zunehmend auch wirtschaftlich in vielfältiger
Hinsicht Anforderungen für Anwendungsbereiche, für die bisher
entweder in mehreren Arbeitsgängen gefertigte Metallteile, gegebenenfalls in Verbindung mit Glas, Duroplasten oder Keramik, erforderlich waren.

Polyethersulfon-Schaumstoff Ultratect wird aus mit Ketonen ange-
quollenem Gel durch Druckverminderung in der Hitze blockgeschäumt. Der thermoplastische, zähharte Schaumstoff besitzt bei
Rohdichten von 0,05 g/cm³ die Druckfestigkeit von 0,6 N/mm²
(nach DIN 53421) und eine hohe Wärmeformbeständigkeit (210°
nach DIN 53424). Wegen seines sicheren Brandverhaltens erfüllt er
die Bedingungen für einen Einbau im Flugzeug-Innenraum. Durch
das Auflaminieren harzhaltiger (PF, PES) Gewebe (Prepregs) entstehen leichte und steife Sandwich-Strukturen.

Tafel 4.40. Lineare Polyimide

	Grund-Typen	Kurz-zeichen	Grundstrukturen	Komponenten s. Abschn. 4.1.6.4, S. 324, u. 4.2.6.5, S. 423	Handels-namen
1	Modifiziertes Poly(meth)-acrylimid (PMI)	PMMI	Grundformel siehe Bild 4.8, S. 324 Grundformel siehe S. 423	Methacrylnitril, Methacrylsäure, s. a. S. 318	Kamax, Oro-glas XHT (US)
2	Poly(amid-imid)	PAI	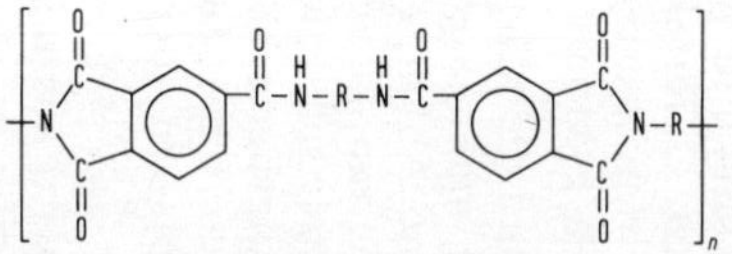	Trimellithsäureanhydrid (Tafel 4.81, S. 531) Diisocyanate (S. 470) und/oder diamine, R = unbekannt	Torlon (US)
3	Poly(ether-imid)	PEI	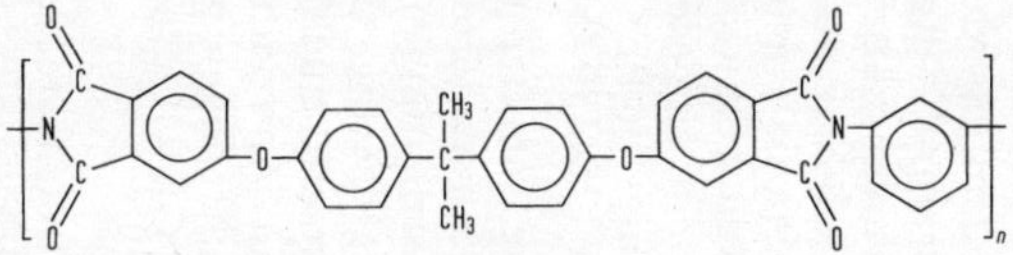	m-Phenylendiamin, Phthalsäureanhydrid + Bisphenol A (Tafel 1.5, S. 22/23)	Ultem (US)
4	Poly(imid-sulfon)	PISO	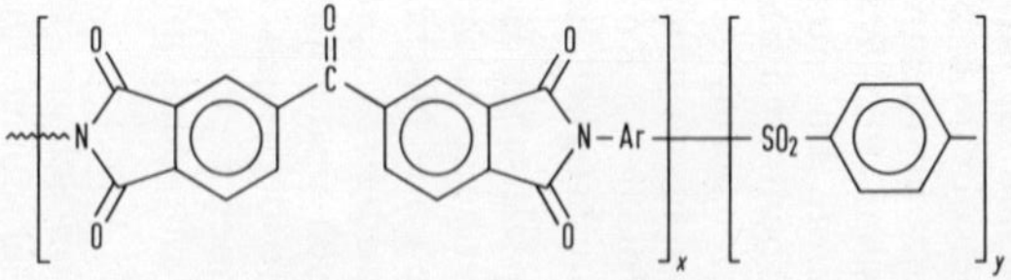 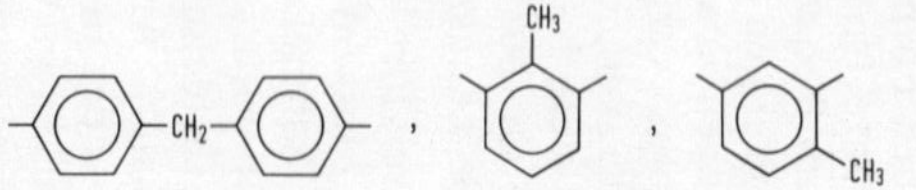	Trimellithanhydrid, Diisocyanate, aromatische Zwischenprodukte	Vectra (DE)
5	Maleinimid-Copolymere	–	Coreaktionen mit Bismaleinimid (S. 531, Tafel 4.81 C)		Malecca (JP)

4.1.11 Lineare Polyimide

Polyimide mit der

$$\text{Imid-Gruppe} \quad O = C - \overset{|}{N} - \overset{|}{C} = O$$

oder verwandten Gruppierungen (S. 530f.), z. B. des Benzimidazols (PBI) (Tafel 4.81 D, S. 531) in Leiter- oder Halbleiter-Polymeren (Bild 4.29 b, c, S. 529) mit aromatischen oder heterozyklischen Kernen sind im Endzustand nicht schmelzbare, hoch wärmebeständige Spezial-Kunststoffe. Die Grundformeln und Handelsnamen einiger modifizierter linearer, daher thermoplastischer Polyimide sind in Tafel 4.40, S. 368 zusammengestellt.

Eigenschaftswerte dieser Produkte s. Tafel 4.41, S. 370.

1. Modifiziertes Polymethacrylimid (PMI) ist eine Neuentwicklung, Kurzzeichen: PMMI, s. S. 324. *PMMI* ergänzt die verwandten PMMA-Formmassen für Außenanwendungen mit erhöhten Anforderungen an die Wärmestandfestigkeit. PMI-unmodifiziert (S. 423) ist ein hoch wärmestandfester Hartschaum-Kernwerkstoff für Strukturbauteile.

Polyetherimid-Schaumstoff Airex R 82.90 wird auf Basis von Ultem nach einem ähnlichen Verfahren wie das auf S. 342 beschriebene Produkt aus Polyethersulfon hergestellt. Beide Schaumstoffe besitzen sehr ähnliche Eigenschaften. Als Treibmittel dienen hier Halogenkohlenwasserstoffe.

2. *PAI* ist mit 220 N/mm² Reißfestigkeit und 6% Bruchdehnung bei − 196 °C, 66 N/mm², verstärkt bis 137 N/mm² Reißfestigkeit bei 232 °C und hoher Zeitstandfestigkeit ein Sonderwerkstoff sowohl für die Kälteindustrie als auch für Luft- und Raumfahrttechnik. Es ist beständig gegen aliphatische, aromatische, chlorierte und fluorierte Kohlenwasserstoffe, Ketone, Ester und Ether, energiereiche Strahlen, schwache Säuren und Basen. Von Wasserdampf und Alkali bei höherer Temperatur wird PAI angegriffen. Mit PTFE oder Graphit modifizierte Einstellungen sind bis 250 °C bewährte Werkstoffe für ungeschmierte Lager mit minimalen Reibungsbeiwerten. Für höchste Gebrauchswerte müssen Formteile durch mehrtägiges Tempern bei 250 °C auspolymerisiert werden.

3. *PEI* ist dank ausgezeichneter Fließbarkeit durch angußloses Spritzen, Spritzblasen, Extrudieren und Schäumen verarbeitbar. Mit guter Zeitstandfestigkeit unter Belastung bis zu hohen Temperaturen, entsprechenden elektrischen Werten und – gemessen am Sauerstoff-Index – höchster Flammwiderstandsfähigkeit aller Thermoplaste außer Polyfluorolefinen bei mäßigem Preis ist es für einen breiten Anwendungsbereich geeignet. Der amorphe, nicht pigmentiert bernsteingelb transparente Kunststoff ist löslich in Methylenchlorid und Trichlorethylen, wird von Alkoholen, Kraftfahrzeug- und Flugzeug-Treibstoffen, -Schmier- und -Reinigungsmitteln auch unter Span-

Tafel 4.41. Eigenschaften von thermoplastischen Polyimiden

Eigenschaften	Einheit	Polyamid-imid	Polyether-imid	
		unver-stärkt	unver-stärkt	mit 30% GF
Spritzguß				
Vortrocknung bei	°C	150–180	150	
Verarbeitungstemperatur.........	°C	330–380[4])	340–425	
Werkzeugtemperatur	°C	230	65–175	
Schwindung....................	%	–	0,4–0,7	0,2
Dichte........................	g/cm³	1,40	1,27	1,51
Mechanische Eigenschaften				
Zugfestigkeit	N/mm²	186	105[1])	160
Streckdehnung	%	–	7–8	–
Bruchdehnung..................	%	12	60	3
Zug-Modul	kN/mm²	4,6[2])	3,0	9,0
Biegefestigkeit	N/mm²	212	145	230
Izod-Kerbschlagzähigkeit[5])........	J/m	142	50	100
Rockwell-Härte.................		M 119	M 109	M 125
Thermische Eigenschaften				
Vicat-Erweichungstemp.	°C	–	219	228
Formbeständigkeitstemp.				
A (1,82 MPa).................	°C	274	200	210
B (0,44 MPa).................	°C	–	210	212
Dauergebrauchstemperatur	°C	220[3])	170[3])	
Therm. Längenausdehnungskoeff...	10⁻⁵·K⁻¹	3,6	6,2	2,0
Sauerstoff-Index	%	43	47–50	
Elektrische Eigenschaften				
Spez. Durchgangswiderstand	Ohm·cm	10¹⁷	7·10¹⁷	3·10¹⁶
Dielektrizitätszahl...............	1 kHz/1 MHz	4,0/–	3,2–3,5	–
Dielektrischer Verlustfaktor	1 kHz/1 MHz	0,001/0,009	0,014	0,0025
Wasseraufnahme, 24 h	%		0,25	0,18
Sättigung	%	5 (2000 h, 90°C)	1,25	0,9

[1]) Streckspannung.
[2]) Biegemodul.
[3]) UL relative thermal index.
[4]) auch warmgepreßt oder gesintert und autoclavgetempert.
[5]) ASTM D 256.

nung nicht angegriffen, ist beständig gegen Säuren und schwache Alkalien (pH < 9), gegen Hydrolyse durch Heißwasser und Dampf, UV- und energiereiche Strahlung.

4. *PISO,* transparent, 249–349 °C Glas-, 208 °C Dauergebrauchstemperatur ist beständig gegen alle üblichen Lösungsmittel, besser verarbeitbar als das zugrundeliegende PI-System. Auch PTFE- oder graphitgefüllte Spritzgießmassen (Tribolon, Upjohn) auf PISO-Basis, Verarbeitungstemperatur < 370 °C sind auf dem Markt. Nicht modifizierte lineare PI der hier angedeuteten Struktur (T_g > 310 °C) sind nicht mehr fließbar (S. 532), Folien können aus Dimethylformamidlösung gegossen werden.

5. *Malecca* in Standard- und Spezialtypen bei 280 °C fließbar weist mit T_g 140–170 °C, HDT/A 130–160 °C, Dichte 1,06–1,08 g/cm³ bei mäßigem Preis ausgeglichenes Verhältnis von thermischer Standfestigkeit und Gebrauchseigenschaften auf: σ_B 40 N/mm², Izod a_k 100–200 J/m, Diel. Zahl 2,5–3,0, tan δ 0,001–0,002, Kriechstromfestigkeit C 600, Wasseraufnahme (24 h) 0,3%.

Anwendungsbeispiele

Gerätebau: Mikrowellenherd-Innenteile, Toaster, Bügeleisen, bruchsichere Operationslampen und medizinische Geräte

Elektrotechnik und Elektronik: Hochspannungsschutzschalter- und Messersicherungs-Gehäuse, miniaturisierte Hochleistungs- und Vielfachstecker u. a. für Raumfahrtgerät, schwall-löt beständige Klemmleisten und Bauteile integrierter Schaltungen, Chip-Träger für HT-Prüfung

Kraftfahrzeugbau: Getriebeteile, Kolben- und Bremszylindermäntel, Vergasergehäuse, Ventildeckel, Scheinwerfer

Flugzeugbau: freitragende Sitzschalen (GF verstärkt), Sicherheitsgurtschlösser, Verkabelung. Thermisch bis über 315 °C heiß-feucht belastbare thermoplastische Polyimide (Matrimid, CH; Avimid, Duramid, US) sind Matrixharze von C-Faserverbund-Strukturwerkstoffen für Überschall-Kampfflugzeuge.

4.1.12 Cellulose-Abkömmlinge

1. *Celluloseester (CA, CAB, CP)*

Durch Veresterung reiner Cellulose (Baumwollinters) mit Essigsäureanhydrid und Schwefelsäure als Katalysator werden in Lösungsmitteln mittlerer Polarität gut lösliche Kunstharze (S. 241) mit je nach Verfahrensführung unterschiedlichem Acetatgehalt hergestellt.

Die höchst acetylierten werden für „Triacetat"-Fasern und -Gießfolien (S. 431) verwendet. „Sekundär"-Acetat (CA) mit in gewissen Grenzen variierbaren niedrigerem Acetatgehalt und die verwandten Ester Cellulose-Acetobutyrat (CAB) und Cellulose-Propionat (CP) werden durch Weichmacher flexibilisiert zu Formmassen granuliert. Diese sind, erforderlichenfalls nach Vortrocknen, durch Spritzgießen (Tafel 4.42, S. 373), Extrudieren (Halbzeug s. S. 430) und Blasen von Hohlkörpern gut verarbeitbar, möglicher Säureabspaltung wegen zweckmäßig mit korrosionsbeständiger Maschinenausrüstung.

Cellulose-Acetat (CA)

Handelsnamen: Bergacell, Saxetat (DE); Setilithe (BE); Dexel (GB); Cellolux, Sicalit (IT); Acetyloid (JP); Tenite Acetate (US).

Cellulose-Acetobutyrat (CAB)

Handelsnamen: Cellidor B (DE); Tenite Butyrate (US).

Cellulose-Propionat (CP)

Handelsnamen: Cellidor CP (DE); Tenite Propionate (US).

Kennzeichnende Eigenschaften (S. 560) in Block 3 von DIN 7742 (1988) sind für Formmassen aus CA-H (>55% Acetatgehalt im Ester), CA-N (>52% Acetat), CAB (>40% Butyrat) und CP (>50% Propionat) Vicat-Erweichungstemperaturen VST/B/50 <55->110°C und Masseverluste <0,25->6,5% der wasserfreien Probe in 72 Std. Lagerung bei 80°C. Die in USA übliche Kennzeichnung durch „Bleistift"-Härtetypen von hochschlagzäh-weich (S 2) über hochfest-hart (H) bis sehr hart (H 6) korreliert mit den „flow temperatures" 130–180°C, bei denen im Prüfapparat nach ASTM D 569, A, unter 1500 psi in 2 min ein 1 inch langer Strang ausgepreßt wird.

Allgemeine Eigenschaften: Celluloseester-Formstoffe sind ziemlich hart und kratzfest, spannungsrißunempfindlich und für das Umspritzen von Metallteilen ausreichend zäh, glasklar transparent, brillant und tief einfärbbar. Die Produkte sind gut kriechstromfest und infolge ihrer Wasseraufnahme antistatisch (nicht staubanziehend). Wegen dieser, der Gefahr des Kriechens und der Weichmacherwanderung sind weiche CA-Einstellungen für Präzisionsteile nicht geeignet. Die Zulassung zum Lebensmittelverkehr und das Brandverhalten hängen von Menge und Art der Weichmacher ab. Von fetten Ölen, Mineralölen und aliphatischen Kohlenwasserstoffen werden Celluloseester nicht angegriffen, die Gebrauchsbeständigkeit gegen Treibstoffgemische, Benzol. Chlorkohlenwasserstoffe und Ether hängt von der Zusammensetzung ab. Die Alkali- und Säurebeständigkeit der Ester ist gering. CA ist nicht dauerhaft witterungsbeständig einstellbar, dagegen sind CP und noch besser CAB außenbewitterungsfest stabilisierbar.

Anwendungsgebiete

CA: Elektrisch isolierend umspritzte Werkzeuggriffe, Schreibgeräte, technisches Spielzeug, Kämme, Schnallen, Knöpfe u. a. persönlichen Bedarf, H-Typen (tief einfärbbar, schallschluckend) auch für Telefongehäuse, Tonabnehmer u. ä.

CAB: Autoausstattung wie hautschweißfeste Lenkradummantelungen, Bedienungsknöpfe u. ä., Staubsaugerteile, Koffergriffe, wetterfeste Einstellungen für Außenleuchten, Lichtkuppeln, Werbeschilder.

CP: ähnlich CAB, hochwertige Sonnenbrillen und Korrektionsbrillengestelle, Schriftschablonen, Zahnbürstenstiele; Cellidor CP/IR infrarot absorbierend für Schweißerbrillen und -schutzschilde. CP/ E/VA-Formmassen für transparente technische und medizinische Geräte hoher Wärmeformstandfestigkeit, langzeithydrolysebeständig, aber verzugsgefährdet durch Feuchtigkeitseinwirkung bei hohen Temperaturen, Kontaktlinsen.

Tafel 4.42. Eigenschaftsrichtwerte für Celluloseester-Formmassen des Handels

Eigenschaften	Maß-einheit	CA	CAB	CP
Weichmachergehalt	%	33–17	20–5	20–5
Dichte...................	g/cm^3	1,26–1,29	1,17–1,21	1,19–1,23
Mechanische Eigenschaften				
Streckspannung	N/mm^2	25–58	17–57	20–48
Streckdehnung	%	2,9–3,9	3,5–4,9	3,4–4,2
3,5% Biegespannung	N/mm^2	35–75	24–64	30–65
Zug-E-Modul	kN/mm^2	1,4–3,0	0,8–2,3	1–2,1
Schlagzähigkeit 23 °C	kJ/m^2	o.B.–70–o.B.	o. B.–o. B.	o. B.–o. B.
– 40 °C	m^2	60–30	o.B.–130–o.B.	o.B.–50–o.B.
Kerbschlagzähigkeit........	kJ/m^2	20–2,5	25–3	15–3
Izod-Kerbschlagzähigkeit ...	J/m	300–50	620–120	560–70
Kugeleindruckhärte H 30....	N/mm^2	39–94	25–77	30–75
Rockwell-Härte	Skala R	73–120	42–110	55–112
Thermische Eigenschaften				
Vicat-Erweichungstemperatur				
VST B/50..............	°C	74–110	65–111	69–107
Formbeständigkeitstemp.				
ISO 75 1,81 MPa.....	°C	43–82	37–100	42–93
0,45 MPa.....	°C	57–98	50–120	57–109
Thermischer Längen-				
ausdehnungskoeffizient...	10^{-6}·K^{-1}	108–100	148–97	145–114
Wärmeleitfähigkeit........	W/mK	0,22–0,21	0,22–0,20	0,22–0,20
Spez. Wärme	kJ/kgK	1,3–1,7	1,3–1,7	1,7
Elektrische Eigenschaften				
Spez. Durchgangswiderstand	Ohm·cm			
trocken................		10^{14}–10^{15}	10^{14}–10^{16}	10^{15}–10^{16}
24 h Wasserlagerung		10^{11}–10^{12}	10^{12}–10^{14}	10^{12}–10^{13}
Durchschlagfestigkeit	kV/mm			
(50 Hz, 0,5 kV/s)				
trocken................		28,5–33	34,5–39	34,5–35,5
24 h Wasserlagerung		25,5–29	32–31	31–33
Dielektrizitätszahl, trocken				
bei 50 Hz		5,6–5,1	4,1–3,6	4,2–4,0
bei 1 MHz		4,3–4,0	3,6–3,2	3,7–3,5
Dielektrischer Verlustfaktor				
bei 50 Hz		0,007–0,013	0,005–0,008	0,005–0,005
bei 1 MHz		0,068–0,063	0,031–0,018	0,029–0,024
Kriechstromfestigkeit	KB Stufe	>600–>600	>600–>600	>600–>600
Wasseraufnahme gegen-über Trockenzustand	%	3–4,5	1,5–2,8	1,9–2,4
Brechungsindex	n$_D^{20}$	1,51–1,47	1,47–1,48	1,47

2. Ethylcellulose (EC)

Handelsnamen: Ampec (US).

Natroncellulose wird mit Ethylchlorid zu für Formmassen verwendbare Ethylether mit 44,5–48% Ethoxyl umgesetzt. Schwer verseifbare, auch bis zu tiefen Temperaturen schlagzäh einstellbare Formmassen sind in USA auf dem Markt, u. a. für Taschenlampengehäuse, Feuerlöscherteile, Elektrozubehör; alkalibeständige Einstellungen für Lebensmittelpackungen auch als Folie.

4.1.13   Thermoplastische Verbundwerkstoffe

4.1.13.1 *Modifizierte und verstärkte Spritzgießmassen*

Im Verbund mit Thermoplasten verstärken mineralische Zuschläge wie Kreide, Talkum, Glimmer (S. 58/61) in Anteilen bis > 50% Steifigkeit, Härte und Dimensionsstabilität einiger Massen, z. B. auf PP- und PA-Basis, bei höheren Temperaturen erheblich, Glaskugeln verbessern auch die Verarbeitbarkeit. Solche Zuschläge beeinträchtigen aber, wie auch füllstoffartige Additive zur Verbesserung von Abriebfestigkeit, Gleitverhalten, Flammwidrigkeit die Schlagzähigkeit der Produkte.

Die für Spritzgießmassen übliche ausgeglichene Verstärkung mit (optimal) 25–45% *E-Glas-Kurzfasern* ($\varnothing$ 9–14 μm, Länge im Produkt 0,5 mm) bewirkt zwar bei hoch schlagzähen Polymer-Matrix-Harzen eine gewisse Herabsetzung der (Kerb-)Schlagzähigkeit bei Raumtemperatur, verbessert sie aber, zusammen mit der Steifigkeit, insbesondere bei weniger schlagzähen Harzen bis zu Kältetemperaturen unterhalb des Zäh/spröd-Übergangs erheblich. Voraussetzung dafür ist optimale Faser/Matrix-Verbundhaftung durch chemische Kuppelung. Bei polaren Kunststoffen reicht dafür die Haftvermittlerschlichte der Glasfasern (S. 64) aus, unpolare erfordern zusätzlich das Aufpfropfen geringer Mengen polarer Gruppen, z. B. von Maleinsäureanhydrid für PP.

Bild 4.18 gibt einen Überblick über erzielbare Verbesserungen mechanischer Formteilwerte. Die durch die Glasübergangstemperaturen T_g begrenzte Formbeständigkeit amorpher Kunststoffe in der Wärme wird durch Verstärkung kaum beeinflußt, dagegen erbringt diese – wie Bild 4.19 (S. 375) zeigt – für teilkristalline Kunststoffe

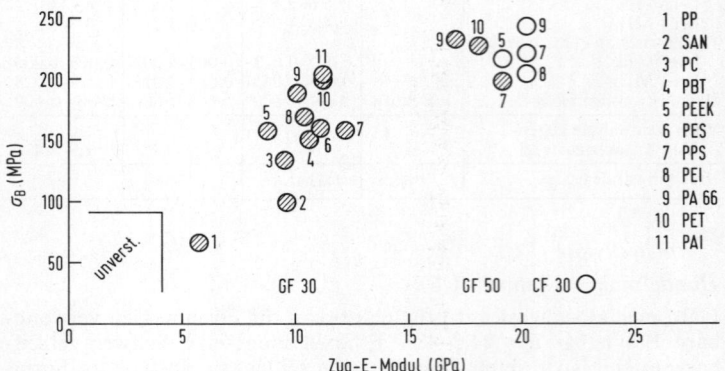

Bild 4.17. Zugfestigkeit und Zug-E-Modul verschieden verstärkter Thermoplaste mit Vergleich zum σ_B/E-Bereich der unverstärkten Kunststoffe (nach K. Weirauch)

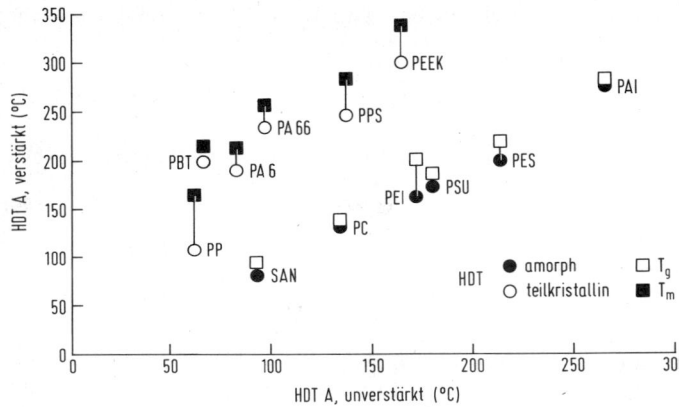

Bild 4.18. Thermische Kennwerte verstärkter und unverstärkter Thermoplaste (nach K. Weirauch)

durch Erhöhung der Formstandfestigkeit bis an den Kristallit-Schmelztemperaturbereich T_m beträchtliche Anhebungen ihres Anwendungsbereiches als formstabile Konstruktionswerkstoffe bei hohen Temperaturen. Über 80% der gängigen GF-verstärkten Massen sind teilkristalline, etwa drei Viertel von ihnen auf Basis PP oder PA. An verstärkten HT-Thermoplasten (Abschn. 4.1.9 bis 4.1.11) mit den Standtemperaturen naheliegenden hohen Dauergebrauchstemperaturen haben bisher die preisgünstigen PPS-GF (S. 366) mengenmäßig den größten Anteil.

Carbon-Kurzfasern (ähnlich auch Aramid) in Spritzgießmassen haben etwa die doppelte verstärkende Wirkung wie E-Glas-Fasern (Beispiele in Bild 4.18, S. 374), werden aber des vielfach höheren Preises wegen nur für spezielle Produktionen, z. B. von schnelllaufenden Maschinenteilen, Sportgeräten, Walzlagern für Computerdrucker, CF auch wegen ihrer Abschirmwirkung (evtl. vernickelt) gebraucht. CF-Teile sind weniger schlagfest als GF-Teile; dem wird durch Hybrid-Verstärkung abgeholfen.

Langfaserverstärkte Spritzgießmassen werden durch Ummanteln von GF-Rovings im Pultrusionsverfahren (S. 159) und Zuschneiden der Stränge auf 10–12 mm Länge gefertigt (Handelsnamen z. B. Celstran, DE, US; Verton, GB). Man stellt daraus Formteile mit ca. 7 mm Faserrestlänge her, deren gesamtes mechanisches Niveau bis zu erhöhten Temperaturen über dem der kurzfaserverstärkten liegt. Die Direktverarbeitung von Endlosfasern auf Spritzgießmaschinen (DIF-Technologie) erlaubt das Einsparen der Compoundierung der Langfasergranulate, s. S. 101.

Modifizierte und/oder verstärkte Thermoplast-Formmassen sind in den Sortimenten der Rohstoff-Hersteller unter deren Handelsnamen enthalten. Darüber hinaus gibt es eine Reihe international bedeutender Firmen, die auf die Fertigung solcher Produkte „nach Maß" spezialisiert sind.

Gruppen-Handelsnamen dieses Bereichs sind TPA (GB); Ferro, Fiberfil, LNP (US).

Vergleichende *Richtwertzahlen* für GF-verstärkte thermoplastische Spritzguß-Formstoffe:

	Tafel	Seite		Tafel	Seite		Tafel	Seite
PP	4.5	252/253	PA	4.30	330/331	PPS	4.39	364/365
SAN	4.10	278/279	PC	4.35	348	PES	4.39	364/365
ETFE	4.23	314	PTP	4.37	356	PEI	4.41	370
POM	4.28	327	PPE	4.39	364/365			

POM, PA, PBT, PC, PEI, PPO   Tafel 8.10 (S. 632/635)

PP   Bild 4.2 (S. 251)| POM Bild 4.9 (S. 328)| PA Bild 4.12 (S. 342)

ABS, POM, PPO, PC, PA, PET, PSU, PES,
PPS, PEEK   Bild 4.17 (S. 363)

4.1.13.2 *Flächenförmige verstärkte Thermoplast-Prepregs*

Handelsnamen für Markt- und Entwicklungsprodukte: Azdel, Azmet, Azloy, STC, SMX, Technopolymers (US); Alflow, Alstamp u. ä. (FI); Symalit (CH); Elastopreg, Rigidite (DE)

Herstellungsverfahren:

Glasmattenverstärkte Thermoplaste (GMT) mit 20–50% GF-Gehalt werden herkömmlicherweise nach Extruderbeschichtung oder aus Thermoplast-Folien und GF-Matten in Doppelbandpressen zu Platten mit 2–4 mm Dicke zusammenlaminiert. Neuere Verfahren arbeiten mit wäßrigen Aufschwemmungen von 0,5–2 cm langen Fasern und von Thermoplastpulvern, die in schnellaufenden Kreiselmischern zu Dispersionen zusammengemischt (Arjomix), auch durch Schaumbildner abgestützt (Radlite-Verfahren) auf Papiermaschinen-Sieben kontinuierlich entwässert und bis zu mehreren mm dicken luftdurchlässig porösen Schnittmatten-Bahnen mit Glasgehalten bis 70% getrocknet werden.

Für *thermoplastische Hochleistungs-Prepregs* kommt das Laminieren von Folien (PEEK, PPS, PSU, PET, PBT) und (unidirektionalen) Glasgeweben, Geweben oder Fasergelegen aus CF oder Aramidfasern sowie Pulveraufgabe auf Filamente im Wirbelbett oder Verfahren der Papiertechnik (PEEK/CF) in Betracht. Auch das Laminieren von Hybrid-Textilien aus Matrix- und Stützfasern ist aussichtsreich als Fertigungsverfahren thermoplastischer Hochleistungs-Prepregs. Solche sind durch Tränken der Stützstoffe allenfalls mit Lösungen, nicht mit flüssigen Vorprodukten wie duroplastische SMC, herstellbar. Sie sind aber bei RT beliebig lagerbar, einfacher ohne nicht wiederaufarbeitbare Abfälle zu verarbeiten und anwendungstechnisch in mancher Hinsicht duroplastischen Konstruktionswerkstoffen überlegen (S. 31). Die für kontinuierliche Verfahren erforderlichen 50–100 K über dem Schmelzpunkt der HT-Thermoplaste arbeitenden maschinellen Anlagen sind allerdings noch nicht auf dem Markt.

Warm umformbare Thermoplast-Strukturwerkstoffplatten (Polystal) s. S. 425 f.

Verarbeitung von GMT

Zuschnitte von GMT aus Wirrfaserendlosmatten (S. 63), für nicht vollflächige Erzeugnisse auch mit Ausschnitten, werden als „organisches Blech" durch *Formpressen* analog dem Formstanzen von Metallen zwischen randübergreifenden Formwerkzeugen umgeformt. Rand- und Ausschnitt-Abfall werden zur Spritzgießmasse gemahlen. Durch spezielle Nadelung der Matten kann man deren Spinnfäden so weit brechen und verfilzen, daß GMT aus genadelten Massen durch *Fließpressen* in Formwerkzeugen mit dichtschließenden senkrechten Tauchkanten abfallfrei geformt werden können. GMT aus Schnittfasern sind je nach Herstellungsverfahren und GF-Gehalt sowohl für Fließ- als auch Formpressen lieferbar.

Für beide Verfahren werden Zuschnitte in Durchlauf-Anlagen auf 20–60 K über die Schmelztemperatur des Thermoplasten aufgeheizt Greifern zugeführt, die sie in dem gekühlten, auf einer Schnellpresse aufgespannten Preßwerkzeug positionieren. Mit automatischer Förderung und Formteilentnahme werden im Formpressen mit 60 bis 80 bar Preßdruck, für das Fließpressen komplexerer Formteile mit 100–200 bar Druck Taktzeiten von etwa 30 s erreicht.

Eigenschaften und Anwendungen

GMT-Formteile weisen, weitgehend isotrop mit geringen Wärmedehnwerten, höhere Festigkeitswerte als vergleichbare kurzfaserverstärkte Thermoplaste auf, infolge der Tragfähigkeit des Langfaserverbundes insbesondere hohe Schlagbiege-, Kerbschlag- und Stoßzähigkeit bei flächiger Beanspruchung bis zu tiefen Temperaturen (Tafel 4.43, S. 378). Selbst mit kälteversprödender Kunstharz-Matrix kommt es nicht zum Trennbruch. Die Nutzbarkeit des hohen mechanischen Niveaus mit Dauergebrauchstemperaturen von 100–150 °C (kurzzeitig > 190 °C) für TPU, PE-HD, PP, PA 6, PBT; PET hängt von der Wärmeformstandfestigkeit und Stabilisierung der Matrix ab. Weit verbreitet ist serienmäßige Anwendung großflächiger formgepreßter PP-GM-Formteile mit durchgehend gleicher Wanddicke im Fahrzeugbau unter der Haube. Beispiele sind Untermotorraum-Steinschlagabdeckungen, schaumbeschichtete Motorverkapselungen zur Herabsetzung von Luftwiderstand und Motorgeräuschen, Abtrennungen zwischen Motor- und Fahrzeugraum, Hutablageabdeckungen. Kaschieren mit Textilien oder Schaumstoff und Umpressen von Sandwichkernen kann in einem Arbeitsgang ausgeführt werden.

Tafel 4.43. Vergleichswerte für glasmattenverstärkte Thermoplaste, Glasfaseranteil ca. 30 Gew.-%

	Einheit	PP-GM	PP-GF	PA6-GM (trocken)	PA6-GF (trocken)	TPU²)-GM	UP-GM	SMC³)
Schlagzähigkeit DIN 53453								
+23 °C	kJ/m²	50–60	10–15	63	50–60	ohne Bruch	100	45
−20 °C	kJ/m²	55–60	10–12	70	40–50	ohne Bruch	–	–
−40 °C	kJ/m²	55–60	10	66	40–50	80	–	–
Fallbolzentest DIN 53443/1 (an Platten 2 mm Dicke)								
Brucharbeit W_{50}	N·m	0,6–0,9¹)	2	3,4	2,5	3	0,4¹)	0,5⁴)
Durchstoßversuch DIN 53443/2 (Platten 2 mm Dicke, v = 4,5 m/s)								
Schädigungsarbeit	N·m	7–9	2,8	16	2,7	12	4–6	–
Gesamtbrucharbeit	N·m	16–19	5,8	28	3,5	30	10–15	–
Schädigungskraft	N	1800–2000	1600	3300	2200	2300	2000–2300	–
Schädigungsverformung	mm	4–6	3,5	4,5	3,0	7	4	–
Durchstoßversuch DIN 53443/2 (Platten 4 mm Dicke, v = 2 m/s)								
Schädigungsarbeit	N·m	15–22	–	–	–	–	11	3,6
Gesamtbrucharbeit	N·m	50–55	–	–	–	–	38	4,9
Schädigungskraft	N	4000–4500	–	–	–	–	4600	4000
Schädigungsverformung	mm	3–4	–	–	–	–	3,5	1,1
Zug-E-Modul	N/mm²	5000		7000		3500		
Reißfestigkeit σ_R	N/mm²	65		95		60		
Reißdehnung	%	3,1		3,5		5,0		
Formbeständigkeitstemp. ISO 75 A/B	°C	158/167		221/224		204/209		
Gebrauchstemperatur (stabilisiert)								
kurzzeitig	°C	140		180		125		
Dauer	°C	120		140		100⁵)		
Benzin-/Öl-Resistenz	–	gut		sehr gut		mäßig		
Heißwasserbeständigkeit 90 °C	–	gut		gut		mäßig		
Flammschutzausrüstung	–	schwierig		problemlos		schwierig		

¹) erste sichtbare Veränderung (Delamination).
²) TPU Shore 64 D + 20% GF.
³) Standard SMC (30% GF/40% Füllstoff, 30% UP-Harz).
⁴) Plattendicke 4 mm.
⁵) eingeschränkt wegen mangelnder Wärmeformbeständigkeit.

Komplex gestaltete Fließpreßteile mit wechselnden Wanddicken sind z. B. Kupplungsgehäuse-Abdeckungen, Batterieträger, rippenversteifte Rücksitzlehnen.

Freitragende, ein- oder mehrteilige Sitzschalen, im Fahrzeugbau Stoßfänger- und Frontendträger sind Beispiele für die Entwicklungsrichtung zu höher belastbaren Fließpreßteilen. Für Stoßfängerträger werden Halbzeuge mit unidirektionaler GF-Verstärkung eingesetzt. Alternative Matrices zu PA, PA/PPE (S. 363) und PP werden nur vereinzelt verwendet. Mit kaltem Werkzeug im Formpreßverfahren umformbare Konstruktionswerkstoff-Thermoplast-Prepregs in Entwicklung (Polystal, vgl. S. 425 f.) aus bis 78% gerichtetem flächigem GF- oder CF-Harzträger mit Hochleistungs-Matrixharzen (PA, PC, PPS u. a.) erreichen nebst anderen Spitzenwerten Zugfestigkeiten um 500 MPa bei 2% Dehnung und E-Moduli um 33 GPa. Vorgesehene Anwendungen der gut schweißbaren Erzeugnisse sind u. a. Nutzfahrzeugausbauten, Luftfrachtcontainer, Leichtbau von Apparate-Großteilen, im Sport- und Freizeitsektor.

Im Pultrusionsverfahren werden *bandförmige Prepregs* („tapes") aus PEEK-getränkten Carbonfasern hergestellt. Die Herstellungsverfahren gleichartiger unidirektionaler GF-Prepregs mit PP, PA und anderen Thermoplasten (Plytron, GB) sind nicht bekannt.

4.1.14 Verwertung von Kunststoff-Abfällen, Recycling

Es gibt derzeit bei Rohstoffherstellern und Kunststoffverarbeitern sowie bei ihren Verbänden umfangreiche Bemühungen, die anfallenden Abfallmengen bei der Verarbeitung von Kunststoffen weitgehend der Wiederverwendung zuzuführen. Die Wiedereinarbeitung gebrauchter Kunststofferzeugnisse wird an vielen Stellen in Angriff genommen, jedoch sind hierzu teilweise noch erhebliche Schwierigkeiten zu überwinden.

Die Betriebsabfälle (Folienrandstreifen, Angüsse von der Spritzgießverarbeitung, Butzen vom Blasformprozeß, Erzeugnisse mit Maßabweichungen usw.) werden schon immer wieder eingemahlen und in bestimmten Prozentsätzen der Neuware beigegeben, wo dies möglich ist. Dieses als „internes Recycling" zu bezeichnende Verfahren wird neuerdings in verstärktem Maße angewendet, um das wertvolle, sortenreine und saubere Rücklaufmaterial dem vorgesehenen Zweck in der Produktion zuzuführen. Es wurde vorgeschlagen, dies Mahlgut als „Regenerat" zu bezeichnen, im Unterschied zum „Recyclat", welches auch Mahlgut von gebrauchten, ausgedienten Kunststofferzeugnissen enthält, bei dem eine gewisse Schädigung einzukalkulieren ist (durch z. B. Abbau, Quellung, Verunreinigung usw.).

Jährlich fallen in der Bundesrepublik insgesamt ca. 2,5 Mio. t Kunststoffrückstände an. Davon werden etwa 0,5 Mio. t stofflich verwertet, von den restlichen 2 Mio. t gehen 0,7 Mio. t in Verbrennungsanlagen und 1,3 Mio. t auf Deponien. Das Kunststoffgemenge besteht aus:

60–65 Gew.-% Polyolefinen (PE, PP),
15–20 Gew.-% Polystyrolen (PS, S/B, ABS),
12–17 Gew.-% Polyvinylchlorid (PVC),
ca. 10 Gew.-% anderen Kunststoffen,
 3–10 Gew.-% Verunreinigungen.

Die Gesamtmenge an Kunststoffen im kommunalen Abfall liegt bei 5–6 Gew.-%, das entspricht etwa 1,3 Mio. t/a, wobei zu erwähnen ist, daß der Volumenteil des Kunststoffgemisches im Abfall auf Grund der geringen Dichte des Kunststoffes relativ groß ist.

Sortenreiner oder sortierbarer Kunststoff-Schrott, d. h. Ausschußware, gebrauchte Packmittel, Kantinengeschirr, Einwegspritzen, Landwirtschaftsfolien, Autobatterien, Paletten, Mülltonnen, auch Restbestände von granulierten Formmassen, wird bereits seit Jahren über den Abfall-Wertstoffhandel der Wiederverwendung zugeführt. Aufbereitungsbetriebe bringen Sekundär-Granulate für das Spritzgießen und Extrudieren mit definierten Qualitätseigenschaften auf den Markt.

Um gebrauchte Kunststoffprodukte einer stofflichen Wiederverwertung sicherer zuführen zu können, wird in der Bundesrepublik Deutschland durch Normen eine allgemeine Kennzeichnung der Kunststoffteile durchgeführt (DIN 54840, Okt. 91). Vorgesehen ist eine Kennzeichnung, mit der die Kunststoffart (das Basispolymer), die Art von Füll- bzw. Verstärkungsstoffen und der Füllstoffgehalt in % angegeben werden. Die Kennbuchstaben bzw. Zahlen werden von den Zeichen für größer als und kleiner als (> und <) eingerahmt. Beispiel:

> PA 66-GF30 <

Kurzzeichen für
Basispolymer

Füll- und Verstär-
kungsstoffe

Füllstoffgehalt als
Masseanteil in %

Bei Copolymeren werden die zwei Hauptkomponenten gekennzeichnet, z. B. > PA 6/12 <.

Bei Polymergemischen z. B. > PC + PBT <

Wenn ein Rücknahmesystem für die Kunststoffteile besteht, darf zusätzlich als Bildzeichen ein geschlossenes Drei-Pfeile-Symbol aufgebracht werden.

Die Kennzeichen sollen auf den Produkten i. a. eingeprägt, in Ausnahmefällen auch aufgedruckt sein.

Bei gemischten Abfällen aus verschiedenen Kunststoffsorten ist eine direkte Weiterverarbeitung allerdings problematischer, s. Abschn. 4.1.14.3. Welche Verfahren zur Verwertung solcher, i. a. verunreinigter Kunststoffabfälle kommen nun in Betracht, um eine möglichst hohe Wertschöpfung zu erreichen? Dazu ist vorab eine Trennung der Kunststoff-Typen erforderlich.

4.1.14.1 *Mechanische Verfahren*

1. Schwimm-Sink-Verfahren

Mit dem Schwimm-Sink-Verfahren lassen sich aus Kunststoffmischungen Fraktionen mit einem Reinheitsgrad von über 98% heraustrennen, wobei für die Auftrennung ein Dichteunterschied von 0,05 g/cm^3 erforderlich ist.

Bei der Trennung einer hausmüllähnlichen Kunststofffraktion aus Granulat ohne Verunreinigungen im Trennmedium Wasser (Dichte: 1,0 g/cm^3) konnte in der Leichtfraktion eine Polyolefinfraktion mit einem Reinheitsgrad über 98% erreicht werden. Die Fehlausträge in der Leichtfraktion wurden hauptsächlich aufgrund von Feinanteilen in dem Aufgabegut oder von Anteilen geschäumter Materialien hervorgerufen. Diese könnten beispielsweise durch eine vorgeschaltete Windsichtung abgeschieden werden.

Für den Trennerfolg ist maßgeblich, daß in der Trennzone keine Turbulenzen auftreten, die zum Aufschwimmen der Schwerfraktion führen könnten, und wodurch der Durchsatz bei Schwimm-Sink-Scheidern begrenzt ist. Aus wirtschaftlicher Sicht ist der Einsatz von diskontinuierlich arbeitenden Schwimm-Sink-Scheidern ungünstiger als kontinuierlich arbeitende Verfahren wie die Trennung durch Hydrozyklone, bei denen die Trennung der verschiedenen Kunststoffe in einem Zentrifugalfeld erfolgt.

2. AKW-Verfahren und Andritz-Verfahren

Das Aufbereitungsverfahren ist zur Rückgewinnung einer nahezu sortenreinen Polyethylen-Fraktion mit einem maximal etwa 5%igen Polypropylenanteil als Regranulat aus vorsortiertem Hausmüll konzipiert. Die Reinheit des erhaltenen Polyolefinanteiles kann mit 99,7% angegeben werden (AKW = Amberger Kaolin Werke).

Nach dem Waschvorgang wird das Material über eine Zulaufvorrichtung einem Rührbehälter (Hydrozyklon) mit Überdrücken von 0,5–1,5 bar eindosiert. Die Separierung im Hydrozyklon erfolgt in eine Schwerfraktion (Unterlauf: Polystyrol, Polyvinylchlorid usw.) und in eine Leichtfraktion (Überlauf: Polyethylen und etwa 5% Polypropylen).

Die Trennung ist schärfer als beim Schwimm-Sink-Verfahren. Durch eine getrennte Aufgabe von Behältern und Folien wird in eine PE-HD-reiche und PE-LD-reiche Fraktion getrennt.

3. Kontinuierliche Schmelzefiltration

Speziell für den Wiederaufbereitungsprozeß von sortenreinen polymeren Materialien wurde ein kontinuierlich arbeitender selbstreinigender Schmelzefilter entwickelt. Um die eingesetzten Siebe mehrfach verwenden zu können, wird ein Teil der gereinigten Schmelze durch einen schmalen Seitenkanal vom Hauptstrom abgezweigt. Der Abzweigkanal befindet sich im Filterblock, der – in Materiallaufrichtung gesehen – nach der Siebscheibe angeordnet ist. Der abgezweigte Schmelzestrom wird damit auf die Rückseite der Siebscheibe geführt. Der Querschnitt des Schmelzekanals an der Rückseite ist schlitzförmig, so daß eine gute Siebreinigung bei relativ geringem Schmelzeverlust erzielt werden kann.

Die bisher beschriebenen Verfahren werden bereits angewendet und sind je nach Preis der Formmassen auch wirtschaftlich.

4.1.14.2 *Chemische und thermische Verfahren*

1. Hydrolyse und Alkoholyse

Makromolekular strukturierte Werkstoffe, die durch einen Polykondensationsprozeß hergestellt wurden, wie beispielsweise Polyester, Polyamide, Polyurethane und Polycarbonate, sind im Gegensatz zu Massenkunststoffen, wie Polyethylen, Polystyrol und Polyvinylchlorid, so aufgebaut, daß bestimmte Bindungen chemisch leicht angegriffen werden und somit ein gezielter Abbau zu monomeren Stoffen möglich ist.

Diese chemische Besonderheit kann man nutzen, um Ausgangsstoffe (Monomere) unter relativ milden Bedingungen zurückzugewinnen. Mit Hilfe bestimmter Reaktionspartner wird in einer Umkehrreaktion das Molekül dort gespalten, wo es bei der Polykondensation verbunden wurde.

Als Reaktionsmittel können Wasser, Alkohole, Säuren oder Amine verwendet werden, wodurch die beim Verseifungsprozeß je nach Verfahren unterschiedlich modifizierten Abbauprodukte entstehen.

Diese Verfahren werden zur Zeit im Technikumsmaßstab erprobt.

2. Pyrolyse

Die Pyrolyse ist die thermische Zersetzung (Verkokung) von organischem Material unter Ausschluß eines Vergasungsmittels (Sauerstoff, Luft, Kohlendioxid usw.). Dabei werden flüchtige Spaltprodukte bei Temperaturen von 450 bis 1200 °C erzeugt.

Die Wiederverwertung von Kunststoffabfällen durch einen pyrolytischen Abbau beinhaltet die Spaltung der Makromoleküle in kleinere Molekülbausteine, die dann in Form von Pyrolyseruß oder -koks, Pyrolyseöl und Pyrolysegas auftreten. Die Pyrolyseprodukte können entweder als Brennstoffe oder als Chemierohstoffe genutzt werden. Damit kann der Pyrolyseprozeß selbst fast vollständig ohne primäre Energiezufuhr betrieben werden, da im Dauerbetrieb die Energie zur

Beheizung der Anlage von den gasförmigen Bestandteilen des Pyrolysates erbracht wird.

Es gibt zwei Verfahren, das Schwelbrenn- und das Wirbelschichtverfahren, die beide noch nicht großtechnisch angewendet worden sind.

Einen anderen Weg zur Nutzung vermischter Kunststoffabfälle durch eine thermische Behandlung wurde nach Arbeiten im Institut für Kunststoffverarbeitung (IKV) durch G. Menges und Mitarbeiter vorgeschlagen. Durch eine degradative Extrusion in einer Kaskaden-Extrusionsanlage soll die Schmelze – bei Abspaltung des Chlors – auf niedermolekulare Bestandteile abgebaut werden. Die bei höheren Temperaturen ölartige Flüssigkeit erstarrt bei Raumtemperatur zu einem spröden Wachs. In Pulver- oder Granulatform soll dieses Produkt anderen Aufbereitungsanlagen (Pyrolyse oder Hydrieranlagen) zugeführt werden. Die technischen Probleme dieser neuen Abfallverwertung und die Ermittlung der Kosten sind erst nach weiteren Versuchen mit Prototypen solcher Anlagen zu klären.

3. Hydrierung

Prinzipiell werden die Kunststoffe bei der Hydrierung gecrackt, so daß Molekülfragmente mit reaktionsfähigen Endgruppen entstehen. Diese Reaktion erfolgt in einer Wasserstoffatmosphäre, so daß sich an den reaktionsfähigen (radikalischen) Enden der Moleküle Wasserstoffatome anlagern und somit gesättigte Kohlenwasserstoffe entstehen.

Die Hydrierung wird von zwei Firmen in Technikumsanlagen erprobt.

4. Verbrennung

Die Verbrennung von Abfällen aus Kunststoffen wird auch als energetisches Recycling bezeichnet. Bis zu 60% der für die Herstellung der Kunststoffe verwendeten Energie kann wieder zurückgewonnen werden. Insbesondere die Standardkunststoffe lassen sich in entsprechend ausgerüsteten Müllverbrennungsanlagen gefahrlos für die Umwelt verbrennen. Auch PVC ist hierbei keine Umweltbelastung; in zahlreichen Versuchen wurde nachgewiesen, daß der meßbare Dioxinausstoß durch PVC im Müll nicht erhöht wird. Der Anteil an CO_2 in den Rauchgasen ist wie bei fossilen Brennstoffen, die durch die Verbrennung von Kunststoffabfällen entsprechend eingespart werden. Da absehbar ist, daß auch bei intensivsten Bemühungen um die Wiederverwertung ein beträchtlicher Teil an Abfällen zukünftig auch stofflich nicht verwertet werden kann, wäre eine Verbrennung dieser Reste der ökologisch sinnvollste Weg. Wegen des hohen Energieinhaltes der Kunststoffe wird es daher zweckmäßig sein, für einen gewissen Abfallanteil aus Kunststoffen rechtzeitig, d.h. schon in der nächsten Zukunft, alle Hochtemperatur-Verbrennungsanlagen systematisch mit den notwendigen Staubfiltern und Rauchgaswäschern auszurüsten.

4.1.14.3 *Verarbeitung vermischter Kunststoffe*

Neben der pyrolytischen Aufbereitung von vermischten Kunststoffabfällen ist eine direkte Verarbeitung der Altkunststoffe als Gemisch verschiedener Kunststoffsorten über die Schmelze zu dickwandigen Formteilen möglich.

Bei diesem Verfahren erfolgt die Verarbeitung über einen Walzenextruder, der den Kunststoff aufschmilzt und homogenisiert, wobei jedoch mindestens 60–80% Anteil einer Kunststoffsorte (zum Beispiel Polyolefine, wie sie bei grober Sortierung des Hausmülls erhalten werden) vorliegen muß und die restlichen 40–20% aus anderen Kunststoffsorten sowie Verunreinigungen bestehen kann.

Beim gemeinsamen Verarbeiten verschiedener Kunststoffsorten kann kein homogenes Gefüge entstehen, da die einzelnen Kunststoffsorten nicht die gleichen Schmelztemperaturen haben. Das heißt, bei einer entsprechenden Verarbeitungstemperatur kann die eine Kunststoffart bereits vollständig aufgeschmolzen sein, während eine andere noch nicht aufgeschmolzen oder bereits thermisch abgebaut ist. Aus diesem Grund muß der Anteil einer Kunststoffart gerade so groß sein, daß eine durchgehende Matrix gebildet werden kann, in der die Anteile der anderen Kunststoffarten eingelagert sind, so daß mit dem Formteil trotz Fremdphasenanteilen ausreichende Festigkeiten erreicht werden können.

4.1.15   Abbaubare Kunststoffe

Abbaubare Kunststoffe werden üblicherweise in photoabbaubare und biologisch abbaubare Polymere eingeteilt. Als Untergruppe sind wasserlösliche Polymere anzusehen, die in wäßriger Lösung biologisch abbaubar sind (Polyvinylalkohol, Polysaccharide).

Wegen sich verschlechternder physikalischer Eigenschaften ist ein photochemischer oder biologischer Abbau der üblicherweise auf Langlebigkeit optimierten Kunststoffe i. a. unerwünscht, was man durch Einarbeitung von Stabilisatoren und Konservierungsmitteln zu verhindern versucht.

Das Ziel, einen Teil der Kunststoffe abbaubar zu machen, dient der Minderung des Kunststoffabfall-Volumens mittels Zerfalls der Polymerketten möglichst in Kohlendioxid und Wasser und zusätzlich beim biologischen Abbau zu nichttoxischen Metaboliten von Mikroorganismen. Derzeit sind die zuständigen Normenausschüsse um die klare Definition und um standardisierte Prüfmethoden zur Vergleichbarkeit des Grades der Abbaubarkeit bemüht.

4.1.15.1 *Photoabbaubare Kunststoffe*

Durch gezielten Einbau von UV-empfindlichen Molekülstrukturen, wie Ketogruppen (z. B. E/CO-Cop.), sowie durch Einarbeiten von Photosensibilisatoren (z. B. Eisendialkylthiocarbamate und andere metallorganische Verbindungen) kann ein Photoabbau des Polymeren relativ genau gesteuert werden (G. C. Scott, D. Gilead). Die heutigen Anwendungen photoabbaubarer Polymere konzentrieren sich auf Agrarfolien, Tragetaschen und Müllsäcke (Ecolyte-P und S für PE und PS; Ecolon; Eslen-PS; Ercoten; Plastor, Plastopil).

4.1.15.2 *Bioabbaubare Kunststoffe*

Ein biologischer Abbau kann sowohl aerob als auch anaerob stattfinden, jedoch immer nur in Gegenwart von Wasserfeuchte. Daher müssen bioabbaubare Kunststoffe von der Oberfläche her hydrophil sein. Die Feuchteaufnahme führt zu einer negativen Beeinflussung der mechanischen Eigenschaften. Diese Produkte sind auf folgenden Wegen herstellbar bzw. verfügbar:

1. Spezielle Bakterienstämme bilden Hydroxycarbonsäure-Polyester: Polyhydroxy-butyrat und -valeriat (Biopol, ICI), Polymilchsäuren und Polycaprolakton.

2. Compounds von bioabbaubaren Polymeren (Polysaccharide, Stärke) mit konventionellen, nicht bioabbaubaren Polymeren (PE) mit ca. 94% PE-Anteil. Höhere Anteile von Stärke ergeben Verarbeitungsprobleme. Üblicherweise wird zunächst ein Stärke-PE-Farbstoff-Masterbatch hergestellt, der dann zusammen mit weiterem PE extrudiert wird. (St. Lawrence Starch Comp., Archer Daniels Midland Co., Epron Ind. Ltd., Amylum); Verwendung vor allem für Verpackungen.

Die von PE umhüllten Stärkepartikel werden nach Diffusion von Feuchte biologisch abgebaut. Die PE-Matrix baut dabei jedoch biologisch nicht ab.

Eine besondere Stellung in dieser Gruppe nimmt das aus einer speziellen Stärke (bis zu 80%) und einem nicht-olefinischen thermoplastischen Matrix-Polymeren bestehende ,,Mater-Bi" (Montedison) ein. Im Gegensatz zu anderen bioabbaubaren Polymeren ist ,,Mater-Bi" nach den bekannten Verarbeitungsverfahren thermoplastisch verarbeitbar und wird – einschließlich des Matrix-Polymeren – biologisch recht gut abgebaut. Der hohe Stärkeanteil verleiht dem Material gute Sauerstoff- und Fettbarriere-Werte. Verwendung für Folien und Beschichtungen im Hygienebereich, Tiefzieh- und Spritzgußartikel.

3. Chemisch abgewandelte ,,thermoplastische" Stärkeprodukte befinden sich mehrfach noch im Entwicklungsstadium, darunter auch hydroxypropylierte Stärke (Ems Chemie/Batelle, Warner Lampert, Fluntera AG, National Starch and Chemical Co., American Excelsior Corp.).

4. Unter hohem Druck und Feuchte verpreßte Kartoffelstärke (Südstärke), Mais- und Reisstärke (Storopack Hans Reichenecker & Co.) als Ersatz für geschäumte PS-Chips und schließlich mit Pflanzenfasern verpreßte Stärke (Ges. f. biologische Verpackung Biopack).

5. Nur in wäßriger Lösung abbaubare Polymere für wasserlösliche Verpackungen aus Polyvinylalkohol (PVAL), sowohl im Gießverfahren als auch im billigeren Blasextrusionsverfahren hergestellt, kalt- und heißwasserlöslich; erstere speziell zur Verpackung von giftigen pulverförmigen Substanzen, z. B. Pflanzenschutzmitteln; (Aicello, Aquafilm Ltd.), letztere besonders zur bakteriendichten heißwasserlöslichen Verpackung von Hospital-Infektionswäsche (Aquafilm Ltd., Aicello).

Soweit die unter 4. und 5. genannten temporären Verpackungsmaterialien wasserlöslich sind, bedürfen sie immer einer weiteren Umverpackung.

Nach weltweit in Lizenzen vergebenem Belland-Verfahren (CH) werden Polymere auf Vinyl-, Acryl- oder Urethan-Basis mit einpolymerisierten polaren Gruppen (COOH, NH$_2$) hergestellt, die wasserbeständig, aber in Gegenionen enthaltenden Lösungen löslich und aus diesen wiederverwendbar auszufällen sind. Als Anwendungsbeispiele genannt seien abwaschbare Schutzlackierungen für den Transport von Neuwagen von der Fabrik zum Ausstellungsraum, Klebstoffe für vor dem Recycling abzulösende Papieretiketten auf Kunststoff-Flaschen, Beschichtung oder Matrix für Einweggeschirr oder Sanitär-Textilien.

4.2   Thermoplastische Kunststoffe, Halbzeug

DIN-Taschenbuch 51: Halbzeuge aus thermoplastischen Kunststoffen, 4. Aufl. 1991

4.2.0   Genormte und güteüberwachte Rohrleitungsmaterialien

DVGW-Arbeitsblätter

4.2.0.1   *Grundlagen der Rohrnormung*

Kunststoffrohre werden dimensioniert aufgrund der Ergebnisse mehr als 30 Jahre laufender Innendruck-Zeitstandversuche. Aus den Zeitpunkten des Versagens bei bestimmten Druck- und Temperaturwerten werden Zeitstanddiagramme (z. B. Bilder 4.3 (S. 254), 4.4 (S. 260) für PE-LD*), PE-HD, PP, PB und PE-X, PVC, Bild 4.20, S. 387 für PVC-Rohre) unter Umrechnung des Drucks p in die Umfangsspannung σ_v mit der vereinfachten Kesselformel

$$\sigma_v = p\,\frac{r_m}{s} = p\,\frac{d-s}{2\,s}$$

gebildet. Für die Maßnormung von Rohrreihen mit für alle Rohrarten gleichartig gestuftem Außendurchmesser d werden danach die Wanddicken s festgelegt. Das Verhältnis r_m/s, das auch in die Be-

---

*) In Rohrnormen z. T. als PE weich bezeichnet.

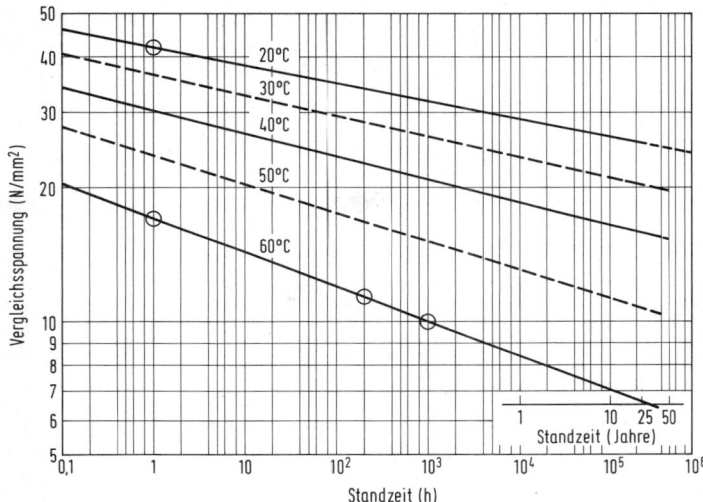

Bild 4.19. Mindest-Zeitstandfestigkeit von PVC-U-Rohren nach DIN 8061

rechnungsgleichungen für Verformung und Beulen von Rohren unter äußerem Überdruck eingeht, ist innerhalb einer Rohrreihe jeweils konstant.

Bezugsgröße für die zulässige Beanspruchung ist der *Nenndruck PN,* definitionsgemäß der Innendruck in bar, dem die Rohre bei Beaufschlagung mit Wasser oder anderen ungefährlichen (*ungefährlich:* selbst bei unsachgemäßer Handhabung) Durchflußstoffen bei 20 °C mindestens 50 Jahre standhalten. Hierbei ist ein werkstoffspezifischer Sicherheitsfaktor berücksichtigt.

Für die Festsetzung der zulässigen Spannung σ_{zul} wird die aus dem Zeitstand-Diagramm zu entnehmende Mindestspannung $\sigma_{v\,50\,J,\,20\,°C}$ durch den Sicherheitsfaktor S dividiert, der für spröde Werkstoffe einen Abminderungsfaktor enthält, der die Zähigkeit des Werkstoffes berücksichtigt. Tafel 4.44, S. 388 gibt Dimensionierung und *Maßnormen* für DIN-genormte thermoplastische Kunststoffrohre mit einer Übersicht über die jeweiligen Rohrreihen; PE-X-Rohre s. S. 390. Der durchgehenden Bezifferung der Reihen 1 bis 6 entsprechen für verschiedene Kunststoffe unterschiedliche Nenndruck-Werte. Nach den Gesetzmäßigkeiten der Zeitstand-Diagramme kann man die betriebliche Belastbarkeit der Rohre unter anderen als Normbedingungen errechnen (Bild 4.21, S. 389) und deren Festigkeitsverhalten in abgekürzten Innendruck-Zeitstandversuchen mit höheren Drücken und Temperaturen prüfen. Die *Prüfbedingun-*

Tafel 4.44. Maßnormen für thermoplastische Kunststoff-Rohre (DIN 16928 PA s. S. 390, DIN 16892/3 PE-X-Rohre S. 390)

Maßnorm DIN	Rohr-Werkstoff	σ_v' N/mm²	S	$\sigma_{zul.}$ N/mm²	PN bar / d mm	1	2	3	4	5	6	7
					für DIN-Rohrreihen							
8062	PVC-U[2]	25	2,6	10	PN / d min / d max	(2,5)[3] / 110 / 1600	4 / 75 / 1600	6 / 40 / 1000	10 / 25 / 630	16 / 10 / 400	≥16[3] / 5 / 250	25
8079	PVC-C	26	2,6	10	d min / d max	110* / 630	75 / 630	40 / 630	25 / 630	12 / 400	10[1] / 315	5 / 250
8077	PP, Typ 1 / PP, Typ 2 / PP, Typ 3[4]	12 / 9 / 9,5	2,4 / 1,8 / 1,9	5 / 5 / 5	d min / d max	50 / 1000	40 / 1000	20 / 710	16 / 450	12 / 280	10 / 225	
8074	PE-HD	6,5 / 8,5	1,3 / 1,7	5 / 5	PN / d min / d max	2,5 / 63 / 1600	(3,2)[5] / 50 / 1600	4 / 32 / 1600	6 / 20 / 1000[6]	10 / 16 / 630[6]	16 / 10 / 450	
16891	ABS, ASA	14,4	1,8	8	PN / d min / d max	2,5 / 110 / 160	3,2 / 75 / 160	4 / 50 / 160	6 / 32 / 160	10 / 25 / 160		
16969	PB	12	1,5	8	PN / d min / d max	4 / 63 / 450	6 / 40 / 450	10 / 25 / 450	16 / 10 / 315			
8072	PE-LD	4,5	1,4	3,2	PN / d min / d max	2,5 / 25 / 160	6 / 16 / 125	10 / 10 / 125				
16893	PE-X	9,5	1,5	6,3	PN / d min / d max	12,5 / 16 / 160	20[4] / 10 / 160	10 / 10 / 125				
16961 – Teil 1	Profilierte gewickelte Rohre aus PE, PP, PVC, PVC mit glatter Innenfläche — Ringsteifigkeit $Rs_{24} = E \cdot J/r^3$ (kN/m²) — Rohrinnendurchmesser für alle Reihen 100–3000 mm					2	4	8	16	31,5	63**	
noch nicht genormt	PVDF				Liner-Rohre d 32–315 mm — PN / d min / d max				10 / 90 / 200	16 / 16 / 110	20 / 20 / 110	

¹) Mindestfestigkeit 50 Jahre und 20°C. ²) Nebenreihen PVC-HI Typ 1 und 2 (erhöht und hoch schlagzäh) mit anderen Werten. ³) Reihe 1 nur für Lüftungsleitungen, Reihe 6 dickerwandig als Reihe 5 bis d 250 mm für die Verarbeitung im Chemie-Apparatebau. ⁴) für Warmwasser- und Heizleitungen. ⁵) speziell für erdverlegte Freispiegelleitungen mit 1,2–1,5 m Überdeckungshöhen. ⁶) Spezialtyp für Druckleitungen bis d 250 mm genormt. ⁷) PN 20.
*) Rohrreihe 1 für PVC-C ist PN 1,6. **) Rohrreihe 7 $R = E \cdot J/r^3$ (kN/m²) 125.

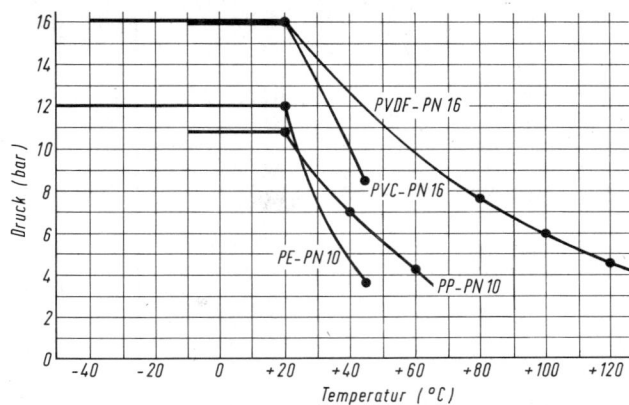

Bild 4.20. Berechnete Belastbarkeit von Industrie-Rohrleitungen (Lindner) für mindestens 20 Jahre Lebensdauer im zulässigen Dauertemperatur-Gebrauchsbereich. Medieneinflüsse müssen ggf. durch „Resistenzfaktoren" erfaßt werden

gen, Qualitätsanforderungen und *Maße,* für Rohrzubehör auch die Dimensionierung, sind festgelegt in den DIN-Normen*)

8061	Rohre aus weichmacherfreiem Polyvinylchlorid PVC-U, PVC-HI, Typen 1 und 2
8063, derzeit Teile 1–12	Rohrverbindungen und Rohrleitungsteile für Druckrohrleitungen aus weichmacherfreiem Polyvinylchlorid (PVC-U)
16451, derzeit Teile 1–7	Formstücke aus Gußeisen für Druckrohrleitungen aus PVC-U
8072, 8073	Rohre aus PE-LD
8074, 8075	Rohre aus PE-HD
8076, Teil 1	Klemmverbindungen aus Metall für Rohre aus PE
8076, Teil 3	Klemmverbinder aus Kunststoffen für Rohre aus PE
16963, derzeit Teile 1–15 u. 25	Rohrverbindungen und Rohrleitungsteile für Rohrleitungen aus PE-HD
8077, 8078	Rohre aus PP, Typ 1 (homopolymer), Typ 2 (blockcopolymer) und Typ 3 (randomcopolymer)

*) Kunststoff-Rohrnormen und -Güterichtlinien werden der Entwicklung der Technik entsprechend in verhältnismäßig kurzen Zeiträumen überarbeitet oder durch neue Blätter ergänzt. Auskünfte über den jeweiligen Stand durch Kunststoffrohrverein, Dyroffstraße 2, 5300 Bonn; s.a. DIN-Taschenbuch 52: Rohrleitungsteile aus thermoplastischen Kunststoffen, Grundnormen, 4. Aufl. 1990.

16962, derzeit Teile 1–13	Rohrverbindungen und Rohrleitungsteile für Druckrohrleitungen aus PP
8079, 8080	Rohre aus PVC-C
16890, 16891	Rohre aus Acrylnitril-Butadien-Styrol (ABS) und Acrylnitril-Styrol-Acrylester (ASA)
16892, 16893	Rohre aus vernetztem Polyethylen (PE-X), je nach Vernetzungsverfahren (S. 259) unterschiedliche Zusatz-Bezeichnung und -Anforderung a) 75% peroxidisch, b) 65% silan-, c) 60% elektronenstrahl-, d) 60% azovernetzt.
16968, 16969	Rohre aus Polybuten – 1

Etwas anders aufgebaut sind die DIN-Normen

16961, Teile 1 und 2	Wickelrohre mit profilierter Wandung und glatter Innenfläche mit der Ringsteifigkeit $S_R = EJ/r^3$ (J Trägheitsmoment der Rohrwandung als Kenngröße)
16982	Rohre aus PA 6, 66, 10, 11, 12 für Nennmaße d 2,5–40 mm und 0,5–4 mm Wanddicken (S. 426)

Genormte GFK-Rohre s. S. 515. Nicht genormt sind bisher bis 140 °C belastbare PVDF-Rohre (Bild 4.21, S. 389 und S. 416), Druckrohre aus modifiziertem PPO (S. 426) und PMMA-Rohre (S. 420) für Sondergebiete des Apparatebaus.

4.2.0.2 *Verarbeitungs-Normen und -Verfahren*

DIN 16928 Rohre aus thermoplastischen Kunststoffen, Rohrverbindungen, Rohrleitungsteile, Verlegung, Allgemeine Richtlinien;

DIN 16960 Teil 1, Schweißen von thermoplastischen Kunststoffen, Allgemeine Richtlinien;

DIN 16970 Klebstoffe zum Verbinden von Rohren und Rohrleitungsteilen aus PVC hart; Allgemeine Güteanforderungen und Prüfung;

Die allgemeinen Anforderungen der vorgenannten DIN-Normen werden für die Arbeitsverfahren auf einzelnen Anwendungsgebieten ergänzt durch Merkblätter und Arbeitsanweisungen der DVS-Arbeitsgruppe Schweißen und Verarbeiten von Kunststoffhalbfabrikaten (4000 Düsseldorf, Postfach 2725, S. 202) und des

Kunststoffrohr-Vereins*), die öfter dem aktuellen Stand der Technik angepaßt werden.

DIN 8061   Bbl. 1, Chemische Widerstandsfestigkeit von Rohren und Rohrleitungsteilen aus PVC (s. a. DIN 16888/9);

DIN 8075   Bbl. 1, Chemische Widerstandsfähigkeit von Rohren und Rohrleitungsteilen aus PE-HD (s. a. DIN 16888/9);

DIN 8078   Bbl. 1; Titel s. o.

VDI 2008   Das Umformen von Halbzeug aus thermoplastischen Kunststoffen: Grundlagen und Einzelblätter für PVC hart, PE, PP, PMMA, AMMA.

Selbstfertigung von Rohrleitungsbauteilen durch Schweißen, Umformen und Kleben mit Spezialklebstoffen kommt vor allem für den chemischen Apparatebau in Betracht. Sonst werden normgemäß tolerierte Rohre mit maßgenormten Austausch-Fittings oder angeformten Muffen verarbeitet. Klebemuffen für unlösbare Verbindungen und Klebebundbuchsen für Losflansch- und Schraub-Verbindungen (Klebstoff auf Tetrahydrofuran-Basis) braucht man für Druckleitungen aus PVC. Für druckführende und drucklose Leitungen der Versorgungstechnik werden weitgehend Steckmuffen mit jeweils zweckgerechten Dichtungselementen (O-Ringe oder Lippendichtungen) verwendet.

PE- und andere Polyolefinrohre können nicht geklebt werden. Klemmverbinder aus Metall oder Kunststoffen sind für landwirtschaftliche, beweglich verlegbare Bewässerungsanlagen, für Anschlüsse von Bodenheizsystemen, Gas- und Wasserleitungen, Sanitärleitungen, Hausanschlußleitungen und dgl. von Bedeutung. Überwiegend werden Polyolefinrohre durch Spiegel-Stumpfschweißung oder mit speziellen Schweißfittings verbunden (S. 205). Nach Lieferform – weitgehend in Ringbunden, Großrohre auch als Rohrfloß oder auf Eisenbahnzügen bis 600 m Länge – und Verbindungsverfahren sind PE-Rohre vor allem für lange ununterbrochene Rohrleitungen geeignet. Bis zum Radius 16 d bei PE weich, 25 d bei PE hart passen sich PE-Rohre kalt gebogen Krümmungen der Leitungsführung an. Vernetzte PE-Rohre (s. S. 259/261) sind nicht schweißbar. Sie werden in der Hausinstallation mit Klemmverbindern nach DVGW-Arbeitsblatt W 532 verbunden.

Für Warmwasserleitungen kommen PE-X, PVC-C, PP Typ 3, PB in Betracht. Rohre aus PE-X, PP und PB werden für Fußbodenheizungen und Heizwasser-Verteiler-Leitungen verwendet (Tafel 4.45, S. 392). Die auch bei tiefen Temperaturen schlagzähen ABS-Rohre werden in nordischen Ländern und den USA für Installationen jeder Art mehr verwendet als PVC-Rohre.

---

*) s. Anm. S. 389.

PE- und PVC-Rohre, auch PA-Rohre bis *d* 750 mm, werden für den pneumatischen und hydraulischen Feststofftransport eingesetzt. Sie sind alle erheblich abriebbeständiger als Stahl-Asbestzement- und Betonrohre. Weitere PA-Rohranwendungen s. S. 426.

Als „Leichtgewicht"-Rohrtypen sind doppelwandig extrudierte PVC- oder PE-Rohre mit dünnwandigem, gewelltem Außenmantel und glattem Kernrohr, rippenverstärkte Rohre oder im Kern der Rohrwand geschäumte Rohre auf dem Markt. Sie werden als Kanal-, Sickerleitungs- oder Kabelschutzrohre verwendet.

DIN-Normen und sonstige Richtlinien, Gütevorschriften wie auch Auflagen der öffentlichen Hand für Kunststoffrohranwendungen auf den in den folgenden Abschnitten behandelten einzelnen Anwendungsgebieten beruhen hinsichtlich der Qualität und Abmessungen der Rohrleitungsbauteile und der Verarbeitungstechnik auf den in den Abschnitten 4.2.0.1 und 4.2.0.2 aufgeführten Grundnormen.

Einen Überblick über die Verbindungsverfahren auf verschiedenen Anwendungsgebieten gibt Tafel 4.45.

Tafel 4.45. Verbindungsverfahren für Kunststoff-Rohre

Rohr-Werk-stoff	Einsatzgebiet	Lösbare Verbindungen		Unlösbare Verbindungen	
		Steck-muffen	Flansch, Schraub- und Klemm-verbin-dungen	Kleb-muffen	Stumpf- oder Muffen-schwei-ßung
PE	Trinkwasser	(+)	+		+ +
	Hausentwässerung, Kanalrohre	+	(+)		+ +
PE-X	Fußbodenheizung, Trinkwasser		+		
PP	Industrie-Rohrleitungen		+		+ +
	Hausentwässerung	+			
PP,Typ 3[1])	Fußbodenheizung,Trinkwasser[2])		+		+
PB	Fußbodenheizung, Warm-wasserinstallation		+		+
PVC	Industrie-Rohrleitungen	+	+	+ +	(+)
	Gasleitungen[3]), Rohrpost	+	(+)	+	
	Wasserleitungen[4]), Kanalrohre	+ +	+	(+)	
	Hausentwässerung, Fallrohre	+ +		(+)	
	Dränrohre	+			
	Elektrorohre	+ +		+	
PVC-C	Industrie-Rohrleitungen			+	+
	Warmwasser-Installation		+	+	
	Hausentwässerung	+			
ABS	Meiste Anwendungen		(+)	+ +	
	Hausentwässerung, kombiniert i. a. mit PVC-Elementen	+			

[1]) PP,Typ 3 entspricht PP-R nach DIN 16774, s. S. 246.
[2]) Keine Zulassung in erdverlegten Gas- und Wasserversorgungsanlagen.
[3]) Gasleitungen aus PVC-U finden kaum noch Anwendung.
[4]) Bei Wasserleitungen aus PVC-U im erdverlegten Rohrleitungsbau sind Klebverbindungen nicht mehr Stand der Technik.

4.2.0.3 *Trinkwasser-Versorgungs-Leitungen*

DIN 19532 Rohrleitungen aus PVC-U für *Trinkwasserversorgung:* DN 10–400, PN 10 oder PN 16, Kennfarbe dunkelgrau, Vorschriften für Rohrverbindungen; Technische Regel des DVGW.

DIN 19533 Rohrleitungen aus PE-HD und PE-LD für Trinkwasserversorgung: DN 15–300, PN 10, Kennfarbe schwarz mit blauen Längsstreifen.

DVGW-Arbeitsblätter W 320 und W 323/I gelten für die Herstellung, Gütesicherung und Prüfung von Rohrleitungen aus PVC-U, PE-HD und PE-LD sowie für die Anforderungen an Rohrverbindungen und Rohrleitungsteile.

Die Ausbildung und Prüfung von Rohrlegern und Schweißern im Kunststoff-Rohrleitungsbau wird behandelt in GW 326 und GW 330, gültig für Gas- und Wasserleitungen. Verlegerichtlinien in DIN 19630.

Richtlinien der Gütegemeinschaft Kunststoffrohre R 1.1.1, R 1.1.7, R 1.3.1 und R 1.3.2 und Verlegeanleitungen A 115, A 135 des Kunststoffrohr-Vereins*).

Rohre mit Gütezeichen der Gütegemeinschaft Kunststoffrohre e.V. (S. 570) oder DVGW-Prüfzeichen mit Registernummer (Arbeitsblatt W 900) können ohne besonderen Gütenachweis in öffentlichen Versorgungsanlagen verwendet werden.

4.2.0.4 *Gasleitungen*

DVGW-Arbeitsblatt G 477 für Herstellung, Gütesicherung und Prüfung von Gasleitungen aus PVC-U und PE-HD bis zu einem Betriebsdruck von 1 bar und bis 4 bar (nur PE-HD) außerhalb von Gebäuden, $d < 225$ mm; DVGW-Prüfzeichen mit Registernummer für Rohre aus PVC-U und PE-HD nach Arbeitsblatt G 471.

Richtlinien der Gütegemeinschaft Kunststoffrohre R 4.1.1, 4.3.1 und KRV-Verlegeanleitungen A 415, A 435.

PVC-U-Gasrohre werden nicht eingefärbt. Sie werden überwiegend durch Kleben verbunden, neuerdings sind auch spezielle Steckmuffen zugelassen. PVC-U-Rohre finden heute in der Gasversorgung jedoch kaum noch Verwendung. PE-HD-Gasrohre – Farbe schwarz, gelb oder schwarz mit gelbem Streifen – werden verschweißt.

4.2.0.5 *Trinkwasser-Hausinstallation*

Von besonderer Bedeutung für die Trinkwasserinstallationen (TRWI) aus Kunststoffen bezüglich Planung, Bau und Betrieb ist die Norm DIN 1988, Teile 1–8 (von 12/1988). In diese umfangreiche Norm sind alle bisherigen technischen Regeln und Erfahrungen des DVGW eingeflossen. Die Anforderungen der DIN 1988 gelten sowohl für die Rohrwerkstoffe als auch für deren Komponenten.

---

*) s. Anm. Seite 389

Gemäß der Verordnung über Allgemeine Bedingungen für die Versorgung mit Wasser (AVB Wasser V) dürfen nur solche Materialien verwendet werden, die den anerkannten Regeln der Technik entsprechen. Das DVGW- oder DIN/DVGW-Zeichen bekundet, daß diese Voraussetzungen erfüllt sind.

Für Trinkwasser-Installationen können Rohre aus PVC-C, PP Typ 3, PB und PE-X eingesetzt werden. Rohre und Rohrverbindungen, die die Prüfanforderungen nach den DVGW-Arbeitsblättern W 531, W 532 und W 534 erfüllen, werden mit dem DVGW-Prüfzeichen mit Registernummer gekennzeichnet und durch vom DVGW benannte Prüfstellen (z. B. SKZ Würzburg, MPA Darmstadt) güteüberwacht.

Für die Warmwassereignung der Kunststoffrohre wurde die Berechnungsgrundlage mit 70 °C, 50 Jahre, PN 10, SF 1,5 festgelegt. Weiterhin gelten die Festlegungen nach DIN 1988 Teil 2, Tabelle 1.

4.2.0.6 *Heizungsleitungen*

DIN 8077/8 für PP, DIN 16968/9 für PB, DIN 16892/3 für PE-X, DIN 16894/5 für PE-MDX, Gütesicherung von Rohren $d < 25$ mm nach R 6.0.1, 6.4.1 mit R 6.10.1 für Fußbodenheizungen nach DIN 4726–4729, T. 2.

Die Zeitstandfestigkeit der Rohre wird nach Miner (DVS 2205 T. 1) entsprechend dem in DIN 4726 angegebenen Temperaturkollektiv berechnet.

4.2.0.7 *Hausentwässerung*

DIN-Normen für Rohre und Formstücke für Abwasserleitungen innerhalb von Gebäuden

19531 aus PVC-U mit Steckmuffen, Klebemuffen oder Kombinationsmuffen, DN 40–150, Kennfarbe hellgrau (KA-Rohre) mit blauer Kennzeichnung Anwendung nur für Kaltwasser oder wandverstärkt (V) für Fall- und Sammelleitungen

19535 Teile 1 und 2 aus PE zum Verschweißen und mit Aufschweißfittings, B 2 oder B 1 nach DIN 4102 (S. 574), DN 40–300, Kennfarbe schwarz mit gelber Kennzeichnung

     heißwasserbeständig

19538 aus chloriertem Polyvinylchlorid (PVC-C) mit Steckmuffen (B 1 nach DIN 4102), DN 40–150, heißwasserbeständig, Kennfarbe mittelgrau mit roter Kennzeichnung

19560 aus PP mit Steckmuffen, schwer entflammbar (B 1 nach DIN 4102), DN 40–150, Kennfarbe mittelgrau mit roter Kennzeichnung

19561 aus schlagzäh modifizierten Styrol-Acrylnitril-Copolymerisaten (ABS oder ASA) mit Steckmuffen (B 2 nach DIN 4102), DN 40–150, Kennfarbe mittelgrau mit gelber Kennzeichnung

Gütezeichen-Richtlinie R 2.6.1/8 und KRV-Verlegeanleitung A 214.

Hausabflußleitungsteile bedürfen der Zulassung und der Erteilung eines Prüfzeichens durch das Institut für Bautechnik (IfBt, s. S. 574).

DIN 18 469 *Hängedachrinnen* aus PVC erhöht schlagzäh.

Richtlinien der Gütegemeinschaft Kunststoffrohre R 8.1.1/8 für Hängedachrinnen, Fallrohre und Formstücke für Dachentwässerungen und KRV-Verlegeanleitung A 815.

Halbrund- und Vierkant-Rinnen für Klebe- und Steckverbindungen.

4.2.0.8 *Kanalisation*

DIN-Normen (Maße und Technische Lieferbedingungen) für Entwässerungskanäle und -leitungen

19 534 Teile 1 und 2 aus PVC hart mit Steckmuffen, d 110–500 mm, Kennfarbe rotbraun

19 537 Teile 1 und 2 aus PE-HD, Reihe 2–4, d 100–1000 mm für Stumpfschweiß-Verbindung

IfBt-Verlegerichtlinien im Anschluß an DIN 4033

ATV-Arbeitsblätter A 110, A 114, A 127

Gütezeichen-Richtlinie R 7.1.1/8 (PVC) und R 7.3.1/8 (PE) und KRV-Anweisungen für Berechnung von Kanalrohren und Verlegung von PVC- und PE-Rohren A 715, A 735

Für Kanalleitungen und Düker größerer Durchmesser werden extrudierte PE-HD-Rohre entsprechend Reihe 2 bis 4 nach DIN 8074 bis 1200 mm $\varnothing$ sowie gewickelte PE- und PP-Rohre (bauku) nach DIN 16 961 (Tafel 4.44, S. 388) verwendet. Dünnwandige durch die Profilgestaltung versteifte Rohre bis 3000 mm $\varnothing$ werden auch in der Lüftungstechnik gebraucht.

Über Abwasserrohre mit Reaktionsharzbindemitteln s. S. 516.

4.2.0.9 *Dränung*

DIN 1187 *Dränrohre* aus PVC-U: DN 50–200, Wellrohre in Ringbunden 50–250 m, verschiedene Dränschlitzweiten.

RAL-RG 713/2 Gütesicherung flexibler Dränrohre.

Die bruchsicheren leichten Kunststoffdränrohre werden maschinell, z. B. vom Dränpflug aus, in großen Längen verlegt und durch Steckmuffen verbunden.

PE- oder PVC-*Sickerrohre* mit tunnelförmigem oder kreisförmigem Querschnitt, nach DIN 4262 Teil 1, DN 80–350, verlegt man im Straßen- und Autobahnbau zur Abfuhr des Sickerwassers, solche mit $\varnothing \geq 200$ mm auch als Mehrzweckrohre, die die Funktion eines Teilsickerrohres und eines Kanalrohres miteinander vereinigen.

Doppelwandig extrudierte, innen glatte PVC- und PE-Sickerrohre mit äußerem Wellrohr sind leicht bei hoher Ringsteifigkeit.

4.2.0.10 Sonstige Anwendungen

FTZ-Normen 736531 TV 1–6 und 736531 T1 und Bauvorschriften der Bundespost für *Kabel-Schutz- und Kanalrohre* aus PVC-U oder PE-HD, Kennfarbe schwarz, (Gütesicherung R 5.11 für Rohre aus PVC-U) mit Klebemuffen und Steckmuffen. *Dükerrohre* aus PVC und PE in größeren Abmessungen werden auch für Starkstromkabel und andere Versorgungsleitungen verwendet.

DIN 6660 bis DIN 6665 Fahrrohre und Bauteile für *Rohrpostleitungen:* PVC-Rohre DN 55–100 mit Klebemuffen. DIN 4740/1 Lüftungsleitungen aus PVC-U/PP1, Mindestwanddicken.

Glatte und biegsame gewellte PE-, PP- und PVC-Rohre sind als *Elektro-Isolierrohre* nach DIN 49016/9 und Kabelschutzrohre für alle Installationsarten mit VDE-Prüfzeichen verfügbar. In der *Lüftungstechnik* werden außer den vorgenannten Rundrohren auch extrudierte Vierkantrohre in standardisierten Abmessungen, biegsame Spiral-Wellrohre (z. B. Plastiroll) und Schläuche sowie Baukasten-Kanalsysteme verwendet.

4.2.1   Polyethylen (PE), Polypropylen (PP) u. ä.

Werkstoff-Sorten und -Eigenschaften s. S. 245, 266.

4.2.1.1 *Halbzeuge für Rohrleitungs- und Apparatebau*

Handelsnamen:

Für Rohre: Brandalen, Dekalena, Dekaprop, Egelen, Egetherm, Hagulen, Omniplast, Rau…, Rhiamer, Rhiatherm, Allgemeine Bezeichnung für PP-Abwasser-Rohre und Formteile: „gelbstrich" normal, „rotstrich" schwer entflammbar nach DIN 4102.

Für Tafeln: Dehoplast, Lenser-Platte, Polystone, Rau…, Rhiamer, Riag, Simona, Solidur, Sustylen, Thepla, Thermodet, Trovidur PE und PP, Vowinckel, Worblex, Wefapress.

1. *Lieferformen für Rohre* s. Abschn. 4.2.0 (Tafel 4.44, S. 388). Rohrreihen und besondere Anwendungen

PE: Meistens mit Ruß UV-stabilisiert DN 10–160 mm in Ringbunden bis 300 m Länge oder auf Kabeltrommeln, größere Durchmesser in Fixlängen von 6 m oder 12 m.

PE-LD: DN ≤160 mm, bewegliche landwirtschaftliche Wasserversorgungs- und Bewässerungsanlagen; DN 16–20 mm, zu etwa 70% vernetzt für Fußbodenheizungen (S. 389).

PE-HD: Genormte Druckrohre DN <1600 mm, extrudierte Rohre möglich bis zu diesem Durchmesser. Für lange erdverlegte oder Unterwasser-Versorgungsleitungen (z. B. für Inseln), Abwasser-Entsorgungssysteme und -Austragsleitungen, Unterwasser-Kabel-Düker ohne Verbindungselemente werden PE-HD-Rohre kontinuierlich mit beweglichen Extruderanlagen auf der Baustelle extrudiert. Gewellte Hüllrohre für die Rohr-in-Rohr-Installation. Wickelrohre (S. 178), versteift durch die (Hohl-)Profilierung der Wandungen mit angeformten Schweißmuffen, DI 500–3600 mm, braucht man für Abwasser- und Belüftungssysteme, als Sickerrohre zur Deponie-Entsorgung. Gas-Rohre (DN < 200 mm) werden auch in gelber Kennfarbe, z. T. mit gelben Streifen, angewandt.

PP-Druckrohre in Fixlängen, bis etwa DN > 600 mm bei höheren Temperaturen und aggressiven Medien, desgleichen Wickelrohre für industrielle Zwecke, schwer entflammbare heißwasserbeständige Hausabflußleitungen, DN 40–150 mm, Copolymer für Fußbodenheizung und Hausinstallation für Kalt- und Heißwasser in kontinuierlichen Längen 120–240 m.

EEA: Flexible spiralig gewellte Luft-Saugrohre aus Ethylen-Ethylacetat-Copolymer (Fränkische).

PB: Fußbodenheizungs- und Hausinstallations-Rohre wie oben.

Lieferformen für Tafeln:

Dicken von 0,5–100 mm – dünnere Tafeln meist extrudiert, dickere gepreßt –, Formate 1000×2000 bis 2500×5000 mm, naturfarben milchig weiß, Standardfarben stabilisierten Halbzeugs schwarz und grau, andere Farbstellung auf Anforderung, Oberfläche matt oder preßpoliert. Gepreßte Tafeln und Profile, Halbzeug aus sehr hochmolekularem Hart-PE zum spangebenden Bearbeiten zu Pickern, Ritzeln, Gelenksteinen, Gleitschienen u. ä. auch porös gesintert als Filtermaterial (Siperm, Ultra-Wear, Vyon).

Tafel 4.46a gibt die für PE-HD-Tafeln nach DIN 16925, Tafel 4.46b, S. 398, diejenigen für PP-Homo- und Co-Polymer-Tafeln nach DIN 16971 Eigenschafts-Richtwerte wieder. Die Normblätter enthalten weiter Angaben über zulässige Abmaße und die Forderung, daß die Tafeln bei – durch die Normen festgelegten – Warm-Umformtemperaturen (S. 194) Blasen und/oder Aufblätterungen nicht bilden dürfen.

Chemische Beständigkeit siehe DIN 16935 und Tafel 8.7, S. 628 *Ver-*

Tafel 4.46a. Eigenschafts-Richtwerte für PE-HD-Tafeln nach DIN 16925

Eigenschaften	Einheit	Tafelgruppe			Prüfung nach DIN
		1	2	3	
Dichte ϱ[1])	g/cm³	über 0,94 bis 0,95	über 0,95 bis 0,96	über 0,96	53479
Elastizitätsmodul E	N/mm²	min. 700	min. 900	min. 1200	53475
Streckspannung σ_s	N/mm²	min. 15	min. 20	min. 25	53455
Kerbschlagzähigkeit a_k	kJ/m²	min. 10 T[3])	min. 10 T[3])	min. 10 T[3])	53453 E
Schmelzindex MFI 190/5[2])	g/10 min	0,1 bis 2	0,1 bis 2	0,1 bis 2	53735

[1]) Die angegebenen Werte beziehen sich auf nicht eingefärbte ungefüllte Formstoffe; eine Pigmentierung der Formmasse bewirkt eine Dichteerhöhung.

[2]) Hinweise zur Verschweißbarkeit von Tafeln aus Polyethylen siehe Festlegungen für Rohre in DVS 2207 Teil 1 (S. 202).

[3]) T = teilweiser Bruch (Bruchart nach DIN 53453 (z. Z. Entwurf).

Tafel 4.46 b. Eigenschaftsrichtwerte für Tafeln aus PP-Polymerisaten nach DIN 16971

| Eigenschaften | Einheit | Anforderungen an Tafeln aus | | Prüfung nach DIN |
		PP-Homopoly-merisat	PP-Copoly-merisat	
Streckspannung σ_s	N/mm²	min. 25	min. 20	53455
Elastizitätsmodul E	N/mm²	min. 1000	min. 800	53457
Kerbschlagzähigkeit a_k	kJ/m²	min. 4	min. 6	53453
Formbeständigkeitstemp. ISO 75 B (0,45 N/mm²)	°C	min. 85	min. 65	53461

arbeitung durch thermoelastisches Umformen und Schweißen, s. S. 195, 202 ff., Verarbeitungs-Normen und -Richtlinien, insbesondere für Rohre S. 391 ff. Für Verbundbauteile aus PP und GFK gibt es Halbzeuge mit fabrikatorisch eingebettetem Glas-Gewebe (Celmar) oder Polyestervlies (Trovidur PP-V). GF wird auch in die angeschmolzene Oberfläche von PE-Bauteilen eingebettet. Apparate aus dickerem Material werden mit GF-UP haftfest ummantelt.

Anwendungen: Rohrleitungsbau s. S. 386 ff., Behälter, Apparate und Apparatebauteile (z. B. Filterpressen-Platten und -Rahmen) in der chemischen Industrie, dem Nahrungsmittelgewerbe und verwandten Bereichen. Lösungsmittel-Sperrschichten werden durch Fluorieren mit F/N-Gemisch erzeugt, Antidröhnbauplatten beidseits Al-kaschiert (Alucobond); Genoppte Platten (Bekaplast) als verlorene Schalung im Säureschutzbau.

4.2.1.2 Halbzeuge für das Warmformen

aus kreide- oder holzmehlgefüllten PP s. S. 270, glasmattenverstärkte Halbzeuge S. 376. Hochglänzend und spannungsarm über Breitschlitzdüsen und Glättkalander 0,3–2 mm dick hergestellte PP-Bahnen werden im Solide Phase Pressure Forming = SPPF-Verfahren (S. 195) durch Warmformen kurz unterhalb des Kristallitschmelzbereichs mit geheiztem Stempel in kalte Formwerkzeuge zu Verpackungsbehältern verarbeitet, die bis 130 °C standfest, heißfüllbar und heißsterilisierbar sind. „Kartothene" ist ein wie Kartonagen faltbares Material aus hoch mit Kreide gefülltem PP-Cop.

4.2.1.3 Baudichtungs- und Dachbahnen*)

2,7 mm dicke bis 150 m lange PE-HD-Bahnen in bis zu 10 m Breite (Agruplatten, Schlegelplatten) werden durch Extruderschweißen überlappt als Auskleidungen von Mülldeponien, Absatzbecken, Trinkwasserreservoirs und Stollen verlegt, ähnlich aus 1400–1500 mm breiten glatten oder gerippten 1,0–2,5 mm dicken Bahnen vorgeschweißt (Simona).

---

*) Die Technische Arbeitsgruppe TAKK der Hersteller von Kunststoff- und Kautschuk-bahnen für Dach- und Bauwerksabdichtung e. V. informiert durch Werkstoffblätter und Verlegehinweise über deren Anwendung und Verarbeitung. Geschäftsstelle: Bleichstraße 26, Postfach 4426, 6100 Darmstadt; s. a. DIN-Taschenbuch 150: Kunst-stoff-Dachbahnen, -Dichtungsbahnen, -Folien, Bodenbeläge, Kunstleder, 1987.

Zahlreiche heißluftschweißbare Baudichtungs- und Dachbahnen werden aus bitumenmodifizierten Ethylen-Copolymerisaten ECB (Lucobit, S. 237) gefertigt. Die Norm DIN 16 729 umfaßt einseitig kaschierte und nicht kaschierte ECB-Dach- und Dichtungsbahnen sowie mittig mit Vlieseinlage armierte Varianten.

Handelsnamen: Binné ECB, Carbofol, Durabit, Extrubit, Hey'di ECB, KB-Leu, O.C.-plan, Organat, Witec. Bitulen ist eine genoppte Tunneldichtungsbahn.

Weichmacherfreie Bahnen aus den verwandten Kunststoffen

PE-C (DIN 16 736/7): Alkorflex, Koit (S. 261)
CSM: Alwitra (S. 542)
E/VA: Evalon, Leschuplast (S. 263)
ataktischem PP: Kebulin, Polital, Polyflex (S. 125).

Dünnere PE-Folien werden im Straßenbau für Feuchtigkeits- und Frostschutz des Erdplanums, im Hochbau für Dampfsperren und als Trennschicht unter schwimmendem Estrich sowie für Dach-Unterspannbahnen (z. B. Delta, Tectothen) verwendet.

4.2.1.4 *Folien*

Handelsnamen:

Cuticulan, Cutilan, Este, Helio ..., Owolen, Pajalen, Plastin, Renolen, Sarafan, Suprathen, Synthen, Ylopan (z. T. mit Gittergewebe verstärkt).

PP-Folien: Austrophan, Cutipylen, Forco, Forlan, Helio, Moplefan, Synthen, Trespaphan, Ultralen, Ylopan.

Allgemeine Eigenschaften von Elektro- und Verpackungs-(Verbund-) Folien s. Tafel 4.57/4.58, S. 432/433. Aus verschiedenen PE-Typen coextrudierte Verbundfolien kombinieren z. B. gute Schweißbarkeit innen mit hoher Festigkeit des Verbundes und Rutschfestigkeit bei Schwergutsäcken, werbende Außengestaltung bei Tragtaschen.

1. *PE-LD-Blasfolien* (S. 180) Anwendungstemperaturbereich $-60\,°C$ bis $+60\,°C$, als Schlauch, mittig längs geschnittener Halbschlauch oder in Bahnen zugeschnitten geliefert:

Verpackungsfolien zur maschinellen Verarbeitung in Arbeitsbreiten <2000 mm σ_B 18–30 N/m², meist einseitig durch Coronaentladung (s. 3.9.3, S. 224) für Farbdruck vorbereitet, gleitfähig oder mit Gleitschutz für Stapelung, auch kaltnadelperforiert zum Sauerstoff-Austausch, mit Innenbeschichtung gegen Ausscheidungen des Packguts, zur Verbesserung von Zähigkeit und Stoßfestigkeit mit PE-LLD oder EVA-modifiziert; glänzend oder matt transparent oder transluzent. Dickenbereiche <10 bis ca. 50 μm: Siegel-Beutel und Einschlagpackungen für (Tiefkühl-)Nahrungsmittel und z. B. Textilien, Kaschierfolien

50–100 μm: Tragtaschen, Müllsäcke (auch PE-LLD)

< 150 μm: Einstellbeutel für Trommeln und Kraftpapier-Säcke 150–250 μm: Düngemittel- u. a. Schwergutsäcke.

Schrumpffolien, auch strahlungsvernetzt (S. 261), Schrumpftemperaturen > 110 °C: biaxial, 20–50 μm, zum Einschrumpfen (und Einfrieren) von z. B. Geflügel, Frischfleisch, Gurken und für andere Güter, z. B. Bücher, Schreibmaterial; dicker, auch monoaxial schrumpfend für Bündelpackungen und Paletten.

Stretchfolien, ≤ 25 μm dick, hoch dehnfähig, mit Haftbeschichtung, zum Festlegen von Packgut auf Paletten durch Umwickeln unter Spannung bei Raumtemperatur, auch als Silagefolie (z. B. in Form der Ballensilage), speziell aus PE-LLD.

Breitfolien, doppelt liegend > 2000–6000 mm breit: Dach-Unterspannfolien (50 μm), auch perforiert oder durch Gittergewebe verstärkt, Abdeckfolien (100–200 μm) im Bau und für Gewächshäuser, schwarz eingefärbt Mulchfolien (80 μm), auch abbaubar (S. 384), und Silagefolien (200 μm) in der Landwirtschaft, konfektioniert zu Kleiderschutzsäcken, Regenumhängen u. dgl.

2. *PE-VLD-Breitschlitz-Chillroll-Folie,* 10–30 μm, ist als glasklare, durchstoßfeste „Haft"-Folie für Haushalt und Lebensmittelhandel in allgemeinem Gebrauch. Dehnbarkeit und Haftung an Gefäßrändern werden durch EVA- o. ä. Cop.-Zusatz verbessert.

3. *PE-HD-Blasfolien* (d > 0,94) sind nicht so klar herstellbar wie und steifer als LD-Folien, erfordern für gleiche Beanspruchung (s. o.) nur etwa die halbe Dicke. Spezial-Typen für mechanisch und hinsichtlich Temperaturstandfestigkeit (110 °C, Kochbeutel) höher beanspruchbare Leicht- und Schwerverpackungen, für Heißabfüllpakkungen auch PB-Folien. Einsätze für „Big Bags" in flexiblen Schüttgutbehältern (aus PET-, PP-, PE-HD-Bändchengeweben) mit 0,3–3 m³ Inhalt, 60 μm dick. Ein Einbruch von preisgünstigeren hochfesten dünnen > 50% PE-LLD-haltigen Folien (s. S. 248) in LD-, MD-, HD-Marktbereiche ist im Gange (S. 248). Dreischicht-Folien mit zähem HD-Kern und glatten, gut schweiß- und handhabbaren LD-, HAO[1])- oder -Cop-Außenschichten, Fünfschichtfolien mit Sperrschichten S. 434/435.

4. *PE-HMWHD-„Papier"-Folie,* stark verstreckte Schlauchfolien, nicht völlig transparent, ca. 10 μm (0,4 mil) dick, zäh mit seidenpapierartigem Griff für Verpackung, 100 μm dicke Supermarkt-Tragetaschen; hoch gefüllt Druckpapier ähnelnd.

5. *PP-„Gieß"-Folie* (d. i. Breitschlitz-Chillroll-Folie, S. 183) 10–100 μm, für Warmformen bis 800 μm dick, bis 1750 mm breit, $σ_B$ 30–60 N/mm², mit zellglasartigem Griff ist klarer, glänzender und steifer als PE-Folien, siegelfähig für Verpackungen von Textilien, Papierwaren, Blumen und Lebensmitteln. Sonderlieferformen sind perfo-

---

[1]) High-α-Polymer-Olefine

rierte, antistatisch eingestellte, für Druck oder Laminieren behandelte, sowie mikroporös bakteriendichte Folien für Ultrafilterrahmen und sterilisierbares medizinisches Material.

6. *OPP-Folie,* biaxial verstreckt, 4–50 μm, bis 3000 mm breit, Bruchdehnung, längs 150%, quer 50%, glasklar, σ_B längs 120–180 N/mm², quer 300–400 N/mm². Für durch Tempern ausgeglichene („balanced") BOPP-Folie wird $\sigma_B > 103$ N/mm² in beiden Richtungen mit nicht mehr als 60% Unterschied verlangt. Auf dem Verpackungsmarkt substituiert OPP-Folie immer mehr das in starkem Rückgang befindliche Zellglas (S. 436). Für hochwertige Sichtpackungen feuchtempfindlicher Güter wird sie heißsiegelbar beschichtet

mit E/VA (geringe Wasserdampf-, hohe Gasdurchlässigkeit)
für Backwaren, Süßwaren, Pharmazeutika, Tabakwaren

mit PVDC (geringe Wasserdampf- und Gasdurchlässigkeit)
für hochwertige Nahrungsmittel, fetthaltige Produkte, Gewürze

Spezialeinstellungen: Vacuum-metallbedampfte PP-Kondensatorenfolien, 4–25 μm dick.

7. *PP-Schlauchfolien* sind die mit Schock-Ringkühlung („quenching") nach unten geblasenen, in Südamerika und Asien für Packmittel weit verbreiteten PP-„TQ-films". Das einfache Verfahren erbringt gut schweißbare Schrumpf-Folien und -Säcke, hinsichtlich Transparenz und Festigkeit aber nicht OPP-Folien-Qualität.

Technische *PMP-Folien* (Europlex) s. S. 425.

4.2.1.5 *Faservliese, Flachfäden*

PE- und PP-„Fibride" s. S. 259, 272. Spinngebundene PP-Faservliese dienen zur Befestigung von Erdschichten im Straßen- und Wasserbau. Aus Folien geschnittene durch Verstrecken verfestigte Flachfäden (S. 185) werden u. a. als verstärkende Gelege in Verbundfolien einkaschiert, als Sack-Gewebe im Extrusionsverfahren mit PE beschichtet.

4.2.1.6 *Schaumstoffe*

Arten und Handelsnamen (Beispiele)

Partikelschaum (S. 71): Neopolen (DE), Arpak, Volara (US), PE-HD: Novawood, Furukawa Structural Foam FSF u.a. (JP), Extruderschaum, chemisch oder durch Strahlung vernetzt: Trocellen (DE), Plastazote (GB), Airofoam HiTemp, Alveolen, Alveolit, OPcel (CH), Eperan, Softlon (JP), Extruderschaum, nicht vernetzt: Ethafoam (US), Lightlon, Eftlon (JP), Alkozell, RG 35 kg/m³, Synthen (DE), Alveocel, RG 30–40 kg/m³ (CH).

PE-LD-Partikelschaum (meist gefrittet vernetzt) und geschlossenzellige vernetzte Extruderschäume sind zäh hart bis halbhart, unvernetzte Extruderschäume weich. Die halbharten vernetzten Schäume (RG 30–200 kg/m³, σ_B 0,3–2,0 N/mm², ε_B 90–200%, λ 0,04–0,05 W/mK), mit hoher Kompressibilität und gutem Rückstellvermögen für Trittschallschutz zugelassen (Ethafoam SD, Climaphon, Airofoam, Ecofen TD), sind von etwa $-70\,°C$ bis $80\text{–}100\,°C$ brauchbar, bei $80\,°C$ schrumpfen sie um 1–2%. Ihre Wasseraufnahme ist minimal. PE-Schaum ist auch mit SE-Brandschutzausrüstung lieferbar.

Lieferformen sind bei Dicken von 1–10 mm Rollen, darüber Bahnen oder Tafeln, meist 1000 mm breit. Die Schäume sind warmformbar und schweißbar. Anwendungen sind Formteile für Fahrzeugbau, Abdichtungen, Sportgeräte, Schutzbekleidung, Prothesen und direkt angeformte orthopädische Stützen, Verpackung (DIN 55481), Auftriebselemente in Schwimmwesten und Wassersportgeräten, Unterlagsbahnen unter Bauabdichtungen und im Sportplatzbau. Unvernetzter Extruderschaum geringer Dichte wird für Füll- und Wärmedämmprofile und Rohrumkleidungen, hoher Dichte als Folien oder Bahnen von 0,15–2 mm Dicke für Tragtaschen, Auskleidungen, Matten, Einlagen, Packungen verwendet, auch als Träger für auflaminierte Schichten.

PP-Schaumstoff, auch in flammhemmender Einstellung, durch Elektronenstrahlen vernetzt wird z.B. für textilbeschichtete Autohimmel verwendet. Chemisch wird PP im TSE mit Azodicarbonamid mit Säure/Bicarbonat auf feinporige Strukturschaum-Folien, -Platten, RG 0,5–0,7 g/cm³ als Verpackungsbänder, Isolierfolien und tiefgezogene Trinkgefäße und Catering-Behälter verarbeitet. Hochelastischer leichter (19–35 kg/m³) PP-Partikelschaum (Arpro, Alveolit TP, US; Eperan PP, JP) kommt u.a. für Anwendungen im Fahrzeugbau (Stoßfänger, Sitze) in Betracht.

Vernetzter E/VA-Schaum (Evazote [GB] RG 40–135 kg/m³) ist gummiartig, er wird u.a. für Kälteschutzkleidung verwendet. Geschlossenzelliger Copolymerschaum RG 150/265 kg/m³ mit ca. 1 N/mm² Zugfestigkeit, 60–80% Reißdehnung, (Herex) wird 0,5–5 mm dick in Rollen geliefert.

Bei RG um 200 kg/m³ leichtholzartige Strukturschaum-Brettprofile aus PE-HD (Woodlite, JP) s. S. 178, PE-Schaum-Kabelisolierung S. 307 ff.

4.2.2   Polyisobutylen (PIB)*)

Handelsnamen: Aerograt, Canaflex, Rhepanol, Wakaflex.

Eigenschaften des Rohstoffs Oppanol s. S. 235/236.

Sorten und Anwendungsgebiete: Rhepanol ORG, ORF, ORE, 1,5–3 mm dick, durch Ruß und Graphit verstrammte Bahnen zur Korrosionsschutzauskleidung nach VDI-Richtlinie 2537, Blatt 2. Das weiche Material wird auf Metall, Beton, Putz, Holz heiß geklebt, die 4 cm breiten Überlappungen werden mit Warmluft dichtgeschweißt (S. 203). Die Auskleidung ist physiologisch indifferent, beständig gegen die meisten Säuren und Laugen, unbeständig gegen Öle, Fette

---

*) s. Anm. S. 398

und Lösungsmittel; gegen mechanische Beanspruchung und bei Gebrauch zwischen 50 °C und 120 °C muß sie durch Vormauerung geschützt werden.

Baudichtungsbahnen, 1,5–2 mm dick, mineralisch gefüllt, verrottungsfest, gegen alle natürlich vorkommenden Wässer beständig, zwischen −30 °C und +60 °C anwendbar, nicht beständig gegen Treibstoffe und Öle. Technische Lieferbedingungen DIN 16935, Verlegung durch geschulte Fachleute nach RAL-RG 718 und AIB der Deutschen Bundesbahn: Kleben mit Heißbitumen 85/25, B 25 oder B 45, 5 cm breite Überlappungen werden durch Lösemittel (Rhepanolin) angequollen unter Druck „quellgeschweißt" (s. S. 211). Zur Abdichtung gegen drückendes Wasser im Ingenieurtiefbau geeignet.

Schwarze, grüne oder weiße Rhepanol-Dachbahnen (DIN 16731), mit 1,5 mm Kunststoffvlies kaschiert, 2,5 mm dick, werden überlappt mit vorkonfektioniertem Klebrand lose, in Heißbitumen oder mit Spezial-Kontaktklebstoff verlegt (Rhepanol Fk), für Dachabdichtungen (Steildach, Durchbrüche) eignen sich Aerograt- und Wakaflex-Elemente.

4.2.3 Styrol-Polymerisate

Eigenschaften und Allgemeines über Verhalten und Anwendung von Styrol-Polymerisaten s. S. 275ff., Tafel 4.10, S. 278/279.

1. *Standard-Polystyrol* in Tafel- oder Blockform wird in der Hochfrequenztechnik und UV-stabilisiert für Leuchten verwendet. Ein Spezialprodukt für die HF-Technik ist bis 100 °C einsetzbares vernetztes Polystyrol (Rexolite). PS-Folien sind ungereckt spröde. Biaxial gereckt werden sie als Elektrofolien (Styroflex, 4–150 μm dick, bis 120 mm breit, auch Fäden) und als brillante glasklare Kaschierfolien (25–50 μm), Druckfolien (50–75 μm), Verpackungs- und Tiefziehfolien (25–500 μm, alle drei bis ca. 1000 mm breit, Norflex) geliefert, Eigenschaften s. Tafeln 4.57/4.58, S. 432/433.

2. *Aus schlagfesten und hochschlagfesten Styrolpolymerisaten* (S/B-, SAN- und ABS-Cop) werden Tafeln und Folien extrudiert.

Handelsnamen, z.T. für begrenzte Produktenbereiche: Alkorfol, Beneron, Lenser-Platten, Osstyrol, Thepla, Thermodet, Worblex.

Lieferformen <0,8 mm dicke Bahnen, gerollt oder in Zuschnitten >0,8–13 mm Tafeln, Standardformat 2000 × 1000 mm, auch Großformate. Naturfarben, weiß und in vielen Farbeinstellungen, Oberflächen maschinenglatt, einseitig glänzend oder matt, hochglanzkaschiert, mit Ledernarbungen und anderen Dekors.

Eigenschaften der Halbzeuge siehe Tafel 4.47, S. 404, für hochschlagzähe (lederartige) Typen auch Tafel 4.11, S. 280.

Verarbeitung durch maschinelles Warmformen s. S. 197ff.

Tafel 4.47. Mindestwerte für Tafeln und Bahnen aus S/B, ABS und ASA

Eigenschaften	Einheiten	S/B (DIN 16955)			ABS/ASA (DIN 16956)	
		halb schlagzäh	schlagzäh	erhöht schlagzäh	halbhart	hart
Streckspannung	N/mm²	25	15	10	30	45
Elastizitätsmodul	N/mm²	2500	1800	1200	1500	2300
Schlagzähigkeit	kJ/m²	20	40	80	65[1]	50[1]
Kerbschlagzähigkeit	kJ/m²	2	4	8	10	5
Kugeleindruckhärte 385/30	N/mm²	110	85	75	60	70
Vicat Erw.-Temp. B/50	°C	75–115	75–95	70–90	80	90

[1] bei −20°C

Zulässige Schrumpfung in Maschinenrichtung nach Warmlagerung von S/B bei 130°C, ABS/ASA bei 150°C

Tafeldicke mm	0,5	1	2	4	6	8	10	>10
Prüfdauer min.	60				75		90	
Maßänderung %	30	20	13	10	9	8	7	

Anmerkung: Die Schlag- und Kerbschlagzähigkeitsprüfungen sollen durch den Stoßversuch nach DIN 53443 Teil 1 ergänzt bzw. ersetzt werden, sobald ausreichende Erfahrungen mit diesem Prüfverfahren vorliegen.

Anwendungen u. a. Kühlschrank-Innengehäuse und -Türbomben, (Büro-)Maschinen-Gehäuse und -Abdeckungen, Wannen, Transportbehälter, Koffer, Werbeaufsteller, Spielwaren, Karosserie- und Flugzeuginnenausstattung mit schwerentflammbar ausgerüsteten Produkten.

Für mechanisch und durch Außenbewitterung beanspruchte Teile wie Verkehrsschilder, Sitzmöbel, Schutzhelme, Sportfahrzeug-Karossen, Sportboote verwendet man stabilisierte ABS- oder ASA-Sorten, ABS-Mehrschichttafeln mit aufschäumbarem Kern, bei Bedarf schwerentflammbar eingestellt (Royalite), für Boote und Sanitärausstattung mit Haftvermittler (S. 281) koextrudierte Laminate aus ABS und PMMA, für langzeitig witterungs- und korrosionsbeständige Erzeugnisse solche mit 50–300 μm dicker PVDF-Deckschicht (Elkalite).

>0,1 mm dicke Folien in mehr oder weniger schlagzähen Einstellungen sind Vorprodukte der Massenfertigung warmgeformter Verpackungsbehälter und Wegwerfbecher. Für mehrfarbige Erzeugnisse werden vielschichtig coextrudierte Verbundfolien, z. B. aus 0,3 mm PS schlagfest weiß, 0,3 mm mischfarbigem Randabfall, 0,3 mm PS schlagfest bunt, 0,05 mm Standard-PS glasklar als Glanzdeckschicht verwendet.

3. *ABS-Rohre* sind für Druckleitungen und für heißwasserbeständige Abwasserleitungen in Gebäuden (S. 394f.) auf dem Markt (Dekasab), s. Tafel 4.44, S. 388.

4. *Schaumstoffe* (EPS s. a. S. 285)*)

Herstellungsverfahren von Partikelschaum und Extruderschaum s. S. 71, 72. Schwerentflammbar eingestellte *Wärmedämmstoffe für bauliche Anwendungen* sind Partikelschaumplatten RG 15–30 kg/m³, die mit beidseitiger Schäumhaut bandgeschäumt, von Blöcken geschnitten oder mit Rand- und Oberflächenstrukturen als „Automaten"-Platten formgeschäumt werden, weiter extrudierte Platten RG 30–40 kg/m³ mit und ohne Schäumhaut.

In nordischen Ländern sind Partikelschaumplatten als Frostschutz für Rohrleitungen, Straßen und Eisenbahnstrecken bewährt. Mehrere Meter tiefer Unterbau aus EPS-Blöcken ($d > 20$ kg/m³) verhütet in morastigem Gelände das Absinken von Straßen-Fahrbahn-Konstruktionen.

Trittschall-Dämmschaum ist durch Walken oder Pressen elastifiziert bis zu dynamischen Steifigkeiten <0,3 N/mm².

Auf dem Verpackungssektor werden Blasfolien (Depron) RG 60–200 kg/m³, 0,1–3,5 mm, nachgeschäumt bis 6,6 mm dick, bis zum Verhältnis 1:1 zu „Fast Food"- und Eierpackungen, Menüschalen, Ein-

---

*) Die Handelsnamen für EPS- u. a. Dämmschaumstoffe sind zu zahlreich, um hier aufgeführt zu werden. Siehe dafür: Produkte-Verzeichnisse des Instituts für das Bauen mit Kunststoffen (IBK), Osannstraße 37, 6100 Darmstadt.

weggeschirr warmgeformt. Aus beidseitig kontinuierlich papierbe-
schichteten Blasfolien fertigt man Kartonagen. Für Verpackungs-
formteile s. DIN 55471.

Extrudiertes PS-*Strukturschaum-Halbzeug* (S. 178) RG 400–500
kg/m³ ist holzähnlich im Aussehen und Verhalten. Innenausbaupro-
file, plattenförmige, durch Nachprägen oberflächenstrukturierte
japanische Erzeugnisse (Denkalite Wood, Everwood, Woodlac,
Woodlite). Bis 125 °C standfester Copolymer-Partikelschaum Dytherm (US), RG 320–360 kg/m³ ist ein warmformbares technisches
Halbzeug.

4.2.4   Vinylchlorid-Polymerisate

4.2.4.1   *Weichmacherfreie Erzeugnisse*

Rohstoffe und Formmassen, Halbzeugherstellung s. S. 287 ff. Güteanforderungen an Rohre DIN 8061, S. 395. Mindestanforderungen
an Tafeln nach DIN 16927, Tafel 4.48 (S. 407).

*Handelsnamen**)

für Rohre: anger, Dekadur, Egerit, Eucarigid, LH-dur, Omniplast,
Rau..., Supradur, Toschidur, Wavin, Wopavin u. a. m.;

für Tafelware: Astralon, Benelit, Gurit, Kömadur, Renolit, Riag,
Ripolit, Ripolor, Roxan, Simona, Trovidur u. a. m.;

Eigenschaftswerte: Tafel 4.18, S. 298, und Tafel 4.48, chemische Beständigkeit nach DIN 16929 s. S. 297.

Lieferformen:

von Rohren s. Abschnitt 4.2.0.1, Tafel 4.44 (S. 388); Standard-Längen
6 und 12 m mit oder ohne angeformten Muffen. Druckrohre für
technische Zwecke (PN > 10 bar) DN 10–315 mm, für Wasserleitungen mit Steck- oder Klebmuffenverbindungen bis DN 400 mm, Gas-
leitungen (nur Klebverbindungen) bis DN 225 mm. Rohre für Hausabflußleitungen mit Steckmuffen und Gummiring-Dichtungen DN
40 bis 150 mm, Kanalrohre mit Steckmuffe für Roll- oder Gleitring-
dichtungen DN 100–600 mm.

von Halbzeug für den chemischen Apparatebau: Blöcke bis 100 mm
dick, sonstige Abmessungen um 500 mm, Tafeln bis 30 mm dick,
Formate bis 2000 × 4000 mm, walzblanke (Auskleidungs-)Folien bis
1 mm dick, bis 1000 mm breit, Rundstäbe, Hohlstäbe und Schweißdraht (2–4 mm ⌀), Dreiecks-Schweißprofile;

von Tafeln und Folien für sonstige Anwendungen: Tafeln selten dicker
als 10 mm, extrudiert bis 1500 × 3500 mm, Folien extrudiert oder kalandriert 0,8– < 0,1 mm, im plastischen Zustand biaxial verstreckt bis

---

*) Für VC-Polymerisat-Halbzeuge können hier nur auf ihre Herkunft hinweisende „Fa-
milien"-Namen aufgeführt werden. Detail-Informationen über die Produktgruppen
Rohre, Wandelemente, Fenster, Rolladen- und Bauprofile, Bautenschutzbahnen, Möbelfolien, Fußbodenbeläge vermitteln die oben aufgeführten IBK-Dokumentationen.

Tafel 4.48. Anforderungen an Tafeln aus Hart-PVC nach DIN 16927

Eigenschaften	Einheit	Anforderungen (Mittelwerte)			
		extrudierte Tafeln		gepreßte Tafeln	
		PVC-U	PVC-HI	PVC-U	PVC-HI
Streckspannung σ_S	N/mm^2	≥ 55	≥ 45	≥ 60	≥ 50
Reißdehnung ε_R	%	≥ 15	≥ 20	≥ 15	≥ 20
Elastizitätsmodul E	N/mm^2	≥ 3000	≥ 2500	≥ 3000	≥ 2500
Schlag- $\quad$ $0\,°C$ zähigkeit a_n $\quad -20\,°C$	kJ/m^2	ohne Bruch	–	ohne Bruch	–
		–	ohne Bruch	–	ohne Bruch
Kerbschlagzähigkeit a_k	kJ/m^2	≥ 2	≥ 5	≥ 2	≥ 5
Kriechmodul E_c bei $40\,°C$ nach $\quad$ 10 h $\qquad$ 100 h $\qquad$ 1000 h	N/mm^2 N/mm^2 N/mm^2	≥ 2200 ≥ 1800 ≥ 1200	≥ 2000 ≥ 1500 $\geq\ 900$	≥ 2700 ≥ 2300 ≥ 1800	≥ 2100 ≥ 1700 ≥ 1200
Vicat-Erweichungstemperatur VST B/50	$°C$	≥ 75	≥ 72	≥ 78	≥ 75

Nach 1–2 h Lagerung bei 140 °C sowie 30 min in Methylenchlorid bei 23 °C dürfen Aufblätterung, Zerfall, Risse, Blasen nicht auftreten. PVC-HI entspricht der Stufe „erhöht schlagzäh" nach DIN 7748, vgl. Anm. 3, Tafel 4.18, S. 298.

0,02 mm dick, maximal 1800 mm breit (bis 2500 mm technisch möglich). Thermisch vergütete Folien aus PVC-E ungereckt 0,5–0,03 mm dick, bis 1300 mm breit, gereckt 600–750 mm breit, Blasfolien 0,1–0,02 mm dick, ca. 1000 mm breit.

Verarbeitung von Rohren und allgemeine Verarbeitungsrichtlinien für den Apparatebau S. 390, handwerkliches und maschinelles Warmformen s. S. 197 ff., Schweißen und Kleben s. S. 210 ff., spangebende Bearbeitung s. S. 219 ff.

Anwendungsgebiete:

1. *Apparate- und Anlagenbau:* Für korrosionsfeste Apparate und Anlagenbauteile der chemischen Industrie, der Galvanotechnik, Phototechnik, Klimatechnik, Pharmazeutik und Lebensmitteltechnik im Temperaturbereich bis ca. 60 °C ist Hart-PVC der in industrieller Serienfertigung, z. B. von Ventilatoren und Pumpen, und für handwerkliche Verarbeitung meist gebrauchte Kunststoff. Nachchloriertes PVC (PVC-C) wird, z. B. in Chlorbetrieben, für Betriebstemperaturen bis 90 °C, erhöht schlagzäh modifiziertes PVC bei entsprechender Beanspruchung, z. B. in der Klimatechnik, eingesetzt. Elektrisch leitfähiges PVC-Halbzeug (Trovidur X, schwarz) mit Oberflächenwiderstand $< 10^4 \Omega$ und spez. Durchgangswiderstand $< 10^4 \Omega$ cm ist für den Bergbau und für explosionsgefährdete Anlagen zugelassen. Mit GFK armierte Anlagen sind bis 100 °C druckbeanspruchbar. Die Armierung kann nach Anlösen der Oberfläche handwerklich aufgebracht werden. PVC-Tafeln mit eingebettetem Glasfaservlies als Ver-

bindungsschicht und GFK armierte Rohrleitungsteile sind Marktprodukte. GFK-Rohre mit PVC-Auskleidung für 6–10 atü bis 80 °C, mit PVC-HT für 6 atü bis 100 °C sind genormt (S. 515). Genoppte Platten als verlorene Schalung im Säurebau (Bekaplast), Halbzeuge mit eingebetteter Metallarmierung, Filterplatten mit Poren 5–12 μm (Porvic) und Akku-Separatorenplatten sind Spezialprodukte (s. S. 290).

2. *Rohrleitungen für Versorgungsanlagen, Installation und Abwasser* s. S. 390 ff., auch PVC-C-Rohre für Kalt- und Warmwasser-Hausinstallation.

3. *Bauwesen:* Erhöht schlagzähes PVC, entsprechend stabilisiert und in hellen Farben, hat sich in der Außenanwendung als langzeitig witterungs- und gebrauchsbeständig bewährt.

Anwendungsformen sind

glatte, geriffelte oder im Anschluß an das Extrudieren kontinuierlich längs oder quer gewellte bzw. in Spundwandprofilierung geformte Bahnen und Tafeln, transparent, farbig transluzent und gedeckt, für Fassadenbekleidung auch koextrudiert mit hochschlagzäher witterungsbeständiger Deckschicht, für Innenausbau meist aus Normal-PVC,

glasklare und getönte Tafeln für Thermoformung hagelschlagsicherer Lichtelemente: Organit super (biaxial gereckt), Simona PVC-Glas S (DE); Pévéclair (BE); Pacton, Sintilon stratum (GB) u. a. m., entsprechend angewandte zusammensteckbare Profile,

2–3 mm dicke Tafeln für das Warmformen vorgehängter Kaltfassaden-Bekleidungselemente,

Ein- und Mehrkammerprofile DIN 16830 T.1 und T.2 für Fensterrahmen, die durch Gehrungsschweißen der Ecken und sonstiger Verbindungsstellen (Heizelement-Schweißmaschine s. S. 205) serienmäßig gefertigt werden, mit den erforderlichen Hilfsprofilen aus PVC-HI.

Rolladenprofile, Türrahmenbekleidungen und zahlreiche andere Innenausbau- und Möbelprofile sind überwiegend aus Normal-PVC.

PVC-Folien im Dickenbereich von 0,08–1,0 mm werden vor allem für Verpackungen wie Becher, Deckel, Blister, Faltschachteln, Runddosen etc. verwendet, aber auch für technische Anwendungen (z. B. Bausektor, Druckfolien, Computerhüllen) eingesetzt.

4. *Für technischen Bürobedarf, Zeichen- und Meßgeräte, graphisches Gewerbe* ist die Maß- und Korrosionsbeständigkeit der hellfarbig, glasklar, hochglanzpoliert oder beschreibbar mattiert herstellbaren Erzeugnisse von maßgeblicher Bedeutung. Anwendungsbeispiele: Kartei- und Lochkarten, Rechenschieber, Lineale, Zeichendreiecke und -schablonen, Meßgeräte-Skalen, auch farbig graviert aus Mehrfarbenschichtmaterial, Kreditkarten, repro- und kartographisches

Zeichenmaterial, Wandtafelbeläge sowie Klischeematerial in Spezialeinstellung für verschiedene Drucktechniken.

5. *Sonstige Anwendungen warmformbaren Tafelmaterials* sind u. a. Kühlschrankteile, Maschinenabdeckungen, Bekleidungseinlagen, Displays, Leuchtenteile.

6. *Folien*

Handelsnamen:

Agalan, Alkorfol, Astralit, Benelit, Europhan, Folan, Genopak, Genotherm, Heliovir, Pentaclear, Pentadur, Polytherm, Rhenamit, Roxan, Sarafan.

Folien im Dickenbereich von 0,6–0,08 mm werden vor allem für die *Verpackung* verwendet*). Die Sorten sind so vielfältig wie die Anforderungen (S. 188). Kalander- und Extruderfolien aus S-PVC sind glasklar. Thermisch vergütete E-PVC-Folien, ungereckt, sind etwas trüb, aber zäher. Folien aus Copolymeren und Blends sind noch schlagzäher, glasklar, schmiegsam, auch kältebeständig. Alle Folienarten können so rezeptiert werden, daß sie den lebensmittelrechtlichen Vorschriften entsprechen, sie können als dickere, gedeckt eingefärbte, auch zweifarbig geschichtet hergestellt werden.

0,3 mm dicke Folien sind noch standfest genug für Standpackungen und Halbtuben, die aus Zuschnitten geschweißt werden und für warmgeformte Becherpackungen, solche von 0,1 mm Dicke für warmgeformte Verpackungseinsätze und eng anliegende Packungen kleiner Gegenstände (s. S. 201). Andere Anwendungen warmgeformter Folien sind beispielsweise Kassetten von Schallschluck-Bauelementen, Blindenschriftreliefs, Reliefkarten, Reklame- und Spielfiguren, gefältelte Lampenschirme.

Möbel-Deckfolien (Alkorfol, Benelit, Furnidur, Genotherm, Renolit, Roxan u. a. m.) werden üblicherweise 0,1–0,4 mm dick, 1200–2000 mm breit in Typ I – harte Einstellung (meist 0,1–0,4 mm) und Typ II – halbharte Einstellung (meist 0,15–0,3 mm) mehrfarbig bedruckt mit Holzmaserbildern, geprägt oder glatt, häufig mit transparenten Deckschichten (PUR-Lack) sowie unifarbig, velouriert, metallisiert geliefert. Sie werden auf maschinelle Verarbeitung mit Spanplatten, Sperrholz, Stahl- oder Aluminiumblech eingestellt, sind tiefziehfähig für plastische Dekors und faltbar bei der Montage auf Gehrung vorgeschnittener Möbelzargen und Kästen. Typ I wird u. a. für abrieb- und chemikalienfeste Türblätter und Möbelfronten sowie Sichtflächen in der Raumgestaltung wie Deckenkassetten und Raumteiler, Typ II vorwiegend für die Möbel-Innenausstattung verwendet.

Dünnste Folien von etwa 0,05 mm Dicke abwärts dienen zum Kaschieren, als Einlagen in Verschlüssen, für Girlanden, als Einschlagfolie. Biaxial gereckte Blasfolien eignen sich für stoßfeste Fenster in

---

*) Informationen durch Gütegemeinschaft Kalandrierte PVC-Hartfolien, Postfach 2863, Wiesbaden 1.

Briefumschlägen und Kartonagen, als Schrumpffolien für Überpackungen. Beim thermischen Vergüten längsgereckte E-PVC-Folie
braucht man für Klebebänder, Kabelwickelbänder, und als Ton-
träger.

Eigenschaften von Hart-PVC – Verpackungsfolien und solchen aus
Vinylidenchlorid-Copolymeren (Saran) s. Tafel 4.57, S. 432.

4.2.4.2   *Weich-Polyvinylchlorid (PVC-P)*

Aufbau und *Stoffeigenschaften* s. S. 302 ff., PVC-P in der Elektrotechnik s. S. 307 ff.

Hauptgruppen von PVC-P-Erzeugnissen:

Weichmachergehalt unter 25%, Shore A-Härte um 95: Halbharte,
noch warmformbare Erzeugnisse wie Schrumpfschläuche, Folien für
schmiegsame Formpackungen.

Weichmachergehalt um 30%, Shore A-Härte 85–80: Kernlederartige
Profile und Dichtungsplatten, Baudichtungs- und Dachbahnen,
Abdeck-, Bekleidungs- und Dekofolien, Fußbodenbelags-Geh-
schichten.

Weichmachergehalt 35–45%, Shore A-Härte 75–60: Täschner- und
Polsterfolien, weiche Dichtungsprofile, Schläuche, gefüllte Weich-
PVC-Bodenbeläge.

1. *Schläuche und Profile*

Handelsnamen*)

Coroplast, Femso, Gealan, Guttasyn, Hutex, Isoplastic, Kö-Profile,
Mipolam, Pegulan, Rau..., Vinnylan u. a. m.

Schläuche sind mit Innendurchmesser von 1–80 mm und Wanddik-
ken von 0,3–10 mm handelsüblich, Toleranzen nach DIN 16940/2,
für Wanddicken von ± 0,1 bis ± 0,5 mm ansteigend. Verwendung in
entsprechender Einstellung als Maschinenschläuche, für Wasser,
Säuren, als Garten-(Sprüh-)Schläuche, für Getränke- und Bierleitun-
gen, zur Bluttransfusion und andere medizinische Zwecke, als
Scheuerschutzschläuche für Autokabelsätze. Es gibt auch armierte
Druckschläuche, Elektroisolierschläuche. Zum Umkleiden von Stäben dienen Schrumpfschläuche und Schießschläuche.

Verpackungsschläuche mit Wanddicken von 0,1–0,35 mm für abge-
schweißte Portionspackungen von Ölen, Putz- und Waschmitteln
u. a. Chemikalien werden auch zu Tuben verarbeitet.

Weiche *Profile* finden vielseitige Verwendung als Abdeck- und Dichtungsprofile (Keder) in der Lederwaren-, Schuh-, Automobilindustrie, im Kühlschrank- und Gerätebau, weiter als Antriebsriemen
und Rundschnüre mit Einlage, z. B. Wäscheleinen.

---

*) siehe Bemerkungen auf Seiten 405/406

Bauprofile für den Innenausbau wie Treppenkanten, Sockelleisten, Treppenhandlaufprofile, Tisch- und Türumrander, Fugenabdeckprofile, Fensterdichtungen, Verglasungsprofile gibt es in vielen Formen und Abmessungen.

Konstruktiv verwendete Bauprofile sind Dehnfugenbänder für den Betontiefbau, weiter im Hochbau im Bauwerk zu verankernde Dehn-, Gleit- und Abdeckprofile.

2. *Tafeln, Bahnen, Bänder für technische Zwecke und Verpackungen*

Tafel 4.49. Richtwerte für PVC-P-Tafeln nach DIN 16959:

Shore-Härte A	60–76	77–90	> 90
Dichte g/cm^3	1,18–1,27	1,22–1,32	1,27–1,35
Reißfestigkeit N/mm^2	>7,5	>15	>20
Reißdehnung	>230	>150	>60

Bei Wärmelagerung (100 °C) dürfen sich die Maße in Längs- und Querrichtung um nicht mehr als 5% ändern.

Bei Tafeldicken (s) bis 20 mm zul. Abw. ±(0,1 mm ±0,05 s), für die Breite ±5 mm, die Länge ±10 mm.

Handelsnamen*)

Alkorfol, Alkorplan, Alkoron, Benefol, Coroplast, Delifol, Howesit, Leschuplast, Omniplast, Pegutan, Sarnafil, Trocal, Wilkoplast, Wopal, Wolfin u. a. m.

PVC-P-*Tafeln* werden für korrosionsbeanspruchte Dichtungen und bewegte Apparatebauteile, zur Auskleidung galvanischer Bäder, für Verschleiß- und Prallschutz und dgl. verwendet. Höchste Anforderungen an Durchsicht, z. B. für Pendeltüren oder Cabriolet-Fenster, Zeltfenster oder Kinderwagenverdecke, erfüllt abgepreßtes glasklares Material (Astraglas).

Baudichtungsbahnen**) DIN 16937/8 bitumenbeständig/nicht bitumenbeständig, und *Dachbahnen* DIN 16730 trägerlos***), DIN 16734 mit Synthesefädenverstärkung, DIN 16735 mit Glasvlieseinlage, alle nicht bitumenbeständig in 0,8 mm bis 3 mm Dicke werden überlappt durch (Quell-)Schweißen zu großflächig dichtstehenden Planen verbunden.

Diese werden unter örtlicher Fixierung nach den jeweiligen Regeln der Technik (AIB-Vorschriften der Bundesbahn, Richtlinien des Dachdeckerhandwerks) unverklebt lose verlegt. Die elastische Dehnbarkeit von PVC-P wird so optimal genutzt. Es gibt auch Dachbelagsysteme auf Glas-Gewebe- oder Chemiefaser-Vlies zum Verkleben. Bitumenbeständige PVC-P-Bahnen nach DIN 16937 werden angewandt für Tunnelauskleidungen, unter Fahrbahnen und für Öl-Auffangwannen. Porenfrei doublierte, mineralölbeständige Folien

---

*) siehe Bemerkungen auf Seite 405
**) siehe Bemerkungen auf Seite 406
***) Gütezeichen S. 572, s. a. Anm. S. 398

sind für Lecksicherungsblasen in Heizöltanks zugelassen. Für Schwimmbecken-Auskleidungsfolien ohne oder mit Textilrücklage bestehen Güterichtlinien des VBK*).

Mit Chemiefaser-*Geweben oder -Gewirken verstärkte Bahnen* (Alkorfol AT, Ceno, Polymar) verwendet man für Traglufthallen, Zeltkonstruktionen, als schwere oder leichte, gedeckte oder transparente Abdeckplanen, für Faltgaragen, Gewächshäuser, Wetterlutten. Schwere Arbeitskleidung wird aus gleichartigen, leichte Arbeitskleidung und Regenkleidung aus trägerlosen Folien von 0,4–0,2 mm Dicke gefertigt.

Für *Säcke* verwendet man 0,15–0,5 mm dicke Schlauchfolien von 400–750 mm doppelter Breite. Je nach Aufbau *transparente bis glasklare Folien* von 0,5–0,08 mm Dicke, die geprägt, bedruckt, HF-geschweißt, geklebt und genäht werden können, haben für Bekleidung und Kleiderschutz, Abdeckhauben, Transportbeutel, Schonbezüge, Kaschierungen, Klarsichthüllen ein weites Anwendungsfeld. Spezialsorten mit nicht wanderndem (Polymer-)Weichmacher sind für die Medizin, für Klebebänder, Isolierbänder und selbstklebende Korrosionsschutz-Bandagen geeignet.

3. *Fußboden-, Wand- und Tisch-Beläge***)

Nach den VOB-Vorschriften DIN 18365 für Bodenbelagsarbeiten müssen Fußboden-Beläge den einschlägigen RAL-REG-Gütebestimmungen bzw. DIN 16952 T.1 bis 5 entsprechen, die wiederum auf den Prüfvorschriften DIN 51949 , 51953, 51955, 51958 für Bodenbeläge basieren.

Homogene Massiv-PVC-Bodenbeläge werden einfarbig, gerichtet oder ungerichtet unregelmäßig gemustert entweder auf Extrudern bzw. Knetern, verbunden mit besonderen Vorrichtungen wie Schmelzwalzen und Glättkalandern, für die Farbmischung und Glättung als bis 160 cm breite Bahnen gezogen, oder – in höchstwertiger Dessinierung, auch mit Intarsien – aus Walzfellen auf Polierpressen zu Platten gepreßt (S. 160), auch als Fliesen (z. B. 50 × 50 cm) zugeschnitten geliefert. Die Beläge in > 2 mm Dicke kommen für den stark beanspruchten repräsentativen (Gaststätten) oder technischen (Laboratorien) Objektbereich in Betracht, leitfähig eingestellt für Operationssäle und Sprengstoffbetriebe. Durch Einbinden von Weich-PVC-Schweißdrähten in die Fugen mit auf Rollen laufenden Schweißmaschinen schafft man beliebig große fugenfreie, leicht sauber zu haltende Bodenbelagsflächen.

Heterogene PVC-Bodenbeläge werden in Bahnen bis zu 4 m Breite kontinuierlich auf Fertigungsstraßen hergestellt, welche mehrere Arbeitsgänge des Beschichtens durch Streichen mit PVC-Pasten mit

---

*) IVK (Industrieverband Kunststoffbahnen), Fellnerstraße 5, Frankfurt/M. 1
**) s. Bem. S. 413

folgendem Gelieren und Aufschäumen der Streichpaste, des Kaschierens und Vorrichtungen zum Vielfarben- und Prägedruck aufeinander folgend kombinieren.

Das in beliebigen Dessins ausführbare Druckbild dieser Beläge wird durch eine strapazierfähige Geh-Schicht aus glasklarem PVC, in manchen auch durch PUR-Lack abgedeckt. Mechanisch geprägte „Reliefbeläge", 1,2–2 mm dick, werden auf einen durch einen PVC-Glattstrich verfestigten Träger aus z.B. Mineralfaservlies aufgebracht. „Cushioned Vinyls" CV-Beläge werden chemisch geprägt dadurch, daß den Druckfarben örtlich die Verschäumung unterbindende Mittel (Inhibitoren) zugesetzt werden. Vier- bis fünfschichtige CV-Beläge bis 4 mm Dicke mit zur Stabilisierung eingebettetem Textilglaszwischenträger vermitteln höchsten Geh-Komfort und sind beträchtlich wärme- und trittschalldämmend.

Etwa 1 mm dicke *Wandbeläge* werden nach beiden Verfahren gefertigt.

4. Kunstleder und Schweiß-Folien

Nach DIN 16922 nennt man „Kunstleder" flächenhafte, flexible Erzeugnisse mit teilweise lederähnlichen Eigenschaften, die für die Anwendung bestimmend sind. Schwere, tief genarbte Gewebekunstleder für stark beanspruchte Sitzpolster in Verkehrsmitteln und Versammlungsstätten werden mit Deckschichten aus PVC-P hergestellt, hoch flexible, auch für Bekleidung, mit weicher als PVC einstellbaren, oft auch geschäumten PUR-Deckschichten.

Für PVC-P-Schweißfolien und Dachbahnen bestehen Güterichtlinien des IVK*). DIN 53352 u. f. sind Prüfnormen für solche Erzeugnisse.

*Handelsnamen**)*

Acella..., Alkor..., Era, Howelon, Howeflex, Juvogress, Roccé, Roy..., Skai u.a.m.

Lieferformen: Bahnen in 1000–2000 mm Breite in beliebigen Farben, auch durchscheinend, bedruckt, vielfältig genarbt. Es gibt viele Dessins und Sondereinstellungen.

Anwendungsgebiete:

Folien, 0,6–0,4 mm dick: für Flachpolster, Automobilausstattung.

Folien, 0,5–0,2 mm dick: Täschner- und Portefeuille-Werkstoff.

Folien, 0,2 mm dick: Wandbespannungen und Vorhänge, Badetaschen und Kulturbeutel, Regenbekleidung, Schürzen, Tischdecken. Doublierte porenfreie Folien für Aufblasartikel wie Schwimmtiere und Bälle.

---

*) IVK (Industrieverband Kunststoffbahnen), Fellnerstraße 5, Frankfurt/M. 1
**) s. Bem. S. 406

Handwerklich *verarbeitet* werden Kunstleder und Kunststoff-Folien u. a. nach dem herkömmlichen Verfahren der Anwendungsgebiete. In der industriellen Verarbeitung verwendet man weitestgehend HF-Schweißung, s. S. 209.

4.2.4.3 *PVC-Schaumkunststoffe*

Lieferformen und Handelsnamen:

Schäumverfahren für PVC (hart u. weich) siehe S. 69 ff., 310.

Hart-PVC-Strukturschaum-Tafeln, Kömacel, d 0,7 g/cm³, sind warmformbare leichte Konstruktionsmaterialien für Innen- und Außenbau.

Hart-PVC-Schaum, d 0,04–0,13 g/cm³, geschlossenzellig in Tafeln und Blöcken, 3–160 mm dick, wird als Sandwich-Kernmaterial, für Netz-Schwimmer und Rettungsflöße, Tiefkühlbehälter für Flüssiggase verwendet (Airex).

Divinycell (SE) ist ein aramidvernetzter PVC-Hartschaumstoff von hoher Druckfestigkeit (0,7 N/mm² bei 0,05 g/cm³ nach DIN 53 421) und errhöhter Wärmeformbeständigkeit (103 °C nach DIN 53 424). Die verfügbaren Rohdichten liegen zwischen 0,03 und 0,3 g/cm³. Der Konstruktionswerkstoff dient als Kernmaterial für Sandwichteile. Angewendet wird er im Schiffs-, Flugzeug- und Fahrzeugbau sowie im Off-shore-Bereich.

PVC-P-Schaum, d 0,05–0,15 g/cm³, geschlossenzellig in Tafeln und Blöcken, dient als hochelastisches Material in Turnmatten, als Stoßschutzeinlage in Helmen und für die Dämpfung von Maschinenschwingungen (Airex).

PVC-P-Schaum, offenzellig, d 0,07–0,33 g/cm³, ist ein Material in der Schallschluck-Technik und für atmende Polsterungen (Duflex).

4.2.4.4 *PVC-beschichtete Bleche*

0,25–1,5 mm dicke verzinkte Bleche, auf die in Groß-Fertigungsstraßen über eine Klebstoffschicht ein- oder beidseitig halbhartes PVC 0,1–0,25 mm dick aufgewalzt oder im Reverse Roll Coating aus Pasten (S. 190) aufgebracht wird, sind tiefziehfähige Materialien für Wände und Dächer im Metall- und Waggonbau, für Kühlmöbel, Gehäuse und Kassetten. Auch schwingungsdämpfende Verbundbleche mit einkaschierter Kunststofflage sind tiefziehfähig (Colortect, Folastal, Platal, Sinaplast, Sendziplast, Stacoplast, Skinplate).

Für geringere Beanspruchung werden Bleche ein- oder zweiseitig durch aufgebrachte PVC-Schichten von etwa 0,025 mm Dicke korrosionsgeschützt.

4.2.5 Fluorhaltige Polymere

Polyfluorcarbone und Copolymerisate

Gruppenübersicht, Verarbeitungsmöglichkeiten, allgemeine Eigenschaften und Anwendungsgebiete siehe Seite 311 ff.

Handelsnamen wie S. 311/313, für Halbzeug-Gruppen aus verschiedenen Fluorkunststoffen u. a.

Fluoroflex, Fluorosint, Heydeflon, Klingerflon, Polyfluoron, Polypenco-PTFE, Rivalon (DE), Lubriflon, Polyflon (IT), Gaflon (FR), Fluolion, Permaflon (GB), Chemfluor, Chemloy, Fluorolon, Fluoroloy, Fluorosint, Rulon (US).

PTFE-Halbzeuge

Gepreßte Rundstäbe (∅ 5–300 mm) und Rohre (Wanddicken 1,4–6 mm) bis 6 m lang. Zum Auskleiden von Stahlrohrleitungen diskontinuierlich extrudierte Pastenrohre und kreuzweise gewickelte Rohre bis NW 600, ramextrudierte Rohre bis NW 300, isostatisch gepreßte Krümmer u. a. Formteile. Dünnwandige pastenextrudierte Schläuche (d_i 3–50 mm) und „Spaghetti"-Isolierschläuche (0,7 × 0,2 mm) in großen Längen.

Platten 1,5–120 mm dick, Formate bis 1250 × 1250 mm. Geschälte Folien bis 1600 mm breit, 0,025–6 mm dick, auch ein- oder beidseitig klebbar geätzt. Gießfolien 0,005–0,13 mm, 300 mm breit, s. Tafel 4.58, S. 433. PTFE-imprägniertes Glasgewebe für technische Zwecke und Hallendächer. Mikroporöse PTFE-Halbzeuge (Gore..., Zitex) für Filter u. a.

Laminate auf GFK oder Stahl, für Lagerwerkstoffe, PTFE-Band in Bronzegewebe gesintert (Metaloplast), Mischgewebe aus PTFE- und Metallfäden (Pydane, FR), Lenzing-Filament-Garne für Packungen.

GKV-Richtlinien: herausgegeben von der Fachgruppe Fluorkunststoffe des GKV, Am Hauptbahnhof 12, D-6000 Frankfurt am Main: Qualitätsanforderungen, Prüflinien und Toleranzen. Außer PTFE-Halbzeug aus jungfräulichem Material ist auch solches aus wiederaufbereitetem „Repro-Material" (Pamflon 1400) auf dem Markt.

Extrudierte Halbzeuge

aus FEP, ETFE, PFA haben ähnliche Anwendungsbereiche wie solche aus PTFE. Folien werden für flexible gedruckte Schaltungen und Flachkabel gebraucht, (Schrumpf-)Schläuche – < 300 mm ∅ bis 6 m lang für Walzenbezüge – und 0,013–2,4 mm dicke Folienbänder für chemische Anwendungen und für extrem kälte- und temperaturbeständige, praktisch nicht brennbare Kabel- und Drahtisolierungen von elektronischen Raumfahrts- und Sicherheits-Installationen.

Glasklare 30–200 μm dicke Folien aus ETFE (Hostaflon ET) sind > 90% transparent für das nahe UV- und sichtbare Licht, nicht aber im IR-Bereich. Sie sind schwer entflammbar, Jahrzehnte wetterfest, sticheinreißfest, auch gegen Hagelschlag und Sandsturm beständig. Man braucht sie verarbeitet zu mehrlagigen wärmedämmenden Luft-kissen-Elementen, für Lichtdach-Konstruktionen klimatisierter Großgewächshäuser und -Freizeitzentren, in denen man wie unter freiem Himmel bräunt, für Solar-Kollektoren auch PFA- und ECTFE (Halar, US)-Folien. 0,01–0,5 mm dicke PCTFE-Folie (Aclar) dient als Wasserdampfbarriereschicht in pharmazeutischen Verpackungen.

PVDF-Druckrohre und andere Halbzeuge

Handelsnamen: Dekatemp, Trovidur (DE), Solef (BE), Sygef, Syma-lit (CH), Kynar (US)

ergänzen PVC im Apparate- und Rohrleitungsbau (Tafel 4.44, S. 388 f.) im erweiterten Temperaturbereich von $-40\,°C$ bis $+140\,°C$ für erhöhte chemische Beanspruchung. Mit Faservlies als Haftver-mittler kaschierte Platten werden für geklebte Auskleidungen von Stahl-Apparaturen, gleichartige oder mit eingepreßter GF-Schicht versehene für GFK-ummantelte Apparate verwendet.

Bei der Auskleidung von Stahlbehältern und -Rohren für den Korro-sionsschutz bei erhöhten Temperaturen (z. B. bei Rauchgaswäschern) werden neben Gummierungen und Duroplastauskleidungen (PF) auch Thermoplast-Verbundauskleidungen (PVDF/Weichgummi) eingesetzt. Die Verbundplatten bestehen aus 1,2 mm PVDF, dubliert mit ca. 0,5 mm Weichgummi. Die bisher angewendeten Richtlinien für die konstruktive Gestaltung und Auskleidungstechnik, VDI 2532 u. VDI 2537, wurden nach Überarbeitung überführt in folgende DIN-Normen: DIN 28051 (Sept. 1990); DIN 28053 (Nov. 1988); DIN 28055 Teil 1 u. 2 (Sept. 1990 u. Febr. 1991).

Biorientierte PVDF-Folien, < 6–12 μm (Alkorfol KF, DE; Kynar, US; Kureha, JP) sind piezo- und pyroelektrisch. Mit Dielektrizitäts-zahlen > 10 tragen sie zur Miniaturisierung von Kondensatoren bei. Metallisiert werden sie verwendet für Ultraschall-Sensoren, Infrarot-Detektoren, Sonare und medizinische Geräte.

Polyvinylfluorid PVF ist nur als Halbzeug, und zwar als glasklare Ka-schierfolien (Tedlar, US), 12,5–100 μm, Verpackungsfolie (Vac-Pac, US), 25–50 μm, schwer entflammbar klassifizierte Tafeln (Resolite Fire Snuf), 1,8–3,6 mm, auf dem Markt.

Hauptanwendung des UV- bis IR-, wetter- und korrosionsbeständi-gen, schwer entflammbaren Materials ist dauerhafter Oberflächen-schutz für Außen- und Innenbau, Flugzeuginnenausstattung und Raumfahrtgerät, auch Laminierung adhäsiv beschichteter Folien auf Vinylkunststoff, GRP, Sperrholz, Stahl oder anderen Metallen, wei-ter Verglasung von Solar-Kollektoren.

Eigenschaften

Rohdichte . . . . g/cm³   1,38–1,57
Zerreißfestigkeit . . . . N/mm²   50–127
Bruchdehnung . . . . %   115–200
Dauergebrauchstemperatur . . . . °C − 72 bis + 107

4.2.6 Methylmethacrylat-Polymerisate, PMI-Schaumstoffe

DIN 16 957 (1985) Gegossene Tafeln aus PMMA
ISO 7823-1 (1987)
DIN 16 958 (1981) Extrudierte Tafeln aus PMMA
ISO 7823-2 (1988); ISO 8257-1 (1987)

4.2.6.1 *Herstellung von Acrylgläsern (PMMA-Halbzeug)*

Handelsnamen: Paraglas, Plexiglas, Resartglas (DE); Altuglas (FR); Perspex (GB); Shinkolite, Sumipex (JP); Oroglas (US).

PMMA-Halbzeuge werden aus MMA-Reaktionsharz (s. 4.1.1.1/3, S. 232) gegossen oder aus PMMA-Formmasse (s. 4.1.6, S. 319) extrudiert. Beide Sortimente sind gleichartig aufgebaut, so daß die Erzeugnisse bei Bedarf kombiniert werden können.

Gegossene PMMA-Platten

PMMA-Platten entstehen in einem Gießprozeß, bei dem das Monomere MMA mit Polymerisationshilfsstoffen (z. B. Initiatoren, Katalysatoren bzw. Beschleuniger, evtl. aber auch Weichmacher, UV-Absorber, lösliche oder unlösliche Farbmittel, Pigmente ect.) in eine Kammer aus zwei rechteckigen Silikatglasscheiben guter optischer Qualität gegossen wird. Die Scheiben werden durch elastische Dichtschnüre, die entlang des Randes verlegt sind, auf Distanz gehalten. Klammern längs des Randes pressen Glasplatten und Dichtschnur zusammen. Bei der Polymerisation tritt ein Volumenschrumpf (ca. 20%), also eine entsprechende Verringerung des Glasplattenabstandes ein; die Dichtschnur muß so ausgelegt sein, daß sie diese Bewegung zuläßt. Bei der Polymerisation wird überdies Reaktionswärme frei. Polymerisationstemperatur und Wärmeabführung (d.h. letztendlich die Reaktionsgeschwindigkeit) müssen so optimiert und geregelt sein, daß keine Überhitzung, d.h. Blasenbildung durch verdampfendes MMA, auftritt. Die Polymerisation erfolgt entweder im Wasserbad (gute Wärmeabführung), in einem Luftautoklaven bei erhöhtem Druck mit hohen Luftgeschwindigkeiten oder in Wärmeschränken unter Normaldruck.

Bei der Wasserbadpolymerisation schließt sich stets ein Temperprozeß im Wärmeschrank zum Erreichen einer vollständigen Polymerisation (Restmonomerengehalt < 1%) an. Die Verfahrensparameter hängen vom Verfahren, vor allem jedoch von der Plattendicke ab. Die mittlere Molmasse M_w liegt bei gegossenem PMMA bei ca. $3 \cdot 10^6$ g/Mol oder höher. Zur Herstellung von leicht umformbaren

Gießplatten geht man häufig von Sirup (anpolymerisiertes MMA) aus, dabei können die mittleren Molmassen bei ca. $6 \cdot 10^5$ g/Mol liegen.

In den USA und Japan wird z.T. auch noch ein kontinuierliches Gießverfahren in einer Doppelbandanlage mit umlaufenden Stahlbändern verwendet. In Europa hat sich dieses Verfahren nicht durchgesetzt.

Extrudiertes Acrylglas

wird vorzugsweise aus PMMA-Standard-Formmassen (4.1.6.2, S. 319) mit einer höheren Molmasse ($\bar{M}_w$ ca. $2 \cdot 10^5$ g/Mol) und einer Vicat-Erweichungstemperatur (VST/B) im Bereich 103 °C bis 108 °C gefertigt.

Es ist heute möglich, extrudierte Platten mit ausgezeichneter optischer Qualität auch bei komplizierten Profilen, wie z. B. Stegdoppel- und Stegdreifachplatten, herzustellen. Auch Wellplatten mit Sinus- oder Trapez-Profilierungen, meist 3 mm dick, gehören zum Programm extrudierter Acrylglashalbzeuge.

4.2.6.2 Eigenschaften von PMMA-Halbzeug

Das typische Eigenschaftssssspektrum aller PMMA-Kunststoffe ist in 4.1.6.1 (S. 318) beschrieben. Die spezifischen technologischen Eigen-

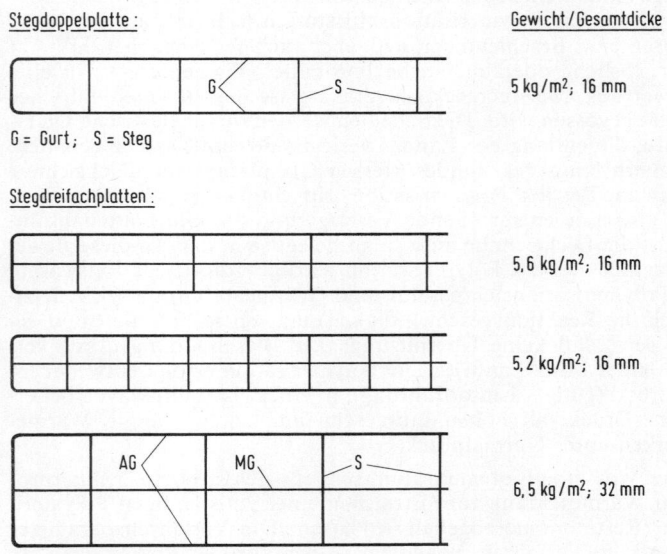

Stegdoppelplatte :   Gewicht/Gesamtdicke

G = Gurt; S = Steg   5 kg/m²; 16 mm

Stegdreifachplatten :

                                                      5,6 kg/m²; 16 mm

                                                      5,2 kg/m²; 16 mm

                                                      6,5 kg/m²; 32 mm

AG = Außengurt; MG = Mittelgurt; S = Steg

Bild 4.22. Profile gängiger Stegplatten

Tafel 4.50. Richtwerte technologischer Eigenschaften (23 °C/50% r. F.)
von gegossenem PMMA: GS ($M_w > 3 \cdot 10^6$ g/Mol)
und extrudiertem PMMA: XT (M_w ca. $2 \cdot 10^5$ g/Mol)
XT entspricht der Formmasse S5 aus Tab. 4.25/Abschn. 4.1.6.1
Die Werte entsprechen der CAMPUS-Datenbank

Eigenschaften	Einheit	Prüfnorm	GS	XT
Dichte........................	g/cm³	ISO 1183	1,19	1,19
Wasseraufnahme				
23 °C (Sättigung)..............	%	DIN 53495	2,1	2,1
23 °C / 50% r. F...............	%		0,6	0,6
Schrumpf (in Glättrichtung)	%		1,6	–
Dicke 1,5 bis 2,5 mm	%		–	< 10
Dicke 3,0 bis 8,0 mm	%		–	< 5
Mechanische Eigenschaften				
Zugfestigkeit (5 mm/min)	MPa	ISO 527	80	72
Reißdehnung (5 mm/min)	%	ISO 527	5,5	4,5
Zug-E-Modul (Sekante;1mm/min)	MPa	ISO 527	3300	3300
Charpy-Schlagzähigkeit +23 °C	kJ/m²	ISO 179/1D	15	15
–30 °C	kJ/m²		14	14
Izod-Kerbschlagzähigkeit +23 °C	kJ/m²	ISO 180/1A	1,6	1,6
–30 °C	kJ/m²		1,4	1,4
Thermische Eigenschaften				
Vicat-Erweichungstemperatur				
(VST B/50)....................	1/K	ISO 306	115	102
Therm. Längenausdehnungskoeff..	1/K	DIN 53752-A	$70 \cdot 10^{-6}$	$70 \cdot 10^{-6}$
Elektrische Eigenschaften				
Spez. Durchgangswiderstand	Ω·cm	DIN/VDE 0303, Teil 3	$> 10^{15}$	$> 10^{15}$
Oberflächenwiderstand	Ω		$5 \cdot 10^{13}$	$5 \cdot 10^{13}$
Optische Eigenschaften				
Lichttransmissionsgrad τ_{D65}......	%	DIN 5036 T3	92	92
Brechzahl n_D (20 °C).............	–	DIN 53491	1,491	1,491

schaften von gegossenen (GS) und extrudierten (XT)-Halbzeugen
sind in Tafel 4.50 zusammengestellt.

Das hochmolekulare gegossene Acrylglas ist im thermoelastischen
Bereich zwischen 140 °C und 210 °C umformbar, aber nicht thermo-
plastisch fließbar (s. Bild 3.91, S. 193). Die Umform-Kräfte und
-Temperaturen sind bei gegossenem höher als bei extrudiertem
Acrylglas.

Das Zeitstand- und Spannungsrißverhalten ist bei gegossenem
Acrylglas wegen der höheren Molmasse etwas günstiger. Die Anlös-
barkeit ist andererseits bei extrudiertem Acrylglas wesentlich höher,
so daß man z. B. Lösungsmittelkleber für Verklebungen verwenden
kann. Bei gegossenem Acrylglas sind polymerisierende Kleber
(MMA-Basis) zu bevorzugen.

Wenn höchste optische Qualität (Verzerrungsfreiheit) gefordert wird,
z. B. für Flugzeugverglasungen (Canopies, Passagierfenster-Vergla-
sungen), verwendet man speziell hergestelltes gegossenes PMMA.

Stegdoppel- bzw. Stegdreifachplatten (allgemein Stegplatten) sind
extrudierte Profile mit Querschnitten entsprechend Bild 4.22, S. 418.

Tafel 4.51. Beispiele typischer Kennwerte von Stegplatten

Typ	Geometriedaten mm	Gewicht kg/m²	Wärmedurchgangszahl k W/m² K
Stegdoppelplatte		5,0	2,9
Gesamtdicke	16		
Gurtdicken	ca. 1,8		
Stegdicken	ca. 1,7		
Stegabstände	ca. 32		
Stegdreifachplatte		6,5	1,9
Gesamtdicke	32		
Außengurtdicke....	ca. 1,9		
Mittelgurtdicke	> 0,3		
Stegdicken	ca. 1,5		
Stegabstände	ca. 31		

Stegplatten besitzen aufgrund ihres Profilquerschnitts ein geringes Gewicht bei sehr hoher Steifigkeit und überdies eine relativ sehr hohe Wärmedämmung (z. B. für Isolierverglasungen), Tafel 4.51.

Bei der mechanischen Bearbeitung (Sägen, Bohren, Fräsen, Schleifen, Polieren etc.) von gegossenem bzw. extrudiertem Acrylglas gibt es keine bzw. nur geringe Unterschiede.

Tafel 4.52. Lieferformen von Acrylgläsern (PMMA-Halbzeug)

	Halbzeug	Gängige Abmessungen	
		Dicken bzw. Ø mm	Breite × Länge (B × L) bzw. Länge, mm
Gegossenes PMMA	Platten[1])	1,5–25	2000 × 1200 3000 × 2000
	Blöcke[3])	30–80 90–250	2000 × 1200 2000 × 1000
	Rohre	3–10 Ø 150–650	bis 2600
	Stäbe – Rundstäbe – Vierkantstäbe	Ø 2–100 10–50	bis 2000 bis 2000
Extrudiertes PMMA	Platten[2])	1,5–8	2000 × 1200 3000 × 2000 4000 × 2000
	Rohre	1–5 Ø 5–200	bis 4000 –
	Stegdoppel- platten	16	B: 600, 980, 1200 L: 2000 bis 6000
	Stegdreifach- platten	16	B: 1053, 1200 L: 2000 bis 7000
		32	B: 1230 L: 2000 bis 7000

[1]) speziell herstellbare Abmessungen bei 4 bis 8 mm Dicken, verschiedenen Breiten und 2700 mm Länge; [2]) speziell herstellbare Abmessungen bei 10 bis 15 mm Dicken, verschiedenen Breiten und 2000 mm Länge; [3]) speziell herstellbare Abmessungen bei 80 mm Dicke: 3800 × 1800 mm.

Ein gegossenes PMMA-Spezialprodukt mit einem außerordentlichen Eigenschaftsprofil ist Plexiglas GS 215 gereckt (4 mm), das für die Überdachungen der olympischen Sportstätten in München 1972 und Berlin (1973, 1974) verwendet wurde. Es ist ein flammgeschütztes, klar durchsichtiges, sehr gut witterungsbeständiges, 70% biaxial gerecktes PMMA, das als einziges Acrylglas nach DIN 4102 die Brandklasse „schwer entflammbar" (B 1) besitzt und nicht brennend abtropft. Das Material auf den genannten Dächern ist begehbar und hat sehr hohe Anforderungen an Wind- und Schneelasten zu erfüllen.

Thermisch höher belastbare Copolymerisate von PMMA mit Acrylnitril werden in Europa nicht mehr hergestellt.

4.2.6.3 *Lieferformen und Anwendungen von Acrylgläsern
(PMMA-Halbzeug)*

Tafel 4.52 und 4.53 geben eine Übersicht, welche Lieferformen und speziellen Formulierungen bei den Acrylgläsern gängig bzw. möglich sind. Tafel 4.54, S. 422, gibt Hinweise auf Anwendungsgebiete für Acrylglashalbzeug.

Die in Tafel 4.54 genannte „no-drop"-Beschichtung ist nicht nur für Gewächshäuser interessant, wo sie auf der Innenseite Kondenswasser spreitet und dadurch den für die Pflanzen schädlichen Tropfenfall sowie Lichtverlust vermeidet, sondern auch für Terrassenüberda-

---

Tafel 4.53. Sortenbreite der Acrylglas-Palette

PMMA wird angeboten in:

farblos, klar
farblos, lichtstreuend (strukturiert)
farblos, zugelassen für Kontakt mit Lebensmitteln
antireflex (schwach streuend)

farblos und farbig, zugelassen für Lärmschutzwände gemäß deutscher Norm
    ZTV-LSW 88

weiß: durchscheinend, undurchsichtig

farbig: klar durchsichtig
       durchscheinend
       undurchsichtig

UV-durchlässig ($\lambda = \geq 260$ nm)

UV-geschützt, je nach gewünschtem Wellenlängenbereich, z. B. Solarienverglasung
    mit Durchlässigkeit für UV-A-Strahlung und Absorption von UV-B und UV-C

stabilisiert für aride Gebiete
leicht formbar
schwach vernetzt / verbesserte Chemikalien- bzw. Lösemittelbeständigkeit

schwer entflammbar (B 1) nach DIN 4102,
    gerecktes PMMA mit Flammschutzmittel

kratzfest beschichtet
antistatisch beschichtet
no-drop-Beschichtung (wasserspreitend, z. B. bei Stegplatten)
schlagzäher als normales PMMA
verspiegelt (Spiegel)

Tafel 4.54. Hauptanwendungsgebiete von Acrylglashalbzeug; GS = gegossen, XT = extrudiert

Anwendungsgebiet	Acrylglastyp
Bausektor	
Wärmegedämmte Vertikal-, Dachverglasungen, Wintergärten, Terrassenverglasungen, Gewächshäuser	XT-Stegplatten (mit und ohne no-drop-Ausrüstung)[1]
Brüstungen, Einfachverglasungen, Trennwände	GS, XT
Lichtkuppeln	GS, XT
Tonnengewölbe	GS, XT
Großflächige Dächer	GS, schwer entflammbar (B 1) nach DIN 4102
Innenausstattung (z. B. Treppen)	GS
Sanitäranwendungen	
Badewannen, Duschtassen, Waschbecken	GS (XT nicht geeignet für wasserführende Teile)
Nicht wasserführende Teile	GS, XT
Solarien	GS, speziell UV-durchlässig eingestellt
Werbesektor	
Hinweisschilder, Werbeschilder, Displays, Verkehrsschilder, Messeaufbauten	GS, XT, Acrylglas-Spiegel
Beleuchtungssektor	
Leuchtenabdeckungen, Lichtleiter, Profile	GS, XT
Flugzeugverglasung	
Bullaugen für Verkehrsflugzeuge, Canopies, Sandwich-Komponenten für Kanzelverglasungen	GS, gerecktes GS, kratzfest, beschichtetes GS
Apparatebau / Elektronik	
Sicherheitsverglasungen (z. B. Lebensmittelverarbeitung, Chemie, Medizin), Maschinenabdeckungen	GS, XT
Elektronische Instrumente	GS, XT – antistatisch ausgerüstet
Verkehrswesen	
Lärmschutzwände an Verkehrswegen	GS (≥ 15 mm dick); zugelassen gemäß der deutschen Vorschrift ZTV-LSW 88 (enthält Flammschutzmittel)

[1] s. Abschnitt 4.2.6.3, S. 421.

chungen und Wintergärten. Durch die außerordentlich gute Witterungsbeständigkeit der Schicht kann man diese auch auf der Außenseite (bewitterte Seite) montieren. Man gewinnt damit auf den behandelten Oberflächen einen noch besseren Selbstreinigungseffekt und ein verbessertes ästhetisches Aussehen bei feuchter Witterung bzw. Wasserkondensation.

4.2.6.4 *Acrylglas-Folien, Herstellung, Lieferformen, Anwendungen*

Handelsnamen: Plexiglas, Shinkolite

Diese Folien werden aus schlagzäh, modifiziertem Polymethylmethacrylat (s. Abschn. 4.1.6.3, S. 321) 0,05 bis 1 mm dick extrudiert. Sie werden als Formatware (1000 × 2050 mm) und als Rollenware (Breite 1400 mm), farblos und eingefärbt, mit glatten und strukturierten Oberflächen, mit funktionalen Oberflächenbeschichtungen (z. B. kratzfest, blendfrei) geliefert.

Anwendungen: Blenden, Skalen, Abdeckungen, Informationsträger, Lichtstreuscheiben, optische Filter, Zeichenschablonen, Werbeträger etc.

Es gibt ferner eine spezielle Plexiglas-Witterungsschutzfolie, farblos und eingefärbt, 0,05 und 0,1 mm dick, die einen hohen Anteil an polymergebundenem UV-Absorber enthält. Sie absorbiert mehr als 98% der UV-Strahlen, die von der Sonne auf der Erdoberfläche ankommen. Lieferform: 1400 mm breite Rollenware.

Anwendungen: Witterungsschutz für Hölzer und Metalle sowie für Kunststoffe, wie PVC, ABS, PC.

4.2.6.5 *Polymethacrylimid (PMI)-Hartschaumstoff*

Handelsname: Rohacell

Strukturformel:

Herstellung:

Aus den Monomeren Methacrylnitril und Methacrylsäure sowie chemischen (Formamid) oder physikalischen Treibmitteln (Isopropanol) wird in einer ersten Fertigungsstufe ein gegossenes Polymerisat (Gießen s. Kap. 4.2.6.1) hergestellt. In einer zweiten Fertigungsstufe werden entsprechende Polymerisatplattenzuschnitte in einem thermischen Prozeß bei Temperaturen zwischen 170–220 °C zu Dichten zwischen 30 bis 300 kg/m³ aufgeschäumt. Die Imidierungsreaktion findet während des Schäumprozesses statt.

Lieferformen: Tafeln maximal 2500 × 1250 mm, 1–65 mm Dicke, in Dichten von 30–300 kg/m³. *(Maximal-Angaben, gelten nicht für alle Typen.)*

– Rohacell IG = industrial grade, P = gepreßt, A = aircraft, WF = wärmeformbeständig, HF = high frequency, S = selbstverlöschend (mit flammhemmenden Zusätzen).

Eigenschaften und Anwendungen: Geschlossenzelliger, vibrationsfester Hartschaumstoff mit hohen Festigkeitswerten und hoher Wärmeformbeständigkeit.

Eigenschaften in Abhängigkeit von Typ und Dichte:

E-Modul nach DIN 53457	20–380 N/mm²
Druckfestigkeit nach DIN 53421	0,2–15,7 N/mm²
Schubfestigkeit nach DIN 53294	0,4–7,8 N/mm²

Wärmeformbeständigkeit nach DIN 53424 bis 215 °C, Dauergebrauchstemperatur bis 180 °C.

Alle Typen beständig gegen die meisten Lösemittel und Treibstoffanteile, nicht gegen Alkali.

Sehr gutes Kriechverhalten auch bei hohen Temperaturen und damit Eignung zur Herstellung von Sandwichbauteilen im Autoklaven bis 180 °C und 0,7 N/mm² Druck. Eignung für ‚co-curing'-Verfahren, d. h. Aushärten der gesamten Sandwichstruktur (Prepregdeckschichten + Kern) in einem Arbeitsgang. Thermoelastisch vorformbarer Sandwichkern für das IMP-(In Mould Pressing). Dieses Verfahren beruht auf der Druckerzeugung durch den Schaumkern im geschlossenen Werkzeug. Dieser Druck wird bei normalen Rohacell-Typen durch Nachschäumen und bei vorgepreßten Typen durch Expandieren des Kernes erzeugt. Da die Expansion des Kernes in dem geschlossenen Werkzeug behindert wird, wird Druck aufgebaut und somit das Deckschichtlaminat an die Werkzeugwandung gepreßt. Bei der Expansion vorgepreßter, d. h. thermoelastisch verdichteter Kerne bedient man sich des Memory-Effektes zur Druckerzeugung.

Rohacell läßt sich mit herkömmlichen Zweikomponenten-Klebstoffsystemen sowohl mit sich selbst, als auch mit gängigen Deckschichtlaminaten problemlos verkleben.

Anwendungen: Kernwerkstoff für Serienstrukturbauteile im Flugzeugbau (Flaps, Klappen, Stringer); für Hubschrauberrotorblätter (Rohacell A, WF); im Schiffsbau als Kern im Rumpf bzw. in den Aufbauten Rohacell IG, S); im Kfz-Bau als Kerne für Karosseriebauteile; Sandwichkerne für Hochleistungsfahrradrahmen/-Felgen; Langlauf- und Alpinskikerne, Kerne für Tennisschläger (Rohacell IG, WF); Antennen- und Radombau (Rohacell HF); Satellitenbauteile (Rohacell WF, HF), Modellbau, gut Röntgenstrahlen durchlässige Röntgenliegen, selbsttragend (Rohacell IG, WF).

4.2.7 Technische Werkstoff-Gruppen

Allgemeine Eigenschaften und Hinweise auf Halbzeuge für

4.1.7 Polyacetale (POM) s. S. 325 ff.

4.1.8 Polyamide (PA) und thermoplastische Polyurethane (TPU) s. S. 329 ff.

4.1.9 Lineare (halb)aromatische Polyester s. S. 346 ff., s. a. S. 427 ff.

4.1.10 Modifizierte Polyphenylenether (PPE, PPO), Polyaryletherketone (PEK, PEEK), Polyphenylensulfid (PPS), Polysulfone (PSU, PES, PPSU) s. S. 360 ff.

4.1.11 Poly-(methacryl-, amid-, ether-)imide (PMI, PAI, PEI) s. S. 369 ff.

4.2.7.1 *Technische Halbzeuge zur spangebenden Weiterverarbeitung*

Lieferformen und Maßnormen s. Tafel 4.55, allgemeine technische Lieferbedingungen DIN 16986, für PA und POM Tafel 4.56 (S. 426). Handelsnamen für PA-Halbzeuge sind u. a. Lamigamid, Nylatron, Supramid, Sustamid, für PA und POM Igopas, Oilex, für POM Sustarin.

Im Aufbau ist ein Sortiment technischer Halbzeuge aus POM, PPE mod., PSU, PES, PEI (Europlex) in allen für extrudiertes PMMA (S. 318 f.) möglichen Lieferformen. PSU-Folien und -Tafeln werden zu Wärmeaustauschern und für dampfsterilisierbare medizinische Geräte verarbeitet, solche aus PES und PEEK (Stabar, GB) als Träger von Raumfahrt-Elektronik, HT-Folien (Litrex, AT) auch aus PEI und PSU.

Bis zu 80 Gew.-Proz. Anteil mit GF-, CF oder Aramidgeweben, -Gewirken oder -Gestricken endlos verstärkte, warm unformbare und

Tafel 4.55. Maßnormen für technisches Halbzeug aus Heteropolymeren

Produktgruppen *Maßbereiche*[1])	PA DIN	POM DIN	PPOS DIN	PC DIN	PET, PBT DIN
Rundstäbe *Durchmesser 3–300 mm*	16980		16813	16800	16807
Vierkantstäbe *Kantenlängen 30–150 mm* .		16981			
Tafeln *Dicken stranggepreßt 1–6 mm* . . . . . *gegossen bis 200 mm*	16984	16977		16801	16810
Flachstäbe . . . . Breite/Dicke 300, 500/5–100 mm	16986		16814	16802	16811
Hohlstäbe. . . . . *Außendurchmesser 20–300 mm* *Innendurchmesser 14–150 mm*	16983	16978			16809
Rohre	16982			16803	16808

[1]) Extrudierte Profile 1000–3000 mm lang. Tafeln 1000/2000 mm handelsüblich. Nicht alle Maßkombinationen sind bei allen Produkten realisiert (Normen z. T. z. Z. E).

Tafel 4.56. Mindestanforderungen an technische PA- und POM-Halbzeuge

DIN 16985: Halbzeug aus Polyamid	Streck- spannung[1]) N/mm^2	Reiß- dehnung[1]) %	Viskositäts- zahl cm^3/g	empfohlene Farbkenn- zeichnung
PA 6	70	40	220	rot
PA 6 G[2])	80	10	–[5])	gelb
PA 66	75	20	150	grün
PA 12	45[3])	150	190	blau
DIN 16979: Halbzeug aus Polyacetal	Zug- festigkeit N/mm^2	Reiß- dehnung %	Schmelz- index[4]) $g/10\ min$	
Homo- und Copolymere	65	20	≤ 3,5	

[1]) Probekörper bei 50 °C bis zur Gewichtskonstanz getrocknet
[2]) Guß-Polyamid
[3]) $\sigma_{s\,1,0}$
[4]) MFI 190/2
[5]) nicht bestimmbar, da PA 6 G nicht löslich ist in H_2SO_4

schweißbare, ansonst mit diamantbestückten Werkzeugen konventionell bearbeitbare Platten mit PA-, PC-, PPS- o. ä. Matrix (Polystal) sind höchst belastbare und schlagfeste Struktur-Werkstoffe – z. B. PA6-78 GF mit σ_B 470 MPa, ε_B 1,7%, 33 GPa – mit universalem Anwendungsbereich. Verstärkte technische Thermoplastprofile werden im Pultrusionsverfahren (S. 159, 505) endlos verstärkt gefertigt.

GMT (Glasmattenthermoplast)-Pregreps (S. 377) mit technischem Thermoplast-Bindemittel sind ein Entwicklungsbereich.

4.2.7.2 Rohre, Schläuche, Folien

Druckrohre und Schläuche aus Polyamiden (Mecanyl, Tecalan, Technoflex, DN > 2,5 mm bis etwa 40 mm) werden für Schmieröl-, Kühlmittel- und Bremsleitungen in Fahrzeugen und Flugzeugen und hydraulischen Steuersystemen verwendet. PA 612, 11 und 12 sind Werkstoffe für normgerecht (DIN 73378) knickfeste Anschlußspiralschläuche für Lkw- und Pkw-Anhänger, Benzin- und Entlüftungsleitungen und die Beschichtung nahtloser Al-Rohre. Mehrschichtschläuche aus PA 12, Barriere Polymer (z. B. E/VAL, S. 263) und mod. PA 6 ergeben auch mit alkohol- und wasserhaltigen Treibstoffen diffusionsdichte und dimensionsstabile Leitungen. PA 66-Rohre bis etwa 800 mm werden u. a. für abriebbeständige pneumatische Förderleitungen als physiologisch einwandfrei und widerstandsfähig gegen Desinfektionsmittel von − 30 °C bis 110 °C in der Brauereiindustrie eingesetzt.

PPE-Rohre (Dekaryl, Durapipe, DN 12–225 mm) sind für Wasser bis 100 °C geeignet und bei 115 °C sterilisierbar. Rohrbündel oder Doppelstegplatten werden zu wabenförmigen luftgekühlten Trocken-Wärmeaustauschern (YTherm-System, Eurepox) zusammengeschweißt, u. a. für die SO_2-Abscheidung in Rauchgaswäschern.

PA- und TPU-Flach- oder Blas-Folien, hauptsächlich PA 6, ebenso Mehrschichtfolien mit PE, EVA, Ionomeren, PVDC (S. 431 ff., Tafeln 4.57, 4.58), Handelsnamen u. a.

Alkoron, Platilon, Supronyl, Walomid (DE), Rilsan (FR), Capran, Cryovac, Polyseal, Upolam, Vac Pac (US), Diamiron, Harden (JP);

biaxial verstreckt: Emblen (JP), Filmon BX (IT), Orgamid (FR) können verwendet werden für − 60 °C bis 130 °C mineralöl- und fettbeständige, aromadichte Schlauch- und Flachfolienpackungen für Schmier- und Treibstoffe, Bitumen-Heißabfüllung, Lebensmittel, medizinische Geräte, sterilisierbar und desinfizierbar, und für scharfkantige Gegenstände. Weitere Anwendungen sind hitzebeständige Trennfolie, Kaschierfolie zur Oberflächenveredelung, Bekleidungsfolie, Elektro-Wickel- und -Abbindefolien, Membranen. Ungereckte PA-Folien sind dehnfähig und damit z. B. für Blisterpackungen gut geeignet, gereckte extrem zug- und berstfest.

Gummielastische TPU-Folien: Platilon U, Walopur (DE); Dureflex, Hi-Tuff, Scotch (US) sind u. a. wegen ihrer hohen Knick- und Reißfestigkeit auch für schwingend bewegte Membranen und Manschetten u. ä. geeignet. Sie sind extrem dehnfähig und durchstoßfest, wasserdampf- und gasdurchlässig, aber wasser- und winddicht. Anwendungen u. a.: Heißkleber, Autositz-Schäumfolien, Wetterbekleidung, sanitäre und medizinische Zwecke, als Dachunterspannfolie (Difutex und Delta-Purofol (DE)) wegen hoher Wasserdampfdurchlässigkeit und guter UV-Resistenz.

4.2.7.3 *Drähte, Fäden*

PA 6-Drähte, 2–4 mm ∅, Platon-monofile, 0,15–0,35 ∅ für Angelschnüre, Fischernetze, Reißverschlüsse, Musikinstrumentensaiten, Platohair-Multofile, u. a. als Puppenhaar.

4.2.8 Thermoplastische Polyester

4.2.8.1 *Polycarbonate (PC)*

Werkstoffeigenschaften s. S. 347 ff., für Stäbe (DIN 16804) ähnlich Tafel 4.35, S. 348.

1. *Technische Halbzeuge und Lichtplatten-Elemente*

Handelsnamen: Makrolon, Riag, Sustonate, Thermodet (DE), Cartoplast, Lexan, Shelfield, Tuffpak, Twinwall (US), Iupilon (JP)

Hohlprofil-Lichtelemente z. B. Everlite, Rodeca (DE), Akroplast (IT).

0,5–1,0 mm dicke technische Folien (2000 × 1000 mm²), transparent und weiß, auch einseitig mattiert, pultrudierte Profile mit PC-Matrix: Europlex.

Lieferformen: Technische Halbzeuge (Maßnormen s. Tafel 4.55, S. 425) auch mit Glaskurzfasern verstärkt, und Lichtplatten 1–10 mm dick, Formate bis 2 zu 3 m, klar transparent (bei 3 mm 85% Lichtdurchlässigkeit), milchig transluzent (45–30% Lichtdurchlässigkeit), ein- oder beidseitig glatt oder ornamentiert, auch UV-beständig (longlife) oder/und „no drop" beschichtet. Hohlkammer-(Doppel- und Dreifach-Steg-)Platten und Steckprofile für wärmedämmende Gewächshaus- und Zusatz-Verglasungen 3–10 mm, für technische Verglasungen 16 und 40 mm Gesamtdicke.

Verarbeitung: PC-Halbzeug kann genagelt, in gewissem Umfang kalt gedrückt, gebogen und auf 150–180 °C erwärmt mit Werkzeugen von 115 °C warm geformt werden. Es ist schweißbar mit allen Verfahren außer HF-Schweißen.

Anwendung: Technisches Halbzeug für medizinische und Elektro-Gerätebauteile, GF-verstärkt (schwer entflammbar) auch für Flugzeugausstattung, massive und mehrwandige Elemente für witterungs- und bruchfeste Türfüllungen, Telefonzellen, Gewächshäuser, Hallen- und Tribünen-Lichtdächer, Industrie- und Fahrzeug-Verglasungen, Sportplatz- und Brückengeländerfüllungen, einbruchssichere Automaten-, schußsichere Schalterverglasungen (Lexgard), kratzfest beschichtet (Margard) und schwer entflammbar eingestellt. PC-Blend-Platten (Impax, BE) kerbschlagzäh, gut warmformbar für Karosserieteile, Sportgeräte, Gehäuse.

2. Feinfolien bis 500 µm Dicke

Handelsnamen: Bayfol (PC-Blend), Europlex, Makrofol, Pokalon (DE); Diafoil, Iupilon (JP); Coburn, Lexan (US).

Lieferformen

Extrudierte Folien, bis 1200 mm breit, 75–500 µm dick, bis ca. 130 °C dauerstandfest, mit 190–200 °C in 90–110 °C Werkzeugen warmformbar, gut stanzbar, >80% lichtdurchlässig, klar transparent, beidseitig poliert, von 125 µm aufwärts auch wetterfest lackiert oder coextrudiert, einseitig mattiert auch lichtstreuend gefüllt für durchleuchtete, rückseitig bedruckte Bedienungsanzeige-Schilder für Elektro-Haushaltsgeräte und im Fahrzeugbau mit erhöhter Temperaturbeanspruchung, Membran-Berührungsschaltfelder, kartographische Zeichenfolie und Druckträger. Auch brandgeschützte und antistatische Einstellungen. Doppelbrechungsarme Spezialfolie (Makrolon OD) für geprägte Compactdiscs. Rußgefüllt elektrisch leitfähig für die Blisterverpackung elektronischer Bauelemente u. ä.

Dünne, aus Lösung gegossene Elektrofolien (Tafel 4.58, S. 433), s. z. B. Bild 4.23, S. 429:

Makrofol N, 20–200 µm, max. 1200 mm breit, Kennfarbe gelb;

Makrofol G, 10–60 µm, max. 1000 mm breit, Kennfarbe gelb, längsgereckt bei 150–160 °C längs um 50% schrumpfend;

Makrofol KG, 2–60 µm, max. 1000 mm breit, Kennfarbe grün, längsgereckt und kristallisiert, erhöht wärmestandfest und lösungsmittelbeständig, auch mit Metall bedampft;

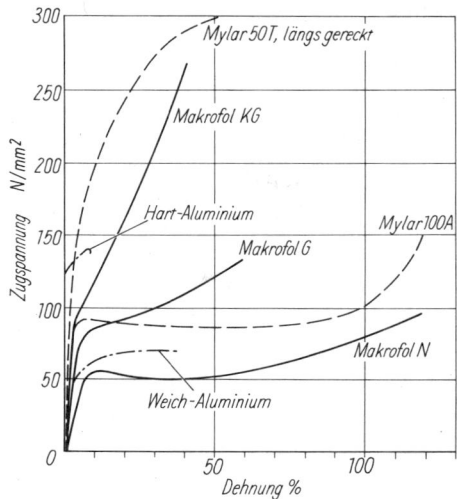

Bild 4.23. Zugdehnungsdiagramm von Polyester-Folien (zum Vergleich: Hart- und Weich-Al)

Makrofol, SN, SG (rot), SKG (türkis), mit Tetrabrombisphenol schwer entflammbar.

4.2.8.2 *Polyterephthalate* (PTP)

Werkstoffeigenschaften s. S. 353.

Polyterephthalate (PTP) ist die Sammelbezeichnung für die Polyethylen- und Polybutylen-Terephthalate (PET, PBT).

Technisches Halbzeug (Tafel 4.55, S. 425): Europlex, Sustodur.

Folien: Hostaphan (DE), Terphane (FR), Melinex, Meliform (GB), Mylar, Petra, Scotchpak, Scotchpar, Shelfield (US), Espet (JP).

Lieferformen, Anwendungen

PET-Folien im Dickenbereich 3–350 μm werden in Großanlagen bis 8 m Rahmenbreite extrudiert in den Grundtypen

		Dichte g/cm³	Glas-Temp. °C	Schmelz-Temp. °C	E-Modul N/mm²
A	amorph	1,33	70–75	–	1600
B	längs gereckt, teilkristallin Kristallin einachsig orientiert	1,38–1,42	75–80	258	15 000
C	mehrfach beidseits gereckt flächig voll kristallin	1,50	–	310	140 000

Weitere Eigenschaften s. Bild 4.23 (S. 429), Tafeln 4.57/4.58 (S. 432/433).

Haupt-Anwendungsgebiete der A-Folien sind Fotofilme, Reprographie- und Zeichenfolien (50–180 μm), Verpackung (auch Schrumpffolien), Metallisierung, Prägefolien, Schreibbänder, Klebebänder u. a. (12–25 μm), Kondensatoren und Wickelfolien (1,5–30 μm), sonstige Elektrofolien und gedruckte Schaltungen (20–350 μm).

Mehrschichtenlaminate z. B. für Leiterplatten mit Preßspan, in der Verpackung, mit Bitumen für Baudichtungsfolien sind weitere Anwendungsbereiche.

Höchste Anforderungen an Reinheit, Formstabilität und Oberflächengüte werden an Träger für magnetische Aufzeichnungen gestellt. Scheiben (Floppy Disk, 75 μm) und Computerbänder (26–36 μm) werden aus A-Folie hergestellt. Mit der zunehmenden Aufzeichnungsdichte im Bereich der „High-Tech" Audio- und Video-Technik für den professionellen und Unterhaltungs-Sektor gewinnen die B- und C-Folientypen, z. Z. 4,5–23 μm dick, immer mehr Bedeutung. Einschließlich des Datenträgers 1,5 μm dünne Bänder werden angestrebt.

Durch Rußbeschichtung elektrisch leitfähige Folien (Hostatherm) mit eingearbeiteten Kupferkaltleitern als Kontaktstreifen und durchschlagsicherer Abdeckfolie sind Elemente für Decken- und Fußbodenheizungen.

4.2.8.3 *Mischpolyester Terephthalat-Isophthalat*

Aus Mischpolyestern werden glasklare 0,07–>0,5 mm (0,028–>0,2 in) dicke Folien (Kodar, Lustro, US) extrudiert, die bei 130–177 °C gut tiefgezogen, bei 177–200 °C ohne Hilfsmittel gesiegelt und auf fast alle Unterlagen kaschiert werden können. Anwendungen sind Verpackungen, Backformen, abriebfeste licht- und korrosionsbeständige Beschichtungen, z. B. für Bauplatten.

4.2.9   Celluloseester

4.2.9.1 *Celluloid*

Celluloid (Herstellungsverfahren S. 159) wird wegen seiner Feuergefährlichkeit – außer für Tischtennisbälle – kaum mehr verwendet. Dekorativ gemustertes Material für Brillenfassungen, Kammwaren und Haarschmuck aus Celluloseestern wird z. T. noch vom nach dem Celluloidverfahren gekochten Block geschnitten.

4.2.9.2 *Halbzeug aus Celluloseesterformmassen*

Celluloseacetat (CA)-, Celluloseacetobutyrat (CAB)-, Cellulose (aceto) propionat (CP)-Formmassen und deren *Stoffeigenschaften* s. S. 371 ff., Tafel 4.42.

1. *Tafeln und Folien:*

0,5–8 mm dick extrudierte CAB- und CP-Tafeln sind zähfeste, gut wärmestandfeste und klimabeständige Tiefziehmaterialien (CP für die gemäßigte Zone und Kältegrade, CAB auch für die Tropen), Anwendungen: Lichtkuppeln, Leuchtschilder, schlagsichere Leuchtenverkleidungen. Mehrfarbig extrudiertes CA für Brillenfassungen. Beschlagfreie optische Platten erhält man durch eine Oberflächenverseifung.

Glasklare Sekundäracetatfolien (Stox), 0,1–0,3 mm dick, 1200 mm breit in Rollen, dicker in Bögen 1000 × 1200 mm zugeschnitten, werden für Packmittel (Beutel und Schachteln), zur Glanzkaschierung und als Zeichenfolien verwandt.

Eigenschaften s. Tafel 4.57, S. 432.

2. *Rohre und Profile*

Schmuckprofile aus Celluloseestern mit eingebetteten Metallbändern zeigen dauerhaften Metallglanz, verwendet z.B. für Fahrradschutzbleche und den Kfz-Sektor.

4.2.9.3 *Gießfolien für die Elektrotechnik*

Celluloseester-Gießfolien für die Elektrotechnik sind im Laufe der Jahre weitgehend substituiert worden durch neuere Thermoplaste (PC, Polyester).

Eigenschaftswerte der Elektroisolierfolien s. Tafel 4.58, S. 433.

4.3 Verpackungs- und Elektroisolierfolien; Mehrschicht-Packstoffe

4.3.1 Kennzeichnung und Eigenschaften dünner Folien

Als Verpackungs- und Elektroisolierfolien braucht man aus mechanischen, verpackungs- und elektrotechnischen Gründen (fast) weichmacherfreie Folien in Dicken unter 0,1 mm, Verpackungsfolien überwiegend 0,02–0,05 mm dick, Elektrofolien bis zu 0,002 mm herunter. Diese nach DIN 53373 (Erläuterungen), „harten" (Schubmodul $5 \cdot 10^2$ N/mm^2), aber schmiegsamen Feinfolien werden durch besondere Gruppen von Eigenschaftswerten gekennzeichnet, die auf S. 432/433 in

Tafel 4.57: Eigenschaftskennzahlen von Verpackungsfolien*),
Tafel 4.58: Eigenschaftskennzahlen von Elektroisolierfolien

zusammengestellt sind. In beiden Tafeln wird auf die Seiten verwiesen, auf denen die Folien zusammen mit anderen Halbzeugen aus dem gleichen Kunststoff allgemein behandelt sind.

---

*) Zusammenstellung von Prüfnormen in DIN 16995 Packstoff Kunststoff-Folien.

Tafel 4.57. Richtwerte für Verpackungsfolien

Beschreibung S.	Material	Dichte (g/cm³)	Reißfestigkeit längs/quer (N/mm²)	Reißdehnung längs/quer (%)	Gebrauchstemperaturbereich (°C bis °C)	Permeations-Koeffizienten Multiplikator für Wasserdampf 10^{-9}, für alle Gase 10^{-12}					
						Wasserdampf	Luft	Sauerstoff	Stickstoff	Kohlendioxid	Wasserstoff
399	PE, niedere Dichte.........	0,92	22/15	300/700	−60 bis 80	1,5	9	19	6	75	55
400	PE, hohe Dichte..........	0,95	33/25	800/1000	−50 bis 100	0,5	3,5	8	2	32	25
400	PP, ungereckt..........	0,90	50/40	430/540	−20 bis 100	1,1	2,8	7	2	25	65
401	PP, monoaxial gereckt	0,90	250/40	10/700	} −50 bis 90	0,4	–	5	–	18	–
	PP, biaxial gereckt	0,91	200/200	80/80							
403	PS, biaxial gereckt	1,05	70/70	10/10	bis 80	25	3,5	14	2,2	85	150
238	Polyvinylalkohol	1,28	28	360	−10 bis 100	ca. 500	–	90	–	–	–
407	PVC-E, therm. vergütet, gereckt..........	1,38	53/50	90/30	} −15 bis 80	6,5	0,12	0,4	0,05	0,9	10
	gereckt..........	1,38	110/45	30/10							
408	PVC-S, glasklar	1,4	55/55	30/30	−10 bis 70	5	0,1	0,4	0,03	0,8	8
291	PVDC Cop...........	1,6	~80	~30	−20 bis 100	<0,2	–	0,2	0,08	1,1	6
416	PVDF, extrudiert	1,78	–/60	400	−30 bis 135	5,2	–	0,7	0,2	<1	3
	CTFE, extrudiert	2,10	–/40	150	−200 bis 180	<0,1	–	~2	<0,1	1,5	15
426	PA 6, ungereckt	1,13	80/60	400/–	−30 bis 120	35	0,25	0,6	0,1	3,5	5
	PA 6, biaxial gereckt	1,13	300/300	70/70		~20	–	0,3	–	–	–
	PA 12, extrudiert	1,03	60/40	400/250		~10	–	~10	~0,1	~70	15
428	PC, Gießfolie	1,20	>80	~100	−100 bis 130	30	7,5	37	1,2	110	200
430	PET-A*), biaxial gereckt ..	1,40	200/220	130/110	−60 bis 130	4	0,06	0,13	0,03	0,65	4
431	CA, 2½-Acetat	1,3	90	20	−10 bis 120	225	1,6	5	1	34	52
240	Kautschukhydrochlorid ...	1,1	39	800	−30 bis 85	3	3,5	9	2	–	40
436	Zellglas	1,45	} 155/55	20/55	kurzzeitig 150	>300	–	1	1	–	10
	Zellglas, polymerlackiert ...	1,45				<4	–	1–2	~2	–	2

*) A = amorph, gebräuchliches Kurzzeichen, noch nicht genormt

Tafel 4.58. Eigenschaftskennzahlen von Elektroisolierfolien, s. S. 431

Kunststoffbasis der Folie	s. S.	Einstellung	Mechanische Eigenschaften		Elektrische Eigenschaften				Thermische Eigenschaften	
			Zugfestigkeit längs N/mm²	Reißdehnung längs %	Dielektrizitätszahl bei 50 Hz 20°C	Dielektrischer Verlustfaktor bei 50 Hz/20°C $\tan\delta \cdot 10^3$	Spez. Durchgangswiderstand $\Omega \cdot cm$	Durchschlagfestigkeit kV/mm	Formbeständigkeit unter Zug bei kurzzeitiger thermischer Beanspruchung °C	Verhalten bei Langzeitbeanspruchungen (Grenztemperatur) °C
Polypropylen	266	biaxial verstreckt	150	75	2,3	0,7	10^{17}	300	150	105
Polystyrol	275	wärmebeständig	70	4	2,5	< 0,2	10^{17}	200	110	90
Polytetrafluorethylen	311		17	350	2,1	< 0,3	10^{17}	100	190	< 180
Polyethylenterephthalat	353	biaxial verstreckt	210	111	3,3	2	10^{17}	300	240	130
		normal	> 80	~ 100	3,0	1	10^{17}	350*)	150	130
Polycarbonat	347	kristallisiert und verstreckt	> 220	~ 40	2,8	1	$2 \cdot 10^{17}$	350*)	240	140
Polyphenylenoxid	366		65	25	2,7	1,5	10^{16}	300	170	110
Polysulfon	366		80	65	3,1	1,2	$5 \cdot 10^{14}$		185	165–170
Polyhydantoin			100	119	3,3	1,5	$4 \cdot 10^{16}$	250	260	160
Polyamidimid	369		180	45	4,2	9	$3,5 \cdot 10^{17}$	200	> 250	
Polyimid	530		180	70	3,5	2	10^{17}	270	> 350	> 180
Cellulosetriacetat	371	normal	90	23	4,5	12	10^{14}	220	190	120
		weich	80	27	4,3	21	10^{15}	200	170	120
Celluloseacetobutyrat	371	normal	80	25	4,1	11	10^{15}	230	150	120

*) Foliendicke 0,04 mm (Prüfung bei 50 Hz unter Einbettisolierstoff, Kugel/Platte)

Für die Gas- und Dampfdurchlässigkeit von Verpackungsfolien wird der an Folien von 0,04 mm Dicke gemessene Permeationskoeffizient *P* als Vergleichwert angegeben. Zur Umrechnung für andere Dicken vgl. Abschn. 7.5.2/3, S. 601.

Die Anforderungen an Elektroisolierfolien und deren Prüfung sind DIN 40634 zu entnehmen. Die Tafeln enthalten zu Vergleichszwekken brauchbare Mittelwerte.

4.3.2   Mehrschicht-Verpackungsfolien und -Packmittel

4.3.2.1   *Extrudierte Mehrschicht-Verbundmaterialien*

Kunststoffpackmittel für empfindliche Güter – Lebensmittel, Getränke, Chemikalien, medizinischen Bedarf – stellen vielfältige Anforderungen an die Gebrauchstauglichkeit der Packstoffe. Einerseits müssen sie inert gegen das Packgut sein und meistens – beidseitig – untragbare Permeationen von O_2, CO_2, Wasserdampf, Aromen und anderen flüchtigen Stoffen, auch bei Langzeitlagerung, verhindern, in manchen Fällen (Kaltsterilisation, CAP – controlled atmosphering packing – für Frischfleisch) Gasdurchgang definiert ermöglichen. Andererseits müssen sie mechanischen Beanspruchungen bei verschiedenen Temperaturen (Heißabfüllen bei 80 °C, Konservieren und Sterilisieren bei 120–125 °C, Kochbeutel, Mikrowellenherd-Portionspackungen, Tiefkühlkost) standhalten, oft wird auch Heißsiegelbarkeit gefordert.

Für diese komplexen Anforderungen stellt man auf Mehrschicht-Koextrusionsanlagen (S. 183, 185), in denen bis zu fünf Extruder zusammenarbeiten, Verbund-Blasfolien für Beutelpackungen, Verbund-Schläuche für das Blasformen von Flaschen und Dosen, Verbund-Flachfolien für das Warmformen von Standpackungen her.

Oft steht dabei die Aufgabe an, eine dünne O_2- und/oder CO_2-undurchlässige Kernschicht über aufextrudierte Haftvermittlerschichten beidseitig zu verbinden mit Deckschichten, die – zumindest einseitig – wasserdampfdicht und innen packgutverträglich sind, als äußere Tragschicht auch die mechanische Beanspruchbarkeit, ggf. verformungsfreie Standfestigkeit beim Abfüllen und Gebrauch des Packmittels gewährleisten. Das erfordert einen insgesamt fünfschichtigen Verbund, der bei beidseits gleichen Deckschichten von drei, bei unterschiedlichen Deckschichten von vier Extrudern zu speisen ist. Bringt man zwischen Kern- und einer Deckschicht (aus wirtschaftlichen Gründen) noch eine Zwischenschicht aus wiederaufbereitetem Betriebsabfall ein, so kommt man zum sechsschichtigen Verbund mit vier Extrudern.

Für *Gassperr-Kernschichten* verwendet man überwiegend EVOH (S. 263) oder hoch PVDC-haltige Extrusionsmassen (S. 291), auch PAN (S. 323). EVOH ist, vor allem in Verbindung mit Polyolefinen, leicht verarbeitbar und zum gemischten Regenerat wiederaufarbeitbar, erfordert aber äußere Abdeckung mit einer Wasserdampf-Sperrschicht und ist nur in begrenztem Temperaturbereich wirksam. PVDC ist schwieriger, nur mit korrosionsbeständiger Ausrüstung, verarbeitbar, beeinträchtigt die Wiederverwendbarkeit von Betriebsabfall, ist aber besser temperaturstandfest und sperrt auch gegen Wasserdampf. Als Haftvermittlerharze braucht man dem jeweiligen weiteren Schichtenaufbau entsprechend chemisch „maßgeschneiderte" Copolymere (S. 264, 277 ff.) von gleicher Vielfalt wie die Deckschichten-Kunststoffe selbst. Für Sperrschichtfolien aus PE-LD s. DIN 55530.

Mehrschicht-Verpackungsfolien mit beidseitigen Deckschichten aus Polyolefinen als Beutel- oder Überpackungen können empfindliches Packgut mehrere Jahre lang ohne Qualitätsbeeinträchtigung lagerfähig machen. Aus PA, TPU und PTP (z. B. Selar, US, S. 338, 339, 355) werden Sperrschichten für Kohlenwasserstoffe und andere Lösungsmittel, Aromen, Fette und Öle einextrudiert. Folienpackungen für scharfkantige Metallgegenstände mit Durchdrücken verhütender PA-Innenschicht und über PE/PP- oder Ionomer-Haftschicht verbundener wasserdampfsperrender PE-Außenschicht sind ein Beispiel sonstiger, z. B. auch mit PS-HI-Schichten, jeweiligen Anwendungszwecken entsprechend konstruierter Mehrschicht-Verpackungsfolien.

Für die Tragschichten über Mehrschicht-Extrusion erzeugter *Stand-Packungen* braucht man (gefülltes) PP, PET oder PC. Mit diesen Packmitteln dringen Kunststoffe im Lebensmittelverkehr in Anwendungsbereiche vor, die aus Gründen der Temperaturbeanspruchung des Packmittels und/oder der Lagerfähigkeit der Produkte bisher Glasbehältern oder Metalldosen vorbehalten waren. Ein Beispiel aus dem technischen Bereich ist der durch Coextrusions-Blasformen mit PA 6, PA 12 oder (PE + PA)-Blend (Selar-RB®-Technologie) erhöht gegen Treibstoffpermeationen gesicherte PE-HD-Kraftfahrzeugtank. Zu Sperrschichten aus beim PE-Flaschenblasen zugemischtem Spezial-PA (Selar) s. S. 338, zum Fluorieren und Sulfonieren von PE-HD-Tanks und -Packmitteln s. S. 254. Bei Kraftstoffleitungen und Fußbodenheizungsrohren wird E/VOH als Barrierematerial eingesetzt, s. S. 263.

4.3.2.2 *Beschichtungen, Kaschierungen*

Nach bekannten Verfahren (S. 190) werden Verpackungsfolien und Packmittel (PET-Flaschen) mit Dispersionen (S. 241) oder Lacken, meist auf PVDC-Basis, einseitig beschichtet. PE-LD oder Ethylen-Cop. können als Schmelze auf Folien oder andere nicht wasser(dampf)dichte Packstoffe aufextrudiert werden. Durch mehrschichtiges Kaschieren verschiedenartiger Folien fertigt man Verbundfolien z. B. für das Tiefziehen von Packmitteln für Milchprodukte. Unter transparenten Deckfolien kann man Dekors haltbar aufbringen. Einkaschieren von Aluminiumfolien erbringt völlige Dampf- und Gasdichtigkeit. Vakuummetallisierte Folien erfordern einen Schutzlack auf der Metallschicht.

4.3.2.3   *Sonderprodukte*

Hohe Festigkeitswerte haben Verbundfolien mit eingearbeiteten Gelegen aus PP- oder PA-Fasern und schräglaufend im Winkel zueinander kaschierten längsverstreckten PE-HD-Bahnen (S. 182, Valeron).

Eine weitere Sonderform sind Luftpolster-Verbundfolien für stoßempfindliche Güter (z. B. Alkorthylen L.P.). Es gibt auch große, nur an den Kanten verschweißte Luftpolsterkissen aus Verpackungfolien (Pneupak).

4.4   Hydratzellulose

4.4.1   Zellglas

Allgemeiner Handelsname: Cellophan

Herstellung: Die Lösung von Zellstoff, nach dem Viskose- (oder Kupferoxydammoniak-)Verfahren hergestellt, wird aus einer Schlitzdüse in ein Fällbad gepreßt („versponnen"), die entstehende Folie in Waschbädern von Chemikalien befreit und getrocknet.

Lieferformen: Folien 0,022–0,45 mm dick, bis 1300 mm breit, glasklar und transparente Farben, auch heißsiegelfähig lackiert oder polymerbeschichtet.

Eigenschaften: s. Tafel 4.57, S. 432.

Verwendung: Allgemein brauchbare feste Verpackungsfolie, sofern nicht extrem geringe Wasserdurchlässigkeit gefordert wird. Diese ist bei der Qualität „wetterfest" erheblich herabgesetzt, polymerlackiertes Zellglas ist auch undurchlässig für Fette und Öle. In Schlauchform wird Zellglas für Wursthüllen gebraucht. Effektfäden, Material für Kunstblumen, Trennfolienbänder in mehradrigen elektrischen Kabeln werden aus der Folie geschnitten.

4.4.2   Schaumstoff-Erzeugnisse mit offenen Poren aus ausgefällter Hydratzellulose sind Gebrauchsartikel wie Schwammtücher und Viskose-Schwämme.

4.4.3   Vulkanfiber (Vf)

Handelsbezeichnung: Dynos, Hornex.

Vulkanfiber ist ein Schichtstoff aus Hydratcellulose, der durch Pergamentierung von ungeleimtem Papier in Chlorzinklösung oder Schwefelsäure bestimmter Konzentration hergestellt wird. Für Platten wird die Papierbahn langsam durch warme Chlorzinklösung gezogen und auf beheizte Eisenzylinder fest gewickelt, bis die gewünschte Dicke erreicht ist. Nach Aufschneiden des Wickels wird die Platte durch Auswaschen von den Chemikalien befreit. Auswaschzeit z. B. für eine 2 mm dicke Platte ca. 3 Wochen, für eine

20-mm-Platte 6 Monate. Nach der Trocknung werden die Platten plan und glatt gepreßt. Rohre werden durch Wickeln um einen Dorn hergestellt. Bei guter Pergamentierung bilden die Schichten eine fast homogene Masse. Verarbeitung vorwiegend spanabhebend, doch ist Biegen von dünnem Material auf Heißbiegemaschinen und auch Drücken und Ziehen möglich, gegebenenfalls nach Erweichung in heißem Wasser.

Handelsformen:

Tafeln 0,1–50 mm dick, 100–130 cm breit, 140–200 cm lang; einschichtige Rollenware (fish paper) 0,1–1,5 mm dick, 105–300 mm breit; Rundstäbe, Rohre; Formstücke, z. B. Kofferecken, Farben braun, auch lederartig genarbt, grau, rot, weiß und schwarz.

Eigenschaftswerte siehe Tafel 4.59.

Tafel 4.59. Vulkanfiber (DIN 7737) und Kunsthorn

	Einheit	Vulkan-fiber	Kunst-horn
Dichte	g/cm³	1,2–1,3	1,3–1,4
Zugfestigkeit (längs/quer)	N/mm²	100/60	–
Biegefestigkeit (längs/quer)	N/mm²	120/100	100–180
Schlagzähigkeit	kJ/m²	120	20–40
Kerbschlagzähigkeit	kJ/m²	30	–
Martenswärme	°C		50–60
Feuchte, konditioniert	%	7–10	~10
Wasseraufnahme bei Wasserlagerung	%	>50	~30

Aus dünnen Vulkanfiberlagen mit härtbaren technischen Harzen (S. 406) durch Warmpressen abgebundener Schichtpreßstoff hat höhere Festigkeitswerte und quillt wenig in Wasser.

Chemische Beständigkeit: Vf ist beständig gegen organische Lösungsmittel, Treibstoffe und Öle, unbeständig jedoch gegen Säuren und Alkalien.

Anwendungsgebiete: In der Maschinen-, Metallwaren-, Armaturen- und Automobilindustrie: Dichtungsscheiben und -ringe für Wasser und komprimierte Gase, Friktions- und Druckringe und -scheiben, Kolbenringe, Laufrollen, Manschetten, Rohrposthülsen, Sammlersterne, Staubsaugerdüsen, Unterlegplatten, -ringe, -scheiben, Zahnräder, Schleifscheiben.

Textilindustrie: Bremsringe, Chorbretter, Druckwalzenbezüge, Fadenringe und -rollen, Picker, Schaftkarten, Spinnkannen, Spinnringe, Spulenscheiben und -knöpfe, Transportkästen und -wagen, Webschützenbelag, Zahnrädchen für u. a. Bandwebstühle.

Elektrotechnik: Klemmnippeleinlagen, Kontrollwalzen, Nutenkeile, Schaltergriffe, Schienenzwischenlagen, Schleifkontakte, Steckerscheiben. Elektro-Vulkanfiber ($<0,04$ $ZnCl_2$-Gehalt): 4 Tage rel. F. $R_0 = 10^8$–10^{10} Ohm, Durchschlagfestigkeit 7 kV/mm (Vf-Schichtpreßstoff 10–18 kV/mm), $tg\delta$ $_{800Hz}$ 0,08.

4.5   Kunsthorn (CS)

Allgemeiner Handelsname: Galalith.

Durch Einwirkung von Formaldehyd gehärtetes Labkasein mit ähnlichen Eigenschaften wie Naturhorn. Härtung nach dem plastischen Verformen durch Einlegen der Formteile in eine 5% Formaldehydlösung, Härtezeiten je nach Dicke bis zu einigen Monaten.

Handelsformen: Platten, Stäbe, Rohre, in allen – besonders hell leuchtenden – Farben, für spangebende Verarbeitung als Schnitzstoff.

Eigenschaften s. Tafel 4.59, S. 437. Hohe Wasseraufnahme und dadurch bedingte maßliche Änderungen behindern Einsatz für technische Teile. Zum Einfärben werden Anilinfarben in etwa 50%iger Essigsäure verwendet. Biegen nach Vorbehandlung in heißem Wasser, heißem Öl oder Glyzerin (100–120 °C).

Chemische Beständigkeit: Kunsthorn ist gegen Alkohol, Ether und sonstige organische Lösungsmittel beständig, gegen Säuren und Alkalien jedoch unbeständig.

Anwendungsgebiete: Knöpfe, Spielmarken, Gebrauchsgegenstände und modische Artikel.

4.6 Duroplastische Kunststoffe, Rohstoffe, Formmassen und Halbzeuge

4.6.1 Härtbare technische Harze

4.6.1.1 *Phenol (PF)-, Kresol (CF)-, Xylenol- und Resorcinharze*

DIN 16916, Teil 1 „Reaktionsharze – Phenolharze" gibt eine Zusammenstellung der für die Beschreibung des Aufbaus und Zustandes von Phenolharzen üblichen technischen Begriffe, Teil 2 der Prüfverfahren.

Der Aufbau härtbarer Polykondensations-Harze aus Phenolen und Formaldehyd beginnt mit folgenden, im Laufe der Aushärtung vervielfältigten und mit andersartigen Brückenbildungen kombinierten *Grundreaktionen:*

Anlagerung zu Phenolalkoholen:

Kondensation unter Wasserabspaltung:

Kondensation unter Wasser- und Formaldehydabspaltung:

Herstellung, Harzstufen, Eigenschaften: Die chargenweise technische Kondensation von Phenol, den Methyl- und Dimethylphenolen Kresol und Xylenol bzw. Gemischen aus diesen, mit H_2CO in 30–50%iger wäßriger Lösung bei erhöhter Temperatur führt je nach dem molaren Verhältnis der Komponenten, den angewandten Katalysatoren und der Art der Abscheidung (Entwässerung) von Zwischenprodukten zu vielerlei verschiedenen „technischen Harzen". Deren Hauptgruppen hat bereits Baekeland („Bakelite") im Jahre 1909 wie folgt unterschieden und benannt:

1.a) Novolak. Molverhältnis Phenol : H_2CO 1 : < 1, Säurekatalysator, harte, schmelzbare Harze aus über CH_2-Brücken verknüpften Phenolen (Formel 1a), nicht eigenhärtend, verwendet (auch modifiziert) z. B. für spritlösliche Lackharze. Durch Zusatz von Hexamethylentetramin (kurz: „Hexa"), das bei höherer Temperatur (ab ca. 110 °C) fragmentiert, werden sie warm härtbar. Diese Gemische sind Bindemittel für lagerstabile Phenolharzformmassen („Schnellpreßmassen" S. 487) und – zu Pulverharzen vermahlen – für Reibbeläge, Schleifscheiben, Textilvliesmaterialien, Feuerfestprodukte u. a. Anwendungen.

Hexa   Novolak

ca. 130 °C

Auch *Phenol-aralkylharze* auf Basis von Pre-Kondensaten wie

aus Phenol und p-Xylol-Dialkydether (S. 527, Xylok, GB, S. 526) können mit Hexa ausgehärtet werden. Bei poly-additiver Vernetzung epoxidierter Novolake (Tafel 4.64, S. 464/5) werden flüchtige Substanzen nicht abgespalten.

1.b) *Resole:* mit H_2CO im Überschuß alkalisch kondensierte, Methylolgruppen enthaltende Harze im „A-Zustand" (ähnlich Formel 1b), die löslich, aber nicht lagerstabil sind, sondern langsam bei Raumtemperatur, rascher bei höheren Temperaturen „eigenhärtend" weiterkondensieren. Niedrig kondensierte Resole (Mol-Verhältnis Phenol/H_2CO bis 1:3) sind wasserlöslich, sie werden mit Wasser als „Flüssigharze" geliefert. Höher kondensierte Resole (Phenol/H_2CO unter 1:1,8) werden nach Entfernung von Monomeren und Wasser in Lösemitteln, z.B. Alkoholen, gelöst oder als Festharze geliefert. Allgemeine Verwendung als Bindemittel s. S. 442 f., für ammoniakfreien Formstoff S. 487.

Beim Aushärten durchlaufen Resole und Novolak-Hexagemische den

2. *Resitol* oder B-Zustand, gummiartig, mit Lösungsmitteln nur noch quellbar, schwer schmelzbar

zum

3. *Resit* oder C-Zustand technisch ausgehärteter, unschmelzbarer, in allen gebräuchlichen Lösungsmitteln unlöslicher und – als Reinharze – gegen die meisten Chemikalien außer starken Säuren und Laugen beständiger Phenolharze.

Beim Übergang vom A- zum B-Zustand wiegt die Molekülvergrößerung unter Abspaltung von Wasser, Formaldehyd und ggf. Ammoniak vor, bei der Aushärtung zum C-Zustand die räumliche Vernetzung.

Bei „Überhärtung" schreitet die Vernetzung ohne weitere Molekülvergrößerung unter Versprödung und Dunkelfärbung fort. Ähnliche Reaktionen sowie Reaktionen mit Luftsauerstoff bewirken das Nachdunkeln ausgehärteter Phenolharze.

Warmhärtung und Kalthärtung: Die meisten mit PF-Harzen abgebundenen Erzeugnisse werden bei 140–180 °C warm gehärtet. Beim Warmpressen oder Spritzgießen von Formmassen muß abgespaltene „Flüchte" entweichen können (S. 148), soweit nicht der Preßdruck Blasenbildung verhindert. Resole können mit stark sauren Katalysatoren (Schwefelsäure, Arylsulfonsäure) von etwa 25 °C aufwärts kalt gehärtet werden. Aus dem reaktionsfähigeren Resorcin mit zwei phenolischen OH-Gruppen kann man Harze herstellen, die ohne stark saure Härter bei Raumtemperatur drucklos aushärten. Ihr Hauptanwendungsgebiet sind witterungsfeste Montageleime, auch für Leder, Gummi und Kunststoffe (S. 551). Ähnliche Harze, und zwar als *Niederdruckharze* (z. B. Phenodur VPW, DE; Norsophen 1200, FR; Urafen 76101, US), gewinnen Bedeutung für glasfaserverstärkte Erzeugnisse (S. 456), an die hohe Anforderungen an Brandsicherheit gestellt werden.

Phenolharz-Schaumstoffe entstehen bei der exothermen, säurekatalysierten Aushärtung von Resolen, meist in Gegenwart von niedrig siedenden (Halogen-)Kohlenwasserstoffen als Treibmittel (neue, FCKW-freie Treibmittel, s. S. 71). Block- und Bandfertigung sind gebräuchlich. Während man früher nur offenzellige Produkte kannte, werden, ausgehend von speziellen Resolen (z. B. Cellobond K), seit einiger Zeit auch geschlossenzellige Schaumbahnen hergestellt (Exeltherm xtra, Eurothane xtra, Fenomo).

Das als Treibmittel in den Zellen verbliebene Schwergas verleiht den Produkten eine sehr gute Wärmedämmung. Der Schaumstoff weist eine minimale Rauchentwicklung auf und ist, entsprechend ausgerüstet, schwerentflammbar; sonstige Eigenschaften s. Tafel 4.78, S. 520.

Anwendungsgebiete	Ver-brauchs-Anteil %	Harzsorten	Binder-anteil im Werkstoff %
1. Holzwerkstoffe u. Leime (Sperrholz, Kunstharz-Preßholz, Spanplatten und Hartfaserplatten.	26–30	wäßrige Phenol-Resole Resorcinharzkaltleime	ca. 10
2. Formmassen (s. S. 481/485 ff.)	16–18	Phenolnovolake und Phenolresole in fester Form	30–50

Anwendungsgebiete	Ver- brauchs- Anteil %	Harzsorten	Binder- anteil im Werkstoff %
3. Dämmstoffe zu Wärme- und Schall- isolation mit PF-Binde- mitteln a) anorganisch (z. B. Mineralwolle) b) organisch (z. B. Tex- tilvliesstoffe) Schaum	12–14 3–5 1–2	wäßrige Phenolresole Phenolnovolak-Hexa Pulver- harze flüssige Resole mit Treibmit- teln in Säuren gehärtet	2–4 30–40
4. Lacke	6–7	Resole und Novolake, fest u. in Lösung; Alkylphenolharze; veretherte Resole	bis 50
5. Technische Schicht- stoffe (Hartpapier u. Hartgewebe (s. S. 505 ff.)	6–7	wäßrige Resole, alkoholische Lösungen von Phenol- und Al- kylphenolresolen (auch modi- fiziert)	bis 50
6. Gießereibindemittel (Kern und Formsand- Bindemittel für Metall- guß)	4–5	wäßrige Resole, lösemittelhal- tige Resole und Epoxidharz- formulierungen für kalthär- tende, auch gashärtende Ver- fahren, Novolak und Novo- laklösungen für heißhärtende Verfahren	0,6–2
7. Schleifmittel a) Schleifscheiben b) Schleifmittel auf Unterlage	3–5	unmodif. u. modif. Pulver- harze auf Basis Phenol- Novolak-Hexa und wäßrige Phenolresole zur Schleifkorn- benetzung wäßrige Phenolresole	ca. 15 bis 20
8. Reibbeläge (Scheiben-, Trommel-, Kupplungs- u. Maschinenbeläge)	2–3	unmodif. u. modif. Pulver- harze auf Basis Phenol-Novo- lak-Hexa, wäßrige und löse- mittelhaltige Resole	5–25
9. Feuerfestprodukte (un- geformte u. geformte Produkte)	3–5	Pulverharze auf Basis Novo- lak-Hexa, Novolaklösungen, wäßrige Resole	3–7
10. Sonstige Anwendun- gen (chemikalienfeste Bauteile und Kitte, Klebstoffe, technische Filter, Kautschukaddi- tive, Kohlenstoff- und Graphitwerkstoffe, Lampensockelkitte, Faserverbundwerk- stoffe (CFK, GFK, CFC), flammwidrige Fasern, Blumensteck- schaum u. ähnliches)	8–12	alle Harzsorten, fest, flüssig, gelöst, pulvrig, modifiziert und unmodifiziert	bis 40

4.6.1.2   *Harnstoff (UF)- und Melamin (MF)-Harze*

Harnstoff (UF)-Harze und Melamin (MF)-Harze werden wegen ihrer Aminogruppen zusammenfassend als Aminoplaste bezeichnet. Die vielseitigen Möglichkeiten in der chemischen Modifizierung der Vor- und Zwischenprodukte erlauben eine weitgehende Anpassung an die technischen Verwendungszwecke. Wegen der nahen chemischen Verwandtschaft der beiden Formaldehyd-Kondensationsprodukte kommen beide Harze in zahlreichen Anwendungsgebieten in ähnlicher Weise zum Einsatz, teilweise auch gemeinsam mit Phenolharzen (PF).

1. Harnstoff-Formaldehyd (UF)-Harze

UF-Harze entstehen aus Harnstoff (H_2N-CO-NH_2) und Formaldehyd (CH_2O) durch Additions-Reaktionen und anschließende Polykondensations-Reaktionen.

Bindemittel für die Holzwerkstoffindustrie: Für die Herstellung von Span- und Sperrholzplatten werden Harnstoff-Formaldehyd-Leime bzw. die mit Melamin und/oder Phenol verstärkten Harnstoff-Formaldehyd-Kondensationsprodukte eingesetzt (s. S. 513). Die Herstellung eines aminoplastischen Bindemittels erfolgt in Gegenwart von sauren Katalysatoren, wobei das Molverhältnis der Komponenten ebenso wie der pH-Wert, die Reaktionsdauer und die Temperatur die Qualität des Leimes beeinflussen. Bei Harnstoff-Formaldehyd-Leimen wird ein molares Verhältnis zwischen 1:1 und 1:2 angewendet, wobei die Kondensation unterbrochen wird, solange die gebildeten Kondensationsprodukte noch eine Wasserverträglichkeit von ca. 1:1 aufweisen. Die Endkondensation erfolgt erst bei der Anwendung, wenn die Produkte auf die zu verleimenden Werkstücke oder Späne aufgebracht werden. Die Herstellung einer Spanplatte erfolgt durch Bedüsen von Holzspänen mit einer Leimflotte, die aus einem aminoplastischen Bindemittel, einem Härter (z. B. Ammoniumchlorid) und einer Wachsemulsion, die als Hydrophobiermittel dient, besteht. Der Leimauftrag liegt bei 5–10% Festharz, bezogen auf absolut trockenes Spanmaterial. Aus dem beleimten Spanmaterial wird eine Matte geformt, die in Ein- oder Mehretagenpressen unter Druck und einer Temperatureinwirkung von 140–180 °C zu einer Spanplatte gepreßt wird. Die Harnstoff-Formaldehyd-Leime weisen eine geringe Wasserfestigkeit auf und sind nicht kochfest. Werden diese Eigenschaften verlangt, setzt man Melamin-Formaldehyd-Leime oder Mischkondensate aus Formaldehyd, Harnstoff, Melamin und gegebenenfalls Phenol ein. Lagenholz und Verbundplatten, Furnierplatten, Sperrholz und Tischlerplatten werden unter Verwendung von Furnieren, die auf einem Träger aufgeleimt oder miteinander verleimt werden, hergestellt. Der Leimauftrag erfolgt durch Walzenauftragsmaschinen oder durch Leimgießen. In der Regel werden die trockenen Furniere so beleimt, daß etwa 80–100 g/m^2 aufgetragen werden. Die beleimten Furniere werden zusammengelegt und vor dem Heißpressen vorgepreßt.

Schichtpreßstoffe: Während die Phenol-Formaldehyd-Tränkharze wegen ihrer Farbe und die reinen Harnstoff-Formaldehyd-Tränkharze wegen ihrer Wasserempfindlichkeit nicht für Schichtpreßstoffe eingesetzt werden, werden die Melamin-Formaldehyd-Tränkharze wegen ihrer guten Wasserbeständigkeit, Härte, Abriebfestigkeit, Kratzfestigkeit, Lichtbeständigkeit und Unempfindlichkeit gegenüber organischen Lösungsmitteln, verdünnten Säuren und Alkalien für den Möbelbau eingesetzt (s. S. 508). Zur Herstellung von Schichtpreßstoffplatten werden Papierbahnen in einem kontinuierlichen Prozeß entweder durch die wäßrigen Tränkharzlösungen gezogen, oder es wird das Harz auf eine oder beide Seiten des Papiers mit Hilfe von Imprägnierwalzen aufgetragen. Den Tränkharzflotten werden je nach der gewünschten Reaktivität spezielle Härter zugesetzt. Die Papiere müssen eine hohe Naßreißfestigkeit, eine ausreichende Porosität und eine ausreichende Harzaufnahmefähigkeit aufweisen. Die Harzaufnahme liegt zwischen 50 und 150%. Für die Herstellung dekorativer Schichtpreßstoffe werden verschiedene Typen harzgetränkter Papiere eingesetzt. Der Kern besteht aus mehreren Lagen phenolharzimprägnierter Kraftpapiere. Zwischen dem Dekorpapier und den Kernlagen wird ein Sperrschichtpapier gelegt, um das Durchschlagen des Phenolharzes der Kernpapiere auf das Dekorpapier zu verhindern.

Direktbeschichtung von Spanplatten: Für die Oberflächenvergütung von Spanplatten werden u.a. Grundierfilme eingesetzt. Gebleichte Natronkraftpapiere von 80–120 g/m² Flächengewicht werden mit ca. 60% eines Harnstoff-Formaldehyd-Harzes imprägniert und getrocknet, wobei das Harz weitgehend auskondensiert (s. S. 511). Diese Filme werden auf die Spanplatten mit einem Harnstoff-Formaldehyd- oder einem Polyvinylacetat-Leim aufgeleimt. Die endgültige Oberfläche erzielt man durch Anschleifen und Lackieren mit pigmentierten Lacken.

Formmassen: Auf der Basis von Harnstoff-Formaldehyd- und insbesondere Melamin-Formaldehyd-Kondensationsprodukten lassen sich farblose und lichtunempfindliche Preßmassen herstellen, die mit beständigen Farbstoffen eingefärbt werden können. Formmassen werden durch Kondensation von Harnstoff mit Formaldehyd in Molverhältnissen von 1:1,2–1,5 oder durch Kondensation von Melamin mit Formaldehyd in Molverhältnissen von 1:1,5–4 hergestellt. Das Fließvermögen wird durch Zusatz von Benzoguanamin und/oder Toluolsulfonsäureamid verbessert. Den Harzlösungen werden inerte Füllstoffe, wie beispielsweise Cellulosefasern, Holzmehl, anorganisches Gesteinsmehl, zugesetzt (s. S. 482). Zum Einfärben werden anorganische oder organische Pigmente, z.B. Zinkoxid, Titandioxid, Ultramarin oder Phthalocyanine, verwendet. Nach Zusatz eines Gleitmittels (Zinkstearat, Glyzerinmonostearat) und eines Härters wird die Formmassemischung homogen geknetet, getrocknet und gemahlen. Die Verarbeitung erfolgt durch Heißverpressen oder nach dem Spritzgießverfahren in Formen zu Formteilen.

Lackharze: Die Herstellung von aminoplastischen Lackharzen erfolgt durch Kondensation von aliphatischen Alkoholen mit Aldehyden – vornehmlich Formaldehyd –, mit Harnstoff oder Melamin und für einige Spezialfälle auch mit Urethanen, Benzoguanamin und Sulfonsäureamiden. Da Lackharze aus Aminoplastharzen im allgemeinen zu spröde sind, werden sie mit anderen Bindemitteln kombiniert (s. S. 547). Durch solche Kombinationen lassen sich physikalisch trocknende Lacke, säurehärtende Lacke und Einbrennlacke herstellen. Physikalisch trocknende Lacke erhält man durch Zusatz von Aminoplastharzen zu Nitrocelluloselacken. Zu säurehärtenden Lacken gelangt man durch Kombination mit Alkydharzen oder gesättigten Polyesterharzen. Sie lassen sich durch Zusatz von Säuren aushärten und ergeben Lackfilme mit hoher Härte, Kratzfestigkeit, Lösungsmittel- und Lichtbeständigkeit und eignen sich daher für die Möbellackierung und Parkettversiegelung. Einbrennlacke erhält man durch Kombination von Aminoplastharzen mit Alkydharzen, gesättigten Polyesterharzen, wärmehärtbaren Acrylatharzen oder Epoxidharzen.

Papierhilfsmittel: Harnstoff-Formaldehyd- und Melamin-Formaldehyd-Kondensationsprodukte werden in der Papierindustrie zur Erhöhung der Trocken- und insbesondere der Naßfestigkeit von Papier eingesetzt (s. S. 449). Die Harze werden vor der Papierfertigung dem Papierbrei zugesetzt und im sauren pH-Bereich, z. B. durch Zusatz von Aluminiumsulfat, auf der Papierfaser kondensiert. Die Harze werden durch Zusatz von Aminen oder Sulfiten modifiziert, um sie wasserverdünnbar zu machen und um das Aufziehen auf dem anionischen Papierstoff zu ermöglichen.

Lederhilfsmittel: Kondensationsprodukte des Formaldehyds mit Harnstoff oder Melamin und in einigen Fällen auch mit Dicyandiamid werden in der Lederindustrie als Füllgerbstoffe sowie bei der Kombinationsgerbung mit Metallsalzen eingesetzt.

Textilhochveredlung: Die Knitterfrei-, Krumpfecht- und Quellfestausrüstungen von Cellulosegeweben oder cellulosehaltigen Mischgeweben beruhen auf einer Harzausrüstung oder auf einer Quervernetzung der Cellulosemoleküle. Mengen- und bedeutungsmäßig stehen hierbei die Hydroxymethyl- und Alkoxymethyl-Verbindungen von Harnstoff, cyclischen Harnstoffen und Melamin wegen ihrer leichten Anwendbarkeit an der Spitze.

Vliesbindemittel: Für die Verfestigung von Glasfaservliesen und anderen textilen Vliesen werden sowohl Harnstoff-Formaldehyd- als auch Melamin-Formaldehyd-Kondensationsprodukte eingesetzt. Nach Applikation und Aushärtung wird eine elastische Verbindung des losen Faservliesgefüges erreicht.

Gießereihilfsmittel: In der Gießereiindustrie werden modifizierte Harnstoff-Formaldehyd-Kondensationsprodukte als Bindemittel für Formsand, der zur Herstellung von Gießformen und Gießkernen dient, eingesetzt (s. a. S. 443). Kernsandbindemittel werden mit 1–3%

dem Formsand zugesetzt. Beim Guß zersetzen sich die Harze rückstandslos, so daß der Formsand aus den Hohlräumen der Gußstücke leicht entfernt werden kann.

Stickstoff-Depotdüngemittel: Für eine Vorratsdüngung mit Stickstoff werden neben Polymethylenharnstoffen seit einigen Jahren auch Isobutylidendiharnstoff und Crotonylidendiharnstoff eingesetzt.

Harnstoffharzschaum entsteht beim Verwirbeln und Verspritzen des Gemisches wäßriger Lösungen von Schäummittel + Säurehärter und UF-Harzvorkondensat als durch Vernetzen und Trocknen standfest werdender offenporiger Ortschaum, Eigenschaften s. Tafel 4.78, S. 520. Anwendungen sind Schall- und Wärmedämmung von Rohrleitungsschächten und zweischaligen Wänden, Sicherheitsausschäumungen im Bergbau, Bodendeckschichten und Nährstoffträger für aride Böden und in der Pflanzenzucht (Plastoponik), Wundpuder und Medikamententräger.

2. Melamin-Formaldehyd (MF)-Harze

MF-Harze entstehen aus 1,3,5-Triamino-s-triazin (Melamin) und Formaldehyd auf dem Wege von Additions- und Kondensationsreaktionen.

Addukte von Melamin und Formaldehyd (Methylolmelamine) sind mit kurzkettigen Alkoholen acetalisierbar (Veretherung). Im sauren Bereich bilden Umsetzungsprodukte aus Melamin, Formaldehyd und ggf. kurzkettigen Alkoholen stabile wäßrige Lösungen, in welchen der aminoplastische Anteil weitgehend kationisch vorliegt, siehe Formelschema, S. 448.

Umsetzungsprodukte aus Melamin und Formaldehyd werden wäßrig oder nach Sprühtrocknung als wasserlösliche Pulver in den Handel gebracht.

Handelsnamen z. B.: Cymel, Madurit, Melan, Melolam, Kauramin, Supraplast.

Veretherte Methylolmelamine liegen in Wasser oder Alkoholen gelöst oder, nach erschöpfender Umsetzung im Stoffmengenverhältnis 1:6, lösemittelfrei in flüssiger Form vor.

Handelsnamen z. B.: Cymel, Maprenal, Luwipal.

Methylolmelamine und veretherte Produkte in saurer Einstellung liegen wäßrig gelöst vor.

Handelsnamen z. B.: Madurit, Paramel, Urecoll.

Besondere Merkmale dieser Produktklasse sind im ausgehärteten Zustand und in Kombination mit geeigneten Substraten:

mechanisch: hohe Härte, Kratzfestigkeit, Biegefestigkeit und eine relativ gute Schlagzähigkeit;

thermisch: hohe Temperaturbeständigkeit und Vergilbungsresistenz;

Umsetzung von Melamin und Formaldehyd mit Veretherung (schematisch)

Melamin

Methylolierung
+ n CH₂O →

Methylolmelamin I

Veretherung
+ n ROH →
− H₂O

Methylolmelaminether II

n = 1–6
R = −CH₃, wasserlöslich
−C₄H₉, in org. Lösemittel

Kondensation
− H₂O
− CH₂O →

Kondensat / wasserlöslich III

HX →

R = −CH₃
−H

I, II oder III

Kationisch / wasserlöslich

chemisch: gute Chemikalien- und Hydrolysebeständigkeit;
elektrisch: hoher spezifischer Durchgangswiderstand und Oberflächenwiderstand, geringe Kriechwegbildung;
optisch: gute Lichtechtheit, gute Einfärbbarkeit.

Neuere Entwicklungen sind auf die Reduktion der Formaldehyd-
menge bei der Herstellung von MF-Harzen gerichtet und damit auf
deren geringe Formaldehydabgabe bei der Verarbeitung und im An-
wendungszustand.

Anwendungsgebiete für Melaminharze

a) als Oberflächenvergütung	b) als Bindemittel
– Imprägnierharze für Dekorpapiere (dekorative Holzwerkstoffbeschichtung und Möbelkanten)	– Leime für Holzwerkstoffe
	– Bindemittel für härtbare Formmassen, in Verbindung mit Phenolharzen für Kupplungs- und Bremsbeläge, Bedarfsgegenstände, Elektroisolierteile
– Imprägnierharze für Dekorpapiere und Kernlagen zur Herstellung von Hochdrucklaminaten (HPL) und Endloslaminaten (CPL)	– Kationisch wäßrig zur Naßfestausrüstung von Papier
– Vernetzer für Bindemittel in Industrielacken, vornehmlich Automobildecklacken, und für Füller	– Bindemittel für Glasfaservliese und Gewebe, flammfest nach DIN 4102/A2
	– Textilhochveredlung, Gerben von Leder
	– Verflüssiger für hydraulische Bindemittel
	– Vernetzer von Verstärkungsharzen in Autoreifen

Melaminharzschaum-(Basotect-)Formstoff entsteht aus MF-Vorkon-
densat mit einemulgiertem, niedrig siedendem Treibmittel beim Aushärten mit einem Säurehärter. Der mit 7,16 kg/m^3 fast nur noch aus
den Zellstegen bestehende, flexible Schaum weist den Schallabsorp-
tionsgrad 90–95% und eine Wärmeleitfähigkeit von 0,033 W/mK
auf. Er ist bis 220 °C wärmestandfest und sehr schwer entflammbar
mit minimaler Rauchentwicklung. Anwendungen sind u. a. Dämm-
schalen für bis 150 °C gefahrene Rohre, Trittschalldämmung, Rau-
makustik-Hochleistungselemente und technischer Schallschutz.
Durch thermisch-mechanische Behandlung wird der Schaum zu einem vliesartigen Material (d_R ca. 100 kg/m^3) umgewandelt (s. Tafel
4.78, S. 520).

4.6.1.3   Furanharze (FF)

Handelsnamen: FurCarb, Hetron, QuaCorr (US).

Furanharz ist ein Sammelname für eine Gruppe linearer härtbarer Harze, deren Hauptrohstoff, der Furfurylalkohol,

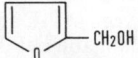

durch Aufarbeitung von Bagasse, Maisstroh (QO Chemicals, US) oder anderen landwirtschaftlichen Rohstoffen gewonnen wird.

Furfurylalkohol kann bei Einwirkung spezifischer Katalysatoren stufenweise einerseits unter Wasserabspaltung und Methylenbrückenbildung mit sich selbst polykondensieren und andererseits durch Polymerisation über die Doppelbindungen im Furanring vernetzen.

Anwendungsgebiete	Bindemittel	Eigenschaftsprofil

1. *Gießereibindemittel*
– No-Bake-
  Verfahren
– Hot-Box-Verfahren
– Warm-Box-
  Verfahren
– Hardox®-Verfahren
	Vorzugsweise Furfurylalkohol-Kondensate unmodifiziert sowie modifiziert mit Formaldehyd, Harnstoff-Formaldehyd- und Phenol-Formaldehyd-Kondensaten	Gute Säure- und/oder Wärmereaktivität bei der Verarbeitung von Kern- und Formsanden; hohe Festigkeit und Dimensionsstabilität der Formstoffe, guter Zerfall beim Abguß

2. *Bindemittel für Baustoffe* – Kitte – Mörtel – Beton	Furfurylalkohol und Furfurol-Kondensate und Co-kondensate sowie Furfurol-Aceton-Kondensationsharze	Gutes Misch- und Härtungsverhalten; hohe Chemikalien-, Säure- und Alkalibeständigkeit
3. *Laminierharze für faserverstärkte Kunststoffe* – Tankbehälter – Rohre – Bauteile	Furfurylalkohol-Kondensationsharze und diverse Cokondensate	Gute Witterungsbeständigkeit, beständig gegen Lösungsmittel, Basen und Säuren, gute Festigkeit bei höheren Temperaturen, Schwerentzündlichkeit, niedrige Rauchgasdichte
4. *Imprägnier- und Carbonisierungsmittel* – Kohlenstoff- werkstoffe – Feuerfeste Massen	Verschiedene Bindemittel auf Basis Furfurylalkohol und Furfurylaldehyd sowie Cokondensate mit Phenolformaldehyd-Harzen	Gutes Mischverhalten und Verträglichkeit mit Füllstoffen; hohe Kohlenstoffausbeute beim Carbonisieren

5. *Sonstige Anwendungen*
– Härtbare Form-
  massen
– Schaumstoffe
– Spanplatten, Holz-
  leime
– Holzimprägnierun-
  gen
– Schleifmittel
– Polyurethane
	Verschiedene Kondensationsharze, z. B. auch Furfurylaldehyd - Phenol - Harze, bzw. Furfurylaldehyd und/oder Furfurylalkohol als Reaktivverdünner für Phenol-Formaldehyd- und Harnstoff - Formaldehyd-Harze	Unterschiedliche Eigenschaftsmerkmale

Zusätzlich reagiert Furfurylalkohol mit Formaldehyd und kann auch mit Formaldehyd-Harnstoff- oder Formaldehyd-Phenol-Kondensaten und Prekondensaten umgesetzt werden.

Ausgehärtete Furanharze (auch modifiziert mit PF und UF-Harzen) sind chemisch hoch resistent und wärmestandfest.

4.6.1.4 Reaktionsharze, Reaktionsmittel und Reaktionsharzmassen, Reaktionsharz-Formstoffe

Nach DIN 16945 sind *Reaktionsharze* „flüssige oder verflüssigbare Harze" (Monomere, Prepolymere oder Polymer-Monomer-Gemische), die in Verbindung mit *Reaktionsmitteln* (Härter, Beschleuniger) ohne Abspaltung flüchtiger Komponenten durch Polymerisation oder Polyaddition drucklos oder mit Niederdruck-Verfahren (3.2.4, S. 80 ff.) chemisch aushärten. Hauptgruppen sind die Methylmethacrylate (MMA, S. 232), Ungesättigten Polyester (UP, S. 459), Phenacrylatharze (PHA, S. 463), Epoxidharze (EP, S. 464), Isocyanatharze (PUR-Vorprodukte, S. 469) und „Hybrid"-Prepolymere aus mehreren der vorgenannten Gruppen (S. 462, 466, 477). Gleichzeitig verarbeitbare modifizierte Phenolharze und Furanharze s. S. 442 und oben.

Reaktionsharze im allgemeinen betreffen

DIN 16945 Reaktionsharze, Reaktionsmittel und Reaktionsharzmassen
Prüfverfahren

DIN 16946 Reaktionsharz-Formstoffe – Gießharz-Formstoffe, Teil 1 Prüfverfahren, Teil 2 Typen (Tafel 4.61, S. 454/455)

DIN 16943/44/48 Glasfaserverstärkte Reaktionsharz-Formstoffe 43 Herstellung von Platten für Probekörper, 44 Prüfverfahren, 48/1 Einteilung und Bezeichnung (Tafel 4.62, S. 457), 48/2 Eigenschaften von speziellen Formstoffen (Tafel 4.63, S. 458).

VDI 2010–2013 Rohstoffe für Herstellen, Gestalten, Dimensionieren von Werkstücken aus GFK s. S. 77, VDI 2014 s. S. 10, Anm.

Neben der Ermittlung physikalischer und chemischer Kennwerte für die Ausgangsprodukte wird der Härtungsverlauf von Reaktionsharzmassen erfaßt (Bild 4.24, S. 452). Ausgangspunkt für kalt zu verarbeitende Massen ist der Zeitpunkt der Mischung aller Komponenten, für warm zu härtende derjenige des Erreichens der Anspringtemperatur. Als Härtungszeit gilt bei warm gehärteten Massen die Zeit bis zum Erreichen maximaler Formbeständigkeit in der Wärme nach ISO 75 bestimmt, bei kalt gehärteten die Zeit, in der sich der in Aceton lösliche Anteil oder (bei UP-Harzen) der Gehalt an monomerem Styrol nicht mehr wesentlich ändert.

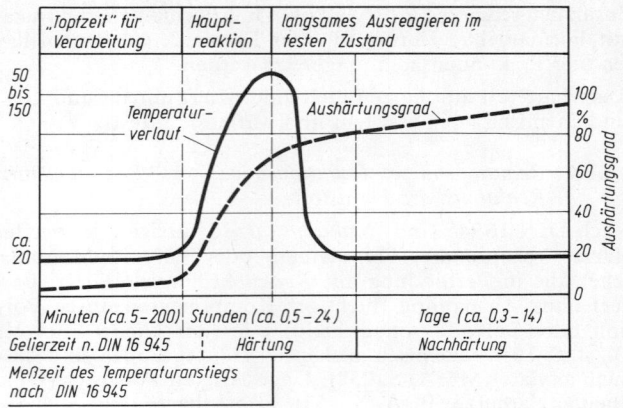

Bild 4.24. Verlauf der Kalthärtung von Reaktionsharzen

Die Temperatur- und Zeitangaben sind größenordnungsmäßig aufzufassen. Die Maximaltemperatur beim Aushärten und die Hauptreaktionszeit hängen nicht nur vom Harzsystem ab, sondern wesentlich auch von Füllstoffgehalt und Schichtdicke des Erzeugnisses

Anwendungsgebiete von Reaktionsharzen:

1. In *Bauwesen* und *Industrie* werden Reaktionsharze mit mineralischen Zuschlagstoffen üblicher Körnung eingesetzt als Bindemittel von:

Reaktionsharzbeton (5–15% Bindemittel) für hohe mechanische (Tafel 4.60, S. 453) und korrosive Beanspruchung: Betonwaren für Abwasser und Kanalisation, Kellerfenster, Fensterbänke, dekorativ gefüllte Fassadenplatten und marmor- oder onyxartige Sanitärobjekte in Serienproduktion (MMA, UP); Maschinenfundamente, aus schrumpffrei härtenden Harzen, auch mit Bewehrung, präzisionsgegossene Maschinen-Traggestelle und Meßtischplatten (MMA, UP, EP); Ingenieurtechnische Bauteile, Brücken- und Startbahn-Beläge (EP); Leichtbauelement-Systeme mit Reaktionsharz-Schaumbeton (UP). Polymer-Beton-Verbundwerkstoffe in bedeutender internationaler Entwicklung sind außer reinem Polymerbeton (PC = polymer concrete), Polymer-Zement-Beton (PCC) und polymer imprägnierter Beton (PIC). Polymerbeton-Gießmaschinen s. S. 75.

Reaktionsharz-Klebemörtel (10–30%) für kraftschlüssige Verbindungen zwischen großen Betonfertigteilen und für Bauwerks-Sanierung durch Injektion (EP-Harze) sowie im sonstigen Stahlbeton- und Stahlbau (UP-Harze).

Reaktionsharz-Estrich- und Spachtelmassen (10–40%) für Industrie-Estriche und z. B. als Karosserie- und Reparatur-Spachtel für Autos,

Tafel 4.60. Vergleichswerte für Reaktionsharz-Polymerbeton (PC) und Zementbeton (CC)

Eigenschaft	Einheiten	Polymer-Beton	Zement-Beton
Bindemittel-Gehalt			
in Volumenanteilen	kg/m³	150–270	350
in Gewichts-Prozent	%	6–12	14–15
Dichte	g/cm³	2,4–2,2	2,5–2,1
Bei 20 °C			
Druckfestigkeit			
nach 1 Tag	N/mm²	70–100	2–5
nach 28 Tagen	N/mm²	95–150	40–50
Biegefestigkeit			
nach 1 Tag	N/mm²	23–30	0,5–3
nach 28 Tagen	N/mm²	30–40	6–8
Elastizitäts-Modul.................	kN/mm²	15–30	30–60
Therm. Längenausdehnungskoeff......	10⁻⁵/K	1,5–2,0	1,0–1,4
Beständigkeit gegen			
Säuren..........................		hoch	gering
Öle, Treibstoff...................		hoch	gering
Frost		hoch	mäßig

*) je nach Polymer-Art.

alle Harze in entsprechenden Einstellungen, für elastische Beläge und Fugendichtstoffe PUR.

Reaktionsharz-Beschichtungsmassen (30–50%) zum Schutz technischer Bauwerke und Behälter gegen mechanische Beanspruchung und Korrosion, alle Harze,

für *Versiegelungen* (>50%) auch lösungsmittelhaltig, zahlreiche Kombinationen.

2. In der *Elektrotechnik* werden kaltflüssig oder im Schmelzfluß verarbeitbare Träufel-, Tränk- und Gießhärze als Konstruktions- und Isoliermaterial gebraucht, z.B. zum Tränken und Imprägnieren von Spulen und Wicklungen, zum Einbetten hochwertiger elektronischer Teile und für Hochspannungsisolatoren, hauptsächlich EP-Harze. Die besten dielektrischen Werte im HF-Bereich haben MMA- und vernetzbare Kohlenwasserstoffharze (S. 468).

Typwerte nach DIN 16946 gibt Tafel 4.1, S. 232 für MMA-Formstoffe, Tafel 4.61 a (S. 454) für – unter Auslassung von Zwischentypen – ausgewählte UP- und EP-Gießharz-Formstoffe, Tafel 4.61 b (S. 455) für Phenacrylat- und Isocyanat-Harze. Für warm gehärtete EP-Typen wird zusätzlich gefordert, daß bei „Grenztemperaturen" 125–130 °C nach 20 000 Stunden Lagerung die Gewichtsverluste typgebunden 3% oder 1,2% und die Restbiegefestigkeiten Werte im Bereich 90–50 N/mm² nicht unterschreiten dürfen (VDE 0304, Teil 2, s. a. S. 466 und Tafel 4.68, S. 478).

Tafel 4.61a. Eigenschaftswerte von UP- und EP-Gießharz-Formstoffen nach DIN 16946, Teil 2, März 1989

Typ nach DIN 16946, März 89	Einheit	1110[1]	1140[1]	1000-0	1000-6	1021-0	1021-6	1022-0	1022-6	1042-0	1042-5	nicht typisiert
Reaktionsharz:		Unges. Polyester		Epoxidharze[4]								Cycloaliphatisch, heiß geh.
Typkennzeichnung		normal wärmeformbeständig und biegefest	erhöht wärmeformbeständig	feste EP-Harze		flüssige EP-Harze — gehärtet über Raumtemperatur				geh. b. Raumtemp.		
Rohdichte	g/cm³	1,2	1,2	1,2	1,8	1,2	1,8	1,2	1,8	1,2	1,6	≤1,25
Biegefestigkeit	N/mm²	≥70	≥110	≥130	≥110	≥120	≥100	≥80	≥70	≥80	≥50	≤220
Zugfestigkeit	N/mm²	≥40[2]	≥55[2]	60	40	60	50	50	40	50	35	≤130
E-Modul	N/mm²	3500	3500	(ungefüllt 3500–4000, anorganisch gefüllt > 4000–10000 je nach Füllstoff)								≤6000
Druckfestigkeit	N/mm²	(160)	(150)	120	200	120	190	100	150	85	110	≤200
Schlagzähigkeit	kJ/m²	(10–20)	(15–18)	≥15	≥8	≥12	≥6	≥8	≥4	≥10	≥4	≤25
Kerbschlagzähigkeit	kJ/m²	–	–	≥1,8	≥1,8	≥1,5	≥1,5	≥1,2	≤1,2	≥1,2	≥1,2	–
Glasübergangstemp.	°C	≥70	≥120	100	100	–	–	–	–	50	50	–
Formbeständigkeit i.d. Wärme nach Martens	°C	–	–	≥90	≥100	≥90	≥100	≥130	≥130	≥40	≥45	–
nach ISO 75 A (1,81 N/mm²)	°C	55	90	≥100	≥110	≥100	≥110	≥140	140	≤50	≥55	≤170
Brennverhalten (S. 543)	VDE	BH 3 ≤ 30		BH 2–25	BH 2–15	BH 2–25	BH 2–20	BH 2–15	BH 2–10	BH 2–25	BH 2–25	
Wasseraufnahme in Wasser 100 °C, max.	mg	–	–	≤20	≤15	≤20	≤15	≤40	≤30	≤70	≤40	–
Grenztemperatur[5]	°C	120	130	125	130	130	130	130	130	–	–	–
Grenzwert σ_{BB}[5]	N/mm²	35	55	90	75	80	70	60	50	–	–	–

Fett gedruckt: Typwerte nach DIN 16946, Teil 2.   In Klammern: Richtwerte, in DIN 16946 nicht aufgeführt.
[1] erhöht wärmeformbeständige Typen 1130, 1140, erhöht biegefeste Typen 1120, 1140, bei Raumtemperatur flexibler Typ 1100. [2] Reißdehnung ≤2%. [3] Reißdehnung >2%. [4] Zusatzzahl – 0 ohne, – 6 mit 56–65 Masse-% (1046: 40–55%) körnigem anorganischen Füllstoff. [5] bei bzw. nach Langzeitlagerung nach DIN/VDE 10304, Teil 21.

Tafel 4.61 b. Eigenschaftswerte von Phenacrylat- und Isocyanat-Gießharzformstoffen nach DIN 16946, Teil 1 u. 2, März 1989

Typ nach DIN 16946, März 89		1310	1330	1400-0	1400-5	1410-0	1410-5	1420-0	1420-5	1430-0	1430-5
Reaktionsharz		Phenacrylate		Isocyanatharze¹) (s. a. Tafel 4.60, S. 436)							
Typenkennzeichnung		Bisphenol A	Novolak	Härtung oberhalb RT				Aushärtung bei Raumtemperatur möglich			
Rohdichte	g/cm³	1,14	–	1,2	1,6	1,2	1,6	1,2	1,6	1,2	1,6
Biegefestigkeit	N/mm²	130	130	100	80	80	70	20	20	–	–
Zugfestigkeit	N/mm²	70	45	60	40	50	40	10	8	0,5	0,5
Bruchdehnung	%	≥3	<3	6	1,5	6	1,5	50	20	50	30
E-Modul	N/mm²	3500	3000	2800	6500	2800	6500	2	15	2	15
Druckfestigkeit	N/mm²	–	–	100	120	70	85	8	10	–	–
Schlagzähigkeit	kJ/m²	–	–	30	6	30	6	–	10	–	–
Glasübergangstemperatur	°C	≥100	≥130	95	100	65	70	–	–	–	–
Formbeständigkeit Martens	°C	85	120	85	90	60	60	–	–	–	–
nach ISO 75 A	°C	90	125	100	105	65	70	–	–	–	–
Brennverhalten (S. 543)	VDE	BH 2-20	BH 2-20	BH 2<95	BH 2<95	BH 2<95	BH 2<95	BH 2<30	BH 2<30	BH 2<30	BH 2<30
Wasseraufnahme-Höchstwertung DIN 53495, Verf.1	mg	–	–	40	30	50	40	100	100	–	–
Grenztemperatur DIN/VDE 0304, Teil 21	°C	–	–	100	100	100	100	70	70	70	70

¹) Zusatzzahl –0 ohne Füllstoff außer ≤ 6% wasserbindender Mittel, –5 mit 46–60% Masseanteil anorganischer Füllstoffe einschließlich Wasserbinder.

3. Für *glasfaserverstärkten Formstoff* (Tafel 4.62, S. 457) verwendet man überwiegend UP-Harze, für höchste mechanische, chemische und thermische Beanspruchungen EP-Harze, bei hohen Anforderungen an Brandsicherheit PF-Spezialharze (S. 442). Bild 4.25 gibt die mit verschiedenen Herstellungsverfahren und Anwendungsformen des Verstärkungsmaterials (S. 62) erreichbaren Glasanteile und Raumgewichte. Typische Werte für spezielle glasfaserverstärkte Formstoffe nach DIN 16948 gibt Tafel 4.63, S. 458.

Spezifische GFK-Festigkeitswerte (Absolutwert/Dichte) – bis auf den E-Modul – übertreffen diejenigen metallischer Konstruktionswerkstoffe. Die Bruchdehnung von GFK ist 1–2%, man kann Bauteile gegen die Grenze von 0,3–0,8% Dehnung, bei der erste Ablösungen zwischen Harz und Verstärkung auftreten können, mit rund 50% der Kurzzeitwerte für 10000 h Belastungszeit konstruieren. Den je nach Harz unterschiedlichen Temperatureinfluß auf die Festigkeit zeigt Bild 4.26 (S. 457).

Anwendungsbeispiele für UP-GF-Laminate (hoch beansprucht auch „hybrid"-verstärkt mit Aramidfaser- und/oder CF-Anteil S. 65) sind Sport- und Arbeitsboote (Minensuchboote bis 50 m Länge), Segel- und Reiseflugzeuge, Wagenaufbauteile von Schienen- und Nutzfahrzeugen, Rennwagen-Karosserien, weitgespannt freitragende Dach-

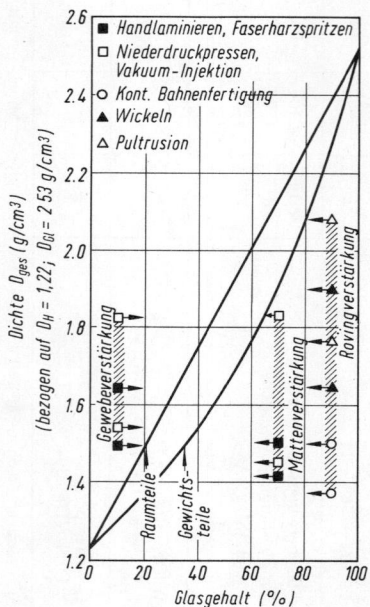

Bild 4.25. Glasanteil und Dichte verschiedenartig hergestellter GFK-Erzeugnisse

Tafel 4.62. Glasfaserverstärkte Formstoffe, Einteilung und Bezeichnung nach Wertebereichen für kennzeichnende Eigenschaften gemäß DIN 16948 (Febr. 75) bzw. der neuen Norm DIN 18820 T.1–4 (März 1991)

Harzbasis		kennzeichnende Eigenschaften				
Kurz-zeichen		Kenn-ziffer	Zug-festigkeit N/mm^2	Elastizitäts-modul N/mm^2	Biege-festigkeit N/mm^2	
		00	nicht spezifiziert			
EP	Epoxidharz	01 02 bis 10	10 20 bis 100	1000 2000 bis 10000	10 20 bis 100	1)
UP	Ungesättigtes Polyesterharz	10 12 bis 30	100 120 bis 300	10000 12000 bis 30000	100 120 bis 300	2)
		30 35 bis 70	300 350 bis 700	30000 35000 bis 70000	300 350 bis 700	3)
		70 80 bis 90	700 800 bis 900	70000 80000 bis 90000	700 800 bis 900	4)

Abstufung der Kennziffern für Meßwerte im Bereich
1) von 10 zu 10 bzw. 1000 zu 1000, 2) von 20 zu 20 bzw. 2000 zu 2000
3) von 50 zu 50 bzw. 5000 zu 5000, 4) von 100 zu 100 bzw. 10000 zu 10000
Einzusetzen ist jeweils die den Mittelwerten der Meßwerte nächstliegende niedrigere Stufe.
Beispiel: Bezeichnung eines UP-GF-Formstoffs mit 320 N/mm^2 Zugfestigkeit, 19500 N/mm^2 E-Modul, 370 N/mm^2 Biegefestigkeit: UP-GF 301835/DIN 16948

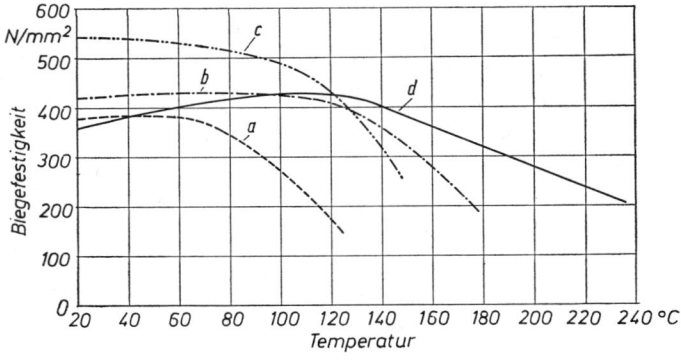

Bild 4.26. Temperatur-Abhängigkeit der Biegefestigkeit verschiedener glasgewebe-verstärkter Kunststoffe
a Standardpolyesterharz, *b* wärmebeständiges Polyesterharz
c Normal-Epoxidharz, *d* wärmebeständiges Phenolharz

Tafel 4.63. Richtwerte für GFK-Laminate[1])

UP-GF-Harz-Formstoffe

Eigenschaft		25	45	50	65	65
Glasgehalt	Gew.-%	25	45	50	65	65
Textilglas-Aufbau		Matte, quasi-isotrop		Gewebe, Gelege längs und quer gleich < 450 g/m²		Gewebe, Gelege 90% längs
Rohdichte	g/cm³	1,35	1,45	1,60	1,80	1,80
Zugfestigkeit	N/mm²	70	140	200	300	500
E-Modul	N/mm²	5000	9000	10000	19000	28000
Biegefestigkeit	N/mm²	120	180	220	350	550
Druckfestigkeit	N/mm²	120	160	160	280	400
Längenausdehnungskoeffizient	$10^6 \cdot K^{-1}$	35	25	18	15	12
Wärmeleitfähigkeit	W/mK	0,15	0,23	0,24	0,26	0,26

EP-GF-Harz-Formstoffe

Eigenschaft		50	65	65	67–78	*Zum Vergleich* Cr.-Ni-Stahlblech
Glasgehalt	Gew.-%	50	65	65	67–78	
Textilglas-Aufbau		Gewebe, Gelege längs und quer gleich		Gelege fast 100% längs	S-Glas 92% längs Spezialharz	
Rohdichte	g/cm³	1,60	1,80	1,80	1,8–2,0	8,0
Zugfestigkeit	N/mm²	220	350	700	1300–1700	ca. 500
E-Modul	N/mm²	10000	18000	30000	ca. 60000	195000
Biegefestigkeit	N/mm²	280	400	800	1200–1600	220
Druckfestigkeit	N/mm²	220	300	600		
Längenausdehnungskoeffizient	$10^6 \cdot K^{-1}$	18	15	12		
Wärmeleitfähigkeit	W/mK	0,24	0,26	0,26	–	

[1]) DIN-Bezeichnung nach kennzeichnenden Eigenschaften s. Tafel 4.62, S. 457.

konstruktionen, Schwimmbad-Bauelemente und -Becken, Transportbehälter, Silos und Groß-Lagertanks (vgl. Tafel 3.6, Seite 85), Container für Überseetransport, Paletten, Formschalungen, Fassadenbekleidungen, Möbel und Sportgeräte, für EP-GF-Erzeugnisse Höchstdruckbehälter, Flugzeug- und Raumfahrzeugbauteile, für Verkehrsmittelausbau auch solche aus PF-GF, Formwerkzeuge. Mehrschicht-Verbunde, kompliziert gestaltete Wickelkörper, pultrudierte Profile mit hohen Gehalten an hochfesten Verstärkungsfasern (S. 157) und gewebeverstärkte Platten (Tafel 4.77 neben S. 519) sind „Komposit"-Hochleistungswerkstoffe für Konstruktions- und Funktionselemente in allen Bereichen der Technik. Schmelzen von Epoxid-, Phenol-, Phenacrylat- und Bismaleinimid- (S. 530) Harzen sind die Matrix-Bindemittel für uni- oder multidirektional mit Carbon- oder Aramid-Fasern verstärkte Laminat-Prepregs als extrem leichte und feste Strukturwerkstoffe (Rigidite, DE, US) für Luft- und Raumfahrtgerät.

4. *Reaktionsharz-Formmassen* S. 495 ff., *Schichtpreßstoffe* S. 505 f., *Bauplatten* und *Rohre* S. 515 ff.

5. *Syntaktische und Strukturschäume,* auch als Laminat-Kernlagen, s. S. 70 ff.

6. *Sonstige Anwendungen* von UP und MMA sind u. a. im Schleuderguß hergestellte dekorativ gefüllte Knopfplatten (S. 80). Die Harze werden auch zur Do-it-yourself-Verarbeitung und zum Umgießen von biologischen Objekten, in der Regel vorbeschleunigt, geliefert.

4.6.1.5 Ungesättigte Polyester (UP)*)

Handelsnamen: Alpolit, Leguval, Palatal, Vestopal (DE); Norsodyne, Ugikapon (FR); Crystic, Uralam (GB); Viapal (AT); Chromoplast (YU); Corezyn, Glastic, Polylite, Stypol (US); U-Pica (JP).

UP-Harz-Chemie:

Pre-Kondensate für UP-Harze sind relativ niedermolekulare *lineare Polyester* (M < 10000), in deren Molekül ein ungesättigtes Monomer eingebaut wird. In der Regel ist dieses das durch Oxidation von Benzol hergestellte *Maleinsäureanhydrid,* das bei der Aufbau-Reaktion zu einem Fumarsäure-Kettenglied räumlich sich umlagert:

Maleinanhydrid + Diol   Fumarsäureester – Gruppen im UP-Harz

---

*) Gesättigte lineare Polyester ohne Doppelbindungen in der Kette (z. B. Dynapol, Vesturit) sind Lackharze (S. 546), die über die Hydroxylendgruppen in Lacke einkondensiert werden. Thermoplastische gesättigte Polyester-Formmassen s. S. 346 ff.

Prekondensate für Standard-UP-Harze werden aus Polyglykolen $(HO-(CH_2)_y-OH$, y: 2–4) und Phthalsäureanhydrid (Formeln Tafel 1.5, neben S. 23, Monomere für andere Harze S. 461 „Harztypen und Eigenschaften") durch Poly-Veresterung (s. S. 344) im Schmelzfluß bei 170°–200 °C unter Wasserentzug im insgesamt ungefähr äquimolaren Diol/Disäure-Verhältnis hergestellt. Sie werden anschließend noch warm in dem zur vernetzenden Co-polymerisation erforderlichen, stabilisierten *Co-Monomeren* zu *flüssigen UP-Harzen* gelöst, die kühl und vor Licht geschützt ca. 6 Monate lagerfähig sind. Als Lösungsmittel dient meist ca. 30% Styrol (S. 231), auch Vinyl-Toluol, Methylmethacrylat (S. 232), für Formmassen auch schwerer flüchtige Derivate des Allylalkohols $(CH_2=CH-CH_2-OH$ aus Propylen).

Die jeweiligen nach DIN 16 945 (S. 451) zu bestimmenden Kennzahlen für UP-Harze und -Reaktionsmittel im Anlieferungszustand und den Härtungsverlauf (Bild 4.24, S. 452) sind den technischen Druckschriften der Hersteller zu entnehmen.

Die exotherme Vernetzungspolymerisation mit z. B. kurzen (2–3 Styrolgruppen) PS-Brücken zwischen den Polyesterketten wird durch organische Peroxide initiiert, die für den Gebrauch durch Anpasten mit Weichmacher oder Pulverzubereitungen „phlegmatisiert" sind. Die *Warmhärtung* (z. B. mit Benzoylperoxid) springt bei 60–90 °C an.

Zur *Kalthärtung* sind Härter-Beschleunigersysteme erforderlich wie:

A) 1–4% Methylketonperoxid- oder Cyclohexanonperoxid-Paste +0,25–2% Kobaltbeschleuniger (1% Co) oder Cu-Naphthenat/Ketimin-Beschleuniger bei ≥ 18 °C, gut lichtbeständig, weitgehend klebfrei härtend;

B) 2–4% Benzoylperoxidpulver oder 50%ige flüssige Dispersion +1–2% Aminbeschleuniger in 10%iger Lösung, bereits bei 5 °C anspringend.

Härter und Beschleuniger dürfen nie unmittelbar miteinander vermischt werden (Explosionsgefahr!). Mit Beschleuniger versetzte UP-Harze sind längere Zeit haltbar, für Kleinfertigungen werden sie „vorbeschleunigt" geliefert. Den Härter mischt man unmittelbar vor der Verarbeitung dazu, oder man vermischt, insbesondere bei maschineller Dosierung, zwei getrennt mit Beschleuniger und Härter versetzte Harzanteile.

Flüssige UP-Harze sind brennbar in niedriger Gefahrenklasse. Peroxidpaste und Aminbeschleuniger sind ätzend, Peroxide bei unsachgemäßer Handhabung zersetzlich.

Diesbezügliche gewerbeaufsichtliche Schutzvorschriften sind zu beachten, desgleichen diejenigen für die Begrenzung der Styrol-Emission durch zweckmäßige Luftführung am Arbeitsplatz und Abluft-Reinigungsanlagen. Laminierharze für offene Verarbeitung sind auf niedrige Styrol-Emission eingestellt, UP-Harze mit Methacrylaten minimalen Dampfdrucks, die selbst unter Tage verarbeitet werden können, verfügbar, aber teuer. Deckschichtharze für Kalthärtung enthalten Hautbildner (z. B. auswandernde Paraffinzusätze), welche das Harz vor die Aushärtung behinderndem Luftzutritt und vor Styrol-Verdunstung schützen.

Die Kalthärtung mit Peroxid und Beschleuniger ist beim Erstarren des Harzes noch unvollständig (Bild 4.24, S. 452). GF-UP-Formteile, von denen gute Alterungs-, Chemikalien- oder Warmwasserbeständigkeit gefordert wird, oder die lebensmittelrechtlichen Anforderungen genügen sollen, müssen im Anschluß an die Kalthärtung in Heißluft (z. B. 4–5 Stunden bei 80 °C–>100 °C) nachgehärtet werden. Bei späterer Nachhärtung besteht die Gefahr zwischenzeitlicher Zersetzung des Vernetzungs-Systems. Mindestforderung ist ein bis zwei Wochen Trockenlagerung von Formteilen bei ≥ 20 °C vor Ingebrauchnahme. UP-Harz-Estriche und -Beschichtungen sind erst nach einigen Tagen mechanisch und chemisch voll belastbar. Wasser wirkt auch in geringen Mengen polymerisationsverzögernd, Füllstoffe und Pigmente können den Reaktionsablauf beeinflussen.

Vernetzen mit sichtbarem Licht von GF-UP-Laminaten bis 20 mm Dicke, z. B. mit handelsüblichen Leuchtstofflampen, ist durchführbar mit im Dunkeln lagerstabilen Eintopf „VLC"-(Visible Light Curing-)UP-Harzen (Palapreg, DE; Synolite L, NL) mit Lichtsensibilisatoren. Das Verfahren ist bei der kontinuierlichen Fertigung von Laminatbahnen zwischen Deckfolien durch Lichttunnel, beim Vakuum-Injektionsverfahren (S. 83) mit Belichtung durch transparente Oberformen hindurch, im Wickelverfahren mit Lampenfeldern, beim Recycling von Abwasserkanälen mit eingezogenen Lampenketten, für Dachbeschichtungen und zu Reparaturzwecken auch mit Sonnenlicht anwendbar. Die Betriebs-Parameter können unter erheblicher Energieeinsparung gegenüber Peroxid-Heißhärtung so eingestellt werden, daß die Produkte einer Nachhärtung nicht bedürfen. Opake, hoch gefüllte, mit lichtundurchlässigen Carbon- oder Aramidfasern verstärkte Produkte können nicht lichtgehärtet werden.

Harztypen und Eigenschaften:

Standardharze auf Basis von Ortophthalsäure und einfachen Diolen, bei Raumtemperatur beständig gegen Wasser, Salzlösungen, verdünnte Säuren, Kohlenwasserstoffe, unbeständig gegen Chlorkohlenwasserstoffe, viele Lösungsmittel, Laugen, konzentrierte und oxidierende Säuren, Formstandfestigkeit ca. 70 °C;

flammhemmend eingestellte Harze mit bromierten oder hoch chlorierten (Hetsäure) Säurekomponenten und Antimontrioxid, raucharm niederviskose Harze mit speziellem Aluminiumhydroxid Al(OH)$_3$ bis zum Verhältnis 1:1,8 gefüllt;

erhöht korrosionsbeständige Harze, auch für dauernd durch erwärmtes Wasser beanspruchte Feinschichten (Schwimmbecken) geeignet mit guten mechanischen Eigenschaften auf Basis von Iso- oder Terephthalsäure und Neopentylglykol

$$HO-CH_2-\underset{\underset{CH_3}{|}}{\overset{\overset{CH_3}{|}}{C}}-CH_2-OH$$

(durch Oxidation von Propylen) oder ähnlichen Diolen mit Gebrauchstemperaturen bis etwa 80 °C;

hoch hydrolyse- und verseifungsbeständige Harze auf Basis von Bisphenol A, die gegen Wasser und 20%ige Salzsäure bis 100 °C, gegen 70%ige Schwefelsäure, 20%ige Alkalilauge bis 80 °C langzeitbeständig sind, HDT 110–125 °C;

hoch temperaturbeständige HT-UP-Harze in lichtgehärteten (Palapreg LHZ) oder Spritzguß-Formteilen erreichen durch 24 h Nachhärten bei 250 °C Dauertemperaturbeständigkeiten von 180–200 °C.

flexible Harze mit aliphatischen HOOC(CH₂)ₓCOOH Disäure-Anteilen (x = 4 Adipinsäure, x = 7 Azealinsäure) zum Abmischen oder (mit Isocyanat modifiziert), z. B. für schlagfeste Bodenbeläge,

hochtransparent witterungsbeständige Harze mit Methylmethacrylat als Co-Monomeren.

Allgemeines Verhalten

UP-Harze erleiden ungefüllt beim Härten 6–8% Volumenschwindung. Für das Warmpressen gibt es schwindarme (low profile) Zweiphasensysteme, die durch anorganische und/oder flüssige Polymer-Zusätze abgemagert sind (S. 498). Ungefüllt ausgehärtete UP-Harze sind transparent, mit Glasfasern durchscheinend (Angleichung der Brechungsindices durch MMA-Zusätze). Oberhalb 140 °C kann Depolymerisation beginnen, über 400 °C entzünden sich die Gase, nicht schwer entflammbar eingestellte Formstoffe brennen dann weiter. Mineralisch hoch gefüllte Massen sind praktisch nicht entflammbar.

Zur Verarbeitung und Anwendung von UP-Reaktionsharzen s. S. 80 ff., 452 ff., 495 ff., 514 ff. *Eigenschaften* von Erzeugnissen Tafeln 4.61–4.63 (S. 454–458), 4.74 (S. 502/503), 4.76/4.77 (S. 518/519).

Sondereinstellungen

„Hybrid"-Harze (Xycon, US) aus relativ niedermolekularen UP-Harzen mit Hydroxylendgruppen und Diisocyanat in Styrol gelöst, härten zu langkettig vernetzten weich elastomer bis hart und schlagzäh einstellbaren Endprodukten mit Eigenschaftsprofilen aus, die von UP oder PUR allein nicht erreicht werden (z. B. σ_B 80–95 MPa, ε_B 7–12%, $E \geq 3$ GPa, σ_{bB} 142–160 MPa). Die niederviskosen hoch füllbaren Zweikomponentenharze, bei denen jede Komponente den Vernetzungskatalysator für die andere enthält, werden in Injektions-Kaltpreß-(RTM)- oder RIM-Verfahren, durch Pultrusion, zu Gelcoats und Schaumstoffen verarbeitet. Ein Anwendungsbereich von wachsender Bedeutung sind strukturelle Fahrzeug-Bauteile.

Wasseremulgierbare UP-Harze (Filabond, US; WMC, JP; Wist, DE) sind als mit 40–70% Wasserfüllung verarbeitbare Gießharze für holzartige Möbel-Bauteile u. a. angeboten worden.

Beimischen von 3–4% Saran (S. 70) Microspheres zu Bootsbau-Laminatharzen ergibt syntaktischem Schaum ähnliche leichte Verbundstoffe. Da Saran in Styrol löslich ist, müssen die Harze kurze Zeit nach dem Anmischen verarbeitet werden.

Strukturgeschäumte Mattenlaminate, d_R 0,4–0,8 g/m³, werden im Niederdruckverfahren (S. 80) mit stickstoff-abspaltendem Luperfoam(US)-Treibmittel in Verbindung mit speziellen Inhibitor-Beschleunigersystemen gefertigt. Das gleiche System wird beim Faser-Harzspritzen mit zusätzlicher Treibmittelzuführung für mikrocellulare Stützschichten von PMMA-Badewannen gebraucht. Das Bindemittel im UP-Harz-(Legupren-)Leichtbeton (S. 452) ist mit CO_2-abspaltendem Treibmittel auf d_R 0,05–0,2 aufgeschäumt.

4.6.1.6 *Phenacrylat-(PHA-) oder Vinylester-(VE-)Harze*

Handelsnamen: Palatal (DE); Atlac (GB); Diacryl (NL); Corezyn, Corrolite, Derakane, Dion, Hetron (US); Ripoxy, Spilac (JP).

Aufbau und Eigenschaften

Phenacrylatharze – auch Vinylester genannt – sind Reaktionsharze aus Phenyl(en)-Derivaten, z. B. von Bisphenol A-Glycidylethern oder epoxidierten Novolaken (S. 464), mit endständig veresterter Acrylsäure und/oder Methacrylsäure. Gelöst in Styrol (o. ä.), härten sie beim Verarbeiten mit speziellen Peroxid-Cobalt-Amin-Systemen durch Copolymerisation mit dem Lösungsmittel (ähnlich wie UP-Harze) vernetzend aus. Die endständige Vernetzung führt zu schwingungsfesten zäh-harten Produkten (Mindestanforderungen Tafel 4.61b, S. 455) in normaler und flammhemmender Einstellung mit 6–3,5% Bruchdehnung für 100–150 °C Dauergebrauchstemperatur. Mit ihrer hohen Bruchdehnung sind sie für Gelcoats und Deckschichten besonders geeignet. Sie sind beständig gegen 37%ige HCl und 50%ige NaOH, nasses Chlor, Chlordioxid und Hypochlorite in allen Konzentrationen sowie gegen Kohlenwasserstoffe und sauerstoffhaltige organische Medien, die erhöht temperaturbelastbaren Harze auch gegen chlorierte und aromatische Lösungsmittel.

Anwendungen

Im Wickelverfahren (S. 84) gefertigte Groß-GFK-Rohre und -Apparatebauteile, z. B. für Dauerbetrieb bei 110 °C ausgelegt, durch H_2SO_4-, HCl-, HF-haltiges Kondensat beanspruchte selbsttragende Rauchgaswaschtürme bis 9 m Durchmesser und 35 m Höhe mit PHA-Matrix für Chemieschutzschicht (S. 82) und tragendes Laminat. In Entwicklung sind warm rasch härtende Spezialharze zur Verarbeitung mit vorgeformten GF-Verstärkungen im Injektions-Spritzpreß-Verfahren (RTM, S. 84) zu Karosserie- und anderen Fahrzeugbauteilen, welche die hohe Schwingfestigkeit der PHA-Harze nutzen.

4.6.1.7   *Epoxidharze (EP)*

Handelsnamen: Beckopox, Biresin, Blendur, Epoxin, Eurepox, Lekutherm, Rütapox (DE); Eponac, Exatron, Ravepox (IT); Lopox (FR); Epikote, Epon (GB); Epilox (DD); Aicarpox (ES); Epidian (PL); Araldit, Grilonit (CH); Conapoxy, Cyracure, Epiphen, Epocast, Epophen, Epolene, Isochemrez, Stycast (US); Epodite (JP).

Epoxidharz-Chemie

Die Vielfalt der Epoxidharz-Chemie (Tafel 4.64) beruht auf der Fähigkeit der Epoxid-(oder Oxiran-)Gruppe, unter jeweils geeigneten Reaktionsbedingungen durch Katalysatoren gesteuert Verbindungen mit „aktivem" Wasserstoff (Alkohole, Säuren, Amide, Amine) additiv unter Verschiebung des Wasserstoffs zum Epoxid-Sauerstoff so anzulagern, daß primär erneut eine aktive HO-Gruppe im Additionsprodukt entsteht. Diese kann zu weiteren Epoxid-, aber auch anderen Additions-Reaktionen, z. B. mit Isocyanat (S. 468) genutzt werden. Ein „Hybrid"-Harz auf EP-Basis (Blendur E, DE) ist ohne

Tafel 4.64. EP-Chemie

Grund-Additionsreaktion der EP-Chemie

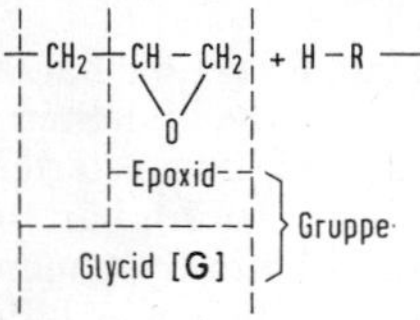

Beispiele von Di-Epoxid-Prepolymeren

(1) Bisphenolglycidether-Typen (s. Tafel 1.5, neben S. 23, Spalten 8, 12, 13)

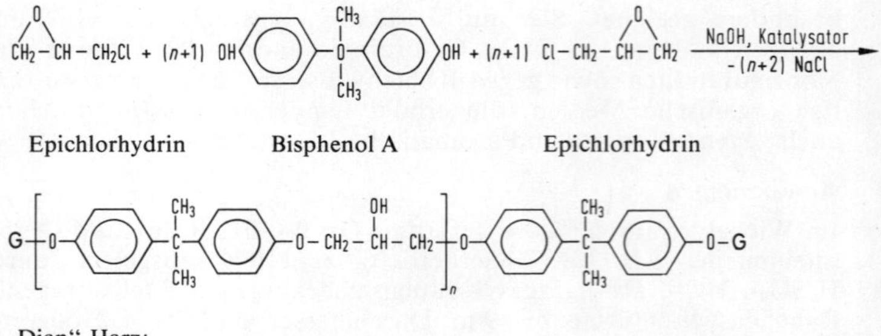

Epichlorhydrin   Bisphenol A   Epichlorhydrin

„Dian"-Harz:
$n = 0$: Bisphenol A-Diglycidether (BADGE), $0 < n < 10$: flüssige oder feste Harze

Varianten: Flammhemmend durch halogeniertes Dian oder andere Bisphenole

(2) Epoxid-(Kresol)-Novolak-Typ

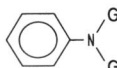

(3) Aliphatische Diglycidether-Typen

$G - O - (CH_2)_n - O - G$ flexible Harze mit z. B. $n = 4$

(4) Diglycidamin-Derivate

Diglycidanilin
(bifunktioneller Verdünner)

Multifunktionell
für HT-Beschichtungsharze

(5) Cycloaliphatische Diglycidester-Typen

Hexahydrophthalsäure-Diglycidester
für lichtbogen- und kriechstromfeste HT-Harze

(6) Cycloaliphatische Typen mit direkt gebundenen EP-Gruppen

3,4-Epoxycyclohexylmethyl-
3,4-Epoxycyclohexancarboxylat

Vinylcyclohexendioxid

Grundstoffe für elektrotechnische Verkapselungs- und Vergußharze

Verlust an Wärmeformbeständigkeit hoch kerbschlagzäh bis zu extrem tiefen Temperaturen.

Mit Epichlorhydrin einerseits, bi- oder multifunktionellen Komponenten andererseits stellt man „Epoxid-Harze" genannte, monomolekulare oder niederpolymere „Diglycidyl"-Verbindungen („G" in den Formeln 1–5, Tafel 4.64) mit endständigen Epoxidgruppen her, mit anderen Aufbaureaktionen baut man solche aber auch z. B. unmittelbar in Vorprodukte z. B. nach Formel 6 ein.

Reaktionsmittel für den Aufbau polymer hochvernetzte EP-Harz-Produkte sind bi- oder multifunktional „aktiven" Wasserstoff enthaltende niedermolekulare Produkte. Da diese nicht, wie z. B. Härter und Beschleuniger für UP-Harze (S. 460) die Vernetzungs-Reaktion des Pre-Polymeren lediglich katalytisch anregen, sondern durch Addition an die Epoxid-Gruppe chemisch in das Makromolekül eingebaut werden, kommt es bei der Epoxidharz-Verarbeitung auf genaue Einhaltung der jeweils erforderlichen Anteile der Vernetzungskomponenten an. Eine zusätzliche Variationsmöglichkeit bietet die Mitverwendung „reaktiver Verdünner" mit nur einer Epoxidgruppe zur Verminderung der Viskosität von Flüssigharzen und Erhöhung der Flexibilität von Formstoffen. Nicht vernetzbare lineare „Phenoxy"-Harze s. S. 360, Anm.

Für die *Kalthärtung* flüssiger Epoxidharze werden vorwiegend flüssige aliphatische Polyamine und Polyamidoamine verwendet, tertiäre Amine dienen als katalytisch wirksame Härtungsbeschleuniger. Für die *Warmhärtung* > 80 °C verwendet man einerseits aromatische Amine oder deren Abkömmlinge, andererseits Anhydride der Phthalsäuren oder verwandter Säuren (Hetsäureanhydrid für schwerentflammbare Laminate), auch in Verbindung mit Beschleuniger. Beste Beständigkeit gegen Chemikalien haben mit aliphatischen, gegen Lösungsmittel mit aromatischen Aminen, beste Witterungs- und Säurebeständigkeit anhydridisch gehärtete Systeme.

Viele Reaktionsmittel, insbesondere Amine, sind ätzende und auch sonst gefährliche Chemikalien, beim Arbeiten mit ihnen sind gewerbeaufsichtliche Vorschriften wie das einschlägige Merkblatt A 6 der Berufsgenossenschaft der chemischen Industrie und die besonderen Anweisungen der Hersteller zu beachten.

Harztypen und Eigenschaften

Für jeweilige Anwendungen spezifisch formulierbare Epoxidharze weisen hohe Haftfestigkeit auf fast allen Werkstoffen, geringen Schwund beim Vernetzen, gute Korrosionsbeständigkeit, Temperaturbeanspruchbarkeit und elektrische Eigenschaften auf. Etwa 50% der Erzeugung wird als lösungsmittelfreie Flüssig- oder (Pulver-) Schmelz-Lacke für den Oberflächenschutz (auch wäßrig als EP-Dispersion) und für konstruktiv belastbare Klebverbindungen eingesetzt, je etwa 20% für Reaktionsharz-Beton und -Klebmörtel (S. 452) und in der Elektro-/Elektronik-Industrie. Schmelzmatrixharze zum Tränken von Carbon- oder Aramidfaser-Strukturwerkstoff-Prepregs (S. 501) für Luft- und Raumfahrt gewinnen zunehmend an Bedeutung. Dafür sind auch Kombinationen von EP-Harzen mit höchst temperaturstandfesten Thermoplasten (Abschn. 4.1.10/11, S. 360–371) z. B. als „Interpenetrating Network" IPN in Entwicklung, die mehrfach zäher als EP sind.

Standardharze sind flüssige bis feste Diglycidylether mit dem chemischen Aufbau nach (1) oder (2) in Tafel 4.64 (S. 464/465), Typen nach (3) sind Flexibilisierharze, die Cycloaliphaten (5), (6) und multifunktionalen Amin-Abkömmlinge (4) braucht man für Hochtemperatur-Elektronik, Klebstoffe, Beschichtungen und Spezial-Verbundwerkstoffe. Sehr widerstandsfähige, auf fast allen Untergründen fest haftende Produkte (Dosenlacke) sind mit UV-Licht schnellhärtende cycloaliphatische Harze (Degacure, DE).

Nach *Anwendungsgebieten* werden Mehrzweckharze, Gieß-, Imprägnier- und Träufelharze für die Elektrotechnik (vgl. S. 453 und Tafel 4.61a, Seite 454), Laminierharze für hoch beanspruchte faserverstärkte Strukturwerkstoffe (s. S. 453/9, Tafel 4.63, S. 458), Werkzeugharze und Harze für den Oberflächenschutz unterschieden. Warmgehärtete Epoxidharzformstoffe mit hochfesten und hochwärmestandfesten Verstärkungsfasern können Langzeitgebrauchstemperaturen bis etwa 240 °C haben, die Temperaturstandfestigkeit normaler, insbesondere kaltgehärteter Epoxidharze ist geringer, aber gut im Verhältnis zu vergleichbaren Produkten. Mit Füllstoffen fast auf Null reduzierbarer Volumenschrumpf, Maßhaltigkeit, Temperaturstandfestigkeit, hohe Härte und Abriebfestigkeit sind Eigenschaften, die gefülltem Epoxidharz verbreitete Anwendung für Meß- und Prüflehren, Kopier- und Arbeitsmodelle, wie auch für Werkzeuge zum Formen von Metallen und Kunststoffen verschafft haben, siehe auch VDI 2007 Epoxidharze im Fertigungsmittelbau. Wegen der Haftung der EP-Harze auf allen Oberflächen muß man immer mit Trennmitteln arbeiten. Die Haftung und die Härtung von EP-Flüssigharzen mit aliphatischen Polyaminen werden durch Feuchtigkeit in der Haftfläche beeinträchtigt. Spezialhärter, insbesondere Polyaminoamidaddukte (Eurelon, DE; Versamide, US, S. 240), sind wasserunempfindlich, so daß damit angesetzte Massen auf feuchtem Untergrund binden, z. T. unter Wasser oder als wäßrige Dispersion verarbeitet werden können.

Für die Anwendung im Bau sind weiter bei tiefen Temperaturen anspringende „Nullgrad"-Härter und maskierte, durch Wassereinwirkung aktivierbare Härter (Ketimide) von Bedeutung. Die reaktionsfähigen Epoxidgruppen können mit vielen anderen Stoffen, z. B. Teerprodukten oder flüssigem Polysulfid-Kautschuk (S. 542), vernetzen. Die allgemein gute chemische Beständigkeit der EP-Harze läßt sich durch die Vernetzungsmittel variieren, besonders gut ist ihre Alkalibeständigkeit.

EP-Schaumstoffe (mit d_R 0,03–0,3 g/cm³) werden aus Pulverharzen mit chemischem, aus Flüssigharzen mit physikalischem Treibmittel unter starkem Rühren hergestellt. Zum Einbetten elektronischer Bauteile werden bis 200 °C zeitstandfeste, in der Tiefseetechnik bis 60 bar druckfeste, auch als elastische Werkzeugharze brauchbare „syntaktische" EP-Harzschäume (S. 77, Dosey, US) angewandt.

Zur *Verarbeitung und Anwendung* von EP-Harz-Formmassen s. S. 500ff., von technischen Halbzeugen S. 504ff., *Eigenschaftstafeln* 4.61a (S. 454), 4.63 (S. 458), 4.74 (S. 502/503), 4.76/4.77 (S. 518/519).

4.6.1.8 *Spezial-Gießharze*

1. *Allylester*

Diethylenglycol-bis-allylcarbonat Monomer (Handelsname CR 39, US) mit Peroxid-Katalysator gehärtet ist ein hochtransparentes, schlagzähes, kratz- und abriebfestes Gießharz für leichte Augengläser. Diallylphthalat/isophthalat-Formmassen s. S. 503.

2. *Vernetzbare Kohlenwasserstoffharze* (Buton) weisen im HF-Bereich die günstigsten dielektrischen Werte auf und sind deshalb für die Mikrowellentechnik (Radar, 10^9 Hz) wichtig. Ähnlich verhalten sich MMA-Gießharze (s. Seite 232), allerdings nehmen deren dielektrischen Verluste beim zweitägigen *Kochversuch* in Seewasser merklich zu.

Ricon (US) Copolymere sind Flüssigharze, die 1,2-Vinylstrukturen und 1,2/1,4-Butadien enthalten. Sie werden mit Peroxid-Katalysatoren vernetzt.

„Bisdien"-Harze aus Cyklopentadienyl-Na und aliphatischem Dihalogenid sind Kohlenwasserstoffharze mit außergewöhnlichen dielektrischen Werten bis 200 °C. Sie dienen als Basismaterial für gedruckte Schaltungen.

3. *Dicyclopentadien,* ein niederviskos flüssiges Monomer, kann „metathetisch", d. h. durch Umlagerung innerer Ring-Doppelbindungen, zu einem olefinischen Duroplasten polymerisiert werden. Im Metton (US)-RIM-Verfahren werden den Monomer-Komponenten einerseits ein Metathen-Katalysator, andererseits Aktivator und Inhibitor zugesetzt. Nach Vermischen in der eingestellten Latenzzeit polymerisiert das Gemisch in wenigen Sekunden aus dem Werkzeug entnehmbar. Die mechanischen Werte (E_b 1,9 GPa, σ_{bB} 62 MPa, σ_B 34 MPa) und die Zeitstandfestigkeit auch bei erhöhten Temperaturen (HDT 85 °C, GT 95 °C) können durch GF oder andere verstärkende Zuschläge verbessert werden. Anwendung des hydrophoben, aber gut lackierbaren, bis ca. − 30 °C schlagzähen Materials: Großteile (≥ 2,3 kg), für Spezial-Fahrzeugbau, Sportgeräte.

4.6.1.9 *Polyurethane (PUR): Vorprodukte und Erzeugnisse*

Handelsnamen der Vorproduktgruppen

Di- bzw. Polyisocyanat-„Harze": Desmodur, Elastonat, Lupranat, Systanat (DE), Tedimon (IT), Scuranat (FR), Suprasec (GB), Hylene, Isonate(-Papi), Multrathane, Nacconate, Nafil (US), Sumidur (JP), Elate (NL)

Polyole: Desmophen, Lupranol, Lupraphen (DE), Glendion (IT), Napiol, Scuranol (FR), Caradol, Daltolac, Daltorez, Diorez, Estolan, Propylan, Arcol, Arimax, Polyurax (GB), Armol (NL), Bermodol (SE), Isonol, Multranol, Multron, Niax Polyol, Pluracol, Quadrol, Thanol, Voranol (US), Sumiphen (JP).

1. Polyisocyanat-Chemie

Die Vielfalt der Polyisocyanat-Chemie beruht darauf, daß die charakteristischen Isocyanatgruppen, die allen Di- und Polyisocyanaten gemein sind (s. Tafel 4.65, S. 470), eine Reihe von unterschiedlichen Additionsreaktionen eingehen können (Tafel 4.66, S. 472/473). Besonders wichtig ist die Reaktion mit Verbindungen, die aktive Wasserstoff-Funktionen besitzen, wie z. B. Hydroxyl-, primäre und sekundäre Amin- oder Carboxylgruppen (Tafel 4,66, 1, 2, 4). Auch die Reaktion mit Wasser gehört zu diesem Reaktionstyp (Tafel 4.66, 3). Mit diesen Reaktionen werden lineare, verzweigte oder auch vernetzte Polymerstrukturen aufgebaut.

Die aus den o. a. Reaktionen resultierenden Produkte können mit überschüssigem Isocyanat weiterreagieren (Tafel 4.66, 5–7), was zu weiterer Kettenverzweigung führt. Schließlich reagieren Isocyanatgruppen auch miteinander (Tafel 4.66, 8–10) oder mit anderen reaktiven Doppelbindungs- oder gespannten Ringstrukturen wie z. B. Epoxiden (Tafel 4.66, 11).

Die Fähigkeit der Isocyanate, stufenweise abzureagieren, hat sich in der Praxis als sehr vorteilhaft erwiesen. So können lagerstabile Zwischenprodukte aufgebaut werden, indem ein mehr oder weniger hoher Anteil an Isocyanatgruppen in einer Vorreaktion mit z. B. Polyolen, Aminen oder mit anderen oben aufgeführten Reaktionspartnern umgesetzt wird. Dadurch können günstigere Bedingungen für die weitere Reaktion zur Hochpolymerbildung geschaffen werden, z. B. flüssige Konsistenz, abgestufte Reaktivität u. ä., oder auch die Voraussetzungen zum Erlangen gewisser Eigenschaften des Polymeren. Diese Vorprodukte werden als Prepolymere (Equivalenzgewichtsverhältnis Isocyanat zu Reaktionspartner 2:1) oder als Semiprepolymere (Verhältnis > 2:1) bezeichnet.

Haupt-Reaktionspartner für die Di- bzw. Polyisocyanatkomponente für die Polyurethan-Bildung sind die Di- bzw. Polyole. Sie werden eingeteilt in:

1) *Polyetherpolyole,* in denen an einen Initiator (mehrwertige Alkohole) Ketten mit Hilfe von Ethylenoxid (EOX, s. a. S. 245) oder Propylenoxid (POX) angelagert sind. An die bis zu großen Kettenlängen flüssigen POX-Polyole können zur Erhöhung ihrer Reaktivität EOX-Endglieder anpolymerisiert werden. Gebraucht werden je nach erforderlicher Vernetzungsdichte und Reaktivität u. a.:

für elastomere Vergußharze und Beschichtungen:
langkettige Polyole (Molmasse 2000–6000), gestartet auf Propylenglycol und auf Triolen (2- oder 3-funktionell);

für Hartschaum:
sehr eng vernetzende Polyole (Molmasse 300–1000), gestartet auf Triolen, Ethylendiaminen, Sorbit (3- bis 6-funktionell);

für halbharten und „Kalt"-Weichformschaum:
langkettige 2- und 3-funktionelle, kombiniert mit kurzkettigen 4-funktionellen Polyolen;

für weichen Blockschaum und „Warm"-Formschaum:
überwiegend langkettige di- und trifunktionelle Polyole, gestartet auf Propylenglycol, Glycerin oder Trimethylolpropan.

Tafel 4.65. Wichtige Di- und Polyisocyanate

1. TDI

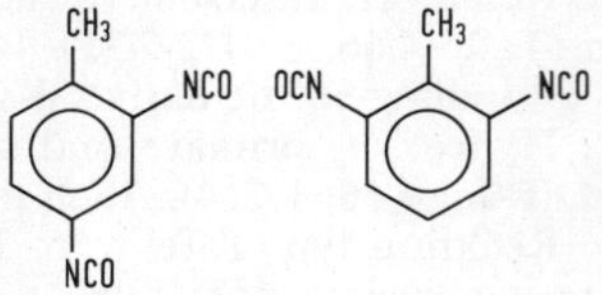

Toluylen-2,4-diisocyanat + Toluylen-2,6-diiso-
cyanat
80% + 20% = TDI 80/20
65% + 35% = TDI 65/35

3. NDI

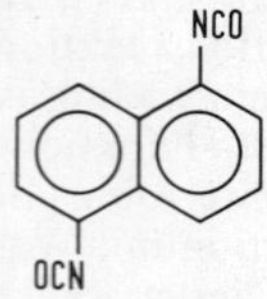

Naphtylen-
1,5-diisocyanat

2. MDI

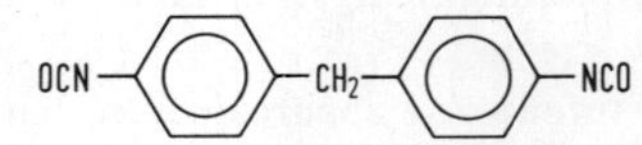

MDI rein monomer

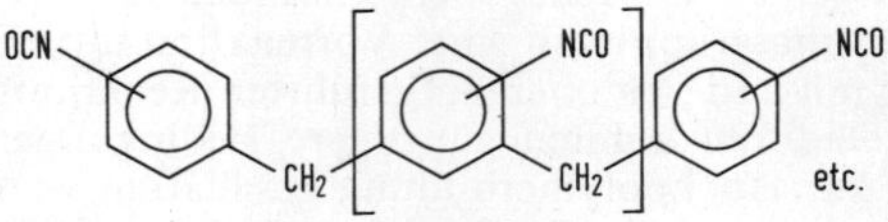

MDI roh polymer

etc.

Diphenylmethan-4,4'-diisocyanate

4. IPDI

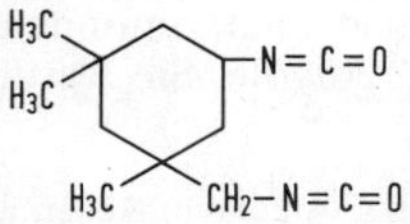

Isophorondiisocyanat

5. HDJ

$O = C = N - (CH_2)_6 - N = C = 0$

Hexan-1,6-diisocyanat

6.

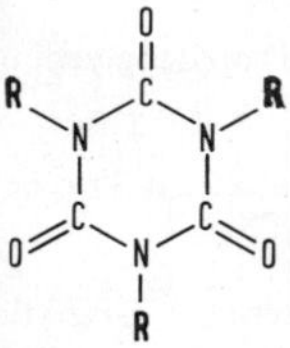

Isocyanurat-
Triisocyanat

7.

$R - N = C = N - R$

Carbodiimid-Diisocyanat

R in 6 und 7

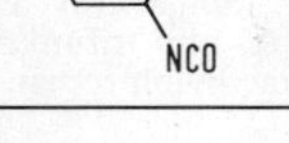

oder ähnliche

2) *Polyesterpolyole,* z. B. aus Adipinsäure und Glykolen oder Glycerin, werden für bestimmte Weichschäume und massive wie geschäumte Elastomere verwendet. Sie sind teurer als Polyetherpolyole, ergeben besser ölbeständige, aber weniger hydrolysebeständige Produkte, die Weichschäume besitzen geringere Rückstellelastizität als diejenigen auf Polyetherbasis.

Aromatische Polyesterpolyole auf Basis von Phthalsäureanhydrid oder aus der Aufarbeitung von PET-Rücklauf (S. 356, Terate, US) und PC-Diol (Duracarb, US) werden für harte Produkte gebraucht.

3) *Sonstige Polyole,* z. B. Polycaprolactone (S. 346), Polybutadiendiol (S. 541) für Fugenmassen, Pentaerythrit, Glykosid, Sucrose (die letzten drei 4- bis 5-funktionell) u. ä. pflanzliche Produkte, Rizinusöl (als Flexibilisator).

Di- und Polyamine führen zur Bildung von Polyharnstoffstrukturen:

1) Langkettige Polyetherpolyamine für die „Polyurea"-Polymerketten.
2) Kurzkettige aromatische Diamine (z. B. DETDA Diethyltoluylendiamin) als Kettenverlängerer und Vernetzer.

Hilfsstoffe und Additive für die Polyurethanherstellung sind:

1) Katalysatoren für die Polyadditionsreaktion: Organometallverbindungen wie Dibutylzinnlaurat. Auch für „autokatalytische" Polyole.
2) Katalysatoren für das Vernetzen und Schäumen: tertiäre Amine, kombiniert mit 1 oder allein (Triethylendiamin DABCO).
3) Wasser und/oder physikalische Treibmittel (s. S. 473 und 70).
4) Schaumstabilisatoren: Polysiloxan-Derivate.
5) Flammschutzmittel: flüssige organische Phosphor- und Halogen-Verbindungen, auch halogenierte Polyetherpolyole (Ixole mit ca. 32% Br-Gehalt).
6) Sonstige Zusätze: UV-Absorber, Farbpasten, Feuchtigkeitsbinder, Füllstoffe.

Die Polyurethanbildungs-Additionen (Tafel 4.66, S. 472, 1) zwischen überwiegend bifunktionell aktiven Komponenten führen zu mehr oder weniger langen linearen, allenfalls verzweigten Kettenmolekülen. Die Primärreaktionsprodukte enthalten –NH–Gruppen mit akti-

---

1. TDI muß wegen seines hohen Dampfdrucks und niedrigen MAK-Wertes von 0,02 ppm in entsprechend ausgelegten Industrie-Betrieben verarbeitet werden. Das 4-NCO im 2,4-Isomer reagiert 8mal schneller als das 2-NCO, die NCO-Gruppen des 2,6-TDI mit mittlerer Geschwindigkeit. Dadurch ist TDI gut geeignet zum Aufbau von Prepolymeren mit Rest-NCO-Gruppen und entspr. Addukten für Lacke und Klebstoffe. Hauptanwendungsgebiet: Weich-Schaumstoffe.

2. 4,4'-MDI mit gleicher Reaktionsfähigkeit beider NCO-Gruppen wird eingesetzt z. B. für (Zell-)Elastomeren, (integrale) Hart- und Weichschäume. 4,4'-MDI ist bei RT kristallin. Zur Erleichterung der Verarbeitbarkeit wird der Schmelzpunkt durch MDI-Isomere, Prepolymere und/oder andere Modifizierungen so weit erniedrigt, daß diese Polyisocyanatgemische bei Verarbeitungstemperatur flüssig sind. Die flüssigen MDI haben minimalen Dampfdruck, sie sind vor Ort gefahrlos handhabbar.

3. Das hoch reaktive NDI wird für Gieß-Elastomere des Vulkollan-Typs verwendet (Tafel 4.68, S. 478).

4. und 5. Cycloaliphatische (IPDI) und aliphatische (HDI) Diisocyanate und ihre Abkömmlinge für licht- und wetterbeständige Produkte, wenig toxisch. Die unterschiedliche Reaktivität der beiden NCO-Gruppen des IPDI wird für den Aufbau von Prepolymeren genutzt. Hauptanwendungen: Außen-Anstriche und -Beschichtungen, z. B. farbige Sportbeläge. IPDI für Elektrogießharze s. Tafel 4.68, S. 478.

6. und 7. Grundstruktur tri- und dimerisierter Isocyanate (s. Tafel 4.66, S. 472/473, 8–10).

Tafel 4.66. Additionsreaktionen der Isocyanatgruppe

---

1. Isocyanat + Hydroxyl → Urethan

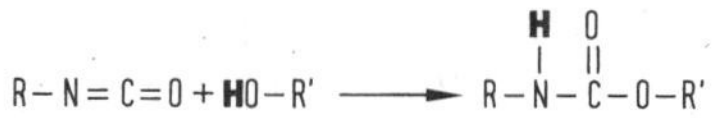

$$R-N=C=0 + \mathbf{H}0-R' \longrightarrow R-N-\overset{\overset{H}{|}}{\underset{}{}}\overset{O}{\overset{||}{C}}-0-R'$$

---

2. Amin + Isocyanat → substituierter Harnstoff

$$R'-N\mathbf{H} + 0=C=N-R \longrightarrow R'-N-C-N-R$$
$$\underset{H(\text{od } R'')}{|} \qquad \underset{H(\text{od }R'')}{|}\ \underset{0}{||}\ \underset{\mathbf{H}}{|}$$

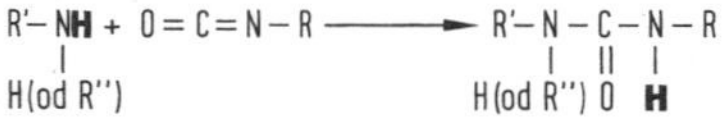

3. Isocyanat + Wasser-(Carbaminsäure) → Amin + CO_2

$$R-N=C=0 + \mathbf{H}0H \longrightarrow R-N-C-0H \longrightarrow R-N-H + CO_2\nearrow$$

---

4. Isocyanat + Carboxyl → Amid + CO_2

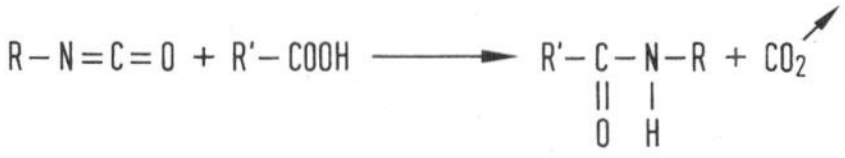

$$R-N=C=0 + R'-C00H \longrightarrow R'-C-N-R + CO_2 \nearrow$$
$$\underset{0}{||}\ \underset{H}{|}$$

---

5. Urethan (aus 1) + Isocyanat → Allophanat

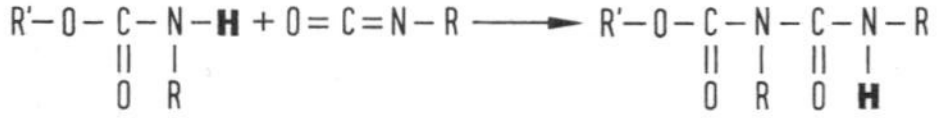

$$R'-0-C-N-\mathbf{H} + 0=C=N-R \longrightarrow R'-0-C-N-C-N-R$$
$$\underset{0}{||}\ \underset{R}{|} \qquad\qquad \underset{0}{||}\ \underset{R}{|}\ \underset{0}{||}\ \underset{\mathbf{H}}{|}$$

---

6. Substituierter Harnstoff (aus 2) + Isocyanat → Biuret

$$R'-NH-C-N\mathbf{H} + 0=C=N-R \longrightarrow R'-NH-C-N-C-N-R$$
$$\underset{0}{||}\ \underset{R}{|} \qquad\qquad \underset{0}{||}\ \underset{R}{|}\ \underset{0}{||}\ \underset{\mathbf{H}}{|}$$

---

7. Amid (aus 4) + Isocyanat → Acylharnstoff

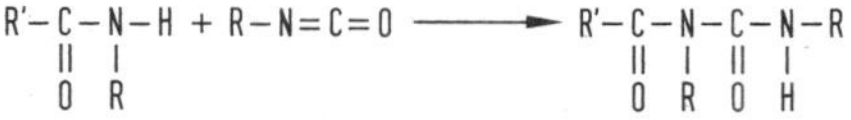

$$R'-C-N-H + R-N=C=0 \longrightarrow R'-C-N-C-N-R$$
$$\underset{0}{||}\ \underset{R}{|} \qquad\qquad \underset{0}{||}\ \underset{R}{|}\ \underset{0}{||}\ \underset{H}{|}$$

---

8. 3 Isocyanate → Isocyanurat

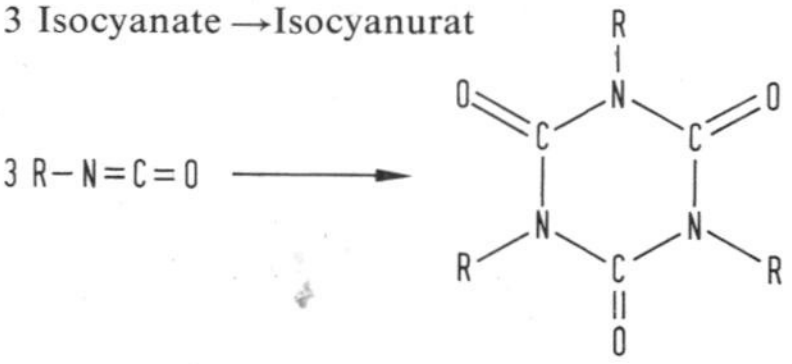

$$3\ R-N=C=0 \longrightarrow$$

9. 2 Isocyanate → Uretdion

$$2\ R-N=C=O \longrightarrow R-N\underset{\underset{O}{\overset{\displaystyle C}{||}}}{\overset{\overset{O}{\overset{\displaystyle C}{||}}}{\diagup\diagdown}}N-R$$

10. 2 Isocyanate → Carbodiimid + CO_2

$$2\ R-N=C=O \longrightarrow R-N=C=N-R + CO_2$$

$$+ R-N=C=O$$

$$+ R-N=C=O$$

$$R-N=C\underset{\underset{R}{\overset{\displaystyle N}{|}}}{\overset{\overset{R}{\overset{\displaystyle N}{|}}}{\diagup\diagdown}}C=O$$

11. Isocyanat + Epoxid → Oxazolidon

$$R-N=C=O + R'-CH\underset{O}{\diagdown}CH_2 \longrightarrow R-N\diagdown\diagdown C=O$$

$$H_2C\diagdown\underset{\underset{R'}{\overset{\displaystyle CH}{|}}}{}C$$

Alle Reaktionen werden durch besondere Katalysatoren und Reaktionsbedingungen z. T. sehr selektiv beschleunigt.

vem Wasserstoff, deren weitere Reaktionen mit überschüssigem Isocyanat (Tafel 4.66, Reaktionsart 5) zur Endvernetzung der Erzeugnisse beitragen.

Die mit Wasser als Reaktionspartner zunächst entstehende Carbaminsäure zerfällt spontan unter Abspaltung von gasförmigem CO_2 (Tafel 4.66, Reaktion 3). Bei der Herstellung massiver PUR muß deshalb völlig trocken gearbeitet werden, andererseits dient Wasser als (anteiliges) Treibmittel für zellige und geschäumte Produkte.

Polyisocyanurate (PIR) aus Di- oder Polyisocyanaten allein sind sehr steif und spröde. Wenn man in Reaktionsgemischen aus Polyolen und Diisocyanaten die letzteren im zunehmenden Überschuß anwendet, kann man zu Polyurethanen mit z. T. hohen Anteilen an Isocyanurat-Strukturen (PIR) gelangen, die weniger spröde, aber immer noch sehr wärmestabil sind.

Zur Erzeugung vernetzter Copolymere mit einander durchdringenden Makromolekülnetzen (IPN's = Interpenetrating Networks, SIN = Simultaneous Interpenetrating Network) setzt man jeweiligen Komponenten für vernetzende Polyurethane andersartig reagierende Monomere, z. B. einer Komponente Styrol oder Methacrylat, der anderen Polymerisationskatalysatoren oder zu andersartigen Vernetzungen führende Vorprodukte wie ungesättigte Polyester, Epoxidharze oder Silicone (S. 544) zu. Man erreicht so gleichzeitige Optimierung mehrerer technischer Eigenschaften, wie Härte, Biegefestigkeit und Schlagzähigkeit oder sehr hohe Temperaturbeständigkeit und -standfestigkeit (Beispiele in Tafel 4.68, S. 478). Produkt-Kombinationen von (Meth)acrylaten mit PUR (Modar, Acrylamate) gewinnen für RIM und RTM (S. 84), Pultrusion, mit aliphatischen PUR als peroxidhärtbare Bindemittel (Crestomer) Bedeutung. Typenreihen mit elastomeren bis hoch steiffesten Eigenschaftsprofilen entstehen aus kurzkettigen ungesättigten Ortho-Phthalsäureestern mit Hydroxylendgruppen, deren Moleküle mit Diisocyanaten verlängert und danach mit Styrol vernetzt werden.

Allgemein physikalisch-chemische Eigenschaften vernetzter PUR-Erzeugnisse sind: Ihr im einzelnen sehr unterschiedliches mechanisches Verhalten bleibt über große Temperaturbereiche wenig verändert, die oberen Gebrauchsgrenzen liegen bei 80–> 120 °C. PUR-Erzeugnisse können im Licht nachdunkeln, ihre sonstige Witterungsbeständigkeit, die Beständigkeit gegen Oberflächen- und Meerwasser, biologische Verunreinigungen, Desinfektionsmittel (außer Phenolen), Waschmittellösungen, Treibstoffe und Schmieröle ist – je nach eingesetzten Ausgangsstoffen – ausreichend bis gut. Gegen die hydrolisierende Wirkung von heißem Wasser und Naßdampf, Alkalien und Säuren sind PUR auf Basis Polyetherpolyole gut, auf Basis Polyesterpolyole bedingt beständig. Gründlich vernetzte PUR sind physiologisch unbedenklich, sie sind für medizinische Geräte und für die Lebensmitteltechnik bei Einhaltung der entsprechenden Empfehlungen des Bundesgesundheitsamtes einsetzbar. Für den Bau- und Verkehrssektor werden flammhemmend eingestellte Rohstoffsysteme verarbeitet.

2. Verarbeitung und Anwendung, Produkt-Systeme

Für die Herstellung von PUR-Formstoff jeder Art müssen jeweils mehrere, meist unterschiedlich viskose und zum Teil hoch reaktive flüssige Vorprodukte zur Polymerbildungsreaktion zusammengeführt werden. In der industriellen Massenfertigung braucht man weitgehend automatisierte *Fertigungsstraßen mit Gieß- oder Spritzanlagen,* die bis zu neun Förderströme als Reaktionsgemisch nach wechselnden Rezepturen exakt temperiert und dosiert über Hoch- und Niederdruck-Mischköpfe taktweise oder kontinuierlich fördern (S. 74 ff.). Produktsysteme, in denen Verarbeitungshilfsstoffe Diisocyanat- und/oder Polyol- (und Polyamin-)Komponenten jeweils anteilig zugemischt sind oder Prepolymere verwendet werden, ermöglichen, daß die Anzahl der PUR-Reaktionsprodukte auf zwei bis maximal drei Komponenten begrenzt wird. Nach maschineller Vermischung wird das Reaktionsgemisch vergossen, verspritzt, versprüht oder anderweitig verarbeitet.

Hoch differenzierte Vorschäum-("Frothing") und Schäumtechniken vervielfältigen die breiten Anwendungsbereiche harter und elastomerer PUR-Erzeugnisse. Auch die folgende Beschreibung von PUR-Systemen mit der Unterteilung in RIM-Systeme (2.1–2.3, zum Verfahren s. S. 77), Gieß- und Bindemittelharze (2.4, 2.5), harte und weiche Block- und Formschäume (2.6, 2.7) kann nur einen allgemeinen Überblick über einige Anwendungsbereiche geben. Zu diesen gehören weiter z.B. Lacke, Klebstoffe, auch als wäßrige Dispersionen, und Systeme, die nach Verfahren der Gummiindustrie verarbeitet werden. Thermoplastische Polyurethane (TPU) s. S. 344.

2.1 Halbharte RIM-Großteile

Die Automobilindustrie benötigt, sowohl der Gewichtseinsparung als auch der äußeren und inneren Sicherheit wegen, leichte „soft face" Karosserie-, Front- und Heckteile, selbsttragende Stoßstangen, Stoßstangenüberzüge und Spoiler, gepolsterte Steuerräder und Armaturenbretter usw., die im Temperaturbereich von $-30\,°C$ bis $+65\,°C$ Stoßverformungen abdämpfen. Diese Anforderungen werden von halbharten PUR-RIM-Großteilen, besser noch Polyurea-Systemen (S. 471) erfüllt. Abhängig von der Produkt-Formulierung und Formteilgeometrie werden Formstandzeiten von 20–120 s erreicht. Da die Injektionsdrücke nur bei ca. 10–15 bar liegen, sind die Formwerkzeuge für Großteile leichter und weniger kostspielig als z.B. für entsprechende thermoplastische Spritzgußteile. PUR-RIM ermöglicht freizügige Konstruktion, einschließlich der Integration funktioneller Elemente. Die Karosserieteile können nach Entfernung von Trennmitteln von der Oberfläche durch eine Dampfphasenentfettung in jeder gewünschten Farbe mit lichtstabilen PUR-Lacken beschichtet werden. Durch Einbau innerer Trennmittel (IMR-Formulierungen) leicht entformbar eingestellte PUR-RRIM-Systeme erbringen 40% erhöhte Produktionsgeschwindigkeit. Beim IMC (= Inmould-Coating)-Verfahren wird die Lackschicht in das mit Trennmittel eingesprühte Formwerkzeug, beim IMP eine selbsttrennende Primerschicht aufgetragen. PUR-Systeme auf Basis von IPDI oder HDJ (Tafel 4.65, S. 470, Nr. 4 u. 5) sind lichtecht und eignen sich somit für eine Direkteinfärbung.

Allgemeine Eigenschaften der halbsteifen bis halbflexiblen Teile im Dichtebereich von 1,0–1,3 g/cm³ s. Tafel 4.67. Für spezielle Anforderungen werden die im Inneren mikroporösen Teile gefüllt oder verstärkt mit Kreide, Aluminiumoxidtrihydrat, Baryt, Glimmer, speziellen geschnittenen oder gemahlenen Glasfasern. Diese RRIM (Reinforced Reaction Injection Molding)-Technik (S. 77) erfordert spezielle Maßnahmen für die Einarbeitung solcher Additive, meistens zur Polyolkomponente, ohne daß eine unzuträgliche Viskositätserhöhung stattfindet. Die Verarbeitungsmaschinen müssen hochabriebfest ausgerüstet sein.

Eine Verfahrensvariante ist das Spritzgießen von Einkomponenten-Prepolymermassen mit heiß anspringendem dispergierten Kettenverlängerer-Vernetzer (Hydrochinon-Dihydroxyethylether) auf Schnekkenkolben-Spritzgießmaschinen.

2.2 Harte Integralschaum-RIM-Systeme

Harter PUR-Integralschaum von etwa 0,4–0,7 g/cm³ Dichte mit massiver Außenhaut und einer Dichteverteilung im geschäumten Kern entsprechend Bild 3.6 (S. 69) für mittlere Dichte 0,65 ist im Eigenschaftsbild holzähnlich, einzelne Eigenschaften sind je nach Anwendungsanforderungen einstellbar (Tafel 4.67). PUR Hart-Integralschaum wird im RIM-Verfahren verarbeitet für relativ große, dickwandige Geräte-Zubehörteile wie tischgroße Abdeckungen von Arbeitsplätzen und Gehäuse von Schnelldruckern der Datentechnik, Mikrofilm-Lesegeräte, Fernseh- und Monitoren-Geräterahmen, Büromöbel-Bauteile. Im Bauwesen dient er für wärmegedämmte Flachdach-Gullys, Lichtkuppel-Aufsatzkränze, mit Metalleinlagen verstärkt für Fensterrahmen. Die in Serienfertigung freizügig, auch mit eingeschäumten Krafteinleitungs- oder Funktionselementen zu gestaltenden Teile werden vorbehandelt (z. B. entfettet, geschliffen u. ä.) und lackiert.

Für Auto-Innenausstattung – Türverkleidungen, Schaltkonsolen usw. – werden dekorative Deckschichten aus Kunststoff-Folien oder Textilien mit Integralschaumstoff hinterfüllt. Sehr leichte Formteile

Tafel 4.67. Beispielwerte für Strukturschaum-PUR-Systeme

Eigenschaften	Einheit	Flexible (mikroporöse) Systeme für		Harter Integral-schaum[3])
		RIM[1])	RRIM[2])	
Dichte	g/cm³	1,0–1,1	1,23	0,11–0,7
Shore-Härte	D	35–67	65	60–80
Zugfestigkeit	N/mm²	14–30	25/24[4])	8–24
Bruchdehnung	%	250–140	65/160[4])	50–8
Biegemodul bei $-30\,^\circ$C	N/mm²	290–1300	3270[5])	
$20\,^\circ$C	N/mm²	55–700	1750[5])	500–1400
$60/65\,^\circ$C	N/mm²	39–350	1210[5])	–
$E_{-30\,^\circ C}/E_{+65\,^\circ C}$	–	7,4–4,0	2,7	–
Schlagzähigkeit bei $20\,^\circ$C	kJ/m²	o.B.	> 75/ > 55[4])	7–60
$-30\,^\circ$C	kJ/m²	o.B.–61	40/ > 60[4])	6–21[6])
Wärmeformbeständigkeit Sag-Test[8]) bei $120\,^\circ$C	°C	–	–	70–125[7])
$160\,^\circ$C	mm	10–2,5		–
	mm	–	1/3,5[4])	–
Therm. Längenausdehnungskoeffizient	$10^{-5}/K^{-1}$	~ 18	4/15[4])	7,4–8,6

[1]) Isonol RMA-Systeme. [2]) Bayflex GR 110/50, 20% gemahlene GF. [3]) Baydur/Desmodur Systeme. [4]) längs/quer zur Spritzrichtung. [5]) Dynamischer E-Modul (DIN 53513), längs. [6]) Bei $-20\,^\circ$C. [7]) Biegebalkenverfahren, DIN 53432. [8]) Biegebalken 100 mm.

($d \leqslant 0,2$ g/cm^3) gebraucht man für Antikholz ähnliche Innendekorationen.

2.3 Halbharte Integralschaum-RIM-Systeme

Halbharte Integralschaum-Teile, meist mit Dichten von 0,2–0,6 g/cm^3, haben eine zäh, lederartige abriebfeste Haut. Anwendungen solcher RIM-Teile sind Sicherheitspolsterungen z. B. innerer Skischuhe, in Arbeits- oder militärischem Schuhwerk, als angeformte oder separat hergestellte Schuhsohlen, in der Automobil-Innenausstattung und als Treppenhandläufe. Offenzellige, wassergetriebene halbharte Integralschaumstoffe (z. B. Bayfill EA, $d \sim 0,1$ g/m^3) mit nur geringer Deckschichtausbildung werden zum Hinterschäumen von in Stützformen gelegten ABS- oder PVC-Folien für Stoßschutz- und Polsterteile oder für den Fahrzeugbau für normgerechte Stoßfänger und Innenraum-Sicherheitsteile benutzt.

2.4 PUR-Gießharze

Alle PUR-Systeme für Zwei- oder Dreikomponenten-Reaktionsguß müssen ein Wasser absorbierendes Additiv (in der Regel Zeolith-Paste) enthalten, um unzuträgliche Porosität zu verhüten, die durch die Reaktion zwischen Isocyanaten und Feuchtigkeitsspuren (3 in Tafel 4.66, S. 472) verursacht wird. Tafel 4.61 (S. 454/455) gibt Eigenschaftsgrenzwerte für Gießharztypen nach DIN 16946. Wichtig sind folgende Arten von Gießharz-Systemen:

2.4.1 *Verkapselungs-Harze* für hoch beanspruchtes elektrotechnisches Material wie Kabelendverschlüsse, Stromwandler, Transformatoren, Zündspulen, Hochspannungskaskaden sind Typen auf Basis verschiedener Polyether-Polyole und MDI in dem weiten Bereich von Shore-Härten D 19–86, entsprechend Glasübergangstemperatur zwischen -21 °C und $+130$ °C. Typen auf Basis von cycloaliphatischen Isocyanaten, auch hoch temperaturstandfeste Hybrid-Systeme (S. 462) für Freileitungs-Hochspannungsisolation erreichen höchste Steifigkeit, Temperatur- und Wetterbeständigkeit und elektrische Werte (Tafel 4.68, S. 478). Solche Gießharze müssen etwa 16 Stunden bei erhöhten Temperaturen bis zu 160 °C nachgehärtet werden.

2.4.2 *Elastomer-Gießharze* für Heiß-Verguß nach dem „Vulkollan"-Prinzip sind Drei-Komponenten-Systeme. Sie bestehen aus langkettigen Adipinesterdiolen, die vor dem Guß durch Erhitzen unter Vakuum im Gießkessel völlig entgast und entwässert werden müssen, dem sehr reaktiven NDI (MP 128 °C, s. Tafel 4.65, 3, S. 470), das im Überschuß zugefügt langkettige, aber nicht stabile Zwischenprodukte bildet, und schließlich einem zuletzt zugefügten kleinen Anteil eines einfachen Glykols oder eines ähnlichen kettenverlängernden und – durch Reaktion 4 oder 5, Tafel 4.66, S. 472 – vernetzenden Mittels. Die Vernetzung beginnt unmittelbar beim Guß, die Produkte werden aber nach der Entformung bei 80–140 °C für volles Aushärten nachgeheizt. Dieser Typ stramm gummielastischer Elasto-

Tafel 4.68. Harte und weiche Erzeugnisse aus PUR-Gießharz

Eigenschaften	Einheit	Harte Gießharze		Elastomeres „Vulkollan"-3-Komponenten-System
		Cycloaliphatisches IPDI-System	MDI-Styrol-EP-Misch-System[1)2)]	
Dichte	g/cm³		1,1/1,7	1,26
Zugfestigkeit	N/mm²	87	54/77	25–39
Bruchdehnung	%	4	–	600–300
Biegefestigkeit	N/mm²	170	95/106	–
Elastizitätsmodul	kN/mm²	–	3,2/5,4	≤ 0,6[3)]
Rückprallelastizität[4)]	%	–	–	50–35
Schlagzähigkeit	kJ/m²	25	12,5/6,6	–
Kugeleindruckhärte	N/mm²	226	227/533	–
Shore-Härte A	Grade	–	–	65–99
Glasübergangstemperatur	°C	150	300	~ – 40[3)]
Formbeständigkeit (Martens)	°C	133	208/250	–
Wärmeleitfähigkeit	W/mK	0,20	0,17/0,76	0,29
Therm. Längenausdehnungskoeff.	$10^{-5} \cdot K^{-1}$	7,9	6,7/3,4	–

[1)] Baymidur/Baygal. [2)] ungefüllt/2:1 Gew.T. Silika-gefüllt. [3)] Verformung unter Last nahezu konstant bis 100 °C. [4)] nach DIN 53 512.

merer mit weitem Gebrauchstemperaturbereich (Tafel 4.68) ist extrem verschleißfest und beständig gegen Schmiermittel, viele Lösungsmittel und Bewitterung. Anwendungsgebiete sind Schwerlast-Massivreifen (z. B. für Gabelstapler), Gleitrollen für Aufzüge, verschiedene Arten Kupplungselemente. Zellige Elastomere dieses Typs mit Dichten von 0,25–0,65 g/cm³ werden hergestellt unter Zugabe abgemessener Mengen von Wasser. Aufgrund ihrer zelligen Struktur sind sie kompressibel ohne Seitenverformung und zeigen ein sehr günstiges Dämpfungs- und Rückprallverhalten. Sie werden für Schlag-Puffer und vibrations- und schalldämpfende Elemente im Bauwesen, für Maschinengründungen wie auch für Eisenbahnbrükken und U-Bahn-Linien verwandt. Im europäischen Fahrzeugbau wird zelliges PUR mit seiner progressiven Federcharakteristik für CAD-Verbundfedern verwandt (Cellasto).

Außer diesen Typen gibt es auch Zweikomponenten-Warm-Gießharze mit stabilen Polyether-MDI-Prepolymeren. Diese sind im Vergleich zu oben erwähnten Systemen einfacher zu verarbeiten, mechanisch nicht ganz so gut, aber hydrolysebeständiger. Sie werden für ähnliche Zwecke gebraucht und für verschleißfeste Auskleidungen von Sieben oder Gefäßen. Sehr weich eingestellte Systeme braucht man als Druckwalzenbeläge. Kalt vergießbare Zweikomponentenharze sind verfügbar für flexible Formschalungen, Muffen-Spitzenden-Dichtungen und ähnliche Artikel, Einkomponenten-Dichtungsmassen für Bewegungsfugen im Hochbau, Zweikomponentenmassen auf Butadiendiol-Basis für Isolierglas-Versiegelung.

2.5 Prepolymer-Bindeharze

Nur einige der vielen Anwendungen von PUR-Prepolymeren als „Bindemittel" können hier erwähnt werden:

– Systeme für Großteile ähnlich 2.1 als Bindemittel in Glasfasermatten „Prepregs" für die Hochdruckpreßtechnik (S. 495)

– Hochfunktionelle warm härtende MDI-Prepolymere für das Warmpressen von formaldehydfreiem Sperrholz hoher Qualität und Spanplatten

– Gießharz-Typen 2.4.1 für Gießerei-Kerne

– Kalt vernetzende elastomere Zwei- und Einkomponenten-Systeme für Innen- und Außen-Sportbeläge, gefüllt mit Gummiabfall oder anderen Aggregaten, oft mit lichtstabilen aliphatischen Isocyanaten (Tafel 4.65, 5, S. 470)

– Feucht vernetzende dekorative Einkomponenten-Fußbodenmassen, versiegelt durch eine zweite Schicht

– Aus Reaktion in Dispersionen abgeschiedene Mikrokapseln undurchlässig als Farbmittelträger für Durchschreibepapiere und für Zweikomponenten-Schraubgewinde-Fixier-Klebstoffe, durchlässig für Insektizide oder Medikamente.

2.6 Harte PUR- und PUR-PIR-Schäume

Die als Wärmedämmstoffe gebrauchten Hartschaumstoffe (Dichtebereich 0,02–0,08 g/cm^3) wurden früher überwiegend mit Halogenalkanen getrieben*) und basieren auf MDI/verzweigten Polyether- und -esterpolyolen (gestartet u.a. auf TMP, Glycerin, Ethylendiamin oder Sucrose bzw. die Ester auf Phthalsäureanhydrid oder auch auf PET-Recyclaten, S. 357). Zu den allgemeinen Eigenschaften s. Tafel 4.78, S. 520. Die mit annähernd gleichmäßig über den Querschnitt verteilten Zellen zu ≥95% geschlossenzelligen Hartschaumstoffe sind von $-200\,°C$ bis $>100\,°C$ mit $\lambda = 0,01$–$0,025$ W/mK anwendbar. Für Anforderungen an das Brandverhalten, wie sie im Bauwesen gestellt werden, muß PUR-Hartschaum mit reaktiven (halogen- oder phosphorhaltigen Komponenten) oder additiven Flammschutzmitteln hergestellt oder mit Deckschichten verarbeitet werden. Mit Vorprodukten und Katalysator-Systemen, welche die Ausbildung steigender Anteile höher kondensierter Polyisocyanurat-(PIR-)Strukturen (Tafel 4.66, 6, S. 472) im Schaumstoffgerüst bewirken, erzeugt man PUR/PIR und PIR-Hartschäume, welche ohne Flammschutzmittel normale und erhöhte Anforderungen an Schwerentflammbarkeit erfüllen. Sie können bis 140 °C Gebrauchstemperatur z.B. für alterungsbeständige Dämmung von Fernheizleitungen einsetzbar sein. PUR-Hartschaumstoff höherer Dichte (≥ 100 kg/m^3) wird als Stützkern in Sandwich-Konstruktionen und Bindemittel von Reaktionsharz-Leichtbeton gebraucht (S. 73, 452).

---

*) Heute sind FCKW-freie bzw. -reduzierte PUR-Hartschäume auf dem Markt.

Kontinuierlich arbeitende Block-Schäumanlagen sind mit quer zur Laufrichtung feststehenden oder oszillierenden Misch- und Spritzköpfen (S. 78) und anschließenden geheizten Transportbändern ausgerüstet, mit denen seitliche Führungsleisten und Abdeckbänder mitlaufen. Sie formen mit Austragsleistungen von 3–4 m²/min quaderförmige Blockware mit 32–35 kg/m³ Dichte bis etwa 75 cm Höhe, die zu ebenen oder keilförmigen Tafeln, Rohrschalen u. dgl. aufgeschnitten wird. Auf ähnlichen Anlagen mit Zuführungseinrichtungen für beidseitige, fest am Schaum haftende flexible oder starre Deckschichten werden 1300 mm breite, 30–250 mm dicke Sandwichelemente mit 1,5–25 m/min Produktionsgeschwindigkeit gefertigt. Die Erzeugnisse dieser Großfertigungen werden in vielfältigen Anwendungsformen im Hoch- und Kühlhausbau eingesetzt. Sie können mit Heißbitumen-Klebstoffen (Schmelztemperaturen bis 250 °C) verlegt werden. Sandwich-Profile mit profilierten Stahl- oder Leichtmetalldecks und PUR-Schaumstützkern von ca. 60 kg/m³ sind selbsttragende Elemente für Leicht-Wände und -Dächer. Warm umformbarer thermoplastischer, bis 110 °C formstandfester Blockschaumstoff (Baynat) wird mit Dekorschicht zu montagefertigen Autohimmeln verarbeitet. Mit einer Reaktionsführung, die auf Polycarbodiimid-(PCD-)Vernetzung ausgerichtet ist (Tafel 4.66, 7, S. 472), stellt man offenporige, damit auch für den Schallschutz brauchbare, elastisch biegsame Leichtschaumstoffe mit 8–20 kg/m³ her.

Das *Vergießen und Versprühen von Prepolymermischungen für PUR-Ortschaum* wird angewandt zur Fabrikation von Hohlblocksteinen mit integrierter Wärmedämmung.

Fugenlose Dach-Dämmungen und -Dichtungen werden aus PUR-Zweikomponenten-Systemen mit transportablen Schäummaschinen vor Ort (sog. Ortschaum) versprüht. Das Schaumdach wird durch einen nachträglich aufgebrachten PUR-Lack oder Kies-Beschichtung UV-geschützt.

Die gleiche Technik wird für die Außendämmung von technischen Bauwerken (Lagertanks) und Fernwärme-Heizleitungen angewandt. Nachfüllbare Bomben für Zweikomponentenschäume und Sprühdosen für mit Luftfeuchtigkeit härtenden Einkomponentenschaum verwendet der Handwerker für das Ausschäumen von Fugen und Tür- und Fenster-Anschlüssen als sogenannter Montageschaum.

Kühlgerätegehäuse werden auf automatisch gesteuerten mit mehreren Schäumstationen ausgerüsteten Großanlagen mit PUR-Hartschaum von etwa 28 kg/m³ Raumgewicht ausgeschäumt. Zur gleichmäßigen Füllung der Hohlräume bedient man sich u. a. des „Frothing"-Verfahrens, bei dem das Schäumgemisch mittels eines leicht vergasenden Zusatz-Treibmittels bereits vor Eintritt in den Füllraum und dem Einsetzen der exothermen Endreaktion physikalisch zu schlagsahneartiger Konsistenz vorgeschäumt wird.

2.7 Weiche Form- und Blockschäume

Formgeschäumte Weichschaumpolster im Dichtebereich von 17–60 kg/m³ für Automobilsitze und den Möbelsektor werden in „one shot"-Verfahrensanlagen industriell gefertigt. Das für Verarbeitung von Polyetherpolyolen mit TDI oder MDI gebräuchliche „Heißschaum"-Verfahren, bei dem für die Endvernetzung Ausheizen der Erzeugnisse auf 160–180 °C erforderlich ist, wird zunehmend abgelöst durch HR (= high resilient) – und „Kaltschaum"-Verfahren mit hoch reaktiven Systemen, auch in Doppelschäumanlagen für Polster lokal unterschiedlicher Härte in einem Guß. Die als Treibmittel dienenden Fluoralkane in Kombination mit Wasser werden zunehmend durch wassergetriebene Systeme mit neuen Polyolen und Si-Schaumstabilisatoren verdrängt. Wenn Sicherheit wichtiger als Komfort ist (z. B. U-Bahn-Sitze), werden offenzellige Polsterschäume nicht nur mit Flammschutz-Additiven hergestellt, sondern auch mit solchen nachimprägniert.

Wassergetriebene gefüllte Schwerschäume aus Polyetherpolyol und MDI, je nach Menge und Art des Füllstoffes mit 300 kg/m³ bis zu Dichten über 1,0 g/cm³ werden textilen oder elastischen Bodenbelagsbahnen als Rückbeschichtung aufgerakelt, die auf einer umlaufenden Trommel bei ca. 80 °C vernetzt wird. Der offenzellige Schaum ermöglicht Trittschallverbesserungsmaße bis >23 dB bei gutem Gehverhalten.

Die härteren wassergetriebenen offenporigen Polyester-Weichschäume werden überwiegend blockgeschäumt für Polstergrundplatten, als Schallschluckmaterial, vom Rundblock zu Folien geschält zum Flammkaschieren von Textilien, grobporig als Schwämme und weiter für viele Weichschaum-Haushalts- und Gebrauchsartikel.

Spezial-Einstellungen, auch „retikuliert" zu skelettierten Gerüstschäumen minimalen Raumgewichts sind Träger für Filtermedien und für Bakterien in der Klima- und Umweltschutztechnik im Temperaturbereich von −60 °C bis 200 °C zur Wasserreinigung und Ölabscheidung.

Eigenschaften von Weichschäumen siehe Tafel 4.79, S. 521.

4.6.2 Härtbare Formmassen

4.6.2.1 *Allgemeine Kennzeichnung*

Herstellung aus Harz und hohen Anteilen körniger, fasriger oder flächiger Harzträger-Füllstoffe s. S. 67.

Lieferformen soweit möglich für alle Verarbeitungsverfahren geeignetes staubfreies Mahlkorn, Granulat, schüttfähige Stäbchen- oder Schnitzelmassen. Teigige (DMC, BMC) und flächige (SMC)-Formmassen mit flüssigen Reaktionsharzen s. S. 495 ff., PF-SMC S. 456.

Verarbeitung durch Formpressen, Spritzpressen oder – soweit möglich – Spritzgießen und Spritzprägen, s. S. 147 ff.; Verarbeitungsbedingungen Tafel 3.10 (S. 149), Verarbeitungsschwindungen und Toleranzen Tafel 3.7 a, b (S. 96/97). Kondensationsharze (PF, UF, MF, S. 439 ff.) erfordern Entlüftung und höhere Verarbeitungsdrücke und -temperaturen als die leichter fließbaren Reaktionsharze (UP, EP, S. 451 ff.). Da die Formteile heiß aus dem Formwerkzeug ausgestoßen werden können und eine schnelle Aufheizung (bei Wanddicken oberhalb etwa 4 mm) durch exotherme Wärmereaktion möglich ist, sind beim Spritzgießen solcher Formteile sogar kürzere Taktzeiten als bei Thermoplasten erreichbar.

Ausgehärtete *Duroplast-Formteile* weisen Eigenschaftskombinationen auf, welche härtbare Formmassen (Tafel 4.69, S. 484/485) als Kunststoffe für ingenieurtechnische Anwendungen kennzeichnen:

– Vielfältige Einstellbarkeit auf spezifische Gebrauchsanforderungen durch zweckmäßige Auswahl der mit einem Anteil von 40–60 Gew.-% das Gesamtverhalten der Formstoffe wesentlich mitbestimmenden Füllstoffe, eigenschaftsverbessernden und verstärkenden Zuschläge (3.1.3.8, S. 60 ff.) zum Harz;

– Eignung auch für hoch flammwidrige (FVO, DIN/IEC 707 bzw. HB bis V-0, UL 94) elektrotechnische Isolierbauteile;

– bis zu hohen Gebrauchstemperaturen kaum abfallende, bei Kältetemperaturen unveränderte Festigkeit und Steifigkeit;

– Dauergebrauchstemperaturen im Bereich von 100 °C–> 200 °C, verbunden mit kurzzeitiger Überlastbarkeit bis zu mehreren 100 K, damit ergeben sich Notlaufeigenschaften und eine Sicherheitsreserve bei extrem hohen Temperaturen;

– Maßhaltigkeit, auch geringe Verarbeitungs- und Nachschwindung der Formteile bis – je nach Massetyp und Verarbeitung – < 0,1%, insbesondere bei Vorwegnahme der Nachschwindung durch Tempern.

Das spröde Bruchverhalten des hoch vernetzten Formstoffs ist durch anforderungsgerechte Auslegung der hoch festen und steifen Formteile ausgleichbar. Es gibt zudem neuere PF-Formmassen mit bis 2% Bruchdehnung bei Erhaltung einer guten Wärmeformbeständigkeit.

Anorganisch gefüllte Formstoffe haben höhere Wärmeformbeständigkeit und Langzeitgebrauchs-Grenztemperaturen, sie verhalten sich gegen Feuchtigkeitseinwirkungen günstiger als organisch gefüllte Formstoffe (Bild 4.27, S. 490). Mit zunehmender Längen- bzw. Flächenausdehnung der Zuschläge wird der Formstoff zunehmend kerb-unempfindlicher, indessen unterliegt die Verarbeitbarkeit in gleicher Richtung zunehmend Einschränkungen hinsichtlich Rieselfähigkeit, Füllfaktor und Fließfähigkeit der Masse sowie der Oberflächengüte des Formteils.

Die Eigenschaftsgruppen, für die aufgrund der langjährigen eigenständigen Entwicklung der Duroplast-Formmassen-Typisierung (S. 566) in deren „Typentafeln" Mindestanforderungen aus dazu herzustellende Probekörper gestellt werden, sind andere als nach DIN-Richtlinien für die Herstellung von Probekörpern und Bestimmung von Eigenschaften von Thermoplast-Formmassen (S. 564/565). Mit dem Ziele, im Einklang mit DIN/ISO-Bestrebungen zu international voll vergleichbaren, auch konstruktiv nutzbaren Kennwerten für Duro- und Thermoplaste zu kommen (s. Datenbanken in Kapitel 7, S. 580), sind Vorarbeiten dafür im Gange, mit dem auch für Thermoplaste angewandten Vielzweck-Probekörper, die bisher für Duroplaste üblichen Normprüfungen auf Biegefestigkeit durch solche auf Zugfestigkeit, auf Schlagzähigkeit Charpy- durch Izod-Prüfungen nach ISO 180, die Formbeständigkeit in der Wärme nach Martens durch HDT-ISO 75 zu ersetzen, zusätzlich einen Kennwert für die Duroplast-Steifigkeit über einen weiten Temperaturbereich (z. B. Schubmodul) einzufügen. Eine Änderung der bisherigen Reihung der Mindestanforderungen für die verschiedenen typisierten Duroplast-Formstoffe wird, wie bis jetzt vorliegende Ergebnisse bereits zeigen, mit diesen Kennwert-Umstellungen nicht verbunden sein.

Tafel 4.69 (S. 484/485) gibt einen Überblick über DIN-typisierte Duroplast-Formmassen mit Hinweisen auf durch die Typentafeln der Normblätter nicht erfaßte Eigenschaftsrichtwerte, Tafel 4.70 (S. 486), die Gruppierung von PF-, UF- und MF-Formmassen nach kennzeichnenden Anwendungseigenschaften.

In die normgemäße *Bezeichnung* typisierter Formmassen sind die Typennummern, ggf. zusätzliche Unterscheidungsmerkmale (für PF, s. Tafel 4.71, S. 488/489) und die Farbe aufzunehmen. Vom Hersteller werkseigen kontrollierte Formmassen werden durch den Buchstaben N gekennzeichnet, für zusätzlich fremd überwachte (S. 570) fällt dieser Buchstabe weg. In das Überwachungszeichen (für Formmassen und Formstoffe) wird nur die Typnummer und das Herstellerkennzeichen aufgenommen. Es sind Bestrebungen im Gange, auch für Duroplaste ein Datenblockystem für die einheitliche Bezeichnungsweise einzuführen (s. Abschnitt 6.2.2, S. 560).

Beispiele:

Phenoplast-Formmasse Typ 31, 40% Harzgehalt, nur vom Hersteller kontrolliert, Farbe braun, RAL 8022:

Formmasse Typ 31 N – 14*) RAL 8022 DIN 7708

Polyester-Formmasse Typ 801, typüberwacht entsprechend DIN 16911, Farbe weiß, RAL 1013:

Formmasse Typ 801 RAL 1013 DIN 16 911.

Im Einzelfall erfordert die Kennzeichnung der Typen durch Zusammensetzung und Abnahmewerte (s. Tafeln 4.71, 4.72, S. 488 ff.) Ergänzungen durch Vereinbarung zwischen Abnehmer und Lieferer,

---

*) Diese Reihenbezeichnung für den Harzgehalt und die Harzart wird heute verschiedentlich nicht mehr verwendet.

Tafel 4.69. Allgemeine Richtwerte für typisierte härtbare Formmassen

Formmassen			Rohdichte DIN 53479	Max. Anwendungs-Temperatur ohne zusätzliche Beanspruchung	
Typ-Nummern	Füllstoff-Gruppen	Einzel-heiten siehe		Stunden bis Tage	Monate
			g/cm³	°C	°C
Phenoplast-Formmassen nach DIN 7708, Teil 2					
11.5–16	mineralisch, körnig oder faserig		1,8–2,1	160–170	130–150
30.5–32	Holzmehl	Tafel 4.71 S. 488/489	1,4	140	110
85					
51–84	organische Fasern, Stränge, Schnitzel		1,35–1,5	140–150	110–120
Aminoplast-Formmassen nach DIN 7708, Teil 3¹)					
UF: 131, 131.5					
MF: 152	Zellstoff	Tafel 4.72 S. 492/ 493	1,5	100	70
150	Holzmehl				
152.7	Zellstoff				
153, 154	Bw.-Fasern, Schnitzel			110	80
155	Gesteinsmehl		2,0	140	110
156–158	Mineralische Fasern		1,7–1,8		
Kaltpreßmassen nach DIN 7708, Teil 4²) (PF-Bindemittelbasis)					
214/215	Gesteinsmehl, Mineralische Fasern	kaltgepreßt, nach Trocknen warm gehärtet		Wärmeformbeständig-keit nach Martens > 200 °C	
Polyesterharz-Formmassen nach DIN 16911					
801, 803	Glasfasern		1,8	200	160
802, 804	Glas-Kurzfasern	Tafel 4.74 S. 502/503	~2,0		
Polyester-Harzmatten nach DIN 16913					
830–834	überwiegend Glasmatten		1,8–2,1	200	160

¹) Aminoplast-Phenoplast-Formmassen (Typen 180–183, Kurzzeichen MP) stehen in ihrem
²) Diese Formmassen werden heute kaum noch hergestellt.
³) Die Zahlenwerte gelten für den bisherigen Probekörper 120 × 15 × 10, Änderungen s. S. 566.

Tafel 4.69. Fortsetzung

Anwendungsgebiete	Mechanische Eigenschaften[3])				Thermische Eigenschaften	
	Druck-festig-keit DIN 53454 N/mm²	Zug-festig-keit DIN 53455 N/mm²	Elasti-zitäts-modul DIN 53457 kN/mm²	Kugel-druck-härte DIN 53456 N/m²	Lineare Wärme-dehn-zahl VDE 0304 $10^{-6} \cdot K^{-1}$	Wärme-leit-fähig-keit DW 52612 W/mK
gegen Feuchtigkeit und Wärme unempfindliche Formteile, mit minerali-schen Fasern mechanisch hoch beanspruchbar	~120	15–25	7–15	200–380	20–30	0,7
Formteile aller Art bis zu Gehäusen, Elektro-isoliermaterial	~200	~30	6–8	250–320	30–40	0,3
Technische Teile mit gegenüber Typ 31 stei-gend höheren Anforde-rungen an Kerbunemp-findlichkeit und (gerich-teter) Festigkeit	~140	~25	4–9	160–340	30–40	0,3
hellfarbige Formteile, Elektro- und Installa-tionsmaterial — Eß- und Trinkgeschirr	~200	~30	6–10	230–410	50–60	~0,35
kriechstromfeste Elektro-teile, Typwahl nach sonstiger Beanspruchung	150–200	15–30	8–13	220–480	20–40	~0,7
gering, kriechstromfeste Elektroteile	σ_{Bb} 40 N/mm², a_n 2,2–2,3 kJ/m², a_k 2,2–2,3 kJ/m²					
schlagfeste Gehäuse, Ab-deckungen; hoch bean-spruchte Isolierteile	120	25	12–15	160–240	35	0,6
	~230	30	9–11	240–280	20–30	~0,7
Mechanisch hoch beanspruchte große Formteile	~150	60–200	5–8	160–250	15–30	~0,2

Eigenschaftsbild zwischen PF- und MF-Formmassen.

Tafel 4.70. Formmassengruppen nach DIN 7708, Teil 2 u. 3 (10.75)

Phenoplaste		Aminoplaste u. Aminoplast/Phenoplaste		
Typ	Füllstoffe	Typ	Harz-Art	Füllstoffe
Gruppe I: Typen für allgemeine Verwendung				
		131	UF	Zellstoff
		150	MF	Holzmehl
31	Holzmehl	180	MP	Holzmehl
Gruppe II: Typen mit erhöhter Kerbschlagzähigkeit				
85	Holzmehl und/od. Zellstoff[1])			
51	Zellstoff und/oder andere org. Füllstoffe			
83	Baumwollkurzfasern und/oder Holzmehl			
71	Baumwollfasern (u. Zusätze)	153	MF	Baumwollfasern
84	Baumwollgewebeschnitzel und/oder Zellstoff			
74	Baumwollgewebeschnitzel (u. Zusätze)	154	MF	Baumwollgewebe-schnitzel
75	Kunstseidenstränge			
Gruppe III: Typen mit erhöhter Warm-Formbeständigkeit				
		155	MF	Gesteinsmehl
12, 15[3])	Mineralische Fasern	156, 158[3])	MF	mineralische Fasern
16[3])	Mineralische Fasern (Schnur)	157	MF	mineralische Fasern und Holzmehl
Gruppe IV: Typen mit erhöhten elektrischen Eigenschaften				
11.5[2])	Gesteinsmehl	182	MP	Holzmehl und Gesteinsmehl
13, 13.5	Glimmer	183	MP	Zellstoff und Gesteinsmehl
30.5, 31.5	Holzmehl	131.5	UF	
51.5	Zellstoff	152	MF	Zellstoff
		181, 181.5	MP	
Gruppe V: Typen mit sonstigen zusätzlichen Eigenschaften				
13.9	Glimmer			
32	Holzmehl (u.a. org. Füllstoffe)			
51.9, 52, 52.9	Zellstoff	152.7	MF	Zellstoff

[1]) „Holzmehl und/oder Zellstoff" bedeutet, daß die beiden genannten Füllstoffe allein oder in beliebigem Mischungsverhältnis vorhanden sein können, „(und Zusätze)", daß der vorher genannte Füllstoff überwiegen muß.
[2]) Die Zusatzziffern der „Punkt"-Typen kennzeichnen:
.5 elektrisch hochwertig, .7 für Lebensmittelgebrauch, .9 ammoniakfrei.
Typ 32 ist ammoniak- und säurefrei, siehe Tafel 4.71, S. 488/489.
[3]) Wird in der BRD asbestfrei mit etwa den Normwerten hergestellt.

da sie die für die Gleichmäßigkeit der Formstoffe maßgeblichen Einflußgrößen auch bei gleichbleibenden Herstellungsbedingungen nicht vollständig erfaßt. Zu diesen gehören neben Harzbasis, Harzgehalt und Farbe die Verarbeitungseigenschaften der Massen, für die allgemein aussagekräftige Prüfverfahren noch nicht vorliegen. Die für PF- und MF-Preßmassen angewandte Schließzeitbestimmung mit dem Becher-Werkzeug nach DIN 53465 ergibt lediglich eine qualitative Unterscheidung in weich-, mittel- oder hartfließende Massen.

Die Typisierung grenzt Eigenschaftswertbereiche nach unten und oben ein, z. B. dürfen nach DIN 7708 die Kerbschlagzähigkeitswerte höchstens 100%, die der Wärmeformbeständigkeit in Gruppe III höchstens 50 K über den Mindestwerten liegen. Unter den *Sonder-Formmassen,* die bestehenden Typen nicht zuzuordnen sind, haben vor allem solche mit sehr hoher Temperatur-Belastbarkeit und weiter verbesserten elektrischen Eigenschaften Bedeutung erlangt, im Bereich der UP-Harzmassen auch solche höherer Festigkeit. Asbest hat man weitgehend durch andere mineralische Füllstoffe oder Glasfasern ersetzt. Sonderpreßmassen können auf Antrag beim zuständigen Arbeitsausschuß des Normenausschusses Kunststoffe für begrenzte Zeitdauer als *Vortypen* geführt werden, solche werden durch zwei Großbuchstaben gekennzeichnet, Beispiele s. Tafeln 4.71 und 4.72, S. 488 ff., Anmerkungen.

4.6.2.2 *Phenoplast-Formmassen*

Handelsnamen: Vyncolite (BE); Bakelite, Resinol, Fibresinol, Plastadur, Supraplast, Trolitan (DE); Fenochem, Lerite, Moldesite, Sirfen (IT); Progilite (FR); Perstorp (SE); Fenoform (YU); Durez, Genal, Plenco (US); Tecolite (JP).

Hersteller s. S. 576 ff. unter PF-Typnummern entspr. Tafel 4.71 (S. 488/489).

1. *Formmassen für technische Formteile*

VDI/VDE 2478, Blatt 1: Phenoplast-Formstoffe mit Holzmehl

Phenoplast-Formmassen enthalten als Bindemittel (S. 439 ff.) im allgemeinen Phenol-Novolake und Hexamethylentetramin als Härter, ammoniakfreie Massen Phenol-Resole ohne diesen Härter. Aus preßtechnischen Gründen werden auch Mischharze mit etwa 20% Kresol verwendet. Da die ausgehärteten Harze gelblich-braun sind und im Sonnenlicht oder bei Wärmeeinwirkung nachdunkeln, werden PF-Massen nur in dunklen, gedeckten Farben geliefert (Tafel 4.71 c, S. 489). Das Fließvermögen der Massen bei der Verarbeitung (weich, mittel, hart, s. S. 148) wird einerseits durch ihren Harzgehalt (Tafel 4.71 b), andererseits durch den Vorkondensationsgrad und ggf. Feuchtigkeitsgehalt der Harze bestimmt. Massen mit geringem Gehalt, z. B. 40%, niedrig vorkondensierter Harze fließen zwar weich, ergeben aber mit längerer Härtezeit und stärkerer Schwindung Formteile geringerer Qualität als solche aus mittel- bis hartfließenden harzreicheren Massen (50%–60%). Sie werden deshalb nur für kleine, wenig beanspruchte Teile verwendet. Im übrigen werden die unterschiedlichen Eigenschaften der Formstoffe im wesentlichen durch die Art der Füllstoffe bestimmt.

Gegen organische Lösungsmittel, Treibstoffe, Fette und Öle sind alle PF-Formstoffe auch bei erhöhten Temperaturen beständig, gegen

Tafel 4.71. Phenoplast-Formmassen nach DIN 7708 Teil 2 (10.75)

Eigenschaft[1])		Gruppe I	Gruppe II Formmasse Typ						
		31[2])	85	51	83	71	84	74	75
Biegefestigkeit σ_{bB} .	N/mm² mindestens	70	70	60	60	60	60	60	60
Schlagzähigkeit a_n .	kJ/m² .. mindestens	6	5	5	5	6	6	12	14
Kerbschlag-zähigkeit a_k	kJ/m² .. mindestens	1,5	2,5	3,5	3,5	6	6	12	14
Formbeständigkeit in der Wärme nach Martens	°C ..... mindestens	125	125	125	125	125	125	125	125
Verhalten beim Glühstabverfahren .	Stufe ... mindestens	2a	2a	2b	2b	2b	2b	2b	2b
Wasseraufnahme ..	mg..... höchstens	150	200	300	180	250	150	300	300
Oberflächenwider-stand R_{OA}........	Vergleichs-zahl.... mindestens	8	8	7	8	7	8	7	8
Spezifischer Durch-gangswiderstand ϱ_D	Ω cm... mindestens	–	–	–	–	–	–	–	–
Dielektrischer Ver-lustfaktor bei 800 Hz	tan δ ... höchstens	–	–	–	–	–	–	–	–
ammoniakfrei		–	–	–	–	–	–	–	–
Gehalt an flüchtigen Säuren	% ...... höchstens	–	–	–	–	–	–	–	–

[1]) Mechan. u. therm. Eigenschaften ändern sich mit Einführung des Probekörpers 80 × 10 × 4 mm, s. S. 566.
[2]) Vortyp CC, ähnlich 31 (mit erhöhter Kriechstromfestigkeit).

a) Mindestanforderungen an die Eigenschaften von Probekörpern ↑

Harzbasis	1. Ziffer	Harzgehalt[5]) mind. %	2. Ziffer[6])
Phenol Kresol Roh-Phenole	} 1	35 40 45 50 55 60	3 4 5 6 7 8

[5]) ggf. einschließlich Hexa, Typen 30.5, 31.5 und 51.5 und mindestens 50% Harzgehalt.
[6]) Wird verschiedentlich nicht mehr angegeben.

b) zusätzliche Angaben zum Typzeichen. ↑

stärkere Säuren und Alkalien allenfalls bedingt beständig, wobei organisch gefüllte wegen ihrer höheren Wasseraufnahme bei längerer Einwirkung stärker als anorganisch gefüllte angegriffen werden. Die Geschwindigkeit der Wasseraufnahme (Bild 4.27, S. 490) ist bei allen PF-Formstoffen so gering, daß sie durch kurzzeitige Beanspruchung

Tafel 4.71. Fortsetzung

Gruppe III			Gruppe IV						Gruppe V					
						Formmasse Typ								
12³)	15⁴)	16⁴)	11.5	13	13.5	30.5	31.5	51.5	13.9	31.9	32	51.9	52	52.9
50	50	70	50	50	50	60	70	60	50	70	70	60	55	55
3,5	5	15	3,5	3	3	5	6	5	3	6	6	5	3,5	3,5
2	5	15	1,3	2	2	1,5	1,5	3,5	2	1,5	1,5	3,5	2	2
150	150	150	150	150	150	150	100	125	150	125	125	125	125	125
1	1	1	2a	1	1	2a	2a	2b	1	2a	2a	2b	2a	2a
60	130	90	45	20	20	200	150	300	20	150	150	300	100	100
8	7	7	10	10	11	10	10	10	10	8	8	7	9	9
–	–	–	10^{11}	10^{12}	10^{12}	10^{11}	10^{11}	10^{11}	10^{12}	–	–	–	–	–
–	–	–	0,1	0,1	0,03	0,1	0,1	0,1	0,1	–	–	–	–	–
–	–	–	–	–	–	–	–	–	ja	ja	ja	ja	–	ja
–	–	–	–	–	–	–	–	–	–	–	0,18	–	–	–

³) Vortyp CD, asbestfrei, ähnlich 12 mit Kriechstromfestigkeit KC 175.
⁴) Wird in der BRD asbestfrei mit etwa den Normwerten hergestellt.

Farbe	bisheriges Zeichen	Farbton
nf	–	naturfarben
RAL 3000	–	rot
RAL 6014	–	grün
RAL 6017	30	grün
RAL 8003	–	lehmbraun
RAL 8016	14	braun
RAL 8022	18	elektrobraun (dunkel)
RAL 9005	49	tiefschwarz

c) Standardfarben für Phenoplast-Formmassen nach ↑
DIN 16919

mit Wasser nicht geschädigt werden. Gut ausgehärtete Formteile
dürfen nach halbstündigem Auskochen in Wasser oder Farbstofflö-
sungen (Kochversuch nach DIN 53499) keine Schäden aufweisen.
Da die langsame Feuchtigkeitsaufnahme bis zur Sättigung bei organisch gefülltem Formstoff zu einem Absinken der elektrischen Isola-

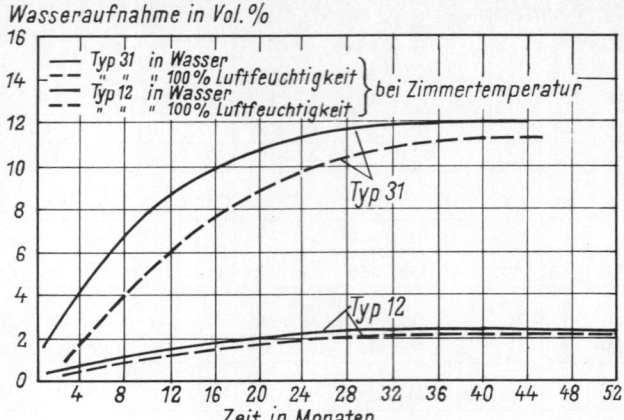

Bild 4.27. Feuchtigkeitsaufnahme von organisch (Typ 31) und anorganisch (Typ 12) gefüllten Kunstharzpreßstoffen, gemessen an Normalstäben 15 × 10 × 120. Lineare Maßänderung bei Sättigungszustand: Typ 31 ~ + 1,2%, Typ 12 ~ + 0,2%

tionswerte führt, sind für Isolierteile, die im Freien oder in feuchten Räumen gebraucht werden, anorganisch gefüllte Massen zu verwenden.

Richtwerte für die mechanischen, thermischen und elektrischen Eigenschaften typisierter PF-Formstoffe siehe Tafeln 4.69 (S. 484/485) und 4.71, S. 488/489. Sie sind den spezifischen Anwendungen der einzelnen Formmassen für technische Formteile im Apparate- und Maschinenbau und für Elektroisolierteile, vor allem in der Niederspannungstechnik, entsprechend eingestellt. Die Kriechstromfestigkeit der typisierten PF-Formstoffe liegt im Bereich KC 100–140.

Mit Holzmehl und Kautschuk gefüllte *Sondermassen* erhöhter Schlagzähigkeit, allerdings wesentlich verringerter Wärmeformbeständigkeit, werden für Zubehörteile der Elektrotechnik wie Kabelstecker, Gehäuse und Sockel, mit Kurzglasfasern gefüllte, bis 180 °C wärmeformbeständige, hochmaßhaltige in der Fernmeldetechnik und Elektronik verwendet. Mineralisch immer mehr auch mit Glasfasern gefüllte, kurzzeitig bis 280 °C, dauernd bis 180 °C beanspruchbare Formmassen gebraucht man für hitze- und spülmaschinenbeständige Griffe und Beschläge von Haushaltsgeräten, Töpfen und Pfannen, für Heizungsarmaturen, im Kraftfahrzeug (treibstoffbeständig) u. a. für Zündelektronik, Vergaserköpfe, Zylinderkopfdeckel, komplette Kühlmittelpumpen, Wasserauslaßstutzen, Vielfach-Ansaugrohrformteile (z. B. über verlorenem Metallschmelzkern), Brems- und Kupplungs-Verstärkerkolben. Brems- und Kupplungsbeläge sind kurzzeitig bis 600 °C belastbar, ähnlich hoch Raketenbauteile. Höchstwertige Isoliermassen (kurzzeitig 400 °C, KC 275) sind auch kupferadhäsiv für Kollektoren mit hohen Schleuder-Drehzahlen lieferbar. Weitere Sondermassen-Anwendungsbereiche sind Schleifringkörper für Schiffsgeneratoren, Wasserpumpenflügelräder, (Flüssig-)Getriebeteile, galvanisierte Schreibmaschinen-Kugelköpfe und Schrifttypen auf Typenrädern.

Mit Cu-Pulver gefüllte Massen sind hoch wärmeleitend, mit Fe oder Bariumferrit magnetisierbar, mit Pb-Pulver zur Abschirmung von Röntgenstrahlen geeignet, Massen mit relativ hoher Graphitfüllung für Halbleiter, Pumpenteile oder Schmierstifte in Pkw-Achsschenkeln.

GF-gefüllte granulierte Formmassen sind kerbschlagzäh im Bereich von 2,5–20 kJ/m². Bis auf die höchst kerbschlagfesten Massen mit gerichteten Fasern können sie nicht nur verpreßt sondern auch spritzgegossen werden.

Glasfaserverstärkte PF-Prepregs und fließfähige SMC (S. 499) sind von Bedeutung für Verkehrsmittel-, insbesondere Flugzeugausrüstung, Tunnel- und Bergwerksauskleidungen, wegen ihrer Temperaturstandfestigkeit (T_g 300 °C), geringer Rauchgasdichte und Schwerentflammbarkeit. Die mit hoch konzentriertem, flüssigen Resol und Spezialhärter getränkten SMC-Bahnen brauchen 6–8 Tage Reifezeit. Sie sind dann zwei Monate lagerfähig.

Mineralisch hoch gefüllte *Kaltpreßmassen* (Typen 214, 215 nach DIN 7708, Teil 4, s. Tafel 4.69, S. 484/485) werden bei Raumtemperatur geformt und außerhalb des Formwerkzeugs warm gehärtet. Sie dienen für kriechstromfeste (KC > 400), hoch wärmestandfeste Isolierteile, haben aber derzeit keine große Bedeutung.

2. *Holzspan- und Furnier-Preßstoffe*

1. Spanholz-Formteile werden nach dem „Werzalit"-Verfahren durch Pressen in geheizten Formwerkzeugen hergestellt aus Holzspänen oder ähnlichen Pflanzenabfällen, die mit speziellen UF-, MF- und PF-Harzgemischen oder Isocyanat-Bindemitteln beleimt und mit Flamm- und Fungizidschutz ausgerüstet sind. Die Erzeugnisse mit Raumgewichten von 0,4–1,1 g/cm³ erreichen 20–60 N/mm² Biegefestigkeit, 10–20 N/mm² Zugfestigkeit und E-Moduli von 2400–9000 N/mm², sie sind wetter- und feuchtfest. Anwendungen sind Profile und Kassetten für Fassaden-, Innenwand- und Türbekleidungen, Betonschalungselemente, Paletten u. a. Formteile.

2. Furnier-Schichtpreßstoff-Formteile haben gleichartige Anwendungen, weitere sind Sitzschalen, Bänke für Freiluftstadien und Verkehrsmittel, Schulmöbel, Tabletts, Bauteile der Abwassertechnik.

Handelsnamen: obo-Festholz, Pagholz.

3. *Phenolharzformmassen für Korrosionsschutz*

Handelsnamen: Asplit, Bakelite, Kera, Bascodur, Haveg.

Im Korrosionsschutz werden – besonders bei gleichzeitig hoher Temperaturbeanspruchung (> 100 °C) – geeignete Phenol-Resole mit anorganischen Füllstoffen (früher vorzugsweise säurefester Asbest, inzwischen durch andere Faserwerkstoffe ersetzt) sowohl als Preßmasse für die Herstellung von Formteilen wie als Spachtelmasse für Auskleidungen eingesetzt. Die Spachtelmassen härten nach Zusatz geeigneter Härter bei Raumtemperatur oder bei mäßiger Wärmeeinwirkung drucklos aus. Die ausgehärteten Stoffe lassen sich spanabhebend bearbeiten. Vgl. DIN 30677 T. 2: Oberflächenschutz mit härtbaren Beschichtungswerkstoffen.

4.6.2.3   *Aminoplast-Formmassen*

1. *Harnstoffharz-Formmassen*

Handelsnamen: Bakelite, Supraplast (DE); CCL (IL); Urochem, Se-

Tafel 4.72. Aminoplast- und Aminoplast/Phenoplast-Formmassen nach DIN 7708,

Eigenschaft[1])	Einheit	Gruppe I			Gruppe II	
		131[2])	150	180	153	154
Biegefestigkeit σ_{bB}	N/mm² .....mindestens	80	70	80	60	60
Schlagzähigkeit a_n.....	kJ/m².......mindestens	6,5	6	6	5	6
Kerbschlagzähigkeit a_k	kJ/m².......mindestens	1,5	1,5	1,5	3,5	6
Formbeständigkeit in der Wärme n. Martens	°C.........mindestens	100	120	120	125	125
Verhalten beim Glühstabverfahren	Stufe ....mindestens	2a	2a	2a	2a	2a
Wasseraufnahme......	mg ....höchstens	300	250	180	300	300
Oberflächenwiderstand R_{OA}............	Vergleichszahl ....mindestens	10	10	10	9	8
Kriechstromfestigkeit ..	Stufe KC ....mindestens	–	600	175	600	600
Spez. Durchgangswiderstand ϱ_D	Ω·cm.......mindestens	–	–	–	–	–
Dielektrischer Verlustfaktor bei 1 kHz.......	tan δ........höchstens	–	–	–	–	–

[1]) Mechan. u. therm. Eigenschaften ändern sich mit Einführung des Probekörpers $80 \times 10 \times 4$ mm, s. S. 566.
[2]) Vortyp AC (UF + Holzmehl): σ_{bB} 70 N/mm², a_n 6 kJ/m², a_k 1,2 kJ/m².

a) Mindestanforderungen an die Eigenschaften von Probekörpern. ↑

Prüfung nach Abschnitt 6.2.13 auf	Anforderung
Verhalten beim Kochversuche	Kein Becher darf Risse oder sonstige äußerliche Veränderungen zeigen. Das Kochwasser darf weder gefärbt noch getrübt sein.
Verschmutzbarkeit	Kein Becher darf angefärbt sein oder Risse aufweisen.
Geschmack- und Geruchfreiheit[1])	Geschmack und Geruch des Brühwassers dürfen bei keinem Becher von dem des Vergleichswassers abweichen.
Formaldehyd-Abgabe[1])	Kein Becher darf mehr als 3 ppm (μg/ml) Formaldehyd abgeben.

ritle, Uroplas (IT); Beetle, Scarab (GB); Carbaicar (ES); Skanopal, Perstorp (SE); Uroform (YU).

Hersteller s. S. 576 ff. unter Typ 131 und 131.5.

Handelssorten: Feinpulverige, überwiegend gekörnte Massen, auch für Preßautomaten und zum Spritzgießen, lichtbeständig auch in allen hellen Farben.

Der Harzgehalt liegt bei etwa 60%; er ist in dieser Höhe notwendig, um ein ausreichendes Fließvermögen zu erzielen. Die hellfarbigen Massen mit gebleichter Cellulose ergeben transluzente Preßteile mit guter farblicher Tiefenwirkung.

Eigenschaftswerte von Typ 131 und 131.5 s. Tafeln 4.69 (S. 484/485) und 4.72.

Teil 3 (10.75)   (Tafel 4.72. Fortsetzung)

Gruppe III				Gruppe IV						Gruppe V s. b)
155	156[3]	157	158[3]	131.5	152	181	181.5	182	183	152.7[4]
40	50	60	50	80	80	80	80	70	70	80
2,5	3,5	4,5	5	6,5	7	7	7	4	5	7
1	2	1,5	5	1,5	1,5	1,5	1,5	1,2	1,5	1,5
130	140	140	140	100	120	120	120	120	120	120
1	1	1	1	2a	2a	2a	2a	2a	2a	2a
200	200	200	200	300	200	150	150	120	120	200
8	8	9	8	10	10	10	10	10	10	10
600	600	600	600	600	600	250	600	600	600	–
–	–	–	–	10^{11}	–	–	–	–	–	–
–	–	–	–	0,1	–	–	–	–	–	–

) Wird in der BRD asbestfrei mit etwa den Normwerten hergestellt.
) Anforderungen auch im Sinne des Lebensmittelgesetzes, entsprechend 109. Mittg. Kunststoff-Kommission, Stand 1.1.1975.

) **Sonderanforderungen an Typ 152.7 für Eß- und Trinkgeschirre und sonstige mit Lebensmitteln in Berührung kommende Gebrauchsgegenstände.**

Der Formstoff ist beständig gegen Lösungsmittel und Öle, wenig beständig gegen Säuren und Basen.

Einsatzgebiete: Bevorzugt in weiß für Verschraubungen in der Kosmetik, für sanitäre Teile, Haushaltgeräte und für elektrisches Installationsmaterial. Für Eß- und Trinkgeschirrteile sind Harnstoffharz-Preßmassen wegen nachträglicher Abgabe geringer Mengen von Formaldehyd nicht zulässig.

2. *Melaminharz-Formmassen*

Handelsnamen: Bakelite, Resart, Supraplast (DE); CCL (IT); Melochem, Melsprea (IT); Beetle, Melmex (GB); Melopas, Neonit (CH); Melaicar (ES); Perstorp (SE); Melaform (YU); Prolam, Fiberite, Cymel (US); Nikalet (JP).

Hersteller: s. S. 576 ff. unter den Typen 150–157.

Eigenschaften: Tafeln 4.69 und 4.72 (S. 484/485 u. 492/493).

Melaminharzformteile mit 60% α-Cellulose gefüllt sind weiß und in allen bunten Farben lichtbeständig, heißwasser- und kochfest, spülmittelbeständig, z. B. für farbige Kochgeschirrgriffe geeignet, in Spezialeinstellung (Typ 152.7, s. Tafel 4.72 b, S. 492) für Eß- und Trinkgeräte und Sanitärbedarf zugelassen. Sie sind härter und kratzfester als MP- oder UF-Teile.

Das Hauptanwendungsgebiet der hellfarbigen technischen Formmassen (Typen 152, 153, 154) sind kriechstromfeste, feuchtbeständige, auch mechanisch hoch belastbare Isolierteile.

Anorganisch (Typen 155–156, auch mit Glasfasern) gefüllte Massen sind lichtbogen- und glutbeständig. Sie sind praktisch nicht brennbar, daher für feuergefährdete Räume und für den Schiffbau zugelassen. MF-Formstoffe werden von Säuren und starken Laugen angegriffen, sind aber sonst, insbesondere gegen Treibstoffe, Öle, Lösungsmittel, Alkohol weitgehend chemikalienbeständig.

MF-Massen sind nur in Spezialeinstellungen durch Spritzgießen oder Spritzprägen verarbeitbar. Infolge hoher Nachschwindung können sie spannungsrißgefährdet sein.

3. *Melamin-Phenolharz-Formmassen*

sind Mischharzformmassen, die zwar nicht mehr ganz die Vorzüge der Reinmelaminharz-Formmassen bezüglich Kriechstromfestigkeit und Farbstabilität bei Wärme- und Lichteinwirkung aufweisen, aber auch in den weißen und hellfarbigen Ausführungen für viele Zwecke ausreichend farbbeständig sind. Ein wichtiger Vorteil dieser Mischmassen ist die gegenüber Aminoplasten wesentlich geringere Nachschrumpfung. Typen 180–183, Tafel 4.69 (S. 484/485), Tafel 4.72 (S. 492/493).

Einsatzgebiete: Hellfarbige Teile für die Elektrotechnik, Haus- und Küchengeräte, Verschraubungen.

4. Melamin-Polyester-Formmassen

Die mit Cellulose oder gemischt organisch-anorganisch gefüllten Massen vereinen die Farbbrillanz, Kriechstrom- und Lichtbogen-Beständigkeit von MF-Massen mit minimaler Nachschwindung, Rißunanfälligkeit und erhöhter Dimensionsstabilität bei Wärmebeanspruchung.

Einsatzgebiete: Elektro-, Haushalts- und Schaltgeräte, Lampensockel u. a. Elektrobauteile.

4.6.2.4–4.6.2.8 *Verstärkte Reaktionsharz-Formmassen*

DIN 16911 und 16913 (Typen 801–804 und 830–834) geben Einteilung, Bezeichnung und Kurzzeichen für Faser- oder Stäbchenformmassen aus geschnittenen nicht flächenförmigen Verstärkungsstoffen und Prepregs aus linienförmigen oder flächenförmigen Verstärkungsstoffen wieder, die mit Reaktionsharzmassen vorimprägniert sind, am Beispiel UP-Harz/Textilglas (s. a. Tafel 3.2, S. 63) in Tafel 4.73 (S. 496) dargestellt. Für Formmassen mit anderer Harzbasis ist statt UP jeweils diese (PF, EP, DAP) einzusetzen, für Verstärkungsstoffe statt G für Textilglas z. B. C Kohlenstoff – S synthetischer Verstärkungsstoff – B Bor – A Asbest (auch für Aramid in Gebrauch) – M Metall (s. Tafel 3.3, S. 64, und Tafel 6.1 b, S. 563). Die folgenden Kurzzeichen für die Struktur des Verstärkungsstoffes gelten allgemein für verstärkte Reaktionsharz-Formmassen. DIN 16913, Teil 2, gibt Vorschriften für die Bestimmung der Eigenschaften von Prepregs an genormten Probekörpern.

Als internationale Kurzzeichen für trockene, schütt- oder rieselfähige granulierte bzw. pelletisierte (Stäbchen-)Formmassen sind GMC bzw. PMC vorgeschlagen. Nach ISO-DIS 8606 sollen feuchte, teigig-fasrige Massen in BMC (Bulk Moulding Compounds) durch chemischen Verdicker und DMC (Dough Moulding Compounds) durch erhöhten Füllstoffgehalt hochviskos eingestellte unterschieden werden.

Flächige „Prepreg"-Formmassen (SMC = Sheet Moulding Compound) sind

SMC-R (R = random) mit zweidimensional unorientiert liegenden, meist 25–50 mm langen Verstärkungsfasern (Glasfaserrovings, 25–65%), längs und quer gleich fließbar,

SMC-D (D = directed) mit einem Anteil 75–200 mm langer, längs gerichteter Faser, längs kaum fließbar,

SMC-C (C = continuous) mit einem Anteil endloser Längsfasern, längs nicht fließbar.

Die Serienfertigung mechanisch hoch beanspruchter Groß-Preßteile, für die z. B. zwecks Kraftverteilung verschiedenartige Prepreg-Zuschnitte in bestimmter Lage in das Formwerkzeug einzubringen sind, erfordert einen mit Hilfe von Robotern präzis und rationell gesteuerten Arbeitsablauf von der Belegung des Werkzeugs bis zur Entgratung der Fertigteile (s. S. 116 f.).

Tafel 4.73. Verstärkte Reaktionsharz-Formmassen aus ungesättigten Polyesterharzen und Textilglas nach DIN 16913, Teil 1

Formmasseart	Gruppe	Systematische Benennung – Ungesättigtes Polyesterharz – Textilglas	Kurzzeichen	Andere eingeführte Bezeichnungen
1. Nicht flächenförmig, fließfähig	1.1 + 1.2	Faser-Formmasse: 1.1 Stapelfaser 1.2 Geschnittene Filamentfäden	UP – GF	Polyesterharz-Formmasse, DIN 16911 DMC = Dough Moulding Compound BMC = Bulk Moulding Compound
	1.3	Stäbchen-Formmasse: Nach der Imprägnierung geschnittene Filamentfäden	UP – GS	Polyesterharz-Formmasse, DIN 16911 Stäbchenpreßmasse (S. 497)
2. Linienförmig, nicht fließfähig	2.1	Strang-Prepreg: Roving oder Kabel	UP – GR	Vorimprägnierter Roving Stratipreg
3. Flächenförmig, fließfähig Harzmatte	3.1.1	Schnittroving-Prepreg: (Harzmatte) Schnittmatte ohne Binder	UP – GMSR	Polyester-Harzmatte, DIN 16913 Teil 3 Prepreg SMC = Sheet Moulding Compound HMC = SMC mit hohem Glasgehalt (S. 500)
	3.1.2	Matten-Prepreg: Schnittmatte mit Binder	UP – GMSB	
	3.2	Endlosmatten-Prepreg		In Kombination mit Harzmatte als: "Harzmatte mit Endlosfasern" (Endlosmatten als „Gelege" im Kern verhüten Ausschwimmen beim Pressen)
	3.2.1	(aus Endlosmatte ohne Binder) (Harzmatte)	UP – GMC	
	3.2.2	(aus Endlosmatte mit Binder) (Harzmatte)	UP – GMCB	
4. Flächenförmig, nicht fließfähig	4.1	Vliesstoff-Prepreg	UP – GV	Oberflächenharzmatte
	4.2	Papier-Prepreg	UP – GP	
	4.3.1	Rovinggewebe-Prepreg	UP – GRW	Vorimprägniertes Rovinggewebe
	4.3.2	Filamentgewebe-Prepreg	UP – GFW	
	4.4.1	Unidirektionalgelege-Prepreg	UP – GLU	In Kombination mit Harzmatte: O-SCM = Orientated SMC C-SMC = Continous SMC
	4.4.2	Kreuzgelege-Prepreg	UP – GLX	XMC = X-Gelege Moulding Compound (S. 500)
	4.4.3	Nähwerkstoff-Prepreg	UP – GLN	
	4.5	Gewirk- oder Gestrick-Prepreg	UP – GT	

4.6.2.4 Polyester-Formmassen

Handelsnamen: Bakelite, Durapol, Illandur, Keripol, Menzolit, Polydur, Resartherm, Resipol (DE); Norsomix (FR); Crystic Impel (GB); Uromix (NL); Ampal (CH); Esteform (YU); Aropol, Haysite, Het, Stypol (US); Vyloglas (JP).

für Prepregs: Elitrex, Grillodur-Harzmatten, SWC-Prepregs.

1. Allgemeine Eigenschaften

UP-Harze für Formmassen sind bei Verarbeitungstemperatur leicht fließbar unter geringem Druck. Sie härten durch Polymerisation ohne Abspaltung flüchtiger Nebenprodukte rasch und vollständig aus. Die ausgehärteten Formteile schwinden kaum nach, bleiben daher maßgetreu und sind nicht spannungsrißanfällig. Sie sind beliebig hell pigmentiert lichtbeständig, beständig gegen Alkohol, Ether, Benzin, Schmierstoffe und Fette, bedingt gegen Benzol, Ester, schwache Säuren und siedendes Wasser, nicht gegen Laugen und starke Säuren. (Höher korrosionsbeständige Spezial-Bindemittel, auch Phenacrylat- oder Vinylesterharze s. S. 463 f.). Sie weisen hohe Glasübergangstemperaturen und gute elektrische Eigenschaften mit hoher Kriechstromfestigkeit und geringe dielektrische Verluste auf. Die anorganisch gefüllten Formstoffe können lichtbogenfest, glutbeständig und durch (Zusatz-)Füllstoffe wie Aluminiumoxidtrihydrat schwer entflammbar in die Stufen UL 94 HB bis V-0 eingestellt werden. Allgemeine Eigenschafts-Richtwerte siehe Tafeln 4.69 (S. 484/485) und 4.74 (S. 502/503).

2. Nicht flächenförmige Formmassen

Handelsformen: Formmassen mit 12–25 Gew.-% Glasfasern und etwa 40% feinteiligen mineralischen Füllstoffen der Typen 802 und 804 nach DIN 16911 und andere mit Glaskurzfasern, sowie Sonderpreßmassen mit organischen Füllstoffen, auch Textilfasern werden rieselfähig granuliert oder gekörnt preß- und spritzgießbar geliefert. Die Typen 801 und 803 mit längeren Glasfasern und ähnliche Massen werden einerseits styrolfrei mit festem Vernetzer (meist auf Basis von Diallylphthalat, S. 460) als trockene, für Verarbeitung auf Preßautomaten tablettierbare und HF-vorwärmbare Schnitzel, oder als schüttbare, bis 10 mm Schnittlängen ohne zusätzliche Dosiereinrichtung spritzgießbare, bei Bedarf aber auch längere Stäbchen geliefert. Mit in Styrol gelösten Harzen (Typen 801 und 803) als halbtrockene, klebfreie oder klebrig, teigig-fasrige BMC bzw. DMC (S. 495), Premix- oder Sauerkraut-Massen zum Spritzgießen auch als Flocken. Solche Massen sind zwar schwierig dosierbar, gewähren aber je nach Verarbeitungsverfahren Schonung der Ausgangslänge der Fasern bei der Verarbeitung. Spritzgießmaschinen müssen mit Stopfeinrichtungen gefahren, bandförmige feuchte Langfaser-Strangmassen können von der Rolle eingezogen, bzw. – wie auch trockene Stäbchenmasse bis 1 m Länge – längs in Preßwerkzeuge eingelegt werden. Man erzeugt so Formteile mit extrem hoher gerichteter Belastbarkeit.

BMC-Massen sind in einer großen Anzahl nach Reaktivität, Fasergehalt, Harzkomponenten und Warmhärter unterschiedlichen Sondereinstellungen nach Maß lieferbar. Sie sind bei kühler Lagerung einige Monate, styrolfreie Massen bis zu einem Jahr lagerfähig.

Verarbeitung und Anwendung: Polyester-Formmassen erfordern relativ geringe Verarbeitungsdrücke und härten rasch aus. Einzelheiten s. Tafel 3.10, S. 149. Zur Vermeidung von „Dieseleffekten" beim raschen Fluß der Massen müssen die Formwerkzeuge gut gelüftet sein.

Ein Hauptanwendungsgebiet des Spritzgusses typisierter Formmassen sind hoch beanspruchte, auch kompliziert gestaltete Bauteile der Elektrotechnik und Elektronik, Autoelektrik, Autoscheinwerfer-Reflektoren und Bauteile von Haushaltsgeräten. Die Typen 803 und 804 unterscheiden sich von den sonst jeweils gleichartigen 801 und 802 durch flammwidrige Einstellungen (UL 94 V-0, nonburning nach ASTM D 635). Im sonstigen Verhalten dem Typ 804 ähnliche, durch Pressen, Spritzpressen und Spritzgießen verarbeitbare rieselfähige Formmassen für Formteile mit Formbeständigkeit nach Martens 200–240 °C, deren Maßhaltigkeit, mechanische und elektrische Eigenschaften durch erhöhte Temperaturen und feucht-warmes Klima kaum beeinträchtigt werden, erfüllen gleiche elektrotechnische Anforderungen wie Keramik oder Steatit.

Aus hoch verstärkten BMC-Massen werden im Preß- oder Spritzpreß-Verfahren große und großflächige Formteile, vor allem für den Fahrzeugbau, hergestellt. Die Verarbeitungsschwindung von 0,2–0,4% führt dabei zu unruhigen, erhebliche Nachbearbeitung erfordernden Oberflächen. Zusätze bis 25% auf Basis von PVA, PS, PMMA, CAB in sirupartiger Styrollösung kompensieren die Verarbeitungsschwindung in LS (Low shrink)-Systemen (einfärbbar) und in LP (Low profile)-Systemen (schlecht einfärbbar). Daß dadurch das Oberflächenfarbbild beeinträchtigt wird, ist von geringem Belang z. B. für Karosserieteile, die in der Fahrzeugfarbe lackiert werden müssen.

Im ZMC-Verfahren für Großteile wie Autorückfensterrahmen wird BMC mit 0,6–2,5 mm langen Fasern portionsweise einer Spezial-Spritzgießmaschine zur scherungsfreien Schneckenplastifizierung in einem Zylinder zugeführt, der anschließend seinerseits in einem zweiten Zylinder verschiebbar als Spritzkolben die Masse ohne nennenswerte Faserschädigung in das Formwerkzeug fördert.

Im TMC (Thick moulding compound)-Verfahren (US) werden einerseits Schnittfasern von parallel angeordneten Roving-Strängen, andererseits mit einer Dosierpumpe abgemessene Harzpaste dem Mischspalt zwischen zwei gegenläufigen Rollen zugeführt, die Masse wird durch rasch laufende Abnehmerwalzen auf eine Trägerfolie geschleudert, die zusammen mit einer Deckfolie einem Transportband zugeführt wird. Das bis 5 cm dicke entstehende Masse-Fell mit 50–65% GF-Gehalt wird in Zuschnitten von Hand in die Preßform eingelegt. Beim kontinuierlichen CIC- oder KMC-Knetwalzenspalt-Im-

prägnierverfahren wird durch Rakel lose, bis 50 mm langfaserverstärkte Masse faserschonend (und dadurch Festigkeit des Formstoffs
verbessernd) abgezogen.

3. Polyester-Harzmatten (SMC) und andere Prepregs

Zur kontinuierlichen Fertigung von UP-SMC-R (S. 495) führt man
bis 160 cm Breite arbeitenden horizontalen Anlagen Roving-Schnitt-
fasern zwischen zwei von PE-Folien getragenen UP-Harzpasten-
Schichten zu. Das Paket wird anschließend über Homogenisier-
Quetschrollenstraßen auf 0,5–1 cm Dicke verdichtet, auf Rollen gewickelt oder lagenweise abgelegt. Styroldicht verpackt können UP-
SMC-Prepregs kühl (20 °C) 2–6 Monate gelagert werden.

Die Fertigung von Formteilen in *einem* Arbeitsgang von der Impräg-
gnierung der Harzträger bis zur Presse ist dadurch erschwert, daß die
Reifung der Tränkpaste zur preßfähigen Konsistenz mittels Erd-
alkali-Oxiden oder Hydroxiden einige Tage in Anspruch nimmt. Im
ITP interpenetrating thickening process (ICI, GB) der Anvernetzung
mit Isocyanaten wird diese Zeit auf einige Stunden verkürzt. Mit
Magnesium-Oxid und sonstigen Zusätzen bei 60–80 °C können die
Harze in wenigen Minuten preßfähig eingedickt werden. Dadurch
und durch neuere kristalline, bei ca. 70 °C leicht fließend (und damit
faserschonend) schmelzende Festharze (Crystic Impreg) ohne Verdicker sind Großformteil-Großserien-Fertigungsstraßen vom Rohstoff bis zum Fertigteil möglich geworden.

Zur *Verarbeitung* zu großflächigen Preßteilen unter 3–15 N/mm²
Druck bei 140–160 °C braucht man wegen der raschen Aushärtung
(15–30 s/mm Dicke) schnellschließende Spezialpressen (S. 116/117).

Das Fließvermögen der Harzmatten ermöglicht die Herstellung
großflächig doppeltgekrümmter Teile, auch mit Nocken und Rippen
wie Fahrerhäuser, (Schiebe-)Dächer, Motorverkleidungen, Heckklappen, Stoßstangen, Schaltkulissen, Sitzschalen im Nutz- und Per-
sonenfahrzeugbau, die Bauelemente der Post-Telefonzellen, Kabelverteilerschränke, Langfeldleuchten und Innenausstattungs-Groß-
teile im Schiff- und Flugzeugbau; Typ 834 erfüllt dafür geltende
Brandschutzanforderungen. Um Blasenbildung bei folgender Ein-
brennlackierung solcher Teile zu vermeiden, wird in der SMC/IMC
(In Mould Coating) Verbundtechnik dem Formteil in einem zweiten
Pressenhub eine ca. 0,1 mm dicke Deckschicht aus einem unter 400
bar Druck eingespritzten PUR-Füssiglack aufgepreßt. Für Karosserieteile der ,,Knautschzone" kommen durch Elastomerzusatz modifizierte flexible LP-SMC mit niedrigem E-Modul in Betracht. Spezifisch leichte, gut schlagfeste Strukturschaum-Formteile ($d \geq 1$ g/cm³)
erhält man durch Zusatz von ca. 1% mikroverkapselter Fluoralkane
zum Prepreg. Endlosmatten-Prepregs Unipreg (SMC-C, S. 495/496)
sind für dünnwandige komplizierte Teile vorteilhaft. Mit Spezial-
UP- oder Phenacrylatharzen, auch CF-verstärkt, erreichen sie nahezu das Eigenschaftsprofil der teureren High-tech-EP-Prepreg-Ver-

bunde (s. Tafel 4.73, S. 496). Anwendungsbeispiele für solche, nach Maß der jeweiligen Belastung von Einzelbereichen der Bauteile konstruierte „HMC (= high modulus continuous) advanced SMC" sind Pkw-Stoßstangen und -Türrahmen. Einsatzgebiete für hochtemperaturstandfeste, schwerentflammbare Phenolharz-SMC-Großformteile siehe S. 491.

Glasarmierte Preglas-Oberflächenmatten verpreßt man als Deckschicht hochbeanspruchter Holzwerkstoffe. Klebe-Prepregs für die Elektroindustrie sind UP-Harz-Laminate auf flexiblen Trägerschichten, die beim Spulenwickeln mit 100–120°C heißem Draht zunächst schmelzen und beim Nachtempern aushärten.

Die mechanisch höchstbeanspruchten Glasgewebe-Prepregs sind nur für ebene oder einachsig gekrümmte Formteile brauchbar. Ähnlich hohe mechanische Werte – > 750 N/mm^2 Biegefestigkeit, > 200 kJ/m^2 Kerbschlagzähigkeit – bei freierer Gestaltungsmöglichkeit erzielt man mit den kreuzweis gewickelten füllstofffreien XMC-Matten (NL) mit 65–72% GF-Gehalt.

Prepregs aus licht-initiierten UP-Harzen (S. 461) – für opake Erzeugnisse mit Aluminiumoxidhydrat gefüllt – und Schnitzelmatten oder geschnittene Rovings bis 35% GF-Gehalt werden zwischen PVAL-Deckfolien 0,5 mm–6 mm dick in einem Arbeitsgang kontinuierlich hergestellt und verdickt (Durodet LH). Das lederartige weiche Material ist licht- und UV-undurchlässig verpackt bei Raumtemperatur mehrere Wochen lagerfähig.

Aus diesen Prepregs werden bei der Warmumformtemperatur der Deckfolien (80–90°C) Formteile in begrenztem Umformgrad tiefgezogen. Man kann dafür übliche Thermoplast-Formmaschinen (S. 198/199), aber auch für große Formteile (Bootskörper, Spoiler, Abdeckungen) einfache Kastenformen mit Rand-Einspannung und Vakuumanschluß benutzen. Die Formteile sind in der Regel formstandfest genug, um in einem anschließenden Lampenfeld mit 40–50 sec Belichtungszeit für 4 mm Dicke ausgehärtet zu werden. Die Deckfolien sind dann leicht abziehbar, es sind aber auch Kaschierungen beim Warmformen möglich.

4.6.2.5 *Epoxidharz-Formmassen*

1. *Trockene Massen*

Handelsnamen: Araldit, Bakelite, Menzolit, Supraplast.

Handelssorten: Körnige, flockige oder stäbchenförmige Massen, auch eingefärbt aus festen epoxidierten Kresol-Novolaken oder verlängerten Bisphenol-A-diglycidethern werden mit (chemisch angekuppelten) anorganischen Füllstoffen über die Schmelze, Langfasermassen mit Imprägnierlösungen hergestellt. Sie sind je nach Harzund Härtersystem begrenzt kühl (< 20°C) lagerfähig.

Wegen ihres hervorragenden Fließvermögens lassen sich die Massen bei niedrigen Drücken besonders gut nach dem Spritzpreßverfahren und auf Schneckenspritzgießmaschinen verarbeiten (s. Tafel

3.10, S. 149). Die oberhalb $T_g \sim 45\,°C$ der Harze merklich beschleunigte Härtungsreaktion erfordert rasche Förderung der Masse in das Formwerkzeug wenig oberhalb der Schmelztemperatur der Harze um 70 °C.

Die Formteile zeichnen sich bei geringer Formschwindung durch eine hohe Maßgenauigkeit aus und zeigen auch bei erhöhten Temperaturen praktisch keine Nachschwindung. Die Einbettung sehr feiner Metallteile ist wegen des guten Fließvermögens ohne deren Verformung möglich, desgl. auch die dichte und rissefreie Umpressung bzw. Ummantelung größerer Metallteile, wobei auch die starke Haftung des Harzes auf Metallen wichtig ist (Beispiel: isolierende Ummantelung der Ankerwellen bei gleichzeitiger Fixierung der Kollektoren in Elektromotoren). Sie sind für Langzeitgebrauch bis $> 150\,°C$ geeignet. Eigenschaftswerte s. Tafel 4.74, S. 502/503. Stäbchenpreßmasse mit langen Glasfasern erbringt Biegefestigkeit $180\ N/mm^2$, Schlag- und Kerbschlagzähigkeit $70\ kJ/mm^2$.

Einsatzgebiete: allgemein für technisch hochwertige Präzisionsteile bis zu den kleinsten Abmessungen, besonders mit Metalleinlagen, in der Elektroindustrie Ausspritzen von Ankern und Kollektoren und Umspritzen von Wickelkondensatoren. Mengenmäßig größtes Anwendungsfeld ist die Umhüllung von elektronischen Halbleiter-Bauelementen (Chips) im Spritzpreßverfahren mit 240–360 Kavitäten enthaltenden Vielfach-Formwerkzeugen. Dafür braucht man hoch reine, mit hohem T_g (z. B. durch Benzophenontetracarbonsäure-Anhydrid) aushärtende quarzgefüllte Spezial-Formmassen.

2. *Gewebe-Prepregs*

Prepreg-Handelsnamen: Elitrex, Trefoil, Fibredux, Rigidite.

Gewebe-Prepregs werden durch Tränkung von GF-, CF- oder Synthesefasergeweben mit Harzlösungen und Verdampfen des Lösungsmittels hergestellt. Zuschnitte aus GF-EP-Prepregs mit 37–60% Glasgehalt in ca. 1,5 m breiten Rollen binden bei 120–160 °C unter geringem Druck zu Laminaten von ca. $560\ N/mm^2$ Prüfkörper-Biegefestigkeit ab. Sie können sowohl auf der Presse wie unter Vakuum oder im Autoklaven verarbeitet werden. Schwer entflammbar eingestellt, gegen Flugzeugtreibstoffe und Hydrauliköle beständig, entsprechen sie internationalen Luftfahrtnormen.

Anwendungsgebiet: Laminate und Verbundbaustoffe mit Waben und anderen Kernwerkstoffen, insbesondere für die Luft- und Raumfahrt, kupferkaschiert für gedruckte Schaltungen (S. 507).

3. *Unidirektional-Prepregs („Tapes")*

sind Strukturwerkstoffe der Ingenieurtechnik, die – u. a. durch Bandablege- (S. 84 f.) und modifizierte Pultrusionsverfahren (S. 157) – für Höchstleistungserzeugnisse mit gerichtetem mechanischem, insbesondere dynamischem Verhalten angewandt werden. Mit EP-GF-Prepregs werden u. a. Lkw- und Pkw-Blattfedern aufgebaut.

Tafel 4.74. Richtwerte für Reaktionsharz-Formmassen

Eigenschaften	Harz	UP		
	Verstärkung	GF-Kurz-faser	GF < 20 mm	GF
	Lieferform	Granulat	Stäbchen, BMC	Granulat
	Kennzeich-nung	Typen[2]) 802/ 804	Typen[2]) 801/ 803	keramikartig
Dichte	g/cm^3	1,9–2,1	1,8–2,0	ca. 2,1
Mechanisch				
Zugfestigkeit	N/mm^2	>30	>25	ca. 35
Biegefestigkeit	N/mm^2	55–70	>60	50–70
Biegemodul	kN/mm^2	10–15	12–15	5–9
Schlagzähigkeit (Charpy)	kJ/m^2	4,5–6	22	5–6
Kerbschlagzähigk. (Charpy)	kJ/m^2	2,5–4	22	3–4
Kugeleindruckhärte	N/mm^2	200–300	160–240	200–280
Rockwell-Härte	Scale	E98	E95	–
Thermisch				
Formbest. Temperatur				
ISO 75/A (1,8 MPa)	°C	>200	200–260	ca. 265
nach Martens	°C	140–200	125–140	200–240
Dauergebrauchstemperatur	°C	>160	150	≥ 200
Thermischer Längen-ausdehnungskoeffizient	10^5 · K^{-1}	2–4	2–5	1,5–3,0
Wärmeleitfähigkeit	W/mK	0,8	0,4	0,9
Elektrisch				
Spez. Durchgangs-widerstand	Ohm · cm	10^{12}	10^{12}	10^{14}
Oberflächenwiderstand	Ohm	10^{12}	10^{10}–10^{12}	10^{13}
Durchschlagfestigkeit				
DIN 5348	kV/cm	120–180	130–150	–
ASTM D 150[1])	V/mil	350–450	250–300	300
Dielektrizitätszahl	50 Hz–1 MHz	4–6	4–6	4,5–7
Diel. Verlustfaktor	50 Hz–1 MHz	0,04–0,01	0,06–0,02	0,02
Kriechstromfestigkeit		>600	>600	>600
Wasseraufnahme (DIN-ISO) 4 d, 23 °C	mg	45	100–60	30–40
Wasseraufnahme ASTM D 570, 24 h/23 °C[1])	%	0,1–0,5	<0,5	0,2

[1]) Für US-Marktprodukte. [2]) DIN 16911, Typen 803 u. 804 schwer entflammbar.

DIN 29971 und DIN 65142 sind Normen für unidirektionale CFK-Gelege-Prepregs. Für EP-CF-Prepregbänder werden dünne CF-Rovings vom Spulenbaum mit 100–200 Einzelspulen abgezogen und exakt parallel ausgerichtet mit aufgeschmolzenem EP-Harz über Rollenwerke zu bis 0,1 mm dünnen Tapes verschmolzen. Mit leicht haftklebenden Oberflächen („tack") sicher verlegbar sind sie zwischen Abdeckfolien, bei − 18 °C lager- und transportfähig.

Anwendung u. a. als Konstruktionswerkstoff für gerichtet gewickelte autoklavgehärtete Flugzeug-Leitwerke, Druckkörper für Raumfahrt, Hochleistungs-Sportgeräte (S. 36).

Tafel 4.74. Fortsetzung

GF-Schnitt-matten	EP		DAP		SI
	mineralisch	GF	mineralisch	GF	Quarz
Schnitt-matten	Mahlgranulate oder Stäbchenmassen				
SMC, Typ[3]) 830–834	nicht typisiert				
1,7–2,4	1,6–2,0	1,6–2,1	1,65–1,85	1,7–2,0	1,9
50–230[4])	30–85	35–140	35–56	42–77	ca. 40
100–420[4])	70–120	56–300	60–77	77–177	65–70
1–7	11–13	10–25	7–10	8,5–11	10–18
50–70	6–7	9–100	–	–	4,3–4,6
40–60	2	3–100	–	–	–
160–180	150	190–240	–	–	–
Barcol 40–70	M100–112	M100–112	E60–65	E80–87	M80–95
180–>200	107–260	107–260	160–288	166–288	>250
–	120	120–125	–	–	–
150	150–>200	150–>200	150–180	150–180	300
1–4	2–4	1–3	2–7	2–5	3,1–3,5
0,5	0,6	0,6	0,3–1,0	0,2–0,6	0,4–0,6
10^{12}–10^{15}	10^{14}–10^{16}	10^{14}–10^{16}	10^{11}–10^{15}	10^{13}–10^{16}	10^{16}
10^{10}–10^{11}	>10^{12}	>10^{12}	10^{10}–10^{14}	10^{10}–10^{14}	
130–150	130–180	140–150	–	–	250
380–500	250–400	250–400	400–450	390–430	200–400
4–6	3,5–5	3,5–5	4–5	4–4,5	3,4–3,6
<0,1–<0,01	0,07–0,01	0,04–0,01	0,007–0,015	0,004–0,009	0,001–0,002
>600	>600	>600	>600	>600	>600
<100	30	30	–	–	–
0,1–0,3	0,03–0,2	0,04–0,2	0,2–0,5	0,1–0,3	0,1

[3]) DIN 16913, el. Werte nur für .5-Typen. [4]) SMC-R bis SMC-C, 25–65 GF.

4.6.2.6 Diallylphthalat (PDAP)-Formmassen

Handelsnamen: Bakelite, Poly-Dap, Durez, Supraplast, mit langen GF Neonit.

Als Ausgangsmaterial für das Prepolymer können Phthalat oder Isophthalat verwendet werden, die zwei unterschiedlichen Formmassetypen werden als ortho- und als meta-Form bezeichnet, die letztere besitzt hervorragende Wärme- und Formbeständigkeit, siehe Tafel 4.74.

Handelssorten: Mit GF, Cellulose- oder synthetischen Fasern gefüllte grobfaserige oder körnig schüttfähige Massen, vorwiegend in selbstlöschender Einstellung, Farben vorwiegend blau, grün oder schwarz.

Verarbeitung durch Pressen (10–70 N/mm²) Preßdruck, Spritzpressen oder Spritzgießen (10 N/mm² bis 50 N/mm²) Härtetemperatur 140–180 °C.

Anwendungen, vor allem für elektronische Bauteile in militärischem und Raumfahrtgerät, nutzen hohe Dimensionsstabilität bis über 200 °C und die Temperatur- und Witterungsstabilität der vorzüglichen elektrischen Eigenschaften unter extremen Umweltbedingungen und Klimaschwankungen.

4.6.2.7 *Siliconharz-Formmassen*

werden aus stark verzweigten Methyl- oder Methylphenylsiloxanen mit anorganischen Füllstoffen hergestellt. Verpreßt wird 1 bis 3 Minuten bei 175 °C mit 20–30 N/mm². Zur Erzielung optimaler Eigenschaften müssen die Formteile nachgeheizt werden. Eigenschaften siehe Tafel 4.74 (S. 502/503). Die Biegefestigkeit ist nach 1000 h Lagerung bei 250 °C unverändert, bei 300 °C zu 70% erhalten. Anwendung hochtemperaturbeanspruchte Elektronik-Bauteile.

Hersteller: z. B. Wacker Chemie, Burghausen.

4.6.2.8 *Weitere hoch temperaturstandfeste Formmassen*

aus Basis von Polyimiden (Kinel, FR) sowie von Poly-Parahydroxybenzoat u. ä. aromatischen Polyestern (Ekonol, US) siehe im Abschnitt 4.8. Hochtemperaturstandfeste Kunststoffe, Seite 525 ff., Eigenschaften dort Tafel 4.80 (S. 526).

4.6.3   Halbzeug aus duroplastischen Kunststoffen

4.6.3.1 *Gießharzerzeugnisse*

Handelsnamen: z. B. Dekorit (PF), Leukorit (PF), Vigopas (UP).

Handelsformen: Platten, Stäbe, Rohre, vorgeformte Gießlinge, glasklar und dekorativ eingefärbt zur spangebenden Herstellung von Gebrauchsartikeln.

1. Spezielle Phenol-Resole mit niedrigem Wassergehalt (2–10%), ggf. modifiziert, werden in Gießformen bei mäßig erhöhter Temperatur (60–80 °C) innerhalb von 2 bis 5 Tagen drucklos gehärtet. Derartige „Edelkunstharz"-Halbzeuge werden spanabhebend bearbeitet. Anwendungsgebiete sind Teile für den Textilmaschinenbau (Umlenk- und Fadenführungsrollen), Kopierfräsmodelle, Billardbälle und Kegelkugeln.

2. Gießharz-Formstoffe nach DIN 16 946 aus MMA s. Tafel 4.1, S. 232, aus anderen Reaktionsharzen Tafel 4.61, S. 454/455.

4.6.3.2 Gezogene faserverstärkte Profile

Handelsnamen: z. B. Fiberflex, Glasotext, Grillodur, Wacosit (DE).

Im *Pultrusionsverfahren* (S. 157) aus reaktionsharzgetränkten Rovings mit 65–75% Fasergehalt gezogene Hohl- und Vollprofile mit Außenmaßen bis 50 × 100 cm sind Strukturwerkstoff-Konstruktionselemente außerordentlich günstigen Festigkeits/Gewichts-Verhältnisses (Tafel 4.77, neben S. 519).

Hauptanwender der bis 150 °C und 180 °C dauergebrauchsfähigen UP-GF- und EP-GF-Profile und -Rohre ist die elektrotechnische Industrie. In der chemischen Industrie dienen sie für korrosionsfeste Konstruktionen. Im Maschinen- und Fahrzeugbau, auch z. B. für Zeltstangen und Drachensegler, werden als Konstruktionselemente für hohe mechanische und thermische Wechselbeanspruchung auch EP-CF-Profile eingesetzt. Diese und die Aramidfaser-verstärkten sind extrem leichte Struktur-Konstruktionswerkstoffe für die Luftfahrt zum „Pulforming" s. S. 159.

Extrem zugfeste, biegsame Rundprofile mit 80% durchlaufenden Lang-Glasfasern (Polystal), die mit 10–20 km Lauflänge angeboten werden, werden als Bewehrung von Spannbeton, Mast-Abspannungen, Zugentlastungselemente in optischen Kabeln, Zugseile von Kanalmolchen benutzt.

4.6.3.3 Gewickelte faserverstärkte Profile

können unter beliebiger Wahl der Komponenten, Wickelwinkel und Querschnitte auf computergesteuerten Anlagen (S. 85) mit optimalem Verhältnis zwischen niedrigem spezifischen Gewicht und hohen Festigkeitswerten in jeder Lastrichtung gefertigt werden. Ein Anwendungsbeispiel sind die Fußbodenträgerstützen im Airbus A 310 als CF-GFK-Hybrid-Composite-Bauteil (Pregnit), die 30% Gewichtsersparnis gegenüber früher verwendeten Alu-Legierungen erbracht haben. Weitere in Erprobung oder Serienfertigung befindliche Anwendungen sind z. B. Pleuel, Kardanwellen und Sicherheitslenksäulen im Kfz-Bereich, Trafo-Stützzylinder und Funkenlöschkammern in der Elektrotechnik, Radargerüste, Teleskopantennen, Granatwerferrohre u. a. Anwendungen im militärischen Bereich.

4.6.3.4 Schichtpreßstoffe

1. *Hartpapier, Hartgewebe, Hartmatten*

Schichtpreßstoffe für mechanische bzw. elektrotechnische Zwecke gemäß DIN 7735 sind Hartpapiere, Hartgewebe und Hartmatten, die entweder als Halbzeug (Tafeln, Rohre, Vollstäbe, Flachleisten) oder als Formteile hergestellt sind. Hartpapier (Hp) besteht aus Harz und Papier, Hartgewebe (Hgw) aus Harz und Gewebe, Hartmatten (Hm) aus Harz und Glasseidenmatten. Näheres über Zusammensetzung, Typenbezeichnungen und Eigenschaften siehe Tafel 4.76, neben S. 518.

Tafel 4.75. Technische Schichtpreßstoff-Gruppen NEMA – DIN – ISO

NEMA „grades"	Harz	Verstärkung	Eigenschaften und Anwendung	entspricht Typen	
				DIN 7735	ISO 1642[1]
X, XX, XXX Zusatz: P XXXP-C,FR-2	PF	Papier	X allg., XX elektrische, XXX HF-Anwendung stanzfähige X-Typen, UL 94-HB hoch isolierend, feuchtfest, UL 94-V0	HP 2061 bis HP 2064	PF/CP 1 bis PF/CP 6
C, CE L, LE	PF	Bw-Gewebe Bw-Feingewebe	Maschinenteile, CE zus. elektrische Eigenschaften Eng tolerierte Maschinen-, Stanz- und Drehteile	HGW 2081 HGW 2082/3	PF/CC 1 bis PF/CC 6
FR-3 FR-6	EP UP	Papier GF-Matte	} Flammgeschützte Typen (UL 94-V0) für gedruckte Schaltungen	HP 2361.1 HM 2471/2	EP/CP 1 UP/GM 1
N 1	PF	PA-Stapelfaser	ähnlich XXXP- und C-Typen, UL 94-HB	–	–
G 3 G 7 G 9	PF SI MF	Glasfaser-Gewebe	hochfest und schlagzäh, lichtbogenfest, geringer Verlustfaktor, gut feucht- und hitzebeständig, UL 94-V0	HGW 2072 HGW 2572 HGW 2272	PF/CC 1 SI/CC 2 MF/CC 1
G 10, FR-4 G 11, FR-5	EP EP	Glasfaser-Gewebe	Besonders gute elektrische Eigenschaften über weiten Feuchtigkeits- und Temperaturbereich, bestens flammgeschützt	HGW 2370 bis HGW 2372	EP/CC 1 bis EP/CC 4
CEM 1 CEM 3 CEM 5 }[2]	EP EP UP	Papier-Kern GF-Papier GF-Matte	} Laminate mit GF-Gewebe-Deckschicht, ähnlich FR-3 bis FR-6, hohe Festigkeitswerte, UL 94-V0		
Niederdruck-UP-GF-Laminate GPO 1 GPO 2 GPO 3	UP	Glasfaser-Matte	allgemeine Verwendung schwer entflammbar schwer entflammbar, kriechstromfest	} vgl. Tafeln 4.63, S. 458, 4.73, S. 496, 4.74, S. 502/503	

[1] s. Tafel 4.68 (S. 478), Spalte 2
[2] s. DIN/IEC-249, Teil 2, 9 u. 10

Handelsnamen: z. B. Aclaita,b, Cartaa,b,c, Diverritc, Durcotonb, Durapolc, Duraverc, Etronita, Etronaxbc, Ferrozell, Geaxa, Gesadur, Glasotextc, Grillodura, Harexb, Norplexc, Novotextb, Pertinaxa, Resitexb, Resocela, Resofilb, Trolitaxa,c, Voltisa,

a = vorzugsweise für Hartmatten
b = für Hartgewebe
c = Glasfaserhartgewebe.

Erzeugnisse, Eigenschaften, Anwendungen

Technische Schichtpreßstoffe, vor allem für elektrische Anforderungen, sind weitgehend genormte Produkte, die häufig international gekennzeichnet werden durch *NEMA designation grades* der National Electrical Manufacturers Association, US.

Tafel 4.75 (S. 506) gibt einen Überblick über Bedeutung und Beziehung der NEMA grades zu den auch von den elektrotechnischen Fachorganisationen (VDE 318, IEC 249) gebräuchlichen Typbezeichnungen nach DIN 7735 bzw. dem Entwurf von DIN ISO 1642. Die zugehörigen Wertetafeln, hier in Tafel 4.76 nach DIN 7735, stimmen international weitgehend überein.

Die Schichtpreßstoffe sind beständig gegen organische Lösungsmittel, Schmierfette, Öle und Treibstoffe, ihr Verhalten gegen aggressive Chemikalien hängt vom Bindemittel ab.

Allgemeine Eigenschaften s. Tafel 4.76, neben S. 518.

Phenolharzhartpapier ist als naturfarben brauner oder schwarzer, isolierender Konstruktionswerkstoff der Starkstrom-, Fernmelde- und Radiotechnik seit Jahrzehnten bewährt. Die einzelnen Typen entsprechen den unterschiedlichen Anforderungen der Einzelanwendungsgebiete. Hellfarbig mit MF-Papier abgedeckte Schalttafeln und MF-abgebundene Hartpapier- und Hartgewebe-Sorten sind kriechstromfeste (KC 600) Konstruktions-Werkstoffe.

Phenolharzhartgewebe sind für den Maschinenbau bestimmte mechanisch hoch beanspruchbare Schichtpreßstoffe. Sie werden spangebend zu geräuscharm arbeitenden Lagerschalen und -buchsen, Gleitbahnen, Zahnrädern (VDI 2545), Druck- und Laufrollen, Spulenscheiben, Kugellagerkäfigen, Zieh- und Bohrwerkzeugen verarbeitet, s. a. VDI 2541.

Die allgemeine Weiterentwicklung der Schichtpreßstoffe mit UP-, EP- und SI-gebundenen Typen (Tafeln 4.75/4.76) entspricht den wachsenden Anforderungen der Elektrotechnik, insbesondere der Hochleistungselektronik für Computer, Luft- und Raumfahrt, an Wärmebeständigkeit, Feuersicherheit, Isoliereigenschaften, Kriechstromfestigkeit und Widerstand gegen elektrolytische Korrosion, wie auch an die präzise Verarbeitbarkeit der Gerätebausoffte.

Hohe Qualitätsanforderungen werden an Schichtpreßstoffe als *Träger gedruckter Schaltungen* gestellt. Solche werden nach DIN 40 802, Blatt 1 und 2, DIN-IEC 249 und NEMA-Vorschriften ein- oder

beidseitig mit Kupferfolien kaschiert geliefert (z. B. Duraver E-Cu,
Permaclad, Supra-Carta-Cu, Trolitax), nach Aufdrucken des Schalt-
bildes mit Isolierlack wird das nicht vom Lack bedeckte Kupfer ab-
geätzt. Andererseits wird in Additivverfahren auf unbeschichtetes
Basismaterial nach mehreren Vorbereitungsgängen ein Negativbild
der Schaltung aufgedruckt, die freien Leiterzüge werden galvanisch
verkupfert. Für miniaturisierte Mehrlagenschaltungen werden Träger ab 0,125 mm Dicke beidseitig bedruckt und mit zwischengelegten
Glasfaser-EP-Harz-Prepregs (Trolitax Multilayer) verpreßt. Die
Schaltzüge werden mittels durchplattierter Löcher verbunden. Über
schwer entflammbare Bismaleinimid- und Triazinharze als Bindemittel für solches Material, s. S. 530. Für flexible gedruckte Schaltungen werden PTFE-Glasgewebelaminate (S. 415) verwendet.

Über Anforderungen der DIN 7735 spezifisch einstellbar hinausgehende Eigenschaftswerte weisen aus unterschiedlich, auch unidirektional konstruierten Glas-, Aramid(AF)- und Kohle(CF)-Gewebe-
Prepregs (AF, CF s. S. 64, 65) mit PF-, UP-, EP- oder PI-Harzen
gefertigte Schichtstoffplatten für konstruktive Zwecke auf (Tafeln
4.76 u. 4.77, neben S. 519, 4.80, S. 526). Anwendungsbereiche, in denen neben der hohen spezifischen Festigkeit dieser Laminate Son-
dereigenschaften genutzt werden, sind u. a. Hochtemperatur-Isolier-
baugruppen in der Elektrotechnik (EP, PI), nicht entflammbare, im
Feuer raucharme Auskleidungen und Beläge für die Luftfahrt (AF,
PF-GF), Sportgeräte und medizinische Apparate (CF, röntgendurch-
lässig), weiter einerseits Wärmeschutz-Platten für Kunststoffpressen,
für Objektschutz gegen Raketen-Verbrennungsgase, andererseits Abstandhalter der Tiefst-Temperatur-Dämmung von Einrichtungen für
Supraleitfähigkeits- und Kernfusions-Experimente nahe dem absoluten Nullpunkt.

Zur spangebenden *Verarbeitung* s. S. 219 ff. Zum Schneiden und
Stanzen in der Feintechnik müssen Schichtpreßstoffe auf genau festgelegte höhere Temperaturen erwärmt werden, damit sie dabei nicht
aussplittern. Technische Laminate erfordern diamantbestückte
Werkzeuge.

2. *Dekorative Schichtstoffplatten*

Schichtstoffplatten mit dekorativer Oberfläche auf Aminoplastharz-
Basis werden auf dem Markt in verschiedenen Qualitäten angeboten:

HPL	Hochdruck-Schichtstoffe (high pressure laminates), mit Deckschichten auf Melaminharz-Basis (meist einseitig, aber auch beidseitig) und jeweils mehreren Kernschichten auf Phenolharz-Basis, gepreßt unter einem Druck von min-destens 7 N/mm²;
CPL (CL)	im kontinuierlichen Endlosverfahren unter einem Druck von meist 5 N/mm² hergestellte Schichtstoffe (continuous pressure laminates);

KF	kunststoffbeschichtete Spanplatten (Flachpreßplatten);	LPL	Niederdruck-Schichtstoffe
KH	kunststoffbeschichtete Hartfaserplatten.		(low presure laminates)

HPL-Platten

Handelsnamen für HPL- und CPL-Platten:
Dekodur, Duropal, Formica, Fundopal, Getalit, Homapal, Hornit, Hornitex, Kellco, Maxi, Perstorp, Resopal, Resopalit, Thermopal-Brillant, Trespa-Duro.
Für Außenanwendung: Resoplan, Trospa.

Herstellung und Lieferformen: HPL-Platten werden in Mehretagenpressen (12 bis 44 Etagen) bei einer Temperatur von 130 bis 160 °C und einem Druck von mindestens 7 N/mm^2 – meist ca. 10 N/mm^2 – hergestellt. Bei Plattendicken von 0,5 bis 1,3 mm werden pro Etage 10 bis 22 Laminate gepreßt; hierbei prägen doppelseitige Edelstahl-Preßbleche zwischen den einzelnen Lagenpaketen die Oberflächenstrukturen; bei Platten mit nur einseitigem Dekor liegen die Edelstahlbleche jeweils zwischen den Oberseiten von 2 Platten, während zwischen die Rückseiten der beiden Platten Silikonpapier eingelegt wird. Die Preßzeit einschließlich Aufheizen und Kühlen beträgt je nach Preßtemperatur und Beschichtung der einzelnen Etagen 50 bis 100 Minuten. Der Aufbau von HPL-Platten ist folgendermaßen:

1. Overlay-Papier aus gebleichtem Edelsulfatzellstoff ohne Pigmente, getränkt mit Melaminharz, Harzgehalt 65–80%, Flächengewicht 17–50 g/m^2.
2. Dekorpapier aus gebleichtem Edelsulfatzellstoff, in der Masse gefärbt oder mit Farbaufdruck, zur Abdeckung des dunklen Kerns mit Füllstoffen versehen, getränkt mit Melaminharz, Harzgehalt 40–45%, Flächengewicht 75–130 g/m^2. (Falls kein Overlay verwendet wird: Harzgehalt 50–55%, Flächengewicht 100–160 g/m^2.)
3. Underlaypapier (Barrierepapier), weiß, verwendet nur bei besonders hellen Farben des Dekors zur zusätzlichen Abdeckung des dunklen Kerns, imprägniert mit Melamin-Harnstoff-Harz, Harzgehalt 45–50%, Flächengewicht 80–100 g/m^2.
4. Kernpapiere aus ungebleichtem Sulfitzellstoff, getränkt mit Phenolharz, Harzgehalt ca. 30%, Flächengewicht 150–250 g/m^2.

Die Dekorpapiere werden einfarbig beliebig hell durchgefärbt oder mit Vielfarbendruck abstrakt wie auch in Naturstoff-Nachstellungen gemustert, die Oberflächen glatt, seidenmatt oder strukturiert geprägt. Auch solche mit auflaminierter Textil-, Leichtmetall- oder Echtfurnierdeckschicht gehören zum Marktangebot.

Die Overlaypapiere, auf die häufig auch verzichtet wird, werden beim Verpressen durchsichtig; sie vertiefen die Farbwirkung des Dekors und verstärken die Verschleißschutzschicht.

Typen und Anwendungen. HPL-Platten werden nach DIN 16926 in folgende Typen eingeteilt:

Typ N   Normalqualität;
Typ P   Postforming-Qualität (bei bestimmter, vom Hersteller anzu-
         gebender Temperatur nachformbar);
Typ F   mit erhöhter Widerstandsfähigkeit gegenüber Flammenein-
         wirkung;
Typ C   Kompaktschichtpreßstoff mit 2,0 bis ca. 20 mm Dicke (für
         selbsttragende Anwendungen ohne Verleimung auf ein
         Trägermaterial);
Typ CF   Kompaktschichtpreßstoff mit erhöhter Widerstandsfähig-
         keit gegen Flammeneinwirkung;

Die Typenbezeichnung wird ergänzt durch die Kennzahlen (1 = ge-ringste, 4 = höchste Anforderungen) für

1. Verhalten bei Abriebbeanspruchung
   (Anzahl der Umdrehungen eines Reibrades),
2. Verhalten bei Stoßbeanspruchung
   (Schlagprüfgerät simuliert Aufschlagen eines abgestumpften Gegenstandes),
3. Verhalten bei Kratzbeanspruchung
   (unter zunehmender Belastung kreisendes Ritzprüfgerät mit Dia-
   mantspitze).

Aus der Kombination der Kennzahlen aus diesen 3 Eigenschaften ergeben sich die Bezeichnungen für die wichtigsten Anwendungs-klassen (siehe Tabelle).

Kennzeichen des Anwendungsprofils von HPL durch Kennzahlen

Anwendungsprofil	typische An-wendungsgebiete	Anwendungs-klasse*)
besonders hoher Abriebwiderstand hohe Stoßfestigkeit besonders hohe Kratzfestigkeit	Zahltheken Fußböden	434
hoher Abriebwiderstand mittlere bis hohe Stoßfestigkeit mittlere bis hohe Kratzfestigkeit	Küchenarbeits-platten Gaststättentische	333
mittlerer Abriebwiderstand geringe bis mittlere Stoßfestigkeit mittlere bis hohe Kratzfestigkeit	Küchenfronten Regalböden Transportfahrzeuge	223
geringer Abriebwiderstand geringe Stoßfestigkeit geringe Kratzfestigkeit	Möbelkorpus	111

*) Bei den Typen C und CF ist in jeder Kombination eine besonders hohe Stoßfestigkeit gegeben. Sie wird durch eine Kugelfallprüfung (keine Risse, Eindruckdurchmesser < 10 mm) nachgewiesen.

Weitere Anforderungen und praxisnahe Normprüfungen nach DIN 53799 betreffen Rißanfälligkeit (24/27 h bei 80/70°C), Nachformbarkeit für Typ P, Brandverhalten der F-Typen (HPL allgemein als B 2 nach DIN 4102 anerkannt, schwer entflammbare B 1-Sorten mit Prüfzeichen), Maßänderungen bei Klimawechsel, Verhalten gegen Zigarettenglut, heiße Topfböden, Wasserdampf, kochendes Wasser, Lichtechtheit (min. Stufe 6) und Fleckenempfindlichkeit gegen Haushaltschemikalien. HPL sind gegen verdünnte Säure und saure Salze, chlorhaltige Bleichlaugen, Wasserstoffperoxid, Silbernitrat, Jod, stark färbende Tinkturen eingeschränkt, gegen starke Säuren nicht beständig.

Für die abgerundeten Kanten und andere runde Möbelbauteile sind 1,3 mm dicke, warm nachformbare Platten mit Biegeradius 10 d normgerecht. Dieselben – vorwiegend schwer entflammbar B 1 nach DIN 4102 eingestellt – dienen für einwandfrei sauber zu haltende, gebrauchsfeste profilierte Wandbekleidungen im Objekt-Bereich (Krankenhäuser, Heime) sowie im Schiffs- und Fahrzeugbau. Außenbekleidungs-Fassaden-Platten (Resoplan, Trespa) sind wetterfest und schwer entflammbar (B 1).

CPL-Platten

Dekorative Schichtstoffplatten werden neuerdings auch kontinuierlich in Doppelbandpressen im Endlosverfahren hergestellt (CPL-Platten, auch CL-Platten oder Kontilaminate genannt). Wesentliches Element einer derartigen Kontilaminatpresse ist ein Druckband, das eine Preßtrommel von 1300 mm Durchmesser umschlingt; die Preßtrommel ist beheizbar, ihre Umfangsgeschwindigkeit 15 m/min stufenlos regelbar. Mit dem Druckband kann mit Temperaturen bis 180°C gefahren werden. Der Preßdruck liegt heute meist bei 5 N/mm², die Arbeitsbreite bei 1,30 bis 1,40 m.

Bei einer Heizzonenlänge von 2 m und Vorschubgeschwindigkeiten von 10 bis 3 m/min betragen die Preßzeiten nur 12 bis 30 Sekunden für die Herstellung von 0,3 bzw. 0,7 mm dicken CPL-Platten. Aus diesem Grunde müssen die hierfür eingesetzten beharzten Papierfilme besonders schnell härtend eingestellt sein. Die Kernpapiere werden deshalb nicht mit reinen Phenolharzen, sondern entweder mit Melaminharzen oder mit Phenol-Melamin-Mischharzen imprägniert, wobei der Harzgehalt der Kernpapiere gegenüber Filmen für Mehretagen-Taktpressen auf 35–40% erhöht wird.

Als Vorteil der kontinuierlichen Laminatherstellung werden angeführt: Man ist nicht an bestimmte Plattenlängen gebunden, Verluste durch Besäumen treten nur an den Längsseiten der Materialbahn auf. Während bei konventionellen Mehretagenpressen die Preßplatten in jedem Preßzyklus aufgeheizt und gekühlt werden müssen, liegen bei CPL-Pressen die Kühlplatten hinter den Heizplatten, so daß die Heizplatten immer heiß, die Kühlplatten kalt bleiben, was eine Ersparnis an Energie bedeutet. CPL-Pressen können auch von Laminatherstellung auf die Direktbeschichtung von Spanplatten und Hartfaserplatten mit Dekorfilmen sowie zum Kaschieren auf Trägerplatten umgerüstet werden.

Direkte Beschichtung von Holzwerkstoffplatten

Spanplatten und Hartfaserplatten können durch direkte Beschichtung mit melaminharzgetränkten Dekorpapieren mit dekorativen Oberflächen versehen und in dieser Form für die Herstellung von Möbeln im Innenausbau und im Fahrzeugbau eingesetzt werden. Die Direktbeschichtung wird heute fast ausschließlich in modernen Kurztaktpressen durchgeführt. Mit Rücksicht auf die Rohdichte der Trägerplatten (Spanplatten 680–750 kg/m³, Hartfaserplatten 850–1000 kg/m³) sind die Preßdrücke deutlich niedriger als bei der Herstellung von HPL- und CPL-Platten: Bei Spanplatten 2,0 bis 2,5 N/mm² für glatte Oberflächen und 2,5 bis 3,0 N/mm² für strukturierte Oberflächen, bei Hartfaserplatten 3 bis 4 N/mm². Aus diesem Grunde werden kunststoffbeschichtete Span- und Hartfaserplatten (KF, KH) auch als Niederdrucklaminate (LPL) bezeichnet. Die Heizplattentemperatur beträgt 200 bis 220 °C, entsprechend 130 bis 160 °C am Dekorpapier, die Zeit pro Preßzyklus weniger als 60 Sekunden.

Die in DIN 53 799 festgelegten Prüfverfahren und Beurteilungskriterien für Platten mit dekorativen Oberflächen auf Aminoplastharz-Basis gelten auch für entsprechende Spanplatten (KF, DIN 68 765) und Hartfaserplatten (KH, DIN 68 751).

Möbelplatten werden häufig auch durch Beschichten von Spanplatten mit Grundier- und Möbelfolien sowie mit Möbel-Finishfolien (Fertigfolien) gefertigt. Grundier- und Möbelfolien sind mit Tränkharz auf Harnstoffharzbasis imprägnierte Papiere (Harzgehalt 33 bis 45%). Sie werden auf Spanplatten aufgeklebt (ggf. nach Beschichtung mit flüssigem Harnstoffharzleim). Möbelfolien werden danach nur noch mit einem Klarlack versehen, Grundierfolien dagegen erst gespachtelt, geschliffen und danach lackiert. Möbel-Fertigfolien hingegen werden bereits unmittelbar nach der Imprägnierung lackiert und sind deshalb einfacher als diese zu verarbeiten. Um ihnen die erforderliche Flexibilität zu verleihen, werden die Tränkharze auf Aminoplastbasis mit Acrylsäureester-Copolymerisaten elastifiziert.

3. Schichtverleimte Holzwerkstoffe

Kunstharz-Preßholz

Handelsnamen:

z. B. Delignit, Lignostone, obo-Festholz, Panzerholz (DE).

Kunstharz-Preßholz (KP) nach DIN 7707 wird aus Rotbuchefurnieren und härtbarem Kunstharz, vorzugsweise Phenolharz, mit mindestens 5 Furnieren je cm Erzeugnisdicke in Rohdichten von 0,8–1,4 g/cm³ gepreßt. Je nachdem, ob die Furniere mit dem Kunstharz nur beleimt oder unter Anwendung von Vakuum getränkt werden, kann der Kunstharzgehalt des Preßholzes zwischen 7 und 35% schwanken.

Lieferformen sind Platten und Formteile (s. S. 491) mit einer Dicke von 4 bis 180 mm, die Furniere parallel, kreuzweise oder sternförmig geschichtet, auch in Ronden mit weitgehend tangentialem Faserverlauf, Eigenschafts-Richtwerte für Kunstharz-Preßholz nach DIN 7707 im Dichtebereich $d = 1,25–1,35$ g/m³ sind:

> Biegefestigkeit   150–250 N/mm²
> Biege-E-Modul   15–25   kN/mm²
> Schlagzähigkeit   20–60   kJ/m²

Für die Anwendung als Hochspannungs-Isolierstoff bis $\geq 100\,°C$, auch unter Öl oder ölimprägniert, werden zusätzlich spezifischer Durchgangswiderstand 10^{11}–10^{12} Ohm·cm, Durchschlagfestigkeit 45–70 kV/25, tan δ 0,02 und Kriechstromfestigkeit KC 500–100 als Normwerte angegeben.

Schichtpreßholz Klasse A, längs geschichtet, wird für Hammerstiele, Schlägerlatten, Gleitschuhe, Rutschbahnen, Bremsbeläge, Lagerschalen, kreuzweise geschichtet (Klasse B) für Vorrichtungen und für Zahnräder, sternförmig geschichtet (Klasse C) für diese, Friktionsscheiben, Keilriemenscheiben, Laufräder u. dgl. verwendet. Delignit-Panzerholz ist schußsicher.

Mit Borverbindungen getränkt wird Kunstharz-Preßholz für den Strahlenschutz geliefert.

Unverdichtete Lagenhölzer

Unverdichtete Lagenhölzer sind Platten und Formteile aus mindestens 3 Holzlagen, die mit Hilfe von härtbaren Kunstharzen (Harnstoff-, Melamin- und Phenolharzen) miteinander verleimt sind. Meist handelt es sich hierbei um Sperrholz (Faserrichtungen der Lagen kreuzweise gegeneinander versetzt), seltener um Schichtholz (Schichten parallelfaserig).

Nach der Art des Aufbaus unterscheidet man folgende Arten von Sperrholz:

a) Furniersperrholz (FU, Platten und Formteile), bei dem alle Lagen aus Furnieren bestehen; Furnierplatten von über 12 mm Dicke, die aus 5 oder mehr Furnierlagen bestehen, werden als Multiplexplatten bezeichnet.

b) Tischlerplatten, bestehend aus jeweils mindestens 2 Deckfurnieren und einer Mittellage aus nebeneinanderliegenden Holzstäben von ca. 24 mm Breite (Stabsperrholz, ST) oder aus Holzstäben von maximal 8 mm Dicke (Stäbchensperrholz, STAE).

Sperrholz wird in Heißpressen bei 100–150 °C und 0,5–2,5 N/mm² hergestellt. Der Kunstharzgehalt des Sperrholzes liegt meist zwischen 5 und 10%.

Nach der Art des verwendeten Kunstharzleimes und der damit bedingten Beständigkeit gegenüber Luftfeuchtigkeit, Wasser und Witterungseinflüssen wird Sperrholz für allgemeine Anwendungen (DIN 68 705 Teil 2) in folgende Plattentypen eingeteilt:

IF　Innensperrholz, beständig gegen allgemeine Luftfeuchtigkeit, nicht wetterfest, Verleimung Harnstoffharz.

AW Außensperrholz, begrenzt wetterfest, Verleimung Phenolharz oder modifiziertes Melaminharz.

Bausperrholz (BFU, BST, BSTAE nach DIN 68 705 Teil 3, 4 u. 5) wird in analoger Weise nach der Verleimungsart den in DIN 68 800 Teil 2 definierten Holzwerkstoffklassen zugeordnet:

Holz- werk- stoff- klasse	Beständigkeit der Verleimung	Zulässiger Höchstwert der Holzfeuchtig- keit	Leim
20	nicht wetterfest	15%	Harnstoffharz
100	wetterfest	18%	Phenolharz oder mod. Melaminharz
100 G	wetterfest mit Schutz gegen holzzerstörende Pilze	21%	Phenolharz oder mod. Melaminharz

Brettschichtholz (Leimbinder, Hetzer-Träger) wird durch schichtweise Verleimung von Brettern unter Verwendung kalt aushärtender, zweikomponentiger Kunstharzleime hergestellt. Es hat für tragende Holzkonstruktionen gemäß DIN 1052 große Bedeutung erlangt. Sofern die Leimhölzer dem Einfluß erhöhter Feuchtigkeit oder der Witterung ausgesetzt sein können, werden sie mit Resorcinharzleimen oder modifizierten Melaminharzen gefertigt, während für die Innenanwendung Harnstoffharze ausreichend sind.

4.6.3.5 Flächig laminierte GFK-Halbzeuge

1. Für konstruktive Zwecke werden Platten, Profile, Sandwichplatten mit einlaminierten Profilen, Hartschaum-, Balsaholz- oder Wabenkernen, auch profilierte oder dreidimensional geformte Fassaden-Bekleidungen durch Hand- oder Preßlaminieren (S. 80 ff.) hergestellt. Bindemittel sind i.a. UP-, EP- und PF-Harze. Allgemeine Werte für GFK-Laminate s. Tafel 4.63 (S. 458), für auch als Sandwich-Decks verarbeitete Schichtpreßstoffe und technische Profile Tafeln 4.76/4.77 (zwischen S. 518/519).

Handelsnamen: z. B. Elitrex, Fibron, Grillodur, Kerapolin, Pecolit (DE), Stesapreg (CH).

2. Lichtplatten und -bahnen (Herstellung S. 158)

Handelsname: Lamilux.

Zusammensetzung: UP, je nach Sorte mit 20–60% Glasfasermattengehalt, entspr. $d_r = 1,2$–$2,0$ g/cm^3. Naturfarben diffus lichtdurchlässig, mit dem Glasgehalt zwischen etwa 85% und 60% abnehmend. Auch transparente und opakpigmentierte Einfärbungen.

Lieferformen: Quergewellte Lichtbahnen in Rollen bis 50 m Länge, Breiten bis 6 m herstellbar, handelsüblich 2,5–3,0 m, entspr. längsgewellte und ebene Lichtplatten in transportgünstigen Längen. Standard-Wellungen passend zu Asbest-Zement- und Wellblech-Profilplatten und viele Sonderprofile. Wärmedämmend randversiegelte zweischalige Doppelwellplatten und Isolier-Lichtplatten. Gigant-Oberlichtelemente, längsgewellte gewölbte Platten, bis 5,5 m freitragend. Montagefertige Haustürvordächer, ein- und zweischalige Lichtkuppeln und Oberlicht-Kalotten. 3,5 mm dicke Hutprofile 62,5 × 31 cm mit 32–35% Glasgehalt für Dacheindeckung werden 7,5 m freitragend verlegt.

Bei GFK-Lichtplatten und -formstücken zum Außengebrauch verhütet ein- oder beidseitige Oberflächenvergütung, z. B. durch in MMA-Harze eingebettete Faservliese oder Kaschieren mit PVF-Folien Oberflächenerosion durch Witterungseinflüsse, so daß Lichtdurchlässigkeitsverluste < 10% über 10 Jahre gewährleistet werden können. Zur Güteüberwachung deutscher Erzeugnisse s. S. 571.

Anwendungen: Überdachungen (für Shed-Dächer auch mit Schattenstreifen), Oberlichte, Wandverglasungen z. B. in Turnhallen, Gewächshausbau, Türfüllungen, Trennwände, Balkonbrüstungen.

Krinklglas ist eine farbige Lichtplatte mit Ornamentglas-Effekten.

3. Verbundplatten

für lichtdurchlässige Wandelemente, 20–70 mm Gesamtdicke, Glasfaser-Polyester-Deckschichten, Beispiele: Kalwall, Kernlage Aluminiumgitter, Polydet Rasterplatten, Kernlage gewellte Polydet-Streifen, s. a. VDI 2014 Bl. 1.

4.6.3.6 GFK-Rohre

GFK-Rohre werden im Wickelverfahren (S. 84), im Schleuderguß (S. 77) und Pultrusionsverfahren sowohl mit UP-Harz als auch mit EP-Harz als Bindemittel hergestellt. *Normen für gewickelte UP-GF-Rohre sind*

DIN 16964 (11/1988): Allgemeine Güteanforderungen und Prüfungen, Rohre aus glasfaserverstärkten UP-Harzen, gewickelt.

DIN 16965, Rohrtypen, Maße:

Teil 1: Rohrtyp A, für allgemeine Verwendung mit max. 1 mm harzreicher Innenschicht

Rohr-Reihen PN 2.5, 4, 6, 10 bar bis DN 1000 mm, 16 bar DN 25–500 mm

Teil 2: Rohrtyp B, Chemierohre mit 3–4 mm dicker Auskleidung aus PVC, PVC-C, PE-HD, PP, PVDF, PF, NR, CR, CSM oder NBR, Haftschicht und tragendem Laminat entspr. allgemeinen Güteanforderungen DIN 16964.

Rohrreihen PN 6, 10 und 16 bar bis DN 1000 mm

Teil 4: Rohrtyp D mit mindestens 2,5 mm dicker, mit Spezial-UP-Harz (S. 462) abgebundener „Chemieschutzschicht" (S. 82) und tragendem Laminat

Rohr-Reihen PN 10 und 16 bar bis DN 1000 mm

Teil 5: Rohrtyp E, durchgehend gewickelt für Außen-Beanspruchung

Rohr-Reihen PN 1.6, 2.5, 4, 6 bar bis DN 1000 mm, PN 10, 16 bar bis DN 500 mm.

DIN 16966, Teile 1, 2, 4–8, Rohrverbindungen und Rohrleitungsteile, Formstücke mit und ohne Auskleidung.

DIN 16868, Teile 1 und 2: UP-GF-Rohre, gewickelt bzw. gefüllt: Güteanforderungen, Prüfung, Maße.

Für geschleuderte GFK-Rohre, insbesondere zur Anwendung als Kanalrohre im öffentlichen Bereich, liegen vor

DIN 16869,   Teil 1 Maße
DN Reihen: 1 speziell, 2 an Gußrohre, 3 an Thermoplast-Rohre angepaßt
PN-Stufen 1, 4, 6, 10, 16.

DIN 16869,   Teil 2 Allgemeine Güteanforderungen, Prüfung.

DIN E 19565, Teil 1: Maße und Technische Lieferbedingungen von Rohren und Formstücken für erdverlegte Abwasserleitungen und -kanäle.

Teil 5: Fertigschächte.

Für *geschleuderte EP-GF-Rohr* bestehen

DIN 16871 für Rohre auf Basis heißhärtender EP-Harze mit Reinharz-Innenschicht, Maße: Reihen PN 10 bar DN 100 bis 500 mm, PN 16 bar DN 65 bis 500 mm, PN 25 bar DN 40 bis 300 mm.

DIN 16967, Teil 2: Formstücke und Verbindungen.

DIN 16870, bisher Teil 1, für gewickelte EP-GF-Rohre, Maße.

EP-GF- und PHA-GF-Industrierohre und -Formstücke sind nach R 9.9.1/8, UP-GF-Rohre und -Formstücke für Abwasserkanäle und -leitungen nach R 7.8.1/8 güteüberwacht (S. 570). Die Normen werden ergänzt durch Arbeitsblätter und Verlegeanleitungen des Kunststoffrohrvereins.

Durch entsprechende Harzwahl können DIN-GFK-Rohre von B 2 auf B 1, schwer entflammbar hochgestuft werden. Alle nicht ausgekleideten Rohre sind mit 6 · PN Sicherheit gegen das Durchschwitzen geringer Flüssigkeitsmengen (Weeping-Effekt) weit unterhalb des Berstdrucks ausgelegt. In bestimmten DN-Bereichen können GFK-Rohre bis 50 °C mit PN als Betriebsdruck, mit ein bis zwei Druckstufen niedriger jedenfalls bis 80 °C beaufschlagt werden (DIN 16964).

DIN 53769 ist eine Prüfnorm für die Zeitstandfestigkeit von GFK-Rohren.

Rohre des Typs D mit Innnenschichten aus hoch korrosionsbeständigen Phenacrylat- oder Vinylesterharzen (S. 463) haben sich im Dauerbetrieb bis 100°C z. B. in Chlorfabriken bewährt. Die Rohre der Reihe B sind mit hohem Glasgehalt auf Festigkeit ausgelegt, mit PTFE-Inliner sind sie bis 160°C brauchbar. GF-EP-Harz-Wickelrohre Typ C, deren Normung noch nicht abgeschlossen ist, mit 65% Glasgehalt ohne Inliner sind für Gebrauch mit korrosiven Flüssigkeiten bis 130°C bei 6–10 bar Betriebsdruck vorgesehen.

Rohre und zugehörige Formstücke ohne Innenauskleidung werden für Klebverbindungen, solche mit schweißbarem Inliner für Schweißverbindungen mit GFK-Überklebmuffe, mit linerumbördelten GFK-Festflanschen oder -Bundbuchsen für Losflanschverbindungen geliefert, PTFE-ausgekleidet nur mit solchen. Gegebenenfalls ist der begrenzte Betriebsdruck von Flanschverbindungen zu beachten.

Siehe auch DIN-Taschenbuch 171: Rohre, Rohrleitungsteile und Rohrverbindungen aus duroplastischen Kunststoffen, 2. Aufl. 1989.

Lieferformen von GFK-Rohren

Normgemäße GF-UP-Wickelrohre ohne oder mit Auskleidung (z. B. CRW-Chemierohre, ähnlich Kialite auch mit PTFE-Auskleidung) werden bis 6 m Länge für alle Verbindungsarten geliefert. Weiter sind u. a. mit Phenacrylatharz gebundene Wickelrohre mit Glockenmuffen zum Verkleben oder für Flanschverbindungen (Fibercast F 1222), mit Glasmatten- oder Gewebe-Einlagen und UP-, Phenacrylat- oder EP-Harzen gewickelte Rohre (Dualoy) ähnlicher Abmessungen und Druckstufen und mit EP- oder UP-Harzen gewickelte Rohre für Kleb- oder Steckmuffen-Verbindungen für hohe Betriebsdrücke (max. 40 bar für Rohr 200 × 8,5, Wavistrong) auf dem Markt. Wavitube sind in besonderer Konstruktion GF-gewickelte EP-Harz-Tiefbrunnen-Förderrohre, NW 50–100 mit Schraub-Klebfittings für Innen- und Außendrücke bis 200 bar.

Schleuderrohre für Chemiebetrieb (Fibercast RB mit EP-Harz bis 150°C, OG mit EP-Harz bis 130°C, CL mit Phenacrylatharz für oxydierende Säuren und Chlorlösungen bis 95°C Dauergebrauchstemperatur) werden mit glatter Innenfläche derart geschleudert, daß das innere Drittel der Rohrwand nur aus den korrosionsfesten Kunstharzen besteht, der Gehalt der äußeren Armierungszone an GF-Matten und Gewebe-Lagen ist 60%. Sie werden in NW 50–300 mm mit 5,5–7,5 mm Wanddicke für Betriebsdrücke von 16–4 bar je nach Rohrweite und Gebrauchstemperatur geliefert. Gewickelte Ferropox-EP-Rohre mit Modacryl-Innenvlies NW 50–200 mm werden durch eingebettete Widerstände heizbar hergestellt.

GF-UP-Großrohre mit 12 oder 6 m Lieferlänge werden bis 4 m Durchmesser kontinuierlich oder diskontinuierlich gewickelt, bis 2,2 m Durchmesser im Hobas-Verfahren vollautomatisch geschleudert. Die für erdverlegte Freispiegelleitungen erforderliche Außendruck-Steifigkeit erreicht man mit Wanddicken von 1–2% des Durchmessers, indem man in schichtweisem Aufbau einen Kern aus Quarzsand zwischen die GFK-Innen- und Außenhaut einharzt, der GF-Gehalt wird dadurch auf 12–20% reduziert. GFK-Großrohre sind in der Industrie und für Bewässerungs- und Abwasser-Großprojekte in erheblichem Umfang im Einsatz. Berechnungsverfahren, Bau-, Prüf- und Verlegerichtlinien für die IfBt-Zulassung von GFK-Entwässerungs-Kanalleitungen liegen vor.

Mit aufgebrachter Dämmschicht und Außenschutzrohr kanalfrei verlegbare Fernheizleitungen werden mit GFK-Rohren als Druckwasser von 130 °C führendes Innenrohr (Epogard-System mit GF-EP-Innenrohr, in Skandinavien auch Systeme mit Phenacrylat-Innenrohren) betrieben.

GFK-Abgasleitungen für Temperaturen von −40 °C bis 150 °C sind bis 6 m Durchmesser einschließlich zugehöriger Formstücke verfügbar. Eine weitere Anwendung solcher Wickelrohre sind schlanke Bauwerke wie Kamine für aggressive Abgase oder Leuchtfeuer in selbsttragender Konstruktion.

4.7   Schaumkunststoffe (Zusammenfassung)

Zur Herstellung und Struktur von homogenen geschlossen- und offenzelligen Schaumstoffen mit (querschnittsunabhängig) konstantem Raumgewicht (RG) und von Struktur- oder Integralschaumstoff-Erzeugnissen mit RG-Profilen mit zum Kern hin abnehmender Dichte siehe Abschn. 3.1.6, S. 69 ff. Über Schaumstoff-Produkte aus einzelnen Polymer-Werkstoffen wird auf folgenden Seiten berichtet:

PE	259, 401	PTP	357	UF	444
E/VA	402	PPO	363	MF	444
PP	272, 401	PES	367	UP	463
PS	285, 405	PEI	369	EP	467
PVC	310, 414	PMI	423	PUR	473 bis 481
PC	350	PF	442	PI	533

4.7.1   Begriffe

Schaumstoffe sind nach DIN 7726 zellige Werkstoffe, die stets leichter sind als ihre Gerüstsubstanz. Unter Zellen versteht man kleine Hohlräume, die bei der Herstellung der Schaumstoffe entstehen.

Wenn die Zellen völlig von Zellwänden umschlossen sind, spricht man von *geschlossenzelligen* Schaumstoffen (Beispiel: XPS). Hier ist ein Gas- oder Flüssigkeitsaustausch zwischen den Zellen nur durch Diffusion möglich. Bei *gemischtzelligen* Schaumstoffen (UF) sind die Zellwände teilweise perforiert. Bei *offenzelligen* Schaumstoffen stehen die Zellen untereinander über die Gasphase in Verbindung. Sie bestehen im Extremfall nur noch aus den Zellstegen (MF).

Struktur- oder *Integral*-Schaumstoffe haben eine inhomogene Dichteverteilung. Der leichtere Schaumstoffkern geht hier kontinuierlich in die dichtere, geschlossene Außenhaut über.

Da der E-Modul eines Werkstückes etwa proportional mit der Rohdichte abnimmt, die Steifigkeit aber mit der dritten Potenz der Wanddicke ansteigt, können nach diesem Prinzip durch den geringeren Materialverbrauch leichtere, aber gleich steife Teile erhalten werden (Beispiel: Knochen).

Syntaktische Schaumstoffe sind gasgefüllte Polymere, die jedoch nicht geschäumt werden. Ihre völlig geschlossenen Zellen erhalten sie durch in der Polymermatrix als Füllstoff verteilte Hohlkugeln (S. 62). Es entstehen sehr druckfeste Schaumstoffe mit Rohdichten bis 800 kg/m³.

Nach ihrem Verformungswiderstand im Druckversuch (Druckspannung bei 10% Stauchung, DIN 53 421) unterscheidet man *harte* (<80 kPa), *halbharte* (80–15 kPa) und *weiche* (<15 kPa) Schaumstoffe. Bei den harten Schaumstoffen steigt dieser Druckspannungswert etwa logarithmisch mit der Rohdichte an.

Das Zellengefüge *sprödharter* Schaumstoffe (Beispiel PF) kann bei Belastung zusammenbrechen; *zähharte* (PVC) werden dabei zum Teil, *weichelastische* (MF) weitgehend elastisch reversibel verformt.

4.7.2 Schäumprinzipien

Bei *thermoplastischen* Schaumstoffen geht man vom vorhandenen Polymer aus. Eine kontinuierliche Herstellung, etwa von Schaumbahnen, -folien oder -profilen (PS, PE), umfaßt dabei stets einen Extrusionsschritt.

Thermoplastische *Schaumpartikel* versintern mit Dampf zu Schaumblöcken oder in entsprechenden Formen zu vielfältig geformten Teilen. Man erhält sie im Styroporverfahren aus treibmittelhaltigen und dann geschäumten Perlen (PS). Im Neopolenverfahren entstehen sie direkt aus einer treibmittelhaltigen Schmelze durch Heißabschlag nach dem Extruder (PE-LD). PE-LLD oder PP-Copolymer-Granulat wird in wäßriger Suspension mit Treibmittel unter Druck imprägniert und bläht nach dem Entspannen auf Normaldruck ebenfalls zu Schaumpartikeln auf.

Die Makromoleküle *duroplastischer* Schaumstoffe (PF, MF) entstehen durch Vernetzung erst während des Schäumvorgangs. Diese Härtung kann in Bandschaumanlagen (PF, PUR, MF), in Blockformen (PUR, PF) oder direkt in auszuschäumenden Hohlräumen (UF) erfolgen.

Die wichtigsten Arten der verschiedenen Schäumverfahren sind in Tafel 4.78 und 4.79 (S. 520/521) genannt. Zu weiteren Einzelheiten vgl. auch die Hinweise am Ende von Abschn. 4.7, S. 524.

Tafel 4.78. Harte Schaumstoffe

Schaumstoff-Gruppe:		zäh-hart						spröd-hart	
Rohstoff-Gruppe:		Polystyrol (S. 275/406)			Polyvinyl-chlorid (S. 310/414)	Polyether-sulfon (S. 367)	Poly-urethan (S. 479)	Phenol-harz (S. 442)	Harnstoff-harz (S. 447)
Schäumverfahren		Partikel-schaum	Extruderschaum ohne Schäumhaut	Extruderschaum mit Schäumhaut	hochdruck-geschäumt	block-geschäumt	blockgeschäumt ohne oder mit Deckschicht		Spritz-schaum
Rohdichte-Bereiche	kg/m³	15–30	30–35	25–60	50–130	45–55	20–100	40–100	5–15
Druckfestigkeit	N/mm²	0,06–0,25	>0,15	>0,2	0,3–1,1	0,6	0,1–0,9	0,2–0,9	0,01–0,05
Zugfestigkeit	N/mm²	0,15–0,5	0,5	>0,2	0,7–1,6	0,7	0,2–1,1	0,1–0,4	
Scherfestigkeit	N/mm²	0,09–0,22	0,9	1,2	0,5–1,2	–	0,1–>1	0,1–0,5	
Biegefestigkeit	N/mm²	0,16–0,5	0,4	0,6	0,6–1,4	0,2	0,2–1,5	0,2–1,0	0,03–0,09
Biege-E-Modul	N/mm²			>15	16–35	3	2–20	6–27	
Wärmeleitzahl, Meßwert	W/Km	0,032–0,037*)	0,025–0,035		0,036–0,04	0,05	0,018–0,024	0,02–0,03	0,03
max. Gebrauchstemperatur kurzzeitig	°C	100	100		80	210	>150	>250	>100
langzeitig	°C	70–80	<75		60	180	80	130	90
Wasserdampfdiffusions-Widerstandsfaktor	μ	30–70	100–130	80–300	200–>300	9	30–130	30–300	4–10
Wasseraufnahme bei 7 Tagen Wasserlagerung	Vol.-%	2–3	2	<0,5	<1	15	1–4	7–10	>20

*) Rechenwerte nach DIN 4108 (Wärmeschutz im Hochbau) mit 5% Zuschlag zu den Meßwerten für EPS.

Tafel 4.79. Halbharte bis weichelastische Schaumstoffe

Schaumstoff-Struktur		überwiegend geschlossenzellig					offenzellig	
Rohstoff-Gruppe		Polyethylen (S. 401)			Polyvinylchlorid (S. 414)		Melaminharz (S. 449)	Polyurethan (S. 481)	
Schäumverfahren		Partikel-schaum	extrusions-vernetzt		hochdruckgeschäumt		band-geschäumt	blockgeschäumt Polyester- / Polyether-Typen	
Rohdichtebereich	kg/m³	25–40	30–70	100–200	50–70	100	10,5–11,5	20–45	20–45
Zugfestigkeit	N/mm²	0,1–0,2	0,3–0,6	0,8–2,0	0,3	0,5	0,01–0,15	ca. 0,2	ca. 0,1
Bruchdehnung	%	30–50	90–110	130–200	80	170	10–20	200–300	200–270
Stauchhärte (40%)	N/mm²	0,03–0,06	0,07–0,16	0,25–0,8	0,02–0,04	0,05	0,007–0,013	0,003–0,006	0,002–0,004
Druckverform.-wert (70 °C, 50%)	%	–	10–4	3	33–35	32	ca. 10	4–20	ca. 4
Stoßelastizität	%	40–50	45	–	–	ca. 50	–	20–30	40–50
Temperatur-Anwendungs-bereich	°C bis °C	bis 100	–70 bis 85	–70 bis 110	–60 bis 50		bis 150	–40 bis 100	
Wärmeleitzahl	W/mK	0,036	0,04–0,05	0,05	0,036	0,041	0,033	0,04–0,05	
Wasserdampf-Diffusions-Widerstandsfaktor	μ	400–4000	3500–5000	15000–22000	50–100	–	–	–	–
Wasseraufnahme bei 7 Tagen Wasserlagerung	Vol.-%	1–2	0,5	0,4	1–4	3	ca. 1	–	–
Dielektrizitätszahl (50 Hz)	ε	1,05	1,1	1,1	1,31	1,45	–	1,45	1,38
Diel. Verlustfaktor (50 Hz)	tan δ	0,0004	0,01	0,01	0,06	0,05	–	0,008	0,003

4.7.3 · Treibmittel

Die Zellen in der Polymermatrix werden mit Hilfe von Treibmitteln erzeugt. Der bei den betreffenden Verarbeitsbedingungen herrschende Treibmitteldruck muß der Viskosität der Schmelze bzw. des vernetzenden Gemisches angepaßt sein.

4.7.3.1 Physikalische Treibmittel

1. *Permanente Gase,* meist Stickstoff, werden unter ca. 200 bar Druck im Airex-Verfahren in PVC-Schmelzen (S. 310), im UCC-Verfahren in thermoplastische Kunststoffe (PE, PP) im Extruder mit Akkumulator inkorporiert. Zum Aufschäumen werden im Airex-Zweistufen-Verfahren die in der Preßform unter Druck gekühlten Formteile freiliegend aufgeheizt. Beim UCC-Verfahren expandiert die Masse beim Ausströmen in das dem Akkumulator vorgelegte Formwerkzeug. Weich-PVC-Schäume mit RG um 250 kg/m³, z. B. als Bodenbelags-Rücklagen, werden aus Plastisolen (S. 309) mit grenzflächenaktiven Schäummittel-Zusätzen und Druckluft oder CO_2 als Treibgas kontinuierlich extrudiert.

2. *Als physikalische Treibmittel* gebraucht man leicht verdampfende Kohlenwasserstoffe, Pentan bis Heptan, KP 30 bis 100°C, Chlorkohlenwasserstoffe wie Methylchlorid (KP–24°C), Trichlorethylen (KP 87°C). Die Produktion der nach ihrem KP bestgeeigneten, unbrennbaren, ungiftigen, geruchlosen, die Wärmedämmung verbessernden voll halogenierten Chlor-Fluor-Alkane (FCKW 11, 12, 113–115) muß wegen Schädigung der Ozonschicht in der Stratosphäre stufenweise eingestellt werden. Die Umstellung auf unschädliche chlorfreie H-FKW für PE-, PS-, PUR-Schäume, CO_2-getriebene PUR-Rezepturen (S. 480) , für Kühlgeräte Bemühungen um FCKW-Entsorgung, auch teilweiser Ersatz von Schaumstoff durch Vakuumelemente sind im Gange.

Beim „*Styropor"-Verfahren* für Polystyrol-Partikelschaum (S. 285) werden Kohlenwasserstoffe einpolymerisiert. Die Polymerisat-Perlen werden lose geschüttet bei ca. 100°C mit Dampf auf die gewünschte Enddichte vorgeschäumt, nach Lagern zum Druckausgleich bei 110°C bis 120°C unter 0,5 bis 1,3 bar Betriebsdruck zu Werkstücken ausgeschäumt, in denen die geblähten Polystyrolperlen untereinander verfrittet sind. Meist wird dabei mit Dampf, zuweilen (nach entsprechendem Einstellen des Wassergehaltes) mit Hochfrequenz geheizt.

4.7.3.2 *Chemische Treibmittel*

sind häufig Feststoffe, die bei höheren Temperaturen unter Freisetzung von Gasen zerfallen. Um optimal wirken zu können, müssen sie sehr gleichmäßig im Substrat verteilt werden. Ihre Zersetzungstemperatur muß mit der Verarbeitungstemperatur des Polymeren korrespondieren.

Beispiele sind Azo-Verbindungen, N-Nitrosoverbindungen und Sul-

fonylhydrazide, die bei Anspringtemperaturen zwischen etwa 90°
und 275 °C pro Gramm 100 bis 300 ml Stickstoff abspalten. Die Anspringtemperatur 230–235 °C des viel gebrauchten Azodicarbonamids kann durch „Kicker" auf 155–200° herabgesetzt werden. Als
solche wirken Metallverbindungen wie die Pb- und Zn-Stabilisatoren in PVC-Mischungen. Für PE-V-Schaum (S. 259) gibt es zugleich
gasabspaltende Vernetzungsmittel.

Die obige Einteilung erscheint manchmal willkürlich. Zum Beispiel
ist Wasser(dampf) bei EPS als neben Pentan zusätzlich physikalisch
wirkendes Treibmittel zu sehen. Bei wassergetriebenen PUR-
Schaumstoffen löst das Wasser die CO_2-Entwicklung als Treibreak-
tion dagegen auf chemischem Wege aus.

4.7.3.3 *Keimbildner und Porenregler*

sind insbesondere bei physikalisch getriebenen Thermoplast-
Schaumstoffen wichtige Additive. Sie wirken als „Siedesteinchen" in
der mit gelöstem Treibgas übersättigten Polymerschmelze und bewirken so eine gleichmäßige Schasumstruktur.

Es sind feinteilige Feststoffe oder CO_2 abspaltende Mischungen von
$NaHCO_3$ mit festen organischen Säuren (z. B. Citronensäure). Während einer Schäumreaktion entstehende gas- (CO_2 bei PUR) oder
dampfförmige (Ethanol bei PI) Nebenprodukte wirken ebenfalls
keimbildend.

4.7.4 Eigenschaften

Die Größe der Zellen, ihre Art und Verteilung, vor allem aber das
Polymer selbst und seine Rohdichte bestimmen die Eigenschaften eines Schaumstoffs.

Alle diese Eigenarten beeinflussen die mechanischen Werte. Das
thermische, das Brand-Verhalten sowie die Beständigkeit gegenüber
chemischen Agentien werden vom Schaumstoff-Substrat bestimmt.
Die Zellstruktur ist für die akustischen Eigenschaften und das Wär-
medämm-Verhalten verantwortlich. Substrat und Zellstruktur wiederum bestimmen das Verhalten gegenüber Wasser und Wasserdampf.

4.7.5 Normen

DIN 53 420/30 für harte, DIN 53 570/8 für weichelastisdche
Schaumstoffe enthalten Prüfvorschriften für die technologischen Eigenschaften homogener Schaumstoffe geringer Raumgewichte, die
in den Tafeln 4.78 (S. 520) und 4.79 (S. 521) für einige wichtige Produktgruppen zusammengestellt sind.

Hartschaumstoffe im RG-Bereich von 10–35 kg/m³ finden als *gütegesicherte Wärme- und Trittschall-Dämmstoffe* breite Anwendung im
Bauwesen. Maßgeblich dafür sind die folgenden Normen:

DIN 4102   hinsichtlich des Brandverhaltens: mindestens B2 normal entflammbar

DIN 4108   Wärmeschutz im Hochbau mit Rechenwerten der Wärmeleitfähigkeit und Angaben über Wasserdampf-Diffusionswiderstandszahlen

DIN 4109   Schallschutz im Hochbau, insbes. Trittschalldämmung; für die Wärmedämmung:

DIN 18159 Teil 1   PUR-Ortschäume

DIN 18159 Teil 2   UF-Ortschäume

DIN 18164 Teil 1   Unbeschichtete, beschichtete und profilierte Hartschaum-Platten und -Bahnen, Mindestrohdichten für PF 30–35 kg/m³, PS-Partikelschaum 15–30 kg/m³, PS-Extruderschaum 25–30 kg/m³, PUR 30 kg/m³ (Tafel 4.78, S. 520) in den Gruppen W, WD, WS nicht zulässiger bis erhöhter Druckbelastbarkeit; für die Trittschalldämmung:

DIN 18164 Teil 2   PS-Partikelschaum elastifiziert auf dynamische Steifigkeit ≤ 30 MN/m³ bis ≤ 10 MN/m³.

Einige PE-Schaumprodukte sind für Trittschalldämmung allgemein zugelassen. Offenzellige harte und weichelastische Schaumstoffe werden in der Raumakustik für den Schallschluck verwendet.

Die Güte- und Prüfbedingungen der Güteschutzgemeinschaften Hartschaum (S. 571) regeln u. a. die Kennzeichnung normgerechter Erzeugnisse durch Etiketten und Farbstreifen und die Überwachung der Ortschaum-Herstellung auf der Baustelle*).

Für die *Anwendung weich-elastischer Schaumstoffe* als stoßdämpfende und -dämmende Pufferungs- und Abpolsterungsmaterialien sind die nach einschlägigen Normen bei verschiedenen Zusammendrückungen zu bestimmende Stauchhärte, die Stoßelastizität und der Druckverformungsrest nach Zusammendrückung in verschiedenem Ausmaß bei erhöhten Temperaturen die wichtigsten Kennwerte. Tafel 4.79 (S. 521) gibt dafür einige Vergleichszahlen, für technische Anwendungen sind die in den Druckschriften der Hersteller enthaltenen Federungs-Kennlinien heranzuziehen.

Das Prinzip der optimierten Dichteverteilung im Struktur-Schaumstoff bzw. in hoch belastbaren leichten Verbundwerkstoffen wird z. B. realisiert in kontinuierlich zu fertigenden *Sandwichplatten* (S. 71) mit schubsteifem Verbund eines Schaumstoffkerns mit beiderseits zugfesten Deckschichten. Ein optimales Dichteprofil (Bild 3.6, S. 69) strebt man auch mit den *Struktur-* oder *Integral-Schaumgußerzeugnissen* an, die im Thermoplast-Schaumguß-Spritzgieß- und -Extrusions-Verfahren (TSG und TSE, S. 135 ff., 178), aus hartem und halbhartem PUR im RIM- und RRIM-Verfahren (S. 77) gefertigt werden.

---

*) Einzelinformationen können von der Geschäftsstelle der Gütegemeinschaften, Mannheimer Straße 97, 6000 Frankfurt/M., angefordert werden.

4.8   Hochtemperaturbeständige Kunststoffe

4.8.1   Allgemeine Grenzen der Wärmebeständigkeit

Ein Maß für die absolute Wärmebeständigkeit eines Kunststoffs gibt die *thermogravimetrische Analyse* (TGA), bei der festgestellt wird, welchen Gewichtsverlust ein Stoff bei bestimmten hohen Temperaturen innerhalb kurzer Zeit erleidet. „Thermogramme" gibt Bild 4.28 wieder. Bei PVC setzt weitgehende thermische Zersetzung nahe am Verarbeitungsbereich ein, Thermoplaste wie PMMA, PS, PE werden bei 350–400 °C vollständig in kleinere Bruchstücke abgebaut. Im Gegensatz dazu läßt die Kurve für PF (u. ä. Kunstharze) erkennen, daß von solchen hochvernetzten Kunstharzen nach beginnender rascher Zersetzung bei etwa 300 °C auch bei Temperaturen bis 1000 °C ein fester verkokter Rückstand bleibt. Man setzt sie, mineralisch gefüllt, in der Raumfahrt für Hitzeschilde ein, dabei nimmt man eine gewisse Abtragung (Ablation) in Kauf. Die Temperaturen thermischer Zersetzung und die dabei verbleibenden Restgewichte an massivem, schwer entzündbaren Kohlenstoff sind um so höher, je geringer der Anteil chemisch gebundenen Wasserstoffs im Polymeren ist. Überwiegend auf stickstoffhaltigen heterocyclisch-aromatisch vernetzten Ringsystemen (a in Bild 4.28, Tafel 4.81 D, S. 531) oder auf verketteten aromatischen Ringen (b in Bild 4.28 und a in Bild 4.29, S. 529)

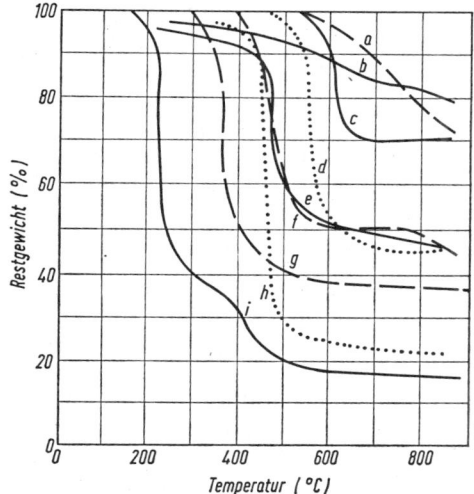

Bild 4.28. Kunststoff-Thermogramme: *a* Polybenzimidazol, *b* Polyphenylen (S. 528), *c* Polyimid (S. 530), *d* Polyphenylenether (S. 363), *e* Polyoxadazol; *f* Polyphenylensulfid (S. 366), *g* ausgehärtetes Phenolharz (S. 439), *h* Polycarbonat (S. 347), *i* Polyvinylchlorid (S. 287)

Tafel 4.80. Eigenschaftswerte hochtemperaturbeständiger Kunststoffe

Handelsname	Einheit	Xylok (GB)	Vespel (US)	Kapton (US)	Kinel 35 (FR)	Kerimid 601 (FR)	QX 13 (GB)
Polymer		Polyarylalkyl-harz, 66% GF-Laminat	Polyimid-Halbzeuge	Polyimid-Halbzeuge	Poly-Amino-Bismaleinamide	Poly-Amino-Bismaleinamide	Polyimid
Produkt		66% GF-Laminat	ungefüllter Formstoff	Elektrofolie	graphitgefüllte Formmasse	77% GF-Laminat	52% CF-Laminat
Dichte bei RT	g/cm³	1,77	1,43	1,42	1,55	1,95	1,67
Zugfestigkeit bei −195°C	N/mm²		113	240			
Zugfestigkeit bei RT	N/mm²	440	91	180		350	
Zugfestigkeit bei 220/250°C	N/mm²		46[2]	120[3]			
Biegefestigkeit bei RT	N/mm²	450	120		75	550/400[5]	840/630[6]
Biegefestigkeit bei 220/250°C	N/mm²	360[1]			50	400/250[5]	840/730[7]
Biegefestigkeit bei 316°C	N/mm²		63				
Druckfestigkeit bei RT	N/mm²		>280		140		
Spez. Durchgangswiderst. bei RT	Ohm·cm		10^{17}	10^{16}	−[4]	$6\cdot10^{14}/2\cdot10^{15}$[5]	
Spez. Durchgangswiderst. bei 200°C	Ohm·cm		10^{13}	10^{13}			
Dielektrizitätskonstante bei RT	} 1 kHz	4,9	3,4	3,5	−	6,4[5]	
Dielektrizitätskonstante bei 200°C		4,9	3,1	3,0	−	5,4[5]	
Dielektr. Verlustfaktor bei RT		0,03	0,002	0,003	−	0,014/0,011[5]	
Dielektr. Verlustfaktor bei 200°C		0,03	0,002	0,002	−	0,03/0,015[5]	
Beanspruchung durch hohe Temperaturen		1) nach 1000 h bei 250°C Wärmelagerung ISO/R 75 A: >330°C	2) 50%Zugfestigkeitsverlust in Luft bei 300°C in 600 h bei 400°C in 45 h	3) Null-Festigkeitstemp. 815°C	4) hochtemperaturbeständige Lagerelemente	5) nach 2500 h bei 200°C	nach Wärmelagerung 6) 1770 h bei 300°C 7) 1550 h bei 200°C
Verarbeitung		Pressen 175°C, 35–70 bar; Tempern 250°C	Präzisions-gesinterte Halbzeuge und Maschinenteile	auch heißsiegelfähig mit PFEP beschichtet	Pressen 200–240°C, 100–300 bar; Spritzgießen	Laminieren, 100–200°C, 15 bar; Tempern 200°C	–

aufgebaute Polymere für ähnliche Zwecke sind ohne mineralische Zuschläge als (in Luft) „nicht entflammbar" einzustufen.

Die *Temperatur-Zeitgrenzen* für die langfristige Gebrauchstauglichkeit eines Kunststoffs liegen unterhalb des TGA-Zersetzungs-Temperaturbereichs. Sie sind unterschiedlich je nach Art der Beanspruchung und hängen auch von Umgebungseinflüssen und der Materialdicke ab. Erfahrungsgemäß verlaufen langzeitig gemessene Temperatur-log Zeit-Schadenslinien bis zu 10^5 Stunden (etwa 10 Jahre) geradlinig. Dementsprechend extrapolierte fortlaufende Messungen von Eigenschaftsänderungen in Abhängigkeit von der Temperatur nach DIN 53446 und internationalen Normen an Prüfkörpern im Anschluß an deren Lagerung in Wärmeschränken mit Zwangsdurchlüftung bis zu 3 Monate oder einem Jahr führen zu Vergleichszahlen der Langzeit-Temperatur-Beanspruchbarkeit. International üblich ist der *„Underwriters Laboratories temperature index"*. Dieser gibt, mit jeweils etwas unterschiedlichen Werten, für $\frac{1}{32}$, $\frac{1}{16}$ und $\frac{1}{8}$ in (0,8–1,6–3,2 mm) dicken Formstoff die Temperaturen (°C) an, bei denen entweder für die elektrischen Eigenschaften allein, für diese und alle wesentlichen mechanischen Eigenschaften oder bezüglich des mechanischen Verhaltens unter Ausschluß der Kerbschlagzähigkeit im Langzeitgebrauch maximal 50% Abfall der Ausgangswerte – vor und nach Lagerung bei Raumtemperatur gemessen – zu erwarten ist, s. a. S. 589.

Diese Indices und entsprechende andere *Richtwerte von Grenztemperaturen* für Langzeitbeanspruchung liegen für Polyolefine, Styrol-(co-)polymere, Vinylpolymere, Polymethacrylate, Polyamide und Polyoxymethylene im allgemeinen im Bereich von 60–100 °C, für anorganisch verstärkte Typen von PP, PA, PC, PBT, PPO und die meisten duroplastischen Form- und Schichtpreßstoffe zwischen 100 °C und 150 °C. In jüngster Zeit wurden bei amorphen Thermoplasten erhebliche Steigerungen der Vicaterweichungstemperatur durch PC-Copolymerisate auf Basis Bisphenol A/Bisphenol TMC erreicht, mit Anwendungstemperatur bis in die Nähe von 200 °C, s. 4.1.9.1, S. 347.

Höhere *Anteile an anorganischen Atomen* im Polymermolekül können die Anwendungstemperaturgrenzen erhöhen, Nachchlorierung von PVC zum PVC-C (S. 290) auf >100 °C, Fluorierung die UL-Temperaturindices auf 150 °C für PFA, 160 °C für ETFE, 180 °C für PTFE – bei Gebrauchstemperaturen unter anderen Abgrenzungs-Gesichtspunkten bis 260 °C (S. 311 ff., Tafel 4.23). Ähnliches gilt für Fluor- und Silikon-Kautschuke (S. 543). Hochtemperatur-Polymere mit Fremdatomen wie Phosphor (S. 349), Arsen, Bor im Molekülgerüst sind wegen der hohen Kosten und schwierigen Synthese Versuchsprodukte geblieben.

Im *Duroplast-Bereich* kann der für viele PF- und MF-Formstoffe erreichbare UL-Index 150 °C auf 170–190 °C erhöht werden u. a. für

– Phenolaralkylharz-Formstoff S. 441 und Tafel 4.80, S. 526)

– hochvernetzte, insbesondere cycloaliphatische Epoxidgießharze (S. 464 ff.), EP- und EP-Novolak-Formstoffe (S. 500 ff.) und EP-GF-Laminate (S. 466)

– cycloaliphatische IPN-Polyurethan-Gießharze (S. 474, 477, Tafel 4.68, S. 478)

– mineralisch gefüllte Silikon-Preßmassen (S. 504 u. Tafel 4.74, S. 502/503).

Der Festigkeitsverlust anorganisch verstärkten Formstoffs mit UL-Index > 100 °C kann zumindest bei nicht kontinuierlicher Beanspruchung bis > 250 °C erheblich geringer sein als der von Leicht- oder Buntmetall-Bauteilen.

4.8.2   Neue Wege zu HT-Polymeren

Beispiele nach üblichen Verfahren verarbeitbarer neuerer technischer Thermoplaste, die durch Verkettung aromatischer Ringstrukturen über kurze aliphatische oder Fremdatom-Brücken Temperaturindices von 150–> 200 °C erreichen, sind

– Polyarylate (Tafel 4.37, S. 356, S. 358)

– Lineare Polyarylen-ether, -ketone, -sulfide, -sulfone (S. 360/368, Bilder 4.16, 4.17, Tafeln 4.38, 4.39)

– Thermoplastische Semi-Polyimide (S. 369/371, Tafel 4.41).

Das Synthese-Prinzip für zunehmend höher wärmebeständige Kunststoffe besteht auf einer Verknüpfung von Monomeren mit Ringstrukturen, welche überwiegend aus aromatischen (Benzol-) Ringen oder stickstoffhaltigen Heterocyclen aufgebaut sind bzw. sich bei Verknüpfung bilden. Dabei entstehen bifunktionelle und multifunktionelle Polymerbausteine, die bei weiterer Vernetzung Leiter-artige oder Raumnetz-Strukturen bewirken (Bild 4.29, S. 529). Schwierigkeit und Kosten der mehrstufigen Synthesen wie auch der Verarbeitung steigen in gleicher Richtung.

4.8.3   Lineare Polyarylene

Lineare oder verzweigte *Polyphenylene* (Bilder 4.28, 4.29 (S. 525, 529), Elmac 221, H-resins, US) sind im Endzustand unlöslich und unschmelzbar. Ihre Dauergebrauchstemperaturen für – außer gegen geschmolzene Alkalimetalle – umfassenden Korrosionsschutz liegen bei 200–300 °C, bei Sauerstoffausschluß bis 400 °C.

Poly-p-Xylylene (Parylene, US) sind Dielektrika für Dauergebrauch bis > 200 °C in Form dünner Folien oder Beschichtungen. Diese werden durch Polymerisation bei 600 °C im Vakuum vergaster Dimer-Radikale des Xylols [CH_3 —⟨◯⟩— CH_3] oder chlorierter Xylole auf kalten Flächen abgeschieden. Wegen des Gehalts an $-CH_2-$ Gruppen sind sie oxidationsbeständig nur bis etwa 80 °C.

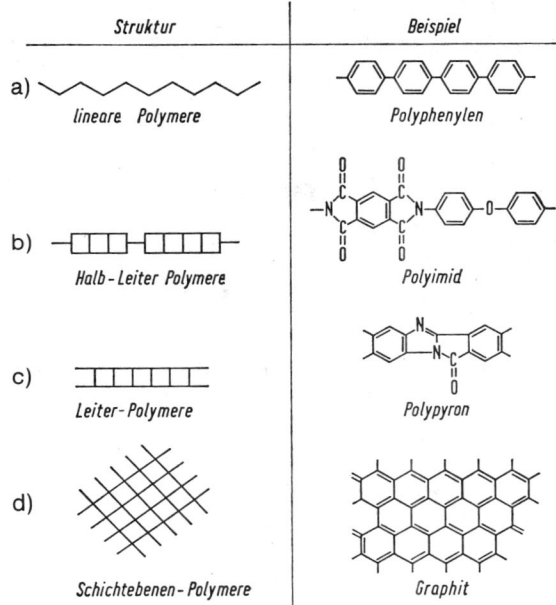

Struktur	Beispiel
a) lineare Polymere	Polyphenylen
b) Halb-Leiter Polymere	Polyimid
c) Leiter-Polymere	Polypyron
d) Schichtebenen-Polymere	Graphit

Bild 4.29. Strukturtypen von aromatischen Polymeren

4.8.4 Polyarylen-Amide, -Arylester, -Ether

Das aromatische Polyamid (Aramide, s. a. S. 340, 533) *Poly-m-phenylenisophthalsäureamid* wird als Halbzeug für spangebend gefertigte Formteile (KS Aramid-Vespel, US) geliefert. Sie sind bis 200 °C an der Luft dauergebrauchsbeständig.

Poly-p-hydroxybenzoat (Ekonol, US) aus dem Monomeren

HO—⟨◯⟩—COOH ist ein linearer Polyarylester (S. 347), der außer

den —O—CO—Estergruppen nur aromatische Ringe enthält. Das bei 550 °C schmelzende Polymere kann im Flammspritzverfahren und, durch Zusätze schmiedbar gemacht, zu Lagerwerkstoffen verarbeitet werden. Copolymere mit etwa 40% Diphenol-Terephthalat sind „selbstverstärkende" Spritzgießmassen. Die langen, relativ steifen Makromoleküle ordnen sich in der Schmelze zu „thermotropen" flüssig-kristallinen Phasen. Aus der anisotropen Schmelze spritzgegossene Formkörper sind in Fließrichtung mehrfach fester und steifer als senkrecht zu dieser (S. 358). „Lyotrop" flüssig kristalline Lösungen nicht schmelzbarer Aramide, siehe Abschn. 4.8.8, S. 533.

Das zur PPE-Gruppe (Tafel 4.38, S. 361) gehörende, aber nur aromatische Ringe enthaltende *Poly-2,6-diphenyl-phenylenoxid* (Tenax, NL), mit T_g 235 °C, T_m 480 °C, wird aus organischen Lösungsmitteln zu Fasern für Filtergewebe und für Hochspannungskabel-Isolierpapiere versponnen.

4.8.5   Bismaleinimid- und Triazinharze

Bismaleinimide (BMI, Tafel 4.81, A3, S. 531), die durch Kondensation von Maleinsäureanhydrid mit p-Diaminen gewonnen werden, härten über die endständigen Doppelbindungen mit sich selbst oder Reaktionspartnern (Tafel 4.81 C) stufenweise vernetzend aus. Modifizierte Harze, z.B. mit Allyl-Phenyl-Monomeren, sind weniger spröde als homopolymere Poly-Bismaleinimide und bis zu hohen Temperaturen belastbar. Sie sind Matrixharze für CF-verstärkte Strukturwerkstoffe.

Die Endgruppen von Dicyanaten $-O-C\equiv N$ (Isocyanat dagegen hat Verbindungen mit $-N=C=O$ - Gruppen, s. S. 468/469) bilden nach der Formel (R = Bisphenol A-Rest)

$$3\,NCO-R-ONC \longrightarrow$$

den *„Triazin"-Kern* stufenweise vernetzbarer, meist mit Bismaleinimid modifizierter (BT-Harze) Polymere. Als Pre-Polymere flüssig oder bei 30–130 °C niederviskos schmelzbar und vielfältig verarbeitbar, erreichen sie ausgehärtet Werte für T_g 200–300 °C mit ausgezeichneten mechanischen, elektrischen und dielektrischen Eigenschaften. Sie werden für kupferkaschierte Schichtstoffe als Träger gedruckter Schaltungen (S. 507) und für andere Bauteile der Mikroelektronik angewandt, weiter als Konstruktionswerkstoffe der Flugzeugindustrie, Isolierstoffe für große Motoren, Isolier- und Lagerbaustoffe in der Kfz-Industrie.

4.8.6   Polyimide (PI)

Halbleiter- und Leiterpolymere (Bild 4.29 b, c, S. 529), welche die trifunktionelle Imidgruppierung

$$O=C-N-C=O$$

in heterocyclisch-aromatischen Ring-Systemen enthalten, haben breite Anwendungsbereiche. Tafel 4.81 (S. 531) zeigt beispielhaft Ausgangsprodukte (A) und typische Verkettungen.

Tafel 4.81. Aufbaureaktionen für Polyimide

(A)

(1) Pyromellitsäure-Anhydrid	(2) Trimellitsäure-Anhydrid	(3) Bismaleinimid R = ⟨⟩–X–⟨⟩ (4) Benzidin H_2N–⟨⟩–⟨⟩–NH_2

(B)   Polykondensation unter H_2O-Abspaltung von

(B1) 1 + 4

Polyimide

(B2) 2 + Amino-
alkohol

Polyesterimide

(C)   Stufen-Polymerisation

von
3 + p-Diamin

Polybismaleinimid
(thermopl. Zwischenprodukt)

Vernetzungsreaktion
(schematisch)

(D)   Einige andere wichtige Heterocyklen

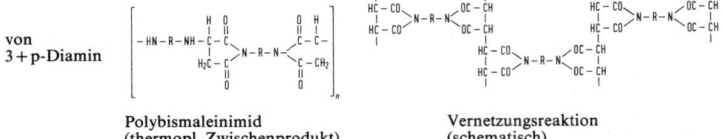

| Hydantoin | Urazol | Parabansäure | Chinolin | Chinoxalin | Benzimidazol |

Der Aufbau rein aromatischer PI durch Polykondensationen (B 1 in Tafel 4.81, S. 531) kann wegen der erforderlichen Abführung flüchtiger Nebenprodukte nur in Spezialverfahren bis zu unschmelzbaren und unlöslichen Formstoffen geführt werden. Massive Halbzeuge und präzisionsgesinterte Formteile (Vespel) sowie 7,5–125 μm dicke Elektrofolien (Apical, US, JP; Kapton, US) aus solchen PI, die von − 240 °C bis + 260 °C an Luft, bis 315 °C im Vakuum oder inerter Atmosphäre dauerbeanspruchbar sind, werden vom Rohstoffhersteller unmittelbar geliefert. Dasselbe gilt für sehr hochmolekulare, unter CO_2-Abspaltung aufzubauende Polyimide aus Carbonsäuredianhydriden und Diisocyanaten (Sintimid P84, AT; Upilex-Folie, JP, GB) und Polybenzimidazole (PBI, Tafel 4.80 D, Celazol, US/ DE). Textilfasern aus P84 und PBI s. S. 533. Eigenschaften bei verschiedenen Temperaturen siehe Tafel 4.80 (S. 526). Kapton-Schrumpffolien, elektrisch und/oder wärme-leitfähig eingestellte und beidseitig mit PFA-Klebschicht ausgestattete Folien sind Sondereinstellungen. Ähnliche Folien aus dem Harnstoff-Derivat Paraban-Säure sind bis 155 °C wärmebeständig.

Mit zwischengeschalteten aliphatischen Ester- oder Amid-Gruppen polykondensierte *Semi-Polyimide* (B 2 in Tafel 4.81, S. 531) oder Bismaleinamid-Copolymere sind im Spritzguß verarbeitbare Thermoplaste (S. 369). In organischen Lösungsmitteln lösliche Tränkharze oder Drahtlack-Kunststoffe für die Elektroindustrie (Pyre-LM, US; Dobeckan FN, Icdal, Terebec, DE; Rhodeftale, FR) werden durch Einbrennen verleitert. Sie sind dann bis 200 °C dauernd belastbar.

Prekondensate mit vorgebildeter Polyimid-Konfiguration wie Polybismaleinimid (Tafel 4.81 C) sind durch Polymerisation aushärtbare, schmelzbare Harze für das Tränken von Prepregs und Wickelkörpern bei 125 °C, für verstärkte Formmassen und Schichtpreßstoffe. Es gibt auch schäumfähige Spezialharze.

Prepolymer-Handelsnamen: Genon, Kamax, Pyralin, Skybond, Upjohn 2080, US; Kerimid, Kermel, Kinel, Nolimid, FR.

Allgemeine Eigenschaften bei RT und hohen Temperaturen s. Tafel 4.80, S. 526. PI sind beständig gegen die meisten verdünnten oder schwachen Säuren und gegen fast alle organischen Agenzien außer primären und sekundären Aminen und Hydrazin. Von starken Laugen und von Ammoniak werden sie angegriffen. Heißwasser oder Dampf bewirken durch Wasseraufnahme nach Austrocknen reversiblen Festigkeitsabfall, bei dauernder Feuchtbeanspruchung über 100 °C können Risse entstehen. PI weisen eine hohe Beständigkeit gegen energiereiche Strahlen auf. Mit guten elektrischen Eigenschaften im gesamten Temperaturgebrauchsbereich haben PI wesentliche Gewichts- und Kosteneinsparungen für hochtemperaturbelastbare elektronische und elektrotechnische Bauteile erbracht. Ihre guten Gleiteigenschaften auch im Trockenlauf werden durch Zusätze von Graphit, MoS_2 oder auch PTFE noch verbessert.

Polyimid-Schaumstoff Solimide ist ein sehr leichtes (0,01 g/cm³), weichelastisches Material (Stauchhärte 0,006 N/mm² (40%), Druckverformungsrest 25% (23°/22 h)). Aus den Ausgangsmaterialien wird zunächst durch Polykondensation ein pulverförmiges Zwischenprodukt hergestellt. Die bei der Reaktion entstehenden Nebenprodukte Wasser und Ethanol wirken als Treibmittel bei der folgenden Hitzebehandlung. Wegen seines ausgezeichneten Brandverhaltens dient das Material als Dämmstoff im Flugzeugbau. Früher wurde es auch für Flugzeugsitze empfohlen.

4.8.7 Neuere heterocyclisch-aromatische Polymere

Die Synthese von PI-ähnlichen langkettigen Leiterpolymeren mit heterocyclischen Kernen der in Tafel 4.81 D (S. 531) aufgezeigten Konfigurationen und Benennung ist ein Entwicklungsgebiet. Diese werden als Kleb- und Tränkharze für die Träger gedruckter Schaltungen, in der Mikroelektronik und als strahlungsvernetzende „Photoresist"-Lacke für die gedruckten Schaltbilder auf Halbleiter-chips der Computertechnik gebraucht, die durch Temperaturen um 400 °C und sonstige Beanspruchung in folgenden Arbeitsgängen nicht zerstört werden. Zu den Synthesen wird auch die vielfältige Reaktionsfähigkeit multifunktioneller Isocyanate (Tafeln 4.65, 4.66, S. 470, 472/473) genutzt. Man strebt „offenkettige", in konzentrierter Lösung oder Schmelze flüssig-kristalline (S. 529) Prepolymere an, die dadurch vorgeordnet aufgetragen auf dem Träger zum unlöslichen und unschmelzbaren Endprodukt verleitert oder cyclisiert werden können.

4.8.8 Hochtemperatur- und Carbonfasern

Hochtemperatur-Textilfasern (Monofilamente und Stapelfasern) aus m-Aramid (S. 529, Nomex, US; Conex, JP; ähnlich P 84, AT), Polyamidimid (S. 369, Kermel, FR), Polybenzimidazol (PBI, US/DE) werden aus spezifischen Lösungsmitteln (wie NMP = N-Methylpyrrolidon) trocken gesponnen. Mit 10–50% Reißdehnung sind sie geschmeidig, bis > 200 °C temperaturstandfest einsetzbar, unschmelzbar, oberhalb 500 °C mit geringer Gasentwicklung verkohlend, aber nicht entflammbar, beständig gegen Chemikalien, übliche Lösungsmittel, Treib- und Schmierstoffe. Anwendungen sind Flammschutzkleidung (PBI mit 15% Wasseraufnahme), Vorrichtungen zum Kugel- und Splitterschutz, Flugzeugausstattung, Filtermaterialien, in Packungen, Dichtungen, Reibbelägen anstelle von Asbest, technische Papiere für Wabenkerne, Elektro- und Hitze-Isolierungen. Die gleichermaßen beständigen und unschmelzbaren *Para-Aramid-Verstärkungsfasern* (Twaron, NL; Kevlar, US; Technora, JP), die aus flüssig-kristallinen (S. 529) Lösungen hoch kristallin gesponnen, zu Hochmodulfasern zusätzlich verstreckt werden, sind erheblich steifer als die Textilfasern (Tafel 3.3, S. 64). Sie sind hoch zugfest, duktiler und mehr schwingungsdämpfend, spezifisch leichter und in verstärk-

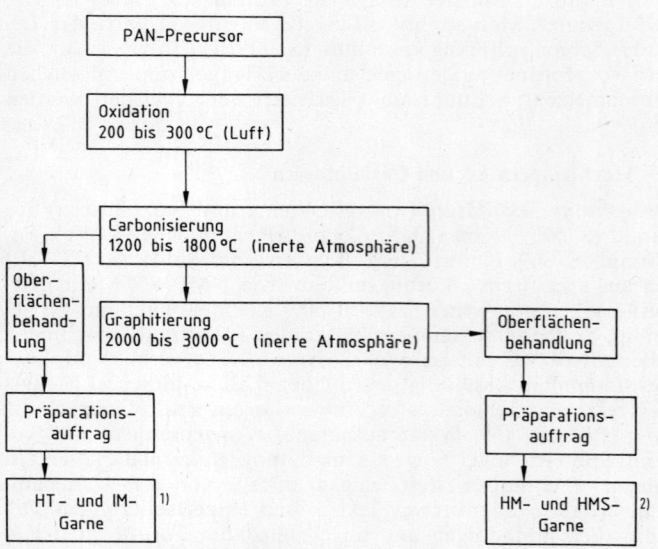

Bild 4.30. Chemische Reaktionen und Ablaufschema für C-Fasern aus PAN-Precursor

[1] HT High tenacity, IM Intermediate modulus. [2] HM High modulus, HMS High modulus/strength. Typ-Eigenschaften s. Tafel 3.3, S. 64.

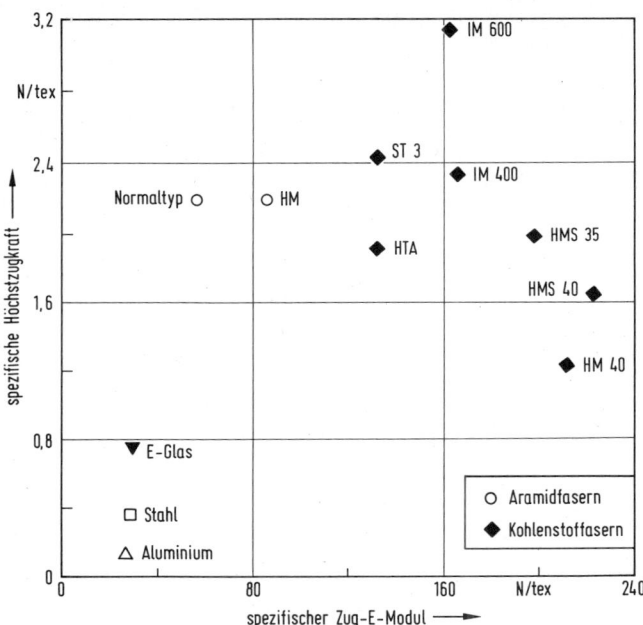

Bild 4.31. Gewichtsbezogene Eigenschaftswerte von Aramid- und Kohlenstoff-Fasern (Enka-Typen) sowie von E-Glas, Stahl und Aluminium. Zur Bedeutung der Kennbuchstaben s. Anmerkung Bild 4.30, S. 534

tem POM-, PA- PPS-Spritzguß weniger werkzeugverschleißend als GF und CF, aber nicht so druck- und biegefest wie diese. Ihr Hauptanwendungsbereich sind gewichtssparende Struktur-Verbundwerkstoffe für Luft- und Raumfahrt, Sportboote und andere Sportgeräte, vielfach als optimierte Hybrid-Verstärkung (S. 456) mit CF, GF oder beiden zusammen; weiter Reifencord, hoch beanspruchte Trag- und Spannseile, Kabelbewehrungen.

Den zweistufigen Aufbau *carbonisierter* und *graphitierter CF-Verstärkungsfasern* aus Polyacrylnitrilfaser-(PAN-)Precursor zeigt Bild 4.30, S. 534.

Teerpeche bilden bei > 350 °C unter Wasserstoffabspaltung mesomorphe oder nematische flüssig-kristalline Phasen. Verspinnen solcher Schmelzen führt zu hoch längs orientierten Fasern. Durch weitere Wasserstoffabspaltung, Carbonisierung und folgendes Erhitzen auf 3000 °C kommt man zu hoch graphitierten Fasern aus einem billigen Ausgangsmaterial (Thornel, US). Aus isotropen Pech-Precursor werden im Schleuderverfahren „general purpose"-Kurzfasern mit geringeren Werten für Asbest-Austausch und Beton-Verstärkung hergestellt. Carbonfaser-Vliese werden für elektromagnetische Abschirmung und Widerstandsheizung eingesetzt.

Die *Kohlenstoff-Spinnfasern* sind als Monofilamente und uni- oder multi-axiale textile Gebilde aus diesen verfügbar. Zwecks ausreichender Polymerhaftung müssen die glatten Faseroberflächen durch oxidierende Behandlung aufgerauht, die empfindlichen aktivierten Fasern für textile Verarbeitung mit einer Polymerpräparation geschlichtet werden.

Eigenschafts-Grenzwerte für hoch feste (HT) und hoch steife (HM) C-Fasern und in Weiterentwicklung begriffene Typen (IM, HMS) gibt Tafel 3.3, S. 64. Zur Verminderung der Sprödbruchanfälligkeit von CF-Laminaten strebt man eine Erhöhung der Faserbruchdehnung auf > 2% an. Für eine volle Nutzung der Faserfestigkeit muß die Dehnfähigkeit des Matrix-Harzes mehrfach größer als die der Faser sein. Damit gewinnen neben den überwiegend verwendeten EP- oder BMI (S. 501 ff.)-Prepreg-Matrixharzen (S. 530) für CF-Hochleistungsverbundwerkstoffe (s. VDI-2014 Bl. 1) hochtemperaturstandfeste und dehnfähige Thermoplaste (Abschn. 4.1.10/11, S. 360 ff., 4.1.13, S. 374 ff.) Bedeutung als Matrixstoffe. Zugleich tragen diese zur Verbesserung des Brandverhaltens bei.

Die auf das spezifische Leichtgewicht der CF-Fasern bezogenen Festigkeits- und Steifigkeitswerte sind höher als die von Metallen und E-Glas (Bild 4.31, S. 435). Die dadurch erzielbaren Gewichtsverminderungen sind von ausschlaggebender wirtschaftlicher Bedeutung für die stark wachsende Verwendung – derzeit ca. 70% der CF-Produktion – von CF-Schichtverbundwerkstoffen für Struktur- und Ausbauteile in der Luft- und Raumfahrt. Ganzkunststoff-Segel-, Kampf- und Geschäftsflugzeuge, auch Helikopter gibt es bereits, das nächstgrößte Anwendungsfeld (20%) sind Hochleistungs-Sportgeräte. Im Maschinen-, Fahrzeug- und Apparatebau – Gebiete, für die extreme Gewichtsverminderung nicht von gleicher Bedeutung ist – tritt CFK gegen überwiegend mit UP- und Phenacrylatharzen abgebundenen GFK-Verbunde mengenmäßig zurück.

5 Kunststoff-Grenzgebiete

5.1 Rohstoffe

5.1.1 Synthese-Kautschuke

sind Polymere, die bei der Verarbeitung nach Verfahren der Kautschuk-Technologie (S. 1) zu Elastomeren mit weiten Temperatur-Anwendungsbereichen (Tafel 5.1, S. 538) chemisch weitmaschig vernetzt werden. Die Vernetzungsreaktion nennt man *Vulkanisation*. Elastomeres Verhalten bis zum Grenzbereich thermochemischer Zersetzung unterscheidet vulkanisierte Kautschuke von thermoplastischen Elastomeren (S. 3, 17). Die Klassifizierung von Kautschuken in DIN ISO 1629 beruht auf anderen Grundlagen als die für Kunststoffe üblichen Stoff-Gruppierungen und führt daher auch zu anderen Kurzzeichen als die nach DIN 7728/ISO 1043 üblichen. In der folgenden Übersicht über die wichtigsten Synthese-Kautschuke sind diese Kurzzeichen (soweit vorhanden) *kursiv* gesetzt.

Naturkautschuk und strukturanaloge Synthesekautschuke, Polymerisate aus konjugierten Dienen (z. B. Isopren, Butadien, Chlorbutadien) 1, 3, 7*) sowie Copolymerisate aus konjugierten Dienen und Vinylderivaten (z. B. Styrol, Acrylnitril) 2, 8*) – es handelt sich hier um die weitaus bedeutsamsten Kautschukklassen mit ca. 80% Marktanteil – enthalten längs des Molekülfadens zahlreiche ungesättigte Doppelbindungen, von denen beim herkömmlichen Vulkanisieren mit Schwefel und organischen Beschleunigern zu Weichgummi nur ein Teil abgesättigt wird. Je mehr Doppelbindungen im Vulkanisat übrigbleiben, um so geringer ist dessen Oxidations- und Witterungs-Beständigkeit, allerdings kann diese durch Antioxidantien sehr verbessert werden. Produkte mit geringem Diengehalt, die z. B. durch Polymerisation von Isobutylen mit kleinen Mengen Isopren hergestellt werden 4*), zeigen entsprechend verbesserte Alterungsbeständigkeit, aber wegen der geringen Anzahl von Doppelbindungen Vulkanisationsträgheit. Auch durch ringöffnende Polymerisation können Produkte mit geringem Doppelbindungsgehalt hergestellt werden, z. B. Trans-1,5-Polypentenamer (aus Cyclopentadien + Ethylen) und Polyoctenamer (aus Polyoctan), die allerdings als Kautschuke kaum, wohl aber als Verarbeitungshilfsmittel eine gewisse Rolle spielen. Durch Copolymerisation von Ethylen und Propylen entstehen Ethylen-Propylen-Kautschuke 5*), die völlig gesättigt und daher nicht mit Schwefel vulkanisierbar sind (EPM). Durch Terpolymerisation von Ethylen und Propylen mit nicht konjugierten Dienen, wie vor allem Ethylidennorbornen, entstehen gesättigte Polymerketten mit seitlichen Doppelbindungen, die mit Schwefel, aber auch vorteilhaft mit Peroxiden vulkanisierbar sind (EPDM). Die EP-Kautschuke

---

*) s. folgende Seiten

Tafel 5.1. Richtwerte zum Vergleich von Natur- und Synthesekautschuk

	Kautschuk-Art	Dichte, unvulk. g/cm³	Zugfestigkeit		Bruch-Dehnung vulk. %	Anwendungs-Bereich		Beständigkeit gegen			
			vulk. unge-füllt N/mm²	vulk. ver-stärkt N/mm²		°C bis °C		Oxidation	Mineralöl	organische Lösungsmittel	Wasser, Säuren, Laugen
–	Natur-kautschuk	0,93	22	28	600	−60	60	4	5	6	3
1	Cis-1,4-Po-lyisopren	0,93	1	24	500	−60	60	4	5	6	3
2	Styrol-Butadien-Kautschuk	0,94	5	25	500	−30	70	3	4	6	3
3	Cis-1,4-Poly-butadien	0,94	2	18	450	−60	90	3	5	6	3
4	Butyl-kautschuk	0,93	5	21	600	−30	120	2	5	6	2
5	Ethylen-Pro-pylen-Ter-polymere	0,86	4	25	500	−50	120	1	5	6	2
6	Ethylen-VAC-Co-polymere	0,98	5	18	500	−30	120	1	4	5	5
7	Polychloro-pren	1,25	11	25	400	−30	90	2	2	4	2
8	Nitril-kautschuk	1,00	6	25	450	−20	110	2	1	3	4
9	Urethan-kautschuk	1,25	20	30	450	−30	100	2	1	2	3
10	Polysulfid-kautschuk	1,35	2	8	300	−50	120	2	1	1	3
11	Acrylester-kautschuk	1,10	4	12	250	−10	140	1	1	5	5
12	Epichlor-hydrin-kautschuk	1,27 bis 1,36	5	15	250	−40	150	2	1	5	3
13	Chlorsulfo-niertes Poly-ethylen	1,25	18	20	300	−30	120	1	2	4	2
14	Fluor-kautschuk	1,85	2	15	450	−40	190	2	1	3	1
15	Silikon-kautschuk	1,25	1	10	250	−80	>200	1	1	3	5

Vergleichszahlen für die Beständigkeit: 1 hervorragend, 2 sehr gut, 3 gut, 4 mäßig, 5 allg. gering oder unterschiedlich je nach Angriffsmittel, 6 unbeständig.

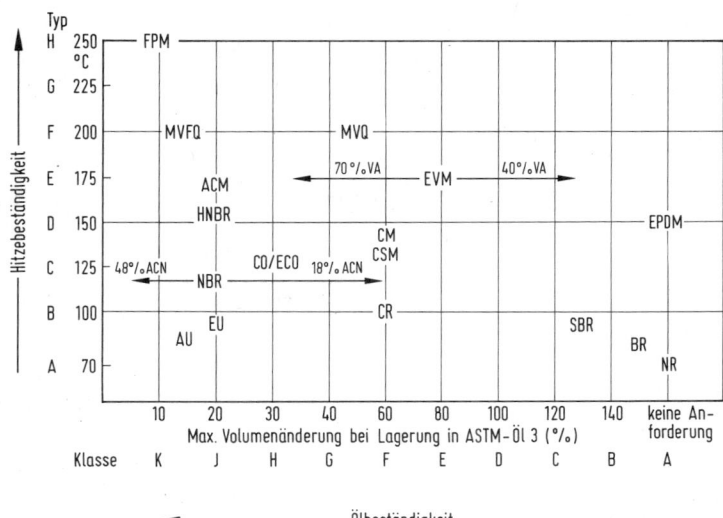

Bild 5.1. Klassifizierung von Elastomeren nach Hitze- und Ölbeständigkeit (in Anlehnung an ASTM-D 2000/SAE J 200)
Kurzzeichen nach DIN ISO 1629 sind im Text 1–15 erläutert.

zeichnen sich durch eine hervorragende Alterungsbeständigkeit aus und haben erhebliche Marktbedeutung. Weitere Synthese-Kautschuke sind: Propylenoxidkautschuk (Parel), Polyphosphazene (Eypel F, s. S. 544), Polynorbornen (Norsorex). Polymere ohne Doppelbindungen erfordern andersartige Vulkanisationsverfahren: Für 10, 12, 13 braucht man basische Vernetzungsmittel, für andere ist dagegen eine oxidative Vernetzung mit Peroxiden erforderlich. Mit Elektronenstrahlen werden gesättigte und ungesättigte Polymere ohne Fremdstoffzusatz vernetzt (S. 55). Die meisten Synthesekautschuk-Arten können miteinander verschnitten werden, eine kombinierte Vulkanisation mit Schwefel und Peroxiden ist aber nicht üblich. Zur zweiphasigen physikalischen Vernetzung von thermoplastischen Elastomeren s. S. 3 und 9.

Tafel 5.1 (S. 538) gibt Durchschnittswerte für den Vergleich der Synthese-Kautschuk-Gruppen untereinander und mit Naturkautschuk. Die durch Zunahme der Temperaturen unter der Motorhaube gewachsenen Ansprüche an die Hitze- und Ölbeständigkeit von Spitzenprodukten für den Einsatz in der Kfz-Industrie nach international anerkannter ASTM-Norm zeigt Bild 5.1.

Sehr wesentlich ist für die Kautschuktechnologie die „Verstärkung" der Mischungen durch aktive Füllstoffe, das sind Ruße für schwarze, hochdisperse Kieselsäure für helle Erzeugnisse. Zuweilen werden die

Füllstoffe schon in den Latex eingearbeitet. Höher molekularer Syntesekautschuk herkömmlicher Art ergibt mit Öl gestreckt (Oil extended Rubber) gut zu verarbeitende Mischungen. Viele Kautschuk-Mischungen enthalten auch spezifische Weichmacher.

Der Aufschluß der herkömmlicherweise als Ballen angelieferten Rohstoffe für die Kautschuk-Verarbeitung ist arbeitsaufwendig. Bisher haben sich Bestrebungen kaum durchgesetzt, Synthese-Kautschuke als leichter zu verarbeitende Krümel oder unmittelbar extrudierbare oder spritzgießfähige gepuderte Granulate und Pulver-Batches mit allen zur Vulkanisation erforderlichen Zuschlägen auf den Markt zu bringen sowie durch relativ niedermolekulare „Flüssig-Kautschuke" mit reaktiven Endgruppen einfachere Verarbeitungstechniken flüssiger Kunststoffvorprodukte (S. 451 ff.) auch der Gummiindustrie zugänglich zu machen.

1. *Cis-1,4-Polyisopren* ist sowohl die Basis für Naturkautschuk *(NR)* als auch für synthetisches Polyisopren *(IR)*. Afprene IR, Cariflex IR, Carom, Europrene IR, Natsyn, Nipol sind IR-Typen. Diese erreichen in geringerem Maße die Strukturfestigkeit, Elastizität und gute Verarbeitbarkeit des Naturkautschuks, den sie anderseits in Reinheit und Einheitlichkeit übertreffen.

Aus Malaysia ist epoxidierter NR mit verbesserter Ölbeständigkeit (Dynaprene) auf den Markt gekommen. „Thermoplastischer Naturkautschuk" (TP-NR) ist ein Blend aus PP mit in situ feinverteiltem dynamisch vulkanisierten (S. 265) NR.

2. *Styrol-Butadien-Kautschuk (SBR)*, meist in einem Verhältnis von etwa 75% Butadien:25% Styrol durch Kaltpolymerisation hergestellt und in vielen Sorten mit unterschiedlichen Stabilisatoren für hell- und dunkelfarbige Erzeugnisse und anderen Zusätzen geliefert, wird vielfach anstelle von NR als Allzweckkautschuk eingesetzt. Er stellt die größte Kautschukklasse dar. Er ist als Bestandteil von Reifenmischungen, für Kabelummantelungen, technische Gummiartikel, Schläuche und Profile, Moos- und Schaumgummi der in größtem Umfang gebrauchte Synthesekautschuk:

Ameripol, Austrapol, Buna EM, Cariflex S, Carom, Copo, Europrene, Flosprene (auch Flüssigkautschuk), FR-S, Gentro, Emaprene, Humex, Intol, ISR, Jetron, Krylene, Krynol, Krymix, Nipol, Petroflex, Philprene, Polysar S, Poly bd R 45 und Ricon 100 als Flüssigkautschuk, Sircis, Sirel, SKS, Sumitome SBR, Synapren, Synaprene, Tufprene, Ugipol.

In Lösung polymerisierte SBR sind Duradene, Solprene.

SBR-Latices (z. B. Bunatex) gibt es u. a. auch in Sondereinstellung für Anstrichmittel (Litex) und carboxyliert als Bindemittel für Nadelfilze und Teppichrückbeschichtungen (Bayer-SBR-Latex).

Höher styrolhaltige Kunstharze, die zur Erhöhung der Härte zugemischt werden können, s. S. 237.

3. *1,4-Polybutadien (BR)* gibt verschleißfeste, kältestandfeste Mischungen, z. B. für die Laufflächen von Autoreifen: Afdene BR, Ameripol CB, Asadene, Budene, Buna CB, Cariflex BR, Cis-4, Cisdene, Diene, Duragen, Escorez, Europrene cis, Finaprene BR, Intene, Plioflex, Polysar, Solprene BR, Synpol BGR, Taktene, Tufsyn, Vinylgruppen enthaltender BR (Intolene 50) hat ähnliche Eigenschaften wie SBR. Als flüssige Butadienkautschuke werden Butarez HTS, Hycar CTP, Hystl CWG, Ricon 150 angeboten, rußgefüllte Laufflächenbatches auch pulverförmig (Hüls). BR-Polyole (Poly bd) sind Vorprodukte für die PUR-Chemie (S. 469).

4. *Butylkautschuk (IIR,* GR-I) ist ein Copolymerisat. Der überwiegende Anteil von Isobutylen (vgl. dazu PIB, S. 235) ist bestimmend für die gute Chemikalien- und Alterungsbeständigkeit und die geringe Gasdurchlässigkeit, der geringe Anteil von Isopren für die Vulkanisierbarkeit zu Erzeugnissen wie Autoschläuche, Innerliner von Autoreifen, Pharmastopfen, Dachbeläge oder Heizbälge: Enjay-Butyl, Hycar-Butyl, Petrotex-Butyl, Polysar-Butyl, Soca-Butyl. Chlorhaltiger (Esso-Chlorobutyl) und bromhaltiger (Esso-Brombutyl) Butylkautschuk zeichnen sich durch gute Verarbeitbarkeit und Alterungsbeständigkeit bei sehr geringer Luftdurchlässigkeit aus. Sie weisen eine höhere Vulkanisationsgeschwindigkeit aus und kommen bevorzugt für Innerliner und Pharmastopfen zum Einsatz.

5. *Ethylen-Propylen-Kautschukarten* mit stark zunehmendem Marktanteil sind ataktische Copolymere der Komponenten.

EPM: Buna AP, Dutral, Esprene, Intolan, Keltan, Polysar, Vistalon ist als gesättigter Ethylen-Propylen-Kautschuk nur mit Peroxiden vernetzbar, auch thermoplastische Elastomere (S. 265).

EPDM: Buna AP, Dutral Ter, Epcar, Epsyn, Esprene, Intolan, Keltan, Mitsui EPT, Nordel, Polysar, Royalene, Vistalon enthält als Terkomponente Diene (S. 537) und ist daher auch mit Schwefel vulkanisierbar.

Da bei den Terpolymeren die ungesättigten Stellen außerhalb der Hauptkette liegen, weisen diese die Chemikalienbeständigkeit und – entsprechend stabilisiert – gute Witterungs-, Ozon- und Alterungsfestigkeit gesättigter Polyolefine auf. Anwendungen sind massive und Moosgummi-Dichtungsprofile im Kraftfahrzeugbau und Bauwesen, Schläuche, Baudichtungsbahnen usw. SEP = SI/EPDM-IPN s. S. 544 ff.

6. *Ethylen-Vinylacetat-Copolymere (E/VM,* E/VA) ergänzen Polyolefine auf vielen Anwendungsgebieten (s. S. 234, 263). Copolymere mit mittlerem Acetatgehalt weisen als oxidativ vernetzter Synthesekautschuk überdurchschnittliche Wärmestandfestigkeit auf: Levapren 400–700, Elvax, Evathane, Ultrathene, Vinathene VAE.

7. *Chloropren-Polymerisate (CR),* schwerentflammbar, lederzäh, wetterfest und korrosionsbeständig, werden für Baudichtungs-Profile, Dachbeläge, (Bergwerks-)Förderbänder, Offshore-Schlauch- und

Kabel-Mäntel, Schutzkleidung und Auskleidungen gebraucht: Baypren, Butaclor, Denkachloropren, Nairit, Neoprene, Skyprene, Switprene. Sie härten auch ohne Vulkanisation nach (Kristallisation) und sind deshalb für scherfeste Kontaktklebstoffe (S. 550) geeignet.

8. *Nitrilkautschuke,* Copolymerisate von Butadien *(NBR)* werden durch 20–50% Acrylnitrilanteil zunehmend öl- und treibstoffbeständig, worauf sich ihr spezielles Anwendungsgebiet gründet: Perbunan N, Breon, Butacril, Butakon, Butaprene FR-N, Chemigum, Elaprim, Europrene N, Hycar, Krynac, Marbon, Nilac, Nipol N, Nitrex, Paracril, SKN, Tylac. Flüssigkautschuke: Hycar CTBN, MTBN, 1312, Poly bd CN-15. Peroxidisch vulkanisierter voll hydrierter *H-NBR* (Therban, Tornac, Zetpol) ist bis 150°C hoch öl-, oxidations- und abriebbeständig, dem entsprechen Anwendungen für Erdölförderanlagen und im Kraftfahrzeugbau.

Verschnitte von NBR mit PVC (z.B. Perbunan N/VC, Breon Polyblend, Paracril OZO) sind ozonfest, NBR modifiziert mit Phenolharz ergibt vulkanisiert zähelastische, heißwasserfeste Produkte.

CR und NBR sind verhältnismäßig wenig gasdurchlässig.

9. *Urethan-Kautschuke (AU* Polyester-, *EU* Polyetherkautschuk) sind Zwischenprodukte der Polyurethan-Chemie, die auf die Verarbeitung mit den Verfahren der Gummiindustrie eingestellt sind. Peroxidisch vernetzbar sind Urepan 640, Adiprene C, Elastothane 455, Genthane S, Vibrathane, isocyanatvernetzbar Urepan 600. Weiteres über elastomere Polyurethane siehe S. 344, 479 ff.

10. *Polysulfid-Kautschuk* (SR) ist hervorragend lösungsmittel- und alterungsbeständig. Er wird für Behälterauskleidungen (Thiokol) und für Baufugen-Dichtungsmassen gebraucht, Geruch und geringe Festigkeit sind Nachteile für sonstige Verwendung.

11. *Acrylester-Kautschuk (ABR, ACM, ANM):* Cyanacryl, Europrene AR, Hycar 4000er Reihe, HyTemp, Nipol. Ethylenacrylesterterpolymer (EAM) (−34°C bis 150°C): Vamac. Beständig gegen Alterung, Hitze, Öl, Ozon, UV; Spezial-Dichtungen im Kfz-Motorbereich, s. Bild 5.1 (S. 539). Selbstvulkanisierender Acrylat-Latex (Acralen) für Vliesverfestigung.

12. *Epichlorhydrin-Kautschuk: (CO)* homopolymere und *(ECO)* mit Ethylenoxid copolymere gesättigte Polyether, mit Aminen vernetzbar, vinylgruppenhaltige (Allylglycidether) Terpolymere (ETER) auch mit Schwefel oder Peroxid vulkanisierbar: Epichlormer, Herclor, Hydrin, Gechron. Öl-, kraftstoff-, ozonbeständige, hitzebeständige Schläuche und andere flexible Teile in Kraftfahrzeugen (s. Bild 5.1) und Ölversorgung.

13. *Chlorsulfoniertes Polyethylen (CSM)* ist hellfarbig witterungsbeständig. Selbstvulkanisierend eingestellte Ansätze werden als mineralisch gefüllte Spritzmassen oder schweißbare Bahnen für Dachhäute und Auskleidungen verwandt: Hypalon.

13a. *Chloriertes Polyethylen (CM)* für technische Gummiartikel ist bei etwas besserer Heißluft- und Heißölbeständigkeit sowie tieferer Versprödungstemperatur als CSM in der Mischung preisgünstiger als dieser. Hauptanwendungen Kabelmäntel, Schläuche im Motorbereich. Elaslen, Daisolac, DowCPE, Kelrinal.

14. *Fluor-Kautschuke* (S. 313, *CFM, FPM, FVQ**)): DAI-el, Fluorel, Technoflon, Viton und ein perfluoriertes nur verarbeitet lieferbares Copolymer (Kalrez, Dai-El Perfluor) sind Spezialprodukte, deren Anwendungsgebiete durch Kombination elastomeren Verhaltens in weitem Temperaturbereich, bei neuesten Produkten bis 290 °C, mit hoher Alterungs-, Öl- und Korrosions-Beständigkeit bestimmt werden, z. B. für Seelen von Säure- oder Lösungsmittelschläuchen. FPM als Fließhilfe für PE-LLD s. S. 248. Ein Copolymeres aus TFE und Propylen, Aflas, weist eine besonders hohe chemische Beständigkeit auf.

Alle halogenhaltigen Produkte 12, 13, 14 sind schwer entflammbar.

15. *Silicon-Kautschuke* (*M...Q**, Si): Silopren, Wacker-Siliconkautschuk, GE-Silicon-Rubber, ICI-Silicon-Rubber, KE-Rubber, Rhodorsil, Silastene, Silastic, Silastomer, SKT sind elektrisch hochwertig, physiologisch unbedenklich und wie viele Silicone (s. S. 544) schwer benetzbar. Die meisten Eigenschaften ändern sich über einen Temperaturbereich von − 100 °C bei speziellen, − 60 °C bei normalen Typen bis dauernd 180 °C, kurzzeitig 300 °C trockener Hitze nur wenig. In Dampf wird Si-Kautschuk von 130 °C an angegriffen. Fluorsilikonkautschuk *(MFQ)* weist zudem die gute Lösungsmittelbeständigkeit der Fluorkautschuke auf.

Heißvernetzender Si-Kautschuk wird bei 200 °C mit Peroxiden vulkanisiert. Anwendungsgebiete sind weitgehend ölbeständige, physiologisch indifferente bewegte und ruhende Dichtungen, Schläuche, Elektroisolierungen, Transportbänder, auf denen das Gut nicht haftet, für weiten Temperaturbereich und Formteile für elektronische Geräte, wie Tastenfelder, mit eingespritzten Kontaktpunkten aus leitfähigem Si-Kautschuk.

Kaltvulkanisierbar sind lösungsmittelfreie pastenförmige Vorprodukte als Zweikomponentenmassen mit speziellen Vernetzern oder als Einkomponentenmasse durch Lufteinfluß vernetzend. Sie dienen als nicht nachhärtende Baufugendichtungen, die Bauwerksbewegungen aufnehmen, andere werden als Vergußmassen für weichelastische Formen und im Elektrosektor gebraucht. Borhaltige Si-Kautschuke ergeben Vulkanisate, die bei Raumtemperatur mit sich selbst verschweißen (selbstklebende Isolierbänder Silicor).

---

*) Einzelheiten siehe DIN ISO 1629

5.1.2   Polyphosphazene

werden durch ringöffnende Polymerisation trimeren chlorierten Phosphazens

und anschließenden Austausch der Chloratome durch Alkoxy-Seiten-Gruppen aufgebaut.

Seit längerem im Handel ist ein PNF-Kautschuk mit hoch fluorierten, ungesättigten Stellen enthaltenden Substituenten (Eypel F, US), der sowohl mit Schwefel als auch mit Peroxid vernetzt werden kann. Die nur aus Phosphor und Stickstoff bestehende Hauptkette macht ihn völlig unempfindlich gegen Sauerstoff und Ozon. Von $-50\,°C$ bis $+150\,°C$ mit 30–80 Shore A gummielastisch und schwingungsdämpfend, im Brandfall nicht schmelzend, nicht tropfend und nicht rauchentwickelnd, beständig gegen Treibstoffe, Öle und Hydraulikflüssigkeiten, ist er für Dichtungen in hoch fliegenden Flugzeugen und arktischen Öl- und Treibstoffleitungen geeignet.

In neuartigen Syntheseverfahren hergestellte halogenfreie Typen gleich günstigen Brandverhaltens (Eypel F, US; Orgaflex, F), die als offen- und geschlossenzellige Schäume lieferbar sind, werden für Isolationen in Schiffen der U.S. Navy gebraucht und zur Polsterung von Flugzeugsitzen vorgeschlagen.

5.1.3   Silane, Silicone (SI)

Hersteller: Bayer, Goldschmidt, Hüls, Wacker-Chemie, Rhône-Poulenc, Dow Corning, General Electric, Shin Etsu, Toshiba, Toray u. a.

Unter *Silanen* versteht man Silicium-Wasserstoff-Verbindungen und deren Substitutionsprodukte.

Spezielle niedermolekulare *Silane,* z. B. des Grundaufbaus Y-Si-$(OR)_3$, in denen Y eine jeweils bestimmten Polymeren chemisch verwandte organo-funktionelle Gruppe ist, sind Haftvermittler für das Verstärken thermoplastischer oder duroplastischer Kunststoffe mit Glasfasern und mit anderen mineralischen Verstärkungs-Füllstoffen.

Durch Nachvernetzung von Thermoplasten wie Polyolefine mit Vinylsilanen erzielt man eine erhöhte Temperaturbeständigkeit und ein verbessertes elektrisches Isolationsvermögen.

Silicone sind oligomere oder polymere Organosiloxane, die im wesentlichen di- bzw. trifunktionelle Strukturelemente aufweisen. Sie ergeben sich aus den entsprechenden Organochlorsilanen durch Hydrolyse und anschließende Polykondensation.

$$-0-\overset{\overset{\displaystyle R}{|}}{\underset{\underset{\displaystyle R}{|}}{Si}}-0-$$

$$-0-\overset{\overset{\displaystyle 0}{|}}{\underset{\underset{\displaystyle R}{|}}{Si}}-0-$$

difunktionelle
Struktureinheit

trifunktionelle
Struktureinheit

Bei der Hydrolyse von R_2SiCl_2 entstehen lineare Polysiloxane mit Kettengliedern des Typs

$$\left(-0-\overset{\overset{\displaystyle R}{|}}{\underset{\underset{\displaystyle R}{|}}{Si}}-0-\right)_n$$

Sie sind wichtige Ausgangsprodukte für die Herstellung von *Siliconölen* und *Siliconkautschuken*, s. S. 543.

In entsprechender Weise erhält man bei der Hydrolyse von $RSiCl_3$ räumlich vernetzbare *Silikonharze*, die bei der Anwendung über eine Kondensationsreaktion bei erhöhter Temperatur zu starren, duroplastischen Produkten aushärten. Durch Umsetzung von CH_3SiCl_3 mit Alkoholen entstehen niedermolekulare Alkylalkoxy-Silane und -Siloxane. Diese kondensieren schon bei Raumtemperatur zu harzartigen Produkten.

Kennzeichnend für alle Arten von Siliconen ist ihr chemisch und physiologisch inertes Verhalten mit von sehr tiefen bis hohen Temperaturen kaum veränderten physikalischen, auch guten elektrischen Eigenschaften sowie ihr wasserabweisendes und für die Anwendung als Trenn-, Gleit- und Schmiermittel wichtiges anti-adhäsives Verhalten. Silicone zeichnen sich auch durch ausgesprochene Oberflächenaktivität aus, die die Grundlage für Anwendungen als Antischaummittel sowie als Schaumstabilisatoren darstellt.

Polysiloxane eignen sich in vielen Fällen für die Copolymerisation mit Thermoplasten, um Werkstoffeigenschaften wie Temperaturbeständigkeit, Verarbeitungsbedingungen und Flexibilität günstig zu beeinflussen (z. B. Polyimide – Polysiloxane).

Thermoplasten können ca. 10% Siloxan-Prepolymere mit einem bei erhöhter Temperatur anspringenden Platin-Vernetzungskatalysator zugemischt werden, so daß nach Verarbeiten und Tempern ein Siliconnetzwerk (Semi-IPN) den Thermoplast durchzieht. Das gleiche gilt für die gummi- oder duroplastartigen Produkte des Petrarch-Verfahrens (Rimplast).

Eine andere Möglichkeit besteht in der Modifizierung von Duroplasten (Epoxidharzen) mit linearen aminofunktionellen Siloxanen, wodurch diesen Kunststoffen eine wesentlich höhere Flexibilität verliehen wird.

Monomere wasserlösliche Alkali*siliconate* oder alkohol-benzinlösliche Alkylalkoxy-Silane und -Siloxane sind Produkte zur *Hydrophobierung* von Baustoffen und Bauteilen. Alle diese vernetzen schließlich zu Siliconharzen, die über polare –SiO-Gruppen an mineralische Baustoffe gebunden sind.

Vernetzende Siliconharze, ausgehärtet mit Dauergebrauchstemperaturen bis 180 °C, kurzzeitig bis 200 °C, dienen als Bindemittel von Formmassen (s. S. 503/504), von Glasgewebe-Schichtpreßstoffen und als Imprägnierharze für Elektrotechnik und Elektronik sowie als Grundstoffe hitzebeständiger Korrosionsschutzlacke. Reaktiv abgewandelt verbessern sie die Witterungs- und Wärmebeständigkeit von Alkyd-, Epoxid-, Phenol- und Acrylharzlacken. Durch Zumischen kleiner Mengen feinstdisperser ausreagierter Polysiloxane zu Reaktionsharz-Komponenten kann man zu Systemen erhöhter Bruchdehnung und Schlagzähigkeit kommen.

Siliconöle zeigen geringe Änderungen ihrer Viskosität über einen großen Temperaturbereich (−60 bis +300 °C), geringen Dampfdruck, sie sieden unzersetzt. Verwendet werden sie als Siedeflüssigkeit für Hochvakuumdampfstrahlpumpen, temperaturunabhängige Schmiermittel, Hydrauliköle, Dämpfflüssigkeiten, Dielektrika, wirksame Trennmittel für Formwerkzeuge, in kleinsten Mengen als Zusatz von Lacken, um das Ausschwimmen der Pigmente zu verhindern, und mit Kieselsäurezusatz als Antischaumöle. Wasserlöslich modifizierte Siliconöle haben als Schaumstabilisatoren für Kunststoffschäume Bedeutung. Die Anwendung von Siliconölen erfolgt auch in Form von wäßrigen Emulsionen.

Siliconpasten haben ähnliche Verwendungszwecke, weiter dienen sie ebenso wie die Öle als hautverträgliche Grundlage medizinischer und kosmetischer Präparate.

5.2   Verwendungsgebiete

5.2.1   Lack-Kunstharze

Als Lackharze eignen sich nur solche Kunstharze, die in gebräuchlichen Lösungsmitteln Lösungen von hinreichendem Körpergehalt (im allgemeinen zwischen 20 und 70%) und gleichzeitig eine für die übliche Verarbeitung angemessene Viskosität ergeben. Lackharze dürfen also keinen zu hohen K-Wert haben. Neuere Entwicklungen sind wasserverdünnbare Lackharze (z. B. Jägalyd WE, Luhydran, Resydrol) und Lackharz-Dispersionen (s. S. 241), (fast) lösungsmittelfreie Lacke aus flüssigen Reaktionsharzen (s. S. 451) und Pulverlacke (S. 73).

Lackkunstharze werden in Kombinationen untereinander oder mit anderen Filmbildnern verarbeitet.

Lack-Grundstoffe kann man in folgende Gruppen ordnen[1]):

I. *Abgewandelte Naturstoffe*

  1. *Celluloseester* (S. 241)
    a) Nitrat (Collodiumwolle)
    b) Acetat bzw. Acetobutyrat (Cellit)

  2. *Celluloseether* (S. 241 und 373)
    a) Methylcellulose und Oxyethylcellulose,
      (Culminal, Tylose, Relatin, Blanose) wasserlöslich, für Leimfarben
    b) Ethylcellulose (Ethocelethoxy), Ethylcellulose K-, N- und T-Typen

  3. *Kautschukderivate* (S. 240)
    a) Chlorierter Kautschuk (Pergut)
    b) Cyclisierter Kautschuk (Alpex, Synotex, Alsynol)

II. *Polymerisate* (auch Copolymere und Dispersionen)

  1. *Polyvinylchlorid und PVC-Copolymerisate* (S. 238)
    (Hostaflex, Lutofan, Vinylite, Vilit, Vinnol, Laroflex)

  2. *Polyvinylacetat und -propionat* (S. 238)
    (Mowilith, Vinnapas, Propiofan, Wallpol)

  3. *Polyvinylalkohol* (S. 238)
    (Polyviol, Mowiol) wasserlöslich, vorwiegend als Schutzkolloid und Verdickungsmittel

  4. *Polyvinylether* (S. 239)
    (Lutonal)

  5. *Polyvinylacetal* (S. 238)
    (Mowital, Pioloform)

  6. *Polyacryl- und Polymethacrylester* (S. 239)
    (Alburperl, Acronal, Baycryl, Degalan, Degalex, Halwemer, Hostaflex, Jagotex, Larodur, Lioptal, Luhydran, Luprenal, Macrynal, Neo-Cryl, Plexigum, Plexisol, Plextol, Resydrol, Setalin, Synthacryl, Synthalat, Vinylan, Viacryl, Worléecryl), Vinylacrylat-Terpolymer: Plioway

  7. *Polystyrol* (S. 275, für Litex auch S. 243)
    (Piccolastic, Kristalex, Piccotex, Emu-Pulver 120 FD)

  8. *Fluorierte Produkte* (S. 311)
    Polyvinylfluorid und -idenfluorid SST-2, SST-3, SST-3H (Lumiflon)

  9. *Cumaron- und Indenharze*
    (Necires)

---

[1]) Die in Klammern genannten Markennamen sollen nur Beispiele sein und sind deshalb meist nicht vollständig.

III. *Polykondensate*
  1. *Polyester-Harze*
     a) Phthalatharze
        Mischester von Phthalsäuren mit höheren Alkoholen:
        (Phthalopale, Alkydal BG)
     b) Alkydharze
        mit trocknenden oder nichttrocknenden Fettsäuren modifi-
        zierte Phthalatharze
        (Alftalate, Alkydale, Dynotal, Halweftal, Icdal, Jägalyd,
        Jägaplast, Kelsol, Lioptal, Resydrol, Setal, Synolac, Syn-
        thalat, Vialkyd, Worléekyd), auch weiter modifiziert mit
        Styrol oder Vinyltoluol, Epoxiden.
        PUR modifiziert: Daotan
        SI modifiziert: Aco-Siliconalkyd, Blagden, Uralac
     c) Acrylierte Alkydharze
        (Uralac D, Halwemer TN, Lutrasol A)
     d) Maleinatharze
        Maleinsäure-Kolophonium-Mischester mehrwertiger Al-
        kohole, auch acrylsäuremodifiziert
        (Alresat, Beritack 40, Filtrez 345, Rokrasin 115, Licomat,
        Suprapal)
     e) ungesättigte Polyester (S. 459)
        (Actrocryl, Alpolit, Ebecryl, Laromer PE, Ludopal, Poly-
        lite KE, Roskydal)
     f) gesättigte Polyester
        (Beckosol, Dynapol, Erkarex, Jägapol, Rokramar, Uralac,
        Vesturit, Worléepol)
  2. *Phenol-Formaldehyd-Harze* (S. 439)
     a) Novolake
        (Alnovol, Bakelite, Liacin O, Schenectady, Supraplast)
     b) Resole
        (Bakelite, Phenodur, Supraplast, Uravar)
     c) Ölmodifizierte Phenol-Formaldehyd-Kondensate
        (Durophen)
     d) Kolophonium-modifizierte Phenol-Formaldehyd-Konden-
        sate
        (Albertole, Alsynol, Pentalyn, Rokrapal SH)
     e) Alkyl- und Terpenphenolharze
        (Alresen, Bakelite, Tungophen)
  3. *Harnstoff-Formaldehyd-Harze* (S. 444)
     (Beckurol, Peramin, Plastigen, Plastopal, Resamin, Uramex)
  4. *Melamin- und andere Triazin-Formaldehyd-Kondensate* (S.
     447)
     (Beetle, Maprenal, Resimene, Cibamin, Luwipal, Setamine,
     Uramex M u. ME)
  5. *Aldehydharze*
     (Laropal)

6. *Keton-Harze*
   (Kunstharz AP, Kunstharz AFS, Kunstharz SK, Kunstharz BL, L2-Harz, L3-Harz, Kunstharz 26 m)

7. *Xylenol-Formaldehyd-Harze*
   (Kunstharze XF)

8. *Polyamide* (S. 240, 329)
   (Eurelon, Reammide, Casamid, Ultramid, Versamid)

9. *Sulfonamidharze*
   (Ketjenflex 8, Lustalite)

10. *Modifizierte Kolophoniumester*
    (Beritack, Filtrez, Granolite, Rokrasin)

IV. *Polyaddukte*

1. *Polyurethane* (S. 469)
   (Desmodur/Desmophen für DD-Lacke, Lumitol, Uralac, Phtalon, Uronal)

2. *Ölmodifiziertes Polyurethan*
   (Desmalkyd)

3. *Epoxidharze* (S. 464)
   (Araldit, Beckopox, DER, Duroxyn, Epikote, Eponac, Eurepox, Grilonit, Levepox, Rütapox)

4. *Epoxidharzester*
   (Duroxyn)

5. *Polyesterimidharze* (S. 369, 530)

V. *Silicone*

(Baysilon-Harze, polyestermodifizierte Siliconharze, Rhodorsil, Silikophen, Silikoftal: Einbrennlacke für die Oberflächenmodifizierung organischer Gläser).

5.2.2 Klebstoffe

Richtlinien zur Einteilung von Klebstoffen sind enthalten in DIN 16920.

Richtlinien für das Metallkleben sind enthalten in VDI 2229.

Richtlinien für das Kleben von Kunststoffen s. Abschn. 3.8.7, S. 210.

Nach DIN 16920 (Juni 1981) versteht man unter einem Klebstoff einen nichtmetallischen Stoff, der Fügeteile durch Flächenhaftung und innere Festigkeit (Adhäsion und Kohäsion) verbinden kann.

Grundstoffe von Klebstoffen sind mit wenigen Ausnahmen (Glutinleim, Stärkekleister, Wasserglasklebstoffe, Zement-Klebmörtel) thermoplastische oder vernetzbare Kunstharze, in begrenztem Bereich auch Natur- oder Synthesekautschuk.

5.2.2.1 *Physikalisch abbindende Klebstoffe*, d.h. solche, bei denen die Klebung nur durch physikalische Vorgänge entsteht, enthalten als Grundstoffe thermoplastische Kunststoffe oder Kautschuke.

1. *Lösungsmittelklebstoffe* – eine ältere Bezeichnung für diese ist „Kleblacke" – binden durch Verdunsten des Lösungsmittels ab. Bei der Diffusionsklebung thermoplastischer Kunststoffe (S. 211) wird die Klebwirkung durch Anlösen der Fügeflächen verstärkt, beim sogenannten „Quellschweißen" nur mit Lösungsmittel kommt sie allein dadurch zustande. Untergruppen von Lösungsmittelklebstoffen sind:

Kontaktklebstoffe, sie werden grundsätzlich beidseitig aufgetragen. Nach weitgehendem Ablüften des Lösungsmittels wird durch Fügen unter kurzem, starkem „Kontaktdruck" sofort nahezu die Endfestigkeit der Klebung erreicht. Grundstoffe sind Natur- und Synthesekautschuke und ähnliche Polymere.

Haftklebstoffe, sie ergeben dauernd klebfähige Schichten, z.B. auf Klebebändern, Briefumschlagsrändern oder Etiketten mit verhältnismäßig geringer Haftfestigkeit. Grundstoffe sind Polyisobutylene (S. 235), Polyvinylether (S. 239), Polyacrylester (S. 239) oder auch Natur- bzw. Synthesekautschuke.

2. *Dispersionsklebstoffe* enthalten thermoplastische Kunstharze (s. Abschn. 4.1.1.10 Dispersionen, S. 241) oder Kautschuke in Wasser dispergiert. Sie eignen sich für Flächenklebungen poröser Werkstoffe, die Wasser aufnehmen und abführen können untereinander oder mit dichten Werkstoffen. Typische Anwendungen: PVAC-Dispersion als „weißer Holzleim" (Mowicoll, Ponal), Leder- und Papierklebstoffe, gegen chemische Reinigung und Feinwäsche beständige Kaschierklebstoffe in der Textilindustrie.

3. *Plastisol-Klebstoffe:* i.a. lösungsmittelfreie PVC-Pasten (S. 309), die z.B. aus einer Dispersion von feinverteiltem PVC in Weichmachern bestehen, mit reaktivem Haftvermittler, die beim Gelieren in der Wärme fugenfüllend abbinden. Anwendung im Karosseriebau.

4. *Heißsiegelklebstoffe* (heißsiegelfähige Verbundfolienschichten s. S. 434) aus S/B, E/VA u.a. Cop., PA und Polyamidoaminen (S. 240) u.ä. werden durch Erhitzen als Klebstoffe „aktiviert".

5. *Schmelzklebstoffe* sind lösungsmittelfreie, bei Raumtemperatur feste Produkte. Aus diesem Zustand (z.B. Folien) zwischen Fügeflächen aufgeschmolzen oder als Schmelze heiß aufgetragen, verbinden sie die Fügeteile beim Abkühlen. Reaktionsharz-Schmelzklebstoffe (s. S. 551) härten zugleich chemisch aus.

5.2.2.2 *Leime* sind wäßrige Lösungen von tierischen, pflanzlichen oder synthetischen Grundstoffen für Kalt- oder Warmverarbeitung, jedoch gehört zu diesen auch der unter 5.2.2.1.2 aufgeführte „weiße Holzleim". Wäßrige Lösungen sind auch die chemisch abbindenden

Phenol-, Resorcin-, Melamin- und Harnstoff-Formaldehydharz-Montage- und Heißleime (s. 5.2.2.4 und S. 442, 444).

5.2.2.3 *Kleister* sind hochviskose, auch pastenartige, aber nicht fadenziehende wäßrige Lösungen oder Aufquellungen von Celluloseethern, Polyvinylalkohol, Polyvinylpyrrolidon u. ä. (S. 244). Auch Malerleime und Klebstifte gehören dazu.

5.2.2.4 *Chemisch abbindende Reaktionsklebstoffe* enthalten als Grundstoffe Reaktionsharze, die in der Klebschicht vernetzen. Häufig ist für optimale Haftung Anätzen und/oder der Auftrag eines Haftvermittlers (Primer) auf die Klebflächen erforderlich.

1. *Einkomponenten-Reaktionsharzklebstoffe sind u. a.* Cyanacrylsäureester (Cyanacrylat M, Cynolit, Eurecryl, Siconit, Terotop), dünnflüssig bis hochviskos einstellbar, die bei Zutritt von Luftfeuchtigkeit in 3–15 s standfest, in einigen Stunden hochfest auspolymerisieren (S. 234). Der rationellen Klebtechnik wegen werden Cyanacrylatklebstoffe für Kleinklebungen in Serienfertigungen der Elektronik-, Spielwaren- und Gummiwarenindustrie trotz hohen Preises allgemein angewandt.

Auch spezielle Siliconharz- und Isocyanatklebstoffe binden kalt mit Feuchtigkeit ab, Dimethylacrylester dagegen „anaerob", d. h. nach Entfernung der Luft durch Zusammenpressen der Fügeteile.

Warm härtende Einkomponenten-Schmelzkleber als Pulver, Stränge oder Folien haben Melaminharze, kautschukmodifizierte PF-Harze, spezielle EP-Harze als Grundstoffe.

2. *Zweikomponenten-Reaktionsharzklebstoffe* auf Grundstoffbasis von MMA-, UP-, EP- und Polyisocyanat-Reaktionsharzen (S. 232, 451 ff.), lösungsmittelfrei und lösungsmittelhaltig, erfordern für das Anbinden nur Berührungsdruck und keine langen Standzeiten. Sie ermöglichen hochbelastbare Verbindungen fast aller Werkstoffe mit- und untereinander. Kleben ist dadurch zu einem ingenieurtechnisch weithin konstruktiv angewandten Fügeverfahren geworden. In der Bautechnik wird Reaktionsharz-Klebemörtel mit mineralischen Zuschlägen u. a. für große Brücken u. ä. Ingenieurbauwerke verwendet.

Hinweis: *Papierleime* und *Textilappreturen* aus Kunstharzen sind in Aufbau und Aufgabe den Klebstoffen verwandt. Zur Verbesserung der Naßfestigkeit von Papier dienen Harnstoff- oder Melaminharze sowie Ethyleniminpolymerisate, die dem Papierbrei zugesetzt werden. Für waschfeste Appreturen werden thermoplastische Kunstharze in Lösung oder Dispersion verwandt. Die Behandlung von Geweben mit speziellen Carbamidharzen erhöht deren Naßreißfestigkeit, Scherfestigkeit und Knitterfestigkeit. Wasserlösliche Kunstharze werden auch als Textilschlichten gebraucht.

5.2.3   Fasern, Fäden, Borsten, Bänder

Unter *Chemiefasern* versteht man alle nach chemisch-technischen Verfahren hergestellten Faserstoffe aus natürlichen oder synthetischen Polymeren. Chemiefasern aus synthetischen Polymeren werden auch als „Synthesefasern" bezeichnet.

Chemiefasern werden je nach Schmelzpunkt oder thermischer Stabilität nach folgenden Verfahren verarbeitet:

– nach dem *Schmelzspinnverfahren* aus der Schmelze. Abzugsgeschwindigkeit je nach Polymerenart und Verfahren zwischen 500 und 4000 m/min;

– nach dem *Trockenspinnverfahren* aus der Lösung in den Heißluftschacht, in dem das Lösungsmittel verdampft wird. Abzugsgeschwindigkeit bis zu 500 m/min;

– nach dem *Naßspinnverfahren* aus der Lösung in ein Fällbad. Abzugsgeschwindigkeit bis zu 150 m/min.

Gesponnen wird durch Lochdüsen unterschiedlicher Lochzahl und Lochdurchmesser. Düsen mit einem Loch liefern Monofile; Düsen mit bis zu 100 Löchern werden für die Herstellung endloser Fäden verwendet und Viellochdüsen für Spinnkabel, die meist zu Stapelfasern verarbeitet werden.

Anschließend werden die Monofile, Endlosfäden bzw. Kabel in einem Gang oder getrennt verstreckt und je nach gewünschten Eigenschaften noch einer Wärmebehandlung unterzogen.

Stapelfasern werden nach unterschiedlichen Verfahren zu Garnen bzw. Zwirnen umgewandelt.

Monofile, Endlosfäden, Garne oder Zwirne können als solche für Nähfäden, Schnüre oder Seile oder aber zur Herstellung textiler Flächengebilde wie Geweben, Gewirken oder Gestricken verwendet werden.

Für Fußbodenbeläge gibt es neben dem normalen Herstellverfahren von textilen Flächengebilden auch noch das Tuftingverfahren. Hier werden die Schlaufen auf der Rückseite durch Gummi- oder Kunststoff-Beschichtungen verfestigt.

Aus Fasern bzw. Endlosfäden können auch Vliese hergestellt werden. Diese können mechanisch, durch Bindemittel bzw. durch thermische Behandlung verfestigt werden (engl. non woven bzw. bonded fabrics).

Aus Fibriden (S. 259, 272) kann man auch synthetisches Papier und auch wasserabweisende textile Flächengebilde herstellen.

Monofile von 360 bis 1100 dtex bezeichnet man als Borsten. Sie werden für Bürsten, Besen, Pinsel verwendet; Monofile von mehr als 0,08 mm Durchmesser werden als Drähte bezeichnet; sie werden für Angelschnüre, Tennisschläger, Taue, Seile u. ä. verwendet.

Extrudierte Folien werden zu verstreckten *Folienbändchen* oder *Flachfäden* längs aufgeschnitten, bei starkem Verstrecken (1:12) als *Spleißfolien* zu Längsfibrillen (Splittfasern) aufgespalten (S. 187), die zu reißfesten groben Bindegarnen zusammengedreht werden. Diese und Flachfäden werden auch zu textilen Flächengebilden – Sackgewebe, Teppich-Grundgewebe, Wandbespannungen – verarbeitet.

Über Markenbezeichnungen und Herstellfirmen siehe Chemiefaser-Lexikon, *R. Bauer/H.J. Koslowski;* Deutscher Fachverlag GmbH, 8. Aufl. 1979, Seite 87–119.

5.2.3.1 *Polyethylen* und *Polypropylen* (S. 245, 266)

Monofile und Folienbändchen

PE: Hostalen strip, Northylen, Eltex

PP: Lenzing s-band, Meraklon

Seile, Taue, Netze (schwimmend) für Seefahrt und Fischerei, technische Artikel. PP-Spleißfasern: Erntebindegarne, Asbest-Austausch.

Höchstfeste PE-Monofile s. S. 259.

5.2.3.2 *Polystyrol* (S. 275)

Styroflex, Durchmesser von 10 μm aufwärts zum Umspinnen und Umklöppeln von Leitungsdrähten und Kabeln, vor allem in der Fernsehtechnik, Monofile für Borsten.

5.2.3.3 *Vinyl-(Co-)Polymerisate* (S. 287)

1. *Polyvinylchlorid mit verschiedenen Mischkomponenten.* PeCe-Faser aus nachchloriertem Polyvinylchlorid hat wegen ihrer geringen Temperaturstandfestigkeit nur noch geringe Bedeutung. Andere Fasern dieser Gruppe (Rhovyl) sind Copolymerisate. Fasern aus syndiodaktischem PVC und aus Copolymeren mit Acrylnitril (Modacrylfasern) sind kochfest.

Anwendungsgebiete: korrosionsfeste Filtertücher, Säureschutzkleidung, Treibriemen, Fischereigerät, Anti-Rheumaunterwäsche.

Flache Borsten aus PVC werden aus Folie geschnitten.

2. *Vinyliden-Vinylchlorid-Copolymere* (S. 273/274)

Es werden nur Fäden hergestellt. Polyvinylidenchlorid ist korrosionsfest und verrottungsfest unter allen Witterungsbedingungen, abriebfest, unbrennbar und kann kochfest eingestellt werden.

Anwendungsgebiete: Sitzbespannungen, Insektenschutznetze, Markisen, Armierung von Dachbahnen (Sarnafil).

3. *Polyvinylalkohol* (S. 238)

Gereckte Polyvinylalkoholfasern, aus wäßriger Lösung in Salzlösungen als Fällbäder gesponnen, besitzen hervorragende mechanische Eigenschaften, sind aber wasserempfindlich. Sie werden, durch

Formaldehyd gegerbt, Garnen aus 5.2.3.5 oder 5.2.3.6 zur Regelung der Wasseraufnahme zugesetzt.

5.2.3.4   *Polyfluoralkylene* (S. 311)

extrudiert, gesintert, unbrennbar, Filtergewebe, Arbeitsschutzkleidung.

5.2.3.5   *Acrylnitril-(Co-)Polymerisate* (S. 323)

Dolan, Dralon, Dunova, Acrilan, Courtelle, Crylor, Euracril, Orlon, Velicren.

1. *PAN-Spinnfasern*, aus Copolymeren mit mindestens 85% Acrylnitril in Dimathylformamid-Lösung trocken oder naß versponnen, gehören mit guter Kräuselfähigkeit und Anfärbbarkeit zu den wichtigsten Synthesefasern für allgemeine Verwendung. Sie zeigen hohe Licht- und Wetterbeständigkeit, Säure- und Laugenbeständigkeit, sind scheuer- und reißfest bei guter Elastizität und Wärmehaltung.

Anwendungsgebiete: Bekleidungstextilien aller Art, Decken, Markisen, Bootsverdecks, Zelte, Säureschutzgewebe, Textil- und Teppichindustrie. Spezialtypen für Asbest-Austausch.

2. *Modacrylfasern* und Fäden, Copolymere aus 40–60% Acrylnitril und 60–40% Vinylchlorid und/oder Vinylidenchlorid für schwer brennbare Arbeitsschutzkleidung, Gardinen, Teppiche.

5.2.3.6   *Polyamide* (S. 329)

1. Überwiegend aus PA 6 und PA 66 im Schmelzspinnverfahren hergestellt: Dorix, Perlon, Bri-Nylon, Celon, Lilion, Nivion, Nylon, Ultron, Qiana.

Die Fasern zeigen hohe Scheuer- und Reißfestigkeit, Wetter- und Laugenbeständigkeit und gute Elastizität.

Anwendung: Auf allen Gebieten der Textilindustrie, Teppichgarne, Reifencord, Monofile als Schnüre, Saiten, Borsten, Gurte und Bänder.

2. *Hochfeste, temperaturstandfeste Aramidfasern* (Kevlar, Kermel, Nomex, Twaron) für Feuerschutzkleidung und Kunststoffverstärkung s. S. 64, 533.

5.2.3.7   *Polyurethane* (S. 478)

Elastanfasern und Fäden (Dorlastan, Lycra) bestehen zu mindestens 85% aus elastomerem PUR vom Vulkollan-Typ. Sie sind besser beständig gegen Sauerstoff, Ozon, Öle als „Elastodien"-Gummifäden, gut einfärbbar, reiß- und scheuerfest.

Anwendung: Stützstrümpfe, Miederwaren, Badekleidung.

5.2.3.8   *Polyterephthalsäureester* (S. 353)

Diolen, Trevira, Crimplene, Dacron, Fidion, Tergal, Terylene, Wistel.

Aus der Schmelze gesponnen, anschließend heiß verstreckte PETP-Fasern hochkristallin, schrumpfarm für gut formbeständige, knitterfreie, chemikalien- und lichtbeständige, scheuerfeste Textilien. Einfärbung erfordert spezielle Verfahren.

Anwendungen auf allen Gebieten der Textiltechnik, Cordfäden für Autoreifen, Förderbänder, Treibriemen, unverrottbare Faservliese für Tiefbau und Dachbahnen, beschichtete Gewebe für das textile Bauen. Für Heimtextilien auch besser anfärbbare PBT- u.a. PTP-Fasern (Kodel-Typ).

5.2.3.9 *Chemiefasern aus Cellulose* (S. 436)

Für Viskose-Spinnfäden ist nur noch der Sammelname Reyon (DE) oder Rayon (US), für Stapelfasern Zellwolle in Gebrauch; ähnlich allgemein spricht man von Kupfer- und Acetat-Fasern und -Fäden.

Polynosics sind Fasern, die durch Einspinnen in schwache Säurebäder baumwollähnlich gemacht werden (niederer Quellwert, hohe Naßfestigkeit).

5.2.3.10 *Hochtemperaturbeständige Fasern,* mit Gebrauchsbereichen

bis $> 400\,°C$ für Raumfahrt, militärische und spezielle technische Zwecke, sind ein Sonderbereich der Entwicklung hochtemperaturbeständiger Polymerer, s. Abschn. 4.8, S. 525, dort auch Carbonfasern, andere Verstärkungsfasern S. 64, Tafel 3.3.

6   Normung und Gütesicherung

6.1   Kunststoff-Normung national und international[1])

Das DIN Deutsche Institut für Normung e. V., Burggrafenstraße 6, 1000 Berlin 30, ist die nationale Organisation für alle in selbstverantwortlicher Gemeinschaftsarbeit von Wirtschaft, Wissenschaft und Behörden betriebene nationale Normungsarbeit und federführend für die Vertretung bei den internationalen Normungsarbeiten. Die internationalen Normungsvorhaben werden durchgeführt bei

ISO   (International Standardization Organisation)
IEC   (International Electrotechnical Commission),

die für den Gemeinsamen Markt in Europa wesentlichen Vorhaben bei

CEN   (Comité Européenne Normalisation)
CENELEC   (Comitté Européenne Normalisation Electrotechnique).

In den Beratungen der ISO werden, unter Federführung der Normenorganisation jeweils eines Mitgliedslandes für ein Einzelgebiet, aufeinander folgend

ISO-CD   (Commitee Draft) Normen-Vorschläge
ISO-DIS   (draft international standards) Normen-Entwürfe

und schließlich die nur mit ISO und Nummer bezeichneten Internationalen Normen erarbeitet. Zahlreiche unter Mitwirkung des Normenausschusses Kunststoffe seit 1952 erarbeitete Dokumente der Technischen Komitees

ISO/TC 61   Plastics
ISO/TC 138   Plastics pipes, fittings and valves for the transport of fluids
ISO/TC 45   Rubber and rubber products
IEC/TC 15   Insulating materials

sind seither ganz oder teilweise als DIN-ISO-Normen übernommen worden. In diesen wird jeweils erläutert, inwieweit sie mit den betreffenden ISO-Unterlagen übereinstimmen oder in Einzelheiten noch von ihnen abweichen. Es wird angestrebt, in die nationale Normung zunehmend ISO-Normen als DIN-ISO-Normen mit der ISO-Nummer zu übernehmen.

Solche Normen können dann in die europäische Normung durch das sog. Harmonisierungsverfahren übernommen werden. Die deut-

---

[1]) DIN-Normblätter, ISO-Standards und alle anderen hier genannten Informationsmittel sind zu beziehen von der Beuth Verlag GmbH, Postfach 1145, 1000 Berlin 30. Maßgeblich ist die jeweils neueste Original-Ausgabe der DIN-Normblätter im Format DIN A4, deren Vervielfältigung auch für innerbetriebliche Zwecke nicht gestattet ist. Die informative Veröffentlichung von Auszügen aus Normen und Norm-Entwürfen in diesem Buch erfolgt mit Genehmigung des DIN.

sche Fassung erscheint dann als DIN-EN-Norm. Bei CEN arbeitet der FNK derzeit in folgenden Technischen Komitees mit:

CEN/TC 88   Wärmedämmstoffe und wärmedämmende Produkte
CEN/TC 89   Wärmeschutz von Gebäuden und Bauteilen
CEN/TC 134 Elastische und textile Bodenbeläge
CEN/TC 155 Kunststoff-Rohrleitungssysteme und Schutzrohrsysteme
CEN/TC 189 Geotextilien und geotextil verwandte Produkte
CEN/TC 193 Klebstoffe
CEN/TC 248 Textilien und textile Erzeugnisse
CEN/TC 249 Kunststoffe
CEN/TC 254 Abdichtungsbahnen.

Von allen neuen oder überarbeiteten Normen werden durch den Buchstaben E gekennzeichnete Entwurfsfassungen veröffentlicht (Gelbdrucke für den nationalen Bereich, für DIN-ISO-Normentwürfe Rosadrucke), zu denen jedermann binnen drei Monaten Stellung nehmen kann. V im Weißdruck bezeichnet eine „Vornorm" (Entwürfe: Blaudruck).

Der *Normenausschuß Kunststoffe (FNK) im DIN* bearbeitet mit den Fachbereichen

1   Terminologie und Prüfverfahren
    universelle und spezielle physikalische und chemische Eigenschaftsprüfungen, Brandverhalten, technologische Definitionen in Zusammenarbeit mit dem Normenausschuß Materialprüfung und Querverbindung zu den folgenden stofflich abgegrenzten Fachbereichen

2   Duroplast-Formmassen
    härtbare Harze und Reaktionsmittel, Gießharzformstoffe, Verstärkungs- und Hilfsstoffe, Textilglaserzeugnisse, härtbare Formmassen und deren Verarbeitung

3   Thermoplast-Formmassen
    Dispersionen, Zusatzstoffe, Thermoplast-Formmassen und deren Verarbeitung

4   Halbzeuge, Schaumstoffe und faserverstärkte Kunststoffe
    dekorative Schichtpreßstoffe, Thermoplast-Tafeln und -Profile, Folien, Kunstleder, Bodenbeläge, Schaumstoffe, faserverstärkte Kunststoffe, Klebstoffe

5   Fertigteile
    Kunststoff-Formteile, Werkzeuge für Formteile, Rohre und Rohrleitungsteile aus Thermoplasten und aus Reaktionsharz-Formstoffen, Kunststoff-Rohrleitungen, Selbstklebebänder

in zahlreichen Arbeitsausschüssen mit rund 600 ehrenamtlichen Mitarbeitern z. Z. etwa 700 Hauptnormungsthemen. Wichtige Kunststoff-Normen werden zusammengefaßt in DIN-Taschenbücher, z. Z.:

21   Duroplast-Kunstharze, Duroplast-Formmassen (10. Auflage 1990)

51   Halbzeuge aus thermoplastischen Kunststoffen (3. Auflage 1987)

150   Kunststoff-Dachbahnen, -Dichtungsbahnen, -Folien, Bodenbeläge, Kunstleder (1. Auflage 1987)

52   Rohrleitungteile aus thermoplastischen Kunststoffen, Grundnormen (4. Auflage 1990)

131   Kautschuk und Elastomere, Normen für chemische Prüfverfahren, Bodenbeläge, Latex, Ruße und Schaumstoffe (3. Auflage 1991)

149   Thermoplastische Kunststoff-Formmassen (1. Auflage 1990)

190   Rohrleitungteile aus thermoplastischen Kunststoffen, Anwendungsnormen (1. Auflage 1985)

171   Rohre, Rohrleitungteile und Rohrverbindungen aus duroplastischen Kunststoffen (2. Auflage 1989)

235   Schaumstoffe – Prüfung, Anforderung, Anwendung (1. Auflage 1988)

Allgemeine Prüfnormen in

18   Kunststoffe, Mechanische und thermische Eigenschaften (9. Auflage 1988)

48   Kunststoffe, Prüfung chemischer und optischer Gebrauchs- und Verarbeitungs-Eigenschaften (5. Auflage 1988)

47   Kautschuk und Elastomere, Physikalische Prüfverfahren (5. Auflage 1988)

ISO- und JIS-Handbücher (über Beuth-Verlag):

ISO: Handbuch 21, Bd. 1: Terminology and symbols, 2. Aufl. 1990

Handbuch 21, Bd. 2: Thermosetting materials, 2. Aufl. 1990

Handbuch 21, Bd. 3: Plastics products, 2. Aufl. 1990

Handbuch 28, Bd. 1: Pipes, fittings and valves, 1986

Handbuch 28, Bd. 2: Plastics products, 1986

JIS-Handbook „Plastics", 2. Aufl. 1988

Für Baukunststoff-Erzeugnisse werden die Grundnormen vom FNK, Anwendungsnormen vom Fachnormenausschuß Bauwesen erstellt, entsprechendes gilt für Kunststoff-Rohre und -Rohrleitungen mit Bezug auf den Fachnormenausschuß Wasserwesen.

DIN-Normen für Isolierstoffe sind zugleich VDE-Bestimmungen im Sinne des VDE-Vorschriften-Werks. Anstelle der früheren doppelten Kennzeichnung durch DIN 57... und VDE-Nummer werden sie ab Januar 1985 als „DIN-VDE" mit der entsprechenden VDE-Nummer im Normblatt-Kopf allein gekennzeichnet. Die Bearbeitung aller

Prüfverfahren zur Bestimmung elektrischer Eigenschaften von Kunststoffen und Kunststoff-Erzeugnissen ist vom FNK an die Deutsche Elektrotechnische Kommission, Fachnormenausschuß Elektrotechnik im DIN gemeinsam mit Vorschriftenausschuß VDE, abgegeben worden. Die Ergebnisse internationaler Zusammenarbeit in diesem Bereich sind IEC-Publikationen.

6.2 Fachbereiche der Kunststoff-Normung

Einen Überblick über die Kunststoff-Formmassen-, Vorprodukte-und Halbzeug-Normen geben die Tafeln 6.3 (S. 567) und 6.4 (S. 569).

6.2.1 Kennbuchstaben und Kurzzeichen

DIN 7728, Teil 1 (Jan. 1988), identisch mit dem entsprechenden Teil von ISO 1043, gibt Regeln zur Bildung von international üblichen Kurzzeichen für Polymere, wie sie in der Vorschalttafel (neben S. VIII) alphabetisch geordnet zusammengestellt sind.

Das Polymer-Kennzeichen kann ergänzt werden durch eine – mit einem Mittelstrich nach diesem einzustellende – Kombination der Kennbuchstaben für die besonderen Eigenschaften

C	chloriert	I	schlagzäh	R	erhöht, Resol
D	Dichte	L	linear, niedrig (=low)	U	ultra, weichmacherfrei
E	verschäumt, verschäumbar	M	Masse, mittel, molekular	V	sehr
F	flexibel, flüssig	N	normal, Novolak	W	Gewicht
H	hoch	P	weichmacherhaltig	X	vernetzt, vernetzbar

Beispiel: Lineares Polyethylen niedriger Dichte: PE-LLD. Der Buchstabe P für „Poly" ist für Homopolymerisate zu verwenden, für Copolymere nur, wenn sein Weglassen zu Mißverständnissen führt. Copolymer-Kurzzeichen werden aus denen der Monomeren in der Reihenfolge abnehmender Anteile mit Schrägstrichen zwischen ihnen zusammengesetzt, z.B. E/P, E/VA, S/B, VC/E/MMA. Für eine Reihe üblicherweise ohne Schrägstriche geschriebene Copolymere, wie ABS, FEP, PEBA, wird diese Schreibweise beibehalten. Polymerengemische sind durch die Kurzzeichen der Grundpolymeren mit Pluszeichen zwischen ihnen in Klammern zu kennzeichnen, z.B. (PMMA + ABS)*.

DIN/ISO 1043 Teil 2 „Kunststoffe, Kurzzeichen; Füll- und Verstärkungsstoffe" gibt allgemeine Richtlinien zur Kennzeichenbildung für verstärkte Kunststoffgruppen wie GFK, CFK, für Reaktions-

---

* Das gilt auch für DIN 16780 Thermoplastische Formmassen aus Polymergemischen.

harz-Formmassen ergänzt durch DIN 16913, Teil 1, S. 496/Tafel 4.73.

Kennbuchstaben und Kurzzeichen für Weichmacher nach DIN 7723 (ISO 1043/3) s. Tafel 4.19, S. 300/301.

Genormte Kurzzeichen für Natur- und Synthesekautschuke (DIN ISO 1629, Abschn. 5.1, S. 537 ff.) und für Textilien werden nach andersartigen Regeln als die für Kunststoffe gebildet, mit diesen besteht keine Übereinstimmung.

6.2.2 Thermoplastische Formmassen

Vom ISO TC 61 ist im letzten Jahrzehnt eine international einheitliche Form für den Aufbau von Formmasse-Normen erarbeitet worden, die vom FNK, zunächst für die DIN-Normung thermoplastischer Formmassen, inhaltlich voll übernommen und weiter vorangetrieben worden ist. Jede dieser Normen (s. Tafel 6.3, S. 567) besteht aus

Teil 1: Einteilung und Bezeichnung
Teil 2: Herstellung von Probekörpern und Bestimmung von Eigenschaften.

Ausgehend von der Erkenntnis, daß eine vollständige, die Austauschbarkeit von Formmassen verschiedener Herkunft ermöglichende Kennzeichnung für den internationalen Warenverkehr nicht realisierbar ist, hat man Teil 1 eingegrenzt auf ein System für die Einteilung und Bezeichnung von Formmassen nach

(1) dem chemischen Aufbau, dem Polymerisationsverfahren
(2) der hauptsächlichen Anwendung, den wesentlichen Additiven
(3) den kennzeichnenden Eigenschaften
(4) Füllstoffart und -gehalt.

Der Einteilung und Bezeichnung („Designation") thermoplastischer Formmassen liegt ein computergerecht ausgearbeitetes Blocksystem zugrunde, das nur Großbuchstaben (die Stoff-Kurzzeichen stets beginnend mit dem Grundstoff), Ziffern, Kommas und Mittestriche verwendet. Es ist gegliedert in

Norm-Bezeichnung					
Benennungsblock	Identifizierungs-Block				
	Norm-Nummern-Block		Merkmale-Block		
			Datenblock		
			1	2	3	4	5

Der allgemeine „Benennungs-Block" (z. B. Formmasse) muß im Einzelfall nicht unbedingt angegeben werden. Wichtig ist der „Identifizierungs-Block". Dieser ist untergliedert in den Norm-Nummer-

Block und den Merkmale-Block, der aus den aufeinander folgenden Daten-Blöcken 1–4 zusammenzusetzen ist. Die Datenblöcke 1, 2 und 4 bestehen aus Code-Buchstaben, die für alle Kunststoffe die gleiche, aber in den einzelnen Blöcken jeweils unterschiedliche Bedeutung haben, s. Tafel 6.1a und b auf den Seiten 562/563.

Daten-Block 5 bleibt frei für die Aufstellung von „Spezifikationen" nach besonderer Veeinbarung im Einzelfall. Der Inhalt dieses Datenblocks ist nicht Gegenstand der Formmasse-Normung.

Daten-Block 3 gibt Kennzahlen für als normativ gewählte *kennzeichnende Eigenschaften* der einzelnen Formmasse-Gruppen. In diesem Buch sind sie in den Abschnitten über genormte Formmassen (s. Tafel 6.3, S. 567) des Kapitels 4 aufgeführt und erläutert. Die Kennzahlen sind nach dem „Zellen"-System differenziert, d. h. als Mittelwerte von Meßwertbereichen, die in den einzelnen Normen jeweils stoffgerecht abgegrenzt sind. Die Ziffern in diesem Block entsprechen realen Eigenschaftswert-Zahlen, aus praktischen Gründen im einzelnen manchmal durch Verschieben des Kommas, einem niedrigen Wert vorgesetzte Null oder Aufnahme nur der letzten variablen Stellen (z. B. von Dichte-Werten) vereinfacht. Für die Shore-Härte A/D (Tafel 7.7, S. 612), die Schmelz- oder Volumenfließ-Index-Bedingungen (Tafel 7.2, S. 585), Schlagzähigkeiten (I Izod, C Charpy, S. 606, 607) bedürfen die Zahlenwerte zuweilen der Vervollständigung durch Buchstaben.

Beispiele für die Gesamt-Bezeichnung von Formmassen nach dem DIN/ISO-System:
DIN 16776-PE, FS, 20-D 050: PE Formmasse für die Folienherstellung (F) mit Gleitmittel (S), einer Dichte von 0,918 g/cm³ (20) und einem Schmelzindex 190/2,16 (D) von 4,2 g/10 min (050), s. dazu auch Tafel 4.3, S. 246.
Formmasse DIN 7744-PC, XF, 55-045, GF 30: PC Formmasse, keine Angabe über Verwendung (X), mit Brandschutzausrüstung (F), einer Viskositätszahl J = 56 cm³/g (55), einem Schmelzindex von 5,5 g/10 min (045) bei den für alle PC Formmassen einheitlich festgelegten Prüfbedingungen mit einem Glasfasergehalt von 30%, zu den Werten im Daten-Block 3 s. S. 347. Sollen nur einzelne Eigenschaften, hier z. B. der Glasfaser-Gehalt in Kurzform gekennzeichnet werden, müssen ausfallende Daten-Blöcke durch Kommata angezeigt werden, hier also z. B. PC,,, GF 30.

Nach DIN-Richtlinien für die Ausarbeitung von *Formmassen-DIN-Normen, Teil 2: Herstellung von Probekörpern und Bestimmung von Eigenschaften* sind deren Aufbau und Rahmentexte für alle thermoplastischen Formmassen gleich. Zur Zeit (1991) werden entsprechende internationale Normen (ISO TC 61) erstellt.

Mit ihnen wird über den Zweck der Bereitstellung von Prüfverfahren für „Kennzeichnende Eigenschaften" gemäß Teil 1 der Normen hinaus angestrebt, eine Grundlage für rationelle Beschaffung weltweit

Tafel 6.1. Bedeutung der Kennzeichen in den Daten-Blöcken 2 und 4

6.1a) Merkmale im Daten-Block 2

Daten-Block 2, Position 1: Kennzeichen der hauptsächlichen Anwendung,
Positionen 2–4: In alphabetischer Reihenfolge Additive und Zusatzinformationen
bis zu 3 Angaben, codiert durch die Buchstaben

Zei-chen	Position 1	Zei-chen	Position 2–4
A	Klebstoff	A	Verarbeitungsstabilisator
B	Blasformen	B	Antiblockmittel
C	Kalandrieren	C	Farbmittel
D	Für Schall- bzw. Video-Platten	D	Pulver (Dryblend)
E	Extrusion von Rohren, Profilen und Platten	E	Treibmittel
F	Extrusion von Folien	F	Brandschutzmittel
G	allgemeine Anwendung	G	Granulat
H	Beschichtung	H	Wärmealterungsstabilisator
J	–	J	–
K	Kabel- und Drahtisolierung	K	Metall-Desaktivator
L	Monofilextrusion	L	Licht- und/oder Witterungs-stabilisator
M	Spritzgießen	M	–
N	–	N	ohne Farbzusatz (naturfarben)
		O	*keine Angabe*
P	Pastenherstellung	P	schlagzäh modifiziert
Q	Pressen	Q	–
R	Rotationsformen	R	Entformungshilfsmittel
S	Pulversintern	S	Gleit-, Schmiermittel
T	Bandherstellung	T	erhöhte Transparenz
U	–	U	–
V	Warmformen	V	–
W		W	Hydrolysestabilisator
X	*keine Angabe*	X	vernetzbar
Y	Faserherstellung	Y	verbessert elektrisch leitend
Z	–	Z	Antistatikum

gleichartiger, damit weitgehend vergleichbarer Norm-Kennwerte auch für Datensammlungen (Kap. 7, S. 580) zu bieten.

Der in der Prüfpraxis hohen Aufwand verursachenden Vielzahl von Probekörpern nach unterschiedlichen nationalen Normen wird als *„Vielzweckprobekörper"* (ISO 3167) der Schulterstab Nr. 3 in 4 mm Dicke nach DIN 53455 entgegengestellt, aus dem man kleinere herausarbeiten kann. Für das gesamte Prüfprogramm muß außer diesem nur noch eine 1 mm dünne Platte für elektrische und einige andere physikalische Prüfungen urgeformt werden. Für die Fertigung von Thermoplast-Vielzweckprobekörpern im „Referenzzustand" hat sich Spritzgießen in genormte Formwerkzeuge mit vorbestimmter Fließfrontgeschwindigkeit, Formnesttemperatur und Massetempera-

6.1b) Kennzeichnung von Art und Menge der Zusatzstoffe im Daten-Block 4

Daten-Block 4 enthält in codierter Form Buchstaben zur Kennzeichnung der Art, Zahlen des Massenanteils, ggf. verwendeter Füllstoffe und Verstärkungsmittel.

Position 1		Position 2		Position 3	
Zei-chen	Material	Zei-chen	Form	Zei-chen	Masseanteil (in %)**)
A	Asbest	A	–	.	.
B	Bor	B	Kugeln, Perlen	05	<7,5
C	Kohlenstoff*)	C	Schnitzel, Späne	10	7,5–12,5
D	–	D	Mehl, Pulver	15	12,5–17,5
E	–	E	–	20	17,5–22,5
F	–	F	Faser	25	22,5–27,5
G	Glas	G	Fasermahlgut	30	27,5–32,5
H	Hybrid	H	Whiskers	35	32,5–37,5
J	–	J	–	40	37,5–42,5
K	Calcium-carbonat	K	Gewirk	45	42,5–47,5
L	Cellulose*)	L	Schicht	50	47,5–55
M	Mineralien*), Metall*)	M	Matte	60	55–65
				70	65–75
N	–	N	Non Woven	80	75–85
P	Glimmer*)	P	Papier	90	<85
Q	–	Q	–	.	.
R	Aramid	R	Roving	.	
S	Synthetics*)	S	Blättchen	.	
T	Talkum	T	Schnur	.	.
U	–	U	–	.	
V	–	V	Furnier	.	
W	Holz*)	W	Gewebe	.	
X	*nicht spezifiziert*	X	*nicht spezifiziert*	.	
Y	–	Y	Garn	.	.
Z	andere*)	Z	andere*)	.	.

*) In einzelnen Normen können nur für diese gültige Detailzusatzangaben gemacht werden.
**) Masseanteile schwanken, Genaueres ist den jeweiligen Formmasse-Normen zu entnehmen.

tur bewährt. Jedenfalls müssen die Herstellungs-Parameter für Probekörper (DIN 16770, Teil 1 bis 4) Bestandteil der Normen sein.

Aus der für umfassende Wertevergleiche nicht zu bewältigenden, auch nicht geeignete Vielfalt der Prüfverfahren sind in der Aufstellung der Norm-Kennwerte *vorzugsweise zu ermittelnden Eigenschaften* (Tafel 6.2, S. 564/565) rund dreißig durch DIN-Prüfnormen und ISO-Standards geregelte Prüfverfahren erfaßt. Die mechanischen Eigenschaften (σ, ε, E, E_c) werden aus dem Zugversuch ermittelt, weil nur dieser mit homogenem Spannungsfeld in der Meßlänge realistische Dehnungs-, Spannungs- und Modulwerte liefert, die mit Umrechnung auf andere Geometrien und Lastfällen als Bemessungskennwerte (Abschn. 7.7, S. 612) auswertbar sind.

Tafel 6.2. Vorzugsweise zu ermittelnde Eigenschaften von Thermoplasten

Nr.	Eigenschaft	Bemerkungen	DIN	ISO*)
1 Mechanische Eigenschaften				
1.1	a) Streckspannung σ_s	ε_R bis 50%, wenn höher nur >50%	53455	527
	Dehnungen ε_s, ε_R			
	b) Spannung bei 50% Dehnung	Wenn Werte nach a nicht bestimmbar, dann Werte nach b		
	c) Zugfestigkeit σ_B	Wenn Werte nach b nicht bestimmbar, dann Werte nach c		
	Reißdehnung ε_R	Prüfgeschwindigkeit: a, b 50, c 5 mm/min.		
1.2	Elastizitätsmodul E	aus dem Zugversuch	53457	527
1.3	Kriechmodul E_c	$E_c/1$ h und $E_c/1000$ h, $\varepsilon \leq 0,5\%$	53444	899
1.4	a) Schlagzähigkeit	Izod ISO 180/1 C bei 23°C und −30°C	–	180
	b) Kerbschlagzähigkeit	Izod ISO 180/1 A bei 23°C und −30°C	–	180
	c) Kerbschlagzugzähigkeit	Doppel-V-Kerbe, bei 23°C. Werte nur, falls nach a und b kein Bruch	in Vorbereitung	–
2 Thermische Eigenschaften				
2.1	a) Schubmodul G	Meßwerte 23°C und Temperaturfunktion	53445	537
	b) Log. Dekrement Δ	−70°C bis zur Erweichung Probekörper		4663
2.2	Formbeständigkeits-Temperatur	HDT Verf. A, bei weichen Kst. zus. B	53461	75
2.3	Vicat-Erweichungstemperatur	VST Verfahren B/50	53460	306
2.4	Ausdehnungskoeffizient	Verf. B, Mittelwert 23°C/80°C, längs u. quer	53752	–

*) Die angeführten ISO-Normen sind nicht in allen Fällen mit den DIN-Normen äquivalent (d.h. wortgleich), wohl aber dem Inhalt nach gleich.

3 Elektrische Eigenschaften:

3.1	a) Dielektrizitätszahl ε_r b) Dielektrischer Verlustfaktor $\tan\delta$	bei 50 Hz und 1 MHz, Preßplatte 1 mm	VDE 0303/Teil 4	
3.2	Durchschlagfestigkeit E_d	in Trafoöl, Prüfkörper wie 3.1	DIN/VDE 0303/T.2	IEC 243
	Elektrodenanordnung K20/P50		DIN/VDE 0303/T.2	
3.3	Kriechwegbildung CTI u. CTI-M	Prüflösungen A und B	DIN/VDE 0303/T.1	IEC 112
3.4	a) Spez. Durchgangswiderstand P_D b) Oberflächenwiderstand R_{OP}	Prüfkörper wie 3.1 Prüfkörper wie 3.1	53482 VDE 0303/Teil 3	IEC 93 IEC 163
3.5	Elektrolytische Korrosionswirkung	s. Text	53489	IEC 426

4 Optische Eigenschaften (nur für transparente Thermoplaste)

4.1	Brechzahl N_D		53491	489
4.2	Lichttransmission τ	Lichtart C oder D65	5036	

5 Verarbeitungstechnische Eigenschaften

5.1	a) Viskositätskurve	$\eta = F(\dot\gamma)$, bei optimaler u. a. Verarbeitungstemperaturen	54811	–
	b) Schmelzindex MFI	oder Volumen Fließindex, Bedingung angeben	53735	1130
5.2	Verarbeitungsschwindung	längs und quer nach 7 Tage Lagerung	$\sim$53464	–

6 Verhalten gegen äußere Einflüsse

6.1	Brennverhalten	Verfahren FH bzw. FV entspricht UL94	VDE 0304/Teil 3	
6.2	a) Wasseraufnahme b) Feuchtigkeitsaufnahme	Sättigung bei 23°C im Wasser, Verf. L1 Sättigung in Normklima 23/50	53495	–
6.3	Wetterbeständigkeit	Kurzzeitprüfung A, Prüfgerät angeben	53387	4892
6.4	Temperaturindex TI	Temp. für 50% einer Eigenschaft in … St.	VDE 0304/Teil 21	

7 Sonstige Eigenschaften

7.1	Viskositätszahl J	Bedingungen in Einzelnormen	53726/8	versch.
7.2	Dichte ϱ	Verfahren A	53479	1183

Die in Einzelheiten noch weiter zu entwickelnden Richtlinien berücksichtigen auch die Rationalisierungsmöglichkeiten durch Automatisierung und Computerisierung der Prüfverfahren für die Qualitätssicherung.

6.2.3   Reaktionsharze und Duroplast-Formmassen

Die Normen für *Reaktionsharze* (auch mit Füll- oder Verstärkungsstoffen, Tafel 6.3, S. 567) sind, Lieferform und Verarbeitungsverfahren dieser Produkte angepaßt, anderer Art als diejenigen für feste gefüllte *Duroplast-Formmassen* zur Verarbeitung durch Formpressen
oder Spritzgießen, obwohl die Kunstharz-Basis durch chemische
Vernetzung beim Urformen aushärtender Duroplast-Vorprodukte
für beide Gruppen gleichartig ist.

Die Formmassen-Normen gehen zurück auf die Klassifizierung der
damals neuen „gummifreien nichtkeramischen Isolierstoffe" ab 1924
entsprechend Anforderungen des damaligen Hauptabnehmers: der
elektrotechnischen Industrie. 1928 führte sie zum Beginn der Kunst-
stoff-Normung durch seitdem weiterentwickelte *Typentafeln* mit iso-
liertechnischen und anderen an gepreßten Prüfstäben zu ermittelnden Typwerten, die mittels vereinbarter Überwachung durch die als
erste Kunststoff-Gütegemeinschaft gegründete T.V. (Abschn. 6.3.1,
S. 570) gewährleistet wurden und heute noch werden.

Die ausgewählten, auch international eingeführten Typwerte für die
duroplastischen Formmassen (s. z.B. Tafeln 4.71 und 4.72, S. 488/9,
492/3) sind zwar für die Aufgabe unterscheidender Qualitätssicherung aussagekräftig, hinsichtlich der mechanischen und thermischen
Eigenschaften aber schon wegen der praxisfernen Gestalt und Fertigung der bisherigen Probestäbe ($120 \times 15 \times 10$ mm) als Vergleichs-
kennwerte nur bedingt, zur rechnerischen Auswertung bei der Formteilkonstruktion nicht brauchbar.

Mit der Neuausgabe (Entwurf) von DIN 7708 (1992/93) wird eine
schon lange diskutierte Angleichung der Probekörper-Maße für duroplastische Formmassen an die der thermoplastischen Formmassen
vollzogen. Damit werden sich die Werte der mechanischen Eigenschaften (und z.B. der Wärmeformbeständigkeit) gegenüber den bisherigen Werten für duroplastische Formmassen ändern. Unter Be-
achtung von ISO 2818 (1991) kann man Probekörper durch spangebende Bearbeitung z.B. aus Platten $120 \times 120 \times 4$ mm oder aus Halbzeug herausschneiden. Dies gilt zukünftig auch für duroplastische
Probekörper mit den Maßen $80 \times 10 \times 4$ mm (oder kleiner). Der Vielzweckprobekörper nach ISO 3167 (Schulterstab) kann nach ISO 294
gepreßt oder nach ISO/DIS 10 724 spritzgegossen werden. In der erwähnten Neuausgabe von DIN 7708 sind die aus Platten oder aus
dem Vielzweckprobekörper entnommenen Probekörper ($80 \times 10 \times 4$
mm) vorgesehen für die Bestimmung der Kennwerte für mechanische und thermische Eigenschaften, und zwar in Teil 2 für PF-, Teil
3 für UF-, Teil 9 für MF- und Teil 10 für MPF-Formstoffe. Damit

Tafel 6.3. Stoff-Normen für Formmassen und Vorprodukte

	DIN[1])	Tafel	Seite	ISO[1])
Thermoplastische Kunststoffe				
Polyethylen	16776	⎫	⎧	1872
E/VA-Copolymere	16778	⎬ 4.3	246 ⎨	4613
Polypropylen	16774	⎭	⎩	1873
Styrolpolymere .... PS	7741	⎫	⎧	1622
SAN	16775	⎪	⎪	4894
S/B	16771	⎬ 4.9	276 ⎨	2897
ABS	16772	⎪	⎪	2580
ASA	16777	⎭	⎩	2580
Vinylchlorid-Homo- und Co-Polymere	7746	4.13	288	1060
Weichm.-freie Formmassen ... PVC-U	7748	⎫	⎧	1163
Weichm.-haltige Formmassen . PVC-P	7749	⎬ 4.17	296 ⎨	2898
Polymethylmethacrylat	7745	3.19	424	8257
Methacrylat-Gießharz	16946	4.1	232	–
Polyoxymethylen	16781	4.28	327	
Polyamide	16773	4.31/4.32	333/4	1874
Polycarbonat	7744	(4.35)	347	7391
Polyalkylenterephthalate	16779	(4.37)	356	7792
Polymergemische	16780	–	559	–
Celluloseester	7742	(4.42)	373	–
Reaktionsharze und Reaktionsharz-Formstoffe				
MMA, UP, EP, PUR *gemeinsam* Vorprodukte, Prüfungen	16945	–	451	–
Gießharz-Formstoffe	16946	(4.61a)	454	–
GF-verstärkte Formstoffe	16948 16870 T. 1	4.62	457	–
Phenolharze	16916	–		–
Ungesättigte Polyesterharze		(4.61a)	454	3672
Epoxidharze und Reaktionsmittel		(4.64)	464/5	3673/4597
Polyurethan-Formstoffe		(4.67, 4.68)	476 478	–
Duroplast-Formmassen				
Übersichts-Tafeln*)	7708, T. 8	4.69/4.70	484/6	
Phenoplast-Formmassen	7708, T. 2	4.71	488/9	800
Aminoplast- und Aminoplast/ Phenoplast-Formmassen	7708, T. 3 T. 9, T. 10	4.72	492/3	2112 4896
Kaltpreßmassen	7708, T. 4	4.69	484/5	–
Polyesterharz-Formmassen	16911	(4.74)	502 ff.	–
Verstärkte Reaktionsharz-Form- massen, Einteilung, Bezeichnung ...	16913	4.73	496	–

[1]) Die Tafeln in Kap. 4 geben den aktuellen Stand der Normung im Frühjahr 1992 wieder, in Einzelfällen auf Grund von DIN-E-, bzw. ISO-DIS-Fassungen. Für dokumentarische Auswertung sollten die Originaldokumente (Anm. S. 556) beigezogen werden.

*) für rieselfähige Duroplaste

gibt es nun erstmals normgerechte Vergleichswerte für Thermoplaste und Duroplaste bezüglich der mechanischen und thermischen Eigenschaften. Der bisherige Probekörper $120 \times 15 \times 10$ mm wird danach abgelöst werden durch den Vielzweckprobekörper Typ A ISO 3167 bzw. den Stab $80 \times 10 \times 4$ mm, so daß nach einer Übergangszeit einheitliche Normwerte für Duroplaste vorliegen werden, die vergleichbar mit den Werten für Thermoplaste sind. Der Grunddaten-Katalog in DIN 7708 Teil 8 (Febr. 1992) enthält genaue Angaben über die Geometrie und Herstellung der jeweiligen Probekörper (z. B. Spritzgießen (Verfahren A), Pressen (Verfahren B)).

Tafel 6.3, S. 567, gibt einen Gesamt-Überblick über das Stoff-Normenwerk für Formmassen und Vorprodukte.

6.2.4   Halbzeuge und Fertigerzeugnisse

Welche Merkmale von Kunststofferzeugnissen normativ festzulegen sind, hängt weitgehend von den Anforderungen der Anwender an die Erzeugnisse ab. Neben den einschlägigen Kunststoff-DIN-Normen über stoffliche Zusammensetzung, Eigenschaften, Abmessungen, Prüf- und Verarbeitungsverfahren sind u. a. VDE-Bestimmungen, VDI-Richtlinien, Normen und Leistungsblätter der Normenstelle Luftfahrt, bauaufsichtliche Zulassungsvorschriften, Empfehlungen des Bundesgesundheitsamtes auf Grund des Lebensmittelgesetzes, im internationalen Verkehr auch entsprechende ausländische Vorschriften zu beachten. Der Normeninhalt ist hier unter anwendungstechnischen Gesichtspunkten abzugrenzen. Beispiele hierfür bieten neben den allgemeinen technischen Halbzeugnormen (Tafel 6.4, S. 569) insbesondere

das tief gegliederte umfangreiche Normenwerk für *Kunststoff-Rohre und Rohrleitungen* (S. 389 ff., 515),

die Anforderungs- und Prüfnormen für *Dichtungs- und Dachbahnen* aus verschiedenen Kunststoffen (S. 398, 403, 411),

Spezifikationen und Prüfvorschriften für *Kunstleder* und für *Bodenbeläge* (S. 412, 413),

Randgebiete betreffen DIN 68751 und DIN 68765 kunststoffbeschichtete Holzfaser- und Spanplatten (S. 512), DIN 68705 Vielschichtsperrholz (S. 512) sowie die hier sonst nicht behandelten DIN 7733/4 Preßspan und DIN 7739 Verbundspan für technische Zwecke.

International harmonisierte Halbzeug-Normen gibt es bisher nur im ISO/TC 138-Normenwerk für das Rohrgebiet (Grundnorm für Nenn-Maße und -Drücke ISO 161-1978) und im elektrotechnischen Anwendungsbereich als IEC-Publikationen (S. 556).

Tafel 6.4. Technische Lieferbedingungen (Maße, Mindesteigenschaften)
für Halbzeuge

Lieferform	Polymere	DIN[1])	Tafel	Seite
Thermoplastische Halbzeuge[2])				
Rohre	PE, PE-V, PP, PB, ABS, PVC, PVC-C, PA	s. Listen S. 389 ff.	4.44	388
Tafeln	PE-HD	16925	4.46	397/8
Tafeln	PP	16971	4.46b	398
Dach- und Bau- Dichtungsbahnen	ECB, PE-C, PIB	16729, 16736, 16737 16731, 16935	– –	398 403
Tafeln und Bahnen[3]) ...	S/B, ABS, ASA	16955, 16956	4.47	404
Tafeln und Bahnen[3]) ...	PVC-U	16927	4.48	407
Tafeln und Bahnen[3]) ...	PVC-P	16959	4.49	411
Dach- und Dichtungs- bahnen	PVC-P bitumen- beständig, nicht bitumen- beständig, verstärkt	16937 16730, 16938 16734, 16735 }	–	411 f.
Fußbodenbeläge	PVC-P, ohne und mit Träger	16950, 16951, 16952	–	412
Kunstleder	mit und ohne Deckschicht	16922	–	413
Tafeln	PMMA, gegossen und extrudiert	16957, 16958	4.50	419
Maßnormen für Tafeln, Stäbe, Rohre zur spangebenden Verarbeitung	PA, POM PC PET, PBT	16977, 16978, 16980, 16982, 16983, 16984, 16986, 16813, 16814, 16801, 16980, 16986, 16809 und 16810	4.55	425
Halbzeug – Technische Lieferbedingungen ...	Thermoplaste	16985	4.56	426
Duroplastische Halbzeuge[2])				
Technische Schicht- preßstoffe...........	PF, MF, UP, EP, SI, Hart-Papier, -Matten, -Gewebe	7735, VDE 0318, Nema-Grades	4.75 4.76	506 neben S. 518
Dekorative Schicht- preßstoffe...........	MF + PF, UP	16926	–	508
Kunstharz-Preßholz	PF + Furniere	7707	–	512
Rohre	UP-GF EP-GF	16869, 16964, 16965 16870, 16871, 16967 }	–	515
Sonstiges				
Vulkanfiber	Cellulose	7737	4.59	437
Schaumstoffe	Gesamt-Übersicht	7726	–	518

[1]) Siehe Anmerkung [1]) zu Tafel 6.3.
[2]) Gießharzformstoffe (Tafeln 4.1 und 4.2) und Laminate (Tafel 4.63, S. 458) siehe Tafel 6.3.
[3]) Normen gelten nicht ausdrücklich für Bahnen. Sie können lediglich sinngemäß angewendet werden.

6.3   Güte-Sicherung und -Überwachung

Grundsätzlich ist die Gewährleistung von Abnahme-Werten Sache der Vereinbarung zwischen Hersteller und Abnehmer, wobei die Bezugnahme auf in DIN-Normen festgelegte Eigenschafts-Werte oder verbandseigene Güterichtlinien rechtlichen Anspruch auf Einhaltung der darin niedergelegten Anforderungen gibt. Für beträchtliche Marktbereiche besteht – einerseits aus Gründen der öffentlichen Sicherheit (Elektrotechnik, Bauwesen), andererseits der Markttransparenz für den Verbraucher wegen – das Bedürfnis sichtbarer Kennzeichnung bestimmte Qualitätsanforderungen erfüllender Erzeugnisse, die zur Verhütung von Mißbrauch technisch überwacht und rechtlich abgesichert sein muß. Auf dem Kunststoff-Gebiet werden solche Aufgaben von den folgenden Organisationen wahrgenommen:

6.3.1   *Die Technische Vereinigung der Hersteller und Verarbeiter typisierter Kunststoff-Formmassen e. V.* (abgekürzt T.V.), Barbarastr. 8, 8700 Würzburg, wurde 1924 zur Durchführung der von der Elektrotechnik geforderten Kennzeichnung werksintern geprüfter und von neutralen Prüfanstalten (BAM, Berlin, und MPA Darmstadt) vertragsgemäß überwachter Preßmassen-Typen und daraus hergestellter Formteile gegründet. Das Überwachungszeichen (Bild 6.1) mit dem von der T.V. erteilten Firmenkennzeichen und dem Typ-

Bild 6.1

Zeichen nach einschlägigen DIN-Normen für duroplastische Formmassen (Tafel 4.69, S. 484/485) ist auf der Formmassen-Verpackung und – durch Schriftstift im Formwerkzeug eingeprägt – auf überwachten Formteilen anzubringen. Die Hersteller typüberwachter Formmassen (Abschn. 6.5, S. 576) und Formteile werden alljährlich von der Zeitschrift Kunststoffe bekannt gemacht. Lediglich betriebsintern geprüfte, nicht in die Überwachung einbezogene Formmassen, welche die technischen Anforderungen der einschlägigen DIN-Normen erfüllen, dürfen – mit der Typenbezeichnung unter Zusatz eines N (S. 483) ohne Überwachungszeichen – gekennzeichnet werden.

6.3.2   Die 1958 gegründete *Gütegemeinschaft Kunststoffrohre e. V.,* Dyroffstraße 2, 5300 Bonn, (Gütezeichen, Bild 6.2) betreibt die Gütesicherung von Kunststoffrohren für Trinkwasser- und Gas-Leitungen und von Trinkwasser-Hausinstallationen in Zusammenarbeit mit dem DVGW, Deutscher Verein für Gas- und Wasserfachleute, von prüfzeichenpflichtigen (S. 575) Hausabflußrohren und Entwässerungskanälen samt zugehöriger Formteile und Dichtungen, von Sicherheitsvorschriften entsprechenden Dachrinnen, Kunststoffrohren für Heizungsleitungen (Einzelheiten

s. S. 388 ff.), Kabelschutzleitungen, Dränleitungen, wie auch von GFK-Industrierohrleitungen auf Basis heiß härtender EP- und Vinylesterharze (S. 515) und von GFK-Rohren und -Bauteilen für Abwasserkanäle.

Die *Gütegemeinschaft flexible Dränrohre und Dränverlegung* führt für die Rohre die Gütezeichen Bild 6.2 und 6.4 im Verbund, für Dränmaschinen das K-Zeichen 6.4 mit Umschrift „Kunststoff-Dränrohrverlegung".

Die Eigenüberwachung der Betriebe wird durch Prüfingenieure der Gütegemeinschaft und amtliche Prüfanstalten (BAM, Berlin, MPA Darmstadt, SKZ Würzburg), weiter auch hinsichtlich der hygienischen Eignung der Werkstoffe für Trinkwasserleitungen und der Schwerentflammbarkeit von Abflußleitungen kontrolliert.

6.3.3   Der 1959 gegründeten *Güteschutzgemeinschaft Hartschaum e. V.,* Mannheimer Straße 97, 6000 Frankfurt a. M., (Gütezeichen

Bild 6.3) gehören die Hersteller der nach Vorschriften von DIN 18 164 zu überwachenden und zu kennzeichnenden Schaumstoff-Dämmplatten für den Hochbau sowie von PUR-Ortschaum für den Hoch- und Industriebau nach DIN 18 159, Teil 1 an (s. S. 518 f.).

Bild 6.3

6.3.4   Der 1963 gegründete *Qualitätsverband Kunststofferzeugnisse e. V.,* Dyroffstraße 2, 5300 Bonn, und Am Hauptbahnhof 12, 6000

Frankfurt a. M., ist als Dachverband für die Gütesicherung von Kunststofferzeugnissen von dem RAL, dem deutschen Treuhandorgan für alle Gütesicherungen, anerkannt und vom Bundesminister für Wirtschaft bestätigt. Der Qualitätsverband überträgt die Durchführung der Gütesicherung seinen fachlich geordneten „Gütegemeinschaften".

Bild 6.4

Die unter 6.3.1/3 aufgeführten Organisationen mit eigenem Gütezeichen sind dem Qualitätsverband als solche kooperativ verbunden. Sonstige Gütegemeinschaften führen das K-Gütezeichen (Bild 6.4) mit der Bezeichnung der jeweils gütegesicherten Erzeugnisgruppe anstelle oder mit einem zusätzlichen Zeichen zu der Umschrift „Kunststofferzeugnisse".

Das gilt z. Z. für die Gütegruppen Aminoplast-Montageschaum (S. 447, DIN 18 159, Teil 2), Kunststoff-Flaschenkästen, -Verbandkästen, -Paletten, -Mülltonnen, -Müll-Großbehälter, Sitzmöbel, Glasfaser-Polyesterplatten (S. 514), geschweißte und andere Thermoplastbehälter, Transport- und Lagerbehälter.

Die Verwendung durch das Gütezeichen 6.5 a gekennzeichneter Kunststoff-Fensterprofile ist eine der Voraussetzungen dafür, daß

Bild 6.5a   *a*

Kunststoff-Fenster aufgrund der Systemprüfung und Fertigungsüberwachung durch das Institut für Fenstertechnik e. V., Rosenheim, mit dem Gütezeichen 6.5 b der *Gütegemeinschaft Kunststoff-Fenster e. V.* gekennzeichnet werden dürfen.

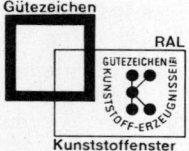

Bild 6.5b   *b*

6.3.5   Der 1973 gegründeten *Gütegemeinschaft Kunststoff-Baubahnen e. V.*, Fellnerstr. 5, 6000 Frankfurt/M., welche die Gütesicherung

Bild 6.6

von PVC-Dachbahnen jeder Art betreibt, ist das Gütezeichen Bild 6.6 für Dachbahnen aus PVC weich, nicht bitumenbeständig, trägerlos und mit Verstärkung durch Synthesefasern nach DIN 16730 zuerkannt worden.

6.3.6   Die 1978 gegründete *Gütegemeinschaft Kalandrierte PVC-Hart-Folien für Verpackungszwecke,* Postfach 2863, 6200 Wiesbaden

Bild 6.7

1, führt das Gütezeichen Bild 6.7 für 100–400 μm dicke normale und erhöht schlagzähe Folien bezüglich ihrer allgemeinen Gebrauchseigenschaften und ihrer Eignung für die Lebensmittelverpackung.

6.3.7   Die 1984 gegründete *Gütegemeinschaft Kunststoffverpackungen für gefährliche Güter,* Fellnerstraße 5, 6000 Frankfurt/M., weist

Bild 6.8

durch das Gütezeichen Bild 6.8 die gesetzlichen Vorschriften entsprechende Transportsicherheit blasgeformter Behältnisse bis 250 l bzw. 400 kg Fassungsvermögen, Säcken aus Kunststoff-Geweben oder -Folie und zusammenlegbarer Massengut-Behältnisse (IBC) nach. Das gleiche Zeichen wird (mit abgeänderter Unterschrift) für *Verpackungen aus schwer entflammbarem EPS-Hartschaum* geführt. Die Qualitätssicherung von PE-Baufolien ist an gleicher Stelle im Gange.

Jede Gütesicherung umfaßt: 1. Festlegung von Güte- und Prüfbestimmugen durch Gremien, in denen Kunststoffverarbeiter, Kunststofferzeuger und neutrale Organisationen des öffentlichen Vertrauens zusammenarbeiten; 2. Anerkennung der Gütevorschriften durch den RAL nach Zustimmung aller mitbeteiligten Kreise; 3. Prüfung von Firmen-Erzeugnissen vor Gütezeichenverleihung; 4. Laufende betriebliche Eigenprüfungen mit kontrollfähigen Aufzeichnungen, ergänzt durch 5. Überwachungsprüfungen durch staatlich anerkannte Materialprüfanstalt; 6. Gütezeichen dürfen nur in Verbindung mit Herstellerangaben angewandt werden.

Die zerstörungsfreien Gebrauchsprüfungen für Fertigteile betreffen Aussehen und sachgemäße Gestaltung. Unter entsprechender Prüfbelastung wird Standfestigkeit bei maximaler Gebrauchsbeanspruchung geprüft.

6.3.8   Weitere Überwachungszeichen sind:

Bild 6.9

Das *Prüf- und Überwachungszeichen des Süddeutschen Kunststoffzentrums,* Frankfurter Straße 15–17, 8700 Würzburg (Bild 6.9). Es wird nach gleichen Grundsätzen für Erzeugnisse vergeben, für die eine RAL-Gütesicherung (noch) nicht besteht, z. Z. machen davon Hersteller spezieller Kunststoff-Rohrarten (u. a. Heizungsrohren) und Dachbahnen, Trinkwasser-Hausinstallationen, luftgetragener Membranbauten, Treppen aus Reaktionsharzbeton, kalthärtenden Methacrylatharzes u. a. Gebrauch.

Bild 6.10

Ein *Gütezeichen für Haushaltswaren,* die bestimmungsgemäß *mit Lebensmitteln* in Berührung kommen. Es gewährleistet deren gesundheitliche Unbedenklichkeit nach dem Lebensmittelgesetz. Das Kennzeichen nach DIN 7725 (Bild 6.10) kann mit Hersteller-Kennnummer auch für Erzeugnisse ohne Gütezeichen nach Registrierung beim RAL geführt werden. Richtlinien zur lebensmittelrechtlichen Beurteilung von Kunststoffen s. 2.3.4, S. 45.

Bild 6.11

Zur Kennzeichnung prüfzeichen- und *überwachungspflichtiger Erzeugnisse für das Bauwesen* wird das jeweilige Gütekennzeichen ergänzt durch ein großes umlaufendes U. Bild 6.11 gibt dafür ein Beispiel. Das innenstehende DIN-Symbol dient – mit entsprechend geänderter Beschriftung – auch zur Kennzeichnung andersartiger DIN-gerecht geprüfter und überwachter Erzeugnisse (z. B. für Einmalspritzen aus Kunststoff nach DIN 13 098).

Verbindliche Lieferbedingungen für Kunststofferzeugnisse enthalten weiter u. a. die VOB-Vorschriften (Teil C), z. B. für Entwässerungskanalarbeiten (DIN 18306), Gas- und Wasserleitungsarbeiten (DIN 18307), Estricharbeiten (DIN 18353), Bodenbelagsarbeiten (DIN 18365), Anstricharbeiten (DIN 18363), die AIB-Vorschriften der Bundesbahn (Baudichtungen S. 403, 411), die VDE-Fallhammerprüfung für Schalterdichtungen, die Kugelfallprüfung für Schutzhelme, die Zulassungsvorschriften für Kunststoffbehälter zur Beförderung gefährlicher Flüssigkeiten, für Heizöl- und Dieselkraftstoff-Lagerbehälter (entspr. AD-Merkblatt N 1 GFK-Druckbehälter), für Reservekraftstoffbehälter und Treibstofftanks in Kraftfahrzeugen.

Die Vorschriftenwerke werden ergänzt durch z.B. VDI-Richtlinien (hier jeweils aufgeführt), DVS-Merkblätter für den Apparatebau (S. 202), Arbeitsblätter der Arbeitsgemeinschaft Industriebau (C. R. Vincentz-Verlag, Hannover) und des Bundesverbands Estriche und Beläge, 5300 Bonn 7.

Für die Normen im Gemeinsamen Markt (EN-Normen) ist die Zertifizierung von erheblicher Bedeutung. Die hierfür notwendigen Regelungen werden derzeit intensiv diskutiert.

6.4   Kunststofferzeugnisse im bauaufsichtlichen Verfahren

Für den Brandschutz klassifizierte Baustoffe mit Ausnahme von Holz und einigen mineralischen Baustoffen müssen im Zustand der Anlieferung auf die Baustelle hinsichtlich des Brandverhaltens gekennzeichnet sein. Baustoffe, die nach Einbau noch der Klasse „DIN 4102-B3 leichtentflammbar" zuzuordnen sind, dürfen bei Errichtung oder Änderung baulicher Anlagen nicht verwendet werden. Weitergehende bauaufsichtliche Vorschriften betreffen insbesondere Baustoffe, Bauteile und Bauarten, an die Anforderungen aus Gründen der öffentlichen Sicherheit und Ordnung gestellt werden, wie tragende, aussteifende und raumabschließende Bauteile, Bedachungen, Baustoffe für den Wärme- und Feuchte-, Schall- sowie Brandschutz, Installations- und Abwasseranlagen. Allgemein ist das in der Bundesrepublik Deutschland durch Landesbauordnungen geregelt, die gemäß einer Musterbauordnung vereinheitlicht worden sind.

Neue, noch nicht in hinreichend langem Gebrauch erprobte Erzeugnisse müssen zur Verwendung im bauaufsichtlichen Bereich für den Einzelfall oder allgemein zugelassen sein, manche sind prüfzeichenpflichtig. In der Bundesrepublik Deutschland ist für dieses Gebiet das Institut für Bautechnik (IfBt), Reichpietschufer 72–76, 1000 Berlin 30, zuständig. Das für andere europäische Länder erforderliche „Agrément", der UEATc ist bei der BAM, Unter den Eichen 87, 1000 Berlin 45, zu beantragen. UEATc-Richtlinien für dieses bestehen u.a. für Fenster aus PVC, Kunststoff-Fußbodenbeläge, Dämmsysteme und Dachbahnen. Nach Vereinbarung CEN-UEATc sind sie bevorzugte Grundlage für europäische Normung.

Für einzelne Bereiche, für die vom Ausschuß für Einheitliche Technische Bestimmungen (ETB) übernommene oder als allgemein anerkannte Regeln der Baukunst zu beurteilende DIN-Normen vorhanden sind, begnügt sich die Bauaufsicht mit amtlichen Prüfzeugnissen oder Gutachten, z. B. für die Feuchtigkeitsabdichtung von Bauwerken, den Nachweis des Schall- und Wärmeschutzes und hinsichtlich der Klassifizierung des Brandverhaltens von Baustoffen und Bauteilen mit Ausnahme von Feuerschutzabschlüssen.

Für das Brandverhalten von Kunststoffen nach DIN 4102, Teil 1 (S. 592) kommt die Klassifizierung B 1 schwer oder B 2 normal entflammbar in Betracht. Verbundbaustoffe mit geringem Kunststoffanteil können die Prüfgruppe A 2 nicht brennbar erreichen. Tragende Bauteile (Wände, Decken, Stützen, Unterzüge, Gruppe F), Sonderbauteile wie nichttragende Außenelemente und Brüstungen (W), Brandabschnitte überbrückende Lüftungsleitungen und Installationsschächte (L) werden nach DIN 4102, Teil 2 mit entsprechend vorgesetztem F, W, L nach ihrer Feuerwiderstandsdauer bei einem Normbrand im Brandraum in 30, 60, 90 (120, 180) min klassifiziert und gekennzeichnet. Verbundbauteile mit Kunststoffen können F 60 feuerhemmend, in Sonderfällen (z. B. aus PS-Schaumstoff-Beton) F 90 feuerbeständig erreichen. Für Dächer unterscheidet DIN 4102, Teil 7 nach einer simulierten Flugfeuerbeanspruchungsprüfung allgemein zulässig „harte" und beschränkt anwendbare „weiche" Bedachung. Maßgeblich für die brandtechnischen Anforderungen an Kunststoffbauteile sind die „Richtlinien für die Anwendung brennbarer Baustoffe im Hochbau (RbBH)", die nach Mustervorlage des IfBt von den Innenministerien der Länder erlassen werden. Zur Vorbereitung von Zulassungen und Prüfzeichen-Zuteilungen hat das IfBt Sachverständigenausschüsse (SVA) errichtet. Welche Unterlagen und Nachweise für Anträge, z. B. hinsichtlich der Standsicherheit von Bauteilen, erforderlich sind, kann beim IfBt erfragt werden. Prüfzeichenpflichtige Erzeugnisse, die ganz oder teilweise aus Kunststoffen bestehen können, werden in den Bereichen folgender SVA bzw. Prüfausschüsse (PA) bearbeitet:

SVA „Abwasserrohre und Formstücke" (PA I)
SVA „Dichtmittel für Abwasserleitungen" (PA I)
SVA „Sanitärausstattungsgegenstände" (PA I)
SVA „Abwasserhebeanlagen und Abscheider" (PA II)
SVA „Klärtechnik" (PA II)
SVA „Brandschutz von Baustoffen" (PA III)
SVA „Holzschutzmittel" (PA V)
SVA „Gewässersichernde Gegenstände" (PA VI)
SVA „Bindemittel und Betonzusatzmittel" (PA VII)
SVA „Geräuschverhalten von Armaturen und Geräten der Wasserinstallation" (PA IX)
SVA „Brandschutz für Lüftungsleitungen" (PA X).

6.5 Hersteller, Firmen-Kennzeichen und Handels-
bezeichnungen typüberwachter Formmassen

Stand März 1992

Zusammenfassung der 62. Bekanntmachung der T.V. (s. S. 570) über überwachte Formmasse-Typen und -Vortypen. Entsprechende Unterlagen über Verarbeiterfirmen und deren Firmenkennzeichen für überwachte Formteile aus überwachten Formmasse-Typen sind von der T.V. erhältlich.

Zu den aufgeführten Typen-Gruppen siehe Tafel 4.69 „Allgemeine Richtwerte für typisierte härtbare Formmassen" S. 484/485, Tafel 4.70, S. 486, Tafel 4.71 S. 488/489, Tafel 4.72, S. 492/493, Tafel 4.73, S. 496, Tafel 4.74, S. 502/503.

Tafel 6.5

Firma	Firmen-kenn-zeichen im Über-wachungs-zeichen	Handels-bezeichnung	Typ und Reihenbezeichnung
Aicar, S.A., E-08010 Barcelona/ Spanien	AICAR	Carbaicar (UF) Melaicar (MF, MP)	131.5, 152.7, 182, 183
Altintel Melamin Sanayii A.S. TR-80700 Besiktas-Istanbul	ALT		
AMC Sprea S.p.A. I-20101 Mailand/Italien	SPREA	Moldesite (PF) Uroplas (UF) Melsprea (MF)	31, 83, 131, 131.5, 152.7
Bakelite Gesellschaft mbH, D-5860 Iserlohn-Letmathe	Ba	Bakelite	13, 31, 31.5, 31.9, 51, 52, 71, 74, 83, 84, 85, CD, 131.5, 150, 152, 152.7, 156, 180, 181, 181.5, 182, 183, 802, 804
BIP Chemicals Limited, Oldbury, Warley/ Großbritannien	BIP	Scarab (UF) Melmex (MF) Beetle	131.5, 152.7, 803
Carmel Chemicals Ltd., IL-30300 Atlit/Israel	CCL	CCL	131.5, 152.7
Chemiplastica S.p.A., I-20151 Mailand/Italien	SC	Fenochem (PF) Urochem (UF) Melochem (MF)	12, 31, 131, 131.5, 152, 152.7, 156
Ciba-Geigy Marienberg GmbH, D-6140 Bensheim 1	CAB	Melopas, Neo-nit (MF, MP) Ampal (UP), Araldit (EP), EMC	150, 152, 180, 181, 181.5, 182, 183, 802, 804

Tafel 6.5 (Fortsetzung)

Firma	Firmen-kenn-zeichen im Über-wachungs-zeichen	Handels-bezeichnung	Typ und Reihenbezeichnung
DSM Italia S.r.l. I-22100 Como/Italien	DSMI	Bimoco, Drai-moco, Shimoco	801, 802, 803, 804, 831, 833.5
Duroform J. Fritz GmbH & Co. KG, D-5429 Miehlen/Ts.	DFP	Duroform-Com-posite	803, 833.5
Ems-Polyloy GmbH & Co. KG D-6114 Groß-Umstadt	DRIL	Illandur	802, 804
Hafelder Polymer GmbH & Co. KG., A-4654 Bad Wimsbach-N./ Österreich	HP	HF	834
Industrie Chimiche Leri S.R.L., I-20121 Mailand/Italien	LERI	Lerite (PF)	31
Lorenz Kunststofftechnik GmbH., D-4512 Wallenhorst-H.	LOR		803, 831.5
Menzolit GmbH D-7527 Kraichtal-Menzingen	PWM	Menzolit (UP)	801, 803, 833.5
Mitras Kunststoffe GmbH, D-8480 Weiden	FDD	Durodet-Pre-mix, Durodet-Prepreg	801, 803, 831.5, 832, 833.5
Molding Compounds S.p.A., I-24030 Brembate Sopra	MC		803
Perstorp AB, S-28480 Perstorp/ Schweden	PP	Perstorp-MF, -PF, -UF	131.5, 152.7, 181.5
Perstorp Bakélite, F-95872 Bezons/ Frankreich	BZ		31
Perstorp Italy, I-21053 Castellanza/Italien	PPI		131, 131.5
Phoenix AG, D-2100 Hamburg 90	IGG	Keripol (UP)	801, 802, 803, 804

Tafel 6.5 (Fortsetzung)

Firma	Firmen-kenn-zeichen im Über-wachungs-zeichen	Handels-bezeichnung	Typ und Reihenbezeichnung
Plasta Espenhain GmbH O-7204 Espenhain	ESP	Plastadur	31, 31.5
Raschig AG D-6700 Ludwigshafen	Ra	Resinol (PF) Resipol (UP) Fibresinol (PF) Fibresipol (UP) Ralupol	31, 31.5, 51, 83, 802, 804
Resart GmbH, D-6500 Mainz	Re	Resart (MF, MP) Resartherm (UP)	150, 152, 152.7, 180, 181, 181.5, 182, 183, 802, 804
Sintesi S.R.L., I-21050 Borsano/Italien	SALT		83
Sirlite S.R.L. I-20161 Mailand/Italien	SIR	Sirfen (PF) Siritle (UF)	31, 131, 131.5, 802, 804
Stickstoffwerke AG, O-4602 Wittenberg-P.	MPW		131, 131.5, 152, 152.7
Süd-West-Chemie GmbH, D-7910 Neu-Ulm	SWC	Supraplast	31, 51, 71, 83, 150, 156, 157, 181, 181.5, 182, 183, 801, 802, 803, 804, 833.5
Tetra-Dur-Kunststoff-Produktion GmbH D-2105 Seevetal 2	TDUR	Tetradur	801, 803
Vynckier N.V., B-9000 Gent/Belgien	Vf	Vyncolite (PF, MP)	31, 51, 71, 74, 83, 84

7   Prüfungen und deren Aussagekraft*)

Die national und international weitgehend genormte Prüfung von Kunststoffen umfaßt in der Auswertung der Prüfungsaussagen für Verarbeitungs- und Anwendungspraxis sich überschneidende Bereiche:

1. *Grund- und Verarbeitungskennwerte* von Polymer-Vorprodukten, Polymeren und Formmassen mit Additiven und Verstärkungen. Diese hängen allein vom stofflichen Aufbau der Produkte ab. Sie werden mit chemischen, physikalischen oder praktisch-technologischen Prüfverfahren am ungeformten Stoff ermittelt. Entsprechende Prüfungen während und nach der Verarbeitung der Stoffe geben Aufschluß über z. B. angestrebten Verlauf der Aushärtung oder Abbau-Vorgänge im Formstoff.

2. *Physikalische Werkstoff-Eigenschaften* wie Dichte, optische Eigenschaften, dielektrisches und Isolierverhalten, spezifische Wärme und Wärmeleitfähigkeit sind gestalt- und zeit-unabhängig. Ihre Werte sind reversibel abhängig vom Einfluß von Umgebungsbedingungen wie Temperatur und Feuchtgehalt, sofern diese nicht Änderungen im stofflichen Aufbau bewirken. Normative Kennwerte werden an sachgerecht gefertigten Probekörpern im „Normklima" nach DIN 50014 – in der Regel 23/50, d. h. 23 °C, 50% rel. Feuchtigkeit – ermittelt.

3. *Kenndaten der Temperaturabhängigkeit des Verhaltens sind* für Kunststoffe wegen der spezifischen Abhängigkeit des physikalischen Gesamtverhaltens von Polymeren von der Temperatur von besonderer Bedeutung. Neben durchgehender Ermittlung und konventionellen Kennwerten der Zustandsänderungen bei Temperaturänderung gehören hierher auch solche für längere Einwirkung erhöhter Temperaturen und das Brennverhalten von Kunststoffen.

4. *Kennwerte des Gebrauchsverhaltens* betreffen überwiegend materialabhängige physikalische und chemische Wechselwirkungen zwischen Kunststoff-Erzeugnissen und Umwelt. Der Vielfalt der Anwendungsbereiche und -Bedingungen von Kunststoffen entsprechend sind diese mit abkürzenden, den Gebrauch simulierenden, konventionellen Prüfverfahren meist nur qualitativ vergleichend zu erfassen.

5. Die *Durchlässigkeit* von Kunststoffen für Flüssigkeiten, Gase und Dämpfe ohne wesentliche Änderung ihres Gesamtgebrauchsverhaltens ist von allgemeiner Bedeutung für Kunststoffanwendungen im Korrosionsschutz, Bauwesen und Verpackung.

---

*) Reihenfolge und Bezifferung der Abschnitte in diesem Kapitel stimmen überein mit der Untergliederung von Kapitel 8 Richtwerte in Zahlentafeln und Kurvenbildern, s. S. 615ff.

6. *Das mechanische Verhalten von Kunststoff-Erzeugnissen* ist infolge des visko-elastischen Verhaltens von Polymeren in grundsätzlich bekannter Gesetzmäßigkeit von der Beanspruchungs-Dauer und -Temperatur mehr abhängig als das anderer Werkstoffe. Darüber hinaus wird es von der Formteilgestalt und den Herstellungsbedingungen der Formteile beeinflußt. Nach übereinstimmenden Normvorschriften gewonnene mechanische Prüfwerte sind technologische Formstoff-Werte, die für die vergleichsweise Kennzeichnung einer Kunststoffart und der Unterschiede einzelner Kunststofftypen unentbehrlich, aber nicht ohne weiteres für konstruktive Berechnungen (s. unten und S. 603/604) auswertbar sind. Nach verschiedenen nationalen Normen mit unterschiedlichen Probekörpern und Prüfbedingungen bestimmte mechanische Werte sind nicht exakt, aber immerhin als ,,Richtwerte", wie sie in den Tabellen dieses Buches aufgeführt sind, größenordnungsmäßig vergleichbar.

Bei der *Prüfung von Kunststoff-Fertigteilen* sind die Einflüsse von Gestaltung und Herstellbedingungen auf die Stoffeigenschaften, darüber hinaus noch weitere Merkmale wie Aussehen, Farbe, Oberflächenstruktur, Gewichtskonstanz, Eigenspannungen, Montierbarkeit und spezielle Gebrauchstauglichkeit zu erfassen. DIN 53760 gibt Hinweise für Probenahmen und eine tabellarische Übersicht über Prüfmöglichkeiten und Prüfkriterien als Unterlage für Vereinbarungen zwischen Lieferer und Abnehmer über die jeweils – nach den aufgeführten DIN-Normen – auszuführenden Prüfungen am Fertigteil.

Für die Vergleichbarkeit von Kunststoff-Produkten im internationalen Marktgeschehen wesentlich ist deren einheitliche Beschreibung durch Eigenschaftswerte, die nach weltweit gleichen genormten Prüfverfahren bestimmt sind. Eine Grundlage dafür bietet der – zunächst für Formmassen – von DIN/ISO erarbeitete *Grundwerte-Katalog* (Tafel 6.2, S. 564/565, Text S. 561 ff.).

Aufbauend auf 40–50 Thermoplast- und Duroplast-Familien (englisch ,,Generic Types") sind schätzungsweise mehr als 10 000 Formmassetypen mit jeweils bis zu 200 nach unterschiedlichen Normen ermittelten quantitativen und qualitativen Kenngrößen auf dem Markt. Auch für Teilmärkte ist diese Fülle aus Firmenschriften vergleichend und auswählend nicht mehr rationell zu erfassen, sondern erfordert

Rechnergestützte Datenbanken,

die in allen Industrieländern von neutralen Institutionen, der kunststofferzeugenden Industrie und Software-Firmen herausgebracht und in gewissen Zeitabständen aktualisiert werden.

Die unabhängige *zentrale Datenbank POLYMAT* für die auf dem europäischen und amerikanischen Kunststoffmarkt vertriebenen Produkte wird vom Deutschen Kunststoffinstitut (DKI, 2.4.17, S. 48) herausgegeben. POLYMAT wird als online-Datenbank in englischer Sprache und zum Betrieb auf PC wahlweise deutsch und englisch angeboten[1]). Sie umfaßt zur Zeit mit den Abteilungen Thermoplaste, Duroplaste und Gießharze (nicht Elastomere, Halbzeuge, Prepregs) insgesamt ca. 10 000 Produkte von etwa 100 Herstellerfirmen. Die Produkte werden erläutert mit jeweils bis 60 nach nachgewiesenen Normen verschiedener Herkunft bestimmten Zahlenkennwerten für Eigenschaften (u. a. auch Abrieb und Reibung) und Verarbeitung, sowie Textinformationen über Additive, besondere Eigenschaften, Verarbeitungsverfahren, Anwendungen, nach denen in beliebiger Verknüpfung gesucht werden kann. Auch alle Hersteller bestimmter Kunststoffe sowie Bedeutungen von Handelsnamen sind nachweisbar.

Mit der *Herstellerfirmen-Gemeinschaftssoftware CAMPUS* (Computer Aided Material Preselection by Uniform Standards) wird dem Anwender auf e i n e r auf IBM-kompatiblen PC mit Betriebssystem MS-DOS lauffähigen Diskette das gesamte Thermoplast-Formmassenprogramm einer der beteiligten Firmen, von allen identisch aufbereitet, kostenlos dargeboten. Die Eigenschafts- und Verarbeitungs-Kennwerte sind in dem von BASF, Bayer, Hoechst, Hüls in enger Zusammenarbeit mit dem FNK entwickelten, inzwischen von mehr als 20 internationalen Firmen übernommenen Programm eindeutig vergleichbar eingegrenzt, entsprechend den Richtlinien des DIN-Grundwert-Katalogs (Tafel 6.2, S. 564/565). Weiter kann durchweg gleichartig nach empfohlenen Verarbeitungsverfahren, Additiven (z. B. Brandschutzmittel, Weichmacher, Füllstoffe) und besonderen Eigenschaften (z. B. antistatisch, schlagzäh) recherchiert werden. Beliebig viele beim „Durchblättern" der Menue-Seiten auf dem Bildschirm angebrachten Grenzwertangaben und Markierungen werden in einem einzigen, weniger als 1 s dauernden Suchlauf für eine nach Wunsch sortierte Typenliste gleichzeitig berücksichtigt. Von dieser oder auch den Handelsnamen ausgehend kann man verbale Formmassetyp-Beschreibungen und (vergleichend) Eigenschaften von Einzelprodukten aufrufen und auch ausdrucken lassen. Geplant sind auch Angaben über das Verhalten bei Belichtung, Bewitterung und gegenüber Chemikalien. CAMPUS ist in mehreren Sprachen verfügbar.

CAMPUS-Einpunkt-Werte sind in der Qualitätssicherung (z. B. nach DIN 50049) als vergleichbare Werte für Partiefreigabe-Bescheinigungen und für den Konstrukteur zur Werkstoff-Vorauswahl geeignet. In der Version 2 (Fertigstellung 1991) sind neben den Einpunkt-Werten auch Kurvendiagramme wie isotherme und isochrone Spannungs-Dehnungs-Diagramme, Viskositäts-Schergeschwindigkeits-

---

[1]) Anbieter der Daten zur vertraglichen Nutzung durch Fernübertragung auf den Rechner oder Personal Computer (PC) des Abnehmers ist das Fachinformationszentrum Chemie, Steinplatz 2, 1000 Berlin 12.

Temperatur-Diagramme, Schubmodul-Temperatur-Kurven und weitere Daten aufgenommen.

Über eine ASCII-Schnittstelle können Daten von CAMPUS in eigene Datenbanken überspielt werden.

Das von der Datenbank-Systemfirma Polydata[1]) *kommerziell angebotene System CAPS* (Computer Aided Polymer Selection) bringt auf zwei Disketten für derzeit über 7500 auch durch Handelsnamen erschließbare Formmassen aus 33 Thermoplasten von 70 europäischen Anbietern ähnlich wie vorstehend beschrieben auswertbar 32 nach DIN/ISO/ASTM bestimmte allgemeine Eigenschafts-Kennwerte, auch Preishinweise, gewichtete Angaben über Beständigkeit gegen 20 Chemikalien und Informationen über 38 qualitative Merkmale.

Das in jeder gewünschten Sprache erhältliche Programm kann vom Anwender modifiziert und erweitert werden. Es läßt sich auch auf Großrechner übertragen. CAPS wird auch ohne Daten mit Schnittstelle zu CAMPUS (via ASCII-Files) angeboten. Darüber hinaus bietet CAPS Schnittstellen zu CAE-Programmen.

Aufgabe der zweistufigen *Rahmen-Datenbank* zum *CADFORM-Modul* im CAE/CAD-System des Instituts für Kunststoffverarbeitung (IKV, 2.4.22, S. 48) ist die Sammlung von Materialdaten für die Konstruktion von Formteilen aus Teilbereichen, in denen der einzelne Benutzer jeweils tätig ist, nicht die von ihm nicht beeinflußbare umfassende Information über Formmassen-Gesamtsortimente.

Der Programmverwaltungs-Manager des Benutzers kann in die nach Polymeren und Polymergruppen hierarchisch gegliederte Primär-Datenbank mit 120 Einpunkt- und qualitativen Kennwerten die zur Verarbeitung in Betracht kommenden Formmassen aufnehmen und diese beliebig modifizieren sowie durch betriebliche und der Wirtschaftlichkeitsanalyse dienende Daten (z. B. Rohstoffkosten, Zykluszeiten) ergänzen. Die Werkstoff-Auswahl-Daten sind auch im Balkendiagramm- oder Bereichsflächen-Vergleich darstellbar. Bei der für Branchenbereiche implementierbaren geführten Werkstoff-Auswahl werden ausgehend von Anwendungsbereichen (z. B. Formteil im Motorraum eines Kraftfahrzeugs) die für den Suchprozeß relevanten Kennwerte im Dialog mit dem Benutzer entwickelt.

In der Sekundär-Datenbank des Systems sind Funktionsansätze für die exakte Analyse der Dimensionierung und rheologischen Auslegung sowohl des Formteils (CADFORM) als auch des Formwerkzeugs (CADMOULD) gespeichert. Aus den ausgegebenen Kurvendiagrammen werden die einzusetzenden Werte abgegriffen und über Schnittstellen direkt in die CADFORM- und CADMOULD-Moduln des Rechners übertragen (S. 26).

---

[1]) Deutsche Niederlassung Frankenberger Straße 30, 5100 Aachen.

7.1 Grund- und Verarbeitungs-Kennwerte

7.1.1 Chemisch-analytische Verfahren

Typische Beispiele für Art und Zweck der zahlreichen genormten Verfahren dieses Bereichs geben

DIN 16 945   Verfahren zur Ermittlung aller für den Härtungsprozeß wichtigen Kennzahlen aller Reaktionsharze und Reaktionsmittel

DIN 53 748/9 Chemische Analyse von PF-, UF-, MF-Kunststoffen zwecks Identifizierung

DIN 53 474   Bestimmung des Chlorgehaltes als Kennzahl für die Einteilung von Vinyl-(Co-)Polymerisaten

DIN 53 743   Gaschromatographische Bestimmung von VC (Vinylchlorid) in Polyvinylchlorid.

DIN 53 741–53 394 Bestimmung von Styrol in Polystyrol gaschromatisch – in UP-Harz-Formstoffen mit Wijs-Lösung

Umfangreiche Analysen-Vorschriften sind enthalten in den Empfehlungen der Kunststoff-Kommission des Bundesgesundheitsamtes „Kunststoffe im Lebensmittelverkehr" (2.3.4, S. 45) zwecks Feststellung der physiologischen Unbedenklichkeit von Rohstoffen und Erzeugnissen durch mengenmäßige Begrenzung eventuell in Lebensmittel wandernder Hilfs- und Begleitstoffe. Vorsicht ist besonders bei Berührung mit fetthaltigen und flüssigen Nahrungsmitteln geboten.

7.1.2 Ermittlung der Kunststoff-Art

Einen ersten Anhaltspunkt gibt die Rohdichte (DIN 53 479), wenn diese auch durch Füllmittel stark beeinflußt wird:

Rohdichte:

0,9–1,0	Polyethylen, Polybuten, Polypropylen, ungefüllter Kautschuk, Polyisobutylen, Polymethylpenten
1,0–1,2	Styrol-Polymerisate, normal gefüllter Weich- und Hartgummi, Celluloseether, Polymethacrylate, Polycarbonat, ungefüllte Polyester- und Epoxidharze, Polyphenylenoxid, Polyamide
1,2–1,4	Vulkanfiber, Celluloseester, Polyvinylester, PVC mod. und Weich-PVC, Phenolharze, Phenolharzpreßstoffe mit organischen Füllmitteln, Polyterephthalate, Polyurethan
1,4–1,5	PVC-U ($>1{,}39$), Aminoplast-Formstoffe mit organischen Füllmitteln, Polyacetale
1,5–1,8	Polyvinylidenchlorid, PVC nachchloriert, Polyvinylidenfluorid, Chlorkautschuk, anorganisch gefüllte Formmassen; viele verstärkte Kunststoffe
über 1,8	Polytetrafluorethylen, Polytrifluorchlorethylen, Silicone.

Angaben über das Verhalten einzelner Kunststoffe beim *Erhitzen und Anzünden* enthält Tafel 7.1 (zwischen S. 582 u. 583): Bestimmung der Kunststoffart. Zum Erhitzen bedient man sich eines Glühröhrchens von knapp Bleistiftdicke und etwa 6 cm Länge; zum Entzünden hält man die Substanz mit einer Pinzette oder auf einem Spachtel in die Flamme. Man verwendet stets nur kleine Mengen und eine ganz kleine Flamme (Sparflamme eines Bunsenbrenners). Zur Bestimmung der Reaktion der Schwaden führt man zunächst einen angefeuchteten Streifen Lackmuspapier in das obere Ende des Glühröhrchens ein. Bei alkalischer Reaktion färbt sich das Papier blau, bei saurer Reaktion rot. Stark saure Reaktion stellt man anschließend mit Kongopapier (wird blau) oder Indikatorpapier (pH ≤ 2) fest.

Weitere Aufschlüsse gibt die Bestimmung der Löslichkeit und Verseifbarkeit eines Kunststoffes sowie der Nachweis kennzeichnender Elemente siehe dazu: Hj. Saechtling, Kunststoff-Bestimmungstafel, in D. Braun, Erkennen von Kunststoffen (2. Aufl. 1986), beide CHV, München.

7.1.3 Vom Polymerisationsgrad abhängige Kennwerte für das Fließverhalten von Thermoplasten

Zur Bedeutung der an Polymeren in verdünnter Lösung ermittelten *Viskositätszahlen* s. Abschn. 3.1.1, ,,Rohstoff-Kenngrößen" (S. 50) zur Umrechnung in die für PVC üblichen K-Werte Tafel 4.14, S. 291. Mit steigenden Viskositätszahlen bzw. K-Werten nimmt die Fließbarkeit der Polymeren bei Verarbeitungstemperaturen ab. Der *Schmelzindex* (Meßverfahren S. 51) ist ein international gebräuchlicher technologischer Vergleichskennwert. Die Meßwerte – aus dem genormten Plastometer extrudierte Menge in g/10 min – hängen von der jeweils stoffgerecht zu wählenden, mit dem Ergebnis anzugebenden Kombination von Prüftemperaturen und Auspreßkraft ab. Je höher diese Werte und je kleiner jeweils der Schmelzindex, desto schwerer fließfähig ist das Produkt. Das kann ein höher molekulares Polymer kennzeichnen. Der Schmelzindex wird aber auch von Füllstoffen und anderen Formmasse-Bestandteilen beeinflußt. Unmittelbar vergleichend auswertbar sind nur die an der gleichen Stoffgruppe unter gleichen Bedingungen bestimmten Werte.

In DIN-Prüfnormen für Formmassen-Grundwerte (Tafel 6.2, S. 564/565) wird die Bestimmung des Schmelzindex (MFI) in g/10 min nach Verfahren A oder die (leichter automatisierbare) des Volumenfließindex MVI in cm³/10 min nach Verfahren B von DIN 53735 zur Wahl gestellt. Der MFI-Wert wird durch Multiplikation des MVI-Wertes mit der Dichte der Probe bei Prüftemperatur erhalten.

Die genannten Verfahren sind zur Überwachung der Gleichmäßigkeit verschiedener Chargen und für den Nachweis von Schädigungen durch Abbau von Makromolekülen bei der Verarbeitung bzw. im Gebrauch geeignet. Tafel 7.2 gibt einen Überblick üblicher Prüfbedingungen.

Tafel 7.2. DIN-Prüfbedingungen für Viskositätszahlen und Schmelzindices

	Viskositätszahl			Schmelzindex*)		
	Lösungsmittel	Konz. g/ml	Meß-temperatur °C	DIN Kennzeichen	Prüf-temperatur °C	Masse kg (Varianten)
Polyethylen	Dekahydronaphtalin	0,003 bis 0,05 (je nach Visk.-Zahl)	135	C; D –; G	190	0,325; 2,16 5,0; 21,6
Polypropylen	Dekahydronaphtalin	0,003 bis 0,05 (je nach Visk.-Zahl)	135	D; G; F M; –	190 230	2,16; 5,0–10,0 2,16; 5,0
Polystyrol	Toluol	0,005	25	F H L; N	190 200 230	10,0 5,0 1,2; 3,8
Styrol-Copolymere	Dimethylformamid (SAN)	0,005	25	– –	ABS: 200 220	21,6 10,0
Polyvinylchlorid	Cyclohexanon	0,005	25	–	–	–
Polymethyl-methacrylat	Chloroform	0,005	25	J L; N	200 230	10 1,2; 3,8
Polyoxymethylen	Butyrolacton	0,005	140	–; D	190	1,05; 2,16
Polyamide	konzentrierte Schwefelsäure oder m-Kresol	0,005	25	K; M –; – R	230 235 275	0,325; 2,16 0,325; 1,2 0,325
Polycarbonat	Dichlormethan	0,005	25	–; –	300	1,2; 5,0
Polyethylenterephthalat	Phenol/Tetrachlorethan 60/40 Gew.-Teile	0,01	25	–	–	–
Celluloseacetat	Methylenchlorid/Methanol 90/10 Vol-Teile	0,005	25	C; D; G	190	0,325; 2,16; 21,6

*) Kennzeichnung: $MFI_{Temp/Masse}$ ..., engl. Abkürzung auch FR (= Flow Rate) statt MFI.

7.1.4   Verarbeitungstechnische Kenndaten

Rieselfähigkeit (DIN 53 492), *Schüttdichte, Stopfdichte* und *Füllfaktor* (DIN 53 466) sind Kenngrößen für die Struktur von Formmassen, die auch Unterlagen zur Berechnung des Füllraums von Beschikkungseinrichtungen und Preßformen geben. Praxisübliche *Spiral-Fließtests* für Formmassen sind nicht DIN-genormt. Ebenso wie die *Schließzeit* eines genormten Becherwerkzeuges (DIN 53 465) oder die Fließkurven (Weg-Zeit-Erweichungskurven) von Flowtestgeräten ermöglichen sie eine qualitative Unterscheidung weicher, mittelharter und harter duroplastischer Formmassen.

Die Fließfähigkeit von Thermoplast-Schmelzen wird mit einem Kapillar-Rheometer nach DIN 54 811 unter Schergeschwindigkeiten, Schubspannungen und Temperaturen geprüft, die der Praxis der Formmassenverarbeitung angenähert sind.

In *automatisierten Verarbeitungsanlagen* dienen Rheometer, z. B. in Bypass-Schaltung, der on-line Qualitätskontrolle wie auch zur Prozeßsteuerung und -regelung. Desgleichen dienen vor allem für Extruder und Kalander Vorrichtungen zur berührungslosen Dickenmessung der Erzeugnisse nach verschiedenen Prinzipien der laufenden Qualitätskontrolle. Beim Spritzgießen kann man durch Wägung der Formteile die Gleichmäßigkeit der Fertigung beurteilen.

Die *Verarbeitungsschwindung* und *Nachschwindung* (DIN 16 901 und DIN 53 464) sind im Hinblick auf deren Bedeutung für Toleranzen und zulässige Maßabweichungen von Formteilen auf Seite 91 ff. ausführlich behandelt worden.

7.2   Allgemeine physikalische Eigenschaften

Rohdichte von Kunststoffen (DIN 53 479, 53 420), *optische Eigenschaften* von transparenten (DIN 53 491) und *Schmelztemperaturen* von teilkristallinen Polymeren (DIN 53 181) sind aus Tafel 8.1 (S. 618), *Wärmeleitfähigkeit* und *spezifische Wärme* von Kunststoffen aus Tafel 8.3 (S. 622/623) zu entnehmen. Deren Kenntnis ist zum Abschätzen der für die Erwärmung einer bestimmten Menge eines Kunststoffs benötigten Wärmemenge erforderlich. Sie ist stark temperaturabhängig, sprunghafte Veränderungen zeigen Umwandlungsbereiche an (Bild 8.1, S. 619). Die Wärmeleitfähigkeit ist zwischen 20 und 100 °C im allgemeinen wenig temperaturabhängig; die von PE sinkt im kristallinen Gebrauchsbereich mit zunehmender Temperatur ab.

Von den *elektrischen Eigenschaften* nach VDE 0303 (Kennwert-Übersicht Tafel 8.2, S. 620/621) sind Oberflächen- und spez. Durchgangswiderstand (DIN 53 482, VDE 0303, Teil 3), die frequenzabhängigen dielektrischen Verlustfaktoren und relativen Dielektrizitätszahlen (DIN 53 483, VDE 0303, Teil 4) bei jeweiliger Prüftemperatur von Meßverfahren unabhängige Stoffwerte. Die Durchschlagfestigkeit (VDE 0303, Teil 2) dagegen hängt von der Probendicke und dem Prüfverfahren ab, unter verschiedenen Bedingungen gemessene Werte sind nicht vergleichbar.

Die Bestimmung der *Kriechstromfestigkeit* (bzw. der Kriechwegbildung, wie es in neueren Normen heißt) bei Betriebsspannungen unter 1 kV (IEC 112/VDE 0303, Teil 1) dient zur Ermittlung der Schäden, die Kriechströme in (elektrolytisch) leitenden Schmutzablagerungen auf Kunststoff-Oberflächen anrichten können. Diese sind die Ursachen kleiner Lichtbögen, die z. B. Phenoplaste an der Einwirkungsstelle verkohlen und damit zum Kurzschluß führen, oder durch Vergasen (z. B. bei MF) bzw. Wegschmelzen von Thermoplasten den Isolierstoff zerstören.

Zur Prüfung der Kriechwegbildung wird zwischen zwei unter Wechselspannung stehenden Platinelektroden, die in 4 mm Abstand auf die Probe aufgesetzt werden, eine Elektrolytlösung aufgetropft. Verfahren KA (mit von 1–3c zum Bestwert ansteigenden Kennzahlen) ist veraltet. In den Verfahren KB und KC wird bei konstanter Zahl von 50 Tropfen die variable Spannung bestimmt, bei der ein auf 0,5 A eingestellter Überstromauslöser noch nicht auslöst. Die so ermittelte Spannung wird mit vorgesetztem KB oder KC als Kriechstromfestigkeitsstufe angegeben. Das international übliche Verfahren KC unterscheidet sich von KB dadurch, daß anstelle einer netzmittelhaltigen Prüflösung netzmittelfreie Prüflösung von 0,1% NH_4Cl in destilliertem Wasser verwendet wird. Dieses Verfahren kann höhere Werte als KB ergeben. Die Verfahren sind für Spannungen bis 600 V geeignet. Für Hochspannung gilt DIN 57303, VDE 0303, Teil 10.

Zur Beurteilung der *elektrolytischen Korrosionswirkung* nach DIN 53489 wird die Längskante einer Isolierstoff-Probe bzw. eines Isolierfolien-Pakets im feuchtwarmen Klima 40/92 vier Tage gegen Messings-Prüffolien auf Elektroden einer 100-V-Gleichspannungsquelle in 4 mm Abstand voneinander gedrückt. Kennwerte für die Korrosionswirkung sind am Pluspol A keine Veränderung bis B starke Rotfärbung durch Entzinkung, am Minuspol 1 keine Veränderung bis 4 über die Auflagefläche der Probe hinausgehende Schwarzbraunfärbung.

Praxis-Prüfverfahren für die aus Temperatur- und Brandverhalten von Kunststoffen gegebenen Grenzen ihrer Anwendung als Isolierstoffe in Elektrotechnik und Elektronik s. Abschn. 7.3.4 (S. 589, auch Tafeln 8.4, S. 625, und 8.5, S. 626) und Abschn. 7.3.5 (S. 591, auch Tafel 8.6, S. 627).

7.3   Temperatureinfluß-Prüfverfahren
Kennwert-Übersicht Tafel 8.3, S. 622/623)

7.3.1   Der **Torsionsschwingungsversuch** nach DIN 53 445[1]) für polymere Werkstoffe (DIN 53 520 für Elastomere) dient der Ermittlung kontinuierlicher und diskontinuierlicher Änderungen des physikalischen Zustands von Polymeren über einen beliebig weiten Temperaturbereich, vergleiche Abschnitt 1.5, Bild 1.6, S. 14. Das Torsionsschwingungsgerät (Bild 7.1) trägt in einer Temperierkammer den nur am oberen Ende fest eingespannten stab- oder streifenförmigen Probekörper mit einem leichten Schwungrad am unteren Ende. Durch Anstoß mit dem Auslöserhebel wird das System zu freien gedämpften Schwingungen angeregt, deren abklingender Verlauf auf lichtempfindlichem Papier aufgezeichnet wird. Neigungsänderungen der Schubmodul- bzw. Maxima der Verlustfaktor-Temperaturkurven, die daraus errechnet werden (Beispiele Bild 8.2, S. 624, weiter Bilder 1.6, S. 14; 4.2, S. 251; 4.11, S. 337), zeigen – für die Versuchsbedingung kurzzeitiger dynamischer Beanspruchung physikalisch exakt – *Zustands-Übergangs-Temperaturbereiche an,* insbesondere die für Thermoplaste und Elastomere kennzeichnenden *Glas-Übergangstemperaturen* (S. 13 bis 15). Im *Kristallitschmelzbereich* semikristalliner Thermoplaste (Tafel 8.1, S. 618) fällt die Schubmodultemperaturkurve steil ab. Für Duroplaste können Festigkeitsmessungen bis zu hohen Temperaturen unterscheidungskräftigere Aussagen geben als

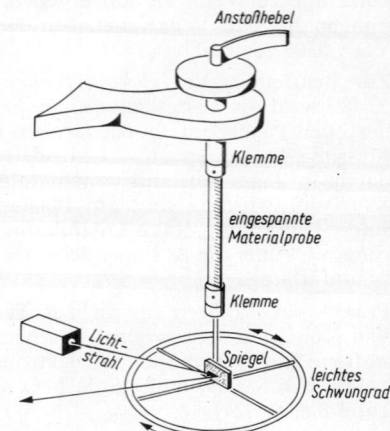

Bild 7.1. Torsionsschwingungsversuch nach DIN 53 445 (1986) bzw. ISO 6721 (1992)

---

[1]) Eine umfassende Norm ISO 6721 (1992) ersetzt die bisherige DIN-Norm in Kürze, eine entsprechende CEN-Norm ist in Vorbereitung. Der Titel lautet: ISO 6721 Determination of dynamic mechanical properties; part 1: general principles; part 2: testing with the torsion pendulum; part 3: bending vibration test, resonance curve.

dieses Verfahren (Bild 4.24, S. 452). Im *Torsionssteifheit-Versuch* nach Clash-Berg (DIN 53447) wird die Temperaturabhängigkeit des Torsionsmoduls von Thermoplasten wie PVC-P (S. 309) unter statischer Beanspruchung gemessen. Nach ISO 2898 sind Torsionssteifheitstemperaturen für 300 MPa zwischen $-5\,°C$ und $-53\,°C$ kennzeichnend für die Versteifung von PVC-P; in DIN 7749 ist dieser Kennwert nicht mehr enthalten.

7.3.2 Thermoanalytische Methoden (TA) nach DIN 51005, insbesondere die dynamische Differenzkalometrie (DDK, DSC) lassen durch Wendepunkte und Extremwerte in über ausreichendem Temperaturbereich aufgezeichneten Kurven thermische Umwandlungsbereiche und deren Beeinflussung erkennen. Zur Thermogravimetrie s. a. S. 525.

7.3.3 Konventionelle Einpunkts-Prüfungen für *Kälte-Bruch-Temperaturen* wie die Fallhammerverfahren für PVC-P-Folien (DIN 53372) und für Elastomere (DIN 53546) sind allenfalls vergleichsweise auswertbar. Kurven der Temperaturabhängigkeit mechanischer Eigenschaften (Bilder 8.4, S. 631 u. 8.5, S. 636), insbesondere der Schlagzähigkeit (Bilder 8.6–8.8, S. 637/638) geben dem Konstrukteur bessere Anhaltspunkte.

Die *Vicat-Erweichungstemperatur* VST für Thermoplaste (DIN ISO 306) und der für alle Kunststoffe anwendbare „Heat distortion temperature"-HDT-test der *Bestimmung der Formbeständigkeit in der Wärme nach ISO 75* (DIN 53461) sind international üblich. Die *Martens-Methode* (DIN 53462) ist eine ältere Variante der Prüfung unter Biegebeanspruchung für Duroplaste. Tafel 7.3 (S. 590) zeigt die Prinzipien dieser Prüfverfahren auf. Die in diesen Verfahren ermittelten Einpunkt-Temperaturen sind für Kunststoffanwendungen unter geringer mechanischer Belastung nicht unbedingt obere Grenztemperaturen des Anwendungsbereichs. Der Vergleich der unter den verschiedenen Belastungsbedingungen (s. Tafel 7.3) gemessenen HDT-Werte kann praktisch verwertbare Hinweise auf das Absinken der Gebrauchs-Festigkeit bei steigender Temperatur geben. Flachliegende Vielzweckprobekörper $80 \times 10 \times 4$ mm³ (S. 561, 602) erbringen gleiche HDT-Werte wie die auf der Schmalseite liegenden nach DIN 53461.

7.3.4 Temperatur-Zeitgrenzen der Alterung von Kunststoffen ohne Belastung nach DIN 53446 werden durch Prüfung ausgewählter Eigenschaften nach Lagerung von Probekörpern über 5000–20000 Stunden bei erhöhten Temperaturen in belüfteten Heizschränken bestimmt. Als „Temperatur-Zeitgrenze" wird die Temperatur angegeben, bei der nach festgesetzter Lagerzeit die bei Raumtemperatur gemessenen Eigenschaftswerte auf einen bestimmten Bruchteil des Ausgangswertes abgesunken sind. Ein internationales Vorschriften-Werk für die so definierte *thermische Beständigkeit fester Isolierstoffe*

Tafel 7.3. Verfahren zur Bestimmung der Formbeständigkeit in der Wärme

	Martens	**Vicat**	**ISO 75**
Prüfvorschrift	DIN 53 462 VDE 0302/III . 43	DIN ISO 306 VDE 0302/III . 43	DIN 53 461 ASTM D 648
Prüfanordnung (Maße in mm)	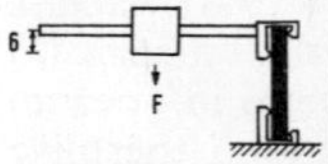	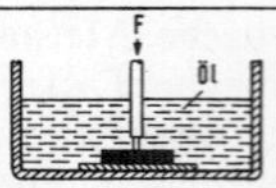	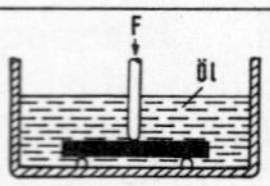
Belastungsart	Biegung	Eindringen einer Nadel A = 1 mm²	Biegung
Belastungsgröße	Biegespannung σ_b 5 N/mm²	Druckkraft A : 10 N B : 50 N*)	Biegespannung σ_b A : 1,85 N/mm²*) B : 0,46 N/mm²
Soll – Deformation	Hebelarmsenkung 6 mm	Eindringtiefe 1 mm	Durchbiegung je nach Probekörperhöhe 0,21 bis 0,33 mm **)
Temperatur	Anstieg 50 K/h	Anstieg 50 K/h oder 120 K/h	Anstieg 2 K/min
Wärmeüber- tragungsmittel	Luft	Flüssigkeitsbad, in Sonderfällen Luft	Flüssigkeitsbad
Probekörper (l × b × h in mm)	120 × 15 × 10 60 × 15 × 4 50 × 6 × 4	10 × 10 × 3 ... 6,4	l ≅ 110 b = 3,0 ... 4,2 (13) h = 9,8 ... 15
Wertangabe – Beispiel Kurzschreibweise	$t_{Martens}$ = 125 °C	VST/B 50 = 82 °C	HDT/A = A 95 °C

*) bevorzugtes Verfahren   **) entsprechend einer Randfaserdehnung von ca. 0,2 %.

ist IEC 216, Teile 1–4, entsprechend VDE 0304, Teil 12 und 22–24. Tafel 8.4 (S. 625) gibt nach diesen Vorschriften bestimmte Werte für thermoplastische, Tafel 8.5 (S. 626) Temperatur-Zeitgrenzen für duroplastische Kunststoffe.

Auf gleichartigen Grundlagen beruht der hinsichtlich der Abschätzung der Grenztemperatur sehr konservative, international anerkannte *Underwriters Laboratories Temperature Index*. Weiteres über das Verfahren und Index-Werte siehe Abschnitt 4.8 (S. 525) und Bild 4.17 (S. 363). Temperatur-Index-Werte nach den genannten Vorschriften geben einen Beurteilungsmaßstab der thermischen Beständigkeit von Kunststoffen, nicht aber deren Eigenschaftsprofil bei den Grenztemperaturen, die für Thermoplaste stärkere Abminderungen gegen Raumtemperatur aufweisen als für Duroplaste.

Der *Warmlagerungsversuch* von Kunststoff-Formteilen bei jeweils konstanten Temperaturen, für Thermoplaste (DIN 53497) über 1–8 Stunden, für Duroplaste (DIN 53498) über 48 Stunden mit folgender Prüfung auf sichtbare oder meßbare Veränderungen dient der Überprüfung der einwandfreien Fertigung der Teile. Dem gleichen Zweck und zur Feststellung der Werkstoff-Eignung dient eine abgestufte Warmlagerung von Fertigteilen (DIN 53755). DIN 53381, Teile 1 und 2, geben Verfahren an zur Prüfung der chemischen Thermostabilität von PVC (180–200 °C), DIN 53383 zur Prüfung der Oxidationsstabilität von PP bei 140 °C (Teil 1) bzw. von PE-HD bei 120 °C (Teil 2).

7.3.5   Prüfungen des Brandverhaltens

im Laboratoriumsmaßstab können nur einige Kriterien für die Auswahl von Kunststoffen geben, weil die Brandgefahr sehr komplex von der Wanddicke und Gestalt, der Anzahl und der Anordnung brennbarer Gegenstände und anderen Gebrauchsumständen abhängt. Deshalb soll das Brandverhalten von Kunststoffen nicht durch mißverständliche Wortbildungen wie „selbstverlöschend" oder „nicht brennend" beschrieben werden, sondern am besten durch die Code-Nummern oder -Buchstaben für ein spezielles Prüfverfahren, allenfalls durch Ausdrücke wie schwer entflammbar (durch eine Flamme) oder entzündbar (durch Strahlung) *„nach diesem Prüfverfahren"*.

Der als Kennzahl für Polymere oft angegebene *„LOI" Lowest Oxygen Index* nach ASTM D 2863 gibt den Prozentgehalt von Sauerstoff in einer Sauerstoff/Stickstoff-Mischung an, der erforderlich ist, um einen Kunststoffstab in Berührung mit einer Zündflamme ähnlich einer Kerze abbrennen zu lassen. Das Verfahren ist nur für Vorauswahlprüfungen in der Werkstoffentwicklung geeignet, weil mehr Sauerstoff als 21% in der Atmosphäre nicht enthalten ist und die Prüfbedingungen nicht realistisch sind. Auch Kunststoffe mit LOI > 21 sind unter anderen Bedingungen entzündbar.

In den allgemein gebräuchlichen *Entflammbarkeits- und Flammenausbreitungs-Prüfverfahren* werden die Kante und/oder die Fläche eines Kunststoffprüfkörpers für kurze Zeit mit einer genormten Zündflamme beflammt. Nach DIN 53438, Teile 1–3, führt das Erlöschen der Flamme unmittelbar nach 15 s Beflammung des Probekörpers vor Erreichen einer Meßmarke zur Klassifizierung K 1 bzw. F 1. K 2 bzw. F 2 bedeuten, daß die Flammenspitze in 20 s oder mehr, K 3 bzw. F 3 in < 20 s am Prüfkörper angebrachte Meßmarken erreicht. Die Einstufung ist auch von der Dicke der Probe abhängig, die im Prüfbericht ebenso wie die Brennzeiten und ggf. Glimmzeiten anzugeben ist. Einstufung in K 2 bei ungeschützter bzw. K 2 und F 2 bei geschützter Kante der Probe entspricht der *für das Bauwesen wichtigen Klassifizierung* normal entflammbar (B 2 nach DIN 4102). In dem Prüfbericht sind Angaben über Rauchentwicklung und brennendes Abtropfen aufzunehmen. Für die Einstufung flächiger Erzeugnisse als schwer entflammbar (B 1) ist zusätzlich erforderlich, daß in einem „Brandschacht" 10 min von unten beflammte, 1 m lange Probekörper von Original-Dicke nicht vollständig abbrennen und zusätzliche Kriterien erfüllen. Fußbodenbeläge werden bei $> 0,45$ W/cm^2 Bestrahlungsstärke zur Entzündung durch einen 30° geneigt darüber angebrachten, 815 °C heißen Strahler im „Flooring Radiant Panel"-Test als schwer entflammbar eingestuft. Weiteres über bauaufsichtliche Anforderungen an das Brandverhalten von Kunststoffen s. S. 573. DIN 54836 gibt ein Verfahren an zur Prüfung der Entzündungstemperatur brennbarer Werkstoffe.

Für die Beurteilung des *Brandverhaltens fester elektrotechnischer Isolierstoffe* können nach *DIN/IEC 707* bzw. */VDE 0304, Teil 3* wahlweise drei Prüfverfahren herangezogen werden. Verfahren BH ist das international angenommene *Glühstabverfahren* nach Schramm-Zebrowki (DIN/VDE 0318 T. 2): Ein glühender Siliciumcarbid-Stab (950 °C) wird 3 Minuten gegen das Ende eines stabförmigen Prüfkörpers gedrückt. Wenn in dieser Zeit der Probestab weniger als 5 mm abschmilzt und sich nicht entzündet, wird das Produkt mit BH 1 eingestuft. Zur Einstufung BH 2 bis 95 mm Abbrand ist die gesamte Abbrandstrecke in der Prüfzeit anzugeben, bei stärkerem Abbrand (BH 3) die Abbrenngeschwindigkeit in mm/min. Die Verfahren der Kantenbeflammung FH eines horizontal und FV eines vertikal angebrachten Prüfstabes entsprechen in Probeanordnung und Ergebnis den Verfahren einerseits HB, andererseits V-0, V-1, V-2 der international angewandten *Underwriters Laboratories Safety Standards 94,* Section 2 and 3. Zum Bestehen des UL-HB-Tests ist erforderlich, daß nach 30 s Beflammung der horizontal angeordnete Prüfstab nicht mehr als 25,4 mm (1 in) Länge abgebrannt ist. Weitere Kriterien sind das Verlöschen und die Brenngeschwindigkeit. Nach VDE-FH ist diese wie für das VDE-BH-Verfahren beschrieben anzugeben.

In den V-Klassifikationen sind nach zweimaligem Einwirken der Flamme von je 10 s die Einstufungskriterien

V-0: < 10 s Nachbrennen, < 30 s Nachglühen, kein brennendes Abtropfen, kein vollständiges Abbrennen der Probe

V-1: < 30 s Nachbrennen, sonstige Kriterien wie V-0

V-2: Zündung untergelegter Watte durch brennendes Abtropfen, sonstige Kriterien wie V-1.

Beim Verfahren 5 V werden Platten fünfmal an verschiedenen Stellen von Kanten und Fläche beflammt, die Kriterien sind ähnlich wie von V-0.

Die Anerkennung einer dieser Grade durch eine „UL gelbe Karte" ist kombiniert mit einer Überwachung der Produktion durch den UL-„follow up service" (Prüfnormen und Kennwerte zur „Brennbarkeit" national und international s. K. Stoeckhert u. W. Woebcken (Hrsg.): Kunststoff-Lexikon, 8. Aufl. S. 100, Carl Hanser Verlag, München 1992).

In Tafel 8.6, S. 627, sind Einstufungen des Brandverhaltens fester Isolierstoffe nach den vorgeschriebenen Vorschriften zusammengestellt. VDE 0470, 0471, 0730 geben weitere Spezialverfahren zur Prüfung der feuersicherheitlichen Eigenschaften von elektrotechnischen Erzeugnissen und deren Bauteilen. Spezielle Brandsicherheits-Standards bestehen weiterhin und sind zu beachten für die Ausstattung von Straßen- und Schienenfahrzeugen, von Schiffen und Flugzeugen sowie für den Bergbau.

7.4   Beständigkeit gegen Umwelt-Einflüsse

7.4.1   Klima-Einwirkungen auf Kunststoff-Erzeugnisse, die im Gebrauch nicht der Freibewitterung oder dem direkten Sonnenlicht ausgesetzt sind, werden durch Konditionierung, erforderlichenfalls auch durch länger anhaltende Lagerung von Prüfkörpern unter hinsichtlich Temperaturen und Feuchtigkeitsgehalt konstanten oder wechselnden Klimaten simuliert (DIN 50005). Dazu gehört auch die Bestimmung von Temperatur-Zeitgrenzen bei kontinuierlicher Beanspruchung durch hohe Temperaturen (Abschn. 7.3.4, S. 589). Bevorzugtes Normalklima für Proben-Konditionierung und -Prüfung (DIN 50014) ist 23 °C Lufttemperatur und 50% rel. Luftfeuchte, Kurzzeichen 23/50. Konstante Prüf-Klimate (DIN 50015) zur Simulierung von Feuchtbedingungen in der gemäßigten Zone, feuchtwarmen und trocken-warmen Klimabedingungen in den Tropen sind die Prüf-Klimate 23/83, 40/92, 55/20 bei 800–1060 mbar Luftdruck und < 1 m/s Luftgeschwindigkeit.

7.4.2   Die Wasseraufnahme von Formstoff wird üblicherweise durch die Einlagerung genormter Probekörper über 24 h oder 4 Tage in Wasser bei 23 °C geprüft. Die Werte verschiedener derartiger konventioneller Prüfungen (Beispiele Tafel 8.1, S. 618) sind quantitativ nicht vergleichbar, da Abmessung und Konditionierung der Probekörper-Einlagerungszeit und Angabe der Resultate (in mg oder %) in verschiedenen Normsystemen und einzelnen Stoffnormen unterschiedlich sind. Für exaktere Ermittlung der Wechselwirkung zwischen Kunststoffen und Wasser (Verfahrens-Varianten in DIN 53495) ist Langzeiteinlagerung bis zur Sättigung in kaltem Wasser oder in kochendem Wasser erforderlich. Dabei ist zwischen der Wasseraufnahme gegenüber Trockenzustand (Verfahren 1), derselben unter Berücksichtigung der an das Wasser abgegebenen Bestandteile (2) oder der Wasseraufnahme gegenüber Anlieferzustand (3) zu unterscheiden. Zur Bestimmung der Wasseraufnahme in feuchter Luft werden Proben bei 20 ± 2 °C und 92–93% rel. Luftfeuchtigkeit gelagert.

7.4.3 Licht- und Wetter-Beständigkeit

Bei den Prüfungen auf Lichtbeständigkeit hinter Fensterglas mit natürlichem Tageslicht und mit der Xenonlampe (DIN 53388/9) wird meist nur die *Lichtechtheit* der Farbe des Kunststofferzeugnisses ermittelt. Die Freibewitterung über mehrere Jahre (DIN 53386) wird ergänzt durch die Kurzprüfung auf *Wetterbeständigkeit* mit Xenonlampe, Beregnungs- und Temperaturwechselzyklen (DIN 53387). Grob gesprochen wird damit eine etwa zehnfache Zeitraffung gegenüber natürlicher Bewitterung im mitteleuropäischen Klima erzielt. Ein Umrechnungsfaktor von künstlicher auf natürliche Bewitterung ist allerdings nicht angebbar, weil die natürlichen Bewitterungen örtlich und zeitlich stark unterschiedlich sind. Nach DIN 53384 und in anwendungstechnisch spezifizierter Prüftechnik, z. B. der Autoindustrie, sind auch UV-Lampen als Strahlungsquellen in Gebrauch. Bei der Nachahmung der Globalstrahlung kommt es ganz besonders auf die ausreichende UV-Strahlung in den Bewitterungsgeräten an, weil dieser Strahlungsanteil die Alterung entscheidend beeinflußt.

In „Langley-Einheiten", das ist auf die Flächeneinheit der Probe einfallende Energie der Globalstrahlung in cal/cm² (4,2 J/cm²), entspricht ein Jahr Florida z. B. 200000 Langley, ein Jahr Mitteleuropa etwa 120000 Langley. Zur Auswertung aller Bewitterungsversuche gehören fortlaufende Folgeprüfungen von Farbänderungen und der jeweils wesentlichen mechanischen oder elektrischen Kenngrößen als Alterungsindikatoren.

7.4.4

Zur Ermittlung der **Widerstandsfähigkeit gegen Schimmel- und Mikrobenbefall** werden Kunststoffproben auf Nährböden für die Mikroorganismen mit diesen inokuliert. Prüfkriterien sind deren Wachstum unter Schädigung des Kunststoffs (DIN 53739, 53930/32). Die gute Mikrobenbeständigkeit der meisten Polymere kann durch organische Füllstoffe oder niedermolekulare Additive wie Fettsäureweichmacher beeinträchtigt werden. Polyester-TPU (S. 344) sind anfällig gegen Mikrobenbefall, solche auf Polyetherbasis nicht. Cellulosederivate, PVAC, PVA, UF sind bedingt beständig. Fungizide können Pilzbefall verhüten. Von *Termiten* werden Kunststoffe um so weniger angegriffen, je härter sie sind (Duroplaste), von *Nagetieren* wie andere unverdauliche Werkstoffe manchmal auch. Prüfergebnisse biologischer Laboratorien liegen vor.

7.4.5 Chemische Tauglichkeit

Flüssigkeiten und Gase, die in und durch Polymere diffundieren (zur Permeation siehe Abschn. 7.5, S. 600), können dabei Bestandteile wie Weichmacher aus Kunststoffen herauslösen. Benzolkohlenwasserstoffe und chlorierte Kohlenwasserstoffe sind gute Löser für die meisten Thermoplaste. Alkohole (außer Methanol) lösen allenfalls an (Tafel 7.1, S. 582/583). Ester und Ketone haben (außer für Polyolefine, PA, PTFE) häufig stark lösende Wirkung. Eng vernetzte Duroplaste sind weitgehend lösungsmittelfest. Gegen irreversiblen Abbau durch chemisch aktive Medien (Säuren und Basen) sind Polymere mit gesättigten, auch halogenierten Kettenmolekülen am besten beständig, gegen Oxidationsmittel – ohne Stabilisierung – vollkommen nur das extrem korrosionsbeständige PTFE.

Der Verlauf der komplexen Einwirkungen physikalisch und/oder chemisch aktiver Medien auf Kunststoff-Erzeugnisse wird durch scheinbar geringfügige Änderungen der Zusammensetzung der Komponenten, durch Art, Zeitdauer und Temperatur der Beanspruchung durch das Medium, weiter insbesondere aber auch noch durch gleichzeitige Belastung des Produktes mit eingefrorenen oder gebrauchsbedingten mechanischen Spannungen beeinflußt. Einlagerungsversuche mit genormten Probekörpern 7 Tage bei Raumtemperatur nach DIN ISO 175 in als bevorzugte Prüfflüssigkeiten vorgeschlagene Säuren, Alkalien, Oxidationsmittel, Lösungsmittel, Detergentien, fette und mineralische Öle, Kraftstoffe geben daher nur erste Anhaltspunkte zur Auswahl einer Kunststoffart (Tafel 8.7, S. 628). Sie sind durch längere Lagerung unter verschärften Bedingungen, auch bei erhöhten Temperaturen und unter Biege- oder Zugspannung zu ergänzen mit quantitativen Beurteilungskriterien für einzelne Medien und Eigenschaften wie sie in Tafel 7.4, S. 596 beispielhaft zusammengestellt sind.

Für die Konstruktion von Betriebseinrichtungen der chemischen Industrie sowie die Beurteilung der Einwirkung von Füllgütern, Kraft- und Schmierstoffe auf Kunststoffe muß der reiche diesbezügliche Erfahrungsschatz der Rohstoffhersteller in Anspruch genommen werden.

Die Erfahrungen aus der Auswertung der Zeitstandsfestigkeitsprüfung von Kunststoffrohren mit verschiedenen Medien als Füllgut (Abschnitt 4.2.0, S. 386) werden genutzt zur Ermittlung von *Resistenzfaktoren* zur Abminderung der Rechenwerte für Kunststoff-Rohrleitungen und -Apparate bei Gebrauchsbeanspruchung durch Chemikalien mit gleichartigen Verfahren. Normung ist im Gange (Merkblatt DVS 2205, Teil 1, Kennwerte, Anschrift s. Anm. 1, S. 202, DIN 16889).

Vorzeitiges Versagen kann außer durch chemischen Abbau auch durch *Spannungsrißbildung* unter Einwirkung oberflächenaktiver Substanzen (englisch: ESC = Environmental Stress Cracking) verursacht sein. Schon bei kurzzeitiger Einwirkung spannungsrißgefährdet sind z. B. PE- und PP-Sorten durch wäßrige Netzmittel- oder Detergentienlösungen, PMMA durch Fettsäuren, Styrolpolymerisate und andere Thermoplaste durch als Lösungsmittel kaum wirksame Alkohole.

Tafel 7.4. Beurteilungsmaßstab für die chemische Tauglichkeit von Apparatebau-Werkstoffen aufgrund 28 Tagen Lagerung von Probekörpern $100 \times 20 \times 2$ mm bei Betriebstemperatur im Angriffsmittel (nach E. Barth)

Eigenschaften Symbol	Einheit	widerstands-fähig	bedingt widerstandsfähig	nicht widerstandsfähig
Dimensionsänderung................	%	<1	1–3	>3
Gewichtsänderung	mg	<100	101–400	>400
Gewichtsänderung	%	<1,8	1,81–6	>6
Zugfestigkeit	N/mm²	≥80%*	79–60%*	<60%*
Bruchdehnung	%	125–50%*	49–30/150–126%*	<30/>150%*
Schlagzähigkeit		0–1 Probe gebrochen	2–3 Proben gebrochen	4–5 Proben gebrochen
Kerbschlagzähigkeit...............	kJ/m²	>75%*	74–50%*	<50%*
Grenzbiegespannung	N/mm²	≥80%*	79–60%*	<60%*
Kugeleindruckhärte...............	N/mm²	125–75%*	74–50%*	<50%*

* Anmerkung: Die bei den mechanischen Eigenschaften angegebenen Prozentwerte beziehen sich auf die im Anlieferungszustand ermittelten Werte, die 100% entsprechen.

Hinweis:

Die Übersichtstafel 8.7 (S. 628) zur chemischen Tauglichkeit wird durch weiterführende Angaben für einzelne Kunststoffgruppen in Kap. 4. ergänzt. Siehe dazu Spalte „Ch" im Richtwerte-Nachweis, Register Abschn. 10.1, S. 779.

In dem für PE seit langem üblichen und für dieses aussagekräftigen einstufigem *Bell-telephone test* (ASTM D 1693) werden 10 mittig längs geschlitzte Probekörper, U-förmig gebogen in eine Schiene eingespannt, in eine Prüflösung von 50 °C eingestellt. Gemessen wird die Zeitspanne, bis zu der 50% der Probekörper Spannungsrisse (ECS) zeigen. Ein einstufiges Prüfverfahren ist auch die relative Bestimmung der Zeitstand-Zugfestigkeit in verschiedenen Medien bei verschiedenen Temperaturen (ISO 6252 – DIN 53449, Teil 2). Im *Kugel- oder Stifteindruckverfahren* (ISO 4600 – DIN 53449, Teil 1) werden durch Eindrücken von Stiften oder Kugeln mit definiertem Übermaß in ein in den Probekörper gebohrtes Loch, im *Biegestreifenverfahren* (ISO DP 4599.2 – DIN 53449, Teil 3) durch Aufspannen des Probekörpers auf eine Biegeschablone Vorspannungen gesetzt, unter denen der Probekörper definierte (relativ kurze) Zeit dem Prüfmittel ausgesetzt wird. Die Schädigung wird durch Bestimmung der Rest-Festigkeit oder -Bruchdehnung nach der Lagerung ermittelt.

Tafel 7.5 (S. 597f.) enthält eine Zusammenstellung von rißauslösenden Medien für eine Reihe von Kunststoffen. Kunststofferzeugnisse aus diesen Kunststoffen können mit den angegebenen Medien und Eintauchzeiten in solchen Netzmitteltesten daraufhin geprüft werden, in welchem Maße die Formteile oder Halbzeuge zur Spannungsrißbildung infolge überhöhter Eigenspannungen (z. B. Abkühlspannungen) oder äußerer Spannungen (z. B. Verspannung beim Verschrauben von Kunststoffteilen) neigen.

Tafel 7.5. Empfehlungen für rißauslösende Medien bei Prüfung der Spannungsrißneigung verschiedener Kunststoffe

Kunststoff	Kurzzeichen	Rißauslösende Medien	Eintauchzeit
Polyethylen	PE	Tensid-Lösung (2%), 50 °C Tensid-Lösung (2%), 70 °C Tensid-Lösung (5%), 80 °C	> 50 h 48 h 4 h
Polypropylen	PP	Chromsäure, 50 °C	
Polystyrol	PS	n-Heptan Petroleum-Benzin, Siedebereich 50–70 °C n-Heptan:n-Propanol (1:1)	
Schlagzäh modifiziertes Polystyrol	S/B	n-Heptan Petroleum-Benzin, Siedebereich 50–70 °C n-Heptan:n-Propanol (1:1) Ölsäure	
Styrol-Acrylnitril-Copolymerisat	SAN	Toluol:n-Propanol (1:5) n-Heptan Tetrachlorkohlenstoff	15 min

Tafel 7.5. (Fortsetzung)

Kunststoff	Kurzzeichen	Rißauslösende Medien	Eintauchzeit
Acrylnitril-Buta-dien-Styrol-Copo-lymerisat	ABS	Dioctylphthalat Toluol: n-Propanol (1:5) Methanol Essigsäure (80%) Toluol	 15 min 20 min 1 h
Polymethylmeth-acrylat	PMMA	Toluol: n-Heptan (2:3) Ethanol n-Methylformamid	15 min
Polyvinylchlorid	PVC	Methanol Methylenchlorid Aceton	 30 min 3 h
Polyacetal (Polyoxymethylen)	POM	Schwefelsäure (50%), örtliche Benetzung	bis 20 min
Polycarbonat	PC	Toluol: n-Propanol (1:3 bis 1:10) Tetrachlorkohlenstoff Natronlauge (5%)	3–15 min 1 min 1 h
PC/ABS-Blend	(PC+ABS)	Methanol: Ethylacetat (1:3) Methanol: Essigsäure (1:3) Toluol: n-Propanol (1:3)	
mod. Polypheny-lenoxid	PPO/PS	Tributylphosphat	10 min
Polybutylen-terephthalat	PBT	1n-Natronlauge	
Polyamid 6	PA 6	Zinkchloridlösung (35%)	20 min
Polyamid 66	PA 66	Zinkchloridlösung (50%)	1 h
Polyamid 6-3 (transparent)	PA 6-3-T	Methanol Aceton	 1 min
Polysulfon	PSU	Ethylenglykolmonoethylether Essigsäure-Ethylester 1,1,1-Trichlorethan: n-Hep-tan (7:3) Methylglykolacetat Tetrachlorkohlenstoff 1,1,2-Trichlorethan Aceton	1 min 1 min 1 min
Polyethersulfon	PES	Toluol Ethylacetat	1 min 1 min
Polyetherether-keton	PEEK	Aceton	
Polyarylat	PAR	Natronlauge (5%) Toluol	1 h 1 h
Polyetherimid	PEI	Propylencarbonat	

7.4.6 Beständigkeit gegen energiereiche Strahlung

(DIN/VDE 0306 T.1 und T.2) ist mit $> 10^4$ J/kg Halbwertsdosen
(Tafel 8.8, S. 629) so gut, daß leicht dekontaminierbare Kunststoffe
in allen für Menschen zugänglichen Räumen verwendet werden können. Manche kommen auch als Reaktorbaustoffe in Betracht. EP-
Harz enthaltende Beschichtungen und Elektro-Isolierbauteile haben
sich unter lang dauernder Bestrahlung mit hohen Dosisleistungen
(> 10 MJ/kg im Jahr) praktisch bewährt. Laborgeräte, Rohrleitungen und Schläuche aus PE, Hart- und Weich-PVC, sind in heißen
Zellen von Kernforschungsanlagen (Dosisleistung 10^4–10^5) länger
haltbar als Glasgeräte. PTFE versprödet bei gleichzeitiger Einwirkung von Strahlung und Luftsauerstoff rasch. Weiteres s. Hinweis
S. 629.

7.4.7 Verschleißfestigkeit und Gleitverhalten

sind nicht physikalische Kenngrößen einzelner Werkstoffe, sondern
für jede spezielle Werkstoffpaarung vom mechanisch-physikalischen
Gesamtverhalten beider Komponenten und dem Vorgang ihrer Einwirkung aufeinander abhängig. Die zahlreichen Praxisprüfverfahren
für beschleunigte Verschleißmessung führen zu oft schlecht reprodu-
zierbaren, untereinander nicht vergleichbaren Ergebnissen. In genormten Prüfverfahren des *Verschleißes durch Abrieb* werden unter
Belastung Kunststoff-Flächen und schleifmittelhaltige Reibräder
(z.B. Taberverfahren DIN 52347, 53754 = ISO/DIS 9352) oder
Schleifbänder (DIN 51954, 53516) gegeneinander bewegt. Im amerikanischen Olsen Wearometer-Verfahren und ähnlichen (z.B. Böh-
mer-Scheibe, DIN 52108) rotiert eine Metallscheibe gegen den Prüfkörper mit lose aufgegebenem körnigem Abriebmittel. Zur Prüfung
des *Zerrüttungs- oder Prallstrahlverschleißes* läßt man einen Strahl
körnigen Schleifmittels (meist unter Schwerkraftwirkung) auf ge-
neigte Prüfkörperflächen auftreffen. Die Verfahren sind von Bedeutung auch für die Erosion von transparenten Kunststoffscheiben in
Verkehrsmitteln oder Gewächshäusern durch Regen und Hagel sowie von Rohrleitungs- und Apparatebaustoffen durch fließendes
Füllgut.

Meßgrößen sind der Dicken- oder Volumenverlust unter Testbedin-
gungen. Oberflächenschäden opaker glänzender oder transparenter
Kunststoffe werden durch Glanzverlust- oder Trübungsmessungen
oder durch integrierende Photometer quantitativ ermittelt.

Im E-Modulbereich 10–10^4 N/mm^2 sind Kunststoffe mit niedrigem
E-Modul – z.B. Elastomere, PE, PA – gegen Verschleißbeanspruchung jeder Art widerstandsfähiger als solche mit mittlerem oder hohen E-Modul, wie PMMA, PC oder Duroplast-Erzeugnisse. Andererseits wird die Empfindlichkeit von PMMA und PC gegen Verkrat-
zung durch sehr harte dünne Siloxanbeschichtungen (S. 428) auf ein
Vielfaches erhöht.

Für das Abriebverhalten, insbesondere aber das Gleitreibungsverhalten von Lagerwerkstoffen (Tafel 8.9, S. 630), vorteilhaft sind niedrige Werte des das Verhältnis von Reibungskraft zu Belastung kennzeichnende *Reibungskoeffizienten* μ. Kunststoffe mit niedrigen, durch Einbau von Gleitmitteln noch zu verringernden μ-Werten (PTFE, PA, POM) sind auch schmierungslos verschleißfeste Lager-Werkstoffe, während die – allerdings höher belastbaren – Lager aus technischen Schichtstoffen Schmierung erfordern. Nahezu gleiche Werte des statischen Haftreibungskoeffizienten μ_s und des dynamischen Gleitreibungskoeffizienten μ_k beim Anlaufen und zur Aufrechterhaltung der Relativbewegung von Kunststofflagern verhüten den „Stick-Slip"-Effekt.

DIN 53375 gibt Verfahren zur Messung des Reibungskoeffizienten von Kunststoff-Folien gegeneinander, eine für deren Verarbeitungsverhalten auf dem Verpackungssektor wichtige Kennzahl.

7.5   Migration und Permeation

7.5.1   Allgemeines

Absorption, Löslichkeit und Diffusion von Flüssigkeiten, flüchtigen Stoffen und Gasen in Polymeren und an Polymer-Grenzflächen sind Vorgänge von technischer Bedeutung auch dann, wenn sie nicht – vergleiche Abschnitt 7.4.5 – wesentliche Änderungen des Gesamtverhaltens eines Kunststoffes bewirken. Das gilt auch für das Auswandern *(„Migration")* von Kunststoff-Bestandteilen in die Umgebung. Praxis-Prüfverfahren erfassen Gefährdung angrenzender Werkstoffe durch *„Ausbluten" von Farbmitteln* (DIN 53415) und die *Wanderungstendenz von Weichmachern* (DIN 53405) durch Lagerung von Kunststoff-Folien mit anliegenden Kontaktflächen unter Druck bei höherer Temperatur. Die Flüchtigkeit von Weichmachern und anderen Additiven wird im Aktivkohle-Adsorptions-Verfahren (DIN 53407) gemessen. Bestimmungen des Gehaltes an extrahierbaren Bestandteilen (DIN 53738) sind u.a. von Belang zur Beurteilung der Eignung von Kunststoffen für den Lebensmittelverkehr.

Beim Wandern eines Mediums durch eine Kunststoffwandung hindurch in ein anderes, das *„Permeation"* genannt wird, wirken Löslichkeits- und Diffusionsvorgänge physikalisch komplex zusammen. Das „Weeping" genannte Ausschwitzen verunreinigender oder gefährlicher Inhaltsstoffe aus Behälter- und Rohrwandungen, deren Eindringen hinter Kunststoffauskleidungen, die Verdunstung von Kraftstoff durch Tankwandungen einerseits, die Aufnahme von Luftsauerstoff in das Durchflußgut von Kunststoffrohrleitungen, die Korrosion metallischer Anlagenteile verursachen könnte, andererseits, sind Vorgänge, welche für den Einzelfall entwickelte Prüfverfahren, zuweilen Praxis-Simulation durch Langzeit-Versuche erfordern.

Vereinheitlichten Meßverfahren zugänglich ist die vor allem für die Verpackungstechnik bedeutende Durchlässigkeit von Folien für permanente Gase und Wasserdampf.

In die Meßgeräte eingespannte Membranen des Prüfguts werden einseitig mit strömendem Gas oder mit Wasserdampf unter bestimmtem Partialdruck beaufschlagt. Bei Gasen wird die in bestimmter Zeit permeierte Menge mittels eines Meßkapillarsystems volumetrisch oder manometrisch gemessen, bei Wasserdampf auch gravimetrisch durch die Gewichtszunahme als Absorptionsmittel vorgelegten Calciumchlorids oder Silikagels. Durch Reduzierung der Meßwerte auf Flächen-, Dicken- und Druckeinheit errechnet man den *Permeationskoeffizienten* für Gase und die *Wasserdampfpermeabilität* bei bestimmtem Luftfeuchtegefälle als Kennzahlen zum Stoffvergleich (s. Tafel 4.57, S. 432). Mit zunehmender Temperatur steigt die Permeabilität exponentiell an. Die Maßzahlen der Gasdurchlässigkeit q_g und der Wasserdampfdurchlässigkeit WDD oder q_{WD} sind empfindlich abhängig sowohl von den Meßbedingungen als auch von Art und Zustand des geprüften Flächengebildes. Meßwerte für ein Polymer von verschiedenen Stellen an unterschiedlichen Proben können bis zu einer Größenordnung schwanken. Durchschnittswerte der Permeationskoeffizienten in der Fachliteratur bieten einen qualitativen Vergleichsmaßstab, der in kritischen Fällen durch Meßwerte am jeweiligen Produkt unter exakt anzugebenden Prüfbedingungen zu ergänzen ist.

7.5.2 Als **Gasdurchlässigkeit** ist nach DIN 53380 das (auf Normalbedingungen reduzierte) Gasvolumen definiert, das in 24 Stunden bei einer bestimmten Temperatur und bestimmtem Druckgefälle durch eine Fläche von 1 m² des zu prüfenden Stoffes diffundiert in SI-Einheiten 1 $q_g = 1$ cm³/24 h · m² · bar mit 1 bar = 0,987 atm.

Zum Permeationskoeffizienten P_g in 10^{-12} cm³ (NTP)/cm · s · mbar ($= 10^{-3}$ m² s⁻¹ Pa⁻¹) besteht die Beziehung

$$P_g = \frac{q_g \cdot \text{Dicke in } \mu m}{8640}, \quad \text{bzw.} \quad q_g = \frac{8640 \, P_g}{\text{Dicke in } \mu m}.$$

Ältere, auf die Druckdifferenz in cmHg statt mbar bezogene Werte sind durch Multiplikation mit 0,0752 auf SI-Einheiten umzurechnen.

Grundsätzlich können nach allen genormten Verfahren die in der Regel mit 25–50 μm dicken Folien ermittelten P_g-Werte verglichen und zur Berechnung des Durchgangs von Gasen durch homogene, nicht laminierte Folien anderer Dicke für bestimmte Zeiten und Flächenmaße genutzt werden.

7.5.3 **Die Wasserdampfdurchlässigkeit** ist die Gewichtsmenge Wasserdampf, die in einer Zeiteinheit bei festgelegtem Luftfeuchtegefälle und einer bestimmten Temperatur durch eine Flächeneinheit des zu prüfenden Erzeugnisses diffundiert. Meßverfahren und die (jeweils anzugebenden) Klimata sind in den verschiedenen nationalen Normen unterschiedlich. Stoffdicke und Wasserdampfdurchlässigkeit sind nur in engem Bereich umgekehrt proportional. Unter verschiedenen Bedingungen gemessene Werte sind nicht allgemein vergleichbar und für andere Dicken nur begrenzt umrechenbar.

Nach DIN 53 122 wird die Wasserdampfdurchlässigkeit (WDD oder QWD) von in der Regel 40 μm dicken Kunststoff-Folien bei dem Verdampfungsraum-Klima 23 °C/85% RH in der Einheit g/m² · 24 h bestimmt. Als Permeationskoeffizient für Wasserdampf wird

$$P_{WD} = \frac{q_{WD} \cdot \text{Foliendicke in } \mu m}{47,6} \text{ in } 10^9 \text{ g/cm} \cdot \text{h} \cdot \text{mbar}$$

tabelliert. Ältere, auf Druckdifferenz in torr statt mbar bezogene Werte sind durch Multiplikation mit 0,752 umzurechnen. In USA werden oft flächenbezogene moisture vapor transmission rate (MVTR)-Werte in g·mil/100 in² 24 h bei 23 °C und 37,8 °C angegeben.

Die *Wasserdampfdiffusionswiderstandszahl* μ ist eine im Bauwesen für feuchtigkeitsschutztechnische Berechnungen benutzte dimensionslose Material-Kennzahl. Sie gibt an, um wievielmal der Widerstand des Materials gegen Wasserdampfdiffusion größer ist als der einer gleich dicken Luftschicht. Kunststoff-Folien mit μ-Werten der Größenordnungen 10^4–10^5 sind in relativ geringen Dicken als „Dampfbremse" gegen Tauwasserbildung in Wänden oder Warmdächern wirksame Bautenschutzbahnen. Rechenwerte für μ sind DIN 4108, Blatt 4 und Firmenschriften zu entnehmen.

7.6   Mechanische Eigenschaften

Kennwert-Übersicht: Tafel 8.10, S. 632/635.

7.6.1   Fertigung von Probekörpern

Probekörper für DIN-Normprüfungen werden aus duroplastischen Formmassen nach DIN 53451 im Normwerkzeug 53470 formgepreßt, aus thermoplastischen nach DIN 16770, Teile 1 bis 4, gepreßt oder spritzgegossen, aus Platten, Folien, Rohren und Profilen, auch größeren Formteilen, nach jeweils spezifischen Vorschriften durch Stanzen oder Fräsen herausgearbeitet. Ihre Oberflächen und Kanten müssen so ausgebildet sein, daß die Meßwerte nicht durch Kerbwirkungen verfälscht werden.

Die Abhängigkeit der mechanischen Prüfwerte von Geometrie und Herstellungsverfahren der Probekörper ermöglicht allenfalls größenordnungsmäßige Vergleiche von Kennwerten, die mit in dieser Hinsicht unterschiedlichen Probekörpern gemessen werden (S. 562, 580).

Für *thermoplastische Formmassen* gibt DIN 16770 Unterlagen für die konstruktive Auslegung von Probekörper-Formwerkzeugen und

Hinweise auf die in den Teilen 2 der Formmasse-Normen anzuge-benden Prozeßparameter der Probekörper-Fertigung (beim Spritz-gießen Formnesttemperatur, Fließfrontgeschwindigkeit, evtl. Masse-temperatur), insbesondere für den als „Universal-Probekörper" für den überwiegenden Teil der Grundwertprüfungen nach Tafel 6.2 (S. 564/565) brauchbaren 4 mm dicken Schulter-Flachstab mit 80 mm langen, 10 mm breiten Meßbereich, für amorphe Thermoplaste auch für isotrop spannungsfreie Probekörper mit definiertem Längs-schrumpf (vgl. Tafel 4.10, S. 278/279). Für *duroplastische Formmas-sen* enthält DIN 53451 entsprechende Angaben für gepreßte Prüf-stäbe $120 \times 15 \times 10$ mm^3. An der Vorbereitung der Angleichung der Probekörper und Prüfverfahren für Duroplaste an die für Thermo-plast-Formmassen zur international einheitlichen Normung anste-henden Probekörpergestaltung und Grundwerteprüfungen wird ge-arbeitet, s. S. 483, 561 ff.

7.6.2 Spannungsverformungs-Verhalten

7.6.2.1 *Zügige Kurzzeit-Prüfungen*

Daten aus Spannungsverformungsversuchen werden mit Verfor-mungsgeschwindigkeiten 1–500 mm/min ermittelt. Diese werden so gewählt, daß die charakteristischen Kennwerte jeweils in etwa 1 min Versuchsdauer erreicht werden, s. Tafel 6.2, S. 564/565. Allgemeine Formen von Spannungsdehnungs-Diagrammen aus dem *Zugversuch* nach DIN 53455 zeigt Bild 7.2. Die Zugspannungen werden auf den Ausgangsquerschnitt der Probekörper bezogen ($\sigma = P/F_0$) aufge-

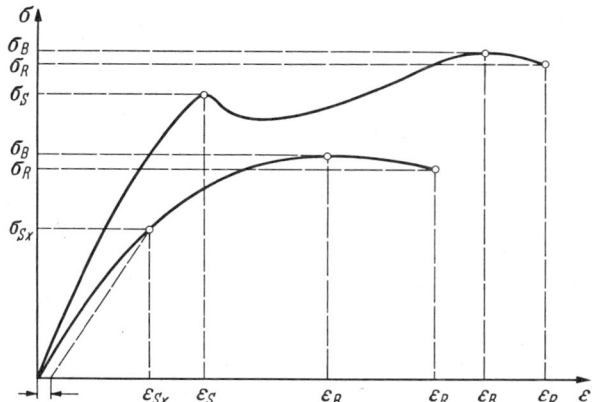

Bild 7.2. Spannungs-Dehnungsdiagramme beim Zugversuch nach DIN 53455

σ_{Sx} = x%-Dehnspannung, σ_S = Streckspannung, σ_B = Zugfestigkeit, σ_R = Reißfestigkeit, ε_{Sx} = Dehnung bei x%-Dehnungspannung, ε_S = Deh-nung bei Streckspannung, ε_B = Dehnung bei Höchstkraft, ε_R = Reißdeh-nung

zeichnet. Die Streckspannung (englisch: yield point stress) σ_S, bei der durch folgende Verstreckung unter Einschnürung die Steigung der σ/ε-Kurve zum ersten Mal Null wird, ist die wesentliche Kenngröße für teilkristalline Stoffe. Bei harten, relativ spröden, wie auch gummiartigen Produkten gibt es keine Streckspannung. Die der Höchstlast entsprechende Zugfestigkeit σ_B ist bei spröden Stoffen nicht verschieden von der bei halbharten und gummiartigen Stoffen zu messenden Reißfestigkeit σ_R. Bilder 4.14, S. 344, 4.23, S. 429, 8.3, S. 631 geben Beispiele der verschiedenen Kurvenformen. Die Steigung der Kurven nimmt mit der Abzugsgeschwindigkeit zu. Bilder 8.4 und 8.5 (S. 631, 636) geben Beispiele für die Abhängigkeit der Zugfestigkeitswerte von der Temperatur.

Gegenüber den an normgerecht mit Endanspritzung gefertigten Probekörper gemessenen Zugfestigkeiten kann diejenige quer zur Spritzrichtung entnommener, Kerben- oder Bindenähte enthaltender oder dickerer Proben um Quotienten bis > 2 geringer sein.

Der *Zug-Elastizitätsmodul* $E = \sigma/\varepsilon$ wird nach DIN 53457 als konventioneller Wert aus der Neigung der Tangente am Ursprung der Zug-Spannungskurve ($\varepsilon = 0{,}05\ldots0{,}25\%$) bei genormter Abzugsgeschwindigkeit, in der Regel von 1%/min bestimmt. Der *Sekanten-Modul* ist das Verhältnis der Nennspannung zur zugehörigen Dehnung an einem beliebigen zu bestimmenden Punkt der ansteigenden Zug-Dehnungskurve. Er muß mit den jeweils zugehörigen Werten von Spannung und Dehnung angegeben werden.

Der Zugversuch ist die einzige Versuchsart, mit der Festigkeitswerte an allen harten und weichen Kunststoffen bestimmt werden können. Dem erfahrenen Konstrukteur geben kennzeichnende Dehn- und Festigkeitswerte und der E-Modul mit der Vorstellung vom Spannungs-Dehnungsverlauf realistische Grundlagen für die Abschätzung zulässiger Spannungs- und Dehnwerte und damit auch konstruktiver Berechnungen (S. 612 ff.). Wird die Fläche unter den σ/ε-Kurven fortlaufend integriert, erhält man die spezifische Arbeitsaufnahme als Funktion der Dehnung, ein Bemessungskriterium für stoßbeanspruchte Formteile. In dem für die „Typisierung" von Duroplasten (S. 483, 561 ff.) üblichem Biegeversuch können die Spannungs-Dehnungslinien wegen des nicht linearen Spannungsverlaufs über den Biegequerschnitt unrealistisch überhöhte Festigkeitswerte vortäuschen. In die zur internationalen Normung anstehenden vorzugsweise zu ermittelnden Festigkeits-Kennwerte (Tafel 6.2, S. 564/565) sollen daher – außer aus Schlagbiegeversuchen – nur solche aus dem Zugversuch aufgenommen werden.

Im *Biegeversuch* mit 3-Punkt-Auflage nach DIN 53452 wird der Probekörper auf zwei seitliche Stützen aufgelegt und mittig dazwischen belastet. Aus der Bruchlast in N wird unter Berücksichtigung des von der Stützweite abhängigen Biegemoments und des von den Querschnittsabmessungen des Probekörpers abhängigen Widerstandsmoments die Biegefestigkeit in N/mm² errechnet. Weniger spröde Kunststoffe brechen nicht bei Durchbiegung DIN-gerechter Prüfstäbe bis zum 1,5-fachen ihrer Höhe, entsprechend einer Randfaserdehnung von 3,5%. In solchen Fällen wird die 3,5%-Biegespannung als Kennwert angegeben. Weitere Kennwerte für relativ schmiegsame Stoffe sind die Fließbiegespannung (englisch: Flexural yield strength) bei Höchstkraft mit Randfaserdehnungen um 5% oder auch Bruchwerte bei anzugebender noch höherer Randfaserspannung. Für halbharte Kunststoffe wie PE-LD und Elastomere, die im Biegeversuch weder brechen noch eine sichtbare Streckspannung zeigen, ist das Verfahren nicht geeignet.

Einige Verfahren zur Bestimmung des Biege-E-Moduls, z. B. die „Dynstat"-Methode (DIN 51230/53435) für kleine Proben und eine Verfahrensvariante DIN 53457 arbeiten mit 4-Punkt-Auflage. Die mit solchen Verfahren gemessenen Werte können rund 30% niedriger sein als die mit 3-Punkt-Auflagesystemen, die z. B. in USA auch für die Bestimmung des Biege-E-Moduls benutzt werden. Nach verschiedenen Verfahren des Biegeversuchs ermittelte Werte sind untereinander nicht vergleichbar.

Der Kurzzeit-Druckversuch (DIN 53454) hat für Kunststoffe geringe Bedeutung.

7.6.2.2 Schlagprüfungen

Die Aufnahme von Schlagenergie löst sehr komplexe Spannungs-Verformungsvorgänge aus mit Geschwindigkeiten, die $> 10^4$ mal höher liegen als die der zügigen Belastung bei den vorstehend behandelten mechanischen Kennwert-Prüfungen. Elastische Verformungen oder Fließen, Haarrisse, Anrisse oder Durchrisse und weitere Schadensfortpflanzung bis zum Trennbruch und dem Wegschleudern von Bruchstücken können nach dem Schlag unmittelbar aufeinander folgen. Die Art und der Fortschritt der Schlagfolgen hängt u. a. ab von

– dem mehr oder weniger spröden Verhalten des Kunststoffes, das mit steigender Schlaggeschwindigkeit zu-, mit steigender Temperatur abnimmt

– dem Abbremsen des Schlages durch Ausbiegen dünnwandiger Produkte oder Verteilung auf große Volumina

– Art und Ort der Schlageinleitung.

Gestaltung von Formteilen mit scharfen Ecken, plötzlichen Querschnittssprüngen (s. Bild 3.17, S. 90), aber auch schon texturierte Oberflächengestaltungen, die Spannungskonzentrationen begünstigen, können Ursache gefährlich schlagempfindlicher Stellen sein.

Für die Gebrauchstauglichkeit eines Produktes sind erste bleibende Schlagspuren meist ein gewichtigeres Versagensmerkmal als deren Fortpflanzung zum Bruch. Die herkömmlichen *Schlag-Biege-Prüfungen,* die lediglich den Verlust kinetischer Energie eines Pendelhammers beim Zerschlagen eines Prüfkörpers unter genormten Bedin-

A)

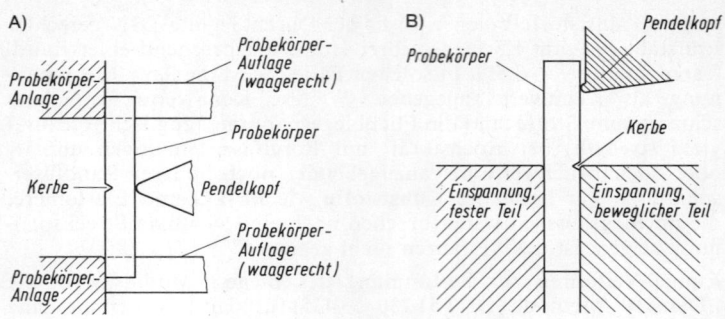

Bild 7.3 a. Probekörperanordnung beim Schlagbiegeversuch
A) nach DIN 53453 (Charpy), B) nach DIN 53435 (Izod A und C)

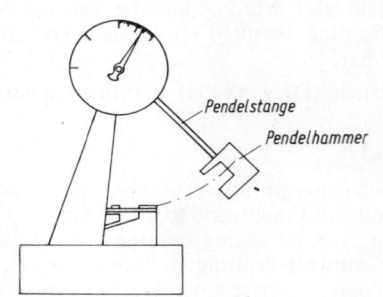

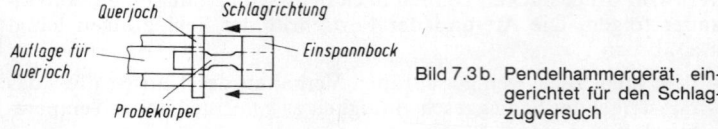

Bild 7.3 b. Pendelhammergerät, eingerichtet für den Schlag-
zugversuch

gungen anzeigen, sind konstruktiv nicht auswertbar, aber von Nutzen beispielsweise für die Wahl zwischen verschiedenen Einstellungen von Produkten der gleichen Kunststoffgattung oder um den Zäh/Spröd-Übergangs-Temperaturbereich bei fallender Temperatur zu kennzeichnen (Bilder 8.6, 8.8, S. 637, 638). Der Vergleich von Schlagwiderstandswerten gekerbter und ungekerbter Probekörper gibt Hinweise auf die Kerbempfindlichkeit eines Kunststoffs.

Im *Schlagbiegeversuch* mit dem Pendelschlaggerät (Bilder 7.3 a und 7.3 b) wird die Schlag- bzw. Kerbschlagzähigkeit (a_n bzw. a_k)

– nach *Charpy* (DIN 53453) als die beim Schlag auf die Breitseite des nicht bzw. rückseitig (d. i. auf die Zugseite) quer U-gekerbten, an beiden Seiten lose aufliegenden Probekörpers (z. B. $50 \times 6 \times 4$

mm³) verbrauchte Brucharbeit bezogen auf den (Rest-)Querschnitt im Schlagbereich in kJ/m²,

- nach *Izod* als die beim Schlag auf die schmale Kante des rückseitig bzw. vorderseitig (d. i. der Hammerschneide zugewandte Zugseite) quer V-gekerbte, an einem Ende eingespannten Probekörper (z. B. $80 \times 4 \times 0$ mm³) verbrauchte Bruch- und Schleuderarbeit, nach DIN 53 435 bezogen auf die Kerblänge in ft.lb/inch of notch (J/m/53,4), nach ISO 180, Verf. 1 C bzw. 1 A bezogen auf den Rest-Querschnitt in kJ/m²

ermittelt. Von allen Verfahren gibt es noch weitere Varianten, z. B. den Schlagbiegeversuch nach Charpy mit durch Loch- oder Rand-Doppel-V-Kerbe verminderter Breite der Schlagfläche (a_L, a_V nach DIN 53753). Neben den Werten a_n und a_k ist die relative Kerbschlagzähigkeit $a_{rel} = (a_k/a_n) \cdot 100\%$ von Interesse.

Da die mit unterschiedlichen Verfahren ermittelten Werte – u. a. wegen unterschiedlicher Kerbempfindlichkeit der Produkte – nicht korrelieren und somit ineinander nicht umrechenbar sind, können quantitativ nur mit demselben Verfahren ermittelte verglichen werden. In Kennwerttafeln werden meist die in Mitteleuropa bislang weithin üblichen Charpy-Werte in kJ/m², soweit verfügbar auch US-Izodwerte in J/m aufgeführt. Nach DIN-Richtlinien (Tafel 6.2, S. 564/565) und Thermoplast-Formmassenormen sind a_n bzw. a_k nach dem Izod-Verfahren ISO 180, Verf. 1 C bzw. 1 A bei 23 °C und -30 °C zu bestimmen, weil diese Prüfverfahren eindeutiger als die Charpy-Messungen Zäh/Sprödübergang bei sinkender Temperatur anzeigen. Soweit Ende 1988 entsprechende Meßreihen vorlagen, sind sie – z. B. für Polyolefine (Tafel 4.5, S. 252/253), Styrol-Polymerisate (Tafeln 4.10, 4.11, S. 278/279, 280), Polyamide (Tafel 4.30, S. 330/331) – in die Produktgruppe-Kennwerttafeln dieses Buches aufgenommen worden. Ein entsprechendes DIN-Normverfahren ist in Vorbereitung. Produkte, die bei diesen (Kerb-)Schlagbiegebeanspruchungen nicht brechen, sind auf Schlagzugzähigkeit zu prüfen.

Beim *Schlagzugversuch* (DIN 53448) s. Bild 7.3 b, S. 606, kann das gesamte Schlagdehnungsdiagramm aufgenommen und die bleibende Dehnung der gebrochenen Proben gemessen werden. Er ermöglicht differenzierte Aussagen über das Verhalten zäher Kunststoffe, die beim Schlagbiegeversuch nicht brechen, insbesondere für die Beurteilung von Verpackungsfolien (Bild 8.7, S. 637). Ähnliche Zwecke verfolgt der *Durchstoßversuch* mit elektronischer Meßwerterfassung nach DIN 53373 für Folien. Für Tafeln werden mit dem Fallbolzenstoßversuch (DIN 53443, Teil 1) die für spröde und zähe Kunststoffe kennzeichnend unterschiedlichen Schädigungsmerkmale Anrisse, Durchrisse, Durchstoß und Beulung bei mittigem Aufschlag des Fallbolzens qualitativ und die jeweils zugehörige Schädigungsarbeit quantitativ erfaßt, für den Durchstoßversuch auch mit elektronischer Meßwerterfassung (DIN 53443, Teil 2).

7.6.2.3 Zeitstandfestigkeit

Im *Zeitstand-Zugversuch* nach DIN 53444 und im Zeitstandbiege-versuch nach DIN 54852 werden Probekörper in einem konstanten Prüfklima durch Kräfte, die während der Versuchsdauer gleich blei-ben, meist durch Gewichte, einachsig belastet.

Die Zeit-Dehnungen unter mehreren konstanten Belastungen bei je-weils einer bestimmten Temperatur in Abhängigkeit von der Zeit in logarithmischem Maßstab $\varepsilon(t, T)$ werden als „Kriechkurven"-Dia-gramm aufgezeichnet, das man zum „Zeitstandschaubild" mit $\sigma_{\varepsilon/t}$ als Ordinate und zum isochronen Spannungs-Dehnungsdiagramm mit der Beanspruchungszeit als Parameter umzeichnen kann (Bild 7.4). Mit Meßergebnissen entsprechend mehrfachem Abszissen-Maßstab können sie für verschiedene Temperaturen ausgewertet werden (Bild 8.12, S. 642).

Aus der Zeit, nach welcher der Probekörper unter einer angelegten Spannung bricht, wird die mit der Zeit abnehmende Zeitstandfestig-keit $\sigma_{B/t}$ ermittelt (siehe z. B. Tafel 8.11, S. 639, und Bild 8.9, S. 641). Die Zeitbruchlinie ist die obere Begrenzung des Zeitstandschaubil-des (Bilder 8.10, 8.11, S. 641). Eine wichtige abgeleitete Größe für konstruktive Berechnungen ist der *Kriechmodul* $E_c(t, T) = \sigma/\varepsilon\,(t, T)$ (Tafel 8.12, S. 644). Im Bereich geringer Zeitdehnspannungen kann dessen Spannungsabhängigkeit gegenüber der Zeitabhängigkeit ver-nachlässigt werden. Für thermoplastische Formmassen sind nach DIN 53444 bestimmte $E_c(1\text{ h})$ und (1000 h) bei $\varepsilon_{1000\text{ h}} \leq 1\%$ DIN-ge-rechte Kennwerte (Tafel 6.2, S. 564/565).

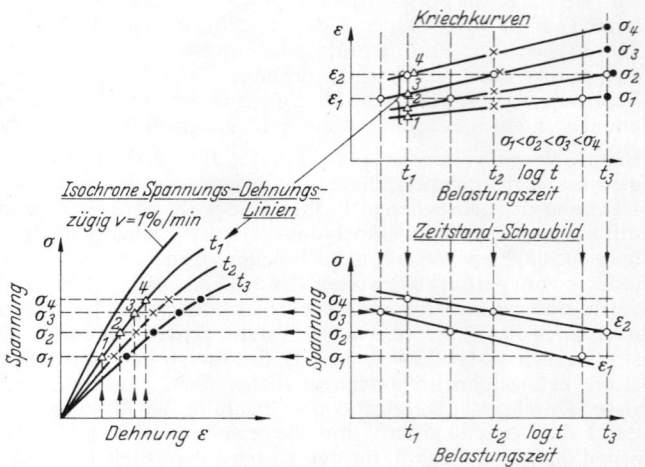

Bild 7.4. Zusammenhang zwischen Kriechdiagramm, Zeitstandschaubild und iso-chronem σ/ε-Diagramm

Zeitstand-Prüfungen für konstruktiv wichtige Kunststoffe sind bei verschiedenen Temperaturen bis 10^5 Stunden (> 1 Jahrzehnt) Dauer durchgeführt worden. Beispiele der als Zeitstand-Schaubilder oder Kriechmodul-Kurven dargestellten Ergebnisse bieten die Bilder 4.3, S. 254, 4.4, S. 260, 4.9, S. 328, 4.11, S. 337, 4.16, S. 362, 4.20, S. 387. Stellt man die Abhängigkeit mechanischer Beanspruchbarkeit von Kunststoffen von ihrer Dauer mit der Zeit als unabhängige Variable in logarithmischem Maßstab dar, erhält man erfahrungsgemäß Zeitstandkurven mit weitgehend kontinuierlichem Verlauf, die zumindest für mäßige Belastungen Extrapolationen bis zu zwei Zehnerpotenzen-Einheiten der Zeit zulassen. Über 10^3–10^4 Stunden, d.h. bis zu etwa einem Jahr durchgeführte Langzeitversuche bei Raumtemperatur ermöglichen daher Voraussagen für Jahrzehnte. Auf Grund bekannter Temperaturabhängigkeit der Zeitstandfestigkeit können aus abgekürzten Zeitstandversuchen bei höheren Temperaturen ähnlich weitgehende Schlüsse gezogen werden. Der *Spannungs-Relaxationsversuch* (DIN 53 441) wird des höheren Meßaufwands wegen seltener durchgeführt. Der Relaxationsmodul $E_r(t) = \sigma(t)\varepsilon$ unterscheidet sich vom Kriechmodul nur bei hohen Belastungen. Über das *Zeitstandverhalten unter mehrachsiger Belastung* liegen über mehrere Jahrzehnte durch Meßpunkte belegte Ergebnisse aus den Untersuchungen an Kunststoffrohren unter Innendruck vor, die Grundlage der Rohrnormen sind (S. 386 ff. und Bild 4.4, S. 260).

7.6.3 Langzeitverhalten unter schwingender Beanspruchung

Die Zerrüttung von Werkstoffen unter andauernder dynamischer Beanspruchung durch mechanische Schwingungen wird als *Werkstoff-Ermüdung* bezeichnet. Sie kann von ausschlaggebender Bedeutung sein für das Verhalten im Gebrauch Rotationen oder Umkehrbewegungen ausgesetzter wie auch nicht bewegter, aber vibrierender Kunststoffteile, z. B. an Fahrzeugen, Flug- und anderen Geräten.

Die durch die Schwingungsbreite ($2\sigma_a$ in Bild 7.5) entsprechend dem doppelten Spannungsanschlag σ_a gekennzeichnete dynamische Be-

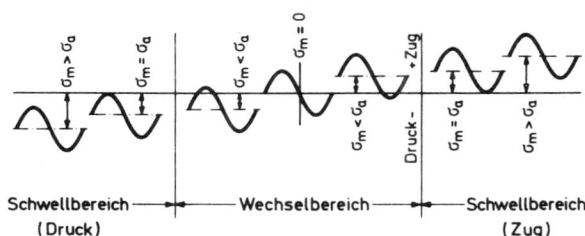

Bild 7.5. Beanspruchungsbereiche beim Dauerschwingversuch, σ_m = Mittelspannung, σ_a = Spannungsausschlag, σ_o = Oberspannung $\sigma_m + \sigma_a$, größter, σ_u = Unterspannung $\sigma_m - \sigma_a$, kleinster Absolutwert der Spannung. Jedes Teilbild gibt ein Schwingspiel L, d. h. eine volle Schwingung wieder.

anspruchung kann einer als Mittelspannung wirksamen statischen Kriechlast überlagert sein. Bei solcher praktisch wichtigen „Schwellbeanspruchung" unter Druck oder Zug ist das Zusammenwirken von Kriechen und Ermüdung prüftechnisch und rechnerisch schwierig zu erfassen. Der für Vergleichsprüfungen geeignete einfachste Fall ist die reine „Wechselbeanspruchung" durch Schwingungen mit der Amplitude $\pm \sigma_a$ um die Mittelspannung Null entsprechend dem mittigen Schwingungsbild in Bild 7.5, S. 609. Zur Ermüdungsprüfung werden meist sinusförmige Biegeschwingungen mit Frequenzen 1–30 Hz erzeugenden Maschinen verwendet.

In Meßreihen wird das Versagen in Abhängigkeit vom Spannungsausschlag und der Anzahl der Schwingspiele ermittelt und in „Wöhler"-Kurven zusammenfassend dargestellt (Bilder 8.1, 815, S. 645, 646). Sofern die Schwingfestigkeit bei einer größeren Anzahl von Schwingspielen nicht – wie z. B. bei verstärkten Duroplasten – assymptotisch einem Grenzwert zustrebt, werden die bis 10^7 Lastspiele ohne Bruch (oder eine vereinbarte Schadensgrenze) ertragenen Wechselspannungen als z. B. *Wechsel(biege)festigkeit* σ_{bw} bzw. *(Zug)schwellfestigkeit* σ_{zSch} angegeben (Tafel 8.13, S. 645).

Diese Schwingfestigkeiten sind geringer als zügig ermittelte statistische Werte. Nach den Ergebnissen von Reihenuntersuchungen sind für Kunststoffgruppen Mittelwerte der Quotienten von Streckspannungen (σ_S, S. 604) im Zugversuch und 10^7 Schwingspiel-Zugschwellfestigkeiten (Tafel 7.6) als außer vom Polymer auch von Füll- und Verstärkungsstoffen und der Formteilgeometrie abhängige Abminderungsbeiwerte bei der Bemessung schwingend beanspruchter Bauteile anwendbar.

Infolge des visko-elastischen Verhaltens der Polymer-Matrix von Kunststoffen wird ihr Versagen unter dynamischer Beanspruchung

Tafel 7.6. Abminderungsbeiwerte für die Zugschwellfestigkeit σ_{Sch} einiger Kunststoffe, auch mit 3 mm Lochkerbe ($\sigma_{Sch\,\varnothing}$) oder Bindenaht ($\sigma_{Sch\,BN}$) im Probekörper

Werkstoff	$A_{Sch} = \dfrac{\sigma_S}{\sigma_{Sch}}$	$A_{Sch,\varnothing} = \dfrac{\sigma_S}{\sigma_{Sch,\varnothing}}$	$A_{Sch,BN} = \dfrac{\sigma_S}{\sigma_{Sch,BN}}$
ABS	2,6	4,4	3,4
PA	1,8	3,0	1,8
PA-GF30	2,5	5,4	4,5
PBT	1,7	2,0	1,8
PBT-GF30	2,1	4,6	4,0
Probekörper			

Bindenaht BN

nicht nur durch Riß-Fortpflanzung bis zum Bruch, sondern auch durch die Umwandlung eines Teils der aufgebrachten mechanischen Energie in Wärme bestimmt. Bei stoff- und temperaturabhängigen mechanischen Verlustfaktoren von Kunststoffen, insbesondere von Thermoplasten (s. Bild 1.6, S. 14), 0,01->0,1 (bei Metallen 0,0001) kann die mit der Schwingungsfrequenz zunehmende Erweichung durch Temperaturerhöhung ausschlaggebend für das Versagen sein. Der Verlauf der Wöhler-Kurven wird weiter durch die Versuchsbedingungen beeinflußt derart, daß im Versuchsverlauf bei konstant gehaltenem Spannungsausschlag der Dehnungs-Ausschlag zunimmt, bei konstantem Dehnungs-Ausschlag die Anfangs-Spannung abnimmt. Für Festigkeitsberechnungen quantitativ auswertbar sind Dauerschwingversuche nur insoweit, als Versuchs-Parameter jeweiligen Anforderungen entsprechend festgelegt und berücksichtigt werden. Der Dauerschwingversuch im Biegebereich nach DIN 53442 mit zeitlich konstanter Verformungs-Amplitude kann mit verschiedenen Schwingspiel-Frequenzen unter Wechsel- oder Schwell-Beanspruchung durchgeführt werden.

7.6.4 Eindruck-Härteprüfungen

Bei den Eindruck-Härteprüfungen nach Vickers und Knoop mit pyramidenförmigen Eindruckkörpern und nach Brinell mit kugelförmigem Eindruckkörper wird als Meßwert das Verhältnis zwischen der jeweiligen Belastung des Eindruckkörpers und der Oberfläche des im Prüfkörper erzeugten Eindrucks angegeben. Praxis-Härteprüfungen werden an harten Kunststoffen nur als *Kugeleindruckprüfung* ausgeführt, nach DIN 53456 mit einer Stahlkugel von 5 mm Durchmesser und 4 mm dicken Probekörpern unter Last. Eine Messung nach Entlastung, wie bei Metallen üblich ist, würde infolge des visko-elastischen Verhaltens von Kunststoffen zu einem nicht kontrollierbarem Rückgang des Eindrucks führen. Infolgedessen besteht auch die bei stahl-elastischen Stoffen gegebene Proportionalität zwischen Eindruckhärte und Elastizitätsmodul bei Kunststoffen nur annähernd, s. Bild 8.16 (S. 647) und die Werte-Zahlen von Kugeleindruckhärten Tafel 8.10 (S. 632 ff.). Um bei Prüfungen nach DIN 53456 den Einfluß von Randbedingungen zu vermeiden, ist die Belastung wechselnder Eindruckkörper jeweils so zu wählen, daß die am Meßgerät abzulesenden Eindrucktiefen zwischen 0,15 und 0,35 mm liegen. Dafür sind vier Prüfkraftstufen von 49, 132, 358 und 961 N zur Belastung des Eindruckkörpers vorgesehen. Die Eindrucktiefe ist in der Regel nach 30 s abzulesen, jedoch können auch Ablesungen nach 10 s und 60 s als Information über den kalten Fluß des Materials von Interesse sein. Die *Kugeleindruckhärte H* in N/mm² kann für jede Kombination von Prüfkraft und Eindringtiefe berechnet bzw. einer in DIN 53456 enthaltenen Tafel entnommen werden. Die jeweils angewandte Prüfkraft und Belastungszeit werden durch Index angegeben, z. B. bedeutet $H_{132/10}$ eine Messung mit 132 N Prüfkraft und 10 s Belastung.

Tafel 7.7. Kunststoff-Härteprüfverfahren

Verfahren			
Shore A	D	Kugeleindruck-härte[1]) N/mm²	Beispiele für Stoffbereiche
40–80			weicher bis mittelweicher Gummi[2]), sehr weich eingestelltes Weich-PVC
80–90	30–38	5,0–8	kernlederartige Stoffe, Weich-PVC bis Shore A 98
	40–64	10–40	PE-LD, PTFE, CA
	74–90	60–140	50–80: PE-HD, PP, PA, CAB 100–140: harte Thermoplaste
		140–>200	PS, PMMA, GFK, Duroplaste

[1]) Bei der *Brinellhärte*-Prüfung für Metalle wird die Fläche des bleibenden Eindrucks von einer Kugel nach Entlasten gemessen. Vergleichswerte: Al, Al-Legierungen 150–1000 N/mm², Gußeisen, Stahl 1500–2000 N/mm².

[2]) Vorzugsweise wird angegeben der internationale Gummihärtegrad (IRHD) nach DIN 53519 Teil 2, Meßwerte entsprechen Verfahren Shore A.

Für halbharte und elastomere Stoffe wird international die empirische Härteprüfung mit dem *„Durometer" nach Shore A und D* (DIN 53505) angewandt. Die mit Skalen zur Ablesung der Shore-Härte als unbenannte Zahl versehenen Durometer drücken mit geeichter Federkraft bei Verfahren A für weichere Stoffe einen Kegelstumpf (0,79 mm ∅) für Shore D einen Kegel mit scharfer Spitze in den Probekörper ein. Die einander überlappenden Meßbereiche A und D s. Tafel 4.21, S. 304, Beziehungen zwischen Shore-, Kugeldruck- und Brinell-Härten Tafel 7.7.

Die Bestimmung der Härte mit dem tragbaren *Barcol-Härteprüfgerät* (DIN EN 59), bei der ein Kegelstumpf mit einer flachen Spitze (0,157 mm ∅) durch Federkraft in die Fläche eingedrückt wird, auf der das Gerät aufgesetzt ist, dient zur messenden Verfolgung und der Bestimmung ausreichender Aushärtung von Formkörpern aus ungesättigten Polyesterharzen. Kennzahlen für ausreichende Aushärtung von ungefüllten UP-Harzen sind 40–45, von UP-GF-Laminaten 50–55.

7.7 Ansätze zur Festigkeitsrechnung

Kunststoffbauteile können nach den Regeln der Festigkeits- und Elastizitätslehre berechnet werden, wenn man, ähnlich wie bei der Beanspruchung von Metallen bei hohen Temperaturen, die Zeit- und Temperaturabhängigkeit ihres Festigkeitsverhaltens berücksichtigt. Ist für den maßgeblichen Festigkeitswert σ aus Zeitstand-Untersuchungen (S. 608 ff.) die Beziehung

$$\sigma = E_c\,(t,\,T) \cdot \varepsilon\,(t,\,T)$$

hinreichend allgemein bekannt, so kann man Daten, die aus Zeitstand-Diagrammen abgegriffen werden, zur Bemessung von Bauteilen für gewählte Grenzen statischer Belastung, Deformation und Lebensdauer heranziehen. Zeitweilig unterschiedliche Belastungen gehen anteilig additiv in die Rechnung ein. Bei ausreichenden Erholungspausen zwischen wiederholten Belastungen können die Verhältnisse günstiger, bei oft wiederholter stark wechselnder Belastung aber auch ungünstiger sein, als dieser Rechnung entspricht. Bei Wechseltemperaturbeanspruchung von Kunststoffbauteilen, die durch Einspannung oder Paarung mit anderen Werkstoffen in ihrer Wärmebewegung behindert sind, muß man auch die der Rechnung oder Abschätzung zugänglichen Wärme-Zug-Druck-Spannungen berücksichtigen. Das Merkblatt DVS 2205, Blätter 1–4[1]) gibt Unterlagen für die *Berechnung von Behältern und Apparaten* aus PE hart, PP und PVC mit je nach Beanspruchungsart abgestuften Sicherheitsbeiwerten, die auch Gestalteinflüsse erfassen, ,,Resistenz''-Faktoren für bestimmte Chemikalien (S. 595) und Langzeit-Schweißfaktoren 0,8–0,4.

Stehen nur Kurzzeitfestigkeitswerte ($\sigma_{S/0}$, $\sigma_{B/0}$, S. 613) für Raumtemperatur zur Verfügung, so ist ein herkömmlicher vereinfachter Ansatz mit Abminderungsfaktoren[2]) für die *Abschätzung des Versagens durch Bruch* bei einachsiger statischer Belastung

$$\sigma_{zul} = \sigma_{B/0} \frac{a_t \cdot a_T \cdot a_k \cdot a_u}{S} = \sigma_{B/0} \cdot \frac{A}{S}.$$

a_t (Zeiteinfluß) ist die Kriechmodul-Beziehung

$$\frac{E_c(x, 20\,°C)}{E_0} \text{ für } x \;=\; 10^4\,h \quad 10^5\,h$$

bei Thermoplasten	0,4	0,35
bei GFK-Mattenlaminaten	0,65	0,59

bei unidirektioneller Verstärkung evtl. günstigere Werte,

a_T (Temperatureinfluß)

für Thermoplaste (unterhalb der aus Schubmodultemperaturkurven zu entnehmenden Umwandlungstemperaturen) 0,7, für GFK 0,8 für je 20\,°C Temperaturerhöhung, also z. B. für 60\,°C $0,7^2 \sim 0,5$ bzw. $0,8^2 \sim 0,6$.

a_k faßt Einflüsse der Formteil-Herstellung und -Geometrie (z. B. Spritzrichtung, Bindenähte, Kerben, s. S. 604), a_n festigkeitsmindernde Umwelteinflüsse (,,Alterung'' bei Freibewitterung, Chemikalienbeanspruchung) zusammen. Beide Faktoren sind aufgrund von Erfahrungswerten fallweise festzulegen. Zu zusätzlichen Abminderungswerten für dynamische Beanspruchung s. Tafel 7.6, S. 612).

---

[1]) s. Anm. 1, S. 202
[2]) Abminderungsfaktoren und als Quotienten (S. 604, 610) gebildete Abminderungs-Beiwerte (unter dem Strich) sind einander reziprok.

Bei solcher abschätzender Berechnung für 10^5 h wird erfahrungsgemäß $A \approx 0,33–0,25$. Als Sicherheitsbeiwert für ruhende Beanspruchung wird $S \geq 1,3–2,0$ gewählt. Berechnungsvorschriften mit entsprechend angesetzten Abminderungs- und Sicherheits-Beiwerten im AD-Merkblatt-N 1 für Druckbehälter[1]) und in Richtlinien des IfBt[2]) für zulassungspflichtige Bauteile aus GFK führen zur Forderung des rechnerischen Nachweises einer Gesamtsicherheit zwischen 6 und 10, der für die Praxis durch umfangreiche Bauart- oder Einzel-Zulassungsprüfungen ergänzt werden muß. Genauer und günstiger kann man rechnen, wenn zumindest $\sigma(t, T)$-Werte bekannt sind. Bei der Abschätzung der Tragfähigkeit eines Kunststoffbauteils nach diesen Verfahren liegen die zu erwartenden Dehnungen in der Regel unterhalb der kritischen Verformungsgrenzen.

Die *Berechnung gegen kritische Verformungsgrenzen* ist sicher und exakt. Die Fließ-Grenzdehnung $\varepsilon_{F\,(t)}$, unterhalb derer keine unmittelbar (z. B. als Spannungsrisse oder Weißbruch) oder mikroskopisch nachweisbare irreversible Veränderungen der Substruktur der Werkstoffe auftreten, strebt einem Grenzwert $\varepsilon_F \infty$ zu, der von der Beanspruchungstemperatur und Umwelteinflüssen weitgehend unabhängig ist. Richtwerte von $\varepsilon_F \infty$ sind 0,8% für harte amorphe Thermoplaste, 1,5–4,0% für teilkristalline Thermoplaste, 0,4–0,6% für GFK-Mattenlaminate. Mit

$$\sigma_{zul} = \frac{\varepsilon_F \infty \cdot E_c\,(t, T)}{S} \cdot A$$

kann man rechnen, wenn man entweder die E_c-Werte aus Kriechmodul-Daten entnehmen oder $\varepsilon_F \infty \cdot E_c$ (für die entsprechenden Temperaturen) aus isochronen σ-ε-Diagrammen unmittelbar ablesen kann (siehe Bild 8.12, S. 642). Als Abminderungsfaktoren A brauchen nur Fertigungs- und Gestalteinflüsse berücksichtigt zu werden, wobei man für den Kerbfaktor die bekannten werkstoffunabhängigen Formzahlen unmittelbar benutzen kann. Die Rechnung ist auch für mehrachsige Beanspruchungen unter der Bedingung anwendbar, daß die größte im Bauteil auftretende Dehnung die zulässige Dehnung nicht überschreitet. Für die Querkontraktionszahl von Kunststoffen ist $\mu = 0,35$ ein brauchbarer Näherungswert. Für *Berechnungen hinsichtlich Versagens durch Instabilität* können die Eulerschen Knick- und Beulformeln verwendet werden, wenn man in diese $E = E_c\,(\sigma, t, T)$ einsetzt. Als Sicherheitsbeiwert wird meist $S \geq 2$ gefordert.

---

[1]) Herausgeber TÜV, Beuth Verlag (s. S. 46)
[2]) Anschrift S. 573

8 Richtwert-Tafeln und -Diagramme[1])

---

[1]) Übersicht, untergliedert wie Kapitel 7 (S. 579 ff.). Tafeln und Bilder ab 8.1 auf den folgenden Seiten 618–647.

[2]) Richtwerte für einzelne Kunststoff-Gruppen sind in den Kennwerttafeln der betreffenden Abschnitte enthalten, s. 10.1 Richtwerte-Nachweis im Register (S. 779).

Tafel 8.1. Allgemeine physikalische Kenndaten

	Roh-dichte g/cm³	Kristallit-Schmelz-bereich °C	Brechungs-index nD (20°C)	Abbesche Zahl vD	Wasser-Aufnahme mg(4d) DIN	Wasser-Aufnahme %(24h) ASTM
Celluloseacetat, Typ 432	1,3	–	1,50	50	130	<6,5
Celluloseacetobutyrat, Typ 411	1,19	–	1,48	61	70	<2,2
Cellulosepropionat	1,21	–	1,47		90	<2,8
Epoxidharz, ungefüllt	1,2	–	–		<10	~0,1
Harnstoffharz: Typ	1,5	–	–		300	0,8
Melaminharz: Typ 152	1,5	–	–		200	0,6
Phenolreinharz	1,2	–	1,63		20	0,1
Phenolharz: Typ 13	1,9	–	–		20	0,1
Phenolharz: Typ 31	1,4	–	–		150	~0,5
Polyacetale	1,41	164/167	1,48		30	0,25
Polyamid 6	1,13	217/221			300	1,5
Polyamid 66	1,14	265	1,53			1,5
Polyamid 11	1,04	190				0,3
Polyamid 12	1,02	179			30	0,25
Polycarbonat	1,2	(220)	1,59	30	10	0,16
Polyesterharz, ungefüllt	1,2	–	1,54/1,60	43	<20	0,15
Polyethylen, niedere Dichte	0,92	105/115	1,51		<0,5	<0,01
Polyethylen, hohe Dichte	0,96	130/140				
Polyamid (Folie)	1,4	kein	1,78			0,3
Polyisobutylen	0,93	–	1,50		<0,5	<0,01
Polymethylmethacrylat	1,18	–	1,49	58	45	0,3
dsgl., Cop. mit Acrylnitril	1,17	–	1,51		<40	
Polyphenylenoxid, mod.	1,06	–	–			0,06
Polypropylen	0,91	158/168	1,49		~0	<0,01
Polystyrol	1,05	–	1,58	31	3	~0,05
dsgl., Cop. mit Acrylnitril	1,08	–	1,57	36	10	0,2
dsgl., Cop. mit Butadien	1,04	–	–		4	>0,05
dsgl., ABS-Cop.	1,05	–	1,52		30	>0,2
Polyterephthalat, Ethylen-	1,37	255/258	1,57	27	20	<0,1
Polyterephthalat, Butylen-	1,31	225	1,55	33		<0,1
Polyurethan, Elastomer	>1,2	–	–		~100	~0,8
Polyvinylchlorid, S-Typ	1,39	–	1,54		<4	0,04
dsgl., mit 40% Weich-macher	1,2	–	–		~20	~0,5
Polyvinylidenfluorid	1,78	170	1,42		<0,5	0,03
Polytetrafluorethylen	2,2	(327)	1,35		0	0
dsgl., Cop. mit Ethylen	1,75	270			<0,5	0,03

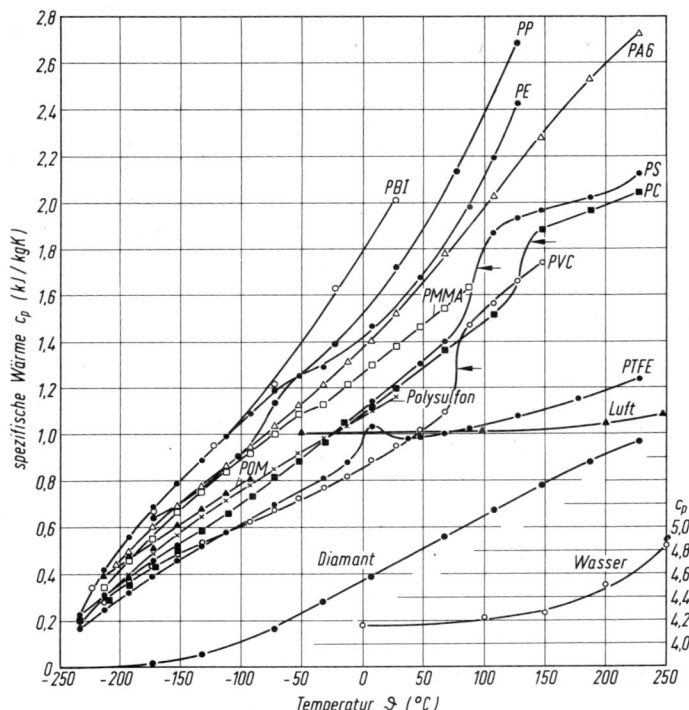

Bild 8.1. Temperaturabhängigkeit der spezifischen Wärme
← Erweichungsbereich

Tafel 8.2. Elektrische Kennwerte

Kunststoffe Prüfkörper: Sp spritzgegossen, P gepreßt, T aus Tafel		Ober- flächen- widerstand Ω^1)	Spez. Durchgangs- widerstand Ω cm^1)
Celluloseacetat M, 055-60	Sp	>12	>13
-acetobutyrat M, 080-20	Sp	14	15
-propionat	Sp	15	16
Epoxidharze: – Formstoff aus verstärkten Formmassen	P	>12	>14
– Gießharz-Formstoff ungefüllt Typ 1000-0		13	14
gefüllt Typ 1000-6		13	14
Harnstoffharzformstoff Typ 131.5	P	10	11
Hartgewebe und Hartpapier (PF)	T	8–11	8–11^2)
Hartmatte Typ HM 2472 (UP)	T	12	12^2)
Melaminharzformstoff Typ 154	P	8	8
Phenolharzformstoff Typ 11.5	P	10	11
Phenolharzformstoff Typ 31.5	P	10	11
Phenolharzformstoff Typ 74	P	7	8
Polyacetal (Cop.)	Sp	15	15
Polyamid 6, trocken		13	15
– feucht		10	12
Polyamid 66, trocken		12	15
– feucht		10	10
Polybutylenterephthalat	Sp	13	16
Polycarbonat	Sp	15	16
Polyesterharze (UP): – Formstoff Typ 801	P	10	12
– Gießharz-Formstoff 1140		13	15
Polyetherimid	Sp	14	16
Polyethersulfon	Sp	15	>17
Polyethylen (Niedere und hohe Dichte)	Sp	13	>17
Polymethylmethacrylat, gegossen		>15	15
Polymethylpenten		13	16
Polyphenylenoxid, modifiziert	Sp	14	16
Polypropylen	Sp	13	17
Polystyrol M, 085-06	Sp	>14	18
– SB	Sp	13	16
– ABS	Sp	13	16
– SAN	Sp	13	16
Polysulfon	Sp	14	>16
Polytetrafluorethylen		14	18
Polyvinylchlorid	T	13	15

^{1}) Ausgedrückt durch den Exponenten der Zehnerpotenz, z. B. 12 ~ 10^{12}, nach 24 Std. Wasserlagerung.
^{2}) Widerstand zwischen Stöpseln und nach DIN 53 482.
^{3}) Hp 2063, Hgw 0,1–0,3.

Tafel 8.2. Fortsetzung

Dielektrischer Verlustfaktor tan δ		Rel. Dielektrizitätszahl ε		Durch-schlag-festigkeit kV/cm[5])	Kriechstrom-festigkeit[6])	
800 Hz	10^6 Hz	800 Hz	10^6 Hz		KA	KC
0,02	0,06	5,3	4,6	320	3a/b	>600
0,01	0,02	3,6	3,5	380	3b/c	>600
0,01	0,03	4,2	3,7	340	3b/c	>600
0,03	0,04	6	5	180	3c	>600
0,01		4			2	300
0,02			4		1	200
0,1	0,05	6–7	6–8	80–150	3a	600
0,08[3])	0,06	5		[4])	1	100
0,05	0,04	5	5	[4])	3c	500
0,6	<0,5	5–10		50–140	3b	600
0,1		4–7		100–200	1	
0,1	0,05	. 6–9	6	80–150	1	}125–170
0,4	0,1	6–10	4–7	50–100	1	
0,002	0,005	4		700	3b	>600
0,02	0,03	3,8	3,7	100–150	3c	>600
	0,3		7,0	30–80	3b	>600
	0,02		3,6	100–150	3b	>600
	0,2		5,0	30–80	3b	>600
0,03	0,3	4	7	ca. 300	3b/c	>600
0,001	0,01	3,0	2,9	350	3a	380
0,02	0,03	4,5	4		3c	600
0,01	0,02	4,5	4	300	3c	500
0,001	0,006	3,2	3,1	330	–	–
0,001	0,004	3,5	3,5	400	–	150
0,0001–0,0002		2–3		>700	3b	>600
0,06	0,02	2,7		350	3c	>600
0,0004	0,00015	2,12	2,12	280	3c	>600
0,0004	0,0009	2,6		450		250
0,0005–0,0004		2,5		>500	1/2	>600
0,00005–0,0004		2,5		>500	1/2	200
0,0004–0,001		2,6		400	2	500
0,005–0,015		4,6	3,4	220	3a	>600
0,008		3		400	1/2	~200
0,001	0,006	3,0	3,1	425	–	175
0,00003–0,00007		2,1		200–400	3c	>600
0,015–0,03		3,5	2,7	200–400	2/3b	320

Einminutenspannung bei 90 °C siehe Tafel 4.76, Schichtpreßstoffe, neben S. 518.
Dickenabhängig, hier an Platten von 1–3 mm gemessen, s. a. Tafel 4.58, Elektrofolien, S. 433.
Nach älterer Norm DIN 53 480 (ersetzt durch DIN/IEC 112 bzw. DIN/VDE 0303 T. 1)

Tafel 8.3. Thermische Kenndaten

Kunststoff Prüfkörper: Sp spritzgegossen, P gepreßt, T aus Tafel		Thermischer Längenausdehnungs- koeffizient $10^{-6} \cdot K^{-1}$) zwischen 20 u. 50 °C	Wärme- leitfähig- keit W/mK
Celluloseacetat M, 055-60	Sp	160	0,27
-acetobutyrat M, 080-20	Sp	120	0,31
Epoxidharz: – Formstoff, GF-verstärkt	P	20	0,23
– Gießharz-Formstoff ungefüllt 1000-0		75	
gefüllt 1000-6		40	
Harnstoffharzformstoff Typ 131.5	P	40–50	0,36
Hartpapier und Hartgewebe	T	20–40	0,2–0,3
Melaminharzformstoff Typ 154	P	10–30	0,35
Phenoplastformstoff Typ 12	P	15–30	0,7
Phenoplastformstoff Typ 31.5	P	30–50	0,35
Phenoplastformstoff Typ 74	P	15–30	0,32
Polyacetal (Cop.)	Sp	100	0,3
Polyamide: 6	Sp	70–100	0,29
– 6 mit 30% Glasfaser	Sp	30	0,23
– 12	Sp	90	0,23
Polybutylenterephthalat	Sp	60–90	– 0,25
Polycarbonat	Sp	70	0,21
Polyesterharze (UP): – Formstoff Typ 801	P	10–30	0,6
– Gießharz-Formstoff 1110		60–80	
– Gießharz-Formstoff 1140		60–80	
Polyetherimid	Sp	62	0,22
Polyethersulfon	Sp	55	0,18
Polyethylen (Niedere Dichte, 0,92)	Sp	ca. 200	0,32
– (Hohe Dichte, 0,96)	Sp	150	0,4
Polymethylmethacrylat, gegossen		70–80	0,18
Polyphenylenoxid, modifiziert	Sp	60–70	0,23
Polypropylen	Sp	110–170	0,22
Polystyrol	Sp	70	0,16
– SB	Sp	70	0,18
– ABS	Sp	80	0,18
– SAN	Sp	80	0,18
Polysulfon	Sp	56	0,28
Polytetrafluorethylen	P	160–200	0,23
Polyvinylchlorid	T	70–80	0,16
– HT	T	60	0,14

¹) also $25 = 25 \times 10^{-6}$.

Tafel 8.3. Fortsetzung

| Spez. Wärme Cp bei 20°C | Formbeständigkeitstemperaturen | | | Glut-festigkeit | Gebrauchs-Temperatur grenzen[2]) | |
| | nach Martens | Vicat VST/B | n. ISO 75 A | | kurz-zeitig | lang-zeitig |
kJ/kg·K	°C	°C	°C	Gütegrad	°C	°C
1,5–1,9	35	50	50	1	80	70
1,3–1,7	40	80	76–80	1	100	90
0,8	125				180	130
1,4	<90		<100	1		125
	<100		<110	<3		130
1,3	100			3	100	70
1,3	125			2–3	s. Tafel 4.76 neben S.518	
1,3	125		154	3	120	80
1,0	150			4	160	140
1,3	125		127	3	140	110
1,3	125		125	2	140	110
1,4	65	160	110–125	1	140	100
1,7	45–50	>200	80		<180	70/125
1,4	180–190	>200	200		200	<130
1,3	45	175	50		150	80
1,5		180	60		165	100
1,2		147	>125		145	125
1,2	125		235	2	200	150
1,2–1,9	(50–60)		55			100
	(80–90)		90			140
–	–	219	200	–	210	170
1,3	–	–	203	–	260	200
2,1		40	ca.35	1	90	75
1,8		ca.65	50		110	95
1,5	100	125	105		100	90
1,4	100–120	130–150			150	80
1,7	40	80–90	55	1	140	100
1,3	70	88	76	1	<80	<70
1,3		75	62	1	70	60
1,5	70–80	90–100	80–90	1	<100	<85
1,3	72	100	90	1	95	85
1,3	–	–	174	–	200	170
1,0		110	50		300	250
0,9	75	70–80		2	75	65
		110			100	85

[2]) Praxiswerte, ohne Belastung.

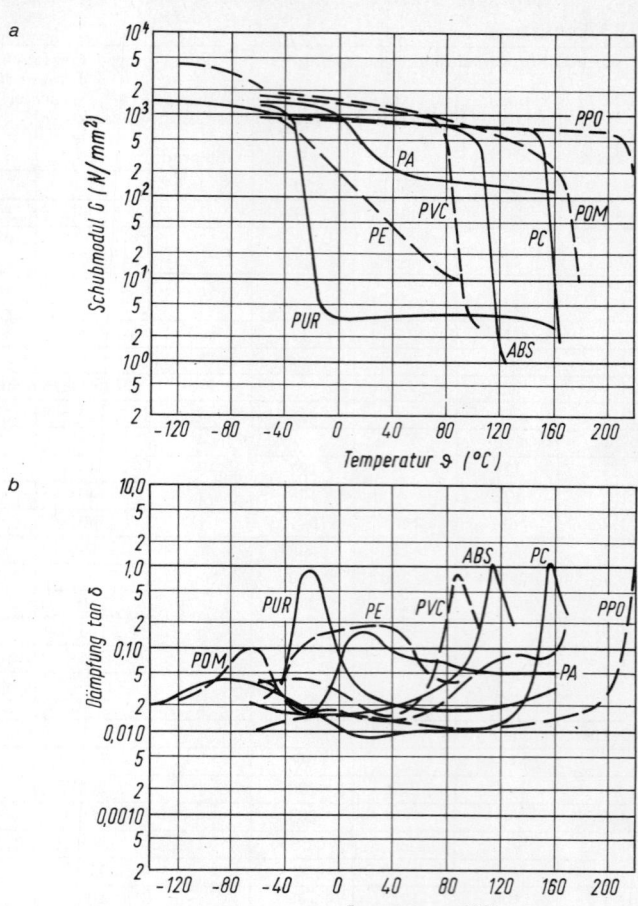

Bild 8.2. Schubmodul a) und mechanischer Verlustfaktor b) thermoplastischer Kunststoffe nach DIN 53445

Tafel 8.4. Temperaturindices (für 20000 bzw. 5000 h) von Thermoplast-Formstoffen in Anlehnung an IEC 216

Eigenschaft / Kunststoff	Elektrische Durchschlagfestigkeit E_d (nach DIN 53481) $\Delta E_d = -50\%$		Zugfestigkeit σ_B (nach DIN 53455) $\Delta\sigma_B = -50\%$		Schlagzugzähigkeit a_{zn} (nach ASTM-D 1822) $\Delta a_{zn} = -50\%$		Maßhaltigkeit $S = 0{,}2\%$
Grenzwert / **Zeitdauer (h)**	Anfangswert [kV/mm]	$2\cdot10^4/5\cdot10^3$ °C	Anfangswert [MPa]	$2\cdot10^4/5\cdot10^3$ °C	Anfangswert [kJ/m²]	$2\cdot10^4/5\cdot10^3$ °C	$2\cdot10^4/5\cdot10^3$ °C
PA 6 unverstärkt	31	(125/150)	78	90/105	165	(80/85)	(90/115)
PA 6 unverstärkt, wärmestabilisiert	52	125/150	83	110/130	240	105/120	–
PA 6 30 Gew.-% GF, wärmestabilisiert ...	35	135/160	160	145/175	170	110/130	120/145
PA 6 30 Gew.-% GF, flammgeschützt	26	95/115	137	130/150	–	–	–
PA 66 unverstärkt	–	–	90	(90/105)	–	–	–
PA 66 unverstärkt, wärmestabilisiert	32	95/115	84	115/135	–	–	–
PA 66 30 Gew.-% GF, wärmestabilisiert ..	34	125/165	190	130/170	150	100/140	125/145
PBTP unverstärkt	27	155/180	59	140/160	130	120/135	115/125
PBTP 30 Gew.-% GF	32	155/180	130	140/160	95	135/150	145/165
PBTP 30 Gew.-% GF, flammgeschützt ...	30	145/170	120	140/160	85	135/150	145/165
PC unverstärkt	31	140/(150)	70	135/(150)	560	125/145	115/120
PC unverstärkt, flammgeschützt	31	135/150	70	125/145	470	105/120	120/125
PC 10 Gew.-% GF, flammgeschützt......	30	140/150	83	135/150	120	130/145	–
PC 30/20 Gew.-% GF	34	140/150	80/110	135/150	65/120	130/150	140/145

Tafel 8.5. Temperatur-Zeitgrenzen für Duroplast-Formstoffe

Grenzwerte, bezogen auf Abnahme der Ausgangswerte um		Gewicht		Länge		Biegefestigkeit		Schlagzähigkeit		Oberflächen- widerstand	
bei Temperatur		5%	10%	0,5%	1%	30%	50%	30%	50%	10^{-1}	10^{-2}
		°C	°C	°C	°C	°C	°C	°C	°C	°C	°C
PF, anorg. Typ 12 u. ä.	5 000 h	150	180	145	180	150	185	160	200	110	165
	25 000 h	120	160	130	155	130	150	130	170	90	135
PF, org. Typ 31	5 000 h	120	160	<90	145	150	160	125	145	145	155
	25 000 h	110	150	<90	120	135	145	115	130	110	125
MF, anorg. Typ 156/157	5 000 h	110	170	<90	170	145	175	115	145	135	190
	25 000 h	90	160	<90	145	130	160	95	130	115	130
MF, anorg. Typ 158 u. ä.	5 000 h	135	170	<90	170	115	195	165	205	–	–
	25 000 h	120	145	<90	145	100	180	145	180	–	–
MF/PF, org. Typ 180 u. ä.	5 000 h	<90	150	<90	170	120	160	110	150	130	155
	25 000 h	<90	130	<90	145	100	135	95	115	105	140
UP, anorg. Typ 801 u. ä.	5 000 h	155	210	145	180	155	200	170	210	125	170
	25 000 h	135	190	125	155	140	180	150	175	100	145
EP-Gießharz[1] ungefüllt	25 000 h	3%: 130				20–33%: 130		Typen 1020-0 bis 1022-0			
EP-Gießharz[2] gefüllt	25 000 h	1,2%: 130				15–30%: 130		Typen 1020-6 bis 1022-6			
UP-Gießharz Typ 1140[3]	25 000 h	3%: ≥130									

[1] Typen 1020-0 bis 1022-0

[2] Typen 1020-6 bis 1022-6

[3] erhöht wärmeformstand- und biegefest

Tafel 8.6. Brandverhalten fester Isolierstoffe nach DIN IEC 707/VDE 0304 T. 3 und UL 94

Produkt*	Verfahren BH	Verfahren FH	Verfahren FV	UL 94
Polyolefine				
PE-LD	BH 3–15 mm/min	FH 3–20 mm/min	–	HB
PE-LD m. F.	BH 2–20 mm	FH 2–20 mm	FV 2	V 2
PE-HD	BH 3–15 mm/min	FH 3–15 mm/min	–	HB
PE-HD m. F.	BH 2–20 mm	FH 2–20 mm	FV 2	V 2
PP	BH 3–20 mm/min	FH 3–20 mm/min	–	HB
PP m. F.	BH 2–20 mm	FH 2–25 mm	FV 2	V2
Styrolpolymerisate				
PS	BH 3–15 mm/min	FH 3–30 mm/min	–	HB
SAN	BH 3–15 mm/min	FH 3–30 mm/min	–	HB
SB	BH 3–15 mm/min	FH 3–30 mm/min	–	HB
SB m. F. 2	BH 2–15 mm	FH 2–30 mm	FV 2	V 2
SB m. F. 3	BH 2–25 mm	FH 2–15 mm	FV 0	V 0
ABS	BH 3–25 mm/min	FH 3–40 mm/min	–	HB
ABS m. F.	BH 2–25 mm	FH 2	FV 0	V 0
ASA	BH 3–15 mm/min	FH 3–30 mm/min	–	HB
Polyvinylchlorid				
PVC	BH 2–5 mm			
Polyacetal				
POM	BH 3–20 mm/min	FH 3–25 mm/min	–	HB
Polyamide				
PA 6	BH 2–15 mm	FH 3–15 mm/min	FV 2	V 2
PA 6 m. F.	–	–	FV 0	V 0
PA 6-GF	BH 2–60 mm	FH 3–20 mm/min	–	HB
PA 66	BH 2–10 mm	FH 2–20 mm	FV 2	V 2
PA 66 m. F.	–	–	FV 0	V 0
PA 66-GF m. F.	BH 2–10 mm	FH 2–15 mm	FV 0	V 0
Polycarbonat				
PC	BH 2	FH 2	FV 2	V 2
PC m. F.	BH 2	FH 2	FV 0	V 0
Polybutylen- *terephthalat*				
PBT	BH 2–30 mm	FH 3–20 mm/min	–	HB
PBT m. F.	BH 2–15 mm	–	FV 0	V 0
PBT-GF	BH 2–50 mm	FH 3–15 mm/min	–	HB
PBT-GF m. F.	BH 2–10 mm	–	FV 0	V 0
Polyphenylenoxid				
PPO, modifiziert	BH 2–25 mm	–	FV 1	V 1
Polyethersulfon				
PES	–	–	FV 0	V 0
PES-GF	–	–	FV 0	V 0

* m. F.: Flammschutzausrüstung. Erläuterung der Verfahrensbezeichnung S. 592.

Tafel 8.7. Chemische Tauglichkeit
Beständigkeit für Dauergebrauch: 1 ausreichend, 2 fallweise zu prüfen, 3 ungenügend, S = Spannungsrißgefahr, s.a. Richtwerte-Nachweis, Register 10.1, S. 779

Polymer	Beständigkeit gegen					
	Wasser	Salz-lösun-gen	Säuren	Basen	Oxida-tions-mittel	Lö-sungs-mittel
Polyethylen	1	1	1	1	2–3	1–2 S
Polyprophylen	1	1	1	1	3	1–2 S
Polybuten-1	1	1	1	1	3	1–3
Polyisobutylen	1	1	1	1	2–3	3
Poly-4-methylpenten	1	1	1	1	2–3	3
Ethylen-Propylen Copolymere	1	1	1	1	2–3	2–3
EVA	2	1–2	2–3	2	3	2–3
Chlorsulfoniertes Polyethylen	1	1	1	1	1–2	2–3
Polystyrol	1	1	1	1	2–3	3 S
SAN	1	1	2	1	3	3 S
ABS	1	1	2	1	3	3 S
Polystyrol, schlagzäh (SB)	1	1	2	1	3	3 S
PVC-U	1	1	1	1	2	1–3
PVC-P	1	1	2	2	2–3	3
Polytetrafluorethylen und Perfluorelastomere	1	1	1	1	1	1
Hochfluorierte Copolymere, Vinylidenfluorid	1	1	1	1	1	1–2
Polymethylmethacrylat	2	1	2	2	2–3	3 S
Polyoxymethylen	1	1	3	2	3	1–3
Polyamide	2	2	3 S	2	3	1–3 S
Polycarbonat	1	1	2–3	3	3	2–3 S
Polyethylenterephthalate	1	1	2	3	3	1–3 S
Polyphenylenoxid	1	1	2	1	1–2	2–3
Polysulfon	1	1	2–3	2	3	1–3
Polyetherimid	1	1	1	2	1–2	1–2
Phenolformaldehydharze	1	1	1	3	2–3	1–2
Aminoplaste	1–2	1	1–2	1–3	3	1–2
Furan-Harze	1	1	1	2	3	1–2
Polyester, GF-verstärkt	1–2	1	1–2	3	3	1–2
Epoxid-Harze	2	2	2–3	2	3	1–3
Polyurethane	2	2	3	2	3	1–3
Silicone	1	1	2–3	2–3	3	1–3
Natur-Kautschuk	1	1	1–2	1	3	3
Styrol-Butadien-Kautschuk	1	1	1–2	1	3	3
Polychloropren	1	1	1–2	1	2	1–3
Butyl-Kautschuk	1	1	1–2	1	2–3	3
Polysulfid-Kautschuk	1	1	1	1	2	1–3

Tafel 8.8. Beständigkeit gegen energiereiche Strahlung bei 20 °C *(H. Wilski)*

Kunststoffe *Thermoplaste[1])*	Bestrahlung unt. O_2-Ausschluß			Bestrahlung in Luft	
	Abbau (A), Vernetzung (V)	Gasentwicklung mm³/ kg·Gy	HalbwertsDosis k·Gy	HalbwertsDosis bei 500 Gy/h k·Gy	HalbwertsDosis bei 50 Gy/h k·Gy
Polyethylen: PE-LD	V	7	400–1300	180	130
PE-HD	V		60–300	25–95	10–40
hoch stabilisiertes PE-V	V		600–1000	780	640
Polypropylen	V	6	30	10–25	6–15
EPDM-Kabelmischung	V		100–1000	200–1000	200–600
Chlorsulfoniertes PE (CSM)			200–600	650–1000	450–1000
Polystyrol	V	0,05	10000	590	560
SAN	V		2000		
SB	V		2000		550
Polyvinylchlorid, Hart-PVC	V	0,2	9000		
Weich-PVC (Kabelmischung 60 °C)	V	10–30	2000	(135)	(74)
Polytetrafluorethylen	A			1,4–4,0	1,4–4,0
Polytrifluorchlorethylen	A		400		
Polymethylmethacrylat	A	3	200		
Polyoxymethylen	A	9	26	26	
Polyamide	V	2	140–430	85	47
Polycarbonat	A		500		
Polyethylenterephthalat	V	0,4	2100	750	400
Cellulose-Ester	A	2–3	120–200	160	
Duroplaste[2])	Typ			bei 13 Gy/h	
PF, 47% Holzmehl	31–1518		5000	2500	
UP, 15% GF + 56% Anorg.	L 1405		>30000	>1000	
EP, Gießharz			25000		
EP, 50% Magnesiumoxid			30000		
EP, 50% Aluminiumoxid			50000		
Polyimide	bis 40–100 M Gy nicht geschädigt[3])				
Polyamidazopyrolon	bis 100 M Gy nicht geschädigt[3])				
Polyaryletherketon (PEEK)	bis 100 M Gy nicht geschädigt[3])				

Halbwertsdosis: [1]) Reißdehnung, [2]) Biegefestigkeit, [3]) Prospektangaben

Hinweis

Für Kunststoffe als Isolier(bau)stoffe in Teilchenbeschleuniger-Anlagen liegen auf Langzeit-Prüfungen und -Praxiserfahrungen beruhende umfassende „Compilations of radiation damage test data" des CERN, CH-1211 Genf 23, vor.

Tafel 8.9. Kennzahlen des Gleitreibungsverhaltens von Lagerwerkstoffen*

Werkstoff	Gleitreibungs-koeffizient $\mu°$	Gleitverschleiß-rate $\Delta s°$ Flächen-pressung $p^2)$ [μm/km/N/mm²]	max. Gleit-flächen-Temperatur ϑF [°C]	optimale Rauhtiefe $Rv^1)$ [μm]
PE hart	0,24	0,57/ 7	55	< 0,5
PE hart/Kreide	0,26	0,36/ 7	55	
PTFE	0,22 (v ≥ 50 mm/s)³) 0,065 (v ≥ 5 mm/s)	51,5/ 6	> 150	< 0,2 (Rt < 0,5)°°
PTFE/Bronze (68 Gew.-%)	0,3 (p = 1 N/mm²)	16,4/10	> 150	0,5 bis 1
PTFE/Glaspulver/MoS₂ (15/20/5 Gew.-%)	0,17	1,8/15	> 150	0,5 bis 1
POM-Homop.	0,31	6,5/15	120	1 bis 2
POM-Cop.	0,31	7,6/15	120	1 bis 2
POM/Graphit	0,29	7,4/15	100	1 bis 2
POM/PTFE-Fasern (22 Gew.-%)	0,26	– –	100	1,5 bis 2
POM-GF	–	– –		0,5 bis 1
PET	0,24	0,93/15	120	∼ 0,5
PA 6	0,24	5,8/15	95	1,5 bis 3
PA/PE (ca. 10 Gew.-%)	∼ 0,33	5,1/15	105	1 bis 2
PA/Graphit	∼ 0,33	– –	100	– –
PA/MoS₂	∼ 0,33	– –	100	– –
PA/Graphit/MoS₂	–	5,6/15	100	1 bis 2
PA-GF (20–40 Gew.-%)	0,36	3,5/15	95	0,5 bis 1
PA-GF/PE oder PTFE	–	2,9/15	100	0,5 bis 1
PA 11	–	– –	–	0,5 bis 1
PA 12	0,36	2,5/15	95	0,5 bis 1
PA 6.6	0,35	5,3/15	95	1,5 bis 3
PI	0,45	2,3/15	> 150	1,5 bis 3
PI/Graphit (15 Gew.-%)	0,41	1,0/15	> 150	1,5 bis 3
PI/MoS₂	0,45	3,1/15	> 150	1,5 bis 3

° bei optimaler Rauhtiefe Rv und mittl. Flächenpressung p = 0,1 N/mm²
°° Rt = maximale Rauhtiefe
¹) opt. Rauhtiefe = Rauhtiefe für min. Verschleißrate ohne stick-slip-Effekt
²) p = Flächendruck p, bis zu dem Δs als linear mit p ansteigend ermittelt
³) v = Gleitgeschwindigkeit
* S. a. VDI 2541 Gleitlager aus thermoplastischen Kunststoffen
   VDI 2542 Verbundlager mit Kunststoff-Gleitschicht

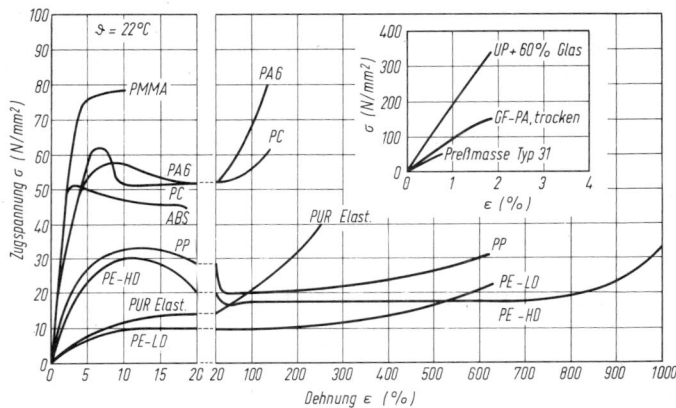

Bild 8.3. Beispiele von Spannungs-Dehnungslinien aus dem Zugversuch

Bei Betrachtung der Kurvenverläufe ist zu beachten, daß die Ordinate im linken Bildteil bis 20% Dehnung der deutlicheren Darstellung wegen den fünffachen Maßstab der Ordinate im folgenden Bildteil hat.

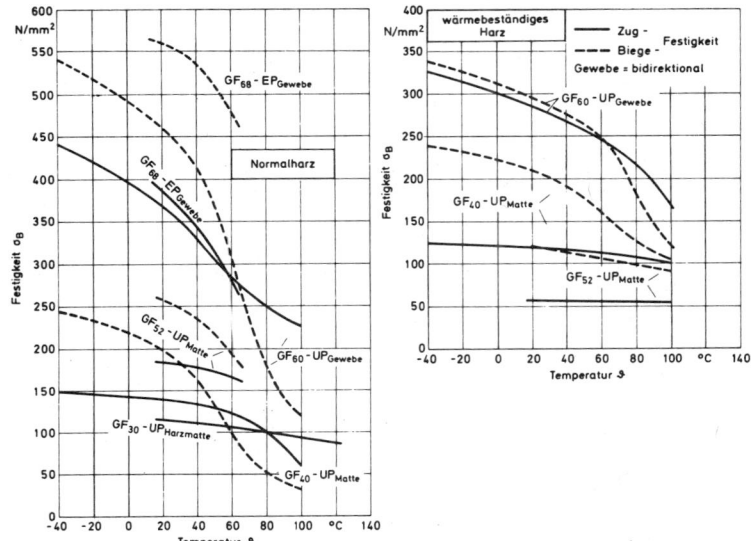

Bild 8.4. Temperaturabhängigkeit der Zugfestigkeit von UP-GF und EP-GF (Normalharz) sowie der Zug- und Biegefestigkeit von wärmebeständigem UP-GF

Tafel 8.10. Mechanische Kennwerte aus Kurzzeitmessungen bei Raumtemperatur

Kunststoffe Prüfkörper: Sp spritzgegossen, P gepreßt, T aus Tafel		Grenz-biegespannung[1]) N/mm²	Schlag-zähigkeit[2]) kJ/m²
Celluloseacetat M, 055-60	Sp	33	50
-acetobutyrat M, 080-20	Sp	45	15
-nitrat (Celluloid)	T	60	100–200
Epoxidharz: – Formstoff aus verst. Formmasse			
Formstoff, min. verstärkt	P	60	6
–, mit Lang-GF	P	140	15
Gießharz-Formstoff, ungefüllt Typ 1000-0		130	15
gefüllt Typ 1000-6		110	8
Harnstoffharzformstoff Typ 131	P	80	6,5
Hartgewebe Typ Hgw 2083	T	150[6])	35
Hartpapier Typ Hp 2061	T	150[6])	20
Hartmatte Typ Hm 2472	T	200[6])	100
Melaminharzformstoff Typ 152	P	80	7
Phenoplastformstoff Typ 12	P	50	3,5
Typ 31.5	P	70	6
Typ 74	P	60	12
Polyacetal (Cop.)	Sp	110	o. B.
– mit 30% Glasfasern	Sp	140	
Polyamide[4]): 6	Sp	50	o. B.
– 6 mit 30% Glasfasern	Sp	130	40
– Gußpolyamid		120–140	o. B.
– 12	Sp	70	o. B.
Polybutylenterephthalat	Sp	85	o. B.
– mit 30% Glasfasern	Sp	200	35
– mit 30% Glaskugeln	Sp	95	32
Polycarbonat	Sp	>95	o. B.
– mit 35–40% Glasfasern	Sp	210	40
Polyesterharze (UP): – Polyesterharzformstoff Typ 801	P	60	22
– Gießharz-Formstoff Typ 1110		65	(4–14)
– Gießharz-Formstoff Typ 1140		110	(8–20)

[1]) bzw. Biegefestigkeit.
[2]) Charpy-Werte.
[3]) bzw. Zugfestigkeit.

Tafel 8.10. Fortsetzung

Kerb-schlag-zähigkeit[2]) kJ/m²	Streck-spannung im Zug-versuch[3]) N/mm²	Dehnung bei Streck-spannung %	Bruch-dehnung %	E-Modul N/mm²	Kugel-druck-härte N/mm²
12	30–50	3		2000	30
5	30	4		1500	50
20–30	40–60		30–50	2500	60–80
2 15	40–60		[5])	13 000 23 000	150
1,8	60		ca. 2	ca. 4000	160
1,8	40				
1,5	30			6000–10 000	260–350
12–15	100			7000–10 000	130
5–15	120			7000–10 000	130
60	100		[5])	10 000	–
1,5	30			8000–10 000	> 260–410
2	20			9000–15 000	150
1,5	25			6000–8000	250–320
12	25			7000–10 000	160–300
9	68	10	> 25	3000	130
5	100		5	9000	170
3–10	40	–	200	1400	70
17	100	4	7	5000	1100
> 30	⩾ 60		> 40	1500–4000	70
10–20	45	20	250	1400	70
4–5	50–60	17	> 200	2600	110–130
30	140		3	9500	170–210
28	57		3–4	4000	170
30	65	7	80	2300	950
15	135		2	10 500	160
22	25		[5])	12 500–15 000	160
1–2	30		2	3500	180
2	50		> 2	3500	180

[4]) konditioniert bei 65% rel. Luftfeuchte.
[5]) gering, wird nicht bestimmt.
[6]) nicht abgearbeitet; Hgw 100 N/mm², Hp 130 N/mm².

Fortsetzung Seiten 634/635

Tafel 8.10. Mechanische Kennwerte aus Kurzzeitmessungen bei Raumtemperatur
(Fortsetzung von S. 632/633)

Kunststoffe Prüfkörper: Sp spritzgegossen, P gepreßt, T aus Tafel		Grenz-biegespan-nung[1]) N/mm^2	Schlag-zähigkeit[2]) kJ/m^2
Polyetherimid	Sp	145	–
– mit 30% Glasfasern	Sp	230	–
Polyethylen (Niedere Dichte, 0,92)	Sp	7–10	o. B.
– (Hohe Dichte, 0,96)	Sp	30–40	o. B.
Polymethylmethacrylat, gegossen		140	12
Polyphenylenoxid, modifiziert	Sp	90–100	o. B.
– mit 30% Glasfasern	Sp	137	–
Polypropylen	Sp	40–50	o. B.
Polystyrol	Sp	100	16
– S/B	Sp	40–80	65
– ABS	Sp	55–90	70–o. B.
– SAN	Sp	130	20
Polysulfon	Sp	108	–
Polytetrafluorethylen	P	18–20	o. B.
Polyvinylchlorid	T	70–110	o. B.
– erhöht schlagzäh	T	70–90	o. B.
Polyvinylidenfluorid	T	55	–
Vergleichsstoffe:			
Aluminiumlegierungen		70–180	40
Gußeisen unbehandelt		300	10–15
Konstruktionsstahl		420–460	
Steatit		98	2,2

[1]) bis [6]) siehe Seiten 632–633.

Tafel 8.10. Fortsetzung

Kerb-schlag-zähigkeit[2] kJ/m²	Streck-spannung im Zug-versuch[3] N/mm²	Dehnung bei Streck-spannung %	Bruch-dehnung %	E-Modul N/mm²	Kugel-druck-härte N/mm²
130[7]	105	7–8	60	3000	–
43[7]	160	–	3	9000	–
o. B.	8–10	20	ca. 600	200–300	ca. 13
5–o. B.	20–30	12	400–800	1000	> 60
2	80		5,5	3000	190
> 15	50–60	6–7	50	2300–2400	85–97
8–10	120	–	2–3	9000	140
3–15	30–40	10–15	> 600	800–1300	50–70
2	50		3	3300	150
6–13	25–40		25–60	1800–2500	~ 100
6–20	35–52	3	15–30	2000–2800	65–100
3	75		5	3600	160
70[7]	72	5–6TP75	2480	–	
16	30	10	ca. 400	7500	ca. 30
2–5	ca. 50	ca. 10	20–50	3000	120
> 5–10	45–55		20–70	2200–2600	100
100–200[7]	40–60	ca. 20	50–150	2000	–
	70–250			70 000	
	120			40 000–75 000	
	700–840			210 000	
	70			100 000	

[7]) Izod-Kerbschlagzähigkeit J/m.

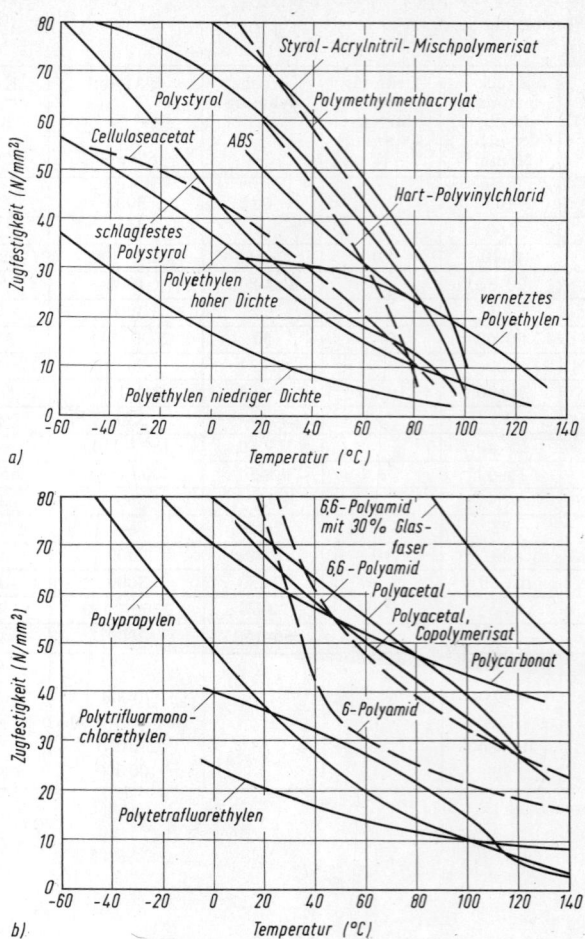

Bild 8.5. Zugfestigkeit thermoplastischer Kunststoffe im Kurzzeitversuch, Bereich
−60 °C bis 140 °C

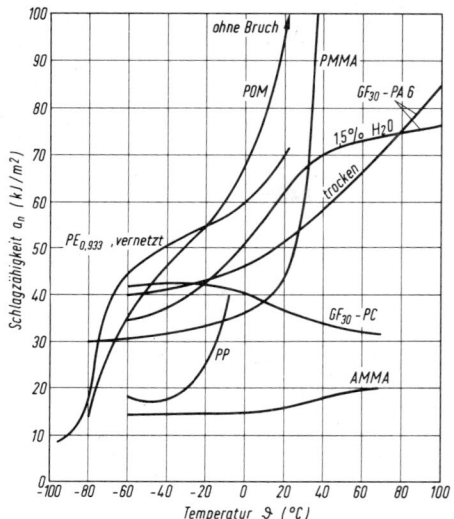

Bild 8.6. Temperaturabhängigkeit der Schlagzähigkeit

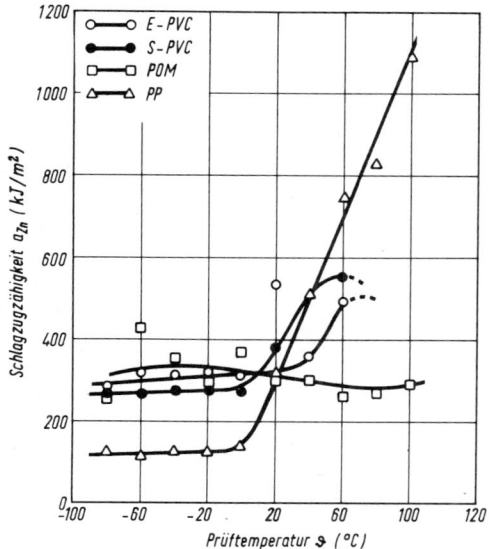

Bild 8.7. Schlagzugzähigkeit thermoplastischer Kunststoffe,
−80 °C bis 100 °C

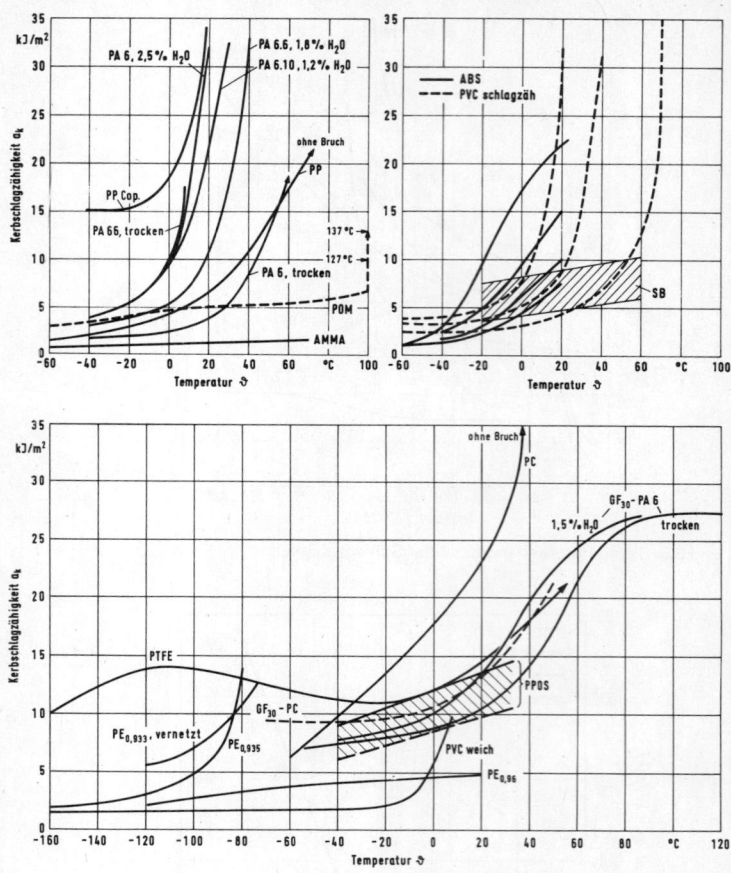

Bild 8.8. Temperaturabhängigkeiten der Kerbschlagzähigkeit von Thermoplasten (rechts oben verschieden schlagzäher Einstellungen von ABS und PVC)

Tafel 8.11. Zeitstand-Zugversuch über 1000 h: Dehnspannungen 0,2% und 1%, Zeitstand-Bruchfestigkeit

Kunststoffe		Zeitdehnspannungen		Zeitstand-Bruch-festigkeit
		$\sigma_{0,2/1000}$ N/mm²	$\sigma_{1/1000}$ N/mm²	$\sigma_{B/1000}$ N/mm²
PE-LD	Polyethylen niederer Dichte		6–20	7,5–10
PE-HD	Polyethylen hoher Dichte		25–30	10–20
PP	Polypropylen		45–60	20–32
PS	Polystyrol		ca. 20	25–35
SAN	Polystyrol-Copolymere		15	30–40
ABS	Polystyrol-Copolymere (versch.)		9–18	18–35
PVC	Polyvinylchlorid		19–22	38–42
PMMA	Polymethylmethacrylate	9–12	20–35	35–52
PA	Polyamide (versch.)		4–20	40–55
PA-GF	GF-verstärkt	6–15	32–50	40–80
POM	Polyacetale		8–12	30–45
POM-GF	GF-verstärkt		> 20	> 30
PC	Polycarbonat		15–20	42–60
PC-GF	GF-verstärkt	11–15	40–45	ca. 50
CAB	Celluloseacetobutyrat		5–12	15–25
PF	– Formstoffe	10–42		
MF	– Formstoffe	10–40		
UP	Polyester-Gießharz		7–8	29–38
UP-GF	Polyester-Mattenlaminat		50–70	60–95
UP-GF	Polyester-Gewebelaminat	30–35		180–250
EP-GF	Epoxid-Gewebelaminat		120–150	150–220
PUR	– Elastomere		2,5–3,0	32–42

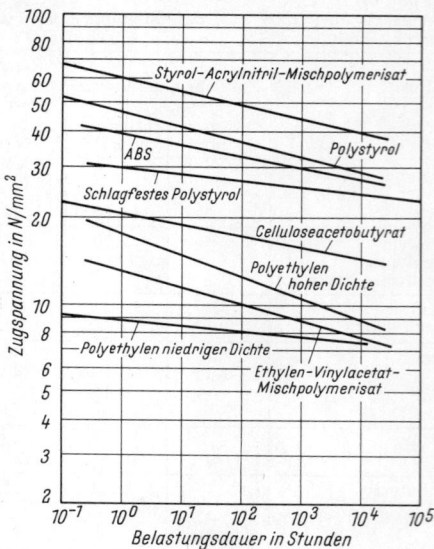

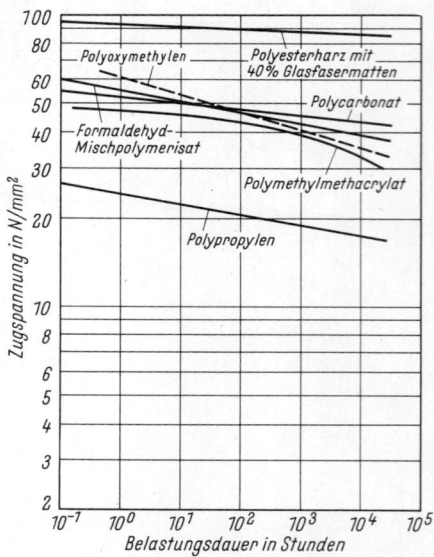

Bild 8.9. Zeitstandfestigkeit $\sigma_{B/t}$ von Thermoplasten und UP-GF

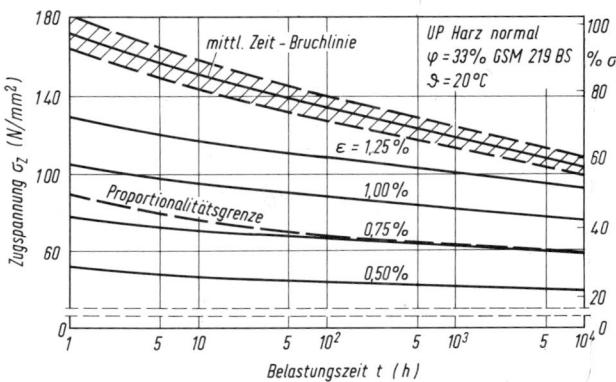

Bild 8.10. Zeitdehnspannungen und Zeitstandfestigkeit von UP-GF-Mattenlaminat (Glasgehalt 33 Vol.-Proz. = 50 Gew.-Proz.) bei 20°C. *Der Ordinatenursprung ist unterdrückt*

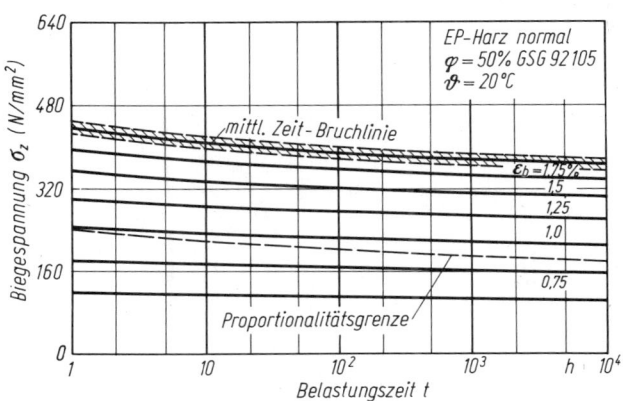

Bild 8.11. Zeitdehnspannungen und Zeitstandfestigkeit von EP-GF-Gewebelaminaten (Glasgehalt 50 Vol.-Proz. = 65 Gew.-Proz.) bei 20°C. *Anderer Maßstab als Bild 8.10*

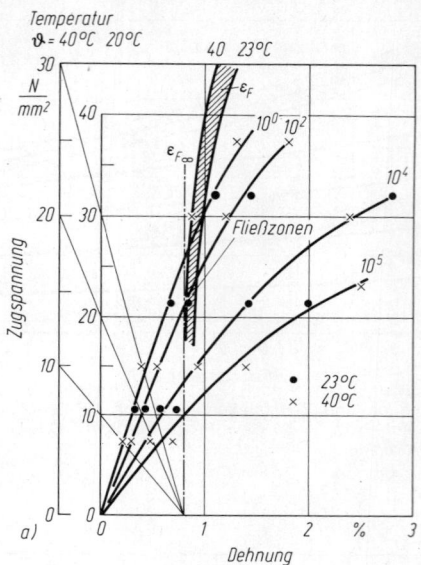

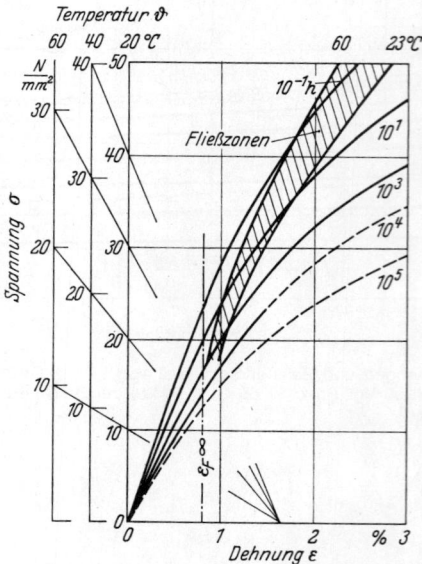

Bild 8.12. Isochrone Spannungs-Dehnungs-Diagramme für verschiedene Temperaturen *oben* von PVC-U, *unten:* von PMMA; Parameter Zeit in Stunden

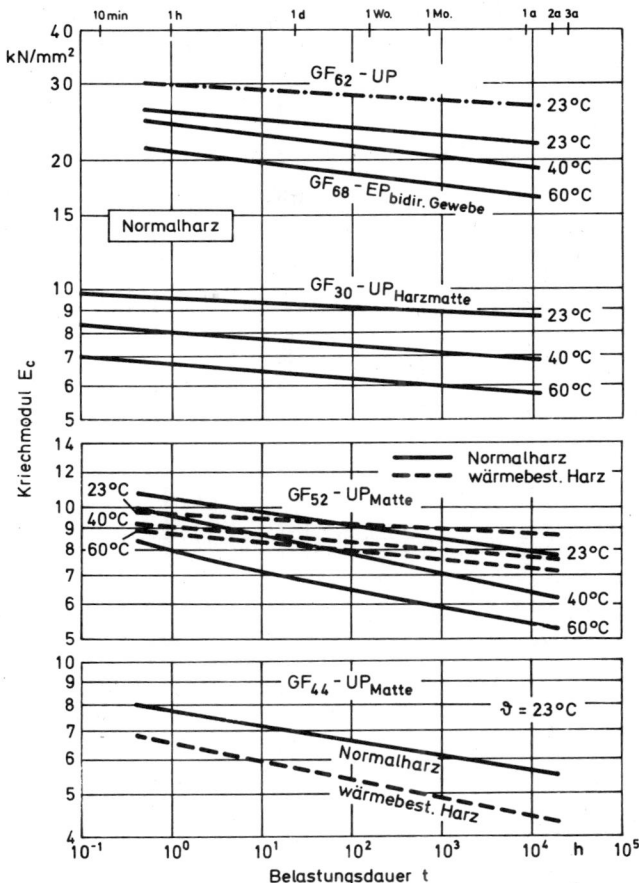

Bild 8.13. Kriechmoduln von UP-GF und EP-GF

Tafel 8.12. Kriechmoduln thermoplastischer Konstruktionswerkstoffe

		Prüf-Art	Temperatur °C	Prüf-Spannung N/mm²	Kriechmoduln in N/mm² für			
					1 h	100 h	1000 h	10000 h
PE-HD	Polyethylen hoher Dichte	Z	20	5	490	250	180	140
			40	2	330	220	180	140
PP	Polypropylen, MFI 230/5 = 1,5	Z	22	5	910	590	440	350
			65	2	500	395	300	250
PS	Polystyrol, VST/B = 80–90 °C	B	20	10	3100	2400		
S/B	schlagzäh, a_{n0} = 12–22 kJ/m²	B	20	10	2700	2500		
ABS	mittelschlagzäh	Z	20	15	3300	2500	1900	800
	hochschlagzäh	Z	20	15	1500	840	600	(370)
PVC	Polyvinylchlorid hart	Z	20	10	3300	3100	2800	1900
	S-PVC, K ~ 60		45	10	2200	1200	900	700
PMMA	Polymethylmethacrylat	Z	20	10	3200	2900	2500	2000
PA 6	Polyamid 6, luftfeucht	Z	20	6	600	400	300	220
	mit 25% GF verstärkt	Z	23	20	4100	3700	3300	3100
PA66	Polyamid 66, luftfeucht	Z	20	9	1400	1050	760	500
POM	Acetal-Copolymerisat	Z	20	20	2300	1500	1200	990
PPO	Polyphenylenoxid modifiziert	Z	23	21	2300	1800	1700	
			60	21	2100	1300	1200	
PC	Polycarbonat	Z	20	20	2000	1800	1650	1500
			60	21	1800	1300	1200	1000
PET	Polyethylenterephthalat kristallin	B	20	10	3500	3250	2900	2400
			60	10	3000	1700	1300	1200

Tafel 8.13. Zugschwell- und Wechselbiegefestigkeitsbereiche einiger Kunststoffe für 10^7 Lastspiele

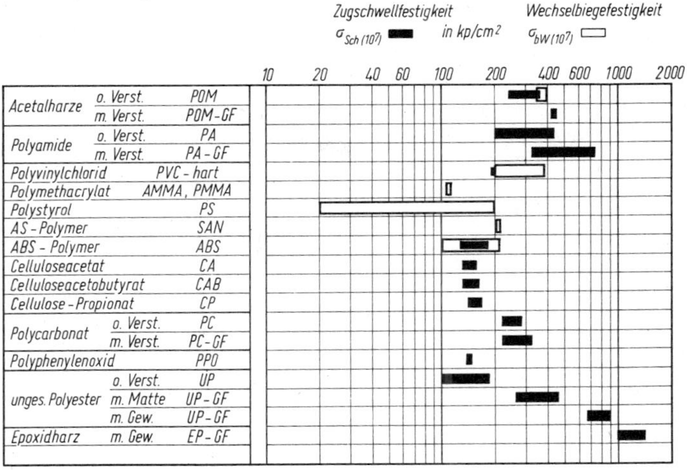

Zugschwellfestigkeit $\sigma_{Sch\,(10^7)}$ ▬ in kp/cm^2 *Wechselbiegefestigkeit* $\sigma_{bW\,(10^7)}$ ▭

		10	20	40	60	100	200	400	600	1000	2000
Acetalharze	o. Verst.	POM										
	m. Verst.	POM–GF										
Polyamide	o. Verst.	PA										
	m. Verst.	PA–GF										
Polyvinylchlorid		PVC–hart										
Polymethacrylat		AMMA, PMMA										
Polystyrol		PS										
AS–Polymer		SAN										
ABS–Polymer		ABS										
Celluloseacetat		CA										
Celluloseacetobutyrat		CAB										
Cellulose–Propionat		CP										
Polycarbonat	o. Verst.	PC										
	m. Verst.	PC–GF										
Polyphenylenoxid		PPO										
unges. Polyester	o. Verst.	UP										
	m. Matte	UP–GF										
	m. Gew.	UP–GF										
Epoxidharz	m. Gew.	EP–GF										

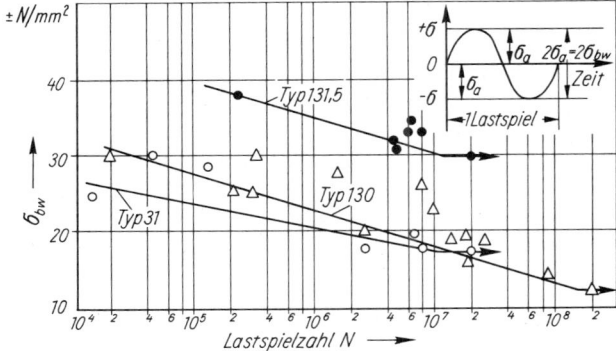

Bild 8.14. Wechselbiegefestigkeit σ_{bw} der Typen 31, 130 und 131.5 *(Wöhlerkurven)*

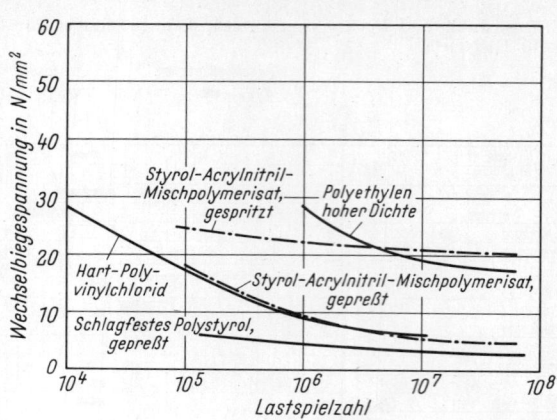

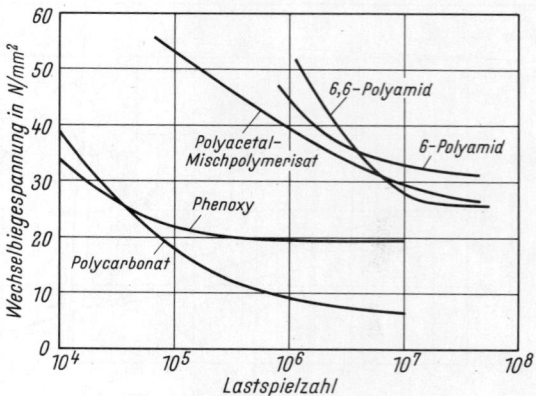

Bild 8.15. Wechselbiegefestigkeit verschiedener Thermoplaste

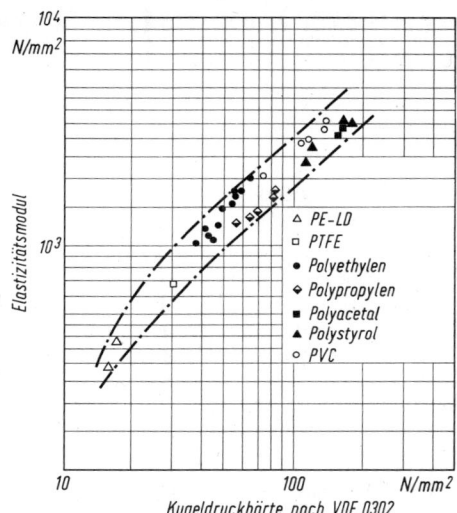

Bild 8.16. Zusammenhang zwischen dem Zug-*E*-Modul nach DIN 53457 und der Kugeleindruckhärte nach DIN 53456

9 Handelsnamen für Kunststoffe als Rohstoff und Halbzeug

9.1 Vorbemerkung

Das folgende Verzeichnis erfaßt die weltweit in Gebrauch befindlichen Handelsnamen für Kunststoff-Rohstoffe und -Formmassen sowie wichtige Halbzeuge in Verbindung mit den nach 9.2 verschlüsselten Produktangaben und Namen und Sitz der Inhaber-Firma. Veraltete, derzeit nicht als Markenbezeichnungen benutzte Namen sind ausgeschieden worden, sie mögen bei Bedarf in früheren Ausgaben des Kunststoff-Taschenbuches nachgeschlagen werden.

Handelsnamen von Additiven mit Hersteller-Angabe sind im „Taschenbuch der Kunststoff-Additive" von *Gächter/Müller* (S. 43) enthalten, sie sind bis auf einige wichtige Weichmacher-Bezeichnungen hier nicht aufgenommen worden, desgleichen nicht Handelsnamen von Fertigprodukten und Bezeichnungen, die nur bestimmte Dessins kennzeichnen.

Die Angaben im Verzeichnis beruhen auf unmittelbaren Auskünften der Namens-Inhaberfirmen im Rahmen der Beantwortung einer weltweiten Rundfrage von Verlag und Verfasser, ergänzt durch die Auswertung der internationalen Fachliteratur einschließlich Anzeigen und technischen Firmenschriften.

Soweit bei der Beantwortung der Fragebogen oder anderweit ersichtlich gemacht wurde, daß ein Handelsname als Warenzeichen registriert und geschützt ist, ist dieser Sachverhalt durch ein im Verzeichnis (nicht im Buchtext, s. S. XVII) beigefügtes ® gekennzeichnet. Bearbeiter und Verlag können Verantwortung dafür nicht übernehmen, daß diese Kennzeichnung in Einzelfällen mangels Information unterblieben oder irrtümlich angebracht sein kann.

9.2 Einteilung des Verzeichnisses

Jedem Namen folgen nach der zugehörigen Firma zwei Zahlengruppen, die erste gibt die chemische Zusammensetzung des Polymer-Grundstoffs n. S. 650/652, die zweite die Lieferform des Kunststoffes n. S. 653/655 an. Die Anordnung entsprechend den folgenden Listen ist ausschließlich nach praktischen Gesichtspunkten vorgenommen worden; die Benutzung der größeren Zahlengruppen scheint vielleicht zunächst etwas umständlich, macht aber je nach Bedarf genauere oder allgemeinere Beschreibung möglich.

Beispiele:

4224	21
4 Naturstoffabkömmlinge,	2 Formmassen
42 Zellstoffabkömmlinge,	1 Ohne Harzträger.

422 Celluloseester,
4224 Celluloseacetobutyrat,

Bedeutet: Celluloseacetobutyrat-Formmassen.

242	63
2 Produkte mit gemischtem Kettenbau, vernetzend	6 Verstärkte harte Kunststoffe,
24 Polyester	63 Glasfaserverstärkte Lichtplatten und -bahnen
242 Ungesättigte Polyester, mit Styrol od. dgl. weiter zu polymerisieren,	

Bedeutet: Glasfaserverstärkte Platten oder Bahnen, mit durch vernetzende Polymerisation ausgehärtetem Polyesterharz abgebunden.

21   113, 2

Bedeutet: Der Name wird allgemein für technische Phenolharze (im weiteren Sinne) und für Phenolharzformmassen verwandt.

Sofern in der Kennzeichnung nach Kunstharz und Lieferform nur allgemeinere Angaben enthalten sind, ist daraus nicht ohne weiteres zu folgern, daß die betreffende Bezeichnung sämtliche in den allgemeinen Rahmen fallende Erzeugnisse umfaßt; vielmehr mußten solche Angaben des öfteren mangels genauerer Firmenangaben über die unter diesen Namen angebotenen Erzeugnisgruppen gebracht werden.

Wenn in den Zahlenspalten mehrere Kennziffern mit Komma aufgeführt sind, gilt der betreffende Handelsname für die so gekennzeichneten verschiedenen Kunststoffgruppen bzw. Lieferformen. Sind Ziffern durch Schrägstrich verbunden, so geben sie die polymerkomponenten *einer* Kunststoffgruppe wieder. Einzelheiten über solche Kombinationen („Legierungen" bzw. „Blends" oder im Verzeichnis nicht enthaltene besondere Co-Polymere) wie auch über den Aufbau verschiedener Grundpolymeren zugeordneter thermoplastischer Elastomere sind im Buch-Text enthalten.

Einteilung des Handelsnamen-Verzeichnisses:

9.2.1   Erste Spalte: Kunstharze

1   Polymerisationsprodukte mit Kohlenstoffketten

überwiegend dauer-thermopl. Polyene, auch thermopl. Elastomere

11	*Polyolefine:*	1312	PVC, nachchloriert
111	Polyethylen allgemein	1313	Cop. des Vinylchlorids
1111	PE-LD Dichte ≤ 0,925	1314	modifiziertes PVC
1111 L	PE-LLD	1315	thermoplastische
1112	PE-MD Dichte 0,926–0,940		Elastomere
1113	PE-HD Dichte über 0,940	132	Weichgemachtes PVC und
1114	Polyethylen chloriert		Cop.
1115	Cop. des Ethylens (außer 341)	133	Polyvinylidenchlorid und Cop.
1116	Vernetzt, bzw. vernetzbar (nicht dauerthermoplastisch)	134	Polyvinyldichlorid
		135	Fluorhaltige Polymere
1117	thermopl. Elastomere	1351	Polytetrafluorethylen und
1118	naphthenmodifiziert		Cop.
112	Polypropylen	1352	Polytrifluorchlorethylen und
1121	Cop. des Propylens		Cop.
1122	chloriertes Polypropylen	1353	Polyvinylfluorid und Cop.
1127	thermopl. Elastomere	1354	Polyvinylidenfluorid
113	Polybuten		
114	Polyisobutylen	14	*Polyvinylether*
115	Olefin-Cop. allgemein	141	Polyvinylmethylether
116	Polymethylpenten	142	Polyvinylethylether
117	Polydicyclopentadien	143	Polyvinylisobutylether
12	*Polystyrol und Verwandte:*	15	*Polyvinylester und Folge-*
121	Polystyrol		*produkte:*
122	Polystyrol modifiziert:	151	Polyvinylacetat
1221	mit Butadien und Acrylnitril (ABS-Polymere)	152	Polyvinylalkohol
		153	Polyvinylformal
1222	Cop. mit Acrylnitril (SAN-Polymere)	154	Polyvinylacetal, auch allgemein,
1223	Cop. (u. Polyblends) mit Butadien	155	Polyvinylbutyral.
1224	Polyparamethylstyrol	16	*Polyacryl- und Polymethacryl-*
1225	Styrol-Maleinsäureanhydrid-Terpolymere		*verbindungen:*
		161	Polyacrylnitril (Polyvinyl-
123	Cop. mit Methylstyrol		cyanid) und Cop. (außer 164
124	Cop. mit Acrylnitril + Acryl-ester		und 323)
		1611	Cop. des Acryldinitrils
125	Sonstige Cop. (außer 322)		(Vinylidencyanids)
1251	Vernetzt, bzw. vernetzbar (nicht dauerthermoplastisch)	162	Polyacrylester
		163	Polymethacrylester (PMMA)
1252	mit Itaconat	164	Cop. von 161 und 163
1253	thermopl. Elastomere		(AMMA)
126	Polyvinylcarbazol	1641	Cop. MBS
127	Polyvinylpyrrolidon	1642	Cop. von MMA und Glut-aramid (PMMI)[1]
13	*Polymere halogenierte Polyolefine:*	165	Polyacrylsaure Salze
		166	Polymethacrylimid
131	Polyvinylchlorid allgemein, auch modifiziert und Cop.	167	Cyanacrylate
1311	PVC	19	*Polyarylene*

---

[1] formal ein MMA-Cop., jedoch hergestellt durch Umsetzung von PMMA mit Methylamin (MA)

2 Produkte mit gemischtem Kettenbau

überwiegend vernetzend (Duroplaste),
Dauer-Thermoplaste und thpl. Elastomere sind durch * gekennzeichnet

21	*Phenoplaste* (durch Polykon-densation mit Aldehyden):	244	Alkyd-Lackharze, auch mit Fettsäuren modifiziert insbesondere:
211	Reinphenolharze		
212	Phenol/Kresol- und Kresolharze	2441	Phthalatharze
213	Resorcinharze	2442	Maleinatharze
214	modifizierte Phenolharze		
215	Phenol-Ligninharze	25	*Harze gemischten Aufbaues,*
216	Furanharze		verschiedene Lackharze, insbesondere:
		251	Lackharze mit Naturharzen aufgebaut
22	*Aminoplaste* (durch Polykon-densation mit Aldehyden):	252	styrolisierte Alkydharze
221	Harnstoff- und Thioharn-stoffharze	253	styrolisierte trocknende Öle
222	modifizierte Harnstoffharze	254	methacrylierte Alkydharze
223	Melaminharze	258	Xylolformaldehydharze, meist modifiziert
224	modifizierte Melaminharze	259	Aldehyd- und Ketonharze, meist modifiziert
225	Dicyandiamidharze		

23	*Polyoxide u. ä.* (verschiedene Herstellungs-verfahren)	26	*Polyamide, Polyurethane, u. ä.* (durch Polykondensation oder Polyaddition)
231	*Acetalharze	261	*Polyamide
2311	*Polymethylenoxid	2611	Polyaminoamide u. ä.
2312	*Cop. des Polymethylenoxids	2612	*Polyarylamide
232	*Polyethylenoxid	2613	*Polyetherblockamide
233	Epoxidharze	2614	Polyphthalamide
235	*Polyphenylenether (mod.)	262	*lineare Polyurethane
2351	*Polyarylenetherketone	263	vernetzte Polyurethane, bzw. deren Vorprodukte:
236	*Polysulfone		
2361	*Polyethersulfone	2631	Polyisocyanate
237	*Polyphenylen-Sulfid	2632	Polyesterpolyole
		2633	Polyetherpolyole
		2634	Polyaminopolyole
24	*Polyester* (durch Polykonden-sation):	264	*Thermoplastische Poly-urethan-Elastomere
241	*Lineare Polyester	265	Polyisocyanurat
2411	*Polycarbonate	266	Polycarbodiimid
2412	*Polyterephthalate		
2413	*Polyetherester		
2414	*Polyarylate	27	*Polyimide u. ä.* (teilw.*)
2415	Polyestercarbonat	271	Polyesterimide
2416	Cop. des Polycarbonats (Bisphenol A/Bisphenol TMC)	272	Polyamidimide
		273	Polyarylimide
		274	Polyetherimide
242	Ungesättigte Polyester, weiter zu polymerisieren (bzw. poly-merisiert) mit Styrol o. ä.	276	Polybismaleinimide
		277	Polyimidsulfon
		278	Polybenzimidazol
2421	Vinylester- oder Phenacrylat-Harze	28	*Silicone*
243	weiterpolymerisierbare Allylester	281	Polysiloxan mit org. Cop.

3   „Vulkanisierbare Gummiarten"

bei Verarbeitung weich elastisch chemisch vernetzend

31	*Erzeugnisse mit Natur-*	34	*Verschiedene Polymerisate*
	kautschuk und Regenerat	341	Polyolefine
		3411	Olefin-Dien-Terpolymere
		342	Chlorsulfoniertes PE
32	*Butadien-Polymerisate*	343	Ethylen-Vinylacetat Cop.
321	Polybutadien	345	Polyacrylate
3211	Cis-Polybutadien	348	Fluorelastomere
3212	Trans-Polybutadien		
322	Cop. mit Styrol		
3221	Stereospezifische Cop.	35	*Chloropren-Polymerisate*
323	Cop. mit Acrylnitril	36	*Organische Polysulfide*
		37	*Gummielastisch vernetzendes*
			Polyurethan
33	*Isopren-Polymerisate*	38	*Silicon-Kautschuk*
331	Cis-Polyisopren	39	*Chlorhydrin-(Co-)Polymere*
332	Cop. mit viel Isobutylen		
	(Butyl-Rubber)		

4   Naturstoffabkömmlinge

Alle Produkte außer 421 und 431 sind thermoplastische Kunstharze

41	*Kautschukderivate:*	4224	Celluloseacetobutyrat,
411	Chlorkautschuk,	4225	Cellulosepropionat.
412	Kautschukhydrochlorid,	423	Celluloseether
413	Cyclisierter Kautschuk.	4231	Methylcellulose,
		4232	Ethylcellulose,
		4233	Hydroxylierte Methyl-, Pro-
42	*Zellstoffabkömmlinge:*		pyl- oder Ethylcellulose,
4211	pergamentierter Zellstoff	4234	Carboxylierte Methyl- oder
	(Vulkanfiber),		Ethylcellulose,
4212	Umgefällter Zellstoff (Reyon,	4235	Benzylcellulose.
	Zellglas).		
422	Celluloseester:		
4221	Cellulosenitrat,	43	*Proteinabkömmlinge:*
4222	Sekundäres Celluloseacetat,	431	Casein-Kunststoffe (Kunst-
4223	Cellulosetriacetat,		horn)

5   Verschiedene organische Substanzen

51	*Naturharze*	55	*Chlorierte Paraffine*
52	*Wenig abgewandelte Natur-*	56	*Chlornaphthalin und ähnliche*
	harze		*Produkte*
53	*Kohlenwasserstoffharze*	57	*Bitumenhaltige oder Asphalt-*
54	*Paraffine*		*haltige Produkte*

6   Anorganischer Grundstoff

61   Polyphosphazen

9.2.2 Zweite Spalte: Lieferformen

1 Rohstoffe

11	*allgemeiner Rohstoffname*	123	Lösungen
111	Vorprodukte	124	Alloys (Blends)
112	Verguß- und Laminierharze		
113	Technische Harze	13	*Produkte zur Verarbeitung in*
114	Rohstoffe für Lacke		*wäßriger Lösung*
115	Rohstoffe für Kleber und Leime		
116	Rohstoffe für Papier- und Textilveredelung	14	*Rohstoffe für besondere Verwendungszwecke:*
117	Schaumstoffvorprodukt	141	Flammspritz- und Wirbel-
118	RIM-System-Produkte		sinter-Pulver
119	Flüssigkristalline Polymere	142	Schmelztauchmassen
120	Thermoplastische Elastomere	143	Auskleidungsmassen
		145	Baudichtungsmassen
12	*Rohstoffe in besonderer Verteilung:*	146	Beschichtungsmassen
121	wäßrige Dispersion	147	Dentalmassen
122	Pasten (Plastisole und Organosole)	148	Ionen-Austauscher-Harze
		149	Reinigungsmassen
		150	Haftvermittler
		151	Modifizierharze

2 Formmassen

21	*Ohne Harzträger*	23	*Mit feinteiligem organischem Harzträger:*
		231	Zellstoff
22	*Mit anorganischem Harzträger:*	232	Holzmehl
221	nicht fasrig		
2211	Quarz	24–26	*Mit strukturiertem organischem Harzträger:*
2212	Kreide		
2213	Talkum	241	Zellstoff-Fasern
2214	Glimmer	242	Zellstoff-Schnitzel
2217	Glaskugeln	243	Zellstoff-(Papier-)Bahnen
222	Asbestfasern[1])	2431	Deckpapiere
223	Asbestschnüre oder -filz[1])		
224	Glasfasern	251	Textil-Fasern
225	Glasmatten oder -gewebe	2511	Faserstränge
2251	GF-Prepregs	2512	Faservliese
226	Carbonfasern	252	Textil-Schnitzel
2261	CF-Prepregs	253	Textil-Bahnen
		261	Holzfasern u. ä.
		262	Furnier-Schnitzel
		263	Furnier-Bahnen

3 Profile und Rohre

31	*Rohre*	34	*Profile verschiedener Querschnitte*
311	armiert		
312	gewickelt	341	Bauprofile
		3411	Fensterprofile
32	*Schläuche*	342	Technische Profile
321	armiert	343	Modische Profile
33	*Stäbe*	35	*Drähte und Fäden* (Monofils)
		36	*Borsten*

[1]) neuerdings ersetzt durch andere mineralische Fasern

4   Schmiegsame Folien, Bahnen, Zuschnitte

41	*Verpackungs- und Elektro-isolierfolien*	432	Gartenbau- und Gewächs-haus-Folien,
411	Verpackungsfolien und -schläuche	4321	mit Einlage
412	Verbundfolien	433	Technisches Auskleidungs- und Dichtungsmaterial
413	Elektroisolierfolien	434	Baudichtungsbahnen
414	Schaumfolien	4341	auf Trägerbahn
415	Synthetisches Papier oder Karton	435	Dachbeläge
		4351	auf Trägerbahn,
		436	Bahnen mit Gewebe oder Vlies
42	*„Plastic"-Folien und Kunstleder*	437	Kaschierfolien
421	Dekorations-, Bekleidungs-, Täschner-, Polster-Folien	438	Klebstoff-Trägerfolien
422	Selbstklebende Folien	44	*Fußbodenbeläge:*
423	Buchbindermaterial	441	Bahnen
424	Kunstleder mit Gewebe-rücklage	442	Fliesen
		443	Fliesen anorganisch gefüllt
4241	Geschäumte Kunstleder	444	Bahnen oder Fliesen auf Trägern
		445	Streichbelag auf Filz oder Kork
43	*Bahnen und technische Folien*		
431	Baustellen-Schutzfolien,	45	*Sonstige Beläge:*
4311	mit Einlage	451	Tapetenartige Wandbeläge
		452	Möbel-Oberflächenmaterial, auch mehrschichtig

5   Tafeln und anderes Halbzeug

51	*Platten, Blöcke und Rohlinge zur spangebenden Bearbeitung*	53	*Bahnen und Tafeln zum maschinellen Warmformen*
		54	*Glasklare Erzeugnisse*
52	*Zum Warmformen und Schweißen für technische Zwecke*	55	*Lichtplatten und -bahnen (eben, gewellt, mehrwandig)*

6   Verstärkte harte Kunststoffe

61	*Technische Erzeugnisse:*	616	mit Glimmereinlagen
611	mit Papiereinlagen (Hartpapier),	617	mit Drahtnetzeinlage
		618	mit Sägespänen
6111	hochtemperaturfest		
612	mit Gewebeeinlagen (Hartgewebe),	62	*Kunstharz-Bauplatten*
		621	Dekorative Schichtpreßstoffe
6121	hochtemperaturfest	622	Schichtpreßholz
613	mit Furniereinlagen (Kunstharzpreßholz)		
614	mit Rovings, Matten oder Geweben	63	*GFK-Lichtplatten (eben und gewellt)*
6141	faserverstärkte Rohre		
615	mit Asbesteinlagen		

7 Verschiedene Erzeugnisse
aus oder mit Kunstharzen

71	Schaumkunststoffe	74	*Holzwerkstoffe mit*
711	Zellkunststoffe höheren		*Kunstharzen:*
	Raumgewichts	741	Imprägniertes Preß-Vollholz
712	Poromere	742	Faser- und Spanplatten
713	Strukturschaum		

		76	*Verbundwerkstoffe:*
72	*Chemiefasern*	761	Sperrholz, Faser- u. Spanplat-
721	Vliese		ten mit Kunstharzdeckschicht
		762	Mit Kunststoff beschichtetes
			Blech
73	*(Schmelz-)Klebstoffe, Leime,*	763	Sicherheitsglas mit Kunst-
	Kitte		stoffeinlage
731	Leim-Folien	766	Sandwich-Platten,
732	Kitte	7661	mit Schaumkunststoff-Kern
733	Überzüge	7662	mit kunstharzgebundenem
			Wabenkern

77	*Schmelzmassen f. Gießformen*

9 Hilfsprodukte der Kunststoff-Verarbeitung

91	Weichmacher
94	Wachse

Besondere Angaben

a	abbaubar
s	für besondere Verwendungszwecke
korr	für Korrosionsschutz
el	für Elektrotechnik, Elektronik
elc	elektrisch leitfähig
med	für medizinische Zwecke
se	schwer entflammbar u. ä.
r	Regenerat
tra	transparent

9.3 Handelsnamen

Name	Firma (siehe 9.1, Seite 648)	Kunstharz (siehe 9.2.1, Seite 650)	Lieferform (siehe 9.2.2, Seite 653)
A			
Absafil®	Akzo Engineering Plastics Inc. Evansville, IN 47 732, US	1221	224, 226
Abscom	Akzo Engineering Plastics 6800 AB Arnhem, NL	1	2
Abselex®	Courtaulds, Advanced Materials, Industrial Sheets Spondon, Derby DE2 7BP, GB	1221	53
Absrom	Daicel Chemical Ind., Ltd., Tokyo, JP	1221	141
Acele	Du Pont Co. Inc. Wilmington, DE 19 898, US	422	72
Acell®	BP Chemicals, BXL Foams Hackettstown, NJ 07 840, US	111, 211	713
Acella®	J. H. Benecke GmbH 3000 Hannover 1, DE	11	422, 437, 721
Aclacell®	ACLA-Werke GmbH 5000 Köln 80, DE	263	711
Aclaflex	– ,, –	263	37, 713
Aclait®	– ,, –	212	611, 612
Aclamid®	– ,, –	261	2, 31, 33, 51
Aclan®	– ,, –	263, 264	11
Aclar®	Allied Plastics Supply Corp. Lake Luzern, NY 12 846, US	1352	41
Aclathan®	ACLA-Werke GmbH 5000 Köln 80, DE	263, 264	2, 71
Aclon®	Allied Signal Engineered Plastics Morristown, NJ 07 962, US	1352	2
Aclyn®	Allied Color Ind. Inc., Broadview Heights, OH 44 147, US	1115 s	121, 94
Acme	Acme Div. Allied Products Corp., New Haven, CT 06 505, US	233	2 el
Acorn	Hepworth Building Products s. Yorkshire DN12 1BY, GB	113	31
Acpol	Freeman Chemical Port Washington, WI 53 074, US	242	111, 2
A-C® *Poly-ethylene*	Allied Signal Corp., A-C Polyethylene Morristown, NJ 07 962, US	11	11, 2
Acralen®	Bayer AG, 5090 Leverkusen, DE	1115	121
Acrifix®	Röhm GmbH, 6100 Darmstadt, DE	163	115
Acriglas	Acrilex Inc. Jersey City, NJ 07 305, US	163	54, 55

Name	Firma (siehe 9.1, Seite 648)	Kunstharz (siehe 9.2.1, Seite 650)	Lieferform (siehe 9.2.2, Seite 653)
Acriplex®	Röhm GmbH, 6100 Darmstadt, DE	28/223	123
Acrivue	Swedlow Inc. Garden Grove, CA 92 641, US	163	51, 54
Acronal®	BASF Aktiengesellschaft 6700 Ludwigshafen, DE	162	114, 121
Acrosol®	–„–	162	121
Acrovyn	c/s Acrovyn-Bauprofile GmbH. 5880 Lüdenscheid, DE	131	34, 51
Acryalloy V	Mitsubishi Rayon Co., Ltd. Tokyo, JP	163/131	124
Acrycal	Continental Polymers, Inc. Compton, CA 90 220, US	163	54
Acrycon	Mitsubishi Rayon Co., Ltd. Tokyo, JP	16	21
Acryester	–„–	16	111
Acrylafil®	Akzo Engineering Plastics Inc. Evansville, IN 47 732, US	1222	117, 224
Acrylamate	Ashland Chemical Corp. Columbus, OH 43 216, US	242/263	11
Acrylite®	Cyro Industries Mt. Arlington, NJ 07 856, US	163	21
Acrylivin	Gen. Corp. Polymer Products Newcomerstown, OH 43 832, US	16/135	5
Acryloy	Resolite, Div. Robertson Ceco Co. Zelienople, PA 16 063, US	242/61	6
Acrylux	Tupaj-Technik-Vertrieb 8192 Geretsried, DE	163	5
Acrypanel®	Mitsubishi Rayon Co., Ltd. Tokyo, JP	163	63
Acrypet	–„–	163s	2
Acrysol	Rohm & Haas Co., Research Triangle Park, NC 27 709, US	16	121
Acrysteel®	Aristech Chemical Co. Florence, KY 41 042, US	163 s	54
Acrytex	Röhm GmbH, 6100 Darmstadt, DE	162	116
ACS®	Showa Denko K.K., Tokyo 105, JP	1114/16	2
Acsium	Du Pont Co. Inc. Wilmington, DE 19 898, US	3	11
Actilane	SNPE Chemie GmbH 6000 Frankfurt/M 1, DE	24	226
Adder	Tufnol Ltd. Birmingham B42 2TB, GB	21	615
Adell	Adell Plastics Inc. Baltimore, MD 21 227, US	112, 2411, 261	2, 224
Adheflon®	ELF ATOCHEM 92 091 Paris, La Défense 10, FR	–	150

Name	Firma (siehe 9.1, Seite 648)	Kunstharz (siehe 9.2.1, Seite 650)	Lieferform (siehe 9.2.2, Seite 653)
Adimoll®	Bayer AG, 5090 Leverkusen, DE	–	91
Adiprene®	Du Pont Co. Inc. Wilmington, DE 19 898, US	37	111
Admer	Mitsui Petrochemical Ind., Ltd. Tokyo, JP	115, 1117	113
Admex	Ashland Chemical Corp. Columbus, OH 43 216, US		91
Aecithene	Aeci (Pty) Ltd. Johannesburg 2000, ZA	1111 L	2
Aerodux®	Ciba-Geigy AG, 4002 Basel, CH	213	73
Aeroflex®	Anchor Plastics Inc. Great Neck, NY 11 021, US	1111	3
Aerolam®	Ciba-Geigy AG, 4002 Basel, CH	233	766 s
Aerolite®	– „ –	221, 223	113, 71, 73
Aerophenal®	– „ –	211	113, 73
Aerotuf	Anchor Plastics Inc. Great Neck, NY 11 021, US	112	3
Aeroweb®	Ciba-Geigy AG, 4002 Basel, CH	233	f. 7662
Aerowrap	BP Chemicals, BXL Foams Hackettstown, NJ 07 840, US	1113	414
A-fax	Himont, Wilmington, DE 19 894, US	112	11
Aflas	3 M Engineered Materials St. Paul, MN 55 144, US	1352	120
Aftex	Asahi Glass Co., Ltd., Yokohama, JP	348	11
Agalan®	4P-Folie Forchheim GmbH 8550 Forchheim, DE	1311	421
Agepan	Glunz AG, 6601 Heusweiler 1, DE	21	761
Agomet®	Degussa AG 6000 Frankfurt/Main 11, DE	163, 242	73
Agotherm	Agotherm GmbH, 4972 Löhne 1, DE	–	–
Agovit®	Degussa AG 6000 Frankfurt/Main 11, DE	163	73
Ahlstrom RTC	Ahlstrom Glasfibre Ltd. 48 601 Karhula, FI	112	2251
AH-Salz	BASF Aktiengesellschaft 6700 Ludwigshafen, DE		111 f. 72
Aipor®	Associazione Italiana Polistirolo Espanso, IT	121	71
Airex®	Airex AG., 5643 Sins, CH	1311, 132, 274	71
Airline Xtra	Durapipe, Glynwed Plastics Ltd. Cannock, Staffs. WS11 3NS, GB	1221 mod	31
Airofoam	Airofoam AG., 4852 Rothrist, CH	111	71 s
Airthane	Air Products & Chemical Inc. Allentown, PA 18 195-1501, US	263	2632

Name	Firma (siehe 9.1, Seite 648)	Kunstharz (siehe 9.2.1, Seite 650)	Lieferform (siehe 9.2.2, Seite 653)
Aislanpor	Aiscondel S.A., Barcelona 13, ES	121	72
Aisloplastic	–,,–	132	3, 4
Akrylon	PCHZ np, Zilina, CSFR	163	55
Akulon®	Engineering Plastics Inc. Evansville, IN 47 732, US	261	2, 22
Akylux	Kayserberg Pagaging 68 240 Kayserberg, FR	1121	55
Akyplen	–,,–	112	5
Akyver	–,,–	2411	55
Alathon®	Oxychem Vinyls Div. Berwyn, PA 19 312, US	1117	2
Albertol®	Hoechst AG 6230 Frankfurt/M. 80, DE	241, 251	114, 115
Albidur	Kayserberg Pagaging 68 240 Kayserberg, FR	21, 223, 233, 242, 2421/38	112, 146, 115 el, korr
Alcantara®	Iganto SpA, Nera Montoro/Terni, IT	263	421 s
Alcon	Allied Signal Engineered Plastics Morristown, NJ 07 962, US	53	11
Alcryn®	Du Pont Co. Inc. Wilmington, DE 19 898, US	343 + 133	120
Aldyl A	–,,–	111	31
Alfane	Atlas Minerals & Chemicals Inc. Mertztown, PA 19 539, US	233	112, 113
Alflow®	Ahlstrom Glasfibre Ltd. 48 601 Karhula, FI	112	225
Alftalat®	Hoechst AG 6230 Frankfurt/M. 80, DE	244, 252	113, 114
Algoflon®	Montefluos Div., 2155 Milano, IT	1351	1,2
Algo-Stat®	AlgoStat AG. & Co., 3100 Celle, DE	121	71
Alkathermic®	Alkudia Empresa para la Industria Madrid 20, ES	1111	432
Alkorflex®	Solvay & Cie S.A., 1050 Bruxelles, BE	1114	435
Alkorfol®	–,,–	1221, 132, 1354	41
Alkorpack®	–,,–	132	433
Alkorplan®	–,,–	132	433
ALKOzell	Alfelder Kunststoffwerke Herm. Meyer GmbH, 3220 Alfeld, DE	1111	71
Alkydal®	Bayer AG, 5090 Leverkusen, DE	244, 252	114
Allacast	Allaco Div., Bacon Industries, Inc. Watertown, MA 02 172, US	233	112, 2
Allbond®	–,,–	233	73
Alloprene®	ICI PLC, Welwyn Garden City, Herts. AL7 1HD, GB	411	11

Name	Firma (siehe 9.1, Seite 648)	Kunstharz (siehe 9.2.1, Seite 650)	Lieferform (siehe 9.2.2, Seite 653)
Alnovol®	Hoechst AG 6230 Frankfurt/M. 80, DE	21 Novolak	113, 114
Alpex®	–,,–	413	114
Alpha	Alpha Plastics Corp. Pineville, NC 28 134, US	131, 132	2
Alphamid®	Putch GmbH, 8500 Nürnberg 90, DE	261	2
Alpolit®	Hoechst AG 6230 Frankfurt/M. 80, DE	242	112, 143, 146
Alresat®	–,,–	2442, 251	113, 114, 115, 116
Alresen®	–,,–	214	114, 115
Alstamp®	Ahlstrom Glasfibre Ltd. 48 601 Karhula, FI	112	2251, 2261
Alteco®	Ceca, La Défense 5 92400 Courbevoie, FR	167	73
Alton®	International Polymer Corp. Houston, TX 77 092, US	237/135	2
Altubat®	ELF ATOCHEM (Altulor) 92 091 Paris, La Défense 10, FR	163	55
Altuglas®	–,,–	163	2, 51
Altuglas choc	ELF ATOCHEM 92 091 Paris, La Défense 10, FR	163	120
Altulex®	–,,–	163	5, 54
Altulor®	–,,–	163	51
Alveolen®	Alveo AG., 6000 Luzern 7, CH	112, 1116	71
Alveolit®	–,,–	1116, 112	414, 71
Alveolit® TP	–,,–	1127	120
Alveolux®	–,,–	1115, 1116	414, 71
Amberlite®	Rohm & Haas Co., Research Triangle Park, NC 27 709, US	125, 164	148
Ambla®	Weston Hyde Products (EVC) Hyde, Cheshire SK14 4EJ, GB	132	424
Amblon®	–,,–	132	4241
Ameripol	BF Goodrich Co. Akron, OH 44 311-1081, US	322	11
Amilan®	Toray Industries, Inc., Tokyo, JP	261	11, 2, 22
Amilon®	–,,–	261	2
Amodel	Amoco Performance Products Atlanta, GA 30 350, US	2614	2
Amoflo®	Amoco Chemical Chicago, IL 60 601, US	1224	9
Ampacet®	Ampacet Corp. Tarrytown, NJ 10 591, US	111, 115, 112, 121	111, 2, 9

Name	Firma (siehe 9.1, Seite 648)	Kunstharz (siehe 9.2.1, Seite 650)	Lieferform (siehe 9.2.2, Seite 653)
Ampal®	Ciba-Geigy AG, 4002 Basel, CH	242	2, 224
Ampcoflex	Atlas Plastics, Buffalo, NJ 14210, US	1311	31, 51 korr
Amres®	Georgia-Pacific Atlanta, GA 30348, US	21, 22, 223	11, 112, 113
Ancorene	Anchor Plastics Inc. Great Neck, NY 11021, US	1223	3
Ancorex	–„–	1221	3
Andrez	Anderson Development Co. Adrian, MI 49221, US	1223	11, 14
Andur	–„–	2632, 2633	11
Anjablend	Kunststoffhandelsges. mbH 4150 Krefeld 1, DE	1221/2411, 2411/2412	124
Anjadur	–„–	2412	2
Anjalin	–„–	1221	2
Anjalon	–„–	2411	2
Anjamid	–„–	261	2
Antron®	Du Pont Co. Inc. Wilmington, DE 19898, US	261	72
Apec HT	Bayer AG, 5090 Leverkusen, DE	2416	2, 21 tra
Apel	Mitsui Plastics Inc. White Plans, NY 10606, US	115 s	124
Apex®	Atlas Fibre Co. Skokie, IL 60076 - 4008, US	163 s	54
Aphrolan	deltaplastic GmbH & Co. KG. 2863 Ritterhude, DE	121	414
Aphro Trays	–„–	121	414
Apical®	Allied Signal Engineered Plastics Morristown, NJ 07962, US	27	41
Apivin	Associated Plastics of Ireland, IE	131	2
Appretan®	Hoechst AG 6230 Frankfurt/M. 80, DE	151, 162	116, 121, 612, 614
Appryl®	Appryl SNC 92807 Puteaux Cedex, FR	112	2
Apscom®	Akzo Engineering Plastics Inc. Evansville, IN 47732, US	1, 2, 24	2
Aquaflex	Pantasote Inc. Passaic, NJ 07055, US	131, 132	433
Aracast®	Ciba-Geigy AG, 4002 Basel, CH	233 s	112
Araldit®	–„–	233, 27	11, 118, 123, 141, 143, 221, 224
Arale	Akzo Chemicals Inc. Chicago, IL 60606, US	2612	11
Aramid	allgem. Bezeichnung	261	72 se

Name	Firma (siehe 9.1, Seite 648)	Kunstharz (siehe 9.2.1, Seite 650)	Lieferform (siehe 9.2.2, Seite 653)
Arapol	Reichhold Chemicals Inc. Emulsion Polymers Div., Research Triangle Park, NC 27709, US	242	112 s, 2
Aratronic®	Ciba-Geigy AG, 4002 Basel, CH	233	112, 2
Arcel®	Arco Chemical Co. Newton Square, PA 19073, US	111/121, 1115	117, 71
Arcolac	Resinmec Termoplastici S.p.A. 24040 Pontirolo Nuovo (BG), IT	1221	2
Arcomid	–,,–	261	2
Arcoplen	–,,–	112	2
Ardel®	Amoco Performance Products Atlanta, GA 30350, US	2414	113, 146
Ardylan	Ind. Petroquimicas Argentinas Koppers S.A., Buenos Aires, Argentinien	111	2
Ardylux	–,,–	1222	2
Arenka®	Akzo Faser AG 5600 Wuppertal 1, DE	261 s	72 se
Arinid®	Lenzing AG, 4860 Lenzing, AT		72 s
Aristoflex®	Hoechst AG 6230 Frankfurt/M. 80, DE	15	113, 123, 14
Arjomix	Exxon Chemical Co. Houston, TX 77079-1398, US	112	76 s
Arlen	Mitsui Petrochemical Ind. (Europe) GmbH., 4000 Düsseldorf, DE	261 s	224
Arlon	Tweed Eng. Plastics, Hartfield, GB	2351	2261
Arloy®	Arco Chemical Co. Newtown Square, PA 19073, US	1225/2411	2, 120
Armaflex	Armstrong Int., Inc. Three Rivers, MI 49093, US	132	443
Armalon	Du Pont Co. Inc. Wilmington, DE 19898, US	1351	614
Armaveron	Armaver AG, 4617 Gunzgen, CH	242	6141
Armite	Spaulding Composites Co. Tonawanda, NY 14150, US	4211	5
Arnar	Ross & Roberts, Inc. Stratford, CT 06497, US	111, 1115, 1311, 132, 263	4, 5
Arnite®	Akzo Engineering Plastics Inc. Evansville, IN 47732, US	2412	2, 22
Arnitel®	–,,–	2413	120
Arnox®	GE Co., GE Plastics Pittsfield, MA 01201, US	233	11
Arofene	Ashland Chemical Inc., Speciality Polymers & Adhesive Columbus, OH 43216, US	21	111
Aron	Toa Gosei Chemical Ind., Co., Ltd. Tokyo, JP	131, 1314	2
Aropol	Ashland Chemical Corp. Columbus, OH 43216, US	242	112, 2, 224

Name	Firma (siehe 9.1, Seite 648)	Kunstharz (siehe 9.2.1, Seite 650)	Lieferform (siehe 9.2.2, Seite 653)
Arotech	Ashland Chemical Inc. Columbus, OH 43 216, US	2613	11
Arotone®	Du Pont Co. Inc. Wilmington, DE 19 898, US	2351	11
Arpak	Arco Chemical Co. Newtown Square, PA 19 073, US	111	117
Arpro	– ,, –	121	117
Arpylene®	TBA Industrial Products, Hydro Polymer, Havant, GB	112, 121, 2411, 261	2212, 2213, 222, 224, 226
Arset	Arco Chemical Co. Newtown Square, PA 19 073, US	263/2411	118
Artel	Phillips Petroleum Chemicals NV, 1900 Overijse, BE	237	226
Arylon®	Du Pont Co., Polymer Products Wilmington, DE 19 898, US	2414	2
Asaprene	Asahi Chemical Ind. Co., Ltd. Tokyo, JP	12/32/12	120
Ashlene®	Ashley Polymers Brooklyn, NY 11 219, US	1221, 1222, 261	2, 224
Aslan®	Alfred Schwarz GmbH & Co. 5063 Overath-Untereschbach, DE	1113, 132	422 s
Asota®	Asota GmbH (PCD) (Deutschland) 8000 München, DE	112	72 se, s
Aspect	Phillips Petroleum Chemicals NV, 1900 Overijse, BE	2412	224
Asplit®	Hoechst AG 6230 Frankfurt/M. 80, DE	214, 216, 233, 242	732, 733, korr
Aspun	Dow Chemical Co. Midland, MI 48 674, US	111	2
Assil®	Henkel KGaA, 4000 Düsseldorf 1, DE	263	71
Asterite®	ICI PLC, Welwyn Garden City, Herts. AL7 1HD, GB	163	112
Astra	F. Drake (Fibres), Ltd., Golcar Huddersfield, GB	112	71
Astraglas®	Hüls-Troisdorf AG 5210 Troisdorf, DE	132	43 s
Astralon®	– ,, –	1311, 1313	4, 5
Astra Star	F. Drake (Fibres), Ltd., Golcar Huddersfield, GB	112	72
Astro Glaze	Commercial Decal, Inc. Mt. Vernon, NY 10 550, US	223	452
Astro Turf®	Monsanto Co. St. Louis, MO 63 167, US	261	44 s
Astryn	Himont Advanced Material Brüssel, BE	1121	124

Name	Firma (siehe 9.1, Seite 648)	Kunstharz (siehe 9.2.1, Seite 650)	Lieferform (siehe 9.2.2, Seite 653)
Atlac	DSM Resins UK Ltd. Ellesmere, South Wirral L65 OHB, GB	2421	11
Atlantic	Norplex Oak Inc. La Crosse, WI 54 601, US	1351, 233, 27	614 el
Attane®	Dow Chemical Corp. Midland, MI 48 640, US	1111 Ls	2
Autan®	ACLA-Werke GmbH 5000 Köln 80, DE	263	5, 711
Avalon®	ICI Polyurethanes 3078 Kortenberg, BE	2632, 2633	117/711
Avimid®	Du Pont Canada Inc. Mississauga, ON L5M 2H3, CA	27	1
Avotone®	–,,–	2351	1
Avron®	ICI PLC, Welwyn Garden City, Herts. AL7 1HD, GB	116	51
Avtel	Phillips Petroleum Chemicals NV, 1900 Overijse, BE	237	226
AXXIS®-*Sunlife*	AXXIS N.V., 8880 Tielt, BE	2411	4, 5
AXXIS®-*Vivac*	–,,–	2411	–
Azdel®	Azdel Europe BV Bergen op Zoom, NL	112 s	224, 614, 76
Azfab®	–,,–	2412	2251
Azloy®	–,,–	2411, /235, 2412	124
Azmet®	–,,–	2412	111
B			
Bakelite®	Bakelite GmbH 5860 Iserlohn-Letmathe, DE	21, 22, 242	2
Bakelite®	–,,–	211–214, 223, 216	111–117, 12, 123, 13, 141, 146, 73
Bamberko	Claude Bamberger Molding Compounds Corp. Carlstadt, NJ 07 072, US	16	149
Bapolan	Bamberger Polymers, Inc. New Hyde Park, NY 11 042, US	121, 1221, 1222	2
Bapolene	–,,–	111, 1111 L, 1112, 112	2
Bapolon	–,,–	261	41
Barex®	BP Chemicals Cleveland, OH 44 114-2375, US	1611	11
Baricol	BCL, Bridgewater, Somerset, TA6 4PA, GB	1115/152	412
Baroflex	American Barmag Corp. Charlotte, NC 28 217, US	–	413

Name	Firma (siehe 9.1, Seite 648)	Kunstharz (siehe 9.2.1, Seite 650)	Lieferform (siehe 9.2.2, Seite 653)
Basenol®	BASF Aktiengesellschaft 6700 Ludwigshafen, DE	2633	123
Basofil®	–,,–	224	72 se
Basonat®	–,,–	2631	114
Basopor®	–,,–	111, 221	117, 123
Basotect®	–,,–	223	71 se
Bauder PUR	Paul Bauder GmbH & Co. 7000 Stuttgart 31, DE	263, 265	71
Bausom	Sommer B. T. P. Dtschl. GmbH 6000 Frankfurt/M. 60, DE	132	43
Bayblend®	Bayer AG, 5090 Leverkusen, DE	1221/124/ 2411	124
Baybond®	–,,–	263	121
Baydur®	–,,–	2632, 2633	118/71
Bayer CM	–,,–	1114	11
Bayfill®	–,,–	2632, 2633	117/71
Bayfit®	–,,–	263	117/71
Bayflex®	–,,–	2632, 2633	118, 117/71
Bayfol®	–,,–	2411	4
Baymer®	–,,–	2632, 2633	117/71
Baymod®	–,,–	115, 1221, 125, 264, 343	9
Baymoflex	–,,–	124/345	437
Baynat®	–,,–	263	117/53
Baypreg®	–,,–	263	225
Baypren®	–,,–	35	11, 115
Baysilone®	–,,–	28	11
Baysport®	–,,–	263	146
Baystal®	–,,–	322	121
Baytec®	–,,–	263	117/71
Baytherm®	–,,–	2632, 2633	117/71
Beauron	Mitsubishi Petrochemical Co., Ltd. Tokyo, JP	1117	2
Beckocoat®	Hoechst AG 6230 Frankfurt/M. 80, DE	263	114
Beckopox®	–,,–	233	112, 114, 115, 143, 146
Beckurol®	–,,–	222	114
Bedacryl	Cray Valley Products Ltd. Orpington, Kent, BR5 3PP, GB	16	114
Bedesol	–,,–	25	114

Name	Firma (siehe 9.1, Seite 648)	Kunstharz (siehe 9.2.1, Seite 650)	Lieferform (siehe 9.2.2, Seite 653)
Beetle®	BIP Chemicals Ltd. Oldbury Warley, West Midl., B69 4PD, GB	21, 22, 2412, 2413, 261, 27	2, 22
Begra	Begra GmbH & Co. KG 1000 Berlin 51, DE	131	2
Bekaplast	Steuler Industriewerke GmbH 5410 Höhr-Grenzhausen, DE	111, 112, 131, 1354	52s, korr
Benecor®	J. H. Benecke GmbH 3000 Hannover 1, DE	132	421, 424
Benefol®	–,,–	132	434, 435
Benelit®	–,,–	1311, 132	452, 53
Beneron®	–,,–	1221	53
Benova®	–,,–	132	421
Benvic®	Solvay & Cie S.A., 1050 Bruxelles, BE	1311, 132	2
Bergacell®	Th. Bergmann GmbH & Co. KG 7560 Gaggenau 12, DE	4222	2
Bergadur®	–,,–	2412	2
Bergaflex®	–,,–	1253	2
Bergamid®	–,,–	261	2
Bergaprop®	–,,–	112	2
Berlene®	Gurit-Worbla AG 3063 Ittigen-Bern, CH	11	43
Bestfight®	Toho Rayon, Div. Beslon, Tokyo, JP	5	226
Bexfilm®	Bexford Ltd., Manningtree, Essex CO11 1NL, GB	2412, 4222, 4223	4
Bexloy	Du Pont Co. Inc. Wilmington, DE 19898, US	115s, 2412s, 261s	120
Bexphane®	Moplephan UK, Brantham, GB	112	4
Biafol	Chemisches Kombinat Tisza 3581 Leninvaros, HU	112	41
Biapen	Chemolimpex, 1805 Budapest, HU	235	2
Bicor®	Mobil Chemical Co., Films Dept. Macedon, NY 14502, US	112	41, 412
Bifan	Showa Denko K.K., Tokyo 105, JP	112	411, 412
Bimoco®	DSM Italia s.r.l., 22100 Como, IT	242	224
Bioceta®	Tubize Plastics S.A., 1360 Tubize, BE	4222s	2a
Biodrak	Antonios Drakopoulos S.A. Athen, Griechenland	121, 1311, 163	5, 55, 6
Bio-Net	Norddeutsche Seekabelwerke AG 2890 Nordenham, DE	11	31s
Biopol®	ICI PLC, Welwyn Garden City, Herts. AL7 1HD, GB	241s	11, a
Biopolymer	Biopolymers Ltd., Dassenberg, ZA	1223	2tra
Bipeau®	ELF ATOCHEM 92091 Paris, La Défense 10, FR	131	31/7661

Name	Firma (siehe 9.1, Seite 648)	Kunstharz (siehe 9.2.1, Seite 650)	Lieferform (siehe 9.2.2, Seite 653)
Bisoflex®	BP Chemicals International Ltd. London SW1W OSU, GB	–	91
Bisol®	– ,, –	151	11
Bistan	PL	2411	2
Blak-Stretchy®	Perma-Flex Mold Co. Columbus, OH 43 209, US	36	111
Blak-Tufy®	– ,, –	36	111
Blane	Blane Polymers Div. Vista Chemical Mansfield MA 02 048, US	132	22
Blavin	– ,, –	131	2
Blaze Master	B. F. Goodrich Chemical Co. Cleveland, OH 44 131, US	134	2
Blendex®	GE Co., GE Plastics Pittsfield, MA 01 201, US	1221	111
Blendur®	Bayer AG, 5090 Leverkusen, DE	233/242/263	11, 112, 113
Blu-Sil®	Perma-Flex Mold Co. Columbus, OH 43 209, US	28	111, 112, 2
Bocithane	General Latex & Chemical Corp. Cambridge, MA 02 139, US	263	117
Boltamask	Gen. Corp. Polymer Products Newcomerstown, OH 43 832, US	131	41
Boltaron	– ,, –	124, 131, 134	4, 5
Bonamid	Borsodi Vegyi Kombinat Kazincbarcika, HU	261	21, 51
Bondfast	Sumitomo Chemical Co., Ltd. Tokyo 103, JP	1121	73
Bondstrand®	Ameron PCD Brea, CA 92 621, US	233, 242	6141
Bondwave	Flexible Reinforcements Ltd. Clitheroe, Lanc., GB	131	261/436
Bonosol	Ernst Jäger & Co., OHG 4000 Düsseldorf, DE	163	123
Brandalen®	Hüls-Troisdorf AG. 5210 Troisdorf, DE	11	31
Breon®	Zeon Deutschland GmbH 4000 Düsseldorf 11, DE	323	11
Breox®	– ,, –	1115	11
Bricling	BCL, Bridgewater, Somerset, TA6 4PA, GB	1111, 1111 L	411
Brilen	Brilen SA, Barbastro/Huesca, ES	2412	72
Bri-Nylon®	Du Pont Co., Inc. Wilmington, DE 19 898, US	261	72
Brithene	BCL, Bridgewater, Somerset, TA6 4PA, GB	1111, 1111 L	411

Name	Firma (siehe 9.1, Seite 648)	Kunstharz (siehe 9.2.1, Seite 650)	Lieferform (siehe 9.2.2, Seite 653)
Bromobutyl®	Polymer Corp. Ltd. Reading, PA 19 603, US	332 s	11
Budene®	Goodyear Tire & Rubber Co. Jackson, OH 45 640, US	3211	11
Buflon®	Solvay & Cie S.A., 1050 Bruxelles, BE	132	451
Bulana	BG	16	72
Bulen	–,,–	111	11, 2
Bultex	Recticel Foam Corp., Morristown Div. Morristown, TN 37 816-1197, US	2633	71
Buna CB	Bayer AG, 5090 Leverkusen, DE	32	11
Buna® *Hüls AP*	Hüls AG, 4370 Marl, DE	3411	2
Buna® *Hüls EM*	–,,–	322	11
Buna NB 186	Buna AG, Schkopau, DE	323 + 131	11
Bunatex®	Hüls AG, 4370 Marl, DE	322	121
Buplen	BG	1121, 112	2
Bustren	–,,–	1223	117
Butacite®	Du Pont Canada Inc. Mississauga, ON L5M 2H3, CA	155	43
Butaclor®	Distugil, 92 408 Courbevoie, FR	32, 35	11, 2
Butakon®	Revertex Chemicals Ltd. Harlow, Essex CM20 2AH, GB	32/163, 323	121
Butaprene	Firestone Synthetic Rubber Latex Co. Akron, OH 44 319-0006, US	322, 323	11
Butarez	Phillips Petroleum Chemicals NV, 1900 Overijse, NL	32	11
Butofan®	BASF Aktiengesellschaft 6700 Ludwigshafen, DE	1223	121
Butvar®	Monsanto Co. St. Louis, MO 63 167, US	155	11
Butylex®	Nordmann Rassmann GmbH & Co. 2000 Hamburg, DE	1111 + 332, 1113 + 332	1
Bytac®	Norton Performance Plastics Wayne, NJ 07 470, US	1351, 1352	437

C

Cabelec®	Cabot Enterprises Inc. Bridgeport, CT 06 607, US	1111, 1113, 112, 1115, 121, 131	2 el
Cablon-Flex	–,,–	263	2 med
Cabocell	Cabon Plastics Corp. Newark, NJ 07 102, US	4224	32
Cadon®	Monsanto Co. St. Louis, MO 63 167, US	1225	21

Name	Firma (siehe 9.1, Seite 648)	Kunstharz (siehe 9.2.1, Seite 650)	Lieferform (siehe 9.2.2, Seite 653)
Calfame	Unitex Ltd., Knaresborough, North Yorks., HG5 OPP, GB	263	4241, 43
Calibre®	Dow Chemical Corp. Midland, MI 48 640, US	2411	117, 2, 224
Calthane	Cal Polymers, Inc. Long Beach, CA 90 813, US	264	112, 115
Cambrelle®	ICI PLC, Fibres Div. Harrogate, HG2 8QN, GB	2412, 261	721
Campco	Chicago Wheel & Mfg. Co. Michigan, IN 46 360, US	111, 112, 12, 2411, 422	5
Canevasit	Schweizerische Isola-Werke 4226 Breitenbach, CH	212	612
Cantrece®	Du Pont Co. Inc. Wilmington, DE 19 898, US	261	35, 72
Canusaloc	Shrink Tubes & Plastics Ltd. Redhill, Surrey, RH1 2LH, GB	1115	31 s
Caprez DPP®	Alloy Polymers Inc. Richmond, VA 23 234, US	112	226
Capron®	Allied Signal Engineered Plastics Morristown, NJ 07 962, US	261	2
Caradate®	Shell International Chemical Co., Ltd. London, SE1 7PG, GB	2631	117
Caradol®	– „ –	2633	117
Caraplas	Caraplas, Dublin, IR	2412	53, 54
Carbaicar®	Aicar S. A., 08 010 Barcelona, ES	221	24
Carboflex	Ashland Chemical Inc. Columbus, OH 43 216, US	5	226
Carbofol®	Hüls-Troisdorf AG. 5210 Troisdorf, DE	1113, 132, 1115 + Bitumen	433
Carboglass	Carbolux S.p.A. 05 027 Nera Montoro (Terni), IT	2411	55
Carb-o-life	– „ –	2411	55
Carbolux®	– „ –	2411	55
Carbowax®	Union Carbide, Corp. Danbury, CT 06 817-0001, US	232	94
Cardon	Advanced Elastomer Systems L.P. St. Louis, MO 63 167, US	1225	224
Cardura®	Shell International Petroleum Co., Ltd., London, SE1 7NA, GB	2632	11, 117
Cariflex®	– „ –	3211, 322, 331	2
Cariflex TR®	– „ –	12/32/12	120
Caril®	Shell International Chemical Co., Ltd. London, SE1 7PG, GB	121/235	71
Carina®	Shell International Petroleum Co., Ltd., London, SE1 7NA, GB	1311	11, 2

Name	Firma (siehe 9.1, Seite 648)	Kunstharz (siehe 9.2.1, Seite 650)	Lieferform (siehe 9.2.2, Seite 653)
Caripak	Shell International Chemical Co., Ltd. London, SE1 7PG, GB	2412	11, 2
Carlex®	Carlon, Cleveland, OH 44122, US	111, 131	31
Carlona®	Shell International Petroleum Co., Ltd., London, SE1 7NA, GB	112, 1121	2
Carodel	ICI Advanced Materials Exton, PA 19341, US	2414s	11
Carom®	Chemisches Kombinat, Borzesti, RO	322	1
Carpran	Allied Signal Engineered Plastics Morristown, NJ 07962, US	261	4
Carrilen	Rio Rodano, S.A., Madrid 20, ES	322	2
Carta®	Isola Werke AG, 5160 Düren, DE	21, 223, 233	312, 611, 612
Cartonplast	Drakopoulos S.A., Athen	112	5
Cascomelt®	Borden Chemicals Plastic Geismar, LA 70734, US	1115	115, 73
Cascophen®	– „ –	213, 214	112, 115
Casco-Resin®	– „ –	221	115
Cascorez®	– „ –	151	115
Cashmilon	Asahi Chemical Ind. Co., Ltd. Tokyo, JP	161	72
Casocryl®	s. Altuglas	163	5
Casoglas®	– „ –	163	763 s
cast-film	Karl Dickel & Co. 4100 Duisburg, DE	112	411
Castomer	Baxenden Chemical Co., Ltd. Accrington, Lancs. BB5 2SL, GB	263	112
Catalloy®	Himont Inc. Wilmington, DE 19894, US	112	124, 120
Cebian	Daicel Chemical Ind., Ltd., Tokyo, JP	1222	11, 2
Celanese Nylon®	Hoechst AG 6230 Frankfurt/M. 80, DE	261	2, 224
Celanex®	– „ –	2412	2, 2217, 224
Celazole®	– „ –	278	5
Celcon®	– „ –	2312	2, 224
Celion®	BASF Aktiengesellschaft 6700 Ludwigshafen, DE	5	226
Cellasto®	Elastogran GmbH 2844 Lemförde, DE	263	711
Cellidor®	Albis Plastic GmbH 2000 Hamburg 28, DE	4224, 4225	11, 141, 224
Cellobond®	BP Chemicals International Ltd. London SW1W OSU, GB	21, 222, 223, 233, 242	112, 113, 115, 117, 2
Cellolam®	UCB n.v. Sidac Films 9000 Gent, BE	42	412
Cellolux	La-Es s.p.a., IT	4222	2

Name	Firma (siehe 9.1, Seite 648)	Kunstharz (siehe 9.2.1, Seite 650)	Lieferform (siehe 9.2.2, Seite 653)
Cello M	BCL, Bridgewater, Somerset, TA6 4PA, GB	4222 s	41
Celmar®	Courtaulds, Advanced Materials, Industrial Sheets Spondon, Derby DE2 7BP, GB	112	614 korr
Celoron®	Budd Co., Polychem. Div. Phoenixville, PA 19 460, US	261	2, 321
Celsir	Siritle Srl., 20 161 Milano, IT	222	11
Celstran®	Hoechst AG 6230 Frankfurt/M. 80, DE	112, 231, 237, 2412, 261, 263	22 s
Celuform	Caradon Celuform Ltd. Aylesford, Maidstone, Kent ME20 75X, GB	131	34/713
Celuka	FR	131	713
Celulon®	Unitex Ltd., Knaresborough, North Yorks., HG5 OPP, GB	263	711
Celuvent	Caradon Celuform, Aylesford Maidstone, Kent ME 20 7SX, GB	131	713/34
Celvin®	Courtaulds, Advanced Materials, Industrial Products Spondon, Derby DE2 7BP, GB	132	4, 5
Ceno®	Carl Nolte, 4402 Greven, Westf., DE	132	436
Centrex®	Monsanto Chemical Co., Plastics Div. St. Louis, MO 63 167, US	124	21
Centrex Q836	–,,–	1222/124	2
Ceram P	Pennekamp + Huesker KG 4426 Vreden 1, DE	1113	22
Cereclor	ICI PLC, Welwyn Garden City, Herts. AL7 1HD, GB	–	91
Cestidur	Cestidur Industries, 01 360 Balan, FR	1113 s	31, 33, 342, 61
Cestilene	–,,–	111	31, 33, 342, 61
Cestilite	–,,–	1113 s	31, 33, 342, 61
Cetamoll®	BASF Aktiengesellschaft 6700 Ludwigshafen, DE		91
Cetex	Ten Cate Composites bv, NL	2361, 261, 274	2251, 2261
Cevian	Daicel Chemical Ind., Ltd., Tokyo, JP	1222	11
C-Flex®	Shell International Petroleum Co., Ltd., London, SE1 7NA, GB	12/341/12	120
Chemfluor®	Norton Performance Plastics Wayne, NJ 07 470, US	135, 1354	31, 33, 5, 61
Chemigum®	Goodyear Tire & Rubber Co. Jackson, OH 45 640, US	322, 323	11
Chemigum® SL	–,,–	37	112
Chemlink	Sartomer Inc., Exton, PA 19 341, US	–	9
Chemlon	Chemlon AS, Humenne, CSFR	261	72

Name	Firma (siehe 9.1, Seite 648)	Kunstharz (siehe 9.2.1, Seite 650)	Lieferform (siehe 9.2.2, Seite 653)
Chempex	Golan Plastics Products 15145 Shaar Hagolan, IL	1116	31 s
Chempol	Freeman Chemical Div., DSM Port Washington, WI 53074, US	2631	114
Chissonyl	Chisso Corp., Tokyo, JP	151	11
Cibamin®	Ciba-Geigy AG, 4002 Basel, CH	221, 223	114
Cisdene	American Synthetic Rubber Corp. Louisville, KY, US	3211	11
Cisrub	Indian Petrochemicals Corp. Dist., Baroda 391 346 Gujarat State, IN	3211	11
Citax®	Henkel KGaA, 4000 Düsseldorf 1, DE	1	73
Citroflex®	Pfizer International Inc. New York, NY 10017, US		91
Civic®	Neste Oy Chemicals, 02151 Espoo, FI	242	11
Clarene®	Solvay & Cie S.A., 1050 Bruxelles, BE	1115/152 Cop.	111
Clarifoil®	Courtaulds, Advanced Materials, Industrial Sheets Spondon, Derby DE2 7BP, GB	4222	41
Clarino	Kuraray, JP	263	424/721
Claryl	Rhône-Poulenc Films, 92080 Paris La Défense, Cedex 6, FR	2412	41 s
Clarylene	–,,–	2412/111	412 s
Clarypac	–,,–	131	412
Clearen	Denki Kagaku KK, Tokyo, JP	1223	2
Clearflex	ECP EniChem Polimeri srl. 20124 Mailand, IT	1111, 1111 L 115	11, 113
Clearlac	Mitsubishi Rayon Co., Ltd. Tokyo, JP	125	2
Clearseal	Columbus Coated Fabrics Columbus, OH 43216, US	131	42
Cleartuf	Goodyear Tire & Rubber Co. Akron, OH 44316, US	2412	2
Clocel®	Baxenden Chemical Co., Ltd. Accrington, Lancs. BB5 2SL, GB	263	117
Clysar	Du Pont Co. Inc. Wilmington, DE 19898, US	11	411
Coathylene®	Plast Labor SA (Hoechst AG) 16130 Bulle, CH	1111, 1111 L, 1113, 1112, 1115, 112, 2413, 264	121, 14
Cobocell	Cobon Plastics Corp. Newark, NJ 07102, US	4224	32
Cobothane	–,,–	1115	32
Cobovin	–,,–	132	321

Name	Firma (siehe 9.1, Seite 648)	Kunstharz (siehe 9.2.1, Seite 650)	Lieferform (siehe 9.2.2, Seite 653)
Cole	Himont Cole Plastics Div. Wilmington, DE 19 850-5439, US	112/1221/ 1222, 12	2
Collacral®	BASF Aktiengesellschaft 6700 Ludwigshafen, DE	127, 165	115, 116, 123
Collimate	Mitsubishi Monsanto Chemical Co. Tokyo, JP	1253	224
Colo-Fast®	Recticel Foam Corp., Morristown Div. Morristown, TN 37 816-1197, US	263	118, 4
Comalloy	Comalloy Div. Exxon Chemical Co. Nashville, TN 37 211-3315, US	112/2411, 261	22
Combidur®	Gebr. Kömmerling Kunststoffwerke GmbH, 6780 Pirmasens, DE	1314	3411
Comco	Commercial Plastics and Supply Corp. Cornwells Heights, PA 19 020, US	11, 13, 16, 261	43, 53
Commax	Tecknit, Cranford, NJ 07 016, US	28 + Ni	5 el
Compet	Allied Products Corp. Cleveland, OH 44 145, US	2412	72
Compimide	Boots Comp. PLC Nottingham NG2 3AA, GB	276	11, 111
Compodic F	Dainippon Ink. & Chemicals Inc. Tokyo, JP	261 s	22
Compolet	Nobel Industries Sweden, Compolet 86 302 Sundsbruk, SE	211	614
Comtuf	Comalloy Div. Exxon Chemicals Co. Nashville, TN 37 211-3315, US	2412	2 s
Conacure®	Conap. Inc. Olean, NY 14 760-1139, US	–	9
Conapoxy	– ,, –	233	113, el, 115
Conaspray®	– ,, –	263	111
Conathane	– ,, –	263, 264	11, 112, 14
Conolite®	Pioneer Valley Plastics Inc. Bondsvillers, MA 01 009, US	242	614
Constat®	Lenzing AG, 4860 Lenzing, AT		4, 6 el
Copolarg	Chimimportexport, Bukarest, RO	1115, 122	2
Copolene	Asahi Chemical Ind. Co., Ltd. Tokyo, JP	1115 s	11
Cordoglas	Ferro Corp. Cleveland, OH 4414-1183, US	13	436
Cordopreg®	– ,, –	242	2251
Corducell	Nemitz, Kunststoff-Additive GmbH 4417 Altenberge, DE	–	9
Cordulen	– ,, –	–	9
Cordura	Du Pont Co. Inc. Wilmington, DE 19 898, US	261	72

Name	Firma (siehe 9.1, Seite 648)	Kunstharz (siehe 9.2.1, Seite 650)	Lieferform (siehe 9.2.2, Seite 653)
Cordustat	Nemitz, Kunststoff-Additive GmbH 4417 Altenberge, DE		91
Coremat	Firet B.V., Veenendaal, NL	2412	721
CoRezyn	Interplastic Corp. Minneapolis, MN 55 413-1775, US	2421	112, 117, 2212
Corialgrund®	BASF Aktiengesellschaft 6700 Ludwigshafen, DE	161, 162	121
Corian®	Du Pont Co. Inc. Wilmington, DE 19 898, US	163	62
Corkelast	Edilon B. V., Haarlem, NL	262, 263	112/23
Corlar	Du Pont Co. Inc. Wilmington, DE 19 898, US	233	2251, 614 el
Cornex® CMR	Teijin Ltd., Osaka 541, JP	2612	11
Coroplast®	,,Coroplast'' Fritz Müller KG 5600 Wuppertal 2, DE	13, 235, 261, 4222	3, 4
Coroplast	Coroplast Inc., Irving, TX 75 038, US	112	5
Correx	Cordek Ltd. Billinghurst, W. Sussex, GB	112	7661
Corrolite®	Reichhold Chemicals Inc. Reactive Polymers Div. Jacksonville, FL 32 245, US	2421	11
Corvic®	ICI PLC, Welwyn Garden City, Herts. AL7 1HD, GB	131	1
Cosmax	Asahi Chemical Ind. Co., Ltd. Tokyo, JP	16	4
Courtelle®	Courtaulds PLC, Bradford BD1 1EX W. Yorkshire, GB	161	72
Courthene®	Courtaulds, Advanced Materials, Industrial Sheets Spondon, Derby DE2 7BP, GB	1111	4, 5
Courtoid®	Courtaulds, Speciality Plastics Spondon, Derby DE2 7BP, GB	4222	5
Cova	Forbo-CP Cramlington, Northumberland, GB	132	4
Crastin®	Ciba-Geigy AG, 4002 Basel, CH	2412	2
Craston®	–,,–	237	11, 2
CR-Compound	ABB Polymer Compounds 12 685 Stockholm, SE	35	11 se
Crelan®	Bayer AG, 5090 Leverkusen, DE	16, 2632	114
Cremonil®	La Nuova Cremonese 26 025 Pandino (CR)	261	2
Crestapol®	Scott Bader Co., Ltd. Wollaston, Wellingborough, Norths. NN9 7RL, GB	–	111, 91

Name	Firma (siehe 9.1, Seite 648)	Kunstharz (siehe 9.2.1, Seite 650)	Lieferform (siehe 9.2.2, Seite 653)
Crestomer®	Scott Bader Co. Ltd. Wollaston, Wellingborough, Northants. NN9 7RL, GB	16	114
Crilux	Critesa S.A., Barcelona, ES	163	51, 53, 55
Crofon®	Du Pont Co. Inc. Wilmington, DE 19 898, US	163	72 s
Cropolamid	SCM Chemicals Corp. Baltimore, MD 21 202, US	26	114
Crow	Tufnol Ltd. Birmingham B42 2TB, GB	21	612
Crylor®	Rhône Poulenc Textile Paris, La Défense 2, FR	161	72
Cryovac®	Cryovac Div. W.R. Grace & Co. Duncan, SC 29 334, US	111, 1311, 133, 261	411, 412
Crystalene	Crystal-X Corp. Darby, PA 19 023, US	111	4
Crystalor	Phillips Petroleum Chemicals NV, 1900 Overijse, BE	114/1223	120
Crystic®	Scott Bader Co. Ltd. Wollaston, Wellingborough, Northants. NN9 7RL, GB	242	112
Crystic Impel	– ,, –	242	224
Crystic Impreg®	– ,, –	242	2251
CSM-Compound	ABB Polymer Compounds 12 685 Stockholm, SE	342	11 se
Cumar	Neville Chemical Co. Pittsburgh, PA 15 225-1496, US	19	114, 115
Curon	Reeves Brothers Canada Ltd., Toronto, Ontario M8W 2T2, CA	2631	71
Cuticulan®	Odenwald-Chemie GmbH 6917 Schönau, DE	1111	43
Cutilan®	– ,, –	1113	43
Cutipylen	– ,, –	112	41
CX-Serie	Unitika Ltd., Osaka, JP	261	2 tra
Cyanacryl®	American Cyanamid Co. Perryburg, OH 43 551, US	345	2
Cyanaprene®	– ,, –	264	11
Cyandrothane	American Cyanamid Co., Chemical Group, Wayne, NJ 07 470, US	2631 s	121
Cyanolit Crystal	Panacol-Elosol GmbH 6000 Frankfurt/M., DE	167	73
Cycolac®	GE Co., GE Plastics Pittsfield, MA 01 201, US	1221	117, 2
Cycolin	– ,, –	1221/2412	124
Cycoloy®	s. Proloy	1221 + 2411	124

Name	Firma (siehe 9.1, Seite 648)	Kunstharz (siehe 9.2.1, Seite 650)	Lieferform (siehe 9.2.2, Seite 653)
Cycom®	Cyanamid Aerospace Products Ltd. Wrexham, Clwyd LL13 9UF, GB	233	2251, 2261
Cycovin®	GE Co., GE Plastics Pittsfield, MA 01 201, US	1221/131	2
Cymel®	American Cyanamid Co., Wayne, NJ 07 470, US	223	2
Cyrolite	Cyro Industries Mt. Arlington, NJ 07 856, US	163	2
Cyrolite®	Röhm GmbH, 6100 Darmstadt, DE	1641	21
Cytop	Asahi Glass Co., Tokyo 100, JP	135 s	123 tra
Cytor	American Cyanamid Co. Polymer Prod. Div. Perryburg, OH 43 551, US	2633	120
D			
Dacron®	Du Pont Co. Inc. Wilmington, DE 19 898, US	2412	72
Daiamid®	Daicel Chemical Ind., Ltd., Tokyo, JP	261	2
Daicel	–,,–	422	2
Daiel	Daikin Kogyo Co. Ltd., Osaka, JP	348	11
Daiflon	–,,–	1352	11, 2
Daiso	Osaka Soda Co., Ltd., Osaka, JP	243	111, 2
Daiso DAP	Daikin Kogyo Co. Ltd., Osaka, JP	243	111
Daisolac®	Osaka Soda Co., Ltd., Osaka, JP	1114	11
Daltocel®	ICI Polyurethanes 3078 Kortenberg, BE	2633	117
Daltolac®	–,,–	2633	117
Daltorez®	–,,–	2632, 2633	117, 120
Daltotherm	–,,–	263	117
Danar 1000®	Dixon Industries Corp. Bristol, RI 02 809, US	274	4
Danat®	–,,–	274	413 s
Danulon	Viscosefaserfabrik Nyergesujfalo, HU	261	35
Daotan®	Hoechst AG 6230 Frankfurt/M. 80, DE	244, 26	114, 121, 123
Daplen®	PCD Polymers, 4040 Linz, AT	112	2
Dapon®	FMC-Corp. Philadelphia, PA 19 103, US	243	111, 22
Dapren	JP	243	2
Daran	W. R. Grace & Co., Organic Chemical Div., Lexington, MA 02 140, US	133	733
Daratak	–,,–	151	11, 121

Name	Firma (siehe 9.1, Seite 648)	Kunstharz (siehe 9.2.1, Seite 650)	Lieferform (siehe 9.2.2, Seite 653)
Darex	W. R. Grace & Co., Organic Chemical Div., Lexington, MA 02140, US	322	11
Darlyl	ELF ATOCHEM 92091 Paris, La Défense 10, FR	131	2
Daron	DSM Resins, 8000 AP Zwolle, NL	242	11
Daron XP21	– ,, –	271	11, 2251, 22
Dartek®	Du Pont Canada Inc. Mississauga, ON L5M 2H3, CA	261	411
Darvic®	Weston Hyde Products (EVC) Hyde, Cheshire SK14 4EJ, GB	1311	51, 52, 53, 55
Dayplas	Dayton Plastics Inc. Dayton OH 45419, US	1351	3
d-c-fix®	Konrad Hornschuch AG 7119 Weissbach, DE	132	422
Decarglas	Degussa AG 6000 Frankfurt/Main 11, DE	2411	55
Decelith®	Eilenburger Chemie-Werk GmbH 7280 Eilenburg, DE	1311, 1313, 1314, 132	22, 33, 4, 51, 52, 53
Declar	Du Pont Co. Inc. Wilmington, DE 19898, US	2351	1
Deconyl	Plascoat Int. Ltd. Sheerwater, Woking, Surrey, GB	261	2
decospan®	Dekorplattenwerk Hirschhorn, André & Gernandt, 6932 Hirschhorn, DE	223	761
Dectolex	Mitsubishi Chemical Industries Ltd. Tokyo, JP	2351	2
Degadur®	Degussa AG 6000 Frankfurt/Main 11, DE	16	123, 143, 145, 146
Degalan®	– ,, –	162, 163	114, 116
Degalan S®	– ,, –	16	112, 123, 146, 2
Degaroute	– ,, –	163	112
Deglas®	– ,, –	163	51, 53, 54, 55
Dehoplast	A & E Schmeing Kirchhundem-Würdinghausen, DE	1113, 112	33, 43, 433, 51
Dekadur	Deutsche Kapillar-Plastik GmbH & Co. KG, 3563 Dautphetal, DE	1311, 1314, 1312	31 (tra)
Dekalen H	– ,, –	1113	31
Dekaprop®	– ,, –	112, 1121, 237	31, se
Dekaryl	– ,, –.	235	31
Dekasab	– ,, –	1221	31
Dekazol	– ,, –	4224	31
dekodur®	Dekorplattenwerk Hirschhorn, André & Gernandt, 6932 Hirschhorn, DE	223	621
Dekorit F®	Raschig AG., 6700 Ludwigshafen, DE	211	51 korr
Dekorit M®	Raschig AG., 6700 Ludwigshafen, DE	211	51
Delifol®	DLW AG, 7120 Bietigheim, DE	132	435, 4351

Name	Firma (siehe 9.1, Seite 648)	Kunstharz (siehe 9.2.1, Seite 650)	Lieferform (siehe 9.2.2, Seite 653)
Delignit®	Blomberger Holzindustrie, B. Hausmann GmbH & Co. KG 4933 Blomberg, DE	21	613
Dellatol	Bayer AG, 5090 Leverkusen, DE	–	91
Dellit	Schweizerische ISOLA Werke 4226 Breitenbach, CH	212	611
Delmer	Asahi Chemical Ind. Co., Ltd. Tokyo, JP	163	111
Delpet	–,,–	163	11, 2
Delrin®	Du Pont Co. Inc. Wilmington, DE 19898, US	2311	2
Delta-Folie	Ewald Dörken AG 5804 Herdecke/Ruhr, DE	111	4311
Deltra	Porvair P.L.C. King's Lynn, Norfolk, GB	263	436 porös
Denka® *Arena*	Denki Kagaku Kogyo, Tokyo 100, JP	2412	2
Denka ER	–,,–	343	111
Denka LCS	–,,–	131/323	119
Denka Malecca	–,,–	27 Cop.	21, 22
Denkastyrol	–,,–	12	2
Denkavinyl	–,,–	131, 1314	2
Densite®	General Foam Corp. Paramus, NJ 07652, US	263	711 se
Depron	Hoechst AG Gesch. Ber. Folien 6200 Wiesbaden-Biebrich, DE	121	414
D.E.R.®	Dow Chemical Corp. Midland, MI 48640, US	233	11
Derakane®	–,,–	2421	112
Desmalkyd®	Bayer AG, 5090 Leverkusen, DE	244	114
Desmibid	DSM Resins, 8000 AP Zwolle, NL	276	2
Desmobond®	Miles Chemical Corp. Pittsburgh, PA 15205-9741, US	233/263	115
Desmocap®	Bayer AG, 5090 Leverkusen, DE	262, 263	111
Desmocast®	–,,–	263	112
Desmocoll®	–,,–	2632	111 f., 731
Desmodur®	–,,–	2631	111
Desmoflex®	–,,–	263	114
Desmolac®	–,,–	262	116
Desmopan®	–,,–	264	2
Desmophen®	–,,–	2632, 2633, 162	111
Desmotherm®	Bayer AG, 5090 Leverkusen, DE	263	114
Destex	DSM Resins, 8000 AP Zwolle, NL	2412	224, 2251

Name	Firma (siehe 9.1, Seite 648)	Kunstharz (siehe 9.2.1, Seite 650)	Lieferform (siehe 9.2.2, Seite 653)
Dewoglas®	Degussa AG 6000 Frankfurt/Main 11, DE	163	51, 54
Dexcarb®	Dexter Corp. Seabrook, NH 03 874, US	2411/263	2
Dexel®	Courtaulds, Speciality Plastics Spondon, Derby DE2 7BP, GB	4222	2
Dexlon®	Dexter Corp. Seabrook, NH 03 874, US	112/261	2, 224
Dexpro®	–,,–	112/261	224
Diabon®*F*	Sigri, 8901 Meitingen, DE	1351 s	22
Diaclear®	Mitsubishi Chemical Industries Ltd. Tokyo, JP	261 s	11
Diafoil	Diafoil GmbH, 6200 Wiesbaden, DE	2412	41
Diakon®	ICI PLC, Welwyn Garden City, Herts. AL7 1HD, GB	163	2
Diamid®	Daicel Chemical Ind., Ltd., Tokyo, JP	261	2
Diamiron	Mitsubishi Plastics Industries Ltd. Tokyo, JP	261	41
Diapet	Mitsubishi Rayon Co., Ltd. Tokyo, JP	1221	2
Diaprene	Advanced Elastomer Systems L.P. St. Louis, MO 63 167, US	112 + 3411	120
Diarex®	Mitsubishi Monsanto Chemical Co. Tokyo, JP	121, 1223	2
Diaron	Reichhold Ltd. Mississauga, ON L4Z 1S1, CA	223	111
Diawrap	Mitsubishi Plastics Industries Ltd. Tokyo, JP	132	411
Didi-Pressmasse	Stickstoffwerke AG, Lutherstadt Wittenberg-Piesteritz, DE	225	23
Dieglas	Glastic Corp. Cleveland, OH 44 121, US	242	224
Dielektrite	Industrial Dielectrics Inc. Noblesville, IN 46 060, US	242	112, 224
Dielon	Dr. F. Diehl & Co. 7758 Daisendorf, DE	1113, 241	32
Diene 1000	Firestone Synthetics Rubber and Latex Co., Akron, OH 44 301, US	3221	11
Dimat	Solvay & Cie S.A., 1050 Bruxelles, BE	131	3411
Diofan®	BASF Aktiengesellschaft 6700 Ludwigshafen, DE	133	121
Diolpate®	Kemira Polymers Ltd. Stockport, Cheshire SK12 5BR, GB	–	91
Diorez®	–,,–	2632	111
Diprane®	–,,–	263	111, 112, 14
Disflamoll®	Bayer AG, 5090 Leverkusen, DE	–	91

Name	Firma (siehe 9.1, Seite 648)	Kunstharz (siehe 9.2.1, Seite 650)	Lieferform (siehe 9.2.2, Seite 653)
Dispercoll	Bayer AG, 5090 Leverkusen, DE	163	121
Divinylcell	Dial Barracuda, Laholm, SE	131/261 s	71
Diwit®	Dr. F. Diehl & Co. 7758 Daisendorf, DE	1113, 12, 131, 261, 4222, 4224	2, 4, s
DLW-EPDM	DLW AG, 7120 Bietigheim, DE	3411	43
DLW-Hypalon	–,,–	1114/342	43
Dobeckan®	BASF Farben + Fasern AG 2000 Hamburg, DE	242, 263	113 el
Dobeckan FN®	–,,–	271	114 el
Dobeckot®	–,,–	233	112, 141, el
Doctolex	Mitsubishi Chemical Industries Ltd. Tokyo, JP	2351	2
Doeflex	Doeflex Ind. Ltd. Redhill, Surrey, GB	112	4, 2212/ 2213/53
Dolan®	Hoechst AG 6230 Frankfurt/M. 80, DE	161	72
Dolanit 10	–,,–	16	72
Dolphon	John C. Dolph Co., Monmouth Junction, NJ 08 852-0267, US	233, 242	2 el
Doplan	Südwestdeutsche Sperrholzwerke E. Dold, 7640 Kehl, DE	–	761
Doplex	–,,–	–	761
Dorfix	Egyesült Negyimüvek Budapest, HU	216	113
Dorix®	Bayer AG, 5090 Leverkusen, DE	261	72
Dorlastan®	–,,–	37	35, 72
Dorlyl	Shell Chimie 92 100 Boulogne Billancourt, FR	131	2
Dorolac	Egyesült Negyimüvek Budapest, HU	21	113, 114
Doroplast	–,,–	211, 212	232
Dowex®	Dow Chemical Corp. Midland, MI 48 640, US	–	148
Dowlex®	–,,–	1111 L	2
Draimoco®	DSM, Polymers & Hydrocarbons 6130 AA Sittard, NL	242	224
Drakafoam	British Vita PLC, Middleton Manchester M24 2D3, GB	2633	71
Dralon®	Bayer AG, 5090 Leverkusen, DE	161	72
Driscopipe	Phillips Petroleum Chemicals NV, 1900 Overijse, BE	111	31
Dryflex®	Perstorp AB, 28 480 Perstorp, SE	1253	11

Name	Firma (siehe 9.1, Seite 648)	Kunstharz (siehe 9.2.1, Seite 650)	Lieferform (siehe 9.2.2, Seite 653)
Dry-Stat	Web Technologie Oakville, CT 06 779, US	2412	146
Dryton XL	Monsanto Chemical Co. Akron, OH 44 314-9914, US	322, 3411	120
Dualoy®	Ciba-Geigy AG, 4002 Basel, CH	233	312
Dularit	Henkel KGaA, 4000 Düsseldorf 1, DE	233	115
Dumilan	Mitsui Polychemical Co., Ltd. Tokyo, JP	1115	14
Dunova®	Bayer AG, 5090 Leverkusen, DE	16	72 s
Duoflex	Röhrig & Co., 3000 Hannover 97, DE	111/132(se)	32, 34
Duplothan	H. Hützen GmbH & Co. KG 4060 Viersen 1, DE	263	71
Duplotherm	– „ –	263	71
Durabit	Durabit Bauplast GmbH & Co. KG 4050 Traun, AT	1113, 115 + Bitumen	435
Duracap	B. F. Goodrich Chemical Co. Cleveland, OH 44 131, US	131	1
Duracarb®	PPG Industries Inc. Pittsburgh, PA 15 272, US	2632 s	11
Duracon®	Daicel-Polyplastics Co. Ltd. Osaka, JP	2312	2
Duracryn®	Du Pont Co. Inc. Wilmington, DE 19 898, US	–	120
Duragen	Goodyear Tire & Rubber Co. Jackson, OH 45 640, US	3211	11
Duragrid	London Artid Plastics, London, GB	112	442
Dural	Alpha Plastics Corp. Pineville, NC 28 134, US	1314	2
Duralex®	– „ –	1314, 264	2
Duraloy®	Hoechst AG 6230 Frankfurt/M. 80, DE	231/2412	2, 224
Duramid	Rogers Corp., Rogers, CT 06 260, US	27	11
Duramix®	Isola Werke AG, 5160 Düren, DE	242	224
Durane	Swanson, Inc. Wilmington, MA 01 887-3398, US	264	2
Duranex®	Daicel-Polyplastics Co. Ltd. Osaka, JP	2412	2
Duranit®	Hüls AG, 4370 Marl, DE	322	121
Durapipe	Durapipe, Glynwed Plastics Ltd. Cannock, Staffs. WS11 3NS, GB	1221, 131	31
Durapol®	Isola Werke AG, 5160 Düren, DE	242	224, 225, 614
Durapox®	– „ –	233	22
Durapreg®	– „ –	242	2251, 614
Duraver® E-Cu	– „ –	223, 233, 28, 233	312, 614, 6141, 614-Cu

Name	Firma (siehe 9.1, Seite 648)	Kunstharz (siehe 9.2.1, Seite 650)	Lieferform (siehe 9.2.2, Seite 653)
Durax®	Isola Werke AG, 5160 Düren, DE	21, 22, 242	22, 23, 24, 25
Durayl	Southern Plastics Co. Columbia, SC 29 202, US	163	2
Durel®	Hoechst AG 6230 Frankfurt/M. 80, DE	2114	2, 224
Durelast®	Kemira Polymers Ltd. Stockport, Cheshire SK12 5BR, GB	264	73
Durestos®	TBA Industrial Products Ltd. Rochdale, Lancs., GB	21, 233	6111, 6121
Durethan®	Bayer AG, 5090 Leverkusen, DE	261, 261 + 32	2, 11, 224
Durette	Durette-Kunststoff GmbH & Co. KG 5160 Düren, DE	1311	341
Durex	Oxychem, Durez Div. Tonawanda, NY 14 120, US	242	11
Durez®	Occidental Chemical Corp. Tonawanda, NY 14 120, US	21, 242, 243	113, 2, 22
Durimid®	Rogers Corp. Rogers, CT 06 263, US	27	11
Duripor	Binné & Sohn GmbH & Co. KG 2080 Pinneberg, DE	121	71
Durocron	Mitsubishi Rayon Co., Ltd. Tokyo, JP	16	11
Durodet®	Mitras Kunststoffe GmbH 8480 Weiden, DE	242	61, 63, 225
Duroform Composite	Duroform GmbH & Co. KG 5429 Miehlen/Ts, DE	242	224, 225
Duroftal®	Hoechst AG 6230 Frankfurt/M. 80, DE	244	114, 123
Durolon	Policarbonatos do Brasil S.A. Salvador-BA-CEP 40 000, BR	2411	2
Duropal	Duropal-Werk E. Wrede GmbH & Co KG, 5760 Arnsberg 1, DE	223	621
Durophen®	Hoechst AG 6230 Frankfurt/M. 80, DE	214	113, 114
Durostone®	Röchling Haren KG 4472 Haren/Ems 1, DE	214, 233, 242, 2421	224, 225, 2251, 34, 51, 614, 6141
Duroxyn®	Hoechst AG 6230 Frankfurt/M. 80, DE	233 Ester	114
Dutral®	Himont Italia s.p.a. 20 124 Mailand, IT	1117, 1121	2
Dutralene®	– „ –	1117	2
Dyflor®	Hüls AG, 4370 Marl, DE	1354	1
Dylark®	Arco Chemical Co. Newtown Square, PA 19 073, US	122, 1225	2, 224
Dylene®	– „ –	121	2
Dylite	– „ –	264	120

Name	Firma (siehe 9.1, Seite 648)	Kunstharz (siehe 9.2.1, Seite 650)	Lieferform (siehe 9.2.2, Seite 653)
Dymetrol®	Du Pont Co. Inc. Wilmington, DE 19 898, US	241	120
Dynacoll®	Hüls AG, 4370 Marl, DE	241	115
Dynamar®	3 M Co., St. Paul, MN 55 144, US	348	11, 9
Dynapol®	s. Vesticoat	241	114
Dynapor®	Hüls AG, 4370 Marl, DE	211	117
Dyneema®	DSM, 6160 AP Geelen, NL/ Toyobo Co., Ltd., Osaka, JP	111 s	72
Dynodren	Dyno Industrier A.S., Oslo 1, NO	131	31
Dynofen	– ,, –	21	114
Dynoform	– ,, –	212	2
Dynomin	– ,, –	222, 224	114
Dynopon	– ,, –	233	114
Dynorit	– ,, –	221	115, 116
Dynos®	Hüls-Troisdorf AG 5210 Troisdorf, DE	4211	5
Dynosol	Dyno Industrier A.S., Oslo 1, NO	21	113, 115
Dynotal	– ,, –	241, 244	123
Dynoten	– ,, –	111	41
Dynova®	– ,, –	21	117
Dytherm®	Arco Chemical Co. Newtown Square, PA 19 073, US	1225	117, 2
Dytron	Advanced Elastomer Systems N.V./S.A., Brüssel, BE	264	120
E			
EACM-Compound	ABB Polymer Compounds 12 685 Stockholm, SE	345	2
Easypoxy	Conap. Inc. Olean, NY 14 760-1139, US	233	111
Ebecryl®	UCB, Bruxelles, BE	16, 233, 24, 26	111
Ebolon	Chicago Gasket Co. Chicago, IL 60 622, US	135	22
Eccofoam	Emerson & Cuming, Inc. Woburn, MA 01 888, US	233	117
Eccogel	– ,, –	233	112, el
Eccomold	– ,, –	233	2
Eccoseal	– ,, –	233	112
Eccosorb	W. Grace & Co. Lexington, MA 02 173, US	263	71 s
Eccothane	– ,, –	263	112, 146
Ecdel®	Eastman Chemical Products Inc. Kingsport, TN 37 662, US	2412 s	120

Name	Firma (siehe 9.1, Seite 648)	Kunstharz (siehe 9.2.1, Seite 650)	Lieferform (siehe 9.2.2, Seite 653)
Ecocryl	ELF ATOCHEM 92091 Paris, La Défense 10, FR	1225	11, 12
Ecofelt	Chemie Linz AG, 4040 Linz, AT	112	721
Ecolo F	Mitsubishi Petrochemical Co., Ltd. Tokyo, JP	1121	22
Ecolyte	Ecolyte Atlantic Baltimore, MD 21224, US	111, 112	11a
Econol	Sumitomo Chemical Co., Ltd. Tokyo 103, JP	2412	119
Ecostarplus	Frost & Sullivan 6000 Frankfurt/M, DE	1	a
Edenol®	Henkel KGaA, 4000 Düsseldorf 1, DE	–	91
Edistir®	ECP EniChem Polimeri srl. 20124 Mailand, IT	121	2
Editer	–,,–	1221	2, 224
Efroit	Ernst Frölich GmbH 3360 Osterode am Harz, DE	1311, 132	2, 32
Efweko	Degussa AG 6000 Frankfurt/Main 11, DE	263	42
Egelen	Egeplast, Werner Strumann GmbH & Co., 4407 Emsdetten/W., DE	1111, 1113	31
Egerit®	Gehr-Kunststoffwerk KG 6800 Mannheim 81, DE	1311	3
Ekabon®	Chemie AG Bitterfeld-Wolfen 4400 Bitterfeld, DE	1311, 1314	21
Ekalit®	–,,–	132	21
Ekavyl®	ELF ATOCHEM 92091 Paris, La Défense 10, FR	131	122
Ekonol	Carborundum Co., Ekonol Resins Sanborn, NY 14132-9633, US	2414s	11, 2
Ektar®	Eastman Chemical Int. AG, Zug, CH	237	224
Elamed	Chemitex-Elana, Torun, PL	2412	2
Elana	–,,–	2412	72
Elapor	EMW-Betriebe, 6252 Diez, DE	1116, 263	71s
Elaslen®	Showa Denko K.K., Tokyo 105, JP	1114	11
Elastalloy	GLS Plastics Woodstock, IL 60098, US	1	11, 120
Elasta-mid® GM 261	BASF Aktiengesellschaft 6700 Ludwigshafen, DE	111/225	2
Elastan®	Elastogran Polyurethane GmbH 2844 Lemförde, DE	263	117s
Elaster	Nippon Zeon Co., Ltd., Tokyo, JP	1311 + 323	120
Elastocoat C®	Elastogran Polyurethane GmbH 2844 Lemförde, DE	263	146
Elastodrain	Zin Co Dachsysteme 7440 Nürtingen, DE	31	43 r

Name	Firma (siehe 9.1, Seite 648)	Kunstharz (siehe 9.2.1, Seite 650)	Lieferform (siehe 9.2.2, Seite 653)
Elastoflex®	Elastogran Polyurethane GmbH 2844 Lemförde, DE	263	117
Elast-o-Fluor®	Norton Performance Plastics Wayne, NJ 07 470, US	1351	32
Elastofoam®	Elastogran Polyurethane GmbH 2844 Lemförde, DE	263	713 s
Elastolen®	–,,–	263, 264	123, 146, 120
Elastolit®	–,,–	263	117
Elastollan®	–,,–	264	120
Elaston	Chemitex, Cellviskoza, Torun, PL	263	72
Elastopal®	Elastogran Polyurethane GmbH 2844 Lemförde, DE	263	7
Elastopan®	–,,–	263	117
Elastophen®	–,,–	241	115, 146
Elastopor®	–,,–	263	117
Elastopreg®	–,,–	1	225 s
Elastopren®	Record-Kunststoffwerke GmbH 7806 March, DE	263	71
Elastorid	Elastogran Polyurethane GmbH 2844 Lemförde, DE	112	232/5
Elastosil®	Wacker-Chemie GmbH 8000 München 22, DE	38	112
Elastotec®	Elastogran Polyurethane GmbH 2844 Lemförde, DE	2413	120
Elastuf	Goodyear Tire & Rubber Co. Akron, OH 44 316, US	2413	2
Elasturan®	Elastogran Polyurethane GmbH 2844 Lemförde, DE	263	112
Elate	Akzo Chemie Nederlande BV 3800 AE Amersfoort, NL	2631	111
Elaxar®	Shell International Chemical Co., Ltd. London, SE1 7PG, GB	12/341/12	120
Electrafil®	Akzo Chemie Nederlande BV 3800 AE Amersfoort, NL	11, 12, 13, 23, 24, 274	226 el
Electroglas	Glasflex Corp. Stirling, NJ 07980, US	163	31, 33, 55
Elektroplast	Egyesült Negyimüvek Budapest, HU	21	224, 611
Elemid®	GE Co., GE Plastics Pittsfield, MA 01 201, US	1221/261	2
Elisol	Werner Hahm GmbH & Co., KG 5600 Wuppertal 1, DE	132	32 el
Elit	Chemitex-Elana, Torun, PL	2412	224
Elite HH®	Monsanto Co. St. Louis, MO 63 167, US	1224	11
Elitel	Chemitex-Elana, Torun, PL	2412	120

Name	Firma (siehe 9.1, Seite 648)	Kunstharz (siehe 9.2.1, Seite 650)	Lieferform (siehe 9.2.2, Seite 653)
Elitrex®	AEG Isolier- und Kunststoff GmbH 3500 Kassel, DE	242	2251, 2261
Elix®	Monsanto Co. St. Louis, MO 63 167, US	122	151
Elkalite	Elkaplast, Bruxelles, BE	1221/1354	76
Elkoflex®	Elkoflex Isolierschlauchfabrik 1000 Berlin 21, DE	244	32 el
Elkosil®	–,,–	28, 38	32 el
Elkotherm®	–,,–	24, 263	32 el
Elmit	Mitsui Petrochemical Ind., Ltd. Tokyo, JP	112/261, 115 s/261	124
Elmo®	BASF Farben + Fasern AG, Beck Elektro-Isoliersysteme 2000 Hamburg 28, DE	214, 222, 2231	114 el
Elmotherm®	–,,–	27	114 el
Elpeflex®	BP Chemicals Plas Tec GmbH 8090 Wasserburg/Inn, DE	111	411 s, 412
Elpemoll®	–,,–	111	414
Eltex®	Solvay & Cie S.A., 1050 Bruxelles, BE	1111 L, 1113, 115	11, 2
Eltex® P	–,,–	112, 1121	11, 2
Elvacite®	Du Pont Co. Inc. Wilmington, DE 19 898, US	163	114, 115, 2
Elvaloy®	–,,–	111/131, 131 s	124
Elvamide®	–,,–	261	114, 115, 2
Elvanol®	–,,–	152	111
Elvax®	–,,–	1115	94
Elvon®	–,,–	15	94
Emblem	Unitika Ltd., Osaka, JP	133 + 151	411 s
Emflon	Pallflex Products Corp. Putnam, CT 06 260, US	135	413
Emi-X®	LNP Plastics Nederland BV 4940 Raamsdonksveer, NL	11	120
Empee®	Monmouth Plastics Inc. Asbury Park, NJ 07 712, US	1113, 112, 1127	124, 2 se
Emu®-Pulver	BASF Aktiengesellschaft 6700 Ludwigshafen, DE	1223, 125	111, 113
Enalon	Enalon Plastics Ltd. Tonbridge, Kent, GB	2	61
Enathene	Quantum Chemical Corp. USI Div. Cincinnati, OH 45 249, US	111/162	11
Enplex®	Kanegafuchi Chemical Ind. Co., Ltd. Osaka, JP	1221/131	124
Ensolite	Uniroyal Chemical Inc. Middlebury, CT 06 749, US	1311	71 s

Name	Firma (siehe 9.1, Seite 648)	Kunstharz (siehe 9.2.1, Seite 650)	Lieferform (siehe 9.2.2, Seite 653)
Envex®	Rogers Corp., Rogers, CT 06 260, US	27	22
Envirez	PPG Industries Inc. Pittsburgh, PA 15 272, US	242	113
Enviroplastic	Planet Packaging Technologies San Diego, CA, US	232	11 a
Epacron	Loes Enterprises Inc. St. Paul, MN 55 104, US	233	112, 22
Epcar®	B. F. Goodrich Co. Brecksville, OH 44 141-3247, US	3411	11
EPDM- Compound	ABB Polymer Compounds 12 685 Stockholm, SE	3411	11
EPDM Semicon	– ,, –	3411	11 el
Eperan	Kanegafuchi Chemical Ind. Co., Ltd. Osaka, JP	111, 112	71
Epibond®	Ciba-Geigy AG, 4002 Basel, CH	233	115
Epichlomer®	Osaka Soda Co., Ltd., Osaka, JP	3411	11
Epidian	Ciech Ein- u. Ausfuhr v. Chemikalien GmbH, Warschau 10, PL	233	112, 113
Epikote®	Shell International Chemical Co., Ltd. London, SE1 7PG, GB	233	112, 113, 114, 115
Epocast®	Ciba-Geigy AG, 4002 Basel, CH	233	112, 2
Epocryl®	Ashland Chemical Corp. Columbus, OH 43 216, US	233 s	111
Epodil L®	Anchor Chemical (UK) Clayton, Manchester, GB	53	11
Epodite	Showa High Polymer Co., Ltd. Tokyo, JP	233	11
Epoflex®	Schweizerische ISOLA-Werke 4226 Breitenbach, CH	233	442 el
Epolene®	Eastman Chemical Products Inc. Kingsport, TN 37 662, US	111 s, 112 s	94
Epolite	Hexcel, Dublin, CA 94 566 - 0705, US	233	112, 113
Epon®	Shell International Co., Ltd. London, SE1 7NA, GB	233	11
Eponol®	Shell International Petroleum Co., Ltd., London, SE1 7NA, GB	2633	120
Epophen®	Borden Chemicals Plastic Geismar, LA 70 734, US	233	112, 115
Eposet	Hardman Inc. Belleville, NJ 07 109, US	233	11
Eposir®	Siritle Srl., 20 161 Milano, IT	233	111
Eposyn	Copolymer Rubber & Chemical Corp. Baton Rouge, LA 70 821, US	341	11
Epotal®	BASF Aktiengesellschaft 6700 Ludwigshafen, DE	111	121

Name	Firma (siehe 9.1, Seite 648)	Kunstharz (siehe 9.2.1, Seite 650)	Lieferform (siehe 9.2.2, Seite 653)
Epo-tek	Epoxy Technology Inc. Billerica, MA 01821, US	233	11
Epotuf®	Reichhold Chemicals Inc., Research Triangle Park, NC 27709, US	233	114
Epovoss	FAW Jacobi AB, SE	233	112, 113
Epoxical®	United States Gypsum Co. Chicago, IL 60606, US	233	112, 114
Epsyn 70 A®	Monsanto Chemical Co. Akron, OH 44314-9914, US	3411	11
Era®	Gustav Ernstmeier GmbH & Co. KG 4900 Herford/W., DE	132, 263	42, 43
Eraclear®	s. Flexirene	1111 L	2
Eraclene®	ECP EniChem Polimeri srl. 20124 Mailand, IT	1115	2
Ercusol®	Bayer AG, 5090 Leverkusen, DE	16	121
Eref	Solvay & Cie S.A., 1050 Bruxelles, BE	26/112	124
Ergeplast®	Roga KG Dr. Loose GmbH & Co. 5047 Wesseling b. Köln, DE	111, 131, 132	32, 34
Ertacetal®	Erta N.V., 8880 Tielt, BE	231	31, 33, 342, 51
Ertalon®	–,,–	261	31, 33, 342, 51
Ertalyte®	–,,–	2412	31, 33, 342, 51
Esall	Sumitomo Chemical Co., Ltd. Tokyo 103, JP	112/1253	2
Esbrite®	–,,–	121	2
Escalloy	Comalloy Int. Nashville, TN 37211, US	2412	2
Escor®	Exxon Chemical Corp. Houston, TX 77001, US	1115	94
Escorene®	–,,–	1111, 1113, 1115,	111, 146, 21
Escorene alpha	–,,–	1111 L	2
Escorene Micro	–,,–	111	141
Escorene ultra	–,,–	1115	2
Escorez®	–,,–	53	11
Eska®	Mitsubishi Rayon Co., Ltd. Tokyo, JP	163	72 s
Eslon FFU	Sekisui Chemical Co. Ltd. Osaka 530, JP	263	614/71
Espesol	Seitetsu Kagaku Co., Ltd., Osaka, JP	232	123
Espet	Toyobo Co. Ltd., Osaka 530, JP	2412	2, 411
Esprene®	Sumitomo Chemical Co., Ltd. Tokyo 103, JP	3411	11
Estaloc®	B. F. Goodrich Chemical Co. Cleveland, OH 44131, US	264	120/224

Name	Firma (siehe 9.1, Seite 648)	Kunstharz (siehe 9.2.1, Seite 650)	Lieferform (siehe 9.2.2, Seite 653)
Estane®	B. F. Goodrich Chemical Co. Cleveland, OH 44131, US	264	120
Estar	Mitsui Toatsu Chemicals Inc. Tokyo, JP	242	11
Este®	Max Steier GmbH & Co. 2200 Elmshorn, DE	11, 132	431, 432
Esteform	Chromos Plastične mase 4100 Zagreb, Croatia	242	22
Estemix	–,,–	242	22
Esteral	Makhteshim Chemical Works, Ltd. Beer-Sheva, Israel	242	11, 114
Estyrene®	Nippon Steel Chemical Co., Ltd. Tokyo, JP	1225	2
Ethafoam®	Dow Chemical Corp. Midland, MI 48640, US	1111	71
Ethocel®	–,,–	4232	11
Ethofil®	Akzo Engineering Plastics Inc. Evansville, IN 47732, US	1113	224
Ethylux®	Westlake Plastics Co. Lenni, PA 19052, US	111	3, 4, 5
Etinox	Aiscondel S.A., Barcelona 13, ES	131	2
ET-Polymer	ABB Polymer Compounds 12685 Stockholm, SE	111	120
Etronax	Elektro-Isola A/S, 7100 Vejle, DK	212, 233	612, 6121
Etronax G	–,,–	212, 223, 233, 235, 242, 28	614, 6141
Etronit	–,,–	212, 223, 233	611, 6121
ET-semicon	Asea Kabel, 12612 Stockholm, SE	111	120 el
Eucarigid®	Manufactures de Cables electriques et de Coutchouc S.A., Eupen, BE	1311, 1312	31
Eurecryl®	Schering AG 4619 Bergkamen/Westf., DE	167	73
Euredur®	–,,–	2611	11
Eurelon®	–,,–	261, 2611	112, 113, 114, 115
Eurepox®	–,,–	233	112, 113, 114, 115
Euresyst®	–,,–	2611	11
Euretek®	–,,–	2611	11
Eurocell	EUROPLASTIC Pahl & Pahl GmbH & Co, 4000 Düsseldorf 30, DE	263	71
Eurodrain	Hegler Plastik GmbH 8735 Oerlenbach, DE	131	31 s
Euroflex M	Scheuch GmbH & Co. KG 6109 Mühltal, DE	11 + 2412 + Al	412

Name	Firma (siehe 9.1, Seite 648)	Kunstharz (siehe 9.2.1, Seite 650)	Lieferform (siehe 9.2.2, Seite 653)
Europan	EUROPLASTIC Pahl & Pahl GmbH & Co, 4000 Düsseldorf 30, DE	263	71
Europhan®	4P-Folie Forchheim GmbH 8550 Forchheim, DE	1311	411
EURO-PLASTIC®	EUROPLASTIC Pahl & Pahl GmbH & Co, 4000 Düsseldorf 30, DE	2632, 2633	71
Europlex®	Röhm GmbH, 6100 Darmstadt, DE	23	4
Europrene®	ECP EniChem Polimeri srl. 20 124 Mailand, IT	12/32/12 12/33/12	120 120
Eutan	ACLA-Werke GmbH 5000 Köln 80, DE	263	51
Evaco®	Neste Oy Chemicals, 02 151 Espoo, FI	1115 Cop	2
Evaflex	Du Pont-Mitsui Polychemical Co., Ltd., Tokyo, JP	1115	11, 2
Eval®	Quantum Chemical Corp. USI Div. Cincinnati, OH 45 249, US	1115 s	11, 411, 412
Evalastic	Alwitra KG, Klaus Göbel 5500 Trier, DE	112 + 3411	4351
Evalon	– ,, –	1115/131	435
Evatane®	ELF ATOCHEM 92 091 Paris, La Défense 10, FR	1115	111, 2
Evatate®	Sumitomo Chemical Co., Ltd. Tokyo 103, JP	1115	2
Evazote®	BP Chemicals Ltd., Plastics Fabrications Group, Croydon CR9 3AL, GB	1115	71
Everlite®	Everlite A/S, Skaevinge, DK	1, 1311	61, 614
Evoprene®	Evode Plastics Ltd., Syston, GB	1117	2
Exact	Exxon Chemical Int. Inc. 1950 Kraainem, BE	1111 L	115, 731, 733
Excelon	Armstrong Int., Inc. Three Rivers, MI 49 093, US	132	443
Exell	GE Co., GE Plastics Pittsfield, MA 01 201, US	2411	5
Exnor®	Norton Performance Plastics Wayne, NJ 07 470, US	131	34/71
Exolite®	Cyro Industries Mt. Arlington, NJ 07 856, US	163, 2411	55
Expancel	Expancel, Nobel Industries Sweden 85 013 Sundsval, SE	161	117
Extir®	ECP EniChem Polimeri srl. 20 124 Mailand, IT	121	117/2
Extrel®	Exxon Chemical Co., Polymers Group, Houston, TX 77 001, US	112	411
Exulite	Cyro Industries Mt. Arlington, NJ 07 856, US	163	55

Name	Firma (siehe 9.1, Seite 648)	Kunstharz (siehe 9.2.1, Seite 650)	Lieferform (siehe 9.2.2, Seite 653)
Exxtraflex®	Exxon Chemical Co., Polymers Group Houston, TX 77001, US	11	41
Eymyd	Ethyl Corp. Baton Rouge, LA 70801, US	1, 2	2251
Eypel F®	– „ –	348 s	11
F			
F₂ ...	Makhteshim Chemical Works, Ltd. Beer-Sheva, Israel	233	9 se
Fabelnyl	Tubize Plastics S.A., 1360 Tubize, BE	261	2, 22
Fabeltan®	– „ –	264	2
Fablon®	Forbo-CP, Cramlington, North. NE23 8AQ, GB	111, 132	4
Fabtex®	Clopay Corp. Plastics Products Div. Cincinnati, OH 45202, US	111	42, 45
Faradex	DSM, Polymers & Hydrocarbons 6130 AA Sittard, NL	112, 1221, 1221/2411	2 el
Fardem	Fardem Ltd., Louth, GB	111	4
Farfen	Fabbrica Adesivi Resine S.p.A. Cologno Monzese, IT	214	113, 123, 73
Felor®	Du Pont Co. Inc. Wilmington, DE 19898, US	261	35
Femso®	Femso-Werk Franz Müller & Sohn 6370 Oberursel 1, DE	11, 1115, 1117, 12, 1253, 131, 132, 1354, 231, 2413, 261, 264, 2412	3
Fenlac	AMC-SPREA S.p.A., 20101 Milano, IT	21	113
Fenochem	Chemiplastica S.p.A. 20145 Milano, IT	2121	2
Fenoform	Chromos Plastične mase 4100 Zagreb, Croatia	212	2
Fenolit	PL	212	11
Ferobestos	Tenmat Ltd., Trafford Pk., Manchester M17 1RU, GB	21	615
Feroform	– „ –	212, 28	61
Feroglas	– „ –	21, 242	614
Ferrene®	Ferro Corp. Evansville, IN 47711, US	115	22
Ferrex®	Ferro Corp. Cleveland, OH 44114-1183, US	1121	22
Ferroflex®	Ferrozell-Ges. Sachs & Co. mbH 8900 Augsburg 1, DE	212, 214, 223, 233, 242, 28	312, 33, 436, 438, 6111, 6121

Name	Firma (siehe 9.1, Seite 648)	Kunstharz (siehe 9.2.1, Seite 650)	Lieferform (siehe 9.2.2, Seite 653)
Ferro-Flex®	Ferro Corp. Cleveland, OH 44114-1183, US	112+3411	120
FerroLene	Ferro Eurostar, 95470 Fosses, FR	112, 1127	120, 2
Ferroplast®	Ferrozell-Ges. Sachs & Co. mbH 8900 Augsburg 1, DE	214	2261
Ferropreg	Ferro Corp., Composites Div. Los Angeles, CA 90016, US	21, 233, 242, 27	2221, 2251, 2261
Ferrostat	Ferro Eurostar, 95470 Fosses, FR	1	2 el
Ferrotron	Polypenco GmbH 5060 Bergisch-Gladbach 2, DE	1351 s	3, 5
Ferrozell®	Ferrozell-Ges. Sachs & Co. mbH 8900 Augsburg 1, DE	212, 223, 233, 242, 28	214, 225, 611, 612, 614, 6141, 615
FF...	Fränkische Rohrwerke 8729 Königsberg, DE	111, 1116, 1122, 113, 121, 1311, 261	31 (71)
FF-Kabuflex	–,,–	1113	31 el
FF-pordrän	–,,–	121	71
FF-therm	–,,–	1116, 113	31
Fibercast®	Fibercast Co. Sand Springs, OK 74063, US	233, 242	6141
Fiberesin®	Fiberesin Industries Inc. Oconomowoc, WI 53066, US	223	621
Fiberfil TN	DSM Engineering Plastics Nashanic Station, NJ 08853, US	261	2
Fiberform	Fiberesin Industries Inc. Oconomowoc, WI 53066, US	21	611
Fiberloc®	BF Goodrich Co. Akron, OH 44311-1081, US	131	224, 614
Fiberod	Polymer Composites, Inc. Winona, MN 55987, US	112, 1221, 231, 2411, 2412, 237, 263	22 s
Fiberstran	Akzo Engineering Plastics Inc. Evansville, IN 47732, US	1	224
Fibredux®	Ciba-Geigy AG, 4002 Basel, CH	2	2261
Fibrelam®	–,,–	233, 242	7662
Fibresinol®	Raschig AG., 6700 Ludwigshafen, DE	21	251 s
Fibresipol®	–,,–	24, 242	2, 22, 224
Fibrolux	Fibrolux, 6238 Hofheim 4, DE	242	3
Fibron®	Wolfgang Mellert GmbH. 7518 Bretten, DE	242	225, 614
Filmon	Tecnopolimeri SpA. Ceriano Laghetto (Milano), IT	261	411
Finaprene®	Fina SA International Polymer Dept. 1040 Bruxelles, BE	1223	120

Name	Firma (siehe 9.1, Seite 648)	Kunstharz (siehe 9.2.1, Seite 650)	Lieferform (siehe 9.2.2, Seite 653)
Finaprop	Fina SA International Polymer Dept. 1040 Bruxelles, BE	112	2
Finathene®	– „ –	1111, 1113	2
Fina X	Isofoam S.A., 7170 Manage, BE	121	71
Finnfix	Metsäliiton Teollisuus Oy 02 100 Espo 10, FI	4234	11
Firewall FRB	Coroplast Inc., Irving, TX 75 038, US	112	5 se
Fish-paper	US	4211	5
Flakeglas	Owens Corning Fiberglas Corp. Toledo, OH 43 659, US	242	225
Flakeline	– „ –	242	143
Flex	Röhrig & Co., 3000 Hannover 97, DE	132	32, 34
Flexel	B. F. Goodrich Vinyl Div. Cleveland, OH 44 131, US	–	120
Flexibel	Felten & Guilleaume 5000 Köln 80, DE	2, 27	225, 2261
Flexifilm	Tredegar Film Products BV. Kerkrade, NL	111	43 s
Flexipol	Flexible Products Co. Marietta, GA 30 061, US	263	11
Flexirene	ECP EniChem Polimeri srl. 20 124 Mailand, IT	1111, 1111 L	113, 2
Flexline®	Deutsche ELF ATOCHEM Werke GmbH., 5300 Bonn 1, DE	2412	35
Flexocel®	Baxenden Chemical Co., Ltd. Accrington, Lancs. BB5 2SL, GB	263	117
Flex-O-Crylic	Flex-O-Glass, Inc. Chicago, IL 60 051, US	163	55
Flex-O-Film	– „ –	1115 s, 4224, 4225	411, 53
Flexom	Sommer B. T. P. Dtschl. GmbH 6000 Frankfurt/M. 60, DE	1115/13, 132	43
Flexomer®	Union Carbide Inc. Danbury, CT 06 817-0001, US	1111 L	11
Flexvin®	Techno-Chemie Kessler & Co., GmbH 6367 Karben 1, DE	132	321
Flo-Blen	Seitetsu Kagaku Co., Ltd., Osaka, JP	112	2
flo-foam	Flo-pak GmbH 6380 Bad Homburg, DE	263	117
Flomat®	DSM Compounds UK Ltd. Ellesmere, Port South Wirral, Chesh. L65 OHB, GB	242	2251
flo-pak	Flo-pak GmbH 6380 Bad Homburg, DE	121	71 s
Floratroop	Hegler Plastik GmbH 8735 Oerlenbach, DE	1121	32 s
Florit	Mayer Enterprises Ltd., Coating Dept., Tel-Aviv, IL		415/53

Name	Firma (siehe 9.1, Seite 648)	Kunstharz (siehe 9.2.1, Seite 650)	Lieferform (siehe 9.2.2, Seite 653)
Flosbrene	American Synthetic Rubber Corp. Louisville, KY, US	322	11
Flo-Thene	Seitetsu Kagaku Co., Ltd., Osaka, JP	111	2
Flo-Tyrate	–,,–	4224	2
Flo-Vac	–,,–	1115	2
Flow-Hard	–,,–	242	111, 2
Fluobond	James Walker & Co., Ltd. Woking, Surrey GU22 8AP, GB	1351	33, 4, 5
Fluon®	ICI PLC, Welwyn Garden City, Herts. AL7 1HD, GB	1351	11, 121
Fluorel®	3 M Co., St. Paul, MN 55144, US	348	1
Fluorex	Rexham Corp. Matthews, NC 28105, US	1354/16	146
Fluorocomp®	LNP Plastics Nederland BV 4940 Raamsdonksveer, NL	135	22 s
Fluoroloy	Fluorocarbon Anaheim, CA 92803, US	1351	11
Fluoromelt	LNP Plastics Nederland BV 4940 Raamsdonksveer, NL	1351, 1352, 1354	224, 226
Fluorosint®	Polypenco GmbH 5060 Bergisch-Gladbach 2, DE	1351	3, 4, 5
Fluran®	Norton Performance Plastics Wayne, NJ 07470, US	348	32 med
Foamosol	Watson Standard Co. Pittsburgh, PA 15238, US	131	117
Foarex	Airex AG., 5643 Sins, CH	131	711
Folan®	4P-Folie Forchheim GmbH 8550 Forchheim, DE	1314	43
Folioplast®	Alfred Schwarz GmbH & Co. 5063 Overath-Untereschbach, DE	1311, 132	422, 437
Fomox	Bayer AG, 5090 Leverkusen, DE	s	–
Fomrez®	Witco Corp., Organics Div. New York, 10022-4236, US	2632	117
Foraflon®	ELF ATOCHEM 92091 Paris, La Défense 10, FR	1351, 1354	2
Foramine	Reichhold Chemicals Inc., Research Triangle Park, NC 27709, US	221	73
Forasite	–,,–	214	73
Forbon	NVF Container Div. Hartwell, GA, 30643, US	4211	5
Forco®	4P-Folie Forchheim GmbH 8550 Forchheim, DE	112	411
Forex®	Airex AG., 5643 Sins, CH	131	71
Formaldafil®	Akzo Engineering Plastics Inc. Evansville, IN 47732, US	231	224
Formica®	Formica Corp. Sub. American Cyanamid Co., Wayne, NJ 07470, US	223	621

Name	Firma (siehe 9.1, Seite 648)	Kunstharz (siehe 9.2.1, Seite 650)	Lieferform (siehe 9.2.2, Seite 653)
Formion®	A. Schulman Inc. Akron, OH 44309-1710, US	1115s	124, 2
Formosir®	Siritle Srl., 20161 Milano, IT	21	113
Formvar®	Monsanto Co. St. Louis, MO 63167, US	153	113, 115
Forsan®	Kaucuk n. Vlt., 27852 Kralupy, CSFR	1221	2
Fortiflex®	Solvay Polymers Inc. Houston, TX 77098, US	1111, 1114, 1113	141, 2
Fortilene®	−„−	112, 1121	2
Fortron®	Hoechst AG 6230 Frankfurt/M. 80, DE	237	21, 22
Fostafoam®	Huntsman Chemical Corp. Salt Lake City, UT 84144, US	121	117
Fostalite®	−„−	121	2
Fostarene®	−„−	121	11
Fosta-Tuf-Flex®	−„−	1223	2
Foundrez®	Reichhold Chemicals Inc., Research Triangle Park, NC 27709, US	21	113-Gießkern
FPM-R	ABB Polymer Compounds 12685 Stockholm, SE	348	11se
Franklin Fibre	Franklin-Fibre-Lamitex Corp. Wilmington, DE 19899, US	4211	31, 33, 5
Freemix	DSM Compounds UK Ellesmere, Port South Wirral, Chesh. L65 OHB, GB	242	224
Fresh-Pak®	UCB n.v. Filmsector 9000 Gent, BE	1113	411
frianyl	Frisetta GmbH 7869 Schönau-Oberfeld 1–5, DE	261	2
friatherm	Friedrichsfeld GmbH 6800 Mannheim 71, DE	1116, 1312	31
Fric®	Oy Wijk & Höglund AB Vase, FI	111	41
Friedola	Gebr. Holzapfel & Co. KG Meinhard-Frieda, DE	132	4
Frisetta	Frisetta GmbH 7869 Schönau-Oberfeld 1–5, DE	261	2
FR-PET®	Teijin Chemicals Ltd., Tokyo, JP	2412	224
Fudowlite	Fudow Chemical Co., Ltd. Tokyo, JP	21, 22, 223, 242, 243	2
Fürkaform	Regeno-Plast, 5650 Solingen, DE	2312r	2
Fürkalan	−„−	1221r	2
Fürkamid	−„−	261r	2
Füron	−„−	121r	2
Fulcon	Sakai Kasei Kogyo Co. Ltd. Osaka, JP	131	411tra

Name	Firma (siehe 9.1, Seite 648)	Kunstharz (siehe 9.2.1, Seite 650)	Lieferform (siehe 9.2.2, Seite 653)
Fulton®	LNP Plastics Nederland BV 4940 Raamsdonksveer, NL	135/231	2
Fundopal	Funder Ind. Ges.mbH. 9300 St. Veit a. d. Glan, AT	223	621
FurCarb	QO Chemical Ind. West Lafayette, IL 47906, US	216	112, 113
Furesir®	Siritle Srl., 20161 Milano, IT	216	112
Furnidur®	Hoechst AG Gesch. Ber. Folien 6200 Wiesbaden-Biebrich, DE	1313	41, 452, 53
furnit®	Konrad Hornschuch AG 7119 Weissbach, DE	1311	437
Furset	Raschig AG., 6700 Ludwigshafen, DE	216	113
G			
Gabotherm®	Thyssen Polymer GmbH 8000 München, DE	113	31
Gaflon®	Plastic Omnium S.A. Levallois-Perret, FR	1351	3
Galirene	Israel Petrochemical Enterprises Ltd. Haifa 31000, IL	122	2
Garbefix®	ELF ATOCHEM 92091 Paris, La Défense 10, FR	–	9
Garbeflex	–,,–	–	91
Gardglas	Southern Plastics Co. Columbia, SC 29202, US	163	4, 5
GEABX®	GE Co., GE Plastics Pittsfield, MA 01201, US	–	r
Gealan	Gealan Werk Fickenscher GmbH 8679 Oberkotzau, DE	132	31, 341
Geax®	AEG Isolier- und Kunststoff GmbH 3500 Kassel, DE	21	611
Geberit®	Geberit GmbH 7798 Pfullendorf, DE	1113	31
Gecet	GE Co., GE Plastics Pittsfield, MA 01201, US	235s	71
Gedexcel®	ELF ATOCHEM 92091 Paris, La Défense 10, FR	12	117
Gehr	Gehr-Kunststoffwerk KG 6800 Mannheim 81, DE	111, 112, 12, 1221, 131, 1354, 2351, 2361, 263, 274	31, 33, 342, 5
Gekaplan	Göppinger Kaliko GmbH 7332 Eislingen, DE	132	435
Gelon®	GE Co., GE Plastics Pittsfield, MA 01201, US	261	2s
Geloy®	–,,–	1222 (+345)	124

Name	Firma (siehe 9.1, Seite 648)	Kunstharz (siehe 9.2.1, Seite 650)	Lieferform (siehe 9.2.2, Seite 653)
Gemax®	GE Co., GE Plastics Pittsfield, MA 01 201, US	235/2412	124
Gemon®	–„–	276	224, 2251
GenaKor®	Hoechst AG 6230 Frankfurt/M. 80, DE	1, 2, 3	143, 433
Genesis	Novacor Chemicals Ltd. Calgary, Alberta T2P 2H6, CA	11, 121	120
Geniplex 80	Rheinau GmbH, Mannheim, DE	–	–
Genopak®	Hoechst AG 6230 Frankfurt/M. 80, DE	1311	41, 35
Genotherm®	–„–	1311	411, 53
Gensil®	GE Silicones Parkersburg, WV 26 101, US	38	2
Geolast®	Advanced Elastomer Systems N.V./S.A., Brüssel, BE	112/323	120
Geon®	B. F. Goodrich Chemical Co. Cleveland, OH 44 131, US	131, 1312, 132	11, 117, 141
Gerodur	Gerodur AG Benken im Lithgebiet, CH	111, 131	31
Gesadur	G. H. Sachsenröder 5600 Wuppertal 2, DE	212	612
Getadur	Westag & Getalit AG 4840 Rheda-Wiedenbrück, DE	223	761
Getaform	–„–	223	452
Getalan	–„–	223	761
Getalit	–„–	223	452, 621
Getaplex	–„–	223	761
Gilco	Gilman Brothers Co. Gilman, CT 06 336, US	111, 12, 1223	41, 5
Gillcoat	M. C. Gill Corp. El Monte, CA 91 731, US	223	621
Gillfab	–„–	16, 21, 233, 242, 27, 28	2251, 61, 614
Gillite	–„–	21, 242	76
Girair	Metapipe Rohrsystem- u. Vertriebs-GmbH, 4600 Dortmund, DE	134	31
Gislaved®	Gummifabriken Gislaved AB 33 200 Gislaved, SE	132	411, 413, 421, 423, 432, 433, 435
Glad®	Union Carbide, Corp. Danbury, CT 06 817, US	111	411
Glaskyd	American Cyanamid Co., Chemical Group, Wayne, NJ 07 470, US	243	2
Glasotext®	AEG Isolier- und Kunststoff GmbH 3500 Kassel, DE	233	614
Glasrod	Glastic Corp. Cleveland, OH 44 121, US	242	61

Name	Firma (siehe 9.1, Seite 648)	Kunstharz (siehe 9.2.1, Seite 650)	Lieferform (siehe 9.2.2, Seite 653)
Glasspack	ECP EniChem Polimeri srl. 20124 Mailand, IT	121	411 s
Glastic®	Glastic Corp. Cleveland, OH 44121, US	233, 242	224, 614
Glendion®	ECP EniChem Polimeri srl. 20124 Mailand, IT	2639, 2633	17
Glitex	Sybron Chemicals Inc. Birmingham, NJ 08011, US	132	32
Glutofix®	Hoechst AG 6230 Frankfurt/M. 80, DE	4231	73
Glutolin®	–,,–	423	11
Godiflex	Godiplast Kunststoffgranulate GmbH, 6695 Tholey, DE	135	2
Godigum	–,,–	1314	2
Godiplast	–,,–	1311, 132	2
Gölzalit	Pipelife International Holding 4371 Weissandt-Gölzau, DE	131	31
Gölzathen	–,,–	111	31, 411, 43, 5
Gohsenol	Nippon Synthetic Chemical Ind. Co. Ltd., Osaka, JP	152	11
Gohsenyl	–,,–	151	11
Golan Profiles	Golan Plastics Products 15145 Shaar Hagolan, IL	1311	341
Gore-tex®	W. L. Gore Ass. Inc. Elkton, MD 21921, US	–	712
Gotalene	Continentale Parker, FR	1111	2
Grafil®	Hysol Div., Dexter Co. Seabrook, NH 03874, US	–	226
Gran	TBA Industrial Products Ltd. Rochdale, Lancs., GB	261	224
Granlar®	Montedison S.p.A., Inst. Guido Donegani, 28100 Novara, IT	2415	119
Granulit®	Gurit-Worbla AG 3063 Ittigen-Bern, CH	11	149
Gra-Tufy®	Perma-Flex Mold Co. Columbus, OH 43209, US	36	111
Greenflex	ECP EniChem Polimeri srl. 20124 Mailand, IT	1115	113
Green-Sil	Perma-Flex Mold Co. Columbus, OH 43209, US	28	111
Gremodur	Gremolith AG, 9602 Bazenheid, CH	212	113
Gremolith	–,,–	431	33, 51
Gremopal	–,,–	242	112
Gremothan	–,,–	263	117
Gresintex	Soc. del Gres Ing. Sala & Co. 20123 Milano, IT	1311	31
Griffolyn®	BP Chemicals Plas Tec 6120 Michelstadt, DE	111	411, 4311, 432

Name	Firma (siehe 9.1, Seite 648)	Kunstharz (siehe 9.2.1, Seite 650)	Lieferform (siehe 9.2.2, Seite 653)
Grilamid®	Ems-Chemie AG, 8039 Zürich, CH	261, 2613	11, 141, 224
Grilamid TR 55	–,,–	261	2 tra, 224
Grilene	–,,–	2412	72
Grilesta	–,,–	241	73
Grillodur®	Fibron Wolfgang Mellert GmbH, 7518 Bretten, DE	242	225, 34, 63
Grilon®	Ems-Polyloy GmbH, 8039 Zürich, CH	261	21, 224, 35
Grilonit®	–,,–	233	114, 146
Grilpet®	–,,–	2412	21, 224
Gril-tex®	–,,–	261 s	116, 73
Grisuten®	Märkische Faser AG 1832 Premnitz, DE	2412	72
Grivory G 355 N2®	Ems-Chemie AG, 8039 Zürich, CH	2412 + 261	120
Gumiplast	Saplast S.A. 67 100 Straßburg-Neuhof, FR	132	2
Gurit®	Gurit-Worbla AG 3063 Ittigen-Bern, CH	13	53
Guron	Koepp AG., 5100 Aachen, DE	1111	712 porös
Gymlene®	F. Drake (Fibres), Ltd., Golcar Huddersfield, GB	112	72
H			
Hagulen	Hagusta GmbH, 7592 Renchen, DE	1113	31
Hakathen	Haka, 9202 Gossau SG, CH	1113, 112, 113	31
Halar®	Ausimont Inc. Morristown, NJ 07 962, US	1352	117, 2, 112
Haloflex®	ICI PLC, Welwyn Garden City, Herts. AL7 1HD, GB	1114, 162	11, 114
Halon®	Ausimont Inc. Morristown, NJ 07 962, US	1351	2, 224
Halweftal	Hüttenes-Albertus 3000 Hannover 21, DE	244	123
Halwepox	–,,–	233	11
HAP	Colorant GmbH 6250 Limburg-Offenheim, DE	135	2
Harden	Toyobo Co. Ltd., Osaka 530, JP	261	411
Harex®	Resopal GmbH 6114 Groß-Umstadt, DE	212, 242	224, 612
Haysite	Haysite Reinforced Plastics Erie, PA 16 509, US	242	224, 225
HDPEX	ABB Polymer Compounds 12 685 Stockholm, SE	1116	11
Hegler Drainflex	Hegler Plastik GmbH 8735 Oerlenbach, DE	131	32 s
Heglerflex	–,,–	111, 131	32 el
Heglerflex med	–,,–	111	32 med
Heglerplast	–,,–	131	31 el
Hekaplast	–,,–	1113	31 el

Name	Firma (siehe 9.1, Seite 648)	Kunstharz (siehe 9.2.1, Seite 650)	Lieferform (siehe 9.2.2, Seite 653)
Helidur	A. G. Petzetakis SA, 10210 Athen, GR	111, 1313	312 s
Heliflex	–,,–	13	311, 321
Helioflex®	Papeteries de Belgique, Bruxelles, BE	111	411, 412
Helioplast®	–,,–	112	411
Heliothen®	–,,–	1	412
Heliovir®	–,,–	131	41
Hemit	Garfield Molding Co. Garfield, NJ 07026, US	9	27
Hercoflex®	Hercules Inc. Wilmington, DE 19894, US	–	91
Hercolyn®	–,,–	52	91
Herex®	Airex AG., 5643 Sins, CH	1113, 1116	71
Herox®	Du Pont Co. Inc. Wilmington, DE 19898, US	261	35, 72
Hesaglas	Bally CTU, 5012 Schönenwerd, CH	163	54
Hetron®	Ashland Chemical Corp. Columbus, OH 43216, US	2421	11 se
Hexcel	Hexcel, Dublin, CA 94566-0705, US	21, 233, 242, 27	7662
Hexcelite	–,,–	242	225
Hexene	TVK Tisza Chemical Combine 3581 Leninvaros, HU	1112, 1113	2
Heydeflon	Chemiewerk, Münchritz, DE	1351	3, 5
Hi-Carbolon	Asahi Nippon, JP	–	226
Hidens	Nissan Chemical Industries, Ltd. Tokyo, JP	1113	141 s
Hidux®	Ciba Geigy AG, 4002 Basel, CH	214, 233	73, 731
Hi-Fax	Himont, Wilmington, DE 19894, US	111 s	11, 2
Hiflon®	Hindustan Fluorocarbons Ltd. Andrah Pradesh, Medak, IN	1351	11, 121, 2
Hi-Glass	Himont, Wilmington, DE 19894, US	112	224
Hilex®	Courtaulds, Advanced Materials, Industrial Sheets Spondon, Derby DE2 7BP, GB	1113	4, 5
Hiloy	Comalloy International Corp. Nashville, TN 37027, US	2412	2
Hilube®	Akzo Engineering Plastics Inc. Evansville, IN 47732, US	1222, 231, 2351, 2411, 261, 263	224 s
Himet	Himac Inc., Danbury, CAT 06811, US	1122	41 s
Himiran	Du Pont-Mitsui Polychemical Co., Ltd., Tokyo, JP	1115	2
Hi-Selon	Nippon Synthetic Chemical Ind. Co. Ltd., Osaka, JP	151	411
Hishi-metal	Mitsubishi Plastics Industries Ltd. Tokyo, JP	131	762
Hishi plate	–,,–	1311	5
Hishirex	–,,–	1311	411
Hishi Tube	–,,–	132, 2412	32 s

Name	Firma (siehe 9.1, Seite 648)	Kunstharz (siehe 9.2.1, Seite 650)	Lieferform (siehe 9.2.2, Seite 653)
Hitafran	Hitachi Chemical Co. Ltd., Tokyo, JP	216	113
Hitanol	– ,, –	121	11
Hi-Therm®	John C. Dolph Co., Monmouth Junction, NJ 08 852-0267, US	321	146 el
Hi-Tuff	JPS Elastomeric Corp. Northampton, MA 01 061-0658, US	23, 264, 35	411, 43, 5
Hivalloy®	Himont, Wilmington, DE 19 894, US	1115 s	124
Hi-Zex®	Mitsui Petrochemical Ind., Ltd. Tokyo, JP	1112, 1113	2
HM 50	Teijin Ltd., Osaka 541, JP	261 s	72
Hobas-Rohre	Hobas-Armaver AG 4617 Gunzgen, CH	242	6141
Hoechst-Wachse®	Hoechst AG, Werk Gersthofen 8906 Gersthofen, DE	11, 4, 5	94
Hofalon	Hornitex Werke Gebr. Künnemeyer 4934 Horn-Bad Meinberg 1, DE	–	742
Homanit®	Homanit GmbH & Co KG 3420 Herzberg, DE		742, 761
Homapal®	Homapal Plattenwerk GmbH & Co KG, 3420 Herzberg, DE	223	621, 761
Hornex®	Vulkanfiberfabrik Ernst Krüger + Co. KG., 4170 Geldern, DE	4211	5
Hornit	Hornitex Werke Gebr. Künnemeyer 4934 Horn-Bad Meinberg 1, DE	223	621
Hornitex MB®	– ,, –	223	761
Hostacom	Hoechst AG 6230 Frankfurt/M. 80, DE	112	22
Hostaflam®	Hoechst AG, Werk Gersthofen 8906 Gersthofen, DE	5	9
Hostaflex®	Hoechst AG 6230 Frankfurt/M. 80, DE	1313/143	11, 114
Hostaflon®	– ,, –	135	11, 121, 2
Hostaform®	– ,, –	2312	2, 224
Hostalen®	– ,, –	111	2, 224
Hostalen PP®	– ,, –	112, 1121	2, 2213, 224, 2217
Hostalen PP3100 schwarz 12	– ,, –	112/341	2 r
Hostalit®	– ,, –	1311, 1312, 1313	11, 2
Hostalub®	Hoechst AG, Werk Gersthofen 8906 Gersthofen, DE	11, 4, 5	9
Hostanox®	– ,, –	5	91
Hostaphan®	Hoechst Diafoil GmbH 6200 Wiesbaden 1, DE	111 + 133 + 2412 + Al	411, 412, 413
Hostapher	Hoechst AG 6230 Frankfurt/M. 80, DE	112	11
Hostapren®	– ,, –	1114/1117	11

Name	Firma (siehe 9.1, Seite 648)	Kunstharz (siehe 9.2.1, Seite 650)	Lieferform (siehe 9.2.2, Seite 653)
Hostastab®	Hoechst AG, Werk Gersthofen 8906 Gersthofen, DE	5	9
Hostastat®	–,,–	5	9
Hostatron®	–,,–	5	9
Hostavin®	–,,–	5	9
Hot-Hard	Dexter Corp. Specialty Coating Div. Waukegan, IL 60085, US	27	114 el
howelon®	Konrad Hornschuch AG 7119 Weissbach, DE	132	421, 423
H-Resin®	Hercules Inc. Wilmington, DE 19894, US	19	14
Hutex®	A. Huppertsberg GmbH 6277 Bad Camberg, DE	132	32, 34
HX...	Du Pont Co. Inc. Wilmington, DE 19898, US	–	119
Hy-Bar	BCL, Bridgewater, Somerset, TA6 4PA, GB	111, 1111 L, 1115, 112	412
Hycar®	B. F. Goodrich Chemical Co. Cleveland, OH 44131, US	323, 332	11
Hy Comp	Hysol Div., Dexter Corp. Seabrook, NH 03874, US	27	3, 5
Hydrex®	Reichhold Chemicals Inc. Jacksonville, FL 32245, US	242	11
Hydrin®	B. F. Goodrich Chemical Co. Cleveland, OH 44131, US	39	11
Hyfax	Himont Italia s.p.a. 20124 Mailand, IT	112	11
Hyflo MC 18	Hysol Div., Dexter Corp. Seabrook, NH 03874, US	233	11, 2 tra
Hyflon	Montefluos s.p.a. (Ausimont US) 20155 Mailand, IT	1351	11
Hygel	W. R. Grace & Co., Organic Chemical Div., Lexington, MA 02173, US	263	117
Hylak®	Hylam Ltd., Hyderabad 18, IN	21, 242	112, 113, 2
Hylam	–,,–	21	611, 612
Hylar	W. R. Grace & Co., Organic Chemical Div., Lexington, MA 02173, US	1354	11
Hy-Pact	King Plastic Corp. Venice, FL 34284, US	111	411, 53
Hypalon®	Du Pont Co. Inc. Wilmington, DE 19898, US	1114/342	11
Hyperlast®	Kemira Polymers Ltd. Stockport, Cheshire SK12 5BR, GB	263	112, 14
Hypol®	W. R. Grace & Co., Organic Chemical Div., Lexington, MA 02173, US	263 s	117
Hysol	Hysol Div., Dexter Corp. Seabrook, NH 03874, US	233	2251

Name	Firma (siehe 9.1, Seite 648)	Kunstharz (siehe 9.2.1, Seite 650)	Lieferform (siehe 9.2.2, Seite 653)
Hytemp	Nippon Zeon Co., Ltd., Tokyo, JP	323	11
Hytrel®	Du Pont Co. Inc. Wilmington, DE 19 898, US	2413	120
Hyvis®	BP Chemicals International Ltd. London SW1W OSU, GB	114	12
Hyzod	Sheffield Plastics Inc. Sheffield, MA 01 257-0428, US	2411	53
I			
Icdal®	Hüls AG, 4370 Marl, DE	271	114
Igoform	Igoplast Faigle AG, 9434 Au, CH	11 + 231	2
Igopas®	– ,, –	112, 1113, 135, 231, 261	31, 33, 5
Illandur®	Ems-Polyloy GmbH 6114 Groß-Umstadt, DE	242	11, 2, 22, 224
Illen	– ,, –	2411, 2412	120
Illenoy	– ,, –	2413	11, 2
Illmid	Illbruck GmbH Schaumstofftechnik 5090 Leverkusen, DE	27	71
Illtec	– ,, –	223	71
Imidex®	GE Co., GE Plastics Pittsfield, MA 01 201, US	271	114 el
Imipex®	– ,, –	271	11
Impax 7000®	– ,, –	2413	53
Impel®	Scott Bader Co., Ltd. Wollaston, Wellingborough, Northans. NN9 7RL, GB	242	2
Impet®	Hoechst AG 6230 Frankfurt/M. 80, DE	2412	2, 2217, 224
Implex®	Rohm & Haas Co. Philadelphia, PA 19 105, US	16	2
Impolene	Gould Inc. Milwaukee, WI 53 216, US	112	31
Impolex®	ICI PLC, Welwyn Garden City, Herts. AL7 1HD, GB	242	112, 225
Impranil®	Miles Chemical Corp. Pittsburgh, PA 15 205-9741, US	263	111, 115
Imprenal®	Raschig AG., 6700 Ludwigshafen, DE	21, 212, 214	113, 114, 123
Imprez®	ICI PLC, Welwyn Garden City, Herts. AL7 1HD, GB	53	114/116
Incoblend	Zipperling Kessler & Co. 2070 Ahrensburg, DE	1313 s	12 s
Infolite TM	Hoechst AG 6230 Frankfurt/M. 80, DE	1	35 s
Inklurit®	BASF Aktiengesellschaft 6700 Ludwigshafen, DE	221	117
Innovex®	BP Chemicals International Ltd. London SW1W OSU, GB	1111 L	11
Insular	Occidental Chemical Co. Vinyls Div. Dallas, TX 75 380, US	131	11

Name	Firma (siehe 9.1, Seite 648)	Kunstharz (siehe 9.2.1, Seite 650)	Lieferform (siehe 9.2.2, Seite 653)
Insularc	Franklin-Fibre-Lamitex Corp. Wilmington, DE 19899, US		6
Insul F	Mateson Chemical Corp. Philadelphia, PA 19125, US	263	2
Insultrac	Industrial Dielectrics Inc. Noblesville, IN 46060, US	242	112s
Insurok®	Spaulding Composites Co. Tonawanda, NY 14150, US	212, 223	61, 62
Intec	Intec Ltd. Plymouth, Dev. PL6 8LA, GB	261	321
Intene®	International Synthetic Rubber Co. Ltd., Southampton SO9 3AT, GB	321	11
Intol®	–,,–	322	11
Intolan®	–,,–	3411	11, 2
Intrasol®	Kibbuz Ginegar, Israel	1111	432
Intrex	Sierracin Corp., Sylmar, CA, US	2412	413
Intrile	International Synthetic Rubber Co. Ltd., Southampton SO9 3AT, GB	323	11, 4, 32
Iotek	Exxon Chemical Corp. Houston, TX 77001, US	1115s	11
Ipethene	Israel Petrochemical Enterprises Ltd. Haifa 31000, IL	1111	2
Irganod	Ciba-Geigy AG, Marienberg GmbH 6140 Bensheim, DE	13/16	9
Irgastab®	–,,–	–	9
Irodur	Morton International Inc. Chicago, IL 60606-1598, US	2631	111
Irogran	–,,–	264	2
Irophen®	–,,–	2632	115
Irostic®	–,,–	263	115
Irracure®	Reichhold Chemicals Inc., Research Triangle Park, NC 27709, US	1116	2 el
Isocord®	Isovolta KG, Werndorf, Graz, AT	214	61 el
Isoderm®	Dow Chemical Corp. Midland, MI 48640, US	265	713
Isofix-M	Fränkische Rohrwerke 8729 Königsberg, DE	131	31 el
Isofoam®	Witco Corp. Organic Div. New York, NY 10022-4236, US	2631	117
Iso-Genopak®	Hoechst AG 6230 Frankfurt/M. 80, DE	131	43s
Isolama	L.M.P. S.p.A., 10156 Turin, IT	121	414
Isolant®	–,,–	121	414
Isolene D	Hardman Inc. Belleville, NJ 07109, US	33	11
Isomat®	Chemie Linz AG, 4040 Linz, AT	121	71
Isonamid®	Dow Chemical Corp. Midland, MI 48640, US	261	2 tra

Name	Firma (siehe 9.1, Seite 648)	Kunstharz (siehe 9.2.1, Seite 650)	Lieferform (siehe 9.2.2, Seite 653)
Isonate®	Dow Chemical Corp. Midland, MI 48 640, US	2631	111
Isonol®	– ,, –	2632	117
Isopak	Great Eastern Resins, Taiwan	1221	1
Isoplast®	Dow Chemical Co. Midland, MI 48 640, US	264 s	2
Isosan	Great Eastern Resins, Taiwan	1222	1
Isoschaum®	Schaum-Chemie Wilhelm Bauer GmbH & Co. KG, 4300 Essen, DE	221	71 s
Isothane®	Recticel Foam Corp., Morristown Div. Morristown, TN 37 816-1197, US	263	71 se
Isphen	Repsol Quimica, ES	112, 1121	2
Itamid	CIECH, 00-950 Warschau, PL	5	
Iten-Fibre	Iten Industries Ashtabula, OH 44 004, US	4211	5
Itenite®	– ,, –	4211	5
Iupiace	Mitsubishi Gas Chem. Comp. Inc. Tokyo, JP	235	2
Iupilon	– ,, –	2411	2, 41, 5
Iupital	– ,, –	2312	2
Ixan®	Solvay & Cie S.A., 1050 Bruxelles, BE	133	11, 121
Ixef®	– ,, –	2612	11, 2
Ixol®	– ,, –	2631, 2633	117 se
J			
Jackodur	Gefinex Jackon GmbH, 4803 Steinhagen, DE	21	41
Jägalux	Ernst Jäger & Co., OHG 4000 Düsseldorf, DE	16	114
Jägalyd	– ,, –	233, 2441	114
Jägapol	– ,, –	24	114
Jagotex	– ,, –	16	121
Jambolen	BG	2412	72
Jayflex	Exxon Chemical Co. Houston, TX 77 001, US	–	91
Jectothane	Dunlop Holdings Ltd. London SW1Y 6PX, GB	264	11, 2
Jeffamine	Texaco Chemical Co. Bellaire, TX 77 401, US	2634	111
Jekrilan	J. K. Synthetics Ltd. Kota (Rajarthan), IN	16	72
Jonylon	BIP Chemicals Ltd. Oldbury Warley, West Midl., B69 4PD, GB	261	21, 22
J-Polymer	Du Pont Co. Inc. Wilmington, DE 19 898, US	261 s	112
Julon	Jung-Wehbach GmbH 5242 Kirchen, DE	261	31

Name	Firma (siehe 9.1, Seite 648)	Kunstharz (siehe 9.2.1, Seite 650)	Lieferform (siehe 9.2.2, Seite 653)
K			
KaCepol®	Kali-Chemie AG, 3000 Hannover, DE	263	117
Kadel®	Amoco Performance Products Atlanta, GA 30350, US	2351	2
Kaidakku	Tsutsunaka Plastic Ind. Co. Ltd. Osaka, JP	1313	4
Kaifa®	Beijing Chemical Ind. R. & D. Corp. Hongkong, HK	2412	2
Kaladex	ICI PLC, Welwyn Garden City, Herts. AL7 1HD, GB	1118	41
Kalar	Hardman Inc. Belleville, NJ 07109, US	332	2
Kalen®	Kalenborn Schmelzbasaltwerk 5467 Vettelschoss, DE	1113	5 (31)
Kalen	Emil Keller AG 9220 Bischofszell/TG, CH	111	31
Kalene	Hardman Inc. Belleville, NJ 07109, US	332	11
Kalex	–,,–	264, 37	11
Kalidur	Emil Keller AG 9220 Bischofszell/TG, CH	1211, 131	31, 52
Kaliten	–,,–	1113	31
Kalrez®	Du Pont Co. Inc. Wilmington, DE 19898, US	348	33, 34, 4
Kamax®	Rohm & Haas Co. Philadelphia, PA 19105, US	1642	2, 21 tra
Kanalite®	Creators Ltd. Woking, Surrey GU21 5RX, GB	132	312 s
KaneAce®	Kanegafuchi Chemical Ind. Co., Ltd. Osaka, JP	1221, 1641	14
Kanebian	–,,–	152	72
Kaneka	–,,–	1312	2
Kaneka CPVC	–,,–	134	11
Kaneka Telalloy	–,,–	125/163	124
Kanelite	–,,–	121	414, 71
Kanevinyl®	–,,–	1315	120
Kape X	Airex AG., 5643 Sins, CH	263	71
Kapton®	Du Pont Co. Inc. Wilmington, DE 19898, US	27	412, 413
Karboresin	Hoechst AG 6230 Frankfurt/M. 80, DE	53	114, 115
Kardel®	Union Carbide, Corp. Danbury, CT 06817, US	121	411
Kartex	Fabbrica Adesivi Resine S.p.A. Cologno Monzese, IT	151	11, 115, 73
Kartothene	Plastona Ltd. Subs. John Waddington, GB	11, 112	53

Name	Firma (siehe 9.1, Seite 648)	Kunstharz (siehe 9.2.1, Seite 650)	Lieferform (siehe 9.2.2, Seite 653)
Kasobond	Kaso-Chemie GmbH & Co KG 4472 Haren/Ems 3, DE	263	115
Kasothan	–,,–	263	2
Kauramin®	BASF Aktiengesellschaft 6700 Ludwigshafen, DE	223	73
Kauranat®	–,,–	2631	73
Kauresin®	–,,–	212, 213	123, 73
Kaurit®	–,,–	221	73
Kauropal®	–,,–	242	73
Kayfax	Toa Gosei Chemical Ind., Co., Ltd. Tokyo, JP	27	117 se
KaZepol®	Kali-Chemie AG, 3000 Hannover, DE	263	117
Keebush®	A.P.V. Kestner Ltd. Greenhithe, Kent, GB	21	2, 61 korr
Keeglas	–,,–	21, 242	614 korr
Kelanex	Hoechst AG 6230 Frankfurt/M. 80, DE	2412	2, 224
Kelburon®	DSM, Polymers & Hydrocarbons 6130 AA Sittard, NL	112/3411	120
Keldax®	Du Pont Co. Inc. Wilmington, DE 19 898, US	1115	221 s
Kel-F®	3 M Co., St. Paul, MN 55 144, US	1352, 1353	11, 114
Kellco	Novopan-Keller AG 4314 Kleindöttingen, DE	223	621
Kelon®	LATI S.p.A. Engineering Thermoplastics 21 040 Vedano Olona, Varese, IT	261	22
Kelprox	DSM, Polymers & Hydrocarbons 6130 AA Sittard, NL	112/3411	120
Kelrinal®	–,,–	1114/1117	11
Kelsol	Worlée-Chemie GmbH 2058 Lauenburg, DE	244	123
Keltaflex®	DSM, Polymers & Hydrocarbons 6130 AA Sittard, NL	11	9
Keltan®	–,,–	112 + 3411	120
Kemamide®	Witco Corp., Organics Div. New York, 10 022-4236, US		9
Kematal®	Hoechst AG 6230 Frankfurt/M. 80, DE	2312	2, 224
Kemester CP®	Witco Corp., Organics Div. New York, 10 022-4236, US		9
Kemid®	Norton Performance Plastics Wayne, NJ 07 470, US	274	4
Kemipur	Kemipur-Polyurethane-Systeme GmbH, Solymár, HU	263	2, 11
Kenflex	Kenrich Petrochemicals, Inc. Bayonne, NJ 07 002, US	53	91
Kepital	Korea	2322	2

Name	Firma (siehe 9.1, Seite 648)	Kunstharz (siehe 9.2.1, Seite 650)	Lieferform (siehe 9.2.2, Seite 653)
Keraphen	Keramchemie GmbH, 5433 Siershahn, DE	212	2251, 2261
Kerimid®	Rhône-Poulenc Specialites Chimiques 69006 Lyon, FR	27	112
Keripol®	Phoenix AG, 2100 Hamburg 90, DE	242	222, 224, 231, 232, 251
Kermel®	Rhône-Poulenc S.A. 92408 Courbevoie, FR	272	111
Kerni®	Oy Finlayson AB, Tampere 10, FI	132	424
Kevlar®	Du Pont Co. Inc. Wilmington, DE 19898, US	261 s	72
KF Film	Kureha Chemical Industry Co., Ltd. New York, NY 10170, US	1353	4 el
K-Flex	– ,, –	133	411
KF Piezo Film	– ,, –	1353	4 el
KF Polymer	– ,, –	1354	11, 41
Kialite	Heuvelmans B.V., Tilburg, NL	233, 242, 2421	6141, 76
Kibisan	Chi Mei Industrial Co., Ltd. Tainan, Shien, Taiwan	1222	2
Kinel®	Rhône-Poulenc Specialites Chimiques 69006 Lyon, FR	27	22
Kite	Tufnol Ltd. Birmingham B42 2TB, GB	21	611
Klea	ICI PLC, Welwyn Garden City, Herts. AL7 1HD, GB	Esteröle	9
Kleer Kast®	Kleer Kast Inc. Kearny, NJ 07032, US	163	55
Kleiberit®	Klebchemie M. G. Becker KG 7504 Weingarten/Baden, DE	151, 162, 343, 35	73
Klemite	Garfield Molding Co. Garfield, NJ 07026, US	223	2
Klingerflon	Rich. Klinger GmbH 6270 Idstein/Ts., DE	1351	3, 4, 5
Klucel®	Hercules Inc. Wilmington, DE 19894, US	4233	2
Kobe-Lite	Shin-Kobe Electric & Machinery Co. Ltd., Tokyo 160, JP		61 el
Koblend®	ECP EniChem Polimeri srl. 20124 Mailand, IT	111/1223	11/411
Kodacel®	Eastman Chemical International Ltd. Kingsport, TN 37662, US	4223	42, 53
Kodapak® *PET*	– ,, –	2412	2
Kodar®	– ,, –	2412	2
Kodel®	– ,, –	2412	72
Kömabord Ce®	Gebr. Kömmerling Kunststoffwerke GmbH, 6780 Pirmasens, DE	1311	713
Kömacel®	– ,, –	1311	713, 5
Kömadur®	– ,, –	1314	5

Name	Firma (siehe 9.1, Seite 648)	Kunstharz (siehe 9.2.1, Seite 650)	Lieferform (siehe 9.2.2, Seite 653)
Kömalen®	Gebr. Kömmerling Kunststoffwerke GmbH, 6780 Pirmasens, DE	121 se, 1311	5
Kömapan	– „ –	131	34, 342
Kömapor	– „ –	131	71
Kömatex	– „ –	131	71
Kö-Profile	– „ –	132	34
Kohinor®	Pantasote Inc. Passaic, NJ 07 055, US	13, 1311, 132	11, 2, 4
Koit	Koitwerk Herbert Koch GmbH & Co. 8211 Rimsting, DE	132	435
Kollidon®	BASF Aktiengesellschaft 6700 Ludwigshafen, DE	127	1
Konlux	G. Roggemann GmbH 4531 Lotte, DE	242	55
Koplen	Kaucuk n. Vlt., 27 852 Kralupy, CSFR	121	117
Korad®	Polymer Extruded Products, Newark, NJ 07 105, US	16	437, 452
Koreforte®	BASF Aktiengesellschaft 6700 Ludwigshafen, DE	212	113
Koresin®	– „ –	214	113
Koretack®	– „ –	214	113
Korever®	– „ –	214	113
Korez	Atlas Minerals & Chemicals Inc. Mertztown, PA 19 539, US	211	123
Koroseal	B. F. Goodrich Chemical Co. Cleveland, OH 44 131, US	132	2
Korton®	Norton Performance Plastics Wayne, NJ 07 470, US	1352	41
Korvex®	– „ –	135	32 s, el
Kostil®	ECP EniChem Polimeri srl. 20 124 Mailand, IT	1222	2, 224
Koylene®	Indian Petrochemicals Corp. Ltd. Gujarat, Indien	112	2
Kralastic®	Uniroyal/Sumitomo Chemical Co., Ltd., Tokyo 103, JP	1221/131	124
Krasten	Kaucuk n. Vlt., 27 852 Kralupy, CSFR	121	2
Kraton D®	Shell International Petroleum Co., Ltd., London, SE1 7NA, GB	12/32	120
Kraton G®	– „ –	12/341	120
Krehalon	Mitsui Petrochemical Ind., Ltd. Tokyo, JP	133	411
Krene®	Union Carbide, Corp. Danbury, CT 06 817, US	1313	4 med
K-Resin®	Phillips Petroleum Chemicals NV, 1900 Overijse, BE	122, 1223	2
Kronospan	Kronospan Ltd. Chirk, Wrexham, GB	223	761
Krynac®	Bayer AG, 5090 Leverkusen, DE	323	11

Name	Firma (siehe 9.1, Seite 648)	Kunstharz (siehe 9.2.1, Seite 650)	Lieferform (siehe 9.2.2, Seite 653)
Krystaltite®	Allied Signal Engineered Plastics Morristown, NJ 07962, US	131	411
Kunstharz AP, SK	Hüls AG, 4370 Marl, DE	259	114
Kunsto®-ABS	Kunstoplast-Chemie GmbH 6370 Oberursel, DE	1221	2
Kunstolen®	–,,–	111, 112	2
Kunstomid®	–,,–	261	2
Kunstonyl®	–,,–	131	122, 2
Kunstyrol®	–,,–	121	2
Kureha	Kureha Chemical Industry Co., Ltd. Tokyo, JP	123, 1311, 1354	111, 2
Kuroplast®	BASF Aktiengesellschaft 6700 Ludwigshafen, DE	115	115
Kydene	Rohm & Haas Co. Philadelphia, PA 19105, US	131/16	2
Kydex®	–,,–	1313	2, 52, 53
Kynar®	ELF ATOCHEM 92091 Paris, La Défense 10, FR	1354	11, 121, 41 el
Kynar Flex®	–,,–	1354s	2
Kynol	Carborundum Co. Fibers Div. Niagara Falls, NY 14302, US	21	226
Kyowalite	Kyowa Gas Chemical Co., Ltd. Tokyo, JP	61s	54s
L			
Lacqrene	ELF ATOCHEM 92091 Paris, La Défense 10, FR	12	11, 2
Lacqtene®	–,,–	1111, 1113, 1111L	2
Lacqtene® *P*	Appryl SNC, 92807 Puteaux Cedex	112, 1121	2
Lacros	SCM Chemicals Corp. Baltimore, MD 21202, US	251	114
Ladene®	Saudi Basic Industries Corp. (Sabic) Riyadh 11 422, Saudi Arabien	1111L, 1113, 12, 131, 223	117, 2
laif®	Konrad Hornschuch AG 7119 Weissbach, DE	263	721
Lamigamid®	G. Schwartz GmbH & Co. 4232 Xanten, DE	261	33, 34, 342, 51
Lamilux®	Lamiluxwerk H. Strunz GmbH & Co. KG, 8673 Rehau, DE	242	55, 614, 63
Laminex®	G. Schwartz GmbH & Co. 4232 Xanten, DE	212	612
Lamipor®	Lamiluxwerk H. Strunz GmbH & Co. KG, 8673 Rehau, DE	–	7661
Lamitex	Franklin-Fibre-Lamitex Corp. Wilmington, DE 19899, US	21, 233, 242, 28	611, 612, 614 el

Name	Firma (siehe 9.1, Seite 648)	Kunstharz (siehe 9.2.1, Seite 650)	Lieferform (siehe 9.2.2, Seite 653)
Lankroflex®	Harcros-Chemicals UN Ltd. Eccles, Manchester M30 OBH, GB	–	91
Lankromark®	– „ –	–	9
Lankroplast®	– „ –	–	9
Lankrostat®	– „ –		9
Larc	U.S. Polymeric (NASA) Santa Ana, CA 92707, US	27	2
Larflex	LATI S.p.A. Engineering Thermoplastics 21040 Vedano Olona, Varese, IT	112/3411	2, 21, 22
Laril ⸱	– „ –	235	2, 21, 22
Laripur	Larim S.p.A. 20019 Settimo Milanese (MI), IT	264	111, 2
Larodur®	BASF Aktiengesellschaft 6700 Ludwigshafen, DE	162	114
Laroflex®	– „ –	1313	114
Laromer®	– „ –	162	114
Laropal®	– „ –	222, 259	114
Laros	SCM Chemicals Corp. Baltimore, MD 21202, US	251	114
Larton	LATI S.p.A. Engineering Thermoplastics 21040 Vedano Olona, Varese, IT	237	21, 22
Lastane	– „ –	262	2, 21, 22
Lastiflex	– „ –	1221/132	2, 21
Lastil	– „ –	1222	2, 21, 22
Lastilac	– „ –	1221/2411	124, 2, 21, 22
Lastirol	– „ –	122	2, 21, 22
Lasulf	– „ –	236	2, 21, 22
Latamid	– „ –	261	2, 21, 22
Latan	– „ –	2312	2, 21, 22
Latecoll®	BASF Aktiengesellschaft 6700 Ludwigshafen, DE	165	123
Latene	LATI S.p.A. Engineering Thermoplastics 21040 Vedano Olona, Varese, IT	1113, 112, 1121	2, 21, 22
Later	– „ –	2412	2, 21, 22
Latilon	– „ –	2411	2, 21, 22
Lauramid®	Albert Handtmann Elteka GmbH & Co, KG, 7950 Biberach a. d. Riß, DE	261	111/51
Lavella®	Sondex AB, Malmö, SE	1311	34, 341
Leben®	Dainippon Ink. & Chemicals Inc. Tokyo, JP	131	11
Lekutherm®	Bayer AG, 5090 Leverkusen, DE	233	111, 112, 113
Lemac	Borden Chemical Plastics Geismar, LA 70734, US	151	11

Name	Firma (siehe 9.1, Seite 648)	Kunstharz (siehe 9.2.1, Seite 650)	Lieferform (siehe 9.2.2, Seite 653)
Lemaloy	Mitsubishi Petrochemical Co., Ltd. Tokyo, JP	23/261	2
Lemapet	– ,, –	111	224
Lennite®	Westlake Plastics Co. Lenni, PA 19052, US	111	3, 5
Lenser®	Lenser Kunststoff-Preßwerk GmbH + Co KG, 7913 Senden, DE	111, 121	5
Lenzing Modal	Lenzing AG, 4860 Lenzing, AT	4212	72
Lenzing P84	– ,, –	27	72
Lenzing PTFE	– ,, –	1351	72
Lenzing s-band	– ,, –	112	414
Lenzingtex	– ,, –	11	411, 431, 432, 435
Lenzingtex Alu	– ,, –	111	412, 43
Leona	Asahi Chemical Ind. Co., Ltd. Tokyo, JP	261	2 s
Leotel	Nichimen + Co., Tokyo, JP	261	2
Lerille	Courtaulds PLC, Manchester, GB	2412	72
Lerite	Industrie Chimiche Leri s.p.a. 20121 Mailand, IT	212	232
Leschuplast	Leschuplast Kunststofffabrik GmbH 5630 Remscheid 11, DE	1111, 1115, 132	433, 434, 435
Leukorit®	Raschig AG., 6700 Ludwigshafen, DE	211	5
Leunapor	Leuna-Werke Leuna bei Merseburg, DE	11	414/4241
Levapren®	Bayer AG, 5090 Leverkusen, DE	1115, 343	11, 115, 91
Levasint®	– ,, –	1115	141
Le-Wachs	Leuna-Werke Leuna bei Merseburg, DE	111 s	94
Lewatit®	Bayer AG, 5090 Leverkusen, DE	–	148
Lexan®	GE Co., GE Plastics Pittsfield, MA 01201, US	2411	2, 4, 5
Lexan® PPC	– ,, –	2415	11
Lexgard®	– ,, –	2411	5
Lighter	INCA International s.p.a. 75010 Pisticci (MT), IT	2412	1, 2
Lightlon®	Sekisui Chemical Co. Ltd. Osaka 530, JP	1111	413, 71
Lighton	Phillips Petroleum Chemicals NV, 1900 Overijse, BE	237	2
Lignoform®	Kunststoffwerk Voerde 5828 Ennepetal 14, DE	1311	232
Lignostone®	Lignostone Ter Apel, b.v. 9560 AB Ter Apel, NL	21, 22	613, 622
Lilion	Snia Fibre S.p.A., 20031 Cesano Maderno (Milano), IT	261	35, 72

Name	Firma (siehe 9.1, Seite 648)	Kunstharz (siehe 9.2.1, Seite 650)	Lieferform (siehe 9.2.2, Seite 653)
Lindolen®	A. u. E. Lindenberg GmbH & Co. KG 5060 Bergisch Gladbach 2, DE	11, 112	232, 52
Linklon	Mitsubishi Petrochemical Co., Ltd. Tokyo, JP	112 s	2 (vernetzt)
Lipaton®	Hüls AG, 4370 Marl, DE	1223	121
Lipolan®	– ,, –	1223	121
Liquiflex H	Krahn Chemie GmbH, 2000 Hamburg 11, DE	263	111
Lisa®	Bayer AG, 5090 Leverkusen, DE	1/24	2, 54 s
Litac	Mitsui Toatsu Chemicals Inc. Tokyo, JP	1221, 1222	11, 2
Litex®	Hüls AG, 4370 Marl, DE	1223	121
Lithene®	Revertex Chemicals Ltd. Harlow, Essex CM20 2AH, GB	321	111
Litrex®	PD2, Linz, AT	236, 253, 274	413
Llumar	Martin Processing, Film Div. Martinsville, VA 24112, US	2412	41
Lomod®	GE Co., GE Plastics Pittsfield, MA 01201, US	2413	120
Lonza PE	Lonza-Folien GmbH 7858 Weil am Rhein, DE	111	412
Lonza PEI	– ,, –	274	41
Lonza PMMA	– ,, –	163	4 tra
Lonza PVAL	– ,, –	152	41
Lotader®	ELF ATOCHEM 92091 Paris, La Défense 10, FR	115 s	11
Lotrene®	Sofrapo/EniChem 92080 Paris, La Défense 2, FR	1111 L, 1115	2, 41
Lotrex®	– ,, –	1111 L	2
Lotryl	ELF ATOCHEM 92091 Paris, La Défense 10, FR	1115	11, 1117
Loxiol®	Henkel KGaA, 4000 Düsseldorf 1, DE	–	91
Lubonyl	N. Lundbergs Fabriks AB Fristad, SE	1116, 1311	31
Lubricomp	ICI Advanced Materials Welwyn Garden City, Herts. AL7 1HH, GB	2411	2
Lucalen®	BASF Aktiengesellschaft 6700 Ludwigshafen, DE	1115	115
Lucalor®	ELF ATOCHEM 92091 Paris, La Défense 10, FR	1312	11
Lucel	Standard Polymers Lake Grove, NY 11755, US	2311	2
Lucite®	Du Pont Co. Inc. Wilmington, DE 19898, US	163	1, 2

Name	Firma (siehe 9.1, Seite 648)	Kunstharz (siehe 9.2.1, Seite 650)	Lieferform (siehe 9.2.2, Seite 653)
Lucky	Standard Polymers Lake Grove, NY 11755, US	1221	2
Lucobit	BASF Aktiengesellschaft 6700 Ludwigshafen, DE	1115 + Bitumen	112
Lucorex®	ELF ATOCHEM 92091 Paris, La Défense 10, FR	131	2
Lucryl®	BASF Aktiengesellschaft 6700 Ludwigshafen, DE	163	21
Ludopal®	–,,–	242	114
Luhydran	–,,–	16	114
LUMAsite	American Acrylic Corp. West Babylon, NY 11704, US	163, 242	614, 63
Lumax	Standard Polymers Lake Grove, NY 11755, US	1221/2412	124
Lumiflon®	ICI PLC, Welwyn Garden City, Herts. AL7 1HD, GB	135	146
Lumitol®	BASF Aktiengesellschaft 6700 Ludwigshafen, DE	162	114
Lupan	Standard Polymers Lake Grove, NY 11755, US	1222	224
Luperox	ELF ATOCHEM 92091 Paris, La Défense 10, FR	–	9
Luphen®	BASF Aktiengesellschaft 6700 Ludwigshafen, DE	2632	114
Lupolen®	–,,–	111, 1111 L, 1115	2
Lupos	Standard Polymers Lake Grove, NY 11755, US	1221	224
Lupox	–,,–	2412	2
Lupox TE	–,,–	2411/2412	120
Lupoy	–,,–	2411/1224	124
Lupranat®	BASF Aktiengesellschaft 6700 Ludwigshafen, DE	2631	111
Lupranol®	–,,–	2633	111
Lupraphen	–,,–	2632	117, 14
Luprenal®	–,,–	162	114
Luran®	–,,–	1222	2, 11
Luran S®	–,,–	124	11, 2
Luranyl®	–,,–	1223/235	2
Lusep	Standard Polymers Lake Grove, NY 11755, US	237	2
Lustran®	Monsanto Co. St. Louis, MO 63167, US	1221, 1222	11, 2

Name	Firma (siehe 9.1, Seite 648)	Kunstharz (siehe 9.2.1, Seite 650)	Lieferform (siehe 9.2.2, Seite 653)
Lustran® Elite AMS	Monsanto Co. St. Louis, MO 63 167, US	123/161	2
Lustropak®	Lustro Plastics Co. Valencia, CA 91 355, US	1412 s	4
Lutofan®	BASF Aktiengesellschaft 6700 Ludwigshafen, DE	1313	123
Lutonal®-Marken	– „ –	14	114
Lutraflor	Fränkische Rohrwerke 8729 Königsberg, DE	2412	31
Lutrigen®	BASF Aktiengesellschaft 6700 Ludwigshafen, DE	1114	11
Luvican®	– „ –	126	11, 2
Luviskol®	– „ –	127	1
Luvitherm®	– „ –	1311	411, 413
Luvocom®	Lehmann & Voss Co. 2000 Hamburg 36, DE	11, 12, 23, 24, 27	22
Luvoflex®	– „ –	264	2
Luwax	BASF Aktiengesellschaft 6700 Ludwigshafen, DE	1115	94
Luwipal®	– „ –	223	114
Lycra®	Du Pont Co. Inc. Wilmington, DE 19 898, US	37	35, 72
Lytex	Quantum Chemical Corp. Cincinnati, OH 42 249, US	233	2261
Lytron®	Monsanto Co. St. Louis, MO 63 167, US	121, 122	113
Lyvertex®	Brochier S. A. 69 152, Decines Charpieù, FR	2612	72
M			
Macromelt	Henkel Polymers Div. Ambler, PA 19 002, US	261	73
Macromer®	Sartomer Inc., Exton, PA 19 341, US	1253	2
Macroplast®	Henkel KGaA, 4000 Düsseldorf 1, DE	263, 35	73
Macrynal®	Hoechst AG 6230 Frankfurt/M. 80, DE	16	114
Madurit®	– „ –	223, 224	112, 113, 116
Magnacomp®	LNP Plastics Nederland BV 4940 Raamsdonksveer, NL	261 s	22
Magnamite	Sumika-Hercules Wilmington, DE 19 894, US	5	226
Magnum®	Dow Chemical Corp. Midland, MI 48 640, US	1221	2
Maicro®	Savid S.p.A., 22 100 Como, IT	233	114

Name	Firma (siehe 9.1, Seite 648)	Kunstharz (siehe 9.2.1, Seite 650)	Lieferform (siehe 9.2.2, Seite 653)
Makrofol®	Bayer AG, 5090 Leverkusen, DE	2411	413 el
Makrofol® *LT*	–„–	2411	436 s
Makrolon®	–„–	2411	2, 224
Makrolon®	Röhm GmbH, 6100 Darmstadt, DE	2411	1, 55
Makrolon®-*longlive-UV*	–„–	163/2411	55
Malecca	Denki Kagaku Kogyo, Tokyo 100, JP	27 Cop.	11, 2
Mantopex	Golan Plastics Products 15 145 Shaar Hagolan, IL	1116	31
Maprenal®	Hoechst AG 6230 Frankfurt/M. 80, DE	223, 224	114
Maraglas	Acme Chemicals Div. New Haven, CT 06 505, US	233	112 el
Maranyl®	ICI PLC, Welwyn Garden City, Herts. AL7 1HD, GB	261	21, 224
Maraset	Acme Chemicals Div. New Haven, CT 06 505, US	233	112
Margard®	GE Co., GE Plastics Pittsfield, MA 01 201, US	2411	5
Maricon	Riken Vinyl Ind. Co., Ltd., Tokyo, JP	1221/131	2
Marlex®	Phillips Petroleum Chemicals NV, 1900 Overijse, BE	1111, 1113, 1115, 112	11, 2
Marlex TR 130®	–„–	1111 L	2
Marvec	Brett Martin Ltd. Antrim BT 368 RE, IR	131	5
Marvyflo	–„–	1314	141
Marvylan	Limburgse-Vinyl Maatschapij Tessenderlo, NL	1311	2
Marvylex	–„–	1315	1
Marvyloy	–„–	1314	124 se
Mater-Bi	Novamont Italia Srl. 20 123 Mailand, IT	11	23 a
Matrimid®	Ciba-Geigy AG, 4002 Basel, CH	276	1
Max-Platte®	Isovolta AG, Österreichische Isolier- stoffwerke, Wien-Neudorf, AT	223	621
Maxprene	Seitetsu Kagaku Co., Ltd., Osaka, JP	33	11
Mecanyl-Rohr®	Mecano-Bundy GmbH 6900 Heidelberg 1, DE	2411	2 med
MegaRad	Dow Chemical Corp. Midland, MI 48 640, US	2411	2 med
Mektal®	Rogers Corp. Molding Materials Div. Manchester, CT 06 040, US	21	124

Name	Firma (siehe 9.1, Seite 648)	Kunstharz (siehe 9.2.1, Seite 650)	Lieferform (siehe 9.2.2, Seite 653)
Melacel	Pallflex Products Corp. Putnam, CT 06 260, US	223	452
Melacoll	Stickstoffwerke AG, Lutherstadt Wittenberg-Piesteritz, DE	223	113, 73
Meladur	–,,–	223	2, 611
Meladurol®	–,,–	223	114
Melaform	Chromos Plastične mase 4100 Zagreb, Croatia	223	2
Melaicar®	Aicar S. A., 08 010 Barcelona, ES	223, 224	24
Melamite	Pioneer Valley Plastics Inc. Bondsvillers, MA 01 009, US	223	621
Melan®	Henkel KGaA, 4000 Düsseldorf 1, DE	223	113
Melana®	Chemiefaserwerk Savinesti Piatra Neamt, RO	161	72
Melbrite®	Montedison S.p.A., 20 121 Milano, IT	223	231
Meldin®	Dixon Industries Corp. Bristol, RI 02 809, US	27	5, 6
Melfeform	Chromos Plastične mase 4100 Zagreb, Croatia	224	2
Melinar®	ICI PLC, Welwyn Garden City, Herts. AL7 1HD, GB	2412	11
Melinex®	–,,–	2412	41, 43
Melinite®	–,,–	2412	2
Meliodent®	Bayer AG, 5090 Leverkusen, DE	163	147
Melit®	Siritle Srl., 20 161 Milano, IT	223	112, 113
Melmex®	BIP Chemicals Ltd. Oldbury Warley, West Midl., B69 4PD, GB	223	2
Melmorite	M/s Rattanchand Harjasrai (Mouldings) Pr. Ltd. Faridabad, IN	221, 223	2
Melochem	Chemiplastics S.p.A. 20 151 Mailand, IT	223	22, 23
Melolam®	Ciba-Geigy AG, 4002 Basel, CH	223	113
Melopas®	–,,–	223, 224	221 s, 222, 252
Melsir	Siritle Srl., 20 161 Milano, IT	223	2
Melsprea®	AMC-SPREA S.p.A., 20 101 Milano, IT	223	2
Menzolit	Menzolit-Werke, Albert Schmidt GmbH & Co. KG 7527 Kraichtal-Menzingen, DE	242, 233	22, 23, 24, 25, 26, 73 s
Meraklon	Moplefan S.p.A., 20 124 Milano, IT	1121	35, 72
Merlon®	s. Makrolon®	2411	2 se
Merporal	Makhteshim Chemical Works, Ltd. Beer-Sheva, Israel	242	11, 112, 113, 114

Name	Firma (siehe 9.1, Seite 648)	Kunstharz (siehe 9.2.1, Seite 650)	Lieferform (siehe 9.2.2, Seite 653)
Mesamoll®	Bayer AG, 5090 Leverkusen, DE	–	91
Metablen	Mitsubishi Chemical Co. Tokyo, JP	–	–
Metallogen®- *Metadur*	Metallogen GmbH 4630 Bochum-Wattenscheid, DE	233, 263	146 s
Metallon®	Henkel KGaA, 4000 Düsseldorf 1, DE	233, 242	115, 73
Metamarble®	Teijin Chemicals Ltd., Tokyo, JP	16/2411, 1221/2411	2
Methafil	Akzo Engineering Plastics Inc. Evansville, IN 47 732, US	116	22
Methocel®	Dow Chemical Corp. Midland, MI 48 640, US	4231	113
Metton®	Himont, Wilmington, DE 19 894, US	53	118
Metylan®	Henkel KGaA, 4000 Düsseldorf 1, DE	4231	11
Metzoplast®	Metzeler Schaum GmbH (British Vita PLC) 8940 Memmingen, DE	111, 112, 112 + 341, 12, 163, 235, 1221/2411	2, 721/76
Micares®	Micafil AG, 8048 Zürich, CH	263	112, 113
Micarta®	Westinghouse Electric Corp. Micarta Div., Hamton, SC 29 924, US	223	621
Microflex®	Clopay Corp. Plastics Products Div. Cincinnati, OH 45 202, US	111	4
Microfoam	Du Pont Co. Inc. Wilmington, DE 19 898, US	112	414
Microlen	Sekisui Chemical Co. Ltd. Osaka 530, JP	111	71
Microlite	Web Technologie Oakville, CT 06 779, US	2412	413 s
Microthene®	Quantum Chemical Corp, USI Div. Cincinnati, OH 45 249, US	1111, 1111 L, 1115	11, 141
Milastomer	Mitsubishi Petrochemical Co., Ltd. Tokyo, JP	1127	120
Millathane HT	Notedome Ltd. Coventry CV3 2RQ, GB	263	11
Milrol®	Canadian Industries Ltd. Montreal, Queb., CA	111	431, 432
Miltite®	– „ –	111	411
Mindel®	Amoco Performance Products Richfield, CT 06 877, US	2351, 263/ 1221	2, 224
Minicel®	Voltek Inc. Div. of Sekisui American Corp., Lawrence, MA 01 843, US	112	71
Minlon®	Du Pont Co. Inc. Wilmington, DE 19 898, US	261	224
Mipolam®	Hüls-Troisdorf AG 5210 Troisdorf, DE	1115	44
Mipoplast®	– „ –	132	433

Name	Firma (siehe 9.1, Seite 648)	Kunstharz (siehe 9.2.1, Seite 650)	Lieferform (siehe 9.2.2, Seite 653)
Miramid	Leuna-Werke Leuna bei Merseburg, DE	261	2, 224
Miranoren®	–,,–	2412	2
Mirason®	Mitsui Polychemical Co., Ltd. Tokyo, JP	1111 L, 1111, 1112	11, 2
Mirathen	Leuna-Werke Leuna bei Merseburg, DE	111	2
Miravithen®	–,,–	1115	11, 2
Mirex	Mitsui Toatsu Chemicals Inc. Tokyo, JP	21	113
Mirvyl	Rio Rodano, S.A., Madrid 20, ES	131	11
Mistapox	M-R-S Chemicals, Inc. Maryland Heights, MO 63 043, US	233	22
MMC	Du Pont Co. Inc. Wilmington, DE 19 898, US	133 + 2412 + 133	41 s
Modar®	ICI PLC, Welwyn Garden City, Herts. AL7 1HD, GB	163 s	118
Moform	Chemische Betriebe a. d. Waag, CSFR	222	11
Moldesite®	AMC-SPREA S.p.A., 20 101 Milano, IT	21	23
Mollan®	Chemie Linz AG, 4040 Linz, AT		91
Moltopren®	Bayer AG, 5090 Leverkusen, DE	2632, 2633	71
Monarfol	Billerud AB Abt. Nya Produkter Säffle, SE	1111	43
Mondur	Miles Chemical Corp. Pittsburgh, PA 15 205-9741, US	263, 2631	117, 71
Monocast®	Polypenco GmbH 5060 Bergisch Gladbach 2, DE	261	3, 5
Monoplex	C.P. Hall Comp. Chicago, IL 60 638, US		91
Monosol®	Mono-Sol Div. Chris Craft Ind., Inc. Gary, IN 46 403, US	152	41
Monothane	Synair Corp. Chattanooga, TN 37 406, US	263	112
Montac®	Monsanto Co. St. Louis, MO 63 167, US	2611, 271	120, 73
Moplan®	Himont Italia s.p.a. 20 124 Mailand, IT	112 s	2
Moplefan®	–,,–	112	411, 412, 413
Moplen®	–,,–	112, 1121	11, 2
Moplen-EP®	–,,–	1115	2
Moplen Ro®	–,,–	1113	2
Moplex®	–,,–	112	2 s
Morthane	Morton International Inc. Chicago, IL 60 606-1598, US	264	115, 111 f. 73
Mowilith®	Hoechst AG 6230 Frankfurt/M. 80, DE	151, 16	114, 115, 116, 121

Name	Firma (siehe 9.1, Seite 648)	Kunstharz (siehe 9.2.1, Seite 650)	Lieferform (siehe 9.2.2, Seite 653)
Mowiol®	Hoechst AG 6230 Frankfurt/M. 80, DE	152	11
Mowital®	–„–	155	112, 114
Multican®	Unitex Ltd., Knaresborough, North Yorks., HG5 OPP, GB	263	112, 146
Multifil®	Chemie Linz AG, 4040 Linz, AT	112	72 se, s
Multi-Flow®	Norplex Oak Inc. La Crosse, WI 54601, US	233, 27	2251
Multilon	Teijin Chemicals Ltd., Tokyo, JP	1121/2411	2 se
Multranol	Miles Chemical Corp. Pittsburgh, PA 15205-9741, US	2633	11
Multrathane	–„–	2631	111
Multron	–„–	2632	11
Muratherm®	Murtfeldt GmbH & Co. KG 4600 Dortmund 12, DE	–	6121, 31, 33, 51
Murdopol®	–„–	261 s	33, 51
Murlubric®	–„–	261 s	33, 51, 342
Murtex®	–„–	21	612
Mylar®	Du Pont Co. Inc. Wilmington, DE 19898, US	133/2412	412
Myoflex	Schweizerische ISOLA-Werke 4226 Breitenbach, CH	233/261	4341/611
Myosam	–„–	233/26	4341/616 el
N			
Nabutene	Ets. G. Convert 01 100 Oyonnax, FR	1221, 124	5
Nafion®	Du Pont Co. Inc. Wilmington, DE 19898, US	135	4 s
Naltene	Ets. G. Convert 01 100 Oyonnax, FR	1111	5
Nandel	Du Pont Co. Inc. Wilmington, DE 19898, US	161	72
Naprene	Ets. G. Convert 01 100 Oyonnax, FR	112	5
NAP resin	Kanegafuchi Chemical Ind. Co., Ltd. Osaka, JP	2412	11
Narmco®	BASF Structural Materials Inc. Charlotte, NC 28217, US	23	2261/6121
NAS	Novacor Chemicals Inc., Plastics Div. Leominster, MA 01453, US	125	2
Natsyn®	Goodyear Tire & Rubber Co. Jackson, OH 45640, US	331	11

Name	Firma (siehe 9.1, Seite 648)	Kunstharz (siehe 9.2.1, Seite 650)	Lieferform (siehe 9.2.2, Seite 653)
Naugahyde®	Uniroyal Chemical Adhesives Co. Middlebury, CT 06 749, US	132	436
Naugapol®	Uniroyal, Mishawaka, IN 46 544, US	322	11
Naxoglas	Ets. G. Convert 01 100 Oyonnax, FR	163	55
Naxoid	–,,–	4222	5
Naxolene®	–,,–	1223	5
Naxols	–,,–	244	11
Naxorese	–,,–	2442	11
Necirès®	Nevcin Polymers B.V. 1420 AD Uithoorn, NL	53	114, 115
Necofene®	Ashland Chemical Inc. Columbus, OH 43 216, US	235	2
Nelco	New England Laminates Corp., Inc. Walden, NY 12 586, US	233	2251, 614 el
Neocryl®	Polyvinyl Chemie BV Holland 5140 AC-Waalwijk, NL	16	114, 115
Neoflon®	Daikin Kogyo Co. Ltd., Osaka, JP	1351, 1352	121
Neofract®	Elastogran Polyurethane GmbH 2844 Lemförde, DE	263	117 med
Neolith	Fabbrica Adesivi Resine S.p.A. Cologno Monzese, IT	151	11, 121, 123, 13, 73
Neonit®	Ciba-Geigy AG, 4002 Basel, CH	223, 233, 243	224 s
Neopolen®	BASF Aktiengesellschaft 6700 Ludwigshafen, DE	111, 112	71
Neoprene	Du Pont Co. Inc. Wilmington, DE 19 898, US	35	11
Neoprex	Fabbrica Adesivi Resine S.p.A. Cologno Monzese, IT	221	13, 73
NeoRez®	Polyvinyl Chemie BV Holland 5140 AC-Waalwijk, NL	263	146
Neo Sunmetal	Tsutsunaka Plastic Ind. Co. Ltd. Osaka, JP	131	762
Neox	Matsushita Electric Works, Ltd. Mie, JP	242	224
Neo-zex	Mitsui Petrochemical Ind., Ltd. Tokyo, JP	1111, 1111 L, 1112	141, 2
Nepol	Neste Oy Chemicals, 02 151 Espoo, FI	112	224
Net-O-Fol	Billerud AB Abt. Nya Produkter Säffle, SE	111	4311
Neuthane	Notedome, Ltd. Coventry CV3 2RQ, GB	2632, 2633	111
Nevchem®	Nevcin Polymers B.V. 1420 AD Uithoorn, NL	53	114, 115, 121
Nevex®	–,,–	53	114, 115

Name	Firma (siehe 9.1, Seite 648)	Kunstharz (siehe 9.2.1, Seite 650)	Lieferform (siehe 9.2.2, Seite 653)
Nevillac®	Nevcin Polymers B.V. 1420 AD Uithoorn, NL	53	114, 115
Nevroz	– „ –	53	14
New-PTI	Mitsui Toatsu Chemicals Inc. Tokyo, JP	27	11, 21, 224, 226
News®	Neste Oy Chemicals, 02151 Espoo, FI	1111 L	1, 2
Niax®	Union Carbide, Corp. Danbury, CT 06817, US	2632	117
Nibren-Wachs®	Bayer AG, 5090 Leverkusen, DE	56	94
Nikalet	Nippon Carbide Ind. Co. Inc. Tokyo, JP	223	2
Nika Temp®	– „ –	1312	11, 2
Nipeon	Nippon Zeon Co., Ltd., Tokyo, JP	131	11, 2
Nipoflex	Toyo Soda Mfg. Co. Ltd., Tokyo, JP	1115	11, 2, 73
Nipol	Nippon Zeon Co., Ltd., Tokyo, JP	32	11
Nipolit®	Chisso Corp., Tokyo, JP	131, 1314	11, 2
Nipolon	Toyo Soda Mfg. Co. Ltd., Tokyo, JP	1111	11, 2
Nipren®	Nuova Italresina 20027 Rescaldina (Milano), IT	112	31
Nirlene®	– „ –	1111	31
Nivion	ECP EniChem Polimeri srl. 20124 Mailand, IT	261	72
Nivionplast	– „ –	261	224
Noan	Richardson Polymer Corp. Madison, CT 06443, US	125 s	2
Noblen®	Mitsubishi Petrochemical Co., Ltd. Tokyo, JP	·112, 1117	2
Nokrythane®	Akzo Engineering Plastics Inc. Evansville, IN 47732, US	261	112
Nolimold	Rhône-Poulenc Films, 92080 Paris La Défense, Cedex 6, FR	272	2
Nomelle	Du Pont Co. Inc. Wilmington, DE 19898, US	161 s	72
Nomex®	Euro-Composites S.A. Echternach, LU	163/21	611
NorCore	Norfield Corp. Danbury, CT 06810, US	121	7662
Nordcell	Nordchem S.p.A. 33035 Martignacco-Udine, IT	1311	117/21
Nordel®	Du Pont Co. Inc. Wilmington, DE 19898, US	112/3411	120
Nord-ht	Nordchem S.p.A. 33035 Martignacco-Udine, IT	1312	2
Nordvil	– „ –	1311	2

Name	Firma (siehe 9.1, Seite 648)	Kunstharz (siehe 9.2.1, Seite 650)	Lieferform (siehe 9.2.2, Seite 653)
Norflex®	Norddeutsche Seekabelwerke AG 2890 Nordenham, DE	121	411, 437
Norfoam	Juton Polymers AS 3201 Sandefjord, NO	263	71
Nor-Pac	Norddeutsche Seekabelwerke AG 2890 Nordenham, DE	11	31 s
Norplex®	Norplex Oak Inc. La Crosse, WI 54 601, US	212, 223, 233, 265, 27	231, 6111, 612, 614
Norpol	Juton Polymers AS 3201 Sandefjord, NO	242	112, 6
Norsorex®	ELF ATOCHEM 92 091 Paris, La Défense 10, FR	3 s	11
Nortuff®	Quantum Chemical Corp, USI Div. Cincinnati, OH 45 249, US	1113/112	22
Norvinyl	Norsk Hydro a.s., Oslo, NO	131	11
Noryl®	GE Co., GE Plastics Pittsfield, MA 01 201, US	235	2, 4
Noryl GTX	– „ –	235/261	2
Nosaflex®	Schweizerische ISOLA-Werke 4226 Breitenbach, CH	24/28	4341/616 el
Nourythane®	Akzo Engineering Plastics Inc. Evansville, IN 47 732, US	261	112
Novaclad	Sheldal Inc. Northfield, MN 55 057, US	27	6111 el
Novacor	Novacor Chemicals Ltd. Calgary Alberta T2P 2NG, CA	121	2
Novadur®	Mitsubishi Chemical Industries Ltd. Tokyo, JP	2412	2
Novamid®	– „ –	261	11 (2)
Novamura®	Weston Hyde Products (EVC) Hyde, Cheshire SK14 4EJ, GB	1111	451/71
Novapol LL	Novacor Chemicals Ltd. Calgary Alberta T2P 2NG, CA	1111 s, 1111 L	2
Novarex®	Mitsubishi Chemical Industries Ltd. Tokyo, JP	2411	2, 224
Novatec®	– „ –	1111, 1111 L, 1113, 112	11, 2
Novex	BP Chemicals International Ltd. London SW1W OSU, GB	1111	2
Novoaccurate®	Mitsubishi Chemical Industries Ltd. Tokyo, JP	2415	119
Novodur®	Bayer AG, 5090 Leverkusen, DE	1221	11, 224
Novoid	Ets. G. Convert 01 100 Oyonnax, FR	4221	4
Novolak	allgemeine Bezeichnung	21	111
Novolen®	BASF Aktiengesellschaft 6700 Ludwigshafen, DE	112	11, 2

Name	Firma (siehe 9.1, Seite 648)	Kunstharz (siehe 9.2.1, Seite 650)	Lieferform (siehe 9.2.2, Seite 653)
Novolux®	Weston Hyde Products (EVC) Hyde, Cheshire SK14 4EJ, GB	1311	55
Novomikaband®	Elektrotechn. Werke Hennigsdorf, DE	212, 28	61-Cu
Novomikaflex®	–,,–	28	614 + 616
Novomikanit®	–,,–	28	616
Novon	Novon Products Div. Morris Plains, NJ, US	11	23a
Nucrel®	Du Pont Co. Inc. Wilmington, DE 19898, US	111, 1115/16	2
Nupol®	Freeman Chemicals Ltd. (DSM) Port Washington, WI 53074, US	163	112
Nybrad®	Allied Plastics Supply Corp. Bronx, NY 10459, US	261	35
Nycoa	Nylon Corp. of America Manchester, NH 03103, US	261s	2
Nydur®	Bayer AG, 5090 Leverkusen, DE	261	2
Nyglathane	Allied Signal Engineered Plastics Morristown, NJ 07962, US	263	224
Ny-Kon®	LNP Plastics Nederland BV 4940 Raamsdonksveer, NL	261	22
Nylafil	Akzo Engineering Plastics Inc. Evansville, IN 47732, US	261	117, 224
Nylaflow®	Polypenco GmbH 5060 Bergisch-Gladbach 2, DE	261	32, 321
Nylane®	Rhône-Poulenc, 92080 Paris, La Défense, Cedex 6, FR	111 + 261	412
Nylasint®	Polypenco GmbH 5060 Bergisch-Gladbach 2, DE	261	3, 51
Nylatrack®	–,,–	261	342
Nylatron®	–,,–	261	2, 3, 5
Nylon	Sammelbezeichnung	261	–
Nypel	Allied Signal Engineered Plastics Morristown, NJ 07962, US	261	2
Nyref®	Solvay & Cie S.A., 1050 Bruxelles, BE	2612	21
Nyreg	Allied Signal Engineered Plastics Morristown, NJ 07962, US	261	224
Nyrim®	DSM RIM Nylon vof 4202 YA Maastricht, NL	261s	118
O			
obo-Festholz	Otto Bosse, 3060 Stadthagen, DE	21	613
OC-Plan 2000	Odenwald-Chemie GmbH 6917 Schönau, DE	1115 + Bitumen	43

Name	Firma (siehe 9.1, Seite 648)	Kunstharz (siehe 9.2.1, Seite 650)	Lieferform (siehe 9.2.2, Seite 653)
Oekolex-G	Gurit-Worbla AG 3063 Ittigen-Bern, CH	11, 12	41, 52, 53
Oekolon G	– „ –	11, 12	41, 52, 53
Ohmoid	Wilmington Fibre Specialty Co. New Castle, DE 19 720, US	21, 223	61
Oilamid®	Nylontechnik Licharz GmbH. 5205 St. Augustin 1, DE	261	31, 33, 51
Oilex	Schüder Oilex KG 5431 Nentershausen/Ww., DE	2311, 2312, 261	31, 33, 51
Oilon Pv 80	Cadillac Plastic & Chemical Co. Troy, MI 48 007, US	231 s	2, 3, 4
Olapol®	Philippine GmbH & Co. KG Lahnstein, DE	2633	71
Oldoflex	Büsing & Fasch GmbH & Co. 2900 Oldenburg, DE	263	111
Oldopal®	– „ –	242	112, 114
Oldopren	– „ –	264	14
Oldopur	– „ –	263	111
Oltvil®	Chemisches Kombinat, Pitesti, RO	131	2
Omniplast	Alphacan, 6332 Ehringhausen, DE	111, 121, 131	434
Ondex	Adriaplast S.p.A., Monfalcone, IT	132	55
Onduline	Onduline S.A., Paris 17, FR	1311	55
Ongrodur®	Borsodi Vegyi Kombinat Kazincbarcika, HU	131	4
Ongrofol	– „ –	131, 132	411
Ongrolit	– „ –	131, 132	2
Ongromix	– „ –	131	21
Ongrovil	– „ –	131	11
Ontex	Dexter Corp. Windsor Locks, CT 06 096, US	111/1115	11, 120
Opalen	United Paper Mills Ltd. 37 601 Valkeakoski, FI	261/111	412
Opcel®	Alveo AG., 6000 Luzern 7, CH	111	71
Opet	Owens Brockway Plastics Toledo, OH 43 666, US	2412 s	111
Oppalyte®	Mobil Polymers US, Inc. Norwalk, CT 06 856, US	112	412
Oppanol®-B	BASF Aktiengesellschaft 6700 Ludwigshafen, DE	114	11
Opssalak	Opssa, Resinas Sinteticas Gava-Barcelona, ES	221	2
Opssalit	– „ –	121	2
Opssalkyd	– „ –	242	2
Opssamin	– „ –	22, 224	2

Name	Firma (siehe 9.1, Seite 648)	Kunstharz (siehe 9.2.1, Seite 650)	Lieferform (siehe 9.2.2, Seite 653)
Opssapol	Opssa, Resinas Sinteticas Gava-Barcelona, ES	242	224
Optema	Exxon Chemical Co., Polymers Group Houston, TX 77 253-3272, US	1115/16	1 s
Opti...	Fränkische Rohrwerke 8729 Königsberg, DE	131	31
Opticite	Dow Chemical Corp. Midland, MI 48 640, US	121	4 s
Opto	Fiberite Corp. Winona, MN 55 987, US	233	2
Optum®	Ferro Corp. Cleveland, OH 44 101, US	11	124
Orel®	Du Pont Co. Inc. Wilmington, DE 19898, US	2412	36
Orevac®	ELF ATOCHEM 92 091 Paris, La Défense 10, FR	11	115/120
Orgaflex®	–,,–	61	11
Orgalan®	–,,–	2411	2
Orgalloy	–,,–	112/261	11, 2
Orgamide®	–,,–	261	2, 224
Organit	Solvay & Cie S.A., 1050 Bruxelles, BE	1311, 1314	5
Orgasol	ELF ATOCHEM 92 091 Paris, La Défense 10, FR	261	14
Orgater	–,,–	2411	2
Orgavyl®	–,,–	131	2
Orit	Mayer Enterprises Ltd., Coating Dept., Tel-Aviv, IL	132	423
Orlon®	Du Pont Co. Inc. Wilmington, DE 19898, US	161	72
Ornamenta	Tarkett Pegulan AG 6710 Frankenthal, DE	132	444
Oroglas®	Rohm & Haas Co. Philadelphia, PA 19 105, US	163	54
Oromid	Snia Tecnopolimeri S.p.A. 20 020 Ceriano Laghetto, IT	261	2
Or-on	Mayer Enterprises Ltd., Coating Dept., Tel-Aviv, IL	132	436
Orthane®	Ohio Rubber Co. Denton, TX 76 201, US	2633	1111
OSMOpane®	Ostermann & Scheiwe GmbH & Co. 4400 Münster, DE	1311	3411
OSMOplast®	–,,–	1311	341
Osstyrol	A. Hagedorn-Plastic GmbH 4500 Osnabrück, DE	1221, 1222, 1223	5
Otipol	Bayer AG, 5090 Leverkusen, DE	2411	35

Name	Firma (siehe 9.1, Seite 648)	Kunstharz (siehe 9.2.1, Seite 650)	Lieferform (siehe 9.2.2, Seite 653)
Oxyblend	Occidental Chemical Co. Vinyls Div. Dallas, TX 75 380, US	1314	2
Oxycal	– „ –	1221, 131	4
Oxyclear	– „ –	131	111
Oxyloy	– „ –	1221/1314	2
Oxytuf®	– „ –	1315	2
P			
P 84	Lenzing AG, 4860 Lenzing, AT	27	72
Pacrosir	Siritle Srl., 20 161 Milano, IT	16	123
Pacton	Weston Hyde Products (EVC) Hyde, Cheshire SK14 4EJ, GB	1314	51, 52, 53, 55
Pagholz®	Rütgers Pagid AG. 4300 Essen 11, DE	21	16, 622
Paja	Paja Kunststoffe Jaeschke 5064 Rösrath 1, DE	1111	411
Paklar®	Du Pont Co. Inc. Akron, Ohio, US	11	411 s
Palamoll®	BASF Aktiengesellschaft 6700 Ludwigshafen, DE	–	91
Palapet	Kyowa Gas Chemical Co., Ltd. Tokyo, JP	163	111, 2
Palapreg®	BASF Aktiengesellschaft 6700 Ludwigshafen, DE	242	224/2251
Palatal®	– „ –	242	11, 112
Palatinol®	– „ –	–	91
Palimid	– „ –	276	11, 224, 226
Pallaflon®	Schieffer GmbH & Co. KG 4780 Lippstadt, DE	1351	3, 5
Pallanorm®	– „ –	237, 2412	6111
Pamflon®	Norton Pampus GmbH 4156 Willich 3, DE	1351	2 r
Panaflex®	3 M Co., St. Paul, MN 55 144, US	132	436
Pandex	Dainippon Ink. & Chemicals Inc. Tokyo, JP	264	2
Panlite®	Teijin Chemicals Ltd., Tokyo, JP	2411	2, 224
Pantalast®	Pantasote Inc. Passaic, NJ 07 055, US	1315	120
Pantarin	Koepp AG. 6227 Oestrich-Winkel, DE	263	71
Panzerholz®	Blomberger Holzindustrie, B. Hausmann GmbH & Co. KG 4933 Blomberg, DE	21	613
Papertex	Lenzing AG, 4860 Lenzing, AT	111	411, 412

Name	Firma (siehe 9.1, Seite 648)	Kunstharz (siehe 9.2.1, Seite 650)	Lieferform (siehe 9.2.2, Seite 653)
Papi	Dow Chemical Corp. Midland, MI 48 640, US	2631	117
Papia	Mikuni Lite Co., Osaka, JP	112	23/62
Paracril®	Uniroyal, Mishawaka, IN 46 544, US	323, 131/323	11
Paraglas®	Degussa AG 6000 Frankfurt/Main 11, DE	163	51, 53, 54, 55
Paralac®	Cray Valley Products Ltd. Orpington, Kent, BR5 3PP, GB	244	114
Paraloid®	Rohm & Haas Co. Philadelphia, PA 19 105, US	1223, 16, 164, 322	11, 112, 114
Paraplex®	–,,–	233, 242, 244	112, 91
Parapol®	Exxon Chemicals Co., Polymers Group Houston, TX 77 253-3272, US	111	1
Paraprene	Hodogaya Ltd., JP	264	2
Parcloid	Parcloid Chemical Co. Ridgewood, NJ 07 451, US	1313	121, 122
Parel	Nippon Zeon (Dtschl.) 4000 Düsseldorf, DE	341	1
Parlon®	Hercules Inc. Wilmington, DE 19 894, US	411	11
Parylene	Union Carbide Coatings Service Corp., Indianapolis, IN 42 224, US	19	1
Patix	Chemische Betriebe a. d. Waag, CSFR	242	11
Pattex®	Henkel KGaA, 4000 Düsseldorf 1, DE	35	73
Paulownia	Mitsui Toatsu Chemicals Inc. Tokyo, JP	112	414
Pavex®	Pavag AG/SA, Nebikon, CH	112	41, 43
Paxon®	Allied Signal Inc., Corporation Morristown, NJ 07 962, US	1112, 1113	2
PCI...®	PCI-Polychemie GmbH 8900 Augsburg, DE	16, 163 233, 24, 263 28	146 145, 732 145
Pebax®	ELF ATOCHEM 92 091 Paris, La Défense 10, FR	2613	120
Pecolit®	Pecolit Kunststoffe GmbH & Co KG 6707 Schifferstadt, DE	242	614, 63, 766
Pedigree	P. D. George Co. St. Louis, MO 63 147, US	242	11, 225
PEEK	ICI PLC, Welwyn Garden City, Herts. AL7 1HD, GB	2351	11, 2
Peerless Insulation	NVF Container Div. Hartwell, GA, 30 643, US	4211	fishpaper

Name	Firma (siehe 9.1, Seite 648)	Kunstharz (siehe 9.2.1, Seite 650)	Lieferform (siehe 9.2.2, Seite 653)
Pegulan	Tarkett Pegulan AG 6710 Frankenthal, DE	132	44
Pegutan	–,,–	132	433, 434, 435
Pekatop®	Bayer AG, 5090 Leverkusen, DE	163	147
Pekatray®	–,,–	163	147
Pekevic	Neste Oy Chemicals, 02 151 Espoo, FI	113	2
Pekutherm	Unitemp, Coloma, MI 49038, US	–	149
Pelaspan®	Dow Chemical USA Midland, MI 48 640, US	121	117
Pelaspan-Pac	–,,–	121	117 s
Pellethane®	–,,–	1221/264	120
Pelprene®	Toyobo Co. Ltd., Resins Div. Osaka 530, JP	264	1, 2
Pennlon®	Dixon Industries Corp. Bristol, RI 02 809, US	11	3, 5
PEN-resin	NKK Corp., Tokyo, JP	1123	11
Pentacite	Reichhold Chemicals Inc., Research Triangle Park, NC 27 709, US	251	114
Pentaclear	Klöckner-Pentaplast GmbH 5430 Montabaur, DE	1311	411
Pentadur®	–,,–	1311	421, 53
Pentafood	–,,–	3111	411, 412, 53
Pentaform	–,,–	3111	411, 53
Pentalan	–,,–	1311	43, 432, 452, 53
Pentam	Zeon (Dtschl.) GmbH 4000 Düsseldorf, DE	53	118
Pentapharm	Klöckner-Pentaplast GmbH 5430 Montabaur, DE	3111	411, 412, 53
Pentaplus	–,,–	3111	43, 431
Pentaprint	–,,–	3111	411, 412, 53
Pentatec	–,,–	236, 237, 2411, 261	4
Pentatherm®	–,,–	1311	43
Perbunan®	Bayer AG, 5090 Leverkusen, DE	323	11
Perfluorogum	Daikin Kogyo Co. Ltd., Osaka, JP	348	11, 2
Pergut®	Bayer AG, 5090 Leverkusen, DE	411	114
Perl	Van Besouw, BV Kunststoffen 5050 AA Goirle, NL	11	433
Perlon®	Perlon Warenzeichenverband	261	72
Permair	Porvair P.L.C. King's Lynn, Norfolk, GB	262	712 s
Permaloc	Ma-Bo AS, 1760 Berg, NO	131	312 s
Permapol	ELF ATOCHEM 92 091 Paris, La Défense 10, FR	236	112 el

Name	Firma (siehe 9.1, Seite 648)	Kunstharz (siehe 9.2.1, Seite 650)	Lieferform (siehe 9.2.2, Seite 653)
Peroxidol®	Reichhold Chemicals Inc., Research Triangle Park, NC 27709, US	–	91
Perspex®	ICI PLC, Welwyn Garden City, Herts. AL7 1HD, GB	163	51, 53, 55
Perstorp Compounds	Perstorp Compounds, 28480 Perstorp, SE	21, 22, 223	2
Petlite	Goodyear Tire & Rubber Co. Akron, OH 44306, US	2412	72
Petlon	Miles Chemical Corp. Pittsburgh, PA 15205-9741, US	2412	2 se, 224
Petpac®	Hoechst AG 6230 Frankfurt/M. 80, DE	2412	14
Petra®	Allied Signal Inc., Corporation Morristown, NJ 07962, US	2412	2, 22
Petrothene®	Quantum Chemical Corp, USI Div. Cincinnati, OH 45249, US	1111, 1111 L, 1112, 1113	2, 2212, 226
Petsar®	Bayer AG, 5090 Leverkusen, DE	261/2412	2
Pevikon®	Norsk Hydro a.s., Oslo, NO	131	11, 2
Pe-vo-lon	Räder-Vogel, 2000 Hamburg 1, DE	261	2, 224
Pexgol	Golan Plastics Products 15145 Shaar Hagolan, IL	1116	31
Phenmat	DSM Compounds UK Ltd. Ellesmere, South Wirral L65 OHB, GB	212	2251
Phenodur®	Hoechst AG 6230 Frankfurt/M. 80, DE	21	112, 113, 114, 2
Phenolite	NVF Container Div. Hartwell, GA, 30643, US	21, 223, 233, 242, 28	61
Phenorit®	Lautzkirchener Kalksandsteinwerk GmbH, 6653 Blieskastel, DE	21	71
Phenox	Glunz AG 6601 Heusweiler 1, DE	21	761
Philan®	Philippine GmbH & Co. KG Lahnstein, DE	37	5
Phoenolan®	Phoenix AG, 2100 Hamburg 90, DE	37	3, 4, 711
Phophazene	Firestone Synthetics Rubber and Latex Co. Akron, OH 44319-0006, US	348	2
Phtalopal®	BASF Aktiengesellschaft 6700 Ludwigshafen, DE	2632	114
Piadurol	Stickstoffwerke AG, Lutherstadt Wittenberg-Piesteritz, DE	222	114
Piamid	–„–	224	114, 116
Pibiflex®	ECP EniChem Polimeri srl. 20124 Mailand, IT	2413	120
Pibiter®	–„–	2413	120
Pierson	Pierson Ind., Inc. Palmer, MA 01069, US	1115	411

Name	Firma (siehe 9.1, Seite 648)	Kunstharz (siehe 9.2.1, Seite 650)	Lieferform (siehe 9.2.2, Seite 653)
Pioloform®	Wacker-Chemie GmbH 8000 München 22, DE	154	11
Planomid®	plano® Kunststoffe 4401 Nordwalde, DE	261	2 (r), 2212, 2217, 224
Planox	Glunz AG, 6601 Heusweiler 1, DE	21	761
Plaper®	Mitsubishi Monsanto Chemical Co. Tokyo, JP	1223	41 s
Plascoat®	Plascoat-Systems Ltd. Farnham, Surrey GU9 9NY, GB	112	2 se
Plaskon®	Plaskon Electronic Inc. Materials Div. Philadelphia, PA 19 105, US	21, 22, 233, 242, 243, 261	2
Plastadur	Plasta Espenhain GmbH 7204 Espenhain, DE	21	2
Plastalloy	Akzo Engineering Plastics Inc. Evansville, IN 47 732, US	236	224
Plastazote®	BXL Plastics Ltd. (BP) London, SW1W OSU, GB	111	71 el
Plasticell	Permali Gloucester Ltd. Gloucester, GB	1311	713
Plasticon	KTD Plasticon GmbH 4220 Dinslaken, DE	242	614, 6141
Plastigen®	BASF Aktiengesellschaft 6700 Ludwigshafen, DE	222	114
Plastilit®	Solvay & Cie S.A., 1050 Bruxelles, BE	131	31
Plastin®	4P-Folie Forchheim GmbH 8550 Forchheim, DE	1113	411
Plastiroll	Hermann Wendt GmbH. 1000 Berlin 61, DE	1221, 1311, 132	31, 311
Plastoflex	Elkoflex Isolierschlauchfabrik 1000 Berlin 21, DE	132	32 el
Plastolein®	Quantum Chemical Corp. Div. Europe, 4811 GR Breda, NL	233	91
Plastomoll®	BASF Aktiengesellschaft 6700 Ludwigshafen, DE	–	91
Plastopal®	–„–	222	114
Plastopil	Mayer Enterprises Ltd., Coating Dept., Tel Aviv, IL	111, 132	432
Plastopreg®	Reichhold Chemicals Inc., Research Triangle Park, NC 27 709, US	242	224, 225
Plastor	Mayer Enterprises Ltd., Coating Dept., Tel Aviv, IL	132	4 a
Plastotex	Elkoflex Isolierschlauchfabrik 1000 Berlin 21, DE	132, 4212	32 el
Plastothane®	Morton International Inc. Chicago, IL 60 606-1598, US	264	2
Plastotrans®	4P-Folie Forchheim GmbH 8550 Forchheim, DE	1111	411
Platamid®	Deutsche ELF ATOCHEM Werke GmbH., 5300 Bonn 1, DE	261	121, 123

Name	Firma (siehe 9.1, Seite 648)	Kunstharz (siehe 9.2.1, Seite 650)	Lieferform (siehe 9.2.2, Seite 653)
Plathen®	Deutsche ELF ATOCHEM Werke GmbH., 5300 Bonn 1, DE	111	73
Platherm®	–,,–	2412	73
Platilon®	–,,–	112, 261, 264	41, 411, 43
Platon®	–,,–	2412, 261	35
Plenco®	Plastics Engineering Co. Sheboygan, WI 53 081, US	21, 223, 224, 242, 243	113, 2, 22, 23
Plex®	Röhm GmbH, 6100 Darmstadt, DE	16	115, 73
Plexacryl	–,,–	–	–
Plexalloy	–,,–	1641	2
Plexar®	Quantum Chemical Corp, USI Div. Cincinnati, OH 45 249, US	1113, 1115	115
Plexidon®	Röhm GmbH, 6100 Darmstadt, DE	16	147
Plexifix®	–,,–	163 s	149
Plexiglas®	–,,–	163	2, 31, 33, 54, 55
Plexigum®	–,,–	16	111, 113, 114
Plexileim®	–,,–	165	116, 123
Plexilith	–,,–	163	112
Pleximid	–,,–	1642	2, 21 tra
Pleximon®	–,,–	16	111, 91
Plexisol®	–,,–	164	116, 123
Plexit®	–,,–	163	112, 146, 147
Plexitex®	–,,–	61	116
Plextol®	–,,–	16	121
Pliocord VP 107	Goodyear Tire & Rubber Co. Akron, OH 44 316, US	127	12
Pliofilm	–,,–	412	4
Plioflex	–,,–	322	11
Pliolite®	–,,–	322	11, 115
Pliovic	–,,–	131	114
Pluracol®	BASF Corp. Parsippany, NJ 07 054, US	2633	117
Pluragard	–,,–	263	146
Pluronic	–,,–	2633	117
Plyamin	Reichhold Chemicals Inc., Research Triangle Park, NC 27 709, US	221	113, 114
Plyamul	–,,–	151	115
Plyocite	–,,–	21	2431
Plyophen	Reichhold Chemicals Inc., Research Triangle Park, NC 27 709, US	211	113

Name	Firma (siehe 9.1, Seite 648)	Kunstharz (siehe 9.2.1, Seite 650)	Lieferform (siehe 9.2.2, Seite 653)
Plytron®	ICI PLC, Welwyn Garden City, Herts. AL7 1HD, GB	1, 2	225
PMI-Resin	Mitsubishi Co., Ltd. Tokyo, JP	2416	2, 21 tra
Pocan®	Bayer AG, 5090 Leverkusen, DE	2412	2
Pokalon®	Lonza-Folien GmbH 7858 Weil am Rhein, DE	2411	43 s
Polathane	Polaroid Chemicals Assonet, MA 02 702, US	264	111
Policril	Fabbrica Adesivi Resine S.p.A. Cologno Monzese, IT	16	115
Polidene®	Scott Bader Co. Ltd. Wollaston, Wellingborough, Northants. NN9 7RL, GB	133	116, 121
Polidux	Aiscondel S.A., Barcelona 13, ES	121	2
Polimul	Revertex Chemicals Ltd. Harlow, Essex CM20 2AH, GB	151	121
Politarp®	ICI PLC „Visqueen" Products Stockton-on-Tees, Cleveland, GB	111	433
Politen	Iten Industries Ashtabula, OH 44 004, US	242	614
Polivar®	Polivar S.p.A., Rom, IT	163	33, 51, 55
Polnac®	AMC-SPREA S.p.A., 20 101 Milano, IT	242	113
Polyathane® *XPE*	Polaroid Chemicals Assonet, MA 02 702, US	264	2
Poly bd	ELF ATOCHEM 92 091 Paris, La Défense 10, FR	31, 32	111
Polybond®	BP Performance Polymers Hackettstown, NJ 07 840, US	1113, 1121, 16	9
Polycar	Polyon-Barkai, Kibbutz Barkai M. P. Menashe 37 860, IL	132	41
Polycarbafil®	Akzo Engineering Plastics Inc. Evansville, IN 47 732, US	2411	117, 224, 226
Polychem®	Budd Co., Polychem. Div. Phoenixville, PA 19 460, US	21, 223, 233, 243	22
Polyclad®	GE Co., GE Plastics BV Bergen op Zoom, NL	2411	63
Polyclear	Hoechst AG 6230 Frankfurt/M. 80, DE	2412 s	21
Polyclip	Polyu Italiana s.r.l. 20 010 Arluno, Milano, IT	2411	55
Polycoat®	EMW-Betriebe, 6252 Diez, DE	263	146
Polycom®	Huntsman Chemical Corp. Salt Lake City, UT 84 144, US	112	2212, 2213
Polycomp®	LNP Plastics Nederland BV 4940 Raamsdonksveer, NL	135	22
Polycril®	Irpen S.A., Barcelona 13, ES	163	53, 55

Name	Firma (siehe 9.1, Seite 648)	Kunstharz (siehe 9.2.1, Seite 650)	Lieferform (siehe 9.2.2, Seite 653)
Polydene®	Scott Bader Co. Ltd. Wollaston, Wellingborough, Northants. NN9 7RL, GB	133	116
Polyfelt®	Chemie Linz AG, 4040 Linz, AT	112	721
Polyfill	Polykemi AB, 27100 Ystad, SE	112	224
Polyflam®	A. Schulman GmbH, 5014 Kerpen 3, DE	111, 112, 121, 1221, 261	22 se
Polyflex	Plastic Suppliers Columbus, OH 43219, US	112, 121, 2412	41
Polyflex®	Sidaplax N.V., Gent/Gentbrugge, BE	121	41
Polyflon	Daikin Kogyo Co. Ltd., Osaka, JP	1351	11, 12, 2
Polyfluron®	Dr. Schnabel & Co. KG 6250 Limburg/Lahn, DE	1351	31, 32, 43
Polyfoam Plus	Lin Pac Insulation Products Hartlepool, GB	121	71
Polyfort	A. Schulman GmbH, 5014 Kerpen 3, DE	112, 12, 1222	22
Polygard MR	Polytech Inc., Owensville, M 65066, US	2411 s	5
Polyglad	GE Co., GE Plastics BV AV Bergen op Zoom, NL	2411	63
Polyimidal®	Raychem Corp. Menlo Park, CA 94025, US	27	112 el
Polykor	Koro Corp., Hudson, MA 01749, US	111, 112, 1221, 1253	22
Polylac	Chi Mei Industrial Co., Ltd. Tainan, Shien, Taiwan	1221	2
Polylite®	Reichhold Chemicals Inc., Research Triangle Park, NC 27709, US	242	11
Polyloy®	Ems-Polyloy GmbH 6114 Groß-Umstadt, DE	261 + 111	11, 2, 224, 2217, 226
Polyman®	A. Schulman GmbH, 5014 Kerpen 3, DE	1117, 1221, 1221/131	2 se
Polymar	Hammersteiner Kunststoffe GmbH 5142 Hückelhoven, DE	132	436
Polymeg	QO Chemicals Inc. West Lafayette, IN 47906, US	2633	117
Poly-Net®	Norddeutsche Seekabelwerke AG 2890 Nordenham, DE	11	4-Netz
Polyorc	Uponor, Stourton, Leeds, LS10 1UJ, GB	111, 1311	31
Polyox®	Union Carbide, Corp. Danbury, CT 06817, US	232	111

Name	Firma (siehe 9.1, Seite 648)	Kunstharz (siehe 9.2.1, Seite 650)	Lieferform (siehe 9.2.2, Seite 653)
Poly Pearl	Chi Mei Industrial Co., Ltd. Tainan, Shien, Taiwan	121	117
Polypenco®	Polypenco GmbH 5060 Bergisch Gladbach 2, DE	1113, 135, 231, 26	3, 5
Polyphon	Steinbacher 6383 Erpfendorf/Tirol, AT	263	71
Poly-Pro®	Mitsui Petrochemical Ind., Ltd. Tokyo, JP	112	11, 2
Polypur®	A. Schulman Inc. Akron, OH 44309-1710, US	262	2
Polyrex	Chi Mei Industrial Co., Ltd. Tainan, Shien, Taiwan	121	2
Polyrite	Polyply Inc. Amsterdam, NY 12010, US	242	112, 225
Polyset	Morton International Inc. Chicago, IL 60606-1598, US	233	22
Polysizer	Showa High Polymer Co., Ltd. Tokyo, JP	152	116
Polysol®	–,,–	151	121
Polystat®	A. Schulman Inc. Akron, OH 44309-1710, US	1	2 el
Polystone®	Lignostone Ter Apel, b.v. 9560 AB Ter Apel, NL	111, 112, 261	33, 34, 51, 52, 342
Polystron	B. F. Goodrich Chemical Co. Cleveland, OH 44131, US	131	2 el
Polystron	Svenska Polystyrenfabriken AB, SE	121, 1223	2
Polythan	Steinbacher 6383 Erpfendorf/Tirol, AT	263	71
Polytherm	4P-Folie Forchheim GmbH 8550 Forchheim, DE	1311	43
Polytrope®	A. Schulman Inc. Akron, OH 44309-1710, US	112 + 3411	120
Polyu	Polyu Italiana s.r.l. 20010 Arluno, Milano, IT	2411	55
Polyverit	Polyverix H. & G. Meister AG 8048 Zürich, CH	242	614
Polyverix	–,,–	233	614
Polyvin	A. Schulman Inc. Akron, OH 44309-1710, US	132	2
Polyviol®	Wacker-Chemie GmbH 8000 München 22, DE	152	11
Ponal®	Henkel KGaA, 4000 Düsseldorf 1, DE	151	73
Poolliner	Van Besouw, BV Kunststoffen 5050 AA Goirle, NL	132	434
Poret®	EMW-Betriebe, 6252 Diez, DE	263	71 s
Poron®	Rogers Corp., Rogers, CT 06260, US	132, 263	71

Name	Firma (siehe 9.1, Seite 648)	Kunstharz (siehe 9.2.1, Seite 650)	Lieferform (siehe 9.2.2, Seite 653)
poronor	Fränkische Rohrwerke 8729 Königsberg, DE	121	32/71
Porvair®	Porvair P.L.C. King's Lynn, Norfolk, GB	262	4241
Porvelle®	–,,–	262	712 s
Porvent®	–,,–	1113	43, 712
porzyl	Fränkische Rohrwerke 8729 Königsberg, DE	121	5/71
Positano®	Dr. F. Diehl & Co. 7758 Daisendorf, DE	151	121 s
Poticon	Biddle-Sawyer Corp. New York, NY 10121, US	2312, 261, 2412	22
Poval	Denki Kagaku KK, Tokyo, JP	152	11
Pre-Elec	Premix Oy, Rajamäki, FI	1111, 1113, 112, 12	2 el
Pregnit	August Krempel Soehne GmbH & Co. 7000 Stuttgart 1, DE	27	2261, 61
Premi-Dri®	Premix Inc. North Kingsville, OH 44068, US	242	2 el
Premi-Glas	–,,–	242	224, 2251
Premi-Ject	–,,–	242	224
Pres-Rite	M/s Rattanchand Harjasrai (Mouldings) Pr. Ltd. Faridabad, IN	221, 223	2
Pressal-Leime®	Henkel KGaA, 4000 Düsseldorf 1, DE	223	73
Prester	Soc. Provencale de Résines Appliquées, Sauveterre, FR	242	11
Prestocol	–,,–	24	73
Prevex®	Ge Co., Ge Plastics Pittsfield, MA 01201, US	235	2, 224
Prezenta	Märkische Faser AG O-1832 Premnitz, DE	42	72
Prima®	European Vinyls Corp. (EVC) 1160 Brüssel, BE	1314	2
Primacor	Dow Chemical USA Midland, MI 48674, US	1115/121	412
Primal®	Rohm & Haas Co. Philadelphia, PA 19105, US	16	116, 121
Primax UH	Air Products & Chemicals Inc. Allentown, PA 18195-1501, US	1113 s	11
Primef®	Solvay & Cie S.A., 1050 Bruxelles, BE	237	224
Primocel	HPP-Profile GmbH Primoplast 2153 Neu-Wulmstorf, DE	131	7661
Probimel®	Ciba-Geigy AG, 4002 Basel, CH	233	1 el
Probimer®	–,,–	233 s	114 el, s

Name	Firma (siehe 9.1, Seite 648)	Kunstharz (siehe 9.2.1, Seite 650)	Lieferform (siehe 9.2.2, Seite 653)
Probimid®	Ciba-Geigy AG, 4002 Basel, CH	27	113 el, s
PROCO®	Hüni + Co. 7990 Friedrichshafen, DE	135	146
Procom®	ICI PLC, Welwyn Garden City, Herts. AL7 1HD, GB	112, 1121	22
Procor	Mobil Chemical Co. Pittsford, NY 14 534, US	16/112	412
Prodoral®	T. I. B. Chemie (Shell) 6800 Mannheim 81, DE	233, 263	111, 146 el
Prodorit®	–,,–	233	146
Pro-fax®	Himont Italia s.p.a. 20 124 Mailand, IT	112, 1121, 1127	2
Profil®	Akzo Engineering Plastics Inc. Evansville, IN 47 732, US	112 + 3411	120, 22
Profilon	Hoechst Celanese Chatham, NJ 07 928, US	2412	41
Prolam	Pro Lam Inc. Waterbury, CT 06 725, US	223	224 s
Prolastic	ProLam Inc. Waterbury, CT 06 708, US	1117, 1273, 264	2
Proloy®	GE Co., GE Plastics Pittsfield, MA 01 201, US	1221/2411	124
Propafilm®	ICI PLC, Welwyn Garden City, Herts. AL7 1HD, GB	112	411, 412
Propafoil®	–,,–	112	4 s
Propaply®	–,,–	112	411
Propathene®	–,,–	112, 1121	11, 2
Propiofan®	BASF Aktiengesellschaft 6700 Ludwigshafen, DE	1313	121
Proponite	Borden Chemical and Plastics Geismar, LA 70 734, US	112	412
Propylex®	Courtaulds, Advanced Materials, Industrial Sheets Spondon, Derby DE2 7BP, GB	112	52, 53
Propylex®	Nordmann Rassmann GmbH & Co. 2000 Hamburg, DE	112 + 3411	11
Propylux®	Westlake Plastics Co. Lenni, PA 19 052, US	112	3, 4, 5
Pro-Seal	Products Research & Chemical Corp. Woodland Hills, CA 91 365-4226, US	233	112
Protax	Hercules Inc. Wilmington, DE 19 894, US	3411	11
Protefan®	T. I. B. Chemie (Shell) 6800 Mannheim 81, DE	132	117/122
Prylanit	Märkische Faser AG O-1832 Premnitz, DE	161	72

Name	Firma (siehe 9.1, Seite 648)	Kunstharz (siehe 9.2.1, Seite 650)	Lieferform (siehe 9.2.2, Seite 653)
Pryphane®	Rhône-Poulenc-Films 69398 Lyon, Cedex 3, FR	112	411
Pulse®	Dow Chemical Co. Midland, MI 48640, US	1221/2411	124
Pure-CMC	Perma-Flex Mold Co. Columbus, OH 43209, US	263	111
Purenit	Puren-Schaumstoff GmbH 7770 Überlingen, DE	263	71
Purez	Avalon Chemical Co., Ltd. Shepton Mallet, Somerset BA 4 5TZ, GB	2632	111
Pyralin®	Du Pont Co. Inc. Wilmington, DE 19898, US	272	1
Pyratex®	Bayer AG, 5090 Leverkusen, DE	15 s	121
Pyro-Chek®	Ferro Corp. Cleveland, OH 44114-1183, US	121	2 se
Pyrofil	Mitsubishi Rayon Co., Ltd. Tokyo, JP	161 s	72 s
Pyroguard	Recticel Foam Corp., Morristown Div. Morristown, TN 37816-1197, US	263	71 se
Q			
Q-Thane	Quinn® & Co., Inc. Malden, MA 02148, US	264	11, 123, 2
QuaCorr®	QO Chemicals Inc. West Lafayette, IN 47906, US	216	112, 21
Quatrex	Dow Chemical Co. Midland, MI 48674, US	233	11
Quelflam®	Baxenden Chemical Co., Ltd. Accrington, Lancs. BB5 2SL, GB	265	117 se
Quintone	Zeon Deutschland GmbH 4000 Düsseldorf, DE	51	11
R			
Rabalon®	Mitsubishi Petrochemical Co., Ltd. Tokyo, JP	1253	11
Radaflex	Dash Cable Industries (Israel) Ltd., IL	131/323	4
Radel®	Amoco Performance Products Atlanta, GA 30350, US	236	22, 411 el
Radil	Radici Film S.p.A. San Giorgio di Nojave/Udine, IT	112	41
Radilon	Radici Novacips S.p.A. 24020 Villa d'Ogna (BG), IT	261	2, 224
Radlite®	Azdel Inc., Pittsfield, MA 01240, US	1	721
Ralupol	Raschig AG., 6700 Ludwigshafen, DE	242	224

Name	Firma (siehe 9.1, Seite 648)	Kunstharz (siehe 9.2.1, Seite 650)	Lieferform (siehe 9.2.2, Seite 653)
Rapok®	Raschig AG., 6700 Ludwigshafen, DE	21, 212, 214	113, 114
Rau...	Rehau AG & Co., 8673 Rehau, DE	11, 12, 13, 23, 2411, 26, 28, 3, 4	3, 5
Ravemul®	ECP EniChem Polimeri srl. 20124 Mailand, IT	151	12
Raventer®	–,,–	1313	1, 2
Ravepox®	–,,–	233	11
Ravinil®	–,,–	1311, 1313	11
Rayopp®	UCB/Sidac, Drogenbos, BE	112	411, 412
Reclyn R 134a	Hoechst AG 6230 Frankfurt/M. 80, DE	FCKW-Ersatz	System
Recticel	Recticel NV SA., 1150 Brüssel, BE	263	71
Recyclen	Recyclen Kunststoffprodukte GmbH 6960 Osterburken, DE	–	62 r
Redux®	Ciba-Geigy AG, 4002 Basel, CH	153, 21	73
Reedex-F	Berndt Rasmussen Birkerød, Dänemark	112	43
Reemay	Du Pont Co. Inc. Wilmington, DE 19898, US	2412	721
Reevane	Reeves Brothers Canada Ltd., Toronto, Ontario M8W 2T2, CA	263	424
Regulus	Mitsui Toatsu Chemicals Inc. Tokyo, JP	27	4
Relatin®	Henkel KGaA, 4000 Düsseldorf 1, DE	4234	11
Reliapreg®	Ciba-Geigy, Composites Div. Anaheim, CA 9207-2018, US	121, 233	2251, 7662
Relon®	Chemiefaserwerk Savinesti Piatra Neamt, RO	261	72
Reny	Mitsubishi Gas Chem. Comp. Inc. Tokyo, JP	261(2)	2, 224
Reoplast®	Ciba-Geigy AG, Marienberg GmbH 6140 Bensheim, DE	–	91
Repak	AB Akerlund & Rausing, SE	11 r	2
Repete	Goodyear Tire & Rubber Co. Akron, OH 44306, US	2412	11 re
Repolem	ELF ATOCHEM 92091 Paris, La Défense 10, FR	1225	11, 12
Reproflon®	Mikro-Technik GmbH 8768 Bürgstadt, DE	1351	11, 2, 31, 33, 34, 433, 51, r
Repsol	Repsol Quimica, ES	111, 112	2
Resamim®	Hoechst AG 6230 Frankfurt/M. 80, DE	221	113, 114, 115
Resarit®	BASF Aktiengesellschaft 6700 Ludwigshafen, DE	16, 163	2

Name	Firma (siehe 9.1, Seite 648)	Kunstharz (siehe 9.2.1, Seite 650)	Lieferform (siehe 9.2.2, Seite 653)
Resarix®	BASF Aktiengesellschaft 6700 Ludwigshafen, DE	16	114, 13
Resarix® *RG*	–„–	16	149
Resarix®*SF,AK,s*	Resart GmbH, 6500 Mainz, DE	281	123
Resarol®	BASF Aktiengesellschaft 6700 Ludwigshafen, DE	162, 163	121, 123
Resartglas	Critesa, S.A., ES	163	5
Resartherm®	BASF Aktiengesellschaft 6700 Ludwigshafen, DE	223, 242	224
Resart® *PC*	Resart GmbH, 6500 Mainz, DE	223, 224	2
Resicast®	DSM, Polymers & Hydrocarbons 6130 AA Sittard, NL	263	112
Resifix	Raschig AG., 6700 Ludwigshafen, DE	216	113
Resifoam®	DSM, Polymers & Hydrocarbons 6130 AA Sittard, NL	263	117
Res-I-Glas	Micafil AG, 8048 Zürich, CH	16, 242	614
Resimene®	Cargill Inc., Atlanta, GA 21 318, US	223, 224	112, 113, 114
Resinite®	Borden Chemical and Plastics Geismar, LA 70 734, US	131	41
Resinol	Raschig AG., 6700 Ludwigshafen, DE	21	2
Resinoplast	ELF ATOCHEM, 51 100 Reims, FR	131	2
Resiplast®	Raschig AG., 6700 Ludwigshafen, DE	21, 212, 214, 211	113
Resipol®	–„–	242	2, 22, 224
Resistit®	Phoenix AG, 2100 Hamburg 90, DE	35	4351
Resistit-Perfekt®	–„–	1411	434
Resiten	Iten Industries Ashtabula, OH 44 004, US	21, 223, 233, 28	611, 612, 614
Resocel®	Micafil AG, 8048 Zürich, CH	212	611
Resofil®	–„–	212	612
Resolam®	–„–	233	611, 612
Resopal®	Resopal GmbH 6114 Groß-Umstadt, DE	223	621
Resopalan®	–„–	223, 242	452 s
Resopalit®	–„–	–	761
Resoplan®	–„–	223	621
Resoplast	Ciba-Geigy AG, Marienberg GmbH 6140 Bensheim, DE	–	91
Resoweb®	Micafil AG, 8048 Zürich, CH	233/2412	612
Resproid	Goodyear Tire & Rubber Co. Akron, OH 44 316, US	132	424
Rest Easy	BASF Corp. Plastic Foams Parsippany, NJ 07 054, US	263	71
Resticel	Siritle Srl., 20 121 Milano, IT	21	117

Name	Firma (siehe 9.1, Seite 648)	Kunstharz (siehe 9.2.1, Seite 650)	Lieferform (siehe 9.2.2, Seite 653)
Restil	Montedison S.p.A., 20 121 Milano, IT	1222	2
Restiran	– ,, –	1221	11, 2
Restiran ML	– ,, –	1221	11
Restirolo	– ,, –	121, 122	2
Resydrol®	Hoechst AG 6230 Frankfurt/M. 80, DE	16, 21, 22, 24	114
Retiflex®	Montedison S.p.A., 20 121 Milano, IT	112	4
Retipor®	EMW-Betriebe, 6252 Diez, DE	263	71 s
Revacryl	Revertex Chemicals Ltd. Harlow, Essex CM20 2AH, GB	161	121, 123
Reversol	– ,, –	161	123
Revinex	– ,, –	322, 323	121
Rexene®	Rexene Products Co. Dallas, TX 75 244, US	1111, 1111 L, 1115, 112, 1121	2
Rexolite®	Brand-Rex Co. Willimantic, CT 06 226, US	1251	5 el
Rextac®	Rexene Products Co. Dallas, TX 75 244, US	1111 L	2
Reynolon	Reynolds Metals Co. Richmond, VA 23 261-7003, US	1313, 132, 152	41
Rezibond	Chromos Plastične mase 4100 Zagreb, Croatia	21	2
Rezolin	Hexcel Corp. Chemical Div. Chatsworth, CA 93 111, US	233	11
Reztex	Erez Thermoplastic Products Kibbutz Erez M. P. Ashkelon 79 150 IL	111, 132	43
Rhenoflex®	Hüls AG, 4370 Marl, DE	1312	11, 113, 114, 115
Rhenofol®	Braas Flachdachsysteme GmbH 6370 Oberursel, DE	132	433, 434
Rhenogran Geniplex 80	Rhein Chemie Rheinau GmbH 6800 Mannheim, DE	–	–
Rhenoverit®	Rhenowest, Kunststoff- u. Spanplattenwerk GmbH 5443 Kaisersesch, DE	223	761
Rhepanol®	Braas Flachdachsysteme GmbH 6370 Oberursel, DE	114	435, 434
RHIAMER®	SIMONA GmbH 6570 Kirn/Nahe, DE	112, 1113, 131, 1354	31
RHIATHERM®	– ,, –	1116, 1121	31
Rhino Hyde	Cargill Inc. Minneapolis, MN 55 440, US	263	5
Rhodeftal®	Rhône-Poulenc 92 097 Paris, La Défense 2, FR	272	11

Name	Firma (siehe 9.1, Seite 648)	Kunstharz (siehe 9.2.1, Seite 650)	Lieferform (siehe 9.2.2, Seite 653)
Rhodester® CL	Rhône-Poulenc 92 097 Paris, La Défense 2, FR	–	119
Rhodiastab®	–,,–	–	9
Rhodopas®	Rhône-Poulenc Div. Chimie de Base 92 408 Courbevoie, FR	121, 1223, 124, 151	121
Rhodorsil®	–,,–	281, 38	11
Rhodoviol®	Rhône-Poulenc 92 097 Paris, La Défense 2, FR	152	11, 2
Rhonacryl	Chemotechnik Abstatt GmbH 7101 Abstatt, DE	16	112
Rhonaston	–,,–	233	112
Riacryl®	Rias A/S, 4000 Roskilde, DK	163	5
Riblene®	ECP EniChem Polimeri srl. 20 124 Mailand, IT	1111, 1115	113, 241
Richform	Richmond Technology, Inc. Redlands, CA 92 373, US	124	5
Ricolor®	Holztechnik GmbH 8653 Mainleus/Oberfr., DE	223	621, 761
Rigidex®	BP Chemicals International Ltd. London SW1W OSU, GB	1113	2
Rigidite	BASF Structural Materials Inc. Charlotte, NC 28 217, US	23	2261/6121
Rigidsol	Watson Standard Co. Pittsburgh, PA 15 238, US	131	121, 122
Rigilene®	Stanley Smith & Co. Isleworth, Middx. Tw 77, GB	111	5
Rigipore®	BP Chemicals International Ltd. London SW1W OSU, GB	121	117
Rigiwall	Gen Corp. Polymer Products Newcomerstown, OH 43 832, US	131/16	51
Rigolac	Showa High Polymer Co., Ltd. Tokyo, JP	242	112, 113
Rilsan®	ELF ATOCHEM 92 091 Paris, La Défense 10, FR	261	11, 116, 21, 224, 35
Rimline®	ICI Polyurethanes 3078 Kortenberg, BE	2633, 2634	118
Rimplast	LNP Plastics Nederland BV 4940 Raamsdonksveer, NL	28 s	118
Rimplast®	Hüls AG, 4370 Marl, DE	11, 24, 26, 264 + 38	118, 21 s 120
Rimthane®	Dow Chemical Co. Midland, MI 48 640, US	263	118
Ripolit	Rilling & Pohl KG 7000 Stuttgart 30, DE	111, 112, 1314	5
Ripoxy	Takeda Chemical Industries, Ltd. Osaka, JP	16/233	113

Name	Firma (siehe 9.1, Seite 648)	Kunstharz (siehe 9.2.1, Seite 650)	Lieferform (siehe 9.2.2, Seite 653)
Riteflex BP	Hoechst AG 6230 Frankfurt/M. 80, DE	2412	120
Robadur	Leripa, AT	1113	2
Robalon	–,,–	1113	2
Roblon	Roblon, Frederikshavn, DK	121	414
Rocel®	Courtaulds, Speciality Plastics Spondon, Derby DE2 7BP, GB	4222	4, 5
Rodrun	Unitika Ltd., Osaka, JP	2415	119
Röco	Röhrig & Co., 3000 Hannover 97, DE	1311 (71) se	31, 33, 34, 342
Röcothene	–,,–	111 se	32, 33, 34, 342
Roga®	Roga KG Dr. Loose GmbH & Co. 5047 Wesseling b. Köln, DE	111, 131, 132, 422, 28	32, 34
Rohacell®	Röhm GmbH, 6100 Darmstadt, DE	166	71
Rohafloc®	–,,–	161	121, 123, 2
Rohagit®	–,,–	165	121, 123
Rohatex®	–,,–	16	116
Rolan	Chemiefaserwerk Savinesti Piatra Neamt, RO	161	72
Romicafil®	Micafil AG, 8048 Zürich, CH	233	413
Romicaglas®	–,,–	233, 26, 28	614
Romicapreg®	–,,–	233	413
Ronfalin®	DSM, Polymers & Hydrocarbons 6130 AA Sittard, NL	1221	2
Ronfaloy®	–,,–	1221/3411 1221/263 1212/2411	2 el
Ropet®	Rohm & Haas Co. Philadelphia, PA 19 105, US	2412/16	2
Ropol®	Chemisches Kombinat, Borzesti, RO	1111	1, 2
Ropoten	–,,–	111	2
Rosevil®	–,,–	1311	2
Rosite	Rostone Corp. Lafayette, IN 47 903, US	242	224, 225
Roskydal®	Bayer AG, 5090 Leverkusen, DE	244	114
Rotothene	Rototron Corp. Babylon, NY 11 704, US	1111, 1111 L, 1112	14
Rotothon	–,,–	112	141
Routimpreg	Routtand S.A., Soc. Nouvelle Aubervilliers 93, FR	242	2251
Rovel®	Dow Chemical Co. Midland, MI 48 640, US	11/1222	5
Roxan®	Roxan Folien GmbH 7000 Stuttgart 30, DE	1311, 132	423, 452, 53

Name	Firma (siehe 9.1, Seite 648)	Kunstharz (siehe 9.2.1, Seite 650)	Lieferform (siehe 9.2.2, Seite 653)
Roy®...	J. H. Benecke GmbH 3000 Hannover 1, DE	132, 262	421, 424, 4241
Royalene®	Polycast Technology Corp. Stamford, CT 06 904, US	3411	2
Royalex	British Vita PLC, Middleton Manchester M24 2D3, GB	1221	7661
Royalite®	– ,, –	1221, 1221/ 131, 2411	4, 5
Royalstat	Royalite Thermopl. Div. Polycast Technology Corp. Mishawaka, IN 46 546-0568, US	1221/131	413
Royaltherm	Polycast Technology Corp. Stamford, CT 06 904, US	3411 s	11
Roylar®	B. F. Goodrich Chemical Co. Cleveland, OH 44 131, US	264	2
Rozylit	Romatin AG, CH	163	2
Rubinate	ICI Americas Inc. Wilmington, DE 19 897, US	–	11
Ruco®	Occidental Chemical Corp. Vinyls Div., Dallas, TX 75 380, US	131	4, 5
Rucoblend®	– ,, –	131	11, 2 s
Rucodur®	– ,, –	1315	2
Rucoflex	Ruco Polymer Corp. Hicksville, NY 11 802, US	2632	14
Rucothane	– ,, –	263, 264	11
Rütamid®	Bakelite GmbH 5860 Iserlohn-Letmathe, DE	261	2, 224
Rütaphen®	– ,, –	211–214, 216, 21	111–117, 12, 123, 13, 141, 146, 73, 2
Rütapox®	– ,, –	233	111, 112, 113, 114, 115, 121, 122, 123, 13, 141, 142, 143, 144, 145, 146
Rütapur®	– ,, –	263	112 el, 115
Rulon®	Dixon Industries Corp. Bristol, RI 02 809, US	1351	61
Ruvea	Du Pont Co. Inc. Wilmington, DE 19 898, US	261	35 s
RX	Rogers Corp., Molding Materials Div. Manchester, CT 06 040, US	212, 243	2
Rynite®	Du Pont Co. Inc. Wilmington, DE 19 898, US	2412	1, 2, 224

Name	Firma (siehe 9.1, Seite 648)	Kunstharz (siehe 9.2.1, Seite 650)	Lieferform (siehe 9.2.2, Seite 653)
Ryton®	Phillips Petroleum Chemicals NV, 1900 Overijse, BE	237	11, 2, 22 el, 72
Ryton S PPSS	– „ –	237 s	2
Ryton Sulfar	– „ –	237	72
Ryulex®	Dainippon Ink. & Chemicals Inc. Tokyo, JP	121/2411	2
S			
Saduren®	BASF Aktiengesellschaft 6700 Ludwigshafen, DE	224	113
Safecoat	Chemie Linz AG, 4040 Linz, AT	112	435/721
Saflex®	Monsanto Co. St. Louis, MO 63 167, US	155	41/763
Salvex	Mitsubishi Petrochemical Co., Ltd. Tokyo, JP	11	22 s
Samicaflex® *Si*	Schweizerische ISOLA-Werke 4226 Breitenbach, CH	28	4351/616
Samicanit®	– „ –	233	616
Samicatherm®	– „ –	233	616
Sanprene	Sanyo Chemical Ind., Ltd. Kyoto, JP	263	111
Sanrex®	Mitsubishi Monsanto Chemical Co. Tokyo, JP	1222	2
Santoclear®	– „ –	121	411
Santolite®	Advanced Elastomer Systems N.V./SA, Brüssel, BE	2351	2
Santoprene®	– „ –	112 + 3411	120
Sapedur	Saplast S.A. 67 100 Straßburg-Neuhof, FR	13	2
Sapelec	– „ –	131	2 el
Sarafan	Karl Dickel & Co. 4100 Duisburg, DE	111, 1111 L, 112, 1311	411
Saran®	Dow Chemical Co. Midland, MI 48 640, US	133	11, 41
Saranex®	– „ –	111 + 133	412
Saran X 065401	– „ –	15 + 16	11 f. 41
Sarlink	DSM Thermoplastic Elastomers BV. Urmond, NL	1117	21
Sarnafil	Sarna Kunststoff AG 6060 Sarnen, CH	11, 1113, 132	4341, 4351
Sarnatex	– „ –	132	4351, 436
Sasolen	Sasol Polymers Johannesburg, ZA	112	2
Saterflex	Saplast S.A. 67 100 Straßburg-Neuhof, FR	1253	2
Satinflex®	Clopay Corp. Plastics Products Div. Cincinnati, OH 45 202, US	111	4

Name	Firma (siehe 9.1, Seite 648)	Kunstharz (siehe 9.2.1, Seite 650)	Lieferform (siehe 9.2.2, Seite 653)
Savilit SPP	DSM, Polymers & Hydrocarbons 6130 AA Sittard, NL	242	2251
Saxerol®	Eilenburger Chemie-Werk GmbH 7280 Eilenburg, DE	122, 1221	53
Saxetat®	–,,–	4222	21, 51
Saxolen®	–,,–	111	51, 52, 53
Saxolen PP	–,,–	112	51, 52, 53
Scarab®	BIP Chemicals Ltd. Oldbury Warley, West Midl., B69 4PD, GB	221	2
Schulamid®	A. Schulman Inc., GmbH 5014 Kerpen 3, DE	261	2 (se), 224
Sclair®	Du Pont Canada Inc. Mississauga, ON L5M 2H3, CA	111, 1111 L, 1112	2
Sclairfilm®	–,,–	111	411
Sclairlink®	–,,–	111	14
Sclairpipe®	–,,–	111	31
Sclair-Tak	–,,–	1111 L/–	9
Scobalit®	Scobalitwerk Wagner GmbH 5470 Andernach/Rh., DE	242	63
Scolefin®	Buna AG, Schkopau, DE	1113	2
Scona	–,,–	1117	9
Sconaran	–,,–	242	112
Sconarol®	–,,–	1222	2
Sconater®	–,,–	1221, 1253	11, 22
Sconatex®	–,,–	133	121
Scotchcast	3 M Co., St. Paul, MN 55 144, US	233	112
Scotchpak	–,,–	2412	411
Scotchpar	–,,–	2412	411
Scotchply	–,,–	21, 233	224, 225
Scovinyl	Buna AG, Schkopau, DE	131	11 f., 122
Scuranate®	Rhône-Poulenc Div. Chimie de Base 92 408 Courbevoie, FR	2631	11
S-dine®	Sekisui Chemical Co. Ltd. Osaka 530, JP	167	73
Sea-Lok®	Blomberger Holzindustrie, B. Hausmann GmbH & Co. KG 4933 Blomberg, DE	1311	34, 51
SEBS-Compound	ABB Polymer Compounds 12 685 Stockholm, SE	1127	120 el
Seemilite	Saurastra Electrical & Metal Ind. Pty. Ltd., Bombay 2, IN	21	11, 2
Selapet	PET Plastics GmbH 5489 Kelberg, DE	2412	412 re

Name	Firma (siehe 9.1, Seite 648)	Kunstharz (siehe 9.2.1, Seite 650)	Lieferform (siehe 9.2.2, Seite 653)
Selar®	Du Pont Co. Inc. Wilmington, DE 19898, US	1115/261, 261	1, 21 s
Selchim®	Solvay & Cie S.A., 1050 Bruxelles, BE	131	55
Selecthane®	Xenox Inc., Polypren S.R.L. Houston, TX 77279, US	2412	120
Selectrofoam	PPG Industries Inc. Specialty Chemicals, Gurnee, IL, 60031, US	263	117
Selectron®	–,,–	242	11, 112
Semicon®	ABB Polymers Com. 12685 Stockholm, SE	111/332	117
Semper	Schütte-Lanz, 6835 Brühl, DE	21	16, 622
Senocryl	Senova Kunststoffe GmbH 5721 Piesendorf, AT	163	54
Senosan®	Senoplast Klepsch & Co. 5721 Piesendorf, AT	1221 s, 1221	4, 5,
Serfene	Morton International Danvers, MA 01923, US	1354	14
Serinil	Rio Rodano, S.A. Dos Hermanas (Sevilla), ES	131	2
Setal®	Synthese b.v. 4600 AB Bergen op Zoom, NL	242, 244	114, 123
Setalux®	–,,–	16	123
Setamine®	–,,–	223	123
Setapol®	–,,–	241	114
Setarol	–,,–	242	11, 112
Setilithe®	Tubize Plastics S.A., 1360 Tubize, BE	4222	2
Sevinil	Rio Radana S.A Dos Hermanas (Sevilla), ES	131	2
SG laminat	Saar-Gummiwerk GmbH 6648 Wadern-Büschfeld/Saar, DE	3411	434
SGtan	–,,–	3411	43
SG tyl	–,,–	332	433
Sheldal	Sheldal Inc. Northfield, MN 55057, US	2412, 27	413
Shellvis	Shell International Petroleum Co., Ltd., London, SE1 7NA, GB	12/341/12	120
Sheripol®	Himont Italia s.p.a. 20124 Mailand, IT	11	11
Shimoco®	DSM Italia s.r.l., 22100 Como, IT	242	225
Shindex®	ICI PLC, Welwyn Garden City, Herts. AL7 1HD, GB	263	71
Shinko-Lac®	Mitsubishi Rayon Co., Ltd. Tokyo, JP	1221	2
Shinkolite®	–,,–	163	112, 2, 54
Sho-Allomer®	Showa Denko K.K., Tokyo 105, JP	112	2
Sholex®	–,,–	1111, 1113	2

Name	Firma (siehe 9.1, Seite 648)	Kunstharz (siehe 9.2.1, Seite 650)	Lieferform (siehe 9.2.2, Seite 653)
Sicalit	Mazzucchelli Vinyls S.R.L. 21 043 Castiglione Olona/Varese, IT	4222	2
Sicoamide	Radici Nova Cips, IT	261	2
Sicobox	Mazzucchelli Vinyls S.R.L. 21 043 Castiglione Olona/Varese, IT	1311	415
Sicodex	–,,–	1311	5
Sicofarm	–,,–	1311	41 med
Sicoffset	–,,–	1311	415
Sicolene	–,,–	111, 131	4
Sicoplast	–,,–	131	4
Sicoprint	–,,–	1311	415
Sicoreg	–,,–	1311	415
Sicothene®	UCB n.v. Filmsector 9000 Gent, BE	1	412
Sicovimp	Mazzucchelli Vinyls S.R.L. 21 043 Castiglione Olona/Varese, IT	1311/134	412
Sicovinil	–,,–	1311, 1313	36, 4, 5
Sicron®	ECP EniChem Polimeri srl. 20 124 Mailand, IT	131, 132	2
Sidamil®	UCB n.v. Filmsector 9000 Gent, BE	261	4
Sidanyl®	–,,–	2412/261	411, 412
Sidathene®	–,,–	112	41
Sigrafil®	Hoechst AG 6230 Frankfurt/M. 80, DE	261 s	226
Sika Norm	Sika AG. Flexible Waterproofing 8048 Zürich, CH	1114/342	433
Sikaplan	–,,–	132	43
Silacron	Schock & Co., GmbH 7060 Schorndorf, DE	16	112
Silamid	Chemische Betriebe a. d. Waag, CSFR	261	2
Silastic®	Dow Corning Corp. Midland, MI 48 686 - 0994, US	38	11
Silbione®	Rhône-Poulenc Silicones 92 5207 Neuilly sur Seine, FR	281, 38	112, 113, 114, 145, 146, 147
Silicor®	„Coroplast" Fritz Müller KG 5600 Wuppertal 2, DE	38	3
Silipact®	Lonza-Folien GmbH 7858 Weil am Rhein, DE	16, 263, 28, 36	145
Silmar	Sohio Chemical Co. Cleveland, OH 44 115, US	242	112, 224
Silon®	Bio Med Sciences Inc. Bethlehem, PA 18 015, US	1351, 28	41 med, tra

Name	Firma (siehe 9.1, Seite 648)	Kunstharz (siehe 9.2.1, Seite 650)	Lieferform (siehe 9.2.2, Seite 653)
Silopren®	Bayer AG, 5090 Leverkusen, DE	38	11
Siltem®	GE Plastics Europe 4600 AG Bergen op Zoom, NL	263 + 28	2
Siluminite	Tenmat Ltd., Trafford Pk., Manchester M17 1RU, GB	21	614, 615 el
SIMONA®	SIMONA GmbH 6570 Kirn/Nahe, DE	1113 1113, 112 131 1354 132	433, 434 31, 33, 5 31, 33, 5, 54, 55 31, 33, 5 54
Simotec	–,,–	235,236	31, 33, 5
Sinalloy	Himont Italia s.p.a. 20 124 Mailand, IT	112	2
Sinaplast	Aluminium-Walzwerke Singen GmbH 7700 Singen/Hohentwiel, DE	132	762
Sinkral®	ECP EniChem Polimeri srl. 20 124 Mailand, IT	1221	2
Sinticlad®	Weston Hyde Products (EVC) Hyde, Cheshire SK14 4EJ, GB	1311	55
Sintilon®	–,,–	1311	55
Sintimid®	Hochleistungskunststoff GmbH Reutte, AT	273	1, 5, 72
Sintrex	Airex AG., 5643 Sins, CH	121	7661
Sinvet®	ECP EniChem Polimeri srl. 20 124 Mailand, IT	2411	21, 224
Siraldehyd	Sirlite Srl., 20 161 Milano, IT	221	111
Siralkyd	–,,–	25	114
Siramide	–,,–	2611	111
Sirban®	–,,–	323	11
Sircel®	–,,–	121	117
Sircis®	–,,–	321 (1)	11
Sirel®	–,,–	322	11
Sirester®	–,,–	242	11
Sirfen®	–,,–	212	113, 2
Sirit®	–,,–	221	113
Sirminol®	–,,–	22	114
Siroplan	Hegler Plastik GmbH 8735 Oerlenbach, DE	1113	31
Siroplast	–,,–	1113	31 s
Sirowell	–,,–	1113	31
Skai®	Konrad Hornschuch AG 7119 Weissbach, DE	132	4241
Skailan®	–,,–	263	4241, 712
Skybond®	Monsanto Co. St. Louis, MO 63 167, US	27	112

Name	Firma (siehe 9.1, Seite 648)	Kunstharz (siehe 9.2.1, Seite 650)	Lieferform (siehe 9.2.2, Seite 653)
S-lec®	Sekisui Chemical Co. Ltd. Osaka 530, JP	155	11, 4 f. 763
Sniafol®	Snia Tecnopolimeri S.p.A. 20020 Ceriano Laghetto, IT	2312	2
Snialene®	–,,–	112	2
Snialoy®	–,,–	261	124, 2
Sniamid®	–,,–	261	2, 224
Sniasan®	–,,–	1221, 1222	2
Sniatal®	–,,–	231	2
Sniater®	–,,–	2412	2
Snowpearl	Nihon Polystyrene Co., Ltd. Kawasaki, JP	121	117
Soarblen	Nippon Gohsei Chemical Ind. Co. Ltd., Osaka, JP	1115	11, 2
Soarlex	–,,–	1115	11, 2
Soarnol®	ELF ATOCHEM 92091 Paris, La Défense 10, FR	1115/152	11 s
Sobral®	Scott Bader Co. Ltd. Wollaston, Wellingborough, Northants. NN9 7RL, GB	16, 244, 252	114
Soflex®	Schweizerische ISOLA-Werke 4226 Breitenbach, CH	132	32 el
Softlex®	Nippon Petrochemicals Co. Tokyo, JP	1115	11
Softlite	Gilman Brothers Co. Gilman, CT 06336, US	1115 s	414, 5/71
Softlon®	Sekisui Chemical Co. Ltd. Osaka 530, JP	1116	414, 71
Solarflex	Pantasote Inc. Passaic, NJ 07055, US	1114	43
Solef®	Solvay & Cie S.A., 1050 Bruxelles, BE	1354	11
Solidur®	Solidur Deutschland GmbH 4426 Vreden 1, DE	1113	3, 42, 5
Solidur® *100*	–,,–	1113	3, 42, 5 porös
Solimide	IMI-Tech Corp. Elk Grove Village, IL 60007, US	27	71
Solithane	Morton International Inc. Chicago, IL 60606-1598, US	2631	112, 114
Soluphene	ELF ATOCHEM 92091 Paris, La Défense 10, FR	221	73
Solvic®	Solvay & Cie S.A., 1050 Bruxelles, BE	1311, 1313, 1314	11
Solvic-Premix®	–,,–	1311, 1313, 1314	117, 2

Name	Firma (siehe 9.1, Seite 648)	Kunstharz (siehe 9.2.1, Seite 650)	Lieferform (siehe 9.2.2, Seite 653)
Somel	Du Pont Co. Inc. Wilmington, DE 19898, US	112 + 3411	120
Sonit	Chemie-Werk Weinsheim GmbH 6520 Worms, DE	263	71
Sonite	Smooth-On Inc. Gillette, NJ 07933, US	233, 237, 264	113, 2
Soplasco	Southern Plastics Co. Columbia, SC 29202, US	131	4, 5
Sorane	Avalon Chemical Co., Ltd. Shepton Mallet, Somerset BA4 5TZ, GB	263	712
Sorbothane	– ,, –	263	37
Spandal	Baxenden Chemical Co., Ltd. Accrington, Lancs. BB5 2SL, GB	263	7661
Spandofoam	– ,, –	263	71
Sparlux®	Solvay & Cie S.A., 1050 Bruxelles, BE	2411	55
Spauldite	Spaulding Composites Co. Tonawanda, NY 14150, US	212, 223, 233, 4211	61, 612, 614
Spaulrad	– ,, –	27	6, 614
Specflex®	Dow Chemical Europe SA 8810 Horgen/Zürich, CH	263	71
Spectra 900®	Allied Signal Corp., A-C Polyethylene Morristown, NJ 07962, US	111s	72
Spectrim	Dow Chemical Corp. Midland, MI 48640, US	263	118
Spherilene	Daeilim Industrial Co., Korea	11	11
Spheripol®	Himont Italia s.p.a. 20124 Mailand, IT	11	11
Spilac®	Showa Denko K.K., Tokyo 105, JP	2421	123
Spiral-bauku	Troisdorfer Bau- u. Kunststoff GmbH 5276 Wiehl 3, Drabenderhöhe, DE	11	312
Spralkyd	Soc. Provencale de Résines Appliquées, Sauveterre, FR	25	113
Spreacol®	AMC-SPREA S.p.A., 20101 Milano, IT	221	73
Sprelacart®	Sprela-Schichtstoff GmbH Spremberg 7590 Spremberg, DE	223	621
Sprelacor	– ,, –	213	611
Sprelaform	– ,, –	242	452
Sprigel	Soc. Provencale de Résines Appliquées, Sauveterre, FR	242	112
Springvin	Eurohose, Stroud, GB	132	321 tra
Sprunglow	Ross & Roberts, Inc. Stratford, CT 06497, US	111, 132	4

Name	Firma (siehe 9.1, Seite 648)	Kunstharz (siehe 9.2.1, Seite 650)	Lieferform (siehe 9.2.2, Seite 653)
Sriver	Soc. Provencale de Résines Appliquées, Sauveterre, FR	242	146
Stabar®	ICI PLC, Welwyn Garden City, Herts. AL7 1HD, GB	2351, 2361	413
Stabilox	Henkel KGaA, 4000 Düsseldorf 1, DE	–	9
Stabiol	–,,–	–	9
Staflene	The Nisseki Plastic Chemical Co. Ltd. Tokyo, JP	1113, 1115	2
Sta-Flow	Air Products & Chemical Inc. Allentown, PA 18 195-1501, US	1121, 1314	11
Sta-Form	Georgia-Pacific Atlanta, GA 30 348, US	221	11
Staloy	DSM, Polymers & Hydrocarbons 6130 AA Sittard, NL	1221/261	2
Stamylan®	–,,–	111	11, 2
Stamylan P®	–,,–	112	11, 2
Stamylex®	–,,–	1111 L	11, 2
Stamyroid	–,,–	112 s	11
Stanyl®	–,,–	261 s	11, 2
Stapron®	–,,–	1225, 1221 + 2411, 1221 + 261, 1222 + 3411	124, 2
Staralloys	Ferro Eurostar, 95 470 Fosses, FR	1	1
Staramid	–,,–	261	2213, 2217, 224
Star-C	–,,–	237, 2411, 2412, 261, 263	226
Starex	Cheil Industries/Tekuma 2000 Hamburg-Reinbek, DE	1221	2
Star-Flam	Ferro Eurostar, 95 470 Fosses, FR	111, 112, 121, 261	2 se
Starglas	–,,–	1113, 121, 1221, 1222, 2351, 237, 231, 2411, 2412	22
Star L	–,,–	1	2 s
Starpylen	–,,–	112	2213, 222, 224
Star Xlam	–,,–	261	2213, 2217, 224
Star XX	–,,–	261	2
Stat-Kon®	LNP Plastics Nederland BV 4940 Raamsdonksveer, NL	112, 1352, 2411	11, 226 el
Stat-Kon® Z	–,,–	235	2
Statoil TPE	Statoil Den norske stats oljeselskap a. s., 3960 Stathelle, NO	1117	120
Staufen®	ICI PLC, Welwyn Garden City, Herts. AL7 1HD, GB	131	4

Name	Firma (siehe 9.1, Seite 648)	Kunstharz (siehe 9.2.1, Seite 650)	Lieferform (siehe 9.2.2, Seite 653)
Steier®	Max Steier GmbH & Co. 2200 Elmshorn, DE	111, 131	4
Steierpack	–,,–	111	4
Steierplast	–,,–	132	4
Stereon®	Firestone Synthetics Rubber and Latex Co. Akron, OH 44319-0006, US	12/32/12	120
Steriweb	Wihuri Oy Wipak, 15561 Nastola, FI	111/261, 112/261	412
Sternite®	ELF ATOCHEM Chemical Products (UK) Ltd., Stalybridge, GB	121, 1221	112, 2
Sterocoll	BASF Aktiengesellschaft 6700 Ludwigshafen, DE	16, 162	121, 123
Sterpon®	Ets. G. Convert 01100 Oyonnax, FR	242	11
Stox®	Chemie-Werk Dr. Paul Stock GmbH 8130 Starnberg, DE	422, 4223	4, 413
Strapan	Chemie Linz AG, 4040 Linz, AT	111	76
Stratoclad	Spaulding Composites Co. Tonawanda, NY 14150, US	21	614
Stren®	Du Pont Co. Inc. Wilmington, DE 19898, US	261	36
Strippex	ABB Polymer Compounds 12685 Stockholm, SE	1115	11 el
Structual	Planox B.V. 5705 AL-Helmond, NL	132	451/71
Stycast	Emerson & Cuming Inc., W.R. Grace Co., Canton, MA 02021, US	233	22
Stylac	Asahi Chemical Ind. Co., Ltd. Tokyo, JP	1221	11
Stylex	Mitsubishi Kasei Corp. Tokyo, JP	121	413
Stypol®	Freeman Chemical Corp. Port Washington, WI 53074, US	242	112, 113, 225
Stypol	Freeman Chemical Div., DSM Port Washington, WI 53074, US	242	112
Styrafil®	Akzo Engineering Plastics Inc. Evansville, IN 47732, US	121, 1223	224
Styritherm	Kulmbacher Spinnerei AG, Kunststoffwerk Mainleus 8653 Mainleus, DE	121	71
Styroblend	BASF Aktiengesellschaft 6700 Ludwigshafen, DE	121 + 111	2
Styrocell	Shell International Chemical Co., Ltd. London, SE1 7PG, GB	121	117
Styrodur®	BASF Aktiengesellschaft 6700 Ludwigshafen, DE	121	71
Styrofan®	–,,–	121	121

Name	Firma (siehe 9.1, Seite 648)	Kunstharz (siehe 9.2.1, Seite 650)	Lieferform (siehe 9.2.2, Seite 653)
Styrofill®	BASF Aktiengesellschaft 6700 Ludwigshafen, DE	121	71
Styroflex®	Norddeutsche Seekabelwerke AG 2890 Nordenham, DE	121	35, 413, 43
Styrofoam®	Dow Chemical Co. Midland, MI 48 640, US	121	71
Styrolux®	BASF Aktiengesellschaft 6700 Ludwigshafen, DE	125	2
Styrolux	Westlake Plastics Co. Lenni, PA 19 052, US	122	3, 5
Styromull®	BASF Aktiengesellschaft 6700 Ludwigshafen, DE	121	71 s
Styron®	Dow Chemical Co. Midland, MI 48 640, US	12	11, 2
Styronal®	BASF Aktiengesellschaft 6700 Ludwigshafen, DE	1223	121
Styronol	Norton Performance Plastics Wayne, NJ 07 470, US	121	5
Styroplus	BASF Aktiengesellschaft 6700 Ludwigshafen, DE	122	1, 4, 5
Styropor®	Industrieverband Hartschaum 6900 Heidelberg, DE	121	117, 71
Sucorad	Huber & Suhner AG 9100 Herisau, CH	1116	31
Sulfil	Akzo Engineering Plastics Inc. Evansville, IN 47 732, US	1351/236, 237	224
Sumiepoch®	Sumitomo Chemical Co., Ltd. Tokyo 103, JP	1115 s	115
Sumiflex®	–„–	1315	2
Sumigraft®	–„–	1115/132	2
Sumikadel	–„–	16/152	11
Sumika Flex®	–„–	1115, 1117	11, 2
Sumikagel	–„–	115	4
Sumikathene®	–„–	1111, 1111 L, 1112, 1113, 1115	2
Sumilit®	–„–	131	11
Sumilite FST	–„–	2361	413
Sumipex®	–„–	163	2, 411
Sunlet	Mitsui Petrochemical Ind., Ltd. Tokyo, JP	112	224
Sunloid®	Tsutsunaka Plastic Ind. Co. Ltd. Osaka, JP	1221, 1311, 131/16, 163, 235, 2411	4 el, 55
Sunprene	Resinoplast Reims, FR	–	120
Suntec	Asahi Chemical Ind. Co., Ltd. Tokyo, JP	1113	11, 2

Name	Firma (siehe 9.1, Seite 648)	Kunstharz (siehe 9.2.1, Seite 650)	Lieferform (siehe 9.2.2, Seite 653)
Supec®	GE Plastics Europe 4600 AG Bergen op Zoom, NL	237	224
Super® *Dylan*	Arco Chemical Co. Newtown Square, PA 19073, US	1113	2
Superex®	Mitsubishi Monsanto Chemical Co. Tokyo, JP	1225	2
Superkleen®	Alpha, Div. Dexter Plastics Newark, NJ 07105, US	132s	2
Supernaltene	Ets. G. Convert 01100 Oyonnax, FR	1113	5
Superohm	A. Schulman Inc. Akron, OH 44309-1710, US	1115s	2 el
Superpolyorc	Uponor, Stourton, Leeds, LS10 1UJ, GB	1311	31
Supra-Carta®	Isola Werke AG, 5160 Düren, DE	21, 233	611
Supra-Carta®*-Cu*	–,,–	21, 233	611-Cu
Supraflex®	BP Chemicals Plas Tec GmbH 7000 Stuttgart 1, DE	111	41, 43
Supramid	VIS Kunststoffwerk GmbH 7600 Offenburg, DE	261	3, 51
Suprane®	Rhône-Poulenc Films, 92080 Paris, La Défense, Cedex 6, FR	1113	413
Suprapal®	BASF Aktiengesellschaft 6700 Ludwigshafen, DE	125	114
Supraplast®	Süd-West-Chemie GmbH Neu-Ulm, DE	21, 22, 233, 242	113, 2, 2251, 2431
Suprasec®	ICI Polyurethanes 3078 Kortenberg, BE	2631, 265, 266	117, 71
Suprathen	Hoechst AG 6230 Frankfurt/M. 80, DE	1111	411, 43
Supratherm	–,,–	132	111
Suprel	Vista Chemical Co. Houston, TX 77079, US	12/131/161	2 se
Supronyl	Hoechst AG 6230 Frankfurt/M. 80, DE	261	412, 43
Sur-Flex	Flex-O-Glass, Inc. Chicago, IL 60051, US	1115s	41
Surlyn®	Du Pont Co. Inc. Wilmington, DE 19898, US	1115s	146, 4
Sustamid®	RÖCHLING Sustaplast KG 5420 Lahnstein, DE	261	3, 4, 5
Sustarin®	–,,–	231, 2311	3, 5
Sustatec	–,,–	2351, 2361	3, 5
Susteel	Tosoh Susteel, Nagoya, JP	237	2
Sustodur®	RÖCHLING Sustaplast KG 5420 Lahnstein, DE	2412	3, 5

Name	Firma (siehe 9.1, Seite 648)	Kunstharz (siehe 9.2.1, Seite 650)	Lieferform (siehe 9.2.2, Seite 653)
Sustonat®	RÖCHLING Sustaplast KG 5420 Lahnstein, DE	2411	3, 5
Sustylen	−„−	111, 112	3, 4, 5
Suva	Du Pont Co. Inc. Wilmington, DE 19 898, US	135 s	alt. FCKW
Suwide®	Planox B. V. 5705 Al-Helmond, NL	132	451, 451/71
Swedcast®	Swedlow Inc. Garden Grove, CA 92 645, US	163	54
Syfan	Syfan BOPP Films M.V. Hanegev 85 140, IL	112	411
Sylomer	Getzner Chemie, AT	263	711
Sylphane®	UCB n.v. Filmsector 9000 Gent, BE	1311	41
Symadur®	Symalit AG, 5600 Lenzburg 1, CH	1311	31, 342
Symalen®	−„−	111, 112	31, 52
Symalit®	−„−	112, 1352, 1354,	31, 342, 51, 52, 614
Symkanal®	−„−	1311	31
Synas	Märkische Faser AG O-1832 Premnitz, DE	161	72
Syncomat®	N.V. Syncoglas S.A., Zele, BE	242	225
Syncopreg	−„−	233, 242	224, 225
Synergy	N. V. Allied Corp. Int. S. A. 3030 Heverlee, BE	235/261	120 s
Synlon	Synlon Plastics Ltd. Grove Mills, Elland, W. Yorksh., GB	261	224
Synocryl	Cray Valley Products Int. Farnborough, Kent, BR6 7EA, GB	15	112
Synocure	−„−	15	11
Synolac	−„−	242, 244	112
Synolite®	DSM Resins UK Ltd. Ellesmere Port, South Wirral LG5 OHB, GB	242	112, 113, 114
Synresate®	−„−	241, 244, 253	114
Synreseen®	−„−	214	123
Synresil	−„−	141, 16	121
Synresine	−„−	22	114
Synsilate	−„−	241	114
Syntac	W. Graces Co. Lexington, MA 02 173, US	27	71
Syntex®	DSM, Polymers & Hydrocarbons 6130 AA Sittard, NL	413	11
Synthacryl®	Hoechst AG 6230 Frankfurt/M. 80, DE	16	114, 121

Name	Firma (siehe 9.1, Seite 648)	Kunstharz (siehe 9.2.1, Seite 650)	Lieferform (siehe 9.2.2, Seite 653)
Synthopan	Synthopol, 2150 Buxtehude, DE	242	11, 112
Synthoplex®	Röhm GmbH, 6100 Darmstadt, DE	16	116, 123
Syntran	Worlée-Chemie GmbH 2058 Lauenburg, DE	16	121
T			
Ta-adin	Mayer Enterprises Ltd., Coating Dept., Tel Aviv, IL	132	4241
Tactix®	Dow Chemical Europe SA 8810 Horgen/Zürich, CH	233	22
Taff-a-flex®	Clopay Corp. Plastics Products Div. Cincinnati, OH 45202, US	11, 112	4
Taffen®	Deutsche Exxon Chemical GmbH 5000 Köln 1, DE	112	225
Taflite	Mitsui Petrochemical Ind., Ltd. Tokyo, JP	125 s	2
Tafmer	–,,–	1117	2
Taktene®	Bayer AG, 5090 Leverkusen, DE	3211	11
Ta-or	Mayer Enterprises Ltd., Coating Dept., Tel Aviv, IL	132	4241
Taradal	BAT taraflex, Tarare, FR	132	442
Taraflex	–,,–	132	441, 444
Taralay	–,,–	132	441
Tarflen	Stickstoffwerke Tarnow, Tarnow, PL	135	11
Tarnamid T	–,,–	261	2
Tarnoform	–,,–	235	11
Tauride®	Veritex B.V., Apeldoorn, NL	132	451
Tauro-pren	Taurus Gummiwerke, HU	112, 1127	11
Taylorclad	Synthane-Taylor Corp. La Verne, CA 91750, US	233	614
Taylorite	–,,–	4211	3, 5
Teamex	DSM, Polymers & Hydrocarbons 6130 AA Sittard, NL	1111	2
Technoduct	Techno-Chemie Kessler & Co., GmbH 6082 Mörfelden-Walldorf, DE	132, 35	321
Technoflex	Hegler-Plastik GmbH 8735 Oerlenbach, DE	261	32 s
Technoply	Howe Industries, Inc. Van Nuys, CA 91402, US	233, 27	614
Technora®	Teijin Ltd., Osaka 541, JP	2612	72
Technyl®	Rhône-Poulenc Specialites Chimiques 69006 Lyon, FR	261	2

Name	Firma (siehe 9.1, Seite 648)	Kunstharz (siehe 9.2.1, Seite 650)	Lieferform (siehe 9.2.2, Seite 653)
Techster®	Rhône-Poulenc Specialites Chimiques 69006 Lyon, FR	2412	2 (tra)
Tecnoprene	ECP EniChem Polimeri srl. 20124 Mailand, IT	112	2, 224
Tecoflex	Thermo Electron Corp. Waltham, MA, GB	263	11, 114, 2 med
Tecolite®	Toshiba Chemical Product Co., Ltd. Tokyo, JP	212	2, 23
Tediflex	ECP EniChem Polimeri srl. 20124 Mailand, IT	263	117
Tedilast	–,,–	263	117
Tedimon®	–,,–	2631	113
Tedirim	–,,–	263	118
Tedistac	STAC, Erstein Gare, FR	263, 2631, 2633	117
Teditherm	ECP EniChem Polimeri srl. 20124 Mailand, IT	263	117
Tedlar	Du Pont Co. Inc. Wilmington, DE 19898, US	1353	41
Teflon®	–,,–	135	11, 2, 4, 7, 72
Tefzel®	–,,–	1115/1351	2
Tegit	Garfield Molding Co. Garfield, NJ 07026, US	212	22
Tegocoll®	Th. Goldschmidt AG, 4300 Essen, DE	233	73
Tegophan AC®	–,,–	163, 242	4 s
Tegophan UP®	–,,–	242	4 s
Tego-Tex®	–,,–	211, 223	2431
Tehadur	Tehalit-Kunststoffwerk GmbH 6751 Heltersberg, DE	1311	31
Teklan	Courtaulds PLC Bradford BD1 1EX, GB	61 mod	72 se
Tekmilon®	Mitsui Petrochemical Ind., Ltd. Tokyo, JP	111 s	72 s
Tekumid	Tekuma Kunststoff GmbH, DE	261	2
Telalloy	Kanegafuchi Chemical Ind. Co., Ltd. Osaka, JP	163/125	124
Telcar®	Teknor Apex Co. Pawtucket, RI 02862, US	112 + 3411	120
Telcon	Telcon Plastics Ltd. Orpington, Kent BR6 6BH, GB	11, 12, 13	3, 4, 5
Telcoset	–,,–	233	14
Telcothene	–,,–	111	14
Telcovin	–,,–	1314	14
Telene	B. F. Goodrich Co. Brecksville, OH 44141-3247, US	53	118
Telstrene	Telcon Plastics Ltd. Orpington, Kent BR6 6BH, GB	121	414

Name	Firma (siehe 9.1, Seite 648)	Kunstharz (siehe 9.2.1, Seite 650)	Lieferform (siehe 9.2.2, Seite 653)
Tempalloy	Comalloy Int. Nashville, TN 37 027, US	2412	2
TempRite®	B. F. Goodrich Chemical Co. Cleveland, OH 44 131, US	1312, 134	2 se, 11
Tenac	Asahi Chemical Ind. Co., Ltd. Tokyo, JP	2311	2
Tenax®	Akzo Faser AG 5600 Wuppertal 1, DE	161 s	226
Tenex®	Teijin Chemicals Ltd., Tokyo, JP	4224	2
Tenite®	Eastman Chemical International Ltd. Kingsport, TN 37 662, US	111, 1111 L, 112, 1121, 2412, 4222, 4224/4225	11, 116, 141, 2, 224, 713
Tensar	Netlon, Blackburg, GB	1113	433
Tensiltarpe	BCL, Bridgewater, Somerset, TA6 4PA, GB	111	43
Teramide	P. D. George Co. St. Louis, MO 63 147, US	271	14 el
Terate	Hercules Inc. Wilmington, DE 19 894, US	2412	11
Terathane®	Du Pont Co. Inc. Wilmington, DE 19 898, US	2633	11
Terblend® A	BASF Aktiengesellschaft 6700 Ludwigshafen, DE	124/2411	124
Terblend® B	– „ –	1221/2411	124
Tercarol	ECP EniChem Polimeri srl. 20 124 Mailand, IT	2632	117
Terebec®	BASF Lacke und Farben AG 4400 Münster, DE	271	114
Terene	Chemicals & Fibres of India Ltd. Bombay, IN	2412	72
Tergal®	Rhône-Poulenc Fibres 69 003 Lyon, FR	2412	72
Teriber®	Sosiedad Anonima de Fibras Artificiales, Barcelona, ES	2412	72
Terluran®	BASF Aktiengesellschaft 6700 Ludwigshafen, DE	1221	11, 2
Terlux	– „ –	1221	124
Termovil	Fabbrica Adesivi Resine S.p.A. Cologno Monzese, IT	151	11, 121, 123, 33, 51
Termovir	Fiap, Milano, IT	1311	41
Terocor®	Teroson GmbH 6900 Heidelberg 1, DE	263	71
Teroform®	– „ –		43, 5
Terokal®	– „ –	233, 3	73
Terolan®	– „ –	131, 3	145
Terosol®	– „ –	61	122
Terostat®	– „ –	345, 36, 37	145

Name	Firma (siehe 9.1, Seite 648)	Kunstharz (siehe 9.2.1, Seite 650)	Lieferform (siehe 9.2.2, Seite 653)
Terotop®	Teroson GmbH 6900 Heidelberg 1, DE	167	73
Terphane®	Rhône-Poulenc Films 69 398 Lyon, Cedex 3, FR	2412	41, 413
Terthene	–,,–	111 + 2412	412
Terylene®	ICI PLC, Fibres Div. Harrogate, HG2 8QN, GB	2412	72
Tesamoll®	Beiersdorf AG, 2000 Hamburg, DE	37	422 s
Tetnet	Billerud AB Abt. Nya Produkter Säffle, SE	412	4
Tetoron®	Teijin Chemicals Ltd., Tokyo, JP	2412	72
Tetradur	Tetra-Dur-Kunststoff-Produktion GmbH, 2105 Seevetal 2, DE	242	224
Tetrafil®	Akzo Engineering Plastics Inc. Evansville, IN 47 732, US	2412	2, 224
Tetralene	Tetrafluor Inc. El-Segundo, CA 90 245, US	1111 s	2
Tetralon	–,,–	1351	22
Tetraloy	ICI Advanced Materials Exton, PA 19 341, US	135	22
Tetraphen	Georgia-Pacific Atlanta, GA 30 348, US	214 s	11
Tetronic	BASF Urethanes Corp. Parsippany, NJ 07 054, US	2633	117
Texalon®	Texapol Corp. Bethlehem, PA 18 017, US	261	2, 224
Texicote®	Scott Bader Co. Ltd. Wollaston, Wellingborough, Northants. NN9 7RL, GB	12, 151	121
Texicryl®	–,,–	12, 16	121
Texigel®	–,,–	16	121
Texin®	Miles Chemical Corp. Pittsburgh, PA 15 205-9741, US	2411/264	120
Texipol®	Scott Bader Co. Ltd. Wollaston, Wellingborough, Northants. NN9 7RL, GB	165	121
Texon	Bonded Laminates Ltd. London E3 5NP, GB	223	621
Texrim®	Texaco Chemical Co. Bellaire, TX 77 401, US	–	118
Textolite	GE Co., GE Plastics Coshocton, OH 43 812, US	21, 223, 233, 242, 28	61
Thanate	Texaco Chemical Co. Bellaire, TX 77 401, US	2631	11
Thanol	–,,–	2632	11
Thelan	Thelen & Co. 5205 St. Augustin 3, DE	37	433, 51, 71, 713

Name	Firma (siehe 9.1, Seite 648)	Kunstharz (siehe 9.2.1, Seite 650)	Lieferform (siehe 9.2.2, Seite 653)
Thelon	INTERPLASTIC-Werk GmbH 4600 Wels, AT	132	441, 442
Thelotron	– „ –	132	441, 442 el
Therban®	Bayer AG, 5090 Leverkusen, DE	323 s	11
Thermaflow	Evode Plastics Ltd., Syston, GB	341	2
Thermalux®	Westlake Plastics Co. Lenni, PA 19052, US	236	33, 5
Thermex	Comalloy Int., Brentwood Nashville, TN 37027, US	2412	2
Thermid	National Starch & Chemical Corp. Bridgewater, NJ 08807, US	27	2
Thermoclear®	GE Co., GE Plastics Pittsfield, MA 01201, US	2411	55
Thermocomp®	LNP Plastics Nederland BV 4940 Raamsdonksveer, NL	1, 23, 2351, 2411, 26, 274	2213, 224, 226, 2217, se
Thermofilm® *IR*	Polyon-Barkai, Kibbutz Barkai M. P. Menashe 37860, IL	1115	41
Thermolast®	Gummiwerk Kraiburg GmbH & Co. 8264 Waldkraiburg, DE	1253	2
Thermolast K	– „ –	1253	2
Thermonda	Polyú Italiana s.r.l. 20010 Arluno, Milano, IT	2411	55
Thermoprene	Advanced Elastomer Systems N. V. 1150 Brüssel, BE	323, 3411	120
Thermo X®	Thermofil Inc. Brighton, MI 48116, US	261, 4212	2 se
Thoprene	Thoprene Co., Yokkaichi, JP	237	2
Thor	Borden Chemical Plastics Geismar, LA 70734, US	216, 222	113
Thornel	Amoco Performance Products Richfield, CT 06877, US	5	226
Timbrelle®	ICI PLC, Fibres Div. Harrogate, HG2 8QN, GB	261	72
Timbron	Plexite India Pot Ltd. Bombay (Glynwed Int. Birmingham), IN	12	76
Tipolen	Tiszai Vegyi Kombinat Leninvaros, HU	1111	2
Tipox	– „ –	233	113
Toghpet®	Mitsubishi Rayon Co., Ltd. Tokyo, JP	2412	22
Tolonate®	Rhône-Poulenc Div. Chimie de Base 92408 Courbevoie, FR	2631, 265	111
Tonen	Tonen Sekiyukagaku K. K. Tokyo, JP	112	226
Tone Polymers	Union Carbide, Corp. Danbury, CT 06817, US	241	2 a
Topamid	Ton Yang Nylon Co. Seoul, KR	261	2

Name	Firma (siehe 9.1, Seite 648)	Kunstharz (siehe 9.2.1, Seite 650)	Lieferform (siehe 9.2.2, Seite 653)
Topan	Glunz AG, 6601 Heusweiler 1, DE	–	742
Tophlen	JP	237	11
Toporex	Mitsui Toatsu Chemicals Inc. Tokyo, JP	121	2
Torayca®	Toray Industries Ltd., Osaka 530, JP	261	2261
Torayfan	Toray Plastics America North Kingstown, IR 02852, US	112	415
Toraylina	–,,–	237	11
Torlen	Elana-Werke, Torun, PL	2412	72
Torlon®	Amoco Performance Products Richfield, CT 06877, US	272	2, 22
Tornac	Bayer AG, 5090 Leverkusen, DE	323	1
Toughlon	Idemitsu Petrochemical Co., Ltd. Tokyo, JP	2411	2
Toyolac®	Toray Industries, Inc., Tokyo, JP	1221, 1222	2 s
TPX®	Mitsui Petrochemical Ind., Ltd. Tokyo, JP	116	21 tra, 22
Tradlon	Fluor Plastics Inc. Philadelphia, PA 19134, US	27	413
Transparene	Neste Oy Chemicals, 02151 Espoo, FI	2411	2
Transparit® P	Ylopan Folien GmbH 3590 Bad Wildungen, DE	4212	411
Trans Velbex	British Industrial Plastics Film Div. Turner & Newall, Manchester, GB	131	43, 54
Traytuf Ultra-Clear	Goodyear Polyester Div., Akron, OH 44316, US	2412	1, 2
Treafilm	Trea Ind., Inc. Kingstown, RI 02852, US	1127 med	
Trefsin	Advanced Elastomer Systems N.V./S.A., 1150 Brüssel, BE	112/332	1127 med
Tregalon	Bayer AG, 5090 Leverkusen, DE	237	72
Trespaphan®	Hoechst AG 6230 Frankfurt/M. 80, DE	112	411, 413
Trevira®	–,,–	2412	72
Triafol®	Bayer AG, 5090 Leverkusen, DE	4223, 4224	411, 413
Triax®	Monsanto Co. St. Louis, MO 63167, US	1221 + 261	21, 224, 226
Triform	Goodyear Tire & Rubber Co. Akron, OH 44306, US	131	41, 5
Trikoron	AOE Plastic GmbH 8090 Wasserburg/Inn, DE	111/261	412
Trilafilm	Dr. F. Diehl & Co. 7758 Daisendorf, DE	131	43 s
Trilene	Uniroyal Chemical Inc. Middlebury, CT 06749, US	3411 s	11
Tritherm 981	The P. D. George Co. St. Louis, MO 63147, US	272	11 el

Name	Firma (siehe 9.1, Seite 648)	Kunstharz (siehe 9.2.1, Seite 650)	Lieferform (siehe 9.2.2, Seite 653)
Trivoltherm N	August Krempel Soehne GmbH & Co. 7000 Stuttgart 1, DE	2412 + 261	413
Trixene	Baxenden Chemical Co., Ltd. Accrington, Lancs. BB5 2SL, GB	16/263, 2631	114
Trocal®	Hüls-Troisdorf AG 5210 Troisdorf, DE	1311, 132	31, 33, 341, 434, 435
Trocellen®	–,,–	111	71
Trogamid T®	–,,–	261	224
Trolit®	Hüls AG, 4370 Marl, DE	5	2
Trolitax®	Hüls-Troisdorf AG 5210 Troisdorf, DE	212, 233	2251, 611, 614
Trolon	Hüls AG, 4370 Marl, DE	212	113
Trosifol®	Hüls-Troisdorf AG 5210 Troisdorf, DE	155	41 f. 763
Trosiplast®	Hüls AG, 4370 Marl, DE	1311, 1313, 1314, 132	21
Trovicel®	–,,–	131	5/71
Trovidur®	Hüls-Troisdorf AG 5210 Troisdorf, DE	111, 112, 131, 1354	5
Trusurf®	Owens Corning Fiberglas Corp. Toledo, OH 43 659, US	242	113
Trycite®	Dow Chemical Co. Midland, MI 48 640, US	121	411
Trymer®	Dow Chemical Co. Midland, MI 48 674, US	265	71
Tufcote	Speciality Composites Corp. Newark, DE 19 713, US	263	414
Tuffak®	Rohm & Haas Co. Philadelphia, PA 19 105, US	2411	52
Tuff-a-tex®	Clopay Corp. Plastics Products Div. Cincinnati, OH 45 202, US	111, 112	4
Tufnol®	Tufnol Ltd. Birmingham B42 2TB, GB	21, 223, 233, 27, 28	61
Tufpet	Toyobo Co. Ltd., Osaka 530, JP	2412	2
Tufrex®	Mitsubishi Monsanto Chemical Co. Tokyo, JP	1221	2
Tufset®	Tufnol Ltd. Birmingham B42 2TB, GB	263	33, 51
Tufsyn	Goodyear Tire & Rubber Co. Akron, OH 44 306, US	321	11
Tuftane®	London Artid Plastics (LAP) Slough, GB	264	4, 5
TufX®	Hoechst AG 6230 Frankfurt/M. 80, DE	231	224
Tungophen®	Bayer AG, 5090 Leverkusen, DE	214	114
Tuplin	Union Carbide Co. Danbury, CT 06 817, US	1111 L	2
Turblend®	BASF Aktiengesellschaft 6700 Ludwigshafen, DE	124	2

Name	Firma (siehe 9.1, Seite 648)	Kunstharz (siehe 9.2.1, Seite 650)	Lieferform (siehe 9.2.2, Seite 653)
Turcite®	W. S. Shamban & Co. Santa Monica, CA 90 404, US	1351, 261	31, 6121, 614
Turcon®	W. S. Shamban & Co. Santa Monica, CA 90 404, US	1351, 231	31, 61
Twaron®	Nippon Aramid Yugen Kaisha, Tokyo, JP	261 s	226
Twistlock	Exxon Chemical Co. Houston, TX 77 001, US	112	411
Tybon	Georgia-Pacific Atlanta, GA 30 348, US	21	11, 224
Tygaflor	American Cyanamid Aerospace Products Ltd., Wrexham, Wales, GB	1351	436/614
Tygan®	–,,–	133	43
Tylose®	Hoechst AG 6230 Frankfurt/M. 80, DE	423	111, 116, 13
Tynex®	Du Pont Co. Inc. Wilmington, DE 19 898, US	261	35, 36
Typar®	–,,–	112	721
Tyril®	Dow Chemical Co. Midland, MI 48 640, US	1222	2
Tyrin®	–,,–	1114	11
Tyvek®	Du Pont Co. Inc. Wilmington, DE 19 898, US	111	721
U			
Ubec®	Ube Industries Ltd. (America) Inc. Ann Arbor, MI 48 108, US	1111, 1111 L	2, 22 el
Ubepol	–,,–	3211	11
Ubetex®	–,,–	27	3, 5
UCAR	Union Carbide Corp. Danbury, CT 06 817, US	1111	145, 2 el
Ucarsil FR	Union Carbid Chemicals Plastics 1290 Versoix, Genf, CH	11	22 se
Ucefix®	UCB, Bruxelles, BE	264	11,2
Uceflex	–,,–	264	11,2
Ucrete®	ICI PLC, Welwyn Garden City, Herts. AL7 1HD, GB	263	146
Udel®	Amoco Performance Products Richfield, CT 06 877, US	2361	2 tra
Uformite®	Reichhold Chemicals Inc., Research Triangle Park, NC 27 709, US	22, 223	114, 115
Ugiflex®	Arco Chemical Co. Newtown Square, PA 19 073, US	2631	117
Ugikral®	GE Co., GE Plastics Pittsfield, MA 01 201, US	1221	2
Ugipol®	Arco Chemical Co. Newtown Square, PA 19 073, US	2633	111

Name	Firma (siehe 9.1, Seite 648)	Kunstharz (siehe 9.2.1, Seite 650)	Lieferform (siehe 9.2.2, Seite 653)
Ulon®	British Vita PLC, Middleton Manchester M24 2D3, GB	263	5
Ultem®	General Electric Co. Pittsfield, MA 01 201, US	274	2
Ultimet	Hercules Inc. Wilmington, DE 19 894, US	112	41 s
Ultrablend®	BASF Aktiengesellschaft 6700 Ludwigshafen, DE	2411/2412	2
Ultrac®	Allied Signal Inc. Morristown, NJ 07 962, US	1113	2
Ultracast®	Baxenden Chemical Co., Ltd. Accrington, Lancs. BB5 2SL, GB	263	112
Ultracel	Union Carbide, Corp. Danbury, CT 06 817-0001, US	263	117
Ultradur®	BASF Aktiengesellschaft 6700 Ludwigshafen, DE	2412	113, 124, 21, 224
Ultraform®	–,,–	2312	21, 224
Ultralen®	Lonza-Folien GmbH 7858 Weil am Rhein, DE	112	41
Ultramid®	BASF Aktiengesellschaft 6700 Ludwigshafen, DE	261	11, 114, 2, 22
Ultramid RC	–,,–	261	224 r
Ultramoll®	Bayer AG, 5090 Leverkusen, DE	–	91
Ultranyl®	BASF Aktiengesellschaft 6700 Ludwigshafen, DE	26 + 235	2
Ultrapek®	–,,–	2351	2, 11
Ultraphan®	Lonza-Folien GmbH 7858 Weil am Rhein, DE	422	41, 43 s
Ultra Rib®	Uponor Innovation AB 51300 Fristad, SE	131	31 s
Ultrason® E	BASF Aktiengesellschaft 6700 Ludwigshafen, DE	2361	11, 2
Ultrason® S	–,,–	236	11,2
Ultrastyr®	ECP EniChem Polimeri srl. 20 124 Mailand, IT	11, 122	2
Ultrathene®	Quantum Chemical Corp, USI Div. Cincinnati, OH 45 249, US	1115	2
Ultra Wear	Polymer Corp. Ltd. Reading, PA 19 603, US	1113	31, 33, 342, 51
Ultrax®	BASF Aktiengesellschaft 6700 Ludwigshafen, DE	2414	119
Ultrex®	Spiratex Comp. Romulus, MI 48 174, US	1113	2
Ultzex®	Mitsui Petrochemical Ind., Ltd. Tokyo, JP	1111 L	2

Name	Firma (siehe 9.1, Seite 648)	Kunstharz (siehe 9.2.1, Seite 650)	Lieferform (siehe 9.2.2, Seite 653)
Unican	British Vita PLC, Middleton Manchester M24 2D3, GB	263	146
Unichem®	Colorite Plastics Co. Ridgefield, NJ 07 657, US	131, 131/1314	2
Uniclene	Nippon Unicar Co. Ltd., Tokyo, JP	111	11
Unidene®	International Synthetic Rubber Co. Ltd., Southampton SO9 3AT, GB	322	123
Uni-Flow	Fortin-Industries Inc. Sylmar, CA 91 342, US	233	2251
Unifoam	British Vita PLC, Middleton Manchester M24 2D3, GB	263	71
Unileaf®	– ,, –	263	4
Unilok®	– ,, –	163	113, 115, 73
Unimoll®	Bayer AG, 5090 Leverkusen, DE	–	91
Uniseal	British Vita PLC, Middleton Manchester M24 2D3, GB	263	145
Uniset	Nippon Unicar Co. Ltd., Tokyo, JP	111	11, 2
Unithane®	Cray Valley Products Int. Farnborough, Kent, BR6 7EA, GB	263	11
Unival®	Union Carbide, Corp. Danbury, CT 06 817, US	1113 s	11
U-pica	Japan-Upica Co. Ltd., Tokyo, JP	242	123
Upilex®	ICI PLC, Welwyn Garden City, Herts. AL7 1HD, GB	27	41, 412
Upirex	Ube Industries Ltd. (America) Inc. Ann Arbor, MI 48 108, US	27	431
Upodur	Uponor, Stourton, Leeds, LS10 1UJ, GB	1311	31
Upolar	– ,, –	1113	411
U-polymer	Unitika Ltd., Osaka, JP	2414	11
Uponal	Uponor, Stourton, Leeds, LS10 1UJ, GB	1311	31
Uponyl®	– ,, –	131	31
Upotel	– ,, –	131	32 el
Upoten	– ,, –	1111	411
Urac®	American Cyanamid Co., Chemical Group, Wayne, NJ 07 470, US	221	113, 115
Uracron®	DSM, Polymers & Hydrocarbons 6130 AA Sittard, NL	16	114
Uradur®	– ,, –	263	111

Name	Firma (siehe 9.1, Seite 648)	Kunstharz (siehe 9.2.1, Seite 650)	Lieferform (siehe 9.2.2, Seite 653)
Urafil®	Akzo Engineering Plastics Inc. Evansville, IN 47 732, US	264	224
Uraflex	DSM, Polymers & Hydrocarbons 6130 AA Sittard, NL	37	11
Uraflex®	–„–	263	112
Uralac®	–„–	244	114
Uralane	Ciba-Geigy Corp. Furane Products Los Angeles, CA 90 039, US	263	114, 115
Uramex	DSM, Polymers & Hydrocarbons 6130 AA Sittard, NL	22	114
Uramul	–„–	151, 16	115, 121
Uranox	–„–	21, 233	114
Uravar	–„–	21	114
Urebade	Newage Industries Willow Grove, PA 19 090, US	263	321
Urecoll®	BASF Aktiengesellschaft 6700 Ludwigshafen, DE	221	113, 115, 123
Ureol®	Ciba-Geigy AG, 4002 Basel, CH	263	113
Urepan®	Bayer AG, 5090 Leverkusen, DE	2632	11
Urestyl®	DSM, Polymers & Hydrocarbons 6130 AA Sittard, NL	2631	117
Urochem	Chemiplastica S.p.A. 20 151 Milano, IT	221	2
Uroform	Chromos Plastične mase 4100 Zagreb, Croatia	221	2
Uromix	Ubbink Nederland BV 4700 BG Roosendaal, NL	242	224
Uroplas®	AMC-SPREA S.p.A., 20 101 Milano, IT	222	2
Uropreg	Ubbink Nederland BV 4700 BG Roosendaal, NL	242	225
Urotuf	Reichhold Chemicals Inc. Reactive Polymers Div. Jacksonville, FL 32 245, US	263	11
Ursus	J.H.R. Vielmetter GmbH & Co. KG 1000 Berlin 48, DE	132	32
Urutuf	Reichhold Chemicals Inc. Reactive Polymers Div. Jacksonville, FL 32 245, US	263	11
U Sheet	Tahei Chem. Prod. Co., Tokyo, JP	2414	4
Uthane	Urethanes India Ltd. (Chemicals and Plastics India), IN	264	11
Uvex®	Eastman Chemical International Ltd. Kingsport, TN 37 662, US	4224	51, 53

Name	Firma (siehe 9.1, Seite 648)	Kunstharz (siehe 9.2.1, Seite 650)	Lieferform (siehe 9.2.2, Seite 653)
V			
Vac pac	Richmond Technology, Inc. Redlands, CA 92373, US	1353	411
Vacuflex®	Techno-Chemie Kessler & Co., GmbH 6367 Karben 1, DE	132	321 s
Valeron®	Van Leer Plastics Inc. Houston, TX 77240, US	1113	411, 412
Valite	Valite Div. Valentine Sugars Lockport, LA 70374, US	121	113, 2
Valox®	GE Co., GE Plastics Pittsfield, MA 01201, US	2412	2, 22, 224, 4
Valtec®	Himont Italia s.p.a. 20124 Mailand, IT	112 s	1, 2
Valvac®	Van Leer Plastics Inc. Houston, TX 77240, US		412
Vamac®	Du Pont Co. Inc. Wilmington, DE 19898, US	343 s	11
Vandar®	Hoechst AG 6230 Frankfurt/M. 80, DE	2412 s	1, 2, 224
Vantel	Porvair P.L.C. King's Lynn, Norfolk, GB	263	436 porös
Varcum	Reichhold Chemicals Inc., Research Triangle Park, NC 27709, US	21	114
Variopox EP-C	BAVG GmbH, 5090 Leverkusen, DE	233	112/146
Varlan®	DSM, Polymers & Hydrocarbons 6130 AA Sittard, NL	1311, 1314	2
Vaycron	Hydro Polymers Ltd., Newton Aycliffe Co Durham DL5 6EA, GB	1315	120, 2
Vector	Dexco Polymers Houston, TX 77079, US	1253	21
Vectra®	Hoechst AG 6230 Frankfurt/M. 80, DE	2412	119
Vedril®	s. Altuglas	163	5
Vedrilcol®	ELF ATHOCHEM 92091 Paris, La Défense 10, FR	16	73
Vedrilser®	s. Altuglas	163	55
Vegetalite	Sintesi s.r.l., 21050 Borsano, IT	212	231
Vegon	Hüls AG, 4370 Marl, DE	112	72
Vekaplan®	Veka GmbH (Laumann-Gruppe) 4415 Sendenhorst, DE	131	71, 7661
Vekton®	Norton Performance Plastics Wayne, NJ 07470, US	261	112, 3, 51
Velicren	Snia Fibre S.p.A., 20031 Cesano Maderno (Milano), IT	16	72

Name	Firma (siehe 9.1, Seite 648)	Kunstharz (siehe 9.2.1, Seite 650)	Lieferform (siehe 9.2.2, Seite 653)
Velkor®	Alkor GmbH, 8000 München 71, DE	121, 131, 132	421, 423, 4241, 452, 52, 53
Veloflex®	VELOFLEX, Carsten Thormählen GmbH & Co., Kölln-Reisiek, DE	111, 131	423
Velva-flex	Clopay Corp. Plastics Products Div. Cincinnati, OH 45 202, US	111	42
Venilia	Solvay & Cie S.A., 1050 Bruxelles, BE	132	422, 451
Venipak®	Alkor GmbH, 8000 München 71, DE	1311	411, 412
Ventflex	DRG Flexible Packaging PTY Melbourne 3205, AU	1113	412
Verafil	Ciba Geigy AG, 4002 Basel, CH	11	224
Verdur	August Krempel Soehne GmbH & Co. 7000 Stuttgart 1, DE	233	614
Veriskin®	Veritex B.V., Apeldoorn, NL	132	4241
VersAcryl	Gen Corp. Polymer Products Newcomerstown, OH 43 832, US	131/16	53
Versalon®	Henkel Corp. Minneapolis, MN 55 435, US	261	115
Versamid®	Henkel Polymers Div. La Grange, IL 60 625, US	2611	112, 113, 114, 115
Verton®	ICI PLC, Welwyn Garden City, Herts. AL7 1HD, GB	237, 26	224 s
Vespel®	Du Pont Co. Inc. Wilmington, DE 19 898, US	27	3, 5
Vestagon	Hüls AG, 4370 Marl, DE	263	141
Vestamelt®	–,,–	2413	2/73
Vestamid®	–,,–	261	11, 120, 141, 224, 73
Vestanat	–,,–	2631	114
Vestenamer®	–,,–	341	11
Vesticoat	–,,–	263	11
Vestiform®	–,,–	163	9
Vestinol®	–,,–	–	91
Vestoblend®	–,,–	235 + 261	2
Vestodur®	–,,–	2412	2, 9
Vestogrip	–,,–	331	1
Vestolen A®	–,,–	1113	11, 2, 224
Vestolen EM®	–,,–	1127	2
Vestolen P®	–,,–	112	2, 224
Vestolit®	–,,–	131	11, 117, 2
Vestopal®	–,,–	242	11

Name	Firma (siehe 9.1, Seite 648)	Kunstharz (siehe 9.2.1, Seite 650)	Lieferform (siehe 9.2.2, Seite 653)
Vestoplast®	Hüls AG, 4370 Marl, DE	11 s	14
Vestopren®	–,,–	3411	120
Vestoran®	–,,–	235	2
Vestosint®	–,,–	261	141
Vestoson®	–,,–	2612	2
Vestowax®	–,,–	111	94
Vestypor®	–,,–	121	117
Vestyron®	–,,–	121, 1222, 1223	11, 2
Vetrelam®	Micafil AG, 8048 Zürich, CH	233	611, 614
Vetresit®	–,,–	242, 233	614, 6141
Vetronit	Schweizerische ISOLA-Werke 4226 Breitenbach, CH	21, 233, 28	614, 6141
Vialkyd	BG	242	11
Vibrathane®	Uniroyal Chemical Inc. Middlebury, CT 06 749, US	2632	112, 117
Viclan®	ICI PLC, Welwyn Garden City, Herts. AL7 1HD, GB	133	14
Viclon	Kureha Chemical Industry Co., Ltd. Tokyo, JP	131	72
Vicora S®	J. H. Benecke GmbH 3000 Hannover 1, DE	132	436
Vicotex®	Brochier S. A. 69 152, Decines Charpieù, FR	2	2251, 2261
Victrex®	ICI PLC, Welwyn Garden City, Herts. AL7 1HD, GB (Sumitomo Chemical Co.)	2351, 2361, 2414	11, 119
Vidar®	Solvay & Cie S.A., 1050 Bruxelles, BE	1354	11
Videne	Goodyear Tire & Rubber Co. Akron, OH 44 306, US	2412	437
Vidlon	BG	261	72
Vigopas®	Raschig AG., 6700 Ludwigshafen, DE	242	51
Vilit	Hüls AG, 4370 Marl, DE	1313, 133	11, 121, 14
Vinacel	Goodyear Tire & Rubber Co. Akron, OH 44 306, US	131	71
Vinagel	Vinatex Ltd. (Norsk Hydro a.s.) Havant, Hampsh. PO9 2NQ, GB	132	122
Vinakon®	–,,–	1253	2
Vinalit®	Buna AG, Schkopau, DE	151	121
Vinalit	Emil Keller AG 9220 Bischofszell/TG, CH	1311	55 se
Vinalkyd	BG	242	11
Vinamold	Vinatex Ltd. (Norsk Hydro a.s.) Havant, Hampsh. PO9 2NQ, GB	132	2

Name	Firma (siehe 9.1, Seite 648)	Kunstharz (siehe 9.2.1, Seite 650)	Lieferform (siehe 9.2.2, Seite 653)
Vinarol®	Hoechst AG 6230 Frankfurt/M. 80, DE	152	116, 123
Vinatex	Hydro Polymers Ltd., Newton Aycliffe Co Durham DL5 6EA, GB	131	122
Vinavil	Synthesis S.p.A. EniChem 20138 Mailand, IT	14	121
Vinelle	Goodyear Tire & Rubber Co. Akron, OH 44306, US	132	424
Vinex®	Air Products & Chemicals Inc. Allentown, PA 18195-1501, US	152	11 a
Vinidur®	BASF Aktiengesellschaft 6700 Ludwigshafen, DE	1314	11
Vinika	A. Schulman Inc., GmbH 5014 Kerpen 3, DE	131	2
Vinitex	Buna AG, Schkopau, DE	133	121
Vinitex®	Werkstofftechnik Dr. Ing. H. Teichmann Nachf. GmbH, 8192 Geretsried, DE	132	321
Vinloc	Shrink Tubes & Plastics Ltd. Redhill, Surrey, RH1 2LH, GB	1314	32 el
Vinnapas®	Wacker-Chemie GmbH 8000 München 22, DE	1115, 151	11, 121, 123
Vinnol®	–,,–	1311, 1313, 1314	11
Vinnylan®	Werkstofftechnik Dr. Ing. H. Teichmann Nachf. GmbH, 8192 Geretsried, DE	132	32
Vinofan®	BASF Aktiengesellschaft 6700 Ludwigshafen, DE	151	121
Vinoflex®	–,,–	1311	11
Vinophane®	BCL, Bridgewater, Somerset, TA6 4PA, GB	132	411
Vinopren	Vinora AG, Folienwerk 8640 Rapperswill-Jona, CH	112	411
Vinora	–,,–	111, 112	41, 431, 432
Vintex®	Werkstofftechnik Dr. Ing. H. Teichmann Nachf. GmbH, 8192 Geretsried, DE	132	321
Vinuran®	BASF Aktiengesellschaft 6700 Ludwigshafen, DE	1221, 1222, 1223, 162	11
Vinychlon	Mitsui Toatsu Chemicals Inc. Tokyo, JP	131, 1314	11, 2
Vinychlore®	Saplast S.A. 67100 Straßburg-Neuhof, FR	132	2

Name	Firma (siehe 9.1, Seite 648)	Kunstharz (siehe 9.2.1, Seite 650)	Lieferform (siehe 9.2.2, Seite 653)
Vinyclair®	Rhône-Poulenc Films 69 398 Lyon, Cedex 3, FR	131	4, 53
Vinyfoil	Mitsubishi Gas Industries Ltd. Tokyo, JP	1311	411, 53
Vinylair	Marley Floors International Ltd. Lenham, Maidstone, Kent, ME17 2DF, GB	132	444
Vinylec-F	Chisso Corp., Tokyo, JP	153	11
Vinylite®	Union Carbide, Corp. Danbury, CT 06 817, US	151	11
Vipac®	Rhône-Poulenc Films 69 398 Lyon, Cedex 3, FR	131	4, 53
Vipafin	Vinora AG, Folienwerk 8640 Rapperswill-Jona, CH	1113	411
Vipathene®	Rhône-Poulenc Films 69 398 Lyon, Cedex 3, FR	1113 + 1311	412
Vipla®	ECP EniChem Polimeri srl. 20 097 San Donato Milanese/Milano, IT	1311	2
Viplast®	– ,, –	132	11
Viplavil®	– ,, –	1313	11
Viplavilol®	– ,, –	152	11
Vipolit®	Wacker-Chemie GmbH 8000 München 22, DE	151	121
Vipophan®	Lonza-Folien GmbH 7858 Weil am Rhein, DE	131	41
Viscacelle	BCL, Bridgewater, Somerset, TA6 4PA, GB	4222	411
Visico	Neste Oy Chemicals, 02 151 Espoo, FI	1116/28	21 el
Visqueen®	ICI PLC ,,Visqueen" Products Stockton-on-Tees, Cleveland, GB	1111, 1111 L, 1115	411, 43
Vistaflex®	Advanced Elastomer Systems N.V./S.A., Brüssel, BE	1117, 11	2, 120
Vistal®	UCB n.v. Filmsector 9000 Gent, BE	1111, 1112	411, 431, 432
Vistal® Cling X-tra	– ,, –	1111 L	411
Vistalon®	Advanced Elastomer Systems N.V./S.A., Brüssel, BE	1115/112 1115/112/341	1
Vistalux®	BP Chemicals Plas Tec GmbH Stuttgart, DE	112/133	411, 412
Vistanex®	Advanced Elastomer Systems N.V./S.A., Brüssel, BE	114	11
Vitabond	British Vita PLC, Middleton Manchester M24 2D3, GB	131, 161, 261	721
Vitacel	– ,, –	131	71

Name	Firma (siehe 9.1, Seite 648)	Kunstharz (siehe 9.2.1, Seite 650)	Lieferform (siehe 9.2.2, Seite 653)
Vitacom® *TPE, TPO*	British Vita PLC, Middleton Manchester M24 2D3, GB	1117, 1253	2
Vitafilm	Goodyear Tire & Rubber Co. Akron, OH 44306, US	132	411
Vitafoam	British Vita PLC, Middleton Manchester M24 2D3, GB	263	712
Vitapol®	–,,–	131	21
Vitawrap	–,,–	2633	71
Vitel	Goodyear Tire & Rubber Co. Akron, OH 44316, US	241	11
Viton®	Du Pont Co. Inc. Wilmington, DE 19898, US	348	11
Vitradur®	Stanley Smith & Co. Isleworth, Middx. Tw 77, GB	1113 s	5
Vitralene®	–,,–	112	5
Vitralex	–,,–	1221, 1354	51
Vitrapad®	–,,–	111, 112, 131	5
Vitrathene®	–,,–	111	3, 5
Vitredil®	ELF ATOCHEM (Altulor) 92091 Paris, La Défense 10, FR	163	53
Vitron®	ECP EniChem Polimeri srl. 20097 San Donato Milanese/Milano, IT	111	21
Vitrone®	Stanley Smith & Co. Isleworth, Middx. Tw 77, GB	131, 132	41, 43, 5
Vitrosil®	Siritle Srl., 20161 Milano, IT	21	11, 113
Vivac®	AXXIS N.V., 8700 Tielt, BE	2412	53
Vivyfilm	ECP EniChem Polimeri srl. 20124 Mailand, IT	2412	41
Vivyform C®	–,,–	2412	4
Vivypak	–,,–	2412	4
Vixir®	Siritle Srl., 20161 Milano, IT	131	121
Volara®	Voltek Inc. Div. of Sekisui American Corp., Lawrence, MA 01843, US	111	414, 71
Volasta	–,,–	111 s	713
Volex®	–,,–	111	414, 120
Volex	Comalloy Int. Nashville, TN 37027, US	2412	2
Volloy 100	Comalloy Div. Exxon Chemical Co. Nashville, TN 37211-3315, US	1121	11 se
Volon	Voltek Inc. Div. of Sekisui American Corp., Lawrence, MA 01843, US	111	31/71
Voltalef®	ELF ATOCHEM 92091 Paris, La Défense 10, FR	1352	2

Name	Firma (siehe 9.1, Seite 648)	Kunstharz (siehe 9.2.1, Seite 650)	Lieferform (siehe 9.2.2, Seite 653)
Voltis	Isovolta AG, Österreichische Isolier-stoffwerke, Wien-Neudorf, AT	212	611, 612
Volton	Voltek Inc. Div. of Sekisui American Corp., Lawrence, MA 01 843, US	1116	71 s
Voracor®	Dow Europa SA Rugby, Warwickshire CV22 7BA, GB	263	111
Voralux®	Dow Chemical Co. Midland, MI 48 674, US	2631	114
Voranate®	Dow Chemical Co. Midland, MI 48 640, US	2631	117
Voranol®	–,,–	2633	117
Voraspan®	–,,–	121	117
Voratec®	–,,–	263	11
Voratron®	Dow Chemical Co. Midland, MI 48 674, US	263	112 el
Vova Tec	Polialden Petroquimica Camaçari 42810-BA, BR	1113	11
Vulcapas	Vulcascot, London, GB	1223	611
Vulkaprene®	ICI PLC, Welwyn Garden City, Herts. AL7 1HD, GB	37	112
Vulkaresen®	Hoechst AG 6230 Frankfurt/M. 80, DE	214	113
Vulkide®	ICI PLC, Weston Hyde Products Hyde Cheshire SK14 4EJ, GB	132	424, 53
Vulkollan®	Bayer AG, 5090 Leverkusen, DE	37	112
Vycell	Goodyear Tire & Rubber Co. Akron, OH 44 306, US	131	117/713
Vydyne R®	Du Pont Co. Inc. Wilmington, DE 19 898, US	261	22, 224, 226
Vyflex	Plascoat Systems Ltd. Farnham, Surrey 6U9 9NY, GB	131	141
Vygen	General Tire & Rubber Co. Akron, OH 44 329, US	131	2
Vyloglass®	Toyobo Co. Ltd., Resins Div. Osaka 530, JP	242	224
Vylon®	–,,–	2413	115, 142, 73
Vylopet	–,,–	2412	224
Vynalast®	ICI PLC, Weston Hyde Products Hyde Cheshire SK14 4EJ, GB	1314	51
Vynaloy®	B. F. Goodrich Chemical Co. Cleveland, OH 44 131, US	131	53
Vynathene®	Quantum Chemical Corp, USI Div. Cincinnati, OH 45 249, US		1511, 2
Vyncolite	Vynckier N.V., 9000 Gent, BE	21	22, 23, 24–26

Name	Firma (siehe 9.1, Seite 648)	Kunstharz (siehe 9.2.1, Seite 650)	Lieferform (siehe 9.2.2, Seite 653)
Vynide®	ICI PLC, Weston Hyde Products Hyde Cheshire SK14 4EJ, GB	132	424
Vynoid	Plastic Coatings Ltd. Melbourne, AU	1311, 132	41, 42
Vyon®	Porvair P.L.C. King's Lynn, Norfolk, GB	1113	5 porös
Vyram®	Advanced Elastomer Systems N.V./S.A., Brüssel, BE	322, 3411	120
W			
Wacker Si-Dehäsive®	Wacker-Chemie GmbH 8000 München 22, DE	28	146
Wacker Sil Gel®	– ,, –	28	112
Wacker Silicone	– ,, –	38	11, 112, 146
Wacosit	August Krempel Soehne GmbH & Co. 7000 Stuttgart 1, DE	233	614, 342
Walkiflex	United Paper Mills Ltd. 37601 Valkeakoski, FI	111/261/111	412
Walkivac	– ,, –	111/261	412
Walomer®	Wolff Walsrode AG Chemie Ber. 3030 Walsrode 1, DE	2611	123
Walopur®	– ,, –	262	4
Waloran®	– ,, –	133	121, 123
Walsroder CMC	– ,, –	4231, 4234	11
Warcétal	Isobelec S.A., Sclessin/Liége, BE	231	31, 33, 43, 5
Warcide	– ,, –	21	615
Warlène	– ,, –	111	31, 33, 43, 5
Warlon	– ,, –	261	33, 43, 5
Warolite	– ,, –	21	611
Wartex	– ,, –	21	612
Wavelene	Flexible Reinforcements Ltd. Clitheroe, Lanc., GB	1111	261/436
Wavitube	Wavin-Repox GmbH, 4471 Twist, DE	242	6141
Weavelite	Flexible Reinforcements Ltd. Clitheroe, Lanc., GB	131	2412/436
Wefapress®	Wefapress-Werkstoffe, GmbH 4426 Vreden, DE	1113	33, 34, 342, 51
Weholite Spiro	KWH Pipe GmbH, 4156 Willich, DE	1113	312
Wellamid®	Wellmann Inc. Johnsonville, SC 29555, US	261	22, 224
Wellamid	CP-Polymer Technik GmbH 2863 Ritterhude, DE	261	2
Welvic®	ICI PLC, Welwyn Garden City, Herts. AL7 1HD, GB	1311, 132	2

Name	Firma (siehe 9.1, Seite 648)	Kunstharz (siehe 9.2.1, Seite 650)	Lieferform (siehe 9.2.2, Seite 653)
Werkstoff „S"	Murtfeldt GmbH & Co. KG 4600 Dortmund 12, DE	1113 s	33, 51, 342
Werzalit®	Buna AG, Schkopau, DE	21, 22	5, 622
Westoplan®	Westag & Getalit AG 4840 Rheda-Wiedenbrück, DE	–	761
Whale®	Tufnol Ltd. Birmingham B42 2TB, GB	21	612
Wicothane	Witco Corp., Organics Div. New York, 10022-4236, US	263	11
Wiegan®	Dr. F. Diehl & Co. 7758 Daisendorf, DE	132, 242	421 s, 55 s
Wilflex	Flexible Products Co. Marietta, GA 30061, US	131	121
Wilkoplast	Wilke-Säurebau 3000 Hannover-Vahrenheide, DE	132	433, 434
Winlon	Winzen International Inc. San Antonio, TX 7821, US	1113	42
WIPAK …	Wihuri Oy Wipak, 15561 Nastola, FI	11, 2412, 261	412
Wirutex	Wirus-Werke W. Ruhenstroth GmbH 4830 Gütersloh, DE	223	761
Wistel	Snia Fibre S.p.A., 20031 Cesano Maderno (Milano), IT	2412	72
Witamol®	Hüls AG, 4370 Marl, DE	–	91
Wolfin®	Grünau GmbH, 6450 Hanau, DE	132	43
Wolpryla	Märkische Faser AG 1832 Premitz, DE	161	72
Woodlite	Sekusui Plastics Co. Ltd., Osaka, JP	121	713
Woodstock®	GOR App. Speciali SpA, Buriaso, IT	112	76
Wood-Stock®	Solvay & Cie S.A., 1050 Bruxelles, BE	112	618
Wopadur®	Gurit-Worbla AG 3063 Ittigen-Bern, CH	13	423, 52, 53
Wopal®	– „ –	13	42, 43
Wopavin®	– „ –	13	54, 55
Worblex®	– „ –	11, 12, 13, 16, 422	43, 51, 52, 53, 54, 55
Worblex-Electra®	– „ –	11, 12	44, 52, 53 el
Worléecyd	Worlée-Chemie GmbH 2058 Lauenburg, DE	244	114, 123
Worléepol	– „ –	241 s	114
Worpack®	Gurit-Worbla AG 3063 Ittigen-Bern, CH	13	41, 52, 53

Name	Firma (siehe 9.1, Seite 648)	Kunstharz (siehe 9.2.1, Seite 650)	Lieferform (siehe 9.2.2, Seite 653)
X			
Xantar®	DSM, Polymers & Hydrocarbons 6130 AA Sittard, NL	2411	2
Xenalak	Baxenden Chemical Co., Ltd. Accrington, Lancs. BB5 2SL, GB	16	11
Xenoy	GE Co., GE Plastics Pittsfield, MA 01 201, US	2411 + 2412, 2415	2, 224
Xironet®	Sarnatech-Xiro AG 3185 Schmitten, CH	11	73 s
X-sheet	Idemitsu Petrochemical Co., Ltd. Tokyo, JP	112 s	224, 614
X-tal	Custom Resins, Div. of Bemis Co. Henderson, KY 42 420, US	261 s	11
X-TPL®	Du Pont Canada Inc. Mississauga, ON L5M 2H3, CA	–	–
Xycon®	Amoco Performance Products Atlanta, GA 30 350, US	242/263	11 s
Xydar®	– „ –	2414 s	119, 2, 2213
Xylan®	Whitford Corp. West Chester, PA 19 380, US	1351, 1354	14
Xylon®	Akzo Engineering Plastics Inc. Evansville, IN 47 732, US	261	224 se
Xyron®	Asahi Chemical Ind. Co., Ltd. Tokyo, JP	235	2
Xytrabond	Allied Signal Engineered Plastics Morristown, NJ 07 962, US	261 s	11
Y			
Yery-or	Mayer Enterprises Ltd., Coating Dept., Tel Aviv, IL	132	421
YF-Serie	LNP Plastics Nederland BV 4940 Raamsdonksveer, NL	271	2
Ylopan	Ylopan Folien GmbH 3590 Bad Wildungen, DE	1111, 112	411, 431, 432, 437
Yukalon®	Mitsubishi Petrochemical Co., Ltd. Tokyo, JP	1111, 1111 L, 1112, 1115	11, 2, 4
Z			
Zellamid®	Zell-Metall GmbH, 5710 Kaprun, AT	231, 2311, 2412, 261	31, 32, 33, 34, 433, 51
Zellidur	– „ –	1311	55
Zelux®	Westlake Plastics Co. Lenni, PA 19 052, US	2411	33, 54
Zemid 600®	Du Pont Canada Inc. Mississauga, ON L5M 2H3, CA	111	22

Name	Firma (siehe 9.1, Seite 648)	Kunstharz (siehe 9.2.1, Seite 650)	Lieferform (siehe 9.2.2, Seite 653)
Zeoforte®	Zeon Deutschland GmbH 4000 Düsseldorf, DE	3	124
Zetabon®	Dow Chemical Co. Midland, MI 48 640, US	1115	762
Zetafax	– ,, –	1115	11
Zetpol	Nippon Zeon Co., Ltd., Tokyo, JP	323	11
Zimek®	Du Pont Canada Inc. Mississauga, ON L5M 2H3, CA	1115	2
Zinpol®	Worlée-Chemie GmbH 2058 Lauenburg, DE	16	114
Zitex®	Norton Performance Plastics Wayne, NJ 07 470, US	135	4, 5 porös
Zyex®	ICI PLC, Welwyn Garden City, Herts. AL7 1HD, GB	2351	72
Zylar®	Novacor Chemicals Inc., Plastics Div. Leominster, MA 01 453, US	1641	21
Zytel®	Du Pont Co. Inc. Wilmington, DE 19 898, US	261/341, 264	2, 224
Zytex®	Norton Performance Plastics Wayne, NJ 07 470, US	135	4, 5 porös

10 Register

10.1 Richtwerte-Nachweise für Stoffgruppen

Stoffgruppe	Grund-Richtwerte[1])		Ch[2])	Halbzeug-Richtwerte	
	Tafel	Seite	Seite	Tafel	Seite
Polyolefine: PE, PP	4.5	252/3	251, 269	4.46	397/8
Ionomere, PB, PMP	4.8	274	264, 275	–	–
Styrolpolymere: PS, SAN, SMA, SB	4.10/12	278, 283	} 281	4.47	404
ABS, ASA, Blends	4.11/12	280, 283			
Polyvinylchlorid: PVC-U, PVC-P	4.18	298	297, 305	4.48/49	407, 411
Fluorhaltige Polymere	4.23	314	314	–	415
Polymethylmethacrylat Gießharz	4.1	232	–	–	–
Formmassen und Acrylglas	4.25	320	319	4.52	420
Acetalharze: POM und Cop.	4.28	327	325	4.55	425
Polyamide: kristallin	4.30	330/1	332	4.55	425
amorph, flexibel, PEBA-Blockamide	4.34	341	340	–	–
Polycarbonat: PC und Blends	4.35	348	346	–	–
Polyterephthalate, Polyarylate	4.37	356	346/58/59	–	–
Polyarylen-Ether(ketone), -Sulfide, -Sulfone	4.39	364/5	360/2	–	–
Thermoplastische Semi-Polyimide	4.41	370	369/71	–	–
Cellulose-Ester	4.42	373	371/2	–	–
Isolier- und Mantelmassen	4.22	306/7	–	–	–
Glasmattenverstärkte Thermoplaste	4.43	378	–	–	–
Verpackungs- und Elektroisolierfolien	–	–	–	4.57/58	432/33
Hart- und Weichschaumstoffe	–	–	–	4.78/79	520/521
Vulkanfiber, Kunsthorn	–	–	–	4.59	437
Phenoplaste: Formmassen, Schichtpreßstoffe	4.69/71	484/88	487	} 4.76	neb.518
Aminoplaste: Formmassen, Schichtpreßstoffe	4.69/72	484/92	493		
Ungesättigte Polyester:	–	–	462/3	–	–
Gießharzformstoffe, Laminate	4.61	454	–	4.63	458
Formmassen, Faserverbundwerkstoffe	4.69/74	484, 502	–	4.77	neb.519
Epoxidharze:	–	–	466	–	–
Gießharzformstoffe, Laminate	4.61	454	–	4.63	458
Formmassen, Faserverbundwerkstoffe	4.74	503	–	4.76/77	zw.518/9
Polyurethane:	–	–	474	–	–
Gießharze, Strukturschaum	4.61/68	454, 478	–	4.67	476
HT-Kunststoffe: Polyimide, Arylether	4.80	526	532	–	–
Synthese-Kautschuke	5.1	538	538	–	–
Übersichts-Tafeln	8.1/12	618/644	628	8.1/13	618/645

[1]) Mechanische, thermische, elektrische Eigenschaften
[2]) Chemikalien-Einwirkung (Text)

10.2   DIN-Normen

10.3   ISO-Designations

10.4   Sonstige Richtlinien und Merkblätter

10.5 Sachwort-Register

Zahlreiche im Sachwort-Register aufgeführte Zwischenprodukte sind in den Tafeln 1.4 und 1.5 zwischen den Seiten 22/23 nur mit diesen Seitenzahlen enthalten. Diese sind gegebenenfalls auf den jeweils gegenüberstehenden Tafeln aufzufinden.

Lehmann $\begin{smallmatrix}G\\m\\b\\H\end{smallmatrix}$ Kunststoff Engineering	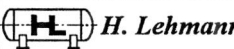 H. Lehmann	Plastverarbeitung und Lüftungstechnik
Beratung - Planung - Vertrieb	*Kunststoffprodukte*	Ein Unternehmen der Lehmann - Gruppe
Am Förderturm 23 W-4330 Mülheim / Ruhr Telefon 0208 49 70 74 Fax 0208 4 99 28	Am Förderturm 23 W-4330 Mülheim / Ruhr Telefon 0208 49 70 74 Fax 0208 4 99 28	August-Bebel-Straße 9 O-5101 Elxleben / Krs. Erfurt Telefon 03 62 01 72 33-37 Fax 03 62 01 72 38

UNSER LIEFERPROGRAMM

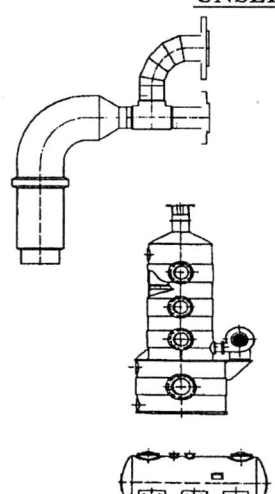

Beratung, Planung, Engineering

Rohrleitungsformstücke bis DN 3600
Druckleitungen, Kanalbau einschl. Schachtbau,
Gasversorgung, Deponie - Rohrsysteme
Schwimmbadbau, Industrierohrleitungen

Rohrleitungsbau + Montagen
im In - und Ausland
komplette Leistungen mit eigenen Personal und Geräten

Schweißmaschinenservice
Verleih mit und ohne Bedienungspersonal

Behälterbau
mit Bauartzulassung in PE-HD + PP

Apparatebau
nach ihren Unterlagen bzw. unseren Entwürfen

Lager- und Transportbehälter
bis 300 000 Liter Fassungsvolumen
Wannen, Apparate, Sonderkonstruktionen

Luftwäscher
   Beizanlagen
      Galvanikanlagen
         Neutralisationsanlagen
            Wasseraufbereitungsanlagen

Auskleidung und Beschichtung
auf Holz, Stahl und Beton

Ventilatorenbau
aus Kunststoff, Edelstahl und Stahl

Lüftungsbau
komplette lüftungstechnische Anlagen nach Ihren Plänen
oder nach unseren Konstruktionen

Isoliertechnik

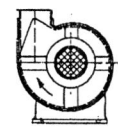

Aus den Werkstoffen:
PVC; PVC/GFK; PE; PE/GFK; PP; PP/GFK
PVDF; PVDF/GFK; Acrylglas;
Epoxydharze, Polyesterharze; Vinylesterharze

Fertigungsprogramm Polyesterharz (UP) – Formmassen KERIPOL

KERIPOL® R Rieselfähige, glasfaserverstärkte UP-Masse, Typ 802 nach DIN 16911. UL–approbiert: KERIPOL 802.

KERIPOL® RF Rieselfähige, flammwidrige, glasfaserverstärkte UP-Masse, Typ 804 nach DIN 16911. UL-approbiert: KERIPOL 804.

KERIPOL® RL Rieselfähige, lichtbogenbeständige, glasfaserverstärkte UP-Masse, Typ 804 nach DIN 16911. UL-approbiert: KERIPOL 804 (V-O bei 1,6 mm) und KERIPOL 804/08 (V-O bei 0,8 mm).

KERIPOL® RW/RWF Rieselfähige, wärmebeständige, glasfaserverstärkte UP-Masse. F = flammwidrig.

KERIPOL® RT/RBT/RFT Rieselfähige, textilverstärkte UP-Masse. RBT = brandgeschützt, RFT = flammwidrig und UL-approbiert.

KERIPOL® RZ/RFZ Rieselfähige, zelluloseverstärkte UP-Masse.

KERIPOL® K Kittartiges, glasfaserverstärktes BMC. 801-K = Typ 801 nach DIN 16911.

KERIPOL® KF Kittartiges, flammwidriges, glasfaserverstärktes BMC. 803-K = Typ 803. UL-approbiert: KERIPOL 803 und KFX.

KERIPOL® KL Kittartige, lichtbogenbeständige, glasfaserverstärkte BMC-Masse. UL-approbiert: KERIPOL KLX.

Die rieselfähigen Sorten KERIPOL R und die kittartigen KERIPOL K-Qualitäten sind nach der Arbeitsstoffverordnung nicht kennzeichnungspflichtig, weder als gesundheitsschädlicher noch als entzündlicher Arbeitsstoff. KERIPOL ist frei von Cadmium- und Bleiverbindungen sowie von Halogenen.

PHOENIX AG
VA Compounds
Seehafenstr. 16 · 2100 Hamburg 90
Telefon (040) 76 67-1
Telefax (040) 76 67-30 40
Telex 2 17 611 pxhhd RD 04

 anerkannt (recognized) durch
Underwriters Laboratories Inc.®
KERIPOL®
**802, 804, 804/08, MK 2753,
RFT 803, KFX, KLX**

Bezugsquellen

Liefer- und Leistungsangebote für alle kunststoffinteressierten Kreise. Die Eintragungen sind kostenpflichtig. Das Verzeichnis kann daher keinen Anspruch auf Vollständigkeit erheben. Hauptgruppen und Stichwörter sind in Abstimmung mit der AKI, Arbeitsgemeinschaft Deutsche Kunststoff-Industrie, und den deutschen Kunststoff-Fachverbänden zusammengestellt.

Außer Verantwortung der Herausgeber des Kunststoff-Taschenbuches. Näheres durch den Carl Hanser Verlag, 8000 München 86.

Gruppe 1: Chemikalien, Hilfs- und Rohstoffe

ABS-Kunststoffe

BASF Aktiengesellschaft
D-6700 Ludwigshafen am Rhein

Bayer AG
Geschäftsbereich Kunststoffe
D-5090 Leverkusen
(Novodur®)

DSM Deutschland GmbH & Co.
Kunststoffe
Tersteegenstraße 77
4000 Düsseldorf 30
Tel. 0211/454940, Fax 4370917

K. D. Feddersen & Co, 2 Hamburg 11

Janßen & Angenedt GmbH
techn. Kunststoff-Rohstoffe
Elbestr. 29, 4150 Krefeld
Tel. 02151/4960, Fax./496111

Monsanto Deutschland GmbH
Immermannstrasse 3
D-4000 Düsseldorf 1
Tel. (0211) 36750
Telex 8581307 mod d
Telefax (0211) 3675341
ABS Kunststoffe und Legierungen

Polyma Kunststoff GmbH & Co KG
Am Knick 4, 2000 Oststeinbek
T. 040/7135701, Fax 040/7136071

Tekuma Kunststoff GmbH
T 040/7277020 FS 2162726
2057 Reinbek

Acrylglas

BASF Aktiengesellschaft
D-6700 Ludwigshafen am Rhein

Carl E. Brandes GmbH
3015 Wennigsen T. 05103/8008*

(Acrylglas, Forts.)

Rohm and Haas Deutschland
GmbH
In der Kron 4
6000 Frankfurt 90
Tel. 069/78996-0 Fax 7895356

Additive

Bärlocher GmbH
Riesstr. 16, 8000 München 50
Tel. 089/1488-0, FS 5215773
Fax: 089/1488312

BASF Aktiengesellschaft
D-6700 Ludwigshafen am Rhein

Byk-Chemie GmbH
Abelstr. 14, D-4230 Wesel
Tel. 0281/670-0 Fax: /65735

K. D. Feddersen & Co, 2 Hamburg 11

Hoechst AG, Marketing
Wachse u. Kunststoff-Additive
8906 Gersthofen
Tlx 53831, Fax. 0821/496639

Hüls AG, D-4370 Marl

Lehmann & Voss & Co
Alsterufer 19, 2000 Hamburg 36
Tel. 040/441970, Fax/44197219

Monsanto Deutschland GmbH
Immermannstrasse 3
D-4000 Düsseldorf 1
Tel. (0211) 36750
Telex 8581307 mod d
Telefax (0211) 3675341
zur Oberflächenverbesserung

E. & P. Würtz GmbH & Co.
6530 Bingen/Rh. 17
FS 42203, Tel. 06721/41091

Additiv-Konzentrate

Bassermann + Co
E 4, 4-6, Pf. 120261
6800 Mannheim 1
Tel. 0621/15010, Fax./1501297

K. D. Feddersen & Co, 2 Hamburg 11

Gabriel-Chemie- Österreich
A-1234 Wien, Pf. 15, Tx 131376
A-2352 Gumpoldskirchen

Hoechst AG, Marketing
Wachse u. Kunststoff-Additive
8906 Gersthofen
Tlx 53831, Fax. 0821/496639

Lehmann & Voss & Co
Alsterufer 19, 2000 Hamburg 36
Tel. 040/441970, Fax/44197219

Nemitz GmbH, D-4417 Altenberge
Tel. 02505/674, Fax /3042

Heinrich Treffert
D-6530 Bingen-Sponsheim

Adipinsäureester

HENKEL KGaA
COK Plastics & Coatings
Postfach 101100
W-4000 Düsseldorf 1
Tel. 0211/7977414,Fax./7989638
Loxiol®, Edenol®, Stabilox®

AH-Salz

Rhone-Poulenc GmbH
Städelstr. 10, Postf. 700862
6000 Frankfurt/Main 70
Tel. (069) 6093-0
Telex 416 085 rhon d
Telefax (069) 6093-333

Alterungsschutzmittel, allgem.

Lehmann & Voss & Co
Alsterufer 19, 2000 Hamburg 36
Tel. 040/441970, Fax/44197219

Aluminiumhydroxid

ALPHA CALCIT
Füllstoff GmbH & Co. KG
5 Köln 50, Tel. 02236/8914-0
FS 8886960, Fax. 02236/40644

Bassermann + Co
E 4, 4-6, Pf. 120261
6800 Mannheim 1
Tel. 0621/15010, Fax./1501297

Chemag AG, Fax 069-7434383
Postfach 150103, 6 Frankfurt 1

Martinswerk GmbH
Postf. 1209, D-5010 Bergheim
Tel. 02271/9020, Fax /902555

VAW aluminium AG
Sparte Spezialoxide
Postfach 1860, 8460 Schwandorf
Tel. (09431) 53-464/465
Fax (09431) 61557
Ttx 9431884

Aminoplaste

Bakelite Gesellschaft mbH
Postfach 7154
W-5860 Iserlohn-Letmathe
Tel. 02374/925-0, Fax /925408

Antimontrioxid

Chemag AG, Fax 069-7434383
Postfach 150103, 6 Frankfurt 1

Antioxidantien

Hoechst AG, Marketing
Wachse u. Kunststoff-Additive
8906 Gersthofen
Tlx 53831, Fax. 0821/496639

Lehmann & Voss & Co
Alsterufer 19, 2000 Hamburg 36
Tel. 040/441970, Fax/44197219

Chem. Werke Lowi GmbH & Co.
Pf. 1660, 8264 Waldkraiburg
Tel. 08638/608-0, Ttx 863884
Fax 08638/608-200

Monsanto Deutschland GmbH
Immermannstrasse 3
D-4000 Düsseldorf 1
Tel. (0211) 36750
Telex 8581307 mod d
Telefax (0211) 3675341

Raschig AG
6700 Ludwigshafen
Tel. 0621/56180, Fax /582885

Anti-plate-out Mittel

HENKEL KGaA
COK Plastics & Coatings
Postfach 101100
W-4000 Düsseldorf 1
Tel. 0211/7977414,Fax./7989638
Loxiol®, Edenol®, Stabilox®

Anti-Schaummittel

HENKEL KGaA
COK Plastics & Coatings
Postfach 101100
W-4000 Düsseldorf 1
Tel. 0211/7977414,Fax./7989638
Loxiol®, Edenol®, Stabilox®

Wacker-Chemie GmbH
Hanns-Seidel-Pl.4, 8 München 2

Antistatika

Dr. Th. Böhme KG, Chem. Fabrik
Isardamm 79, 8192 Geretsried
Tel.: 08171/628-0, Tlx. 526312
Telefax: 08171/628-388

ICI Surfactants
Niederl. der Deutsche ICI GmbH
Goldschmidtstrasse 100
D-4300 Essen 1
Tel. 0201/173-04 Tx 8571716
ATMER 129, ATMER 163
ATMER 190

Langer & Co. PF 1155
2863 Ritterhude, Tx 246789

MECO GmbH, Postfach 224
W-7753 Allensbach
Tel. 07533/1611, Fax./4435

Nemitz GmbH, D-4417 Altenberge
Tel. 02505/674, Fax /3042

ASA-Kunststoffe

Monsanto Deutschland GmbH
Immermannstrasse 3
D-4000 Düsseldorf 1
Tel. (0211) 36750
Telex 8581307 mod d
Telefax (0211) 3675341

Asbestersatzstoffe

C.F.F. 405 Mönchengladbach
Tx 852102 Fax 02161-6560
TECHNOCEL Cellulose Füllst.

ISOVOLTA Österr. Isolierstoff-
werke AG
A-2355 Wiener Neudorf
T.(0)2236-605-0, Fax -403,-477

Aufheller, optisch

Hoechst Aktiengesellschaft
Marketing TH
D-6230 Frankfurt am Main 80

**Azo-Polymerisations-
Katalysatoren**

Wako Chemicals GmbH
Nissanstr. 2, 4040 Neuss 1
Tel. 02131/3110, Fax /311100
Tx 8 517 001

Bariumsulfat-Schwerspat

Scheruhn, 8670 Hof, PF 1329
Tel. 09281/6831, Fax /62269

Baryt, feinstgemahlen

Seitz + Kerler GmbH, 8770 Lohr

Bautenschutzmittel

Wacker-Chemie GmbH
Hanns-Seidel-Pl.4, 8 München 2

Beschichtungsmassen

Teroson GmbH
Hans-Bunte-Str.4,69 Heidelberg
Fax 06221-704 698

Beschichtungspulver

K. D. Feddersen & Co, 2 Hamburg 11

Beschleuniger, allgem.

Hüls AG, D-4370 Marl

Peroxid-Chemie GmbH
8023 Höllriegelskreuth
Tel. 089/7279-0, Tx 523 482

Bindemittel

Hüls AG, D-4370 Marl

Bakelite Gesellschaft mbH
Postfach 7154
W-5860 Iserlohn-Letmathe
Tel. 02374/925-0, Fax /925408

Blends

BASF Aktiengesellschaft
D-6700 Ludwigshafen am Rhein

Bayer AG
Geschäftsbereich Kunststoffe
D-5090 Leverkusen
Blends aus Polycarbonat und
Acrylintril/Butadien/Styrol-
Polymer bzw. Polycarbonat und
Ayrylinitril/Styrol/Acrylester
Polymer (Bayblend®)

DSM Deutschland GmbH & Co.
Kunststoffe
Tersteegenstraße 77
4000 Düsseldorf 30
Tel. 0211/454940, Fax 4370917
ABS-Blends

K. D. Feddersen & Co, 2 Hamburg 11

Frisetta GmbH, Oberfeld 1-5
7869 Schönau, Tel. 07673/829-0

Hoechst Aktiengesellschaft
Marketing Kunststoffe
D-6230 Frankfurt am Main 80

Hüls AG, D-4370 Marl

Janßen & Angenendt GmbH
Elbestr. 29, 4150 Krefeld
sh. Gruppe A, ABS-Kunststoffe

Monsanto Deutschland GmbH
Immermannstrasse 3
D-4000 Düsseldorf 1
Tel. (0211) 36750
Telex 8581307 mod d
Telefax (0211) 3675341
PA/ABS Legierung

Polymer-Chemie GmbH
Haystraße, D-6553 Sobernheim
Tel. 06751/84-0 Fax 06751/8442

Calciumcarbonate

ALPHA CALCIT
Füllstoff GmbH & Co. KG
5 Köln 50, Tel. 02236/8914-0
FS 8886960, Fax. 02236/40644
Calciumcarbonate, Talkum

Bassermann + Co
E 4, 4-6, Pf. 120261
6800 Mannheim 1
Tel. 0621/15010, Fax./1501297

Scheruhn, 8670 Hof, PF 1329
Tel. 09281/6831, Fax /62269

Celluloseacetat

Bergmann Th. GmbH & Co.
Kunststoffwerk KG
Adolf-Dambach-Str. 2-4
7560 Gaggenau 12
Tel. 07225/6802-0 FS 78826
Fax: 07225/6802-10

Chlorkohlenwasserstoffe

Hüls AG, D-4370 Marl

Chlorparaffine

Hoechst Aktiengesellschaft
Marketing Chemikalien
D-6230 Frankfurt am Main

Hüls AG, D-4370 Marl

Compounds

BASF Aktiengesellschaft
D-6700 Ludwigshafen am Rhein

Bassermann + Co
E 4, 4-6, Pf. 120261
6800 Mannheim 1
Tel. 0621/15010, Fax./1501297

Begra GmbH
Thyssenstr. 19-21
1000 Berlin 51
FAX 030/4144095

cp-polymer technik gmbh
D-2863 Ritterhude, Postf. 1158
Tel. 04292/1034, Tx 249926
Fax 04292/1039
Wellamid

DSM Deutschland GmbH & Co.
Kunststoffe
Tersteegenstraße 77
4000 Düsseldorf 30
Tel. 0211/454940, Fax 4370917

K. D. Feddersen & Co, 2 Hamburg 11

Frisetta GmbH, Oberfeld 1-5
7869 Schönau, Tel. 07673/829-0

HENKEL KGaA
COK Plastics & Coatings
Postfach 101100
W-4000 Düsseldorf 1
Tel. 0211/7977414,Fax./7989638
Loxiol®, Edenol®, Stabilox®

Hoechst Aktiengesellschaft
Marketing Kunststoffe
D-6230 Frankfurt am Main 80

Janßen & Angenendt GmbH
Elbestr. 29, 4150 Krefeld
sh. Gruppe A, ABS-Kunststoffe

Neste Chemicals GmbH
4000 Düsseldorf 30
Tel.: 02 11 - 6 10 80

Polymer-Chemie GmbH
Haystraße, D-6553 Sobernheim
Tel. 06751/84-0 Fax 06751/8442

H. Teetz GmbH, 4408 Dülmen
Wierl.-Esch 25a, Fax 86576
H. Teetz GmbH, 1000 Berlin
Kaiserstr. 140, Fax 7050274

Heinrich Treffert
D-6530 Bingen-Sponsheim

Copolyesther,thermoplastisch

Hüls AG, D-4370 Marl

Desaktivatoren für Metall

Hoechst AG, Marketing
Wachse u. Kunststoff-Additive
8906 Gersthofen
Tlx 53831, Fax. 0821/496639

Diallylphthalat

K. D. Feddersen & Co, 2 Hamburg 11

Dichtungsmassen

DS-Chemie GmbH
Postf. 106149, 2800 Bremen
Tel.0421/39002-91,Tx 246448 ds
Fax 0421/39002-79
Pasten und Granulate

Teroson GmbH
Hans-Bunte-Str.4,69 Heidelberg
Fax 06221-704 698

Wacker-Chemie GmbH
Hanns-Seidel-Pl.4, 8 München 2

Dicyandiamid

SKW Trostberg AG
D-8223 Trostberg
Telefon 08621/86-1

Diole

HENKEL KGaA
COK Plastics & Coatings
Postfach 101100
W-4000 Düsseldorf 1
Tel. 0211/7977414,Fax./7989638
Loxiol®, Edenol®, Stabilox®

Hoechst Aktiengesellschaft
Marketing Chemikalien
D-6230 Frankfurt am Main

Dispergiermittel

Dr. Th. Böhme KG, Chem. Fabrik
Isardamm 79, 8192 Geretsried
Tel.: 08171/628-0, Tlx. 526312
Telefax: 08171/628-388

Byk-Chemie GmbH
Abelstr. 14, D-4230 Wesel
Tel. 0281/670-0 Fax: /65735

HENKEL KGaA
COK Plastics & Coatings
Postfach 101100
W-4000 Düsseldorf 1
Tel. 0211/7977414,Fax./7989638
Loxiol®, Edenol®, Stabilox®

Hoechst Aktiengesellschaft
Marketing TH
D-6230 Frankfurt am Main 80

Hüls AG, D-4370 Marl

Dispersionen

HENKEL KGaA
COK Plastics & Coatings
Postfach 101100
W-4000 Düsseldorf 1
Tel. 0211/7977414,Fax./7989638
Loxiol®, Edenol®, Stabilox®

Rhone-Poulenc GmbH
Städelstr. 10, Postf. 700862
6000 Frankfurt/Main 70
Tel. (069) 6093-0
Telex 416 085 rhon d
Telefax (069) 6093-333

Synthopol Chemie
Alter Postweg 35
2150 Buxtehude
Tel. 04161/70710, Fax /80130
Telex 218805 koch d

Wacker-Chemie GmbH
Hanns-Seidel-Pl.4, 8 München 2

Dispersionspulver

Wacker-Chemie GmbH
Hanns-Seidel-Pl.4, 8 München 2

Elastomere, thermoplastisch

Bergmann Th. GmbH & Co.
Kunststoffwerk KG
Adolf-Dambach-Str. 2-4
7560 Gaggenau 12
Tel. 07225/6802-0 FS 78826
Fax: 07225/6802-10

DSM Deutschland GmbH & Co.
Kunststoffe
Tersteegenstraße 77
4000 Düsseldorf 30
Tel. 0211/454940, Fax 4370917

DuPont de Nemours
(Deutschland) GmbH
Du Pont Str. 1, Postfach 1365
6380 Bad Homburg v.d.H.
Tel. 06172-87-0
Tx: 410676 dpd
Fax: 06172-871500

K. D. Feddersen & Co, 2 Hamburg 11

godding + dressler GmbH
Heidestr. 3, 5309 Meckenheim
Tel. 02225/2011,Fax 02225/7796

Gummiwerk Kraiburg GmbH & Co.
Pf. 1160, D-8264 Waldkraiburg
Tel. (08638)610, Tx 56427

Hoechst Aktiengesellschaft
Marketing Kunststoffe
D-6230 Frankfurt am Main 80

Deutsche Shell Chemie GmbH
6236 Eschborn, Tel. 06196/474-0

Emulgatoren

Hoechst Aktiengesellschaft
Marketing TH
D-6230 Frankfurt am Main 80

Hüls AG, D-4370 Marl

LEUNA-WERKE AG
Am Haupttor, O-4220 Leuna
Tel. Merseburg/430
Fax. Merseburg/211038

Entlüftungsmittel

Byk-Chemie GmbH
Abelstr. 14, D-4230 Wesel
Tel. 0281/670-0 Fax: /65735

**Ethylen-Butyl-Acrylat-
Copolymerisate (EBA)**

Neste Chemicals GmbH
4000 Düsseldorf 30
Tel.: 02 11 - 6 10 80

Ethylencopolymer-Bitumen

BASF Aktiengesellschaft
D-6700 Ludwigshafen am Rhein

**Ethylen-Propylen-
Copolymerisate**

Hoechst Aktiengesellschaft
Marketing Kunststoffe
D-6230 Frankfurt am Main 80

Farben, Blei-

K. D. Feddersen & Co, 2 Hamburg 11

Farben, Flüssig-

Karl Finke, Hatzfelder Str.174
D-56 Wuppertal, Tx 8592403
Tel. 0202/709060, Fax 703929

Farbkonzentrate (Batches)

Color Service GmbH
6452 Hainburg, Telex 4184 569
Offenbacher Landstr.107-109
Tel. 06182-4034-37, Fax -66886
Spez. Universal Masterbatch

Gabriel-Chemie- Österreich
A-1234 Wien, Pf. 15, Tx 131376
A-2352 Gumpoldskirchen

Farbpasten

Arichemie
Postfach 120, 6239 Eppstein 3
Tel. 06198/9055, Fax 32527
Heliocolor Feinteige

iSL Chemie GmbH
Postf. 910 404, 5000 Köln 91
Tel. 0221-838075-79
Fax: 0221-831358 + 59

Jotun Polymer A.S.
P.O.Box 2061,N-3201 Sandefjord
34-57000/ 34-64614
NORPOL

Langer & Co. PF 1155
2863 Ritterhude, Tx 246789

Farbstoffe und Pigmente

G. E. Habich's Söhne
3512 Reinhardshagen
Telefon: 05544/ 791-0
Telefax: 05544/ 8238

iSL Chemie GmbH
Postf. 910 404, 5000 Köln 91
Tel. 0221-838075-79
Fax: 0221-831358 + 59

Heinrich Treffert
D-6530 Bingen-Sponsheim

**Flammhemmende Mittel,
Alumuniniumhydroxid als**

Martinswerk GmbH
Postf. 1209, D-5010 Bergheim
Tel. 02271/9020, Fax /902555

VAW aluminium AG
Sparte Spezialoxide
Postfach 1860, 8460 Schwandorf
Tel. (09431) 53-464/465
Fax (09431) 61557
Ttx 9431884

**Flammhemmende Mittel,
Antimontrioxid als**

Chemag AG, Fax 069-7434383
Postfach 150103, 6 Frankfurt 1

**Flammhemmende Mittel,
Magnesiumhydroxid als**

Martinswerk GmbH
Postf. 1209, D-5010 Bergheim
Tel. 02271/9020, Fax /902555

**Flammhemmende Mittel,
Zinkborat als**

Chemag AG, Fax 069-7434383
Postfach 150103, 6 Frankfurt 1

Flammhemmende Mittel, allgem.

Alcoa Chem. + Minerals, Inc.
CH-1000 Lausanne
Tel.021-619 2020/Fax -619 2249
Alu-Hydroxid

Dr. Th. Böhme KG, Chem. Fabrik
Isardamm 79, 8192 Geretsried
Tel.: 08171/628-0, Tlx. 526312
Telefax: 08171/628-388

Chemag AG, Fax 069-7434383
Postfach 150103, 6 Frankfurt 1

K. D. Feddersen & Co, 2 Hamburg 11

Hoechst Aktiengesellschaft
Marketing Chemikalien
D-6230 Frankfurt am Main

Hoechst AG, Marketing
Wachse u. Kunststoff-Additive
8906 Gersthofen
Tlx 53831, Fax. 0821/496639

Hüls AG, D-4370 Marl

Monsanto Deutschland GmbH
Immermannstrasse 3
D-4000 Düsseldorf 1
Tel. (0211) 36750
Telex 8581307 mod d
Telefax (0211) 3675341
Flammschutzmittel(Halogenfrei)

Nemitz GmbH, D-4417 Altenberge
Tel. 02505/674, Fax /3042

Fluorelastomere

Hoechst Aktiengesellschaft
Marketing Kunststoffe
D-6230 Frankfurt am Main 80

Formaldehyd

Bakelite Gesellschaft mbH
Postfach 7154
W-5860 Iserlohn-Letmathe
Tel. 02374/925-0, Fax /925408

Neste Chemicals GmbH
4000 Düsseldorf 30
Tel.: 02 11 - 6 10 80

Formmassen, allgem.

Bakelite Gesellschaft mbH
Postfach 7154
W-5860 Iserlohn-Letmathe
Tel. 02374/925-0, Fax /925408

Rohm and Haas Deutschland GmbH
In der Kron 4
6000 Frankfurt 90
Tel. 069/78996-0 Fax 7895356

Süd-West-Chemie GmbH, Pf. 2120
7910 Neu-Ulm, Tel.0731/70707-0
Fax 0731/70707-64, TTx 731 197
Formmassen f. Kollektorenherst.
Polyester-Formmassen SMC/BMC

Formmassen, ASA-

BASF Aktiengesellschaft
D-6700 Ludwigshafen am Rhein

Formmassen, duroplastisch

Bakelite Gesellschaft mbH
Postfach 7154
W-5860 Iserlohn-Letmathe
Tel. 02374/925-0, Fax /925408

Ciba-Geigy Marienberg GmbH
Postfach 1253, 6140 Bensheim
Tel. 06254/790, Fax /79493

Raschig AG
6700 Ludwigshafen
Tel. 0621/56180, Fax /582885

Formmassen aus Epoxidharz

Ciba-Geigy Marienberg GmbH
Postfach 1253, 6140 Bensheim
Tel. 06254/790, Fax /79493

Formmassen aus Harnstoffharz

Bakelite Gesellschaft mbH
Postfach 7154
W-5860 Iserlohn-Letmathe
Tel. 02374/925-0, Fax /925408

Perstorp AB, Div Compounds
S-284 80 Perstorp/Schweden
Tel +46 43538000 Fax 38805

Formmassen aus Melaminharz

Bakelite Gesellschaft mbH
Postfach 7154
W-5860 Iserlohn-Letmathe
Tel. 02374/925-0, Fax /925408

Ciba-Geigy Marienberg GmbH
Postfach 1253, 6140 Bensheim
Tel. 06254/790, Fax /79493

Perstorp AB, Div Compounds
S-284 80 Perstorp/Schweden
Tel +46 43538000 Fax 38805

Formmassen aus Phenolharz

Bakelite Gesellschaft mbH
Postfach 7154
W-5860 Iserlohn-Letmathe
Tel. 02374/925-0, Fax /925408

Ciba-Geigy Marienberg GmbH
Postfach 1253, 6140 Bensheim
Tel. 06254/790, Fax /79493

Perstorp SA, Div Bakelite
1 Rue Jean-Carrasso BP 13
F-95872 Bezons-Cedex, Frankr.
0134233838 Fax 0134233902

Raschig AG
6700 Ludwigshafen
Tel. 0621/56180, Fax /582885

Formmassen aus Polyesterharz

Bakelite Gesellschaft mbH
Postfach 7154
W-5860 Iserlohn-Letmathe
Tel. 02374/925-0, Fax /925408

Ciba-Geigy Marienberg GmbH
Postfach 1253, 6140 Bensheim
Tel. 06254/790, Fax /79493

Raschig AG
6700 Ludwigshafen
Tel. 0621/56180, Fax /582885

Füllstoffe, allgem.

ALPHA CALCIT
Füllstoff GmbH & Co. KG
5 Köln 50, Tel. 02236/8914-0
FS 8886960, Fax. 02236/40644

Bassermann + Co
E 4, 4-6, Pf. 120261
6800 Mannheim 1
Tel. 0621/15010, Fax./1501297
Carbonate-Silikate-Sulfate

C.F.F. 405 Mönchengladbach
Tx 852102 Fax 02161-6560
TECHNOCEL Cellulose Füllst.

Chemie-Mineralien AG & Co. KG
Pf. 106523, 2800 Bremen 1

Gebr. Dorfner GmbH & Co. KG
Scharhof 1, 8452 Hirschau
Tel. 09622/82-0, Tx 631206

Dr. Karl Goller GmbH, 8000
München 21, Tel. 089/568135
Mineralprodukte „Naintsch"

Langer & Co. PF 1155
2863 Ritterhude, Tx 246789

Lehmann & Voss & Co
Alsterufer 19, 2000 Hamburg 36
Tel. 040/441970, Fax/44197219

Martinswerk GmbH
Postf. 1209, D-5010 Bergheim
Tel. 02271/9020, Fax /902555

Naintsch Mineralwerke GmbH
A-8045 Graz, Postfach 35
Statteggerstr. 60
Tel. 0316/693650, Tlx. 311223
Fax. 0316/693655

Füllstoffe, Cellulosen als

C.F.F. 405 Mönchengladbach
Tx 852102 Fax 02161-6560
TECHNOCEL Cellulose Füllst.

Füllstoffe, Glaskugeln als

Potters-Ballotini GmbH
Morschheimerstr. 11, Pf. 1226
6719 Kirchheimbolanden
T.06352/8484 Fax/1853 Tx451208

Stauss GmbH, Stifterstr. 4
A-3100 St. Pölten, Tx: 15730
Tel: (02742)74368, Fax: 73368
SIL-CELL

Füllstoffe, Glimmer als

Aspanger AG
A-2870 Aspang, Pf. 32
Tel. +43/2642/2355 Fax 2673

Chemie-Mineralien AG & Co. KG
Pf. 106523, 2800 Bremen 1

Naintsch Mineralwerke GmbH
A-8045 Graz, Postfach 35
Statteggerstr. 60
Tel. 0316/693650, Tlx. 311223
Fax. 0316/693655

Füllstoffe, Graphit als

LONZA G + T AG, CH-5643 Sins
Tel. 042/660111,Fax 042/662316

Füllstoffe, Kaolin als

Chemie-Mineralien AG & Co. KG
Pf. 106523, 2800 Bremen 1

Füllstoffe, Kieselsäuren als

Wacker-Chemie GmbH
Hanns-Seidel-Pl.4, 8 München 2

Füllstoffe, Kreide als

Boehringer Ingelheim KG
Geschäftsbereich Chemikalien
6507 Ingelheim/Rhein
Tel. 06132/77-3873 oder 3435
Tx 41879122 bi d

Füllstoffe, Leicht-

Dennert Poraver GmbH
8602 Schlüsselfeld
Tel. 09552/71-0, Fax 71187
PORAVER Blähglasgranulat

Expancel, Fax + 46 60 56 95 18
Box 13000 Sundsvall Sweden

Scheruhn, 8670 Hof, PF 1329

Stauss GmbH, Stifterstr. 4
A-3100 St. Pölten, Tx: 15730
Tel: (02742)74368, Fax: 73368
SIL-CELL

**Füllstoffe,
oberflächenbehandelt**

Naintsch Mineralwerke GmbH
A-8045 Graz, Postfach 35
Statteggerstr. 60
Tel. 0316/693650, Tlx. 311223
Fax. 0316/693655

Füllstoffe organisch

Jelu-Werk, 7092 Rosenberg
Tel. 07967/411, Fax /8525
Füllst. Holz- u.Cellulosebasis

Füllstoffe, Schwerspat als

Scheruhn, 8670 Hof, PF 1329

Füllstoffe, Silikate als

Chemag AG, Fax 069-7434383
Postfach 150103, 6 Frankfurt 1

Hoffmann Mineral
Franz Hoffmann & Söhne KG
Münchener Str. 75
8858 Neuburg (Donau)
Telefon (08431) 53-0, Telex 55223
Telefax (08431) 53330
Sillitin, Sillikolloid,Aktisil

Scheruhn, 8670 Hof, PF 1329

Füllstoffe, Talkum als

Chemag AG, Fax 069-7434383
Postfach 150103, 6 Frankfurt 1

Dr. Karl Goller GmbH, 8000
München 21, Tel. 089/568135
Mineralprodukte ,,Naintsch"

Gustav Grolman GmbH & Co. KG
PF 240248, W-4 Düsseldorf 1
Tel. 0211/3672-01 Fax /3672264

Naintsch Mineralwerke GmbH
A-8045 Graz, Postfach 35
Statteggerstr. 60
Tel. 0316/693650, Tlx. 311223
Fax. 0316/693655

Scheruhn, 8670 Hof, PF 1329

Füllstoffgranulate

C.F.F. 405 Mönchengladbach
Tx 852102 Fax 02161-6560
TECHNOCEL Cellulose Füllst.

Dennert Poraver GmbH
8602 Schlüsselfeld
Tel. 09552/71-0, Fax 71187
PORAVER Blähglasgranulat

K. D. Feddersen & Co, 2 Hamburg 11

Glasfasererzeugnisse

Mühlmeier, 8599 Bärnau
Tel: 09635/2 93, Fax: 10 99
Matten, Gewebe, Rovings

Glaswerk Schuller GmbH
Faserweg 1, Postfach 1555
D-6980 Wertheim
Tel. 09342/801-0, Fax /801-470

Glasfasern

Jotun Polymer A.S.
P.O.Box 2061,N-3201 Sandefjord
34-57000/ 34-64614
NORPOL

Glaskugeln

Mühlmeier, 8599 Bärnau
Tel: 09635/2 93, Fax: 10 99
Kugeln aus Glas,Stahl,Keramik

Potters-Ballotini GmbH
Morschheimerstr. 11, Pf. 1226
6719 Kirchheimbolanden
T.06352/8484 Fax/1853 Tx451208

Gleitmittel

Bärlocher GmbH
Riesstr. 16, 8000 München 50
Tel. 089/1488-0, FS 5215773
Fax: 089/1488312

Dr. Th. Böhme KG, Chem. Fabrik
Isardamm 79, 8192 Geretsried
Tel.: 08171/628-0, Tlx. 526312
Telefax: 08171/628-388

CWB Chemtech KG, Essen
Tel. 0201/594081 Fax 598397

HENKEL KGaA
COK Plastics & Coatings
Postfach 101100
W-4000 Düsseldorf 1
Tel. 0211/7977414,Fax./7989638
Loxiol®, Edenol®, Stabilox®

Hoechst AG, Marketing
Wachse u. Kunststoff-Additive
8906 Gersthofen
Tlx 53831, Fax. 0821/496639

Hüls AG, D-4370 Marl

Langer & Co. PF 1155
2863 Ritterhude, Tx 246789

Lehmann & Voss & Co
Alsterufer 19, 2000 Hamburg 36
Tel. 040/441970, Fax/44197219

LONZA G + T AG, CH-5643 Sins
Tel. 042/660111,Fax 042/662316

Nemitz GmbH, D-4417 Altenberge
Tel. 02505/674, Fax /3042

Nordmann, Rassmann, GmbH & Co.
Kajen 2, 2000 Hamburg 11
Tel. 040/36 87 0, Tx: 211270
Fax: 040/36 87 249

Heinrich Treffert
D-6530 Bingen-Sponsheim

E. & P. Würtz GmbH & Co.
6530 Bingen/Rh. 17
FS 42203, Tel. 06721/41091

Glimmer

Aspanger AG
A-2870 Aspang, Pf. 32
Tel. +43/2642/2355 Fax 2673

ISOVOLTA Österr. Isolierstoff-
werke AG
A-2355 Wiener Neudorf
T.(0)2236-605-0, Fax -403,-477

**Granulat, Polycarbonat-
(Compound)**

K. D. Feddersen & Co, 2 Hamburg 11

Janßen & Angenendt GmbH
Elbestr. 29, 4150 Krefeld
sh. Gruppe A, ABS-Kunststoffe

Granulat, PVC-

BASF Aktiengesellschaft
D-6700 Ludwigshafen am Rhein

(Granulat, PVC-, Forts.)

Begra GmbH
Thyssenstr. 19-21
1000 Berlin 51
FAX 030/4144095

Chemie AG Bitterfeld-Wolfen
PF 1200, O-4400 Bitterfeld AWT
Tel. 03493/7-2681

Eilenburger Chemie-Werk
O-7280 Eilenburg
Tel. 610 Fax 3559

K. D. Feddersen & Co, 2 Hamburg 11

Graphit

LONZA G + T AG, CH-5643 Sins
Tel. 042/660111, Fax 042/662316

K.W. Thielmann & Cie. KG
Postfach 1811, 6530 Bingen
Tel. 06727/1016 Fax /8824
Präzisions- und Kolloidgraphit
Silberpudergraphit

Gummi-Mehle

Phoenix AG 2100 Hamburg 90
Seehafenstraße 16
Tel. 040/7667-3013
KERIPOL (Formmassen)

Gummi-Mischungen

Phoenix AG 2100 Hamburg 90
Seehafenstraße 16
Tel. 040/7667-3013
KERIPOL (Formmassen)

Gummi-Regenerate

Phoenix AG 2100 Hamburg 90
Seehafenstraße 16
Tel. 040/7667-3013
KERIPOL (Formmassen)

Härter, allgem.

Bakelite Gesellschaft mbH
Postfach 7154
W-5860 Iserlohn-Letmathe
Tel. 02374/925-0, Fax /925408

Hüls AG, D-4370 Marl

Härter für Epoxidharze

Bakelite Gesellschaft mbH
Postfach 7154
W-5860 Iserlohn-Letmathe
Tel. 02374/925-0, Fax /925408

Duroplast-Chemie
Produktions GmbH
5466 Neustadt/Wied
Fax 02683/32770

LEUNA-WERKE AG
Am Haupttor, O-4220 Leuna
Tel. Merseburg/430
Fax. Merseburg/211038

Deutsche Shell Chemie GmbH,
6236 Eschborn, Tel. 06196/474-0

SKW Trostberg AG
D-8223 Trostberg
Telefon 08621/86-1

Härter für UP-Harze

Pergan GmbH
4290 Bocholt

Peroxid-Chemie GmbH
8023 Höllriegelskreuth
Tel. 089/7279-0, Tx 523 482

Härterpasten

Jotun Polymer A.S.
P.O.Box 2061, N-3201 Sandefjord
34-57000/ 34-64614
NORPOL

Peroxid-Chemie GmbH
8023 Höllriegelskreuth
Tel. 089/7279-0, Tx 523 482

Haftvermittler

BASF Aktiengesellschaft
D-6700 Ludwigshafen am Rhein

DSM Deutschland GmbH & Co.
Kunststoffe
Tersteegenstraße 77
4000 Düsseldorf 30
Tel. 0211/454940, Fax 4370917

K. D. Feddersen & Co, 2 Hamburg 11

Hüls AG, D-4370 Marl

Harze, Acryl-

Synthopol Chemie
Alter Postweg 35
2150 Buxtehude
Tel. 04161/70710, Fax /80130
Telex 218805 koch d

Harze, Alkyd-

Synthopol Chemie
Alter Postweg 35
2150 Buxtehude
Tel. 04161/70710, Fax /80130
Telex 218805 koch d

Harze, Epoxid-

Bakelite Gesellschaft mbH
Postfach 7154
W-5860 Iserlohn-Letmathe
Tel. 02374/925-0, Fax /925408

Duroplast-Chemie
Produktions GmbH
5466 Neustadt/Wied
Fax 02683/32770

ISOVOLTA Österr. Isolierstoff-
werke AG
A-2355 Wiener Neudorf
T.(0)2236-605-0, Fax -403,-477

LEUNA-WERKE AG
Am Haupttor, O-4220 Leuna
Tel. Merseburg/430
Fax. Merseburg/211038

Deutsche Shell Chemie GmbH,
6236 Eschborn, Tel. 06196/474-0

Synthopol Chemie
Alter Postweg 35
2150 Buxtehude
Tel. 04161/70710, Fax /80130
Telex 218805 koch d

Harze, Furan-

Ashland-Südchemie-Kernfest
GmbH
Reisholzstr. 16, 4010 Hilden

Bakelite Gesellschaft mbH
Postfach 7154
W-5860 Iserlohn-Letmathe
Tel. 02374/925-0, Fax /925408

Hüls AG, D-4370 Marl

Raschig AG
6700 Ludwigshafen
Tel. 0621/56180, Fax /582885

Harze, Gieß-

Bakelite Gesellschaft mbH
Postfach 7154
W-5860 Iserlohn-Letmathe
Tel. 02374/925-0, Fax /925408

Duroplast-Chemie
Produktions GmbH
5466 Neustadt/Wied
Fax 02683/32770

Neste Chemicals GmbH
4000 Düsseldorf 30
Tel.: 02 11 - 6 10 80

Raschig AG
6700 Ludwigshafen
Tel. 0621/56180, Fax /582885

**Harze, Harnstoff- und Thio-
harnstoff-**

Perstorp AB, Div Chemitec
S-284 80 Perstorp/Schweden
Tel +46 43538000 Fax 31498

Harze, Keton-

Hüls AG, D-4370 Marl

Harze, Kresol-

Bakelite Gesellschaft mbH
Postfach 7154
W-5860 Iserlohn-Letmathe
Tel. 02374/925-0, Fax /925408

Raschig AG
6700 Ludwigshafen
Tel. 0621/56180, Fax /582885

Harze, Kunst-

Bakelite Gesellschaft mbH
Postfach 7154
W-5860 Iserlohn-Letmathe
Tel. 02374/925-0, Fax /925408

Süd-West-Chemie GmbH, Pf. 2120
7910 Neu-Ulm, Tel.0731/70707-0
Fax 0731/70707-64, TTx 731 197

(Harze, Kunst-, Forts.)

Synthopol Chemie
Alter Postweg 35
2150 Buxtehude
Tel. 04161/70710, Fax /80130
Telex 218805 koch d

Harze, Laminier-

Bakelite Gesellschaft mbH
Postfach 7154
W-5860 Iserlohn-Letmathe
Tel. 02374/925-0, Fax /925408

Duroplast-Chemie
Produktions GmbH
5466 Neustadt/Wied
Fax 02683/32770

ISOVOLTA Österr. Isolierstoff-
werke AG
A-2355 Wiener Neudorf
T.(0)2236-605-0, Fax -403,-477

Neste Chemicals GmbH
4000 Düsseldorf 30
Tel.: 02 11 - 6 10 80

Synthopol Chemie
Alter Postweg 35
2150 Buxtehude
Tel. 04161/70710, Fax /80130
Telex 218805 koch d

Harze, Leim-

Bakelite Gesellschaft mbH
Postfach 7154
W-5860 Iserlohn-Letmathe
Tel. 02374/925-0, Fax /925408

Neste Chemicals GmbH
4000 Düsseldorf 30
Tel.: 02 11 - 6 10 80

Harze, Maleinat-

Synthopol Chemie
Alter Postweg 35
2150 Buxtehude
Tel. 04161/70710, Fax /80130
Telex 218805 koch d

Harze, Melamin-

Bakelite Gesellschaft mbH
Postfach 7154
W-5860 Iserlohn-Letmathe
Tel. 02374/925-0, Fax /925408

ISOVOLTA Österr. Isolierstoff-
werke AG
A-2355 Wiener Neudorf
T.(0)2236-605-0, Fax -403,-477

Perstorp AB, Div Chemitec
S-284 80 Perstorp/Schweden
Tel +46 43538000 Fax 31498

Süd-West-Chemie GmbH, Pf. 2120
7910 Neu-Ulm, Tel.0731/70707-0
Fax 0731/70707-64, TTx 731 197

Synthopol Chemie
Alter Postweg 35
2150 Buxtehude
Tel. 04161/70710, Fax /80130
Telex 218805 koch d

Harze, Natur- veredelt

Bassermann + Co
E 4, 4-6, Pf. 120261
6800 Mannheim 1
Tel. 0621/15010, Fax./1501297

Harze, Phenol- und Kresol-

Ashland-Südchemie-Kernfest
GmbH
Reisholzstr. 16, 4010 Hilden

Bakelite Gesellschaft mbH
Postfach 7154
W-5860 Iserlohn-Letmathe
Tel. 02374/925-0, Fax /925408

Hüls AG, D-4370 Marl

ISOVOLTA Österr. Isolierstoff-
werke AG
A-2355 Wiener Neudorf
T.(0)2236-605-0, Fax -403,-477

Perstorp SA, Div Chemitec
10 Rue Comtesse BP 5
F-62117 Brebieres, Frankr.
021500004 Fax 021073876

Raschig AG
6700 Ludwigshafen
Tel. 0621/56180, Fax /582885

Süd-West-Chemie GmbH, Pf. 2120
7910 Neu-Ulm, Tel.0731/70707-0
Fax 0731/70707-64, TTx 731 197

Harze, Phthalat-

Synthopol Chemie
Alter Postweg 35
2150 Buxtehude
Tel. 04161/70710, Fax /80130
Telex 218805 koch d

Harze, Polyester-, gesättigt

Hüls AG, D-4370 Marl

Jotun Polymer A.S.
P.O.Box 2061,N-3201 Sandefjord
34-57000/ 34-64614
NORPOL

Synthopol Chemie
Alter Postweg 35
2150 Buxtehude
Tel. 04161/70710, Fax /80130
Telex 218805 koch d

Harze, Polyester-, ungesättigt

BASF Aktiengesellschaft
D-6700 Ludwigshafen am Rhein

Hüls AG, D-4370 Marl

Neste Chemicals GmbH
4000 Düsseldorf 30
Tel.: 02 11 - 6 10 80

Synthopol Chemie
Alter Postweg 35
2150 Buxtehude
Tel. 04161/70710, Fax /80130
Telex 218805 koch d

Harze, Reaktions- glasfaser- verstärkt BMC/DMC

Hüls AG, D-4370 Marl

Harze, Resorcin-

Ashland-Südchemie-Kernfest
GmbH
Reisholzstr. 16, 4010 Hilden

Bakelite Gesellschaft mbH
Postfach 7154
W-5860 Iserlohn-Letmathe
Tel. 02374/925-0, Fax /925408

Harze, Schleifscheiben-

Bakelite Gesellschaft mbH
Postfach 7154
W-5860 Iserlohn-Letmathe
Tel. 02374/925-0, Fax /925408

Hüls AG, D-4370 Marl

Raschig AG
6700 Ludwigshafen
Tel. 0621/56180, Fax /582885

Harze, Silikon-

Wacker-Chemie GmbH
Hanns-Seidel-Pl.4, 8 München 2

Harze, technische

Bakelite Gesellschaft mbH
Postfach 7154
W-5860 Iserlohn-Letmathe
Tel. 02374/925-0, Fax /925408

Hüls AG, D-4370 Marl

Raschig AG
6700 Ludwigshafen
Tel. 0621/56180, Fax /582885

Harze, Vinylester-

BASF Aktiengesellschaft
D-6700 Ludwigshafen am Rhein

Jotun Polymer A.S.
P.O.Box 2061,N-3201 Sandefjord
34-57000/ 34-64614
NORPOL

Harze, Xylenolformaldehyd-

Bakelite Gesellschaft mbH
Postfach 7154
W-5860 Iserlohn-Letmathe
Tel. 02374/925-0, Fax /925408

Harze für Oberflächenschutz und Bauwesen

Bakelite Gesellschaft mbH
Postfach 7154
W-5860 Iserlohn-Letmathe
Tel. 02374/925-0, Fax /925408

Duroplast-Chemie
Produktions GmbH
5466 Neustadt/Wied
Fax 02683/32770

Harze für Werkzeugbau

Ashland-Südchemie-Kernfest
GmbH
Reisholzstr. 16, 4010 Hilden

Bakelite Gesellschaft mbH
Postfach 7154
W-5860 Iserlohn-Letmathe
Tel. 02374/925-0, Fax /925408

Duroplast-Chemie
Produktions GmbH
5466 Neustadt/Wied
Fax 02683/32770

Inhibitoren

Peroxid-Chemie GmbH
8023 Höllriegelskreuth
Tel. 089/7279-0, Tx 523 482

Initiatoren

Peroxid-Chemie GmbH
8023 Höllriegelskreuth
Tel. 089/7279-0, Tx 523 482

**Initiatoren für Polymeri-
sation**

Pergan GmbH
4290 Bocholt

Isocyanate (Di- und Poly-)

BASF Aktiengesellschaft
D-6700 Ludwigshafen am Rhein

Elastogran GmbH
Geschäftsbereich Systeme (PU)
D-8037 Olching 1
Tel. 08142/1780, FS 527958
Telefax 08142/178213
Systeme zur Herstellung von
Polyurethan-Kunststoffen.
Ein Unternehmen der
BASF-Gruppe.

HENKEL KGaA
COK Plastics & Coatings
Postfach 101100
W-4000 Düsseldorf 1
Tel. 0211/7977414,Fax./7989638
Loxiol®, Edenol®, Stabilox®

Hüls AG, D-4370 Marl

Rhone-Poulenc GmbH
Städelstr. 10, Postf. 700862
6000 Frankfurt/Main 70
Tel. (069) 6093-0
Telex 416 085 rhon d
Telefax (069) 6093-333

Kaliumpersulfat

Peroxid-Chemie GmbH
8023 Höllriegelskreuth
Tel. 089/7279-0, Tx 523 482

Kaolin

Bassermann + Co
E 4, 4-6, Pf. 120261
6800 Mannheim 1
Tel. 0621/15010, Fax./1501297

Chemie-Mineralien AG & Co. KG
Pf. 106523, 2800 Bremen 1

Lehmann & Voss & Co
Alsterufer 19, 2000 Hamburg 36
Tel. 040/441970, Fax/44197219

Katalysatoren

Hüls AG, D-4370 Marl

LEUNA-WERKE AG
Am Haupttor, O-4220 Leuna
Tel. Merseburg/430
Fax. Merseburg/211038

Kautschuk, Chloropren-

Rhone-Poulenc GmbH
Städelstr. 10, Postf. 700862
6000 Frankfurt/Main 70
Tel. (069) 6093-0
Telex 416 085 rhon d
Telefax (069) 6093-333

**Kautschuk, Ethylen-
Propylen- (EPM)**

Hüls AG, D-4370 Marl

Kautschuk, Pulver-

godding + dressler GmbH
Heidestr. 3, 5309 Meckenheim
Tel. 02225/2011,Fax 02225/7796

Hüls AG, D-4370 Marl

Kautschuk, Silikon-

Wacker-Chemie GmbH
Hanns-Seidel-Pl.4, 8 München 2

**Kautschuk, Styrol-Butadien-
(SBR)**

Hüls AG, D-4370 Marl

Deutsche Shell Chemie GmbH,
6236 Eschborn, Tel. 061 96/4 74-0

Kautschuk, thermoplastisch

GODIPLAST GmbH
6695 Tholey, Tel. 068 53/20 94,
Fax. /54 83

Hüls AG, D-4370 Marl

Schäfer GmbH Seevetal
2105 Seevetal 1,Fax 04105/4120

Deutsche Shell Chemie GmbH,
6236 Eschborn, Tel. 061 96/4 74-0

Kautschuk-Mischungen

godding + dressler GmbH
Heidestr. 3, 5309 Meckenheim
Tel. 02225/2011,Fax 02225/7796

Phoenix AG 2100 Hamburg 90
Seehafenstraße 16
Tel. 040/7667-3013
KERIPOL (Formmassen)

Kieselsäure

Bassermann + Co
E 4, 4-6, Pf. 120261
6800 Mannheim 1
Tel. 0621/15010, Fax./1501297

Rhone-Poulenc GmbH
Städelstr. 10, Postf. 700862
6000 Frankfurt/Main 70
Tel. (069) 6093-0
Telex 416 085 rhon d
Telefax (069) 6093-333

Wacker-Chemie GmbH
Hanns-Seidel-Pl.4, 8 München 2

Klebstoff-Rohstoffe

Hüls AG, D-4370 Marl

Synthopol Chemie
Alter Postweg 35
2150 Buxtehude
Tel. 04161/70710, Fax /80130
Telex 218805 koch d

Kohlenstoffasern

Ashland-Südchemie-Kernfest
GmbH
Reisholzstr. 16, 4010 Hilden

Kunststoffe, eigenverstärkt

Hoechst Aktiengesellschaft
Marketing Kunststoffe
D-6230 Frankfurt am Main 80

Lackrohstoffe

Ashland-Südchemie-Kernfest
GmbH
Reisholzstr. 16, 4010 Hilden

HENKEL KGaA
COK Plastics & Coatings
Postfach 101100
W-4000 Düsseldorf 1
Tel. 0211/7977414,Fax./7989638
Loxiol®, Edenol®, Stabilox®

Hüls AG, D-4370 Marl

Lehmann & Voss & Co
Alsterufer 19, 2000 Hamburg 36
Tel. 040/441970, Fax/44197219

Wacker-Chemie GmbH
Hanns-Seidel-Pl.4, 8 München 2

Leichtspat, feinstgemahlen

Seitz + Kerler GmbH, 8770 Lohr

Leitfähigkeitsverbesserer

LONZA G + T AG, CH-5643 Sins
Tel. 042/660111,Fax 042/662316

Potters-Ballotini GmbH
Morschheimerstr. 11, Pf. 1226
6719 Kirchheimbolanden
T.06352/8484 Fax/1853 Tx451208

Lichtschutzmittel

Hoechst AG, Marketing
Wachse u. Kunststoff-Additive
8906 Gersthofen
Tlx 53831, Fax. 0821/496639

Lösemittel

HENKEL KGaA
COK Plastics & Coatings
Postfach 101100
W-4000 Düsseldorf 1
Tel. 0211/7977414,Fax./7989638
Loxiol®, Edenol®, Stabilox®

Hüls AG, D-4370 Marl

Neste Chemicals GmbH
4000 Düsseldorf 30
Tel.: 02 11 - 6 10 80

Deutsche Shell Chemie GmbH,
6236 Eschborn, Tel. 0 61 96/4 74-0

Magnesiumoxid

Rhone-Poulenc GmbH
Städelstr. 10, Postf. 700862
6000 Frankfurt/Main 70
Tel. (069) 6093-0
Telex 416 085 rhon d
Telefax (069) 6093-333

Masterbatches

Georg Deifel KG, Postf. 4066
8720 Schweinfurt,
Tel. 09721/1774, Fax /185099

G. E. Habich's Söhne
3512 Reinhardshagen
Telefon: 05544/ 791-0
Telefax: 05544/ 8238

Lehmann & Voss & Co
Alsterufer 19, 2000 Hamburg 36
Tel. 040/441970, Fax/44197219

Mattierungsmittel

Hüls AG, D-4370 Marl

Rohm and Haas Deutschland GmbH
In der Kron 4
6000 Frankfurt 90
Tel. 069/78996-0 Fax 7895356

Modifiziermittel

Monsanto Deutschland GmbH
Immermannstrasse 3
D-4000 Düsseldorf 1
Tel. (0211) 36750
Telex 8581307 mod d
Telefax (0211) 3675341
auch wärmeformbeständig

Natriumpersulfat

Peroxid-Chemie GmbH
8023 Höllriegelskreuth
Tel. 089/7279-0, Tx 523 482

Paraffin

Hüls AG, D-4370 Marl

Pasten, allgem.

iSL Chemie GmbH
Postf. 910 404, 5000 Köln 91
Tel. 0221-838075-79
Fax: 0221-831358+59

Pasten, Pigment-

Arichemie
Postfach 120, 6239 Eppstein 3
Tel. 06198/9055, Fax 32527
Heliocolor Feinteige

iSL Chemie GmbH
Postf. 910 404, 5000 Köln 91
Tel. 0221-838075-79
Fax: 0221-831358+59

Pasten, PVC-

iSL Chemie GmbH
Postf. 910 404, 5000 Köln 91
Tel. 0221-838075-79
Fax: 0221-831358+59

Pasten, Ruß-

iSL Chemie GmbH
Postf. 910 404, 5000 Köln 91
Tel. 0221-838075-79
Fax: 0221-831358+59

Peroxide

Hüls AG, D-4370 Marl

Pergan GmbH
4290 Bocholt

Peroxid-Chemie GmbH
8023 Höllriegelskreuth
Tel. 089/7279-0, Tx 523 482

Persulfate

Peroxid-Chemie GmbH
8023 Höllriegelskreuth
Tel. 089/7279-0, Tx 523 482

Phenoplaste

Bakelite Gesellschaft mbH
Postfach 7154
W-5860 Iserlohn-Letmathe
Tel. 02374/925-0, Fax /925408

Pigmente, allgem.

BASF Aktiengesellschaft
D-6700 Ludwigshafen am Rhein

Bassermann + Co
E 4, 4-6, Pf. 120261
6800 Mannheim 1
Tel. 0621/15010, Fax./1501297

Pigmente, Aluminium

Eckart-Werke
Postfach 1452, 8510 Fürth
Tel. 0911/9978-0,Fax./9978-282

Pigmente, Bunt-

Eckart-Werke
Postfach 1452, 8510 Fürth
Tel. 0911/9978-0,Fax./9978-282
Pigmente, Goldbronze

Gustav Grolman GmbH & Co. KG
PF 240248, W-4 Düsseldorf 1
Tel. 0211/3672-01 Fax /3672264

Lehmann & Voss & Co
Alsterufer 19, 2000 Hamburg 36
Tel. 040/441970, Fax/44197219

Pigmente, Kupfer

Eckart-Werke
Postfach 1452, 8510 Fürth
Tel. 0911/9978-0,Fax./9978-282

Pigmente, Perlglanz-

E. Merck, Postfach 4119
D-6100 Darmstadt
Tel. 06151/72-0, Tx 419328-0
Fax: 06151/727684
IRIODIN

Pigmente, Tagesleucht-

Langer & Co. PF 1155
2863 Ritterhude, Tx 246789

Pigmente, Titandioxid als

Kronos Titan-GmbH
Pf. 100720, 5090 Leverkusen 1
Tel. 0214/356-0, Tx 8510823
Telefax 0214/42150

Pigmentverkollerungen

Georg Deifel KG, Postf. 4066
8720 Schweinfurt,
Tel. 09721/1774, Fax /185099

G. E. Habich's Söhne
3512 Reinhardshagen
Telefon: 05544/ 791-0
Telefax: 05544/ 8238

Polyacetale (POM)

BASF Aktiengesellschaft
D-6700 Ludwigshafen am Rhein

DuPont de Nemours
(Deutschland) GmbH
Du Pont Str. 1, Postfach 1365
6380 Bad Homburg v.d.H.
Tel. 06172-87-0, Tx: 410676 dpd
Fax: 06172-871500

K. D. Feddersen & Co, 2 Hamburg 11

Hoechst Aktiengesellschaft
Marketing Kunststoffe
D-6230 Frankfurt am Main 80

Polyma Kunststoff GmbH & Co KG
Am Knick 4, 2000 Oststeinbek
T.040/7135701, Fax 040/7136071

Deutsche Snia, Pf. 13 23 53
56 Wuppertal, Tel. 0202/493050

Tekuma Kunststoff GmbH
T 040/7277020 FS 2162726
2057 Reinbek

**Polyacrylsäureester und
Mischpolymere**

Dr. Th. Böhme KG, Chem. Fabrik
Isardamm 79, 8192 Geretsried
Tel.: 08171/628-0, Tlx. 526312
Telefax: 08171/628-388

K. D. Feddersen & Co, 2 Hamburg 11

Polyamid-Copolymere

K. D. Feddersen & Co, 2 Hamburg 11

Frisetta GmbH, Oberfeld 1-5
7869 Schönau, Tel. 07673/829-0

Hüls AG, D-4370 Marl

Rhone-Poulenc GmbH
Städelstr. 10, Postf. 700862
6000 Frankfurt/Main 70
Tel. (069) 6093-0
Telex 416 085 rhon d
Telefax (069) 6093-333

Deutsche Snia, Pf. 13 23 53
56 Wuppertal, Tel. 0202/493050

Polyamide

Bakelite Gesellschaft mbH
Postfach 7154
D-5860 Iserlohn-Letmathe
Telefon (02374) 925-0
Telefax (02374) 925258/925409

BASF Aktiengesellschaft
D-6700 Ludwigshafen am Rhein

Bayer AG
Geschäftsbereich Kunststoffe
D-5090 Leverkusen
(Durethan®)

Bergmann Th. GmbH & Co.
Kunststoffwerk KG
Adolf-Dambach-Str. 2-4
7560 Gaggenau 12
Tel. 07225/6802-0 FS 78826
Fax: 07225/6802-10

cp-polymer technik gmbh
D-2863 Ritterhude, Postf. 1158
Tel. 04292/1034, Tx 249926
Fax 04292/1039
Wellamid

DSM Deutschland GmbH & Co.
Kunststoffe
Tersteegenstraße 77
4000 Düsseldorf 30
Tel. 0211/454940, Fax 4370917

DuPont de Nemours
(Deutschland) GmbH
Du Pont Str. 1, Postfach 1365
6380 Bad Homburg v.d.H.
Tel. 06172-87-0
Tx: 410676 dpd
Fax: 06172-871500

K. D. Feddersen & Co, 2 Hamburg 11

Frisetta GmbH, Oberfeld 1-5
7869 Schönau, Tel. 07673/829-0

HENKEL KGaA
COK Plastics & Coatings
Postfach 101100
W-4000 Düsseldorf 1
Tel. 0211/7977414,Fax./7989638
Loxiol®, Edenol®, Stabilox®

Hoechst Aktiengesellschaft
Marketing Kunststoffe
D-6230 Frankfurt am Main 80

Hüls AG, D-4370 Marl

Janßen & Angenendt GmbH
Elbestr. 29, 4150 Krefeld
sh. Gruppe A, ABS-Kunststoffe

LEUNA-WERKE AG
Am Haupttor, O-4220 Leuna
Tel. Merseburg/430
Fax. Merseburg/211038

Monsanto Deutschland GmbH
Immermannstrasse 3
D-4000 Düsseldorf 1
Tel. (0211) 36750
Telex 8581307 mod d
Telefax (0211) 3675341
PA 6,6 und verstärke PA 6,6

Polyma Kunststoff GmbH & Co KG
Am Knick 4, 2000 Oststeinbek
T.040/7135701, Fax 040/7136071

Polypenco GmbH
5060 Berg. Gladbach 2

Rhone-Poulenc GmbH
Städelstr. 10, Postf. 700862
6000 Frankfurt/Main 70
Tel. (069) 6093-0
Telex 416 085 rhon d
Telefax (069) 6093-333

Deutsche Snia, Pf. 13 23 53
56 Wuppertal, Tel. 0202/493050

Tekuma Kunststoff GmbH
T 040/7277020 FS 2162726
2057 Reinbek

Thüringische Faser AG
Breitscheidstraße 103
O-6822 Rudolstadt/Thür.
Tel. 52131, Fax: 52274 + 52279

Polyamidimid

Amoco Chemical
Deutschland GmbH
Heinrichstr. 85
4 Düsseldorf 1, Tx 8588662
Tel. 0211/61 20 81-82
Fax. 0211/62 89 40

Polyamid-Pulver

K. D. Feddersen & Co, 2 Hamburg 11

godding + dressler GmbH
Heidestr. 3, 5309 Meckenheim
Tel. 02225/2011, Fax 02225/7796

Deutsche Snia, Pf. 13 23 53
56 Wuppertal, Tel. 0202/493050

Polybuten

Deutsche Shell Chemie GmbH,
6236 Eschborn, Tel. 0 61 96/4 74-0

Polybutylenterephthalat

BASF Aktiengesellschaft
D-6700 Ludwigshafen am Rhein

Bayer AG
Geschäftsbereich Kunststoffe
D-5090 Leverkusen
(Pocan®)

Bergmann Th. GmbH & Co.
Kunststoffwerk KG
Adolf-Dambach-Str. 2-4
7560 Gaggenau 12
Tel. 07225/6802-0 FS 78826
Fax: 07225/6802-10

Ciba-Geigy Marienberg GmbH
Postfach 1253, 6140 Bensheim
Tel. 06254/790, Fax /79493

DSM Deutschland GmbH & Co.
Kunststoffe
Tersteegenstraße 77
4000 Düsseldorf 30
Tel. 0211/454940, Fax 4370917

DuPont de Nemours
(Deutschland) GmbH
Du Pont Str. 1, Postfach 1365
6380 Bad Homburg v.d.H.
Tel. 06172-87-0
Tx: 410676 dpd
Fax: 06172-871500

K. D. Feddersen & Co, 2 Hamburg 11

Hoechst Aktiengesellschaft
Marketing Kunststoffe
D-6230 Frankfurt am Main 80

Hüls AG, D-4370 Marl

Janßen & Angenendt GmbH
Elbestr. 29, 4150 Krefeld
sh. Gruppe A, ABS-Kunststoffe

Polyma Kunststoff GmbH & Co KG
Am Knick 4, 2000 Oststeinbek
T.040/7135701, Fax 040/7136071

Rhone-Poulenc GmbH
Städelstr. 10, Postf. 700862
6000 Frankfurt/Main 70
Tel. (069) 6093-0
Telex 416 085 rhon d
Telefax (069) 6093-333

Tekuma Kunststoff GmbH
T 040/7277020 FS 2162726
2057 Reinbek

Polycarbonate

Bayer AG
Geschäftsbereich Kunststoffe
D-5090 Leverkusen
(Makrolon®)
auch hochwärmeformbeständig
(Apec®HT)

DSM Deutschland GmbH & Co.
Kunststoffe
Tersteegenstraße 77
4000 Düsseldorf 30
Tel. 0211/454940, Fax 4370917

K. D. Feddersen & Co, 2 Hamburg 11

Janßen & Angenendt GmbH
Elbestr. 29, 4150 Krefeld
sh. Gruppe A, ABS-Kunststoffe

Polyma Kunststoff GmbH & Co KG
Am Knick 4, 2000 Oststeinbek
T.040/7135701, Fax 040/7136071

Tekuma Kunststoff GmbH
T 040/7277020 FS 2162726
2057 Reinbek

Polyester, allgem.

HENKEL KGaA
COK Plastics & Coatings
Postfach 101100
W-4000 Düsseldorf 1
Tel. 0211/7977414,Fax./7989638
Loxiol®, Edenol®, Stabilox®

Polyester, thermoplastisch

BASF Aktiengesellschaft
D-6700 Ludwigshafen am Rhein

Ciba-Geigy Marienberg GmbH
Postfach 1253, 6140 Bensheim
Tel. 06254/790, Fax /79493

DuPont de Nemours
(Deutschland) GmbH
Du Pont Str. 1, Postfach 1365
6380 Bad Homburg v.d.H.
Tel. 06172-87-0, Tx: 410676 dpd
Fax: 06172-871500

K. D. Feddersen & Co, 2 Hamburg 11

Hoechst Aktiengesellschaft
Marketing Kunststoffe
D-6230 Frankfurt am Main 80

Hüls AG, D-4370 Marl

Rhone-Poulenc GmbH
Städelstr. 10, Postf. 700862
6000 Frankfurt/Main 70
Tel. (069) 6093-0
Telex 416 085 rhon d
Telefax (069) 6093-333

Deutsche Snia, Pf. 13 23 53
56 Wuppertal, Tel. 0202/493050

Polyester (ungesättigt)

BASF Aktiengesellschaft
D-6700 Ludwigshafen am Rhein

Ciba-Geigy Marienberg GmbH
Postfach 1253, 6140 Bensheim
Tel. 06254/790, Fax /79493

Hoechst Aktiengesellschaft
Marketing Kunststoffe
D-6230 Frankfurt am Main 80

Jotun Polymer A.S.
P.O.Box 2061,N-3201 Sandefjord
34-57000/ 34-64614
NORPOL

Neste Chemicals GmbH
4000 Düsseldorf 30
Tel.: 02 11 - 6 10 80

Synthopol Chemie
Alter Postweg 35
2150 Buxtehude
Tel. 04161/70710, Fax /80130
Telex 218805 koch d

Polyester-Gel-Coat

Jotun Polymer A.S.
P.O.Box 2061,N-3201 Sandefjord
34-57000/ 34-64614
NORPOL

Neste Chemicals GmbH
4000 Düsseldorf 30
Tel.: 02 11 - 6 10 80

Polyester-Polyole

BASF Aktiengesellschaft
D-6700 Ludwigshafen am Rhein

Elastogran GmbH
Geschäftsbereich Systeme (PU)
D-8037 Olching 1
Tel. 08142/1780, FS 527958
Telefax 08142/178213
Systeme zur Herstellung von
Polyurethan-Kunststoffen.
Ein Unternehmen der
BASF-Gruppe.

HENKEL KGaA
COK Plastics & Coatings
Postfach 101100
W-4000 Düsseldorf 1
Tel. 0211/7977414,Fax./7989638
Loxiol®, Edenol®, Stabilox®

Polyether

HENKEL KGaA
COK Plastics & Coatings
Postfach 101100
W-4000 Düsseldorf 1
Tel. 0211/7977414,Fax./7989638
Loxiol®, Edenol®, Stabilox®

Polyetherketon

BASF Aktiengesellschaft
D-6700 Ludwigshafen am Rhein

Hoechst Aktiengesellschaft
Marketing Kunststoffe
D-6230 Frankfurt am Main 80

Polyether-Polyole

Elastogran GmbH
Geschäftsbereich Systeme (PU)
D-8037 Olching 1
Tel. 08142/1780, FS 527958
Telefax 08142/178213
Systeme zur Herstellung von
Polyurethan-Kunststoffen.
Ein Unternehmen der
BASF-Gruppe.

HENKEL KGaA
COK Plastics & Coatings
Postfach 101100
W-4000 Düsseldorf 1
Tel. 0211/7977414,Fax./7989638
Loxiol®, Edenol®, Stabilox®

Polyethersulfon

Amoco Chemical
Deutschland GmbH
Heinrichstr. 85
4 Düsseldorf 1, Tx 8588662
Tel. 0211/61 20 81-82
Fax. 0211/62 89 40

BASF Aktiengesellschaft
D-6700 Ludwigshafen am Rhein

Polyethylen, allgem.

BASF Aktiengesellschaft
D-6700 Ludwigshafen am Rhein

DSM Deutschland GmbH & Co.
Kunststoffe
Tersteegenstraße 77
4000 Düsseldorf 30
Tel. 0211/454940, Fax 4370917
lineares Polyethylen

K. D. Feddersen & Co, 2 Hamburg 11

LEUNA-WERKE AG
Am Haupttor, O-4220 Leuna
Tel. Merseburg/430
Fax. Merseburg/211038

Polyethylen, chloriert (CPE)

Hoechst Aktiengesellschaft
Marketing Kunststoffe
D-6230 Frankfurt am Main 80

**Polyethylen, hoher Dichte
(HDPE)**

BASF Aktiengesellschaft
D-6700 Ludwigshafen am Rhein

DSM Deutschland GmbH & Co.
Kunststoffe
Tersteegenstraße 77
4000 Düsseldorf 30
Tel. 0211/454940, Fax 4370917

K. D. Feddersen & Co, 2 Hamburg 11

godding + dressler GmbH
Heidestr. 3, 5309 Meckenheim
Tel. 02225/2011,Fax 02225/7796

Hoechst Aktiengesellschaft
Marketing Kunststoffe
D-6230 Frankfurt am Main 80

Hüls AG, D-4370 Marl

(Polyethylen, hoher Dichte, Forts.)

Neste Chemicals GmbH
4000 Düsseldorf 30
Tel.: 02 11 - 6 10 80

**Polyethylen, mittlerer
Dichte**

BASF Aktiengesellschaft
D-6700 Ludwigshafen am Rhein

K. D. Feddersen & Co, 2 Hamburg 11

Hoechst Aktiengesellschaft
Marketing Kunststoffe
D-6230 Frankfurt am Main 80

Neste Chemicals GmbH
4000 Düsseldorf 30
Tel.: 02 11 - 6 10 80

**Polyethylen, niedriger
Dichte (LDPE)**

BASF Aktiengesellschaft
D-6700 Ludwigshafen am Rhein

DSM Deutschland GmbH & Co.
Kunststoffe
Tersteegenstraße 77
4000 Düsseldorf 30
Tel. 0211/454940, Fax 4370917
PE sehr niedriger Dichte

K. D. Feddersen & Co, 2 Hamburg 11

godding + dressler GmbH
Heidestr. 3, 5309 Meckenheim
Tel. 02225/2011,Fax 02225/7796

LEUNA-WERKE AG
Am Haupttor, O-4220 Leuna
Tel. Merseburg/430
Fax. Merseburg/211038

Neste Chemicals GmbH
4000 Düsseldorf 30
Tel.: 02 11 - 6 10 80

Deutsche Shell Chemie GmbH,
6236 Eschborn, Tel. 061 96/4 74-0

Polyethylen UHMW

Hoechst Aktiengesellschaft
Marketing Kunststoffe
D-6230 Frankfurt am Main 80

Polyethylenterephthalat

Ciba-Geigy Marienberg GmbH
Postfach 1253, 6140 Bensheim
Tel. 06254/790, Fax /79493

DSM Deutschland GmbH & Co.
Kunststoffe
Tersteegenstraße 77
4000 Düsseldorf 30
Tel. 0211/454940, Fax./4370917

DuPont de Nemours
(Deutschland) GmbH
Du Pont Str. 1, Postfach 1365
6380 Bad Homburg v.d.H.
Tel. 06172-87-0
Tx: 410676 dpd
Fax: 06172-871500

Hoechst Aktiengesellschaft
Marketing Kunststoffe
D-6230 Frankfurt am Main 80

Rhone-Poulenc GmbH
Städelstr. 10, Postf. 700862
6000 Frankfurt/Main 70
Tel. (069) 6093-0
Telex 416 085 rhon d
Telefax (069) 6093-333

Thüringische Faser AG
Breitscheidstraße 103
O-6822 Rudolstadt/Thür.
Tel. 52131, Fax: 52274+52279

Polyimide

Hoechst Aktiengesellschaft
Marketing Kunststoffe
D-6230 Frankfurt am Main 80

Rhone-Poulenc GmbH
Städelstr. 10, Postf. 700862
6000 Frankfurt/Main 70
Tel. (069) 6093-0
Telex 416 085 rhon d
Telefax (069) 6093-333

Polyisobutylen

BASF Aktiengesellschaft
D-6700 Ludwigshafen am Rhein

KRAUSS MAFFEI
Kunststofftechnik

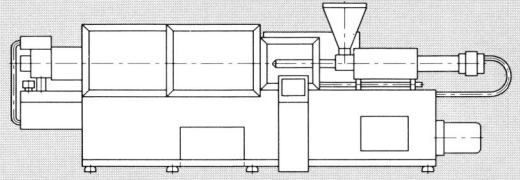

Spritzgießmaschinen
Spritzgießmaschinen zur
Verarbeitung von Thermo-
plasten von 600 bis 40000 kN.
Spritzgießmaschinen für
Gummi-, Silikonkautschuk-
und Polyesterverarbeitung.

RIM-Maschinen
Hochdruckmisch- und Dosiermaschinen. Mischköpfe, Anlagen
zur Verarbeitung von Polyurethan
und anderen reaktiven
Komponenten.

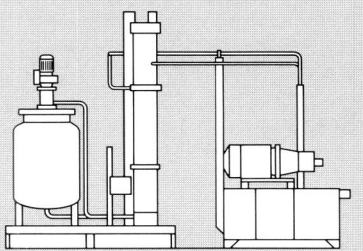

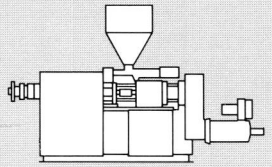

**Ein- und Doppelschnecken-
Extruder, Extrusionsanlagen**
Werkzeugsysteme, Nachfolge-
einrichtungen für die Herstellung von
Rohren, Profilen und Granulaten.

Krauss-Maffei-Kunststofftechnik.
Das international
erfolgreiche Programm.

**Krauss-Maffei
Kunststofftechnik GmbH
Krauss-Maffei-Straße 2
8000 München 50
Telefon 089/88 99 0
Telefax 089/88 99 32 19
Telex 5 23 163-14**

3/8162

Der Weg war weit und „steinig"

Computergehäuse und Keyboards aus VESTOLIT® Compound

Textverarbeitung braucht eine solide Hardware. Das war schon vor der Zeitrechnung so. Weit und „steinig" war der Weg bis zu unseren modernen Informationssystemen. Diese können größere Mengen an Informationen speichern, sind dafür aber auch empfindlicher. Wenn es um moderne Gehäusewerkstoffe geht, favorisieren namhafte Computerhersteller VESTOLIT Compound, denn für diesen Werkstoff

sprechen eine Reihe guter Argumente:
- große Wirtschaftlichkeit
- inhärente Schwerentflammbarkeit
- homogene Oberfläche
- Dimensionsstabilität, Schlagfestigkeit
- Resistenz gegen UV-Licht und Chemikalien

Welcher Gehäusewerkstoff kann das in dieser Kombination noch bieten? Für weitere Fragen stehen wir Ihnen gern zur Verfügung.

HÜLS AKTIENGESELLSCHAFT
Referat 1122, D-4370 Marl
Telefax (0 23 65) 49-41 79

Polyisocyanate

Deutsche Shell Chemie GmbH,
6236 Eschborn, Tel. 061 96/4 74-0

Polymerbatches

Bassermann + Co
E 4, 4-6, Pf. 120261
6800 Mannheim 1
Tel. 0621/15010, Fax./1501297

K. D. Feddersen & Co, 2 Hamburg 11

Polymerisationshilfsmittel

Hoechst Aktiengesellschaft
Marketing TH
D-6230 Frankfurt am Main 80

Peroxid-Chemie GmbH
8023 Höllriegelskreuth
Tel. 089/7279-0, Tx 523 482

Polymerlegierungen (Blends)

BASF Aktiengesellschaft
D-6700 Ludwigshafen am Rhein

K. D. Feddersen & Co, 2 Hamburg 11

Frisetta GmbH, Oberfeld 1-5
7869 Schönau, Tel. 07673/829-0

Hoechst Aktiengesellschaft
Marketing Kunststoffe
D-6230 Frankfurt am Main 80

Hüls AG, D-4370 Marl

Polyole

BASF Aktiengesellschaft
D-6700 Ludwigshafen am Rhein

HENKEL KGaA
COK Plastics & Coatings
Postfach 101100
W-4000 Düsseldorf 1
Tel. 0211/7977414,Fax./7989638
Loxiol®, Edenol®, Stabilox®

Hüls AG, D-4370 Marl

Deutsche Shell Chemie GmbH,
6236 Eschborn, Tel. 061 96/4 74-0

Polyolefine, ataktische

Hoechst Aktiengesellschaft
Marketing Kunststoffe
D-6230 Frankfurt am Main 80

Polyphenylensulfid

Ciba-Geigy Marienberg GmbH
Postfach 1253, 6140 Bensheim
Tel. 06254/790, Fax /79493

Hoechst Aktiengesellschaft
Marketing Kunststoffe
D-6230 Frankfurt am Main 80

Polyphthalamid

Amoco Chemical
Deutschland GmbH
Heinrichstr. 85
4 Düsseldorf 1, Tx 8588662
Tel. 0211/61 20 81-82
Fax. 0211/62 89 40

Polypropylen

BASF Aktiengesellschaft
D-6700 Ludwigshafen am Rhein

DSM Deutschland GmbH & Co.
Kunststoffe
Tersteegenstraße 77
4000 Düsseldorf 30
Tel. 0211/454940, Fax 4370917
modifiziertes amorphes PP
elastomer-modifiziertes PP
reaktor-elastomer-mod. PP

K. D. Feddersen & Co, 2 Hamburg 11

godding + dressler GmbH
Heidestr. 3, 5309 Meckenheim
Tel. 02225/2011,Fax 02225/7796

Hoechst Aktiengesellschaft
Marketing Kunststoffe
D-6230 Frankfurt am Main 80

Hüls AG, D-4370 Marl

Neste Chemicals GmbH
4000 Düsseldorf 30
Tel.: 02 11 - 6 10 80

Shell Chemie Köln GmbH,
5047 Wessling, Tel. 0 22 32/7 05-0

Deutsche Snia, Pf. 13 23 53
56 Wuppertal, Tel. 0202/493050

Polystyrol
Polystyrol, expandierbar

Deutsche Shell Chemie GmbH,
6236 Eschborn, Tel. 061 96/4 74-0

Polysulfone

Amoco Chemical
Deutschland GmbH
Heinrichstr. 85
4 Düsseldorf 1, Tx 8588662
Tel. 0211/61 20 81-82
Fax. 0211/62 89 40

BASF Aktiengesellschaft
D-6700 Ludwigshafen am Rhein

Polytetrafluorethylen

Hoechst Aktiengesellschaft
Marketing Kunststoffe
D-6230 Frankfurt am Main 80

Polyurethan-Ausgangsstoffe

Elastogran GmbH
Geschäftsbereich Systeme (PU)
D-8037 Olching 1
Tel. 08142/1780, FS 527958
Telefax 08142/178213
Systeme zur Herstellung von
Polyurethan-Kunststoffen.
Ein Unternehmen der
BASF-Gruppe.

Rhone-Poulenc GmbH
Städelstr. 10, Postf. 700862
6000 Frankfurt/Main 70
Tel. (069) 6093-0
Telex 416 085 rhon d
Telefax (069) 6093-333

Deutsche Shell Chemie GmbH,
6236 Eschborn, Tel. 0 61 96/4 74-0

Polyurethane, thermopl.

BASF Aktiengesellschaft
D-6700 Ludwigshafen am Rhein

Bayer AG
Geschäftsbereich Kunststoffe
D-5090 Leverkusen
(Desmopan®)

BF Goodrich Chemical
(Deutschland) GmbH
Görlitzer Str. 1, 4040 Neuss
Tel.:‹02131› 18050 Tx.8517528
Fax.:‹02131› 180530
Estane Estaloc
TempRite Geon Fiberloc

Elastogran GmbH
Geschäftsbereich
Elastomere (PE)
D-2844 Lemförde
Tel. 05443/12-0, FS 941232
Telefax 05443/12555
Teletex 5443811
Thermoplastisch verarbeitbare
Polyurethan-Elastomere und
Textilbeschichtungs-Polyurethane.
Ein Unternehmen der
BASF-Gruppe.

K. D. Feddersen & Co, 2 Hamburg 11

Lehmann & Voss & Co
Alsterufer 19, 2000 Hamburg 36
Tel. 040/441970, Fax/44197219

Polyurethan-Elastomere

BASF Aktiengesellschaft
D-6700 Ludwigshafen am Rhein

Phoenix AG 2100 Hamburg 90
Seehafenstraße 16
Tel. 040/7667-3013
KERIPOL (Formmassen)

Polyurethansysteme

BASF Aktiengesellschaft
D-6700 Ludwigshafen am Rhein

Elastogran GmbH
Geschäftsbereich Systeme (PU)
D-8037 Olching 1
Tel. 08142/1780, FS 527958
Telefax 08142/178213
Systeme zur Herstellung von
Polyurethan-Kunststoffen.
Ein Unternehmen der
BASF-Gruppe.

HENKEL KGaA
COK Plastics & Coatings
Postfach 101100
W-4000 Düsseldorf 1
Tel. 0211/7977414,Fax./7989638
Loxiol®, Edenol®, Stabilox®

E. Rühl AG, Hugenottenstr. 105
6382 Friedrichsdorf, Tx 415181
Tel. 06172/733283, Fax 733141

Deutsche Shell Chemie GmbH,
6236 Eschborn, Tel. 0 61 96/4 74-0

Polyvinylacetale

Wacker-Chemie GmbH
Hanns-Seidel-Pl.4, 8 München 2

Polyvinylacetat

Wacker-Chemie GmbH
Hanns-Seidel-Pl.4, 8 München 2

Polyvinylalkohol

DuPont de Nemours
(Deutschland) GmbH
Du Pont Str. 1, Postfach 1365
6380 Bad Homburg v.d.H.
Tel. 06172-87-0
Tx: 410676 dpd
Fax: 06172-871500

Wacker-Chemie GmbH
Hanns-Seidel-Pl.4, 8 München 2

Polyvinylbutyral

Wacker-Chemie GmbH
Hanns-Seidel-Pl.4, 8 München 2

Pulver für Flammspritzen und Wirbelsintern

K. D. Feddersen & Co, 2 Hamburg 11

Hüls AG, D-4370 Marl

PVC

BASF Aktiengesellschaft
D-6700 Ludwigshafen am Rhein

BF Goodrich Chemical
(Deutschland) GmbH
Görlitzer Str. 1, 4040 Neuss
Tel.:‹02131› 18050 Tx.8517528
Fax.:‹02131› 180530
Estane Estaloc
TempRite Geon Fiberloc

K. D. Feddersen & Co, 2 Hamburg 11

Hoechst Aktiengesellschaft
Marketing Kunststoffe
D-6230 Frankfurt am Main 80

Hüls AG, D-4370 Marl

Neste Chemicals GmbH
4000 Düsseldorf 30
Tel.: 02 11 - 6 10 80

Wacker-Chemie GmbH
Hanns-Seidel-Pl.4, 8 München 2

PVC-Additive

Dr. Th. Böhme KG, Chem. Fabrik
Isardamm 79, 8192 Geretsried
Tel.: 08171/628-0, Tlx. 526312
Telefax: 08171/628-388

Ciba-Geigy Marienberg GmbH
Postfach 1253, 6140 Bensheim
Tel. 06254/790, Fax /79493

HENKEL KGaA
COK Plastics & Coatings
Postfach 101100
W-4000 Düsseldorf 1
Tel. 0211/7977414,Fax./7989638
Loxiol®, Edenol®, Stabilox®

Hüls AG, D-4370 Marl

PVC-C (nachchloriertes PVC)

BF Goodrich Chemical
(Deutschland) GmbH
Görlitzer Str. 1, 4040 Neuss
Tel.:‹02131› 18050 Tx.8517528
Fax.:‹02131› 180530
Estane Estaloc
TempRite Geon Fiberloc

PVC-Copolymerisate

Hoechst Aktiengesellschaft
Marketing Kunststoffe
D-6230 Frankfurt am Main 80

Wacker-Chemie GmbH
Hanns-Seidel-Pl.4, 8 München 2

PVC-Dispersionen

Hüls AG, D-4370 Marl

Wacker-Chemie GmbH
Hanns-Seidel-Pl.4, 8 München 2

PVC-hart (Compounds)

BASF Aktiengesellschaft
D-6700 Ludwigshafen am Rhein

Chemie AG Bitterfeld-Wolfen
PF 1200, O-4400 Bitterfeld AWT
Tel. 03493/7-2681

(PVC-hart (Compounds), Forts.)

GODIPLAST GmbH,
6695 Tholey, Tel. 0 68 53/20 94,
Fax. /54 83

Hoechst Aktiengesellschaft
Marketing Kunststoffe
D-6230 Frankfurt am Main 80

Hüls AG, D-4370 Marl

Neste Chemicals GmbH
4000 Düsseldorf 30
Tel.: 02 11 - 6 10 80

Polymer-Chemie GmbH
Haystraße, D-6553 Sobernheim
Tel. 06751/84-0 Fax 06751/8442

Deutsche Shell Chemie GmbH,
6236 Eschborn, Tel. 0 61 96/4 74-0

PVC-hart (Granulate)

Begra Kunststoffproduktion
GmbH, 1000 Berlin 51
Tel. 030/4143030, Tlx. 182728
Fax 030/4144095

PVC-Homopolymerisate

Wacker-Chemie GmbH
Hanns-Seidel-Pl.4, 8 München 2

PVC-Pasten (Plastisole)

Hoechst Aktiengesellschaft
Marketing Kunststoffe
D-6230 Frankfurt am Main 80

Hüls AG, D-4370 Marl

Polymer-Chemie GmbH
Haystraße, D-6553 Sobernheim
Tel. 06751/84-0 Fax 06751/8442

Wacker-Chemie GmbH
Hanns-Seidel-Pl.4, 8 München 2

PVC-Pulver

BASF Aktiengesellschaft
D-6700 Ludwigshafen am Rhein

BF Goodrich Chemical
(Deutschland) GmbH
Görlitzer Str. 1, 4040 Neuss
Tel.:‹02131› 18050 Tx.8517528
Fax.:‹02131› 180530
Estane Estaloc
TempRite Geon Fiberloc

Hüls AG, D-4370 Marl

Wacker-Chemie GmbH
Hanns-Seidel-Pl.4, 8 München 2

PVC-Pulvermischungen

Begra Kunststoffproduktion
GmbH, 1000 Berlin 51
Tel. 030/4143030, Tlx. 182728
Fax 030/4144095

GODIPLAST GmbH,
6695 Tholey, Tel. 0 68 53/20 94,
Fax. /54 83

Polymer-Chemie GmbH
Haystraße, D-6553 Sobernheim
Tel. 06751/84-0 Fax 06751/8442

PVC-weich (Compounds)

Chemie AG Bitterfeld-Wolfen
PF 1200, O-4400 Bitterfeld AWT
Tel. 03493/7-2681

DS-Chemie GmbH
Postf. 106149, 2800 Bremen
Tel.0421/39002-91,Tx 246448 ds
Fax 0421/39002-79
Pasten und Granulate

GODIPLAST GmbH,
6695 Tholey, Tel. 0 68 53/20 94,
Fax. /54 83

Hoechst Aktiengesellschaft
Marketing Kunststoffe
D-6230 Frankfurt am Main 80

Neste Chemicals GmbH
4000 Düsseldorf 30
Tel.: 02 11 - 6 10 80

Polymer-Chemie GmbH
Haystraße, D-6553 Sobernheim
Tel. 06751/84-0 Fax 06751/8442

Quarz-Mehle

Chemag AG, Fax 069-7434383
Postfach 150103, 6 Frankfurt 1

K. D. Feddersen & Co, 2 Hamburg 11

Rußkunststoffkonzentrat

Bassermann + Co
E 4, 4-6, Pf. 120261
6800 Mannheim 1
Tel. 0621/15010, Fax./1501297

K. D. Feddersen & Co, 2 Hamburg 11

SAN-Copolymerisate

BASF Aktiengesellschaft
D-6700 Ludwigshafen am Rhein

K. D. Feddersen & Co, 2 Hamburg 11

Monsanto Deutschland GmbH
Immermannstrasse 3
D-4000 Düsseldorf 1
Tel. (0211) 36750
Telex 8581307 mod d
Telefax (0211) 3675341

Tekuma Kunststoff GmbH
T 040/7277020 FS 2162726
2057 Reinbek

SB-Copolymerisate

K. D. Feddersen & Co, 2 Hamburg 11

Hüls AG, D-4370 Marl

Schäummittel

HENKEL KGaA
COK Plastics & Coatings
Postfach 101100
W-4000 Düsseldorf 1
Tel. 0211/7977414,Fax./7989638
Loxiol®, Edenol®, Stabilox®

Schlagfestmacher für PVC

HENKEL KGaA
COK Plastics & Coatings
Postfach 101100
W-4000 Düsseldorf 1
Tel. 0211/7977414,Fax./7989638
Loxiol®, Edenol®, Stabilox®

Monsanto Deutschland GmbH
Immermannstrasse 3
D-4000 Düsseldorf 1
Tel. (0211) 36750
Telex 8581307 mod d
Telefax (0211) 3675341

Rohm and Haas Deutschland GmbH
In der Kron 4
6000 Frankfurt 90
Tel. 069/78996-0 Fax 7895356

Wacker-Chemie GmbH
Hanns-Seidel-Pl.4, 8 München 2

Schlagzähigkeitsverbesserer

K. D. Feddersen & Co, 2 Hamburg 11

Rohm and Haas Deutschland GmbH
In der Kron 4
6000 Frankfurt 90
Tel. 069/78996-0 Fax 7895356

Silane

Hüls AG, D-4370 Marl

Wacker-Chemie GmbH
Hanns-Seidel-Pl.4, 8 München 2

Silikate, allgem.

Rhone-Poulenc GmbH
Städelstr. 10, Postf. 700862
6000 Frankfurt/Main 70
Tel. (069) 6093-0
Telex 416 085 rhon d
Telefax (069) 6093-333

Silikate, Blei-

Chemag AG, Fax 069-7434383
Postfach 150103, 6 Frankfurt 1

Silikone

Dr. Th. Böhme KG, Chem. Fabrik
Isardamm 79, 8192 Geretsried
Tel.: 08171/628-0, Tlx. 526312
Telefax: 08171/628-388

CWB Chemtech KG, Essen
Tel. 0201/594081 Fax 598397

Rhone-Poulenc GmbH
Städelstr. 10, Postf. 700862
6000 Frankfurt/Main 70
Tel. (069) 6093-0
Telex 416 085 rhon d
Telefax (069) 6093-333

Wacker-Chemie GmbH
Hanns-Seidel-Pl.4, 8 München 2

Silikon-Emulsionen

Wacker-Chemie GmbH
Hanns-Seidel-Pl.4, 8 München 2

Silikon-Öle

Wacker-Chemie GmbH
Hanns-Seidel-Pl.4, 8 München 2

Silikon-Sprays

DRAWIN Vertriebs GmbH
Rudolf-Diesel-Str. 15
8012 Ottobrunn/Riemerling
Tel. 608099-0, Fax. 608099-49

Stabilisatoren, allgem.

Bärlocher GmbH
Riesstr. 16, 8000 München 50
Tel. 089/1488-0, FS 5215773
Fax: 089/1488312

BASF Aktiengesellschaft
D-6700 Ludwigshafen am Rhein

HENKEL KGaA
COK Plastics & Coatings
Postfach 101100
W-4000 Düsseldorf 1
Tel. 0211/7977414,Fax./7989638
Loxiol®, Edenol®, Stabilox®

Stabilisatoren, UV-

Lehmann & Voss & Co
Alsterufer 19, 2000 Hamburg 36
Tel. 040/441970, Fax/44197219

Stabilisatoren für PVC

Ciba-Geigy Marienberg GmbH
Postfach 1253, 6140 Bensheim
Tel. 06254/790, Fax /79493

HENKEL KGaA
COK Plastics & Coatings
Postfach 101100
W-4000 Düsseldorf 1
Tel. 0211/7977414,Fax./7989638
Loxiol®, Edenol®, Stabilox®
PVC-Gleitmittel-Stabilisatoren
Compounds
PVC-Ca/Zn-Stabilisatoren

Hoechst AG, Marketing
Wachse u. Kunststoff-Additive
8906 Gersthofen
Tlx 53831, Fax. 0821/496639

Stearate

HENKEL KGaA
COK Plastics & Coatings
Postfach 101100
W-4000 Düsseldorf 1
Tel. 0211/7977414,Fax./7989638
Loxiol®, Edenol®, Stabilox®

Stearinsäure

HENKEL KGaA
COK Plastics & Coatings
Postfach 101100
W-4000 Düsseldorf 1
Tel. 0211/7977414,Fax./7989638
Loxiol®, Edenol®, Stabilox®

Stickstoff, flüssig und gasförmig

Hüls AG, D-4370 Marl

Messer Griesheim GmbH
Homberger Straße 12
4000 Düsseldorf 30
Tel.: (0211) 4303-0

Streckmittel

Hüls AG, D-4370 Marl

Styrol-Copolymerisate

BASF Aktiengesellschaft
D-6700 Ludwigshafen am Rhein

DSM Deutschland GmbH & Co.
Kunststoffe
Tersteegenstraße 77
4000 Düsseldorf 30
Tel. 0211/454940, Fax 4370917
Styrol-Maleinsäure-Anhydrid

K. D. Feddersen & Co, 2 Hamburg 11

Hüls AG, D-4370 Marl

Talkum

Bassermann + Co
E 4, 4-6, Pf. 120261
6800 Mannheim 1
Tel. 0621/15010, Fax./1501297

H. Hiendl, D-8440 Straubing
Tel. 09421/30763, Fax /40418

Naintsch Mineralwerke GmbH
A-8045 Graz, Postfach 35
Statteggerstr. 60
Tel. 0316/693650, Tlx. 311223
Fax. 0316/693655

Scheruhn, 8670 Hof, PF 1329
Tel. 09281/6831, Fax /62269

Tenside

HENKEL KGaA
COK Plastics & Coatings
Postfach 101100
W-4000 Düsseldorf 1
Tel. 0211/7977414,Fax./7989638
Loxiol®, Edenol®, Stabilox®

Hoechst Aktiengesellschaft
Marketing TH
D-6230 Frankfurt am Main 80

Hüls AG, D-4370 Marl

Deutsche Shell Chemie GmbH,
6236 Eschborn, Tel. 06196/474-0

Thermoplaste

BASF Aktiengesellschaft
D-6700 Ludwigshafen am Rhein

Ciba-Geigy Marienberg GmbH
Postfach 1253, 6140 Bensheim
Tel. 06254/790, Fax /79493

cp-polymer technik gmbh
D-2863 Ritterhude, Postf. 1158
Tel. 04292/1034, Tx 249926
Fax 04292/1039
Wellamid

K. D. Feddersen & Co, 2 Hamburg 11

Frisetta GmbH, Oberfeld 1-5
7869 Schönau, Tel. 07673/829-0

Hoechst Aktiengesellschaft
Marketing Kunststoffe
D-6230 Frankfurt am Main 80

Hüls AG, D-4370 Marl

Nordmann, Rassmann, GmbH & Co.
Kajen 2, 2000 Hamburg 11
Tel. 040/36 87 0, Tx: 211270
Fax: 040/36 87 249

Süddeutsche Reifen GmbH
6103 Griesheim, Fax 700 817

Thermoplaste, glasfaser-verstärkt

BASF Aktiengesellschaft
D-6700 Ludwigshafen am Rhein

BF Goodrich Chemical
(Deutschland) GmbH
Görlitzer Str. 1, 4040 Neuss
Tel.:‹02131› 18050 Tx.8517528
Fax.:‹02131› 180530
Estane Estaloc
TempRite Geon Fiberloc

Ciba-Geigy Marienberg GmbH
Postfach 1253, 6140 Bensheim
Tel. 06254/790, Fax /79493

cp-polymer technik gmbh
D-2863 Ritterhude, Postf. 1158
Tel. 04292/1034, Tx 249926
Fax 04292/1039
Wellamid

K. D. Feddersen & Co, 2 Hamburg 11

Frisetta GmbH, Oberfeld 1-5
7869 Schönau, Tel. 07673/829-0

Hüls AG, D-4370 Marl

Neste Chemicals GmbH
4000 Düsseldorf 30
Tel.: 02 11 - 6 10 80

Rhone-Poulenc GmbH
Städelstr. 10, Postf. 700862
6000 Frankfurt/Main 70
Tel. (069) 6093-0
Telex 416 085 rhon d
Telefax (069) 6093-333

Tekuma Kunststoff GmbH
T 040/7277020 FS 2162726
2057 Reinbek

Thixotropiermittel

Kronos Titan-GmbH
Pf. 100720, 5090 Leverkusen 1
Tel. 0214/356-0, Tx 8510823
Telefax 0214/42150

Titandioxid

Chemag AG, Fax 069-7434383
Postfach 150103, 6 Frankfurt 1

(Titandioxid, Forts.)

Kronos Titan-GmbH
Pf. 100720, 5090 Leverkusen 1
Tel. 0214/356-0, Tx 8510823
Telefax 0214/42150

Omya GmbH
Brohler Str. 11, Pf. 510840
5000 Köln 51
Tel. 0221/3775-0
Telex 8882676
Fax: 0221/371864

Rhone-Poulenc GmbH
Städelstr. 10, Postf. 700862
6000 Frankfurt/Main 70
Tel. (069) 6093-0
Telex 416 085 rhon d
Telefax (069) 6093-333

Treibmittel, allgem.

Boehringer Ingelheim KG
Geschäftsbereich Chemikalien
6507 Ingelheim/Rhein
Tel. 06132/77-3873 oder 3435
Tx 41879122 bi d

Expancel, Fax + 46 60 56 95 18
Box 13000 Sundsvall Sweden

Hoechst AG, Marketing
Wachse u. Kunststoff-Additive
8906 Gersthofen
Tlx 53831, Fax. 0821/496639

Hüls AG, D-4370 Marl

Lehmann & Voss & Co
Alsterufer 19, 2000 Hamburg 36
Tel. 040/441970, Fax/44197219

Nemitz GmbH, D-4417 Altenberge
Tel. 02505/674, Fax /3042

UV-Absorber

Hoechst AG, Marketing
Wachse u. Kunststoff-Additive
8906 Gersthofen
Tlx 53831, Fax. 0821/496639

Lehmann & Voss & Co
Alsterufer 19, 2000 Hamburg 36
Tel. 040/441970, Fax/44197219

Chem. Werke Lowi GmbH & Co.
Pf. 1660, 8264 Waldkraiburg
Tel. 08638/608-0, Ttx 863884
Fax 08638/608-200

Nemitz GmbH, D-4417 Altenberge
Tel. 02505/674, Fax /3042

**Verarbeitungshilfsmittel,
allgem.**

HENKEL KGaA
COK Plastics & Coatings
Postfach 101100
W-4000 Düsseldorf 1
Tel. 0211/7977414,Fax./7989638
Loxiol®, Edenol®, Stabilox®

Hüls AG, D-4370 Marl

Monsanto Deutschland GmbH
Immermannstrasse 3
D-4000 Düsseldorf 1
Tel. (0211) 36750
Telex 8581307 mod d
Telefax (0211) 3675341
Polyphenylverarbeitungshilfsm.

Rohm and Haas Deutschland GmbH
In der Kron 4
6000 Frankfurt 90
Tel. 069/78996-0 Fax 7895356

Verdickungsmittel

HENKEL KGaA
COK Plastics & Coatings
Postfach 101100
W-4000 Düsseldorf 1
Tel. 0211/7977414,Fax./7989638
Loxiol®, Edenol®, Stabilox®

Vernetzer

Hüls AG, D-4370 Marl

Peroxid-Chemie GmbH
8023 Höllriegelskreuth
Tel. 089/7279-0, Tx 523 482

**Vernetzungsmittel,organische
Peroxide als**

Pergan GmbH
4290 Bocholt

Viskositätserniedriger

Dr. Th. Böhme KG, Chem. Fabrik
Isardamm 79, 8192 Geretsried
Tel.: 08171/628-0, Tlx. 526312
Telefax: 08171/628-388

Byk-Chemie GmbH
Abelstr. 14, D-4230 Wesel
Tel. 0281/670-0 Fax: /65735

ICI Surfactants
Niederl. der Deutsche ICI GmbH
Goldschmidtstrasse 100
D-4300 Essen 1
Tel. 0201/173-04 Tx 8571716
ATMER 151, ATMER 153
ATMER 154, ATMER 508

Rohm and Haas Deutschland GmbH
In der Kron 4
6000 Frankfurt 90
Tel. 069/78996-0 Fax 7895356

Wachse, allgem.

BASF Aktiengesellschaft
D-6700 Ludwigshafen am Rhein

Bassermann + Co
E 4, 4-6, Pf. 120261
6800 Mannheim 1
Tel. 0621/15010, Fax./1501297

Hüls AG, D-4370 Marl

Langer & Co. PF 1155
2863 Ritterhude, Tx 246789

Wachse, Gleitmittel-

HENKEL KGaA
COK Plastics & Coatings
Postfach 101100
W-4000 Düsseldorf 1
Tel. 0211/7977414,Fax./7989638
Loxiol®, Edenol®, Stabilox®

Hoechst AG, Marketing
Wachse u. Kunststoff-Additive
8906 Gersthofen
Tlx 53831, Fax. 0821/496639

Hüls AG, D-4370 Marl

Wachse, Polyethylen-

HENKEL KGaA
COK Plastics & Coatings
Postfach 101100
W-4000 Düsseldorf 1
Tel. 0211/7977414,Fax./7989638
Loxiol®, Edenol®, Stabilox®

Hoechst AG, Marketing
Wachse u. Kunststoff-Additive
8906 Gersthofen
Tlx 53831, Fax. 0821/496639

Hüls AG, D-4370 Marl

LEUNA-WERKE AG
Am Haupttor, O-4220 Leuna
Tel. Merseburg/430
Fax. Merseburg/211038

**Wärmeformbeständigkeits-
verbesserer**

Rohm and Haas Deutschland GmbH
In der Kron 4
6000 Frankfurt 90
Tel. 069/78996-0 Fax 7895356

Wasserstoffperoxid

Peroxid-Chemie GmbH
8023 Höllriegelskreuth
Tel. 089/7279-0, Tx 523 482

Weichmacher, Acelate als

HENKEL KGaA
COK Plastics & Coatings
Postfach 101100
W-4000 Düsseldorf 1
Tel. 0211/7977414,Fax./7989638
Loxiol®, Edenol®, Stabilox®

Weichmacher, Adipate als

HENKEL KGaA
COK Plastics & Coatings
Postfach 101100
W-4000 Düsseldorf 1
Tel. 0211/7977414,Fax./7989638
Loxiol®, Edenol®, Stabilox®

Hüls AG, D-4370 Marl

Monsanto Deutschland GmbH
Immermannstrasse 3
D-4000 Düsseldorf 1
Tel. (0211) 36750
Telex 8581307 mod d
Telefax (0211) 3675341
Weichmacher polyadipat

Wacker-Chemie GmbH
Hanns-Seidel-Pl.4, 8 München 2

Weichmacher, allgem.

BASF Aktiengesellschaft
D-6700 Ludwigshafen am Rhein

Dr. Th. Böhme KG, Chem. Fabrik
Isardamm 79, 8192 Geretsried
Tel.: 08171/628-0, Tlx. 526312
Telefax: 08171/628-388

HENKEL KGaA
COK Plastics & Coatings
Postfach 101100
W-4000 Düsseldorf 1
Tel. 0211/7977414,Fax./7989638
Loxiol®, Edenol®, Stabilox®

Hoechst Aktiengesellschaft
Marketing Chemikalien
D-6230 Frankfurt am Main

Hüls AG, D-4370 Marl

Lehmann & Voss & Co
Alsterufer 19, 2000 Hamburg 36
Tel. 040/441970, Fax/44197219

Weichmacher, Epoxy-

Ciba-Geigy Marienberg GmbH
Postfach 1253, 6140 Bensheim
Tel. 06254/790, Fax /79493

HENKEL KGaA
COK Plastics & Coatings
Postfach 101100
W-4000 Düsseldorf 1
Tel. 0211/7977414,Fax./7989638
Loxiol®, Edenol®, Stabilox®

Hüls AG, D-4370 Marl

Weichmacher, Ester-

HENKEL KGaA
COK Plastics & Coatings
Postfach 101100
W-4000 Düsseldorf 1
Tel. 0211/7977414,Fax./7989638
Loxiol®, Edenol®, Stabilox®

Hüls AG, D-4370 Marl

Weichmacher, Phosphate als

Monsanto Deutschland GmbH
Immermannstrasse 3
D-4000 Düsseldorf 1
Tel. (0211) 36750
Telex 8581307 mod d
Telefax (0211) 3675341

Weichmacher, Phthalate als

HENKEL KGaA
COK Plastics & Coatings
Postfach 101100
W-4000 Düsseldorf 1
Tel. 0211/7977414,Fax./7989638
Loxiol®, Edenol®, Stabilox®

Monsanto Deutschland GmbH
Immermannstrasse 3
D-4000 Düsseldorf 1
Tel. (0211) 36750
Telex 8581307 mod d
Telefax (0211) 3675341

Neste Chemicals GmbH
4000 Düsseldorf 30
Tel.: 02 11 - 6 10 80

Wacker-Chemie GmbH
Hanns-Seidel-Pl.4, 8 München 2

Weichmacher, Polymere als

HENKEL KGaA
COK Plastics & Coatings
Postfach 101100
W-4000 Düsseldorf 1
Tel. 0211/7977414,Fax./7989638
Loxiol®, Edenol®, Stabilox®

Weichmacher, Sebacate als

HENKEL KGaA
COK Plastics & Coatings
Postfach 101100
W-4000 Düsseldorf 1
Tel. 0211/7977414,Fax./7989638
Loxiol®, Edenol®, Stabilox®

Wacker-Chemie GmbH
Hanns-Seidel-Pl.4, 8 München 2

Weichmacher-Alkohole

HENKEL KGaA
COK Plastics & Coatings
Postfach 101100
W-4000 Düsseldorf 1
Tel. 0211/7977414,Fax./7989638
Loxiol®, Edenol®, Stabilox®

Hüls AG, D-4370 Marl

Wirbelsinterpulver

K. D. Feddersen & Co, 2 Hamburg 11

Hüls AG, D-4370 Marl

Wollastonit

Scheruhn, 8670 Hof, PF 1329

Zinkborat

Chemag AG, Fax 069-7434383
Postfach 150103, 6 Frankfurt 1

Zinkoxid

Chemag AG, Fax 069-7434383
Postfach 150103, 6 Frankfurt 1

Zinkstearat

Seitz + Kerler GmbH, 8770 Lohr

Zinnorganische Verbindungen

Chemag AG, Fax 069-7434383
Postfach 150103, 6 Frankfurt 1

Ciba-Geigy Marienberg GmbH
Postfach 1253, 6140 Bensheim
Tel. 06254/790, Fax /79493

**Zwischenprodukte zur
Synthese**

Hüls AG, D-4370 Marl

Gruppe 2: Abfallwertstoffe

Abfälle, ABS-

Janßen & Angenendt GmbH
Elbestr. 29, 4150 Krefeld
sh. Gruppe A, ABS-Kunststoffe

Abfälle, PBTP-

Janßen & Angenendt GmbH
Elbestr. 29, 4150 Krefeld
sh. Gruppe A, ABS-Kunststoffe

Abfälle, Polyamid-

Janßen & Angenendt GmbH
Elbestr. 29, 4150 Krefeld
sh. Gruppe A, ABS-Kunststoffe

Abfälle, Polycarbonat-

Janßen & Angenendt GmbH
Elbestr. 29, 4150 Krefeld
sh. Gruppe A, ABS-Kunststoffe

Abfälle, PTFE-

Mikro-Technik, POB 1640
8760 Miltenberg, Fax 400570

Abfallwertstoffe, aufbereitet

Janßen & Angenendt GmbH
Elbestr. 29, 4150 Krefeld
sh. Gruppe A, ABS-Kunststoffe

Abfallwertstoffe, sortenrein

MKV Metall- u. Kunststoff-
verwertung GmbH & Co. KG
Siemensstr. 5, 6233 Kelkheim
Tel.06195/5005, Fax 06195/3434
Kunststoff-Regranulate/
Compounds/Lohnverarbeitung

Tekuma Kunststoff GmbH
T 040/7277020 FS 2162726
2057 Reinbek

Mahlgut, ABS-

K. D. Feddersen & Co, 2 Hamburg 11

Janßen & Angenendt GmbH
Elbestr. 29, 4150 Krefeld
sh. Gruppe A, ABS-Kunststoffe

Mahlgut, allgem.

K. D. Feddersen & Co, 2 Hamburg 11

godding + dressler GmbH
Heidestr. 3, 5309 Meckenheim
Tel. 02225/2011,Fax 02225/7796

Janßen & Angenendt GmbH
Elbestr. 29, 4150 Krefeld
sh. Gruppe A, ABS-Kunststoffe

Kunststoff-Erzeugnisse
S. Occhipinti GmbH
Jüngerstr. 17, Postfach 2388
5880 Lüdenscheid
Tel. 02351/45074, Fax /45407
Ttx 2351340 = KUMAOS

Mahlgut, PBTP-

K. D. Feddersen & Co, 2 Hamburg 11

Janßen & Angenendt GmbH
Elbestr. 29, 4150 Krefeld
sh. Gruppe A, ABS-Kunststoffe

Mahlgut, Polyamid-

K. D. Feddersen & Co, 2 Hamburg 11

Janßen & Angenendt GmbH
Elbestr. 29, 4150 Krefeld
sh. Gruppe A, ABS-Kunststoffe

Mahlgut, Polycarbonat-

K. D. Feddersen & Co, 2 Hamburg 11

Janßen & Angenendt GmbH
Elbestr. 29, 4150 Krefeld
sh. Gruppe A, ABS-Kunststoffe

Mahlgut, Polyethylen-

K. D. Feddersen & Co, 2 Hamburg 11

Mahlgut, Polypropylen-

K. D. Feddersen & Co, 2 Hamburg 11

Mahlgut, Polystyrol-

K. D. Feddersen & Co, 2 Hamburg 11

Regenerat-Granulate

K. D. Feddersen & Co, 2 Hamburg 11

MKV Metall- u. Kunststoff-
verwertung GmbH & Co. KG
Siemensstr. 5, 6233 Kelkheim
Tel.06195/5005, Fax 06195/3434
Kunststoff-Regranulate/
Compounds/Lohnverarbeitung

Regranulat, ABS-

K. D. Feddersen & Co, 2 Hamburg 11

Janßen & Angenendt GmbH
Elbestr. 29, 4150 Krefeld
sh. Gruppe A, ABS-Kunststoffe

Regranulat, allgem.

K. D. Feddersen & Co, 2 Hamburg 11

Janßen & Angenendt GmbH
Elbestr. 29, 4150 Krefeld
sh. Gruppe A, ABS-Kunststoffe

MKV Metall- u. Kunststoff-
verwertung GmbH & Co. KG
Siemensstr. 5, 6233 Kelkheim
Tel.06195/5005, Fax 06195/3434
Kunststoff-Regranulate/
Compounds/Lohnverarbeitung

Edmund K. Sattler GmbH
Carl-Zeiss-Straße 3
W-6052 Mühlheim/M. 06108/6213
Fax 06108/66906

Regranulat, duroplastisch

Raschig AG
6700 Ludwigshafen
Tel. 0621/56180, Fax /582885

Regranulat, Polyamid-

K. D. Feddersen & Co, 2 Hamburg 11

Janßen & Angenendt GmbH
Elbestr. 29, 4150 Krefeld
sh. Gruppe A, ABS-Kunststoffe

Regranulat, Polycarbonat-

K. D. Feddersen & Co, 2 Hamburg 11

Janßen & Angenendt GmbH
Elbestr. 29, 4150 Krefeld
sh. Gruppe A, ABS-Kunststoffe

Edmund K. Sattler GmbH
Carl-Zeiss-Straße 3
W-6052 Mühlheim/M. 06108/6213
Fax 06108/66906

Regranulat, Polyethylen-

K. D. Feddersen & Co, 2 Hamburg 11

Regranulat, Polyoxymethylen-

Edmund K. Sattler GmbH
Carl-Zeiss-Straße 3
W-6052 Mühlheim/M. 06108/6213
Fax 06108/66906

Regranulat, Polypropylen-

K. D. Feddersen & Co, 2 Hamburg 11

Regranulat, Polystyrol-

K. D. Feddersen & Co, 2 Hamburg 11

Regranulat, PVC-

Carl E. Brandes GmbH
3015 Wennigsen T. 05103/8008*

Rohstoff-Handel

Janßen & Angenendt GmbH
Elbestr. 29, 4150 Krefeld
sh. Gruppe A, ABS-Kunststoffe

Süddeutsche Reifen GmbH
6103 Griesheim, Fax 700 817

Gruppe 3: Kunststoff-Verarbeitung
(Dienstleistung, Lohnverarbeitung)

Agglomerieren

Pallmann Mahlwerke
Pf. 1652, D-6660 Zweibrücken
Tel. (06332) 8020, Tx. 451135

Antihaft-Beschichtung

SAFEMATIC GmbH
Werk Starnberg, Postf. 1329
8130 Starnberg, T. 08151/26010
Werk Nidda, Gewerbegebiet
6478 Nidda 14, T. 06043/6073

Apparatebau

Brinkmann, D-6072 Dreieich 1
Fax (06103) 371219

Seidel - fragen 040/7212213

Tscherwitschke GmbH
0-7251 Gerichshain

Aufbereiten von Abfall-
Wertstoffen

Pallmann Mahlwerke
Pf. 1652, D-6660 Zweibrücken
Tel. (06332) 8020, Tx. 451135

Aufbereiten von Kunststoff-
Abfällen

Janßen & Angenendt GmbH
Elbestr. 29, 4150 Krefeld
sh. Gruppe A, ABS-Kunststoffe

Kunststoff-Erzeugnisse
S. Occhipinti GmbH
Jüngerstr. 17, Postfach 2388
5880 Lüdenscheid
Tel. 02351/45074, Fax /45407
Ttx 2351340 = KUMAOS

MKV Metall- u. Kunststoff-
verwertung GmbH & Co. KG
Siemensstr. 5, 6233 Kelkheim
Tel.06195/5005, Fax 06195/3434
Kunststoff-Regranulate/
Compounds/Lohnverarbeitung

Pallmann Mahlwerke
Pf. 1652, D-6660 Zweibrücken
Tel. (06332) 8020, Tx. 451135

Auskleidungen

Solidur Deutschland GmbH
& Co. KG, Postfach 12 64
4426 Vreden, Tel. 02564-3010
Fax 301255, Tlx. 89739 solid d

THELEN & Co., 5205 St. Augustin 3
Tel. 02241/3161-0, Fax. 316140
THELAN Polyurethan-Elastomere

Bandschneiden

Femso-Werk, W-6370 Oberursel

Bedrucken auf Kunststoff

Elma-Technik GmbH
5200 Siegburg, T. 0241/381061

Behälterbau

Brinkmann, D-6072 Dreieich 1
Fax (06103) 371219

Eichholz, 4441 Schapen

Seidel - fragen 040/7212213

Tscherwitschke GmbH
0-7251 Gerichshain

Beschichten, elektrostat.

Tscherwitschke GmbH
0-7251 Gerichshain

Beschichten von Metallen

THELEN & Co., 5205 St. Augustin 3
Tel. 02241/3161-0, Fax. 316140
THELAN Polyurethan-Elastomere

Tscherwitschke GmbH
0-7251 Gerichshain

Compoundieren

K. D. Feddersen & Co, 2 Hamburg 11

Janßen & Angenendt GmbH
Elbestr. 29, 4150 Krefeld
sh. Gruppe A, ABS-Kunststoffe

MKV Metall- u. Kunststoff-
verwertung GmbH & Co. KG
Siemensstr. 5, 6233 Kelkheim
Tel.06195/5005, Fax 06195/3434
Kunststoff-Regranulate/
Compounds/Lohnverarbeitung

Pallmann Mahlwerke
Pf. 1652, D-6660 Zweibrücken
Tel. (06332) 8020, Tx. 451135

Polymer-Chemie GmbH
Haystraße, D-6553 Sobernheim
Tel. 06751/84-0 Fax 06751/8442

H. Teetz GmbH, 4408 Dülmen
Wierl.-Esch 25a, Fax 86576
H. Teetz GmbH, 1000 Berlin
Kaiserstr. 140, Fax 7050274

Heinrich Treffert
D-6530 Bingen-Sponsheim

Dekordruck

plastic decor, 7900 Ulm
Tel. 0731/41041 Fax 47357

Einfärben

K. D. Feddersen & Co, 2 Hamburg 11

Janßen & Angenendt GmbH
Elbestr. 29, 4150 Krefeld
sh. Gruppe A, ABS-Kunststoffe

Heinrich Treffert
D-6530 Bingen-Sponsheim

Entgummieren

Messer Griesheim GmbH
Homberger Straße 12
4000 Düsseldorf 30
Tel.: (0211) 4303-0

Extrudieren

BWF Kunststoffe GmbH & Co. KG
Fachbereich Profile
Postfach 11 20
D-8875 Offingen
Telefon 0 82 24/71-0
Telefax 0 82 24/21 45
Lager-,Standard-,Sonderprofile
aus PMMA und PC;
Rohre aus PMMA und PC

Femso-Werk, W-6370 Oberursel

Matthias Oechsler & Sohn
W-8832 Weißenburg
Tel. 09141/990-0

RÖCHLING SUSTAPLAST KG
5420 Lahnstein, T. 02621/693-0

TECHNOFORM
Caprano + Brunnhofer KG
Postfach 1180
3501 Fuldabrück 1
Tel. (0561) 5898-0
Fax. (0561) 5898-121

Formschäumen, allgem.

Sarnatech Folien +
Schaumstoff AG, Sarnen

Gießen (PUR)

THELEN & Co., 5205 St. Augustin 3
Tel. 02241/3161-0, Fax. 316140
THELAN Polyurethan-Elastomere

Gravieren

E.Moschinski GmbH, 65 Mainz 26
Tel. 06131/81077 Fax /832159

Halbzeugbearbeitung

SE, 7990 FN-1, Glärnischstr.31
Tel. 07541/21028 ,Fax./72828

Kaltmahlen

godding + dressler GmbH
Heidestr. 3, 5309 Meckenheim
Tel. 02225/2011,Fax 02225/7796

Pallmann Mahlwerke
Pf. 1652, D-6660 Zweibrücken
Tel. (06332) 8020, Tx. 451135

Konfektionieren/Modifizieren

Isomat
Rheinstr. 161, 4330 Mülheim
Tel. 0208/5 40 25
Fax: 0208/59 24 30

Konstruktion

Moderne elemat GmbH
pob 230342, D-7000 Stuttgart
Tel. 0711/753024, Fax./753332
3D-CAD Konstruktionen

Konstruktionen für Werkzeuge

Foruma GmbH
D-6780 Pirmasens
Erlenbrunnerstr. 71
Tel. 06331/46066, Fax./46879

Heckler & Koch GmbH
Pf 12 06, 7238 Oberndorf
Fax: 07423/79-2750

Schmidt / Neustadt
Pf. 1366, 3057 Neustadt 1
Fax 05032/3049, Tel. /3045

Korrosionsschutz

SAFEMATIC GmbH
Werk Starnberg, Postf. 1329
8130 Starnberg, T. 08151/26010
Werk Nidda, Gewerbegebiet
6478 Nidda 14, T. 06043/6073

Lackieren

Stoll Metallisierungs GmbH
Neuländer 1a, Postfach 611
5909 Burbach 6 Holzhausen
Tel.02736/3322, Fax 02736/2314

Mahlen

godding + dressler GmbH
Heidestr. 3, 5309 Meckenheim
Tel. 02225/2011,Fax 02225/7796

Janßen & Angenendt GmbH
Elbestr. 29, 4150 Krefeld
sh. Gruppe A, ABS-Kunststoffe

Pallmann Mahlwerke
Pf. 1652, D-6660 Zweibrücken
Tel. (06332) 8020, Tx. 451135

Metallisieren

Stoll Metallisierungs GmbH
Neuländer 1a, Postfach 611
5909 Burbach 6 Holzhausen
Tel.02736/3322, Fax 02736/2314

Modelltechnik

Moderne elemat GmbH
pob 230342, D-7000 Stuttgart
Tel. 0711/753024, Fax./753332
3D-CAD Modelltechnik

Prägedruck

Elma-Technik GmbH
5200 Siegburg, T. 0241/381061

Pressen

MPK GmbH u. Co. KG
Pf.2160, 5883 Kierspe
Tel. 02359/90880, Fax /908833

Sarnatech Composites AG,
Weinfelden

Prüfen von Kunststoffen

Brabender OHG, Kulturstr.51-55
D-4100 Duisburg 1, Tx 855603
Tel. 0203-738010, Fax 7380149

Recycling

Janßen & Angenendt GmbH
Elbestr. 29, 4150 Krefeld
sh. Gruppe A, ABS-Kunststoffe

MKV Metall- u. Kunststoff-
verwertung GmbH & Co. KG
Siemensstr. 5, 6233 Kelkheim
Tel.06195/5005, Fax 06195/3434
Kunststoff-Regranulate/
Compounds/Lohnverarbeitung

Pallmann Mahlwerke
Pf. 1652, D-6660 Zweibrücken
Tel. (06332) 8020, Tx. 451135

Regenerieren

Janßen & Angenendt GmbH
Elbestr. 29, 4150 Krefeld
sh. Gruppe A, ABS-Kunststoffe

Pallmann Mahlwerke
Pf. 1652, D-6660 Zweibrücken
Tel. (06332) 8020, Tx. 451135

Rohrleitungsbau

Seidel - fragen 040/7212213

Rotationsguß

RÖCHLING SUSTAPLAST KG
5420 Lahnstein,
T. 02621/693-0

Schleuderguß

RÖCHLING SUSTAPLAST KG
5420 Lahnstein,
T. 02621/693-0

Schweißen, Heizelement-

KVT Bielefeld GmbH
4800 Bielefeld 1
Tel. 0521/93207-0
High Tech aus Bielefeld

Schweißen, HF-

KVT Bielefeld GmbH
4800 Bielefeld 1
Tel. 0521/93207-0
High Tech aus Bielefeld

Schweißen, Ultraschall-

Jereb Kunststofftechnik GmbH
Industriestr. 21, 8062 Markt
Indersdorf, Fax 08136-6375

KVT Bielefeld GmbH
4800 Bielefeld 1
Tel. 0521/93207-0
High Tech aus Bielefeld

Rauschert GmbH & Co. KG
D-5531 Oberbettingen/Eifel
T.06593/1031,Fax9001Tx.4729930

Schweißen und Konfektionieren

KVT Bielefeld GmbH
4800 Bielefeld 1
Tel. 0521/93207-0
High Tech aus Bielefeld

Siebdrucken

Elma-Technik GmbH
5200 Siegburg, T. 0241/381061

Spritzgießen

ABC Kunststoffverarbeitung
Tautenhahn GmbH, 7913 Senden
Tel. 07307/6051, Tx 712284
Fax. 07307/32119

Berner Kunststofftechnik GmbH
7270 Nagold-Wolfsberg
Tel. 07452/608-0
Fax 07452/60844

Cetto GmbH
D-8424 Saal/Do. Tx 65465

FAG Kugelfischer
Georg Schäfer KGaA
Pf. 1260, 8720 Schweinfurt 1
T. (09721) 912495, Fax. 914227

Formenbau und Kunststoff-
technik GmbH Jahnstraße 2
261,58533,266, 6712 Triptis

formplast Lechler GmbH
8500 Nürnberg, PF 450153
Tel. 0911/99455-0, Fax -50

Heckler & Koch GmbH
Pf 12 06, 7238 Oberndorf
Fax: 07423/79-2750

Jereb Kunststofftechnik GmbH
Industriestr. 21, 8062 Markt
Indersdorf, Fax 08136-6375

J. Koepfer u. Söhne GmbH
Postf. 160, 7743 Furtwangen
Tel. 07723/655-0, Fax 655-133

R. Lesch GmbH, 8633 Rödental,
Tel. 09563/72210, Fax. /72211

Magura 7432 Bad Urach
Tel. 07125/153-0 Fax /4718

(Spritzgießen, Forts.)

Miba-PLastik G. Wiesenmaier
PF. 1142, 7037 Magstadt
Tel. 07159/43415, Fax /45359

MPK GmbH u. Co. KG
Pf.2160, 5883 Kierspe
Tel. 02359/90880, Fax /908833

NOKIA Kunststofftechnik GmbH
Augsburger-Str. 38
8907 Ziemetshausen
Tel. 08284/870,Fax 08284/87266
Techn. Spritzgußteile bis 5 kg
Oberflächenveredelung und
Baugruppenmontagen
Werkzeubau mit CAD CAM

Rauschert GmbH & Co KG
D-5531 Oberbettingen/Eifel
T.06593/1031,Fax9001,Tx4729930

Sarnatech Spritzguss AG,
Triengen

Schmidt / Neustadt
Pf. 1366, 3057 Neustadt 1
Fax 05032/3049, Tel. /3045

Trolitan, Gebr. Meyer GmbH
Postfach 54, 6649 Weiskirchen
Tel. 06876/707-0, Fax /707130
Techn. Spritzgußteile
und Werkzeugbau

Josef Weber GmbH & Co. KG
Zeltinger Str. 7, 5 Köln 51

O.Wild GmbH, D-Pforzheim

Stanzen

Karl Späh GmbH & Co. KG
Industriestr. 8
D-7486 Scheer
Tel. 07572/602-0, Fax 602-167

Stanzen von Kunststoff-Folien und -Platten

Karl G. Klemz Elektro-
Isolierstoff-Technik GmbH
2427 Malente, Pf. 209
Tx 261313 Fax 04523-6187

Tampondruck

Elma-Technik GmbH
5200 Siegburg, T. 0241/381061

Rauschert GmbH & Co KG
D-5531 Oberbettingen/Eifel
T.06593/1031,Fax9001,Tx4729930

Ummantelungen

Femso-Werk, W-6370 Oberursel

THELEN & Co., 5205 St. Augustin 3
Tel. 02241/3161-0, Fax. 316140
THELAN Polyurethan-Elastomere

Vakuumtiefziehen

SE, 7990 FN-1, Glärnischstr.31
Tel. 07541/21028 ,Fax./72828

Verarbeiten von Thermoplasten

SE, 7990 FN-1, Glärnischstr.31
Tel. 07541/21028 ,Fax./72828

Verarbeiten von Acrylglas

Birkholz Kunststoffwerk GmbH
6148 Heppenheim, Röntgenstr. 3
Tel. 06252/71081
Fax: 06252/71012

Schmidt / Neustadt
Pf. 1366, 3057 Neustadt 1
Fax 05032/3049, Tel. /3045

Josef Weiss Plastic GmbH
Eintrachtstr. 8, 8 München 90
Tel. 089/62307-0, Tx 522113
Fax: 089/62307-35

Verarbeiten von Kunst-und Elektroisolierstoffen

Karl G. Klemz Elektro-
Isolierstoff-Technik GmbH
2427 Malente, Pf. 209
Tx 261313 Fax 04523-6187

Verarbeiten von Polycarbonat

Schmidt / Neustadt
Pf. 1366, 3057 Neustadt 1
Fax 05032/3049, Tel. /3045

Verarbeiten von Polyester

Sarnatech Composites AG,
Weinfelden

Veredeln/Modifizieren von Kunststoffen

Janßen & Angenendt GmbH
Elbestr. 29, 4150 Krefeld
sh. Gruppe A, ABS-Kunststoffe

Warmformen

Berner Kunststofftechnik GmbH
7270 Nagold-Wolfsberg
Tel. 07452/608-0
Fax 07452/60844

I.D. von Hagen GmbH,
5860 Iserlohn, Pf. 1655
Tel. 02371/13061, Fax. /23221

Sarnatech Folien +
Schaumstoff AG, Sarnen

SE, 7990 FN-1, Glärnischstr.31
Tel. 07541/21028, Fax./72828

Werkzeugbau

ABC Kunststoffverarbeitung
Tautenhahn GmbH, 7913 Senden
Tel. 07307/6051, Tx 712284
Fax. 07307/32119

Emde Ind.-Technik GmbH
5408 Nassau, Postf. 1339
Tel. 02604/5011, Fax. 7198
Werkzeugbau LSR-Formen

Formenbau und Kunststoff-
technik GmbH Jahnstraße 2
261,58533,266, 6712 Triptis

Hasco-Normalien
Hasenclever GmbH + Co
PF 17 20, D-5880 Lüdenscheid
Tel. 02351/9570, Fax 957 237
Zubehör

Heckler & Koch GmbH
Pf 12 06, 7238 Oberndorf
Fax: 07423/79-2750

Schmidt / Neustadt
Pf. 1366, 3057 Neustadt 1
Fax 05032/3049, Tel. /3045

Wirbelsintern

Tscherwitschke GmbH
0-7251 Gerichshain

Gruppe 4: Kunststoff-Halbzeug

ABS-Folien

Gurit-Worbla, CH-3063 Ittingen
Tel.031/9210382 Fax031/9217645

ABS-Platten

Eilenburger Chemie-Werk
O-7280 Eilenburg
Tel. 610 Fax 3559

ENSINGER GmbH + Co
Rudolf-Diesel-Str. 8, Pf. 1161
7045 Nufringen
Tel. 070/819-0, Tx 7265686

Gurit-Worbla, CH-3063 Ittingen
Tel.031/9210382 Fax031/9217645

Janßen & Angenendt GmbH
Elbestr. 29, 4150 Krefeld
sh. Gruppe A, ABS-Kunststoffe

Senoplast Klepsch GmbH &
Co.KG
A-5721 Piesendorf
Tel. 06549-7444 Fax 06549-7942
SENOSAN®

ABS-Rohre

ENSINGER GmbH + Co
Rudolf-Diesel-Str. 8, Pf. 1161
7045 Nufringen
Tel. 070/819-0, Tx 7265686

Femso-Werk, W-6370 Oberursel

ABS-Warmformfolien und -platten

Gurit-Worbla, CH-3063 Ittingen
Tel.031/9210382 Fax031/9217645

Acetalharz-Halbzeug

RÖCHLING SUSTAPLAST KG
5420 Lahnstein, T. 02621/693-0

Acetatfolien

Chemie-Werk Paul Stock GmbH
Münchener Str. 15-17
8130 Starnberg
Tel. 08151/2604-0, Tx 526426
Telefax: 08151/260439

Acrylglas, allgem.

Carl E. Brandes GmbH
3015 Wennigsen T. 05103/8008*

Polivar GmbH, Haagweg 43
6095 Ginsheim-Gustavsburg
Tel. 06134/52033 - Fax 54850
POLIVAR - Halbzeuge aus ge-
gossenem Acrylglas in Platten,
Blöcken und Stäben

Josef Weiss Plastic GmbH
Eintrachtstr. 8, 8 München 90
Tel. 089/62307-0, Tx 522113
Fax: 089/62307-35

Acrylglas, extrudiert

BWF Kunststoffe GmbH & Co. KG
Fachbereich Profile
Postfach 11 20
D-8875 Offingen
Telefon 0 82 24/71-0
Telefax 0 82 24/21 45

Elkamet Kunststofftechnik GmbH
W-3560 Biedenkopf, Postf. 1263
Tel. 06461/7010, Fax./70114

ENSINGER GmbH + Co
Rudolf-Diesel-Str. 8, Pf. 1161
7045 Nufringen
Tel. 070/819-0, Tx 7265686

Acrylglas, gegossen

Forbo-CTU AG, Kunststoffe
CH-5012 Schönenwerd
Tel. 064/401422, Tlx 981505
Fax 064/402083

Acrylglasplatten

Forbo-CTU AG, Kunststoffe
CH-5012 Schönenwerd
Tel. 064/401422, Tlx 981505
Fax 064/402083

Janßen & Angenendt GmbH
Elbestr. 29, 4150 Krefeld
sh. Gruppe A, ABS-Kunststoffe

Auskleidungslaminate

Symalit AG
CH-5600 Lenzburg/Schweiz
Tel.064 508150, Fax 064 519104

Basismaterial für gedruckte Schaltungen

Du Pont Electronics
Du Pont-Str.1,6380 Bad Homburg
Tel. 06172-872796 Fax 871500

Isola Werke AG
Isolastr. 2, 5160 Düren
02421/8080, Fax/ 808-389

Von Roll Isola/ Dielektra
Kaiserstr. 127, 5000 Köln 90
Tel. 02203/480, Fax /48480

CA/CAB/CP-Platten und -Folien

Gurit-Worbla, CH-3063 Ittingen
Tel.031/9210382 Fax031/9217645

Edelkunstharze in Blöcken, Platten, Stangen und Rohren

Raschig AG
6700 Ludwigshafen
Tel. 0621/56180, Fax /582885

Elektroisolierfolien

Du Pont Electronics
Du Pont-Str.1,6380 Bad Homburg
Tel. 06172-872796 Fax 871500

ISOVOLTA Österr. Isolierstoff-
werke AG
A-2355 Wiener Neudorf
T.(0)2236-605-0, Fax -403,-477

Norddt. Seekabelwerke AG
Pf. 1464, 2890 Nordenham
Tel. 04731/82-0, Fax 82-301

Epoxidharz-Prepregs

Isola Werke AG
Isolastr. 2, 5160 Düren
02421/8080, Fax/ 808-389

ISOVOLTA Österr. Isolierstoff-
werke AG
A-2355 Wiener Neudorf
T.(0)2236-605-0, Fax -403,-477

August Krempel Soehne
Pf. 1240, D-7143 Vaihingen
Tel. 07042/915-0, Tx. 7263884

Fluorkunststoff-Halbzeuge

Symalit AG
CH-5600 Lenzburg/Schweiz
Tel.064 508150, Fax 064 519104

Folien, allgem.

Bayer AG
Geschäftsbereich Kunststoffe
D-5090 Leverkusen
Folien aus PC-Blends oder auf
Basis anderer Technischer
Thermoplaste bzw. Mehrschicht-
folien (Bayfol®),
Folien aus Cellulosetriacetat
(Triafol®),Folien auf Basis
100% Polycarbonatharz
(MakrofoL®)

Du Pont Electronics
Du Pont-Str.1,6380 Bad Homburg
Tel. 06172-872796 Fax 871500

Gurit-Worbla, CH-3063 Ittingen
Tel.031/9210382 Fax031/9217645

(Folien, allgem., Forts.)

Klöckner Pentaplast GmbH
Postf. 1165, D-5430 Montabaur
Tel. 02602/915-0, Fax /915297

Norddt. Seekabelwerke AG
Pf. 1464, 2890 Nordenham
Tel. 04731/82-0, Fax 82-301

Petroplast GmbH
Heinrich-Hertz-Str. 56
4006 Erkrath
Tel. 0211/92004-0, Tx 8586614

RÖCHLING SUSTAPLAST KG
5420 Lahnstein, T. 02621/693-0

Senoplast Klepsch GmbH &
Co.KG
A-5721 Piesendorf
Tel. 06549-7444 Fax 06549-7942
SENOSAN®

Folien, biaxial gereckt

Deutsche Snia, Pf. 13 23 53
56 Wuppertal, Tel. 0202/493050

Folien, transparent

Gurit-Worbla, CH-3063 Ittingen
Tel.031/9210382 Fax031/9217645

Norddt. Seekabelwerke AG
Pf. 1464, 2890 Nordenham
Tel. 04731/82-0, Fax 82-301

Gelege aus Glasfasern

Gaugler & Lutz OHG
Robert Boscher Str. 29
7080 Aalen
Tel. 07361/41088, Fax./41080
Airex, Herex, Saertex
Gelege aus Carbon, Aramid

Gewebe, allgem.

Fugafil-saran GmbH & Co.
Ostring 22, 4285 Raesfeld
Tel. 02865/311, Tlx. 813 342

Gewebe aus Kunststoff-Fasern

Fugafil-saran GmbH & Co.
Ostring 22, 4285 Raesfeld
Tel. 02865/311, Tlx. 813 342

GFK-Preßplatten

Elektro-Isola A/S
DK-7100 Vejle
Tel. +45 75 82 75 88, Tx 61188
Telefax +45 75 82 73 36

Isola Werke AG
Isolastr. 2, 5160 Düren
02421/8080, Fax/ 808-389

ISOVOLTA Österr. Isolierstoff-werke AG
A-2355 Wiener Neudorf
T.(0)2236-605-0, Fax -403,-477

Von Roll Isola/ Dielektra
Kaiserstr. 127, 5000 Köln 90
Tel. 02203/480, Fax /48480

Gießfolien

Chemie-Werk Paul Stock GmbH
Münchener Str. 15-17
8130 Starnberg
Tel. 08151/2604-0, Tx 526426
Telefax: 08151/260439

Glasfaser-Prepregs

BASF Aktiengesellschaft
D-6700 Ludwigshafen am Rhein

Isola Werke AG
Isolastr. 2, 5160 Düren
02421/8080, Fax/ 808-389

ISOVOLTA Österr. Isolierstoff-werke AG
A-2355 Wiener Neudorf
T.(0)2236-605-0, Fax -403,-477

Halbzeug, allgemein

RÖCHLING SUSTAPLAST KG
5420 Lahnstein, T. 02621/693-0
Halbzeuge aus ABS, PPO, PVDF,
PES, PEI, PEEK, PPS, PSU

Halbzeug, extrudiert

Blomberger Holzindustrie
B. Hausmann GmbH & Co. KG
D-4933 Blomberg, T.05235/966-0
DELIGNIT-Panzerholz®

BWF Kunststoffe GmbH & Co. KG
Fachbereich Profile
Postfach 11 20
D-8875 Offingen
Telefon 0 82 24/71-0
Telefax 0 82 24/21 45
Lager-,Standard-,Sonderprofile
aus PMMA und PC;
Rohre aus PMMA und PC

Gurit-Worbla, CH-3063 Ittingen
Tel.031/9210382 Fax031/9217645

Janßen & Angenendt GmbH
Elbestr. 29, 4150 Krefeld
sh. Gruppe A, ABS-Kunststoffe

Metzeler Plastics GmbH
Postfach 17 60
5170 Jülich-Kirchberg
Tel. 02461/64-0
Fax 02461/64-210, Ttx. 246150
Markenname: METZOPLAST

RÖCHLING SUSTAPLAST KG
5420 Lahnstein, T. 02621/693-0

Senoplast Klepsch GmbH &
Co.KG
A-5721 Piesendorf
Tel. 06549-7444 Fax 06549-7942
SENOSAN®

Symalit AG
CH-5600 Lenzburg/Schweiz
Tel.064 508150, Fax 064 519104

Halbzeug, hochtemperatur-beständig

Gehr-Kunststoffwerk
Postf. 810209, 68 Mannheim 81
Tel. 0621/85001-0, Fax 8500139

Halbzeug, thermoplastisch

BASF Aktiengesellschaft
D-6700 Ludwigshafen am Rhein

ENSINGER GmbH + Co
Rudolf-Diesel-Str. 8, Pf. 1161
7045 Nufringen
Tel. 070/819-0, Tx 7265686

Europlast Rohrwerk GmbH
Bruchstr. 1/ Postfach 130140
D-4200 Oberhausen 11
Tel. 0208/687010 FS 856361
Telefax: 0208/6870137

Gehr-Kunststoffwerk
Postf. 810209, 68 Mannheim 81
Tel. 0621/85001-0, Fax 8500139

Gurit-Worbla, CH-3063 Ittingen
Tel.031/9210382 Fax031/9217645

Janßen & Angenendt GmbH
Elbestr. 29, 4150 Krefeld
sh. Gruppe A, ABS-Kunststoffe

August Krempel Soehne
Pf. 1240, D-7143 Vaihingen
Tel. 07042/915-0, Tx. 7263884

RÖCHLING SUSTAPLAST KG
5420 Lahnstein, T. 02621/693-0

Senoplast Klepsch GmbH &
Co.KG
A-5721 Piesendorf
Tel. 06549-7444 Fax 06549-7942
SENOSAN®

Hartgewebe

Elektro-Isola A/S
DK-7100 Vejle
Tel. +45 75 82 75 88, Tx 61188
Telefax +45 75 82 73 36

Isola Werke AG
Isolastr. 2, 5160 Düren
02421/8080, Fax/ 808-389

(Hartgewebe, Forts.)

ISOVOLTA Österr. Isolierstoff-
werke AG
A-2355 Wiener Neudorf
T.(0)2236-605-0, Fax -403,-477

Isolierstoffe

Elektro-Isola A/S
DK-7100 Vejle
Tel. +45 75 82 75 88, Tx 61188
Telefax +45 75 82 73 36

Von Roll Isola/ Isogrup
Kaiserstr. 127, 5000 Köln 90
Tel. 02203/480, Fax /48199

Sarnatech Folien +
Schaumstoffe AG, Sarnen

Mehrschichtfolien

ISOVOLTA Österr. Isolierstoff-
werke AG
A-2355 Wiener Neudorf
T.(0)2236-605-0, Fax -403,-477

Senoplast Klepsch GmbH &
Co.KG
A-5721 Piesendorf
Tel. 06549-7444 Fax 06549-7942
SENOSAN®

Modell- und Werkzeugbau-
material

Raschig AG
6700 Ludwigshafen
Tel. 0621/56180, Fax /582885

Monofilamente

Fugafil-saran GmbH & Co.
Ostring 22, 4285 Raesfeld
Tel. 02865/311, Tlx. 813 342

Deutsche Snia, Pf. 13 23 53
56 Wuppertal, Tel. 0202/493050

Papier, kunstharzimprägniert

ISOVOLTA Österr. Isolierstoff-
werke AG
A-2355 Wiener Neudorf
T.(0)2236-605-0, Fax -403,-477

Süd-West-Chemie GmbH, Pf. 2120
7910 Neu-Ulm, Tel.0731/70707-0
Fax 0731/70707-64, TTx 731 197

Platten, elektrisch leitend

Von Roll Isola/ Isogrup
Kaiserstr. 127, 5000 Köln 90
Tel. 02203/480, Fax /48199

August Krempel Soehne
Pf. 1240, D-7143 Vaihingen
Tel. 07042/915-0, Tx. 7263884

RÖCHLING SUSTAPLAST KG
5420 Lahnstein, T. 02621/693-0

Plattenware

Axxis NV, Wakkensesteenweg 47
B-8700 Tielt, Belgien
Fax (32) 51.40.48.18

Europlast Rohrwerk GmbH
Bruchstr. 1/ Postfach 130140
D-4200 Oberhausen 11
Tel. 0208/687010 FS 856361
Telefax: 0208/6870137

Gurit-Worbla, CH-3063 Ittingen
Tel.031/9210382 Fax031/9217645

ISOVOLTA Österr. Isolierstoff-
werke AG
A-2355 Wiener Neudorf
T.(0)2236-605-0, Fax -403,-477

Klöckner Pentaplast GmbH
Postf. 1165, D-5430 Montabaur
Tel. 02602/915-0, Fax /915297

RÖCHLING SUSTAPLAST KG
5420 Lahnstein, T. 02621/693-0

PMMA-Profile

Elkamet Kunststofftechnik GmbH
W-3560 Biedenkopf, Postf. 1263
Tel. 06461/7010, Fax./70114

WALDMANN GMBH

Unternehmensbereich Kunststofftechnologie

- **Entwicklungspartner unterschiedlicher Branchen**
  z. B. Kfz-Industrie, Elektrotechnik, Elektronik, Medizintechnik, Maschinenbau

- **Serienfertigung**

- **Präzisionsteile aus Thermo- und Duroplasten**
  von 0,05 Gramm – 1,2 kg. Teilegewicht

- **TPU-Verarbeitung**

- **Produktkonfektionierung**
  Individuell einchließlich Baugruppenmontage

Das Know-how unserer Mitarbeiter, der vorbildlich ausgestattete Formen- und Werkzeugbau, das moderne Spritzgußwerk und unsere in allen Bereichen aufgebaute Qualitätssicherung gewähren Ihnen

optimale Zusammenarbeit!

 Kunststoffwerk WALDMANN GmbH · D-7768 Stockach 8
Telefon (0 77 71) 40 04-6 · Telex 7 93 222
Telefax (0 77 71) 20 77

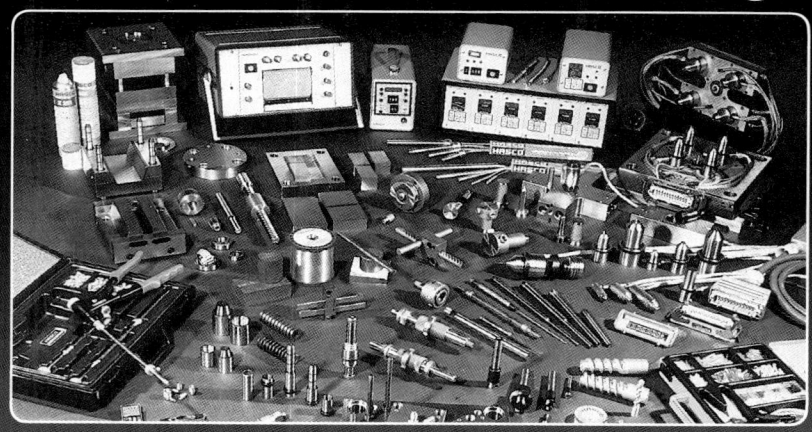

PMMA-Rohre

Elkamet Kunststofftechnik GmbH
W-3560 Biedenkopf, Postf. 1263
Tel. 06461/7010, Fax./70114

Polyacetal-Folien

RÖCHLING SUSTAPLAST KG
5420 Lahnstein, T. 02621/693-0

Polyacetal-Halbzeug

ENSINGER GmbH + Co
Rudolf-Diesel-Str. 8, Pf. 1161
7045 Nufringen
Tel. 070/819-0, Tx 7265686

Erta-Plastic GmbH
Koblenzer Str. 25
5420 Lahnstein
Tel. 02621/6990
Fax: 02621/69933
ERTALON/ ERTACETAL/
ERTALYTE
AXXIS-PC/ SUNLIFE/ VIVAK

RÖCHLING SUSTAPLAST KG
5420 Lahnstein, T. 02621/693-0

Polyacetal-Platten

RÖCHLING SUSTAPLAST KG
5420 Lahnstein, T. 02621/693-0

Polyamid-Folien

RÖCHLING SUSTAPLAST KG
5420 Lahnstein, T. 02621/693-0

Deutsche Snia, Pf. 13 23 53
56 Wuppertal, Tel. 0202/493050

Polyamid-Halbzeug

ENSINGER GmbH + Co
Rudolf-Diesel-Str. 8, Pf. 1161
7045 Nufringen
Tel. 070/819-0, Tx 7265686

Erta-Plastic GmbH
Koblenzer Str. 25
5420 Lahnstein
Tel. 02621/6990
Fax: 02621/69933
ERTALON/ ERTACETAL/
ERTALYTE
AXXIS-PC/ SUNLIFE/ VIVAK

A. HANDTMANN ELTEKA
GmbH & Co. KG
Birkenallee 25-29
Lauramid Pa129
Tel.07351/42-0
7950 Biberach/Riß

Licharz GmbH, Tx 889 459
D-5205 St. Augustin 1

Polyguss GmbH & Co. KG
A-1210 Wien, Scheydgasse 30
Tel: +43/1/2707070 Tx. 115770
Fax: +43/1/2707070-9

Polypenco GmbH
5060 Berg. Gladbach 2

RÖCHLING SUSTAPLAST KG
5420 Lahnstein, T. 02621/693-0

Polyamid-Platten

A. HANDTMANN ELTEKA
GmbH & Co. KG
Birkenallee 25-29
Lauramid Pa129
Tel.07351/42-0
7950 Biberach/Riß

Polyguss GmbH & Co. KG
A-1210 Wien, Scheydgasse 30
Tel: +43/1/2707070 Tx. 115770
Fax: +43/1/2707070-9

RÖCHLING SUSTAPLAST KG
5420 Lahnstein, T. 02621/693-0

Polycarbonat-Folien

RÖCHLING SUSTAPLAST KG
5420 Lahnstein, T. 02621/693-0

Polycarbonat-Halbzeug

ENSINGER GmbH + Co
Rudolf-Diesel-Str. 8, Pf. 1161
7045 Nufringen
Tel. 070/819-0, Tx 7265686

(Polycarbonat-Halbzeug, Forts.)

Erta-Plastic GmbH
Koblenzer Str. 25
5420 Lahnstein
Tel. 02621/6990
Fax: 02621/69933
ERTALON/ ERTACETAL/
ERTALYTE
AXXIS-PC/ SUNLIFE/ VIVAK

Janßen & Angenendt GmbH
Elbestr. 29, 4150 Krefeld
sh. Gruppe A, ABS-Kunststoffe

RÖCHLING SUSTAPLAST KG
5420 Lahnstein, T. 02621/693-0

Polycarbonat-Platten

Axxis NV, Wakkensesteenweg 47
B-8700 Tielt, Belgien
Fax (32) 51.40.48.18

Carl E. Brandes GmbH
3015 Wennigsen T. 05103/8008*

Janßen & Angenendt GmbH
Elbestr. 29, 4150 Krefeld
sh. Gruppe A, ABS-Kunststoffe

RÖCHLING SUSTAPLAST KG
5420 Lahnstein, T. 02621/693-0

Polycarbonat-Profile

BWF Kunststoffe GmbH & Co. KG
Fachbereich Profile
Postfach 11 20
D-8875 Offingen
Telefon 0 82 24/71-0
Telefax 0 82 24/21 45
Lager-,Standard-,Sonderprofile
und Rohre

Elkamet Kunststofftechnik GmbH
W-3560 Biedenkopf, Postf. 1263
Tel. 06461/7010, Fax./70114

Polycarbonat-Rohre

Elkamet Kunststofftechnik GmbH
W-3560 Biedenkopf, Postf. 1263
Tel. 06461/7010, Fax./70114

Polyester-Elastomer-Halbzeug

ENSINGER GmbH + Co
Rudolf-Diesel-Str. 8, Pf. 1161
7045 Nufringen
Tel. 070/819-0, Tx 7265686

Polyester-Folien

Du Pont Electronics
Du Pont-Str.1,6380 Bad Homburg
Tel. 06172-872796 Fax 871500

Gurit-Worbla, CH-3063 Ittingen
Tel.031/9210382 Fax031/9217645

RÖCHLING SUSTAPLAST KG
5420 Lahnstein, T. 02621/693-0

Senoplast Klepsch GmbH &
Co.KG
A-5721 Piesendorf
Tel. 06549-7444 Fax 06549-7942
SENOSAN®

Deutsche Snia, Pf. 13 23 53
56 Wuppertal, Tel. 0202/493050

Sprela-Schichtstoff GmbH
Westbahnstr.1,O-7590 Spremberg
540/379500/2391

Polyester-Halbzeug

ENSINGER GmbH + Co
Rudolf-Diesel-Str. 8, Pf. 1161
7045 Nufringen
Tel. 070/819-0, Tx 7265686

Erta-Plastic GmbH
Koblenzer Str. 25
5420 Lahnstein
Tel. 02621/6990
Fax: 02621/69933
ERTALON/ ERTACETAL/
ERTALYTE
AXXIS-PC/ SUNLIFE/ VIVAK

Isola Werke AG
Isolastr. 2, 5160 Düren
02421/8080, Fax/ 808-389

RÖCHLING SUSTAPLAST KG
5420 Lahnstein, T. 02621/693-0

Polyesterimid-Prepregs

ISOVOLTA Österr. Isolierstoff-
werke AG
A-2355 Wiener Neudorf
T.(0)2236-605-0, Fax -403,-477

August Krempel Soehne
Pf. 1240, D-7143 Vaihingen
Tel. 07042/915-0, Tx. 7263884

Polyester-Platten

Axxis NV, Wakkensesteenweg 47
B-8700 Tielt, Belgien
Fax (32) 51.40.48.18

Polyester-Preßmassen

Phoenix AG 2100 Hamburg 90
Seehafenstraße 16
Tel. 040/7667-3013
KERIPOL (Formmassen)

Polyethylen-Folien

LEUNA-WERKE AG
Am Haupttor, O-4220 Leuna
Tel. Merseburg/430
Fax. Merseburg/211038

Polyethylen-Halbzeug

ENSINGER GmbH + Co
Rudolf-Diesel-Str. 8, Pf. 1161
7045 Nufringen
Tel. 070/819-0, Tx 7265686

Europlast Rohrwerk GmbH
Bruchstr. 1/ Postfach 130140
D-4200 Oberhausen 11
Tel. 0208/687010 FS 856361
Telefax: 0208/6870137

Gurit-Worbla, CH-3063 Ittingen
Tel.031/9210382 Fax031/9217645

Solidur Deutschland GmbH
& Co. KG, Postfach 12 64
4426 Vreden, Tel. 02564-3010
Fax 301255, Tlx. 89739 solid d

Terbrack Kunststoffwerk
Postfach 1353, 4426 Vreden
Tel. 02564/393-0, Fax /39360

Polyethylen-Platten

Eilenburger Chemie-Werk
O-7280 Eilenburg
Tel. 610 Fax 3559

Gurit-Worbla, CH-3063 Ittingen
Tel.031/9210382 Fax031/9217645

Wefapress-Werkstoffe
D-4426 Vreden, Tel.02564/398-0
FS 89708, Fax 02564/6372
mechanisch bearbeitet

Polyethylen-Rohre

Europlast Rohrwerk GmbH
Bruchstr. 1/ Postfach 130140
D-4200 Oberhausen 11
Tel. 0208/687010 FS 856361
Telefax: 0208/6870137

Symalit AG
CH-5600 Lenzburg/Schweiz
Tel.064 508150, Fax 064 519104

Polyethylen-Schaumstoff

Alfelder Kunststoffwerke
Postfach 1155, 3220 Alfeld
Tel. 05181/8018-0, Fax 1877

Alveo AG
Postfach 7092
CH-6000 Luzern 7
Tel. 041/227055

BASF Aktiengesellschaft
D-6700 Ludwigshafen am Rhein

Polymer-Chemie GmbH
Haystraße, D-6553 Sobernheim
Tel. 06751/84-0 Fax 06751/8442

Sarnatech Folien +
Schaumstoffe AG, Sarnen

Polyimid-Folien

Du Pont Electronics
Du Pont-Str.1,6380 Bad Homburg
Tel. 06172-872796 Fax 871500

Polyimid-Prepregs

August Krempel Soehne
Pf. 1240, D-7143 Vaihingen
Tel. 07042/915-0, Tx. 7263884

Polypropylen-Halbzeug

ENSINGER GmbH + Co
Rudolf-Diesel-Str. 8, Pf. 1161
7045 Nufringen
Tel. 070/819-0, Tx 7265686

Polypropylen-Platten

Eilenburger Chemie-Werk
O-7280 Eilenburg
Tel. 610 Fax 3559

A.u.E. Lindenberg GmbH &
Co.KG
Pf. 200620, 5060 Berg.Gladb. 2
Tel. 02202/53057, Fax /21080
HM/PP, holzmehlgefülltes PP

Polypropylen-Schaumstoff

Alfelder Kunststoffwerke
Postfach 1155, 3220 Alfeld
Tel. 05181/8018-0, Fax 1877

Alveo AG
Postfach 7092
CH-6000 Luzern 7
Tel. 041/227055

Sarnatech Folien +
Schaumstoffe AG, Sarnen

Polystyrol-Folien

Gurit-Worbla, CH-3063 Ittingen
Tel.031/9210382 Fax031/9217645

Norddt. Seekabelwerke AG
Pf. 1464, 2890 Nordenham
Tel. 04731/82-0, Fax 82-301

Senoplast Klepsch GmbH &
Co.KG
A-5721 Piesendorf
Tel. 06549-7444 Fax 06549-7942
SENOSAN®

Polystyrol-Halbzeug

ENSINGER GmbH + Co
Rudolf-Diesel-Str. 8, Pf. 1161
7045 Nufringen
Tel. 070/819-0, Tx 7265686

Gurit-Worbla, CH-3063 Ittingen
Tel.031/9210382 Fax031/9217645

Senoplast Klepsch GmbH &
Co.KG
A-5721 Piesendorf
Tel. 06549-7444 Fax 06549-7942
SENOSAN®

Polystyrol-Platten

Gurit-Worbla, CH-3063 Ittingen
Tel.031/9210382 Fax031/9217645

Senoplast Klepsch GmbH &
Co.KG
A-5721 Piesendorf
Tel. 06549-7444 Fax 06549-7942
SENOSAN®

Polystyrol-Profile

Elkamet Kunststofftechnik GmbH
W-3560 Biedenkopf, Postf. 1263
Tel. 06461/7010, Fax./70114

Femso-Werk, W-6370 Oberursel

Polystyrol-Schaumstoff

Alfelder Kunststoffwerke
Postfach 1155, 3220 Alfeld
Tel. 05181/8018-0, Fax 1877

Polysulfon-Halbzeug

ENSINGER GmbH + Co
Rudolf-Diesel-Str. 8, Pf. 1161
7045 Nufringen
Tel. 070/819-0, Tx 7265686

RÖCHLING SUSTAPLAST KG
5420 Lahnstein, T. 02621/693-0

Polytetrafluorethylen (PTFE) -Halbzeug

ENSINGER GmbH + Co
Rudolf-Diesel-Str. 8, Pf. 1161
7045 Nufringen
Tel. 070/819-0, Tx 7265686

Fietz GmbH, PTFE Produkte
5093 Burscheid, Tx 8515538
Tel. 02174/674-0, Fax /674-222

IFK ISOFLUOR GmbH
Mainstr. 26-30, 4040 Neuss 21
02137/4038,8518134,02137-12667
PTFE, FEP, PFA-Schläuche,
Schrumpfschläuche, Koaxkabel-
leitungen, PTFE-Dichtungsband

Mikro-Technik, POB 1640
8760 Miltenberg, Fax 400570

Polyurethan-Folien (PUR)

THELEN & Co., 5205 St. Augustin 3
Tel. 02241/3161-0, Fax. 316140
THELAN Polyurethan-Elastomere

Polyurethan-Halbzeug (PUR)

Elastogran GmbH
Geschäftsbereich Halbzeuge
und Bauteile (HH)
D-2844 Lemförde
Tel. 05443/12-0
Teletex 5443812 EKTLE
Telefax 05443/12-105
Technische Teile und Halbzeuge
aus Polyurethan Elastomeren.
Ein Unternehmen der
BASF-Gruppe.

THELEN & Co., 5205 St. Augustin 3
Tel. 02241/3161-0, Fax. 316140
THELAN Polyurethan-Elastomere

Prepregs, allgem.

Isola Werke AG
Isolastr. 2, 5160 Düren
02421/8080, Fax/ 808-389

ISOVOLTA Österr. Isolierstoff-
werke AG
A-2355 Wiener Neudorf
T.(0)2236-605-0, Fax -403,-477

August Krempel Soehne
Pf. 1240, D-7143 Vaihingen
Tel. 07042/915-0, Tx. 7263884

Von Roll Isola/ Isogrup
Kaiserstr. 127, 5000 Köln 90
Tel. 02203/480, Fax /48199

Preßholz, Kunstharz-

Blomberger Holzindustrie
B. Hausmann GmbH & Co. KG
D-4933 Blomberg, T.05235/966-0
DELIGNIT-Panzerholz®

Profile, allgem.

BWF Kunststoffe GmbH & Co. KG
Fachbereich Profile
Postfach 11 20
D-8875 Offingen
Telefon 0 82 24/71-0
Telefax 0 82 24/21 45
Extrusion von Lager-,Standard-
u.Sonderprofilen aus PMMA u.PC

ENSINGER GmbH + Co
Rudolf-Diesel-Str. 8, Pf. 1161
7045 Nufringen
Tel. 070/819-0, Tx 7265686

Femso-Werk, W-6370 Oberursel
SONDERANFERTIGUNGEN

August Krempel Soehne
Pf. 1240, D-7143 Vaihingen
Tel. 07042/915-0, Tx. 7263884

RÖCHLING SUSTAPLAST KG
5420 Lahnstein, T. 02621/693-0

TECHNOFORM
Caprano + Brunnhofer KG
Postfach 1180
3501 Fuldabrück 1
Tel. (0561) 5898-0
Fax. (0561) 5898-121

Profile aus GFK

FIBROLUX GMBH
6238 Hofheim 4
Tel. 06122/91000, Fax./15001

TECHNOFORM
Caprano + Brunnhofer KG
Postfach 1180
3501 Fuldabrück 1
Tel. (0561) 5898-0
Fax. (0561) 5898-121

PVC-hart-Folien

Gurit-Worbla, CH-3063 Ittingen
Tel.031/9210382 Fax031/9217645

Norton Pampus GmbH
PF 80, 4156 Willich 3
02154/60-0, Tx 8531924
Fax 02154/60-310

PVC-hart-Platten

Eilenburger Chemie-Werk
O-7280 Eilenburg
Tel. 610 Fax 3559

PVC-Platten und -Folien

Carl E. Brandes GmbH
3015 Wennigsen T. 05103/8008*

Gurit-Worbla, CH-3063 Ittingen
Tel.031/9210382 Fax031/9217645

Klöckner Pentaplast GmbH
Postf. 1165, D-5430 Montabaur
Tel. 02602/915-0, Fax /915297

PVC-Profile

Gehr-Kunststoffwerk
Postf. 810209, 68 Mannheim 81
Tel. 0621/85001-0, Fax 8500139

Leschuplast
Kunststoff-Fabrik GmbH
Postfach 12 04 62
5630 Remscheid 11
Tel. 02191/5628-0

Norton Pampus GmbH
PF 80, 4156 Willich 3
02154/60-0, Tx 8531924
Fax 02154/60-310

Wilmaplast GmbH
6551 Roxheim
Tel. 0671/30764, Fax /35044

PVC-Rohre

Norton Pampus GmbH
PF 80, 4156 Willich 3
02154/60-0, Tx 8531924
Fax 02154/60-310

PVC-Schläuche

Wilmaplast GmbH
6551 Roxheim
Tel. 0671/30764, Fax /35044

PVC-weich-Folien

Gurit-Worbla, CH-3063 Ittingen
Tel.031/9210382 Fax031/9217645

Interplastic-Werk AG
Postfach 293, A-4600 Wels
07242/403-0,25535,07242/43325

Leschuplast
Kunststoff-Fabrik GmbH
Postfach 12 04 62
5630 Remscheid 11
Tel. 02191/5628-0

PVC-weich-Platten

Eilenburger Chemie-Werk
O-7280 Eilenburg
Tel. 610 Fax 3559

RAM-Extrusionserzeugnisse

Solidur Deutschland GmbH
& Co. KG, Postfach 12 64
4426 Vreden, Tel. 02564-3010
Fax 301255, Tlx. 89739 solid d

Rohre, allgem.

BWF Kunststoffe GmbH & Co. KG
Fachbereich Profile
Postfach 11 20
D-8875 Offingen
Telefon 0 82 24/71-0
Telefax 0 82 24/21 45
Extrusion von Lager- und Son-
derquerschnitten aus PMMA u.PC

Europlast Rohrwerk GmbH
Bruchstr. 1/ Postfach 130140
D-4200 Oberhausen 11
Tel. 0208/687010 FS 856361
Telefax: 0208/6870137

Femso-Werk, W-6370 Oberursel
SONDERANFERTIGUNGEN

Gehr-Kunststoffwerk
Postf. 810209, 68 Mannheim 81
Tel. 0621/85001-0, Fax 8500139

Sandwichkernmaterial

Gaugler & Lutz OHG
Robert Boscher Str. 29
7080 Aalen
Tel. 07361/41088, Fax./41080
Airex, Herex, Saertex

Lantor BV, Firet Coremat
Pf.45, NL-3900 AA Veenendaal
8385-37111, 37119, 8385-37493

Schichtpreßstoffe, technisch

Elektro-Isola A/S
DK-7100 Vejle
Tel. +45 75 82 75 88, Tx 61188
Telefax +45 75 82 73 36

Isola Werke AG
Isolastr. 2, 5160 Düren
02421/8080, Fax/ 808-389

ISOVOLTA Österr. Isolierstoff-
werke AG
A-2355 Wiener Neudorf
T.(0)2236-605-0, Fax -403,-477

August Krempel Soehne
Pf. 1240, D-7143 Vaihingen
Tel. 07042/915-0, Tx. 7263884

Sprela-Schichtstoff GmbH
Westbahnstr.1,O-7590 Spremberg
540/379500/2391

Schläuche, allgem.

Femso-Werk, W-6370 Oberursel
SONDERANFERTIGUNGEN

IFK ISOFLUOR GmbH
Mainstr. 26-30, 4040 Neuss 21
02137/4038,8518134,02137-12667
PTFE, FEP, PFA-Schläuche,
Schrumpfschläuche, Koaxkabel-
leitungen, PTFE-Dichtungsband

Norton Pampus GmbH
PF 80, 4156 Willich 3
02154/60-0, Tx 8531924
Fax 02154/60-310

Stäbe

FIBROLUX GMBH
6238 Hofheim 4
Tel. 06122/91000, Fax./15001

Gehr-Kunststoffwerk
Postf. 810209, 68 Mannheim 81
Tel. 0621/85001-0, Fax 8500139

RÖCHLING SUSTAPLAST KG
5420 Lahnstein, T. 02621/693-0

Stäbe aus GFK

FIBROLUX GMBH
6238 Hofheim 4
Tel. 06122/91000, Fax./15001

Technische Profile

Elkamet Kunststofftechnik GmbH
W-3560 Biedenkopf, Postf. 1263
Tel. 06461/7010, Fax./70114

ENSINGER GmbH + Co
Rudolf-Diesel-Str. 8, Pf. 1161
7045 Nufringen
Tel. 070/819-0, Tx 7265686

Femso-Werk, W-6370 Oberursel

Matthias Oechsler & Sohn
W-8832 Weißenburg
Tel. 09141/990-0

RÖCHLING SUSTAPLAST KG
5420 Lahnstein, T. 02621/693-0

TECHNOFORM
Caprano + Brunnhofer KG
Postfach 1180
3501 Fuldabrück 1
Tel. (0561) 5898-0
Fax. (0561) 5898-121

TPE-Extrusionserzeugnisse

Femso-Werk, W 6370 Oberursel
SONDERANFERTIGUNGEN

Trennfolien

Du Pont Electronics
Du Pont-Str.1,6380 Bad Homburg
Tel. 06172-872796 Fax 871500

Verbundfolien

Von Roll Isola/ Isogrup
Kaiserstr. 127, 5000 Köln 90
Tel. 02203/480, Fax /48199

ISOVOLTA Österr. Isolierstoff-
werke AG
A-2355 Wiener Neudorf
T.(0)2236-605-0, Fax -403,-477

Senoplast Klepsch GmbH &
Co.KG
A-5721 Piesendorf
Tel. 06549-7444 Fax 06549-7942
SENOSAN®

Verbundplatten

Senoplast Klepsch GmbH &
Co.KG
A-5721 Piesendorf
Tel. 06549-7444 Fax 06549-7942
SENOSAN®

Warmformplatten und -folien, allgem.

Axxis NV, Wakkensesteenweg 47
B-8700 Tielt, Belgien
Fax (32) 51.40.48.18

Erta-Plastic GmbH
Koblenzer Str. 25
5420 Lahnstein
Tel. 02621/6990
Fax: 02621/69933
ERTALON/ ERTACETAL/
ERTALYTE
AXXIS-PC/ SUNLIFE/ VIVAK

Gurit-Worbla, CH-3063 Ittingen
Tel.031/9210382 Fax031/9217645

Senoplast Klepsch GmbH &
Co.KG
A-5721 Piesendorf
Tel. 06549-7444 Fax 06549-7942
SENOSAN®

Gruppe 5: Kunststoff-Fertigerzeugnisse

Abdeckhauben

ENSINGER GmbH + Co
Rudolf-Diesel-Str. 8, Pf. 1161
7045 Nufringen
Tel. 070/819-0, Tx 7265686

Abdeckungen, allgem.

W. Bethke GmbH & Co. KG
Kunststoffverarbeitung
Daimlerstr. 26-32
4050 Mönchengladbach 4
T. 02166/56046-47 od. 9522-0
-Bitte Katalog anfordern-

ENSINGER GmbH + Co
Rudolf-Diesel-Str. 8, Pf. 1161
7045 Nufringen
Tel. 070/819-0, Tx 7265686

Abdeckungen aus GFK

Abeking & Rasmussen
Faserverbundtechnik GmbH
2874 Lemwerder, Flughafenstr.4
Tel. 0421/67441

Isola Werke AG
Isolastr. 2, 5160 Düren
02421/8080, Fax/ 808-389

Abgas- und Entlüftungsrohre

Brinkmann, D-6072 Dreieich 1
Fax (06103)371219

Tscherwitschke GmbH
0-7251 Gerichshain

Apparatebau- und -teile

Sarnatech Composites AG,
Weinfelden

Sarnatech Spritzguss AG,
Triengen

Armaturen

Josef Weber GmbH & Co. KG
Zeltinger Str. 7, 5 Köln 51

Auto-Innenausstattungen

A.u.E. Lindenberg GmbH &
Co.KG
Pf. 200620, 5060 Berg.Gladb. 2
Tel. 02202/53057, Fax /21080
HM/PP, holzmehlgefülltes PP

Phoenix AG, 2100 Hamburg 90
Hannoversche Str.88, Tx.217611
Tel. 040/76671, Fax. 7667-2365

Auto-Karosserieteile

Phoenix AG, 2100 Hamburg 90
Hannoversche Str. 22,Tx.217611
Tel. 040/76671, Fax. 7667-2365
Fahrzeug- bzw. Karosserie-
Innen- und Außenverkleidungen
aus thermoplastischen Werk-
stoffen und Polyurethanen

Bänder

Femso-Werk, W-6370 Oberursel

Baugruppen

SE, 7990 FN-1, Glärnischstr.31
Tel. 07541/21028 ,Fax./72828

Bauprofile

ENSINGER GmbH + Co
Rudolf-Diesel-Str. 8, Pf. 1161
7045 Nufringen
Tel. 070/819-0, Tx 7265686

Bediengriffe

W. Bethke GmbH & Co. KG
Kunststoffverarbeitung
Daimlerstr. 26-32
4050 Mönchengladbach 4
T. 02166/56046-47 od. 9522-0
-Bitte Katalog anfordern-

Erlemann & Huckenbeck GmbH
& Co KG, 5608 Radevormwald
Tel. 02195/2037
Fax 02195/40414

Befestigungen

fischerwerke
Artur Fischer GmbH + Co. KG
Weinhalde 14-18
7244 Tumlingen/Waldachtal
Tel. 07443/12-0
Fax: 07443/12-222

Behälter, allgem.

Walter Krause GmbH
7121 Walheim, Postfach 29
Tel. 07143/3871, Fax./36965

Beutel

Moderne elemat GmbH
pob 230342, D-7000 Stuttgart
Tel. 0711/753024, Fax./753332

Binder für Wein-, Obst- und Gartenbau

Miba-PLastik G. Wiesenmaier
PF. 1142, 7037 Magstadt
Tel. 07159/43415, Fax /45359

Bodenbeläge, fugenlos

Interplastic-Werk AG
Postfach 293, A-4600 Wels
07242/403-0,25535,07242/43325

Buchsen

ENSINGER GmbH + Co
Rudolf-Diesel-Str. 8, Pf. 1161
7045 Nufringen
Tel. 070/819-0, Tx 7265686

RÖCHLING SUSTAPLAST KG
5420 Lahnstein, T. 02621/693-0

CFK-Bauteile

Uranit GmbH
Postfach 1411, 5170 Jülich
Tel. 02461/65-388, Tx 833531
Fax: 02461/65449
CFK-Bauteile auch BESCHICH-
TET

CFK-Formteile

Faserverbundtechnik
Robert Mayr GmbH
8200 Rosenheim, Oberaustr. 1
Tel. 08031/42076, Fax 42751
Entwicklung u. Herstellung
von Hochleistungsverbund-
Kunststoffen; CFK-GFK-SFK

Dach- und Dichtungsbahnen

Interplastic-Werk AG
Postfach 293, A-4600 Wels
07242/403-0,25535,07242/43325

Leschuplast
Kunststoff-Fabrik GmbH
Postfach 12 04 62
5630 Remscheid 11
Tel. 02191/5628-0

Sarnafil AG, Sarnen

Dämmplatten

BASF Aktiengesellschaft
D-6700 Ludwigshafen am Rhein

Dämpfungselemente

Phoenix AG, 2100 Hamburg 90
Hannoversche Str. 22,Tx.217611
Tel. 040/76671, Fax. 7667-2365

Dichtungen

Alfelder Kunststoffwerke
Postfach 1155, 3220 Alfeld
Tel. 05181/8018-0, Fax 1877

Fietz GmbH, PTFE Produkte
5093 Burscheid, Tx 8515538
Tel. 02174/674-0, Fax /674-222

KLT Hummel-PLastic GmbH
8720 Schweinfurt, Pf. 4145
Tel. 09721-6654, Fax -60106

Norton Pampus GmbH
PF 80, 4156 Willich 3
02154/60-0, Tx 8531924
Fax 02154/60-310

Karl Späh GmbH & Co. KG
Industriestr. 8
D-7486 Scheer
Tel. 07572/602-0, Fax 602-167

TECHNOFORM
Caprano + Brunnhofer KG
Postfach 1180
3501 Fuldabrück 1
Tel. (0561) 5898-0
Fax. (0561) 5898-121

THELEN &Co.,5205 St.Augustin 3
Tel. 02241/3161-0, Fax. 316140
THELAN Polyurethan-Elastomere

Dichtungsprofile

ENSINGER GmbH + Co
Rudolf-Diesel-Str. 8, Pf. 1161
7045 Nufringen
Tel. 070/819-0, Tx 7265686

Femso-Werk, W-6370 Oberursel

TECHNOFORM
Caprano + Brunnhofer KG
Postfach 1180
3501 Fuldabrück 1
Tel. (0561) 5898-0
Fax. (0561) 5898-121

Dosen

Werner Warsawsky KG
Postf. 1329, W-2842 Lohne
Tel. 04442-1653 Fax 04442-6690

Dränrohre

FRÄNKISCHE - 8729 Königs-
berg
Tel. (09525) 88-0, Fax./88-411

Drehteile

ENSINGER GmbH + Co
Rudolf-Diesel-Str. 8, Pf. 1161
7045 Nufringen
Tel. 070/819-0, Tx 7265686

Fietz GmbH, PTFE Produkte
5093 Burscheid, Tx 8515538
Tel. 02174/674-0, Fax /674-222

RÖCHLING SUSTAPLAST KG
5420 Lahnstein, T. 02621/693-0

Karl Späh GmbH & Co. KG
Industriestr. 8
D-7486 Scheer
Tel. 07572/602-0, Fax 602-167

Druckschläuche

TECHNOFORM
Caprano + Brunnhofer KG
Postfach 1180
3501 Fuldabrück 1
Tel. (0561) 5898-0
Fax. (0561) 5898-121

Werkstofftechnik Dr. Ing.
H. Teichmann Nachf. GmbH
8192 Geretsried 2, FS 526329
Tel. 08171/51081, Fax /81143
Pneumatic-Spritz- u.
Hochdruckschläuche
Jeschkenstr. 36-40, Pf. 809

Dübel

fischerwerke
Artur Fischer GmbH + Co. KG
Weinhalde 14-18
7244 Tumlingen/Waldachtal
Tel. 07443/12-0
Fax: 07443/12-222

Etuis

O.Wild GmbH, D-Pforzheim

Fahrzeugteile und -zubehör

Hörauf & Kohler KG
Postf. 40, 8900 Augsburg 22
Tel. 0821/57055-0, Tx 533444

Presswerk Köngen GmbH
Postfach 1165, 7316 Köngen
Tel. 07024/808-0, Tlx 7267214
Telefax 07024/808-111

Faltenbälge

Norton Pampus GmbH
PF 80, 4156 Willich 3
02154/60-0, Tx 8531924
Fax 02154/60-310

Faserverbundbauteile

ACT Hochleistungs-
kunststofftechnik G.m.b.H.
Hauptstr. 2, A-2630 Ternitz
Tel. 02630/35161
Tlx 16572act a Fax 02630/35156

Filtergewebe

Fugafil-saran GmbH & Co.
Ostring 22, 4285 Raesfeld
Tel. 02865/311, Tlx: 813 342

Fittings

W. Bethke GmbH & Co. KG
Kunststoffverarbeitung
Daimlerstr. 26-32
4050 Mönchengladbach 4
T. 02166/56046-47 od. 9522-0
-Bitte Katalog anfordern-

Flaschenverschlüsse

Werner Warsawsky KG
Postf. 1329, W-2842 Lohne
Tel. 04442-1653 Fax 04442-6690

Flechtmaterial

Femso-Werk, W-6370 Oberursel

Folien, allgem.

RÖCHLING SUSTAPLAST KG
5420 Lahnstein, T. 02621/693-0

Sarnatech-Xiro AG, Schmitten
(bisher Xiro AG)

Formteile aus GFK

FAG Kugelfischer
Georg Schäfer KGaA
Pf. 1260, 8720 Schweinfurt 1
T. (09721) 912495, Fax. 914227

Isola Werke AG
Isolastr. 2, 5160 Düren
02421/8080, Fax/ 808-389

Formteile nach Muster, Zeichnung od. Kundenwerkzeug

ABC Kunststoffverarbeitung
Tautenhahn GmbH, 7913 Senden
Tel. 07307/6051, Tx 712284
Fax. 07307/32119

Böllhoff & Co GmbH & Co. KG
Pf. 140240, 4800 Bielefeld 14
Tel. 0521/4482-01, Fax 449364

Elastogran GmbH
Geschäftsbereich Halbzeuge
und Bauteile (HH)
D-2844 Lemförde
Tel. 05443/12-0
Teletex 5443812 EKTLE
Telefax 05443/12-105
Technische Teile und Halbzeuge
aus Polyurethan Elastomeren.
Ein Unternehmen derBASF-
Gruppe.

ENSINGER GmbH + Co
Rudolf-Diesel-Str. 8, Pf. 1161
7045 Nufringen
Tel. 070/819-0, Tx 7265686

FAG Kugelfischer
Georg Schäfer KGaA
Pf. 1260, 8720 Schweinfurt 1
T. (09721) 912495, Fax. 914227

Fried Kunststofftechnik GmbH
Wasenstr. 90, 7068 Urbach
Tel. 07181/8000-0, Fax.8000-15

Isola Werke AG
Isolastr. 2, 5160 Düren
02421/8080, Fax/ 808-389

Presswerk Köngen GmbH
Postfach 1165, 7316 Köngen
Tel. 07024/808-0, Tlx 7267214
Telefax 07024/808-111

A.u.E. Lindenberg GmbH &
Co.KG
Pf. 200620, 5060 Berg.Gladb. 2
Tel. 02202/53057, Fax /21080
HM/PP, holzmehlgefülltes PP

Neopur Technologien GmbH
Brückenstr. 2, 4500 Osnabrück
Tel. 0541/124620, Tx 129732

Neumeyer-Fließpressen GmbH
8500 Nürnberg, Postfach 33 42
Fax 5981310, Tel. 5981215
größer als 200 mm Durchmesser
Warenzeichen optamid

Odenwälder Kunststoffwerk
Dr. H. Schneider GmbH & Co. KG
Friedrich-List-Str. 1
6969 Buchen
Tel. 06281/4020 Fax 40213

Matthias Oechsler & Sohn
W-8800 Ansbach, T. 0981/1807-0

Rauschert GmbH & Co KG
D-5531 Oberbettingen/Eifel
T.06593/1031,Fax9001,Tx4729930

Sarnatech Folien +
Schaumstoffe AG, Sarnen

Sarnatech Composites AG,
Weinfelden

Sarnatech Spritzguss AG,
Triengen

SE, 7990 FN-1, Glärnischstr.31
Tel. 07541/21028, Fax./72828

THELEN & Co., 5205 St. Augustin 3
Tel. 02241/3161-0, Fax. 316140
THELAN Polyurethan-Elastomere

Josef Weber GmbH & Co. KG
Zeltinger Str. 7, 5 Köln 51

O.Wild GmbH, D-Pforzheim

Winkel GmbH
5974 Herscheid 2
Tx 8263435, Fax 02357/4275

Gehäuse

ABC Kunststoffverarbeitung
Tautenhahn GmbH, 7913 Senden
Tel. 07307/6051, Tx 712284
Fax. 07307/32119

ENSINGER GmbH + Co
Rudolf-Diesel-Str. 8, Pf. 1161
7045 Nufringen
Tel. 070/819-0, Tx 7265686

Sarnatech Composites AG,
Weinfelden

Sarnatech Spritzguss AG,
Triengen

Gewindeteile

Böllhoff & Co GmbH & Co. KG
Pf. 140240, 4800 Bielefeld 14
Tel. 0521/4482-01, Fax 449364

GFK-Erzeugnisse

Isola Werke AG
Isolastr. 2, 5160 Düren
02421/8080, Fax/ 808-389

ISOVOLTA Österr. Isolierstoff-
werke AG
A-2355 Wiener Neudorf
T.(0)2236-605-0, Fax -403,-477

Maschinenfabrik
Reinhausen GmbH
8400 Regensburg
Fax 0941/44203 - Abt. BKL
Wickelrohre aus GF-EP mit
mechanischer Bearbeitung

Sarnatech Composites AG,
Weinfelden

GFK-Formteile

Isola Werke AG
Isolastr. 2, 5160 Düren
02421/8080, Fax/ 808-389

GFK-Profile

TECHNOFORM
Caprano + Brunnhofer KG
Postfach 1180
3501 Fuldabrück 1
Tel. (0561) 5898-0
Fax. (0561) 5898-121

Gleitelemente

W. Bethke GmbH & Co. KG
Kunststoffverarbeitung
Daimlerstr. 26-32
4050 Mönchengladbach 4
T. 02166/56046-47 od. 9522-0
-Bitte Katalog anfordern-

KLT Hummel-PLastic GmbH
8720 Schweinfurt, Pf. 4145
Tel. 09721-6654, Fax -60106

RÖCHLING SUSTAPLAST KG
5420 Lahnstein, T. 02621/693-0

Solidur Deutschland GmbH
& Co. KG, Postfach 12 64
4426 Vreden, Tel. 02564-3010
Fax 301255, Tlx. 89739 solid d

Gleitlager

W. Bethke GmbH & Co. KG
Kunststoffverarbeitung
Daimlerstr. 26-32
4050 Mönchengladbach 4
T. 02166/56046-47 od. 9522-0
-Bitte Katalog anfordern-

ENSINGER GmbH + Co
Rudolf-Diesel-Str. 8, Pf. 1161
7045 Nufringen
Tel. 070/819-0, Tx 7265686

Norton Pampus GmbH
PF 80, 4156 Willich 3
02154/60-0, Tx 8531924
Fax 02154/60-310

RÖCHLING SUSTAPLAST KG
5420 Lahnstein, T. 02621/693-0

Josef Weber GmbH & Co. KG
Zeltinger Str. 7, 5 Köln 51

Gleitleisten

ENSINGER GmbH + Co
Rudolf-Diesel-Str. 8, Pf. 1161
7045 Nufringen
Tel. 070/819-0, Tx 7265686

Murtfeldt Kunststoffe GmbH
Heßlingsweg 14, 46 Dortmund 12
0231/20609-0, Fax 251021

RÖCHLING SUSTAPLAST KG
5420 Lahnstein, T. 02621/693-0

TECHNOFORM
Caprano + Brunnhofer KG
Postfach 1180
3501 Fuldabrück 1
Tel. (0561) 5898-0
Fax. (0561) 5898-121

Gummimetall-Federn

Pommereit GmbH, P.O.B. 65
D-8503 Altdorf, Fax 09187/2143

Hartpapierhülsen

Isola Werke AG
Isolastr. 2, 5160 Düren
02421/8080, Fax/ 808-389

Installationsrohre

FRÄNKISCHE - 8729 Königs-
berg
Tel. (09525) 88-0, Fax./88-411

Isolierbänder

ISOVOLTA Österr. Isolierstoff-
werke AG
A-2355 Wiener Neudorf
T.(0)2236-605-0, Fax -403,-477

Moderne elemat GmbH
pob 230342, D-7000 Stuttgart
Tel. 0711/753024, Fax./753332

Isolierfolien

ISOVOLTA Österr. Isolierstoff-
werke AG
A-2355 Wiener Neudorf
T.(0)2236-605-0, Fax -403,-477

Moderne elemat GmbH
pob 230342, D-7000 Stuttgart
Tel. 0711/753024, Fax./753332

Isolierplatten

Isola Werke AG
Isolastr. 2, 5160 Düren
02421/8080, Fax/ 808-389

ISOVOLTA Österr. Isolierstoff-
werke AG
A-2355 Wiener Neudorf
T.(0)2236-605-0, Fax -403,-477

Isolierschläuche

Elkoflex Isolierschlauchfabrik
Huttenstr. 41/44, Pf. 210467
1000 Berlin 21
Tel. 030/3444024, FS 181885
Telefax 030/3441659

FRÄNKISCHE - 8729 Königs-
berg
Tel. (09525) 88-0, Fax./88-411

IFK ISOFLUOR GmbH
Mainstr. 26-30, 4040 Neuss 21
02137/4038,8518134,02137-12667
PTFE, FEP, PFA-Schläuche,
Schrumpfschläuche, Koaxkabel-
leitungen, PTFE-Dichtungsband

Werkstofftechnik Dr. Ing.
H. Teichmann Nachf. GmbH
8192 Geretsried 2, FS 526329
Tel. 08171/51081, Fax /81143
Pneumatic-Spritz- u.
Hochdruckschläuche
Jeschkenstr. 36-40, Pf. 809

Isolierschmelzfolie

Moderne elemat GmbH
pob 230342, D-7000 Stuttgart
Tel. 0711/753024, Fax./753332

Kabelschutzrohre

FRÄNKISCHE - 8729 Königs-
berg
Tel. (09525) 88-0, Fax./88-411

Symalit AG
CH-5600 Lenzburg/Schweiz
Tel.064 508150, Fax 064 519104

Kantenschutz

Gehr-Kunststoffwerk
Postf. 810209, 68 Mannheim 81
Tel. 0621/85001-0, Fax 8500139

Keder

Femso-Werk, W-6370 Oberursel

Kettenführungen

ENSINGER GmbH + Co
Rudolf-Diesel-Str. 8, Pf. 1161
7045 Nufringen
Tel. 070/819-0, Tx 7265686

Murtfeldt Kunststoffe GmbH
Heßlingsweg 14, 46 Dortmund 12
0231/20609-0, Fax 251021

TECHNOFORM
Caprano + Brunnhofer KG
Postfach 1180
3501 Fuldabrück 1
Tel. (0561) 5898-0
Fax. (0561) 5898-121

Kettenräder

A. HANDTMANN ELTEKA
GmbH + Co. KG
Birkenallee 25-29
Lauramid Pa 129
Tel. 07351/42-0
7950 Biberach/Riß

Kettenspanner

Murtfeldt Kunststoffe GmbH
Heßlingsweg 14, 46 Dortmund 12
0231/20609-0, Fax 251021

Klarsichtpackungen

Spritzgußwerk
Lüdenscheid GmbH
Postf. 2550, 5880 Lüdenscheid
Telefon: 02351/13666-68
Telefax: 02351/12750

Klebebänder

Norton Pampus GmbH
PF 80, 4156 Willich 3
02154/60-0, Tx 8531924
Fax 02154/60-310

Klebefilme

Sarnatech Xiro AG
CH-3185 Schmitten
Tel.0041/37360155 Fax/37361972
Telex 942 203

Klebefolien

Sarnatech-Xiro AG, Schmitten
(bisher Xiro AG)

Klebenetze

Sarnatech-Xiro AG, Schmitten
(bisher Xiro AG)

Sarnatech Xiro AG
CH-3185 Schmitten
Tel.0041/37360155 Fax/37361972
Telex 942 203

Klebevliese

Sarnatech Xiro AG
CH-3185 Schmitten
Tel.0041/37360155 Fax/37361972
Telex 942 203

Lager, selbstschmierend

ENSINGER GmbH + Co
Rudolf-Diesel-Str. 8, Pf. 1161
7045 Nufringen
Tel. 070/819-0, Tx 7265686

Norton Pampus GmbH
PF 80, 4156 Willich 3
02154/60-0, Tx 8531924
Fax 02154/60-310

RÖCHLING SUSTAPLAST KG
5420 Lahnstein, T. 02621/693-0

Lager und Lagerungen

ENSINGER GmbH + Co
Rudolf-Diesel-Str. 8, Pf. 1161
7045 Nufringen
Tel. 070/819-0, Tx 7265686

RÖCHLING SUSTAPLAST KG
5420 Lahnstein, T. 02621/693-0

Laufrollen

A. HANDTMANN ELTEKA
GmbH + Co. KG
Birkenallee 25-29
Lauramid Pa129
Tel. 07351/42-0
7950 Biberach/Riß
(LMV)-Lauramid-Metallverbund-
Konstruktion

Magnetfolien

P. Welter GmbH & Co. KG
Postf. 1311, 5042 Erftstadt
Tel. 02235/71530, Fax /72875

Maschinenteile

ABC Kunststoffverarbeitung
Tautenhahn GmbH, 7913 Senden
Tel. 07307/6051, Tx 712284
Fax. 07307/32119

ENSINGER GmbH + Co
Rudolf-Diesel-Str. 8, Pf. 1161
7045 Nufringen
Tel. 070/819-0, Tx 7265686

Hörauf & Kohler KG
Postf. 40, 8900 Augsburg 22
Tel. 0821/57055-0, Tx 533444

Isola Werke AG
Isolastr. 2, 5160 Düren
02421/8080, Fax/ 808-389

Polypenco GmbH
5060 Berg. Gladbach 2

RÖCHLING SUSTAPLAST KG
5420 Lahnstein, T. 02621/693-0

Medizinische Artikel

Josef Weber GmbH & Co. KG
Zeltinger Str. 7, 5 Köln 51

Möbelprofile

BWF Kunststoffe GmbH & Co. KG
Fachbereich Profile
Postfach 11 20
D-8875 Offingen
Telefon 0 82 24/71-0
Telefax 0 82 24/21 45
Decoline - extrudierte Kanten-
schutzprofile in Lager- und
Sonderfarben mit geringen
Mindestmengen

ENSINGER GmbH + Co
Rudolf-Diesel-Str. 8, Pf. 1161
7045 Nufringen
Tel. 070/819-0, Tx 7265686

kühnplast GmbH & Co. KG
Postfach 18, 7074 Mögglingen
Tel. 07174/295

Möbelteile

W. Bethke GmbH & Co. KG
Kunststoffverarbeitung
Daimlerstr. 26-32
4050 Mönchengladbach 4
T. 02166/56046-47 od. 9522-0
-Bitte Katalog anfordern-

Monofile

Dr. Karl Wetekam & Co.
3508 Melsungen 1
Tel. 05661/6046-48
Tx 99933, Fax 05661/51250
Kunststoff-Fäden u. -Bänder
- Wetelen Monofile -

Muttern

Böllhoff & Co GmbH & Co. KG
Pf. 140240, 4800 Bielefeld 14
Tel. 0521/4482-01, Fax 449364

Netze

Sarnatech Xiro AG
CH-3185 Schmitten
Tel.0041/37360155 Fax/37361972
Telex 942 203

Optische Artikel

Sarnatech Spritzguss AG,
Triengen

Platten, allgem.

RÖCHLING SUSTAPLAST KG
5420 Lahnstein, T. 02621/693-0

Sprela-Schichtstoff GmbH
Westbahnstr.1,O-7590 Spremberg
540/379500/2391

Polyethylen-Fertigteile

Wefapress-Werkstoffe
D-4426 Vreden, Tel.02564/398-0
FS 89708, Fax 02564/6372
mechanisch bearbeitet

Preßteile

Erlemann & Huckenbeck GmbH
& Co KG, 5608 Radevormwald
Tel. 02195/2037
Fax 02195/40414

Isola Werke AG
Isolastr. 2, 5160 Düren
02421/8080, Fax/ 808-389

LKH - Kunststoffwerk
GmbH & Co. KG
Industriestraße, 6342 Haiger 1
Telefon: 02773/5021
Telefax: 02773/6539

Plate & Voerster, POB 2120
5883 Kierspe, Fax 02359/107107

Hermann Ros GmbH
Bamberger Str. 28, 8630 Coburg
T. 09561/2705-0, Fax 2705-88
Kunstharz-Preß- u. Spritzw.
Eigener Formenbau

Sarnatech Composites AG,
Weinfelden

Profile, allgem.

G. Binder GmbH u. Co.
D-7038 Holzgerlingen, Pf. 1181
Tel. 07031/683-0, Fax /683-179
Kunststoffprofile, extrudiert

(Profile, allgem., Forts.)

Carasyn Plastics GmbH
Hölzlestr. 6b, 7410 Reutlingen
Tel. 07121/60288-89, Fax 68821
Tlx. 729440 caras d

Enitor B.V. Holland
Postfach 1, 9285 ZV Buitenpost
Tel. 05115/1700
Fax: 05115/3332

ENSINGER GmbH + Co
Rudolf-Diesel-Str. 8, Pf. 1161
7045 Nufringen
Tel. 070/819-0, Tx 7265686

Gehr-Kunststoffwerk
Postf. 810209, 68 Mannheim 81
Tel. 0621/85001-0, Fax 8500139

kühnplast GmbH & Co. KG
Postfach 18, 7074 Mögglingen
Tel. 07174/295

Matthias Oechsler & Sohn
W-8800 Ansbach, T. 0981/1807-0

RÖCHLING SUSTAPLAST KG
5420 Lahnstein, T. 02621/693-0

Roga KG, W-5047 Wesseling
Tel. 02236/47011, Fax -/47013

TECHNOFORM
Caprano + Brunnhofer KG
Postfach 1180
3501 Fuldabrück 1
Tel. (0561) 5898-0
Fax. (0561) 5898-121

Werkstofftechnik Dr. Ing.
H. Teichmann Nachf. GmbH
8192 Geretsried 2, FS 526329
Tel. 08171/51081, Fax /81143
Pneumatic-Spritz- u.
Hochdruckschläuche
Jeschkenstr. 36-40, Pf. 809

Profile aus GFK

TECHNOFORM
Caprano + Brunnhofer KG
Postfach 1180
3501 Fuldabrück 1
Tel. (0561) 5898-0
Fax. (0561) 5898-121

**Profile für die Möbel-
industrie**

ENSINGER GmbH + Co
Rudolf-Diesel-Str. 8, Pf. 1161
7045 Nufringen
Tel. 070/819-0, Tx 7265686

Profile nach Maß

BWF Kunststoffe GmbH & Co. KG
Fachbereich Profile
Postfach 11 20
D-8875 Offingen
Telefon 0 82 24/71-0
Telefax 0 82 24/21 45
Extrudierte Profile u. Rohre
werden im Hause bearbeitet zu
einbaufertigen Teilen. Sägen,
Fräsen, Endverpackung u.v.a.m.

Elkamet Kunststofftechnik GmbH
W-3560 Biedenkopf, Postf. 1263
Tel. 06461/7010, Fax./70114

ENSINGER GmbH + Co
Rudolf-Diesel-Str. 8, Pf. 1161
7045 Nufringen
Tel. 070/819-0, Tx 7265686

TECHNOFORM
Caprano + Brunnhofer KG
Postfach 1180
3501 Fuldabrück 1
Tel. (0561) 5898-0
Fax. (0561) 5898-121

Prototypenteile

ENSINGER GmbH + Co
Rudolf-Diesel-Str. 8, Pf. 1161
7045 Nufringen
Tel. 070/819-0, Tx 7265686

SE, 7990 FN-1, Glärnischstr.31
Tel. 07541/21028, Fax./72828

PTFE-Erzeugnisse

Berghof GmbH
Kunststofftechnik
Harretstr. 1
7412 Eningen u.A.
Tel. 07121/894-0
Fax: 07121/894-100

Buck & Friedl GbR
Pf. 2608, 7910 Neu-Ulm
Tel 0731/77050, Fax /77627
PTFE-Glasgewebe/ -Folien

ENSINGER GmbH + Co
Rudolf-Diesel-Str. 8, Pf. 1161
7045 Nufringen
Tel. 070/819-0, Tx 7265686

Fietz GmbH, PTFE Produkte
5093 Burscheid, Tx 8515538
Tel. 02174/674-0, Fax /674-222

IFK ISOFLUOR GmbH
Mainstr. 26-30, 4040 Neuss 21
02137/4038,8518134,02137-12667
PTFE, FEP, PFA-Schläuche,
Schrumpfschläuche, Koaxkabel-
leitungen, PTFE-Dichtungsband

Norton Pampus GmbH
PF 80, 4156 Willich 3
02154/60-0, Tx 8531924
Fax 02154/60-310

PUR-Formteile

P + S Plast + Schaum 284 Diepholz

Phoenix AG, 2100 Hamburg 90
Hannoversche Str.88, Tx.217611
Tel. 040/76671, Fax. 7667-2365

Pommereit GmbH, P.O.B. 65
D-8503 Altdorf, Fax 09187/2143

THELEN & Co., 5205 St. Augustin 3
Tel. 02241/3161-0, Fax. 316140
THELAN Polyurethan-Elastomere

PUR-Gußteile

THELEN & Co., 5205 St. Augustin 3
Tel. 02241/3161-0, Fax. 316140
THELAN Polyurethan-Elastomere

Räder

ENSINGER GmbH + Co
Rudolf-Diesel-Str. 8, Pf. 1161
7045 Nufringen
Tel. 070/819-0, Tx 7265686

Erlemann & Huckenbeck GmbH
& Co KG, 5608 Radevormwald
Tel. 02195/2037
Fax 02195/40414

RÖCHLING SUSTAPLAST KG
5420 Lahnstein, T. 02621/693-0

Riemen

Femso-Werk, W-6370 Oberursel

Werkstofftechnik Dr. Ing.
H. Teichmann Nachf. GmbH
8192 Geretsried 2, FS 526329
Tel. 08171/51081, Fax /81143
Pneumatic-Spritz- u.
Hochdruckschläuche
Jeschkenstr. 36-40, Pf. 809

Rohre, allgem.

BWF Kunststoffe GmbH & Co. KG
Fachbereich Profile
Postfach 11 20
D-8875 Offingen
Telefon 0 82 24/71-0
Telefax 0 82 24/21 45
Extrudierte Rohre zu einbau-
fertigen Teilen bearbeitet aus
einer Hand.
Sägen, Bohren, Kleben u.v.a.m.

ENSINGER GmbH + Co
Rudolf-Diesel-Str. 8, Pf. 1161
7045 Nufringen
Tel. 070/819-0, Tx 7265686

Kunststoffwerk Höhn GmbH
5439 Höhn/Westerwald
Tel. 02661/298-0, Tx 869315
Telefax 02661/8922
Teletex (17)266145 (Verkauf)
Rohre und Rohrformstücke
aus PE-HD und PP-R

Isola Werke AG
Isolastr. 2, 5160 Düren
02421/8080, Fax/ 808-389

kühnplast GmbH & Co. KG
Postfach 18, 7074 Mögglingen
Tel. 07174/295

(Rohre, allgem., Forts.)

Maschinenfabrik
Reinhausen GmbH
8400 Regensburg
Fax 0941/44203 - Abt. BKL
Wickelrohre aus GF-EP mit
mechanischer Bearbeitung

RÖCHLING SUSTAPLAST KG
5420 Lahnstein, T. 02621/693-0

TECHNOFORM
Caprano + Brunnhofer KG
Postfach 1180
3501 Fuldabrück 1
Tel. (0561) 5898-0
Fax. (0561) 5898-121

Unicor Rohrsysteme GmbH
Industriestr. 56
W-8728 Haßfurt
Tel.09521/690-0 Fax 690-10

Wirsbo
Sanitär- u. Heizungstechnik
Rohrsysteme
Postf. 1564, 6056 Heusenstamm
Tel. 06104/6800-0
Rohre u. Rohrleitungsteile
aus vernetztem Polyethylen

Rohrverbindungen

Brinkmann, D-6072 Dreieich 1
Fax (06103)371219

Rundschnüre

Femso-Werk, W-6370 Oberursel

Sandwichplatten

Sarnatech Composites AG,
Weinfelden

Schalldämpfer

Brinkmann, D-6072 Dreieich 1
Fax (06103)371219

Schaumstoff-Formteile

Sarnatech Folien +
Schaumstoffe AG, Sarnen

Schellen

fischerwerke
Artur Fischer GmbH + Co. KG
Weinhalde 14-18
7244 Tumlingen/Waldachtal
Tel. 07443/12-0
Fax: 07443/12-222

Schilder

Sprela-Schichtstoff GmbH
Westbahnstr.1,O-7590 Spremberg
540/379500/2391

Schläuche, allgem.

FRÄNKISCHE - 8729 Königs-
berg
Tel. (09525) 88-0, Fax./88-411

IFK ISOFLUOR GmbH
Mainstr. 26-30, 4040 Neuss 21
02137/4038,8518134,02137-12667
PTFE, FEP, PFA-Schläuche,
Schrumpfschläuche, Koaxkabel-
leitungen, PTFE-Dichtungsband

kühnplast GmbH & Co. KG
Postfach 18, 7074 Mögglingen
Tel. 07174/295

Roga KG, W-5047 Wesseling
Tel. 02236/47011, Fax -/47013

Werkstofftechnik Dr. Ing.
H. Teichmann Nachf. GmbH
8192 Geretsried 2, FS 526329
Tel. 08171/51081, Fax /81143
Pneumatic-Spritz- u.
Hochdruckschläuche
Jeschkenstr. 36-40, Pf. 809

Schmelzkleber-Folien

Sarnatech-Xiro AG, Schmitten
(bisher Xiro AG)

Schrauben aus Kunststoff

Böllhoff & Co GmbH & Co. KG
Pf. 140240, 4800 Bielefeld 14
Tel. 0521/4482-01, Fax 449364

ENSINGER GmbH + Co
Rudolf-Diesel-Str. 8, Pf. 1161
7045 Nufringen
Tel. 070/819-0, Tx 7265686

Matthias Oechsler & Sohn
W-8800 Ansbach, T. 0981/1807-0

Schrauben und Muttern

ENSINGER GmbH + Co
Rudolf-Diesel-Str. 8, Pf. 1161
7045 Nufringen
Tel. 070/819-0, Tx 7265686

Schrumpfschläuche

IFK Isofluor GmbH
Mainstr. 26-30, 4040 Neuss 21
02137-4038,8518134,02137-12667
PTFE, FEP, PFA-Schläuche,
Schrumpfschläuche, Koaxkabel-
leitungen, PTFE-Dichtungsband

Schutzhauben

Sarnatech Folien +
Schaumstoffe AG, Sarnen

Seilrollen

RÖCHLING SUSTAPLAST KG
5420 Lahnstein, T. 02621/693-0

Siebgewebe

Fugafil-saran GmbH & Co.
Ostring 22, 4285 Raesfeld
Tel. 02865/311, Tlx. 813 342

Spoiler

Phoenix AG, 2100 Hamburg 90
Hannoversche Str.88, Tx.217611
Tel. 040/76671, Fax. 7667-2365

Spritzgußteile, allgem.

ABC Kunststoffverarbeitung
Tautenhahn GmbH, 7913 Senden
Tel. 07307/6051, Tx 712284
Fax. 07307/32119

Amper-Plastik
R. Dittrich GmbH & Co.
Postfach 1160, 8060 Dachau
Tel. 08131/21065/21066
Fax. 08131/25407

BBP Kunststoffwerk Marbach
Postfach 1163, 7142 Marbach/N.
Tel. 07144/902-0, FS 7 264 752
Fax: 07144/902 49

Berner Kunststofftechnik GmbH
7270 Nagold-Wolfsberg
Tel. 07452/608-0
Fax 07452/60844

W. Bethke GmbH & Co. KG
Kunststoffverarbeitung
Daimlerstr. 26-32
4050 Mönchengladbach 4
T. 02166/56046-47 od. 9522-0
-Bitte Katalog anfordern-

Cetto GmbH
D-8424 Saal/Do. Tx 65465

Eifel-Spritzguß GmbH
5372 Gemünd, Tx 833605

ENSINGER GmbH + Co
Rudolf-Diesel-Str. 8, Pf. 1161
7045 Nufringen
Tel. 070/819-0, Tx 7265686

Erlemann & Huckenbeck GmbH
& Co KG, 5608 Radevormwald
Tel. 02195/2037
Fax 02195/40414

I.D. von Hagen GmbH,
5860 Iserlohn, Pf. 1655
Tel. 02371/13061, Fax. /23221

Hörauf & Kohler KG
Postf. 40, 8900 Augsburg 22
Tel. 0821/57055-0, Tx 533444

Magura 7432 Bad Urach
Tel. 07125/153-0 Fax /4718

NOKIA Kunststofftechnik GmbH
Augsburger-Str. 38
8907 Ziemetshausen
Tel. 08284/870,Fax 08284/87266
Techn. Spritzgußteile bis 5 kg
Oberflächenveredelung und
Baugruppenmontagen
Werkzeubau mit CAD CAM

(Spritzgußteile, allgem., Forts.)

Plate & Voerster, POB 2120
5883 Kierspe, Fax 02359/107107

Reiher GmbH
D-3300 Braunschweig
Tel. 0531/52081-82

Hermann Ros GmbH
Bamberger Str. 28, 8630 Coburg
T. 09561/2705-0, Fax 2705-88
Kunstharz-Preß- u. Spritzw.
Eigener Formenbau

Sarnatech Spritzguss AG,
Triengen

Werner Warsawsky KG
Postf. 1329, W-2842 Lohne
Tel. 04442-1653 Fax 04442-6690

Josef Weber GmbH & Co. KG
Zeltinger Str. 7, 5 Köln 51

Weinmayr GmbH & Co.
7346 Wiesensteig/Württ.
Tel. (07335) 182-0
Fax: (07335) 182-82 T. -10 K.
FS 7/15106
Techn. Kunststoffteile in
Thermo- und Duroplast bis
2,5 kg, Fertigbearbeitung
und Baugruppenmontage
eigener Formenbau

O.Wild GmbH, D-Pforzheim

Winkel GmbH
5974 Herscheid 2
Tx 8263435, Fax 02357/4275

**Spritzgußteile aus
typisierten Formmassen**

Formenbau und Kunststoff-
technik GmbH Jahnstraße 2
261,58533,266, 6712 Triptis

THELEN & Co., 5205 St. Augustin 3
Tel. 02241/3161-0, Fax. 316140
THELAN Polyurethan-Elastomere

Josef Weber GmbH & Co. KG
Zeltinger Str. 7, 5 Köln 51

**Spritzgußteile aus thermopl.
Kautschuk**

Matthias Oechsler & Sohn
W-8800 Ansbach, T. 0981/1807-0

**Spritzgußteile aus typi-
sierten Spritzgußmassen**

ABC Kunststoffverarbeitung
Tautenhahn GmbH, 7913 Senden
Tel. 07307/6051, Tx 712284
Fax. 07307/32119

Formenbau und Kunststoff-
technik GmbH Jahnstraße 2
261,58533,266, 6712 Triptis

Stäbe

Gehr-Kunststoffwerk
Postf. 810209, 68 Mannheim 81
Tel. 0621/85001-0, Fax 8500139

Steigröhrchen

Femso-Werk, W-6370 Oberursel

Stoßfänger

Phoenix AG, 2100 Hamburg 90
Hannoversche Str.88, Tx.217611
Tel. 040/76671, Fax. 7667-2365

Strukturschaum-Erzeugnisse

Fried Kunststofftechnik GmbH
Wasenstr. 90, 7068 Urbach
Tel. 07181/8000-0, Fax.8000-15

Sarnatech Spritzguss AG,
Triengen

Technische Formteile

Elastogran GmbH
Geschäftsbereich Halbzeuge
und Bauteile (HH)
D-2844 Lemförde
Tel. 05443/12-0
Teletex 5443812 EKTLE
Telefax 05443/12-105
Technische Teile und Halbzeuge
aus Polyurethan Elastomeren.
Ein Unternehmen der
BASF-Gruppe.

ENSINGER GmbH + Co
Rudolf-Diesel-Str. 8, Pf. 1161
7045 Nufringen
Tel. 070/819-0, Tx 7265686

THELEN & Co., 5205 St. Augustin 3
Tel. 02241/3161-0, Fax. 316140
THELAN Polyurethan-Elastomere

Technische Formteile aus GFK

Abeking & Rasmussen
Faserverbundtechnik GmbH
2874 Lemwerder, Flughafenstr.4
Tel. 0421/67441

Isola Werke AG
Isolastr. 2, 5160 Düren
02421/8080, Fax/ 808-389

Technische Spritzgußteile

ABC Kunststoffverarbeitung
Tautenhahn GmbH, 7913 Senden
Tel. 07307/6051, Tx 712284
Fax. 07307/32119

W. Bethke GmbH & Co. KG
Kunststoffverarbeitung
Daimlerstr. 26-32
4050 Mönchengladbach 4
T. 02166/56046-47 od. 9522-0
-Bitte Katalog anfordern-

Brungs & Koch GmbH
5300 Bonn 3
Tel. 0228/467097, Fax /467099

Brungs & Koch GmbH
Nürnberger Straße 1
O-6082 Breitungen (Thüringen)

ENSINGER GmbH + Co
Rudolf-Diesel-Str. 8, Pf. 1161
7045 Nufringen
Tel. 070/819-0, Tx 7265686

Fried Kunststofftechnik GmbH
Wasenstr. 90, 7068 Urbach
Tel. 07181/8000-0, Fax.8000-15

IMS MORAT SÖHNE GmbH
D-7710 Donaueschingen
Tel. 0771/8507-0, Fax. /8507-44

J. Koepfer u. Söhne GmbH
Postf. 160, 7743 Furtwangen
Tel. 07723/655-0, Fax 655-133

LKH - Kunststoffwerk
GmbH & Co. KG
Industriestraße, 6342 Haiger 1
Telefon: 02773/5021
Telefax: 02773/6539

Magura 7432 Bad Urach
Tel. 07125/153-0 Fax /4718

Miba-PLastik G. Wiesenmaier
PF. 1142, 7037 Magstadt
Tel. 07159/43415, Fax /45359

Matthias Oechsler & Sohn
W-8800 Ansbach, T. 0981/1807-0

P + S Plast + Schaum 284 Diepholz

Rauschert GmbH & Co KG
D-5531 Oberbettingen/Eifel
T.06593/1031,Fax9001,Tx4729930

Reiher GmbH
D-3300 Braunschweig
Tel. 0531/52081-82

Schmidt / Neustadt
Pf. 1366, 3057 Neustadt 1
Fax 05032/3049, Tel. /3045

Trolitan, Gebr. Meyer GmbH
Postfach 54, 6649 Weiskirchen
Tel. 06876/707-0, Fax /707130
Techn. Spritzgußteile
und Werkzeugbau

Josef Weber GmbH & Co. KG
Zeltinger Str. 7, 5 Köln 51

Weitzel GmbH + Co. KG
895 Kaufbeuren 5,St-Cosmas-Str
Fax 08341/41598, Tel. /8785
Kunststoff-Spritzgußwerk

Technische Teile

Elastogran GmbH
Geschäftsbereich Halbzeuge
und Bauteile (HH)
D-2844 Lemförde
Tel. 05443/12-0
Teletex 5443812 EKTLE
Telefax 05443/12-105
Technische Teile und Halbzeuge
aus Polyurethan Elastomeren.
Ein Unternehmen der BASF-
Gruppe.

ENSINGER GmbH + Co
Rudolf-Diesel-Str. 8, Pf. 1161
7045 Nufringen
Tel. 070/819-0, Tx 7265686

A. HANDTMANN ELTEKA
GmbH & Co. KG
Birkenallee 25-29
Lauramid Pa129
Tel.07351/42-0
7950 Biberach/Riß

Isola Werke AG
Isolastr. 2, 5160 Düren
02421/8080, Fax/ 808-389

Magura 7432 Bad Urach
Tel. 07125/153-0 Fax /4718
Techn. Teile nach Zeichnung

RÖCHLING SUSTAPLAST KG
5420 Lahnstein, T. 02621/693-0

SE, 7990 FN-1, Glärnischstr.31
Tel. 07541/21028, Fax./72828

Winkel GmbH
5974 Herscheid 2
Tx 8263435, Fax 02357/4275

**Technische Teile nach Muster
Zeichnung o. Kundenwerkzeug**

BBP Kunststoffwerk Marbach
Postfach 1163, 7142 Marbach/N.
Tel. 07144/902-0, FS 7 264 752
Fax: 07144/902 49

Hörauf & Kohler KG
Postf. 40, 8900 Augsburg 22
Tel. 0821/57055-0, Tx 533444

Presswerk Köngen GmbH
Postfach 1165, 7316 Köngen
Tel. 07024/808-0, Tlx 7267214
Telefax 07024/808-111

R. Lesch GmbH, 8633 Rödental
Tel. 09563/72210, Fax. /722111

Hermann Ros GmbH
Bamberger Str. 28, 8630 Coburg
T. 09561/2705-0, Fax 2705-88
Kunstharz-Preß- u. Spritzw.
Eigener Formenbau

Sarnatech Composites AG,
Weinfelden

Sarnatech Spritzguss AG,
Triengen

O.Wild GmbH, D-Pforzheim

Thermoformteile

SE, 7990 FN-1, Glärnischstr.31
Tel. 07541/21028, Fax./72828

Transportbehälter

Walter Krause GmbH
7121 Walheim, Postfach 29
Tel. 07143/3871, Fax./36965

Ventilatoren

Brinkmann, D-6072 Dreieich 1
Fax (06103)371219

Tscherwitschke GmbH
0-7251 Gerichshain

Verbundfolien

ISOVOLTA Österr. Isolierstoff-
werke AG
A-2355 Wiener Neudorf
T.(0)2236-605-0, Fax -403,-477

Verkleidungen aus GFK

Abeking & Rasmussen
Faserverbundtechnik GmbH
2874 Lemwerder, Flughafenstr.4
Tel. 0421/67441

Phoenix AG, 2100 Hamburg 90
Hannoversche Str.88, Tx.217611
Tel. 040/76671, Fax. 7667-2365

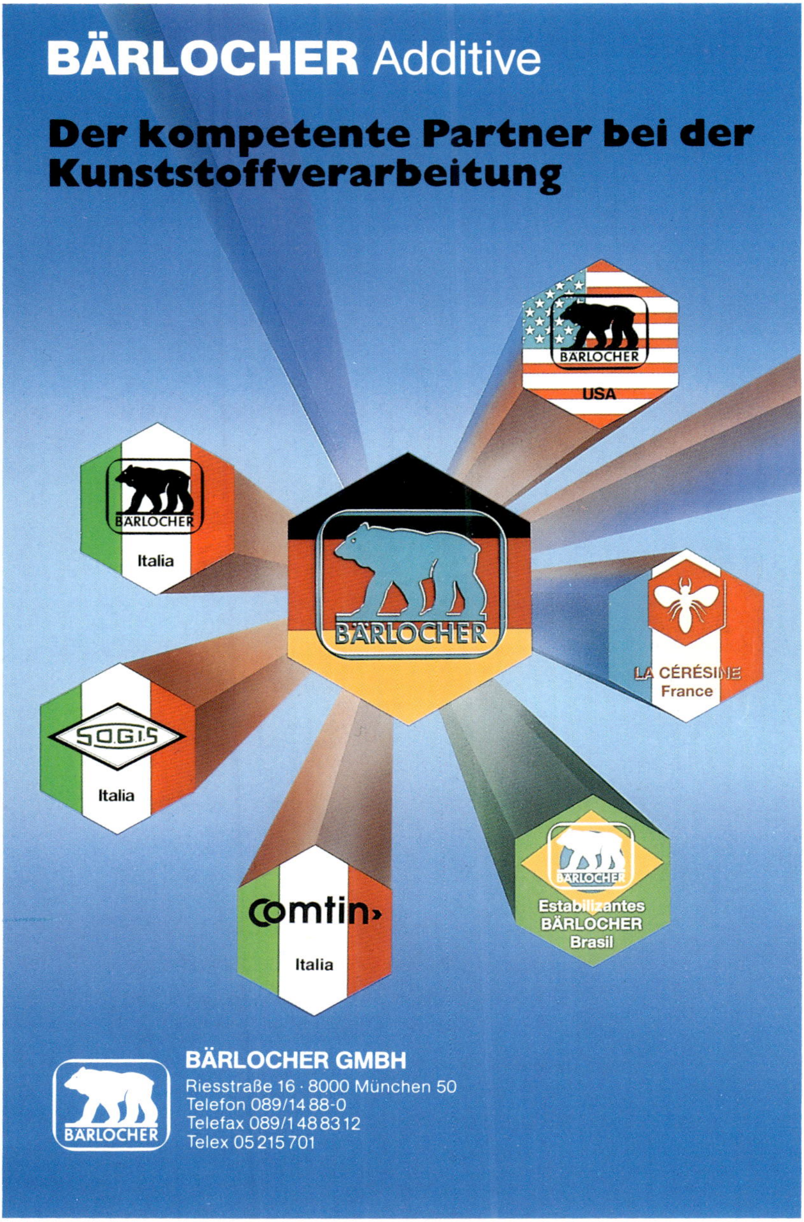
BÄRLOCHER Additive
Der kompetente Partner bei der Kunststoffverarbeitung
BÄRLOCHER
USA
BÄRLOCHER
Italia
BÄRLOCHER
LA CÉRÉSINE
France
SOGIS
Italia
comtin
Italia
BÄRLOCHER
Estabilizantes
BÄRLOCHER
Brasil
BÄRLOCHER
BÄRLOCHER GMBH
Riesstraße 16 · 8000 München 50
Telefon 089/14 88-0
Telefax 089/1 48 83 12
Telex 05 215 701

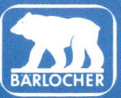

Verpackungen, allgem.

Berner Kunststofftechnik GmbH
7270 Nagold-Wolfsberg
Tel. 07452/608-0
Fax 07452/60844

Sarnatech Folien +
Schaumstoffe AG, Sarnen

Sarnatech-Xiro AG, Schmitten
(bisher Xiro AG)

O.Wild GmbH, D-Pforzheim

Verpackungen aus Hartschaum

Sarnatech Folien +
Schaumstoffe AG, Sarnen

Verpackungsdosen

Miba-PLastik G. Wiesenmaier
PF. 1142, 7037 Magstadt
Tel. 07159/43415, Fax /45359

Werner Warsawsky KG
Postf. 1329, W-2842 Lohne
Tel. 04442-1653 Fax 04442-6690

Verpackungsfolien

Sarnatech-Xiro AG, Schmitten
(bisher Xiro AG)

Verpackungsnetze

Sarnatech Xiro AG
CH-3185 Schmitten
Tel.0041/37360155 Fax/37361972
Telex 942 203

Verschlüsse, allgem.

W. Bethke GmbH & Co. KG
Kunststoffverarbeitung
Daimlerstr. 26-32
4050 Mönchengladbach 4
T. 02166/56046-47 od. 9522-0
-Bitte Katalog anfordern-

P. Welter GmbH & Co. KG
Postf. 1311, 5042 Erftstadt
Tel. 02235/71530, Fax /72875

Werkzeuge

Formenbau und Kunststoff-
technik GmbH Jahnstraße 2
261,58533,266, 6712 Triptis

Zahlenrollen

Matthias Oechsler & Sohn
W-8800 Ansbach, T. 0981/1807-0

Zahnräder

ENSINGER GmbH + Co
Rudolf-Diesel-Str. 8, Pf. 1161
7045 Nufringen
Tel. 070/819-0, Tx 7265686

A. HANDTMANN ELTEKA
GmbH & Co. KG
Birkenallee 25-29
Lauramid Pa129
Tel.07351/42-0
7950 Biberach/Riß
LMVMetall-Verbund-Konstruktion

IMS MORAT SÖHNE GmbH
D-7710 Donaueschingen
Tel. 0771/8507-0, Fax. /8507-44

J. Koepfer u. Söhne GmbH
Postf. 160, 7743 Furtwangen
Tel. 07723/655-0, Fax 655-133

Matthias Oechsler & Sohn
W-8800 Ansbach, T. 0981/1807-0

RÖCHLING SUSTAPLAST KG
5420 Lahnstein, T. 02621/693-0

Gruppe 6: Maschinen, Geräte, Werkzeuge und Zubehör für die Kunststoff-Verarbeitung (MSR, DV)

Abfüllanlagen

Axmann Fördertechnik GmbH
Untere Au 4, 6920 Sinsheim-St.
T. 07261/63411-12, Fax. /13524
Behälterabfüllstationen

Abkant- und Biegegeräte

Haubold Technik
6942 Mörlenbach, Pf. 1265
Tel. 06209/8819, Fax: 5353

Abkühlanlagen

gwk, Pf. 2140, 5883 Kierspe

Ablängeinrichtungen

Hans Heuser GmbH ROBUST
Postf.120227,5630 Remscheid 11
Tel. 02191/50097, Fax./51775

Rolf Schlicht GmbH
Postfach 701504, 2 Hamburg 70
Tel. 040/683948, Fax./684187

Abzugseinrichtungen

Hussmann GmbH
Münsterknapp 23 a
4358 Haltern
Tel. 02364/5261, Fax /5498

Angußmühlen

Motan GmbH
Max-Eyth-Weg 42, Postfach 1363
7972 Isny im Allgäu
07562-760/7321524/07562-76111

Anlagen für verschäumbares Polystyrol

H. Berstorff Maschinenbau
GmbH, Pf. 629, 3 Hannover 1
Tel. 0511/5702-0, Fax./561916

Anlagen zur Herstellung synthetischer Fasern

Bühler AG
CH-9240 Uzwil/Schweiz
Tel. 073/501111
Fax. 073/503379

Fleissner, 6073 Egelsbach

Aspirationsanlagen

Bühler GmbH, 3300 Braunschweig
Postf. 3369, Tel. 0531/5940

Aufbereitungs-, Bunker- und Dosieranlagen

Axmann Fördertechnik GmbH
Untere Au 4, 6920 Sinsheim-St.
T. 07261/63411-12, Fax./13524

Bühler GmbH, 3300 Braunschweig
Postf. 3369, Tel. 0531/5940

Aufbereitungs- und Dosieranlagen

Bühler GmbH, 3300 Braunschweig
Postf. 3369, Tel. 0531/5940

Aufbereitungsanlagen

Bühler GmbH, 3300 Braunschweig
Postf. 3369, Tel. 0531/5940

Erema GmbH
Unterfeldst.3/A-4052 Ansfelden
Tel: 0732/311761-0
Tx: 222 300 erema a
Telefax: 0732/311764

Leistritz AG, Markgrafenstr.
29-39, 8500 Nürnberg, Tel.
0911/43060,Fax4306400,Tx623238

FILTERWERK MANN +
HUMMEL GMBH
Geschäftsbereich Verfahrens-
technik, Postfach 364
7140 Ludwigsburg
Tel. 07141/98-0

Pallmann Maschinenfabrik
Pf. 1652, D-6660 Zweibrücken
Tel. (06332) 8020, Tx. 451135

Thyssen Henschel
D-3500 Kassel, Pf. 102969
Tel. 0561/801-01; Fax /6943

Waeschle Maschinenfabrik GmbH
PF 2440, D-7980 Ravensburg
Tel. 0751/408-0, Fax /408-200

Werner & Pfleiderer GmbH
Pf. 301220, 7000 Stuttgart 30
Tel. 0711/897-0, Fax 8973981
auch für Pulverlack

Aufbereitungsmaschinen

Pallmann Maschinenfabrik
Pf. 1652, D-6660 Zweibrücken
Tel. (06332) 8020, Tx. 451135

Werner & Pfleiderer GmbH
Pf. 301220, 7000 Stuttgart 30
Tel. 0711/897-0, Fax 8973981
auch für Pulverlack

Auswerferhülsen

EOC Normalien GmbH + Co. KG
Postf.1380, W-5880 Lüdenscheid
Tel. 02351/437-0, Fax./437-245

Hasco-Normalien
Hasenclever GmbH + Co
PF 17 20, D-5880 Lüdenscheid
Tel. 02351/9570, Fax 957 237

Auswerferstifte

Drei-S-Werk, 8540 Schwabach
Tel.09122/1505-50, Fax 1505-54

EOC Normalien GmbH + Co. KG
Postf.1380, W-5880 Lüdenscheid
Tel. 02351/437-0, Fax./437-245

Hasco-Normalien
Hasenclever GmbH + Co
PF 17 20, D-5880 Lüdenscheid
Tel. 02351/9570, Fax 957 237

Bahnlaufregler

Erhardt + Leimer GmbH
8900 Augsburg, Tel.0821/4303-0

Beistellextruder

Hussmann GmbH
Münsterknapp 23 a
4358 Haltern
Tel. 02364/5261, Fax /5498

Bepuderungsmaschinen

Rolf Schlicht GmbH
Postfach 701504, 2 Hamburg 70
Tel. 040/683948, Fax./684187

Beschichtungsanlagen,allgem.

Herbert Olbrich GmbH & Co. KG
4290 Bocholt, T. 02871/957-0
Fax 02871/957189, Tx 813 807

Ramisch Kleinewefers GmbH
Postfach 2350, 4150 Krefeld 1
Tel. 02151/8930, Fax /893275

Beschickungsanlagen

FILTERWERK MANN +
HUMMEL GMBH
Geschäftsbereich Verfahrens-
technik, Postfach 364
7140 Ludwigsburg
Tel. 07141/98-0

(Beschickungsanlagen, Forts.)

Motan GmbH
Max-Eyth-Weg 42, Postfach 1363
7972 Isny im Allgäu
07562-760/7321524/07562-76111

Papenmeier GmbH Mischtechnik
Pf. 2140, Imkerweg 35
D-4936 Augustdorf
Vertrieb: Tel. 05251/309200
Fax 05251/309123, Tx 936869

Biegemaschinen

Heckler & Koch GmbH
Pf 12 06, 7238 Oberndorf
Fax: 07423/79-2750

Blasfolienanlagen
(ein - + mehrschichtig)

Paul Kiefel GmbH
Extrusionstechnik
Cornelius-Heyl-Str. 49
D-6520 Worms
Tel. 06241/855-0
Fax. 06241/82186

Blasformautomaten

R. Stahl Blasformtechnik GmbH
7022 Le-Echterdingen
Tel. 0711/796096-99 Tx.7255452
Fax 0711/793190 - HESTA

Blasformwerkzeuge

Formenbau Eck GmbH
Postfach 1454, 7550 Rastatt
Tel:07222/52091, Fax:/53968

Foruma GmbH
D-6780 Pirmasens
Erlenbrunnerstr. 71
Tel. 06331/46066, Fax./46879

R. Stahl Blasformtechnik GmbH
7022 Le-Echterdingen
Tel. 0711/796096-99 Tx.7255452
Fax 0711/793190 - HESTA

Bohrmaschinen

Heckler & Koch GmbH
Pf 12 06, 7238 Oberndorf
Fax: 07423/79-2750

Breitschlitzdüsen

Dr.-Ing. H. Müller GmbH
Am Brüchen 7-9,
5276 Wiehl-Hübender
Tel. 02262/93887, Fax./97490

Schmidt / Neustadt
Pf. 1366, 3057 Neustadt 1
Fax 05032/3049, Tel. /3045

Verbruggen N.V.
Jan de Malschelaan 2
B-9140 Temse
Tel. 03-771.09.97, Tx 71350
Fax 03-771.54.90

Bunker-, Förder- und Dosier-
anlagen

Axmann Fördertechnik GmbH
Untere Au 4, 6920 Sinsheim-St.
T. 07261/63411-12, Fax./13524

Bühler GmbH, 3300 Braunschweig
Postf. 3369, Tel. 0531/5940

CAD, CAM, CIM

Borgware GmbH
Hauptstr. 8, 7452 Haigerloch
T. 07474/6980, Fax /698-34

SWP-Software Partner GmbH
7012 Fellbach
Tel. 0711/580009
PPS-System ELAPLUS®

Compoundieranlagen

H. Berstorff Maschinenbau
GmbH, Pf. 629, 3 Hannover 1
Tel. 0511/5702-0, Fax./561916

Leistritz AG, Markgrafenstr.
29-39, 8500 Nürnberg, Tel.
0911/43060,Fax4306400,Tx623238

Pallmann Maschinenfabrik
Pf. 1652, D-6660 Zweibrücken
Tel. (06332) 8020, Tx. 451135

Werner & Pfleiderer GmbH
Pf. 301220, 7000 Stuttgart 30
Tel. 0711/897-0, Fax 8973981

Datenverarbeitung

SWP-Software Partner GmbH
7012 Fellbach
Tel. 0711/580009
PPS-System ELAPLUS®

Dosier- und Mischgeräte

Emde Ind.-Technik GmbH
5408 Nassau, Postf. 1339
Tel. 02604/5011, Fax. 7198

K. D. Feddersen & Co, 2 Hamburg 11

Lanco, Moselstr.58, 6450 Hanau
Tel. 06181/17066, Fax /17068

Moderne elemat GmbH
pob 230342, D-7000 Stuttgart
Tel. 0711/753024, Fax./753332

Motan GmbH
Max-Eyth-Weg 42, Postfach 1363
7972 Isny im Allgäu
07562-760/7321524/07562-76111

Dosieranlagen, allgem.

FILTERWERK MANN +
HUMMEL GMBH
Geschäftsbereich Verfahrens-
technik, Postfach 364
7140 Ludwigsburg
Tel. 07141/98-0

Dosieranlagen, Mehr-komponenten-

Bühler GmbH, 3300 Braunschweig
Postf. 3369, Tel. 0531/5940

Emde Ind.-Technik GmbH
5408 Nassau, Postf. 1339
Tel. 02604/5011, Fax. 7198

LEWA Herbert Ott GmbH + Co
Pf 1563, D-7250 Leonberg
Tel. 07152/14-0, Fax 14-303

Moderne elemat GmbH
pob 230342, D-7000 Stuttgart
Tel. 0711/753024, Fax./753332

Dosiergeräte

Emde Ind.-Technik GmbH
5408 Nassau, Postf. 1339
Tel. 02604/5011, Fax. 7198

Moderne elemat GmbH
pob 230342, D-7000 Stuttgart
Tel. 0711/753024, Fax./753332

Druckaufnehmer

Dynisco, 7100 Heilbronn
Tel. 07131/297-0, Postf. 1547

Hasco-Normalien
Hasenclever GmbH + Co
PF 17 20, D-5880 Lüdenscheid
Tel. 02351/9570, Fax 957 237

Kistler Instrumente GmbH
7302 Ostfildern 2
Tel. (0711) 34 07-0

Kistler Instrumente AG
CH-8408 Winterthur/Schweiz
Tel. (052)831111, Fax. /257200

Druckmaschinen, allgem.

Metronic Postfach 1280
8707 Veitshöchheim
Tel. 0931/9085-0 Tx 68558

Herbert Olbrich GmbH & Co. KG
4290 Bocholt, T. 02871/957-0
Fax 02871/957189, Tx 813 807

Ramisch Kleinewefers GmbH
Postfach 2350, 4150 Krefeld 1
Tel. 02151/8930, Fax /893275

Tampoflex GmbH
Postfach 311740
D-7000 Stuttgart 31
Tel. 07156/8014
Tlx 7266739 tflx d
Fax 07156/8016

Tampoprint GmbH
Lingwiesenstr. 1
7015 Korntal-Münchingen 2
Tel. 07150/928-0, Fax /928-400
Tlx 723 198 tamp d

Düsen, allgem.

Emde Ind.-Technik GmbH
5408 Nassau, Postf. 1339
Tel. 02604/5011, Fax. 7198
Düsen f. LSR (Kaltkanal)

Wema, Beheizungstechnik GmbH
Pf. 2945, 5880 Lüdenscheid
Tel. 02351/41044, Fax /459535

Durchflußmengenregler

gwk, Pf. 2140, 5883 Kierspe

Einfärbe- und Mischgeräte

K. D. Feddersen & Co, 2 Hamburg 11

Lanco, Moselstr.58, 6450 Hanau
Tel. 06181/17066, Fax /17068

Motan GmbH
Max-Eyth-Weg 42, Postfach 1363
7972 Isny im Allgäu
07562-760/7321524/07562-76111

Einfärbegeräte

FILTERWERK MANN +
HUMMEL GMBH
Geschäftsbereich Verfahrens-
technik, Postfach 364
7140 Ludwigsburg
Tel. 07141/98-0

Rolf Schlicht GmbH
Postfach 701504, 2 Hamburg 70
Tel. 040/683948, Fax./684187

Entgratungsmaschinen

Fomtex-Hüttemann GmbH
D-4019 Monheim Tel.02173-50022
Fax 02173-31870 Tx 8515729

Messer Griesheim GmbH
Homberger Straße 12
4000 Düsseldorf 30
Tel.: (0211) 4303-0

Entkalkungsgeräte

gwk, Pf. 2140, 5883 Kierspe

Entnahmegeräte für Spritz-gießmaschinen

Engel Vertriebsges. m.b.H.
A-4311 Schwertberg, Österreich
Tel. 07262/620-0
Fax 07262/620-308

Entstaubungsanlagen

Bühler GmbH, 3300 Braunschweig
Postf. 3369, Tel. 0531/5940

Extruder

Alpine AG, Postfach 101109
89 Augsburg, Tel. 0821/59060

H. Berstorff Maschinenbau
GmbH, Pf. 629, 3 Hannover 1
Tel. 0511/5702-0, Fax./561916

Blach Verfahrenstechnik GmbH
Südstr. 7, 7140 Ludwigsburg 12
Tel. 07144/15101, Fax. /15201
ELEMENTE FÜR DOPPEL-
SCHNECKENEXTRUDER

HBM Maschinen 8807 Heilsbronn
T.09872 2551 *Fax2710 *Tx61454

Hussmann GmbH
Münsterknapp 23 a
4358 Haltern
Tel. 02364/5261, Fax /5498

Kraftanlagen Aktiengesellschaft
Warngauer Str. 47
D-8000 München, T. 089/6237-0

Krauss-Maffei
Kunststofftechnik GmbH
8000 München 50 / Box 500340
Tel. 089/88990, Fax /88993219

Leistritz AG, Markgrafenstr.
29-39, 8500 Nürnberg, Tel.
0911/43060,Fax4306400,Tx623238

Reifenhäuser GmbH & Co
Postf. 1664, D-5210 Troisdorf
Tel. 02241/481-0, Fax./408778

Herbert Stork Maschinenbau
GmbH
Raiffeisenstr. 12, 6070 Langen
T. 06103/78050, Fax /78059

Hans Weber Maschinenfabrik
GmbH
Postfach 1862, 8640 Kronach
Bamberger Straße 19–21
Telefon: 09261/4090, Telefax:
09261/409199, Telex: 642636

Extruder-Folgeeinrichtungen

H. Berstorff Maschinenbau
GmbH, Pf. 629, 3 Hannover 1
Tel. 0511/5702-0, Fax./561916

FRÄNKISCHE - 8729 Königs-
berg
Tel. (09525) 88-0, Fax./88-411

Graewe GmbH, 7844 Neuenburg
Tel. 07631/73344, Fax /73199

Hussmann GmbH
Münsterknapp 23 a
4358 Haltern
Tel. 02364/5261, Fax /5498

Krauss-Maffei
Kunststofftechnik GmbH
8000 München 50 / Box 500340
Tel. 089/88990, Fax /88993219

Munsch
Kunststoff-Schweißtechnik GmbH
Im Staudchen
D-5412 Ransbach-Baumbach 2
Telefon (0 26 23) 8 98-0
Telex 863 150
Telefax (0 26 23) 8 98 21
Extruderschweißgeräte

C.F. SCHEER & CIE GmbH
Pf. 301020, 7000 Stuttgart 30
Tel. 0711/87810, Fax./8781295

Extrusionsanlagen, allgem.

H. Berstorff Maschinenbau
GmbH, Pf. 629, 3 Hannover 1
Tel. 0511/5702-0, Fax./561916

Erema GmbH
Unterfeldst.3/A-4052 Ansfelden
Tel: 0732/311761-0
Tx: 222 300 erema a
Telefax: 0732/311764

HBM Maschinen 8807 Heilsbronn
T.09872 2551 *Fax2710 *Tx61454

Hussmann GmbH
Münsterknapp 23 a
4358 Haltern
Tel. 02364/5261, Fax /5498

KLÖCKNER ER-WE-PA GMBH
Mettmanner Strasse 51
D-4006 Erkrath/Düsseldorf
Telefon 0211/28040
Telefax 0211/2804281

Ladaen Ltd., Damascus - Syria
Pf. 25607, Tlx 411255 midtax
Tel. 45 7823, Fax 45 8863

Leistritz AG, Markgrafenstr.
29-39, 8500 Nürnberg, Tel.
0911/43060,Fax4306400,Tx623238

Plastik-Maschinenbau GmbH
Postf. 60, 5489 Kelberg
Tel. 02692/1307, Fax /8244
Tlx. 863913

Reifenhäuser GmbH & Co
Postf. 1664, D-5210 Troisdorf
Tel. 02241/481-0, Fax./408778

Rolf Schlicht GmbH
Postfach 701504, 2 Hamburg 70
Tel. 040/683948, Fax./684187

**Extrusionsanlagen für
Platten**

Werner & Pfleiderer GmbH
Pf. 301220, 7000 Stuttgart 30
Tel. 0711/897-0, Fax 8973981

Extrusionsanlagen für Rohre

FRÄNKISCHE - 8729 Königs-
berg
Tel. (09525) 88-0, Fax./88-411

Hussmann GmbH
Münsterknapp 23 a
4358 Haltern
Tel. 02364/5261, Fax /5498

Hans Weber Maschinenfabrik
GmbH
Postfach 1862, 8640 Kronach
Bamberger Straße 19–21
Telefon: 09261/4090, Telefax:
09261/409199, Telex: 642636

Extrusionswerkzeuge

FRÄNKISCHE - 8729 Königs-
berg
Tel. (09525) 88-0, Fax./88-411

Dr.-Ing. H. Müller GmbH
Am Brüchen 7-9,
5276 Wiehl-Hübender
Tel. 02262/93887, Fax./97490

Schmidt / Neustadt
Pf. 1366, 3057 Neustadt 1
Fax 05032/3049, Tel. /3045

Farbdosiergeräte

Rolf Schlicht GmbH
Postfach 701504, 2 Hamburg 70
Tel. 040/683948, Fax./684187

Farbmisch- und Dosiergeräte

Emde Ind.-Technik GmbH
5408 Nassau, Postf. 1339
Tel. 02604/5011, Fax. 7198

Filament-Winding-Maschinen

Josef Baer, 7987 Weingarten
Tel. 0751/5005-0, Fax /5005-27
Telex 732806

Bolenz & Schäfter GmbH
Pf. 1261, D-3560 Biedenkopf
Tel. 06461/7080, Fax./6197
Zubehöreinrichtungen

Fleissner, 6073 Egelsbach

Flachfolienanlagen

H. Berstorff Maschinenbau
GmbH, Pf. 629, 3 Hannover 1
Tel. 0511/5702-0, Fax./561916

Flexodruckmaschinen

Metronic Postfach 1280
8707 Veitshöchheim
Tel. 0931/9085-0 Tx 68558

Förderanlagen, allgem.

Axmann Fördertechnik GmbH
Untere Au 4, 6920 Sinsheim-St.
T. 07261/63411-12, Fax./13524
Förderanlagen für
Teil- u. Behältertransport

Förderanlagen, mechanisch

Axmann Fördertechnik GmbH
Untere Au 4, 6920 Sinsheim-St.
T. 07261/63411-12, Fax./13524

Eichholz, 4441 Schapen

Elastrogran GmbH
Geschäftsbereich
Maschinenbau (PM)
D-8021 Straßlach
Tel. 08170/700, FS 526350
Teletex 817081
Telefax 08170/70293
Maschinen, Anlagen, Modell-
und Werkzeugbau zur Verar-
beitung von Polyurethan-
Systemen in allen Anwen-
dungsbereichen.
Ein Unternehmen der
BASF-Gruppe.

Emde Ind.-Technik GmbH
5408 Nassau, Postf. 1339
Tel. 02604/5011, Fax. 7198

Förderanlagen, pneumatisch

Axmann Fördertechnik GmbH
Untere Au 4, 6920 Sinsheim-St.
T. 07261/63411-12, Fax./13524

Bühler AG
CH-9240 Uzwil/Schweiz
Tel. 073/501111
Fax. 073/503379

Bühler GmbH, 3300 Braunschweig
Postf. 3369, Tel. 0531/5940

Lanco, Moselstr.58, 6450 Hanau
Tel. 06181/17066, Fax /17068

Motan GmbH
Max-Eyth-Weg 42, Postfach 1363
7972 Isny im Allgäu
07562-760/7321524/07562-76111

Thyssen Henschel
D-3500 Kassel, Pf. 102969
Tel. 0561/801-01; Fax /6943

Waeschle Maschinenfabrik GmbH
PF 2440, D-7980 Ravensburg
Tel. 0751/408-0, Fax /408-200

Förderbänder

Axmann Fördertechnik GmbH
Untere Au 4, 6920 Sinsheim-St.
T. 07261/63411-12, Fax./13524

Fördereinrichtungen

Axmann Fördertechnik GmbH
Untere Au 4, 6920 Sinsheim-St.
T. 07261/63411-12, Fax./13524

Fördergeräte

Axmann Fördertechnik GmbH
Untere Au 4, 6920 Sinsheim-St.
T. 07261/63411-12, Fax./13524

FILTERWERK MANN +
HUMMEL GMBH
Geschäftsbereich Verfahrens-
technik, Postfach 364
7140 Ludwigsburg
Tel. 07141/98-0

Folienabzug und -aufwickel-maschinen

Alpine AG, Postfach 101109
89 Augsburg, Tel. 0821/59060

Folienblasanlagen

Alpine AG, Postfach 101109
89 Augsburg, Tel. 0821/59060

Folienreckanlagen

Brückner-Maschinenbau
Gernot Brückner GmbH & Co. KG
POB 1161, D-8227 Siegsdorf
Tel. 08662/63-0
Fax: 08662/63-220
Tx. 56847 bruma d

Folienreckmaschinen

Lindauer Dornier GmbH
D-8990 Lindau/Bds.
Telefax (08382) 703-378

Formschäumanlagen für PUR

Elastogran GmbH
Geschäftsbereich
Maschinenbau (PM)
D-8021 Straßlach
Tel. 08170/700, FS 526350
Teletex 817081
Telefax 08170/70293
Maschinen, Anlagen, Modell-
und Werkzeugbau zur Verar-
beitung von Polyurethan-
Systemen in allen Anwen-
dungsbereichen.
Ein Unternehmen der
BASF-Gruppe.

Fräs- und Bohrmaschinen

Schwäbische Hüttenwerke GmbH
7080 Aalen 1, Postfach 3280
Tel.07361/502 1, Fax: /502 641

Fräser zur Schaumstoff-Bearbeitung

Bornemann-Werkzeugtechnik GmbH
Werkzeug- und Maschinenbau
Klus 9, D-3223 Delligsen
Tel. 05187/4222 Fax 05187/1027

Fräsmaschinen

Novorex GmbH, Dieselstr. 1
D-W 7443 Frickenhausen
Tel. 07022/41061-63 Fax /43042
CNC- Oberfräser

R. Wissner GmbH
Wissellstr. 16
D-3400 Göttingen
Tel. 0551/631024
Fax. 0551/631230

Fräsmaschinen zur Schaumstoff-Bearbeitung

Bornemann-Werkzeugtechnik GmbH
Werkzeug- und Maschinenbau
Klus 9, D-3223 Delligsen
Tel. 05187/4222 Fax 05187/1027

Galvanowerkzeuge

Galvanoform GmbH
Raiffeisenstr. 8, 7630 Lahr
Tel. 07821/585-100

Gebrauchtmaschinen

Engelking 4973 Vlotho

HBM Maschinen 8807 Heilsbronn
T.09872 2551 *Fax2710 *Tx61454

PPM Vertriebs GmbH
Freischützstr.75, 8 München 81
Tel. 089/9570073, Fax /9577376
Extruder- u. Mischanlagen

Gewindeeinsätze

Kerb-Konus-Vertriebs-GmbH
Postfach 1663, 8450 Amberg
Tel. 09621/899-0, Tlx. 631261
Fax: 09621/899-44

Granulatoren, allgem.

H. Berstorff Maschinenbau
GmbH, Pf. 629, 3 Hannover 1
Tel. 0511/5702-0, Fax./561916

Pallmann Maschinenfabrik
Pf. 1652, D-6660 Zweibrücken
Tel. (06332) 8020, Tx. 451135

Hans Weber Maschinenfabrik
GmbH
Postfach 1862, 8640 Kronach
Bamberger Straße 19–21
Telefon: 09261/4090, Telefax:
09261/409199, Telex: 642636

Granulatoren, Band-

Heinr. Dreher GmbH & Co. KG
Zieglerstr. 17
Tel. 0241/522035
Fax. 0241/526006

Rolf Schlicht GmbH
Postfach 701504, 2 Hamburg 70
Tel. 040/683948, Fax./684187

Granulatoren, Strang-

Heinr. Dreher GmbH & Co. KG
Zieglerstr. 17
Tel. 0241/522035
Fax. 0241/526006

Pallmann Maschinenfabrik
Pf. 1652, D-6660 Zweibrücken
Tel. (06332) 8020, Tx. 451135

C.F. SCHEER & CIE GmbH
Pf. 301020, 7000 Stuttgart 30
Tel. 0711/87810, Fax./8781295

Granulieranlagen, allgem.

H. Berstorff Maschinenbau
GmbH, Pf. 629, 3 Hannover 1
Tel. 0511/5702-0, Fax./561916

Erema GmbH
Unterfeldst.3/A-4052 Ansfelden
Tel: 0732/311761-0
Tx: 222 300 erema a
Telefax: 0732/311764

Krauss-Maffei
Kunststofftechnik GmbH
8000 München 50 / Box 500340
Tel. 089/88990, Fax /88993219

Leistritz AG, Markgrafenstr.
29-39, 8500 Nürnberg, Tel.
0911/43060,Fax4306400,Tx623238

Werner & Pfleiderer GmbH
Pf. 301220, 7000 Stuttgart 30
Tel. 0711/897-0, Fax 8973981

Granuliermesser

Kremer, Sondermann GmbH & Cie.
Hauptstr. 67, P.O.B. 120304
D-5600 Wuppertal 12
Tel.0202/474001, Fax 0202/
473842, Tx 8591559 krem d
KRESO / ROTKANT

Graviermaschinen

R. Wissner GmbH
Wissellstr. 16
D-3400 Göttingen
Tel. 0551/631024
Fax. 0551/631230

Handhabungsgeräte

Axmann Fördertechnik GmbH
Untere Au 4, 6920 Sinsheim-St.
T. 07261/63411-12, Fax./13524

Heißkanaldüsen

EOC Normalien GmbH + Co. KG
Postf.1380, W-5880 Lüdenscheid
Tel. 02351/437-0, Fax./437-245

Jetform GmbH, Pf. 1154
D-7255 Rutesheim
Tel. 07152/59695

Wema, Beheizungstechnik GmbH
Pf. 2945, 5880 Lüdenscheid
Tel. 02351/41044, Fax /459535

Heißkanalsysteme

D-M-E Normalien GmbH
Neckarsulmer Str. 47
7106 Neuenstadt/Kocher
Tel. 07139/920, Telex 728 642

EOC Normalien GmbH + Co. KG
Postf.1380, W-5880 Lüdenscheid
Tel. 02351/437-0, Fax./437-245

Hasco-Normalien
Hasenclever GmbH + Co
PF 17 20, D-5880 Lüdenscheid
Tel. 02351/9570, Fax 957 237

Jetform GmbH, Pf. 1154
D-7255 Rutesheim
Tel. 07152/59695

Mold-Masters Europa GmbH
7570 Baden-Baden 19
Pf. 190145, Tel. 07221/5099-0

Heißluft-Schränke

gwk, Pf. 2140, 5883 Kierspe

Heisslufttechnik F+H
Leister Vertrieb
Postf.190329, 5650 Solingen 19
Tel. 0212/317031, Fax./312324
Niederl. Berlin, Chemnitz,
Rheinstetten

Heraeus Instruments GmbH
Bereich Thermotech
PF 1563, W-6450 Hanau
Tel:(06181)35-413, Fax: 35-739

Heiz- und Kühlgeräte für Werkzeuge

Grossenbacher Apparatebau AG
Oststr. 25, CH-9006 St. Gallen
Tel.+41 71 245305 Fax 247836

gwk, Pf. 2140, 5883 Kierspe

Kraftanlagen Aktiengesellschaft
Warngauer Str. 47
D-8000 München, T. 089/6237-0

Heizelemente, elektrisch

ERGE - Elektrowärmetechnik
Franz Messer GmbH
Hersbrucker Str. 29-31
8563 Schnaittach
Tel. 09153/675 Tx 624121
Telefax 09153/8439

Gebhard Elektrowärme
GmbH&CoKG
Industriestr.34, 5220 Waldbröl
Tel. 02291/796-0, Fax /79666

Ihne & Tesch
Postf. 1863, 5880 Lüdenscheid
Tel. 02351/666-0, Tx 826706
Telefax 666-24
Elektrowärmetechnik

KVT Bielefeld GmbH
4800 Bielefeld 1
Tel. 0521/93207-0
High Tech aus Bielefeld

Wema, Beheizungstechnik GmbH
Pf. 2945, 5880 Lüdenscheid
Tel. 02351/41044, Fax /459535

Heizmischer

Dierks & Söhne GmbH & Co. KG
DIOSNA, Postfach 1980
D-4500 Osnabrück, Tx. 94634
Fax: 0541/3310410

MIXACO
Dr. Herfeld GmbH & Co. KG
Ein Unternehmen der
Kraftanlagen Heidelberg AG
D-5982 Neuenrade, Pf. 1147
Tel. 02392/6247-8, Fax./62013

MTI-Mischtechnik
Ohmstr. 8, 4930 Detmold
Tel. 05231/914-0, Fax./914299

Papenmeier GmbH Mischtechnik
Pf. 2140, Imkerweg 35
D-4936 Augustdorf
Vertrieb: Tel. 05251/309200
Fax 05251/309123, Tx 936869
Heiz-Kühlmischer-Kombinationen

Thyssen Henschel
D-3500 Kassel, Pf. 102969
Tel. 0561/801-01; Fax /6943

Heizpatronen

Gebhard Elektrowärme
GmbH&CoKG
Industriestr.34, 5220 Waldbröl
Tel. 02291/796-0, Fax /79666

Ihne & Tesch
Postf. 1863, 5880 Lüdenscheid
Tel. 02351/666-0, Tx 826706
Telefax 666-24
Elektrowärmetechnik

Heizungsanlagen

Kraftanlagen Aktiengesellschaft
Warngauer Str. 47
D-8000 München, T. 089/6237-0

HF-Generatoren

Herfurth GmbH, 2 Hamburg 50
Tel. 040/896940, Ttx 403544
Tx 213623, Tfx 040/89694112

KVT Bielefeld GmbH
4800 Bielefeld 1
Tel. 0521/93207-0
High Tech aus Bielefeld

PKM GmbH & Co. KG
Hundshalde 3, 7140 Ludwigsburg
Tel. 07141 - 32 079
Fax: 07141 - 32 049

HF-Schweißelektroden

PKM GmbH & Co. KG
Hundshalde 3, 7140 Ludwigsburg
Tel. 07141 - 32 079
Fax: 07141 - 32 049

HF-Schweißmaschinen

Herfurth GmbH, 2 Hamburg 50
Tel. 040/896940, Ttx 403544
Tx 213623, Tfx 040/89694112

PKM GmbH & Co. KG
Hundshalde 3, 7140 Ludwigsburg
Tel. 07141 - 32 079
Fax: 07141 - 32 049

HF-Schweißwerkzeuge

Elektrodenbau - Benno Lang
Steiner Weg 41, 85 Nürnberg 60
Tel. 0911/96776-0 Fax 96776-10
auch Elektrodenstäbe und
Pappenanleger f. HF-Anlagen

HF-Vorwärmgeräte

Herfurth GmbH, 2 Hamburg 50
Tel. 040/896940, Ttx 403544
Tx 213623, Tfx 040/89694112

Imprägniermaschinen

Herbert Olbrich GmbH & Co. KG
4290 Bocholt, T. 02871/957-0
Fax 02871/957189, Tx 813 807

Industrieroboter

ABB Roboter GmbH
Grüner Weg 6, Postfach 100152
6360 Friedberg 1
Tel. (06031) 85-0
Fax. (06031) 85-297
Tlx: 415936

Infrarotstrahler

Gebhard Elektrowärme
GmbH&CoKG
Industriestr.34, 5220 Waldbröl
Tel. 02291/796-0, Fax /79666

Krelus AG
CH-5042 Hirschthal, Tx 982204
Fax 064/813256, Tel. /812777

Kalander, allgem.

H. Berstorff Maschinenbau
GmbH, Pf. 629, 3 Hannover 1
Tel. 0511/5702-0, Fax./561916

Kraftanlagen Aktiengesellschaft
Warngauer Str. 47
D-8000 München, T. 089/6237-0

Ramisch Kleinewefers GmbH
Postfach 2350, 4150 Krefeld 1
Tel. 02151/8930, Fax /893275

Kalander, Glätt-

Herbert Olbrich GmbH & Co. KG
4290 Bocholt, T. 02871/957-0
Fax 02871/957189, Tx 813 807

Kalander, Präge-

Kraftanlagen Aktiengesellschaft
Warngauer Str. 47
D-8000 München, T. 089/6237-0

Herbert Olbrich GmbH & Co. KG
4290 Bocholt, T. 02871/957-0
Fax 02871/957189, Tx 813 807

Kalander-Folgeeinrichtungen

H. Berstorff Maschinenbau
GmbH, Pf. 629, 3 Hannover 1
Tel. 0511/5702-0, Fax./561916

Kraftanlagen Aktiengesellschaft
Warngauer Str. 47
D-8000 München, T. 089/6237-0

Kalibriervorrichtungen

Heckler & Koch GmbH
Pf 12 06, 7238 Oberndorf
Fax: 07423/79-2750

Kaschieranlagen

Herbert Olbrich GmbH & Co. KG
4290 Bocholt, T. 02871/957-0
Fax 02871/957189, Tx 813 807

Ramisch Kleinewefers GmbH
Postfach 2350, 4150 Krefeld 1
Tel. 02151/8930, Fax /893275

Knetmaschinen

AMK Peter Küpper GmbH & Co. KG
5100 Aachen
Fax 0241/79817

H. Linden, Hauptstr. 123
W-5277 Marienheide, Tlx 884112
Tel. 02264/7002, Fax /8715
,,auch evakuierbar"

Knetmischer

AMK Peter Küpper GmbH & Co. KG
5100 Aachen
Fax 0241/79817

Kühlanlagen

Etscheid Anlagen GmbH
5466 Neustadt/Wied-Fernthal
Tel. 02683/308-0, Fax /30833
Industriekühlanlagen

gwk, Pf. 2140, 5883 Kierspe

Kraftanlagen Aktiengesellschaft
Warngauer Str. 47
D-8000 München, T. 089/6237-0

Kühlgeräte, allgem.

gwk, Pf. 2140, 5883 Kierspe

Kühlmischer

Dierks & Söhne GmbH & Co. KG
DIOSNA, Postfach 1980
D-4500 Osnabrück, Tx. 94634
Fax: 0541/3310410

MTI-Mischtechnik
Ohmstr. 8, 4930 Detmold
Tel. 05231/914-0, Fax./914299

Papenmeier GmbH Mischtechnik
Pf. 2140, Imkerweg 35
D-4936 Augustdorf
Vertrieb: Tel. 05251/309200
Fax 05251/309123, Tx 936869
Heiz-Kühlmischer-Kombinationen

Thyssen Henschel
D-3500 Kassel, Pf. 102969
Tel. 0561/801-01; Fax /6943

Kühltürme

gwk, Pf. 2140, 5883 Kierspe

Kühltürme-Kaltwassersätze

Etscheid Anlagen GmbH
5466 Neustadt/Wied-Fernthal
Tel. 02683/308-0, Fax /30833
Industriekühlanlagen

Gesellschaft für Kältetechnik-
Klimatechnik mbH, 5000 Köln 40
Dieselstr. 7, Pf. 40 03 54
Tel. 02234-4006-0, Fax 48303

gwk, Pf. 2140, 5883 Kierspe

Lackieranlagen

ABB Roboter GmbH
Grüner Weg 6, Postfach 100152
6360 Friedberg 1
Tel. (06031) 85-0
Fax. (06031) 85-297
Tlx: 415936

Herbert Olbrich GmbH & Co. KG
4290 Bocholt, T. 02871/957-0
Fax 02871/957189, Tx 813 807

(Lackieranlagen, Forts.)

Ramisch Kleinewefers GmbH
Postfach 2350, 4150 Krefeld 1
Tel. 02151/8930, Fax /893275

Ernst Reinhardt GmbH
D-7730 VS-Villingen, Pf. 1880

Lacktrockenanlagen und -öfen

Heraeus Instruments GmbH
Bereich Thermotech
PF 1563, W-6450 Hanau
Tel:(06181)35-413, Fax: 35-739

Ernst Reinhardt GmbH
D-7730 VS-Villingen, Pf. 1880

Laserschneidmaschinen

R. Wissner GmbH
Wissellstr. 16
D-3400 Göttingen
Tel. 0551/631024
Fax. 0551/631230

Magnete

Hamos Elektronik GmbH
Pf 1243, 8122 Penzberg
Tel. 08856-2011, Fax 1375

P. Welter GmbH & Co. KG
Postf. 1311, 5042 Erftstadt
Tel. 02235/71530, Fax /72875

Mahlanlagen, Fein-

Heinr. Dreher GmbH & Co. KG
Zieglerstr. 17
Tel. 0241/522035
Fax. 0241/526006

Pallmann Maschinenfabrik
Pf. 1652, D-6660 Zweibrücken
Tel. (06332) 8020, Tx. 451135

Wery-Maschinenbau GmbH
666 Zweibrücken Fax17506 T3345

Mahlmaschinen, Fein-

Pallmann Maschinenfabrik
Pf. 1652, D-6660 Zweibrücken
Tel. (06332) 8020, Tx. 451135

Metallabscheider

Hamos Elektronik GmbH
Pf 1243, 8122 Penzberg
Tel. 08856-2011, Fax 1375

P. Welter GmbH & Co. KG
Postf. 1311, 5042 Erftstadt
Tel. 02235/71530, Fax /72875

Metallausscheider

Hamos Elektronik GmbH
Pf 1243, 8122 Penzberg
Tel. 08856-2011, Fax 1375

S + S electronic GmbH & Co. KG
Regener Str. 130
D-8351 Schönberg
Tel. 08554/2533
Fax: 08554/2141

Metallisierungsanlagen

Peter Irmscher, Pf. 100614
D-4970 Bad Oeynhausen 1
Tel. 05731/27551, Fax /26195

Metallsuchgeräte

Hamos Elektronik GmbH
Pf 1243, 8122 Penzberg
Tel. 08856-2011, Fax 1375

S + S electronic GmbH & Co. KG
Regener Str. 130
D-8351 Schönberg
Tel. 08554/2533
Fax: 08554/2141

**Misch-, Silier-, Förder-
und Dosieranlagen**

Bühler AG
CH-9240 Uzwil/Schweiz
Tel. 073/501111
Fax. 073/503379

Bühler GmbH, 3300 Braunschweig
Postf. 3369, Tel. 0531/5940

Eichholz, 4441 Schapen

Emde Ind.-Technik GmbH
5408 Nassau, Postf. 1339
Tel. 02604/5011, Fax. 7198

Lanco, Moselstr.58, 6450 Hanau
Tel. 06181/17066, Fax /17068

Papenmeier GmbH Mischtechnik
Pf. 2140, Imkerweg 35
D-4936 Augustdorf
Vertrieb: Tel. 05251/309200
Fax 05251/309123, Tx 936869

Waeschle Maschinenfabrik GmbH
PF 2440, D-7980 Ravensburg
Tel. 0751/408-0, Fax /408-200

Misch- und Dosieranlagen

Josef Baer, 7987 Weingarten
Tel. 0751/5005-0, Fax /5005-27
Telex 732806

Emde Ind.-Technik GmbH
5408 Nassau, Postf. 1339
Tel. 02604/5011, Fax. 7198

Misch- und Dosiermaschinen

Elastogran GmbH
Geschäftsbereich
Maschinenbau (PM)
D-8021 Straßlach
Tel. 08170/700, FS 526350
Teletex 817081
Telefax 08170/70293
Maschinen, Anlagen, Modell-
und Werkzeugbau zur Verar-
beitung von Polyurethan-
Systemen in allen Anwen-
dungsbereichen.
Ein Unternehmen der
BASF-Gruppe.

Mischanlagen

AMK Peter Küpper GmbH & Co. KG
5100 Aachen
Fax 0241/79817

MIXACO
Dr. Herfeld GmbH & Co. KG
Ein Unternehmen der
Kraftanlagen Heidelberg AG
D-5982 Neuenrade, Pf. 1147
Tel. 02392/6247-8, Fax./62013

MTI-Mischtechnik
Ohmstr. 8, 4930 Detmold
Tel. 05231/914-0, Fax./914299

Papenmeier GmbH Mischtechnik
Pf. 2140, Imkerweg 35
D-4936 Augustdorf
Vertrieb: Tel. 05251/309200
Fax 05251/309123, Tx 936869

Mischer, allgem.

AMK Peter Küpper GmbH & Co. KG
5100 Aachen
Fax 0241/79817

Eichholz, 4441 Schapen
KEGELSCHNECKENMI-
SCHER

Kraftanlagen Aktiengesellschaft
Warngauer Str. 47
D-8000 München, T. 089/6237-0

H. Linden, Hauptstr. 123
W-5277 Marienheide, Tlx 884112
Tel. 02264/7002, Fax /8715
,,auch evakuierbar"

MTI-Mischtechnik
Ohmstr. 8, 4930 Detmold
Tel. 05231/914-0, Fax./914299

Mischer, Granulat-

Dierks & Söhne GmbH & Co. KG
DIOSNA, Postfach 1980
D-4500 Osnabrück, Tx. 94634
Fax: 0541/3310410

Mischer, Planeten-

H. Linden, Hauptstr. 123
W-5277 Marienheide, Tlx 884112
Tel. 02264/7002, Fax /8715
,,auch evakuierbar"
,,auch als Planeten-Dissolver
und Butterfly-Mischer"

MTI-Mischtechnik
Ohmstr. 8, 4930 Detmold
Tel. 05231/914-0, Fax./914299

Mischer, Schnell-

Dierks & Söhne GmbH & Co. KG
DIOSNA, Postfach 1980
D-4500 Osnabrück, Tx. 94634
Fax: 0541/3310410

(Mischer, Schnell-, Forts.)

MIXACO
Dr. Herfeld GmbH & Co. KG
Ein Unternehmen der
Kraftanlagen Heidelberg AG
D-5982 Neuenrade, Pf. 1147
Tel. 02392/6247-8, Fax./62013

H. Linden, Hauptstr. 123
W-5277 Marienheide, Tlx 884112
Tel. 02264/7002, Fax /8715
,,auch evakuierbar''

MTI-Mischtechnik
Ohmstr. 8, 4930 Detmold
Tel. 05231/914-0, Fax./914299

Papenmeier GmbH Mischtechnik
Pf. 2140, Imkerweg 35
D-4936 Augustdorf
Vertrieb: Tel. 05251/309200
Fax 05251/309123, Tx 936869

Mischer, statische

Sulzer-Chemtech, MRT 0655
CH-8401 Winterthur, Schweiz
Tel. 052-262 67 20

Mischmaschinen, allgem.

AMK Peter Küpper GmbH & Co.
KG
5100 Aachen
Fax 0241/79817

MTI-Mischtechnik
Ohmstr. 8, 4930 Detmold
Tel. 05231/914-0, Fax./914299

Mischmaschinen, Plastisol-

AMK Peter Küpper GmbH & Co.
KG
5100 Aachen
Fax 0241/79817

H. Linden, Hauptstr. 123
W-5277 Marienheide, Tlx 884112
Tel. 02264/7002, Fax /8715
,,auch evakuierbar''

MTI-Mischtechnik
Ohmstr. 8, 4930 Detmold
Tel. 05231/914-0, Fax./914299

Mischwalzwerke

H. Berstorff Maschinenbau
GmbH, Pf. 629, 3 Hannover 1
Tel. 0511/5702-0, Fax./561916

Modellbau

Formenbau Eck GmbH
Postfach 1454, 7550 Rastatt
Tel:07222/52091, Fax:/53968

Monofilamentanlagen

Fleissner, 6073 Egelsbach

Mühlen, allgem.

Pallmann Maschinenfabrik
Pf. 1652, D-6660 Zweibrücken
Tel. (06332) 8020, Tx. 451135

Mühlen, Schneid-

Pallmann Maschinenfabrik
Pf. 1652, D-6660 Zweibrücken
Tel. (06332) 8020, Tx. 451135

Naßmischer

MTI-Mischtechnik
Ohmstr. 8, 4930 Detmold
Tel. 05231/914-0, Fax./914299

Papenmeier GmbH Mischtechnik
Pf. 2140, Imkerweg 35
D-4936 Augustdorf
Vertrieb: Tel. 05251/309200
Fax 05251/309123, Tx 936869

Normalien für den Werkzeugbau

Borgware GmbH
Hauptstr. 8, 7452 Haigerloch
T. 07474/6980, Fax /698-34

D-M-E Normalien GmbH
Neckarsulmer Str. 47
7106 Neuenstadt/Kocher
Tel. 07139/920, Telex 728 642

EOC Normalien GmbH + Co. KG
Postf.1380, W-5880 Lüdenscheid
Tel. 02351/437-0, Fax./437-245

Hasco-Normalien
Hasenclever GmbH + Co
PF 17 20, D-5880 Lüdenscheid
Tel. 02351/9570, Fax 957 237

Normteile, Heißkanal-

D-M-E Normalien GmbH
Neckarsulmer Str. 47
7106 Neuenstadt/Kocher
Tel. 07139/920, Telex 728 642

Jetform GmbH, Pf. 1154
D-7255 Rutesheim
Tel. 07152/59695

Öfen, Härte-

Heraeus Instruments GmbH
Bereich Thermotech
PF 1563, W-6450 Hanau
Tel:(06181)35-413, Fax: 35-739

Öfen, Trocken-

Heisslufttechnik F + H
Leister Vertrieb
Postf.190329, 5650 Solingen 19
Tel. 0212/317031, Fax./312324
Niederl. Berlin, Chemnitz,
Rheinstetten

Heraeus Instruments GmbH
Bereich Thermotech
PF 1563, W-6450 Hanau
Tel:(06181)35-413, Fax: 35-739

Ernst Reinhardt GmbH
D-7730 VS-Villingen, Pf. 1880

Öfen, Vorwärme-

Ernst Reinhardt GmbH
D-7730 VS-Villingen, Pf. 1880

Öfen für Beschichtungs-anlagen

Herbert Olbrich GmbH & Co. KG
4290 Bocholt, T. 02871/957-0
Fax 02871/957189, Tx 813 807

Ernst Reinhardt GmbH
D-7730 VS-Villingen, Pf. 1880

Pastenextruder

WK Worek Kunststoff-technik GmbH
Brandstr. 10
8555 Adelsdorf-Neuhaus
Telefon (09195)2785
Fax (09195)7042
Telex 624261

Plattenanlagen

H. Berstorff Maschinenbau
GmbH, Pf. 629, 3 Hannover 1
Tel. 0511/5702-0, Fax./561916

Poren-Suchgerät (HF)

Elektro-Physik, Pasteurstr. 15
5 Köln 60, Fax 0221/7520468

Prägepressen

FRICLA-Fritz Claussner
8500 Nürnberg 84T, Pf. 840006
Tel. 0911/313293, Fax./311502

Prägestempel

E.Moschinski GmbH, 65 Mainz 26
Tel. 06131/81077 Fax /832159

Prepeg-Anlagen

Heckler & Koch GmbH
Pf 12 06, 7238 Oberndorf
Fax: 07423/79-2750

Herbert Olbrich GmbH & Co. KG
4290 Bocholt, T. 02871/957-0
Fax 02871/957189, Tx 813 807

Pressen, allgem.

Rolf Schlicht GmbH
Postfach 701504, 2 Hamburg 70
Tel. 040/683948, Fax./684187

Stauch GmbH + Co. KG
D-4010 Hilden
Tel. 02103/58051

Pressen, Ballen-

Fleissner, 6073 Egelsbach

Pressen, hydraulisch

Erfurt Krupp Umformtechnik
Gladbeckerstr. 431
4300 Essen 12
Tel. 0201/3643-0, Fax /3643100

Rolf Schlicht GmbH
Postfach 701504, 2 Hamburg 70
Tel. 040/683948, Fax./684187

(Pressen, hydraulisch, Forts.)

USP-Utech-Pressen GmbH
Im Alten Schemel 25
6730 Neustadt 17
Tel. 06327/2048 Fax 06327/1020

Pressen, Polyester-

Erfurt Krupp Umformtechnik
Gladbeckerstr. 431
4300 Essen 12
Tel. 0201/3643-0, Fax /3643100

Stauch GmbH + Co. KG
D-4010 Hilden
Tel. 02103/58051

USP-Utech-Pressen GmbH
Im Alten Schemel 25
6730 Neustadt 17
Tel. 06327/2048 Fax 06327/1020

Pressen, Tuschier-

Erfurt Krupp Umformtechnik
Gladbeckerstr. 431
4300 Essen 12
Tel. 0201/3643-0, Fax /3643100

USP-Utech-Pressen GmbH
Im Alten Schemel 25
6730 Neustadt 17
Tel. 06327/2048 Fax 06327/1020

Pressen, Vulkanisier-

USP-Utech-Pressen GmbH
Im Alten Schemel 25
6730 Neustadt 17
Tel. 06327/2048 Fax 06327/1020

Pressen für verstärkte Kunststoffteile

J. Dieffenbacher GmbH u. Co.
Hydr. Pressen und Anlagen
7519 Eppingen
Telefon 07262/650
Telefax 07262/65297

Erfurt Krupp Umformtechnik
Gladbeckerstr. 431
4300 Essen 12
Tel. 0201/3643-0, Fax /3643100

Stauch GmbH + Co. KG
D-4010 Hilden
Tel. 02103/58051

Preßwerkzeuge

Formenbau Eck GmbH
Postfach 1454, 7550 Rastatt
Tel:07222/52091, Fax:/53968

Formenbau und Kunststoff-
technik GmbH Jahnstraße 2
261,58533,266, 6712 Triptis

Satyr Formmetall GmbH & Co.
Apparate- und Gerätebau KG
Postf. 0414, 8440 Straubing
Tel.09421/3696, Fax 09421/3698
Teletex 09421811

Produktionsplanung

SWP-Software Partner GmbH
7012 Fellbach
Tel. 0711/580009
PPS-System ELAPLUS®

Profilextrusionsanlagen

H. Berstorff Maschinenbau
GmbH, Pf. 629, 3 Hannover 1
Tel. 0511/5702-0, Fax./561916

Rolf Schlicht GmbH
Postfach 701504, 2 Hamburg 70
Tel. 040/683948, Fax./684187

Hans Weber Maschinenfabrik
GmbH
Postfach 1862, 8640 Kronach
Bamberger Straße 19–21
Telefon: 09261/4090, Telefax:
09261/409199, Telex: 642636

Prozeßdatenerfassung

Heckler & Koch GmbH
Pf 12 06, 7238 Oberndorf
Fax: 07423/79-2750

Prozeßregelung

Kraftanlagen Aktiengesellschaft
Warngauer Str. 47
D-8000 München, T. 089/6237-0

Prozeßüberwachung

Heckler & Koch GmbH
Pf 12 06, 7238 Oberndorf
Fax: 07423/79-2750

Kraftanlagen Aktiengesellschaft
Warngauer Str. 47
D-8000 München, T. 089/6237-0

Motan GmbH
Max-Eyth-Weg 42, Postfach 1363
7972 Isny im Allgäu
07562-760/7321524/07562-76111

Pumpen, Dosier-

LEWA Herbert Ott GmbH + Co
Pf 1563, D-7250 Leonberg
Tel. 07152/14-0, Fax 14-303

Pumpen, Zahnrad

Dynisco, 7100 Heilbronn
Tel. 07131/297-0, Postf. 1547

Pyrometer

Impac Electronic GmbH
Krifteler Str. 32, 6000 Ffm.1
069/759000-0, Tx. 4189121
INFRATHERM;
TASTOTHERM

Querschneider

Hans Heuser GmbH ROBUST
Postf.120227,5630 Remscheid 11
Tel. 02191/50097, Fax./51775

RAM-Extruder

Plastik-Maschinenbau GmbH
Postf. 60, 5489 Kelberg
Tel. 02692/1307, Fax /8244
Tlx. 863913

WK Worek Kunststoff-
technik GmbH
Brandstr. 10
8555 Adelsdorf-Neuhaus
Telefon (09195)2785
Fax (09195)7042
Telex 624261

Recyclinganlagen

H. Berstorff Maschinenbau
GmbH, Pf. 629, 3 Hannover 1
Tel. 0511/5702-0, Fax./561916

Erema GmbH
Unterfeldst.3/A-4052 Ansfelden
Tel: 0732/311761-0
Tx: 222 300 erema a
Telefax: 0732/311764

Leistritz AG, Markgrafenstr.
29-39, 8500 Nürnberg, Tel.
0911/43060,Fax4306400,Tx623238

Pallmann Maschinenfabrik
Pf. 1652, D-6660 Zweibrücken
Tel. (06332) 8020, Tx. 451135

Sikoplast Maschinenbau
Heinrich Koch GmbH
Jakobstr. 84-88, 5200 Siegburg
Tel 02241/65011-13 Tx 889473
Fax 02241/52454

Zimmer AG
Borsigallee 1, 6 Frankfurt 60
Tel. 069/4007-01, Tlx 417172
Fax 069/4007-546

Regelungen für Temperatur

Gossen GmbH, Meß-, Regel- und
Stromversorgungstechnik
8520 Erlangen; (09131) 827-1
Tx. 17-9131/662, Fax 28895

gwk, Pf. 2140, 5883 Kierspe

Heisslufttechnik F + H
Leister Vertrieb
Postf.190329, 5650 Solingen 19
Tel. 0212/317031, Fax./312324
Niederl. Berlin, Chemnitz,
Rheinstetten

Regenerieranlagen, allgem.

H. Berstorff Maschinenbau
GmbH, Pf. 629, 3 Hannover 1
Tel. 0511/5702-0, Fax./561916

Erema GmbH
Unterfeldst.3/A-4052 Ansfelden
Tel: 0732/311761-0
Tx: 222 300 erema a
Telefax: 0732/311764

Leistritz AG, Markgrafenstr.
29-39, 8500 Nürnberg, Tel.
0911/43060,Fax4306400,Tx623238

(Regenieranlagen, allg., Forts.)

Pallmann Maschinenfabrik
Pf. 1652, D-6660 Zweibrücken
Tel. (06332) 8020, Tx. 451135

Regenerieranlagen für Gummi

Pallmann Maschinenfabrik
Pf. 1652, D-6660 Zweibrücken
Tel. (06332) 8020, Tx. 451135

Regranulieranlagen, Folien-

Alpine AG, Postfach 101109
89 Augsburg, Tel. 0821/59060

Leistritz AG, Markgrafenstr.
29-39, 8500 Nürnberg, Tel.
0911/43060,Fax4306400,Tx623238

Pallmann Maschinenfabrik
Pf. 1652, D-6660 Zweibrücken
Tel. (06332) 8020, Tx. 451135

Reinigungsanlagen, Abluft-

Herbert Olbrich GmbH & Co. KG
4290 Bocholt, T. 02871/957-0
Fax 02871/957189, Tx 813 807

Reinigungsanlagen und -bäder

Telsonic AG, Industriestraße
CH-9552 Bronschhofen
Tel. 073/225353 Fax 073/225357

Rohrabzugsraupen

Rolf Schlicht GmbH
Postfach 701504, 2 Hamburg 70
Tel. 040/683948, Fax./684187

Rohrextrusionsanlagen

FRÄNKISCHE - 8729 Königsberg
Tel. (09525) 88-0, Fax./88-411

Rohrfertigungsstraßen

FRÄNKISCHE - 8729 Königsberg
Tel. (09525) 88-0, Fax./88-411

Rollenbahnen

Axmann Fördertechnik GmbH
Untere Au 4, 6920 Sinsheim-St.
T. 07261/63411-12, Fax./13524

Roller-Head-Anlagen

H. Berstorff Maschinenbau
GmbH, Pf. 629, 3 Hannover 1
Tel. 0511/5702-0, Fax./561916

Sägemaschinen

Well Diamantdrahtsägen GmbH
Oppauer Straße 37
D-6800 Mannheim 31
Tel. 0621/741990

Schäumanlagen (RIM)

Elastogran GmbH
Geschäftsbereich
Maschinenbau (PM)
D-8021 Straßlach
Tel. 08170/700, FS 526350
Teletex 817081
Telefax 08170/70293
Maschinen, Anlagen, Modell-
und Werkzeugbau zur Verar-
beitung von Polyurethan-
Systemen in allen Anwen-
dungsbereichen.
Ein Unternehmen der
BASF-Gruppe.

Schäummaschinen für PUR

Elastogran GmbH
Geschäftsbereich
Maschinenbau (PM)
D-8021 Straßlach
Tel. 08170/700, FS 526350
Teletex 817081
Telefax 08170/70293
Maschinen, Anlagen, Modell-
und Werkzeugbau zur Verar-
beitung von Polyurethan-
Systemen in allen Anwen-
dungsbereichen.
Ein Unternehmen der
BASF-Gruppe.

Krauss-Maffei
Kunststofftechnik GmbH
8000 München 50 / Box 500340
Tel. 089/88990, Fax /88993219

Schäumwerkzeuge

Formenbau Eck GmbH
Postfach 1454, 7550 Rastatt
Tel:07222/52091, Fax:/53968

Elastogran GmbH
Geschäftsbereich
Maschinenbau (PM)
D-8021 Straßlach
Tel. 08170/700, FS 526350
Teletex 817081
Telefax 08170/70293
Maschinen, Anlagen, Modell-
und Werkzeugbau zur Verar-
beitung von Polyurethan
Systemen in allen Anwen-
dungsbereichen.
Ein Unternehmen der
BASF-Gruppe.

Galvanoform GmbH
Raiffeisenstr. 8, 7630 Lahr
Tel. 07821/585-100

**Schaumstoff-Bearbeitungs-
maschinen**

Fomtex-Hüttemann GmbH
D-4019 Monheim,Tel.02173-50022
Fax 02173-31870 Tx 8515729

Schleif- und Poliermaschinen

Menzerna-Werk
Schleif- u. Poliermittel
Ing. Dr.-Ing. W. u. L. Burkart
Postf. 4349, 7500 Karlsruhe 1
Tel. 0721/8205-0, Fax /8205-40

Schnecken

EST - GmbH
Lochermühle 1, Postf. 20 01 49
5060 Bergisch Gladbach 2
Tel. 02202/30301, Fax /30308
Regeneration aus einer Hand

Maschinenfabrik Oberlar GmbH
W-5210 Troisdorf, Postf. 1546
Tel.02241/42031-32 Fax /404104

Schnecken und Zylinder

Maschinenfabrik Oberlar GmbH
W-5210 Troisdorf, Postf. 1546
Tel.02241/42031-32 Fax /404104

Plastik-Maschinenbau GmbH
Postf. 60, 5489 Kelberg
Tel. 02692/1307, Fax /8244
Tlx. 863913

Schneckenkneter

Blach Verfahrenstechnik GmbH
Südstr. 7, 7140 Ludwigsburg 12
Tel. 07144/15101, Fax. /15201
ELEMENTE FÜR DOPPEL-
SCHNECKENEXTRUDER

Werner & Pfleiderer GmbH
Pf. 301220, 7000 Stuttgart 30
Tei. 0711/897-0, Fax 8973981
auch für Pulverlack

**Schneid- und Wickelmaschinen
für Folien**

Hans Heuser GmbH ROBUST
Postf.120227,5630 Remscheid 11
Tel. 02191/50097, Fax./51775

Schneidmaschinen, allgem.

Hans Heuser GmbH ROBUST
Postf.120227,5630 Remscheid 11
Tel. 02191/50097, Fax./51775

Fomtex-Hüttemann GmbH
D-4019 Monheim Tel.02173-50022
Fax 02173-31870 Tx 8515729

Schneidmaschinen, Rollen-

Fuchs GmbH, Tannenbergweg 6
6111 Otzberg 7, Fax 06163-5113

Hans Heuser GmbH ROBUST
Postf.120227,5630 Remscheid 11
Tel. 02191/50097, Fax./51775

Schneidmaschinen, Streifen-

Hans Heuser GmbH ROBUST
Postf.120227,5630 Remscheid 11
Tel. 02191/50097, Fax./51775

Schneidmühlen

Heinr. Dreher GmbH & Co. KG
Zieglerstr. 17
Tel. 0241/522035
Fax. 0241/526006

Fomtex-Hüttemann GmbH
D-4019 Monheim Tel.02173-50022
Fax 02173-31870 Tx 8515729

Pallmann Maschinenfabrik
Pf. 1652, D-6660 Zweibrücken
Tel. (06332) 8020, Tx. 451135

Schneidmühlen, Forts.)

Wery-Maschinenbau GmbH
666 Zweibrücken Fax17506 T3345

Schweißanlagen, Reib-

KVT Bielefeld GmbH
4800 Bielefeld 1
Tel. 0521/93207-0
High Tech aus Bielefeld

Schweißanlagen, Ultraschall-

KVT Bielefeld GmbH
4800 Bielefeld 1
Tel. 0521/93207-0
High Tech aus Bielefeld

Rinco Ultrasonics GmbH
Hauptstr., 6394 Grävenwiesbach
06086-1818/Fax 06086-3166

Telsonic GmbH
Gartenstr. 17, 7980 Ravensburg
0751/22020 - Fax 33868

Schweißgeräte, Heißluft-

Heisslufttechnik F + H
Leister Vertrieb
Postf.190329, 5650 Solingen 19
Tel. 0212/317031, Fax./312324
Niederl. Berlin, Chemnitz,
Rheinstetten

Schweißgeräte, Kunststoff-

KVT Bielefeld GmbH
4800 Bielefeld 1
Tel. 0521/93207-0
High Tech aus Bielefeld

Schweißgeräte, Ultraschall-

KVT Bielefeld GmbH
4800 Bielefeld 1
Tel. 0521/93207-0
High Tech aus Bielefeld

Rinco Ultrasonics GmbH
Hauptstr., 6394 Grävenwiesbach
06086-1818/Fax 06086-3166

Telsonic AG, Industriestraße
CH-9552 Bronschhofen
Tel. 073/225353 Fax 073/225357

Schweißgeräte, Wärmeimpuls

PKM GmbH & Co. KG
Hundshalde 3, 7140 Ludwigsburg
Tel. 07141 - 32 079
Fax: 07141 - 32 049

Schweißmaschinen, allgem.

PKM GmbH & Co. KG
Hundshalde 3, 7140 Ludwigsburg
Tel. 07141 - 32 079
Fax: 07141 - 32 049

Schweißmaschinen, Beutel-

FMC Corporation NV Pack Syst
Denderstr. 56, B-9300 Aalst
Tel. +32-53-783737
Fax: +32-53-774834, Tlx 12345

Schweißmaschinen, Folien-

Alpine AG, Postfach 101109
89 Augsburg, Tel. 0821/59060

PKM GmbH & Co. KG
Hundshalde 3, 7140 Ludwigsburg
Tel. 07141 - 32 079
Fax: 07141 - 32 049

Widmann Schweissmaschinen
Siemensstraße 19
7311 Schlierbach
Tel. (07021) 45085, Fax./45089

Schweißmaschinen, Heißluft-

Heisslufttechnik F + H
Leister Vertrieb
Postf.190329, 5650 Solingen 19
Tel. 0212/317031, Fax./312324
Niederl. Berlin, Chemnitz,
Rheinstetten

**Schweißmaschinen, Heiz-
element-**

Herfurth GmbH, 2 Hamburg 50
Tel. 040/896940, Ttx 403544
Tx 213623, Tfx 040/89694112

KVT Bielefeld GmbH
4800 Bielefeld 1
Tel. 0521/93207-0
High Tech aus Bielefeld

Schweißmaschinen, Ultraschall-

Herfurth GmbH, 2 Hamburg 50
Tel. 040/896940, Ttx 403544
Tx 213623, Tfx 040/89694112

KVT Bielefeld GmbH
4800 Bielefeld 1
Tel. 0521/93207-0
High Tech aus Bielefeld

Rinco Ultrasonics GmbH
Hauptstr., 6394 Grävenwiesbach
06086-1818/Fax 06086-3166

Rolf Schlicht GmbH
Postfach 701504, 2 Hamburg 70
Tel. 040/683948, Fax./684187

Telsonic AG, Industriestraße
CH-9552 Bronschhofen
Tel. 073/225353 Fax 073/225357

Widmann Schweissmaschinen
Siemensstraße 19
7311 Schlierbach
Tel. (07021) 45085, Fax./45089

Siebwechseleinrichtungen

Erema GmbH
Unterfeldst.3/A-4052 Ansfelden
Tel: 0732/311761-0
Tx: 222 300 erema a
Telefax: 0732/311764

Siebwechselvorrichtungen, automatisch

C.F. SCHEER & CIE GmbH
Pf. 301020, 7000 Stuttgart 30
Tel. 0711/87810, Fax./8781295

Werner & Pfleiderer GmbH
Pf. 301220, 7000 Stuttgart 30
Tel. 0711/897-0, Fax 8973981

Signiermaschinen

Metronic Postfach 1280
8707 Veitshöchheim
Tel. 0931/9085-0 Tx 68558

Silieranlagen

Bühler GmbH, 3300 Braunschweig
Postf. 3369, Tel. 0531/5940

Silikonstempel

FRICLA-Fritz Claussner
8500 Nürnberg 84T, Pf. 840006
Tel. 0911/313293, Fax./311502

Silo-Anlagen

Bühler GmbH, 3300 Braunschweig
Postf. 3369, Tel. 0531/5940

Lanco, Moselstr.58, 6450 Hanau
Tel. 06181/17066, Fax /17068

Waeschle Maschinenfabrik GmbH
PF 2440, D-7980 Ravensburg
Tel. 0751/408-0, Fax /408-200

Siloaustraghilfen

Emde Ind.-Technik GmbH
5408 Nassau, Postf. 1339
Tel. 02604/5011, Fax. 7198

Silos

Eichholz, 4441 Schapen

Emde Ind.-Technik GmbH
5408 Nassau, Postf. 1339
Tel. 02604/5011, Fax. 7198

Walter Krause GmbH
7121 Walheim, Postfach 29
Tel. 07143/3871, Fax./36965

Software

Hasco-Normalien
Hasenclever GmbH + Co
PF 17 20, D-5880 Lüdenscheid
Tel. 02351/9570, Fax 957 237
CAD-Normaliensoftware

Sondermaschinenbau

Axmann Fördertechnik GmbH
Untere Au 4, 6920 Sinsheim-St.
T. 07261/63411-12, Fax./13524

(Sondermaschinenbau, Forts.)

Elastogran GmbH
Geschäftsbereich
Maschinenbau (PM)
D-8021 Straßlach
Tel. 08170/700, FS 526350
Teletex 817081
Telefax 08170/70293
Maschinen, Anlagen, Modell-
und Werkzeugbau zur Verar-
beitung von Polyurethan-
Systemen in allen Anwen-
dungsbereichen.
Ein Unternehmen der
BASF-Gruppe.

Heckler & Koch GmbH
Pf 12 06, 7238 Oberndorf
Fax: 07423/79-2750

Fomtex-Hüttemann GmbH
D-4019 Monheim Tel.02173-50022
Fax 02173-31870 Tx 8515729

Plastik-Maschinenbau GmbH
Postf. 60, 5489 Kelberg
Tel. 02692/1307, Fax /8244
Tlx. 863913

Sortier- und Zuführgeräte

Axmann Fördertechnik GmbH
Untere Au 4, 6920 Sinsheim-St.
T. 07261/63411-12, Fax./13524

Spritzblasformmaschinen

Ossberger-Turbinenfabrik
GmbH & Co., Kunststo. Masch.
Pf. 425, 8832 Weissenburg
Tel. 09141/977-0, Tx 624672
Fax 09141/97720

Spritzblaswerkzeuge

Foruma GmbH
D-6780 Pirmasens
Erlenbrunnerstr. 71
Tel. 06331/46066, Fax./46879

Spritzgießmaschinen, Mehrfarben-

B & K Plastmaschinen GmbH
Am Klingelbach 2
D-5758 Fröndenberg/Ruhr
Tel. 02373-71211, Fax -71978

Stork Kunststoffmaschinen
Postfach 1167, 5883 Kierspe
Tel.02359-66010/ Fax 660130

Spritzgießmaschinen, allgem.

Arburg Maschinenfabrik
Hehl & Söhne GmbH & Co. KG
7298 Loßburg, Tel. 07446-330
Fax 07446-33-3365, Tx 764250
Btx 44600# Telet. (17)7446 10

B & K Plastmaschinen GmbH
Am Klingelbach 2
D-5758 Fröndenberg/Ruhr
Tel. 02373-71211, Fax -71978

Dr. Boy GmbH
Postfach 1250
W-5466 Fernthal/Germany
Tel. 02683/307-0, Tlx 863710
Fax 02683/32771

Engel Vertriebsges. m.b.H.
A-4311 Schwertberg, Österreich
Tel. 07262/620-0
Fax 07262/620-308

Krauss-Maffei
Kunststofftechnik GmbH
8000 München 50 / Box 500340
Tel. 089/88990, Fax /88993219

Ladaen Ltd., Damascus - Syria
Pf. 25607, Tlx 411255 midtax
Tel. 45 7823, Fax 45 8863

Stork Kunststoffmaschinen
Postfach 1167, 5883 Kierspe
Tel.02359-66010/ Fax 660130

Spritzgießmaschinen für Thermoplaste

Stork Kunststoffmaschinen
Postfach 1167, 5883 Kierspe
Tel.02359-66010/ Fax 660130

Spritzgießmaschinen für TSG

B & K Plastmaschinen GmbH
Am Klingelbach 2
D-5758 Fröndenberg/Ruhr
Tel. 02373-71211, Fax -71978

Stork Kunststoffmaschinen
Postfach 1167, 5883 Kierspe
Tel.02359-66010/ Fax 660130

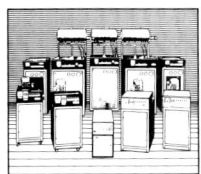

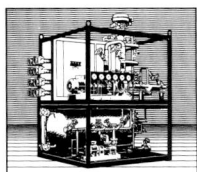
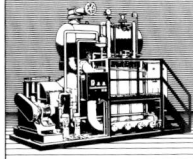

Spritzgießsysteme

Stork Kunststoffmaschinen
Postfach 1167, 5883 Kierspe
Tel.02359-66010/ Fax 660130

Spritzgießwerkzeuge

Braun & Keller GmbH
Präzisionsformenbau
W-7836 Bahlingen
Tel. 07663/1029, Fax /3727

Brungs & Koch GmbH
5300 Bonn 3
Tel. 0228/467097, Fax /467099

Ehringhaus GmbH
Postf. 1503, 5880 Lüdenscheid
Tel. 02351-8998, Fax -81008

Engel Vertriebsges. m.b.H.
A-4311 Schwertberg, Österreich
Tel. 07262/620-0
Fax 07262/620-308

Formenbau und Kunststoff-
technik GmbH Jahnstraße 2
261,58533,266, 6712 Triptis

formplast Lechler GmbH
8500 Nürnberg, PF 450153
Tel. 0911/99455-0, Fax -50

Galvanoform GmbH
Raiffeisenstr. 8, 7630 Lahr
Tel. 07821/585-100

Gött Formenbau GmbH
Leopoldstr. 64, 8500 Nürnberg

Odenwälder Kunststoffwerk
Dr. H. Schneider GmbH & Co. KG
Friedrich-List-Str. 1
6969 Buchen
Tel. 06281/4020 Fax 40213

Reinhold Rall Formenbau
7312 Kirchheim, Gaußstr. 23
Tel. 07021/56081, Fax /56876

Satyr Formmetall GmbH & Co.
Apparate- und Gerätebau KG
Postf. 0414, 8440 Straubing
Tel.09421/3696, Fax 09421/3698
Teletex 09421811

Schmidt / Neustadt
Pf. 1366, 3057 Neustadt 1
Fax 05032/3049, Tel. /3045

Schöttli AG Formenbau
CH-8253 Diessenhofen
Tel. 053-38 22 22, Tx 897001
Fax: 053-37 35 32

Zipfel Formenbau, Grünstr. 2
7806 March-I, 07665/1354

Spritzgießwerkzeuge für Bürstenkörper

Zipfel Formenbau, Grünstr. 2
7806 March-I, 07665/1354

Stanzmaschinen

Hans Naef AG, 8045 Zürich
Talwiesenstr. 17
Tel. 01/4510801 Fax 4621919

Stanzmesser

Hans Naef AG, 8045 Zürich
Talwiesenstr. 17
Tel. 01/4510801 Fax 4621919

Stapelanlagen

Axmann Fördertechnik GmbH
Untere Au 4, 6920 Sinsheim-St.
T. 07261/63411-12, Fax./13524

Stapelmaschinen, Becher-

Axmann Fördertechnik GmbH
Untere Au 4, 6920 Sinsheim-St.
T. 07261/63411-12, Fax./13524

Strainer

Kraftanlagen Aktiengesellschaft
Warngauer Str. 47
D-8000 München, T. 089/6237-0

Streich- und Gelieranlagen

Herbert Olbrich GmbH & Co. KG
4290 Bocholt, T. 02871/957-0
Fax 02871/957189, Tx 813 807

Streichmaschinen

Herbert Olbrich GmbH & Co. KG
4290 Bocholt, T. 02871/957-0
Fax 02871/957189, Tx 813 807

Synthesefaseranlagen

Fleissner, 6073 Egelsbach

(Synthesefaseranlagen, Forts.)

Zimmer AG
Borsigallee 1, 6 Frankfurt 60
Tel. 069/4007-01, Tlx 417172
Fax 069/4007-546

Tampondruckklischees

E.Moschinski GmbH, 65 Mainz 26
Tel. 06131/81077 Fax /832159

Tampondruckmaschinen

Tampoflex GmbH
Postfach 311740
D-7000 Stuttgart 31
Tel. 07156/8014
Tlx 7266739 tflx d
07156/8016

Tampoprint GmbH
Lingwiesenstr. 1
7015 Korntal-Münchingen 2
Tel. 07150/928-0, Fax /928-400
Tlx 723 198 tamp d

Tamponcolor
TC-Druckmaschinen GmbH
Dornhofstr. 14
D-6078 Neu-Isenburg/Ffm
Tel. 06102/6091, Fax /23121

Temperanlagen

Herbert Olbrich GmbH & Co. KG
4290 Bocholt, T. 02871/957-0
Fax 02871/957189, Tx 813 807

Temperieranlagen

Heraeus Instruments GmbH
Bereich Thermotech
PF 1563, W-6450 Hanau
Tel:(06181)35-413, Fax: 35-739

Temperiergeräte

Grossenbacher Apparatebau AG
Oststr. 25, CH-9006 St. Gallen
Tel. + 41 71 245305 Fax 247836

gwk, Pf. 2140, 5883 Kierspe

Wema, Beheizungstechnik GmbH
Pf. 2945, 5880 Lüdenscheid
Tel. 02351/41044, Fax /459535

Transportbänder

Axmann Fördertechnik GmbH
Untere Au 4, 6920 Sinsheim-St.
T. 07261/63411-12, Fax./13524

Trenn- und Separiervorrichtungen

Axmann Fördertechnik GmbH
Untere Au 4, 6920 Sinsheim-St.
T. 07261/63411-12, Fax./13524

Trennmaschinen für Formteile

Well Diamantdrahtsägen GmbH
Oppauer Straße 37
D-6800 Mannheim 31
Tel. 0621/741990

Trockenförderanlagen

Arburg Maschinenfabrik
Hehl & Söhne GmbH & Co. KG
7298 Loßburg, Tel. 07446-330
Fax 07446-33-3365, Tx 764250
Btx 44600# Telet. (17)7446 10

Trockner, Druckluft-

Fleissner, 6073 Egelsbach

Trockner, Granulat-

Arburg Maschinenfabrik
Hehl & Söhne GmbH & Co. KG
7298 Loßburg, Tel. 07446-330
Fax 07446-33-3365, Tx 764250
Btx 44600# Telet. (17)7446 10

Bühler AG
CH-9240 Uzwil/Schweiz
Tel. 073/501111
Fax. 073/503379

Bühler GmbH, 3300 Braunschweig
Postf. 3369, Tel. 0531/5940

Karl Fischer Industrieanlagen
GmbH, Holzhauserstr. 157
1000 Berlin 27, Tel.030/4302-0

Heraeus Instruments GmbH
Bereich Thermotech
PF 1563, W-6450 Hanau
Tel:(06181)35-413, Fax: 35-739

Lanco, Moselstr.58, 6450 Hanau
Tel. 06181/17066, Fax /17068

FILTERWERK MANN +
HUMMEL GMBH
Geschäftsbereich Verfahrens-
technik, Postfach 364
7140 Ludwigsburg
Tel. 07141/98-0

C.F. SCHEER & CIE GmbH
Pf. 301020, 7000 Stuttgart 30
Tel. 0711/87810, Fax./8781295

Trockner, Infrarot-

Fleissner, 6073 Egelsbach

Trockner, Kammer-

Heraeus Instruments GmbH
Bereich Thermotech
PF 1563, W-6450 Hanau
Tel:(06181)35-413, Fax: 35-739

Ernst Reinhardt GmbH
D-7730 VS-Villingen, Pf. 1880

Trockner, Vakuum-

Eichholz, 4441 Schapen

Trocknungsanlagen

Bühler GmbH, 3300 Braunschweig
Postf. 3369, Tel. 0531/5940

Fleissner, 6073 Egelsbach

Lanco, Moselstr.58, 6450 Hanau
Tel. 06181/17066, Fax /17068

Motan GmbH
Max-Eyth-Weg 42, Postfach 1363
7972 Isny im Allgäu
07562-760/7321524/07562-76111

Tubenautomaten

Ossberger-Turbinenfabrik
GmbH & Co., Kunststo. Masch.
Pf. 425, 8832 Weissenburg
Tel. 09141/977-0, Tx 624672
Fax 09141/97720

Umrollmaschinen

Hans Heuser GmbH ROBUST
Postf.120227,5630 Remscheid 11
Tel. 02191/50097, Fax./51775

Herbert Olbrich GmbH & Co. KG
4290 Bocholt, T. 02871/957-0
Fax 02871/957189, Tx 813 807

Vakuumtechnik

ISOVOLTA Österr. Isolierstoff-
werke AG
A-2355 Wiener Neudorf
T.(0)2236-605-0, Fax -403,-477

Vakuum-Trockner

Heraeus Instruments GmbH
Bereich Thermotech
PF 1563, W-6450 Hanau
Tel:(06181)35-413, Fax: 35-739

**Verarbeitungsmaschinen für
Schaumstoff**

Fleissner, 6073 Egelsbach

Vulkanisieranlagen

H. Berstorff Maschinenbau
GmbH, Pf. 629, 3 Hannover 1
Tel. 0511/5702-0, Fax./561916

Waagen, Absack-

Emde Ind.-Technik GmbH
5408 Nassau, Postf. 1339
Tel. 02604/5011, Fax. 7198

Waagen, Dosier-

Axmann Fördertechnik GmbH
Untere Au 4, 6920 Sinsheim-St.
T. 07261/63411-12, Fax./13524

Emde Ind.-Technik GmbH
5408 Nassau, Postf. 1339
Tel. 02604/5011, Fax. 7198

Wärmerückgewinnungs-Anlagen

gwk, Pf. 2140, 5883 Kierspe

Walzen, allgem.

Leonhard Breitenbach GmbH
Postfach 100349, 5900 Siegen
Tel. 0271/37337 Fax: /371906
Walzengießerei u. Dreherei

Walzen, Breitstreck-

H. Wittler GmbH & Co. KG
POB 1240, Hellweg 184-194
D-4815Schloß Holte,Stukenbrock
Tel. 05207/8907-0, FS 931095
Fax 05207/890725

Walzenauftragswerke

Herbert Olbrich GmbH & Co. KG
4290 Bocholt, T. 02871/957-0
Fax 02871/957189, Tx 813 807

Wasserrückkühlgeräte

gwk, Pf. 2140, 5883 Kierspe

Werkzeugbau

ABC Kunststoffverarbeitung
Tautenhahn GmbH, 7913 Senden
Tel. 07307/6051, Tx 712284
Fax. 07307/32119

Formenbau Eck GmbH
Postfach 1454, 7550 Rastatt
Tel:07222/52091, Fax:/53968

Elastogran GmbH
Geschäftsbereich
Maschinenbau (PM)
D-8021 Straßlach
Tel. 08170/700, FS 526350
Teletex 817081
Telefax 08170/70293
Maschinen, Anlagen, Modell-
und Werkzeugbau zur Verar-
beitung von Polyurethan-
Systemen in allen Anwen-
dungsbereichen.
Ein Unternehmen der
BASF-Gruppe.

Emde Ind.-Technik GmbH
5408 Nassau, Postf. 1339
Tel. 02604/5011, Fax. 7198

Formenbau und Kunststoff-
technik GmbH Jahnstraße 2
261,58533,266, 6712 Triptis

Heckler & Koch GmbH
Pf 12 06, 7238 Oberndorf
Fax: 07423/79-2750

Manuel E. Miranda, Ltd
Av. Vidreiro 11, Tlx. 18703
Tel: 44-53421 - Fax: 44-54367
Marinha Grande - Portugal

Reinhold Rall Formenbau
7312 Kirchheim, Gaußstr. 23
Tel. 07021/56081, Fax /56876

Schmidt / Neustadt
Pf. 1366, 3057 Neustadt 1
Fax 05032/3049, Tel. /3045

Werkzeugbau-Werkstoffe

Eckart GmbH + Co.
8192 Geretsried
Wallensteinstr. 12
Tel. 08171/31096, FS 526343
AMPCO-Metall

Werkzeuge, Präzisions-

Heckler & Koch GmbH
Pf 12 06, 7238 Oberndorf
Fax: 07423/79-2750

Werkzeuge, Spann-

Heckler & Koch GmbH
Pf 12 06, 7238 Oberndorf
Fax: 07423/79-2750

**Werkzeuge zur Kunststoff-
bearbeitung, allgem.**

Formenbau und Kunststoff-
technik GmbH Jahnstraße 2
261,58533,266, 6712 Triptis

Heckler & Koch GmbH
Pf 12 06, 7238 Oberndorf
Fax: 07423/79-2750

**Werkzeuge zur Kunststoff-
verarbeitung, allgem.**

ctr GmbH & Co. KG
Postfach, 8937 Langenneufnach
(08239) 79 20, Fax 79 40
Drahtabziehgerät

Galvanoform GmbH
Raiffeisenstr. 8, 7630 Lahr
Tel. 07821/585-100

Matthias Oechsler & Sohn
W-8501 Großhabersdorf
Tel. 09105/302

Schmidt / Neustadt
Pf. 1366, 3057 Neustadt 1
Fax 05032/3049, Tel. /3045

Werkzeugeinsätze

E.Moschinski GmbH, 65 Mainz 26
Tel. 06131/81077 Fax /832159

Werkzeugnormalien

EOC Normalien GmbH + Co. KG
Postf.1380, W-5880 Lüdenscheid
Tel. 02351/437-0, Fax./437-245

Hasco-Normalien
Hasenclever GmbH + Co
PF 17 20, D-5880 Lüdenscheid
Tel. 02351/9570, Fax 957 237
Zubehör

Werkzeugstähle

Hasco-Normalien
Hasenclever GmbH + Co
PF 17 20, D-5880 Lüdenscheid
Tel. 02351/9570, Fax 957 237
Zubehör

Werkzeugträger

Elastogran GmbH
Geschäftsbereich
Maschinenbau (PM)
D-8021 Straßlach
Tel. 08170/700, FS 526350
Teletex 817081
Telefax 08170/70293
Maschinen, Anlagen, Modell-
und Werkzeugbau zur Verar-
beitung von Polyurethan-
Systemen in allen Anwen-
dungsbereichen.
Ein Unternehmen der
BASF-Gruppe.

Werkzeugzubehör

EOC Normalien GmbH + Co. KG
Postf.1380, W-5880 Lüdenscheid
Tel. 02351/437-0, Fax./437-245

Wickelmaschinen

H. Berstorff Maschinenbau
GmbH, Pf. 629, 3 Hannover 1
Tel. 0511/5702-0, Fax./561916

Wickelwellen

Hans Heuser GmbH ROBUST
Postf.120227, 5630 Remscheid11
Tel. 02191/50097, Fax./51775

Wickler

Rolf Schlicht GmbH
Postfach 701504, 2 Hamburg 70
Tel. 040/683948, Fax./684187

Windsichter

Pallmann Maschinenfabrik
Pf. 1652, D-6660 Zweibrücken
Tel. (06332) 8020, Tx. 451135

Waeschle Maschinenfabrik GmbH
PF 2440, D-7980 Ravensburg
Tel. 0751/408-0, Fax /408-200

Wirbelsinteröfen

Ernst Reinhardt GmbH
D-7730 VS-Villingen, Pf. 1880

Wirbesinteranlagen

Ernst Reinhardt GmbH
D-7730 VS-Villingen, Pf. 1880

Zerkleinerungsmaschinen

Fomtex-Hüttemann GmbH
D-4019 Monheim Tel.02173-50022
Fax 02173-31870 Tx 8515729

Pallmann Maschinenfabrik
Pf. 1652, D-6660 Zweibrücken
Tel. (06332) 8020, Tx. 451135

Wery-Maschinenbau GmbH
666 Zweibrücken Fax17506 T3345

Zylinder, Bimetall-

Maschinenfabrik Oberlar GmbH
W-5210 Troisdorf, Postf. 1546
Tel.02241/42031-32 Fax /404104

Zylinder, Schnecken-

Maschinenfabrik Oberlar GmbH
W-5210 Troisdorf, Postf. 1546
Tel.02241/42031-32 Fax /404104

Gruppe 7: Analysen, Meß-/Prüftechnik, einschl. Zubehör

Infrarotmeßtechnik

Impac Electronic GmbH
Krifteler Str. 32, 6000 Ffm.1
069/759000-0, Tx. 4189121
INFRATHERM;
TASTOTHERM

Laborextruder

Brabender OHG, Kulturstr.51-55
D-4100 Duisburg 1, Tx 855603
Tel. 0203-738010, Fax 7380149

Dr. Collin GmbH, Sport-
parkstr. 2, 8017 Ebersberg
Tel. 08092/2096-0, Fax /20862

Leistritz AG, Markgrafenstr.
29-39, 8500 Nürnberg, Tel.
0911/43060,Fax4306400,Tx623238

Plastik-Maschinenbau GmbH
Postf. 60, 5489 Kelberg
Tel. 02692/1307, Fax /8244
Tlx. 863913
und NACHFOLGEANLAGEN

Herbert Stork Maschinenbau
GmbH
Raiffeisenstr. 12, 6070 Langen
T. 06103/78050, Fax /78059

Hans Weber Maschinenfabrik
GmbH
Postfach 1862, 8640 Kronach
Bamberger Straße 19–21
Telefon: 09261/4090, Telefax:
09261/409199, Telex: 642636

Laborkalander

Dr. Collin GmbH, Sport-
parkstr. 2, 8017 Ebersberg
Tel. 08092/2096-0, Fax /20862

Laborkneter

Brabender OHG, Kulturstr.51-55
D-4100 Duisburg 1, Tx 855603
Tel. 0203-738010, Fax 7380149

Dr. Collin GmbH, Sport-
parkstr. 2, 8017 Ebersberg
Tel. 08092/2096-0, Fax /20862

H. Linden, Hauptstr. 123
W-5277 Marienheide, Tlx 884112
Tel. 02264/7002, Fax /8715
,,auch evakuierbar''

Werner & Pfleiderer GmbH
Pf. 301220, 7000 Stuttgart 30
Tel. 0711/897-0, Fax 8973981
auch für Pulverlack

Labormischer

Dierks & Söhne GmbH & Co. KG
DIOSNA, Postfach 1980
D-4500 Osnabrück, Tx. 94634
Fax: 0541/3310410

MIXACO
Dr. Herfeld GmbH & Co. KG
Ein Unternehmen der
Kraftanlagen Heidelberg AG
D-5982 Neuenrade, Pf. 1147
Tel. 02392/6247-8, Fax./62013

H. Linden, Hauptstr. 123
W-5277 Marienheide, Tlx 884112
Tel. 02264/7002, Fax /8715
,,auch evakuierbar''

Laborpressen

Dr. Collin GmbH, Sport-
parkstr. 2, 8017 Ebersberg
Tel. 08092/2096-0, Fax /20862

Laborstanzen

Hans Naef AG, 8045 Zürich
Talwiesenstr. 17
Tel. 01/4510801 Fax 4621919

Laborwalzwerke

Dr. Collin GmbH, Sport-
parkstr. 2, 8017 Ebersberg
Tel. 08092/2096-0, Fax /20862

**Meß-, Steuer- und Regel-
geräte**

Gossen GmbH, Meß-, Regel- und
Stromversorgungstechnik
8520 Erlangen; (09131) 827-1
Tx. 17-9131/662, Fax 28895

Heckler & Koch GmbH
Pf 12 06, 7238 Oberndorf
Fax: 07423/79-2750

Impac Electronic GmbH
Krifteler Str. 32, 6000 Ffm.1
069/759000-0, Tx. 4189121
INFRATHERM;
TASTOTHERM

Kistler Instrumente GmbH
7302 Ostfildern 2
Tel. (0711) 34 07-0

Hch. Kündig & Cie. AG
CH-8620 Wetzikon
Fax 41 1-930 66 01

Meß- und Prüfgeräte

Kistler Instrumente AG
CH-8408 Winterthur/Schweiz
Tel. (052)831111, Fax./257200
Holmdehnungsmessketten

Meßgeräte, allgem.

Heckler & Koch GmbH
Pf 12 06, 7238 Oberndorf
Fax: 07423/79-2750

Meßgeräte für Dicke

Elektro-Physik, Pasteurstr. 15
5 Köln 60, Fax 0221/7520468

INFRARED ENGINEERING
GMBH
Sulzer Str. 116, 7277 Wildberg
Tel.07054/2717,Fax. 07054/2793
Online, berühungslose,
kontinuierliche Messungen

Hch. Kündig & Cie. AG
CH-8620 Wetzikon
Fax 41 1-930 66 01

Meßgeräte für Druck

Dynisco, 7100 Heilbronn
Tel. 07131/297-0, Postf. 1547

Meßgeräte für Durchfluß

gwk, Pf. 2140, 5883 Kierspe

Meßgeräte für Farbe

INFRARED ENGINEERING
GMBH
Sulzer Str. 116, 7277 Wildberg
Tel.07054/2717,Fax. 07054/2793
Online, berühungslose,
kontinuierliche Messungen

Meßgeräte für Feuchte

Brabender OHG, Kulturstr.51-55
D-4100 Duisburg 1, Tx 855603
Tel. 0203-738010, Fax 7380149

INFRARED ENGINEERING
GMBH
Sulzer Str. 116, 7277 Wildberg
Tel.07054/2717,Fax. 07054/2793
Online, berühungslose,
kontinuierliche Messungen

Meßgeräte für Flächengewicht

INFRARED ENGINEERING
GMBH
Sulzer Str. 116, 7277 Wildberg
Tel.07054/2717,Fax. 07054/2793
Online, berühungslose,
kontinuierliche Messungen

Meßgeräte für Profildicke

INFRARED ENGINEERING GMBH
Sulzer Str. 116, 7277 Wildberg
Tel.07054/2717,Fax. 07054/2793
Online, berühungslose,
kontinuierliche Messungen

Meßgeräte für Schmelzindex

Brabender OHG, Kulturstr.51-55
D-4100 Duisburg 1, Tx 855603
Tel. 0203-738010, Fax 7380149

Dynisco, 7100 Heilbronn
Tel. 07131/297-0, Postf. 1547

Meßgeräte für Schmelzpunkte

Firma Göttfert
Postfach 12 61, 6967 Buchen
Fax 06281/40818

Shimadzu Europa GmbH
Albert-Hahn-Str. 6–10
4100 Duisburg 29
Tel. 0203/7687-0, Fax. /766625

Meßgeräte für Temperatur

Dynisco, 7100 Heilbronn
Tel. 07131/297-0, Postf. 1547

Impac Electronic GmbH
Krifteler Str. 32, 6000 Ffm.1
069/759000-0, Tx. 4189121
INFRATHERM; TASTOT-
HERM

Prüfgeräte, allgem.

Heckler & Koch GmbH
Pf 12 06, 7238 Oberndorf
Fax: 07423/79-2750

Kistler Instrumente AG
CH-8408 Winterthur/Schweiz
Tel. (052)831111, Fax. /257200
Software für Spritzgiessen

Prüfgeräte für Deformation

Heckler & Koch GmbH
Pf 12 06, 7238 Oberndorf
Fax: 07423/79-2750

Prüfgeräte für Dichte

Brabender OHG, Kulturstr.51-55
D-4100 Duisburg 1, Tx 855603
Tel. 0203-738010, Fax 7380149

Prüfgeräte für dynamisch-mechanische Eigenschaften

Bohlin Instruments
Tel. 07041-3049

Prüfgeräte für Elastizität

Bohlin Instruments
Tel. 07041-3049

Brabender OHG, Kulturstr.51-55
D-4100 Duisburg 1, Tx 855603
Tel. 0203-738010, Fax 7380149

Prüfgeräte für Farbe

Hamos Elektronik GmbH
Pf 1243, 8122 Penzberg
Tel. 08856-2011, Fax 1375

Prüfgeräte für Gummi und Kunststoff

H. Bareiss, Prüfgerätebau GmbH
7938 Oberdischingen,Breiteweg 1
Tel. 07305/7017 Fax /22577

Brabender OHG, Kulturstr.51-55
D-4100 Duisburg 1, Tx 855603
Tel. 0203-738010, Fax 7380149

R. Hess GmbH, 4176 Sonsbeck
Tel: 02838/444, Fax: 1713

Shimadzu Europa GmbH
Albert-Hahn-Str. 6–10
4100 Duisburg 29
Tel. 0203/7687-0, Fax. 0203/
766625

Prüfgeräte für Härte

Shimadzu Europa GmbH
Albert-Hahn-Str. 6-10
4100 Duisburg 29
Tel. 0203/7687-0
Fax. 0203/766625

Prüfgeräte für mechanische Eigenschaften

Shimadzu Europa GmbH
Albert-Hahn-Str. 6-10
4100 Duisburg 29
Tel. 0203/7687-0
Fax. 0203/766625

Prüfgeräte für rheologische Eigenschaften

Brabender OHG, Kulturstr.51-55
D-4100 Duisburg 1, Tx 855603
Tel. 0203-738010, Fax 7380149

Firma Göttfert
Postfach 12 61, 6967 Buchen
Fax 06281/40818

Shimadzu Europa GmbH
Albert-Hahn-Str. 6–10
4100 Duisburg 29
Tel. 0203/7687-0, Fax. 0203/
766625

Prüfgeräte für Schlagzähigkeit

Myrenne GmbH, 5100 Roetgen
Tel. 02471-4071, Fax.-4332

Prüfgeräte für thermische Eigenschaften

Shimadzu Europa GmbH
Albert-Hahn-Str. 6-10
4100 Duisburg 29
Tel. 0203/7687-0
Fax. 0203/766625

Prüfgeräte für visuelle Prüfungen

Brabender OHG, Kulturstr.51-55
D-4100 Duisburg 1, Tx 855603
Tel. 0203-738010, Fax 7380149

Prüfmaschinen für Zug, Druck und Biegung

R. Hess GmbH, 4176 Sonsbeck
Tel: 02838/444, Fax: 1713

Shimadzu Europa GmbH
Albert-Hahn-Str. 6–10
4100 Duisburg 29
Tel. 0203/7687-0, Fax. /766625

Regelgeräte für Temperatur

Gebhard Elektrowärme
GmbH&CoKG
Industriestr.34, 5220 Waldbröl
Tel. 02291/796-0, Fax /79666

Hasco-Normalien
Hasenclever GmbH + Co
PF 17 20, D-5880 Lüdenscheid
Tel. 02351/9570, Fax 957 237

Mold-Masters Europa GmbH
7570 Baden-Baden 19
Pf. 190145, Tel. 07221/5099-0

Wema, Beheizungstechnik GmbH
Pf. 2945, 5880 Lüdenscheid
Tel. 02351/41044, Fax /459535

Rheometer

Bohlin Instruments
Tel. 07041-3049

Brabender OHG, Kulturstr.51-55
D-4100 Duisburg 1, Tx 855603
Tel. 0203-738010, Fax 7380149

Dynisco, 7100 Heilbronn
Tel. 07131/297-0, Postf. 1547

Firma Göttfert
Postfach 12 61, 6967 Buchen
Fax 06281/40818

Shimadzu Europa GmbH
Albert-Hahn-Str. 6–10
4100 Duisburg 29
Tel. 0203/7687-0, Fax. /766625

Spektroskopiergeräte

Shimadzu Europa GmbH
Albert-Hahn-Str. 6-10
4100 Duisburg 29
Tel. 0203/7687-0
Fax. 0203/766625

Thermoanalysegeräte

Shimadzu Europa GmbH
Albert-Hahn-Str. 6-10
4100 Duisburg 29
Tel. 0203/7687-0
Fax. 0203/766625

Thermometer

Impac Electronic GmbH
Krifteler Str. 32, 6000 Ffm.1
069/759000-0, Tx. 4189121
INFRATHERM;
TASTOTHERM

Torsionsmeßgeräte

Brabender OHG, Kulturstr.51-55
D-4100 Duisburg 1, Tx 855603
Tel. 0203-738010, Fax 7380149

Myrenne GmbH, 5100 Roetgen
Tel. 02471-4071, Fax.-4332

Trockenöfen

Heraeus Instruments GmbH
Bereich Thermotech
PF 1563. W-6450 Hanau
Tel:(06181)35-413, Fax:35-739

Trockenschränke

Heraeus Instruments GmbH
Bereich Thermotech
PF 1563. W-6450 Hanau
Tel:(06181)35-413, Fax:35-739

Universalprüfmaschinen

Shimadzu Europa GmbH
Albert-Hahn-Str. 6-10
4100 Duisburg 29
Tel. 0203/7687-0
Fax. 0203/766625

Viskosimeter

Bohlin Instruments
Tel. 07041-3049

Brabender OHG, Kulturstr.51-55
D-4100 Duisburg 1, Tx 855603
Tel. 0203-738010, Fax 7380149

Firma Göttfert
Postfach 12 61, 6967 Buchen
Fax 06281/40818

Vulkameter

Firma Göttfert
Postfach 12 61, 6967 Buchen
Fax 06281/40818

Waagen, allgem.

Shimadzu Europa GmbH
Albert-Hahn-Str. 6-10
4100 Duisburg 29
Tel. 0203/7687-0
Fax. 0203/766625

Widerstandsthermometer

Impac Electronic GmbH
Krifteler Str. 32, 6000 Ffm.1
069/759000-0, Tx. 4189121
INFRATHERM; TASTOT-
HERM

Zentrifugen

Heraeus Instruments GmbH
Bereich Thermotech
PF 1563. W-6450 Hanau
Tel:(06181)35-413, Fax:35-739

Gruppe 8: Hilfsmittel für die Kunststoff-Verarbeitung

Antibeschlagmittel

ICI Surfactants
Niederl. der Deutsche ICI GmbH
Goldschmidtstrasse 100
D-4300 Essen 1
Tel. 0201/173-04 Tx 8571716
ATMER 100, ATMER 103
ATMER 184

Anti-block-Mittel

MECO GmbH, Postfach 224
W-7753 Allensbach
Tel. 07533/1611, Fax./4435

Arbeitsstoffe, chemische

Hasco-Normalien
Hasenclever GmbH + Co
PF 17 20, D-5880 Lüdenscheid
Tel. 02351/9570, Fax 957 237

Aufwickelrohre

Femso-Werk, W-6370 Oberursel

Farben, Druck-

Gabriel-Chemie- Österreich
A-1234 Wien, Pf. 15, Tx 131376
A-2352 Gumpoldskirchen

Farben, Siebdruck-

Farbenfabrik Pröll GmbH & Co.
POB 429, D-8832 Weissenburg
T. 09141/906-0,Fax 09141/90649

Gewindebüchsen

Kerb-Konus-Vertriebs-GmbH
Postfach 1663, 8450 Amberg
Tel. 09621/899-0, Tlx. 631261
Fax: 09621/899-44

Imprägniermittel, Silikon-

Dr. Th. Böhme KG, Chem. Fabrik
Isardamm 79, 8192 Geretsried
Tel.: 08171/628-0, Tlx. 526312
Telefax: 08171/628-388

Wacker-Chemie GmbH
Hanns-Seidel-Pl.4, 8 München 2

Klebstoffe, allgem.

KVT Bielefeld GmbH
4800 Bielefeld 1
Tel. 0521/93207-0
High Tech aus Bielefeld
Insert-Heizelemente

Teroson GmbH
Hans-Bunte-Str.4,69 Heidelberg
Fax 06221-704 698

Klebstoffe für Kunststoffe

MECO GmbH, Postfach 224
W-7753 Allensbach
Tel. 07533/1611, Fax./4435

Wacker-Chemie GmbH
Hanns-Seidel-Pl.4, 8 München 2

Korrosionsschutzmittel

Günter Keller, Keller-Chemie
siehe Trennmittel

Kühl-Stickstoff

Messer Griesheim GmbH
Homberger Straße 12
4000 Düsseldorf 30
Tel.: (0211) 4303-0

Kunststoffspachtel

Seitz + Kerler GmbH, 8770 Lohr

Lacke für Kunststoff-Oberflächenveredelung

Morton Int./Dr. Renger
8618 Strullendorf
Tel. 09543/65-0
Fax. 09543/6566

E. Peter & Sohn GmbH
Postfach 2551, 4900 Herford
Fax 05221/962544

Lacke für Kunststoffe

Morton Int./Dr. Renger
8618 Strullendorf
Tel. 09543/65-0
Fax. 09543/6566

Lacke und Lackfarben

Morton Int./Dr. Renger
8618 Strullendorf
Tel. 09543/65-0
Fax. 09543/6566

Lackhilfsmittel

Morton Int./Dr. Renger
8618 Strullendorf
Tel. 09543/65-0
Fax. 09543/6566

Wacker-Chemie GmbH
Hanns-Seidel-Pl.4, 8 München 2

Lacksysteme

Morton Int./Dr. Renger
8618 Strullendorf
Tel. 09543/65-0
Fax. 09543/6566

Modellmassen

Lantor BV, Firet Coremat
Pf.45, NL-3900 AA Veenendaal
8385-37111, 37119, 8385-37493

Prägefolien

Metronic Postfach 1280
8707 Veitshöchheim
Tel. 0931/9085-0 Tx 68558

Reinigungsgranulat

K. D. Feddersen & Co, 2 Hamburg 11

Nemitz GmbH, D-4417 Altenberge
Tel. 02505/674, Fax /3042

Nordmann, Rassmann, GmbH & Co.
Kajen 2, 2000 Hamburg 11
Tel. 040/36 87 0, Tx: 211270
Fax: 040/36 87 249

Reinigungsmittel

K. D. Feddersen & Co, 2 Hamburg 11

Rolf Schlicht GmbH
Postfach 701504, 2 Hamburg 70
Tel. 040/683948, Fax./684187
Schneckenreinigungsmittel

Schleif- und Poliermittel

Menzerna-Werk
Schleif- u. Poliermittel
Ing. Dr.-Ing. W. u. L. Burkart
Postf. 4349, 7500 Karlsruhe 1
Tel. 0721/8205-0, Fax /8205-40

Schmelzkleber

K. D. Feddersen & Co, 2 Hamburg 11

Schmiermittel, Silikon-

Dow Corning GmbH
Pelkovenstr. 152, 8 München 50
Tel. 089/14860
MOLYKOTE

Wacker-Chemie GmbH
Hanns-Seidel-Pl.4, 8 München 2

Schweiß-Bänder, -Schnüre und -Drähte

Femso-Werk, W-6370 Oberursel

Trennmittel, allgem.

Hans W. Barbe
Chemische Erzeugnisse GmbH
Postfach 13 03 64
6200 Wiesbaden 13
Tel. 0611-22081
Fax. 0611-261686
Promol-Trennmittel

(Trennmittel, allgem., Forts.)

Günter Keller, Keller-Chemie
D-8500 Nürnberg 25, Pf. 250449
Tel. 0911/599600, Fax /593283
auch Korrosionsschutzmittel

E. & P. Würtz GmbH & Co.
6530 Bingen/Rh. 17
FS 42203, Tel. 06721/41091

Trennmittel, Silikon-

Wacker-Chemie GmbH
Hanns-Seidel-Pl.4, 8 München 2

Trennmittel für Formen

CWB Chemtech KG, Essen
Tel. 0201/594081 Fax 598397

Jotun Polymer A.S.
P.O.Box 2061,N-3201 Sandefjord
34-57000/ 34-64614
NORPOL

Vliesstoffe, allgem.

Lantor BV, Firet Coremat
Pf.45, NL-3900 AA Veenendaal
8385-37111, 37119, 8385-37493

Vliesstoffe, Oberflächen-

Lantor BV, Firet Coremat
Pf.45, NL-3900 AA Veenendaal
8385-37111, 37119, 8385-37493

Wachse, Polyethylen-

Nordmann, Rassmann, GmbH & Co.
Kajen 2, 2000 Hamburg 11
Tel. 040/36 87 0, Tx: 211270
Fax: 040/36 87 249

Produkt-informationen aus der Industrie

KUNSTSTÜCKE MIT EDELSTAHL.

WENN SIE SICH EINEN WERKZEUGWECHSEL NICHT LEISTEN KÖNNEN –

BÖHLER M 390 ISOMATRIX PM.

Präzision wird immer Geld kosten. Wenn es an ihr mangelt, wird es teuer. Darum brauchen Sie für Ihre Präzisionsarbeit den besten Stahl. **BÖHLER M 390 ISOMATRIX PM ist** der pulvermetallurgisch hergestellte Kunststoffformenstahl mit isotropen Eigenschaften für höchst beanspruchte Verschleißteile. Egal, ob Werkzeughersteller oder Kunststoffverarbeiter, BÖHLER M 390 ISOMATRIX PM bietet Ihnen in den Kriterien

- **Polierbarkeit**
- **Maßbeständigkeit**
- **Verschleißfestigkeit** sowie
- **Korrosionsbeständigkeit**

unerreichte Werte.

Das bringt für Sie größere Rentabilität und damit **mehr Gewinn**.
Sichern Sie sich Ihren Vorsprung im Wettbewerb und wenden Sie sich bei Ihrem nächsten Projekt an BÖHLER!

Spritzgußform für die Herstellung von Kugelschreiberteilen. Werkzeug gefertigt von Fa. Engel, Schwertberg, Austria

 **BÖHLER**

BÖHLER EDELSTAHL GMBH, Mariazeller Straße 25, A-8605 Kapfenberg
Tel.: 03862/20-7181, Telex: 36612 bok a, Telefax: 03862/20-7460

EIN UNTERNEHMEN DER VOEST-ALPINE STAHL AG 〈〉 AUSTRIAN INDUSTRIES.

BA Chemicals
A Division of Alcan Chemicals Ltd

Baco

Flammhemmende Füllstoffe

Flamtard

Flammschutzmittel

Vertreten durch:

Harzer Zinkoxyde Heubach AG
Heubachstraße 7
D-3394 Langelsheim

Tel: 0 5326 52177
Fax: 0 5326 52128

Ca/Zn: umweltverträgliche Stabilisierung

Entwicklungschemiker von Henkel haben in den letzten Jahren daran gearbeitet, zukunftsweisende und umweltverträgliche Stabilisierungssysteme zu entwickeln, die wirtschaftlich optimal eingesetzt werden können und den zahlreichen Verfahrensinnovationen der Kunststoff-Industrie gerecht werden.

Das Ergebnis: neuartige Stabilisierungssysteme auf der Basis Calcium-Zink. Wir garantieren unseren Kunden auch hier ausgereifte und leistungsfähige Produkte.

Stabilox CZE 1211, Stabiol VCZ 1336/4 und Stabilox VCZ 2040.

Stabilox® CZE 1211

Stabilox® VCZ 2040

Stabiol VCZ 1336/4

Henkel KGaA
COK Kunststoff-Technik
Postfach 10 11 00
W-4000 Düsseldorf 1
Tel. (02 11) 797-0
Telex 85 817 129
Fax (02 11) 798-96 38

Kunststoff-Technik

Wir liefern die Bausteine Ihrer Produktionsanlagen

Ob einzelne Schnecken, Zylinder, Extruderoberteile, Extruder oder betriebsfertige Extrusionsanlagen - immer ist eine individuelle Problemlösung für Ihren optimalen Produktionsablauf entscheidend.

Unser Baukastensystem erlaubt Ihnen, speziell auf Ihre Produktion zugeschnittene Anlagen einzusetzen, auch unter Einbeziehung vorhandener Anlagenteile, denn je leistungsfähiger Ihre Produktionsanlagen, desto konkurrenzfähiger sind Sie auf Ihrem Markt.

Wo auch immer Ihr Problem liegt - wir helfen Ihnen. Wenn Fakten entscheiden, ist PM Ihr zuverlässiger Partner. Fragen Sie uns und wir zeigen Ihnen, was wir meinen.

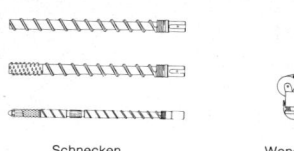

Schnecken

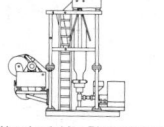

Wendewickler-Blasanlagen

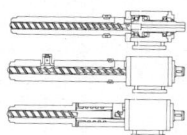

Komplette Lagerungen

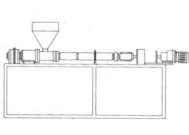

Granulierer-Heißabschlag

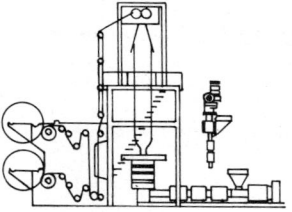

Blasanlagen · 2000 mm
Doppel-Tandemwickel-Automaten
auch mit Randrückspeisung

Vertikal-Extruder

Laboranlage-Viskosystem

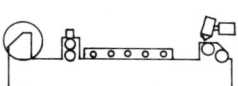

Flach-Folien-Platten-Rohr
Profil-Faser-Spinnanlagen

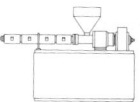

Extruder
10∅ - 160∅

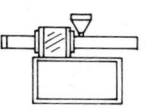

Ram-Extruder
Type 0 - III

UHMWEPE
Profile + Werkzeuge

Geben Sie uns Ihre Probleme bekannt. · Rufen Sie bei uns an.
Fordern Sie unsere Fachberater -
damit wir Ihnen bei Neuanschaffung oder Umbau oder Reparatur
Ihrer vorhandenen Anlage behilflich sein können.

Plastik-Maschinenbau GmbH
Postfach · D-5489 Kelberg (Nürburgring) · Fernruf (0 26 92) Sa.-Nr. 13 07 · Fax (0 26 92) 82 44 · Telex: 863 913

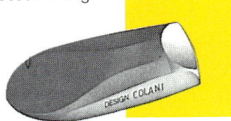

Füllen unter Nachdruck?
Kann nur vermieden werden
mit Werkzeuginnendruck-Messung.
Der Wärmetest beweist es!

KISTLER's «Fenster» in die Kavität bringt Ihnen wegweisende Informationen: Die mit Werkzeuginnendruckmessung optimierte Kassette verwirft sich weniger.

Der Druckabfall bei ❶ während der Einspritzphase zeigt zu frühes Umschalten auf Nachdruck an. Das bedeutet: Dieser Spritzling wird beträchtliche Eigenspannungen aufweisen.

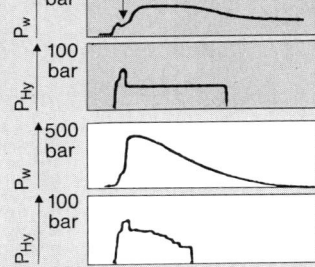

Die nach dem Optimieren gefertigten Teile sind spannungsarm und zeichnen sich durch hohe Gewichts- und Masskonstanz aus.

Verlangen Sie für ausführliche Informationen unsere Broschüre «...goldrichtige Maschineneinstellung».

KISTLER

Piezo-Instrumentation

Messtechnik für die Kunststoffverarbeitung

Unsere Kunden finden es gut,
daß wir auf Kleinigkeiten achten

Pallmann baut Zerkleinerungsmaschinen und -anlagen für sauber geschnittenes, gleichmäßiges Granulat, für rieselfähiges Pulver, sowie Anlagen zum Agglomerieren und Compoundieren. Sagen Sie uns, welche Kunststoffe Sie 100 % nutzen wollen – und wir zeigen Ihnen, wie Sie das wirtschaftlich können: Mit Know-how, Maschinen und Service. Und mit der notwendigen Liebe zum Detail, die bei diesem Geschäft unerläßlich ist. Schreiben, faxen oder rufen Sie uns doch an. Sie erhalten sofort alle Informationen.

Zerkleinerungstechnik komplett:
● Know-how
● Maschinenprogramm
● Service

Pallmann
Maschinenfabrik
GmbH & Co. KG
Postfach 1652
D-6660
Zweibrücken
Tel. (0 63 32)
8 02-0
Telefax (0 63 32)
80 21 06

PALLMANN
Spitzenleistung beim Zerkleinern

ENGEL

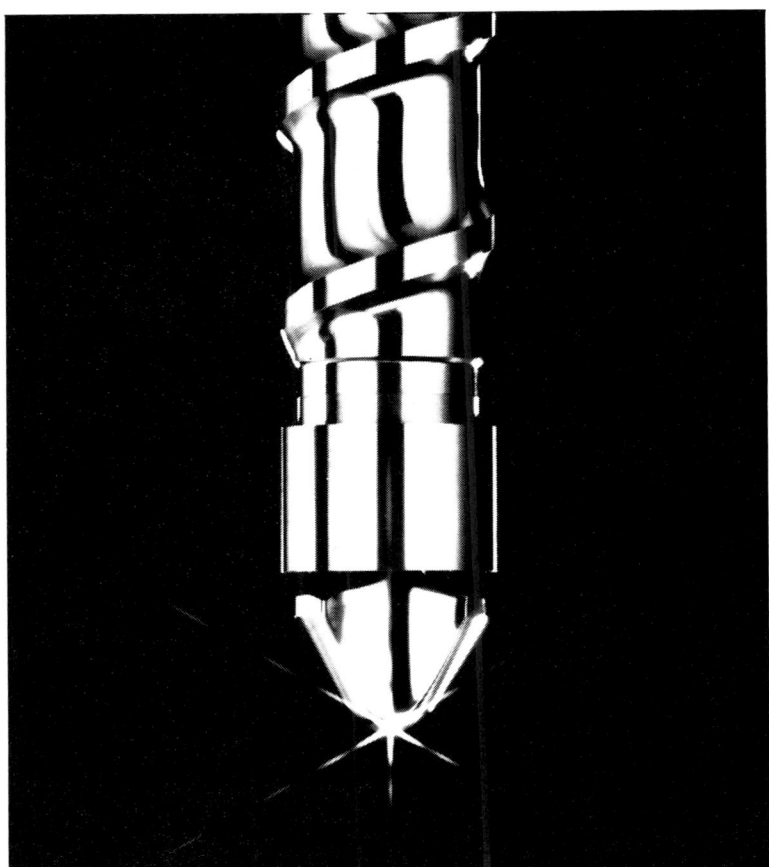

INJECTION SYSTEMS

Engel Vertriebsgesellschaft m.b.H., A-4311 Schwertberg, Austria
Tel (0 72 62) 6 20 -0, Fax (0 72 62) 6 20 -3 08, Ttx 3732292, Tx 61 3732292
Spritzgießmaschinen, Spritzgießwerkzeuge, Handling- und Robotersysteme
Planung und Ausführung kompletter Spritzguß-Fabrikationsanlagen

A 10

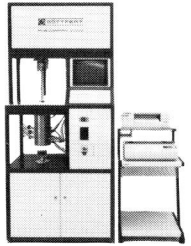
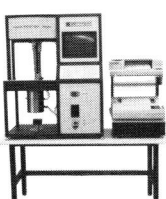

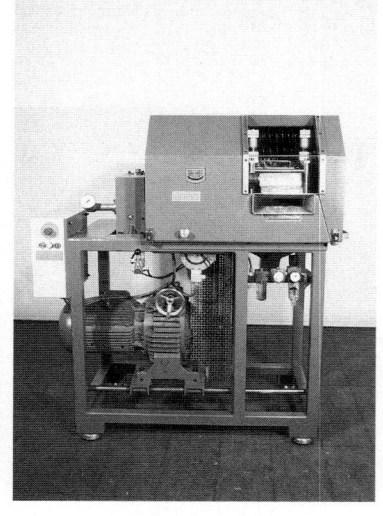

dekorsy

Die ING. GERHARD DEKORSY GMBH ist ein weltweit anerkannter Spezialist für die Zwei- und Mehrfarben-spritzgußtechnik sowie für hochpräzise technische Teile. Tastenkappen und Schalterteile für die Computer- und Telekommunikationsindustrie, Bedienteile im „Nacht-Design" mit integrierter Lichtleitertechnologie für die Fahrzeug- und Autoradioindustrie und technische Teile, wie z. B. Spezialschalter für die Luftfahrtindustrie, gehören zu unserem umfangreichen Lieferprogramm.

Ultraschallschweißen, Heißprägen, Tampographie, Siebdruck und Montage sind Zusatzleistungen, die unser Programm abrunden.

Tastenkappen

Technische Teile

Lichtleiter aus Spezialwerkstoffen

Autoradio-Bedienteile im Nacht-Design

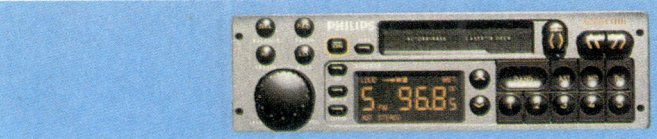

Ing. Gerhard Dekorsy GmbH

Herrenlandstraße 31 · Postfach 1280 · D-7760 Radolfzell am Bodensee
Telefon 07732/8000-0 · Telex 793444 deku d · Telefax 07732/8000-33

Geregelte Verhältnisse

AZ 9739 S

Mikroprozessor-Regler ⟨JUMO⟩dTRON

Der modulare Aufbau der Reglerbaureihe macht sie für die unterschiedlichsten Einsatzgebiete interessant. Durch binäre oder analoge Ein- und Ausgänge sind sie universell einsetzbar.

Mit nur 4 Tasten in der spritzwassergeschützten Frontplatte wird bedient, parametriert und konfiguriert. Einfacher geht's nicht!

Programmierbare Eingangs- und Ausgangsgrößen, Selbstoptimierung, und Rampenfunktion gehören ebenfalls zu den serienmäßigen Leistungsmerkmalen.

Neugierig? Dann fordern Sie noch heute den ausführlichen Prospekt an!

⟨ **JUMO** ⟩

Meß- und Regeltechnik

M. K. JUCHHEIM GmbH & CO · W-6400 FULDA · Postfach 1209
Tel. (06 61) 60 03–0 · Fax (06 61) 60 03–5 00 · Teletex 6619726

Zuverlässige Wärmetechnik für die Kunststoffverarbeitung

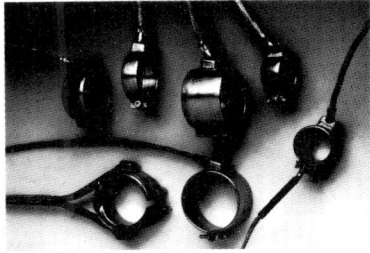
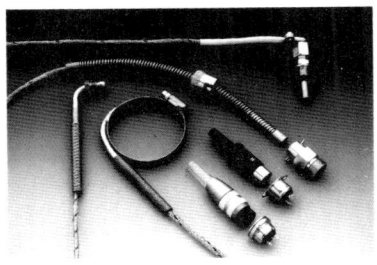
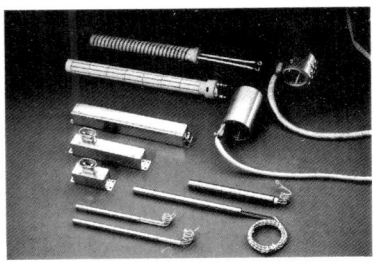

Unsere anwendungsbezogenen Qualitätsprodukte basieren auf Fachkompetenz, langjähriger Erfahrung und partnerschaftlicher Kooperation.

Professionelle Materialverarbeitung und Zuverlässigkeit bei einfacher Handhabung sind die Vorteile unserer Wärmetechnik. Die Produktpalette ist konsequent auf die Anforderungen der Branche ausgelegt.

Bei uns beziehen Sie alles aus einer Hand:

- **Heizbänder**
- **Wärmeschutzmäntel**
- **Rahmen- und Flachheizungen**
- **Anschlußarmaturen**
- **Düsenheizbänder**
- **Heizpatronen**
- **Guß- und Rohrheizkörper**
- **Vorwärm- und Trockeneinrichtungen**
- **Meß-, Steuer- und Regelgeräte**
- **Temperaturfühler und Zubehör**

Elektro-Wärmetechnik

Ihne & Tesch GmbH
5880 Lüdenscheid
Am Drostenstück 18 · Tel. (02351) 666-0

8500 Nürnberg
Aalener Str 42 · Tel. (0911) 96678-0

Keller, Ihne & Tesch KG
D-6840 La.-Hofheim/Ried
Kriemhildenstr. 13 · Tel. (06241) 80051

A-3350 Haag
Bahnhofstr. 90 · Tel. (07434) 43880

P.AD. 16-18/2

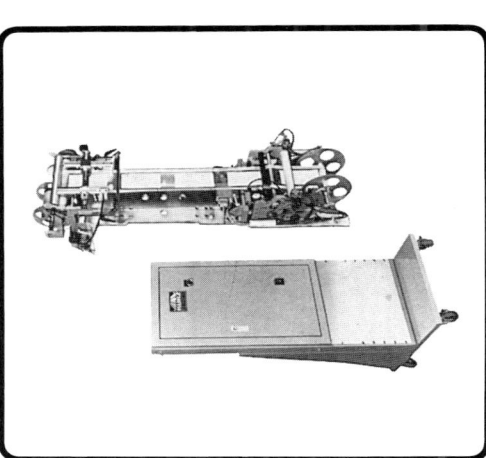

Gurit-Worbla AG
Ihr Partner für Kunststoffe und Kunststoffprodukte

CH-3063 Ittigen-Bern
Telefon 031 9 21 03 82

Telex 911 768
Telefax 031 9 21 76 45

Produktegruppe Halbzeug für technische Anwendungsgebiete
Platten und Folien

WOPAVIN
Optisch klare Platten aus
Hart- und Weich-PVC

WOPAL
Folien und Laminate aus flexiblem
PVC für:
Bauisolationen. Gartenbau.
Schweissartikel. usw.

WORBLEX CA
Standard und Anti-Fog.
optisch rein. für:
Ski- und Sportbrillen. Industrieschutz

WORBLEX CP
Standard und Anti-Fog.
optisch rein. für:
Helmvisiere. Industrieschutzbrillen.
Gesichtsschutz allgemein.
Instrumententafeln

WORBLEX CAB
optisch rein. für:
Zeichenschablonen

WOPADUR
Platten und Folien aus Hart-PVC

WORBLEX PE
Für Gleitauskleidungen. Fordertechnik. Apparatebau

WORBLEX PP
Für Apparatebau. Chemische
Industrie

WORBLEX ABS
Für Apparatebau und Tiefziehteile

WORBLEX PS
Für Siebdruckträger. Displayartikel. Tiefziehteile

BERLEN
Flexible Verbundfolien für:
Verstärkungen. speziell Schuhkappen

Produktegruppe Büro und Organisation
Folien

WOPAL
Folien aus flexiblem PVC
glasklar für Sichthüllen und
Zeigetaschen.
bunt mit Ledernarbung für Ringbuchüberzüge. Schreibmappen.
Alben. Agenden. usw.

OEKOLON + OEKOLEX
chlorfreie Büro-
und Organisationsfolien

WOPADUR
Folien aus Hart-PVC für:
Binderucken. Angebotsmappen

WORBLEX PP
Klarsichtfolien aus dünnem PP
glatt und geprägt für Sichthüllen
und Zeigetaschen

Produktegruppe Verpackung
Folien

WORPACK
Folien aus Hart-PVC für:
Thermisch verformte Verpackungen

WORBLEX-M
Folien, einfach und mehrschichtig, aus PS, PE und PP für:
Thermisch verformte Verpackungen

OEKOLEX + OEKOLON
Unschädlich vernichtbare
Verpackungsfolien für:
Thermisch verformte Verpackungen, aus A-PET, PET-G,
PE, PP, PS, Blends

Produktegruppe Rohstoffhandel

BASF
Thermoplastische Granulate

GRANULIT
optimum + express
Reinigungsmittel für Extruder und
Spritzgussmaschinen

Gurit-Worbla Deutschland: D-6800 Mannheim 24, Angelstrasse 5,
Telefon 0621 85 40 56, Telex 463 469, Fax 0621 85 91 71

JC & P Bern

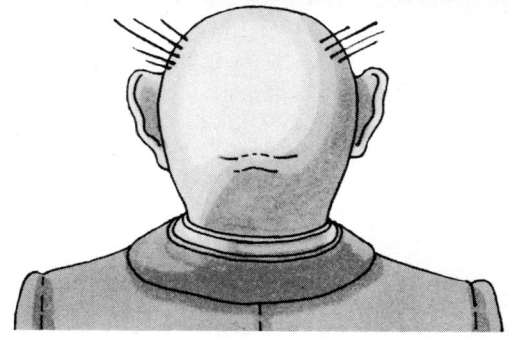

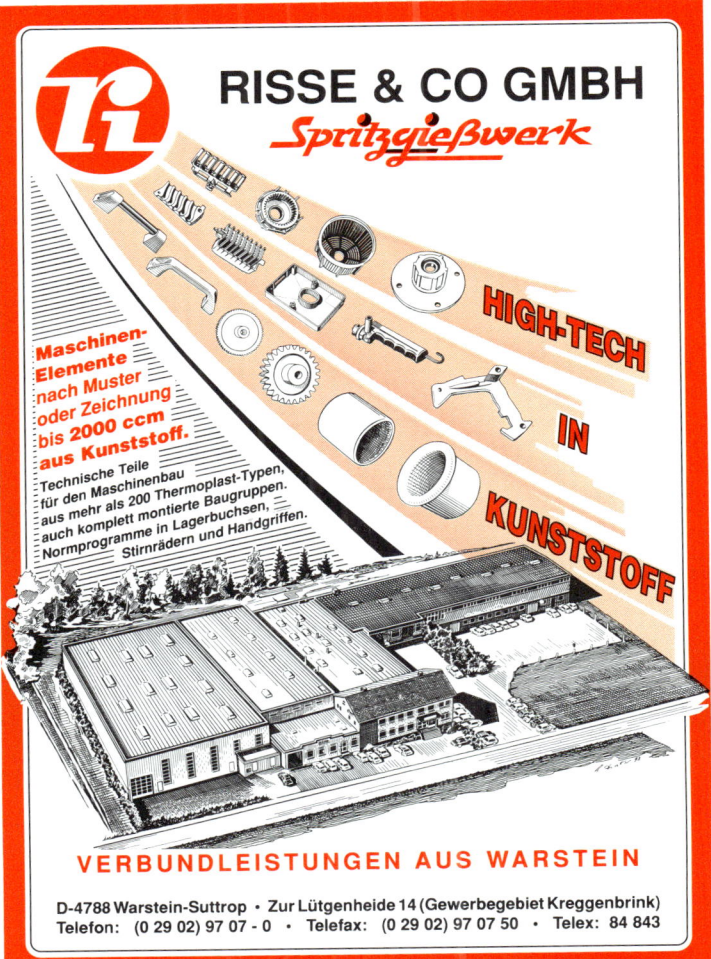

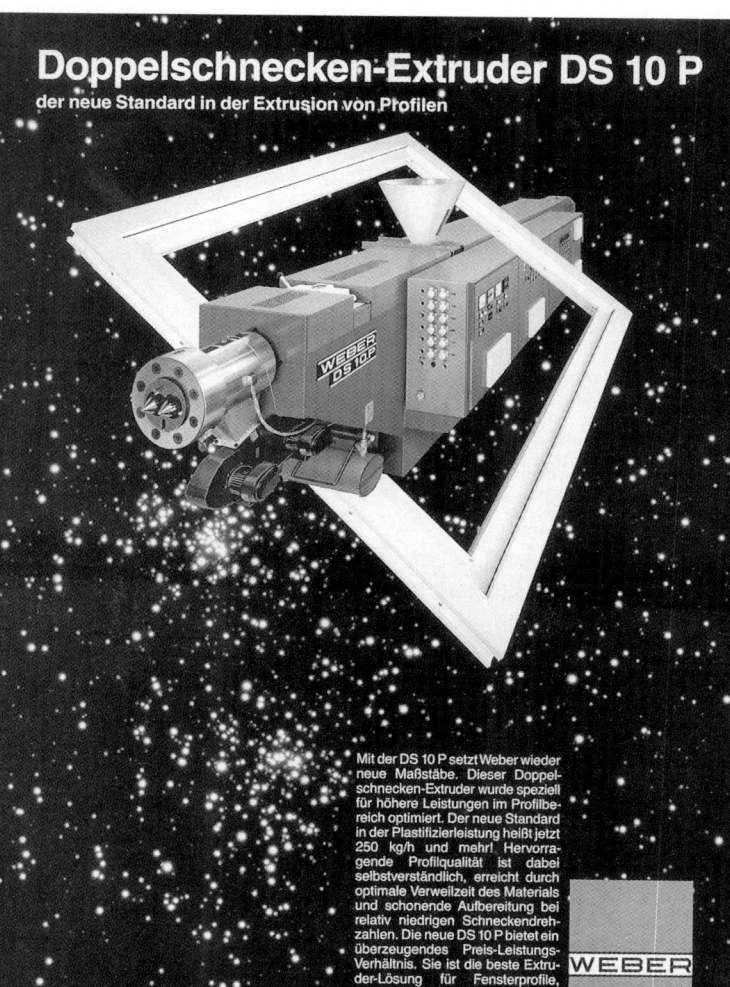

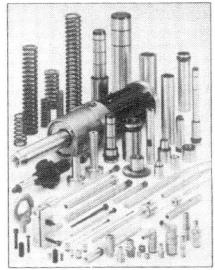

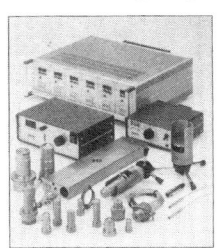

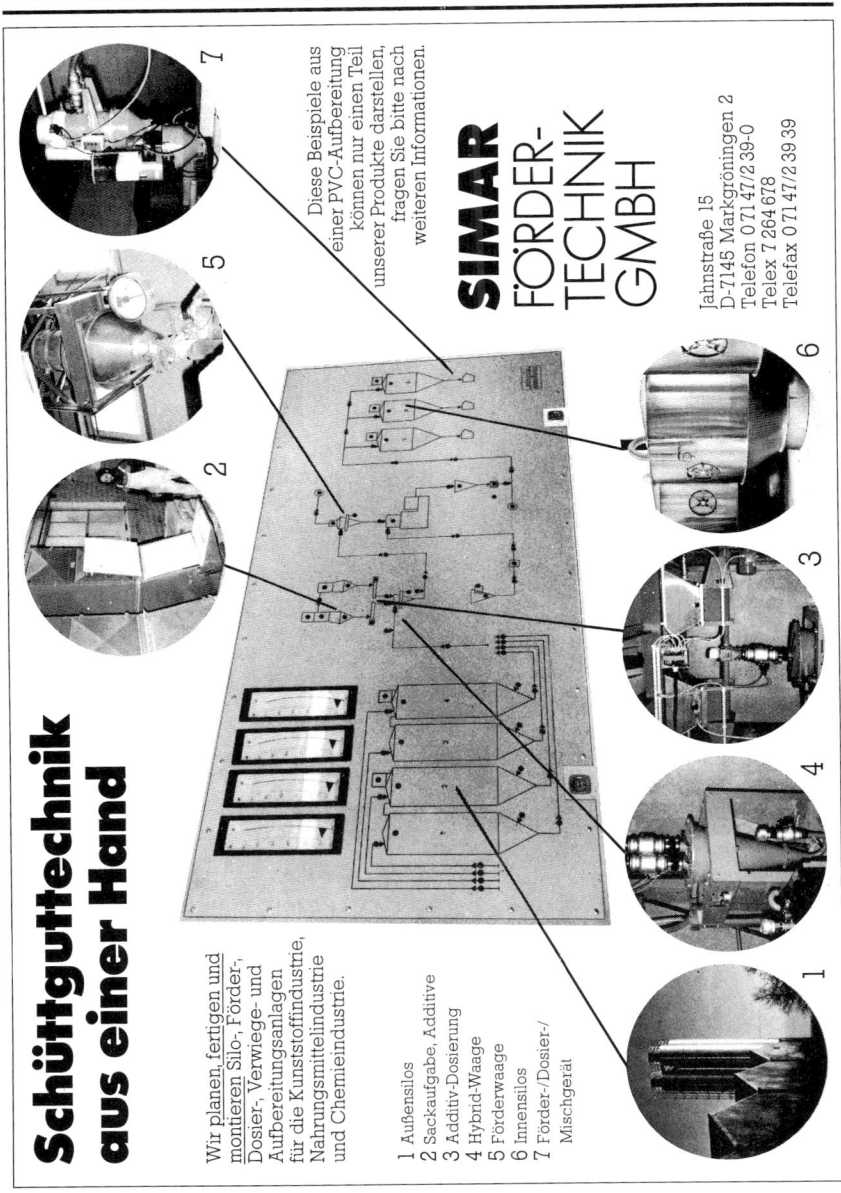

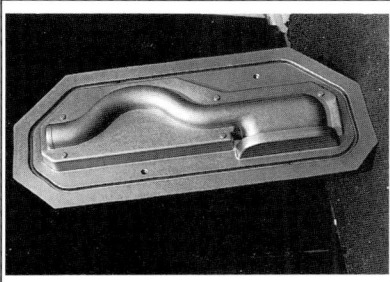

Formschalen zum Fertigen
von Airbus-Klimabauteilen

Formschale zum Fertigen von Formhäuten
im Slush-Moulding-Verfahren

Galvanoschale in Preßwerkzeug zur
Herstellung von Küchenspülen

Hinterbaute Galvanoschale zur Herstellung von
GFK-Transporterdächern im RTM-Verfahren

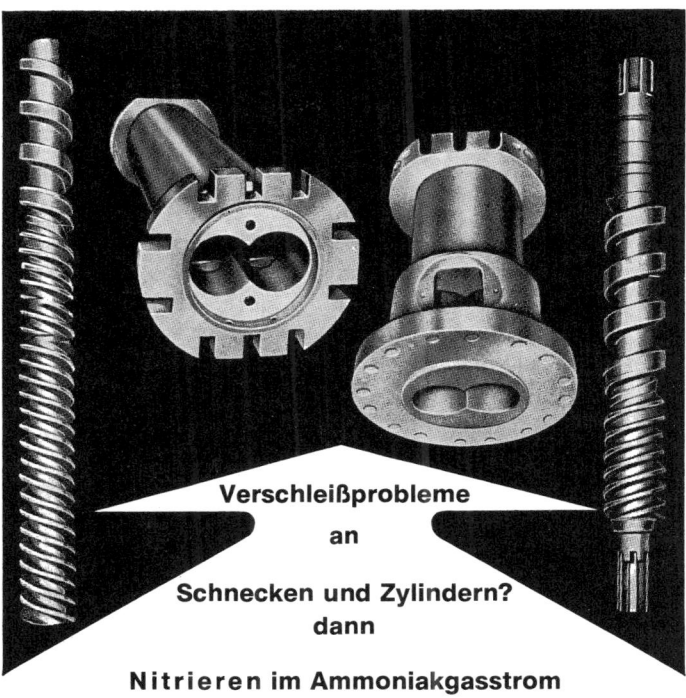

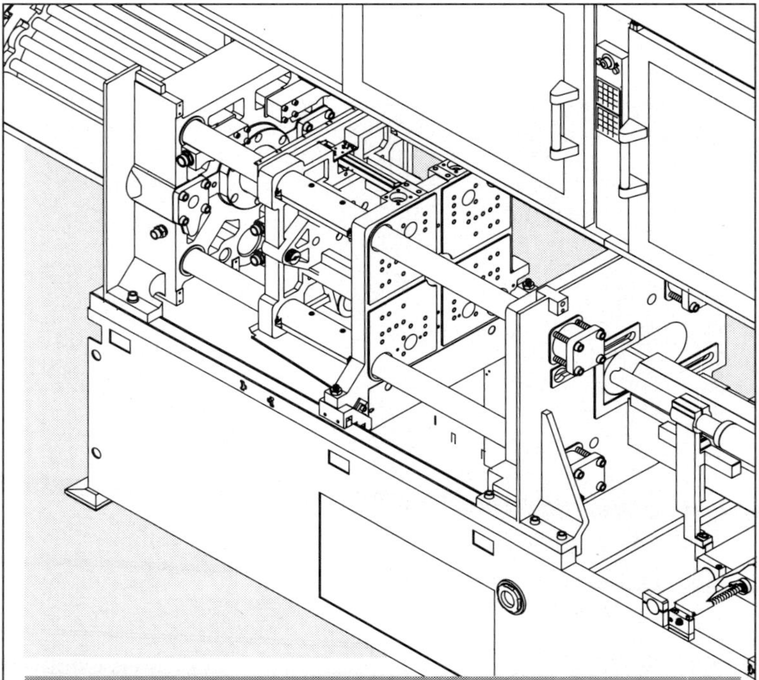

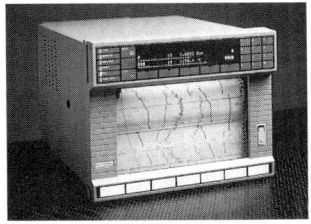

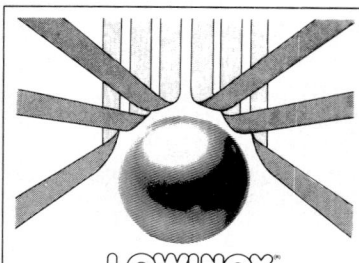

Inserentenverzeichnis